JN183037

Campbell Essential Biology　6th edition

エッセンシャル
キャンベル生物学

原書6版

Simon・Dickey・Hogan・Reece

監訳
池内 昌彦
伊藤 元己
箸本 春樹

訳
池内 昌彦
伊藤 元己
大杉 美穂
久保田 康裕
中島 春紫
中山 剛
箸本 春樹
吉野 正巳
和田 洋

丸善出版

Campbell Essential Biology

6th edition

by

Eric J. Simon
Jean L. Dickey
Jane B. Reece
Kelly A. Hogan

Authorized translation from the English language edition, entitled Campbell Essential Biology, 6th edition, ISBN: 0133917789 by Simon, Eric J.; Dickey, Jean L.; Reece, Jane B.; Hogan, Kelly A., published by Pearson Education, Inc., Copyright © 2016, 2013, 2010 Pearson Education, Inc.

All rights reserved. No part of this book may be reproduced or transmitted in any form or by any means, electronic or mechanical, including photocopying, recording or by any information storage retrieval system, without permission from Pearson Education, Inc.

JAPANESE language edition published by Maruzen Publishing Co., Ltd., Tokyo, Copyright © 2016. Japanese translation rights arranged with Pearson Education, Inc., through Japan UNI Agency, Inc., Tokyo, Japan.

PRINTED IN JAPAN

著者について

ERIC J. SIMON

エリック・J・サイモンはニューイングランドカレッジ(ニューハンプシャー州ヘニカー)の生物学の准教授である.彼は科学を専攻する学生や非専攻の学生に対して,入門の生物学を教えるとともに,上級コースとして遺伝学,微生物学,分子生物学を教えている.サイモン博士はウェスレヤン大学にて生物学とコンピュータ科学の学士号,生物学の修士号の学位を取得し,ハーバード大学で生化学の博士号の学位(Ph.D.)を得ている.彼は,特に科学を専攻しない学生に対する科学の学習にアクティブ・ラーニングを多く取り入れるため,テクノロジーを用いた革新的手法に力を入れている.サイモン博士は生物学の入門教科書である"Biology:The Core"の著者であり,"Campbell Biology: Concepts and Connections, 8th Edition"の共著者でもある.

献辞:愛と情熱と共感と揺るがぬ信頼で,いつも私を支えてくれた,すばらしい母Murielに捧ぐ.

JEAN L. DICKEY

ジーン・L・ディッキーはクレムソン大学(サウスカロライナ州クレムソン)の生物科学の名誉教授である.彼女はケント州立大学で生物学の学士号を得た後,パデュー大学で生態学と進化を学び,博士号(Ph.D.)を取得した.ディッキー博士は,1984年にクレムソン大学で職に就き,科学を専攻しないさまざまなコースの学生に生物学を教えることに専念してきた.コンテンツベースの教材の作成に加えて,彼女は受講生や研究室の学生のために議論,批判的思考,作文に取り組ませる多くの教育方法を開発した.また,一般的な生物学の調査・実験のカリキュラムを実施した.ディッキー博士は"Laboratory, Investigations for Biology, 2nd Edition"の著者であり,"Campbell Biology: Concepts and Connections, 8th Edition"の共著者である.

献辞:学習を楽しむことを教えてくれた母と,私の人生の宝である双子の娘のKatherineとJessieに捧ぐ.

KELLY A. HOGAN

ケリー・A・ホーガンは,ノースカロライナ大学チャペルヒル校の生物学科教員で,教育改革の責任者であり,科学専攻の学生に入門生物学と入門遺伝学を教えている.ホーガン博士は,携帯電話を講義中の返答の入力や,オンライン課題,および相互評価のための道具として使用するなど,情報通信技術を利用したアクティブ・ラーニングの方法を用い,一度に何百もの学生を教えている.ホーガン博士は,ニュージャージー大学で生物学の学士号を取り,ノースカロライナ大学チャペルヒル校で病理学の博士号(Ph.D.)を取得した.彼女の研究上の関心は,大規模クラスにおいて,証拠に基づいた指導の方法や技術を通じて,いかにしてより多くの受講生が理解できるようにするかにある.また,他の大学講師に対しても相互教育,ワークショップ,指導を通じて能力開発を実施している.ホーガン博士は,"Stem Cells and Cloning, 2nd Edition"の著者であり,教師が教材やアイディアを交換するためにつくられたMasteringBiology®サイト内における教師間交流の場のリードモデレーターである.彼女はまた,"Campbell Biology:Concepts and Connections, 8th Edition"の共著者でもある.

献辞:ずいぶん昔に私の入門生物学のコースで出会ったハンサムな男の子に,そして人生で最も重要なことを毎日思い起こさせてくれる私たちの2人の子ども,JakeとLexiに捧ぐ.

JANE B. REECE

ジェーン・B・リースは1978年に,Benjamin Cummings社の編集者になって以来,生物学の本の出版を続けてきた.彼女は,ハーバード大学で生物学の学士号(当初は哲学専攻であったが),ラトガース大学で微生物学の科学修士号,カリフォルニア大学バークレー校で細菌学の博士号(Ph.D.)を取得後,同大学とその後のスタンフォード大学遺伝学のポストドクター研究員になった.そこでは,彼女は細菌の遺伝子組換えの研究に力を入れた.リース博士はミドルセックス郡カレッジ(ニュージャージー)とクイーンズバラ・コミュニティカレッジ(ニューヨーク)で生物学を教えた.Benjamin Cummings社の編集者として働いた12年の間に,彼女は多くのすばらしい教科書において大きな役割を果たした.彼女は『キャンベル生物学』(原書10版;最新の邦訳版は原書9版)と"Campbell Biology:Concepts and Connections, 8th Edition"の主著者である.

献辞:本書の作成作業を楽しいものにしてくれた共著者に捧ぐ.

NEIL A. CAMPBELL

ニール・A・キャンベル(1946〜2004)は,思いやりのある教師の心をもち,自然を探究した研究者であった.彼は30年以上にもわたって,科学を専攻する学生や非専攻の学生に,生物学の入門の教育を行ってきた.何千人もの学生が,彼から学ぶ機会を得て,生命の探究に対する彼の情熱に大いに刺激を受けた.彼の死は生物学のさまざまな分野の多数の友人たちから惜しまれている.一方,本書の共著者たちも彼の先を見通した献身にいまでも大きな影響を受けて,さらに生物学の驚異に学生を引きつけるための改善努力を続けている.

監訳者まえがき

『エッセンシャル・キャンベル生物学』（原書4版）の出版から5年の歳月を経て，原書6版の翻訳書をここに出版することになった．この5年の間にも，生物学のさまざまな分野でいっそうの発展があった．その中には，iPS細胞の創出とその利用による再生医療への応用の道が開かれたことや，生体機能を模したロボットや人工知能の開発の急速な発展など，社会のあり方や個人の生き方にも影響を与えると考えられるものも多い．また，エネルギー問題，地球温暖化，生物資源の持続的利用などは依然として喫緊の課題である．

一方，生物学と社会とのかかわりが広がりをもつとともに，生物学を応用的な見地でとらえようとする考えが社会全体の中で広がりつつある．これは自然科学全般についてもいえることではあるが，この傾向が過ぎると自由な発想による，従来の枠にとらわれない研究の発展が阻害されるおそれがある．生物学は本来，生物的自然の全体像を解き明かそうとする基礎科学であることを忘れてはならない．このことは，生物学教育においても特に重要で，生物学の一分野に偏らない基礎的な重要概念をすべての学生・生徒に理解させることは生物学教育に携わるすべての者の願いであろう．

現在の我が国の高等学校教育の現状を見ると，「生物」は選択科目になっており，すべての生徒が生物学の科目を履修するわけではない．大学進学者の多くは生物学の基本概念を十分に学ばないまま入学している．このような現実は，現今の生物学の急速な発展と，ますます広がる社会とのかかわりを考えれば，求められる生物学教育の姿とは相反する憂慮すべき状況であろう．

このような現状から，我々訳者は，初学者，さらには生物学を専攻としない学生を対象とした，生物学の重要な基本概念を理解し，生物学に関連した諸問題について自ら考える力を養う助けになる書物として，"Campbell Essential Biology, 4th edition"の翻訳書を出版したが，今回の原書6版の出版においても上記の状況と我々の翻訳の意図は変わらない．

"Campbell Essential Biology"はその土台となった"Campbell Biology"のエッセンシャル版である．"Campbell Biology"は，出版国の米国をはじめ世界中の数多くの大学で生物学の教科書として用いられているように，国際的に高い評価を受けている．また，高校生を対象とする国際生物学オリンピックでも標準図書として指定されている．"Campbell Biology"では，生物学のほとんどすべての分野について，その基本的な重要概念が豊富な図版とともにわかりやすく述べられている．しかし，それでも，初学者の多くはその情報量の多さに圧倒されるかもしれない．そこで，"Campbell Biology"の著者のひとり，ニール・キャンベル（Neil Campbell）は，よりコンパクトなかたちの，しかし，たんに平易に流れずに生物学の重要な基本概念を伝えるための"Campbell Essential Biology"を構想し，その初版が出版された．その後，版が重ねられ，6版に至っている．全体の構成はこれまでの版と同様，細胞，遺伝，進化と多様性，生態学の4つの重要な分野に精選され，全体は生物学の統一テーマである進化の問題と有機的に関連づけられている．6版では特に，生物学と実生活とのかかわりを強調したこと，本書全体の軸となる5つの重要テーマ（構造と機能の関連，情報の流れ，システム内の相互連関，進化，エネルギー変換）がどの章の内容と関連しているかを明示したことなど，いくつかの新しい試みが盛り込まれている．また，初学者，とりわけ生物学を専攻としない学生を強く意識して，生物学の概念の理解を助けるために，身近なものや出来事にたとえた比喩を使って説明している．

翻訳にあたっては，訳が正確であることはもちろん，読みやすい日本語になるように心がけた．翻訳の過程で，いくつかの明らかな誤りが原著に認められたが，その場合，訳注（訳者による注釈）をつけて訂正または補筆し，読者の誤解を防ぐようにした．それ以外の誤りや不適な箇所がもしあれば，すべて本書の訳者にその責がある．また，読者の理解をいっそう助けるための説明を訳者の責任において訳注として追加し

監訳者まえがき

た箇所もいくつかある．

　本書の出版にあたっては，丸善出版株式会社企画・編集部の米田裕美氏から多大なご協力を頂いた．この場をお借りして厚くお礼申し上げる．

2016年 深秋

池　内　昌　彦
伊　藤　元　己
箸　本　春　樹

訳者一覧

■ **監訳者**

池内 昌彦	東京大学大学院総合文化研究科	
伊藤 元己	東京大学大学院総合文化研究科	
箸本 春樹	神奈川大学理学部	

■ **訳 者**

池内 昌彦	東京大学大学院総合文化研究科	1・2・3章
伊藤 元己	東京大学大学院総合文化研究科	1・13・14章
大杉 美穂	東京大学大学院総合文化研究科	8・9・10章
久保田 康裕	琉球大学理学部	18・19・20章
中島 春紫	明治大学農学部	11・12章
中山 剛	筑波大学生命環境系	15・16章
箸本 春樹	神奈川大学理学部	4・6・7章
吉野 正巳	東京学芸大学教育学部	5章
和田 洋	筑波大学生命環境系	17章

（五十音順，2016年11月現在）

まえがき

　生物学を教え，学んでいるとき，まさにすばらしい時間である．自然の世界とそこで生きる生物に驚嘆する機会は至るところにある．インターネットのウェブサイトで，生物学に関係のないニュースや生物学と社会とのかかわりがないニュースを目にすることは少ない．さらにいえば，書籍，映画，テレビ番組，マンガ，ビデオゲームといった大衆文化で，生物の不思議や，生物学の重要概念やその意味を考えさせる題材を取り上げたものは多い．生物学（という教科）は好きでないという人もいるが（科学一般が嫌いだという人はもっと多い），ほとんど誰もが生まれつきの生き物好きであることを認めるだろう．つまり，多くの人は，ペットを飼い，庭の手入れをし，動物園や水族館に行くのが好きで，また野外で過ごす時間を楽しんでいる．さらに，ほとんどの人は生物学という教科が，医療や，バイオテクノロジー，農業，環境問題，科学捜査など多くの分野との関連を通して，自らの生活に大きく影響することを認識している．しかし，ほとんどの人が生物学に対して生来もっている親しみにもかかわらず，科学者ではない人々にとってはこの教科を深く学ぶことは困難なことかもしれない．我々が"Campbell Essential Biology"を執筆する第一の目的は，教師が，我々すべてがもっている生来の生物に対する好奇心を引き出すことによって，次の世代の市民である若者の学習意欲を起こさせ，彼らを教育するのを助けることである．

本書の目標

　現代は教育の機会や学習の機会に恵まれているが，すでに知られているように，この21世紀の知識の爆発的な増大は，好奇心の強い人々を情報の雪崩の下に押しつぶすおそれがある．「膨大な生物学に，少なすぎる時間」は生物学の教師の誰もがもつ嘆きである．Neil Campbell（ニール・キャンベル）は，教師と学生が生物学の最も重要な分野に焦点を絞って学ぶための手段として本書"Campbell Essential Biology"を着想した．そのために，本書は核となる4つの分野，細胞，遺伝子，進化，生態学で構成されている．我々が継承し，発展させているキャンベル博士の構想によって，本書は扱いやすい分量にとどめながらも，生命を理解するための最も基本的な概念の理解を発展できるように配慮されたものになっている．我々は今回の原書6版を，科学を専攻しない大多数のための生物学教育における，「少数重点主義（適度に少ないほうが良い効果が得られるという今日の考え方）」で編集した．つまり，少数の論題に対してより絞った説明ということを強調した．そして，取り上げた内容がけっして希薄にならないようにしている．その目的のために，この原書6版では，きわめて専門的な詳細や用語を排した．そのことによって科学を専攻しない多数の学生が，生物学における重要な問題に集中できると期待している．

　教師や学生との数えきれないくらいの会話から，我々は生物学の教え方についていくつかの重要な傾向があることに気づいた．このような会話から我々の方法が練り上げられていった．とりわけ，多くの教師は3つの目標を挙げている．その3つとは，（1）科目の中心となる内容を学生たちの生活と関係づけることによって，彼らの関心を引きつけること，（2）科学研究の過程を，実社会でそれがどのように適用されているかを示すことによって明らかにすること，そして学生たちに科学的で批判的な思考能力を身につけさせること，そして（3）進化がなぜ生物学の統一テーマになっているかを明らかに説明することである．これらの目標の達成に役立つように，本書の各章には3つの重要なコラムがある．1つ目は，章冒頭の「生物学と社会」というコラムである．そこでは章の中心的な内容と生活との関連を強調している．2つ目の「科学のプロセス」（章の途中に入っている）では，古典的または現代の実験を例に使って，科学のプロセスによって身近な問題がどのように明らかにされるかを解説している．3つ目は，章末の「進化との関連」というコラムで，その章が進化という生物学の統一テーマとどのように関連するかを述べている．各章全体を通して筋

まえがき

の通った著述にするために，その内容は章の統一テーマ，つまり，各章の3つのコラムの至るところで取り上げられ，章の中で何度も触れられる非常に興味深い論題と関連づけられている．したがって，このような「章のテーマ」は，学生にとって学ぶ必要があり，かつ，彼らにとって関係のある論題を用いていることから，生物学教育における3つの目標と合致している．

原書6版の新規性

我々はこの最新版が，学生が本書の内容を彼らの生活と関連づけ，科学のプロセスを理解し，進化がなぜ生物学の統一テーマなのかを理解するためにさらに役立ってほしいと願っている．この目的のために，我々はこの版でかなりの新しい特色と内容を付け加えた．

- **学生の生活に対する生物学の重要性を明確にする．**
生物学の基礎コースを履修しているすべての学生に，学生の生活に多くの面で生物学がかかわっていることを明確に自覚するようにさせるべきである．この課題を中心にすえ，そして章の内容に進んでいく前に学習意欲をかき立てるために，「なぜ○○が重要なのか？」という新規の問いを各章のはじめに組み入れた．どの章も，関心を引く一連のデータを提示するこの新規の問いで始まる．また，そこにはその章の論題の重要さを学生たちに示す説得力のある写真も組み合わせてある．これらの非常に興味深いデータはその章の本文中や，学生の関心を引くための描画の中に繰り返され，また，そのデータを説明する科学的な議論とともに配置されている．以下はその例である．「なぜ高分子が重要なのか？」—レースの前日にグリコーゲンローディングをした長距離ランナーは，レースで使えるグリコーゲンを増やすことができる．「なぜ生態学が重要なのか？」—ハンバーガーの牛肉を生産するためには，大豆バーガーのダイズを生産するための8倍の面積を必要とする．

- **生物学の重要テーマが本書の至るところに組み込まれている．** 2009年に，米国科学振興協会（the American Association for the Advancement of Science：AAAS）が学部学生の生物学教育に行動を起こすよびかけとして，ある文書を公表した．「Vision and Change（ビジョンと変化）」と題されたこの文書の基本的な考え方は生物学の教育関係者の間で広く受け入れられつつある．この文書は学部学生の生物学の基礎となるべき核となる5つの概念を提示している．この原書6版では，本書の内容をこの5つのテーマに何度も明示的に結びつけている．たとえば，最初のテーマ，つまり「構造と機能」の関連は，生物学的な特性が水の特有の化学的性質からどのように説明されるかについて考察した2章において図で示してある．第2のテーマである「情報の流れ」は，遺伝子がどのようにして形質を支配しているかを考察した10章の中で探究する．第3のテーマである「システム内の相互連関」は地球規模の水循環を考察した18章に図で説明されている．第4のテーマである「進化」は動物の進化について考察する17章で取り上げられる．第5のテーマである「エネルギー変換」については，生態系でのエネルギーの流れを考察する6章で探究する．読者は少なくとも1つの主要テーマが章ごとにこのような方法で取り上げられているのに気づくだろう．このようにして，学生にはこれらの主要テーマと教科の内容との結びつきを理解する助けになり，教師はこれら5つの主要テーマを強調するのに役立つ多くの平易な参考例を把握することができる．これらの特定のテーマの例の他に，本文全体を通して多くの例が補足されている．

- **新規の統一テーマ．** すでに論じたように，本書の各章にはそれぞれ固有の統一テーマ，すなわち，その章の内容の関連性を示す非常に興味深い論題がある．章のテーマは各章のおもなコラム（生物学と社会，科学のプロセス，進化との関連）の中に組み入れられている．この原書6版は，多くの新しい章の統一テーマとコラムが新しい特徴になっている．それらは生物学が学生の生活やより広い社会に関係する現今の問題を浮きぼりにする．たとえば，2章では，放射能の健康管理における利用や，進化に関する仮説の検証手段として利用することについての議論など，放射能について新しいテーマが提示されている．15章では，人の微生物相についての新しいテーマを取り入れた．それには，微生物相が肥満に関与する可能性についての研究や，狩猟採集民の生活様式から，虫歯の原因になる口内細菌が好む加工デンプンや加工糖過多の食習慣へどのように変化したかを探究する最近の研究が含まれる．

- **データの解析力の啓発．** 科学を専攻しない学生たちの多くは数量的データに直面すると不安になるが，データを解釈する能力は，我々が直面する多くの重

要な決定の際に役立つ．批判的な思考能力を育てるのを助けるために，「データの解釈」という新規の問題を章末の「本章の復習」の中に取り入れた．章ごとに設けたこれらの問題は，科学的な知識と解釈力に基づく読み書きの能力を習熟する機会を学生に提供する．たとえば，10章では，インフルエンザの死亡率についての歴史的データを検討することを学生に求めている．15章では，細菌が冷蔵していない食品でどれくらいの速度で増殖するかを計算させる．このような簡単ではあるが関連のあるデータを検討する練習は，学生が実生活において数量的なデータを前にしたときに困らないようにしてくれるだろう．

●**改訂した内容と図**．以前の版でも同様であるが，本書で著述される内容に対して多くの重要な改訂を行った．新規または改訂した題材の例として以下の事項が含まれる．すなわち，エピジェネティクスやメタゲノミクス，RNA干渉，これらに関する新しい考察，新たに得られたネアンデルタール人の遺伝情報の検討，気候変動に関する統計資料の改訂，胎児の遺伝子検査の進歩についての議論，そして生物多様性への新たな脅威についての現今の議論などである．また，DNA鑑定や最先端の遺伝子組換え食品の開発の10以上の新たな例も取り入れた．我々はまた，どの版の改訂に際しても，写真や描画を毎回更新する努力を行っている．新しい図の例として，プリオンタンパク質が脳の障害をどのようにして引き起こすのかを示す図（図3.20）や，遺伝子鑑定の真のデータによって，誤って訴追された人々の無実がどのように証明されるのかを示す図（図12.16）が含まれる．

●**新規の比喩による説明**．学生たちが生物学の概念を明確に思い浮かべ，理解するのを助けるために我々が続けている努力の1つとして，この原書6版では，多くの比喩による説明を新しく取り入れた．たとえば，4章では，原核細胞と真核細胞の重要な違いを自転車と多目的4輪駆動車の違いにたとえている．8章では，染色体DNAの折りたたみの過程を毛糸をまとめて束にする過程にたとえた．他にも，生物学的尺度に焦点を当てた文章と描画を使った比喩もある．たとえば，地球上の生物進化の過程を4600マイルの車の旅にたとえて，その時間スケール想像しやすくした（図15.1）．

科学や科学者に対する態度は，科学に関する必修科目の中の実際に受けた授業によって形成されることが多い．我々は，ほとんどの人が生来感じている自然への愛を活用し，それを生物学への真の愛へと育むことができるよう望んでいる．このような意図から，本書およびその付録によって，すべての読者において，生物学的な見方が個々人の世界観の一部となることを願っている．本書の次の版をどのように制作し，どのように改善していけばよいか，ご教示いただきたい．

エリック・サイモン（ERIC SIMON）
Department of Biology and Health Science
New England College
Henniker, NH 03242
SimonBiology@gmail.com

ジーン・ディッキー（JEAN DICKEY）
Department of Biology
Clemson University
Clemson, SC 29634
dickeyj@clemson.edu

ケリー・ホーガン（KELLY HOGAN）
Department of Biology
University of North Carolina
Chapel Hill, NC 27599
leek@email.unc.edu

ジェーン・リース（JANE REECE）
C/O Pearson Education
1301 Sansome Street
San Francisco, CA 94111
JaneReece@cal.berkeley.edu

謝　辞

　執筆チームは，"Campbell Essential Biology" の出版の計画と執筆の全過程を通して，出版の専門家と教育者からなるきわめて有能なグループとの協働作業という大きな幸運に恵まれた．本書に至らない点があるとすれば，その責は我々執筆者にのみ帰せられるが，本書と付録の佳賞される点はすべて，献身的に協力して頂いた非常に多くの方々の貢献の賜物である．

　最初に，我々執筆者は，本書の原著者であり，我々執筆者の1人ひとりをいまなお鼓舞してくれる Neil Campbell から受けている大きな恩恵に感謝しなければならない．本書のこの版は，科学的内容，学生の実生活との関係，教授法，用語などについて最新のものにするために，注意深く，かつ全体にわたって改訂したが，Neil の構想と彼の初学者向けの生物学へのかかわり方について，その意を尽くしているとはいえない．

　本書の完成は，Pearson Education 社の Campbell Essential Biology チームの努力なしにはあり得なかった．このチームを率いているのは，編集長の Alison Rodal である．彼女は本書の教育面での卓越性をたゆまず求め，教師や学生に役に立つためのより良い方法をつねに追求するよう，我々全員を励ましてくれた．我々はまた，我々に対する支援のためのリーダーシップを発揮した Pearson Science 社のエグゼクティブチームにも感謝する．とくに芸術，科学，ビジネス，技術部門の常務 Paul Corey，科学教育部門の部長 Adam Jaworski，編集長 Beth Wilbur，開発課長 Barbara Yien，エグゼクティブエディトリアルマネジャー Ginnie Simione Jutson，そしてメディア開発課長 Lauren Fogel に感謝する．

　この業界での最も優れた編集チームの才能が本書のすべてのページに表れているといっても過言ではない．執筆者は，シニア開発エディター Debbie Hardin, Julia Osborne, Susan Teahan の非常な忍耐強さと優れた技能によって助言を受けるのが常だった．我々は，非常に有能で，親切な編集アシスタント Alison Cagle を含め，この編集チームの能力と努力に深く感謝する．

　我々が仕事の計画を立て，具体化すると，すぐに制作チームと製造チームはそれを完成した本に仕上げてくれる．プロジェクトマネジャーの Lori Newman とプログラムマネジャー Leata Holloway は制作過程を監督して誰もが，そしてあらゆることがうまく機能するようにした．我々はまた，プログラムマネジャー主任の Mike Early と David Zielonka の注意深い監督に感謝する．"Campbell Essential Biology" のどの版も，最新の更新された美しい写真によって，他に例を見ないものになっていることに異を挟む読者はいないであろう．それゆえ，我々は，記憶に残るような映像を見つけ出す鋭い能力で我々を魅了したフォトリサーチャー Kristin Piljay に感謝する．

　本書の制作について，我々は S4Carlisle Publishing Services 社のシニアプロジェクトエディター Norine Strang に感謝する．彼らが本書を仕上げるにあたって示した品質に対する専門家魂と傾倒ぶりはあらゆる面で明らかである．執筆者はコピーエディター Joanna Dinsmore とプルーフリーダー Pete Shanks の鋭い眼力と詳細にわたる注意力に感謝している．我々は Hespenheide Design 社のデザインマネジャー Derek Bacchus（表紙のすばらしいデザインも彼によるものである）と Gary Hespenheide による美麗な内部デザインに感謝する．我々はまた，Kristina Seymour はじめ Precision Graphics の画家の方々に，その明確で説得力のある描画の作成に対して感謝する．我々はまた，ライツ＆パーミッションプロジェクトマネジャー Donna Kalal，ライツ＆パーミッションマネジャー Rachel Youdelman，そしてテキストパーミッションプロジェクトマネジャー William Opaluch に対して，我々がルールを遵守できるようにしてくれたことに感謝する．本書の制作の最終段階では，マニュファクチャリングバイヤーの Stacy Weinberger の能力が発揮された．

　ほとんどの教師は教科書というものを単に学習パズルの1つのピースと見なしている．そのパズルを完成

謝辞

させるのが本書の付録とメディアである．正確さと読みやすさという究極の目的について，"Campbell Essential Biology"の付録制作チームに完全にゆだねることができたのは幸いだった．プロジェクトマネジャー Libby Reiser は付録の編集を，その数と種類の多さを伴う困難な仕事であるにもかかわらず，熟練した仕方で行った．我々はまた，本書に付属する優れた DVD 教材「Instructor Resource DVD」を制作したメディアプロジェクトマネジャー Eddie Lee に対して感謝する．我々はとくに，付録の執筆者に対して感謝するが，その中でも，「Instructor Guide and the PowerPoint© Lectures」を執筆した，不屈で観察眼の鋭い Ed Zalisko（ブラックバーンカレッジ），Quiz Shows と Clicker questions の修正を行った，高度な技能をもった多才な Hilary Engebretson（ブラックバーンカレッジ）に感謝する．そして，本書の理解度評価プログラムを間違いなく優れたものにした，多くの問題群を執筆した協力チームの次の方々に感謝する．Jean DeSaix（ノースカロライナ大学チャペルヒル校），Justin Shaffer（カリフォルニア大学アーバイン校），Kristen Miller（ジョージア大学），Suann Yang（プレスビティリアンカレッジ）．我々はまた，Justin Shaffer（カリフォルニア大学アーバイン校），Suzanne Wakim（ビュート・コミュニティカレッジ）と Eden Effert（イースタン・イリノイ大学）の社会問題に基づく「Campbell Current Topics PowerPoint© Presentations」のみごとな労作に対して感謝する．さらに，我々は，Reading Quiz の著者である Amaya Garcia Costas（モンタナ州立大学）と Cindy Klevickis（ジェームズ・マディソン大学），そして Reading Quiz の査読者（正確さに関する査読者）Veronica Menendez, Practice Test の著者 Chris Romero（フロントレンジ・コミュニティカレッジ），Practice Test の正確さに関する査読者 Justin Walgaurnery（ハワイ大学）に感謝する．

我々は，"Campbell Essential Biology with Physiology"と一体になった包括的なメディアプログラムを制作した有能な出版専門家のグループに感謝する．Mastering Biology™の制作に貢献したチームのメンバーはまさに生物学教育の分野の「変革者」である．我々のメディアプランを編集したメディアコンテンツプロデューサーの Daniel Ross に感謝する．重要な貢献は Mastering メディアプロデューサー Taylor Merck，シニアコンテンツプロデューサー Lee Ann Doctor，そしてウェブ開発者 Leslie Sumrall によってもなされた．我々はまた，我々のメディア制作物をこの業界で最良のものにするよう努力した Tania Mlawer と Sarah Jensen に感謝する．

教育者，執筆者としての我々にとって，一流の営業チームを得ることができたことは非常に幸運なことである．エグゼクティブマーケティングマネジャーの Lauren Harp，マーケティングディレクターの Christy Lesko，そしてフィールドマーケティングマネジャーの Amee Mosely は，一度にたくさんのことをやってのけて，我々が学生と教師が必要とすることのためだけに集中できるようにしてくれることによって，我々が執筆者としての目的を達成するのを助けてくれた．我々はまた，宣伝材料について驚くべき努力をしたコピーライタースーパーバイザーの Jane Campbell とデザイナーの Howie Severson に感謝する．我々はまた，"Campbell Essential Biology with Physiology"をいくつかの大学のキャンパスで紹介してくれた Pearson Science 社の営業担当者，地域担当のマネジャー，そしてラーニングテクノロジーの専門家に感謝する．かれら営業担当者は，読者が本書と付録およびメディアのどういう点が良いか（あるいは良くないか）を我々に教えてくれるので，我々と教育分野とのつながりをより強めるための，いわば生命線である．学生たちの役に立ちたいという熱意によって，彼らは理想的な伝達者というだけでなく，教育における我々のパートナーとなっている．我々は，すべての教育者が Pearson Science 社の営業担当者のチームによって提供されるすばらしい教材を十分に活用することを期待する．

Eric Simon は我々を援助し，優れた教材モデルを提供してくれたニューイングランドカレッジの同僚，とくに，Lori Bergeron, Deb Dunlop, Mark Mitch, Maria Colby, Sachie Howard, and Mark Watman に感謝する．Eric はまた，鋭くて正確な洞察力で助けてくれた Jim Newcomb，専門知識を教示してくれた Jay Withgott，我々が強く求めていた社会とのかかわりについての問題を提示してくれた Elyse Carter Vosen，経験に基づいた助言をいただいた Jamey Barone，専門的な判断力，詳細な点にも行き届いた注意力，変わることのない協力と援助と共感，そして知恵を与えてくれた Amanda Marsh，これらの方々の貢献に感謝する．

最後に，それぞれの教科に関する貴重な情報の提

謝 辞

供，各章の査読，あるいは "*Campbell Essential Biology with Physiology*" の学級での試行を行った教師の方々に感謝する．我々の最良のアイデアは教室から生まれてくるので，彼らの努力と援助に感謝する．我々は，科学教育のために最善を尽くすという我々の執念に寛容

であり続けた家族，友人，そして同僚の方々に特に感謝する．

ERIC SIMON, JEAN DICKEY,
KELLY HOGAN, JANE REECE

原書6版の査読者リスト

Shazia Ahmed
Texas Woman's University
Tami Asplin
North Dakota State
TJ Boyle
Blinn College, Bryan Campus
Miriam Chavez
University of New Mexico, Valencia
Joe W. Conner
Pasadena City College
Michael Cullen
University of Evansville
Terry Derting
Murray State University
Danielle Dodenhoff
California State University, Bakersfield
Hilary Engebretson
Whatcom Community College
Holly Swain Ewald
University of Louisville
J. Yvette Gardner
Clayton State University
Sig Harden
Troy University
Jay Hodgson
Armstrong Atlantic State University

Sue Hum-Musser
Western Illinois University
Corey Johnson
University of North Carolina
Gregory Jones
Santa Fe College, Gainesville, Florida
Arnold J. Karpoff
University of Louisville
Tom Kennedy
Central New Mexico Community College
Erica Lannan
Prairie State College
Grace Lasker
Lake Washington Institute of Technology
Bill Mackay
Edinboro University
Mark Manteuffel
St. Louis Community College
Diane Melroy
University of North Carolina Wilmington
Kiran Misra
Edinboro University
Susan Mounce
Eastern Illinois University
Zia Nisani
Antelope Valley College

Michelle Rogers
Austin Peay State University
Bassam M. Salameh
Antelope Valley College
Carsten Sanders
Kuztown University
Justin Shaffer
University of California, Irvine
Jennifer Smith
Triton College
Ashley Spring
Eastern Florida State College
Michael Stevens
Utah Valley University
Chad Thompson
Westchester Community College
Melinda Verdone
Rock Valley College
Eileen Walsh
Westchester Community College
Kathy Watkins
Central Piedmont Community College
Wayne Whaley
Utah Valley University
Holly Woodruff (Kupfer)
Central Piedmont Community College

原書5版までの査読者リスト

Marilyn Abbott
Lindenwood College
Tammy Adair
Baylor University
Felix O. Akojie
Paducah Community College
Shireen Alemadi
Minnesota State University, Moorhead
William Sylvester Allred, Jr.
Northern Arizona University
Megan E. Anduri
California State University, Fullerton

Estrella Z. Ang
University of Pittsburgh
David Arieti
Oakton Community College
C. Warren Arnold
Allan Hancock Community College
Mohammad Ashraf
Olive-Harvey College
Heather Ashworth
Utah Valley University
Bert Atsma
Union County College

Yael Avissar
Rhode Island College
Barbara J. Backley
Elgin Community College
Gail F. Baker
LaGuardia Community College
Neil Baker
Ohio State University
Kristel K. Bakker
Dakota State University
Andrew Baldwin
Mesa Community College

査読者リスト

Linda Barham
Meridian Community College
Charlotte Barker
Angelina College
Verona Barr
Heartland Community College
S. Rose Bast
Mount Mary College
Sam Beattie
California State University, Chico
Rudi Berkelhamer
University of California, Irvine
Penny Bernstein
Kent State University, Stark Campus
Suchi Bhardwaj
Winthrop University
Donna H. Bivans
East Carolina University
Andrea Bixler
Clarke College
Brian Black
Bay de Noc Community College
Allan Blake
Seton Hall University
Karyn Bledsoe
Western Oregon University
Judy Bluemer
Morton College
Sonal Blumenthal
University of Texas at Austin
Lisa Boggs
Southwestern Oklahoma State University
Dennis Bogyo
Valdosta State University
David Boose
Gonzaga University
Virginia M. Borden
University of Minnesota, Duluth
James Botsford
New Mexico State University
Cynthia Bottrell
Scott Community College
Richard Bounds
Mount Olive College
Cynthia Boyd
Hawkeye Community College
Robert Boyd
Auburn University
B. J. Boyer
Suffolk County Community College

Mimi Bres
Prince George's Community College
Patricia Brewer
University of Texas at San Antonio
Jerald S. Bricker
Cameron University
Carol A. Britson
University of Mississippi
George M. Brooks
Ohio University, Zanesville
Janie Sue Brooks
Brevard College
Steve Browder
Franklin College
Evert Brown
Casper College
Mary H. Brown
Lansing Community College
Richard D. Brown
Brunswick Community College
Steven Brumbaugh
Green River Community College
Joseph C. Bundy
University of North Carolina at Greensboro
Carol T. Burton
Bellevue Community College
Rebecca Burton
Alverno College
Warren R. Buss
University of Northern Colorado
Wilbert Butler
Tallahassee Community College
Miguel Cervantes-Cervantes
Lehman College, City University of New York
Maitreyee Chandra
Diablo Valley College
Bane Cheek
Polk Community College
Thomas F. Chubb
Villanova University
Reggie Cobb
Nash Community College
Pamela Cole
Shelton State Community College
William H. Coleman
University of Hartford
Jay L. Comeaux
McNeese State University
James Conkey
Truckee Meadows Community College
Karen A. Conzelman
Glendale Community College
Ann Coopersmith
Maui Community College
Erica Corbett
Southeastern Oklahoma State University
James T. Costa
Western Carolina University
Pat Cox
University of Tennessee, Knoxville
Laurie-Ann Crawford
Hawkeye Community College
Pradeep M. Dass
Appalachian State University
Paul Decelles
Johnson County Community College
Galen DeHay
Tri County Technical College
Cynthia L. Delaney
University of South Alabama
Jean DeSaix
University of North Carolina at Chapel Hill
Elizabeth Desy
Southwest State University
Edward Devine
Moraine Valley Community College
Dwight Dimaculangan
Winthrop University
Deborah Dodson
Vincennes Community College
Diane Doidge
Grand View College
Don Dorfman
Monmouth University
Richard Driskill
Delaware State University
Lianne Drysdale
Ozarks Technical Community College
Terese Dudek
Kishawaukee College
Shannon Dullea
North Dakota State College of Science
David A. Eakin
Eastern Kentucky University
Brian Earle
Cedar Valley College
Ade Ejire
Johnston Community College

査読者リスト

Dennis G. Emery
Iowa State University
Renee L. Engle-Goodner
Merritt College
Virginia Erickson
Highline Community College
Carl Estrella
Merced College
Marirose T. Ethington
Genesee Community College
Paul R. Evans
Brigham Young University
Zenephia E. Evans
Purdue University
Jean Everett
College of Charleston
Dianne M. Fair
Florida Community College at Jacksonville
Joseph Faryniarz
Naugatuck Valley Community College
Phillip Fawley
Westminster College
Lynn Fireston
Ricks College
Jennifer Floyd
Leeward Community College
Dennis M. Forsythe
The Citadel
Angela M. Foster
Wake Technical Community College
Brandon Lee Foster
Wake Technical Community College
Carl F. Friese
University of Dayton
Suzanne S. Frucht
Northwest Missouri State University
Edward G. Gabriel
Lycoming College
Anne M. Galbraith
University of Wisconsin, La Crosse
Kathleen Gallucci
Elon University
Gregory R. Garman
Centralia College
Wendy Jean Garrison
University of Mississippi
Gail Gasparich
Towson University
Kathy Gifford

Butler County Community College
Sharon L. Gilman
Coastal Carolina University
Mac Given
Neumann College
Patricia Glas
The Citadel
Ralph C. Goff
Mansfield University
Marian R. Goldsmith
University of Rhode Island
Andrew Goliszek
North Carolina Agricultural and Technical State University
Tamar Liberman Goulet
University of Mississippi
Curt Gravis
Western State College of Colorado
Larry Gray
Utah Valley State College
Tom Green
West Valley College
Robert S. Greene
Niagara University
Ken Griffin
Tarrant County Junior College
Denise Guerin
Santa Fe Community College
Paul Gurn
Naugatuck Valley Community College
Peggy J. Guthrie
University of Central Oklahoma
Henry H. Hagedorn
University of Arizona
Blanche C. Haning
Vance-Granville Community College
Laszlo Hanzely
Northern Illinois University
Sherry Harrel
Eastern Kentucky University
Reba Harrell
Hinds Community College
Frankie Harris
Independence Community College
Lysa Marie Hartley
Methodist College
Janet Haynes
Long Island University
Michael Held
St. Peter's College

Consetta Helmick
University of Idaho
J. L. Henriksen
Bellevue University
Michael Henry
Contra Costa College
Linda Hensel
Mercer University
Jana Henson
Georgetown College
James Hewlett
Finger Lakes Community College
Richard Hilton
Towson University
Juliana Hinton
McNeese State University
Phyllis C. Hirsch
East Los Angeles College
W. Wyatt Hoback
University of Nebraska at Kearney
Elizabeth Hodgson
York College of Pennsylvania
A. Scott Holaday
Texas Tech University
Robert A. Holmes
Hutchinson Community College
R. Dwain Horrocks
Brigham Young University
Howard L. Hosick
Washington State University
Carl Huether
University of Cincinnati
Celene Jackson
Western Michigan University
John Jahoda
Bridgewater State College
Dianne Jennings
Virginia Commonwealth University
Richard J. Jensen
Saint Mary's College
Scott Johnson
Wake Technical Community College
Tari Johnson
Normandale Community College
Tia Johnson
Mitchell Community College
Greg Jones
Santa Fe Community College
John Jorstad
Kirkwood Community College

査読者リスト

Tracy L. Kahn
University of California, Riverside
Robert Kalbach
Finger Lakes Community College
Mary K. Kananen
Pennsylvania State University, Altoona
Thomas C. Kane
University of Cincinnati
Arnold J. Karpoff
University of Louisville
John M. Kasmer
Northeastern Illinois University
Valentine Kefeli
Slippery Rock University
Dawn Keller
Hawkeye College
John Kelly
Northeastern University
Cheryl Kerfeld
University of California, Los Angeles
Henrik Kibak
California State University, Monterey Bay
Kerry Kilburn
Old Dominion University
Joyce Kille-Marino
College of Charleston
Peter King
Francis Marion University
Peter Kish
Oklahoma School of Science and Mathematics
Robert Kitchin
University of Wyoming
Cindy Klevickis
James Madison University
Richard Koblin
Oakland Community College
H. Roberta Koepfer
Queens College
Michael E. Kovach
Baldwin-Wallace College
Jocelyn E. Krebs
University of Alaska, Anchorage
Ruhul H. Kuddus
Utah Valley State College
Nuran Kumbaraci
Stevens Institute of Technology
Holly Kupfer
Central Piedmont Community College

Gary Kwiecinski
The University of Scranton
Roya Lahijani
Palomar College
James V. Landrum
Washburn University
Lynn Larsen
Portland Community College
Brenda Leady
University of Toledo
Siu-Lam Lee
University of Massachusetts, Lowell
Thomas P. Lehman
Morgan Community College
William Leonard
Central Alabama Community College
Shawn Lester
Montgomery College
Leslie Lichtenstein
Massasoit Community College
Barbara Liedl
Central College
Harvey Liftin
Broward Community College
David Loring
Johnson County Community College
Eric Lovely
Arkansas Tech University
Lewis M. Lutton
Mercyhurst College
Maria P. MacWilliams
Seton Hall University
Mark Manteuffel
St. Louis Community College
Lisa Maranto
Prince George's Community College
Michael Howard Marcovitz
Midland Lutheran College
Angela M. Mason
Beaufort County Community College
Roy B. Mason
Mt. San Jacinto College
John Mathwig
College of Lake County
Lance D. McBrayer
Georgia Southern University
Bonnie McCormick
University of the Incarnate Word
Katrina McCrae
Abraham Baldwin Agricultural College
Tonya McKinley
Concord College
Mary Anne McMurray
Henderson Community College
Maryanne Menvielle
California State University, Fullerton
Ed Mercurio
Hartnell College
Timothy D. Metz
Campbell University
Andrew Miller
Thomas University
David Mirman
Mt. San Antonio College
Nancy Garnett Morris
Volunteer State Community College
Angela C. Morrow
University of Northern Colorado
Patricia S. Muir
Oregon State University
James Newcomb
New England College
Jon R. Nickles
University of Alaska, Anchorage
Jane Noble-Harvey
University of Delaware
Michael Nosek
Fitchburg State College
Jeanette C. Oliver
Flathead Valley Community College
David O'Neill
Community College of Baltimore County
Sandra M. Pace
Rappahannock Community College
Lois H. Peck
University of the Sciences, Philadelphia
Kathleen E. Pelkki
Saginaw Valley State University
Jennifer Penrod
Lincoln University
Rhoda E. Perozzi
Virginia Commonwealth University
John S. Peters
College of Charleston
Pamela Petrequin
Mount Mary College
Paula A. Piehl
Potomac State College of West Virginia University

査読者リスト

Bill Pietraface
State University of New York Oneonta
Gregory Podgorski
Utah State University
Rosamond V. Potter
University of Chicago
Karen Powell
Western Kentucky University
Martha Powell
University of Alabama
Elena Pravosudova
Sierra College
Hallie Ray
Rappahannock Community College
Jill Raymond
Rock Valley College
Dorothy Read
University of Massachusetts, Dartmouth
Nathan S. Reyna
Howard Payne University
Philip Ricker
South Plains College
Todd Rimkus
Marymount University
Lynn Rivers
Henry Ford Community College
Jennifer Roberts
Lewis University
Laurel Roberts
University of Pittsburgh
April Rottman
Rock Valley College
Maxine Losoff Rusche
Northern Arizona University
Michael L. Rutledge
Middle Tennessee State University
Mike Runyan
Lander University
Travis Ryan
Furman University
Tyson Sacco
Cornell University
Sarmad Saman
Quinsigamond Community College
Pamela Sandstrom
University of Nevada, Reno
Leba Sarkis
Aims Community College
Walter Saviuk
Daytona Beach Community College
Neil Schanker
College of the Siskiyous
Robert Schoch
Boston University
John Richard Schrock
Emporia State University
Julie Schroer
Bismarck State College
Karen Schuster
Florida Community College at Jacksonville
Brian W. Schwartz
Columbus State University
Michael Scott
Lincoln University
Eric Scully
Towson State University
Lois Sealy
Valencia Community College
Sandra S. Seidel
Elon University
Wayne Seifert
Brookhaven College
Susmita Sengupta
City College of San Francisco
Patty Shields
George Mason University
Cara Shillington
Eastern Michigan University
Brian Shmaefsky
Kingwood College
Rainy Inman Shorey
Ferris State University
Cahleen Shrier
Azusa Pacific University
Jed Shumsky
Drexel University
Greg Sievert
Emporia State University
Jeffrey Simmons
West Virginia Wesleyan College
Frederick D. Singer
Radford University
Anu Singh-Cundy
Western Washington University
Kerri Skinner
University of Nebraska at Kearney
Sandra Slivka
Miramar College
Margaret W. Smith
Butler University
Thomas Smith
Armstrong Atlantic State University
Deena K. Spielman
Rock Valley College
Minou D. Spradley
San Diego City College
Robert Stamatis
Daytona Beach Community College
Joyce Stamm
University of Evansville
Eric Stavney
Highline Community College
Bethany Stone
University of Missouri, Columbia
Mark T. Sugalski
New England College
Marshall D. Sundberg
Emporia State University
Adelaide Svoboda
Nazareth College
Sharon Thoma
Edgewood College
Kenneth Thomas
Hillsborough Community College
Sumesh Thomas
Baltimore City Community College
Betty Thompson
Baptist University
Paula Thompson
Florida Community College
Michael Anthony Thornton
Florida Agriculture and Mechanical University
Linda Tichenor
University of Arkansas, Fort Smith
John Tjepkema
University of Maine, Orono
Bruce L. Tomlinson
State University of New York, Fredonia
Leslie R. Towill
Arizona State University
Bert Tribbey
California State University, Fresno
Nathan Trueblood
California State University, Sacramento
Robert Turner
Western Oregon University
Michael Twaddle

査読者リスト

University of Toledo
Virginia Vandergon
California State University, Northridge
William A. Velhagen, Jr.
Longwood College
Leonard Vincent
Fullerton College
Jonathan Visick
North Central College
Michael Vitale
Daytona Beach Community College
Lisa Volk
Fayetteville Technical Community College
Daryle Waechter-Brulla
University of Wisconsin, Whitewater
Stephen M. Wagener
Western Connecticut State University
Sean E. Walker
California State University, Fullerton
James A. Wallis
St. Petersburg Community College
Helen Walter
Diablo Valley College
Kristen Walton
Missouri Western State University
Jennifer Warner
University of North Carolina at Charlotte
Arthur C. Washington

Florida Agriculture and Mechanical University
Dave Webb
St. Clair County Community College
Harold Webster
Pennsylvania State University, DuBois
Ted Weinheimer
California State University, Bakersfield
Lisa A. Werner
Pima Community College
Joanne Westin
Case Western Reserve University
Wayne Whaley
Utah Valley State College
Joseph D. White
Baylor University
Quinton White
Jacksonville University
Leslie Y. Whiteman
Virginia Union University
Rick Wiedenmann
New Mexico State University at Carlsbad
Peter J. Wilkin
Purdue University North Central
Bethany Williams
California State University, Fullerton
Daniel Williams
Winston-Salem University

Judy A. Williams
Southeastern Oklahoma State University
Dwina Willis
Freed Hardeman University
David Wilson
University of Miami
Mala S. Wingerd
San Diego State University
E. William Wischusen
Louisiana State University
Darla J. Wise
Concord College
Michael Womack
Macon State College
Bonnie Wood
University of Maine at Presque Isle
Jo Wen Wu
Fullerton College
Mark L. Wygoda
McNeese State University
Calvin Young
Fullerton College
Shirley Zajdel
Housatonic Community College
Samuel J. Zeakes
Radford University
Uko Zylstra
Calvin College

目　次

1　序説：生物学の現在　2

●生物学と社会
生命への生まれつきの愛着　3

生命の科学的研究　4
科学のプロセス　4
発見型科学　4
仮説検証型科学　5
科学における理論　6

生命の本質　7
生命の特徴　7
生命の多様なかたち　8

生物学の主要なテーマ　10
進　化　10
構造と機能：構造と機能の関係　14
情報の流れ：情報の流れ　14
エネルギー変換：エネルギーと
　物質を変換する経路　16
システム内の相互連関：生命システム内の
　相互連関　17

目次

第1部　細胞

2　生命の化学　24
▶章のテーマ：放射能

●生物学と社会
放射線と健康　25
基礎の化学　26
物質：元素と化合物　26
原　子　27
●科学のプロセス
放射性の追跡物質は脳の病気を診断できるか？　28
化学結合と分子　29
化学反応　30
水と生命　31
構造と機能：水　31
酸，塩基とpH　34
●進化との関連
進化の時計としての放射能　35

3　生命をつくる分子　40
▶章のテーマ：ラクトース不耐症

●生物学と社会
ラクトースを摂取したか？　41
有機化合物　42
炭素の化学　42
小さな構成単位から巨大分子へ　43
大型の生体分子　44
炭水化物　44
脂　質　47
タンパク質　50
核　酸　53
●科学のプロセス
ラクトース不耐症の遺伝的背景は何か？　55
●進化との関連
人類のラクトース不耐症の進化　55

4 細胞の旅   60
▶章のテーマ：人類 対 細菌

●生物学と社会
抗生物質：細菌細胞を標的にする薬剤   61

顕微鏡で見る細胞の世界   62
細胞の2大別   63
真核細胞の概観   65

膜の構造   66
構造と機能：細胞膜   66
●科学のプロセス
抗生物質耐性菌はどのようにして生じるか？   67
細胞の表面   67

核とリボソーム：細胞の遺伝的制御   68
核   68
リボソーム   69
DNAはどのようにして
   タンパク質合成を指令するか   69

内膜系：細胞内でつくられた物質の加工と配送   70
小胞体   70
ゴルジ装置   71
リソソーム   72
液胞   73

エネルギー変換：葉緑体とミトコンドリア   74
葉緑体   74
ミトコンドリア   74

細胞骨格：細胞のかたちと運動   75
細胞のかたちの維持   75
繊毛と鞭毛   76
●進化との関連
ヒトにおける細菌感染症に対する耐性の進化   77

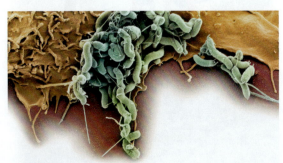

5 細胞の活動   82
▶章のテーマ：ナノテクノロジー

●生物学と社会
細胞構造の利用   83

基本的なエネルギーの概念   84
エネルギー保存の法則   84
熱   85
化学エネルギー   85
食物のカロリー   86

エネルギー変換：ATPと細胞の仕事   87
ATPの構造   87
リン酸の転移   87
ATPサイクル   88

酵素   88
活性化エネルギー   88
●科学のプロセス
酵素は操作できるか？   89
構造と機能：酵素活性   90
酵素阻害剤   90

膜の機能   91
受動輸送：膜を介した拡散   92
浸透と水のバランス   93
能動輸送：膜を介した分子のポンプ   94
エキソサイトーシスとエンドサイトーシス：
   大きな分子の輸送   94
●進化との関連
膜の起源   95

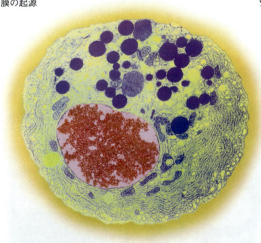

目次

6 細胞呼吸：栄養物からのエネルギーの獲得　100
▶章のテーマ：運動科学

●生物学と社会
筋肉から最大限を引き出す　101

生態系におけるエネルギーの流れと化学的循環　102
生産者と消費者　102
光合成と細胞呼吸の間の物質循環　102

細胞呼吸：栄養物のエネルギーを好気的に取り出す　104
エネルギー変換：細胞呼吸の概観　104
細胞呼吸の3段階　105
細胞呼吸によってもたらされること　109

発酵：栄養物のエネルギーを嫌気的に取り出す　110
ヒトの筋細胞における発酵　110
●科学のプロセス
筋肉の「ほてり」を引き起こすのは何か？　111
微生物における発酵　112
●進化との関連
酵素の重要性　113

7 光合成：光を利用して栄養物をつくる　118
▶章のテーマ：バイオ燃料

●生物学と社会
増加する廃油窃盗犯罪　119

光合成の基礎　120
葉緑体：光合成の場　120
エネルギー変換：光合成の概観　121

明反応：太陽エネルギーを化学エネルギーに変換する　122
太陽光の性質　122
●科学のプロセス
何色の光が光合成を行わせるか？　123
葉緑体の色素　123
光化学系が光エネルギーを獲得するしくみ　125
明反応によってATPとNADPHがつくられるしくみ　125

カルビン回路：二酸化炭素から糖をつくる　127
●進化との関連
バイオ燃料工場の改良　128

第 2 部　遺 伝 学

8　細胞増殖：細胞から細胞へ　134
▶章のテーマ：有性と無性の生命

- ●生物学と社会
  - オオトカゲの処女産卵　135
- **細胞増殖の役割**　136
- **細胞周期と有糸分裂**　137
  - 真核細胞の染色体　137
  - 情報の流れ：染色体の複製　139
  - 細胞周期　139
  - 有糸分裂と細胞質分裂　141
  - がん細胞：制御不能な分裂　142
- **減数分裂：有性生殖の基盤**　144
  - 相同染色体　144
  - 配偶子と有性生物の生活環　145
  - 減数分裂の過程　147
  - まとめ：有糸分裂と減数分裂の比較　150
  - 遺伝的多様性の起源　151
- ●科学のプロセス
  - すべての動物に性があるか？　153
  - 減数分裂の異常　154
- ●進化との関連
  - 性の利点　156

9　遺伝様式　162
▶章のテーマ：犬の品種改良

- ●生物学と社会
  - 最も長期間にわたる遺伝学実験　163
- **遺伝学と遺伝**　164
  - アビー修道院の庭で　164
  - メンデルの分離の法則　165
  - メンデルの独立の法則　168
  - 検定交雑による遺伝子型の決定　170
  - 遺伝の確率の法則　170
  - 家 系 図　171
  - 単一の遺伝子に起因するヒトの疾患　173
- ●科学のプロセス
  - 犬の毛並を決める遺伝的な要因は何か？　174
- **メンデルの法則のさまざまな例**　176
  - 植物とヒトの不完全優性　177
  - ABO 式血液型：複対立遺伝子と共優性　177
  - 構造と機能：鎌状赤血球症の多面発現性　178
  - 多遺伝子遺伝　179
  - 環境要因の影響とエピジェネティクス　179
- **染色体の挙動と遺伝**　181
  - 遺伝子の連鎖　182
  - ヒトの性別の決定　182
  - 伴性遺伝子　182
- ●進化との関連
  - 犬の系統樹　184

目次

10 DNAの構造と機能　190
▶章のテーマ：史上最悪のウイルス

●生物学と社会
21世紀最初のパンデミック　191

DNA：構造と複製　192
DNAとRNAの構造　192
ワトソンとクリックによる二重らせんの発見　193
構造と機能：DNAの複製　195

情報の流れ：DNAからRNA，タンパク質へ　196
生物の遺伝子型による表現型の決定　196
核酸からタンパク質へ：概説　197
遺伝暗号　198
転写：DNAからRNAへ　200
真核生物のRNAプロセシング　201
翻訳：関与する分子　201
翻訳：進行の過程　203
概説：DNA → RNA → タンパク質　204
突然変異　205

ウイルスなどの細胞をもたない感染性物質　207
バクテリオファージ　207
植物ウイルス　209
動物ウイルス　210
●科学のプロセス
インフルエンザワクチンは高齢者にも有効か？　211
HIV：エイズウイルス　212
ウイロイドとプリオン　213
●進化との関連
新興ウイルス　214

11 遺伝子の発現制御　220
▶章のテーマ：がん

●生物学と社会
タバコの害に関する動かぬ証拠　221

遺伝子発現制御の目的と機構　222
細菌の遺伝子発現制御　223
真核細胞の遺伝子発現制御　224
情報の流れ：細胞のシグナル伝達　227
ホメオティック遺伝子　228
DNAマイクロアレイ：遺伝子発現の可視化　229

植物および動物のクローン技術　230
細胞の遺伝的な潜在能力　230
動物の個体クローニング　231
治療型クローニングと幹細胞　233

がんの遺伝的原理　234
がんを引き起こす遺伝子　234
●科学のプロセス
小児のがんと大人のがんに違いはあるか？　235
発がんのリスクとがん予防　238
●進化との関連
体内のがんの発生　239

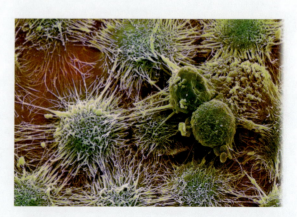

目次

12 DNA テクノロジー　244
▶章のテーマ：DNA 鑑定

●生物学と社会
有罪か無罪か――DNA 鑑定　245

遺伝子工学　246
組換え DNA 技術　246
製薬への応用　249
農業と遺伝子組換え（GM）作物　251
ヒトの遺伝子治療　252

DNA 鑑定と科学捜査　253
DNA 鑑定技術　254
殺人事件の捜査，親子鑑定，古代人の DNA 鑑定　256

バイオインフォマティクス（生命情報学）　258
DNA シークエンシング（塩基配列決定）　258
ゲノム科学（ゲノミクス）　259
ゲノム地図作製技術　259
ヒトゲノム計画　260
●科学のプロセス
ゲノム科学でがんを治せるか？　261
ゲノム科学の応用　262
システム内の相互連関：システム生物学　263

安全性と倫理の問題　264
遺伝子組換え食品をめぐる論争　265
ヒトの DNA テクノロジーにより
　引き起こされる倫理的問題　266
●進化との関連
Y 染色体より読み解く歴史の小窓　268

第 3 部　進化と多様性

13 集団の進化　274
▶章のテーマ：進化の過去，現在，未来

●生物学と社会
現在の進化　275

生命の多様性　276
生命の多様性の命名と分類　276
生命の多様性の説明　277

チャールズ・ダーウィンと『種の起源』　278
ダーウィンの旅　278
進化：ダーウィンの理論　280

進化の証拠　280
化石からの証拠　280
●科学のプロセス
クジラは陸生哺乳類から進化したのか？　282
相同からの証拠　282
進化系統樹　284

進化のメカニズムとしての自然選択　286
進行中の自然選択　287
自然選択のキーポイント　287

集団の進化　288
遺伝的変異の源　288
進化の単位としての集団　290
遺伝子プールの解析　290
集団遺伝学と健康科学　291
遺伝子プールの変化としての小進化　292

集団の遺伝子頻度を変えるメカニズム　292
遺伝的浮動　292
遺伝子流動　294
自然選択：より詳細な観察　295
●進化との関連
抗生物質耐性の脅威の増加　297

xxv

目次

14 生物多様性はいかに進化するか 302
▶章のテーマ：大量絶滅

●生物学と社会
第6番目の大量絶滅　303

種の起源　304
種とは何か？　305
種間の生殖的障壁　306
進化：種分化のメカニズム　307

地球の歴史と大進化　312
化石記録　312
プレートテクトニクスと生物地理学　314
大量絶滅と生命の爆発的多様化　316

●科学のプロセス
隕石が恐竜を死滅させたのか？　316

大進化のメカニズム　317
小さな遺伝的変化による大きな効果　317
生物学的新奇性の進化　318

生命の多様性の分類　320
分類と系統　320
分類：発展中の未完成品　322

●進化との関連
哺乳類の出現　323

15 微生物の進化 328
▶章のテーマ：ヒトの微生物相

●生物学と社会
私たちの目に見えない住人たち　329

生命の歴史におけるおもな出来事　330

生命の起源　332
生命の起源に関する4段階仮説　332
化学進化からダーウィン進化へ　334

原核生物　335
彼らはどこにでもいる！　335
構造と機能：原核生物　336
原核生物の生態系への影響　339
原核生物の進化における2つの枝：細菌と古細菌　340

●科学のプロセス
肥満は腸内細菌のせい？　342

原生生物　343
原生動物　345
粘菌　346
単細胞性および群体性藻類　347
海藻　348

●進化との関連
虫歯菌の甘い生活　348

16 植物と菌類の進化　352
▶章のテーマ：植物と菌類の相互関係

●生物学と社会
森の宝石　353

陸上への進出　354
植物の陸上への適応　354
植物は緑藻から進化した　356

植物の多様性　356
植物進化の注目点　356
コケ植物　357
シダ類　359
裸子植物　360
被子植物　362
再生不能資源としての植物の多様性　365

菌　類　366
構造と機能：菌類の特徴　367
菌類の生態的影響　368
●科学のプロセス
セイラムの魔女狩り事件は菌類が原因だったのか？　369
菌類の商業的利用　369
●進化との関連
相利共生関係　370

17 動物の進化　376
▶章のテーマ：ヒトの進化

●生物学と社会
ホビットの発見　377

動物多様性の起源　378
動物とは何か？　378
初期の動物とカンブリアの爆発　379
進化：動物の系統　380

無脊椎動物の主要な門　381
海綿動物　381
刺胞動物　382
軟体動物　383
扁形動物　384
環形動物　385
線形動物　386
節足動物　387
棘皮動物　393

脊椎動物の進化と多様性　394
脊椎動物の特徴　394
魚　類　396
両生類　397
爬虫類　398
哺乳類　400

ヒトの祖先　401
霊長類の進化　401
人類の出現　402
●科学のプロセス
ホビットは何者か？　405
●進化との関連
私たちは進化し続けているのか？　407

目次

第4部　生態学

18 生態学と生物圏の序論　414
▶章のテーマ：地球の気候変動

●生物学と社会
危機に瀕するペンギン，ホッキョクグマ，
　そして私たち人間　415
生態学の概要　416
　生態学と環境保護　416
　システム内の相互連関：相互作用の階層　417
地球の多様な環境に生きる　418
　生物圏の非生物的要因　418
　エネルギーの源　418
　生物の進化的適応　420
　環境変化への順応　420
バイオーム　422
　淡水域のバイオーム　422
　海洋のバイオーム　424
　気候が陸上バイオームの分布に与える影響　426
　陸上のバイオーム　427
　システム内の相互連関：水の循環　433
　バイオームへの人為インパクト　434
　森　林　434
地球の気候変動　436
　温室効果と地球温暖化　436
　温室効果ガスの蓄積　437
●科学のプロセス
気候変動は，生物種の分布にどのように影響するのか？　438
　生態系に対する気候変動の影響　439
　私たちの将来を見つめる　440
●進化との関連
自然選択の要因としての気候変動　441

19 個体群生態学　446
▶章のテーマ：生物学的侵入

●生物学と社会
ミノカサゴの侵入　447
個体群生態学の概要　448
　個体群密度　449
　個体群の齢構造　449
　生命表と生存曲線　450
　進化：進化的適応としての生活史特性　450
個体群成長モデル　452
　指数関数型の個体群成長モデル：
　　環境の制約のない理想的な条件の場合　452
　ロジスティック個体群成長モデル：
　　環境に制約のある現実的な条件の場合　453
　個体群成長の調節　454
個体群生態学の応用　456
　絶滅の危機に瀕した種の保全　456
　持続可能な資源管理　457
　侵略的外来種　457
　有害生物の生物学的防除　458
●科学のプロセス
生物学的防除でクズを駆除できるか？　459
　統合化された病虫害管理　460
人口増加　461
　人口増加の歴史　461
　齢構造　462
　私たちのエコロジカルフットプリント　463
●進化との関連
侵略種としてのヒト　465

20 生物群集と生態系　470
▶章のテーマ：失われゆく生物多様性

●生物学と社会
生物多様性はなぜ重要なのか？　471

生物多様性の消失　472
遺伝的多様性　472
種の多様性　472
生態系の多様性　473
生物多様性を減少させる原因　473

群集生態学　474
種間の相互作用　474
栄養構造　478
群集の種多様性　480
群集の攪乱　481
生態学的遷移　482

生態系生態学　483
エネルギー変換：生態系のエネルギー流　484
システム内の相互連関：生態系の化学的循環　486

保全生態学と復元生態学　490
生物多様性の「ホットスポット」　490
生態系レベルの保全　491
●科学のプロセス
熱帯林の分断化は生物多様性に
　どのような影響を与えているのか？　492
生態系を復元する　493
持続可能な発展の目的　494
●進化との関連
バイオフィリアは生物多様性を救えるか？　495

付　録
A：単位換算表　501
B：周　期　表　503
C：写真および図の出典　505
D：セルフクイズの答え　511

用　語　集　517

索　引　537

「なぜ○○が重要か？」に注目しよう

本書では生物学の授業で学ぶ重要な概念が，私たちの日常生活にどのようにかかわっているかをわかりやすく強調しています．

- 新規！「なぜ○○が重要か？」写真とひと言
  各章の扉では，ダイナミックな写真や生物学的に興味深い場面を提示します．これらの科学的なポイントは章内で再度取り上げます．

15 微生物の進化

なぜ微生物が重要なのか？

▼ 生命の歴史をさかのぼる家族旅行をしたとしたら，シアトルに達した後も「まだなの？」と尋ねているはずだ．

最近の研究によれば，トキソプラズマに感染したネズミはネコに対する恐怖心を失うらしい．

▲ 海藻は寿司を巻くだけではなく，あなたが食べるアイスクリームの中にも含まれている．

▲ あなたは毎日きれいな水が飲めることを微生物に感謝すべきである．

- **改訂！　各章のテーマ**は，章を通じて何度も取り上げる1つの重要なトピックです．たとえば，15章では，ヒトの微生物相を取り上げます．

▼

章目次	本章のテーマ
生命の歴史におけるおもな出来事　330 生命の起源　332 原核生物　335 原生生物　343	ヒトの微生物相 生物学と社会　私たちの目に見えない住人たち　329 科学のプロセス　肥満は腸内細菌のせい？　342 進化との関連　虫歯菌の甘い生活　348

　ヒトの微生物相　**生物学と社会**

私たちの目に見えない住人たち

あなたはおそらく，自分の体が数兆個の細胞を含んでいることを知っているだろう．しかし，そのすべてが「あなた」自身の細胞というわけではないことを知っているだろうか？　実際，あなたの体の表面や体内には，あなた自身の細胞数と同程度もしくは10倍にも達する数の微生物がすんでいる．つまり，無数の細菌や古細菌，原生生物があなたを生育場所としているのだ．あなたの皮膚や口，鼻腔，消化管，泌尿生殖器は，これらの微生物にとっての一等地である．個々の微生物は数百倍に拡大しなければ見えないほど微小だが，その重さを合計すると0.9～2.3 kgにもなる．

私たちは，自身の共生微生物群集を生後2年の間に得て，その後安定した状態でこれを維持する．しかし現代の生活は，その安定性を脅かしている．私たちは抗生物質を服用したり，水を浄化したり，食物を滅菌したり，周囲のものを抗菌処理したり，体を洗い歯を磨いたりすることで，この微生物群集のバランスを崩している．共生微生物群集が崩壊すると，感染症や特定のがん，喘息やアレルギー，過敏性腸症候群，クローン病，自閉症などになりやすくなるのではないかと考えられている．また好ましくない共生微生物群集は，肥満をもたらすかもしれない．科学者たちは，人類の歴史を通して共生微生物群集がどのように進化してきたのかを研究している．たとえば本章の最後の「進化との関連」のコラムに記したように，食生活の変化によって虫歯菌が私たちの歯に生育するようになったことが示されている．

あなたは本章を通して，人間と微生物の相互作用によって私たちが得ている利益や害について学ぶ．また，原核生物および原生生物の驚くべき多様性の一部を垣間見ることになるだろう．本書では生命の壮大な多様性を3つの章に分けて紹介しているが，本章はその最初の章である．そこで，地球上の最初の生命である原核生物と，単細胞の真核生物と多細胞の植物，菌類および動物の間をつなぐ原生生物から始めることにしよう．

ヒトの舌の表面の細菌を示した着色走査型電子顕微鏡像（10 100倍）．

　ヒトの微生物相　生物学と社会

生物学と社会のコラムは生物学を人の生活や興味につなげます．この例では，私たちの身体に生育する微生物を扱います．

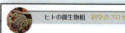

科学のプロセスの探究は，科学的手法が適用される実際の例を示します．15章では肥満における微生物相の役割を調べた最近の研究に迫ります．

進化との関連のコラムでは，各章のまとめとして，生物学全体を貫くテーマである進化を扱います．15章では，過去1000年以上にわたって人々の食生活と虫歯を引き起こす細菌との関係を調べた研究を紹介しています．

- **わかりやすくなった章のテーマとコラム**として，2章の放射能，6章の筋肉のパフォーマンス，7章のバイオ燃料リサイクルのための使用済み食用油の盗難なども取り上げます．

「主要なテーマ図」を見つけよう

生物学の主要なテーマは，全体を通して強調することで，
分野をまたぐ生物学の概念がどのように関連しているかを
わかりやすく提示します．

- 新規！　**生物学の重要なテーマ**は1章で紹介し，
生物学全体を貫く統一概念を強調しています．

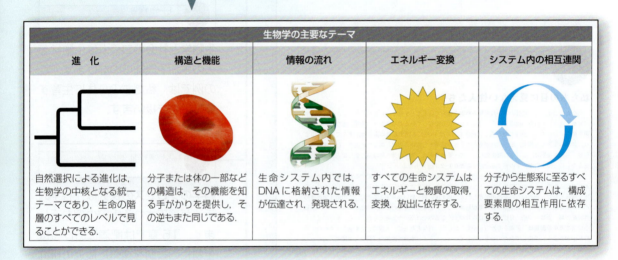

- これらのテーマ（進化，構造と機能，情報の流れ，エネルギー変換，システム内の相互連関）は，右の**アイコン**として本文に挿入し，関連性を強調しています．

- 生物学全体を通した進化の役割は，各章の最後に**進化との関連**というコラムでさらに掘り下げて探究します．

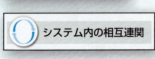

「例示と応用」を活用しよう

例示（比喩）と日常生活への応用はイメージしにくい生物学の概念を可視化してわかりやすくします．

▶ 図 15.1　生命の歴史におけるおもな出来事．この 4600 マイルの比喩的な自動車旅行では，1 マイル（約 1.6 km）が地球史における 100 万年に相当する．

- **新規！**　多数の新しい例示や応用を本文に盛り込むことで，初めての重要な概念の学習や記憶を助けます．例としては，
  - 原核細胞と真核細胞の違いを自転車と多目的 4 輪駆動車の違いに対比します．（4 章）
  - DNA が折りたたまれて染色体になる過程を，毛糸をまとめて束にする工程にたとえます．（10 章）
  - 地球における生命の進化のタイムスケール（46 億年）を米国横断のドライブにたとえます．（15 章）

> 生命の歴史をさかのぼる家族旅行をしたとしたら，シアトルに達した後も「まだなの？」と尋ねているはずだ．

科学リテラシー（教養）レベルを上げよう

多彩な練習問題や課題は，たんなる記憶にとどまらず，科学的に考える手助けをします．

● 改訂！ **科学のプロセス**のコラムは，特定の研究の流れを追うことで，科学的方法の各段階を説明しています．

バイオ燃料　科学のプロセス

何色の光が光合成を行わせるか？

1883 年，ドイツの生物学者テオドール・エンゲルマン Theodor Engelmann は，水中で生活するある細菌が酸素濃度の高い場所に集まることを**観察**した．彼は，プリズムの中を通った光が，波長（色）の違いに従って分離することをすでに知っていた．エンゲルマンはまもなく，この知識を，何色の光が光合成に最も効果的かを明らかにするために利用できないかと**疑問**に思い始めた．

エンゲルマンは，好気性細菌は藻類が光合成を最もよく行っている場所，つまり，酸素を最も多く発生している場所に集まるという**仮説**を立てた．彼は，淡水産の藻の糸状につながった細胞をスライドガラス上の 1 滴の水の中に置いて**実験**を始めた．そして，好気性細菌をその水滴の中に加えた．次に，プリズムを使って，スライドガラス上に光のスペクトルを照射した．その**結果**は，図 7.5 に要約したように，細菌が赤色−橙色と青色−紫色で照らされた藻のまわりに集まっているが，緑色の領域には細菌はほとんど移動していなかったことを示した．他の実験によって，葉緑体がスペクトルの中の，おもに青色−紫色と赤色−橙色の光を吸収することが証明されていたので，これらの波長の光が光合成の主要な要因の 1 つであることが明らかになった．

この古典的な実験の変形は今日もまだ行われている．たとえば，バイオ燃料の研究者たちはさまざまな藻類についてどの波長の光がバイオ燃料生産に最適かを調べている．未来のバイオ燃料製造装置では，照射する光の波長範囲全体にわたって利用できるようにさまざまな種の藻類が使われるだろう．

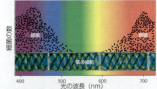

▶ 図 7.5　光合成と光の波長の関係を調べる実験．藻類の細胞を顕微鏡のスライドガラス上に置くと，好気性細菌が特定の色の光に照射された藻に向かって移動する．この結果は，青色−紫色と赤色−橙色の光が光合成に最も効果的で，一方，緑色はほとんど効果がないことを示唆している．

「データの解釈」を学ぼう

データの解釈は生物学の理解や日常のさまざまな重要な決断にとって重要です．本書の練習問題はそのコツをつかむ手助けをします．

- **新規！** 各章末の**データの解釈**問題は，グラフや数値データを定量的に取り扱う練習になります．右の10章の例は，インフルエンザの死亡率の歴史的なデータを示しています．他の例としては，
  - 13章：環境におけるカタツムリの殻の模様が鳥による被食率にどのように影響を与えるかを考えます．
  - 15章：冷蔵していない食品の表面で細菌が増殖する速度を計算します．

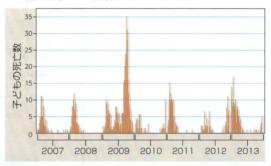

14. **データの解釈** 下のグラフは2007年から2013年に，あらゆるインフルエンザによって死亡した子どもの数をまとめたものである．それぞれの棒グラフはある1週間に死亡した子どもの数を表している．なぜグラフは山と谷が繰り返すようなかたちになると考えられるか？ また，本章の冒頭にある「生物学と社会」のコラムを読んだうえで，なぜそれぞれの山のピークは中央あたりにくるかを答えよ．さらに，これらのデータに基づけば，通常1年のうち，インフルエンザの流行はいつ頃始まり，いつ頃終わるといえるか？

学習の効率を上げよう

章のまとめは，連携して，初級生物学の学習を手助けします．

● **各章の復習**は，鍵となる概念をまとめて理解するために，キーワードと図を組み合わせて示します．効率的に学習できるように，章の内容をまとめた独自の図を用意しています．

本章の復習

薬のために，上記の突然変異によってつくられるタンパク質を利用することができるであろう．そうであるならば，このことは生物学者が進化を理解することによって学んだことを人類の健康促進のために適用したもう1つの事例になるであろう．また，そうであるならば，私たち人類は，地球上のすべての生物と同様，私たちのまわりに存在する感染性の微生物の存在を含む環境の変化に起因する進化によってかたちづくられているといえる．

重要概念のまとめ

顕微鏡で見る細胞の世界
細胞の2大別

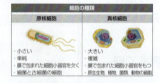

真核細胞の概観

真核細胞は膜によって機能をもったいくつかの区画に分けられている．最も大きい細胞小器官は通常，核である．その他の細胞小器官は細胞質，つまり，核の外側であり，細胞膜の内側である領域に局在する．

膜の構造
細胞膜

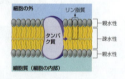

細胞の表面

植物細胞を包む細胞壁は，植物が重力に耐えること，そして，水の過度な吸収に抗することを支えてい る，動物細胞は粘着性の細胞外マトリックスに覆われている．

核とリボソーム：細胞の遺伝的制御
核

二重の膜からなる核膜は核を包む．核内では，DNAとタンパク質がクロマチン繊維を形成している．1つひとつのクロマチンの非常に長い繊維は1本の染色体である．核にはまた，リボソームの成分を合成する核小体が存在する．

リボソーム

リボソームはDNAによってつくられた情報を使って細胞質でタンパク質を合成する．

DNAはどのようにしてタンパク質合成を指令するか

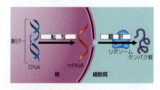

内膜系：細胞内でつくられた物質の加工と配送
小胞体

小胞体は細胞質に存在する，管状と袋状の膜で囲まれた構造体である．粗面小胞体は，表面にリボソームが付着していることから名づけられたが，膜や分泌タンパク質をつくる．滑面小胞体の機能には脂質合成と解毒が含まれる．

Campbell Essential Biology　6th edition

エッセンシャル
キャンベル生物学

原書
6版

1 序説：生物学の現在

なぜ生物学が重要なのか？

◀ 不思議な動物や特に美しい動物の名前を知りたいと思ったことがあれば，生物の分類に興味をもつだろう．

▼ あなたは気づかないうちに，毎日，科学的手法を利用している．

▲ 火星探査車の最も重要な使命の1つは生命の痕跡を探すことである．

章目次
生命の科学的研究　4
生命の本質　7
生物学の主要なテーマ　10

本章のテーマ
私たちのまわりすべてに生物学がある
生物学と社会　生命への生まれつきの愛着　3

私たちのまわりすべてに生物学がある　　生物学と社会

生命への生まれつきの愛着

　あなたは生物学が好きだろうか？　質問のしかたを変えよう．あなたはペットを飼っているか？　健康志向の運動や食事に関心があるか？　動物園や水族館に行ったり，自然の中をハイキングしたり，海岸で貝殻を集めたりしたことがあるか？　テレビでサメや恐竜の番組を見たことがあるか？　これらの質問に1つでも「はい」と答えれば，それはあなたが生物学を好きであるということである．

　私たちは生命への固有の関心，つまり動物や植物やその生育地を知りたいという自然の世界への生まれながらの好奇心をもっている．本書は，大学教養レベルの科学の経験をほとんどもたない学生を対象として，生命への生まれつきの関心を広げる手助けをすることを目指している．私たち著者は読者の生命への生まれつきの愛着を活かして，生物学分野の理解を読者自身の健康や社会へ応用できるようにしていきたい．このような生物学の視点はどんな教育にも必須（エッセンシャル）であると信じているので，本書を『エッセンシャル生物学（Essential Biology）』と命名した．そのため，読者が本書を読む理由が何であれ，たとえ授業科目を履修するためだけであっても，生命の探究が読者の背景や目指すものにかかわらず読者に関連があり，重要であるとすぐにわかってもらえるだろう．

　生物学が日々の生活にさまざまにかかわっているという事実を強調するために，本書の各章は「生物学と社会」というコラムから始めている．これによって章ごとの内容の関連性を理解しやすいよう工夫している．話題としては，放射線の医療への利用（2章），インフルエンザの予防接種の重要性（10章），人体の内部や表面に常在する微生物相（15章）などを生物学の観点から取り上げ，社会の基本に生物学がどのようにかかわっているかを例示した．本書を通して，人々の生活に生物学が適用できる例を豊富に示すことで，生物学と社会の関連性をつねに強調している．

自然への生まれながら好奇心． この学生は，ペルーのアマゾン川への修学旅行で，ウーリーモンキー *Lagothrix lagotricha* と遊んでいる．

1章
序説：生物学の現在

生命の科学的研究

生物学が私たちの生活にどのようにかかわっているかを明らかにするという目標が決まったいま，**生物学 biology** は生命の科学的研究であるという基本的な定義から始めるのがふさわしい．しかし，ある単語を辞書で調べてみたら，その単語の意味を説明する定義の中のいくつかの単語を調べなければならなかったということはないだろうか．生物学の定義は簡単そうに思えるが，いざ定義しようとすると多くの問題がもち上がるのである．科学的な研究とは何だろうか？ 生きているということはどういうことだろうか？ 読者が生物学の学習を始める手助けとして，本書の最初の章で，生物学の定義に含まれる重要概念についてさらに詳しく述べる．まず，本書では生命の研究を，科学のより広い枠組みの中に位置づける．つぎに，生命の本質を，生命の属性と生命の多様性を概観することによって考察する．最後に，生命の研究を通して直面するであろう一連の大きなテーマを提示する．それらは，これから学んでいくさまざまな知識を組織化するための指針として役立つテーマである．最も重要なことであるが，本章（そして本書全体）を通して，生物学が私たちの生活にどのようにかかわりをもっているかの例を，社会およびその各個人に対する生物学のかかわりを強調しながら，この後も提示していく．

科学のプロセス

本章の鍵である，生物学は生命の科学的研究であるということを思い出そう．まず，科学的研究とは何だろうか？「生命の研究」ということであれば，さまざまな非科学的な生命の研究法があることはよく知られている．たとえば，瞑想は，生命とは何かを考える重要な方法である．これは哲学などの学問に該当するが，生命の科学的研究ではない．そうであれば，生命を理解する手法として，科学的な方法と他の方法の違いは何だろうか？

科学 science とは，情報を集めて説明し個別の疑問に答えるという研究プロセスに根ざして，自然界を理解する手法である．自然界を理解するこの根本的な研究法には，自然を記録することを主体とした発見型科学と，自然を説明することを主体とした仮説検証型科学がある．多くの科学者はこれらの2つの研究を組み合わせて実践している．

発見型科学

科学者は自然のさまざまな現象がなぜ起こるかという理由を知りたい．そのためには，顕微鏡のようなツールや技術を用いて直接もしくは間接的に何度でも観察したり，測定したりできる構造と作用の科学的研究に限定される（図1.1）．観察の記録は**データ data** という．データは科学的研究のもととなる情報を整理したものである．繰り返し確認できるデータに基づいた研究は自然の神秘を解き明かしてくれ，超自然的な研究とは異なることをはっきりさ

☑ チェックポイント
生物学の定義は何か？

▼ 図1.1　ゾウリムシ（原生生物）の3種の異なる顕微鏡像．本書では，顕微鏡写真にはスケールバーもしくは倍率を表記してある．たとえば，「LM像300倍」とは，光学顕微鏡像で，300倍に拡大したものである．

3種の顕微鏡写真

| 光学顕微鏡像（LM）
（生きた細胞の観察） | 走査型電子顕微鏡像（SEM）
（表面構造の観察） | 透過型電子顕微鏡像（TEM）
（内部構造の観察） |

ゾウリムシ（原生生物）の光学顕微鏡写真 / ゾウリムシの走査型電子顕微鏡写真 / ゾウリムシの透過型電子顕微鏡写真

◀図 1.2　発見型科学の基礎データである詳細な観察と測定．ジェーン・グドール博士は何十年も費やして，タンザニアのジャングルでの野外調査でチンパンジーの行動の観察を記録した．

生命の科学的研究

せてくれる．科学は，幽霊や神々や霊が嵐や日食，病気を引き起こすかどうかを調べるものではない．というのは，これらは測定できないので，科学の範疇に入らないからである．

　検証できる観察と測定は，**発見型科学** discovery science のデータである．自然を正確に記述する過程で，自然がどのようになっているかということを発見する．チャールズ・ダーウィン Charles Darwin が南米で観察した多様な植物や動物の詳細な記述は発見型科学の一例である（13 章を参照）．最近では，ジェーン・グドール Jane Goodall がタンザニアのジャングルでチンパンジーの行動を何十年も観察し記録してきた（図 1.2）．もっと最近では，分子生物学者は膨大な量の DNA の配列を決定し解析して（12 章），生命の遺伝的基盤を解明してきた．

仮説検証型科学

　発見型科学の多くの観察は疑問を提示し，その説明を求めてくる．理想的には，その疑問に答える研究は科学的方法を利用する．**科学的方法** scientific method は研究の正式なプロセスであり，一連の段階で成立する（図 1.3）．これらの段階は，科学的方法のおおまかな流れを教えてくれる．何か新しいものを発見するのに，わかりやすい公式のようなものはない．その代わりに，科学的方法は発見に至る流れを教えてくれるのである．科学的方法は不完全なレシピ（料理の調理法）に似ている．つまり，各段階のおおまかな流れは提示されているが，詳細は料理人に任されている．同様に，科学者は科学的方法の各段階を厳密に守るわけではない．つまり，科学者は皆それぞれの科学的方法をとっていく．

　ほとんどの近代的な科学的研究は仮説検証型科学ということができる．**仮説** hypothesis とは疑問に対する仮の答えである．つまり，一連の観察に対するある 1 つの説明である．すぐれた仮説は，実験によって検証できる予測をすぐに導き出してくれる．もちろん私たちはこれらのキーワードを意識していないかもしれないが，日々の問題を解決するとき仮説をいつも利用している．たとえば，あなたが 1 日の宿

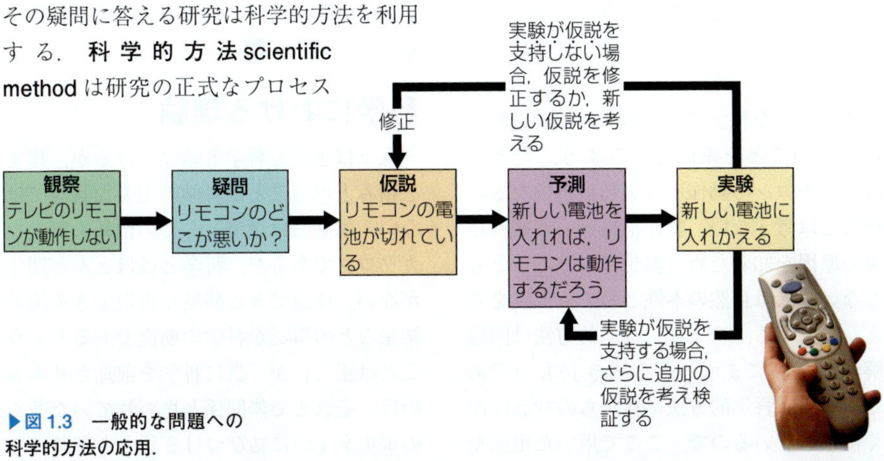

▶図 1.3　一般的な問題への科学的方法の応用．

1章
序説：生物学の現在

> あなたは気づかないうちに，毎日，科学的手法を利用している．

題を終えて，テレビを見て休憩するとしよう．ところが，テレビのリモコンのボタンを押してもスイッチが入らない．テレビの電源が入らないというのは「観察」である．ここから生じる「疑問」は，なぜリモコンは動作しないのかということである．何通りもの理由が考えられるだろうが，そのすべてを同時に調べることはできない．まず，1つの理由，できれば過去の経験から最もありそうなものに絞って，調べる．その理由（説明）が，「仮説」である．たとえば，リモコンの電池が切れているというのが，ここではありそうな理由である．

仮説が提示されれば，研究者はその仮説に基づいて期待される結果を「予測」することができる．「実験」をして結果が予測通りかどうか調べることで，仮説を検証する．この論理的な検証が，「もし，…であれば，…のはずである」という論理の形式をとる．

観察：テレビのリモコンが動作しない．
疑問：リモコンのどこが悪い？
仮説：リモコンが動作しない理由は，電池が切れているから．
予測：新しい電池を入れれば，リモコンは動作するだろう．
実験：新しい電池に入れかえる．

電池を交換してもリモコンが動作しないこともある．そのときは次の仮説を考え，検証する．たとえば，テレビ本体のコンセントが抜けているかもしれない．電池を入れかえたとき，向きを間違えたのかもしれない．当初の疑問に対する納得できる結論にたどり着くまで，仮説と実験を繰り返せばよい．この作業をするとき，あなたは科学的方法をとっており，まさに科学者といえる．

このような科学的な思考や作業の過程ではしないことを確認してみよう．たとえば，リモコンの動作不良を超自然的な霊の仕業とは考えない．動作不良という観察結果の原因を知るために瞑想にふけることもしない．人は自然の本性として，仮説を考え，検証する．つまり，科学的方法は問題解決のためにまず「とるべき」ものである．実際，科学的方法は私たちの社会に深く根ざしているので，ここで用いた用語や形式を使わなくても，ほとんどの人はごく自然にこの手法をとる．科学的方法とは，多くの人がすでに考え実行していることを定式化しただけともいえる．

本書の各章では，議論の対象を学ぶのに，科学的方法が利用される例を提示してある．「科学のプロセス」というタイトルで示すそのコラムでは，科学的方法の各段階をわかりやすく強調している．疑問の例としては，「ラクトース不耐症は遺伝子によるものか？」（3章），「なぜ犬の毛の種類はそんなに多様なのか？」（9章），「ヒトの腸内微生物は体重に貢献しているか？」（15章）などである．読者が科学の基礎知識に詳しくなればなるほど，今後遭遇する議論を批判的に評価するのに必要なものを身につけていくことになる．私たちは，宣伝やインターネット，雑誌などを介して，日々大量の情報にさらされている．本当に大事なものをどうでもよいものと区別して取り入れることは容易ではない．疑問に応えるプロセスとして科学をしっかり理解することは，授業で勉強することとは別に，さまざまに役立つはずである．

科学研究は自然を知る唯一の手段ではないということも重要である．比較宗教学の授業は，地球と生命の超自然的な創造に関するさまざまな物語を学ぶのに適している．科学と宗教は，自然を知る方法としては非常に異なっており，幅広い教育によって，これらすべてに触れられるようにすべきであろう．また，各個人は個別の経験と多分野の教育を統合して，それぞれの知の世界観をつくり上げていく．本書は，科学の教科書として，また多分野教育の一環として，純粋に科学の観点から生命を概観するものである．✓

科学における理論

人々は事実を科学と結びつけるが，事実を積み上げることが科学の主要な目標ではない．電話帳は事実としての情報の膨大なカタログであるが，科学とはほとんど関係がない．確認できる観察や再現できる実験結果などの事実が科学の前提であるということは正しいが，真に科学を前進させるものは，それまで無関係と思われていた多くの事実を1つに結びつける新たな理論であ

☑ チェックポイント

1. もし，あなたが，学校内に生息するリスを観察し，その食性データを収集しているとして，これはどのような科学といえるか？また，リスの摂食行動を説明できる考えを思いついてそれを確かめることになれば，それはどのような科学といえるか？
2. 科学的方法の各段階について，以下のものを正しい順番に並べよ．
   実験，仮説，観察，予測，結果，疑問，改訂／繰り返し

答え：1．記述的科学；仮説駆動科学
2．観察，疑問，仮説，予測，実験，結果，改訂／繰り返し

る．科学の基礎は，多様な現象に適用できる説明である．科学の歴史で際立つアイザック・ニュートン Isaac Newton やチャールズ・ダーウィン，アルベルト・アインシュタイン Albert Einstein を人々が敬愛するのは，彼らが多数の新事実を発見したからではなく，彼らの理論がここまで広範囲の現象の説明に適用できるからである．

科学の理論とは何か，それは仮説（説明）とどのように違うのだろうか？ 科学の**理論 theory**（学説ともいう）は仮説よりも適用範囲がはるかに広い．理論は多くの証拠によって支持された包括的な説明であり，多くの検証可能な新しい仮説を生み出すのに十分な普遍性をもっている．1つの仮説として，「シロクマの毛が白いのは北極地方で生存するための適応である」があり，別の仮説として「ハチドリの羽翼の珍しい骨の構造は花から蜜を吸うときに役立つ進化的適応である」．しかし，「個別の環境への適応は自然選択によって生じる」という理論はこれらの一見関係のない仮説を結びつける．この進化の理論は本章の後半で再度取り上げる．

理論として科学者に広く受け入れられるには，深くかつ幅広い証拠に支持され，しかもどんな科学データとも矛盾しないことが必要である．科学者が用いる "theory"（理論）という英単語は，日常語としては「確認されていない推測」という意味が強い．つまり，日常会話で私たちが使用する "theory" という語は，科学者が使用する "hypothesis"（仮説）という語の意味に近い．後で学ぶように，自然選択は広く適用でき多数の観察や実験によって検証されており，科学の理論として認められている．したがって，自然選択をたんなる仮説というと，検証されていない，もしくは証拠が足りないなどの印象を与えるので，適切ではない．実際，どんな科学の理論も豊富な証拠に裏打ちされており，そうでないものは理論とは見なされない．✓

> **✓チェックポイント**
> あなたが友人と午後6時に夕食の約束をしたが，その時間を過ぎても彼女は来なかった．なぜだろうか？ 別の友人が，「私の理論(theory)では彼女は約束を忘れた」と述べた．この友人は，科学者のように表現するとすれば，何と述べればよかっただろうか？
>
> 答え：「私の仮説(hypothesis)では，彼女は約束を忘れた．」

生命の本質

生物学は生命の科学的研究であるという基礎的な定義を，もう一度思い出そう．科学的研究の意味を理解したところで，定義に関する次の疑問に移る．それは，生命とは何かということである．言い換えれば，何をもって生物を非生物と区別できるだろうか？ **生命 life** の現象は単純な1つの定義に従わないように見える．しかし，小さな子どもであっても，犬や虫，植物は生きているが，岩はそうではないということは本能的にわかる．

もしあるものを目の前に提示され，これは生物かと尋ねられたら，あなたはどうするだろうか？ つついてみて，応答するかどうか確かめる？ 詳しく観察して動いているか，呼吸をしているか調べる？ 解剖して細部を調べる？ これらは，生物学者が実際どのように生命を定義しているかということに深く関係している．つまり，生物がもつ特徴によって，生命を認識しているのである．したがって，生物学の学習にあたってまず，すべての生物が共通にもつ特徴を見ていくことにしよう．

生命の特徴

図 1.4 は生命の7つの特徴や作用を示している．これらの特徴を同時にすべて満たすものは，生物であるといえる．(a) **規則性**．すべての生物は複雑な，しかし規則的な構造をもつ（例：松かさ）．(b) **制御**．まわりの環境が激しく変化したとしても，生物の内部の環境を制御して，ある程度一定に保つことができる．たとえば，体温が下がるのを感知して，トカゲは岩の上で日光浴をして熱を吸収する．(c) **成長と発生**．DNAの情報がすべての生物（図はクロコダイル）の成長と発生を支配している．(d) **エネルギー利用**．生物はエネルギーを取り入れ，それを消費してすべての活動を行い，エネルギーを熱として発散する．チーターは獲物を食べることでエネルギーを取り入れ，走ることやさまざまなことにそのエネルギーを用い，いつも体から熱を発散している．(e) **環境への応答**．すべての生物は環境からの刺激に応答する．食虫植物のハエトリグサはその感覚毛に昆

1章
序説：生物学の現在

▼図1.4　生命の特徴．対象がここに述べる特徴を同時に満たすときのみ，生きているといえる．

(a) 規則性

(b) 制御

(c) 成長と発生

(d) エネルギー利用

虫が触れたという環境刺激に応答してすばやく葉を閉じる．(f) **増殖**．生物は自分と同種のものを増やす．サルはサルだけを増やし，トカゲやチーターを生むことはない．(g) **進化**．増殖することによって，生物集団は時間とともに変化（進化）する．たとえば，オオコノハムシ *Phyllium giganteum* はまわりの環境に合わせて擬態するように進化してきた．進化による変化は，すべての生物の現象をつなぐ中心的なものである．

地球以外のどこかに生命が存在するという証拠はこれまでないが，生物学者は地球外生命が存在するとすれば図1.4に示す特徴をもっていると期待している．火星探査車「キュリオシティ」（図1.5）は2012年から火星表面を探査活動しており，過去もしくは現在の生命の証拠となる物質（バイオマーカーともいう）を検出する装置を何台か装備している．たとえば，一連の装置が微生物のエネルギー代謝の証拠となる化学物質の検出を試みている．いまのところ，生命の存在を示すはっきりとした兆候は検出されていないが，探索は続けられている．☑

▲図1.5　生命の痕跡を探索している探査車「キュリオシティ」から見た火星の風景．

> 火星探査車の最も重要な使命の1つは生命の痕跡を探すことである．

生命の多様なかたち

図1.6のメガネザルは，図1.4で概要を示した特性をもつ地球上の約180万種の既知種の1つである．既知の生物多様性には，少なくとも29万種以上の植物，5万2000種以上の脊椎動物（背骨をもつ）と100万種以上の昆虫（すべての既知生物の半数以上）が含まれている．生物学者は，毎年何千もの新種をこのリストに加えている．地球上の全生物種数の推定値は，1000万種から1億種以上という範囲である．実際の総数がどうであれ，生物の膨大な多様性は，それを研究する生物学者が組織的に取り組むべき課題を提示する．

✓チェックポイント
生命の特徴のうち，自動車にも当てはまるものと当てはまらないものはそれぞれ何か？

答え：自動車は規則的，制御，エネルギー利用の特徴をもつ．しかし，成長・発生，増殖，進化することはない．

▼図1.6　生物多様性の小さな例．メガネザルとよばれる霊長類はフィリピンの多雨林の樹上に暮らす．この種の学名はタルシウス・シリチタ *Tarsius syrichta* である．

(e) 環境への応答

(f) 増殖

(g) 進化

種のグループ化：基本的概念

　自然の感覚として，人々は，類似性に従って多様なものをグループに分ける傾向がある．たとえ実際に多くの異なる種が含まれると認識していても，私たちは「リス」とか「蝶」とかいう言葉を使う．**種** species は，一般的に，同じ場所と時間に暮らしていて，互いに自然交配して健全な子孫をつくる可能性がある生物のグループとして定義される（詳細は14章）．私たちは，それぞれのグループをより幅広いカテゴリー，たとえば齧歯類（リスを含む）や昆虫（蝶を含む）に仕分けることもある．種を命名し分類する生物学の分野である**分類学** taxonomy は，種をより広い階層的カテゴリーに配置していく．これまで，魚を見て，またはキノコや鳥を発見して，それがどんな種類であるか疑問を抱いたことがあるだろうか？　もしそうなら，分類学上の疑問をもったことになる．後の章で，生物多様性の詳細に踏み込む前に，ここでは生命の分類の最も広範な単位についてまとめてみよう．

> 不思議な動物や特に美しい動物の名前を知りたいと思ったことがあれば，生物の分類に興味をもつだろう．

生命の3ドメイン

　生物学者は多様な生物を，最も大きく分ける階層として，細菌（バクテリア），古細菌（アーキア）と真核生物の3つのドメインに分類する（**図1.7**）．地球上のどんな生物も，これらの3ドメインのどれかに属する．最初の2つのドメイン，細菌と古細菌の細胞は原核細胞だが，それぞれが非常に異なった性質をもつ2つのグループである．原核細胞は，核やその他の細胞内膜構造をもたない，比較的小さく単純な細胞

細菌ドメイン　着色TEM像　7000倍

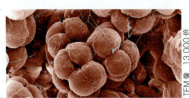
古細菌ドメイン　TEM像　13 000倍

植物界

菌界

動物界

原生生物（多界で構成される）　LM像　100倍

真核生物ドメイン

▲図1.7　生命の3ドメイン．

生命の本質

1章 序説：生物学の現在

✓チェックポイント
1. 生命の3ドメインの名前を挙げよ．あなたはどれに属しているか？
2. 真核生物ドメイン内の，おもに多細胞生物からなる3つの界の名前を挙げよ．また，このドメイン内の4つ目のグループ名を挙げよ．

である．すべての真核生物（真核細胞の生物）は真核生物ドメインに入れられる．真核細胞は，核やその他の膜に包まれた細胞小器官をもつ，比較的大きく複雑な細胞である．

真核生物ドメインは，さらに3つの界，植物界，動物界，菌界とよばれているより小さなカテゴリーを含んでいる．この3界のほとんどのメンバーは多細胞生物である．これらの3界はそれぞれ，生物が栄養を得る方法によって部分的には特徴づけられる．植物は，光合成によって自ら糖分などの養分をつくり出す．菌類の大部分は分解者であり，死んだ生物を消化することによって養分を得る．私たちヒトが属する界である動物は，他の生物を摂取し（食べ），消化することによって養分を得る．これらの3界に適合しないその他の真核生物は，原生生物とよばれる包括的なグループに入れられる．ほとんどの原生生物は，単細胞生物であり，たとえばアメーバのような微細な原生動物が含まれる．しかし，原生生物にも，たとえば海藻のような多細胞生物が含まれている．科学者は原生生物を多くの界に整理しようとしているが，現時点では，正確にどうすべきかについて，まだ同意されていない．✓

生物学の主要なテーマ

生物学は，毎日新しい発見がなされ，学問の広さと深さの両方でたえず成長する大きな課題である．私たちは多くの場合，詳細なことに焦点を当てているが，課題を通して流れている幅広いテーマがあることを認識することが重要である．これらの包括的な原理は，細胞のミクロの世界から地球環境まで，生物学のすべての側面を統一する．生物学の中の多くのトピックスを横断するいくつかの主要なテーマに焦点を当てることは，これから学ぶすべての情報を整理し，意味を理解することの助けとなり得る．

本節では，生物学における研究を通して繰り返し出てくる5つの統一テーマを説明する（図1.8）．本書の以後の章を通じてこれらのテーマに何度でも遭遇するであろう．図1.8のアイコンを項の冒頭に以下のように使用することにより，それぞれのテーマを強調表示する．

 進化

進 化

あなたに家系があるように，地球上の各々の種は，遠い祖先種から時間を経て分岐しながら広がる「生命の樹」の1つの小枝である．ヒグマとホッキョクグマのような，非常に類似した種は，生命の樹において，比較的最近の分岐点で表される共通祖先をもつ（図1.9）．それに加え，ずっと遠くの過去に暮らしていた祖先までさかのぼると，クマは，リスやヒトなどすべての

▼図1.8 生物学の分野を通して流れる5つの統一テーマ．

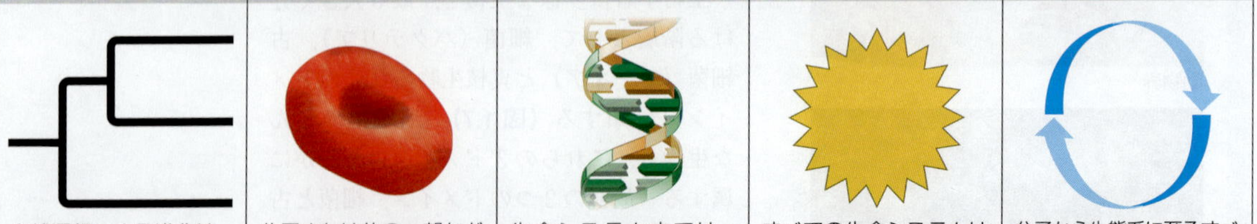

生物学の主要なテーマ				
進 化	構造と機能	情報の流れ	エネルギー変換	システム内の相互連関
自然選択による進化は，生物学の中核となる統一テーマであり，生命の階層のすべてのレベルで見ることができる．	分子または体の一部などの構造は，その機能を知る手がかりを提供し，その逆もまた同じである．	生命システム内では，DNAに格納された情報が伝達され，発現される．	すべての生命システムはエネルギーと物質の取得，変換，放出に依存する．	分子から生態系に至るすべての生命システムは，構成要素間の相互作用に依存する．

生物学の主要なテーマ

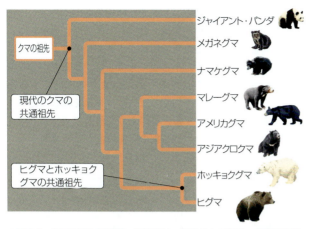

▲図1.9 クマの進化系統樹．系統樹は，現代のクマ類の，化石の記録とDNA配列の比較に基づく仮説（一時的なモデル）を示す．クマの進化史に関する新しい証拠が出てきたら，この系統樹は修正される．

この大切な主題についての初歩的な紹介をする．進化を生物学の中心テーマとして強調するため，各章の終わりに「進化との関連」のコラムを設ける．たとえば，より良いバイオ燃料の開発（7章），がん細胞はどのように体内に広がるか（10章），抗生物質耐性菌の発生（13章）などの問題に，進化はどのように光を当てることができるかを学ぶことになる．

哺乳類と類縁関係がある．すべての哺乳類は毛と乳をつくる乳腺をもち，このような類似点は，すべての哺乳類が共通祖先，すなわち最初の哺乳類の子孫であると予測させるものである．そして，哺乳類，爬虫類などすべての脊椎動物は，哺乳類の共通祖先よりもさらに古い時代に共通祖先を共有する．さらに古い時代にさかのぼると，細胞レベルで，すべての生命は驚くべき類似点を示す．たとえば，すべての生きた細胞は同じ構造の細胞膜に包まれ，リボソームとよばれる構造でタンパク質を生産する．

このような多様な種で発見される共通の特性の科学的な説明は，地球上の生命を最初期の単純なものから今日見られるきわめて多様なものに変えた進化というプロセスである．進化は，生命の基本原理であり，生物学のすべてを統一する中心テーマである．150年以上前にチャールズ・ダーウィンによって記述された自然選択による進化理論は，私たちが生きている生物について知っているすべてを理解する1つの原理である．生物学を学ぶ学生は，最初に進化を理解することから始めるべきである．進化は，私たちから最も離れたところに生育する小さな生物から，私たちが暮らしている環境での種の多様性，地球環境の安定性に至るまで，私たちが生命のすべての側面を研究し，理解するのに役立つ．本節では，

ダーウィンの生命観

生命の進化的視点は，1859年に英国の博物学者チャールズ・ダーウィンが，最も重要で影響力のあった本の1つである『種の起源』を出版したときから明確になった（図1.10）．最初に，ダーウィンは，今日生きている種は祖先種からつながった子孫であるという進化的見地を支持するために利用できる証拠を示した．ダーウィンは，このプロセスを「変化を伴う継承」とよんだ．これは，生命の統一性（継承によって可能となる）と多様性（漸次的な変化によって可能になる）の二

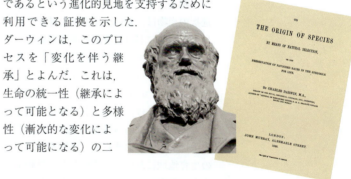

▼図1.10 チャールズ・ダーウィン（1809–1882），『種の起源』とガラパゴス諸島のアオアシカツオドリ．

1章
序説：生物学の現在

元性をとらえているので，洞察に満ちた言葉である．ダーウィン的視点では，たとえば，クマの多様性は，すべてのクマの共通祖先からのそれぞれ異なった変化に基づく．

次に，ダーウィンは変化を伴う継承のためのしくみを提案した．彼は，このしくみを自然選択とよんだ．生存競争においては，地域環境に最適な遺伝的特徴をもつ個体は生き残りやすく，健康な子孫を最も多く残す．したがって，生存と繁殖成功を強化するような特徴は，次世代において個体数のうえでは多くなる．環境が，すでに存在する遺伝形質の中から特定の形質のみを「選択する」ため，ダーウィンが **自然選択 natural selection** とよんだものは，この繁殖成功の差である．自然選択は，変化を促進する，あるいはなんらかのかたちで促すのではなく，すでに存在しているそれらの変化を「編集」する働きをする．そして，自然選択の産物は，適応，すなわち時間の経過による集団における変異の蓄積である．

図1.9のクマの進化の例に戻ると，クマにおけるわかりやすい適応は毛の色である．ホッキョクグマとヒグマ（グリズリー）の各々は，それぞれの環境で働く自然選択の結果である進化的適応（白と茶色の毛）を示す．おそらく，自然選択は，その生育地域において，優位となる外観を示すクマの系統の毛色に有利になる傾向があるのであろう．

私たちは，現在働いている自然選択の多くの例を認識する．古典的な例は，ガラパゴス諸島のフィンチ（鳥の一種）（図1.11）である．20年以上の期間にわたり，これらの離島で観察を続けた研究者は，小さな種子を食べるのを好む集団において，ガラパゴスフィンチのくちばしの大きさの変化を測定した．ガラパゴスフィンチが好む小さな種子が不足する乾燥した年には，おもに大きな種子を食べていた．より大きく強力なくちばしをもつ鳥は，そのような環境で採食における優位性とより高い繁殖成功をもち，それゆえ集団のくちばしの幅の平均値は，乾燥した年の間に増加した．湿った年の間は，小さな種子はより豊富になる．小さなくちばしは，豊富な小さな種子を食べるためにはより効率的であるため，平均くちばし幅は世代を経るに従って減少する．このような構造の変化は，進行中の自然選択の計測可能な証拠である．

この世界には自然選択の例が豊富にあ

▲図1.11　**ガラパゴス諸島のフィンチ類**．チャールズ・ダーウィンは，ガラパゴスで過ごしている間に，これらのフィンチを個人的に集めた．

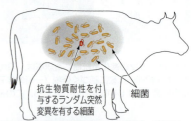

❶ **さまざまな遺伝的特性を有する集団**．最初に，細菌集団には抗生物質耐性についての変異がある．偶然により，いくつかの細菌はある程度の耐性を示す．

抗生物質の投与

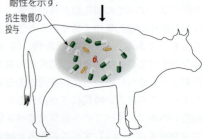

❷ **特定の形質をもつ個体の除去**．細菌の大半は，抗生物質の影響を受けやすいので死に絶える．いくつかの耐性菌は生き残りやすい．

❸ **生存者の増殖**．抗生物質による選択圧は，少数の耐性菌の生存と繁殖成功に有利に働く．したがって，抗生物質耐性の遺伝子は，高い頻度で次の世代に渡される．

多くの世代

❹ **生存と繁殖成功を強化する特性の頻度の増加**．世代を経るごとに，細菌集団は，自然選択によりその環境に適応する．

▲図1.12　進行中の自然選択．

る．抗生物質耐性菌の発生について考えてみよう（図1.12）．酪農家や畜産農家は，より大きく収益性の高い動物を得るため，しばしば餌に抗生物質を加える．❶細菌集団のメンバーは，偶然により抗生物質に対する感受性が変化するであろう．❷一度，抗生物質の添加により環境が変化したら，ある細菌が生き残る一方で，いくつかの細菌は，迅速に死ぬ．❸生き残ったものは増殖する可能性があり，生存を強化する形質を受け継ぐであろう子孫をつくる．❹多くの世代にわたり，抗生物質に耐性のある細菌がますます多数繁栄する．このように，ウシへの抗生物質の供給は，標準的な抗生物質処理の影響を受けにくくなる抗生物質耐性細菌集団の進化を促進するであろう．

人為選択の観察

ダーウィンは，自然選択の効力の確たる証拠を，家畜化や栽培化を目的とした動植物の品種改良における人為選択の例の中に見つけた．人類は，特定の特徴をもつ株を選別育種することにより，数千年間にわたりいろいろな種を改変してきた．たとえば，私たちが食用として栽培する植物は，野生の祖先種にあまり似ていない．野生のブルーベリーやイチゴを食べたことがあるだろうか？　それらは現代の栽培品種と大きく異なる（多くの点で，はるかに望ましくない）．これは，植物の特定の部分が発達したものを選択するという人為選択を多くの世代にわたって行うことで，作物をつくり変えてきたためである．図1.13に示されるすべての野菜は，野生のセイヨウカラシナ（図中央）の1種を共通祖先としている．品種改良の効力は，観賞や実用的特性のために育種されたペットでも明らかである．たとえば，すべての犬はオオカミの

▶図1.13　食用作物における人為選択．

▼図1.14　ペットにおける人為選択．

ハイイロオオカミ

飼い犬

1章
序説：生物学の現在

子孫である．しかし，異なる文化の人々は，バセットハウンドとセントバーナードほど異なる何百もの犬を品種改良してつくり出した（図1.14）．現代の犬の膨大な変異は，人間による数千年にわたる人為選択を反映したものである．あなたは気がつかないかもしれないが，毎日人為選択でつくられた生物に囲まれているのである！

ダーウィンによる『種の起源』の出版は，今日まで続く生物学的研究の爆発を引き起こした．過去の1世紀半以上にわたり，自然選択による進化というダーウィンの理論を支持する相当な量の証拠が蓄積された．それにより，ダーウィンの進化理論は生物学の中で最もよく記述された，最も包括的で，最も長寿命な説となっている．本書のあらゆる章で，自然選択がどのように働くかについて学び，自然選択があなたの生活にどのように影響を与えているかという例を見るであろう．✓

 構造と機能

構造と機能の関係

家庭にある役立つ物品を考えてみると，かたちと機能が関係していることがわかる．たとえば，椅子はどんなかたちでもよいというわけではない．しっかりと立つ脚の安定性と体を支える平らな座面が必要である．つまり，椅子の機能は，椅子のとり得るかたちを限定している．同様に，生命システムにおいても，構造（あるもののかたち）と機能（そのものがする働き）は関連しており，一方が他方を推測する手がか

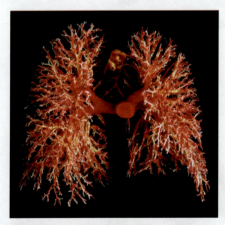

▲図1.15 ヒトの肺の構造と機能．ヒトの肺の構造はその機能と関係がある．

▼図1.16 赤血球細胞の構造と機能．酸素が肺の血管に入ると，赤血球細胞に拡散していく．

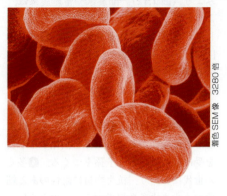

着色SEM像 3280倍

りを与えてくれることが多い．

構造と機能の関係は生物のさまざまな階層で見ることができる．器官の階層としてヒトの肺を考えてみよう．肺は外環境とガス交換をする働き，つまり酸素（O_2）を取り込み，二酸化炭素（CO_2）を排出する．この肺の構造はその機能と関連がある（図1.15）．つまり，肺の管はだんだん小さく枝分かれして，最終的には数百万の袋（肺胞）となり，空気と血液の間のガス交換を担っている．この枝分かれした構造（肺のかたち）は莫大な表面積を提供し，大量の空気の交換（肺の機能）を助けている．同様に，細胞の階層でも，構造と機能には関係がある．たとえば，酸素が肺の血液に入るとき，赤血球細胞に拡散で到達する（図1.16）．赤血球細胞のへこんだ構造は，酸素が拡散で取り込まれやすいように表面積を大きくする機能と関連している．

本書を通して，生物のさまざまな階層で構造と機能の原理を学ぶことになる．それは細胞や細胞成分の構造からDNAの複製や植物や動物の内部構築まで多岐にわたっている．構造と機能の関係として取り上げた例として，氷が水に浮く理由（2章），タンパク質のかたちの重要性（3章），植物体における構造的適応（16章）などがある．✓

 情報の流れ

情報の流れ

生命の働きが正しく進行するためには，情報を受け取り，伝達し，活用されなければならない．このような情報の流れは生命

☑ チェックポイント
1. ダーウィンが「変化を伴う継承」とよんだものの現代的用語とは何か？
2. ダーウィンは，進化のためにどのようなしくみを提案したか？　どのような言葉が，このメカニズムを要約しているか？

答え：1. 進化　2. 自然選択；繁殖成功の差

☑ チェックポイント
構造と機能の関係をテニスのラケットに適用して説明せよ．

答え：テニスラケットは，よくボールを打ち返すように手首でもつことができる．その大きなラケット面はボールを打ち返すことに役立っている．

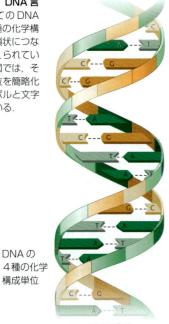

▶図 1.17 **DNA 言語**．すべての DNA 分子は 4 種の化学構成単位が鎖状につながってつくられている．この図では，その構成単位を簡略化したシンボルと文字で表している．

DNA の4種の化学構成単位

DNA 分子

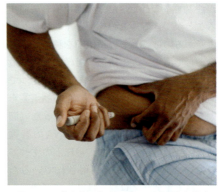

▲図 1.18 **バイオテクノロジー**．1970 年代より，生物学の応用は医学に革命を起こした．

システムのどの階層でも働いている．顕微鏡レベルの階層では，世代を越えて受け渡される DNA の特定の配列からなる**遺伝子 gene** を各細胞は情報としてもっており，この遺伝子が情報の単位である．個体の階層では，すべての多細胞生物は胚から発生し，細胞間で交換される情報はボディープラン全体が予定通りに進行することを可能にしている（8 章）．個体が成熟すれば，体の内部状態を制御する情報が，生命に必要な範囲内に体の状態を維持することに利用される．

細菌とヒトは異なる遺伝子を世代で引き継いでいくが，その情報はすべての生物に共通する化学の言葉で記述されている．実際，生命の言語はたった 4 文字のアルファベットで記されている．DNA をつくる 4 種の構成単位の化学名は A, G, C, T で略記する（**図 1.17**）．一般的な遺伝子は，長さ数百から数千の化学の「文字」で書かれている．遺伝子の意味はその文字の配列に込められている．このことは，文章の意味が英語のアルファベットの配列で書き表されていることと同じである．

生物が世代を越えて引き継ぐ遺伝情報の全セットを**ゲノム genome** という．ヒトの各細胞の核は約 30 億の化学文字で記されたゲノムをもっている．近年，科学者たちはヒトをはじめとする何百という生物のゲノムの全配列情報をほぼ決定した．この研究の進行と平行して，生物学者はそれぞれの遺伝子の機能を研究し，生物の発達と働きにおいて遺伝子セットがどのように協調しているのかを調べている．この急速に進歩しているゲノミクスの分野は，ゲノム全体を研究する生物学の 1 つであるが，さまざまな階層で生命の研究に情報の流れが手がかりをもたらすめざましい例である．

私たちの体内で，これらすべての情報はどのように利用されているのだろうか？どんなときでも，ヒトの遺伝子群は体の働きを支配する数千の異なるタンパク質を合成している（10 章で DNA からタンパク質が合成されるしくみを学ぶ）．食物が消化され，新しい体組織がつくられ，細胞が分裂し，シグナルが送られる．これらすべては各種のタンパク質が行い，そのすべてのタンパク質は DNA に貯えられた情報によってつくられる．たとえば，体の一部が血液中のグルコースの量を感知し，応答としてホルモンを分泌し，血液中のグルコースを一定の範囲に維持している．ヒトの遺伝子の 1 つの情報が「インスリンをつくれ」と翻訳される．膵臓の細胞でつくられるインスリンは燃料としてのグルコースの利用を制御する化学物質（ホルモン）である．

1 型糖尿病の患者では，ある遺伝子に変異（エラー）が生じて，免疫細胞が膵臓のインスリン生産細胞を攻撃して破壊するようになることがしばしば見られる．体内の情報の正常な流れの劣化が病気を起こすのである．いまでは，遺伝子操作した細菌でつくられたインスリンを糖尿病の患者自身

1章
序説：生物学の現在

☑ チェックポイント
遺伝子とゲノムはどちらが大きいか？

(答え：ゲノム．ゲノムはすべての遺伝子を含む．)

が注射することで，自分の血糖値を調節することができる．この細菌がインスリンを生産するのは，ヒトの遺伝子を移植してあるからである．この遺伝子工学の実例は最初期のバイオテクノロジーの成果の1つである．バイオテクノロジーは医薬品工業を大きく変え，数百万人の命を救った（図1.18）．また，生物の情報がDNAの普遍的な化学の言語で書かれ，地球上のすべての生物で同じしくみで利用されているため，バイオテクノロジーは初めて可能となった．☑

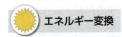
エネルギー変換

エネルギーと物質を変換する経路

運動や成長，繁殖，さまざまな細胞の働きは仕事であり，仕事はエネルギーを必要とする．太陽からのおもなエネルギーの入力とこれを別のエネルギーに変換することで，生命の活動を可能にしている（図1.19）．エネルギー源として，ほとんどの生態系は太陽光で支えられている．生態系に入ってくる太陽光エネルギーは植物と他の光合成生物（生産者）が取り入れ，糖や他の複雑な分子がもつ化学結合として蓄える．これらの分子は動物などの一連の消費者の食物となる．消費者はこの食物の化学結合を分解することでエネルギー源として利用し，自分たちが必要とする分子を合成するための構成単位としても利用する．つまり，消費される分子はエネルギー源と物質の供給源の両方として利用される．このような生物内と生物間のエネルギー変換過程で，一部のエネルギーは熱に変わり生態系から失われていく．このように，生態系を通るエネルギーの流れは光として入ってきて，熱として出ていく．これは図1.19の波線の矢印で示してある．

世界のすべての物体は生物と非生物の両方を含むが，これらはすべて物質でできている．生態系を通過するエネルギーの流れと対照的に，物質は生態系の中で再利用される．これは図1.19で青い円で示す．たとえば，植物が土壌から吸収する無機塩類は，植物が微生物によって分解されるとき再び土壌にリサイクルされる．菌類や細菌のような分解者は生物の遺骸や排出物を分解，つまり複雑な分子を単純な栄養物に変換する．分解者の役割は，栄養物として土壌から植物に再び吸収されるように変換することで，これによって栄養物の循環が完成する．

すべての生物の細胞で，相互につながった化学反応の膨大なネットワーク（集合的に，代謝とよばれる）がエネルギーを変換し，物質をリサイクルする．たとえば，食物となる分子は単純な分子へと分解され，その化学結合に蓄えられていたエネルギーは放出される．このエネルギーは別の物質に取り込まれて，筋肉の収縮運動の駆動などさまざまに利用される．食物分子を構成する原子は再利用され，新しい筋肉組織などがつくられる．すべての生物の体内では，果てしなく続く「化学のスクエアダンス」，つまり多数の分子が反応する相手分子を取りかえながら，物質とエネルギーを取り込み，変換し，放出する多数の反応が同時進行している．このようなエネルギーや物質の変換の重要性は，その反応を止めると何が起こるかを調べるとよくわかる．青酸化合物は最も強力な毒物の1つである．ヒトはたった200 mg（アスピリンの錠剤の約半分に相当）の青酸化合物を摂取すると，死に至る．これは，グルコースからエネルギーを取り出す代謝経路の重要な段階を阻害するためである．

▼図1.19 **生態系における栄養とエネルギーの流れ．** 栄養は生態系内を循環するが，エネルギーは生態系に流入し，やがて出ていく．

▼図 1.20　生命の階層を俯瞰する.

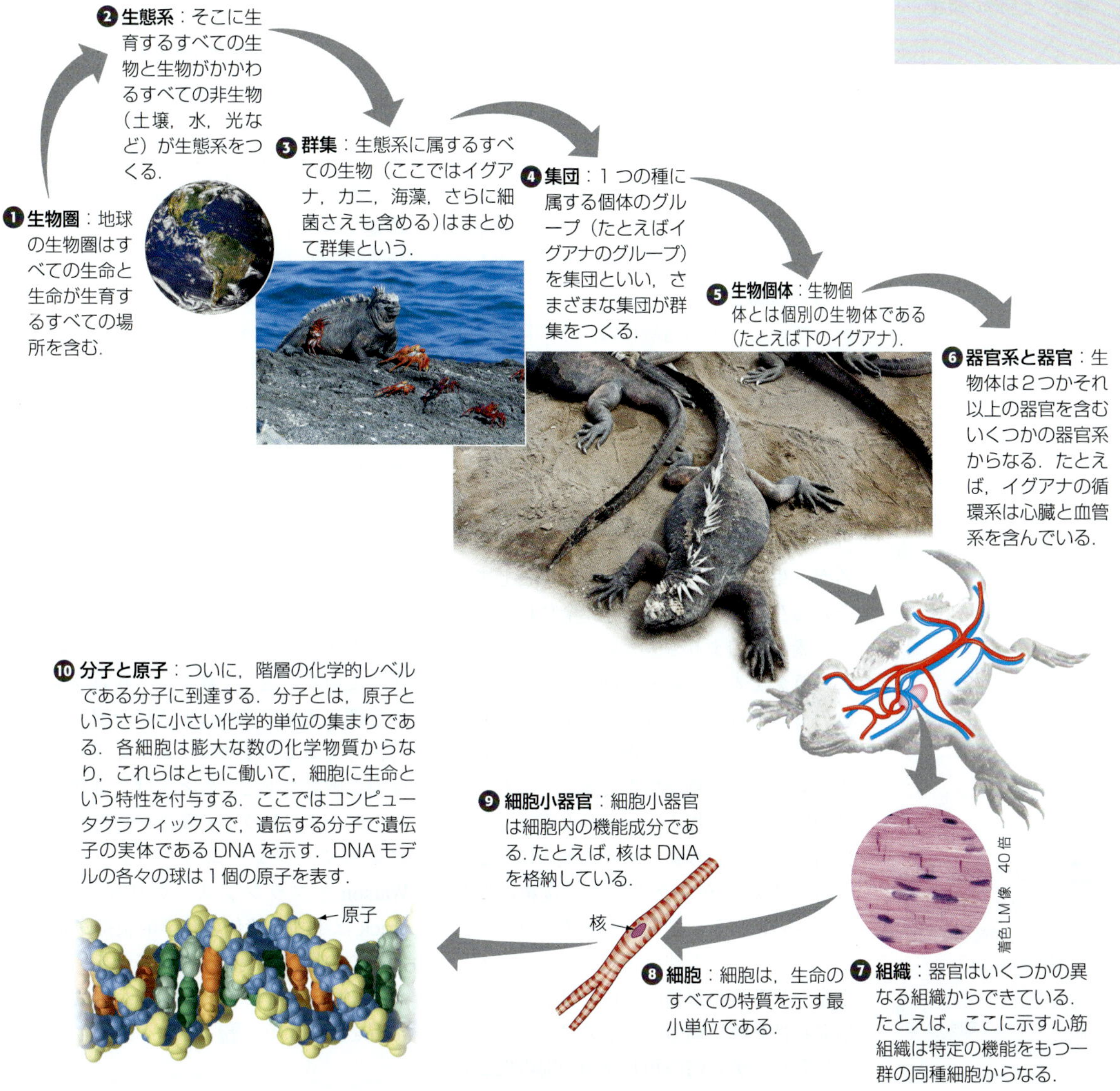

❶ 生物圏：地球の生物圏はすべての生命と生命が生育するすべての場所を含む.

❷ 生態系：そこに生育するすべての生物と生物がかかわるすべての非生物（土壌，水，光など）が生態系をつくる.

❸ 群集：生態系に属するすべての生物（ここではイグアナ，カニ，海藻，さらに細菌さえも含める）はまとめて群集という.

❹ 集団：1つの種に属する個体のグループ（たとえばイグアナのグループ）を集団といい，さまざまな集団が群集をつくる.

❺ 生物個体：生物個体とは個別の生物体である（たとえば下のイグアナ）.

❻ 器官系と器官：生物体は2つかそれ以上の器官を含むいくつかの器官系からなる．たとえば，イグアナの循環系は心臓と血管系を含んでいる.

❿ 分子と原子：ついに，階層の化学的レベルである分子に到達する．分子とは，原子というさらに小さい化学的単位の集まりである．各細胞は膨大な数の化学物質からなり，これらはともに働いて，細胞に生命という特性を付与する．ここではコンピュータグラフィックスで，遺伝する分子で遺伝子の実体である DNA を示す．DNA モデルの各々の球は1個の原子を表す.

❾ 細胞小器官：細胞小器官は細胞内の機能成分である．たとえば，核は DNA を格納している.

❽ 細胞：細胞は，生命のすべての特質を示す最小単位である.

❼ 組織：器官はいくつかの異なる組織からできている．たとえば，ここに示す心筋組織は特定の機能をもつ一群の同種細胞からなる.

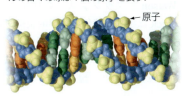原子

核

この経路のわずか1つのタンパク質が阻害されるだけでも，グルコースの化学結合に含まれていたエネルギーを取り出すことができなくなってしまう．そのために起こるすみやかな死は，生命にとってエネルギーと物質の変換がいかに重要かということを示している．生物学の学習を通して，生物がいかにエネルギーや物質の変換を制御しているかという例を，光合成（7章），細胞呼吸（8章），生態系スケールの炭素や栄養物の循環（20章）などの微細な細胞プロセスから地球規模の水の循環（18章）まで，幅広く取り上げる．✓

生命システム内の相互連関

⊙ システム内の相互連関

生命の研究は，分子や個体をつくる細胞などミクロなスケールから地球全体のグローバルスケールまで広くまたがっている．この広大な範囲は生物の構成において異なる階層に分割できる．このような生命システムの異なる階層の内部や階層間に多数の相互連関が見られる．

宇宙から地球にどんどんと近づいて，地球の生命をズームインしてみよう．図1.20 は読者を，生命のすべての範囲にまたがるツアーに招待してくれる．図のトッ

✓ チェックポイント
エネルギーと物質が生態系の中を移動するときの重要な違いは何か？

答え：エネルギーは生態系を通過する，物質は循環する．

1章
序説：生物学の現在

プは地球規模の**生物圏** biosphere 全体を示す．生物圏とは地球上の生命を支えるすべての環境，つまり土壌や大洋，湖，他の水環境，地球大気の下層部などを含んでいる．一方，生物学の最小サイズと複雑さでは，遺伝にかかわる DNA のような微細な分子がある．図の下から上にズームアウトすると，多くの分子が集まって細胞を形成し，多くの細胞が集まって組織を形成し，多数の組織が器官をつくり，ということが続いていく．上の階層には，下の階層にはなかった新しい特性が出現する．複雑性が増していくシステムでは各要素の組み合わせや相互作用によって新しい特性が創り出される．つまり，複雑になると新たな特性が創り出されるので，これを創発特性という．たとえば，生命が細胞の階層で出現するが，生命分子で試験管をただ満たしてもそれは生物にはならない．「全体は，個々の要素の総和よりも大きい」という言葉はこの概念を表している．創発特性は生命だけのものではない．カメラの部品を集めただけでは何もできないが，それらを正しく組み立てれば写真を撮影できる．これに電話の構造を付け加え，カメラと電話が相互作用できると，写真をすぐに友人に送ることもできるようになる．より複雑になれば，さらに新しい創発特性が生まれる．しかし，このような非生物の例と比較して，生命システムの比類のない複雑さは生命の創発特性を特に魅力的なものにしている．

生命システム内の相互連関の別の例として，もっと大きなスケールで働く地球規模の気候を考えてみよう．大気の組成が変化すると，地球全体の温度分布パターンが変化する．このとき，気象のパターンや降水量などが変化することで，生態系の構造に影響を与え，ひいては，生物群集や集団にも影響を与える．たとえば，気象と降水量の変化の結果，病気を媒介する数種の蚊の生息域が北上している．そのため，マラリアのような病気がそれまでなかった地域に持ち込まれるようになった．もし人がマラリアを媒介する蚊に血を吸われると，その人の体は細胞の階層で生じる病気に感染する．生命の研究において，図 1.20 で示す各階層内や階層間で働く相互連関を無数に見ることになるだろう．

生物圏内の相互作用から細胞内の分子装置まで，生物学者はさまざまな階層で生命を研究している．非常に細かいレベルまでズームインすることは還元主義の原理を例示している．還元主義とは，複雑なシステムを調べやすい単純な要素に分解していく考え方である．生物学において還元主義は強力な戦略である．たとえば，細胞から抽出された DNA の分子構造を研究することによって，ジェームズ・ワトソン James Watson とフランシス・クリック Francis Crick は生物の遺伝の化学的根拠を推察した．この還元主義の精神に基づき，まず生命の化学を学ぶこと（2章）から生物学の学習を始めよう．✓

✓チェックポイント
生物の構成の最小の階層で，生命の特徴をすべて満たすのは何か？

本章の復習

重要概念のまとめ

生命の科学的研究
生物学は生命を科学的に研究する学問である．科学的研究を他の思考法と区別することと，生物を非生物と区別することは重要である．

科学のプロセス
生命を科学的に研究するものだけが生物学である．

発見型科学
検証できるデータによって自然の世界を記述することは，発見型科学の際立つ点である．

仮説検証型科学

科学者は自然の世界の観察結果を説明する仮説（仮の説明）を考える．この仮説は科学的手法の段階を踏んで検証される．

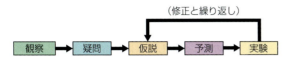

科学における理論

分野が広く包括的な考え方で，多くの確認ができる証拠の蓄積で支持されているものを理論という．

生命の本質

生命の特徴

すべての生物は共通の特徴セットをもつ．

規則性　制御　成長と発生　エネルギー利用

環境への応答　増殖　進化

生命の多様なかたち

生物学者は，3つのドメインに生物を分類する．真核生物ドメインは，さらに3界（部分的には，養分を得る手段によって区別される）と1つの雑多な生物の群に分けられる．

生命			
原核生物		真核生物	
		植物界　菌界　動物界	原生生物（他のすべての真核生物）
		3界	
細菌ドメイン	古細菌ドメイン	真核生物ドメイン	

生物学の主要なテーマ

生物学の学習では，5つの統一テーマの事例がしばしば登場する．それは，進化，構造と機能の関係，生命システムにおける情報の流れ，エネルギー変換，システム内の相互連関である．

生物学の主要なテーマ				
進化	構造と機能	情報の流れ	エネルギー変換	システム内の相互連関

進化

チャールズ・ダーウィンは，1859年出版の『種の起源』において，自然選択（繁殖成功における差）を介しての進化（「変化を伴う継承」）のアイディアを確立した．自然選択は，環境への適応につながる．これは，何世代にもわたって引き継がれたときには，進化のメカニズムとなる．

構造と機能の関係

生物学ではどの階層でも，構造と機能は関係している．構造を変化させると，機能も変わることが多い．また，あるものの機能を調べていくと，その構造に関する手がかりが得られることも多い．

情報の流れ

生命システムでは，情報は貯えられ，伝達され，そして利用される．私たちの体内では，遺伝子がタンパク質合成の情報を提供し，タンパク質が生命の仕事の多くを実行する．

エネルギーと物質を変換する経路

 生態系の中で，栄養は再利用され，エネルギーは通過する．

生命システム内の相互連関

生命は分子から生物圏全体まで幅広いスケールで研究される．複雑性が増すとともに，新たな特性が出現する．たとえば，細胞は生命のすべての特徴を示すことができる最小単位である．

セルフクイズ

1. 次のうち，すべての生物に共通する特徴でないものはどれか？
   a．自己増殖の能力
   b．多細胞でできている
   c．複雑だが組織化されている
   d．エネルギーの利用
2. 次の生物の構成を，階層の小さいほうから大きいほうへ並び替えよ．
   原子，生物圏，細胞，生態系，分子，器官，生物，集団，組織
   また，このうちで，生命のすべての特徴をもっている最小の階層はどれか？
3. 植物は光合成の作用によって，太陽光エネルギーを糖というかたちの化学エネルギーに変換する．この反応をするとき，二酸化炭素と水を消費し，酸素を放出する．このとき，生態系を通して栄養物質の循環とエネルギーの流れを説明せよ．
4. a～dの各生物の記述は，どのドメインあるいは界に最も適合するか？ 1～4から選べ．
   a．太陽光で自分の栄養をつくり出すことのできる，高さ30 cmの生物
   b．川床に見られる，微細で単純な，核をもたない生物
   c．落葉からの物質を消費する，林床で生活する高さ2～3 cmの生物
   d．池で藻類を食べる数cm大の生物
   1．細菌
   2．真核生物／動物界
   3．真核生物／菌界
   4．真核生物／植物界
5. 自然選択は，どのようにして集団を時間の経過とともにその環境に適応させるのだろうか？
6. 次の記述のうち，どれが科学的方法の論理を最も適切に説明しているか？
   a．検証可能な仮説をつくるなら，検証と観察により支持されるであろう．
   b．私の予測が正しい場合は，検証可能な仮説につながる．
   c．私の観測が正確であるならば，それらは私の仮説を支持する．
   d．私の仮説が正しければ，ある検証結果を期待することができる．
7. 科学の理論と仮説を区別する最も適切な記述は以下のどれか？
   a．理論は，証明された仮説である．
   b．仮説は，一時的な推測である．理論は自然に関する疑問の正しい答えである．
   c．仮説は通常，適用範囲が狭い．理論は広い説明能力をもつ．
   d．仮説と理論は，科学では本質的に同じものを意味する．
8. ＿＿＿は，生物学のすべての分野を統合する中心的な考えである．
9. a～dの用語に，最も適切に説明する語句を1～4から選べ．
   a．自然選択
   b．進化
   c．仮説
   d．生物圏
   1．検証可能な考え
   2．変化を伴う継承
   3．繁殖成功における差
   4．地球のすべての生物を維持する環境

解答は付録Dを見よ．

科学のプロセス

10. 野生種のトマトの果実は，今日食べることができる巨大な「ビーフステーキ」トマトに比べて小さい．この果実の大きさの違いは，栽培品種の果実中の細胞数が多いことにほとんど依存している．植物学者は最近，トマトにおいて細胞分裂の制御に関与する遺伝子を発見した．なぜこのような発見は，他の果物や野菜の種類の生産，ヒトの成長や病気の研究，あるいは生物学の基本的な理解に重要なのか？
11. **データの解釈** トランス脂肪は，食物に含まれる

脂肪で，健康に悪い影響を及ぼす．下のグラフは2004年の研究の結果を示す．その研究では，脂肪組織（体脂肪）に含まれるトランス脂肪の割合を79人の心筋梗塞(こうそく)を起こした患者と起こさなかった167人で比較した．このグラフが示す結果を1文で述べよ．

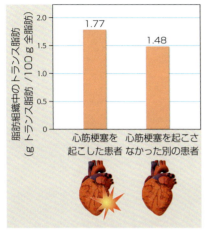

データの出典：P.M.Clifton et al.,*Trans* fatty acids in adipose tissue and the food supply are associated with myocardial infarction.*Journal of Nutrition* 134:874-879（2004）．

生物学と社会

12. ニュース媒体や一般雑誌は生物学に関連した話をよく取り上げる．今後24時間で，3つの異なるニュースソースから聞いたり読んだりした生物学に関係した話をすべて記録せよ．また，それぞれの話で，あなたが理解した生物学との関連を簡潔に述べよ．

13. よく注意すれば，あなたは毎日多くの仮説検証型実験を実行していることに気づくだろう．今後1日で，何か観察に関する仮説を検証する簡単な実験を行うのに適した例を考案せよ．そしてその経験を一般的な叙述文で説明せよ．また，科学的方法の各段階（観察，疑問，仮説，予測など）を用いてその文を書き直してみよ．

第 1 部
細　胞

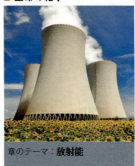

2 生命の化学

章のテーマ：**放射能**

3 生命をつくる分子

章のテーマ：**ラクトース不耐症**

4 細胞の旅

章のテーマ：**人類 対 細菌**

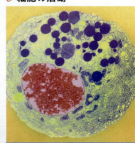

5 細胞の活動

章のテーマ：**ナノテクノロジー**

6 細胞呼吸：栄養物からのエネルギーの獲得

章のテーマ：**運動科学**

7 光合成：光を利用して栄養物をつくる

章のテーマ：**バイオ燃料**

2 生命の化学

なぜ化学が重要なのか？

日常の食物中の必須元素の銅が不足すれば貧血症になり，多すぎると腎臓や肝臓に障害を受ける．

ナトリウムは爆発性の固体であり，塩素は有毒な気体である．しかしこれらが結びつくと，食品に含まれるありふれた食塩になる．

▲レモン果汁は食物を消化する胃液とほぼ同じ酸性度をもつ．

章目次	本章のテーマ
基礎の化学　26 水と生命　31	**放射能** 生物学と社会　放射線と健康　25 科学のプロセス　放射性の追跡物質は脳の病気を診断できるか？　28 進化との関連　進化の時計としての放射能　35

放射能　生物学と社会

放射線と健康

「放射能」と聞くと，多くの人はすぐ「危険，有害」と直感するだろう．事実，放射性物質が発する高エネルギーの放射線は生体を貫き，DNAを壊し，細胞を殺すことができる．しかし，放射線は医学においてがんの治療などに利用されてもいる．放射線が有害なのか役に立つのかの違いはどこにあるのだろうか？

核爆発や原子炉の事故で飛散した降下物にさらされることで放射線を無制限に全身に浴びると，非常に危険である．一方，医療での放射線治療では身体のごく一部に限定して必要な量だけ照射する．たとえば，がんの治療では，正確に計算された微量の放射線を複数の角度から分割して照射することで，がんの部位で交差して作用が極大になるようにしている．こうすることで，がん細胞には強力な放射線を作用させ，周囲の健康な組織にはわずかしか照射しないようにできる．放射線治療はバセドウ病（のど元にある甲状腺の肥大による病気で，全身の震えや眼球肥大，心拍数の増加などの症状を引き起こす）を治療することに利用されている．甲状腺肥大の患者は放射性ヨウ素を含む薬を処方される．甲状腺はヨウ素を含むホルモンを生産するので，放射性ヨウ素は甲状腺に濃縮される．こうして，蓄積した放射性ヨウ素が長期にわたって一定の低い放射線を放出し，甲状腺の組織を破壊し，症状を改善してくれる．

放射能とは何だろうか？　これに答えるには，すべての生物をつくる最も小さい物質，つまりすべての物質をつくる根源の原子を知る必要がある．なぜ放射線は細胞に有害なのかなど生命に関する多くの疑問は，もろもろの化学物質とそれらの相互作用に関する疑問に行き着くことになる．たとえば，生命現象において放射線はどのように原子に影響を与えるのか？　つまり，化学の知識が生物学を理解するためには必須なのである．本章では，生命の学習を通して応用できる基礎の化学を紹介する．そのため，分子，原子とその構成粒子から学ぶ．次に，生命における最も重要な分子のひとつである水について，特に地球での生命の繁栄を支える重要な役割を学ぶ．

放射線への賛否両論． 放射線は環境に漏れ出ると有害であるが，医師は適量の放射線を病気の治療に利用する．

基礎の化学

さて，なぜ生物学の教科書に化学を扱う章があるのだろうか？　たとえば，どんな生物学の問題を考えてみても，それをミクロに考えていくと，最後は化学の領域に到達する．たとえば，人体は水と化学物質をたっぷり含んだ大きな器であり，その中で一連の化学反応が進行している．このとき，体内で進行する化学反応の総計である代謝は巨大なスクエアダンスに似ている．つまり，化学反応を起こす物質は，ダンスのように前後に移動して，反応にかかわる原子団を入れ替えたりしている．

物質：元素と化合物

すべての生物とそのまわりのすべてのものは，物質でできている．つまり，物質はこの世界に存在する物理的実体である．物質は地球上では3つの物理的状態（固体，液体，気体）で存在する．正式な定義では，**物質 matter** とは体積と質量をもつものである．**質量 mass** は物体に含まれる物質の量を表す尺度である．すべての物質は元素で構成されている．物質は化学反応によってそれ以上分割できない**元素 element** から構成されている．たとえば，木材を燃やしたとき，後に灰が残る．灰は燃やしても灰のままである．木材は多くの元素を含む複雑な化合物の混合物であるが，燃焼後に残るものはそれ以上分解されないカリウムなどの金属元素である．自然界には炭素や酸素，金などあわせて92種の元素が存在する．それぞれの元素は，英語やラテン語，ドイツ語に由来する記号で表される．たとえば，金の記号はラテン語の *aurum* にちなんで Au である．92種の自然元素と20種以上の人工元素のすべては，元素の**周期表 periodic table of the elements** に記載され，生物や化学の研究室では常備されている**（図2.1，付録B）**．

自然元素のうち25種はヒトに必須である（他の生物では少ないことが多く，植物では通常17種である）．このうちの4種，酸素（O），炭素（C），水素（H），窒素（N）が人体の重量の96％を占めている**（図2.2）**．残りの4％のうちの多くは7種のなじみのある元素が占めている．たとえば，カルシウム（Ca）は強い骨や歯をつくるのに重要で，牛乳や乳製品，また魚や葉物野菜（ケールやブロッコリーなど）にも多く含まれる．

14種の**微量元素 trace element** の存在量はヒトの体重の0.01％以下である．これらの元素の必要量はごく微量であるが，どれもなくては生きていけない．たとえば，ヒトは微量のヨウ素を毎日摂取する必要がある．ヨウ素は首にある甲状腺がつくるホルモンの合成に必要である．ヨウ素欠乏は甲状腺が肥大する甲状腺腫を引き起こす．したがって，緑黄色野菜や卵，海藻，乳製品などヨウ素を含む食品を摂ることで甲状腺腫を予防できる．ヨウ素を添加した食塩を

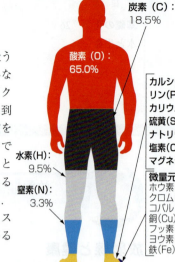

▲図2.2　**人体の化学組成**．わずか4種の元素で体重の96％を占める．

> 日常の食物中の必須元素の銅が不足すれば貧血症になり，多すぎると腎臓や肝臓に障害を受ける．

水銀（Hg）

銅（Cu）

鉛（Pb）

▶図2.1　**元素の周期表の簡易版**．詳細版（**付録B参照**）では，各元素は元素記号を中央，元素番号を上，原子量を下に示してある．ここでは，炭素（C）を例として示す．

＊訳注：※印の元素（原子番号113）は日本で発見され，ニホニウム（Nh）と命名された．

▼図 2.3 食品と甲状腺腫.

ヨウ素を含むこれらの食物を摂ることで甲状腺腫を予防できる.

マレーシア人の女性の甲状腺の肥大による甲状腺腫. これは食物からヨウ素が不足したときに生じる.

摂ることで, 先進国では甲状腺腫はほぼ予防できるようになってきた. しかし, 開発途上国ではまだ何千という人々が甲状腺腫に苦しんでいる (図 2.3). フッ素も重要な微量元素である. フッ素をフッ化物として歯磨きや飲料水に添加することで, 健康な骨や歯を維持することができる. シリアルの包装には鉄の含量が記載されている. その鉄は, シリアルを粉砕して磁石でよくかき混ぜれば, 鉄分が含まれていることを実際に確認できる. 喜ばしいことにこの鉄分の添加によって, 米国人で最も発生率の高い鉄欠乏性貧血を予防できる.

複数の元素が結びついて**化合物 compound** をつくる. 化合物は 2 個以上の元素を一定の比率で含んでいる. 日常生活でなじみ深いのは純粋な元素よりも化合物のほうである. ありふれた例としては食卓塩や水のような比較的単純な化合物がある. 食卓塩は塩化ナトリウム (NaCl) で, ナトリウムと塩素という元素を等量含んでいる. 水の分子は水素 2 原子と酸素 1 原子からできている. 生物体の化合物のほとんどは数種類の異なる元素を含んでいる. たとえば DNA は炭素, 窒素, 酸素, 水素とリンを含んでいる. ☑

原 子

元素とは, 他の元素の原子とは異なる同種の原子全体を指す. **原子 atom** とは元素の特性をもつ物質の最小単位である. つまり, 元素としての炭素の最小量は 1 個の炭素原子である. この炭素原子 1 個とはどのくらい小さいものだろうか? この文章の末尾のピリオド (黒い点) の幅は約 100 万個の炭素原子を一列に並べたものに相当する.

原子の構造

原子は原子を構成する微粒子に分割でき, そのうちの 3 つの重要なものが陽子, 電子, 中性子である. **陽子 proton** は 1 つの正電荷 (+) をもつ微粒子である. **電子 electron** は 1 つの負電荷 (−) をもつ微粒子である. **中性子 neutron** は電気的に中性, つまり電荷をもたない.

図 2.4 はヘリウム原子 (He) の単純化したモデルである. ヘリウムは空気より軽い気体で, 風船を膨らませるのによく使われている. ヘリウムの原子は 2 個の中性子 (●) と 2 個の陽子 (⊕) が強く結合した**原子核 nucleus** をもつ. 2 個の電子 (⊖) は原子核のまわりの球状の雲の中をほぼ光速で動いている. この電子の雲は原子核よりはるかに大きい. 原子の大きさを野球場にたとえれば, 原子核はピッチャーの立つマウンドに置いたピーナッツのサイズに相当し, 電子は観客席を飛び回る 2 匹のブヨくらいである. 原子が陽子と電子を同数もつと, その正味の電荷はゼロ, つまり電気的に中性となる.

特定の元素に属する原子はすべて同じ数の陽子をもつ. その陽子数はその元素の**原子番号 atomic number** と同じである. たとえばヘリウムは原子番号 2 で 2 個の陽子をもつが, 他の元素で陽子数 2 のものはない. 元素の周期表 (**付録 B**) では元素は原子番号の順に並んでいる. 原子番号は電子の数とも一致する. 通常の原子では陽子と電子の数は同じで, したがって電荷はゼロである. 原子の**質量数 mass number** は陽子数と中性子数の総数である. ヘリウムの質量数は 4 である. 陽子と中性子の質量はほぼ同じでドルトンという単位で表す. つまり, 陽子と中性子の質量はほぼ 1 ドルト

>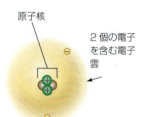
> ナトリウムは爆発性の固体であり, 塩素は有毒な気体である. しかしこれらが結びつくと, 食品に含まれるありふれた食塩になる.

基礎の化学

▼図 2.4 ヘリウム原子のモデル. このモデルはヘリウム原子を構成する微粒子を示す. 2 個の電子は非常に速く動き, 負電荷の球状の雲として正電荷をもつ原子核のまわりに存在する.

2 ⊕ 陽子 ⎫
2 ● 中性子 ⎬ 原子核
2 ⊖ 電子 ⎭

原子核
2 個の電子を含む電子雲

✓ チェックポイント

人体には何種類の元素が含まれているか? 細胞に含まれる最も量が多い元素 4 種は何か?

答え: 25 種; 酸素, 炭素, 水素, 窒素

ンである．電子の質量は陽子の約 1/2000 しかないので，ほぼゼロともいえる．各**原子の質量（原子量***）**atomic mass** は元素の周期表の元素記号の下に示す．この質量は陽子と中性子の総和であるが，自然界でその元素に属するすべての原子の平均の原子量が示されているので整数値とならない．

*訳注：ただし原子量には単位はない．

同位体

多くの元素は同位体とよばれる異種の原子を含む．**同位体 isotope** では陽子（と電子）の数は同じであるが，中性子の数が異なる．つまり，同位体は，同じ元素であるが質量が異なる．**表 2.1** には炭素の同位体を示す．炭素 12（数字は質量数を示す）は 6 個の中性子と 6 個の陽子をもち，自然界での存在量は 99% である．残りのほとんどは中性子 7 個，陽子 6 個をもつ炭素 13 である．3 番目の同位体である炭素 14 は中性子 8 個，陽子 6 個をもち，ごく微量存在する．つまり，これらの炭素同位体はともに同数の陽子をもつ．炭素 12 と炭素 13 の原子核は安定なので安定同位体という．一方，炭素 14 の原子核は自然に崩壊し粒子やエネルギーを放出するので，**放射性同位体 radioactive isotope** という．

崩壊する同位体から放出される放射線は生物を構成する生体分子に損傷を与えるので，重大な健康リスクとなる．1986 年，ウ

表2.1	炭素の同位体		
	炭素 12	炭素 13	炭素 14
陽子	6 ⎱質量数	6 ⎱質量数	6 ⎱質量数
中性子	6 ⎰ 12	7 ⎰ 13	8 ⎰ 14
電子	6	6	6

クライナのチェルノブイリでの原子炉の爆発事故で大量の放射性物質が放出され，数週間の間に 30 人が死亡した．さらに周辺の数百万人が被ばくし，甲状腺がんが 6000 人に発症したと推定されている．2011 年に発生した日本の福島の津波被害に起因した原子力発電所の事故では，直接の死者は出ていないが，周辺住民への長期の健康被害の有無が詳しく調べられている．

自然の放射線もまた問題になることがある．たとえば，ラドンという放射性の気体は肺がんを引き起こす．ラドンはウランを含む岩石があるところの建物で多くなる．ラドンの量が気になる居住者はラドン検知器を設置するか，測定してもらうべきである．

管理されない放射性同位体は人体に危険ではあるが，他方で生物学の研究や医療にもよく利用されている．「生物学と社会」のコラムでは，がんやバセドウ病の治療に放射能がどのように利用されているかを紹介した．以下では，別の利用法として，病気の診断における放射線や放射性物質の利用を紹介する．✓

✓チェックポイント
炭素の定義として，すべての炭素原子は 6 個の___をもつが，___の数は同位体の種類によって異なる．

答え：陽子；中性子

放射能　科学のプロセス

放射性の追跡物質は脳の病気を診断できるか？

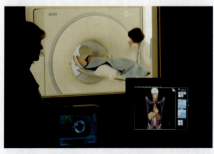

▲図 2.5　**PET 検査**．この画面は PET 検査の結果を示す．この方法はてんかんやがん，アルツハイマー病などの病気の診断に有効である．

生物はある元素を取り込むとき，非放射性同位体と放射性同位体を区別しない．放射性同位体が体内に取り込まれると，その部位と濃度は，放射線によって知ることができる．このため，放射性同位体は追跡物質として生物学的探索に利用できる．たとえば，医療診断ツールである PET（ポジトロン断層撮影法）という技術は投与した放射性物質から放出される微量の放射線を検出する（**図 2.5**）．

2012 年，PET 検査をアルツハイマー病の診断に利用した研究が報告された．アルツハイマー病の患者は徐々に記憶力が減退し，記憶が混乱したり忘れっぽくなり，日

常的な作業もできなくなる．この病気が進行すると，身体機能も失われ，やがて死に至る．アルツハイマー病の確実な診断は非常に困難で，この病気を他の老化に伴う病気と区別することは難しい．そのため，早期診断と治療が多くの患者と家族にとって重要である．

アルツハイマー病を発症している人の脳にはアミロイドというタンパク質の塊が多いという**観察**がある．これに対して，研究者はその塊を PET 検査で検出することができるかという**疑問**をもった．彼らは，フッ素 18 を放射性同位体として含むフロルベタピルという分子が患者の脳に蓄積するアミロイドタンパク質に結合すれば，PET 検査で検出できるかもしれないという**仮説**を立てた．その**予測**は，PET 検査とフロルベタピルの組み合わせは診断に有効かもしれないということである．

その**実験**は，記憶力の減退と診断された 229 人の患者で行われた．そのうち 113 人には PET 検査でアミロイドタンパク質の蓄積が確認された．この情報に基づいて，担当の医師は 55％の患者の病名診断を変更した．つまり，それまでの診断をアルツハイマー病に変更した場合と，アルツハイマー病から別の病気に診断を変更した場合があった．また，PET 検査の結果，治療薬など治療処置を変更した例は全体の 87％に上った．これらの**結果**は，放射性同位体を用いた検査が現実に診断を変え，治療方針を改善したことを示している．多くの研究者は，このような診断が衰弱している患者たちの医療改善につながることを期待している．

化学結合と分子

前述の陽子，中性子，電子という原子を構成する微粒子のうち，電子だけが化学反応にかかわる．それぞれの原子の化学的性質はその原子のもつ電子数が決定する．化学反応では，原子のもつ電子を転移したり電子の共有状態が変化したりする．これらの相互作用は原子同士を強く結びつけるので，**化学結合 chemical bond** という．ここでは，イオン結合，共有結合，水素結合という 3 種の化学結合について説明する．

イオン結合

食塩は電子の転移が原子を結びつけるしくみを説明する好例である．すでに述べたように，食塩はナトリウム（Na）と塩素（Cl）という 2 つの元素で構成されている．これらの原子が互いに接近すると，塩素原子はナトリウム原子から電子を奪う（**図 2.6**）．この電子の転移が起こる前は，ナトリウム原子も塩素原子も電気的に中性であった．電子は負の荷電をもつので，この場合は 1 個の電子がナトリウム原子から塩素原子に転移する．この反応によって，両方の原子は**イオン ion** になる．イオンとは，電子を獲得したり失ったりして電気的に電荷を帯びている原子や分子のことである．食塩の場合は，ナトリウム原子が 1 個の電子を失い，+1 の電荷をもち，塩素は 1 個の電子を獲得することで −1 の電荷をもつことになる．ナトリウムイオン（Na^+）と塩素イオン（塩化物イオンともいう，Cl^-）は互いに引き合う．正負が逆になったイオン同士が引き合うことを**イオン結合 ionic bond** という．食塩のようにイオン結合で結びついた化合物はイオン性化合物という〔なお，英語では，負の電荷をもつ陰イオンは chloride（塩素イオン）や fluoride（フッ素イオン）のように語尾に -ide をつけた名前がよく使われる〕．✓

共有結合

イオン結合では電子は完全に転移するのに対して，**共有結合 covalent bond** では 2 つの原子が 1 対以上の電子を共有する．共有結合は化学結合の中で最も強い結合であ

▼図 2.6 **電子の転移とイオン結合**．ナトリウム原子と塩素原子が出会うと，両者の間で電子の転移が起こり，それぞれは正負の異なるイオンに変化する．

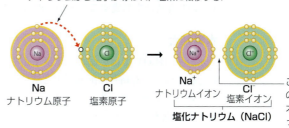

基礎の化学

✓**チェックポイント**

リチウムイオン（Li^+）が臭素イオン（臭化物イオン，Br^-）と結合して臭化リチウムをつくるとき，この結合を＿＿結合という．

答え：イオン

▼図2.7 **分子構造のさまざまな表記法．** 分子式（ここでは CH$_2$O）では構成するすべての原子数がわかるが，どのように結合しているかわからない．この図では分子を構成する原子の配置を示す4種のよく使われる表記法を示す．

表記法 （分子式）	電子配置図 各原子の外殻電子の共有を示す	構造式 各共有結合（1対の共有電子）を1本の線で示す	空間充填モデル 原子を特定の色の球で表す	ボールアンドスティックモデル 原子を「ボール」，結合を「スティック」で表す
ホルムアルデヒド （CH$_2$O）	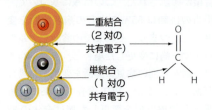			

る．**分子** molecule を構成する原子同士を結びつけているのは共有結合である．たとえば，**図2.7** はホルムアルデヒド（CH$_2$O，殺菌剤や保存剤としてよく使われ，ホルマリンともいう）分子の共有結合を示す．この分子では，2個の水素原子は炭素原子とそれぞれ1対の電子を共有している．酸素原子は炭素原子と2対の電子を共有している（二重結合）．水素原子（H）は1つ，酸素原子（O）は2つ，炭素原子（C）は4つの共有結合を形成することがわかる．

水素結合

水分子（H$_2$O）では2個の水素原子がそれぞれ1つの共有結合で酸素原子と結びついている．下図のボールアンドスティックモデルで共有結合は「スティック」で示し，原子は「ボール」で示す．

しかし，共有結合の電子は酸素原子と水素原子の間では均等に共有されていない．下図（空間充填モデル）に示した2つの矢印は共有電子が酸素原子に強く引きつけられていることを示す．

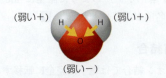

負電荷をもつ電子が均等に共有されず，さらに分子のかたちがV字であるため，水分子は極性をもつ．電荷の分布が分子内で不均等であるとき，＋の極と－の極を生じて**極性分子** polar molecule となる．水分子では酸素原子が弱い負電荷をもち，2つの水素原子が弱い正電荷をもつ．

水分子の極性は，隣り合う水分子間の弱い電気的相互作用の原因となる．正負の電荷が引き合うので，各分子の水素原子が隣の分子の酸素原子と引き合うように配向する．これらの弱い結合を**水素結合** hydrogen bond（**図2.8**）という．以下に，水分子がつくる水素結合が地球の生命にとって重要な役割をいくつも果たしていることを示す．

化学反応

生命の化学はダイナミックである．私たちの細胞の中ではつねに多くの分子の化学結合を切ったり形成したりしており，さながら「スクエアダンス」（4組のカップルが相手を変えながらダンスをする）においてつねに人々が手をつないだり，離したり

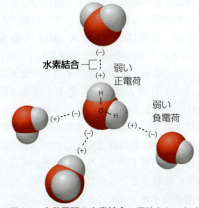

▲図2.8 **水分子間の水素結合．** 極性をもった水分子の電荷をもつ部分はまわりの分子の反対の電荷をもつ部分と引き合う．1つの水分子は最大4個の水分子と水素結合をつくることができる．

することに似ている．このような物質の化学組成の変化を **化学反応 chemical reaction** という．一例として，過酸化水素（傷口の消毒薬としてよく使われる）の分解を下に示す．

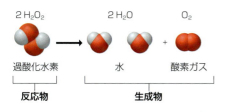

反応をまとめると，2分子の過酸化水素（$2H_2O_2$）が反応して，2分子の水（$2H_2O$）と1分子の酸素（O_2）が生成する（過酸化水素水が傷口の血液に触れると発泡するのは酸素の気体である）．矢印はこの反応の方向を示す．つまり，**反応物 reactant**（$2H_2O_2$）が **生成物 product**（$2H_2O$ と O_2）に変化する．

この反応において左辺の反応物と右辺の生成物における各原子の配置は変化しているが，原子数の総和は同じである．化学反応は原子をつくったり壊したりするのではなく，その配置を変える．そのためには反応物に含まれる化学結合を壊し，新たな化学結合をもつ生成物をつくる．

化学反応で水分子がつくられる説明は化学の基礎を学ぶ本項のまとめとしては十分である．水は生物学において特に重要なので，次節では生命を支える水の特性をさらに詳しく見ていこう．✓

水と生命

> **チェックポイント**
>
> 1分子の三酸化硫黄（SO_3）が水1分子と反応して1分子のある物質をつくるとき，その化合物の分子式を答えよ．
> （ヒント：化学反応では原子が増えることも減ることもない．）
>
> （答え：H_2SO_4（硫酸，これは酸性雨の原因物質である））

水と生命

地球の生命は水の中で発生し，約30億年の間そこで進化し，やがて陸上に進出した．進化した生物，特に陸上に生息している生物でさえ水から切り離されては生きていけない．私たちはのどの渇きを覚えて飲み物を探すたびにこれを自覚できる．私たちの体内の細胞はほとんど液体の水に取り囲まれており，細胞自身の70〜95％も水である．

水が豊富にあることは地球で生命が生息できる主要な理由である．水はあまりにもありふれているので，他には見られない特性を多くもった例外的な物質であることを忘れがちである（図2.9）．生命を支える水特有の特徴はその構造と水分子間の相互作用で説明できる．

 構造と機能

水

地球のすべての生命に影響を与える水に特有の性質は，生物学の重要なテーマである構造と機能の関係を表す最もよい例である．図2.8で学んだ水分子の構造に由来する分子の極性と水素結合のつくりやすさが，生命を支える水のさまざまな働きのほとんどを説明してくれる．ここではそのうちの4つの特性（凝集しやすい性質，温度変化を和らげる性質，氷が浮くことの生物学的意義，優れた溶媒としての性質）を見てみよう．

水の凝集

水分子は水素結合を形成するので互いにくっつき合う．液体の水の分子間の水素結合の持続時間はわずか1兆分の1秒だが，どの瞬間も莫大な数の水分子間の水素結合が存在している．同種の分子が互いにくっつき合う性質を **凝集 cohesion** という．水の凝集は他のほとんどの液体よりもはるかに強い．水の凝集は生命の世界では重要な性質である．たとえば，樹木は水を根から吸い上げ，葉まで輸送するとき，水の凝集

▲図2.9 **水の世界**．この写真では，液体（地球の表面の3/4を占める），氷（ここでは雪），水蒸気（ここでは湯気）として水を見ることができる．

◀図2.10　凝集と植物における水の輸送．葉における水の蒸散は，樹木の幹の中の微細な管（道管）を通して，根から吸収した水を引き上げている．水分子の凝集力によって，蒸散の引き上げる力は道管を通して根まで伝えられる．そのため，水は重力に反して，高いところまで運ばれる．

しやすい性質を利用している（図2.10）．

表面張力も凝集に関連している．これは液体の表面を伸ばしたり壊したりすることに抵抗する力である．水素結合が多い水は高い表面張力をもつので，水は見えない薄膜で覆われているようにふるまうことができる（図2.11）．他の液体の表面張力は水よりはるかに弱い．たとえば，水の上を歩くことができる昆虫でも，ガソリンの表面を歩くことはできない（このため，園芸では花をつけた植物から虫を取り除くのにガソリンを使用することがある）．

温度変化を和らげるしくみ

金属製ポットでお湯を沸かしていて，そのポットに触ってやけどしたことがあれば，金属よりも水ははるかにゆっくりと温まることがわかる．実際，水素結合のため水は他のどんな物質よりも温度変化しにくい．

水を温めると，熱エネルギーはまず水の水素結合を壊し，次に水分子の運動を速くする．水分子の運動が速くなって初めて水の温度が上昇する．熱エネルギーは温度の上昇よりまず水素結合を壊すことに使われる

ので，水はわずか数度の温度上昇の間に大量の熱を吸収し蓄える．逆に，水が冷めるとき，水素結合がつくられ，熱を放出する．つまり，水は多くの熱を放出しても，水の温度はわずかしか低下しない．

地球上の莫大な水資源である大洋，海，湖，河川は，夏の間に太陽からの膨大な熱を蓄え，冬の間はその熱を放出してまわりを温めることによって，気温を生命に許される範囲に保つことができる．このため，海に面した陸地は内陸よりも温暖な気候となる．水の温度変化を和らげる働きは，大洋の温度を安定させ，海洋生物に適した環境を育む．また，海岸では水の温度変化は気温の変化より小さいこともよく知られている．

水の温度変化を和らげる別のしくみとして，**気化冷却** evaporative cooling がある．液体が気体に変化する（気化）とき，液体の表面温度は低くなる．その理由は，液体

▶図2.11　水の上を歩くハシリグモ．水分子間の水素結合が多数集まっているため，クモは水の表面を壊すことなく池の水の上を歩くことができる．

▲図 2.12　汗をかくことは気化冷却のしくみを利用している.

を構成する分子のうち最も高いエネルギーをもった分子から蒸発（気化）するからである．たとえば，陸上チームのうち最も速い5人のランナーがやめると，残ったメンバーの平均速度は低下することになる．気化冷却は陸上に生息するある種の生物を体温上昇から守っている．つまり，汗をかくことで，体の過剰な熱を冷ますことができる（図 2.12）．「暑さでなく，湿度が重要」という言い回しは，湿度が高くて空気がすでに蒸気でほぼ飽和しているとき，汗をかいても気化冷却を期待できないことを表している．

氷が水に浮くことの生物学的意義

ほとんどの液体では温度が下がると，分子は互いに近づくようになり，ある温度以下では液体は凝固し固体となる．しかし，水は異なるふるまいをする．つまり，温度が十分低下したとき，個々の水分子は「腕の長さ」に相当する距離だけ離れて氷を形成する．そのため，氷の密度は液体の水より低く，氷の塊は液体の水に浮くことになる．つまり，氷が浮く原因は，水素結合にある．液体の水では水素結合の寿命は短くつねに変化しているが，固体の氷では水素結合の寿命は長く，どの水分子もまわりの4個の水分子と安定した水素結合を形成している．その結果，氷は液体の水よりも大きな容積をもつことになる（図 2.13）．

氷が浮くことは地球上の生命にとってどのように役立つだろうか？　水の厚い層が冷却されると，その表面に氷が形成される．このとき，浮いている氷は断熱性の「毛布」のように液体の水の表面を覆い，氷の下で生命が生き延びることを可能にしてくれる．しかし，もし逆に氷が液体の水より重いとしたら，冬の間に形成された氷は沈降することになる．このときは表面の氷による断熱効果はなくなり，池や湖，大洋でさえもいずれは全体が凍結し，夏になっても凍りついた大洋の表面のごく一部だけが溶けることになるだろう．そのような環境では，生命が生き残ることは難しいだろう．

水は生命の溶媒

コーヒーに砂糖を入れたり，スープに塩を加えて混ぜたりすれば，砂糖や塩が水によく溶けることがわかる．これを**溶液 solution** という．溶液とは2種以上の物質が均一に混ざった液体である．溶かす物質を**溶媒 solvent**，溶かされる物質を**溶質 solute** という．水が溶媒のときは**水溶液 aqueous solution** という．生物に含まれる液体は水溶液である．たとえば，樹液は水

水と生命

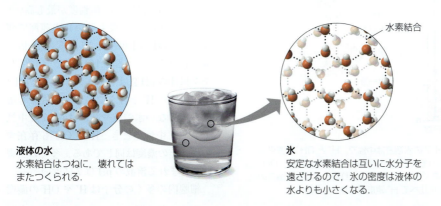

液体の水
水素結合はつねに，壊れてはまたつくられる.

氷
安定な水素結合は互いに水分子を遠ざけるので，氷の密度は液体の水よりも小さくなる.

水素結合

◀図 2.13　**氷が水に浮く理由.** 氷の結晶では水分子は粗に配置しているのに対し，液体では水分子は密に詰め込まれていることに注意しよう．密度が低い氷は密度が高い液体の水に浮く．

2章
生命の化学

✓ チェックポイント
1. コップに水をていねいに注ぎ込めば、縁から盛り上がるように入れることができる。それはなぜか？
2. 氷が液体の水に浮くのはなぜか？

答え：1. 水の表面にある液体の水分子が、隣どうしや下にある水分子と水素結合を形成しているため。2. 氷では水分子が規則的に結合しているため、液体の水よりは密度が低くなる。

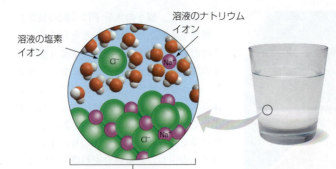

◀図2.14 水に溶ける食塩（NaCl）。電荷の引き合う力によって水分子がナトリウムイオンや塩素イオンを取り囲むことで、結晶は水に溶解する。

に糖と無機塩類が溶けた水溶液である。

水は生命が必要とする膨大な種類の物質を溶かすことができる。たとえば、水は図2.14に示すように食塩から生じるイオンを溶かすことができる。それぞれのイオンは水分子の逆の電荷を帯びた領域に取り囲まれるようになる。糖のような極性物質はその電荷を帯びた部分を水分子に向けることで、イオンが溶解するときのように水に溶解する。

これまでに水の4つの特性を、水のユニークな構造に基づいて説明してきた。次は、水溶液の特徴を詳しく見ていこう。✓

酸，塩基とpH

水溶液では、ほとんどの水分子はそのままであるが、一部は水素イオン（H^+）と水酸化物イオン（OH^-）に電離している。これら2つのイオンのバランスは生物の細胞内で適切に進行する化学反応に重要である。

溶液で水素イオンを放出する化合物を **酸** acid という。強い酸の例としては、胃で食物の消化を助ける塩酸（HCl）がある。溶液では、HClはH^+イオンとCl^-イオンに電離している。**塩基** base（アルカリともいう）は水溶液から水素イオンを奪う化合物である。水酸化ナトリウム（NaOH）などの塩基はOH^-を放出することで水素イオンを奪う。これは、放出されたOH^-が水素イオンと結合してH_2Oをつくるためである。

溶液の酸性度を表すのに、水素イオン（H^+）濃度を示す **pHという尺度** pH scale が使われる。pHは0（酸性度が最も高い）から14（塩基性が最も強い）の範囲で変化する。pHの1単位はH^+濃度の10倍の違いに対応する（図2.15）。たとえば、レモン果汁のpH 2はトマトジュースのpH 4の100倍のH^+を含んでいる。酸性でも塩基性でもない水溶液や純水はpH 7で中性である。中性のとき、H^+もOH^-も存在するが、その濃度は同じである。多くの生細胞に含まれる溶液のpHは7に近い。

細胞内の多くの分子はH^+やOH^-の濃度

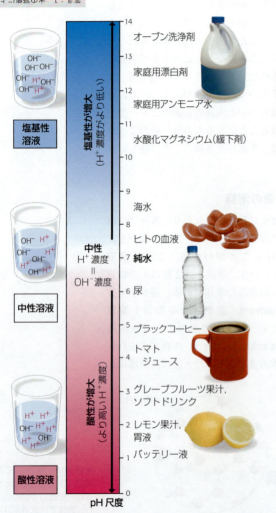

（レモン果汁は食物を消化する胃液とほぼ同じ酸性度をもつ。）

▲図2.15 pH尺度。pH 7の水溶液は中性で、H^+とOH^-の濃度は同じである。pHが7より低くなると、溶液の酸性度が増し、OH^-に比べてH^+濃度がより高くなる。pHが7より高くなると、溶液の塩基性が高くなり、OH^-に比べてH^+濃度がより低くなる。

に非常に影響を受けるので，溶液の pH が少し変化しただけでも生物には有害となり得る．そのため，生物の液体は pH 緩衝液 buffer となっている．つまり，H⁺ が多すぎると H⁺ を受容し，H⁺ が足りなくなると放出することで pH 変化を小さく保つ．たとえば，コンタクトレンズの液に含まれる pH 緩衝液は pH 変化による痛みから目の表面を守る役割をもっている．しかし，この緩衝作用は完璧ではなく，環境の pH 変化が生態系に深遠な影響を与えることもある．たとえば，人間活動（おもに化石燃料の燃焼）によって放出される二酸化炭素（CO_2）の約 25％は海洋に吸収される．CO_2 が海水に溶け込むと，水と反応して炭酸（図 2.16）をつくるが，この炭酸には海洋の pH を下げる働きがある．結果として，海洋の酸性化が海洋生態系を大きく変えると考えられる．海洋学者は現在の海洋の pH が過去 42 万年において最も低く，さらに低下中であると計算している．

海洋の酸性化はサンゴ礁の白化や多様な海洋生物の代謝への影響をもち，生命の化学が環境の化学に結びついていることを示す重い注意喚起である．また，化学的変化は地球規模で起こることもあり得る．なぜなら，ある地域の産業活動が世界の別の地域での生態系に大きな影響を与える可能性があるからである． ✓

水と生命

✓チェックポイント

pH 8 の溶液と比べて，pH 5 の溶液は水素イオン（H⁺）を＿＿倍多く含む．pH 5 の溶液は＿＿性である．

解：1000；酸

▼図 2.16　大気の CO_2 による海洋の酸性化．CO_2 は海水に溶け込むと炭酸を生成する．炭酸はサンゴ礁の成長を阻害する化学反応を引き起こす．こうした酸性化は重要な海洋生態系に甚大な影響を与えるかもしれない．

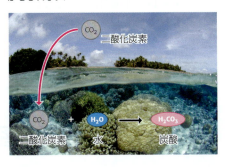

放射能　進化との関連

進化の時計としての放射能

本章を通して，放射能が生物に与える影響には有益なものと有害なものがあることを説明してきた．病気の診断や治療に加えて，放射性同位体の自然崩壊を利用する方法が地球の生命進化の歴史をひもとく重要なデータを提供してくれる．

生物の化石は生物の押し型や遺骸そのもので，放射性同位体の崩壊を利用した放射

▼図 2.17　放射年代測定．生物は生きているとき，炭素 12 と同様に炭素 14（図で青い点として表す）を取り込む．しかしその生物が死ぬと，もはや炭素 14 が取り込まれることはなく，当初の炭素 14 がゆっくり壊れて減少していく．化石中の炭素 14 の量を測定することで，その年代を知ることができる．

❶

❷

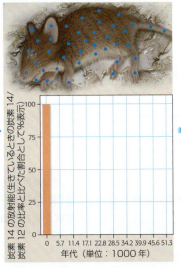

❸

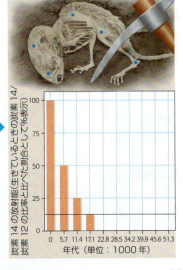

年代測定（図2.17）によって，その生物が生きていた年代を知ることができる．たとえば，炭素14は半減期5700年の放射性同位体であり，自然界では微量に存在している．生物はそれぞれの元素を環境中の同位体比率に応じて取り込む．炭素の場合は，ほとんどは炭素12として取り込まれるが，微量の炭素14も同様に取り込まれる（図2.17❶）．その生物が死ぬと（図2.17❷），取り込みは停止する．以後，炭素12に対する炭素14の比率は減少し続けることになる．つまり，遺骸中の炭素14は崩壊するが，新たに取り込まれることはない．炭素14の半減期はわかっているので，炭素14と炭素12の同位体比率はその化石の生物が生きていた年代を教えてくれる．放射性炭素14の半分が最初の5700年で崩壊し，次の5700年には残りのさらに半分が崩壊し，これがいつまでも続く（図2.17❸）．したがって，この2つの炭素同位体の比率を正確に測定することによって，化石生物が死んだ後で半減期に相当する時間を何回経たかを知ることができる．たとえば，化石の炭素同位体の比率が環境の1/8であれば，その化石の年代は1万7100年前（5700年×3回）と計算できる．

この手法によって，世界中の化石の年代が測定され，時間軸で並べた年代記録（進化の時計）がつくられている．この化石記録はチャールズ・ダーウィン Charles Darwin の進化における自然選択説の最も重要な証拠である（14章参照）．今後，新たに化石の年代が決定されれば，地球の生命の膨大な歴史の一部として組み込まれていく．

本章の復習

重要概念のまとめ

基礎の化学

物質：元素と化合物

物質は単体と化合物からなる．化合物は2種以上の元素からなる．生命に必須の25種の元素のうち，酸素，炭素，水素，窒素は生体物質において最も多量に存在する．

原 子

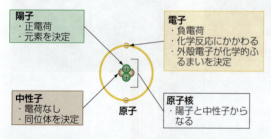

化学結合と分子

1個以上の電子の転移により生じる正負の電荷をもったイオン間の引力：

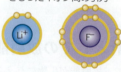

フッ化リチウム（イオン化合物）

分子は電子を共有する共有結合で2個以上の原子が結びついたもの：

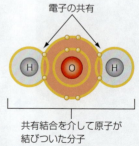

水は極性をもった分子である．水分子中の水素原子は弱い負電荷を帯びており，隣り合う水分子の弱い正電荷を帯びた酸素原子と引き合う．これが強くはない

が重要な水素結合である.

水素結合

化学反応

化学反応は物質の配置を変える.つまり,反応物にあった結合を切り,新たな結合をつくることで生成物となる.

水と生命

構造と機能：水

水分子の凝集は生命にとって必須の性質である.水は温められると熱を吸収し,冷やされると熱を放出することで,温度変化を和らげる.気化冷却は海洋や生物の温度を維持する働きがある.氷は液体の水より密度が低く,水に浮く.浮いた氷には断熱作用があるため,海洋全体は凍結しにくくなる.水はさまざまな物質を溶かすことができる優れた溶媒である.

液体の水
水素結合はつねに,壊れてはつくられている.

氷
安定な水素結合によって,水分子は一定の距離に離れているため,密度は液体の水よりも低くなる.

酸, 塩基とpH

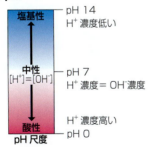

セルフクイズ

1. ___の付加や除去によって原子はイオンに変化する.___の付加や除去によって同位体は同じ元素の別の同位体に変化する.

2. ___の数を変えることができれば,その原子は別の元素になる.

3. 窒素原子は7個の陽子をもち,その最もありふれた同位体は7個の中性子をもつ.窒素の放射性同位体は9個の中性子をもつ.これら窒素の安定同位体と放射性同位体の原子番号と質量数を答えよ.

4. 生命の化学の研究において,放射性同位体が原子の追跡に役に立つ理由を述べよ.

5. 次の構造のどこが化学的に正しくないか,述べよ.
   H—C=C—H

6. 2つの隣り合う水分子の配向が次のようになることはあり得ない.その理由を述べよ.

7. 次の文のうち,化学反応でないものはどれか？
   a. 糖（$C_6H_{12}O_6$）と酸素ガス（O_2）が結合して,二酸化炭素（CO_2）と水（H_2O）をつくる.
   b. 金属ナトリウムと塩素ガスが結びついて塩化ナトリウムをつくる.
   c. 気体の水素が気体の酸素と結びついて,水をつくる.
   d. 氷は融解して液体の水に変わる.

8. 極性分子を説明する適当な文は次のうちどれか？
   a. 極性分子の一端は弱く負に帯電し,反対側が弱く正に帯電している.
   b. 極性分子は余分な電子をもつため,正電荷をもつ.
   c. 極性分子は余分な電子をもつため,負電荷をもつ.
   d. 極性分子は共有結合をもつ.

9. 水が極性分子であることから,水のユニークな特性を説明せよ.

10. おもな液体がメタンである惑星では,生命が存在する可能性が低い理由を述べよ.なお,メタンは非極性分子で水素結合をつくらない.

11. 飲み物のコーラには糖が水に溶けており,二酸化炭素による発泡性があり,pHは7より低い.このコーラを次の単語で説明せよ.
    溶質,溶媒,酸性,水溶液

解答は付録Dを見よ.

科学のプロセス

12. 動物は糖（$C_6H_{12}O_6$）と酸素（O_2）を反応物とする一連の化学反応でエネルギーを得ている．この反応は水（H_2O）と二酸化炭素（CO_2）を生産し，排出している．もし，CO_2に含まれる酸素が，糖か酸素のどちらに由来するかを，放射性同位体を用いて調べるとすれば，どうすればよいか？

13. 下図はフッ素原子（左）とカリウム原子（右）の原子核のまわりの電子配置を示す．このフッ素原子がカリウム原子と結合するとき，どのような化学結合が形成されるか，予測せよ．

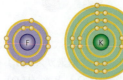

フッ素原子　　カリウム原子

14. **データの解釈** 本文と図2.17で示したように，放射年代測定は生物体の年代を決定することに利用される．その年代の計算は，問題となる放射性同位体の半減期に依存する．たとえば，炭素14は自然界の炭素の1兆分の1の存在量である．つまり，生物の死の直後は，その全炭素の1兆分の1の炭素14を含んでいる．5700年（炭素14の半減期）後には，その半分はそのままであるが，残りは崩壊し消滅している．さて，フランスの科学者がニオー洞窟の先史時代の壁画の年代を決定するために炭素14を測定した．その結果，壁画には約1万3000年前の自然の染料が使われていた．放射年代測定に基づいて，このとき測定された炭素14の存在量を，当時の何％であったのか計算せよ．

生物学と社会

15. 次の文章を批判的に評価せよ．「化学的な廃棄物で環境を汚染することを心配することは行き過ぎである．これらは私たちのまわりにすでに存在しているものと同じ原子でできているのだから．」

16. 海洋の酸性化を引き起こすCO_2のおもな源は石炭火力発電所からの放出である（訳注：日本でも新設される火力発電所の多くは石炭利用である）．米国でこの放出を削減する1つの現実的な方策は，電力をつくるのに原子力を利用することである．原子力利用の支持者は，原子力発電所は酸性降下物を引き起こす汚染物質をまったく，もしくはほとんどつくらないので，米国が大気汚染を減らしながらエネルギー生産を増やすことができる唯一の方策であると主張している．原子力発電には他にどのような利点があるだろうか？　また，コストとリスクはどのようなものか？　あなたは原子力発電の利用を増やすべきだと思うか？　賛成するとすればなぜか？　また，反対するとすればなぜか？　もし，新しい発電所があなたの家の近くに建設されるとすれば，石炭火力発電所と原子力発電所のどちらを望むか？

3 生命をつくる分子

なぜ高分子が重要なのか？

▼ コーヒーを飲むとしたら，今日はあなたはサトウダイコン由来の砂糖を入れているかもしれない．

▼ レースの前日にグリコーゲンローディングした長距離ランナーは，レースで使えるグリコーゲンを増やすことができる．

▲ ヒトのDNAの構造は，蚊やゾウのDNAとほとんど区別できない．種の違いはそのヌクレオチド配列の違いによる．

▲ チョコレートが口に入れると溶けるのは（手でもっても溶ける），飽和脂肪が多いココアバターの特性による．

章目次
有機化合物　42
大型の生体分子　44

本章のテーマ
ラクトース不耐症

生物学と社会　ラクトースを摂取したか？　41
科学のプロセス　ラクトース不耐症の遺伝的背景は何か？　55
進化との関連　人類のラクトース不耐症の進化　55

ラクトース不耐症　生物学と社会

ラクトースを摂取したか？

　「ミルクのひげ」（訳注：勢いよくミルクを飲むと，口のまわりに白いヒゲのように付着することで，米国では一時期宣伝によく使われた）は健康によいという宣伝を見たことがあるだろう．実際，ミルクは非常に健康的な食品である．つまり，タンパク質やミネラル，ビタミンが豊富で脂肪分は多くないのである．しかし，世界中で多くの大人はコップ1杯のミルクでお腹の膨満，おなら，腹痛などの消化不良を起こすことも知っている．これらはラクトース不耐症（乳糖不耐症ともいう）の症状であり，ミルクに含まれるおもな糖であるラクトースを消化できないことが原因である．
　ラクトース不耐症の人では，小腸にラクトースが入ると問題が発生する．この糖を吸収するため，小腸の細胞はラクターゼという生体分子を合成する．ラクターゼは酵素タンパク質で，ラクトースをさらに小さい糖に分解する化学反応を促進する．ほとんどの人はラクトースを分解する能力をもって生まれてくる．しかし，2歳を過ぎると，多くの場合，ラクターゼの酵素量が大きく減少する．小腸で分解されないラクトースは大腸へ送られ，そこでは細菌類によって分解され，気体の副産物がつくられる．気体がたまると，さまざまな不快な症状が出る．たっぷりとチョコレートミルクを飲んだとき，ラクターゼが十分かどうかが喜びになるか不快になるかの違いを決める．
　ラクターゼの生産が不足しているラクトース不耐症では，根本的な治療法はない．ラクターゼを十分に合成できない人はどうすればよいだろうか？　1つの対策は，ラクトースを含む食品を摂取しないことである．つまり，摂取しないことが最善の危険回避である．または，代用品としてダイズやアーモンドから生産したミルク（豆乳やアーモンドミルク）や，ラクターゼで処理をしたミルクを摂取してもよい．もしラクトース不耐症であるのにピザが好物の場合は，ダイズから製造したラクトースなしのチーズやラクトースを含まないミルクから製造したモッツァレラチーズを使ったピザを食べるのもよい．また，ラクターゼをもたない人用につくられたラクターゼの錠剤を食事のときに服用して，消化を助けることも可能である．
　ラクトース不耐症は生体分子の相互作用が健康に影響を与える一例である．このような分子間相互作用は，多少の違いはあってもあらゆる局面で，すべての生物反応の進行にかかわっている．本章では，生命に必要不可欠な大型の分子の構造と機能を解説する．そのため，まず炭素原子の特徴から始めて，次に4種類の生体分子（炭水化物，脂質，タンパク質，核酸）の性質を述べる．同時に，これらの生体分子が食物のどこに含まれているか，私たちの身体で果たす重要な役割についても見ていく．

ラクトースをたっぷり含むチョコレートミルク． ラクトースの消化にはいくつかの生体分子がかかわる．

有機化合物

細胞はほとんど水でできているが，残りはおもに炭素を含む分子である．炭素は生命の機能に必要な巨大で複雑・多様な分子の骨格をつくることができる点で唯一無二である．炭素を含む分子を**有機化合物** organic compound というが，その研究はすべての生命研究の中心に位置している．

炭素の化学

炭素原子は他の原子と電子を共有して4つの方向に4つの共有結合をつくることができる．このため，炭素は多様な分子をつくる優れた素材といえる．炭素原子は他の炭素原子と結合することもできるため，大きさにおいても枝分かれにおいても無限の多様性をもった炭素骨格をつくることが可能である（図3.1）．こうして，複数の炭素原子がつながった分子は非常に複雑なかたちをとることができる．有機化合物の炭素原子は他の元素，おもに水素，酸素，窒素とも結合することができる．

最も単純な有機化合物はメタン（CH_4）である．これは1個の炭素原子が4個の水素原子を結合している（図3.2）．メタンは自然の気体として豊富に存在し，沼沢地やウシなどの草食動物の消化管で繁殖する原核生物によってつくられる（そのため沼気ともいう）．もっと大きな有機化合

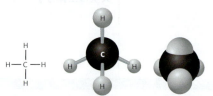

▲図3.2 単純な有機化合物，メタン．
構造式　ボールアンドスティックモデル　空間充填モデル

物，たとえば8個の炭素をもつオクタンなどはガソリンの主成分として，人類は自動車や機械で燃焼に利用している．有機化合物は人体の重要な燃料でもあり，脂肪分子のエネルギーに富んだ部分の構造はガソリンに似ている（図3.3）．

有機化合物のユニークな特徴は炭素骨格だけでなくその骨格に結合している原子の集団にも見られる．有機化合物において化学反応にかかわる原子集団を**官能基** functional group という．つまり，それぞれの官能基は化学反応において特有の役割を果たす．官能基の2つの例として，ヒドロキシ基（–OH，消毒用イソプロピルアルコールなどに存在）とカルボキシ基（–COOH，すべてのタンパク質に存在）を挙げる．多くの生体分子は2個もしくはそれ以上の官能基をもつ．官能基が結合した炭素骨格という基本的なパターンを理解できれば，私たちの細胞が小さな分子から大きな分子をどのようにつくり上げていくかを学ぶ準備が整ったといえる．

▼図3.1 **炭素骨格の多様性**．ここで示すすべての例は炭素と水素だけからなる有機化合物（炭化水素）である．すべての炭素原子は4本の結合をもち，すべての水素原子は1本の結合をもっていることに注意しよう．1本の線は1対の電子を共有する単結合を表し，2本の線は2対の電子を共有する二重結合を表している．

▼図3.3 **燃料としての炭化水素**．ガソリン成分のエネルギーに富んだ分子は機械の燃料となり，エネルギーに富んだ脂肪分子は細胞の燃料となる．

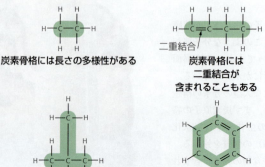

炭素骨格には長さの多様性がある

二重結合
炭素骨格には二重結合が含まれることもある

炭素骨格には分岐しないものと分岐するものがある

炭素骨格には環状になるものもある

オクタン　　食物の脂肪

小さな構成単位から巨大分子へ

分子のレベルでは，炭水化物（ポテトフライやベーグルなどデンプン質の食品に含有），タンパク質（酵素や毛髪の成分など），核酸（DNAなど）に分類される3種類の生体分子は巨大であり，生物学者はこれらを**高分子** macromolecule（*macro*は「大きい」の意味）とよぶこともある．高分子は巨大であるにもかかわらず，その構造は比較的わかりやすい．というのは，高分子が多数の**単量体** monomer（モノマー）という小分子が互いにつながってできた**重合体** polymer（ポリマー）であるためである．重合体は多数の単量体がつながってできているので，ネックレスと個々のビーズ，または列車と個々の車両の関係に似ている．長くつながった列車は一見すると複雑に見えるが，次の2つのポイントで考えるとわかりやすい．車両の種類と並び順である．同様に，巨大で複雑な生体高分子の場合も，構成する単量体の種類と結合の順番を考えることで理解できる．

脱水反応 dehydration reaction によって，細胞は単量体をつなげて重合体をつくる．反応の名前からわかるように，この化学反応は水1分子を取り去る（**図3.4a**）．重合体の鎖に単量体を1個ずつ付加するとき，2つの反応物から水素原子2個と酸素原子1個が放出されて，水1分子が生成される．このような脱水反応は，反応にかかわる単量体の種類や合成される重合体の種類を問わず，同じように進行する．したがって，本章を通して，同じタイプの脱水反応が何度も登場する．

生物は高分子を合成するだけでなく分解することもできる．たとえば，食物中の高分子を消化して単量体をつくれば自分の細胞でそのまま利用できる．つまり，細胞はその単量体を用いて自分の体に必要な高分子を合成できる．こうした高分子の変換は，組み立て式のおもちゃの車（食物に相当）をばらばらにして，そのブロックを用いて好みのデザインの車（自分の体の高分子）を組み立てるようなものである．高分子の分解は，**加水分解** hydrolysis という（**図3.4b**）．加水分解とは，水（*hydro*）を加えて分解（*lyse*）するという意味である．細胞は単量体間の結合を水を加えて切断するが，これは脱水反応の実質的な逆反応である．「生物学と社会」のコラムで，すでに加水分解反応の実例を学んでいる．つまり，ラクトースはラクターゼという酵素によって単量体に加水分解される．✓

有機化合物

✓ **チェックポイント**

1. 重合体を＿＿＿から合成する化学反応は，水1分子を取り去るので，＿＿＿反応という．
2. その逆反応として，高分子を小さな分子に分解する反応は，＿＿＿という．

答え：1. 単量体，脱水 2. 加水分解

▼ **図3.4 重合体の合成と分解．** わかりやすくするため，この図では反応にかかわる水素とヒドロキシ基（-OH）だけを示す．

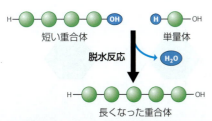

(a) **重合体の鎖の合成．** 新たな単量体と重合体の末端の単量体が水をつくる反応によって，重合体の鎖が伸長する．このとき，それまでの結合の代わりに，単量体間の新たな共有結合ができる．

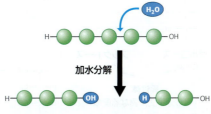

(b) **加水分解．** 加水分解は合成と逆の反応で，水1分子を付加することで，単量体間の結合を切断し，大きな重合体を2つの小さな分子にする．

大型の生体分子

3章 生命をつくる分子

すべての生物には、4種類の大型の重要な生体分子（炭水化物、脂質、タンパク質、核酸）が存在する*。それぞれの種類の大型の生体分子の構造と機能を学ぶにあたって、まずそれらの合成に用いられる単量体分子について見てみよう。

炭水化物

炭水化物 carbohydrate は糖と多糖（糖の重合体）を含む一群の分子である。例としては、ソフトドリンクに含まれる糖とスパゲッティやパンに含まれる長いデンプン分子がある。動物では、炭水化物は食物から得るエネルギーのおもな供給源であるとともに他の有機化合物を生産するための原料物質である。植物では、植物体のほとんどの元となる原料物質である。

単糖

単糖 monosaccharide（ギリシャ語で mono は「1つの」, saccha は「糖」の意味）は炭水化物の単量体であり、それ以上小さい糖に分解することはできない。例としては、ソフトドリンクに含まれるグルコースや果実に含まれるフルクトースがある。これらはともにハチミツにも含まれる単糖である（図 3.5）。グルコースの分子式は $C_6H_{12}O_6$ である。フルクトースも同じ分子式であるが、その原子配置が異なる。つまり、両者は異性体 isomer の好例である。異性体は分子式は同じだが原子配置が異なる分子であり、文字の順番を入れ換えると別の言葉になるアナグラム〔たとえば、heart（心臓）と earth（地球）〕に似ている。分子のかたちは非常に重要なので、原子配置の一見わずかな違いでも異性体に異なる性質、たとえば他の物質との異なる反応性などが生じる。官能基の配置が異なるフルクトースはグルコースよりもかなり強い甘味を与える。

単糖の構造として炭素骨格を直線状に描くのはわかりやすくて便利である。しかし、水に溶解すると、多くの単糖は、その分子の末端が分子内の別の部位と結合して、環状分子を形成する（図 3.6）。本章では、多くの単糖はこの環状構造で表してある。

単糖、特にグルコースは細胞がする仕事に必要な燃料分子である。ガソリンを消費する自動車のエンジンと同様に、私たちの細胞はグルコース分子を分解して、分子に蓄えられたエネルギーを取り出し、二酸化炭素を「排気ガス」として排出する。グルコースのエネルギーは細胞が利用するかたちのエネルギーに迅速に変換されるので、病気やケガの患者の血流にグルコース（デキストロースともいう）の水溶液がよく点滴される。このグルコースは体の回復に必要な即効性のエネルギーを組織に提供する。 ✓

*訳注：高分子は一般に分子量1万以上のものを指し、生体分子では炭水化物、タンパク質、核酸が相当する。一方、脂質の分子量は通常 1000 以下なので高分子には入らないが、上記の高分子の単量体の分子量よりは大きいので、「大型の生体分子」として扱うことが多い。

✓チェックポイント
1. すべての炭水化物は1個以上の____からなる。その例を2つ挙げよ。
2. グルコースとフルクトースは同じ分子式で表されるが、異なる性質をもつ理由を述べよ。

答え：1. 単糖、グルコース、フルクトース 2. 分子のかたちが異なるため

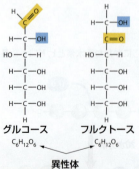

▶図 3.5 単糖. ともにハチミツに含まれるグルコースとフルクトースは原子配置が異なる異性体である。

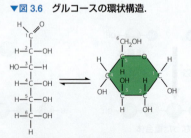

▼図 3.6 グルコースの環状構造.

(a) 直線状と環状の構造. それぞれの炭素原子に番号がつけてあるので、両方の構造の対応関係がわかる。両矢印は環状構造の形成が可逆的であることを示す。しかし、水溶液ではほとんどのグルコース分子は環状となっている。

(b) 省略した環状構造. 本書ではグルコースをこの環状の記号で表す。酸素（O）以外の各頂点はすべて炭素原子とそれに結合する原子を表す。

大型の生体分子

二 糖

　二糖 disaccharide は 2 個の単糖から脱水反応でつくられる．二糖の 1 つであるラクトースは「乳糖」ともいわれ，グルコースとガラクトースからつくられる（図 3.7）．別の二糖であるマルトース（麦芽糖ともいう）は発芽中の種子に多く含まれる．マルトースはビールやモルトウイスキー，蒸留酒，モルトミルクセーキ，モルトミルクボールキャンディなどの原料として使われる*．マルトース分子は 2 個のグルコース単量体が結合したものである．

　最もありふれた二糖はスクロース（ショ糖，砂糖ともいう）である．これは単量体のグルコースとフルクトースが結合した二糖である．スクロースは植物の師管液のおもな炭水化物であり，植物全体に栄養分として送り届けられる．製糖会社はサトウキビの茎やサトウダイコンの根（米国ではこちらがふつう）からスクロースを抽出している．もう 1 つのよく使われる甘味料は高フルクトースコーンシロップ（HFCS，訳注：これは日本で開発された商品で，「果糖ブドウ糖液糖」と表示されている）である．これはコーンシロップに含まれるグルコースを酵素の作用ではるかに甘いフルクトースに変換した商品である．HFCS は透明で甘い液体でフルクトースを約 55％含んでいる．これはスクロースよりはるかに安価で，飲料や加工食品に混ぜるのが容易である．ソフトドリンクの表示には，HFCS は内容物のうち最も多いものの 1 つとして記載されていることが多い（図 3.8）．

　平均的な米国人は年間約 45 kg というとてつもない量の甘味料を消費しており，その大半はスクロースと HFCS である．過剰な糖が健康によくない影響を及ぼすという認識が浸透しつつあるにもかかわらず，甘党の人々は全国的に依然として多い．糖は虫歯の主要な原因であり，過剰摂取は糖尿病の発症や心臓病のリスクを増やすという．さらに多量の糖の摂取はもっと多様で栄養に富んだ食品を駆逐する傾向がある．糖を「栄養なしのカロリー」というのは，炭水化物以外の栄養はほとんどないという意味では正しいといえる．健康のためには，タンパク

*訳注：麦芽は英語でマルト，もしくはモルトという．スクロースが安価になる前は，甘味料としてマルトースを含む麦芽がよく使われた．

コーヒーを飲むとしたら，今日あなたはサトウダイコン由来の砂糖を入れているかもしれない．

▼図 3.7　**二糖の合成．**二糖は 2 個の単糖が脱水反応によって結合したものである．この図では，グルコースとガラクトースの単量体が結合して二糖であるラクトースがつくられる．

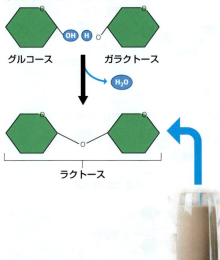

◀図 3.8　**高フルクトースコーンシロップ．**多くの加工食品に含まれる高フルクトースコーンシロップは，トウモロコシ由来の糖を化学的に変換されてつくられた甘味料である．

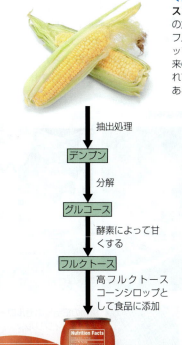

3章
生命をつくる分子

✓チェックポイント
高フルクトースコーンシロップはどのように生産されているか？

<答：サトウモロコシを加工してつくられる．デンプンはまずブドウ糖に分解され，さらに異性化によってフルクトースに変えられる．>

質や脂質，ビタミン，ミネラルも必要である．また，かなりの複合糖質，つまり多糖類も食品に含まれる必要がある．次はこのような高分子について調べてみよう．✓

多　糖

複合糖質もしくは**多糖** polysaccharide は糖が長くつながったもので，単糖が集合した高分子ともいえる．1つの例は植物が蓄積する貯蔵多糖のデンプンである．**デンプン** starch は単量体グルコースが長くつながってできている（図 3.9a）．植物細胞は糖の貯蔵物質としてデンプンを貯え，必要になったとき分解して利用する．ジャガイモや穀類（コムギ，トウモロコシ，イネ）は私たちの食事において主要なデンプンの供給源となっている．動物の消化酵素はグルコース単量体間の結合を加水分解反応によって切断できるので，デンプンを消化できる．

動物は，**グリコーゲン** glycogen とよばれる多糖として，余剰のグルコースを貯える．グリコーゲンもグルコース単量体の重合体であり，デンプンとよく似ている．しかし，グリコーゲンはもっと高頻度に分岐している（図 3.9b）．ヒトのグリコーゲンのほとんどは肝臓と筋肉細胞に貯えられており，エネルギーが必要なとき，分解されてグルコースがつくられる．これはスポーツ選手が試合の前夜にデンプンを多く含む食事をする「グリコーゲンローディング」というスタミナ増強法の原理である．つまり，食物のデンプンは体内でグリコーゲンに変換され，次の日の運動時の速い消費に備える．

セルロース cellulose は地球上で最も多く存在する有機化合物である．セルロースは植物細胞を包む細胞壁の中にある繊維の束をつくっており，植物の木材などの構造の主成分でもある（図 3.9c）．セルロースの繊維は非常に強いので，木材は建築部材として利用されている（訳注：木材の強度にはセルロースとリグニンが重要な役割を果たしている）．セルロースもまたグルコースの重合体であるが，グルコース単量体間は独自の結合でつながれている．そのため，デンプンやグリコーゲンと異なり，セルロースの結合は動物がもつどんな酵素でも切断されない．草食動物やシロアリのような昆虫はセルロースから栄養分を取り出すことができるが，その理由は消化管にすまわせている微生物がセルロースを分解してくれることにある．人間が植物性食物を食べるとき，セルロースは消化されないため食物繊維としてよく知られている．食物繊維は消化されないので栄養にはならないが，消化管全体の調子を整えてくれる．セルロースが消化管を通過すると，その表

レースの前日にグリコーゲンローディングした長距離ランナーは，レースで使えるグリコーゲンを増やすことができる．

▼図 3.9　3種の一般的な多糖．

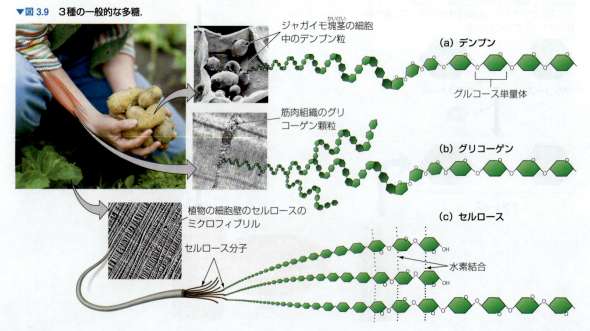

ジャガイモ塊茎（かいけい）の細胞中のデンプン粒

(a) デンプン

グルコース単量体

筋肉組織のグリコーゲン顆粒

(b) グリコーゲン

植物の細胞壁のセルロースのミクロフィブリル

セルロース分子

(c) セルロース

水素結合

46

面の細胞を刺激して粘液の分泌を促進し，食物を通過しやすくしてくれる．食物繊維の健康上の利点には，心臓病や糖尿病，胃腸病などのリスクを軽減してくれることも含まれる．しかし，ほとんどの米国人は推奨されている量の食物繊維を摂取していない．食物繊維を豊富に含んだ食品としては，フルーツや野菜，穀物の全粒やふすま，豆などがある．

脂 質

ほとんどの炭水化物は**親水性** hydrophilic（「水を好む」の意味）で，水によく溶ける．一方，**脂質** lipid は**疎水性** hydrophobic（「水を恐れる」の意味）で，水とは混ざり合わない．この特徴は，植物油と食酢を混ぜたとき，よくわかる．植物油は脂質の一種で，水が主成分の食酢から分離する（**図 3.10**）．これを激しく混ぜれば，一時的に混ざってサラダにかけることもできるが，ボトルに残った液はすぐに分離する．脂質は単量体が繰り返して重合した巨大な高分子でない点でも，炭水化物やタンパク質，核酸とは対照的である．脂質は異なる分子の構成単位からできた多様な分子種を含んでいる．本項では，脂質の2つのタイプ，脂肪とステロイドについて見ていこう．

脂 肪

典型的な**脂肪** fat は1分子のグリセロールと3分子の脂肪酸が脱水反応で結合してできている（**図 3.11a**）．こうした脂肪は**トリグリセリド** triglyceride という（**図 3.11b**）．この用語は血液検査の項目として見ることがあるかもしれない．脂肪酸は長鎖の分子で多くのエネルギーを蓄えている．実際，100gの脂肪は同じ100gの炭水化物の2倍以上のエネルギーをもっている．このような高いエネルギー効率には，余分な脂肪を燃やすことによる減量はより多くのエネルギー消費を必要とするという悪い面もある．私たちはこの長期保存性の脂質を脂肪細胞という特殊な貯蔵細胞に貯える．この細胞が脂肪をため込んだり消費したりするとき，細胞は伸びたり縮んだりする．この「体脂肪」の脂肪組織は単なるエネルギー貯蔵のためだけでなくクッションとして重要な臓器を守り，外が寒くても体温を保つ断熱効果ももっている．

図 3.11b を見ると，3つ目の脂肪酸は炭素骨格の途中に二重結合があり，分子が折れ曲がっている．二重結合にはまだ水素が結合できる余地があるので，このような脂肪酸は**不飽和脂肪酸** unsaturated fatty acid という．他の2個の脂肪酸の炭化水素鎖には二重結合がなくまっすぐなかたちをしている．これを**飽和脂肪酸** saturated fatty acid といい，水素原子数が最大であることを意味する．3本がすべて飽和脂肪酸となっているものを飽和脂肪といい，1本以上の不飽和脂肪酸を含むものを不飽和

◀図 3.10　サラダドレッシングの疎水性の植物油と親水性の食酢の分離．

油（疎水性）
食酢（親水性）

▼図 3.11　トリグリセリドの構造と合成．

グリセロール
（a）脱水反応による脂肪酸とグリセロールの結合

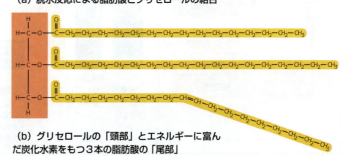

（b）グリセロールの「頭部」とエネルギーに富んだ炭化水素をもつ3本の脂肪酸の「尾部」

脂肪という（図 3.11b）．脂肪酸に複数の二重結合が存在するものを多不飽和脂肪という．

ラードやバターのような動物脂肪のほとんどは飽和脂肪酸の含量が比較的高い．飽和脂肪酸のまっすぐなかたちのおかげで，これらの分子は，壁をつくるレンガのように，容易に積み重ねられるので，室温で固体になりやすい（図 3.12）．飽和脂肪に富んだ食事は動脈硬化を促進し循環器疾患を引き起こしやすい．このとき，プラークという脂質を含んだ沈着が血管の内壁にできていて，これが血流を抑え，心臓発作や脳卒中のリスクを高める．

植物や魚の脂肪では不飽和脂肪酸の含量が比較的高い．不飽和脂肪酸の曲がったかたちのおかげで，固体になりにくい．これは曲がったレンガで壁を積むことが難しいことからも想像できる．そのため多くの不飽和脂肪は室温で液体となる．不飽和脂肪には植物油（コーン油やキャノーラ油など）や魚油（タラの肝油など）がある．

植物油は一般に飽和脂肪の割合が低いが，熱帯性植物の脂肪は例外である．チョコレートの主成分であるココアバターは飽和脂肪と不飽和脂肪の混合物で，体温に近い温度で溶ける（液体となる）性質がある．そのため，チョコレートは室温では固体であるが，口の中では溶けてくれる．このすばらしい「食感」がチョコレートの特徴である．

食品会社は植物性油を使いたいが，製品は固体である必要があることがある．たとえばマーガリンやピーナッツバターがそうである．不飽和脂肪に水素を加えて飽和脂肪に変換する（**水素添加** hydrogenation）ことで質感を変えることができる．不幸なことに水素添加によって健康によくない不飽和脂肪（**トランス脂肪** trans fat）が少しできる（訳注：金属触媒を用いて水素添加することが，副反応としてトランス脂肪を生じる理由である）．2006 年以降，FDA（米国食品医薬品局）は食品の成分表にトランス脂肪の記載の追加を要求している．しかし，1 食あたりトランス脂肪が 0 g と表示されていても，その食品に 0.5 g 未満のトランス脂肪が含まれているかもしれない（米国の法律では四捨五入が認められているため）．また，フレンチフライや多くの油で揚げた食品には表示はないが，トランス脂肪が多いものがある．トランス脂肪が健康によくないことが明らかになるにつれて，食品会社も別の脂肪で置き換えるようになっている．そのため，トランス脂肪は徐々に減少しており，やがては，過去の食品になってしまうかもしれない．2006 年にニューヨーク市が，2010 年にはカリフォルニア州がレストランでトランス脂肪を含んだ食品を提供することを法律で禁止した．国としてもアイスランドやスイス，

> チョコレートが口に入れると溶けるのは（手でもっても溶ける），飽和脂肪が多いココアバターの特性による．

▼図 3.12　脂肪の種類．

デンマークは食品供給からトランス脂肪を排除してきた．米国ではFDAがトランス脂肪を「安全とはいえない」と規定したので，やがて米国の食品供給から消えていくだろう．

このようにトランス脂肪は体に悪く，飽和脂肪も制限すべきといわれるが，すべての脂肪が健康によくないわけではない．実際，ある種の脂肪は体内で重要な機能を果たしているので，健康な食事に必須でさえある．たとえば，オメガ3脂肪酸（訳注：α-リノール酸などオメガ3位に二重結合をもつ不飽和脂肪酸）は心臓病のリスクを軽減し，関節炎や炎症性腸疾患の症状を緩和することが報告されている．これを含む有益な脂肪はサケなどの魚やナッツから摂取できる．☑

ステロイド

ステロイド steroid は疎水性なので脂質に分類されるが，脂肪とは構造も機能も非常に異なっている．すべてのステロイドは炭素骨格が4個の環構造が融合したかたちをしている．異なるステロイドはこの環構造に付属する官能基の種類が違っており，その違いが機能の違いにかかわっている．よく知られたステロイドはコレステロールで，循環器疾患への関与で悪名が高い．しかし，コレステロールはヒトの細胞膜の鍵となる成分である．コレステロールはまた性ホルモンのエストロゲンやテストステロンなど別のステロイドを合成する出発となる「基本ステロイド」である**（図3.13）**．これらの性ホルモンは男性や女性のそれぞれの発達に必要なものである．

アナボリックステロイドは男性ホルモンであるテストステロンと同じ機能をもつ化学合成品である．ヒトの男性ではテストステロンは男性の思春期に筋肉と骨を増強し，一生を通じて男性的な特徴を保ってくれる．アナボリックステロイドの構造はテストステロンに似ており，その作用もまた似ている．がんやエイズなどの病気では筋肉が破壊されるので，アナボリックステロイドが処方される．しかし，筋肉を手軽に増強するためにアナボリックステロイドを使用する人もいる．最近，多くの有名なスポーツ選手が，化学的に改変して性能が向上したアナボリックステロイド（「デザイナーステロイド」という）を使用していたことを認めている**（図3.14）**．このような事実の暴露によって，選手のホームラン記録

コレステロール

体内で変換される

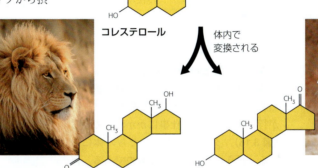
テストステロン　　　エストロゲンの一種

▲図3.13　**ステロイドの例**．ここに示すステロイドの分子構造は環を形成するすべての原子を省略している．テストステロンとエストロゲンのわずかな違いは，ライオンやヒトなど哺乳類の雄と雌の間の解剖学的また生理学的違いを決定する．このような例は，分子の構造が機能にとっていかに重要かを示している．

大型の生体分子

☑ **チェックポイント**

不飽和脂肪酸とはどんなものか？　どんな不飽和脂肪が健康によくないのか？　また，どんな不飽和脂肪酸が健康によいのか？

答え：炭素鎖の間に二重結合をしていることで炭素数が続いている不飽和酸；トランス脂肪；オメガ3脂肪酸を参照のこと．

アレックス・ロドリゲス（Alex Rodriguez）

マーク・マグワイア（Mark McGwire）

フロイド・ランディス（Floyd Landis）

ベン・ジョンソン（Ben Johnson）

▶図3.14　**ステロイドと最近のスポーツ選手**．ここに示す野球選手アレックス・ロドリゲス，マーク・マグワイア，ツールドフランスの自転車競技選手フロイド・ランディス，オリンピックの短距離選手ベン・ジョンソンはステロイドの使用を認めた．

や他の記録の価値に疑問が投げかけられている．

アナボリックステロイドを使用すると，厳しい鍛錬をした者だけが得られる身体を越えるものをすばやく獲得することができる．しかし，その代償はどうだろうか？ステロイドの濫用は，暴力的興奮（「ステロイド憤怒」という），うつ，肝機能障害，高コレステロール，睾丸萎縮，性衝動の減退，不妊などを引き起こす．これらの症状のうち性に関連するものは，アナボリックステロイドが本来の性ホルモンの生産をしばしば抑制することによる．ほとんどの運動競技団体は起こり得るさまざまな健康障害と競技の人工的操作の不公正のため，アナボリックステロイドの使用を禁止している．✓

タンパク質

　タンパク質 protein は単量体であるアミノ酸の重合体である．タンパク質は多くの細胞の乾燥重量の50％以上を占め，細胞が行うほぼすべての仕事にかかわっている（図 3.15）．タンパク質は私たちの体における「働きバチ」のようなものである．何か仕事がなされていれば，おそらくタンパク質がそれをしている．ヒトの体には数万種の異なるタンパク質があり，それぞれは固有の3次元構造をもち，それに対応する機能をもっている．実際，タンパク質は私たちの体の中で，最も構造が複雑な分子である．

タンパク質の単量体：アミノ酸

　すべてのタンパク質は共通の20種類のアミノ酸をつないでつくられている．各**アミノ酸** amino acid の中央の炭素は4つの共有結合で相手と結合している．このうちの3つは20種類のすべてに共通である．つまり，カルボキシ基（−COOH），アミノ基（−NH₂）と水素原子である．アミノ酸の可変部位である側鎖（R基ともいう）はアミノ酸の中央の炭素の4番目の結合相手である（図 3.16a）．それぞれのアミノ酸には固有の側鎖があり，各アミノ酸に特有

▼図 3.16　**アミノ酸**．すべてのアミノ酸は共通の官能基をもつが，側鎖はそれぞれ違っている．

(a) アミノ酸の一般的な構造

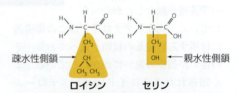

(b) 疎水性と親水性の側鎖をもつアミノ酸の例．ロイシンの側鎖は疎水性であるが，セリンの側鎖は親水性のヒドロキシ基（−OH）をもつ．

チェックポイント
ヒトでステロイドホルモンが合成されるとき，どんなステロイドが出発となるか？

答：コレステロール

▼図 3.15　タンパク質のさまざまな役割の例．

タンパク質のおもな種類				
構造タンパク質（かたちを保つ）	貯蔵タンパク質（成長に必要なアミノ酸を供給）	収縮タンパク質（運動にかかわる）	輸送タンパク質（物質輸送を助ける）	酵素（化学反応を助ける）
構造タンパク質は髪の毛や角をつくる	種子と動物の卵は貯蔵タンパク質に富む	収縮タンパク質は筋肉を収縮させる	赤血球のヘモグロビンタンパク質は酸素を運搬する	洗浄剤には分解酵素を含むものがある

の化学的性質を与えている（図3.16b）．このうち，グリシンは側鎖として水素原子1個だけの非常に単純なアミノ酸である．他のアミノ酸にはもっと複雑な側鎖があり，あるものは分岐し，環構造を形成するものもある．☑

 構造と機能

タンパク質のかたち

　細胞内でアミノ酸の単量体をつなぐのは，脱水反応である．隣り合うアミノ酸をつなぐ結合は**ペプチド結合 peptide bond**という（図3.17）．こうしてつくられるアミノ酸が長くつながった鎖は**ポリペプチド polypeptide**という．機能をもったタンパク質は1本もしくは複数のポリペプチドが正しく曲げられ，折りたたまれ，巻かれて，独自のかたちをとっている．ポリペプチドとタンパク質の違いは，長い毛糸とそれで織られたセーターの関係にたとえられる．機能をもつためには，長いポリペプチドの鎖（毛糸）が正しく特定のかたち（セーター）に織られる必要がある．

　ヒトの体には数万種類の異なるタンパク質がある．わずか20種類のアミノ酸からどうしてこれほど膨大な種類のタンパク質をつくることが可能なのだろうか？　その答えは，配列の組み合わせである．英語ではわずか26種類の文字の配列を変えることで多くの異なる単語をつくることができる．タンパク質のアルファベットは文字数が少ないが（わずか20「文字」），「単語（タンパク質）」ははるかに文字数が多い．つまり，典型的なタンパク質では数百から数千のアミノ酸がつながっている．言葉の各単語が固有の文字列でできていることと同じように，各タンパク質はアミノ酸が線状につながった固有のアミノ酸配列をもっている．

　各ポリペプチドのアミノ酸配列はそのタンパク質の3次元構造を決定している．そして，その分子が特定の機能をもつようにできるのは，その3次元構造である．ほぼすべてのタンパク質は他の分子を認識して結合することで仕事をする．たとえば，ラク

▼図3.18　**タンパク質の構造**．1ページに収まるようにヘビ状に曲げて描いた鎖は，リゾチームという涙や汗に含まれ細菌の感染を防ぐ酵素のポリペプチドのアミノ酸配列である．アミノ酸の名前は3文字略号で示す．たとえば，アラニンというアミノ酸は「Ala」と省略する．このアミノ酸配列は折りたたまれてタンパク質の特定のかたちをとる．そのかたちを，2種類のコンピュータ表示法で示している．この特定のかたちがなければ，リゾチームタンパク質はその機能を果たせない．

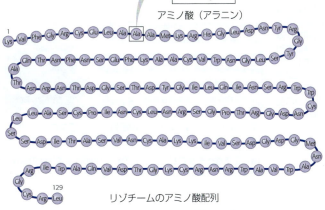

リゾチームのアミノ酸配列

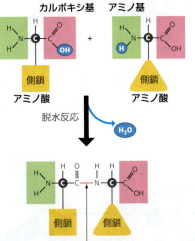
ポリペプチドはコンパクトに折りたたまれている．

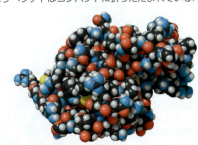
この構造モデルではリゾチームタンパク質の構造の詳細がわかる．

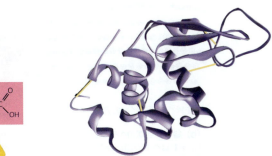

▲図3.17　**アミノ酸をつなぐ**．脱水反応が隣接するアミノ酸をペプチド結合でつなぐ．

大型の生体分子

☑チェックポイント

1. タンパク質でないものは次のどれか？髪の毛，筋肉，セルロース，酵素
2. すべてのタンパク質を構成する単量体は何か？　アミノ酸ごとに異なる部分は何か？

答え：1. セルロース（炭水化物）　2. アミノ酸／側鎖

3章
生命をつくる分子

ターゼの特定のかたちはラクトースという標的分子を認識して結合する．すべてのタンパク質にとって構造と機能は連関している．タンパク質のねじれや折り返し（図3.18）は偶然に見えるが，そのタンパク質の特定の立体構造によるものである．この正しい構造がなければ，タンパク質はその仕事をすることができない．

1個の文字を変えることで，単語の意味が大きく変化することがある．たとえば，tasty（おいしい）と nasty（不快）のように．同様にアミノ酸配列のわずかな変化がタンパク質の機能に大きな影響を与えることがある．たとえば，酸素を運搬する血液のタンパク質であるヘモグロビンでは特定の位置のアミノ酸の置換によって，鎌状赤血球症という遺伝病を引き起こす（図3.19）．ヘモグロビンの146個のアミノ酸のうち145個が正しくても，残り1個の変化でタンパク質の折りたたまれ方が変化し，それによって機能が変化し，病気となる．間違って折りたたまれたタンパク質が脳の重篤な病気にかかわっている．図3.20に示す病気はすべてプリオンによるものである．プリオンは，もともと脳にある正常なタンパク質が間違ったかたちに折りたたまれたものである．プリオンは脳に侵入し，正常に折りたたまれたタンパク質を異常なかたちに変えてしまう．この異常なかたちのタンパク質が集まると，やがて脳の働きを壊してしまう．

アミノ酸配列への依存性に加えて，タン

▶図 3.19
タンパク質のうちの1個のアミノ酸の置換が鎌状赤血球症を引き起こす．(訳注：図中のアミノ酸配列は実際のヘモグロビンの配列ではない．)

正常なヘモグロビンのアミノ酸配列　　正常なヘモグロビンタンパク質　　SEM像 400倍　　正常な赤血球細胞

ウシではプリオンは狂牛病（正式には，ウシ海綿状脳症（BSE））を引き起こす．

(a) **正常なヘモグロビン**．ヒトの赤血球細胞は通常は円盤状のかたちをしている．各細胞は数百万分子のヘモグロビンタンパク質を含み，肺から体の他の器官へ酸素を輸送する．

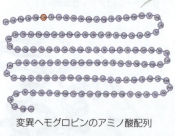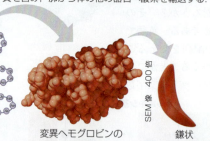

変異ヘモグロビンのアミノ酸配列　　変異ヘモグロビンのポリペプチド　　SEM像 400倍　　鎌状赤血球細胞

1950年代にパプア・ニューギニアのある部族で発見されたクールー病はヒトの脳の病気である．これは，食人風習によって，感染したヒトの脳を食べたことからプリオンが別の人に伝播した．

(b) **鎌状赤血球のヘモグロビン**．アミノ酸配列のわずかな変化が鎌状赤血球症を引き起こす．それはヘモグロビンの6番目のアミノ酸のグルタミン酸をバリンに置換した遺伝的変異である．この変異ヘモグロビンは結晶化しやすく，結果として細胞のかたちを鎌状に変える．この病気をもった人は毛細血管で異常な赤血球が凝集して血流を低下させることで重篤な貧血症状を起こす．

▶図 3.20
間違って折りたたまれたタンパク質が脳の病気を引き起こすしくみ．ここでは，プリオンタンパク質が脳組織を破壊するしくみとその病気の例（右図）を示す．

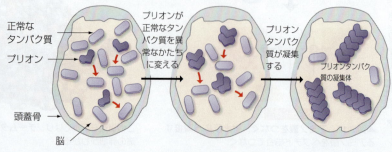

正常なタンパク質　　プリオン　　頭蓋骨　　脳

プリオンが正常なタンパク質を異常なかたちに変える　　プリオンタンパク質が凝集する　　プリオンタンパク質の凝集体

シカやヘラジカ，ムースなどの動物では，プリオン病によって体重が激減する．

52

パク質のかたちは環境にも依存する．温度やpH，その他の要因でタンパク質のかたちが壊れる．卵を加熱すると，透明な卵白タンパク質は変性して白くなる．非常な高熱は人体にとって危険であるという理由の1つは，人体を構成するいくつかのタンパク質のかたちが摂氏40度を超えると変化するためである．

タンパク質のアミノ酸配列を決定しているのは何か？　個々のポリペプチドのアミノ酸配列は遺伝子が決めている．遺伝子とタンパク質の関係は，本章の最後の大型の生体分子である核酸によって知ることができる．✓

核　酸

核酸 nucleic acid は情報を貯え，タンパク質合成の指令にかかわる高分子である．核酸の名前は，DNAが真核細胞の核内にあるということに由来する．実際には2種類の核酸，つまり DNA（deoxyribonucleic acid，デオキシリボ核酸）とRNA（ribonucleic acid，リボ核酸）がある．ヒトを含めたすべての生物が親から受け継ぐ遺伝物質は巨大なDNA分子である．DNAは細胞の中で1本もしくは複数の染色体という非常に長い繊維として存在する．遺伝子 gene は DNAの特定の領域に書き込まれた遺伝の単位で，ポリペプチドのアミノ酸配列を指定している．しかし，その指令は，化学の暗号で書かれているので，「核酸の言語」から「タンパク質の言語」への翻訳が必要である（図 3.21）．細胞に含まれる RNA 分子はこの翻訳を助ける（10章参照）．

核酸は**ヌクレオチド** nucleotide という単量体からつくられる重合体である（図 3.22）．ヌクレオチドは3つの部分に分かれる．ヌクレオチドの中央には炭素5個でできた五炭糖（青色で示す）があり，DNAではデオキシリボース，RNAではリボースである．この糖には負電荷をもったリン酸基（黄色），つまりリン原子に酸素原子が結合したもの（PO_4^-）が結合している．同じ糖には，1個もしくは2個の環構造の塩基（緑色）も結合している．この糖

▼図 3.21　**タンパク質をつくる**．細胞では，DNAの一部である遺伝子が指令を出してRNA分子をつくり，そのRNAが翻訳されてタンパク質となる．

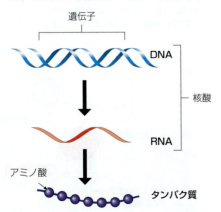

▼図 3.22　**DNAのヌクレオチド**．DNAをつくるヌクレオチドの単量体は3つの部分，つまり，糖（デオキシリボース），リン酸，塩基からなる．

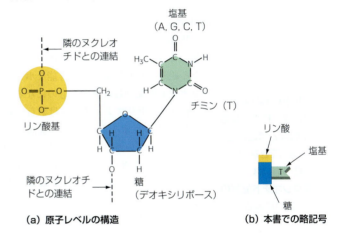

(a) 原子レベルの構造　　　　　　　　　(b) 本書での略記号

▼図 3.23　**DNAの塩基**．アデニンとグアニンは環を2個もち，シトシンとチミンは環を1個もつ．

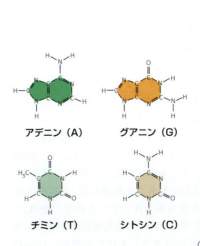

アデニン（A）　　グアニン（G）

チミン（T）　　シトシン（C）

大型の生体分子

✓チェックポイント
1個のアミノ酸の変化がタンパク質の機能を変えるしくみを述べよ．

答え：1個のアミノ酸の変化はそのタンパク質の形のかたちを変え，そのためにその機能も変えうる．

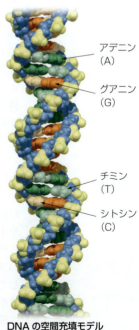

DNAの空間充填モデル
（4種の塩基を異なる色で示す）

とリン酸はすべてのヌクレオチドで同じであり，異なるのは塩基だけである．DNAの各ヌクレオチドは4種の塩基，つまり，アデニン（Aと略称），グアニン（G），シトシン（C），チミン（T）のうちの1つを含んでいる（図3.23）．つまり，すべての遺伝情報は4文字のアルファベットで書かれている．

脱水反応はヌクレオチドの単量体をつないでポリヌクレオチドとよばれる長い鎖をつくる．DNAの場合は，これをDNA鎖という（図3.24a）．ポリヌクレオチドにおいて，1つのヌクレオチドの糖と隣のヌクレオチドのリン酸との間の共有結合によってヌクレオチドがつながれている．この結果，**糖-リン酸の骨格 sugar-phosphate backbone** という繰り返しパターンができ，塩基（A, T, C, G）はこの骨格から付属物のように突き出ている．4種の塩基の異なる組み合わせによって，可能なポリヌクレオチドの配列数は莫大なものになる．

1本の長いポリヌクレオチドは数百から数千ヌクレオチドからなる遺伝子を多数含んでいる．その配列はアミノ酸から特定のポリペプチドをつくり上げるための指令をもたらす暗号である．

細胞に含まれるDNA分子は2本鎖，つまり2本のポリヌクレオチド鎖が互いに巻きついて**二重らせん double helix** として存在している（図3.25b）．キャンディケイン（赤と白の縞模様の杖状のお菓子）や理髪店の回る看板は，赤と白の2本のらせんが互いに巻きついている．同様のらせん構造において，らせんの中央部に2本のDNA鎖から出た塩基が互いに水素結合で対を形成している．この結合は個別には弱いものであるが，連続するとジッパーのように2本の鎖をつなぎ合わせて非常に安定な二重らせんをつくる．DNAの2本鎖の結合は，マジックテープを考えるとわかりやすい．つまり，2つのテープの表面がそれぞれフックとループになっていて，個別のフックとループの結合は弱いが，全体としては強い接着力を発揮する．特定の官能基が各塩基から伸びているので，DNAの二重らせんをつくる塩基の対形成は特異的である．つまり，AはTとだけ，GはCとだけ対を形成する．したがって，DNAの二重らせんの一方の鎖の塩基配列がわかっていれば，他方の相補鎖の配列もわかることになる．この特別な塩基の対形成はDNAが遺伝する分子として働く基礎である（10章参照）．

RNAとDNAには多くの共通点がある．両方ともヌクレオチドの重合体である．つまり糖とリン酸，塩基からなるヌクレオチドでできている．しかし，3つの重要な違いがある．(1) RNA（リボ核酸）が意味するように，RNAの糖はデオキシリボースではなくリボースである．(2) チミン塩基の代わりに，RNAはチミンに似ている

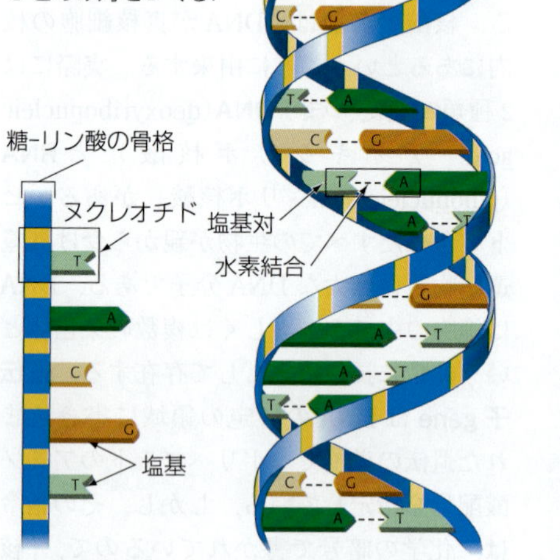

> ヒトのDNAの構造は，蚊やゾウのDNAとほとんど区別できない．種の違いはそのヌクレオチド配列の違いによる．

▼図3.24　**DNAの構造**．DNA分子内の塩基対の形成は特異的で，AはTと，GはCとのみ対をつくる．

(a) **DNAの鎖**（ポリヌクレオチド）

(b) **二重らせん**（2本のポリヌクレオチド鎖）

糖-リン酸の骨格
ヌクレオチド
塩基対
水素結合
塩基

▼図3.25　**RNAのヌクレオチド**．この図のRNAヌクレオチドは図3.22に示すDNAヌクレオチドと2つの点で異なる．つまり，糖はデオキシリボースではなくリボースであり，塩基はチミン（T）の代わりにウラシル（U）である．他の3種のRNAヌクレオチドの塩基はDNAと同じくA, C, Gである．

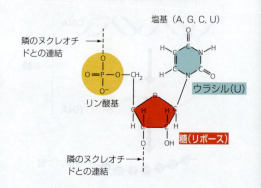

塩基（A, G, C, U）
隣のヌクレオチドとの連結
ウラシル(U)
リン酸基
糖（リボース）
隣のヌクレオチドとの連結

がまったく別の塩基であるウラシル（U）をもつ（図 3.25）．ウラシルとリボースを除けば，RNA のポリヌクレオチド鎖は DNA のポリヌクレオチド鎖と同一である．(3) RNA は細胞内では通常 1 本鎖として存在し，DNA は二重らせんである．

ここまで核酸の構造を学んだので，どのようにヌクレオチド配列の変化がタンパク質合成に影響を与えるかを次に見てみよう．そのため，わかりやすい例に戻って考える．✓

| 大型の生体分子 |

✓チェックポイント

1. DNA は＿＿本のポリヌクレオチド鎖からなり，ポリヌクレオチドは＿＿種のヌクレオチドからなる．（＿＿には数字を入れよ）
2. 一方の DNA 鎖の配列が GAATGC とすれば，他方の鎖の配列を答えよ．

解答：1. 2：4
2. CTTACG（原注：本書は DNA 鎖の向きを無視している）

ラクトース不耐症　科学のプロセス

ラクトース不耐症の遺伝的背景は何か？

ラクターゼという酵素も他のすべてのタンパク質と同じく DNA の遺伝子によって指定されている．そのため，ラクトース不耐症を説明するもっともらしい仮説は，不耐症の人のラクターゼ遺伝子に欠陥があるだろうということだった．しかし，この仮説は観察と一致しない．実際，ラクトース不耐症は家族性であっても，そのほとんどは正常なラクターゼ遺伝子をもっている．このため，ラクトース不耐症の遺伝的しくみはどうなっているのかという疑問が浮かび上がる．

フィンランドと米国の研究者グループは，ラクトース不耐症が，ある染色体の特定の部位の 1 個のヌクレオチドの違いと対応しているという仮説を提案した．彼らは，この変異部位はラクターゼ遺伝子の内部ではなくてもその近くにあると予測した．彼らの実験では，フィンランドの 9 家族 196 人のラクトース不耐症の人たちの遺伝子を調べた．その結果，ラクターゼ遺伝子から約 1 万 4000 ヌクレオチド離れた部位（染色体全体から見れば比較的短い距離に相当）に 1 ヌクレオチドの違いが 100 ％の相関をもって見つかった（図 3.26）．別の研究によれば，DNA のこの領域のヌクレオチド配列に依存してラクターゼ遺伝子の働きが上がったり下がったりする（そのしくみにはラクターゼ遺伝子の近くのヌクレオチドと相互作用する調節タンパク質の合成がかかわっている．訳注：最近の研究では，11 章で述べるエンハンサーの変異と考えられている）．この研究は DNA のヌクレオチドのわずかな変化がタンパク質の生産や生物の健康に大きな影響を与えることが起こり得ることを示している．

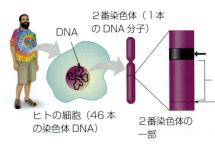

◀ 図 3.26　ラクトース不耐症の遺伝的要因．研究によって，ラクトース不耐症が染色体の特定の領域の 1 ヌクレオチドの違いと相関があることが示された．

ラクターゼ遺伝子
1 万 4000 ヌクレオチド
この部位が C のときラクトース不耐症，この部位が T のときラクトース耐性

2 番染色体（1 本の DNA 分子）
DNA
ヒトの細胞（46 本の染色体 DNA）
2 番染色体の一部

ラクトース不耐症　進化との関連

人類のラクトース不耐症の進化

「生物学と社会」のコラムで見たように，世界のほとんどの人々は，大人になるとラクトース不耐症になり，ミルクに含まれる糖のラクトースをあまり消化できない．実際，アフリカ系米国人や米国先住民の 80 ％，アジア系米国人の 90 ％はラクトース不耐症であるが，北欧系の米国人には 10 ％しかいない．また，「科学のプロセス」のコラムで解説したように，ラクトース不耐症には遺伝的原因がある．

進化的な観点からは，北欧の人たちはラクトースを処理できる能力をもつことで，その祖先の人よりも有利であったため，ラ

クトース不耐症が非常に少なくなったと解釈できる．北欧の比較的寒冷な気候では収穫は年に1回だけである．したがって，動物はこの地域の初期人類にとって主要な食料源となった．家畜が北欧で最初に飼い慣らされたのは約9000年前であった（図3.27）．ミルクや他の乳製品を1年中手にすることで，乳幼児期を過ぎてからもラクターゼ遺伝子の発現を維持できた人たちが自然選択で選抜されたのであろう．乳製品が食事で必須でなかった文化では，ラクターゼ遺伝子の発現を維持するような変異は自然選択で選ばれなかったのであろう．

研究者たちは北欧のラクトース不耐症の遺伝的変異が乳牛群を飼育する他の文化でも起きているかもしれないと考えた．そのため，東アフリカの43民族のラクトース不耐症と遺伝子を比較した．こうして，別の3つの遺伝的変異によってもラクターゼ活性を一生を通じて高く保持できることが明らかにされた．これらの遺伝的変異は約7000年前に生じたと考えられる．この時期の考古学的証拠はこのアフリカ地域で家畜が飼育され始めていたことを示している．

ミルクを飲むことで寒冷気候を生き延び，のどの渇きを癒すという生存に有利な形質を与える遺伝的変異はこれらの初期人類に急速に拡がった．人がミルクを消化できるかどうかということは，先祖の人々の文化の歴史の進化的な記録といえる．

▲ 図3.27 石器時代の野生動物の洞窟壁画．右側のウシに似た動物は，ヨーロッパで初めて家畜化されたオーロクスである．オーロクスはアジアから25万年前にヨーロッパに移住してきたが，1627年に絶滅した．

本章の復習

重要概念のまとめ

有機化合物

炭素の化学

炭素原子は他の炭素原子などを含む4つの相手と結合するので，大きく複雑で多様な分子をつくることができる．炭素骨格のサイズやかたちの多様性に加えて有機化合物には異なる官能基の有無や位置にもさまざまなバリエーションがある．

小さな構成単位から巨大分子へ

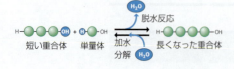

大型の生体分子

大型の生体分子	機能	成分	例
炭水化物	食物のエネルギー貯蔵，植物の構造	単糖	単糖：グルコース，フルクトース 二糖：ラクトース，スクロース 多糖：デンプン，セルロース
脂質	長期のエネルギー貯蔵（脂肪）ホルモン（ステロイド）	脂肪酸，グリセロール トリグリセリドの成分	脂肪（トリグリセリド）ステロイド（テストステロン，エストロゲン）
タンパク質	酵素，構造，貯蔵，収縮，輸送，その他	アミノ基 カルボキシ基 側鎖 アミノ酸	ラクターゼ（酵素）ヘモグロビン（輸送タンパク質）
核酸	情報蓄積	リン酸 塩基 糖 ヌクレオチド	DNA，RNA

炭水化物

単糖は細胞のエネルギー源であるとともに，他の有機化合物を合成するときの原材料となる．スクロースなどの二糖は単糖2個が脱水反応で結合したものであ

る．多糖は単糖の単量体が長くつながった重合体である．植物のデンプンや動物のグリコーゲンは貯蔵多糖である．植物の細胞壁のセルロースは構造多糖の一例である．

脂質

脂質は疎水性物質である．脂肪は動物の主要な長期エネルギー貯蔵物質である．脂肪分子（トリグリセリド）は3個の脂肪酸がグリセロールに脱水反応で結合したものである．動物脂肪のほとんどは飽和脂肪，つまり脂肪酸に水素が最大限結合したものである．植物油は，脂肪酸の炭素骨格の二重結合のため水素の結合数が少なくなった不飽和脂肪がほとんどである．コレステロールや性ホルモンなどのステロイドもまた脂質である．

タンパク質

タンパク質をつくる単量体は20種類のアミノ酸である．アミノ酸は脱水反応によってつながりポリペプチドという重合体をつくる．タンパク質は，特定の3次元構造に折りたたまれた1つもしくは複数のポリペプチドからなる．このタンパク質のかたちがその機能を決定する．ポリペプチドのアミノ酸配列の変化はタンパク質のかたちを変え，結果として機能も変えるかもしれない．タンパク質のかたちは環境によって変化しやすく，もし変性する（よくない環境でかたちが失われる）と，その機能も失われる．

核酸

核酸はRNAとDNAを含む．DNAの2本の鎖（ヌクレオチドの重合体）はヌクレオチドの一部である塩基の間の水素結合によって結びつき，二重らせんを形成している．DNAの4種の塩基はアデニン（A），グアニン（G），チミン（T），シトシン（C）である．AとT，GとCは必ず対を形成する．この対形成の規則によってDNAが遺伝物質として働くことができる．RNAはTの代わりにU（ウラシル）をもつ．

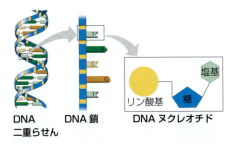

セルフクイズ

1. メタンフェタミンの異性体の1つは「クランク」という中毒性の違法ドラッグで，もう1つの異性体は鼻のうっ血を治療する医薬品である．このように2つの異性体が異なる効果をもつ理由を説明せよ．
2. 単量体は___反応によって互いに結合し大きな重合体をつくる．この反応では，___が放出される．
3. 重合体は，___という化学反応によって構成する単量体に分解される．
4. 次の用語のうち，他の3つをすべて含むものはどれか？
    a．多糖　b．炭水化物　c．単糖　d．二糖
5. 2分子のグルコース（$C_6H_{12}O_6$）が脱水反応によって結合してできる2つの物質の化学式を答えよ．（ヒント：原子の総数は増えることも減ることもない．）
6. 脂肪の1分子は，3分子の___が1分子の___に結合したものである．また，この脂肪の正式な名称を答えよ．
7. 飽和脂肪について述べた次の文のうち正しいものはどれか？
    a．飽和脂肪は脂肪酸の炭化水素鎖に1か所もしくはそれ以上の二重結合を含む．
    b．飽和脂肪は脂肪酸の炭化水素鎖に最大数の水素がついている．
    c．飽和脂肪は植物油のほとんどを占めている．
    d．飽和脂肪はヒトにとって不飽和脂肪よりも一般的に健康によい．
8. ヒトや他の動物は木材を消化できない．その理由は次のうちどれか？
    a．動物はどんな炭水化物も消化できないため．
    b．動物は細かくかみ砕くことができないため．
    c．動物はセルロースを分解する酵素をもたないため．
    d．動物はこれから栄養を摂取できないため．
9. タンパク質の1個のアミノ酸を変えても，そのタンパク質の機能が変化しないことがあり得るかどうか，説明せよ．
10. ほとんどのタンパク質は水によく溶ける．その場合，疎水性アミノ酸はタンパク質の3次元の構造のどこに存在することが最も予想されるか？
11. 土壌中のリンの欠乏によって，植物が合成するもので最も困難になるのはどれか答えよ．
    a．DNA　　　　b．タンパク質

c．セルロース　　d．脂肪酸

12. グルコース1分子と＿＿の関係は，ヌクレオチドと＿＿の関係に近い．
13. DNAとRNAの類似点を3つ挙げよ．また，DNAとRNAの相違点を3つ挙げよ．
14. 遺伝子の構造はどのようなものか？　また，遺伝子の機能はどのようなものか？

解答は付録Dを見よ．

科学のプロセス

15. 食品会社が新しいケーキミックスを「脂肪ゼロ」として宣伝している．米国食品医薬品局（FDA）の研究者は，脂肪が本当に含まれていないかテストをしている．ケーキミックスの加水分解物はグルコース，フルクトース，グリセロール，多数のアミノ酸と多種の炭化水素鎖を含んでいた．さらに調べると，ほとんどの炭化水素鎖の末端にはカルボキシ基があった．もし，あなたがFDAの報道官であれば，食品会社に何というべきか？
16. もしあなたが，実験で何種類かのラクターゼ酵素を生産したとして，それぞれは正常型と1個ずつ別のアミノ酸が異なっているとしよう．タンパク質の3次元構造に影響があるのはそれらのうちのどれかを間接的に調べる方法を述べよ．
17. **データの解釈**　下の図はあるクッキー製品の成分表示ラベルである．1gの脂肪は9 kcal，1gの炭水化物は4 kcalに相当する．このラベルは合計140 kcalと表示している．これらに基づいて，このクッキーのカロリーの割合（％）を脂肪，炭水化物，タンパク質のそれぞれで求めよ．

栄養成分	
1個のクッキー(25 g)あたり 包装あたり8個	
1個あたりの量	
140 キロカロリー　うち脂肪 60 キロカロリー	
	毎日の必要量(％)
脂肪合計 7 g	11％
飽和脂肪 3 g	15％
トランス脂肪 0 g	
コレステロール 10 mg	3％
ナトリウム 80 mg	3％
炭水化物合計 18 g	6％
食物繊維 1 g	4％
糖 10 g	
タンパク質 2 g	

生物学と社会

18. アマチュアとプロのスポーツ選手の何人かは筋力アップのためにアナボリックステロイドを使用している．この使用による健康上のリスクは非常に詳しく調べられている．これらの健康問題は別として，成績向上のために化学物質を使用するスポーツ選手の倫理に関してあなたの意見を述べよ．これは一種の不正か，それともアナボリックステロイドが日常的に使われているスポーツ競技に必要な対策の一部と思うか？　あなたの意見を説明せよ．
19. 心臓病は米国や他の先進国の人々の死亡原因のトップである．ファストフードは，明らかに心臓病の原因となる健康によくない脂肪の主要な摂取源である．ファストフード製造者が有害食品を製造したと訴えられた裁判で，あなたが陪審員をするとしてみよう．あなたは，健康によくない食品の製造者がその製品の健康への結果にどの程度責任を負うべきと考えるか？　陪審員の一員として，あなたはどのように投票するか？
20. 毎年，産業化学者は殺虫剤，抗カビ剤，除草剤の候補として何千という新しい有機化合物を開発しテストしている．これらの化学物質は私たちにどのように有用で重要であるか？　一方，これらはどのように有害となり得るか？　このような化学物質に対するあなたの意見は賛成か反対か？　どのようなことがあなたの意見形成に影響を与えたか？

4 細胞の旅

なぜ細胞が重要なのか？

キノコもアメーバも，そして私たちもみんな同じ細胞でできている．

▼ あなたが飲む1杯のお茶に刺激的な効果を与えるカフェインは，お茶の木を草食動物から守ってもいる．

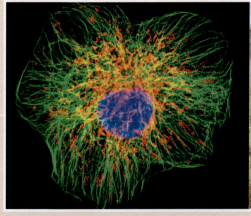

▲ 細胞骨格がなければ，私たちの細胞は，1軒の家がその基礎が弱ると崩壊するのと同じように，自ら壊れてしまう．

章目次	本章のテーマ
顕微鏡で見る細胞の世界　62	**人類 対 細菌**
膜の構造　66	**生物学と社会**　抗生物質：細菌細胞を標的にする薬剤　61
核とリボソーム：細胞の遺伝的制御　68	**科学のプロセス**　抗生物質耐性菌はどのようにして生じるか？　67
内膜系：細胞内でつくられた物質の加工と配送　70	**進化との関連**　ヒトにおける細菌感染症に対する耐性の進化　77
葉緑体とミトコンドリア　74	
細胞骨格：細胞のかたちと運動　75	

人類 対 細菌　生物学と社会

抗生物質：細菌細胞を標的にする薬剤

　抗生物質——感染性細菌を無力化または死滅させる薬剤——は現代医学の驚異である．最初に発見された抗生物質はペニシリンで，1920年に発見された．それに続いて人類の健康に急速な革命が起こった．多くの病気（細菌感染による肺炎や手術の際の感染症など）の死亡率が急激に減少して，数百万人の命を救った．実際，ヒトの健康管理は迅速にかつおおいに改善され，そのため1900年代初頭には感染症はどれも終焉するだろうと予言する医者が何人もいたほどである．しかし残念なことに，このようなことは起こらなかった（感染症を容易に駆逐することができなかった理由についての議論は，13章の「進化との関連」のコラムを参照）．

　抗生物質治療の目的は人体への害がない状態で感染菌を殺すことである．それでは，その抗生物質はヒトの何兆もの細胞の中の標的に，どのようにして狙いを定めるのだろうか？　ほとんどの抗生物質は細菌細胞にのみ見出される構造に結合するので，非常に正確である．たとえば，よく知られた抗生物質であるエリスロマイシンやストレプトマイシンは，細菌のタンパク質合成にかかわる重要な細胞内構造である細菌のリボソームに結合する．ヒトのリボソームは細菌のそれとは十分に異なるので，これらの抗生物質は細菌のリボソームにしか結合せず，ヒトのリボソームは影響を受けない．シプロフロキサシン（一般にシプロCiproとよばれている）は炭疽の病原菌の防止のために使われる．この薬剤は細菌がその染色体構造を維持するのに必要なある酵素を標的にする．ヒトの染色体は細菌の染色体とはその構成が細菌のそれとは十分に異なるので，シプロが存在しても私たちの細胞は無事に生存できる．ペニシリン，アンピシリン，バシトラシンのような他の薬剤はほとんどの細菌の細胞壁の合成を阻害するが，この細胞壁はヒトや動物の細胞には存在しない．

　細菌を標的にするさまざまな抗生物質についてのこのような議論は，本章の要点を際立たせてくれる．細菌であれ私たちの体であれ，生命がどのように営まれているかを理解するためには，最初に細胞を理解する必要がある．生物学的な組織化という尺度で見れば，細胞は特別な地位を占める．つまり，細胞は生きているものとして最も単純なものである．生命の特性をすべて顕現することのできるもので細胞より小さいものはない．本章では，顕微鏡で見た細胞の構造と機能を調べていく．その過程で，人類と感染性の細菌とのいまなお続く闘いが両者の細胞構造とどのように関係しているかについてさらに議論を進める．

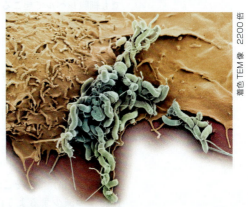

2種類の細胞． この顕微鏡写真では，ピロリ菌（緑色）がヒトの胃の細胞と混ざり合っていることがわかる．ピロリ菌は胃潰瘍を引き起こす．

顕微鏡で見る細胞の世界

4章 細胞の旅

私たちの体の細胞はどれも驚異的なミニチュアである．もし世界中で最も精巧にできたジャンボジェット機を顕微鏡レベルのサイズにしても，その複雑さは生きた細胞にはとても及ばないだろう．

生物はほとんどの細菌や原生生物のように単細胞であるか，あるいは植物や動物や多くの菌類のように多細胞体である．私たちの体は多くのタイプに分化した数兆もの細胞からなる1つの協調的な社会である．このページを読んでいるとき，筋肉は単語の間を目が行き来させる．その間に感覚細胞は情報を集め，その情報を脳の細胞に伝え，脳細胞はそれを言語へと翻訳する．私たちが行うこと，つまり，行動と思考はどんなことでも細胞レベルで起こる過程によって可能なのである．

図4.1はさまざまな細胞の大きさの範囲を，細胞より大きいものと小さいものの両方と比較して示してある．図の左側の目盛が，大きさの範囲を図に収めるために10倍ずつ増大していること（対数目盛）に注意しよう．この目盛の一番上は10メートル（m）で，そこから下にサイズが1/10ずつ減少するように目盛が記されている．大多数の細胞は直径が1μm～100μmの間にあり（図の黄色の範囲），したがって顕微鏡でしか見ることができない．興味ある例外がいくつかある．ダチョウの卵は直径が約15 cm，重さ約1.4 kg，そしてダイオウイカの神経細胞はなんと9 m以上もある．

では，細胞はどのようにして生まれるのだろうか？ 1800年代に定式化されたように，**細胞説 cell theory**はすべての生物

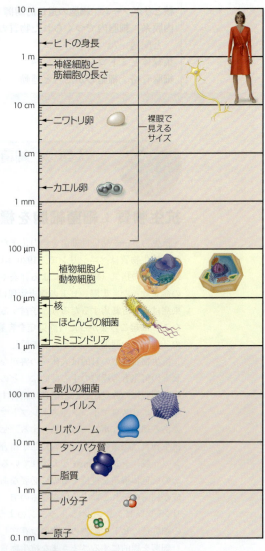

単位の換算
1 メートル (m) = 100 cm = 1000 mm
1 センチメートル (cm) = 10^{-2} ($\frac{1}{100}$) m
1 ミリメートル (mm) = 10^{-3} ($\frac{1}{1000}$) m = $\frac{1}{10}$ cm
1 マイクロメートル (μm) = 10^{-6} m = 10^{-3} mm
1 ナノメートル (nm) = 10^{-9} m = 10^{-3} μm

▲図4.1 **細胞のサイズ．** このスケールの一番上は10メートル (m) で，左側にはそこから下にサイズが1/10ずつ減少するように記された目盛（対数目盛）とそれぞれのサイズの参考例を示す．

表 4.1　原核細胞と真核細胞の比較

原核細胞	真核細胞
細胞膜の構造は同じ	
細胞質は細胞内部全体を占める	細胞質は核と細胞膜の間の領域を占める
核様体領域の単一の環状染色体	核内の1個または複数の線状染色体
両者ともリボソームをもつが，その構造は少し異なる	
初めて出現したのは約35億年前	初めて出現したのは約21億年前
小さく，より単純	大きく，より複雑
膜で包まれた細胞小器官を欠く	膜で包まれた細胞小器官をもつ（たとえば，核，小胞体）
ほとんどが細胞壁をもつ 莢膜，線毛，または鞭毛をもつものもある	植物細胞は細胞壁に包まれる 動物細胞は細胞外マトリックスに包まれる

は細胞からなっており，すべての細胞は既存の細胞から生じると主張している．したがって，私たちの体の細胞はどれも（そして，地球上のすべての生物においても）既存の細胞の分裂によって生じたのである（このことから明白な疑問が生じる．つまり，最初の細胞はどのようにして出現したのかという疑問である．この魅惑的なテーマは15章で議論することにしよう）．以上を前置きとして，地球上の生物に見られるさまざまな細胞を調べていくことにしよう．

細胞の2大別

　地球上に存在する無数の細胞は2つの基本的な範疇，すなわち原核細胞と真核細胞に分けられる（表4.1）．**原核細胞 prokaryotic cell** は，原核生物として知られる細菌（真正細菌）ドメイン（Bacteria）と古細菌ドメイン（Archaea）の生物に見られる（図1.7参照）．真核生物ドメイン（Eukarya）の生物——原生生物，植物，菌類，動物——は**真核細胞 eukaryotic cell** からなるので真核生物とよばれる．

　すべての細胞は，原核細胞であれ真核細胞であれ，いくつかの共通した基本的な特徴をもっている．それらはすべて**形質膜 plasma membrane**（訳注：細胞膜と同義．むしろ細胞膜のほうがより一般的であるので，本書では以後，**細胞膜 cell membrane** とする）とよばれる限界膜で包まれている．この膜は細胞と外界の間の分子の行き来を制御している．すべての細胞の内部は**サイトゾル cytosol** とよばれる濃厚な液体（訳注：原著ではjellylike fluidだが固体ではない）で，細胞成分が懸濁している．すべての細胞は遺伝子を担うDNAからなる1個または複数の**染色体 chromosome** をもっている．そして，すべての細胞は遺伝子の指令に従ってタンパク質を合成する**リボソーム ribosome** をもっている．本章はじめの「生物学と社会」のコラムで述べたように，細菌と真核生物の

> キノコも
> アメーバも，
> そして私たちも
> みんな同じ細胞で
> できている．

4章 細胞の旅

間の構造の違いによって，ストレプトマイシンのようないくつかの抗生物質はリボソームを標的にして侵入する細菌のタンパク質合成を阻害するが，私たちのような真核生物のタンパク質合成は阻害しない．

原核細胞と真核細胞は多くの点で似ているが，いくつかの重要な点で異なる．化石の証拠は，原核生物が35億年以上も前に地球上に最初に出現した生物であることを示している．それに対して，真核生物は21億年前頃までは出現していなかった．原核細胞は一般に小さく，長さが典型的な真核細胞のおよそ1/10で，構造がより単純である．原核細胞を自転車にたとえると，真核細胞は多目的4輪駆動車のようだ．自転車も多目的4輪駆動車も移動するのに使えるが，一方は他方に比べてより小さく，もっと少ない部品でできている．同様に，原核細胞と真核細胞は同じ機能を果たすが，原核細胞はより小さく，より単純である．これら2つのタイプの細胞の最も重要な構造的な違いは，真核細胞が**細胞小器官（オルガネラ）organelle**（「小さな器官」を意味する）をもっていることである．それらは，特異的な機能を果たす膜で包まれた構造であるが，原核細胞には存在しない．最も重要な細胞小器官は真核細胞のDNAの大部分を格納している**核 nucleus**である．核は二重の膜に包まれている．原核細胞には核がない．そのDNAはコイル状になって**核様体 nucleoid**とよばれる「核のような」領域として存在する．核様体は膜によって細胞の他の部分から仕切られてはいない．

次のようなたとえを考えてみよう．真核細胞は小部屋に分かれたオフィスのビルのようである．それぞれの小部屋では，特異的な機能を果たしており，したがってオフィス内の多くの区画で分業が行われている．たとえば，ある小部屋は経理部を受けもち，別の部屋には営業部員が詰めている．真核細胞の中の「小部屋の壁」は膜で包まれ，その膜は各小部屋内の独自の化学的環境を維持するのに役立っている．それに対して，原核細胞の内部は仕切りのない倉庫のようである．「原核細胞の倉庫」内で行われる特異的な機能のための空間はそれぞれ異なるが，物理的な壁によって仕切られているわけではない．

図 4.2 は理想化された原核細胞の図と実際の細菌の顕微鏡写真である．ほとんどの細菌の細胞膜を包んでいるのは堅固な細胞壁で，細菌の細胞を保護し，そのかたちを保持する．本章冒頭の「生物学と社会」で述べたように，細菌の細胞壁はいくつかの抗生物質の標的である．原核生物の中には，莢膜とよばれる粘着性の外被が細胞壁を覆っている．莢膜は保護の助けになるとともに，さまざまな表面やコロニー内の他の細胞に付着するのに役立つ．たとえば，莢膜は口腔内の細菌が互いにくっついて有害な歯垢を形成するのに役立っている．原核生物はさまざまな表面に付着するのに役立つ**線毛（ピリ，pili）**とよばれる短い突起物を表面にもっている場合がある．多くの原核細胞は鞭毛をもっている．鞭毛は液体の環境中でその細胞を推進させる．✓

✓チェックポイント

1. 原核細胞と真核細胞に共通する構造を4つ挙げよ．
2. 原核細胞の核様体領域は真核細胞の核とどのような点で異なるか？

答え：1．細胞膜，細胞質，リボソーム，DNA
2．核様体領域は膜で包まれていない．

▼図 4.2 **原核細胞**．原核細胞を理想化した描画（右図）．左図は胃潰瘍を引き起こすピロリ菌 *Helicobacter pylori* の写真．

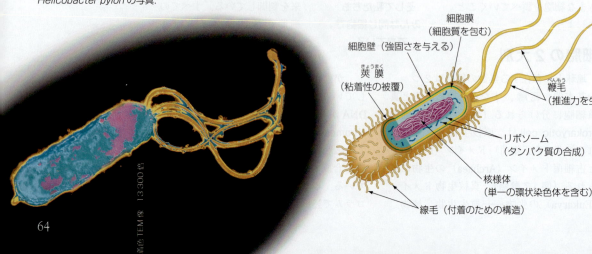

着色TEM像 13,300倍

細胞膜（細胞質を包む）
細胞壁（強固さを与える）
莢膜（粘着性の被覆）
鞭毛（推進力を生む）
リボソーム（タンパク質の合成）
核様体（単一の環状染色体を含む）
線毛（付着のための構造）

真核細胞の概観

すべての真核細胞は，動物，植物，原生生物，菌類を問わず，互いに基本的に似ている．しかし，原核細胞とは非常に異なる．図4.3は理想化された動物細胞と植物細胞の概観を示している．現実のどの細胞もこれらのようにはまったく見えない．というのは，生きている細胞にはここに描かれた構造のほとんどがもっと多くの数含まれているからである．たとえば，私たちのどの細胞も数百のミトコンドリアと数百万のリボソームをもっている．私たちの細胞の旅で道に迷わないために，図4.3の縮小版（問題となっている構造を特に強調してある）を本章を通してガイドマップとして使おう．それぞれの構造は特定の色で区別できるようにしてある．本書全体を通してこの色によって各構造を示す方法を用いていることを覚えておいてほしい．

細胞内で，核と細胞膜の間の領域を**細胞質 cytoplasm** とよぶ（この用語は原核細胞の内部を指す場合にも用いられる）．真核細胞の細胞質は溶液相とそこに浮遊するさまざまな細胞小器官からなる．図4.3を見ればわかるように，ほとんどの細胞小器官は動物と植物の両方の細胞に見られる．しかし，いくつかの重要な違いに気づくだろう．たとえば，植物細胞だけが葉緑体（光合成が行われる）と細胞壁（植物の構造に堅固さをもたらす）をもつが，一方，動物細胞のみがリソソーム（消化酵素を含む膜で包まれた小胞）をもっている．本章のこの後で真核細胞の構造の詳細を見ていく．まず細胞膜から始めよう． ☑

顕微鏡で見る細胞の世界

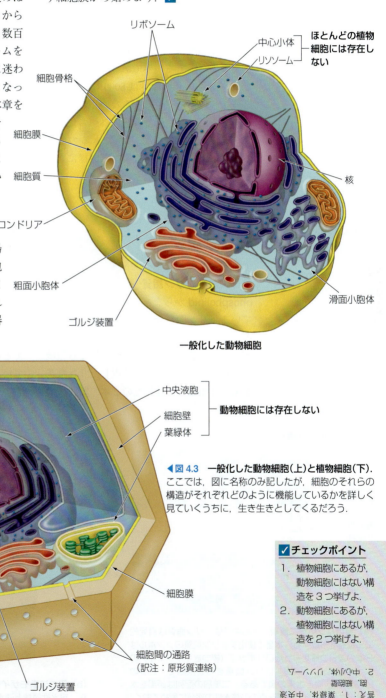

▶図4.3 一般化した動物細胞（上）と植物細胞（下）．ここでは，図に名称のみ記したが，細胞のそれらの構造がそれぞれどのように機能しているかを詳しく見ていくうちに，生き生きとしてくるだろう．

✓チェックポイント

1. 植物細胞にあるが，動物細胞にはない構造を3つ挙げよ．
2. 動物細胞にあるが，植物細胞にはない構造を2つ挙げよ．

答え：1. 葉緑体，細胞壁，中央液胞　2. 中心小体，リソソーム

4章
細胞の旅

膜の構造

　細胞小器官を探検するために細胞の中に入る前に，この顕微鏡的世界の表面，つまり細胞膜に立ち止まってみよう．細胞膜の構造と機能を理解しやすくするために，原野に新しい住居をつくりたいとあなたが思っているとしよう．するとあなたはきっと，その住居を外界から守るためのフェンスをつくることから始めるだろう．同じように，細胞膜は生きた細胞を周囲の非生物的環境から隔てる境界である．細胞膜はきわめて薄く，その薄さは 8000 枚重ねないと紙1枚ほどの厚さにならないくらいである．しかし，細胞膜は細胞内外への化学物質の輸送を制御することができるのである．すべての生物学的な事物と同様に，細胞膜の構造はその機能と関係がある．

 構造と機能

細　胞　膜

　細胞膜や細胞の他の膜は大部分が**リン脂質 phospholipid** からなっている．リン脂質分子の構造は生体膜の主要成分としての機能によく適合している．どのリン脂質もそれぞれ2つの異なる領域からなる．つまり，負に荷電したリン酸基をもつ「頭部」と非極性の2本の脂肪酸の「尾部」である．リン脂質は集合して**リン脂質二重層 phospholipid bilayer** とよばれる2層のシート状構造を形成する．**図 4.4a** を見ればわかるように，リン脂質の親水性（水になじむ）の頭部は外側の表面に配列し，膜の両側で水溶液に露出している．疎水性（水になじまない）の尾部は内側に配列し，互いに混ざり合いながら水からは遮蔽されている．ほとんどの膜のリン脂質二重層に埋め込まれているのは，膜を通過する輸送を制御するタンパク質である．それらのタンパク質は他の機能も果たしている（**図 4.4b**）（5章で膜タンパク質についてさらに学ぶ）．

　膜は1つの場所に固定された静的なシートではない．実際，細胞の膜の構造はサラダ油とよく似ている．リン脂質とほとんどの膜タンパク質はそれゆえ膜を漂うように移動することが可能である．したがって，**膜は流動モザイク fluid mosaic**，つまり，リン脂質分子が互いに自由に動き合えるという理由で流体であり，多様なタンパク質がリン脂質の海に漂う氷山のようであるという理由でモザイクである．次に，いくつかの細菌が細胞膜に孔を開けることによってどのようにして病気を引き起こすかを見ていこう．✓

✓チェックポイント
リン脂質が水の存在下で二重層へと組織化されるとき，どのようなことが起こっているか？

▼図 4.4　細胞膜の構造．

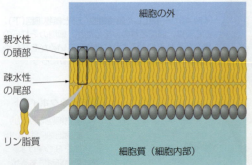

(a) 膜のリン脂質二重層．水の中では，リン脂質は自発的に二重層を形成する．本書で使用するリン脂質のシンボルは2本の波打つ棒をもったロリポップ（棒つきキャンディ）のように見える．「頭部」はリン酸基をもつ末端で，2つの「尾部」は炭素と水素の鎖である．二重層の配列は頭部を水に露出させ，一方，尾部を膜内の疎水性の部分に留めておく．

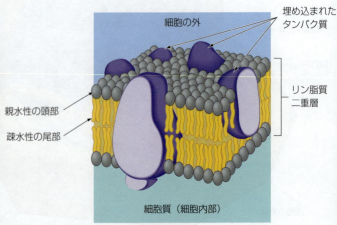

(b) 膜の流動モザイクモデル．膜タンパク質はリン脂質同様，親水性領域と疎水性領域の両方の領域をもっている．

人類 対 細菌　科学のプロセス

膜の構造

抗生物質耐性菌はどのようにして生じるか？

細菌の中には，ヒトの免疫細胞の細胞膜を壊して病気を引き起こすものがある．1つの例はありふれた細菌である黄色ブドウ球菌 Staphylococcus aureus である（英語では staph または SA ということが多い）．これらの細菌は皮膚に見られ，通常無害であるが，ときに増殖して広がり，いわゆる「ブドウ球菌感染症」を引き起こす．ブドウ球菌感染症は病院で起こるのが典型的で，肺炎，あるいは壊死性筋膜炎（人食いバクテリア症ともいう）のような生死にかかわる重篤な状態に至らせる．

ほとんどのブドウ球菌感染症はいくつかの抗生物質で治療できる．しかし，MRSA（Methicillin-resistant Staphylococcus aureus，メチシリン耐性黄色ブドウ球菌）として知られている，黄色ブドウ球菌の中でも特に危険な菌株は通常使用される抗生物質のすべてに対して耐性である．近年，MRSA 感染が病院，体育施設，学校でより一般的になりつつある．米国国立衛生研究所（NIH）の科学者たちは特に致死性が高い MRSA 株を研究した．彼らは，他の細菌が PSM というタンパク質を使って，ヒトの免疫細胞の細胞膜に孔を開け，そのため膜が切り裂かれて，その機能を失わせるという観察事実を出発点にした．その観察事実によって，PSM が MRSA の感染の一因なのかどうかという疑問が出てきた（図4.5）．彼らの仮説は PSM 産生能のない MRSA は PSM を産生する通常の MRSA 菌よりも致死性が低いであろうというものであった．科学者たちの実験では，7匹のマウスを通常の MRSA 菌に感染させ，8匹

▼ 図4.5　MRSA がヒト免疫細胞を破壊するしくみ．

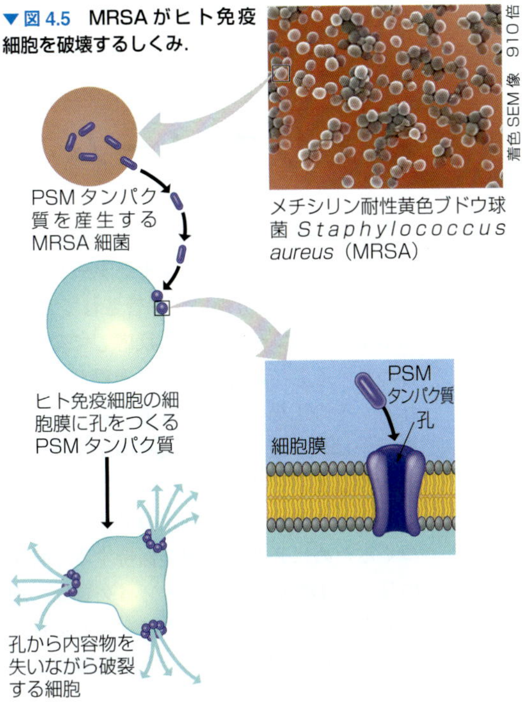

メチシリン耐性黄色ブドウ球菌 Staphylococcus aureus (MRSA)

PSM タンパク質を産生する MRSA 細菌

ヒト免疫細胞の細胞膜に孔をつくる PSM タンパク質

孔から内容物を失いながら破裂する細胞

のマウスを遺伝子工学の方法で PSM をつくれないようにした MRSA に感染させた．その結果は顕著なものだった．通常の MRSA に感染した7匹のマウスはすべて死んでいたが，PSM をつくれない MRSA に感染した8匹のマウスのうち5匹は生存していた．また，すべての死んだマウスの免疫細胞の細胞膜には孔が開いていた．研究者たちは，通常の MRSA は膜を破壊する PSM タンパク質を使うが，他の3匹のマウスは，PSM がないにもかかわらず死んだので，他にも要因があるに違いないと結論づけた．したがって，MRSA の致死的な影響は，細胞膜によって行われる役割がいかに重要であるかを思い起こさせるものであり，また人類と病原菌との進行中の闘いのもう1つの例でもある．

細胞の表面

植物細胞には細胞膜を囲む細胞壁がある．その細胞壁は多糖の長い鎖であるセルロース繊維からつくられている（図3.9c 参照）．細胞壁は細胞を保護し，細胞のかたちを保持し，そして水を吸収しすぎて破裂することのないように保っている．植物細胞は，細胞壁を貫通してとなり合う細胞の細胞質同士を互いにつなぐ通路（訳注：原形質連絡）を通じて互いに連結している．この通路は水や他の小分子を通すことがで

4章
細胞の旅

☑ チェックポイント
植物の細胞壁の主要な成分はどの多糖か？

答え：セルロース

き，組織内の細胞の活動を統合している．

動物細胞には細胞壁はないが，動物細胞のほとんどは**細胞外マトリックス** extracellular matrix とよばれる粘着性の外被を分泌している．コラーゲンというタンパク質（皮膚，軟骨，骨，腱にも存在する）でできた繊維は組織の細胞の集合を保持し，また保護や支持の機能をもつこともできる．さらに，動物細胞の表面には細胞間結合構造がある．細胞間結合構造は組織同士を結合し，細胞同士が連携した機能を行うことを可能にしている．☑

核とリボソーム：細胞の遺伝的制御

もし細胞を1つの工場と見なすならば，核は司令塔（コントロールセンター）である．そこには基本計画書が保管されており，指示が出され，外的要因に反応して変更が行われ，そして新工場の建設過程が開始される．その工場の監督者は遺伝子である．遺伝子は代々受け継がれる DNA 分子で，細胞のほとんどすべての仕事を指令する．それぞれの遺伝子は，特定のタンパク質をつくるために必要な情報を保持する，特定の長さの DNA である．タンパク質は，細胞で実際に行われる仕事のほとんどを行うので，工場の労働者にたとえられる．

核

核は**核膜** nuclear envelope とよばれる二重の膜によって細胞質から隔てられている（**図 4.6**）．核膜のそれぞれの膜はリン脂質の二重層とそれに埋め込まれたタンパク質からなるので，構造的に細胞膜と似ている．核膜孔は特定の物質が核と核を取り囲む細胞質の間を通過するのを可能にしている（この後すぐわかることになるが，核と細胞質の間を通過する物質の中で最も重要な物質はタンパク質をつくるための指令を運ぶ RNA 分子である）．核の内部では，長い DNA 分子と DNA に結合したタンパク質が**クロマチン** chromatin とよばれる繊維を形成しており，長い繊維のそれぞれが1本の染色体を構成している（**図 4.7**）．細胞内の染色体

▼図 4.6 核．

クロマチン繊維　核膜　核小体　核膜孔

核膜の表面

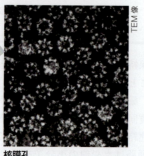

核膜孔

▼図 4.7　DNA，クロマチン，染色体の間の関係

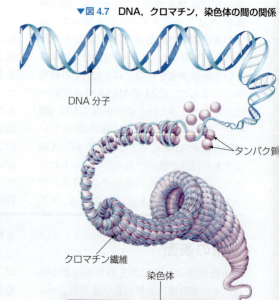

DNA 分子

タンパク質

クロマチン繊維

染色体

の数は種によって異なる．たとえば，ヒトの体細胞には46本の染色体があり，イネの細胞では24本，イヌの細胞では78本である（詳細は図8.2を参照）．核内で目立つ**核小体 nucleolus**（図4.6参照）はリボソームの構成要素がつくられる場である．次に，リボソームについて見ていこう．☑

リボソーム

図4.3の細胞の中と図4.6の核の外の小さな点はリボソームである．リボソームはタンパク質合成にかかわる（図4.8）．真核細胞では，リボソームの構成要素は核内でつくられ，その後，核膜孔を通って細胞質に運ばれ，細胞質でリボソームは機能する．リボソームのあるものは細胞質に浮遊し，細胞の溶液相に留まるタンパク質を合成する．他のリボソームは核の外側や小胞体（図4.9）とよばれる細胞小器官に結合して，膜に取り込まれたり，あるいは細胞から分泌されたりするタンパク質を合成する．遊離および膜に結合したリボソームは構造的に同じである．リボソームは小胞体とサイトゾルの間を移動して，存在部位を交代することができる．多量のタンパク質を合成する細胞は多数のリボソームをもっている．たとえば，消化酵素を産生する膵臓の各細胞は数百万個のリボソームをもっている．

DNAはどのようにしてタンパク質合成を指令するか

会社の重役のように，DNAは細胞質のどんな仕事も実際にはしない．その代わり，DNAという「重役」は指令を発し，その結果，タンパク質という「労働者」が仕事をする．図4.10は，真核細胞でタンパク質が合成されるときの過程を示している（DNAとその他の構造は核に対して実際より大きく描いてある）．❶DNAは自身にコードされた情報をメッセンジャーRNA（mRNA）に転送する．そのRNA分子は，中間管理職のように，「このタイプのタンパク質をつくれ」という指令を核から細胞質へ運ぶ．❷mRNAは核膜孔を通って出て行き，細胞質へと移動して，そこでリボソームと結合する．❸リボソームがmRNAに沿って移動していくにつれて，遺伝情報は特定のアミノ酸配列をもったタン

核とリボソーム：細胞の遺伝的制御

☑ **チェックポイント**
染色体，クロマチン，DNAの間にはどのような関係があるか？

答え：染色体はクロマチンからなる．クロマチンはDNAとタンパク質からできている．

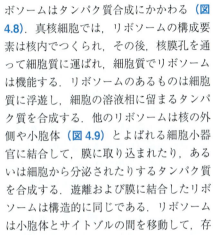

▶図4.8　タンパク質合成の過程にあるリボソームのコンピュータモデル．

リボソーム
mRNA
タンパク質

▼図4.9　小胞体結合リボソーム．
TEM像 35,300倍
小胞体に結合したリボソームが濃青色の小さな点として示されている

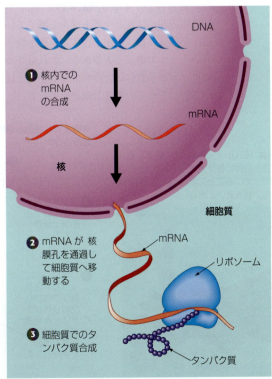

◀図4.10
DNA→RNA→タンパク質．核内の遺伝子はタンパク質合成を支配し，その結果，細胞の活動を支配する．

DNA
❶核内でのmRNAの合成
mRNA
核
❷mRNAが核膜孔を通過して細胞質へ移動する
細胞質
mRNA
リボソーム
❸細胞質でのタンパク質合成
タンパク質

4章 細胞の旅

✓ **チェックポイント**
1. リボソームの機能は何か？
2. タンパク質合成におけるmRNAの役割は何か？

答え：1. タンパク質合成．2. mRNA分子は遺伝子（DNA）から遺伝情報をリボソームに運び，リボソームに翻訳をする．

パク質へと翻訳されていく（遺伝情報がどのように翻訳されるかは10章で学ぶ）．このようにして，DNAを保護している膜からDNAは出ることなしに，その情報が細胞全体の仕事を指令することができる．✓

内膜系：細胞内でつくられた物質の加工と配送

小部屋に仕切られたオフィスのように，真核細胞の細胞質は細胞小器官の膜で区画に分かれている（図4.3参照）．膜のいくつかは物理的につながっているが，他の膜は，細胞小器官間で膜を受け渡す**小胞 vesicle**（膜でつくられた袋）を介して間接的に接続される．これらの膜は全体として**内膜系 endomembrane system** とよばれる．この内膜系は核膜，小胞体，ゴルジ装置，リソソームそして液胞を含む．

小 胞 体

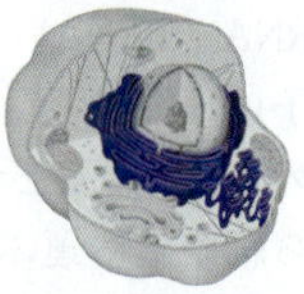

小 胞 体 endoplasmic reticulum（訳注：エンドプラズミック レティキュラム，略して**ER**ともよばれる）は細胞の中の主要な工場設備の1つである．そこではきわめて多様な分子がつくられる．小胞体は核膜とつながっているが，また，細胞質全体に張りめぐらされた管と袋からなる迷宮のようである（図4.11）．膜が小胞体の内部の区画とサイトゾルを隔てている．小胞体には，粗面小胞体と滑面小胞体という2つの構成要素がある．これら2つのタイプの小胞体は物理的につながってはいるが，それらの構造と機能は異なる．

粗面小胞体

粗面小胞体 rough ER の「粗面」は小胞体膜の外側表面にリボソームが散在していることを表している．粗面小胞体の機能の1つは膜を増大させることである．粗面小胞体の酵素によってつくられたリン脂質が粗面小胞体の膜に挿入される．このようにして，粗面小胞体の膜は成長し，そのところどころから出芽し，細胞の他の場所に転送される．粗面小胞体の膜に結合したリボソームで合成されるタンパク質には，成長しつつある小胞体膜に挿入されるものや，他の細胞小器官に転送されるもの，そして，その後最終的に放出されるものがある．たとえば口内に酵素を分泌する唾液腺の細胞のような多量のタンパク質を分泌する細胞は，特に粗面小胞体に富む．図4.12に示すように❶あるタンパク質は粗面小胞体で合成され，❷化学修飾を受け，次に❸粗面小胞体から出芽した膜でできた袋である**輸送小胞 transport vesicle** に詰め込まれる．輸送小胞は次に，❹細胞内の他の部位へと旅立つ．

滑面小胞体

滑面小胞体 smooth ER の「滑面」は，

▼図4.12 粗面小胞体は分泌タンパク質をどのようにして合成し，詰め込むか．

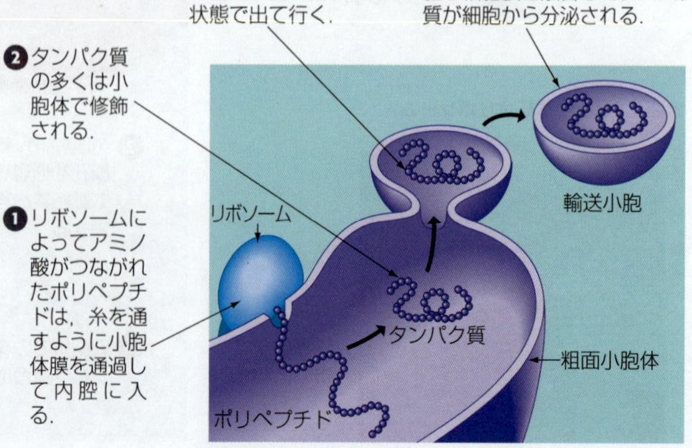

❸ 分泌されるタンパク質は輸送小胞に含まれた状態で出て行く．

❹ 小胞が小胞体から出芽する．小胞が細胞膜と融合してタンパク質が細胞から分泌される．

❷ タンパク質の多くは小胞体で修飾される．

❶ リボソームによってアミノ酸がつながったポリペプチドは，糸を通すように小胞体膜を通過して内腔に入る．

▼図4.11 小胞体（ER）．この図では，粗面小胞体の扁平な袋と滑面小胞体の管が連続している．小胞体は核膜ともつながっていることに注意しよう（図を見やすくするために，核を省いてある）．

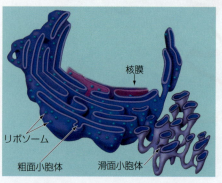

リボソーム
粗面小胞体
滑面小胞体
核膜

この細胞小器官には，粗面小胞体の表面に多数見られるリボソームがないことを意味している（図4.11参照）。滑面小胞体の膜に組み込まれたさまざまな酵素によってこの細胞小器官は多くの機能を果たす。その1つは，ステロイドなどの脂質の合成である（図3.13参照）。たとえば，性ホルモンのステロイドを合成する卵巣や精巣の細胞には滑面小胞体が多い。肝臓の細胞では滑面小胞体の酵素が，全身を循環する薬剤（バルビタールやアンフェタミン，そしていくつかの抗生物質など）を解毒する（抗生物質が感染と闘った後，血流に残っていないのはこのためである）。肝細胞が薬剤にさらされると，滑面小胞体とその解毒酵素の量が増える。これによって人体の薬剤に対する耐性を強めることになり，その後は，期待する効果を得るためにはより多量の薬剤が必要になる。1つの薬剤に応答した滑面小胞体の増大は他の薬剤に対する耐性をも増強させる。たとえば，バルビタールを睡眠薬として頻繁に使用すると，特定の抗生物質が肝臓での分解が促進されることによってその効果を減らすことになるだろう。

ゴルジ装置

小胞体と密接に関係し合って機能するのはゴルジ装置 Golgi apparatus である。その発見者（イタリアの科学者カミッロ・ゴルジ Camillo Golgi）の名前にちなんで命名された細胞小器官である。ゴルジは，この構造が細胞でつくられた化学物質を受け取り，精製し，保管し，配送することを，1898年に初めて記載した（図4.13）。ゴルジ装置は工場から出荷されてきた新車（タンパク質）を受け取り，細部に手を加え，完成した車を保管し，そして需要に応じて出荷する車の整備工場のように考えることができるだろう。

小胞体でつくられた産物は輸送小胞に入った状態でゴルジ装置に到達する。ゴルジ装置は盤状の膜の積み重なりで構成されている。まるでピタパン（訳注：平らな円形のパン）の積み重なりのようである。❶ゴルジ装置の積層部の一方の側は小胞体からの輸送小胞を受け取る船着き場を提供している。❷小胞内の産物は通常，ゴルジ装置の受け取り側から搬出側へ移動する間に酵素によって修飾を受ける。たとえば，送付先ごとにタンパク質を選別できるように，分子の送り状がつけられる。❸ゴルジ装置の搬出側は完成した産物を輸送小胞に運ばれて他の細胞小器官や細胞膜へ送るときの発着所である。細胞膜と融合した小胞はタンパク質を細胞膜に移すか，または細胞外に最終産物を分泌する。✓

内膜系：細胞内でつくられた物質の加工と配送

✓チェックポイント

1. 粗面小胞体の粗面の理由は何か？
2. タンパク質を分泌する細胞におけるゴルジ装置と小胞体の間にはどのような関係があるか？

答え：1. 膜にはリボソームが結合しているから。2. ゴルジ装置は小胞体からのタンパク質を受け取り，そのタンパク質を修飾し，それらを別の場所へ輸送する。

▼図4.13 ゴルジ装置。ゴルジ装置はピタパンを積み重ねたように配列した扁平な袋からなっている。細胞での積み重なりの数（数個から数百個）はその細胞がタンパク質を分泌する活性の程度に関係している。

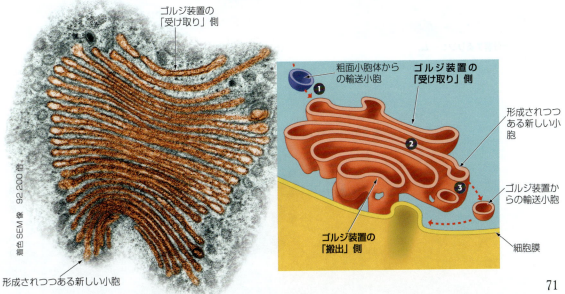

リソーム

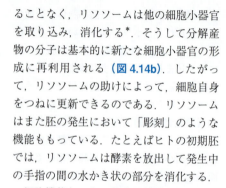

リソーム lysosome は動物細胞に見られる分解酵素を含む膜の袋である。ほとんどの植物細胞にはリソームはない（訳注：植物細胞の液胞はリソームといくつかの共通点をもつ細胞小器官である）。リソームはゴルジ装置から出芽で生じた小胞から発達する。リソーム内の酵素はタンパク質，多糖類，脂肪，核酸のような大きな分子を分解できる。リソームは1つの区画になっているので，その分解酵素が細胞自身に働くことなく，これらの分子を安全に消化することができる。

リソームにはいくつかのタイプの分解機能がある。多くの単細胞性の原生生物は食胞とよばれる細胞質の小さな袋に栄養物を取り込む。リソームは食胞と融合して，栄養物を消化酵素に触れさせる（図4.14a）。この消化で生じたアミノ酸などの小分子はリソームから出て細胞の栄養分になる。リソームはまた有害な細菌を死滅させる働きもある。たとえば，私たちの白血球細胞は細菌を食胞に取り込み，その食胞に注入されたリソームの酵素が細菌の細胞壁を壊す。さらに，細胞に害を与えることなく，リソームは他の細胞小器官を取り込み，消化する*。そうして分解産物の分子は基本的に新たな細胞小器官の形成に再利用される（図4.14b）。したがって，リソームの助けによって，細胞自身をつねに更新できるのである。リソームはまた胚の発生において「彫刻」のような機能ももっている。たとえばヒトの初期胚では，リソームは酵素を放出して発生中の手指の間の水かき状の部分を消化する。

細胞機能とヒトの健康に対するリソームの重要性はリソーム蓄積症とよばれる遺伝的疾患によって明白である。この病気にかかっている人は，正常なリソームに見られる酵素の1つまたはそれ以上を欠いている。異常なリソームは消化できない物質で膨満し，ゆくゆくは細胞の他の機能も妨害することになる。これらの疾病はほとんどが子ども期の初期において致死である。たとえば，テイ・サックス病においては，リソームは脂質分解酵素を欠いている。結果として，神経細胞が脂質を過剰に蓄積し，そのために神経系が破壊される。幸いなことに，リソーム蓄積症はまれな病気である。☑

*訳注：この機能は自食作用またはオートファジーとよばれ，そのしくみを解明した大隅良典博士に2016年度のノーベル生理学・医学賞が授与された．

✓チェックポイント

欠陥のあるリソームはどのようにして細胞内のある特定の化合物を過剰に蓄積するか？

答え：リソームは細胞内の代謝産物を分解する酵素を欠いているので，細胞はその化合物を過剰に蓄積する．

▼図4.14 リソームの2つの機能．

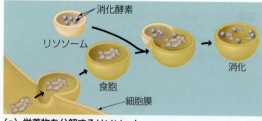

(a) 栄養物を分解するリソーム．

(b) 損傷した細胞小器官の分子を分解するリソーム．

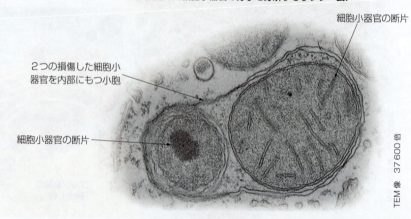

TEM像 37 600倍

液　胞

　液胞 vacuole は小胞体やゴルジ装置から出芽で生じる大きな膜の袋である．液胞は多様な機能をもっている．たとえば，**図4.14a** に示すように，食胞は細胞膜から出芽で生じる．ある淡水性の原生生物は，細胞内に過剰に流入した水を外の環境にくみ出すための収縮胞をもっている（**図4.15a**）．

　別のタイプの液胞は，十分成長した植物細胞の体積の半分以上を占め，多くの機能をもつ区画である**中央液胞 central vacuole** である（**図4.15b**）．中央液胞は，たとえば，種子の細胞の液胞がタンパク質を貯蔵するように，有機栄養物を貯える．また，吸水によって細胞を増大させ，それによって植物の成長に寄与している．花弁の細胞では，中央液胞に受粉を媒介する昆虫を誘引する色素を含んでいるものもある．また，中央液胞には，植物を食べる動物から保護するための毒物を含んでいるものもある．重要な作物の中には，その作物を食べる動物にとっては有害でも，ヒトには有用な物質を合成して蓄積するものがある．たとえば，ニコチンを蓄積するタバコや，カフェインを蓄積するコーヒーや茶などである．

　図4.16 は，内膜系の細胞小器官が互いにどのような関係にあるのかを概観する．内膜系のある部位での産物が，膜を通過しないで細胞の外に出たり，別の細胞小器官の部分になったりすることに気づいてほしい．また，小胞体によってつくられた膜が，輸送小胞の融合を介して細胞膜の一部になり得ることにも気づいてほしい．このように，細胞膜も内膜系とつながりのある膜なのである．✓

> あなたが飲む
> 1 杯のお茶に
> 刺激的な効果を与える
> カフェインは，お茶の
> 木を草食動物から
> 守ってもいる．

内膜系：細胞内でつくられた物質の加工と配送

✓チェックポイント
以下の細胞構造が，あるタンパク質がつくられ，分泌される過程で，どのような順序で使われるかを示せ．
ゴルジ装置，核，細胞膜，リボソーム，輸送小胞

答え：核，リボソーム，粗面小胞体，小胞，ゴルジ装置，輸送小胞

▼**図4.15**　2種類の液胞．

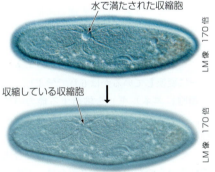

(a) **ゾウリムシ Paramecium の収縮胞．** 収縮胞が水で満たされ，次に収縮して水を細胞外に吐き出す．

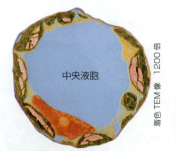

(b) **植物細胞の中央液胞．** 中央液胞（青色に着色してある）は成熟した植物細胞では最大の細胞小器官であることが多い．

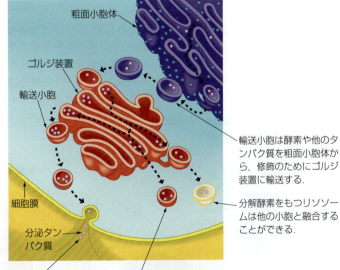

▲**図4.16　内膜系の概観．** 破線の矢印は，細胞内の産物の分配と膜の移動が小胞輸送を介するいくつかの経路によって行われることを示している．

4章
細胞の旅

🌞 エネルギー変換 # 葉緑体とミトコンドリア

生物学の中心テーマの1つはエネルギー変換である．つまり，エネルギーはどのようにして生命システムに入り，あるかたちから別のかたちへと変換され，そして最終的に熱として出て行くか，である．生命システムを通っていくエネルギーを追跡するためには，細胞の発電所として機能する2つの細胞小器官，葉緑体とミトコンドリアについて考えなければならない．

葉緑体

ほとんどの生物の世界は，太陽の光エネルギーを糖や他の有機分子の化学エネルギーに変換する光合成によって供給されたエネルギーで活動している．**葉緑体 chloroplast** は植物と藻類の，光合成を行う細胞に特有の光合成を実行する細胞小器官である．

葉緑体は内外2枚の膜（訳注：内包膜と外包膜）によって区画化されている（図4.17）．ストロマは内側の膜（内包膜）の内側にある濃厚な溶液相である．その溶液相に浮遊する扁平な袋状や管状の膜（訳注：チラコイド膜）の内部にもう1つの区画（訳注：チラコイド内腔）がある．図4.17に示すように，扁平な袋は互いにつながって，ポーカーのチップを積み重ねたようなグラナ grana（単数形は granum）とよばれる積み重なりを形成している．グラナは葉緑体における太陽エネルギーの動力装置で，その構造によって光エネルギーを吸収して化学エネルギーに変換する（詳細は7章で述べる）．

ミトコンドリア

ミトコンドリアは，葉緑体（植物細胞のみ見られる）と違って，植物と動物を含むほとんどすべての真核細胞に見られる．**ミトコンドリア mitochondria**（単数形は mitochondrion）は細胞呼吸が行われる細胞小器官である．細胞呼吸が行われる間，エネルギーは糖から取り出され，ATP（adenosine triphosphate，アデノシン三リン酸）とよばれる別のかたちの化学エネルギーに変換される．細胞は直接のエネルギー源として ATP という分子を使っている．

二重の膜（内膜と外膜）がミトコンドリアを包み，内膜はミトコンドリアマトリックスとよばれる濃厚な溶液相を包んでいる（図4.18）．内膜にはクリステとよばれる内側に向かう多数のひだがある．細胞呼吸で機能する多数の酵素と他の分子が組み込まれているクリステは膜表面の面積を増大させることによって，ATPの生産を最大化している（ミトコンドリアがどのようにして栄養物のエネルギーをATPのエネルギーに変換しているかは6章で学ぶ）．

細胞にエネルギーを供給する能力の他に，ミトコンドリアと葉緑体は真核細胞の細胞小器官の中で，独自の特徴をもっている．それらは自身がもつリボソームで合成されるいくつかのタンパク質をコードするDNAをもっている．葉緑体とミトコンド

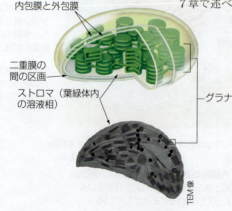

▼図4.17 **葉緑体：光合成の場．**
内包膜と外包膜
二重膜の間の区画
ストロマ（葉緑体内の溶液相）
グラナ
TEM像

▶図4.18 **ミトコンドリア：細胞呼吸の場．**
外膜
内膜
クリステ
マトリックス
膜間の区画
TEM像 34 000倍

リアはそれぞれ原核生物の染色体に似た単一の環状のDNA（訳注：通常，葉緑体とミトコンドリアはこれらのDNAを複数コピーもっている）からなる染色体をもっている．事実，ミトコンドリアと葉緑体は成長し，二分裂して自己増殖する．このことは，ミトコンドリアと葉緑体が，遠い過去には独立生活をしていたが，他のより大きな宿主の原核生物の内部に永住するようになった原核生物（訳注：細胞内共生体）から進化したものであるという証拠になっている．ある生物が他の生物を宿主として，その内部で生きているという現象は共生の中の1つの特殊な部類である（詳細は16章を参照）．時を経て，ミトコンドリアと葉緑体はおそらく，宿主の原核生物とますます相互依存関係を強め，ついに，ミトコンドリアと葉緑体は宿主の原核生物（訳注：真核生物の祖先）と不可分になり，それらと宿主は1つの生物へと進化した．ミトコンドリアと葉緑体の内部に見られるDNAはそれゆえ，このような原初の進化上の出来事の名残りといえよう．✓

細胞骨格：細胞のかたちと運動

✓チェックポイント

1. 光合成の過程では何が行われるか？
2. 細胞呼吸とは何か？

答え：1．光エネルギーを化学エネルギーに変換して糖分子に蓄える．2．糖分子の栄養分子のもつ化学エネルギーをATPのもつ化学エネルギーに変換する過程．

細胞骨格：細胞のかたちと運動

もしあなたがある家について説明してほしいと頼まれたら，おそらくいろいろな部屋やその間取りについて述べるだろう．家を支える基礎や梁のことはおそらく語ろうとは思わないであろう．しかし，それらの構造はきわめて重要な機能を果たしている．同じように，細胞は細胞質全体に延びたタンパク質の繊維のネットワークである**細胞骨格 cytoskeleton** とよばれる基幹構造をもっている．細胞骨格は細胞における骨格と「筋肉」，つまり支持と運動という機能を果たしている．

細胞骨格がなければ，私たちの細胞は，1軒の家がその基礎が弱ると崩壊するのと同じように，自ら壊れてしまう．

細胞のかたちの維持

細胞骨格の機能の1つは細胞に機械的な支持を与え，そのかたちを維持することである．このことは堅固な細胞壁をもたない動物細胞において特に重要である．細胞骨格には，異なる種類のタンパク質でできた異なる種類の繊維構造がある．重要なタイプの繊維の1つはタンパク質でできた中空の管である**微小管 microtubule** である（図 4.19a）．その他の細胞骨格としては，中間径フィラメントとアクチンフィラメ

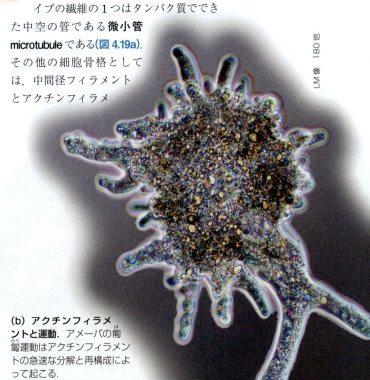

▼図 4.19 細胞骨格．

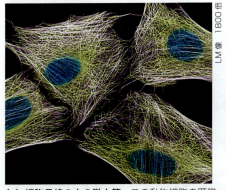

(a) **細胞骨格の中の微小管**．この動物細胞の顕微鏡写真で，細胞骨格である微小管を黄色の蛍光色素で標識してある．

(b) **アクチンフィラメントと運動**．アメーバの匍匐運動はアクチンフィラメントの急速な分解と再構成によって起こる．

4章 細胞の旅

ントとよばれる繊維があり，微小管より細く，中空ではない．

人体の骨格が器官の場所を固定しているように，細胞骨格も細胞内の多くの細胞小器官を固定し，また補強している．たとえば，核は細胞骨格の繊維の「かご」によって決まった場所に固定されている．他の細胞小器官は細胞骨格を運動のために使う．たとえば，リソソームは微小管に沿って食胞に到達する．微小管はまた，細胞分裂の際の染色体の移動を導く（細胞分裂における紡錘体によって．8章参照）．

細胞内の細胞骨格は動的である．細胞骨格は細胞のある場所でそのタンパク質のサブユニットを脱離してすみやかに分解し，そして新しい場所でサブユニットを再結合して再形成する．このような再配置は新しい部位に堅固さをもたらし，細胞のかたちを変化させ，また，細胞全体あるいは一部を移動させもする．この過程は原生生物のアメーバ *Amoeba* （図 4.19b）やいくつかの種の白血球のアメーバ運動（匍匐運動）に寄与している．✓

繊毛と鞭毛

いくつかの真核細胞では，微小管が鞭毛や繊毛とよばれる構造を形成している．繊毛と鞭毛は細胞の移動のための，細胞から突出した付属物である．真核細胞の**鞭毛** flagella（単数形は flagellum）は波形を描いてむちを打つような運動によって細胞を推進させる．鞭毛はヒトの精子の場合のように1本だけの場合が多いが（図 4.20a），原生生物の細胞表面には集団をなしていることもある．**繊毛** cilia（単数形は cilium）は鞭毛よりも一般に短く，本数が多く，細胞の推進は8人の乗員チームのリズムの合ったオールのように協調した往復運動（訳注：有効打と回復打の反復による運動）によって行われる．繊毛も鞭毛もさまざまな原生生物を水中で推進させる（図 4.20b）．繊毛と鞭毛は，長さや細胞あたりの本数，打ち方のパターンは異なるが，基本的な構造は同じである．すべての動物が繊毛または鞭毛をもっているわけではなく，多くはもっていない．植物細胞には決して見られない（訳注：ここでの植物はイチョウとソテツの類を除く種子植物．それ以外の植物には鞭毛をもつものが多い）．

繊毛の中には，ある組織の細胞層の一部をなす非運動性の細胞についているものもある．それらは組織の表面の液体を移動させる．たとえば，気管を裏打ちする繊毛はゴミを絡めた粘液を肺から運び去って呼吸器系を洗浄するのに役立っている（図 4.20c）．タバコの煙はこれらの繊毛の機能を阻害し，破壊する．その煙は正常な洗浄機能に影響を与え，さらに悪いことには，有毒な煙の粒子を肺まで到達させる．ヘビースモーカーによく見られるが，頻繁に咳をするということは，その体が呼吸器系をきれいにしようとしているのである．

✓ **チェックポイント**
細胞骨格である微小管は重要な生体分子のうちどの分子からできているか？

答：タンパク質（チューブリン）

▼図 4.20　鞭毛と繊毛の例．

(a) **ヒト精子細胞の鞭毛．** 真核細胞の鞭毛はむち打ち運動のような波形を描く運動をして，この精子の場合のように細胞を周囲の液体中で推進させる．

(b) **原生生物の繊毛．** 繊毛は鞭毛に比べて短く，本数も多く，前後に往復運動を行う．ここに示すように，往復運動をする密に生えた繊毛がゾウリムシ *Paramecium* の細胞を覆っている．ゾウリムシは淡水産の原生生物で，水中の環境中で急速に突進することができる．

(c) **気管を裏打ちする繊毛．** 気管を裏打ちする繊毛はゴミを絡めた粘液を肺から運び去る．このようにして，気道を清浄にして感染症を防ぐ．

ヒトの精子の運動は鞭毛に依存しているので，鞭毛に問題があると，なぜ男性が不妊になるかを容易に理解できるであろう．興味深いことに，あるタイプの遺伝的不妊症の男性の中には，呼吸器の障害にも苦しんでいる人もいる．鞭毛と繊毛の構造上の欠陥のために，この障害をもった男性の精子は女性の生殖器の中を正常に泳ぐことができない．そのため卵に授精できないのである（不妊となる）．さらに，彼らの繊毛は肺から粘液を排出することができない（呼吸器の感染症を再発することになる）．

細胞骨格：
細胞のかたちと運動

✓チェックポイント
繊毛と鞭毛を比較し，違いを述べよ．

答え：繊毛も鞭毛の構造は基本的に同じである．繊毛は短く，細胞あたりに多くの本数が生え，櫂状に運動する．鞭毛は長く，細胞あたり1本で，波状に運動する．

人類 対 細菌　進化との関連

ヒトにおける細菌感染症に対する耐性の進化

特定の地域の環境により適した変異形質をもつ個体はそうでない個体よりも，一般に，生き残りやすく，より多くの子孫を残すであろう．有利な変異が遺伝的な基礎をもつ場合，そのような変異をもつ個体の子孫においても，生存と生殖において有利となる適応をもたらすであろう．このように多くの世代を繰り返すことによって，自然選択は集団の進化を促す．

ヒトの集団においては，ある病気の継続的なまん延は，その地域で生存するのに最もよく適した人々を選別する新しい基準を提供するかもしれない．たとえば，最近の進化に関する研究が，バングラデシュの住民を対象に行われた．この集団は，数千年間，感染性の細菌によって引き起こされるコレラにかかっていた（図4.21）．コレラ菌が犠牲者の消化器に侵入すると（通常汚染水を通して），コレラ菌は腸の細胞に結合する毒素を産生する．そこで，その毒素は細胞膜のタンパク質を変化させ，細胞内の液体を漏出させる．その結果起こる下痢は，重篤な脱水を引き起こし，治療されなければ死に至る．そしてその下痢によって環境中にコレラ菌を再び放出することになる．

バングラデシュの人々は，コレラ菌がまん延している環境に長い間暮らしているので，自然選択がコレラ菌に対するなんらかの耐性をもった人に有利に働くのではないかと考えられるかもしれない．事実，近年のバングラデシュ出身の人々についての研究は，コレラ菌に対する耐性を強めたと推定させる突然変異がいくつかの遺伝子で起きていることを明らかにした．研究者たちは，コレラ菌が標的とする細胞膜のタンパク質をコードするある遺伝子の突然変異を発見した．その機構はまだ不明だが，これらの遺伝子はコレラ毒素による攻撃に対してより強い耐性をもつタンパク質をつくることによって生存のための有利さを与えているようである．このような遺伝子は，この集団において生存のための有利さを与えているので，過去3万年にわたってバングラデシュの人々の間でゆっくりと広がってきたのである．言い換えれば，バングラデシュの集団はコレラに対する耐性を増すように進化してきたのである．

この研究で得られたデータは，ここ最近の過去における進化の手がかりを与えてくれるだけでなく，コレラ菌を駆逐する将来の可能性も示してくれている．お

▼図4.21　バングラデシュの人々は，重篤な病気であるコレラを引き起こすコレラ菌 *Vibrio cholerae* に対する耐性を進化させてきたらしい．

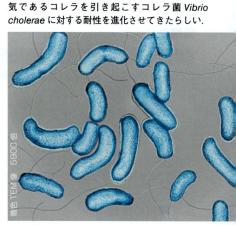

着色TEM ⓒ 5900倍

そらく製薬会社は新世代の抗生物質の創薬のために，上記の突然変異によってつくられるタンパク質を利用することができるであろう．そうであるならば，このことは生物学者が進化を理解することによって学んだことを人類の健康促進のために適用したもう1つの事例になるであろう．また，そうであるならば，私たち人類は，地球上のすべての生物と同様，私たちのまわりに存在する感染性の微生物の存在を含む環境の変化に起因する進化によってかたちづくられているといえる．

本章の復習

重要概念のまとめ

顕微鏡で見る細胞の世界
細胞の2大別

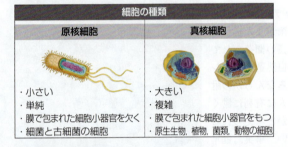

真核細胞の概観

真核細胞は膜によって機能をもったいくつかの区画に分けられている．最も大きい細胞小器官は通常，核である．その他の細胞小器官は細胞質，つまり，核の外側であり，細胞膜の内側である領域に局在する．

膜の構造
細胞膜

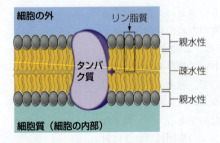

細胞の表面

植物細胞を包む細胞壁は，植物が重力に耐えること，そして，水の過度な吸収に抗することを支えている．動物細胞は粘着性の細胞外マトリックスに覆われている．

核とリボソーム：細胞の遺伝的制御
核

二重の膜からなる核膜は核を包む．核内では，DNAとタンパク質がクロマチン繊維を形成している．1つひとつのクロマチンの非常に長い繊維は1本の染色体である．核にはまた，リボソームの成分を合成する核小体が存在する．

リボソーム

リボソームはDNAによってつくられた情報を使って細胞質でタンパク質を合成する．

DNAはどのようにしてタンパク質合成を指令するか

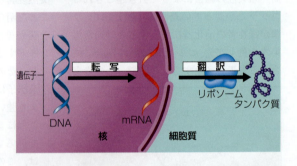

内膜系：細胞内でつくられた物質の加工と配送
小胞体

小胞体は細胞質に存在する，管状と袋状の膜で囲まれた構造体である．粗面小胞体は，表面にリボソームが付着していることからと名づけられたが，膜や分泌タンパク質をつくる．滑面小胞体の機能には脂質合成と解毒が含まれる．

ゴルジ装置

ゴルジ装置は小胞体でつくられた産物を修飾し，他の特定の細胞小器官に向けて輸送したり，細胞外に輸送したりするための輸送小胞に詰め込む．

リソソーム

リソソームは消化酵素を含む袋状の構造で，細胞内での消化や再利用の機能を助ける．

液　胞

液胞は，ある種の淡水産の原生生物の細胞から水を排出する収縮胞や植物細胞の多様な機能をもつ中央液胞を含む．

エネルギー変換：葉緑体とミトコンドリア
葉緑体とミトコンドリア

細胞骨格：細胞のかたちと運動
細胞のかたちの維持

微小管は，細胞のかたちを支持し，維持する細胞小器官である細胞骨格の1つである．

繊毛と鞭毛

繊毛と真核細胞の鞭毛は運動のための細胞の脚のようなもので，おもに微小管でできている．繊毛は短く，多数存在し，協調した往復運動によって細胞を移動させる．鞭毛は長く，単独で存在する場合が多く，波動を描くむち打ち運動によって細胞を推進する．

セルフクイズ

1. あなたは顕微鏡をのぞいて未知の細胞を見る．その細胞が原核細胞か真核細胞のどちらなのかを知るために何を見るか？
    a．固い細胞壁
    b．核
    c．細胞膜
    d．リボソーム
2. 膜の構造に関する流動モザイクの，「流動」と「モザイク」の各語について説明せよ．
3. 次の構造の中で，他のすべてを包含するものを1つ指摘せよ．
    粗面小胞体，滑面小胞体，内膜系，ゴルジ装置
4. 小胞体には構造と機能において異なる2つの領域がある．脂質が合成されるのは＿＿の中で，タンパク質は＿＿の中で合成される．
5. リンパ球とよばれるタイプの細胞は，細胞から分泌されるタンパク質をつくる．そのタンパク質がその細胞内で合成される部位から分泌される部位までの経路を，放射性同位体を用いて追跡できる．以下の構造のうち，この実験で放射性同位体でラベルされるものを，ラベルされる順に挙げよ．
    葉緑体，ゴルジ装置，細胞膜，滑面小胞体，粗面小胞体，核，ミトコンドリア
6. 葉緑体とミトコンドリアの構造的および機能的な類似点を挙げよ．また異なる点を挙げよ．
7. a〜dの細胞小器官と1〜5の機能を対応させよ．
    a．リボソーム　　　1．運動
    b．微小管　　　　　2．光合成
    c．ミトコンドリア　3．タンパク質合成
    d．葉緑体　　　　　4．消化
    e．リソソーム　　　5．細胞呼吸
8. DNAは遺伝情報がタンパク質合成の情報に変換されることによって細胞を支配している．以下の細胞小器官を，DNAの遺伝情報が細胞の中で流れる順序の通りに並べよ．
    核膜孔，リボソーム，核，粗面小胞体，ゴルジ装置
9. 繊毛と鞭毛を比較して違いを説明せよ．

解答は付録Dを見よ．

科学のプロセス

10. 植物の種子の細胞は膜に包まれた油滴のかたちで油脂を貯える．本章で学んだ膜と違って，油滴の膜は二重層ではなく1層のリン脂質からなっている．油滴を包む膜のモデルを図示せよ．また，リン脂質のその配置が二重層よりもなぜ安定なのかを説明せよ．
11. 自分が小児科医で，患者の1人がリソソーム蓄積症の新生児だと想像してみよう．その患者から細胞を採取して顕微鏡で検査すれば，何がわかるだ

ろうか？　その患者が実際にリソソーム蓄積症にかかっているかどうかを明らかにするための一連の検査法を考えよ．

12. **データの解釈**　細菌の集団は時が経つにつれ，薬剤に対する耐性を進化させるかもしれない．このような変化をグラフで表せ．x軸を「時間」，y軸を「集団のサイズ」とせよ．細菌集団のサイズが新しい抗生物質を導入した後，どのように変化するかをグラフ上に線で記せ．その抗生物質を導入した時点をその線上に示せ．次に，その導入後，集団のサイズがどのように変化したかを示せ．

生物学と社会

13. ある大学のメディカルセンターの医師がジョン・ムーアの脾臓を摘出した．それは彼の白血病のタイプにとっては標準的な処置であった．それにより白血病は再発しなかった．研究者たちはその脾臓の細胞を栄養培地中に生かし続けた．彼らはそのうちのいくつかの細胞が，がんやエイズ（acquired immunodeficiency syndrome：AIDS）の治療に見込みのあるタンパク質をつくることを見つけ，その細胞の特許を取った．ムーアは彼の細胞の産物から得られる利益の分配を要求して訴えた．米国の最高裁判所はムーアの訴えを，彼の訴えが「重要な医学研究の誘因となる経済的な動機を損なうおそれがある」として退けた．ムーアは，その裁定は患者たちを「国家権力によって私的利用にさらされやすい状態に放置する」ことになると反論した．あなたはムーアの治療が公正になされたと思うか？　この件に関して，判断の助けになると考えられる何か他のことを知りたいと思うか？

14. 科学者たちは，生きた細胞の遺伝子の組成を変化させたり，その機能を変化させたりして，生きた細胞を操作するさまざまな方法を研究している．あるバイオテクノロジーの会社が独自に遺伝子操作された細胞株の特許権を得ようとしていた．あなたは，細胞に特許権が与えられることが社会にとって最良の利益になると考えるか？　そう考えるか，そうでないかの理由も述べよ．特許に対するまったく同じ考え方がヒト由来細胞と細菌由来の細胞のどちらにも適用されるべきであると，あなたは考えるか？

5 細胞の活動

なぜ細胞機能が重要なのか？

神経ガスと殺虫剤は酵素機能を阻害し毒性を発揮する．

人々は，何千年もの間，食物を保存するために，塩や糖のもつ浸透圧を利用している．

ハーフサイズのペパロニピザがもつカロリーを消費するには，2時間以上歩く必要がある．

章目次
基本的なエネルギーの概念　84
ATPと細胞の仕事　87
酵素　88
膜の機能　91

本章のテーマ
ナノテクノロジー
生物学と社会　細胞構造の利用　83
科学のプロセス　酵素は操作できるか？　89
進化との関連　膜の起源　95

ナノテクノロジー　生物学と社会

細胞構造の利用

　タイヤが炭素原子のボールでできた走行可能な小さな「車」や，砂粒の1000分の1のサイズに彫り込まれた立体地図を想像してほしい．これらは，ものを分子スケールで操作できるナノテクノロジーの実例である．こうした小サイズの素子を設計するときに，研究者はしばしば生きている細胞から着想を得る．細胞は，運動やエネルギーの流れ，ものの生産など，休むことなく多くの機能を効率的に実行できる1つの機械として考えることができるからである．そこで1つの例として，細胞に基礎を置いたナノテクノロジーを考えてみよう．そしてそれが，細胞の働きとどのように関係しているか見ていくことにしよう．

　コーネル大学の研究者は，ヒト精子のエネルギー産生能力を利用する試みをしている．精子は他の細胞と同様，細胞膜を通過する糖や他の分子を分解してエネルギーを得ている．細胞内の酵素は解糖系とよばれる過程を進行させる．解糖系では，グルコースを分解することで放出されるエネルギーが，ATP分子の合成に使われる．生きている精子の内部では，解糖や他の過程で産生されたATPが精子に，女性の卵管を進んでいく際のエネルギーを供給している．この精子のエネルギー産生システムを利用する試みとして，コーネル大学の研究者たちは解糖系にかかわる3つの酵素をコンピュータチップにつないだ．酵素はこのような人工的な系においても機能し続け，糖からエネルギーを産生した．この結果は，もっと数の多い酵素の組み合わせでも，いつかは微細なロボットに使えるかもしれないという希望を抱かせてくれる．このナノレベルのロボットは，血流中のグルコースを使って，体の組織に薬を届けることができるかもしれない．この事例は，細胞の仕事から着想を得ようとする新しい技術がもたらす，はかりしれない潜在力を示している．

　本章では，すべての細胞に共通する3つのテーマ，すなわち，エネルギー代謝，化学反応を促進する酵素の利用，そして，細胞膜による輸送制御に焦点を絞ることにする．また，細胞が自然に行っている活動を模倣したナノテクノロジーについて考察する．

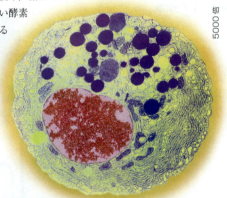

5000倍

細胞構造． ここに示されたヒトの小さな膵臓の細胞も，驚くべき複雑さをもつ微小な機械である．

5章
細胞の活動

基本的なエネルギーの概念

エネルギーは，惑星のスケールであれ細胞のスケールであれ，世界を動かしている．しかし，エネルギーとは正確には何だろうか？ 細胞の活動を理解するため，ここでは，はじめにエネルギーについての基本的な概念を学ぶことにする．

エネルギー保存の法則

エネルギー energy とは，変化を引き起こせる能力と定義される．あるエネルギーの形態は，物体をそれに対抗する力に対して動かすような，たとえば，バーベルを重力に逆らってもち上げるときのような仕事を実行するときに使われる．ダイバーが飛び込み台の上に立ち，飛び込むときのことを考えてみよう（図 5.1）．ダイバーが飛び込み台の上にのぼるためには，重力に逆らって仕事をしなければならない．飛び込み台の階段をのぼっているとき，ダイバーの体の中では，食物のもつ化学エネルギーが，動くためのエネルギーである**運動エネルギー kinetic energy** に変換される．この場合，運動エネルギーはダイバーを飛び込み台の上に立たせる筋肉運動へとかたちを変えている．

ダイバーが飛び込み台の上にのぼりついたとき，運動エネルギーはどうなるのだろうか？ それは消えてしまうのだろうか？ 答えはノーである．**エネルギー保存の法則 conservation of energy** として知られる物理の法則は，エネルギーは勝手につくられたり，なくなったりすることはなく，ただその姿を変えるだけであるということを教えている．たとえば，発電所はエネルギーを新たにつくり出したりすることはなく，そのかたち（たとえば石炭に蓄えられたエネルギー）をより有用なかたち（たとえば電気のエネルギー）へと変換しているだけのことである．これがダイバーが階段をのぼっていくときに起きている出来事である．筋肉運動の運動エネルギーは，**ポテンシャルエネルギー potential energy** に変換される．ポテンシャルエネルギーとは，位置や，構造に由来するエネルギーで，ダムの水のような位置エネルギーや，圧縮されたバネのように構造に由来するエネルギーのことである．飛び込み台の上にいるダイバーは，その高い位置によるポテンシャル

▶図 5.1　ダイビング時のエネルギー変換.

飛び込み台の上のダイバーは高いポテンシャルエネルギーをもっている．

上にのぼっていくにつれ，筋肉の運動エネルギーはポテンシャルエネルギーに変換される．

飛び込みはポテンシャルエネルギーを運動エネルギーに変換する．

水中のダイバーのポテンシャルエネルギーは低い．

エネルギーをもっている．ダイバーが水中に飛び込むとき，ポテンシャルエネルギーは再び運動エネルギーに変換される．生命活動はあるかたちのエネルギーを別のかたちのエネルギーへ変換することによって進行する．☑

熱

エネルギーが消滅しないものであるならダイバーが水にぶつかったとき，エネルギーはどこにいってしまうのだろうか？それは**熱 heat**に変換されるのである．熱は原子や分子のランダムな動きによる運動エネルギーの一種である．ダイバーの体とその周囲の間に発生する摩擦は，空気中そして水中に熱を発生させる．

エネルギーの変換時には必ずいくらかの熱の発生を伴う．熱の発生はエネルギーを消滅させることはないが，その有効性を弱めてしまう．熱は無秩序でランダムな分子運動によるエネルギーである．

エントロピー entropyはシステムのもつ無秩序さあるいはランダムさの尺度である．あなたの部屋についてのたとえから考えてみよう．部屋を散らかした状態にすることは容易なことだ．実際，自然にほうっておけば部屋は散らかる．しかし，それを再びもとの状態に戻すには，大きなエネルギーを必要とするだろう．

エネルギーがそのかたちを別のかたちに変えるとき，エントロピーは増大する．階段をのぼっていく間に起こるエネルギー変換や飛び込み台からの飛び込みでは，エントロピーが増大する．なぜなら，ダイバーのポテンシャルエネルギーは熱として周囲に失われるからである．もう一度飛び込むために，再び階段をのぼるときは，ダイバーは貯蔵されている食物エネルギーをさらに追加しなければならない．この変換はまた熱を産生し，それゆえエントロピーは増大する．☑

化学エネルギー

食物から得る分子はどのようにして体内で働く細胞にエネルギーを供給するのだろうか？食物，ガソリン，その他の燃料の分子は，**化学エネルギー chemical energy**とよばれるポテンシャルエネルギーをもっている．それは原子の配置に起因する化学反応によって放出される．炭水化物，脂肪，そしてガソリンはいずれも化学エネルギーに富んだ特別な構造をもっている．

生きている細胞と自動車のエンジンは，いずれもエネルギーを仕事に変換するための類似の機構をもっている（図 5.2）．いずれの場合も，有機燃料をより低エネルギーの分子へ分解する．これによって，放出されるエネルギーを仕事に利用できるようにしている．

たとえば，車のエンジンは酸素をガソリンと混ぜ（これはすべての車が空気取り込み装置を必要とする理由である），燃料の分子を分解して，爆発的な化学反応を起こし，ピストンを動かし，最後に車輪を動かしている．車の排気筒から出る排気物質は，ほとんどが二酸化炭素と水である．車のエンジンでは，エネルギーのたった25％が車を動かすエネルギーに変換され，残りは熱となる．そのため，もしラジエータによって

基本的なエネルギーの概念

☑ **チェックポイント**
静止状態にある物体はエネルギーをもつことができるか？

答：もつことができる．ポテンシャルエネルギーとして．

☑ **チェックポイント**
どの形態のエネルギーが最も無秩序で，仕事への変換が困難であるか？

答：熱エネルギー．

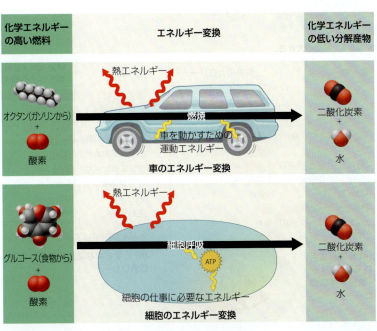

▼図 5.2 **車と細胞におけるエネルギー変換．**車と細胞において有機燃料分子の化学エネルギーは酸素を用いて得られる．この化学分解は燃料分子に蓄えられていたエネルギーを放出させ，二酸化炭素と水を発生する．放出されたエネルギーが仕事に使われる．

熱を大気中に分散しなければ，エンジンは溶けてしまうことになる．これがオーバーヒートを回避するために精巧な空気取り込み装置が必要とされる理由である．

あなたの細胞もまた化学エネルギーを得るために酸素を用いている．車のエンジンと同じようにほとんどの「排気物質」は二酸化炭素と水である．細胞での「燃焼」は細胞呼吸とよばれている．これは車のエンジンと比較するとよりゆるやかで効率のよい「燃焼」である．細胞呼吸はエネルギー放出を伴う燃料分子の化学分解であり，そのエネルギーの蓄積によって，細胞は仕事を行うことができる（細胞呼吸の詳細は6章で議論する）あなたは食物エネルギーの約34％を筋肉収縮のような，有用な仕事に利用できる．一方，燃料分子の分解により放出された残りのエネルギーは熱となる．この熱によって，ヒトや多くの動物は，周囲の温度が低くなった場合でも，体温を一定に保つことができる（ヒトの場合37℃）．人で混み合った部屋が早く温まるのは，呼吸で放出された熱によるものである．熱エネルギーの産生は運動した後に，体が熱くなる感覚からもわかる．発汗やその他の体を冷やす機構は車のラジエータがエンジンのオーバーヒートを防ぐのと同様に，過剰な熱を抑える役割を果たしている．

食物のカロリー

食品の包装を見てほしい．そこには食品に含まれるカロリー値が記されている．カロリーはエネルギーの単位である．1 カロリー calorie（cal）とは，1 g の水の温度を1℃上昇させるのに必要な熱量である．1個のピーナッツがもつカロリー値は，ピーナッツを水の入った容器の下で燃やし，そのピーナッツがもっている化学エネルギーをすべて水に移動させてから水温の上昇分を測定すれば実際に測ることができる．

カロリーは小さな単位なので，食品の燃焼量を記載するには実用的でない．そこで簡便法としてキロカロリー（kcal）を用いる．1 キロカロリーは 1000 カロリーで，食品ではこの単位が使われる．食品の包装に書かれている Calories（大文字の C）は kcal のことで，非常に大きいエネルギーである．たとえば，1粒のピーナッツは約5キロカロリーのエネルギーをもっている．これは 1 kg の水の温度を5℃上げる熱量に相当する．ひと握りのピーナッツでも，熱に換算したら，1 kg の水を沸騰させることができる量である．生体組織ではもちろん，食物は水を沸騰させるために使われるのではなく，生命活動の燃料として使われる．図 5.3 は食品に含まれているカロリー値と，種々の人間活動によるカロリー消費値を示している．✓

> ハーフサイズのペパロニピザがもつカロリーを消費するには，2時間以上歩く必要がある．

✓チェックポイント

図 5.3 からチーズバーガーのもつエネルギーを燃焼させるために，あなたはどのくらい自転車をこがなければならないか？

答え：30 分のサイクリング：1 時間の自転車運動で 490 キロカロリー消費するので，295 ÷ 490 = 0.6 時間，すなわち 36 分．

▼図 5.3 熱量の大きさ．

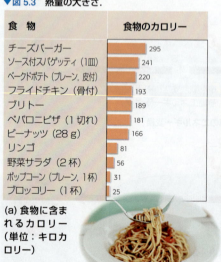

食物	食物のカロリー
チーズバーガー	295
ソース付スパゲッティ（1皿）	241
ベークドポテト（プレーン，皮付）	220
フライドチキン（骨付）	193
ブリトー	189
ペパロニピザ（1 切れ）	181
ピーナッツ（28 g）	166
リンゴ	81
野菜サラダ（2 杯）	56
ポップコーン（プレーン，1 杯）	31
ブロッコリー（1 杯）	25

(a) 食物に含まれるカロリー（単位：キロカロリー）

活動	体重 68 kg の人の1時間あたりの消費カロリー＊
ランニング（4.3 分/km）	979
ダンス（速く）	510
自転車（16 km/時）	490
水泳（3.2 km/時）	408
歩行（4.8 km/時）	245
ダンス（ゆっくり）	204
ピアノ演奏	73
車の運転	61
座り姿勢	28

＊呼吸や心拍などの基礎代謝は含まない

(b) さまざまな活動の消費カロリー（単位：キロカロリー）

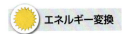 **エネルギー変換**

ATP と細胞の仕事

炭水化物，脂質，その他のエネルギーとなる分子を，私たちは食物から得ている．しかし，これらの物質は，細胞の燃料として直接使えるわけではない．細胞呼吸によって，これらの有機物が分解されたときに放出されたエネルギーは，ATP分子の産生に使われる．このATP分子が細胞の仕事に用いられるのである．ATPはエネルギーのシャトルのようにして働く．すなわち，食物から得たエネルギーを蓄えておき，後で必要なときにエネルギーを放出する．このようなエネルギーの変換は，地球上のすべての生命に不可欠である．

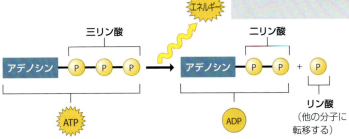

▲図 5.4　**ATP の働き．** ATP 分子中の3個の ⓟ は，リン酸基（酸素原子に結合したリン原子）を示している．3個のリン酸から1個のリン酸基を他の分子へ転移させることで，細胞の仕事に必要なエネルギーを供給する．

ATP の構造

ATP は，アデノシン三リン酸 (adenosine triphosphate，漢数字の三は3個のリン酸を意味する) の略号である．ATP はアデノシンと，3個のリン酸基からできている **(図 5.4)**．末端にある3個のリン酸は，細胞の活動のためのエネルギーを供給する「仕事」をする部分である．それぞれのリン酸基は負電荷をもっているため，互いに反発し合っている．リン酸基のもつマイナス電荷が近くに存在することが，ATP のもつポテンシャルエネルギーに寄与している．これは，圧縮したバネがもつエネルギーに類似している．バネを解放すればバネは伸びその弾性力によって仕事ができる．ATP のもつ潜在力は，3個のリン酸のうちの末端のリン酸が離れることで生じ，これが細胞の仕事に用いられる．残ったものは **ADP**（図 5.4 の右に示したようにアデノシン二リン酸．3個のリン酸ではなく2個のリン酸をもつ）である．

リン酸の転移

ATP が ADP に変換され，細胞が仕事をするとき，リン酸基はただ空間に遊離するのではない．リン酸基は細胞内の他の分子に転移し，その分子にエネルギーを与える．標的分子は末端のリン酸基を受容してエネルギーをもつようになり，細胞で仕事をすることができるようになる．自転車に乗った人が坂道をのぼることを想像してほしい．

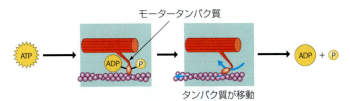

(a) 機械的仕事をするモータータンパク質（筋繊維を動かす）

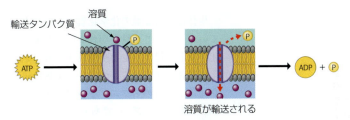

(b) 輸送の仕事をする輸送タンパク質（溶質を取り込む）

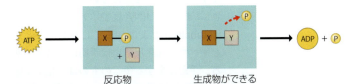

(c) 化学的仕事をする反応物質（化学反応を促進する）

▲図 5.5　**ATP はいかにして細胞の仕事を駆動するか？** ここに示した3つの仕事は，いずれも酵素反応により ATP のリン酸基が受容分子に転移されることによって駆動される．

その人の足の筋肉の細胞では，ATP のリン酸基はモータータンパク質に転移される．するとモータータンパク質はかたちを変え，結果として筋肉の細胞は収縮する **(図 5.5a)**．この収縮は人が自転車をこぐための機械的エネルギーとなる．ATP はまた，人の神経細胞の膜を介してイオンやその他の溶質を輸送し **(図 5.5b)**，足にシグナルを送ることを可能にしている．また，細胞内で小分子をつなげて巨大分子を産生する **(図 5.5c)** 仕事にも貢献している．

5章 細胞の活動

✓チェックポイント
1. ATPは細胞の活動にどのようにしてエネルギーを与えるか説明せよ．
2. ADPからATPを再生するために必要なエネルギー源は何か？

ATPサイクル

あなたの細胞はATPを絶え間なく消費している．幸運なことに，それは再生可能な資源である．ATPはADPにリン酸基を付加することで再生される．この過程は，伸びたバネをもう一度圧縮するのと同じようにエネルギーを必要とするが，これが食物でまかなわれる．細胞呼吸により，糖や他の有機物から得た化学エネルギーは，細胞にATPを供給するために用いられる．細胞の仕事にはATPが必要であるが，このATPは細胞呼吸で得たエネルギーを使ってADPとリン酸が結合することによりリサイクルされる（図5.6）．このように，燃料となる有機物の分解によって得られたエネルギーは，筋収縮やその他の細胞が行う仕事のエネルギーに受け渡される．このようなATPサイクルは，驚異的な速度で進行する．仕事をしている筋肉細胞の中では，1秒ごとに1000万以上のATP分子が消費され，再生されている．✓

▼図5.6　ATPサイクル．

細胞呼吸：燃料分子から得られる化学エネルギー　　細胞の仕事に必要なエネルギー

酵　素

生体は莫大な数の化学物質から成り立っている．そして，数え切れないほど多くの化学反応が起き，生物を構成する分子を絶えず変化させている．つまり，生物は複雑な「化学物質のスクエアダンス（2人ずつ4組で踊るダンス）」であり，その「ダンサー」である分子は，化学反応の過程で絶えずパートナーを変えているのである．生物における化学反応の総体は **代謝 metabolism** とよばれる．しかし，ほとんどすべての代謝反応には手助けが必要である．手助けをする多くのものは，化学反応の速度を促進するタンパク質の **酵素 enzyme** である．ただし酵素はその化学反応において消費されることはない．生物には数千種類の酵素があり，それぞれは異なる化学反応を促進している．

活性化エネルギー

化学反応を開始するためには，反応物の化学結合を切らなければならない（スクエアダンスにおいてパートナーを替える最初のステップでは，いまのパートナーの手を離さなければならない）．この開始過程では，その分子はまず周囲からエネルギーを吸収する必要がある．言い換えれば，多くの化学反応において，細胞がエネルギーを生産する反応を開始するためには，まずある程度のエネルギーを投入する必要がある．反応を開始するのに必要なエネルギーは，**活性化エネルギー activation energy**

▼図5.7　酵素と活性化エネルギー．

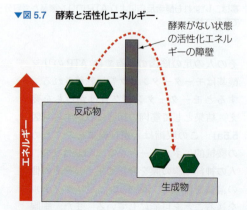

(a) **酵素がない場合**．反応物は，化学反応をする前のエネルギー障壁を乗り越えないと分子を分解して生成物にすることはできない．

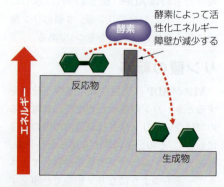

(b) **酵素がある場合**．酵素はエネルギー障壁を下げることでこの過程を速めることができる．

とよばれる.なぜなら,それは反応物を活性化し,化学反応のきっかけをつくるからである.

酵素は,反応物の結合を切るために必要な活性化エネルギーを下げることで代謝を進行させる.活性化エネルギーを化学反応が起こるための障壁と考えると,酵素の機能は,障壁を下げることである(図5.7).酵素は,反応物の分子と結合し,物理的あるいは化学的なひずみがかかった状態に導き,化学結合を切って反応を開始させる.次に酵素をより効率的に操作するナノテクノロジーの課題に戻って考えてみることにする.✓

酵　素

✓チェックポイント

酵素は化学反応を起こす活性化エネルギーにどのように影響を与えるか？

答え：障壁は活性化エネル
キーを低下させる．

ナノテクノロジー　科学のプロセス

酵素は操作できるか？

他のタンパク質と同様,酵素は遺伝子にコードされている.塩基配列を観察すると,私たちの遺伝子の多くは,分子進化の過程を経て形成されてきたことがわかる.1つの祖先遺伝子は重複して2つになり,長い時間のランダムな突然変異によって分岐し,ついには異なる機能をもつ酵素をコードする別の遺伝子ができ上がった.

自然界における酵素の進化は1つの疑問を投げかける.人為的な選択を通じて行われる研究手法で,はたして実際の進化の過程を再現できるのだろうか？　カリフォルニアの2つのバイオテクノロジー会社の研究グループがある仮説を提唱した.その仮説とは,人為的な方法によって酵素ラクターゼをコードする遺伝子を改変し,新規の酵素をコードする遺伝子をつくることができるというものである.ラクターゼはラクトースという糖を分解する.彼らの実験は,進化分子工学とよばれる手法を用いた.この手法によって,最初のラクターゼ酵素遺伝子が増幅され,これにランダムな突然変異が導入された(図5.8).これらの突然変異を起こした遺伝子から生じる酵素を調べ,どの酵素が新しい活性をもつか調べた(この場合,異なる糖を分解する).こうして得られた新しい活性を示す酵素の遺伝子に対し,さらに何回もの増幅と変異

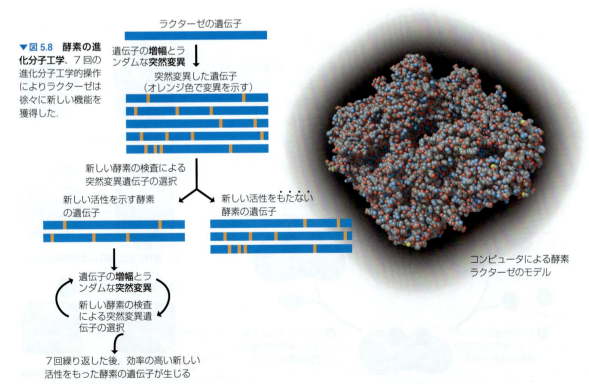

▼図5.8　**酵素の進化分子工学**.7回の進化分子工学的操作によりラクターゼは徐々に新しい機能を獲得した.

コンピュータによる酵素ラクターゼのモデル

の導入，選択が繰り返されていった．

7回のこれらの実験の結果は，進化分子工学が新規の機能をもった新しい酵素を生み出したことを示していた．研究者は，この手法を用いて，望み通りの性質をもった多くの人工酵素をつくり出した．たとえば，10倍高い効率の抗生物質をつくる酵素，高熱の産業現場で安定で機能をもった酵素，コレステロールを低下させる薬の製造を改善する酵素などである．これらの事実は，進化分子工学の方法が，科学者が，細胞の自然のプロセスを，有用な目的のために模倣・利用するもう1つの事例であることを示している．

 構造と機能

酵素活性

酵素の触媒反応はきわめて特異的である．この特異性は，酵素が反応物の分子を認識できる能力による．この反応物は，酵素の**基質** substrate とよばれる．**活性部位 active site** とよばれる酵素の領域は，基質分子に適合した構造と化学的性質をもつ．活性部位は一般に酵素の表面のポケット，または溝のようになっている．基質が，活性部位に入ると活性部位の構造がわずかに変化し，基質を受け入れて反応を触媒する．この相互作用は，基質が活性部位に入ることで，酵素の構造がわずかに変わり，基質と活性部位との結合がさらに強固になることから，**誘導適合 induced fit** とよばれる．握手するときのことを考えてほしい．あなたの手が相手の手を握るとき，そのかたちがわずかに変わり，よりしっかりと握手できることになるだろう．

生成物が活性部位から離れると，酵素は新たな基質分子と結合することができる．この繰り返し働ける能力が，酵素の重要な特徴である．図 5.9 には，二糖類のラクトース（基質）を加水分解する酵素，ラクターゼの働きを示している．ラクトース不耐症の人は，この酵素が不足している．このラクターゼのように，多くの酵素はその基質にちなんで名前がつけられており，語尾に -ase がつく．✓

酵素阻害剤

酵素に結合してその機構を阻害し，代謝反応を抑制する分子がある（図 5.10）．こうした**酵素阻害剤 enzyme inhibitor** のあるものは，にせの基質（基質に似た分子）として酵素の活性部位をふさいでしまう（あなたが握手をしようとするとき，他の誰かが先にバナナを渡してしまったら，相手の手を握れないだろう）．一方，酵素の活

> 神経ガスと殺虫剤は酵素機能を阻害し毒性を発揮する．

▼図 5.9 **酵素はどのように働くか？** 基質であるラクトースにちなんで名づけられたラクターゼという酵素の例.

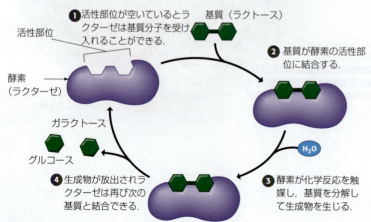

① 活性部位が空いているとラクターゼは基質分子を受け入れることができる．
② 基質が酵素の活性部位に結合する．
③ 酵素が化学反応を触媒し，基質を分解して生成物を生じる．
④ 生成物が放出されラクターゼは再び次の基質と結合できる．

▼図 5.10 酵素阻害剤.

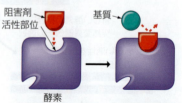
(a) 通常の酵素と基質の結合.

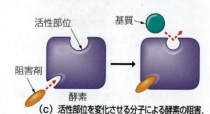
(b) 基質に似た物質による酵素の阻害.

(c) 活性部位を変化させる分子による酵素の阻害.

---

5 章 細胞の活動

☑ **チェックポイント**
酵素はいかにして基質を認識するのか？

答え：酵素と基質の活性部位は，構造と化学的性質において相補的である．

性部位から離れた部位に結合する阻害剤もある．この阻害剤はその部位に結合すると，基質と結合できないように酵素の構造を変えてしまうのである（もし誰かがあなたの脇腹をくすぐっていたら，あなたは手をぎゅっと握りしめているので，握手することはできないだろう）．どの場合も，阻害剤は酵素の構造を変化させることで酵素の働きを妨げる．これは，構造と機能との間の連関を示す明瞭な例である．

酵素への阻害剤の結合が可逆的である場合がある．たとえば，代謝産物が必要以上に生成された場合，それが酵素を可逆的に阻害することがある．このフィードバック調節によって，細胞は資源の無駄な消費を防ぎ，より有効な利用を可能にしている．

多くの有用な薬は，酵素を阻害することでその効果を発揮している．ペニシリンは，細菌が細胞壁をつくる際に使う酵素の活性部位を阻害する．イブプロフェンは痛覚情報の伝達にかかわる酵素を抑制する．多くのがん治療薬は，細胞分裂を促進する酵素を阻害する．薬だけでなく，多くの生物毒素や毒物は酵素阻害剤として作用する．神経ガス（化学兵器戦争に使われる）は，神経インパルスの伝達にかかわる酵素の活性部位に不可逆的に結合し，麻痺を起こして死に至らしめる．多くの殺虫剤は，昆虫に対し毒性を発揮するが，それは，これと同じ酵素を阻害するからである．

膜の機能

いままで，私たちは細胞がエネルギーの流れを制御したり酵素が化学反応の速度を制御するしくみを見てきた．細胞はまた，外界からの物質の流入と流出を調節している．細胞膜は，リン脂質二重層でできており，その内部にタンパク質が埋め込まれている（図4.4 参照）．図5.11 は，リン脂質二重層膜に埋まったタンパク質のおもな働きを示している．図に示した機能のうち，最も重要なものの1つは，細胞の内外への輸送調節である．小さい分子はつねに細胞膜を内から外，外から内に移動している．

▼図5.11　**膜タンパク質の主要な機能**．実際の細胞は，ここに示したタンパク質のタイプのすべてをもつとは限らない．また，それぞれのタイプで異なるタンパク質が複数存在することもある．

酵素活性．このタンパク質ととなりのタンパク質は酵素であり，基質と適合する活性部位をもつ．複数の酵素が集まって1つの反応経路を形成することがある．

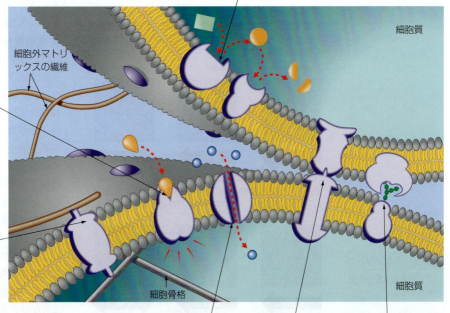

細胞シグナル．受容部位は化学シグナル分子のかたちと適合している．このシグナル分子は細胞内にシグナルを伝達する一連のタンパク質の変化を引き起こす．

細胞骨格と細胞外マトリックスの接着分子．このタンパク質は細胞の形状を維持し細胞変形を調節する．

輸送．タンパク質は溶質を通す通路をつくる．

細胞間結合．近接する細胞を連結するタンパク質．

細胞－細胞間の認識．タンパク質の糖鎖は他の細胞によって認識される識別のためのタグとなる．

しかし，この分子の通り道は，なんでも通過させてしまうものではない．すべての生体膜は選択的透過性の性質をもっており，ある特定の分子のみを通過させる．この点をさらに詳細に説明しよう．

受動輸送：膜を介した拡散

分子は休むことを知らない．つねに振動し，ランダムに動いている．この分子の動きの結果として起こる1つの現象が**拡散** diffusion である．拡散により，分子は空間に広がっていく．それぞれの分子はランダムに動くが，分子の総和としての拡散には方向性がある．すなわち，濃度が高いほうから低いほうへ移動する．たとえば，香水のびんの中の分子を考えてみよう．香水のふたを開ければ，すべての香水の分子がランダムに動き，やがてびんの外へ出て，その部屋を香水の匂いで満たすことになる．あなたはたいへんな努力の末に，香水をびんに戻すことができるかもしれないが，分子が自然に戻ることは決してない．

生きている細胞に近い例として，細胞膜を介して，純水と色素を溶かした水とが接しているとしよう**（図 5.12）**．そして，この膜に色素分子を通す小さな穴があいていると仮定しよう．色素分子はランダムに動くが，総和としては，純水側への膜を介した移動が見られるようになる．膜を介した色素分子の広がりは，両方の溶液が等しい色素濃度になるまで続く．その点に到着すると，平衡に達しそのとき多くの色素分子は，膜を介して両方向に同じだけ移動していることになる．

膜を介した拡散は**受動輸送** passive transport の一例である．「受動」というのは，細胞がエネルギーを消費しない輸送だからである．しかしながら，細胞膜は，選択的透過性をもっている．たとえば酸素（O_2）のような小さい分子は一般にアミノ酸のような大きな分子よりも早く透過する．しかし細胞膜は，イオンのような小さな分子でさえあまり通過させない．それらは強い親水性をもつためにリン脂質の二重層膜を通過できないのである．受動輸送においては，物質は**濃度勾配** concentration gradient すなわち場所による物質の濃さの違いに従って移動する．すなわち物質は濃度の高いほうから低いほうへと動くのである．たとえば，私たちの肺においては，気相の酸素（O_2）濃度は血液より高い．そのため，酸素は受動輸送によって気相から血流へ移動する．

細胞膜を自発的に通過できない物質は，ある特別な輸送タンパク質によって輸送される**（図 5.11 参照）**．この輸送は，**促進拡散** facilitated diffusion とよばれている．たとえば，ある細胞では水分子が，細胞膜に存在するある種の輸送タンパク質を介して移動する．個々の輸送タンパク質は1秒間に30億の水分子を移動できる．このタンパク質に突然変異をもつ人は，腎臓における水の再吸収ができない．そのためこの人は毎日，20 Lの水を飲み続けなければならない．これとは反対に，妊婦に併発する体液の貯留がある．足のむくみの原因は，水チャネルタンパク質の増加によるものである．他にも，拡散に比べて5万倍も早い速度でグルコースを輸送する輸送タンパク質もある．このような早い速度であっても，促進拡散は，エネルギーを必要としない受動輸送である．他の受動輸送と同様に，促進拡散の駆動力も濃度勾配である．✓

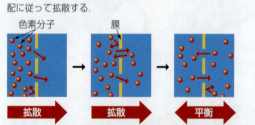

▼図 5.12 **受動輸送：膜を介した拡散**．拡散物質は濃度の高いほうから低いほうへ拡散する．すなわち，物質は濃度勾配に従って拡散する．

（a）**1種類の溶質の受動輸送**．膜は色素分子に透過性がある．この分子は濃度勾配に従って拡散する．平衡状態では，分子は絶え間なく，両方向へ同じ速度で移動している．

（b）**2種類の溶質の受動輸送**．溶液が2種類以上の溶質を含む場合，それぞれの濃度勾配に従って移動する．

✓チェックポイント

なぜ促進拡散は受動輸送であるのか？

答え：エネルギーを必要とせずに，濃度勾配に従って物質を移動させるから．

浸透と水のバランス

選択的透過性をもつ膜を水が透過することを，**浸透 osmosis** とよぶ（図 5.13）．**溶質 solute** とは水溶性の溶媒に溶けている物質のことである．その混合液のことを溶液とよんでいる．たとえば，食塩（NaCl）水の溶液は水（溶媒）と食塩（NaCl）（溶質）から成り立っている．2 つの異なる濃度の溶液が接している膜を考えてみよう．濃度の高い溶液は，低い溶液に対して，**高張 hypertonic** 液とよばれる．それに対して濃度の低い溶液は**低張 hypotonic** 液とよばれる．低張液というのは，溶質の濃度は低い，つまり，水の濃度は高いことに着目してほしい．よって，水は，水の濃度の高いほう（低張液）から水の濃度の低いほう（高張液）へ，濃度勾配に従って移動する．その結果，溶液の濃度差が減少し，2 つの溶液の容積が変化する．

人々は，浸透現象を食物の保存に利用してきた．塩は豚や魚などの肉を保存するのに用いられる．また塩は食物から水を奪って，塩濃度の高いほうへ移動させ細菌やカビの発生を抑える．食物は，ハチミツ漬けによっても保存される．これは，食物中の水が高い糖濃度のハチミツのほうに移動するためである．

溶質の濃度が膜の両側で同じ場合には，水分子は両方向へ同じ速度で移動する．その場合，総和として変化はない．等しい濃度の溶液は**等張 isotonic** 液とよばれる．たとえば，ヒトデやカニなどの多くの海産動物は，海水と等張である．そのため環境から水を得ることも失うこともない．病院で患者に投与される静脈内輸液は，血球細胞と等張になっている．

動物細胞の水バランス

細胞の生死は，水の取り込みと排出のバランスを保つ能力に依存している．動物細胞が等張液に浸された場合，水の吸収と排出の速度が等しいので細胞の体積は変化しない（図 5.14a 上）．しかし，もし動物細胞が低張液，すなわち細胞よりも低濃度の溶液に接すると，何が起こるだろうか？ 浸透圧によって，細胞は水を吸収し，膨張し，水を入れすぎた風船のように破裂（溶解）するであろう（図 5.14b 上）．高張の環境も動物細胞にとっては過酷なものであり，細胞はしぼんで水不足によって死んでしまう（図 5.14c 上）．

動物細胞が，低張や高張の環境で生き続けるためには，水の吸収と排出のバランスを取らなければならない．この水バランスの調節は，**浸透圧調節 osmoregulation** とよばれる．たとえば，淡水魚は，周囲の環境が体液に対して低張であるので，腎臓と鰓で，体内への水の過剰な浸入を絶えず防いでいる．ヒトで浸透圧調節がうまくいかなくなると大事に至ることがある．脱水（過少な水分摂取）は疲労を引き起こし，死さえ招くことになる．逆に，過剰の水を摂取すると——低ナトリウム血症，あるいは，「水中毒」とよばれる——体に必須なイオンの濃度が薄くなり，死に至る．

> 人々は，何千年もの間，食物を保存するために，塩や糖のもつ浸透圧を利用している．

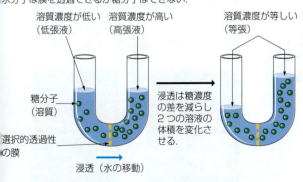

▼図 5.13 **浸透**．異なる濃度の糖の水溶液が膜で仕切られている．水分子は膜を透過できるが糖分子はできない．

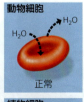

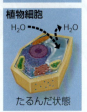

(a) 等張液　　(b) 低張液　　(c) 高張液

▼図 5.14 **浸透環境**．動物細胞（例：赤血球）と植物細胞は，異なる浸透圧環境下では異なる反応をする．

5章
細胞の活動

✓チェックポイント
1. 動物細胞は周囲の環境に比べ＿＿＿のとき萎縮する．
2. たるんだ植物の細胞は，周囲の環境と比べ＿＿＿である．

答え：1. 高張，2. 等張

✓チェックポイント
能動輸送のエネルギー源に使われる分子は何か？

答え：ATP

植物細胞の水のバランス

水のバランスの問題は，植物，菌類，多くの原核生物，ある種の原生生物など硬い細胞壁をもつ細胞ではやや異なっている．植物細胞は等張液に浸されると，たるんだ（だらりとした）状態になり，しおれてしまう（図5.14a 下）．これに対して，低張液の環境では，細胞へ水が浸入して膨れた（張り切った），最も健全な状態である（図5.14b 下）．弾力のある細胞壁は，わずかに広がるが，押し返す力が生じ，細胞が水を取り込み過ぎないよう，また，破裂しないよう抑えている．膨圧は植物細胞にとって，まっすぐ立った姿勢，張り広げた葉の状態を保持するために必要である（図5.15）．しかしながら，高張液の環境は，動物細胞と同様に植物細胞にとってもよくない．植物細胞が水を失うと，しぼんでしまい，細胞膜が細胞壁から離れてしまう（図5.14c 下）．これにより植物細胞は通常死んでしまう．このように，植物細胞は低張液で，動物細胞は等張液でよりよく生存できる．✓

能動輸送：膜を介した分子のポンプ

受動輸送に対して，**能動輸送 active transport** は，細胞が膜を介して分子を動かすのにエネルギーを必要とする．細胞のエネルギー（通常はATPによる）は濃度勾配に逆らって溶質を移動させる輸送タンパク質を駆動することに使われる．すなわち，物質は自然の流れとは逆向きで，濃度の低いほうから高いほうへ移動する（図5.16）．上り坂で丸い岩石を重力に逆らって転がして押し上げることと同様に，流れの力に逆らって輸送するには多くのエネルギーを必要とする．

能動輸送により，細胞内の分子の濃度を細胞外と異なるものにすることができる．たとえば，動物の神経細胞の内側は，細胞外に比べて，カリウムイオン（K^+）濃度が高く，ナトリウムイオン（Na^+）濃度が低くなっている．細胞膜はこの差を維持するためにナトリウムイオンを細胞外にくみ出し，カリウムイオンを細胞内へ取り入れているのである．この特殊な能動輸送（ナトリウム-カリウムポンプとよばれる）は，多くの動物の神経の信号伝導に不可欠である．✓

エキソサイトーシスとエンドサイトーシス：大きな分子の輸送

これまで，水や小さな溶質分子が細胞膜を通過し，細胞に出入りする様子を見てきた．しかしこれまで述べた内容は，タンパク質などの高分子には当てはまらない．高分子は大きすぎて，膜そのものを透過しないからである．これらの分子の細胞内や細胞外への輸送は，膜が袋を形成する能力に依存している．すなわち大きな分子は小胞に包み込まれるのである．これまですでにタンパク質の小胞への取り込みと分泌の例を見てきた．細胞でタンパク質が生産されるとき，分泌タンパク質は，輸送小胞から細胞を出ていく．すなわち輸送小胞は細胞膜に融合し，内容物を細胞の外に放出する（図4.12，図4.16参照）．この過程は**エキ**

▼図5.15 **植物の膨圧．** しおれた植物は水を得て再び膨らむ．

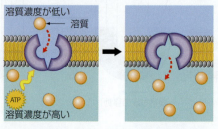

▼図5.16 **能動輸送．** 輸送タンパク質は，酵素と同じく原子や分子を特異的に認識する．この輸送タンパク質（紫色）はある溶質に対してだけ結合部位をもっている．このタンパク質のポンプは，ATPのエネルギーを使って濃度勾配に逆らい，溶質をくみ出す．

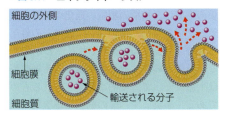

▼図 5.17　エキソサイトーシス.

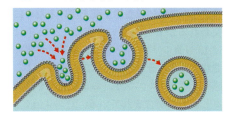

▼図 5.18　エンドサイトーシス.

ソサイトーシス exocytosis とよばれる（図5.17）. たとえば, あなたが泣くときには, 涙腺の細胞はエキソサイトーシスによって塩分のある涙を放出する. また脳では, エキソサイトーシスによってドーパミンなどの神経伝達物質が放出され, 神経間の情報連絡に関与する.

エンドサイトーシス endocytosis は, 膜を内側に伸ばして小胞を形成し, その中に物質を取り込むしくみである（図5.18）. たとえば, **食作用（ファゴサイトーシス）** phagocytosis では, 細胞が顆粒を飲み込んで, それを食胞内に閉じ込める. その他にも, 細胞が細胞外液の液滴を小さな小胞の中に閉じ込めるしくみもある. エンドサイトーシスはまた, ある細胞外の分子が, 細胞膜にある特異的な受容体タンパク質に

結合することによって開始することができる. この結合は, 膜の一部に小胞を形成させ, その小胞が特定の物質を細胞内に輸送する. ヒトの肝臓の細胞においては, この過程は血液中からコレステロールの粒子を取り込むことに使われている. 肝臓の細胞にある受容体の遺伝的欠損により血中コレステロールの取り込みができなくなり5歳の年齢でも心臓発作を起こすことが知られている. あなたの細胞の免疫システムはエンドサイトーシスによって, 侵入する細菌やウイルスを取り込み破壊している.

すべての細胞は細胞膜をもっているので地球上の生命進化の初期過程で最初に膜が形成されたと考えることは理にかなっている. 本章の最後では, 膜の進化について考察することにする.

ナノテクノロジー　進化との関連

膜の起源

科学者は, 原始地球の条件をシミュレーションすることにより, 生命活動に必要な多くの分子は自発的に合成され得ることを示している（これを示す実験については, 図15.3 とその説明文を参照）. その実験結果は, リン脂質（すべての膜の重要な原材料）が原始地球上の化学反応で合成された最初の有機化合物の１つであったことを示唆している. それらはいったん合成されると, 自然に集合し, 簡単な膜を形成する. たとえば, リン脂質と水を混合しておくと, リン脂質は二重層膜を形成し, 膜の内部に水を含んだ泡を形成する（図5.19）. この集合は, 遺伝子も必要としないし, リン脂質の性質以上の情報も必要としない.

脂質が水の中で自然に膜を形成するこの性質は, 生体医用工学者が, リポソーム（人工的につくられた小胞）をつくることにも貢献した. リポソームは, 特別な化学物質をその中に封入させることができる.

▼図 5.19　膜の自発的形成：生命の起源の重要なステップ.

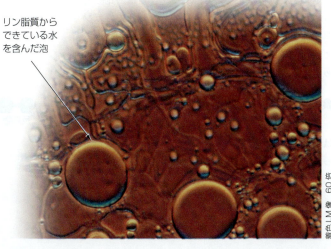

リン脂質からできている水を含んだ泡

将来的には，これらのリポソームが体内の指定した場所に栄養物や薬を届けるために使われるかもしれない．実際，2012年には12の薬のリポソームによる運搬が認可されている．それらの中には，カビによる感染，インフルエンザ，および肝炎を標的としたものが含まれている．このように，膜は「生物学と社会」および「科学のプロセス」のコラムで議論した，膜以外の細胞の構成要素と同じように，ナノテクノロジーに新しい着想を与えている．

さまざまな分子をその内部に閉じ込めた膜の形成は，初期の細胞の進化の重要なステップであったに違いない．膜はその外部と異なる組成の液を封入することができる．外部とのやり取りを制御できる細胞膜は生命にとって基本的に必要とされるものである．事実，すべての細胞は細胞膜で囲まれており，その構造と機能はきわめて類似している．このことは生命進化の単一性を示している．

本章の復習

重要概念のまとめ

基本的なエネルギーの概念

エネルギー保存の法則

機械も生物も運動エネルギーをポテンシャルエネルギー（蓄積されたエネルギー）に変換することができる．またその逆も可能である．このようなエネルギー変換において，総エネルギーは保存される．エネルギーは生み出されることも，消失することもない．

熱

エネルギーの変換時には，いくらかの無秩序のエネルギーが熱というかたちで放出される．エントロピーは無秩序，ランダムさの尺度である．

化学エネルギー

分子は，その原子の配置の中に大きなポテンシャルエネルギーを蓄積している．有機化合物は，比較的大きい化学エネルギーをもつ．車のエンジンでのガソリンの燃焼と細胞呼吸で行われる糖の分解は，分子に蓄えられたエネルギーが有用な仕事へと変換される例である．

食物のカロリー

食物の中に含まれているエネルギーの量を示す単位はキロカロリーで表す．私たちはさまざまな活動によってエネルギーを消費する．

ATPと細胞の仕事

細胞はATPをリサイクルしている．ATPはADPに分解され，細胞は仕事を行う．新たなATPは，食物から得たエネルギーを用いて，ADPからつくられる．

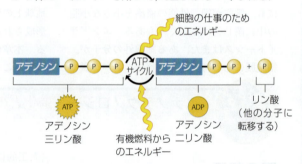

酵素

活性化エネルギー

酵素は，反応物の化学結合を切るために必要な活性化エネルギーを低下させ，代謝反応の速度を上げる生体触媒である．

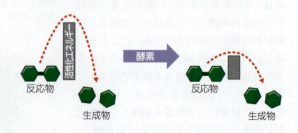

酵素活性

基質が酵素の活性部位に入ると，酵素の構造がわずかに変わり，より強い結合ができるようになり，酵素と基質の相互作用が促進される．

酵素阻害剤

酵素阻害剤は，酵素の結合部位やそれ以外の部位に結合することによって，代謝反応を抑制する．

膜の機能

細胞膜に埋め込まれたタンパク質は，輸送の制御，他の細胞や基質への接着，酵素反応の促進，細胞認識など，さまざまな機能をもっている．

受動輸送，浸透圧，能動輸送

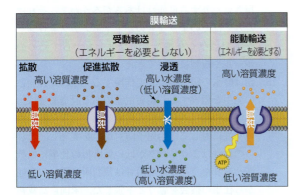

多くの動物細胞は，細胞の内外で等張の環境を必要とする．植物細胞には低張の環境が必要で，水の流入が細胞壁で囲まれた細胞の膨らみ（張り切った状態）を維持している．

エキソサイトーシスとエンドサイトーシス：大きな分子の輸送

エキソサイトーシスは，小胞内に取り込んだ大きな分子の細胞外への分泌である．エンドサイトーシスは，小胞による巨大分子の細胞内への取り込みである．

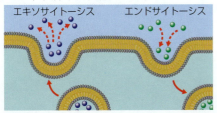

セルフクイズ

1. あなたが階段の最上段にのぼったときに起こるエネルギー変換について述べよ．
2. ＿＿＿は仕事をする能力のこと，一方，＿＿＿は無秩序さもしくはランダムさの程度を示す．
3. キャンディの包装に150キロカロリーと書かれている．もしあなたがすべてのエネルギーを熱に変換するとしたら，15℃温度を上げるのに，どのくらいの水を必要とするか？
4. ATP分子からリン酸基を取り除くと，なぜエネルギーが放出されるか？
5. 消化器系は食物の巨大分子を，細胞が吸収し利用できる小分子へ分解する数多くの酵素をもっている．消化酵素の一般名は加水分解酵素である．その名前の化学的根拠は何か？（ヒント：図3.4を復習せよ．）
6. 活性部位に結合することなく酵素作用を阻害できる阻害剤のしくみを説明せよ．
7. 誰かが部屋の片隅でタバコを吸っていたら，あなたはその煙を吸うかもしれない．タバコの煙の動きは，次のどのタイプの輸送に近いか？
    a. 浸透圧
    b. 拡散
    c. 促進拡散
    d. 能動輸送
8. ある溶液が「高張液」であるという言い方は不十分であることを説明せよ．
9. 受動輸送と能動輸送の基本的な違いを濃度勾配という観点で説明せよ．
10. 次のうちのどのタイプの細胞輸送がエネルギーを必要とするか？
    a．促進拡散
    b．能動輸送
    c．浸透
    d．aとb

解答は付録Dを見よ．

科学のプロセス

11. エイズの原因となるHIV（ヒト免疫不全ウイルス，human immunodeficiency virus）は，逆転写酵素とよばれる酵素に依存している．逆転写酵素はRNA分子を読み取り，それからDNA分子を

つくる．AZT（アジドチミジン，azidothymidine）という分子は，エイズ治療で認可された最初の薬である．それはDNAの塩基であるチミンと類似の構造をもっている．いかにしてAZTがHIVを抑制するかそのモデルを考えよ．

12. 体重の増減はカロリー収支，つまり，食物で摂取したカロリーと活動に費やすカロリーの差分の問題である．人間の500 gの脂肪は約3850キロカロリーである．図5.3を用いて，これらのカロリーを燃焼させる方法を比較せよ．あなたは500 gの脂肪を燃焼させるのにどのくらい，走り，泳ぎ，歩かねばならないか？ またそれはどのくらい時間がかかるか？ カロリー消費には，どの方法があなたにとって最も魅力あるものか？ また，体重を500 g増やすには，それぞれの食品をどれだけ食べればよいか？ つまり，体重500 g分の食品と運動がどのように対応するか？ それは妥当な等価関係と思えるか？

13. **データの解釈** 下のグラフは酵素が存在するときと，存在しないときの化学反応の過程を示している．どちらの曲線が酵素のあるときのものか？ a, b, cに該当するエネルギー変化を説明せよ．

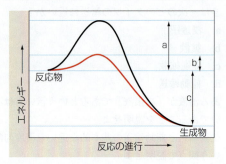

生物学と社会

14. 肥満は多くの米国人にとって深刻な健康上の問題である．人気のあるダイエット法に，低炭水化物ダイエットがある．このダイエットでは，タンパク質と脂肪を多く摂取することで補っている．このようなダイエットのよい点と悪い点は何か？ 政府はダイエット本の主張を制限するべきか？ いかにしてその主張を検証したらよいか？ 低炭水化物ダイエットの主張者には，主張する前にデータを得て公表するように求めるべきか？

15. 「生物学と社会」のコラムで論議したように，ナノテクノロジーの創造と開発は人類の健康にきわめて重要な影響をもたらす可能性をもっている．しかし，このテクノロジーが害をもたらしたり悪用されたりする可能性はあるだろうか？ それはたとえばどのようなものか？ ナノテクノロジーが害ではなく有益なものだけをもたらすためのルールや規制について考えよ．

16. 鉛は酵素の阻害剤として作用する．それは神経系の発生を阻害する．鉛蓄電池のある製造業者は，高濃度の鉛にさらされる環境で働く出産年齢に近い女性に対して「胎児予防対策」を実施し，これらの女性はよりリスクが低い低所得の仕事に転職させられた．ある被雇用者は裁判所に訴え，女性から仕事の機会を奪うと主張した．米国最高裁判所はこの対策を違法と裁定した．しかし多くの人たちは，安全でない環境の下で働く「権利」については不安を抱いている．雇用者，被雇用者，あるいは政府機関のどのような権利や責任が，互いに対立しているのか？ そのような特殊な環境で働くことができる人たちを決定するにはどのような判断基準が使われるべきだと考えるか？

6 細胞呼吸：栄養物からの エネルギーの獲得

なぜ細胞呼吸が重要なのか？

▼ 体内で毎日つくられるエネルギーの約20%は脳の維持のために使われる．

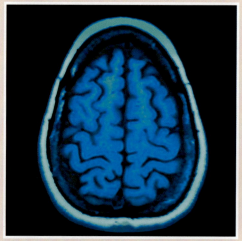

▼ 私たちにはスポーツカーと共通点がある．ともに燃料を効率的に燃やすには空気をシステムに取り入れる必要がある．

▲ アルコール，ペパロニ，しょうゆ，ふっくらとしたパン，ヒトが激しく運動するときの乳酸の蓄積，これらはすべてよく似た代謝反応でつくられる．

章目次

生態系におけるエネルギーの流れと化学的循環　102
細胞呼吸：栄養物のエネルギーを好気的に取り出す　104
発酵：栄養物のエネルギーを嫌気的に取り出す　110

本章のテーマ
運動科学

生物学と社会　筋肉から最大限を引き出す　101
科学のプロセス　筋肉の「ほてり」を引き起こすのは何か？　111
進化との関連　酸素の重要性　113

運動科学　生物学と社会

筋肉から最大限を引き出す

　熱心な運動選手は肉体的な能力の限界に達するまで激しく鍛錬する．運動能力を左右する重要な点は，エアロビックな能力，つまり心臓と肺が体の細胞に酸素を運搬する能力を増強することである．多くの持久力を有する運動選手，たとえば長距離走者や長距離の自転車競技選手にとって，筋肉を最大限働かせるための酸素供給の速度は競技を行う際の制限要因である．

　なぜ酸素が重要なのか？　運動するにしろ，たんに日常の仕事に取りかかるにしろ，筋肉は仕事をするための継続的なエネルギー供給が必要である．筋細胞はこのエネルギーを，継続的な酸素（O_2）の供給に依存する一連の化学反応によってグルコースから獲得する．したがって，運動を続けるためには，体は持続的な酸素（O_2）の供給を必要とするのである．

　エネルギーを必要なだけ供給するのに十分な酸素が細胞に到達している場合，代謝が好気的（英語でエアロビックという）であるという．筋肉が激しく働いているとき，より多くの酸素を吸い込むために，息は速まり，いっそう深くなる．速度を増し続けるならば，エアロビックな能力の限界，つまり，筋細胞に酸素（O_2）が取り入れられ，利用される速度が最大に達するだろう．したがってまた，体が好気的な状態で維持し得る最も激しい運動の状態に達するであろう．運動生理学者（肉体的な活動の際に身体がどのように機能しているかを研究する科学者）は，したがって，ある人の好気的な状態に維持し得る最大限の機能を正確に測定するために酸素測定装置を使用する．そのデータに基づいてよく訓練された運動選手がエアロビックな限界を超えなければ，その可能な最大限の結果，言い換えれば，彼または彼女の最高記録を保証してくれる．

　運動がもっと激しくなって，エアロビックな能力を超えた場合，筋肉の酸素要求量は酸素の運搬能力を超えてしまうであろう．つまり，代謝が嫌気的になるであろう．酸素が不足すると，筋肉は代謝を緊急モードに切り換え，グルコースを非常に非効率的に分解し，その結果，乳酸を副産物として産生するようになる．乳酸と他の副産物が蓄積するにつれ，筋肉の活性は低下する．筋肉はこのような条件下では，わずか数分間しか活動できず，やがて力尽きる．

　どんな生物も，エネルギーを供給する過程に依存している．実際，私たちは歩くのにも，話すのにも，考えるためにも，要するに生きるためにエネルギーが必要である．ヒトの体には数兆個の細胞があり，どの細胞も活発に活動しているので，エネルギー源を必要としている．本章では，細胞がどのようにして栄養物からエネルギーを獲得し，酸素の助けを借りて仕事に利用しているかを学ぶ．その際，運動しているときの体の反応に関連していることについても考えよう．

運動生理の科学．運動生理学者は，酸素の消費と二酸化炭素の排出を注意深くモニターすることで，運動選手が最大限の能力を発揮できるようにサポートしている．

6章
細胞呼吸：栄養物からのエネルギーの獲得

生態系におけるエネルギーの流れと化学的循環

すべての生命はエネルギーを必要とする．地球上のほとんどすべての生態系において，エネルギーは太陽に由来する．**光合成** photosynthesis が行われている間，植物は太陽の光エネルギーを糖や他の有機分子の化学エネルギーに変換する（7章でも議論する）．ヒトも他の動物も食物やその他の物質のためにこのエネルギー変換に依存している．あなたが着ているものは光合成の産物である木綿製かもしれない．住宅のほとんどは木材が骨組みだが，それは光合成を行う樹木がつくった「材」である．教科書ももとをたどれば植物の光合成に由来する物質（紙）に印刷されたものである．しかし，動物の観点からいえば，光合成はおもに食料の供給源である．

生産者と消費者

植物など**独立栄養生物** autotroph（栄養を他の生物に「依存しない生物」）とよばれる生物は，炭水化物や脂質，タンパク質，核酸など，自らがもつすべての有機物をもっぱら無機物から，すなわち，大気中の二酸化炭素と水，そして土壌の無機塩類からつくる．言い換えれば，独立栄養生物は自分自身の栄養物をつくる．つまり，細胞で行われるさまざまな過程を駆動するためのエネルギーを得るために摂食する必要がない．対照的に，ヒトや他の動物は，無機分子から有機分子を合成できない**従属栄養生物** heterotroph（栄養を他の生物に「依存する生物」）である．それゆえ，私たちは栄養を得，そして生きるための諸過程に必要なエネルギーを得るために有機物を食べなければならない．

ほとんどの生態系は光合成に栄養物を依存している．このような理由から，生物学者は植物や他の独立栄養生物を**生産者** producer とよび，一方，従属栄養生物は，植物を食べるか，または，植物を食べた他の動物を食べているので，**消費者** consumer とよんでいる（図 6.1）．私たち動物や他の従属栄養生物は，細胞や組織を構築するのに必要な有機燃料や素材となる有機物を独立栄養生物に依存している．☑

光合成と細胞呼吸の間の物質循環

光合成の材料である化学成分は，大気から微小な気孔を経て植物体内に入る二酸化炭素（CO_2）と根によって土壌から吸収される水（H_2O）である．葉の細胞中の葉緑体とよばれる細胞小器官が光エネルギーを使ってこれらの材料の原子を再編成して糖——その中で最も重要なグルコース（$C_6H_{12}O_6$）——と他の有機分子をつくる（図 6.2）．葉緑体を太陽光で働く糖製造工場と見なすことができよう．光合成の副産物は気体の酸素（O_2）で，孔（気孔）から大気中に放出される．

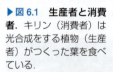

☑ チェックポイント
植物は自分の栄養を合成するためにどのような化学成分が必要か？

答え：CO_2 と H_2O と土壌の無機塩類

▶図 6.1 **生産者と消費者**．キリン（消費者）は光合成をする植物（生産者）がつくった葉を食べている．

動物も植物も光合成の産物である有機物をエネルギー源として使う．細胞呼吸とよばれる化学過程は酸素（O_2）を使って，糖の化学結合に蓄えられたエネルギーをATPとよばれる分子の化学エネルギーに変換する．細胞はそのほとんどの仕事にATPを消費する．植物でも動物でも細胞呼吸によるATPの生産は，おもにミトコンドリアとよばれる細胞小器官で行われる（図4.18参照）．

図6.2を見ればエネルギーは生態系の中を一方通行で通過する，つまり，太陽光として入り，熱として出ていく．しかし，物質は循環される．図6.2を見て，細胞呼吸で生成する廃棄物はCO_2とH_2Oであること，そしてそれらはまさに光合成の材料であることにも気づいてほしい．植物は光合成によって化学エネルギーを蓄え，そして細胞呼吸によってこのエネルギーを取り出している（植物は燃料分子の合成のための光合成とそれらの燃焼のための細胞呼吸の両方を行うのに対して，動物は細胞呼吸のみを行うことに気づいてほしい）．植物は通常，燃料として必要な量よりもっと多くの有機分子を合成する．光合成のこの余剰は植物が成長するための有機物，または貯蔵のための有機物（たとえば，ジャガイモのデンプン）として供給される．したがって，私たちがニンジンやトマト，カブを消費したとすると，植物が翌年の春に成長するために使うはず（もしそれまでに収穫されていなかったとしたら）のエネルギーの蓄えを食べていることになる．

人々はそれらを食べるときは，必ず植物の光合成能力を利用していることになる．最近，技術者たちは液体のバイオ燃料（おもにエタノール）を生産するために，このエネルギーの蓄えを利用することに成功した（バイオ燃料についての議論は7章を参照）．しかし，そのような最終産物であれ，そのエネルギーと成長のための原料を，太陽光で駆動される光合成にもとをたどることができる．✓

生態系におけるエネルギーの流れと化学的循環

✓チェックポイント

次の文が誤解を招きやすい理由を説明せよ．
「植物は光合成を行う葉緑体をもっているが動物は細胞呼吸を行うミトコンドリアをもっている．」

答え：動物も細胞呼吸を行うし，細胞呼吸が植物でも行われるから，植物も細胞呼吸を行う．

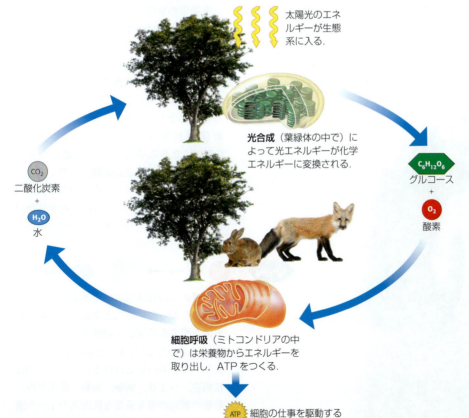

◀図6.2 **生態系におけるエネルギーの流れと物質循環．**エネルギーは生態系を通過する．つまり，太陽光として入り，熱として出ていく．対照的に，元素は生態系の中で再利用される．

細胞呼吸：栄養物のエネルギーを好気的に取り出す

私たちは「呼吸」という用語を「息をする」という意味で使うことがある．個体レベルでの呼吸は細胞呼吸と混同してはならないが，これら 2 つの過程は密接な関係にある（図 6.3）．細胞呼吸では細胞がその周囲と 2 種類の気体を交換する必要がある．細胞は酸素を気体の O_2 というかたちで取り入れる．細胞は気体の二酸化炭素（CO_2）のかたちで廃棄物を捨てる．息を吸ったり，吐いたりすると，これらの気体が血液と外気の間で交換される．吸い込んだ空気中の酸素は肺の内粘膜を通って血流内へと拡散によって浸透する．そして血流内の CO_2 は肺へと拡散し，吐く息とともに外に出る．吐き出されたどの CO_2 分子ももともとは体内の細胞内のミトコンドリアの 1 つでつくられたものである．

自動車に見られるような内燃機関は吸気口から入った O_2 を使ってガソリンを分解する．細胞もその燃料を分解するのに O_2 を必要とする（図 5.2 参照）．細胞呼吸は生体における内燃機関のようなもので栄養物から化学エネルギーを取り出して ATP のエネルギーに変換するための主要な方法である（図 5.6 参照）．細胞呼吸は**好気的** aerobic な過程，つまり，酸素を必要とする過程である．これらのことをすべて考え合わせて，**細胞呼吸** cellular respiration とは有機燃料分子から好気的に化学エネルギーを取り出す過程であると定義できる．✓

> 私たちにはスポーツカーと共通点がある．ともに燃料を効率的に燃やすには空気をシステムに取り入れる必要がある．

✓ **チェックポイント**
個体レベルと細胞レベルの両方で，呼吸は気体の＿＿＿の取り込みと気体の＿＿＿の排出を伴う．

答え：O_2, CO_2

🔅 エネルギー変換

細胞呼吸の概観

生物学の全体にわたるテーマの 1 つは，すべての生物はエネルギーと物質の変換に依存しているということである．生物の研究全体を通してこのような変換の例を見るが，燃料，つまり栄養分子のエネルギーを細胞が直接利用できるかたちに変換する例ほど重要なものはない．ほとんどの場合，細胞が利用する燃料分子は化学式が $C_6H_{12}O_6$ である単純な糖（単糖）のグルコースである（図 3.6 参照）．（多くはないが，他の糖がエネルギー獲得のために利用されることもある．）この式は細胞呼吸におけるグルコースの変換をまとめたものである．

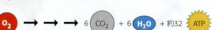

$C_6H_{12}O_6$ + 6 O_2 → → → 6 CO_2 + 6 H_2O + 約32 ATP

一連の矢印は細胞呼吸が多くの化学的な段階からなっていることを示している．特異的な酵素が各反応を触媒する．その反応系には全部で 20 以上の反応が含まれる．実際，これらの反応はほとんどすべての真核細胞，つまり，植物，菌類，原生生物，動物の細胞の最も重要な代謝系の 1 つを構成している．この代謝系がこれらの細胞の生命活動を維持するために必要なエネルギーを供給している．

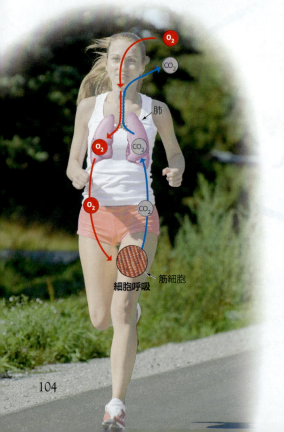

▼図 6.3 息をすることは細胞呼吸にどのように関係しているか？　息を吸うと O_2 を取り込む．その O_2 は細胞に運搬され，そこで細胞呼吸に使われる．細胞呼吸の廃棄物である CO_2 は細胞から血液に拡散し，肺に到達して排出される．

細胞呼吸を構成する多くの化学反応は3つの主要な段階に分類することができる。すなわち、解糖、クエン酸回路、電子伝達である。図6.4は呼吸の3段階の順序と各段階が細胞のどこで行われるかを知る助けとなる経路図である。**解糖 glycolysis** の過程では、グルコース分子が2分子のピルビン酸とよばれる化合物に分解する。解糖に関与する酵素は細胞質に局在する。**クエン酸回路 citric acid cycle**（クレブス回路ともよばれる）はグルコースを CO_2 にまで完全に分解する。この CO_2 は廃棄物として排出される。クエン酸回路の酵素はミトコンドリア内の溶液相に溶けている。解糖とクエン酸回路では少量のATPが直接つくられる。それらは、燃料分子から NAD^+（ニコチンアミドアデニンジヌクレオチド）とよばれる分子に電子を伝達することによってより多くのATPを間接的につくる。この NAD^+ は、細胞でビタミンB群の1つであるナイアシンからつくられる。電子伝達によってNADH（Hは電子と一緒に水素が転移したことを意味している）とよばれる分子をつくる。NADHは細胞内のある場所から別の場所へ高エネルギーの電子を受け渡す働きをする。細胞呼吸の3番目の段階は**電子伝達 electron transport** である。最初の2段階で栄養物からNADHによって獲得された電子は少しずつエネルギーを奪われ、最終的に酸素と結合して水ができる。電子伝達鎖を構成するタンパク質と他の分子はミトコンドリア内膜に埋め込まれている。NADHから酸素への電子伝達でエネルギーが放出されて、細胞が利用するほとんどのATPの合成に使われる。

細胞呼吸の全体式は反応分子であるグルコースと酸素の原子が再編成されて生成物で ある二酸化炭素と水を形成することを示している。しかし、この全体式の過程を見誤ることなく、細胞呼吸の主要な機能が細胞の仕事のためのATP生産であることを理解しなければならない。実際、この過程によってグルコース1分子を消費するごとにおよそ32分子のATPが生成し得る。☑

細胞呼吸の3段階

細胞呼吸について概観してきたので、ここからその過程を詳しく見ていこう。図6.4の縮小版は、3つの過程を詳しく見ていくときに、その簡略化した図によって細胞呼吸の全体像を忘れないでおくのに役立つだろう。

第1段階：解糖

「解糖」という用語は「糖の分割」を意味している。それは起こっていることを正確に言い表している（図6.5）。❶解糖の過程で、炭素6個のグルコースが半分に分解されて炭素3個の分子を2つ生じる。図6.5で、

細胞呼吸：栄養物のエネルギーを好気的に取り出す

☑**チェックポイント**
細胞呼吸のどの段階がミトコンドリアの中で行われるか？どの過程がミトコンドリアの外で行われるか？

答：クエン酸回路と電子伝達；解糖

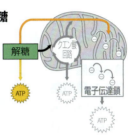

▶図6.4
細胞呼吸の経路図.

最初の分解にはグルコース1分子あたり2分子のATPが必要であることに気づいてほしい．❷炭素3個の分子は，それから高エネルギーの電子をNAD⁺に渡してNADHを生成する．❸NADHに加えて，解糖では，酵素が燃料分子のリン酸基をADPに転移することによって4分子のATPが直接合成される（図6.6，訳注：この過程は基質レベルのリン酸化とよばれる）．したがって，解糖ではグルコース1分子あたり，正味2分子のATPが合成される（この事実は発酵についての議論の際に重要になる）．解糖でグルコースが分割された後，最後に残ったのは2分子のピルビン酸である．ピルビン酸はグルコースのエネルギーのほとんどをまだもっている．そしてそのエネルギーは細胞呼吸の第2段階，つまりクエン酸回路で取り出される．

第2段階：クエン酸回路

2分子のピルビン酸，それは解糖の残り物の燃料分子であるが，これがそのままクエン酸回路に入るのではない．ピルビン酸はクエン酸回路が利用できるかたちに前もって変換されなければ

ばならない（図6.7）．❶最初に，ピルビン酸はCO_2として炭素を1個失う．これはここまで見てきて最初の解糖の廃棄物である．炭素原子が2個だけ残った燃料分子の残り物は酢酸である（お酢の酸のこと）．❷電子はこれらの分子から取り出されて別のNAD⁺分子に渡され，NADHが生成する．❸最後に酢酸は，ビタミンBに属するパントテン酸の誘導体化合物である補酵素A（CoA）とよばれる分子に結合してアセチルCoAを生じる．補酵素Aは酢酸をクエン酸回路の最初の反応に連れていくのである．補酵素Aはその後，外されて再利用される．

クエン酸回路は酢酸をついにはCO_2に

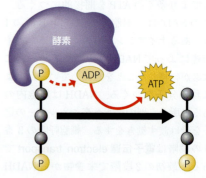

▼図6.6　**リン酸基の直接的な転移によるATP合成．**解糖では，酵素が燃料分子のリン酸基をADPに直接転移することによってATPが合成される．

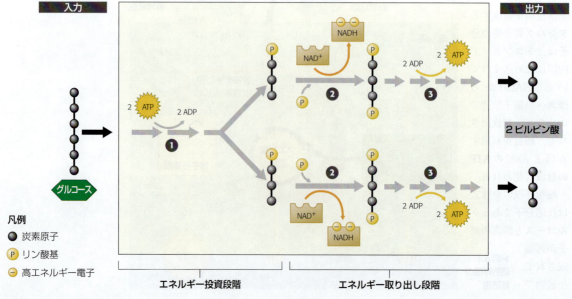

▼図6.5　**解糖．**解糖では，一群の酵素がグルコースを分割し，最終的に2分子のピルビン酸を生じる．解糖では，最初に2分子のATPを投資することによって4分子のATPを直接合成する．その後の第2，第3段階で，NADHを産生するために使われる高エネルギー電子と2分子のピルビン酸から取り出される高エネルギー電子から，さらに多くのエネルギーが取り出される．

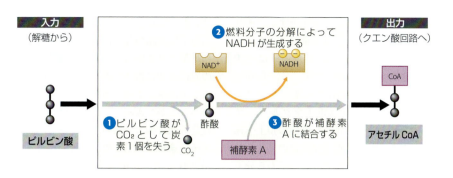

◀図 6.7　解糖とクエン酸回路の連結：ピルビン酸のアセチル CoA への変換．グルコース 1 分子が 2 分子のピルビン酸に分割されることを思い出そう．したがって，ここに示した過程はグルコース 1 分子あたり 2 回起こる．

まで分解して糖のエネルギーを抜き取って完了する（図6.8）．❶酢酸は炭素 4 個の受容体分子と結合して，クエン酸とよばれる炭素 6 個の産物を生じる（これがクエン酸回路とよばれる理由である）．回路に燃料分子として入った酢酸 1 分子あたり，❷2 分子の CO_2 分子が最終的に廃棄物として出てくる．この過程で，クエン酸回路は燃料からエネルギーを取り出す．❸そのエネルギーの一部は ATP 合成に直接使われる．しかし，この回路でもっと多くのエネルギーが❹NADH と，これに類縁の 2 番目の電子伝達体である❺$FADH_2$ のかたちで捕捉される．❻燃料として回路に入ったすべての炭素原子は使い尽くされて CO_2 になったことになる．そして炭素 4 個の受容体は再利用される．ここでは酢酸 1 分子のみについてクエン酸回路をたどって見てきた．しかし，解糖はグルコースを 2 つに分解したので，クエン酸回路は細胞の燃料となるグルコース 1 分子あたり 2 回まわることになる．✓

第 3 段階：電子伝達

電子がグルコースから酸素に向かって伝達される道筋を詳しく見ていこう（図6.9）．酸素呼吸の過程で，栄養分子から集められた電子は段階的なカスケード（小さな段が連続した滝）を 1 段「降りる」たびにエネルギーを失いながら落ちていく．このようにして，細胞呼吸において，細胞が利用できるくらいの量のエネルギーが少しずつ放出されていく．下りのカスケードに至る最初の踊り場は NAD^+ である．有機燃料（栄養物）から NAD^+ への電子の伝達によって，NAD^+ は NADH に変換される．ここで，電子はグルコースから酸素への旅の小さな下りの 1 歩を進めたことになる．カスケードの後段は**電子伝達鎖 electron transport chain** からなっている．

電子伝達鎖の各鎖は実際は 1 つの分子，通常，タンパク質である（図 6.9 で紫色の丸で示してある）．一連の反応において，

細胞呼吸：栄養物のエネルギーを好気的に取り出す

✓チェックポイント

解糖によって 2 分子つくられる化合物は何か？この分子はクエン酸回路に入るか？

答え：ピルビン酸．入らない．このかたちは直接に回路に変換される．

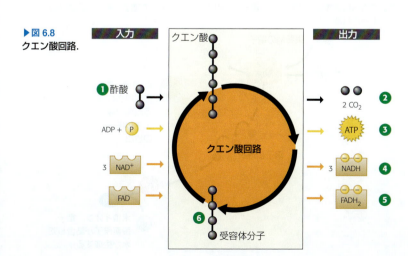

▶図 6.8　クエン酸回路．

107

電子伝達鎖の各鎖が電子を伝達する．それぞれの伝達ごとに電子は少量のエネルギーを放出していく．そのエネルギーはATPを直接合成するのに使われる．電子伝達鎖の最初の分子がNADHから電子を受け取る．つまり，NADHは電子をグルコースや他の燃料分子から電子伝達鎖の頂上へ運ぶのである．電子は電子伝達鎖のカスケードを，バケツリレーのように分子から分子へと降りていく．電子伝達鎖の底の分子は最終的にその電子を酸素に「落とす」．それと同時に酸素は水素と結合して，水が生じる．

細胞呼吸におけるこのような電子伝達という現象の全体は，グルコースからNADH，電子伝達鎖，そして酸素へという電子の「下りの」旅である．電子伝達鎖で段階的な化学エネルギーを放出しながら，細胞はATPのほとんどを合成する．これらの反応すべてを可能にするのは，最後に「電子を奪う」酸素である．電子を燃料分子から電子伝達鎖を通して引き下ろすことによって，酸素は物体を引き下ろす重力のように機能する．最終的な電子受容体としてのこのような役割は，私たちが吸い込む酸素が細胞内でどのように機能するかであり，また，酸素なしでは数分たりとも生きていけない理由にもなる．このような観点から，溺れるということは，細胞呼吸に必要な最終的な「電子の奪い手」である酸素が欠乏するという理由で致死的であるとい
うことになる．

電子伝達鎖の分子はミトコンドリア内膜に構築されている（**図4.18参照**）．それらの膜は高度に折りたたまれているので，莫大な表面積によって多数の電子伝達鎖を収めることができる．これは生物学的構造と機能の適合のよい例の1つである．各々の電子伝達鎖は，電子の「下降」によって放出されるエネルギーを使って水素イオン（H^+）がミトコンドリア内膜を通過することを可能にする化学的なポンプとして機能する．このポンプ機能によって，水素イオンは内膜の両側で濃度の差が生じる．このような濃度差によってポテンシャルエネルギーが蓄積される．これはダムに貯水されるのと似ている．水素イオンには，水が低いところへ流れるように，その濃度の低いほうへ出ていく傾向がある．内膜は水素イオンを一時的に「せき止める」．

せき止められた水のエネルギーは仕事を行うために利用することができる．ダムの堰が開けば水が一気に流れ落ち，タービンを回転させる．そしてこの仕事が発電に利用される．ミトコンドリアはタービンのように機能する構造をもっている．

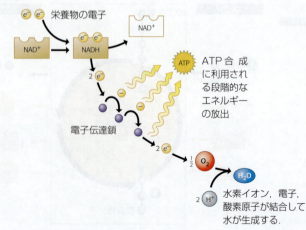

▼図6.9　**栄養物のエネルギーを取り出す過程における酸素の役割．**細胞呼吸において，電子は栄養物から酸素へ小さな段差を「下って」，その結果，水を生成する．NADHは電子を栄養物から電子伝達鎖へ伝達する．酸素による電子の「引きつけ」によって電子は電子伝達鎖（の勾配）を引き下ろされる．

その微細な機械は**ATP合成酵素 ATP synthase** とよばれ，ミトコンドリア内膜の電子伝達鎖の近傍に組み込まれた複数のタンパク質から構成されている．図6.10は，NADHとFADH₂に蓄えられていたエネルギーがATP合成のためにどのようにして利用可能になるのかを示している．❶NADHと❷FADH₂は電子を電子伝達鎖に渡す．❸電子伝達鎖が供給されたこのエネルギーを使うことによって，H⁺がミトコンドリア内膜を横切ってくみ出される．❹酸素は電子が電子伝達鎖を下降させるように引き下ろす．❺内膜の片側で濃度が高くなったH⁺は，ちょうど水がダムのタービンを回転させるのと同様に，ATP合成酵素を通過して坂を下るように逆流する．❻ATP合成酵素の回転がATP合成酵素の分子の一部を活性化してリン酸基をADP分子に結合させてATPを合成する．

毒物であるシアン化物（訳注：いわゆる青酸カリウムなど）は電子伝達鎖のあるタンパク質に結合して致命的な効果をもたらす（図6.10に☠で示した）．シアン化物がそのタンパク質に結合すると，電子の酸素への伝達が阻止される．この阻止はダムをせき止めるようなものである．その結果，H⁺の勾配が形成されなくなり，ATPが合成されなくなる．細胞は仕事を停止し，その生物は死ぬ．

細胞呼吸によってもたらされること

細胞呼吸の代謝機構のさまざまな分子部品がどのように機能しているかを知ろうとして，細胞呼吸を分解して考えると，グルコース1分子あたりおよそ32分子（実際の数は生物や関係する分子によって若干変動する）のATPが合成されるといった，その全体の機能を見失いがちである．図6.11はATP合成の過程を覚えておくのに役立つ．すでに議論したように，解糖とクエン酸回路はそれぞれ2分子のATPを直接的に合成するのに寄与している（訳注：基質レベルのリン酸化）．残りのATPはすべて，食物から酸素への電子の「下降」によって駆動されるATP合成酵素によってつくられる．電子はNADHとFADH₂によって有機燃料から電子伝達鎖に運ばれる．NADHから電子伝達鎖を「下降」した2個の電子は，それぞれ数分子のATPを合成させることができる．その過程はこのように可視化することができる．つまり，エネルギーはグルコースから電子伝達体分子へ，そして最終的にATPへと流れる．

グルコースが細胞のすべての仕事に使われるATPを合成するためのエネルギーを供給することを見てきた．エネルギーを消費する体の活動，筋肉の運動，心臓の拍動と

細胞呼吸：栄養物のエネルギーを好気的に取り出す

✓ チェックポイント

どのようなポテンシャルエネルギーによってATP合成酵素はATPを合成するか？

答え：ミトコンドリア内膜のH⁺の濃度勾配

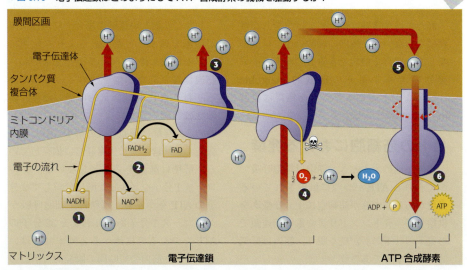

▼図6.10　電子伝達鎖はどのようにしてATP合成酵素の機械を駆動するか？

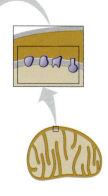

6章
細胞呼吸：栄養物からのエネルギーの獲得

▶図6.11 細胞呼吸におけるATP産生の概略．

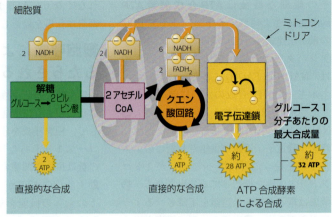

体温の維持，さらに脳内で進行する思考でさえも，これらすべてはATPが基礎になり，ATPをつくるために使われるグルコースが基礎になっている．グルコースの重要性はグルコースのバランスが異常になった病気の重篤さから強調されるべきである．2000万人の米国人が罹っている糖尿病は，ホルモンのインスリンに問題があるために血中のグルコースレベルを制御できないために起こる．もし治療せずに放置すれば，グルコースのバランスの崩れは心臓の血管の病気や昏睡状態を引き起こし，そして死に至ることさえある．

細胞呼吸の過程で分解する燃料としてのグルコースに集中してきたが，しかし，呼吸は他の多くの食物分子を「燃焼」させる，多才な代謝の炉である．図6.12は，炭水化物，脂肪，タンパク質が細胞呼吸の燃料として利用されるいくつかの代謝経路の図式である．ひっくるめていうと，すべての栄養分子はカロリーを「燃焼」させる代謝を成り立たせる．✓

体内で毎日つくられるエネルギーの約20%は脳の維持のために使われる．

☑チェックポイント
細胞呼吸でATPの大部分はどの段階でつくられるか？

答え：電子伝達鎖

▼図6.12 食物に由来するエネルギー．炭水化物（多糖と糖），脂肪，タンパク質の単量体はすべて細胞呼吸のための燃料として供され得る．

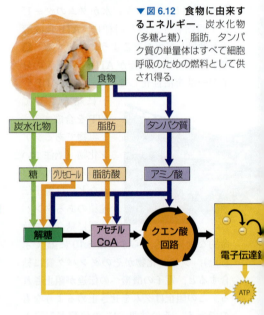

発酵：栄養物のエネルギーを嫌気的に取り出す

私たちは生き続けるためには息をしなければならないが，体内の細胞の中には酸素なしでしばらく機能できるものがある．栄養物のエネルギーの**嫌気的** anaerobic（「酸素なし」という意味）な獲得は**発酵** fermentation とよばれる．

ヒトの筋細胞における発酵

筋肉が活動するとき，筋肉は細胞呼吸でつくられるATPがつねに供給されている必要がある．血液が筋細胞に十分な酸素を供給して，ミトコンドリアの電子伝達鎖での電子の「下降」が続く限り，筋肉は好気的に活動するであろう．

しかし，激しい運動の場合，筋肉は血流が酸素を運ぶことができるよりも急速にATPを消費し得る．これが起きるときは，筋肉は嫌気的な活動を始めているのである．およそ15秒間嫌気的に働いた後，筋細胞は発酵の過程によってATPを合成し始める．発酵は細胞呼吸の第1段階として機能する解糖と同じ代謝経路に依存している．解糖は酸素を必要としないが，グルコース1分子をピルビン酸に分解して2分子のATPをつくる．解糖は，細胞呼吸がグルコース1分子あたりおよそ32分子のATPをつくるのに比べると効率的とはいえないが，筋肉の短時間の瞬発的な活動の

ためのエネルギーを与えることができる．しかし，このような条件下では，細胞はより多くのグルコースという燃料を毎秒消費しなければならない．なぜなら，嫌気的な条件下ではグルコース1分子あたりにつくられるATPははるかに少ないからである．

解糖によって食物のエネルギーを獲得するためには，NAD^+が電子受容体として存在しなければならない（図6.9参照）．このことは好気的な条件下では問題にならない．なぜなら，細胞はNADHがその電子を電子伝達鎖に渡してO_2に落とすときに，NAD^+が再生されるからである．しかし，嫌気条件下では電子を受け取るO_2がないので，NAD^+の再生は起こらない．その代わり，NADHは，解糖でつくられたピルビン酸にその電子を与える（図6.13）．こうしてNAD^+が再生され，解糖が機能し続ける．

ピルビン酸に電子が与えられると，廃棄物である乳酸が生じる．副産物であるこの乳酸は最終的に肝臓に輸送され，そこで肝細胞が再びピルビン酸に変換する．運動生理学者は，次のコラムで見るように，乳酸のせいで筋肉が疲労するのではないかと長らく考えてきた．☑

発酵：栄養物の
エネルギーを
嫌気的に取り出す

☑ チェックポイント

発酵では，グルコース1分子あたり何分子のATPが合成され得るか？

子代2：え答

運動科学　科学のプロセス

筋肉の「ほてり」を引き起こすのは何か？

激しい運動の後で感じる筋肉痛は筋肉に乳酸が蓄積するからであるというのを聞いたことがあるだろう（「運動するならほてりを感じるくらいに！」という言葉もある）．この考えは，英国の生物学者A・V・ヒル A. V. Hill の研究がもとになっている．ヒルは運動生理学という分野の創始者の1人と考えられており，彼は筋収縮の解明に関する研究によって1922年のノーベル賞を受賞した．

1929年に，ヒルは，筋肉が嫌気条件下で乳酸を産生するという観察に始まる古典的な実験を行った．彼は次のような疑問を発した．乳酸の蓄積が筋肉の疲労を引き起こすのか？　これを明らかにするために，彼は切り取ったカエルの筋肉に実験室の溶液の中で電気刺激を与えるための技術を開発した．彼は乳酸の蓄積が筋肉の活動を停止させるという仮説を立てた．ヒルは実験で，2つの異なる条件でカエルの筋肉を調べた（図6.14）．最初に，乳酸が筋肉から流出しない場合には筋肉の活動が低下することを彼は示した．次に，乳酸が流出できるようにした場合には筋肉の活動は著しく改善されたことを示した．これらの結果から，ヒルは「乳酸の蓄積は筋肉の活動の阻害の主要な原因である」という結論を導いた．

彼の科学者としての名声によって（彼は筋肉の活動についての世界的な指導的権威

▼図6.13　**発酵：乳酸の生成．**解糖では酸素がなくてもATPがつくられる．この過程には，グルコースに由来する電子を受け取るNAD^+の連続的な供給が必要である．NAD^+は，NADHが食物から奪った電子をピルビン酸に与えることによって再生され，乳酸が生成する（生物種によっては他の廃棄物が生成する）．

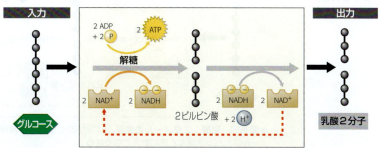

であると考えられていた)．ヒルの結論は何十年もの間，疑念をもたれずにきた．しかし，しだいに，ヒルの結果に矛盾する証拠が蓄積してきた．たとえば，ヒルが示した結果はヒトの体温の下では現れなかった．そして，予想されるのとは逆に，乳酸を蓄積できない人々の中には，筋肉の疲労がより早く起こる者が存在するのである．最近の実験はヒルの結論を直接否定しており，別のイオンの増加が疲労の原因かもしれないという．今日でも，筋肉の疲労における乳酸の役割は熱い議論が闘わされている問題である．

筋肉の疲労における乳酸の役割についての見解の変遷は，科学の進展についての重要な点を示している．科学というのは，動的であり，そして新しい証拠が明らかになったときには，つねに修正が求められてい

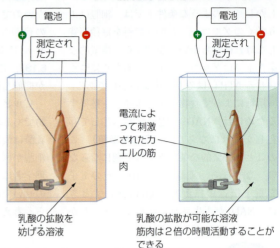

▼図6.14　A・V・ヒルの筋肉疲労の測定装置（1929年）．

る．ヒルはこのことで驚くことはなかっただろう．彼自身，科学におけるすべての仮説は時代遅れになっていくもので，新しい証拠によって結論が変わるのは科学の進歩にとって必要なのだということに気づいていた．

✓ チェックポイント
激しい運動の間，ヒトの筋肉で蓄積するのは何という酸か？

答え：乳酸

微生物における発酵

私たちの筋肉は乳酸発酵によっては，あまり長い間働き続けることができない．しかし，グルコースあたり2分子つくられるATPは多くの微生物を生かしておくには十分である．このような微生物を，ミルクをチーズやサワークリーム，ヨーグルトに変化させるために飼いならしてきた．これらの食品の辛さや酸味はおもに乳酸によるものである．また，食品産業では大豆からしょうゆを製造したり，キュウリやオリーブやキャベツをピクルスにしたり，ソーセージやペパロニやサラミを製造したりするために発酵を利用している．

顕微鏡で見えるサイズの菌類である酵母菌は細胞呼吸と発酵の両方を行うことができる．酵母菌を嫌気的な環境に置いておけば，酵母菌は糖や他の食物を発酵して生きていく．そのとき，酵母菌は廃棄物として乳酸の代わりにエタノールをつくる（図6.15）．このアルコール発酵ではCO_2の放出も起こる．数千年もの間，人間はビールやワインのようなアルコール飲料を酵母菌につくらせてきた．そして，製パン業者なら誰でも知っているように，発酵を行っている酵母菌から出るCO_2の気泡がパン生地をふくらませる（パンの発酵中に生成するアルコールはパンを焼くときに放散する）．✓

> アルコール，ペパロニ，しょうゆ，ふっくらとしたパン，ヒトが激しく運動するときの乳酸の蓄積，これらはすべてよく似た代謝反応でつくられる．

▲図6.15　発酵：エタノールの生産．パンがふくらむとき酵母によってつくられたエタノールは，パンを焼くときに燃えてなくなる．

> 発酵：栄養物の
> エネルギーを
> 嫌気的に取り出す

運動科学　進化との関連

酸素の重要性

「生物学と社会」と「科学のプロセス」のコラムで，好気的な運動において酸素が果たす重要な役割を確認した．しかし，直前の発酵の項で，嫌気的（無酸素）条件下でも，限られた範囲で運動を続けることができることを学んだ．好気的呼吸と嫌気的呼吸の両方ともグルコースを分解してピルビン酸をつくる解糖で始まる．それゆえ，解糖は生命がエネルギーを獲得するための普遍的な過程である．

呼吸と発酵の両方における解糖の役割には進化的な根拠がある．原初の原核生物は，地球大気に酸素が存在するはるか前には，ATPをつくるために，おそらく解糖を使っていた．知られている最も古い細菌の化石は少なくとも35億年以上前のものであるが，有意なレベルのO_2が大気中に蓄積したのは27億年前から後のことである（図6.16）．およそ10億年間，原核生物は解糖によってのみATPを合成しなければならなかった．

解糖がほとんどすべての生物で行われているという事実は，すべてのドメイン（訳注：ドメインは生物全体を大きく分ける3つの分類群：真核生物，細菌，古細菌）の生物に共通の祖先において，ごく初期に進化したことを示唆する．解糖が行われる細胞内の場所も古い遺物であることを暗示する．その反応系は真核細胞の膜で包まれた細胞小器官をどれも必要としない．細胞小器官は原核細胞の出現後，10億年以上も後になって進化によって出現した．解糖は原初の細胞から継承した，代謝における祖先伝来の財産のようなもので，発酵と細胞呼吸において有機分子を分解する最初の段階で機能し続けている．嫌気的に機能する私たちの筋肉の能力は，もっぱら解糖にのみ依存していた太古の祖先の遺物かもしれない．

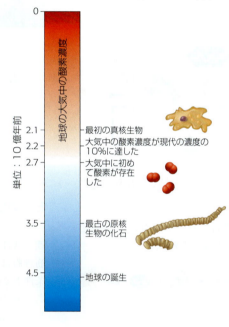

▼図6.16　地球の酸素と生命についての年表．

本章の復習

重要概念のまとめ

生態系におけるエネルギーの流れと化学的循環

生産者と消費者

独立栄養生物(生産者)は光合成によって無機栄養物質から有機分子をつくる.従属栄養生物(消費者)は有機物を消費して,細胞呼吸によってエネルギーを得なければならない.

光合成と細胞呼吸の間の物質循環

細胞呼吸で出力される分子——CO_2 と H_2O——は光合成で入力される分子である.生態系をめぐるこのような物質循環に対して,エネルギーは太陽光として入り,熱として通過していく.

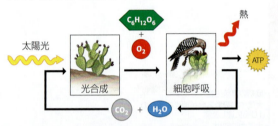

細胞呼吸:栄養物のエネルギーを好気的に取り出す

細胞呼吸の概観

細胞呼吸の全体式は非常に多くの化学反応の段階を1つの式に簡潔にまとめたものである.

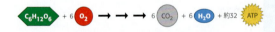

細胞呼吸の3段階

細胞呼吸は3つの段階で行われる.解糖では,グルコース1分子が2分子のピルビン酸に分割され,2分子のATPとNADHに蓄えられた高エネルギー電子を生じる.クエン酸回路では,グルコース由来の有機物が CO_2 にまで完全に分解され,少しのATPそしてNADHとFADH₂に蓄えられた多量の高エネルギー電子を生じる.電子伝達鎖では,高エネルギー電子を使って H^+ がミトコンドリア内膜を通過して汲み出される.最終的に電子は酸素に渡され,水が生成する.H^+ がミトコンドリア内膜を通過して逆流することによって,ATP合成酵素にエネルギーを与え,ADPからATPを合成する.

細胞呼吸によってもたらされること

細胞呼吸の過程全体での分子の流れは以下の模式図でたどることができる.最初の2段階ではおもにNADHによって運ばれる高エネルギー電子がつくられ,最後の段階では,これらの高エネルギー電子を使って細胞呼吸でつくられるATPの大部分がつくられる.

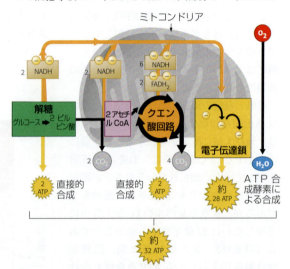

発酵:栄養物のエネルギーを嫌気的に取り出す

ヒトの筋細胞における発酵

筋細胞が細胞呼吸のための酸素が供給されるよりも速くATPを消費するとき,その状態は嫌気的になり,筋細胞は発酵によってATPを再生し始める.嫌気的条件下での廃棄物は乳酸である.発酵でのグルコースあたりのATPの収量(2 ATP)は細胞呼吸での収量(およそ32 ATP)よりはるかに少ない.

微生物における発酵

酵母と他のいくつかの生物は O_2 の有無にかかわらず生きていくことができる.発酵による廃棄物はエタノール,乳酸,その他の化合物など種によって異なる.

セルフクイズ

1. 独立栄養生物と従属栄養生物の違いを正しく述べているのは,a〜dのうちどれか?
   a. 従属栄養生物のみが環境からの化学物質を必要とする.

b．細胞呼吸は従属栄養生物に固有である．
c．従属栄養生物のみがミトコンドリアをもっている．
d．独立栄養生物のみが無機栄養物質だけで生存できる．

2．植物はなぜ生産者とよばれるのか？　また，動物はなぜ消費者とよばれるのか？

3．息をすることは細胞呼吸とどのような関係にあるか？

4．細胞呼吸の3段階の中で，グルコースあたりのATP合成量が最も多いのはどの段階か？

5．ミトコンドリアの電子伝達鎖の最後の電子受容体は何か？

6．シアン化物という毒素は電子伝達鎖の重要な段階を阻害する．このことを考えに入れて，シアン化物が急激な死を引き起こす理由を説明せよ．

7．細胞が最も多く化学エネルギーを獲得できるのは，a～dのいずれからか？
a．1分子のNADH
b．1分子のグルコース
c．6分子の二酸化炭素
d．2分子のピルビン酸

8．____は発酵と細胞呼吸の両方に共通の代謝経路である．

9．オリンピックのトレーニングセンターの運動生理学者は，選手たちの筋肉がどの時点で嫌気的に機能しているかを明らかにするために，選手たちを調査したいと考えた．運動生理学者は，以下のどの物質の蓄積を調べて，そのことを明らかにできただろうか？
a．ADP
b．乳酸
c．二酸化炭素
d．酸素

10．グルコースで生きている酵母菌を好気的条件下から嫌気的条件下に移した．その細胞がATPを同じ速度で合成し続けるためには，好気的条件下に比べて，嫌気的条件下ではおよそどのくらいのグルコースが消費されなければならないか？

解答は付録Dを見よ．

科学のプロセス

11．ヒトの体では2種類のビタミンB，ナイアシンとリボフラビンからNAD$^+$がつくられる．これらのビタミンの必要量はごくわずかである．米国食品医薬品局が勧告する食物中の許容量はナイアシンについては1日あたり20 mg，リボフラビンについては1日あたり1.7 mgである．これらの量はエネルギー源として1日に必要なグルコース量の数千分の1以下である．グルコース1分子を分解するのに必要なNAD$^+$分子の数はどれだけか？　これらの物質の毎日の必要量がこれほど少ないのはなぜか？

12．**データの解釈**　基礎代謝率（basal metabolic rate：BMR）は，ヒトが体重を維持するために静止状態で消費しなければならないエネルギーの量である．BMRは性別，年齢，身長，体重などの要素に依存する．次のグラフは身長が183 cmの45歳の男性のBMRを示す．この人物について，BMRは体重とどのような関係があるだろうか？　体重113 kgの男性は体重90 kgの男性よりもどのくらい多くのカロリー（エネルギー）を消費する必要があるだろうか？　BMRはなぜ体重に依存するのか？

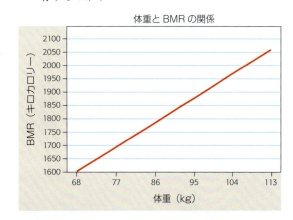

生物学と社会

13．「生物学と社会」のコラムで議論したように，筋肉への酸素の運搬は多くの運動選手にとっての制限要因になっている．選手の中には，運動能力を人工的に増強させ得る血液ドーピングによって競技成績を向上させようとしている者がいる．他に，高地でのトレーニングによって同様の結果を達成している（このトレーニングによって骨髄によってより多くの赤血球の産生が促進される）．もし，2人の選手の一方が自身の血液を自分の体に注射し，他方が高地でトレーニングしていたとして，まったく同じ結果を出したとしたら，前者はずるいと見なされ，後者はそうでないと見なされるのはなぜだろうか？　高校，大学，オリンピック，プロスポーツなどすべてのレベルのスポーツにおいて，ドーピングに反対する意見が強いの

はなぜか？

14. ほとんどすべての人間社会はアルコール飲料をつくるために発酵を利用している．その技術は太古の文明にまでさかのぼる．人類がどのようにして初めて発酵を発見したかについて，自分の仮説を立ててみよ．

15. 妊娠中の女性がアルコールを消費すると，致死性のアルコール症候群（fetal alcohol syndromes：FAS）とよばれる出産時の障害を引き起こす．FASの徴候には，頭と顔面の異常，心臓の疾患，精神発達の遅滞，行動異常が含まれる．米国公衆衛生局は，妊娠中の女性は飲酒を避けるよう勧告している．また，政府は酒類のびんに警告のためのラベルを貼ることを義務づけている．あなたがレストランの給仕だと想像してみよう．明らかに妊娠していると思われる女性がカクテルのダイキリを注文した．あなたならどう対応するか？ その女性がそのような，これから生まれる子どもの健康にかかわる行動をとると決めるのは，彼女の権利だろうか？ この件に関して，あなたは何らかの責任を負っているだろうか？ レストラン側に客の食習慣を監視する責任はあるだろうか？

7 光合成：光を利用して栄養物をつくる

なぜ光合成が重要なのか？

◀ 地球の気候変動を遅らせたいなら，木を植えよ．

◀ あなた自身も含めて，地球上のほとんどすべての生物のエネルギー源は，もとをたどれば太陽である．

◀ 短波長の光を避けることは命を救うことにもなる．

章目次
光合成の基礎　120
明反応：太陽エネルギーを化学エネルギーに変換する　122
カルビン回路：二酸化炭素から糖をつくる　127

本章のテーマ
バイオ燃料
生物学と社会　増加する廃油窃盗犯罪　119
科学のプロセス　何色の光が光合成を行わせるか？　123
進化との関連　バイオ燃料工場の改良　127

バイオ燃料　生物学と社会

増加する廃油窃盗犯罪

　2013年の9月，フロリダ州オカラの警察は2人の男を逮捕し，詐欺と重窃盗罪で告発した．男たちはあちこちの軽食堂から700ガロン以上の使用済みの油をこそどろするところを現行犯逮捕されたのである．そんな汚いものを盗む理由は，使用済みの油が再生業者に1ポンドあたりおよそ2ドルで売れるからである．したがって，この泥棒の盗品は5000ドル以上の価値があることになる．なぜ，油にはそれほど価値があるのだろうか？

　化石燃料の減少に伴って，再生可能なエネルギー源に対する需要が増えている．そのため，科学者たちはバイオ燃料を獲得するための方法として，木材片を固めた燃料などを直接燃やす方法や，植物材料から燃焼可能なバイオ燃料をつくる方法などに注目して研究している．

　バイオ燃料の1種であるバイオエタノールはコムギ，トウモロコシ，サトウダイコンなどの作物からつくられる．植物がつくるデンプンがグルコースに変換され，次に単細胞藻類などの微生物による発酵によってエタノールになるのである．バイオエタノールは車両用燃料として直接利用できるが，燃費を向上させるためにガソリンに添加して使われるのが一般的である．今日の自動車のほとんどはガソリン85％，エタノール15％で走行する．ガソリンとエタノールのどんな混合比でも走れる「フレックス燃料」車も製造されている．バイオエタノールは炭素の排出を減らし，再生可能な資源であるが，その生産は作物の価格を上昇させることになった（多くの耕地がバイオ燃料の生産のために使われたため，作物の価格が上がった）．

　セルロース由来のエタノールは，廃棄物など食用にならない植物材料のセルロースからつくられるバイオエタノールである．ヨーロッパでよく利用されるバイオディーゼルは，再利用される食用油のような植物性の油からつくられる．バイオディーゼルはバイオエタノールのように，それ自身利用もされるが，ディーゼルに対して排気量を減らすための添加物としても利用される．意外な展開として，ディーゼル用として価値が上がったことが油を盗む犯罪を増加させた引き金になった．今日，世界中の車両用燃料のうち，バイオ燃料はおよそ2.7％にすぎない．しかし，国際エネルギー機関（IEA）は2050年までに25％になるように目標を設定している．

　バイオ燃料のエネルギーも元をたどれば太陽エネルギーである．その太陽エネルギーによって植物がつくった糖はその植物の栄養物であり，私たち自身の食物のほとんどの源なのである．本章では，まず光合成のいくつかの基本概念について検討する．次に，光合成の過程にかかわる具体的な機構について見ていく．

バイオ燃料の使用． 米国ではバイオ燃料はほとんどのガソリンに添加されている．

光合成の基礎

> あなた自身も含めて、地球上のほとんどすべての生物のエネルギー源は、もとをたどれば太陽である。

光合成という過程は地球上のほとんどすべての生態系のための究極のエネルギー源である。**光合成 photosynthesis** は、植物と藻類（藻類は原生生物に属する）、そしてある種の細菌が光エネルギーを化学エネルギーに変換する過程であり、二酸化炭素と水を出発材料として用い、酸素を副産物として排出する。光合成によって生み出された化学エネルギーは糖分子の化学結合として蓄えられる。無機成分から自分自身の有機物を合成する生物は独立栄養生物とよばれる（6章参照）。光合成によってこのことを行う植物や他の生物、すなわち光合成独立栄養生物はほとんどの生態系において生産者である（図7.1）。光合成独立栄養生物は栄養物だけでなく、衣類（綿の繊維の原料など）、家屋（木材）、そして熱源、光、輸送（バイオ燃料）のエネルギー源を私たちに与えてくれる。

葉緑体：光合成の場

植物と藻類の光合成は**葉緑体 chloroplast** とよばれる光を吸収する細胞小器官で行われる（4章、特に図4.17参照）。植物のすべての緑色部分は葉緑体をもち、光合成を行うことができる。しかし、ほとんどの植物において、ほとんどの葉緑体は葉にある（葉面積 1 mm^2 あたり約50万個。その数は、標準的な郵便切手の大きさの葉におよそ3億個の葉緑体に匹敵する）。葉の緑色は、**クロロフィル chlorophyll** による。クロロフィルは光を吸収する分子、つまり色素で、葉緑体に存在し、太陽エネルギーから化学エネルギーへの変換において中心的な働きをする。

葉緑体は葉の内部の細胞に集中して存在している（図7.2）。典型的な細胞は30〜40個の葉緑体をもっている。二酸化炭素（CO_2）は**気孔 stomata**（単数形は stoma、「口」の意味）という小さな孔を通って入り、酸素（O_2）はその孔から出ていく。葉に入る二酸化炭素は植物体の大部分の炭素源であり、それには私たちが食べる糖やデンプンも含まれる。したがって、植物体の大部分は土壌ではなく、大気に由来する。この考えの根拠として、水と空気だけを使い、土壌はまったく使わずに植物を育てる水耕法を考えてみてほしい。二酸化炭素に加えて、光合成には水が必要である。水は植物の根から吸収され、葉に輸送され、葉脈によって光合成を行う細胞まで運ばれる。

葉緑体内の膜は、光合成の多くの反応が行われる場を形成している。ミトコンドリアのように、葉緑体は二重の膜（包膜）に包まれている。葉緑体の内包膜は濃厚な溶液相である**ストロマ stroma** で満たされた

▼図7.1 光合成独立栄養生物の多様性。

光合成独立栄養生物		
植物（ほとんどが陸上の植物）	光合成を行う原生生物（水生）	光合成を行う細菌（水生）
森の植物	コンブ、大きな多細胞性藻類	シアノバクテリアの顕微鏡写真

区画を包んでいる〔光合成に関係した2つの用語（訳注：気孔 stomata とストロマ stroma. 日本語では混同のおそれはないであろう）は混同しやすい. 気孔 stomata はガス交換が行われる小さな孔であり, ストロマ stroma は葉緑体内の溶液相である〕. ストロマには, **チラコイド thylakoid** とよばれる膜の袋が, 互いにつながって浮遊した状態で存在している. チラコイドは集まって**グラナ grana**（単数形は granum）とよばれる積み重なりを形成している. 光エネルギーを捕捉するクロロフィル分子はチラコイド膜に組み込まれている. チラコイドの扁平な袋の積み重なりをもつ葉緑体の構造は, 大きな表面積を光合成の諸反応に供することによって, 葉緑体の機能に役立っている. ☑

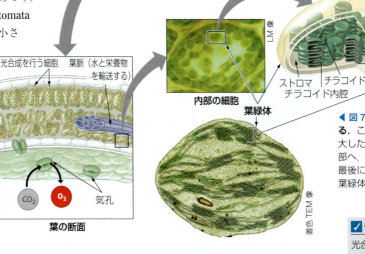

光合成の基礎

▲図7.2 **葉の内部を探る.** これら一連の, 順に拡大した図や写真は, 葉の内部へ, そして細胞の中へ, 最後には光合成の場である葉緑体へと導く.

☑チェックポイント

光合成は＿＿＿とよばれる細胞小器官で行われ, ＿＿＿とよばれる孔を通って交換される気体を使う.

答え：葉緑体；気孔

エネルギー変換

光合成の概観

以下の反応式は光合成と細胞呼吸の間の関係を強調するために簡略化してあるが, 光合成の反応物と産物を要約して示している.

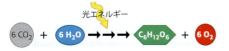

光合成の反応物は二酸化炭素（CO_2）と水（H_2O）で, これらはまた細胞呼吸の廃棄物でもあることに気づいてほしい（**図6.2参照**）. そして, 光合成は呼吸によって使われるもの, すなわち, グルコース（$C_6H_{12}O_6$）と酸素（O_2）をつくる. 言い換えれば, 光合成は細胞呼吸の「排気ガス」を利用して, その原子を再編成して食物分子と酸素をつくっている. 光合成は多くのエネルギーを要する化学変化で, クロロフィルが吸収した太陽光がそのエネルギーを供給する.

細胞呼吸は電子伝達の過程であることを思い出してほしい（6章参照）. 栄養分子から酸素へ電子が「下降」して水を生じることによってエネルギーが放出され, そのエネルギーをミトコンドリアが使って ATP を合成する（**図6.9参照**）. 光合成ではその反対のことが起こる. 電子は「上り坂」を押し上げられ, 二酸化炭素に与えられて糖をつくる. 水素は, 水から二酸化炭素へ伝達される電子と一緒に移動する. この水素の伝達には, 葉緑体で水分子が水素と酸素に分解することが必要である. その水素は電子とともに二酸化炭素に伝達されて糖をつくる*. 酸素は光合成の廃棄物であるが, O_2として葉の気孔から大気へと散逸していく.

光合成の全体式は複雑な過程を単純化して要約したものである. 細胞内の多くのエネルギーを生み出す過程と同じように, 光合成は複数の化学的な反応経路からなっており, その経路の各段階の生成物は次の段階の反応物になっている. これは, エネルギーを獲得し, 変換し, そして蓄えるためにいくつかの代謝経路を使うという生物学

*訳注：この記述は左図の反応を概説したものであるが, 実際は, 水分子は電子と酸素と水素イオンに分解され, その電子が二酸化炭素に伝達される. しかし, その水素イオンが直接, 二酸化炭素に伝達されるわけではない. 詳しくは**図7.10**参照.

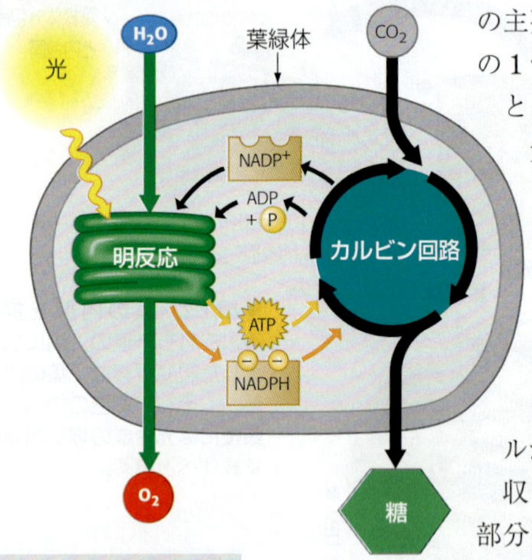

7章
光合成：光を利用して栄養物をつくる

▼図7.3　光合成の経路図．明反応とカルビン回路を詳しく見ていく際の案内として，この経路図の縮小版を使用する．

の主要なテーマの明確な例の1つである．全体をもっとよく理解するために，光合成の明反応とカルビン回路の2段階について見ていこう（図7.3）．

明反応 light reaction では，チラコイド膜のクロロフィルが太陽エネルギーを吸収し（光合成の「光」の部分），そのエネルギーがATP（細胞内のほとんどの仕事を駆動する分子）とNADPH（電子伝達体の1つ）の化学エネルギーに変換される．明反応の過程で，電子の供給源である水が分解し，副産物として気体のO_2を放出する．

カルビン回路 Calvin cycle では，二酸化炭素から糖を合成するために明反応の産物を使う（光合成

の「合成」の部分）．カルビン回路を駆動する酵素群はストロマの中に溶けている．明反応でつくられたATPは糖の合成のためのエネルギーを供給する．そして明反応でつくられたNADPHは二酸化炭素から糖を合成するための高エネルギー電子を供給する．それゆえ，カルビン回路は糖の合成のために，明反応でつくられたATPとNADPHの供給を必要とするので，光に間接的に依存している．

CO_2の炭素を有機化合物に最初に導入する反応は**炭素固定** carbon fixation とよばれる．この過程は地球全体の気候に重要な影響をもっている．というのは，大気から炭素を除去し，植物体の物質に取り込むことは大気中の二酸化炭素濃度を減らすことになるからである．光合成生物である植物を大量に失わせる森林破壊は，それゆえ生物圏が炭素を吸収する力を減らすことになる．新たに森林を植樹することは大気中の炭素を固定するという反対の効果をもつので，地球の気候変動をもたらすCO_2の影響を潜在的に減じることになる．✓

地球の気候変動を遅らせたいなら，木を植えよ．

✓チェックポイント
1. 光合成で入力される分子は何か？　また出力される分子は何か？
2. 光合成の2段階をその順序で名前を挙げよ．

答え：1. CO_2とH_2O；O_2と糖　2. 明反応，カルビン回路

明反応：太陽エネルギーを化学エネルギーに変換する

葉緑体は太陽エネルギーで駆動される糖製造工場である．葉緑体がどのように太陽光を化学エネルギーに変換するのかを見ていこう．

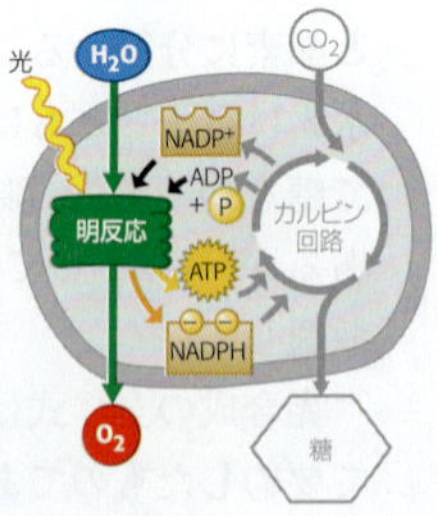

太陽光の性質

太陽光は**輻射** radiation とよばれるエネルギーの一形態である．電磁エネルギーは小石を池に落としたときに起こるさざ波のように，規則的な波として宇宙空間を伝わる．隣り合う2つのピークの間の距離を**波長** wavelength という．波長の非常に短いガンマ線から，非常に長いラジオ波までの波長域の輻射全体は**電磁スペクトル** electromagnetic spectrum という（図7.4）．

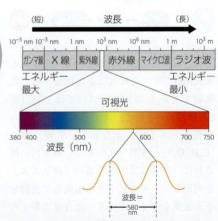

▲図7.4　電磁スペクトル．図の中央はスペクトルの中の，可視光の領域である狭い部分を引き伸ばしてある．可視光は，私たちがさまざまな色として見ることのできる光で，波長は約380 nmから約750 nmまでである．図の下部には，ある波長の可視光の電磁波を示している．

可視光はそのスペクトルの中の私たちの目でさまざまな色に見える部分である．

ある色素に太陽の光が当たると，特定の波長（色）の可視光が吸収され，その色素によって反射される光から除かれる．たとえば，ジーンズが青く見えるのは，その繊維の色素が青以外の色を吸収して，スペクトルの青色光の部分のみが残り，その光が繊維から反射して目に入るからである．この後見るように，1800年代に植物学者たちはある特定の波長の光だけが植物によって使われることを発見した．

明反応：太陽エネルギーを化学エネルギーに変換する

バイオ燃料　科学のプロセス

何色の光が光合成を行わせるか？

1883年，ドイツの生物学者テオドール・エンゲルマン Theodor Engelmann は，水中で生活するある細菌が酸素濃度の高い場所に集まることを**観察**した．彼は，プリズムの中を通った光が，波長（色）の違いに従って分離することをすでに知っていた．エンゲルマンはまもなく，この知識を，何色の光が光合成に最も効果的かを明らかにするために利用できないかと**疑問**に思い始めた．

エンゲルマンは，好気性細菌は藻類が光合成を最もよく行っている場所，つまり，酸素を最も多く発生している場所に集まるという**仮説**を立てた．彼は，淡水産の藻の糸状につながった細胞をスライドガラス上の1滴の水の中に置いて**実験**を始めた．そして，好気性細菌をその水滴の中に加えた．次に，プリズムを使って，スライドガラス上に光のスペクトルを照射した．その**結果**は，図7.5 に要約したように，細菌が赤色−橙色と青色−紫色で照らされた藻のまわりに集まっているが，緑色の領域には細菌はほとんど移動していなかったことを示した．他の実験によって，葉緑体がスペクトルの中の，おもに青色−紫色と赤色−橙色の光を吸収することが証明されていたので，これらの波長の光が光合成の主要な要因の1つであることが明らかになった．

この古典的な実験の変形は今日もまだ行われている．たとえば，バイオ燃料の研究者たちはさまざまな藻類についてどの波長の光がバイオ燃料生産に最適かを調べている．未来のバイオ燃料製造装置では，照射する光の波長範囲全体にわたって利用できるようにさまざまな種の藻類が使われるだろう．

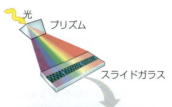

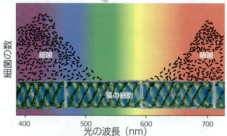

◀図7.5　**光合成と光の波長の関係を調べる実験**．藻類の細胞を顕微鏡のスライドガラス上に置くと，好気性細菌が特定の色の光に照射された藻に向かって移動する．この結果は，青色−紫色と赤色−橙色の光が光合成に最も効果的で，一方，緑色はほとんど効果がないことを示唆している．

葉緑体の色素

葉による選択的な光の吸収は，葉が私たちの目に緑色に見える理由を説明している．つまり，葉緑体によってほとんど吸収されない緑色の光は，見ている者に向かって反射されるか，または透過するかのどちらかである（図7.6）．エネルギーは消失することはないので，吸収されたエネルギーは必ず他のかたちのエネルギーに変換される．葉緑体は異なる波長の光を吸収するいくつかの異なる色素をもっている．**クロロフィル a** chlorophyll a は明反応に直接関与する色素で，おもに青−紫色光と赤色光を吸収する．よく似た分子のクロロフィル b はおもに青色光と橙色の光を吸収する．クロロフィル b は明反応に直接には関与しないが，吸収したエネルギーをクロロフィル a に伝える．そのエネルギーは明反応で使われる．

7章 光合成：光を利用して栄養物をつくる

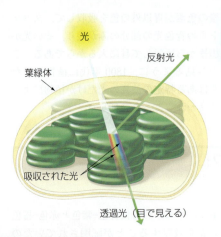

▲図7.6 葉はなぜ緑なのか？ 葉緑体のクロロフィルと他の色素は緑色光を反射または透過するが，他の色の光は吸収する．

▲図7.7 光合成色素．秋の気温の低下が，落葉樹の葉の，緑色のクロロフィルの量を減少させる．クロロフィルの減少によってカロテノイドが見えるようになる．

葉緑体はまた，黄色－橙色のカロテノイドとよばれるいくつかの色素ももっており，それらは青色－緑色の光を吸収する．カロテノイドの中には保護的な機能をもつものもある．それらはクロロフィルに損傷を与えるような過剰な光エネルギーを散逸させるのである．いくつかのカロテノイドはヒトの栄養になる．β-カロテン（鮮やかな橙色-赤色の色素で，カボチャやサツマイモ，ニンジンに見られる）は体内でビタミンAに変換される．また，リコペン（鮮やかな赤色の色素でトマトやスイカ，赤トウガラシに見られる）は抗酸化物であり，制がん作用をもつ可能性があるとして研究されている．さらに，世界のいくつかの地域で見られる落葉の見事な色彩はすべてではないにしろ，カロテノイドから反射する黄色-橙色の光によっている（図7.7）．秋に気温が下がると，クロロフィル量が減り，永く残存するカロテノイドの色がすべて秋の壮麗な色として見えることになる．

葉緑体のこれらのすべての色素はチラコイド膜に組み込まれている（図7.2参照）．そこでは，それらの色素は光化学系とよばれる光エネルギーを獲得する複合体に組織化されている．このことは次の話題である．☑

☑ **チェックポイント**
明反応でエネルギーを吸収する色素の名前は？

答：クロロフィルａ

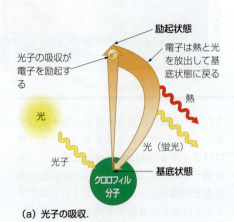

▶図7.8 色素の励起された電子．

(a) 光子の吸収．

(b) グロースティックの蛍光．グロースティックの中の小びんを割ると，中の蛍光色素の電子を励起する化学反応が開始する．電子が励起状態から基底状態へと落ちて戻るときに，余分のエネルギーが光として放出される．

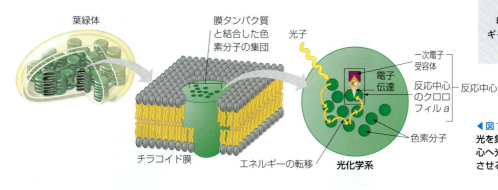

▲図7.9　光化学系——光を集める色素は反応中心へ光エネルギーを集中させる．

明反応：太陽エネルギーを化学エネルギーに変換する

光化学系が光エネルギーを獲得するしくみ

光の特性のほとんどは光を波として考えることによって説明できる．しかし，光はまた，光子とよばれるエネルギーの詰まった粒子のようにもふるまう．**光子 photon** は，ある決まった量の光エネルギーである．光の波長が短いほど，光子のエネルギー量が多い．たとえば，紫色の光の光子は赤色光の光子の2倍近いエネルギーをもっている．このことが紫外線やX線のような短波長の光が損傷を与え得る理由である．このような短波長の光の光子はタンパク質やDNAに損傷を与えるに十分なエネルギーをもっている．したがって発がん性の突然変異を引き起こす可能性がある．

ある色素分子が光子を吸収すると，その色素の電子の1つがエネルギーを得る．このことを，電子が「励起」されたという．つまり，電子が最初の状態（基底状態とよばれる）から励起状態に上ったのである．励起状態は非常に不安定なので，励起電子は，通常ほとんどすぐに，余分なエネルギーを失って基底状態に落ちて戻る（**図7.8a**）．ほとんどの色素は，光で励起された電子が基底状態に戻るとき，熱エネル

> 短波長の光を避けることは命を救うことにもなる．

ギーを放出する（黒い自動車道路のように表面にたくさんの色素があると晴れた日中にとても暑くなるのは，このためである）．しかし，色素の中には，光子を吸収した後，熱とともに光を放つものもある．グロースティックから発する蛍光は，蛍光色素の電子を励起するある種の化学反応によるものである（**図7.8b**）．この場合，励起電子は，蛍光というかたちのエネルギーを放出して，急速に基底状態に戻る．

チラコイド膜にはクロロフィル分子が他の分子とともに組織化されて**光化学系 photosystem** を構成している．光化学系にはそれぞれクロロフィルa，クロロフィルb，カロテノイドを含む数百の色素分子の集団が存在する（**図7.9**）．この色素分子の集団は光を集めるアンテナとして機能する．光子が色素分子の1つに当たると，そのエネルギーは，光化学系の反応中心に到達するまで色素分子から色素分子へと伝わっていく．反応中心はクロロフィルa分子と，それに隣接する一次電子受容体とよばれる分子から構成されている．この一次電子受容体は反応中心のクロロフィルaから光で励起された電子（e）を捕捉する．チラコイド膜に組み込まれた別の分子集団が，次にその捕捉したエネルギーを使ってATPとNADPHをつくる．✓

明反応によってATPとNADPHがつくられるしくみ

2つの光化学系が協働して明反応を行う（**図7.10**）．❶光子が光化学系2（最初の光化学系）のクロロフィルの電子を励起する．そのエネルギーによって，一次電子受容体が反応中心のクロロフィルaから高エネルギーとなった電子を受け取る．光化学系2（光子が水を分解するタイプの光化学系）は反応中心のクロロフィルaが失った電子を水から引き抜いた電子と置き換える．この段階は，光合成でO_2が発生する段階である．❷光化学系2からの高エネ

✓**チェックポイント**

光合成における反応中心の役割は何か？

答え：光が色素分子に吸収されたのち，それを電子のエネルギーに変換する反応が起こる．

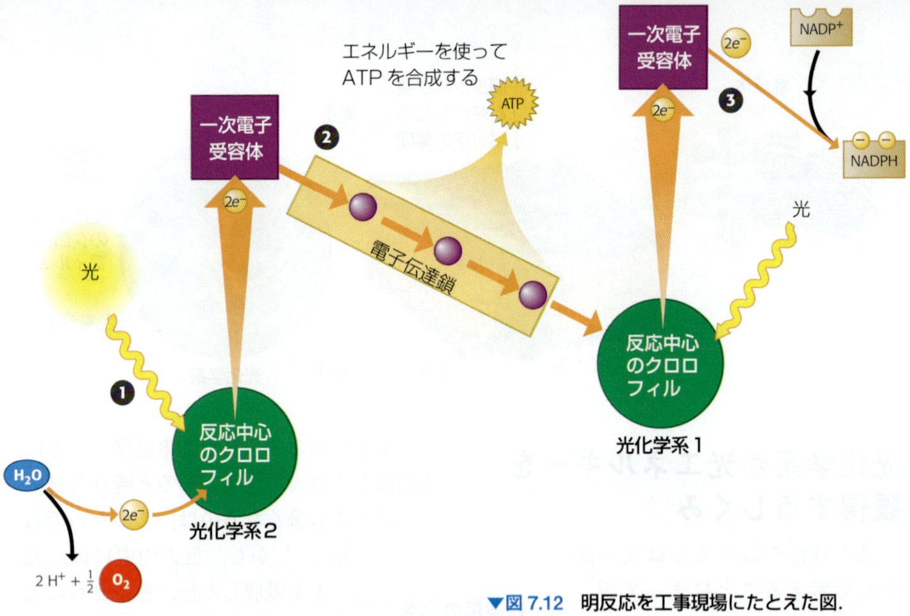

7章
光合成：光を利用して栄養物をつくる

▶図7.10 光合成の明反応．橙色の矢印はH_2OからNADPHへの光で駆動される電子の流れの道筋を示している．その電子はATPの合成にも使われる．

▼図7.11 チラコイド膜が光エネルギーをNADPHとATPのもつ化学エネルギーに変換するしくみ．

▼図7.12 明反応を工事現場にたとえた図．

ルギー電子は電子伝達鎖を通って「下降」していき，次の光化学系である光化学系1に到達する．葉緑体はこの電子の「下降」によって放出されるエネルギーを使ってATPを合成する．❸光化学系1は光で励起されてさらに高エネルギーとなった電子を$NADP^+$に渡してNADPHに還元する．

図7.11はチラコイド膜のどこで明反応が行われるかを示している．2つの光化学系とそれらをつなぐ電子伝達鎖が，H_2Oに由来する電子を$NADP^+$に伝達して$NADP^+$は還元されてNADPHになる．明反応の過程でATPを合成する機構が細胞呼吸でのそれと非常によく似ていることに気づいてほしい（図6.10参照）．両方の場合とも，電子伝達鎖によって水素イオン

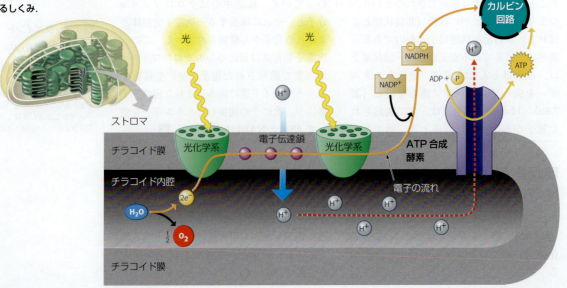

(H⁺) が膜を通過してくみ上げられる．その膜は細胞呼吸ではミトコンドリア内膜，光合成の場合ではチラコイド膜である．さらに，両方の場合とも，ATP合成酵素はH⁺の勾配によって蓄えられたエネルギーを使ってATPを合成する．おもな違いは，細胞呼吸では栄養物が高エネルギー電子を供給するのに対し，光合成では光で励起された高エネルギー電子が電子伝達鎖を降りていく．図7.10と図7.11に示した電子の行路を，図7.12でイラストにして表してある．

これまで明反応がどのように太陽光のエネルギーを吸収しATPとNADPHの化学エネルギーに変換するのかを見てきた．しかし，明反応が糖をつくるわけではないことに再び注意してほしい．次に見るように，糖をつくるのはカルビン回路の仕事である． ☑

カルビン回路：二酸化炭素から糖をつくる

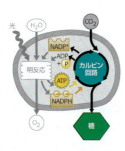

葉緑体が太陽エネルギーで作動する糖製造工場なら，カルビン回路はまさしく糖を生産する装置である．この過程が回路とよばれるのは，出発材料が再生されるからである．回路の一巡ごとに，化学物質の入力と出力がある．その入力は大気からのCO₂，そして明反応でつくられるATPとNADPHである．CO₂の炭素，ATPのエネルギー，そしてNADPHの高エネルギー電子を使って，カルビン回路はエネルギーを豊富に含んだグリセルアルデヒド3-リン酸（G3P）とよばれる糖分子を合成する．植物の細胞はG3Pを原材料にして，必要とするグルコースや他の有機化合物（セルロースやデンプンなど）をつくる．図7.13はカルビン回路の入力と出力を強調して，その要点を図示している．●はそれぞれ炭素原子を，Ⓟはそれぞれリン酸基を表す． ☑

カルビン回路：二酸化炭素から糖をつくる

✓ チェックポイント

1. 水が光合成の反応物として必要なのはなぜか？（ヒント：図7.10と図7.11を復習せよ．）
2. 葉緑体の電子伝達鎖は，2つの光化学系間で電子を伝達するとき，＿＿の合成に必要なエネルギーを供給する．

答え：1．水の分解によって，NADP⁺とNADPHに渡されるための電子が供給される．2．ATP

✓ チェックポイント

カルビン回路におけるNADPHの機能は何か？

答え：G3P（糖）を合成するためにCO₂に加えられる高エネルギー電子を供給すること．

◀図7.13 カルビン回路． ATPのエネルギーとNADPHの電子，そしてCO₂の炭素を使って，G3Pとよばれる炭素3個の糖がつくられる．

● 大気からのCO₂

❶ ある酵素がRuBPとよばれる炭素5個の糖にCO₂を付加する．その後，炭素3個の分子に分かれる．

RuBP（糖）
（リブロース1,5-ビスリン酸）

❹ ATPのエネルギーを使って，いくつかの酵素によって残りのG3P（糖）が他の分子に変えられ，そしてRuBPが再生される．

炭素3個の分子

カルビン回路

❸ 3分子のCO₂が回路に入るごとに，正味の出力は1分子のG3P（糖）．他のG3P（糖）は回路を再び回る．

❷ 明反応でつくられたATPとNADPHのエネルギーを使って，いくつかの酵素によって炭素3個の分子が炭素3個の糖，G3Pに変換される．

G3P（糖） → グルコース（その他の有機化合物）

バイオ燃料　進化との関連

バイオ燃料工場の改良

　本章を通して，植物が太陽エネルギーを光合成によって化学エネルギーに変換するしくみを学んできた．このような変換は私たちの福利や地球の生態系にとってきわめて重要である．「生物学と社会」のコラムで議論したように，科学者たちはバイオ燃料を生産するために光合成の「グリーンエネルギー」を利用しようとしている．しかし，バイオ燃料の生産は非常に非効率的である．事実，バイオ燃料の生産は同じ量の化石燃料を抽出するのに比べて，通常高いコストがかかる．

　生物工学の研究者たちはこの問題を，自然選択による進化という最もよい手本に目を向けることによって解決しようとしている．自然界では，環境に対してより適合した遺伝子をもつ生物が，平均してより多く生存し，次世代にその遺伝子を伝える．多くの世代が繰り返された結果，その環境下で生存を増進させる遺伝子が多くを占めるようになり，種が進化する．

　技術的な問題を解決する試みを行う際に，科学者たちは進化工学とよばれる過程を利用して思い通りの結果になるようにすることができる（別の例については，5章の「科学のプロセス」を参照）．この過程において，科学者たちは，自然環境下ではなく研究室で，どの生物が最も適応しているかを明らかにする．バイオ燃料生産の進化工学では植物よりもむしろ顕微鏡で見える藻類を利用することが多い（図7.14）．なぜなら，藻類は取り扱いが簡単で，研究室内で維持するのが容易だからである．さらに，いくつかの藻類はその細胞重量の半分近くの炭化水素を生産する．その炭化水素を利用可能なバイオ燃料にするためにはほんのわずかな化学的な操作ですむのである．

　進化工学の実験において，研究者たちは多様な藻類からなる大きなコレクションを用いて研究を開始する．それらは，自然界に存在するものであったり，有用な遺伝子をもたせるように操作した，形質転換された藻類であったりする．その有用な遺伝子にはセルロースを分解する菌類の酵素の遺伝子などがある．それらの藻類は突然変異を促進する化学物質で処理される．この処理によって非常に多様な藻類のコレクションを生み出すことができるので，目的に合う株を選び出すことができる．たとえば，非常に有用なバイオ燃料を大量に生産する能力をもった株を選び出せる．この多様なコレクションのごく一部が能力の優れた株として選抜されれば，これを培養し，変異促進と選別をさらに繰り返す．これを何回も繰り返すと，それらの藻類のバイオ燃料を効率よく生産する能力は徐々に進歩するであろう．大手の石油会社内の研究室など，多くの研究室ではこのような方法を用いているが，そのうち，グリーンエネルギーという究極の資源をもたらすことのできる藻類をつくり出すかもしれない．そのような達成のしかたは自然界で起こる進化から学ぶことの重要性を強調するものになるであろうが，達成されれば私たちの生活を進歩させることに応用できるであろう．

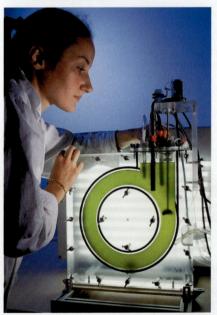

▼図 7.14　**顕微鏡レベルのバイオ燃料工場．**この研究者は光を使ってバイオ燃料を生産する微細藻類が入っている反応容器を観察している．

本章の復習

重要概念のまとめ

光合成の基礎

光合成は光エネルギーが化学エネルギーに変換される過程であり，その化学エネルギーは二酸化炭素と水から合成された糖の化学結合として蓄えられる．

葉緑体：光合成の場

葉緑体は内部に，多数のチラコイドの間のストロマとよばれる濃厚な溶液相をもつ．

エネルギー変換：光合成の概観

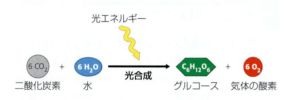

光合成の過程全体は2つの段階に分けることができる．それらはエネルギーを伝える分子と電子を伝える分子で連結される．

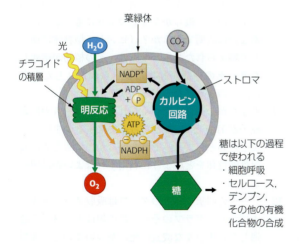

明反応：太陽エネルギーを化学エネルギーに変換する

太陽光の特徴

可視光は電磁エネルギーのスペクトルの一部をなす．それは波として宇宙空間を伝播する．異なる波長の光は異なる色として見える．波長が短いほどより大きなエネルギーをもつ．

葉緑体の色素

色素分子はある決まった波長の光エネルギーを吸収し，他の波長の光は反射する．私たちは，その色素から反射された波長の光の色をその色素の色として見ている．葉緑体のいくつかの種類の色素はそれぞれ異なる波長の光を吸収し，そのエネルギーを他の色素に伝えるが，明反応に直接関与するのは，緑色の色素，クロロフィル a である．

光合成で光エネルギーが獲得されるしくみと明反応でATPとNADPHがつくられるしくみ

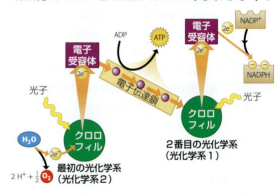

カルビン回路：二酸化炭素から糖をつくる

葉緑体のストロマ（溶液相）中で，大気からの二酸化炭素と，明反応でつくられたATPとNADPHを使ってG3Pが合成される．G3Pはエネルギーに富む糖分子で，グルコースや他の有機分子の合成に使われる．

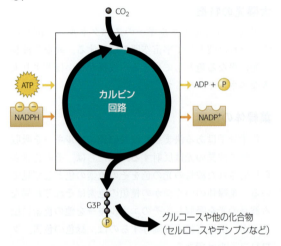

セルフクイズ

1. 明反応は葉緑体の____とよばれる構造で行われ，一方，カルビン回路は____で行われる．
2. 葉緑体内での光合成の空間的な組織化という観点から，明反応でNADPHとATPがチラコイド膜のストロマ側でつくられることの利点は何か？
3. 次のうち，光合成における入力と出力はそれぞれ何か？
   a．CO_2
   b．O_2
   c．糖
   d．H_2O
   e．光
4. 「光合成」という名称は，この過程が何を成しとげるのかを表しているが，どのような意味か説明せよ．
5. 光合成を駆動するうえで効果が最も少ないのは何色の光か？　また，それはなぜか？
6. 光がクロロフィル分子に当たると，クロロフィル分子は電子を失い，その電子は結局，____分子の分解によって置き換えられる．
7. チラコイド膜で行われる反応によってつくられ，ストロマの反応で消費されるのは次のどれか？
   a．CO_2とH_2O
   b．$NADP^+$とADP
   c．ATPとNADPH
   d．グルコースとO_2
8. カルビン回路の反応は光に直接依存しないが，それでも，通常は夜には起こらない．それはなぜか？
9. 次の代謝過程の中で，光合成と細胞呼吸において共通なものは何か？
   a．光エネルギーを化学エネルギーに変換する反応
   b．H_2O分子を分解し，O_2を発生する反応
   c．H^+を膜を横断してくみ上げることによってエネルギーを蓄える反応
   d．CO_2を糖に変換する反応

解答は付録Dを見よ．

科学のプロセス

10. 熱帯雨林は地表のおよそ3%を占めているにすぎないが，地球全体の光合成の20%以上を担っている．このような理由から，熱帯雨林は地球全体の生命にO_2を供給するので，この惑星の「肺」のようであるとよくいわれる．しかし，ほとんどの専門家は熱帯雨林が地球全体のO_2の正味の生産にほとんど，または，まったく寄与していないと信じている．光合成と細胞呼吸についての知識に基づいて，彼らがなぜそのように考えるのか，あなたは説明できるか？（ヒント：植物体に糖として蓄えられたエネルギーは，その植物が枯死したり，その一部が動物に食べられたりしたときに，どのようになるだろうか？）
11. あなたが，光合成でつくられたグルコースの酸素原子がH_2OとO_2のどちらに由来するかを明らかにしたいとしよう．それを明らかにするために放射性同位体をどのように利用すればよいか説明せよ．
12. **データの解釈**　右上のグラフは吸収スペクトルとよばれる．グラフのそれぞれの線はある試料を透過したさまざまな波長の光に基づいている．波長ごとに，試料によって吸収された光の量が記録されている．このグラフは，クロロフィル*a*，クロロフィル*b*，そしてカロテノイドのそれぞれについて測定したものを合わせたグラフである．クロロフィル*a*と*b*のグラフが図7.5で示したデータと一致していることに気づいてほしい．クロロフ

ィルを欠き，カロテノイドだけに頼って光合成を行う植物を想像してみよう．この植物にとって，どの色の光が最適だろうか？　この植物はどのように見えるだろうか？

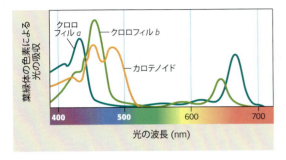

生物学と社会

13. 地球が温暖化しつつあるという強い証拠がある．その根拠は産業，自動車，森林破壊（焼畑）による CO_2 の排出の増加によって温室効果が増強していることである．地球温暖化は農業に影響を及ぼすであろうし，北極，南極の氷をとかし，海岸地域に洪水を起こすかもしれない．これらの脅威に対して，2012 年までに先進工業国 30 か国が温室効果ガスの放出を削減させることを義務化した京都議定書に 192 か国が同意した．米国は議定書に署名はしたが，その協定を批准していない，つまり実効させていない．その代わり，産業界自身が温室効果ガスの削減に参加するかどうかを決められるような，あるいは，温室効果ガスの削減を奨励する税優遇措置のような強制力のない穏健な目標を提案した．協定を受け入れない理由は，その協定が米国経済に有害であり，工業分野での発展途上国（インドなど）が大量の汚染源になっているにもかかわらず，義務を免除されていることである．あなたは，米国のこの決定に賛成するか？　温室効果ガスを削減する努力が米国経済を害するとしたら，どのようにして起こるのだろうか？　米国経済への負荷と地球規模の気候変動という負荷の重さをどのようにしてはかり，比べることができるだろうか？　貧しい国々は温室効果ガスの排出を削減するために同等の義務を果たすべきであろうか？

14. 発電のためにバイオマスを燃焼させることは，化石燃料の採掘，精製，輸送，燃焼といった多くの問題を回避することになる．しかし，バイオマスを燃料として使用することに，それ自身いくつかの問題がないわけではない．バイオマスエネルギーへの大規模な転換にはどのような課題があるだろうか？　その課題は，化石燃料を利用する場合の問題とどのようにして比べればよいだろうか？　いくつかある課題のうち，克服できそうなのはどのような課題だろうか？　あるエネルギー資源が他の資源よりも利益が多く，かつ負荷が小さいということはあるだろうか？　これについて説明せよ．

第 2 部
遺伝学

8 細胞増殖：細胞から細胞へ

章のテーマ：有性と無性の生命

9 遺伝様式

章のテーマ：犬の品種改良

10 DNA の構造と機能

章のテーマ：史上最悪のウイルス

11 遺伝子の発現制御

章のテーマ：がん

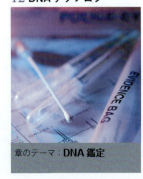

12 DNA テクノロジー

章のテーマ：DNA 鑑定

8 細胞増殖：細胞から細胞へ

なぜ細胞増殖が重要なのか？

▲ヒトデの中には，ちぎれた腕から体全体を再生できる種がいる．

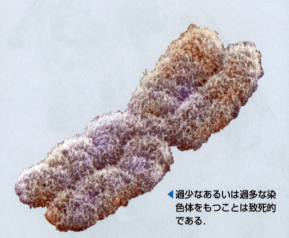

◀過少なあるいは過多な染色体をもつことは致死的である．

あなたの細胞がもつDNAは，引き伸ばすとあなたの身長より長い．▶

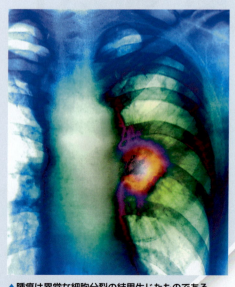

▲腫瘍は異常な細胞分裂の結果生じたものである．

章目次

細胞増殖の役割　136
細胞周期と有糸分裂　137
減数分裂：有性生殖の基盤　144

本章のテーマ

有性と無性の生命

生物学と社会　オオトカゲの処女産卵　135
科学のプロセス　すべての動物に性があるか？　153
進化との関連　性の利点　156

有性と無性の生命　生物学と社会

オオトカゲの処女産卵

　英国チェスター動物園の飼育係は，フローラという名前の雌のコモドオオトカゲ（コモドドラゴン）——学名 *Varanus komodoensis*，体長が3 mを超すこともある現生する最大のトカゲ——が25個の卵を産んだのを見つけ，驚いた．捕獲されたコモドオオトカゲが繁殖すること自体は驚くことではない．実際，フローラは種の再増殖補助計画の一環として捕獲された2匹の雌のうちの1匹であり，繁殖目的で動物園にいたのだ．フローラの産卵に驚いたのは，フローラはまだ雄と同居させておらず，ずっと単独飼育されていたからである．多くの動物種と同様に，コモドオオトカゲも雄からの精子と雌からの卵との融合という有性生殖によってのみ子孫を残すと考えられていた．しかし，フローラは未交尾であったにもかかわらず，25個のうち8個の卵は通常通り発生し，孵化し，健康なコモドオオトカゲへと育ったのである．

　DNA解析により，フローラの子どもたちは彼女の遺伝子のみをもっていることが確認された．生まれたコモドオオトカゲは雌性単為発生，つまり雄の関与なしに雌のみからの生殖の結果生じたことになる．雌性単為発生は脊椎動物（背骨をもつ動物）では非常にまれな現象ではあるが，サメ〔ハンマーヘッドシャーク（シュモクザメ）など〕や家畜鳥類などで報告があり，今回コモドオオトカゲが新たな事例として加わった．やがて動物学者は別の動物園で単為生殖により子孫を残した2例目のコモドオオトカゲを見つけた．同じコモドオオトカゲがその後，有性生殖により子孫を残したことから，コモドオオトカゲは2つの生殖形式を切り替えられることがわかった．生物学者はこの現象についての進化的な基盤を解析しており，この貴重な種を再増殖させるうえで，この現象がどういった意味をもつか考えている．

　生物が子孫を生み出す能力は，生物を無生物から区別するうえでの最も端的な特徴である．細菌もトカゲもヒトも，あらゆる生き物は細胞分裂が繰り返された結果存在している．したがって，生命の永続性は新しい細胞を生み出す細胞分裂に依存しているといえる．本章では，個々の細胞がどのようにして複製されるのか，そして細胞増殖がどのようにして有性生殖過程の基盤となるのかを見ていく．植物と動物の無性生殖，有性生殖の例を提示しながら話を進めよう．

コモドオオトカゲ
コモドオオトカゲは世界で一番大きなトカゲであり，野生のものはインドネシアの3つの島にのみ生息する．

8章
細胞増殖：
細胞から細胞へ

細胞増殖の役割

増殖という言葉を聞くと，おそらくあなたは新しい命の誕生を思い浮かべるだろう．しかし実際には増殖は細胞の増殖，というかたちでより頻繁に起こっている．腕の皮膚について考えてみよう．皮膚細胞はつねに増殖し，皮膚表面へと向かって移動し，死んでこすり落とされた細胞と入れ替わり続けている．この皮膚の再生は一生続く．皮膚が傷つくと，細胞のさらなる増殖が起こり治癒を助けている．

細胞が増殖するとき，すなわち**細胞分裂** cell division を行うとき，生じる2つの「娘」細胞はもととなる「親」細胞と遺伝的に同一である（生物学者は，細胞増殖について述べる場合，伝統的に子孫細胞のことを娘という語を使って表現するが，もちろん細胞には性別はない）．親細胞は2つに分かれる前に，まず細胞の大部分のDNAを含む構造体である**染色体** chromosome を複製する．その後，細胞分裂の際に娘細胞が親細胞由来の同一の染色体セットをそれぞれ1組ずつ受け取る．

図 8.1 に概要を示すように，細胞分裂は生物の生存にとって重要な，いくつもの役割を担っている．たとえば，あなたの体の中では，傷ついた細胞や死んだ細胞と置き換えるために，毎秒数百万もの細胞が分裂する必要がある．個体の成長のためにも細胞増殖が必要である．あなたの体をつくる何兆個もの細胞は，あなたの母親の体内にあった，たった1つの受精卵が繰り返し細胞分裂を行った結果生じたものである．

他にも，生殖も細胞分裂の重要な働きの1つである．アメーバのような単細胞生物の多くは，半分に分裂することによって増殖し，子は親の遺伝的な複製物（レプリカ）である．精子による卵の受精を伴わないため，この生殖様式は**無性生殖** asexual reproduction とよばれる．無性生殖により生まれた子孫は，親がもっていた染色体のすべてを受け継いでおり，遺伝的な複製物といえる．

多くの多細胞生物も，無性生殖により増えることができる．たとえば，ある種のヒトデは体の一部分の断片から，新たな個体を成長させる能力をもつ．また，切り取った植物の一部から鉢植えの植物を育てたことがあれば，それは植物の無性生殖を観察していたことになる．無性生殖では，1つの単純な遺伝の原理「1つの親とその子孫すべては同一の遺伝子をもつ」があるのみである．無性生殖を行い，多細胞生物を成長させ，維持するための細胞分裂を有糸分裂とよぶ．

有性生殖 sexual reproduction は無性生

> ヒトデの中には，ちぎれた腕から体全体を再生できる種がいる．

▼図 8.1　有糸分裂による細胞分裂の3つの機能．

有糸分裂による細胞分裂の機能

細胞の補充 — 2つに分裂したヒトの腎臓細胞　LM像 420倍

細胞分裂による成長 — ヒトの初期胚細胞

殖とは異なり，精子による卵の受精を必要とする．**配偶子 gamete**，すなわち卵と精子は減数分裂とよばれる，有性生殖を行う生物のみが行う特殊な細胞分裂によってつくられる．後で述べるように，配偶子はもととなる親細胞がもつ染色体の半数の染色体しかもたない[*1]．

まとめると，有性生殖により増える生物では2種類の細胞分裂が起こっている．成長のための有糸分裂と，生殖のための減数分裂である[*2]．本章は大きく2つの節に分けて，これら2種類の細胞分裂それぞれについて述べていく．☑

*訳注1：この記述は動物には当てはまるが植物や菌類には当てはまらない．
*訳注2：成長のための有糸分裂のことを体細胞分裂とよぶことが多い．

細胞周期と有糸分裂

☑チェックポイント
通常の細胞分裂は遺伝的に同一の2つの娘細胞を生み出す．このタイプの細胞分裂が担う3つの機能を挙げよ．また，あなたの体内ではこの3つのうちいずれが起こっているか？

がらにあるのない，当前の生物の身体を構成する，ヒトの体内では，細胞増殖，無性生殖，当前の生物の身体を形成する．

真核細胞の遺伝子のほとんど（ヒトでは約2万1000遺伝子）は細胞核内の染色体上にある（おもな例外はミトコンドリアと葉緑体に存在する小さなDNA上にある遺伝子である）．染色体は細胞分裂における主役なので，細胞全体を見る前に染色体に注目しよう．

> あなたの細胞がもつDNAは，引き伸ばすとあなたの身長より長い．

質で構成される繊維からできている．タンパク質はクロマチンの構造をつくり，遺伝子の活性を調節する役割を果たしている．

ほとんどの時期に，染色体は収納されている核よりも長い，細い繊維として存在している．実際，ヒトの1つの細胞（訳注：二倍体の細胞）に含まれるDNA

真核細胞の染色体

真核細胞の染色体は非常に長いDNA分子からなり，そこには通常数千もの遺伝子が存在する．真核細胞がもつ染色体の数は種によって異なる（図8.2）．たとえば，ヒトの体細胞は46本の染色体をもち，イヌの体細胞は78本，コアラは16本である．染色体は**クロマチン（染色質）chromatin**とよばれる，ほぼ等量のDNAとタンパク

▶図8.2 代表的な哺乳類の染色体の数．ヒトは46本の染色体をもつ．染色体の数は動物の大きさとは相関しない．

動物種	体細胞の染色体数
ホエジカ（ムンチャク）	6
コアラ	16
オポッサム	22
キリン	30
マウス	40
ヒト	46
カモノハシ	54
バイソン	60
イヌ	78
アカビスカーチャネズミ	102

無性生殖

アメーバの増殖

LM像 180倍

ヒトデの断片化と再生．右側のヒトデは腕を1本失ったが再生した．ちぎれた腕から左側の新たなヒトデが成長した．

切り取った葉（図中の大きな葉）からのセントポーリアの増殖

137

8章 細胞増殖：細胞から細胞へ

を引き伸ばし，すべてをつなげると，なんと 180 cm を超えるほどの長さになる！この状態のクロマチンは細すぎて光学顕微鏡では観察できない．細胞が分裂する準備を始めると，クロマチン繊維は束ねられ，光学顕微鏡で観察できるほどの太さの染色体となる（図 8.3）．

これほどの長さのある DNA が小さな核内に収まるのは，DNA が染色体の中で何段階にも緻密に巻かれたり折りたたまれたりしているためである．こうした DNA の収納の重要な基盤となるのが，DNA と**ヒストン** histone という小さなタンパク質との結合である．なぜ，細胞の中で染色体はこのように小さくまとめられる必要があるのだろうか？　長い毛糸が，部屋中に広がっているところを想像してほしい．それを部屋からもち出すときには，集めて小さくまとめてからもち出すだろう．同様に，細胞もまず DNA を小さくまとめてから，新しい細胞へと移動させる必要があるのだ．

図 8.4 は DNA の折りたたみの様子を単純化したモデル図として示している．まずヒストンが DNA に結合する．電子顕微鏡観察では，DNA とヒストンが結合した様子はビーズが糸の上に並んでいるように見える．それぞれの「ビーズ」は**ヌクレオソーム** nucleosome とよばれるもので，数個のヒストン分子の周囲に DNA が巻きついたものである．分裂していない細胞内で，発現している遺伝子の DNA はこのようなほとんど折りたたまれていない状態にある．分裂への準備が始まると，ビーズ糸はさらに巻かれ，小さな輪をつくるように折りたたまれ，染色体は徐々に小さくまとまり凝縮して，図の一番下に示すような形状の染色体となる．図 8.4 からは，長大な DNA が多段階の巻きつきや折りたたみによって細胞の小さな核の中に収まっている様子も想像できる．DNA を長い毛糸だと思ってほしい．すると，分裂に備えた染色体は毛糸を巻きつけて，束ねたもののようなものであり，非常に長いものを取り扱いやすいように折りたたみきっちりと小さくまとめたものであるといえる．

▼図 8.4　**真核細胞の染色体の詰め込み**．DNA とその結合タンパク質が段階的に折りたたまれ，最終的には高次に凝縮した分裂期染色体になる．図の最下部にあるけばだったような分裂期染色体は，クロマチン繊維が複雑に折りたたまれてつくられている．

▼図 8.3　染色体を染色した分裂直前の植物細胞．

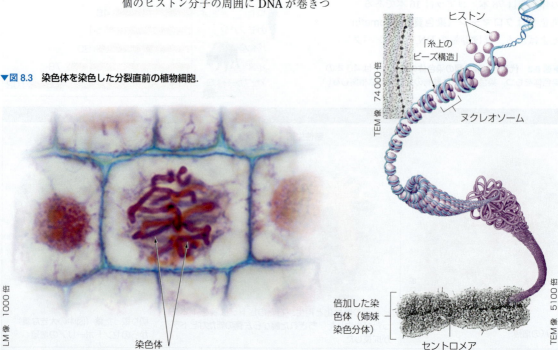

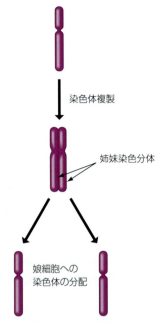

▲図 8.5　**染色体の複製と分配**．細胞増殖の際，細胞はすべての染色体を倍加し，2 つのコピーを娘細胞に分配する．

 情報の流れ

染色体の複製

　染色体は，どのように細胞を働かせるかについての詳細な説明書のようなものである．細胞分裂時には，細胞は説明書のコピーをとり，一部は自分で保存しながら一部を新しい細胞に渡す必要が出てくる．すなわち，細胞が分裂過程に入る前に，すべての染色体を複製する必要がある．染色体に含まれる DNA 分子は，DNA 複製（詳しくは 10 章で述べる）の過程を経てコピーされ，新たなヒストンタンパク質が結合する．その結果，複製後の染色体には**姉妹染色分体** sister chromatid とよばれる，同一の遺伝子をもつ 2 つのコピーが存在することになる．図 8.4 の一番下には，2 つの姉妹染色分体が，**セントロメア** centromere とよばれる，幅が狭くなりウェストのようにくびれた部分で特に強く結合している様子が示されている．

　細胞が分裂するとき，姉妹染色分体として存在していた複製後の染色体は分離し，離れる（図 8.5）．姉妹染色分体が分離すると，それぞれの染色分体が一人前の，もとの染色体と同一の染色体としてふるまうことになる．一方の新たな染色体が 1 つの娘細胞へと行き，他方の染色体がもう一方の娘細胞へと向かう．このようにしてそれぞれの娘細胞は完全で同一の染色体組を受け継ぐ．たとえば分裂しているヒトの皮膚細胞には 46 対の複製済みの染色体があり，生じる 2 つの娘細胞はそれぞれ 46 本の染色体をもつことになる．

細胞周期

　どのくらいの頻度で細胞が分裂するかは，その細胞が生物の体内で果たす役割によって異なる．1 日に一度分裂する細胞もあれば，より低頻度に分裂する細胞もあり，また成熟した筋細胞のように高度に分化した細胞はまったく分裂しない．

　細胞周期 cell cycle とは，ある細胞が親細胞の分裂によって生じてから，その細胞自身が分裂して新たな 2 つの細胞を生み出すまでの期間に順序通りに進行する一連の過程のことである．細胞周期を，ある細胞の「一生」だと考えると，その「誕生」から自身の生殖まで，ということになる．図 8.6 に示すように，細胞周期の大部分は**間期** interphase である．間期とは細胞が通常業務を行い，生体の中で正常な機能を発揮している期間である．たとえば，胃の内面に並ぶ細胞は消化を助ける酵素タンパク

▼図 8.6　**真核細胞の細胞周期**．細胞周期は，細胞増殖によってその細胞が誕生した時点（輪の下部にある濃い青色矢印の直後）から，その細胞が 2 つに分裂する時点までである（実際には間期には染色体は細い繊維状となって分散しており，ここに示すような棒状には見えない）．

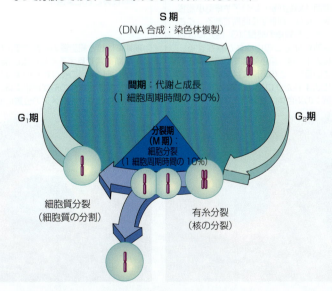

細胞周期と有糸分裂

8章
細胞増殖：細胞から細胞へ

✓ チェックポイント

1. 複製された染色体は，＿＿＿で互いに接着した2つの姉妹＿＿＿からなる．
2. 細胞周期を大きく2つに分割すると何期と何期か？ また細胞が実際に2つに分かれる過程に寄与する2つの過程をなんとよぶか？

<small>答え：1. セントロメア；染色分体 2. 間期と分裂期；有糸分裂と細胞質分裂</small>

質を分泌するなどの活動を行う時期である．間期にはまた，細胞は細胞質にあるすべてのものを約2倍に増やす．タンパク質の供給を増やし，多くの細胞小器官（ミトコンドリアやリボソームなど）の数を増やし，そして細胞の大きさを増す．典型的な細胞では，細胞周期の少なくとも90%は間期が占める．

細胞増殖という観点から考えると，間期における最も重要な過程は核の中でDNAが正確に2倍となる染色体の複製である．染色体の複製が起こる期間をS期（DNAの合成 synthesis の頭文字から）とよぶ．S期の前と後の期間はそれぞれ G_1 期，G_2 期（Gはギャップ gap の頭文字から）とよばれる．G_1 期には各染色体はまだ倍加されておらず，細胞は通常の機能を発揮している．G_2 期（S期におけるDNAの複製後）には，各染色体は2つの同一の姉妹染色分体からなり，細胞は分裂する準備をしている．

細胞が実際に分裂している細胞周期中の時期を**分裂期（M期）** mitotic (M) phase とよぶ．分裂期には有糸分裂と細胞質分裂のという2つの過程が並行して起こる．**有糸分裂** mitosis では，核とその内包物，とりわけ複製済みの染色体が分離し，均等に分配され，2つの娘核をつくる．**細胞質分裂** cytokinesis では細胞質（および細胞小器官）が2つに分割される．有糸分裂と細胞質分裂の連携により遺伝的に同一であり，核，細胞質，細胞小器官，細胞膜のすべてを備える2つの娘細胞が生じる．✓

▼ 図 8.7 **細胞増殖：染色体のダンス．** 間期に染色体が複製されたのち，巧妙な振りつけをされた有糸分裂の各ステージ（前期，中期，後期，終期）が始まり，倍加した染色体組が2つの別の核へと分配される．その後，細胞質分裂によって細胞質が分断され，遺伝的に同一な2つの娘細胞が生じる．

間 期	前 期

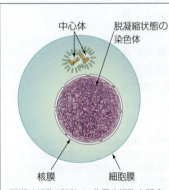

中心体／脱凝縮状態の染色体／核膜／細胞膜

間期は細胞が新しい分子や細胞小器官をつくり，成長する時期である．ここに示した間期の終盤（G_2 期）には細胞質には2つの中心体が存在する．核の中では，染色体はすでに複製されているが，この時期にはまだゆるく詰め込まれたクロマチン繊維状であり個々の染色体は識別できない．

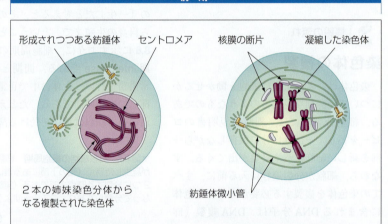

形成されつつある紡錘体／セントロメア／核膜の断片／凝縮した染色体／2本の姉妹染色分体からなる複製された染色体／紡錘体微小管

前期には核と細胞質の両方で変化が起こる．核ではクロマチン繊維が折りたたまれ，光学顕微鏡で見えるくらい太い染色体となる．各染色体は2本の同一の姉妹染色分体が，細い「腰のくびれ」のような部分であるセントロメアで接着している．細胞質では分裂期紡錘体の形成が始まる．前期の終盤には核膜が断片化する．紡錘体微小管が染色体のセントロメアの位置に結合し，細胞の中央へと移動させる．

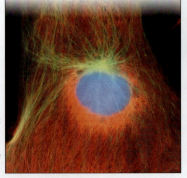
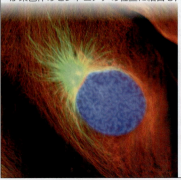
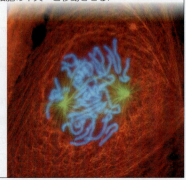

LM像 375倍

有糸分裂と細胞質分裂

図 8.7 は動物の細胞の細胞周期を模式図, 文章, 写真を用いて説明している. この図の下部にある一連の顕微鏡写真は, 分裂しているサンショウウオの細胞であり, 染色体が青色で示されている. その上に描かれた一連の模式図には写真では見えていないものも含めた詳細が示されている. 図には動く様子をわかりやすく示すために染色体は 4 本のみ描いているが, 実際にはあなたの細胞内には 46 本もの染色体があることは忘れないでほしい. 図中の文章では, それぞれの時期で起こる事象を説明している. この図をすみずみまで学び (重要な情報が満載!), 核の中や細胞内のさまざまな構造が劇的に変化する様子を理解しよう.

生物学者は有糸分裂を 4 つの時期に分けている. **前期** prophase, **中期** metaphase, **後期** anaphase, **終期** telophase である. 各時期は明確に区切られるわけではなく, 多少の重なりがある. これらの時期を人生に置き換えてみよう. 乳児期, 小児期, 成人期, 老人期という時期は連続して変化していくものであり, 個人個人によりその長さが異なっている. 分裂期の各時期もそういったものである.

分裂期という舞台での主役は染色体であり, その動作は **紡錘体** mitotic spindle に依存している. 紡錘体は微小管がラグビーボールのようなかたちに配置した構造体であり (図や写真では緑色で示されている), 2 組の姉妹染色分体の分配を行う. 紡錘体微小管は, 細胞質にある中心体とよばれる

中期

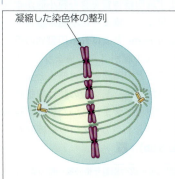

凝縮した染色体の整列

紡錘体が完成する. すべての染色体のセントロメアが紡錘体の二極の間に整列する. 染色体に紡錘体微小管が結合し, 姉妹染色分体を対極へと引っ張る. この綱引きによって染色体は細胞の中央に保持される.

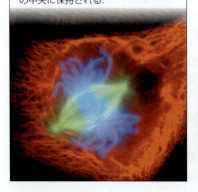

後期

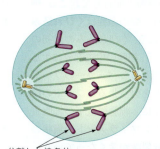

分離した染色体

後期は各染色体の姉妹染色分体が分離することにより突然開始される. 姉妹染色分体はそれぞれ一人前の染色体 (娘細胞の染色体) と見なされる. 紡錘体微小管の短縮に伴い, 染色体は細胞の対極へと移動する. 同時に, 染色体に結合していない紡錘体微小管は伸長して 2 つの極をさらに離し, 細胞を長くする.

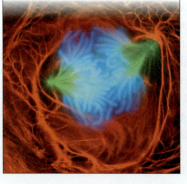

終期

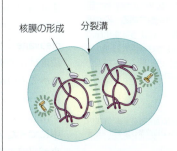

核膜の形成　分裂溝

染色体がそれぞれ極に到着すると終期が始まる. 終期はある意味前期の逆であり, 核膜が形成され, 染色体がほぐれ, 紡錘体が消失する. 有糸分裂, すなわち 1 つの核を遺伝的に同一の 2 つの娘核にする過程の終了である. 細胞質を 2 つに分割する細胞質分裂は多くの場合終期に起こる. 動物細胞では, 分裂溝が細胞を 2 つにくびり切り, 2 つの娘細胞が生じる.

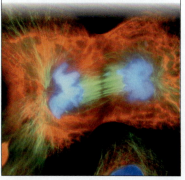

▼図 8.8 動物細胞と植物細胞の細胞質分裂.

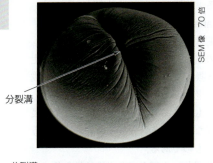
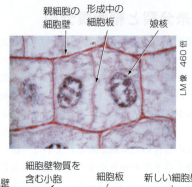
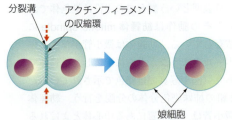
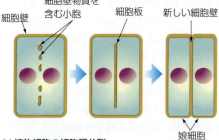

(a) 動物細胞の細胞質分裂

(b) 植物細胞の細胞質分裂

✓チェックポイント

真正粘菌とよばれる生物は，数多くの核をもつ巨大な細胞である．細胞周期のどのような変化がこのような「巨大おばけ細胞」の出現につながるか説明せよ．

構造体から伸長している．

細胞質分裂とは，細胞質を2つの細胞に分けることであり，通常は終期の途中で始まり，有糸分裂の終盤と並行して起こる．動物細胞では細胞質分裂の過程は**くびれ込み cleavage** とよばれる．くびれ込みの最初の段階は分裂溝という，細胞の中央部分に生じるへこみの出現である．パーカーのフードについているひもを引っ張るとフードの口が閉じていくように，細胞膜直下の細胞質中にできたアクチンフィラメントの環状の束が収縮すると分裂溝が深くなっていき，最終的に親細胞は2つにくびり切られる (図 8.8a).

植物細胞の細胞質分裂は異なる様式で起こる．まず細胞壁物質を含む膜小胞が細胞の中央に集まる．集まった小胞が融合し，**細胞板 cell plate** とよばれる円盤状の膜を形成する．膜小胞がさらに集まり*，次々と融合することで細胞板は外側へと発達していく．最終的に，細胞板の膜は細胞膜と融合し，細胞板に含まれていた物質が親細胞の細胞壁と合わさり，2つの娘細胞ができる (図 8.8b). ✓

＊訳注：細胞板形成の細胞骨格の膜小胞の集合にはアクチン繊維ではなく微小管がかかわっている．

がん細胞：制御不能な分裂

植物や動物の組織の正常な成長や維持には，細胞分裂のタイミングが制御可能であることが不可欠である．必要に応じて細胞周期を早めたり，ゆっくりにしたり，細胞増殖の停止や再開ができなければならない．細胞周期の連続的な過程は，**細胞周期制御系 cell cycle control system** によって支配されており，この制御系はこの機能に特化した細胞内タンパク質が担っている．これらのタンパク質は周囲の環境や他の細胞からの情報を集約し，細胞周期の要

> 腫瘍は異常な細胞分裂の結果生じたものである．

所要所で「停止」や「進行」の合図を出す．たとえば，ある制御タンパク質からの「進行」の合図が来ない限り，通常細胞周期は G_1 期で止まる．進行の合図がまったく来ない場合は，細胞は永続的な非分裂状態へと移行する．たとえば神経細胞や筋細胞はこのようにして細胞周期を停止した細胞である．進行の合図が来て，さらに G_1 期のチェックポイントを通過すると，細胞は通常，最後まで細胞周期の残りを完了する．

がんとは何か？

米国をはじめとする先進国では，5人に

1人ががんで亡くなっている．がんは細胞周期の疾患である．がん細胞は，細胞周期制御系に正常な応答をせず，過剰に分裂して，ときには体内の他の組織へと侵入していく．抑制されない限り，がん細胞は宿主を殺すまで分裂し続けるだろう．正常なヒト細胞とは異なり，がん細胞は分裂を止めないため，「不死」であると表現される．実際，世界中で数千もの研究室がHeLa細胞を使っているが，これはもともと子宮頸がんのために1951年に亡くなったヘンリエッタ・ラックスHenrietta Lacksという女性のがん細胞由来の細胞株である．

がん細胞の異常な行動は，ある1つの細胞のもつ，細胞周期制御系を担っている1つあるいはいくつかのタンパク質をコードする遺伝子に変化（変異）が生じたことから始まる．生じた変化により，細胞が異常な増殖をするようになる．通常，異常になった細胞は免疫系に見つかって破壊されるが，これをうまく逃れた細胞が出てくると，それが増えて**腫瘍 tumor**となる．腫瘍とは，体細胞が異常に増えた結果できる細胞塊のことである．異常になった細胞がもといた場所に留まっている場合，細胞塊は**良性腫瘍 benign tumor**とよばれる．良性腫瘍は細胞が増殖して大きくなると，たとえば脳にできた良性腫瘍が脳組織を破壊してしまう可能性はあるが，多くの場合，外科手術により完全に取り除くことができ，致死となることはほとんどない．

一方，**悪性腫瘍 malignant tumor**は，近隣の組織や体内の他の場所へと拡大していき，そこに新たな腫瘍をつくり得る（**図8.9**）．悪性腫瘍であっても必ずしも拡張していくわけではないが，いったん拡大してしまうとすぐに正常な組織細胞に取って代わり器官の機能を妨げる．個体が悪性腫瘍をもつことを，**がん cancer**になった，ともいう．がん細胞がもといた組織（原発組織）を離れて広がることを**転移 metastasis**という．がんは，原発組織がどこであったかによって名前がつく．たとえばもとは肝臓組織に生じたものはすべて肝臓がんであり，それが肝臓の外へと広がることもある．

がん治療

体内で成長し始めてしまった腫瘍はどのように治療できるだろうか？　がん治療には大きく3つの手法がある．通常，外科手術による腫瘍の除去がまず最初に取られる処置である．多くの良性腫瘍は手術による除去で十分な効果が得られる．十分でない場合には，医師はがん細胞の分裂を止めるための処置に切り替える．**放射線治療 radiation therapy**は，多くの場合，放射線は正常細胞よりもがん細胞に対して毒性が高いことを利用し，がん性腫瘍がある部位に高エネルギー放射線を集中して当てる治療である．放射線治療はまだ他の組織へと拡大していない悪性腫瘍に効果的であることが多い．しかし，ときには体内の正常細胞にもダメージを与え，吐き気や脱毛といった副作用を引き起こす．

化学療法 chemotherapyは細胞分裂を阻害する薬剤を使う治療であり，拡大してしまった，あるいは転移した腫瘍に対して使用する．化学療法薬の作用機序は多岐にわたる．ある薬剤は紡錘体を阻害して細胞分裂を妨げる．たとえばパクリタキセル（商品名タキソール Taxol）は形成された紡錘体を固定し，機能できないようにしてしまう．パクリタキセルはおもに米国北西部に

▼図8.9　乳房の悪性腫瘍の増殖と転移．

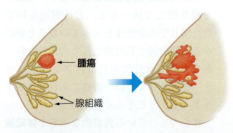
ただ1つのがん細胞が増殖し腫瘍となる．

がん細胞が近隣の組織へ浸潤する．

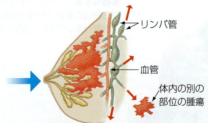
転移：がん細胞はリンパ管や血管を通って体内の別の部位へと散らばる．

8章
細胞増殖：
細胞から細胞へ

☑ チェックポイント
良性腫瘍と悪性腫瘍の違いは何か？

答え：良性腫瘍は発生した場所に留まるが、悪性腫瘍は体中へ広がる。

見られる樹木であるアメリカイチイの樹皮から得られる化学成分からつくられる．他の抗がん剤に比べると副作用が少なく，治療が困難なある種の卵巣がんや乳がんに効果があるようだ．ビンブラスチンという薬剤は，紡錘体ができ始める段階で形成を阻害する．ビンブラスチンはニチニチソウというマダガスカルの熱帯雨林に自生する植物から最初に得られた．これらの例から，生物の多様性を守ることが，人々の命を救う次世代の抗がん剤の発見の鍵となるかもしれないことがうかがえる．

がんの予防と克服

がんは誰にでも生じ得るが，ある種の生活様式を改善することががんの発症率を下げたり，生存率を上げたりすることにつながる．禁煙，適度な運動（一般的には週に150分以上の中程度の運動に相当する），過度な日焼けの防止，食物繊維が豊富な低脂肪食をとることなどは，がんの発症率の低下につながる．次の7種類のがんについては検出が容易である．皮膚がんと口腔がん（診察によって），乳がん（遺伝的に高リスクな女性や50歳以上の女性に対する自己触診やマンモグラフィーによって），前立腺がん（直腸検査によって），子宮頸がん（子宮頸部細胞診によって），精巣がん（自己触診によって），大腸がん（大腸スコープ検査によって）である．定期的に医師の診断を受けることが，腫瘍の早期発見につながり，治療による克服の可能性を増すことになる．☑

減数分裂：有性生殖の基盤

カエデの木をつくり出せるのはカエデだけであり，キンギョはキンギョを，ヒトはヒトだけを生み出す．この生命についての単純な事実は数千年にわたって認識され，古くからの格言にも「子は親に似る」というものがある．しかし厳密な意味としては，「子は親に似る」は1つの親からすべてのDNAを受け継いだ子が生まれる無性生殖にのみ当てはまる．無性生殖により生まれた子孫たちは，その親や子孫同士がまさに遺伝的なレプリカであり，その外観はそっくりである．

図8.10の家族写真は，有性生殖を行う生物種では瓜ふたつといえるほど子は親に似るわけではないことを端的に示している．あなたは，まったくの他人よりはあなたの遺伝的な両親に似ているだろうが，一卵性双生児でない限り，両親や兄弟姉妹とそっくりとまではいえないだろう．有性生殖により生まれる子は，2個体の親から遺伝子をそれぞれ独自の組み合わせで受け継ぎ，独自の形質の組み合わせが表れることになる．結果として，有性生殖では途方もなく膨大な多様性をもった子孫が生まれる．

有性生殖は減数分裂と受精という細胞レベルの2つの過程に依存している．しかし，これらの過程について詳述する前に，再び染色体の話に戻り，有性生殖を行う生物の生活環における染色体の役割についてまず考えてみよう．

相同染色体

同一種の別個体——ここでは性をどちらかに固定して考えることにする——の細胞を取り出して調べると，どの細胞も同じ数，同じ型の染色体をもっていることがわかる．顕微鏡で見た染色体での比較なら，あなたは（女性であれば）アンジェリーナ・ジョリーまたは（男性であれば）ブラッド・ピットとそっくりだろう．

体をつくっている典型的な細胞を**体細胞** somatic cell とよぶが，ヒトの体細胞には46本の染色体がある．有糸分裂の中期に

◀ 図8.10 **有性生殖による多様な子孫．** すべての子は親から独自の組み合わせで遺伝子を受け継いでおり，独自の形質を示す．

▼図 8.11　**ヒト男性の核型における相同染色体対**．この核型には完全に相同な 22 対の相同染色体対（常染色体）と，X 染色体と Y 染色体からなる 23 番目の染色体対（性染色体）がある．X や Y は例外として，それぞれ対をつくっている相同染色体は長さ，セントロメアの位置，染色パターンが一致している．

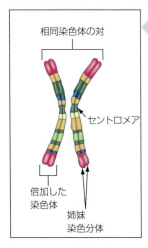
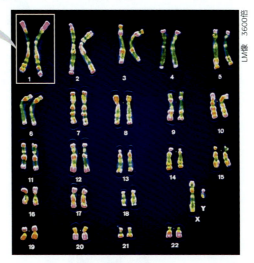

あるヒト細胞を（スライドグラスに）押しつけて壊して展開し，染色体を色素で染めてから顕微鏡で写真を撮り，画像上で染色体を並べ替えて同じ長さのものが対になるように配列し直すことができる．並べ替えた図を**核型 karyotype** とよぶ（図 8.11）．図を見ると，各染色体は複製されており，姉妹染色分体が全長にわたってお互いにくっついている様子がわかるだろう．たとえば白い四角で囲った中を見てみると，左側の「棒」は姉妹染色分体がくっついているものである（イラスト図の左側に示している）．また，各染色体にはそれぞれほぼ同じ長さで，同じ位置にセントロメアをもつ双子のような染色体があることもわかるだろう．図中の白い四角で囲ってあるのは，1 組の双子染色体である．このようなペアをつくる 2 本の染色体を**相同染色体 homologous chromosome** とよび，2 本の染色体の上にはそれぞれ，ある同じ遺伝形質を支配する遺伝子が存在している．目の色に影響を与える遺伝子が，ある 1 本の染色体の特定の場所，たとえば図 8.11 のイラスト図の左側の染色体の黄色いバンド内に位置しているとすれば，右側にある相同染色体の同じ位置にもやはり目の色に影響を与える同じ遺伝子がある．しかし，ときには 2 本の相同染色体がもつそれぞれの遺伝子が，同じ遺伝子の型違いであることもある．ここは非常に混乱しやすい部分なの

で，違う言い方でも説明しよう．1 対の相同染色体対は，2 つのほぼ同一の染色体であり，それぞれの染色体はすでに複製されており，完全に同一の姉妹染色分体からなっている．

ヒト女性の細胞では，46 本の染色体が 23 組のまさに相同な染色体の対をつくっている．しかし男性の細胞では 1 対だけ相同に見えない．この部分的にのみ相同な対は男性の性染色体対である．**性染色体 sex chromosome** がその人の性別（男性であるか女性であるか）を決定している．哺乳類の雄は 1 本の X 染色体と 1 本の Y 染色体をもち，雌は 2 本の X 染色体をもつ（他の生物種は異なる性決定様式をもっている．本章ではヒトに焦点を当てる）．残りの染色体（ヒトの場合 44 本）は**常染色体 autosome** とよばれる．常染色体も性染色体も，私たちの染色体対の 1 本は母親から，もう 1 本は父親から受け継いでいる．

配偶子と有性生物の生活環

多細胞生物の**生活環 life cycle** とは，ある世代の成体から次の世代の成体に至るまでの一連の段階である．両親から 1 組ずつの染色体を受け継ぎ，2 組の染色体をもつことは，ヒトをはじめとする有性生殖で増殖するすべての生物種の鍵となる要素である．図 8.12 は染色体の数を強調して描いたヒトの生活環である．ヒト（他の多くの

8章
細胞増殖：
細胞から細胞へ

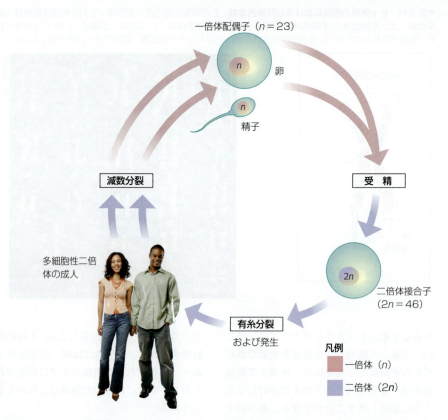

◀ 図8.12 **ヒトの生活環**．各世代において，受精による染色体の数の倍加は，減数分裂での半減により相殺される．

動物や植物にも当てはまる）はすべての体細胞が対になった相同染色体をもっていることから**二倍体 diploid** 生物とよばれる．あなたのすべての染色体は必ずペアをつくっている，という言い方もできる．これは下駄箱の中の靴の状況に似ている．46足の靴をもっている場合，それはほぼ同一の2足ずつからなる，23組の靴であろう．染色体の総数，たとえばヒトの場合46本は，二倍体としての数である（$2n$と略記される）．配偶子である卵と精子は二倍体ではない．卵巣や精巣での減数分裂によってつくられた配偶子は染色体を1組のみもつ．すなわち，22本の常染色体と1本の性染色体（X染色体またはY染色体）である．染色体を1組のみもつ細胞は**一倍体 hap-**

▼ 図8.13 **減数分裂により染色体数が半減するしくみ**．

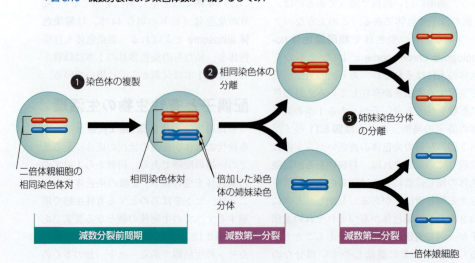

146

loidとよばれ，相同染色体対のうち一方のみをもつ．一倍体の状態をわかりやすく考えるには，下駄箱に片方ずつの23足の靴がある状態を想像すればよい．ヒトの場合，一倍体の染色体数 n は23である．

ヒトの生活環において，一倍体の精子と一倍体の卵の融合過程は**受精 fertilization**とよばれる．その結果生じた受精卵は**接合子 zygote**ともよばれ，二倍体である．接合子は両親双方から1組ずつ受け継いだ2組の染色体をもつ．生活環は，接合子が発生し，性的に成熟した個体に発育して完了する．有糸分裂をすることにより，個体をつくるすべての体細胞は，接合子がもっていた46本の染色体のコピーをもつことになる．つまり，あなたの体をつくる数兆個もの細胞のどの1つをとっても，有糸分裂を通して，あなたが誕生する約9か月前に父親の精子と母親の卵が融合してできた接合子という1つの細胞にまでさかのぼることができる（あまり深く考えたいとは思わないかもしれないが）．

減数分裂によって一倍体の配偶子をつくることにより，世代を経ても染色体数が倍加していかないようにしている．図8.13では，一倍体をつくる過程を1対の染色体を追跡しつつ描いている．❶それぞれの染色体が間期（分裂期の前）に複製される．❷この過程の最初の分裂である減数第一分裂では，相同染色体対をつくる2本の染色体が，それぞれ別の（一倍体）娘細胞へと分配される．このとき，各染色体は倍加したままである．❸減数第二分裂によって姉妹染色分体が分離する．4つの娘細胞はそれぞれ一倍体であり，相同染色体対の染色体のうち1本のみをもつことになる．

減数分裂の過程

減数分裂 meiosisは，二倍体生物において一倍体の配偶子をつくり出す細胞分裂過程であり，有糸分裂と似ているが2つの重要な違いがある．1つ目の違いは，減数分裂では染色体の数が半減することである．減数分裂では，複製された染色体をもつ細胞が減数第一分裂，減数第二分裂とよばれる2回の連続した分裂を行う．一度の複製のあと二度の分裂を行うため，減数分裂によって生じる4つの娘細胞は，最初の細胞がもっていた染色体数の半分，つまり一倍体の染色体をもつことになる．

減数分裂と有糸分裂の2つ目の違いは，減数分裂では相同染色体のもつ遺伝物質，つまり染色体の一部が交換されることである．この交換は交差とよばれ，減数第一分裂の前期に起こる．交差については後でさらに詳しく触れる．ここでは4本の染色体をもつ仮想動物細胞の減数分裂の様子を描いている図8.14とその下部にある文章について見ていこう．

図8.14を見る際，相同染色体と姉妹染色分体の違いに注意してほしい．相同染色体対の2本の染色体は，1本は母親から，もう1本は父親からというように別の親から受け継がれた別個の染色体である．この違いを表すために，図8.14（および後の図）では，相同染色体対をつくっている2本の染色体は同じ長さ，かたちをもつ色違い（赤色と青色）として描いてある．減数分裂直前の間期において，それぞれの染色体は複製され姉妹染色分体がつくられるが，姉妹染色分体は減数第二分裂の後期に入るまでは互いに接着したままでいる．交差が起こるまでは姉妹染色分体は互いに同一であり，すべての遺伝子の型も同じである．✓

減数分裂：有性生殖の基盤

✓チェックポイント

18本の染色体をもつ1つの二倍体細胞が減数分裂をして精子をつくる場合，生じる精子の数は＿＿＿であり，各精子は＿＿＿本の染色体をもつ（数字を入れよ）．

答：4；9

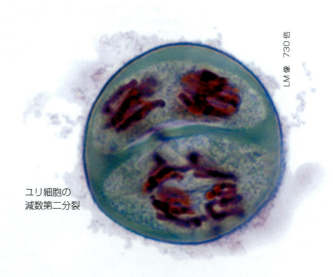

ユリ細胞の減数第二分裂

LM像 730倍

▼図 8.14　減数分裂の段階．

間期	前期	中期	後期
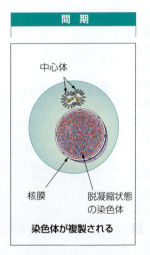	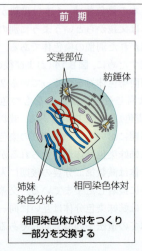		
染色体が複製される	相同染色体が対をつくり一部分を交換する	相同染色体対が整列する	相同染色体対が分離する

減数第一分裂：相同染色体の分離

有糸分裂と同様に，減数分裂の前には間期での染色体複製が起こり，各染色体は2つの同一の姉妹染色分体をもつようになる．染色体は脱凝縮したクロマチン繊維の状態にある．

前期　染色体が折りたたまれるときに，特別なタンパク質が相同染色体を対にしてくっつける．その結果，染色体は4つの染色分体をもつ構造になる．この構造をとる各染色体対では，相同染色体の染色分体間で対応する一部分を交換する「交差」が起こる．交差により，遺伝情報が再編成される．

前期が進行するに従い，染色体はさらに折りたたまれ，紡錘体が形成され，相同染色体対は細胞の中央へと移動する．

中期　中期では，相同染色体対が細胞の中央に整列する．姉妹染色分体はまだセントロメアの部分で接着しており，その位置に紡錘体微小管が結合している．対になっている2つの相同染色体には，それぞれ別の極から伸びている紡錘体微小管が結合していることに留意してほしい．このような整列様式をとり，相同染色体はそれぞれ細胞の対極へ動こうとして力のつり合った状態で止まっている．

後期　各相同染色体対の間の結合が解消し，染色体が極へと移動する．有糸分裂とは異なり，姉妹染色分体は分離せず対となったまま移動する．姉妹染色体は分離しないが，相同な染色体と分離する．

減数分裂：
有性生殖の基盤

減数第二分裂

| 終期および細胞質分裂 | 前　期 | 中　期 | 後　期 | 終　期 |

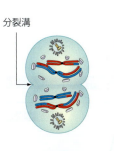

分裂溝

２つの一倍体細胞がつくられるが，染色体は倍加された状態のままである

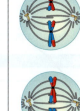

姉妹染色分体が分離する

一倍体娘細胞が形成される

２回目の分裂において姉妹染色分体が最終的に分離し，倍加状態にない単一の染色体をもつ４つの一倍体娘細胞が生じる

終期および細胞質分裂　終期では染色体が細胞の両極へ到達する．染色体の旅が終わると，極にはそれぞれ一倍体の染色体組が存在することになるが，その染色体はまだ倍加したままである．通常，終期と同時期に細胞質分裂が起こり，２つの一倍体娘細胞ができる．

減数第二分裂過程　減数第二分裂は本質的に有糸分裂と同じである．重要な違いは，減数第二分裂の場合，分裂の前に，間期での染色体の複製が起こらない点である．
　前期では紡錘体が形成され，染色体を動かす．中期では染色体は有糸分裂と同様に，各姉妹染色分体にはそれぞれ異なる極から伸びた紡錘体微小管が結合し，整列する．
　後期では，姉妹染色分体のセントロメア結合が解離し，姉妹染色分体が細胞の対極へと移動する．終期では核が細胞の対極に形成され，同時に細胞質分裂が起こる．その結果，それぞれ倍加状態にない単一の染色体をもつ４つの一倍体娘細胞が形成される．

149

まとめ：有糸分裂と減数分裂の比較

これまで真核生物の2つの様式の細胞分裂について述べてきた**(図8.15)**．有糸分裂は成長，組織修復，無性生殖をもたらすものであり，親細胞と遺伝的に同一の娘細胞が生じる．有性生殖に必要な減数分裂は，遺伝的にそれぞれ特異的な一倍体の娘細胞（各相同染色体対のうち，1本の染色体のみをもつ細胞）が生じる．

有糸分裂も減数分裂も，染色体は分裂前の間期に一度だけ複製される．有糸分裂では，核と細胞質の分裂が一度だけ起こり（複製し，半分に分け）2つの二倍体細胞が生じる．減数分裂では2回の核分裂と細胞質分裂が起こり（複製し，半分に分け，さらに半分に分け）4つの一倍体細胞が生じる．

図8.15は4本の染色体をもつ親細胞が，有糸分裂と減数分裂という2つの過程を経る様子を比較している．前述のように，相同染色体は同じ大きさとなっている（赤色染色体は母親由来であり，青色染色体は父親由来であると考えてほしい）．減数分裂に特異的な出来事のすべては減数第一分裂で起こっていることがわかる．減数第二分裂は姉妹染色分体を分けるという意味で，

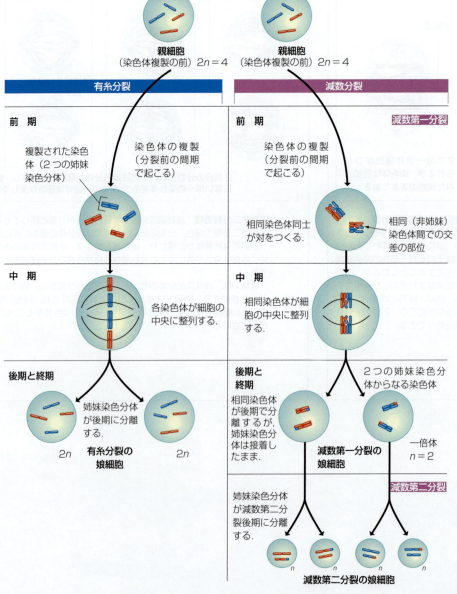

▶**図8.15 有糸分裂と減数分裂の比較**．減数分裂に特異的な出来事は減数第一分裂で起こる．前期では倍加した相同染色体が染色体の長軸に沿って並んで対をつくり，相同染色体の（姉妹染色分体ではない）染色分体の間で交差が起こる．中期では，（それぞれの染色体ではなく）相同染色体同士の対が細胞の中央に整列する．後期では相同染色体が分離する際，姉妹染色分体は接着したまま同じ極へと移動する．減数第一分裂が終わると，2つの一倍体細胞ができるが，細胞がもつ染色体にはまだ姉妹染色分体が2本ずつある．

本質的に有糸分裂と同じである．しかし，有糸分裂とは異なり，減数第二分裂で生じる娘細胞は一倍体の染色体しかもたない．
☑

遺伝的多様性の起源

先に議論したように，有性生殖によって生じる子は，親や他の子とは遺伝的に異なっている．減数分裂はそのような遺伝的な多様性をどうやって生み出すのだろうか？

染色体の自由な組み合わせ

図 8.16 は減数分裂が遺伝的多様性を生み出すしくみのうちの1つを図解している．この図には，減数第一分裂の中期に相同染色体がどのように整列するかが，生じる配偶子に与える影響について示している．ここでも相同染色体を色分けした（母親由来の染色体を赤色，父親由来の染色体を青色で示す）4本の染色体（2組の相同染色体対）をもつ仮想的な二倍体生物を例として用いる．

減数第一分裂の中期に相同染色体が整列するとき，それぞれの相同染色体対がどのように配置されるか，つまり赤色と青色の染色体が左右どちら側になって並ぶかは，偶然によって決まる．すなわち，この例では2通りの並び方が考えられる．可能性1では，どちらの染色体対も赤色染色体を同じ側にして並ぶ（青／赤，青／赤）．この場合，減数第二分裂を終えてつくられる最終的な配偶子は，赤色のみまたは青色のみの染色体をもつことになる（組み合わせ a と b）．可能性2では，染色体対は互いに異なる向きで整列する（青／赤，赤／青）．この配置の場合，配偶子は1本の赤色染色体と1本の青色染色体をもつことになる（組み合わせ c と d）．このように，図の例では2通りの整列配置の可能性があり，この生物がつくる配偶子がもつ染色体の組み合わせは4通りになる．ヒトのように，もっと多くの本数の染色体をもつ生物種の場合でも，すべての染色体対は減数第一分裂時にそれぞれ独立に配置される（X染色体と Y 染色体は，減数分裂時には相同染色体としてふるまう）．

すべての種において，配偶子がもち得る染色体の組み合わせの数は，一倍体数を n で表すと，2^n となる．図 8.16 に示した仮想生物の場合 $n = 2$ であることから，染

> 減数分裂：
> 有性生殖の基盤
>
> ☑ チェックポイント
> 有糸分裂も減数分裂もその前に染色体の倍加が起こる．この文は正しいか，誤っているか？
>
> 答：正しい．

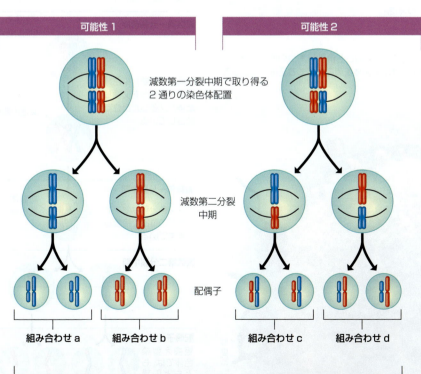

◀ 図 8.16 減数第一分裂中期での異なる染色体配置パターンとその結果．減数第一分裂中期での染色体の配置によって，一倍体配偶子がどのような組み合わせの染色体をもつかが決まる．

可能性1と可能性2は同等の確率で起こるので，この4通りの染色体組み合わせをもつ配偶子は同数つくられることになる．

**8章
細胞増殖：
細胞から細胞へ**

色体の組み合わせ総数は 2^2，つまり 4 となる．ヒト（$n = 23$）の場合，染色体の可能な組み合わせの数は 2^{23}，つまり 800 万にもなる！　これは，ヒトの配偶子はそれぞれ，800 万通りの母由来，父由来染色体の組み合わせのうちの 1 つをもつことを意味している．800 万通りのうちの 1 つの卵と，800 万通りのうちの 1 つの精子が受精するということは（図 8.17），ある男女からは 64 兆通りもの可能な染色体組み合わせのうちの 1 つをもつ受精卵がつくられるということである．

交　差

これまでは，配偶子や接合子がもつ全染色体レベルでの多様性について見てきた．ここでは**交差 crossing over**，すなわち減数第一分裂の前期に起こる，相同染色体対の非姉妹染色分体間に起こる相同な一部分の交換反応について見ていこう．図 8.18 は 2 本の相同染色体間での交差とその結果生じる配偶子を示している．交差反応が始まる減数第一分裂前期の早い時期に，相同染色体は互いの遺伝子の位置が正確に向かい合うように，長軸方向に沿って接した対をつくる．

非姉妹染色分体間，つまり母由来染色分体と父由来染色分体との間での染色体の一部分の交換により，有性生殖により生じる遺伝的多様性がさらに加わる．図 8.18 において交差がないならば，減数分裂により生じる配偶子がもつ染色体は両親がもつ染色体とまったく同一の，つまり青色だけか赤色だけの 2 種類しかないことになる（図 8.16 のように）．交差により，配偶子がもつ染色体は一部分が母由来，他の部分が父由来のものとなる．このような状態の染色体は遺伝的組換えの結果生じるため「組換え体」とよぶ．これにより，両親から受け継いだどちらの染色体とも異なる遺伝子組をもつ染色体ができる．

多くの染色体には数千もの遺伝子があるため，一度の交差が多くの遺伝子に影響を与えうる．1 対の相同染色体間で複数の交差が生じることを考えると，その結果生じる配偶子や子が非常に多様となることは不思議ではない．✓

☑ **チェックポイント**

配偶子の遺伝的多様性を生み出す減数分裂過程の 2 つの出来事は何か？また，それぞれ減数分裂のどの時期に起こるか？

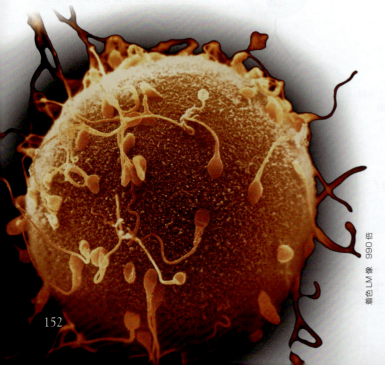

▼図 8.17　受精過程：拡大写真．これは多くのヒト精子が 1 つの卵に結合している様子である．ただ 1 つの精子だけが染色体を卵の中にもち込み，接合子をつくることができる．

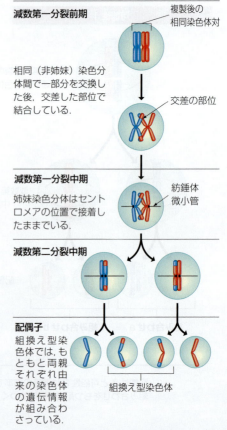

▼図 8.18　減数分裂における交差の結果生じる染色体．実際の細胞は複数対の相同染色体をもつため，配偶子の染色体の多様性は莫大なものとなる．

減数分裂：
有性生殖の基盤

有性と無性の生命　科学のプロセス

すべての動物に性があるか？

「生物学と社会」のコラムで述べたように，コモドオオトカゲは有性生殖も無性生殖も行う．無性生殖を行う動物は存在するが，無性生殖しか行わない動物は非常に少数である．実際，進化生物学者は無性生殖を進化における袋小路状態だと伝統的に見なしてきた（理由については章末の「進化との関係」のコラムで述べる）．

無性生殖が通常である例を調べるために，ハーバード大学の研究者はヒルガタワムシという動物の研究を行った（図8.19）．ヒルガタワムシ綱に含まれるのは顕微鏡レベルの大きさの淡水無脊椎動物であり，300以上の種がある．数百年以上もの観察の歴史があるにもかかわらず，誰ひとりとしてヒルガタワムシの雄や，ヒルガタワムシが有性生殖をしている証拠を見出していない．しかし，ヒルガタワムシにはごくまれに有性個体が存在する，あるいは雄がいても見た目では見分けられない可能性が残っていた．そこでハーバード大学の研究グループは次のような疑問をもった．この綱のすべての種が無性生殖のみで増えるのだろうか？

研究者たちはまず，ヒルガタワムシは数百万年もの間有性生殖をすることなしに生き長らえてきた，という仮説を立てた．では，どのようにしたらこの仮説を立証できるだろうか？　大部分の生物種では有性生殖時に起こる遺伝子の交換のため，相同染色体上にそれぞれある2つの遺伝子型は非常に類似している．研究者たちは，もしある種の生物が性なしの状態で数百万年も世代交代し続けているのであれば，相同な遺伝子にはそれぞれ独立にDNA配列の変化が生じて蓄積するため，2つの遺伝子の型は徐々にかけ離れたものになっていくはずだと推論した．この推論によって，ヒルガタワムシの相同遺伝子対は，他の多くの生物種の相同遺伝子に比べかなりの多様性を示しているはずだという予測が導かれた．

単純であるが卓越した実験によって，研究者たちはヒルガタワムシと他のワムシ類のある特定の遺伝子の配列を比較した．結果は衝撃的なものであった．有性生殖で増えるワムシでは，2つの相同遺伝子の型はほぼ同一であり，平均0.5％程度の違いしかない．これに対し，ヒルガタワムシの同じ遺伝子の2つの型には3.5〜54％もの違いがあった．これらのデータは，ヒルガタワムシが数百万年もの間，有性生殖をせずに進化してきたことを示す有力な証拠となった．

▼図8.19　ヒルガタワムシ．

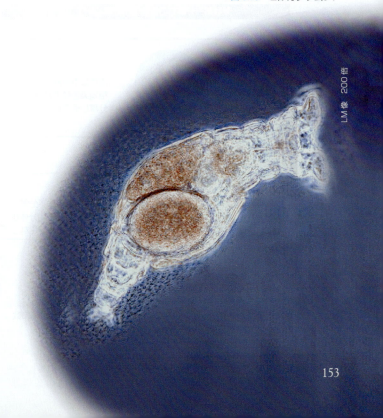

LM像　200倍

減数分裂の異常

これまで減数分裂が正常に，正しく行われる様子について見てきた．しかし，もしその過程にエラーが生じたら何が起こるのだろうか？　減数分裂過程で間違いが起こると，軽いものから重篤で致命的なものまで，さまざまな遺伝的異常が引き起こされる．

減数分裂での偶発的異常が染色体数を変え得る

ヒトの体内では減数分裂は精巣と卵巣において配偶子をつくるたびに繰り返し起こる．ほぼ毎回，染色体は娘細胞へと1つの失敗もなく分配される．しかし，ときには**染色体不分離 nondisjunction** とよばれる，染色体対が分裂後期に分離しないという不運に見舞われることがある．染色体不分離は減数第一分裂，第二分裂のどちらでも起こり得る（図 8.20）．どちらの場合にも染色体数が異常な配偶子がつくられる．

図 8.21 は染色体不分離によって生じた異常な配偶子が，正常な配偶子と受精した

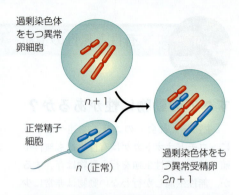

▲図 8.21　母体内での染色体不分離とその後の受精．

場合何が起こり得るかを示している．正常な精子と1本過剰な染色体をもつ卵細胞との受精では，接合子は全部で $2n+1$ 本の染色体をもつことになる．この異常は体細胞分裂で増える際そのまま複製されるため，すべての胚細胞に伝わる．もしその胚が生き残るとしても，異常な核型をもつことになり，多くの場合遺伝子の数の異常に起因する医学的な疾患を伴うだろう．☑

✓チェックポイント

減数分裂で染色体不分離によって2倍体配偶子が生じる過程を説明せよ．

答え：減数第一分裂で起きた場合，配偶子は全部2倍体になる．二次的に姉妹染色分体が分離せずに起これば，配偶子の50%が2倍体になる．

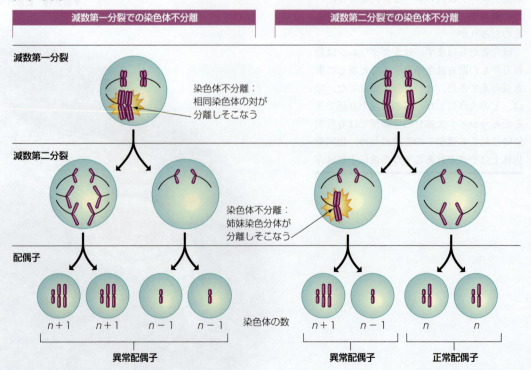

▼図 8.20　**2 種類の染色体不分離．** この図に示すどちらの例も，図の一番上にある細胞は2組の相同染色体対をもつ二倍体（$2n$）である．

ダウン症候群：21番染色体の過剰

図8.11には正常なヒトの総染色体，23対が示されている．これを図8.22の核型と比較してほしい．図8.22のほうはX染色体が2本ある（女性の細胞であるため）という違いの他に，21番染色体が3本あり，全部で47本の染色体をもっている．この状態を**21トリソミー** trisomy 21とよぶ．

多くの場合，染色体数が異常なヒト胚は自然流産となる．しかも，女性が妊娠したと気づく前に流産に至っていることが多い．実際，数字の妥当性の検証は難しいが，遺伝的な異常のための流産は全妊娠の4分の1にも及ぶと推測する医師もいる．しかし，染色体の数の異常の中には，遺伝子のバランスをそう大きくは崩さない場合もあり，そのような異常をもった個体は生き残り得る．そうした人々は通常，一連の特徴的な症状，つまり症候群を示す．21トリソミーをもつ人は**ダウン症候群** Down syndrome（この症候群を1866年に最初に記載した英国の医師，ジョン・ランドン・ダウン John Langdon Downの名を採って命名された）をもつという．

21トリソミーは700人に1人の割合でみられる最も一般的な染色体数の異常であり，米国における最も多い深刻な出生異常である．ダウン症候群の症状には特徴的な顔貌（しばしば，肉厚の二重まぶた，丸い顔，平らな鼻をもつ），低身長，心疾患，白血病およびアルツハイマー病への感受性の高さなどがある．ダウン症候群の人々は通常，健常者よりも寿命が短い．また，さまざまな発育遅延を示す．しかし，ダウン症候群を示す人であっても，中年期以降まで生き，社会的に成熟して，社会で十分に役割を果たす人もいる．まだ理由は定かではないが，ダウン症候群の発生率は母親の年齢が上がるとともに上がっていき，40歳では1%にもなる．そのため，35歳以上の母親は染色体の出生前検査の対象となっている（9章参照）．☑

性染色体数の異常

21トリソミーは常染色体の不分離により生じる．減数分裂での染色体不分離は性染色体であるX染色体やY染色体の数の異常も引き起こし得る．性染色体の数の異常は，常染色体の数の異常ほどには遺伝子のバランスに影響を与えないようだ．これは，Y染色体がとても小さく，比較的少ない数の遺伝子しかもたないためだと思われる．さらに，哺乳類細胞では1本のX染色体は不活性化されており，通常1本のX染色体だけが機能している状態にある

> 過少あるいは過多な染色体をもつことは致命的である．

減数分裂：有性生殖の基盤

▼図8.22 **21トリソミーとダウン症候群．** この子どもはダウン症候群の特徴的な顔貌を示す．下側パネルは核型で，21トリソミーであることを示している21番染色体が3本あることに注目してほしい．

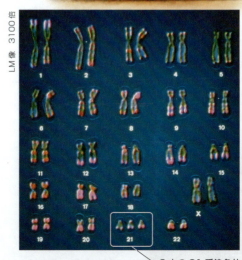

LM像 3100倍

— 3本の21番染色体

☑チェックポイント

エイズ（後天性免疫不全症候群）のような，「症候群」というのはどのような病状を意味するか？

答え：症候群は，特定の一連の徴候，症状を示す

表 8.1	ヒトの性染色体数の異常		
性染色体	症候群	染色体不分離の種類	集団頻度
XXY	クラインフェルター症候群（男性）	卵または精子形成時の減数分裂	1/2000
XYY	なし（正常な男性）	精子形成時の減数分裂	1/2000
XXX	なし（正常な女性）	卵または精子形成時の減数分裂	1/1000
XO	ターナー症候群（女性）	卵または精子形成時の減数分裂	1/5000

（11章参照）．

　表 8.1 は，最もよく見られるヒトの性染色体異常の一覧である．男性が余分な X 染色体をもち XXY となると，クラインフェルター症候群とよばれる状態となる．治療しないと，その男性は男性生殖器はもつものの精巣が異常に小さくなり，不妊となる．さらに，乳房が大きくなるなどいくつかの女性的な身体特徴を示すようになる．このような症状は性ホルモンであるテストステロンを投与することで軽減される．XXYY や XXXY, XXXXY といった 3 本以上の性染色体をもつクラインフェルター症候群の人もいる．

　Y 染色体を 1 本過剰にもつ男性（XYY）は特に明確な症状を示さないが，平均より身長が高くなる傾向がある．X 染色体を 1 本過剰にもつ女性（XXX）は，核型を調べない限り XX の女性と区別がつかない．

　X 染色体を 1 本欠く女性は XO と表記される（O は 2 本目の染色体がないことを意味する）．このような女性はターナー症候群となる．ターナー症候群の女性たちの多くは低身長であり，首から肩にかけて皮膚のたるみがある．また，正常な知能があるが不妊である．治療しないでいると，乳房や他の二次性徴が未発達となる．エストロゲンの投与により，こうした症状が軽減される．XO という状態は，ヒトにおいて 45 本しか染色体がないという状態が致命的ではない唯一の例である．

　Y 染色体がヒトの性決定に重要であることに気づいてほしい．一般的に，X 染色体の数にかかわらず 1 本の Y 染色体さえあれば，生物学的な「男性らしさ」を得るには十分である．Y 染色体がないと生物学的な「女性らしさ」が出てくる．✓

チェックポイント
常染色体数が異常な人よりも，性染色体の数が異常な人のほうが生き残りやすいのはなぜか？

答え：X 染色体は不活性化しやすく，また過剰のY染色体は比較的活性化されないから．

有性と無性の生命　進化との関連

性の利点

　本章を通じて，増殖との関連から細胞分裂について見てきた．「生物学と社会」のコラムで述べたコモドオオトカゲのように，多くの種（数十の動物種も含むが，そのほとんどは植物）は有性的にも無性的にも増殖できる（図 8.23）．無性生殖の利点は，パートナーを必要としないことである．したがって，生物が点在していて（たとえば孤島に生息しているなど），生殖相手と出会えないような環境では進化的に有利となる．さらに，ある生物が安定的な環境にきわめて適応している場合には，遺伝情報をそのままのかたちで伝え続けられる無性生殖は有利である．また，無性生殖では配偶子形成やパートナーとの交尾にエネルギーを割く必要がない．

　植物とは対照的に，ほとんどの動物は有性的に繁殖する．少数の，単為発生によって増えることのできる種や，「科学のプロセス」で述べたヒルガタワムシのような例外はある．しかし多くの動物は有性的な方法によってのみ増殖する．したがって，性は進化的な適応度を高めているに違いないが，どのようにして高めているのだろうか？　まだ確かな答えは得られていない．減数分裂と受精に伴って形成される遺伝子の組み合わせがそれぞれ特有のものになる

▼図 8.23　**有性生殖と無性生殖．**このイチゴのように，多くの植物は有性的（花をつけ果実をつくる）にも無性的（匍匐枝による）にも繁殖する能力をもつ．

匍匐枝

ことに着目し，多くの仮説が提唱されている．多様な遺伝子構成の子孫を生み出すことにより，有性生殖は変わり続ける環境にすばやく適応し，生存を高めることができているのかもしれない．あるいは，有性生殖の過程で遺伝子が混ぜ合わされることにより，有害な遺伝子を集団からより迅速に除去できるのかもしれない．しかし，いまのところ生物学の最も基礎的な疑問の1つである「なぜ性があるのか」については多くの研究が進行中であり，熱い議論がなされている．

減数分裂：
有性生殖の基盤

本章の復習

重要概念のまとめ

細胞増殖の役割

細胞分裂ともよばれる細胞増殖は，遺伝的に同一の娘細胞を生み出す．

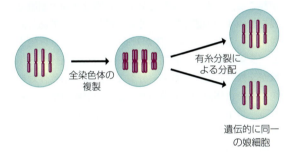

ある種の生物は増殖するために有糸分裂（通常の細胞分裂）を用いる．これは無性生殖とよばれ，単一の親とその子孫たちはいずれも遺伝的に同一である．多細胞生物も有糸分裂によって成長し，発生し，傷ついたり失われたりした細胞を入れ替え，補充している．精子と卵の細胞の融合という有性生殖によって増える生物は，減数分裂を行う．減数分裂は体細胞の半数の染色体をもつ配偶子を生み出す細胞分裂の一様式である．

細胞周期と有糸分裂

真核細胞の染色体

真核生物のゲノムは，核の中で複数の染色体に分かれて存在する．各染色体は多くの遺伝子が存在する1本の非常に長いDNA分子を含んでおり，DNAはヒストンタンパク質に巻きついている．1本1本の染色体は，細胞が分裂しようとする時期にのみ，折りたたまれて光学顕微鏡で見えるようになるが，他の時期はゆるく詰め込まれた細長いクロマチン繊維の状態となっている．

情報の流れ：染色体の複製

染色体は細胞活動の制御に必要な情報をもつため，複製し，娘細胞に分配する必要がある．細胞が分裂を開始する前に，染色体は複製され，セントロメアの部分で接着された2本の姉妹染色分体（同一のDNAを含む）がつくられる．

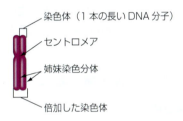

細胞周期

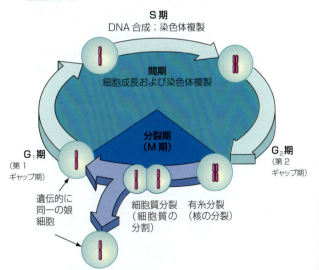

有糸分裂と細胞質分裂

　有糸分裂は前期，中期，後期，終期の4つの期に分けられる．有糸分裂の開始時に染色体は折りたたまれ，核膜が消失（崩壊）する（前期）．次に微小管からなる紡錘体が染色体を細胞の中央へと整列させる（中期）．姉妹染色分体が分離し，細胞の対極へと移動し（後期），2つの新しい核がつくられる（終期）．細胞質分裂は有糸分裂の終盤と重なる．動物細胞では，細胞質分裂は細胞を2つにくびり切る分割によって起こる．植物細胞では，膜状の細胞板が細胞を2つに仕切り分割する．有糸分裂と細胞質分裂によって，遺伝的に同一の細胞が生じる．

がん細胞：制御不能な分裂

　細胞周期を制御するシステムが誤作動すると，細胞は過剰に増殖し腫瘍をつくることがある．がん細胞は悪性腫瘍となり他の臓器へと浸潤（転移）し，宿主（がんを発症した個体）を死に至らしめることもある．外科手術によって腫瘍は取り除けるが，細胞分裂を阻害する放射線治療や化学療法も有効である．ある種のがんに対しては，生活様式を見直し，定期的に検査を受けることが，そのがんによる死亡リスクの低減に有効である．

減数分裂：有性生殖の基盤

相同染色体

　体細胞（身体をつくっている細胞）は生物種ごとに決まった数の染色体をもっている．ヒト細胞は23対の相同染色体からなる，46本をもつ．相同染色体対をつくる染色体同士は，同じ位置に，同じある形質に対応する遺伝子をもっている．哺乳類の雄はX染色体とY染色体をもち（これらは部分的にのみ相同である），雌は2本のX染色体をもつ．

配偶子と有性生物の生活環

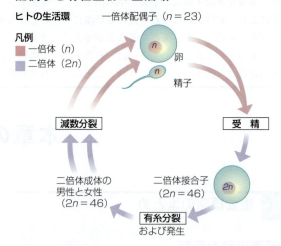

減数分裂の過程

　有糸分裂と同様，減数分裂も開始前に染色体の倍加が起こる．しかし，減数分裂では細胞は2回の細胞分裂を行い4つの娘細胞をつくる．最初の分裂である減数第一分裂は相同染色体が対をつくることから始まる．交差が起こり，相同染色体間で同じ染色体の一領域が交換される．減数第一分裂では，相同染色体対をつくる染色体同士が分離されて2つの娘細胞がつくられる．つまり，娘細胞は1組の（倍加した）染色体をもつことになる．減数第二分裂は基本的には有糸分裂と同じである．それぞれの細胞で各染色体の姉妹染色分体が分離する．

まとめ：有糸分裂と減数分裂の比較

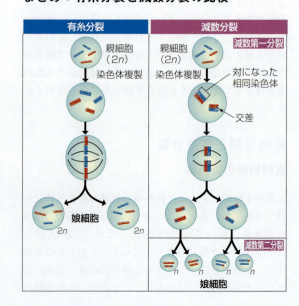

遺伝的多様性の起源

相同染色体対をつくる2本の染色体は両親から1本ずつ受け継がれたものであるため，それぞれがもつ遺伝子の多くは異なる型になっている．減数第一分裂中期に染色体対が並ぶ向きの組み合わせは多数あり，そのため卵と精子がもち得る染色体の組み合わせパターンは膨大なものになる．卵と精子が無作為に受精することにより多様性がさらに増す．また減数第一分裂前期に起こる交差も多様性をさらに増す要因となっている．

減数分裂の異常

染色体の数の異常による障害を抱えている人もいる．ダウン症候群は21番染色体を1本余計にもつことによって引き起こされる．染色体の数の異常は，減数第一分裂における相同染色体の分離の失敗または減数第二分裂における姉妹染色分体の分離の失敗という，染色体不分離の結果生じる．染色体不分離は，性染色体の過不足も引き起こすことがあり，さまざまな程度の障害をもたらすが，通常致命的にはならない．

セルフクイズ

1. ヒトにおける有糸分裂の機能ではないものは次のうちどれか？
   a. 傷の修復
   b. 成長
   c. 二倍体細胞からの配偶子の形成
   d. 失われたり傷ついたりした組織細胞の入れ替え
2. 有糸分裂によって生じた2つの娘細胞はどのような点が同一であるといえるか？
3. 間期に個々の染色体を見分けるのが難しいのはなぜか？
4. 生化学者が研究室で培養している細胞のDNA量を測定した．細胞内DNA量が倍加するのは次のうちいつか？
   a. 有糸分裂期の前期と後期の間
   b. 細胞周期の G_1 期と G_2 期の間
   c. 細胞周期のM期の間
   d. 減数分裂期の前期Ⅰと前期Ⅱの間
5. 核内でほぼ逆の変化が起こるのは有糸分裂期のどの2つの時期か？
6. 有糸分裂と減数分裂を比較した次の表の空欄を埋めよ．

	有糸分裂	減数分裂
a. 染色体が複製される回数		
b. 分裂の回数		
c. 生じる娘細胞の数		
d. 娘細胞の染色体数		
e. 分裂中期での染色体の整列の仕方		
f. 娘細胞と親細胞の遺伝的な同異		
g. ヒト体内での機能		

7. イヌの腸の細胞が78本の染色体をもつならば，イヌの精子細胞は＿＿本の染色体をもっているはずである．
8. マウスの分裂している細胞の写真には19本の染色体が写っており，それぞれ2本の姉妹染色分体からなっていた．この写真は減数分裂期のいつ撮られたものであるか，説明せよ．
9. 原発部位（腫瘍が最初に発生した部位）にとどまる腫瘍は＿＿とよばれ，他の組織へと移動していく細胞を含む腫瘍は＿＿とよばれる．
10. ショウジョウバエの二倍体の体細胞は8本の染色体をもっている．このことは，配偶子では＿＿通りの異なる染色体の組み合わせが可能であることを意味する．
11. 染色体不分離はどの染色体にも無作為に生じ得ることであるが，ダウン症候群を引き起こす21番染色体を1本余分にもつ人は，3番染色体や16番染色体を余分にもつ人よりも多い．これはどのように説明できるか？

解答は付録Dを見よ．

科学のプロセス

12. ラバはウマとロバの子である．ロバの精子は31本の染色体をもち，ウマの卵は32本の染色体をもつため，接合子は全部で63本の染色体をもつことになる．接合子は正常に発生する．こうした染色体組の組み合わせは有糸分裂には問題を生じず，ラバはウマとロバの優れた特性のいくつかをあわせもっている．しかし，ラバの精巣や卵巣では減数分裂が正常には起こらず，ラバは不妊である．ウマとロバの染色体をあわせもつ細胞の有糸分裂は正常であるのに，減数分裂が異常になる原因を説明せよ．
13. タマネギの根端切片のプレパラートを作製したところ，光学顕微鏡で下の写真のような状態が観察できた．四角で囲んだa〜dの細胞は，有糸分裂

期のどの時期にあるか？

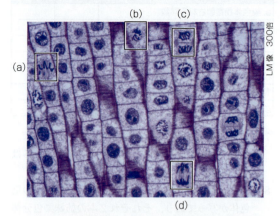

14. **データの解釈** 次のグラフは健常者の両親から生まれた子どものうちのダウン症候群の発生率を，母親の年齢ごとに示したものである．30歳未満の母親の場合，ダウン症候群の子どもが生まれるのは1000人の子どもあたり何人か？ 母親が40歳の場合は何人か？ 母親が50歳の場合は何人か？ 50歳の母親からダウン症候群の子どもが生まれる可能性は30歳の母親の何倍か？

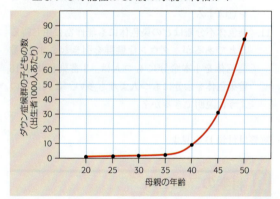

生物学と社会

15. 「生物学と社会」のコラムで述べたように，（絶滅危惧種も含め）いくつかの種では交尾なしの母性単為発生による繁殖が可能である．このことは絶滅危惧種の繁殖計画においてどのような意味をもつか？ また，雌性単為発生による繁殖はそれをする種の健康状態に対してどのような不利益な点があるか？

16. 米国では毎年，100万人もの人ががんになる．これは現在の米国人のうち7500万人がやがてがんになり，5人に1人はがんで死亡することを意味する．がんにも多くの種類があり，原因もさまざまである．たとえば肺がんのおもな原因は喫煙であり，皮膚がんのおもな原因は日光からの紫外線を過剰に浴びたことによる．高脂肪低食物繊維の食事は乳がん，大腸がん，前立腺がんの原因となることがわかっている．また，アスベストや塩化ビニルなどのような，仕事上被る特定物質もがんを引き起こすとされている．毎年数億ドルががん治療法開発費として使われているが，それに比べてがんの予防策に対してははるかに少額しか使われていない．このような実情になっているのはなぜだろうか？ 生活習慣をどのように変えればがん予防につながるだろうか？ そのような生活習慣の変化を促進するには，どのようながん予防プログラムが効果的だろうか？ こうした予防計画を妨げる要因としてはどのようなものが挙げられるか？ がんの治療または予防にもっと予算を割くべきだろうか？ あなたの意見を述べよ．

17. 米国やいくつかの先進国では，配偶子，とりわけ生殖能力のある女性からの卵の売買が商売として年々普及している．あなたはこのような取引に異議があるか？ あなたは自分の配偶子を売りたいと思うか？ いくらでなら売るか？ あなたが売買を望むかどうかは別にして，配偶子を売買することについて規制が必要だと思うか？

9 遺伝様式

なぜ遺伝学が重要なのか？

▲ あなたの母親の遺伝子は，あなたの性別決定にはかかわらない．

▼ 過去の近親婚のため，ヨーロッパの皇族には一般人に比べて血友病患者が多い．

▶ 環境が見た目に影響を与えるため，一卵性双生児でもすべてが同じにはならない．

章目次

遺伝学と遺伝　164
メンデルの法則のさまざまな例　176
染色体の挙動と遺伝　181

本章のテーマ

犬の品種改良

生物学と社会　最も長期間にわたる遺伝学実験　163
科学のプロセス　犬の毛並みを決める遺伝的な要因は何か？　174
進化との関連　犬の系統樹　184

犬の品種改良　生物学と社会

最も長期間にわたる遺伝学実験

　右下の写真のかわいらしい犬は純血種のキャバリア・キングチャールズ・スパニエルである．純血種のキャバリア同士を交配したら，この犬種の特徴である光沢のある毛なみ，優雅な長い耳，優しい目をもつ子が生まれることを期待するだろう．この期待が合理的であるのは，数代にわたる祖先の系譜がはっきりとわかっており，どの祖先も同様の遺伝的構成と外見をもつ純血種の犬だからである．純血種のキャバリア同士が似ているのは外観だけにとどまらない．一般的にキャバリアは活動的で従順でかわいらしく，優しい性格であり，人の相棒となる犬やセラピー犬に適した性質をもっている．このように純血種には行動にも類似性があるということは，犬の品種改良は身体的な特徴だけでなく個性も選べることを示唆している．キャバリアにはおもに4種類の毛色，すなわちブレナム（下の写真のような白と栗色．この色のキャバリア種の最初の繁殖地であった英国のブレナム宮殿にちなんで名づけられた），黒と褐色，深紅，3色（黒と白と褐色）があることから，純血種の中にもまだ，ある形質については多様性があることがわかる．

　純血種の犬は，犬が歴史的に人とかかわりが深かったというだけでなく，人類が行っている最も長期間の遺伝学的実験の生きた証である．（本章の最後に明らかになる）実験的事実から，人類はこれまで1万5000年以上にわたり，好ましい特徴をもつ犬を選び，交配させてきたと考えられる．たとえば，現代のほぼすべてのキャバリアは，その祖先をさかのぼると1952年にある犬のブリーダー（繁殖家）が米国から連れてきた1つがいにたどり着く．この2匹の祖先犬は，望ましい外見と性質をもっていたために選ばれた．同様の選択が，現代の犬の育種で行われてきた．数千年にわたりこのような遺伝的な操作を行い，大きくて従順なグレートデンから小さくて勇敢なチワワまで，さまざまな体格や行動様式をもつ現代の犬が生まれたのである．

　人類は数千年にわたり，食用作物（小麦や米，トウモロコシなど）や家畜（牛や羊，ヤギなど）に対して遺伝学を応用してきたが，その生物学的な原理は近代になって理解が進んだ．本章では，遺伝的な特徴が世代を越えて伝達される基本的な法則と，染色体の挙動（8章参照）によりこの法則がどのように説明されるかについて学んでいく．その過程で，特定の形質をもつ子孫が出現する割合の予測方法がわかるだろう．本章では，ところどころで犬の繁殖の問題に立ち返り，遺伝の原理について明解にしていく．

一番の友の品種改良． この写真のキャバリア・キングチャールズ・スパニエルのような犬種は，人類による最も長期間にわたり進行中の遺伝学的実験の1つである．

163

遺伝学と遺伝

遺伝 heredity とは，特定の形質がある世代から次の世代へと伝達されることである．遺伝に関する科学的な研究である．**遺伝学 genetics** はアウグスティノ修道会のグレゴール・メンデル Gregor Mendel（図 9.1）という修道僧が，エンドウ豆の育種により基本的な原理を導き出した1860年代に始まった．メンデルはオーストリアのブルン市（現在のチェコ共和国のブルノ市）の修道院で生活し，働いていた．ウィーン大学で物理学，数学，化学を修めたことから，メンデルの研究は実験的および数学的に非常に厳密で質の高いものであり，彼の成功の要因となった．

▲図 9.1 グレゴール・メンデル．

メンデルは1866年に出版された論文で，エンドウの紫色の花や丸い豆粒などの遺伝性の特徴が，個別の遺伝子（メンデルは「遺伝性因子」とよんだ）が親から子へ受け渡されることにより生じるものであるという正しい主張をしている（ダーウィンの『種の起源』が1859年に出版されてからわずか7年後にメンデルの論文が発表され，1860年代が近代生物学の発展の10年となったことは興味深い）．メンデルが論文の中で強調していることは，遺伝子がもつ個々の形質は一時的に混合したり，隠れたりすることがあっても世代を越えて維持され続ける，ということである．

きな利点は，エンドウの生殖をメンデルが厳密に管理できた点である．エンドウの花では，卵と精細胞を生産する器官である雌ずいと雄ずいが花弁にほぼ完全に覆われている（図 9.2）．そのため，通常は自然界でエンドウは自家受粉する．精細胞を含む花粉が雄ずいを離れると，すみやかに同じ花の卵を含む雌ずいの先端に受粉するためである．メンデルは他の花の花粉が雌ずいに達することのないように花に小さな袋をかけることで自家受粉を確実なものにできた．一方，メンデルが別の植物個体の花粉を用いて受精させる他家受粉を行いたいときには，図 9.3 で示される通りに手で受粉させることも可能であった．こうしてメンデルは，エンドウを自家受粉させるときも，他の株の花粉により他家受粉させるときも，つねに新たに生じる植物体の親株を確実に知ることができた．

メンデルが研究のために選んだ花の色などの個々の形質は，明確に区別できる2通りの形質が存在するものであった．さらに

アビー修道院の庭で

メンデルは栽培が容易で簡便に識別できる多数の変種が利用できたことから，エンドウを研究材料に選んだと思われる．エンドウのある変種は紫色の花をつけ，別の変種は白色の花をつける．花の色のように個体ごとに異なる遺伝性の性質を **形質 character** という．一方，紫色の花や白色の花といった，ある形質についての異なる特徴の1つひとつを（も）**形質 trait** という（訳注：日本語では character も trait も形質という用語があてられている）．

実験材料としてのエンドウの最も大

▼図 9.2 エンドウの花の構造．生殖器官である雄ずいと雌ずいを描くため，この図では花弁の1枚を除いている．

花弁
雄ずい（精細胞を生み出す花粉をつくる）
雌ずい（卵をつくる）

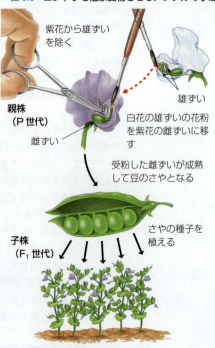

▼図 9.3 エンドウを他家受粉させるメンデルの手法．

紫花から雄ずいを除く
親株（P 世代）
雌ずい
雄ずい
白花の雄ずいの花粉を紫花の雌ずいに移す
受粉した雌ずいが成熟して豆のさやとなる
子株（F_1 世代）
さやの種子を植える

9章 遺伝様式

メンデルは，純系と確認できた植物体だけを研究に使用した．純系の株とは，自家受粉させたときに生じる子孫がすべて親株と同じ形質を示す株である．すなわち，メンデルは紫花の株の中から，自家受粉させたときに生じる子孫の株がすべて紫花をつける株を純系と認めて実験に用いたのである．

以上の条件を満たしたことより，メンデルは異なる純系の変種同士を交配させたときに何が起こるか厳密に検討することができるようになった．たとえば，図 9.3 に示すように，紫花の株に白花の株を他家受粉させたとき生じる子孫はどのような花をつけるだろうか？ 2 つの異なる純系の個体の交配から生じる個体を**雑種 hybrid** とよび，他家受粉のような交配方法を遺伝的**交雑 cross** という．このときの親株を **P 世代 P generation** といい，これから生じる第 1 世代の交雑種は **F_1 世代 F_1 generation**（F はラテン語で「息子」または「娘」を意味する *filial* の略）とよばれる．さらに F_1 の植物体を，自家受粉または F_1 株同士で受粉させた結果生じる第 2 世代の株を **F_2 世代 F_2 generation** という．☑

メンデルの分離の法則

メンデルは多くの実験を行って，花の色などの 2 通りの形質を示す遺伝性の形質を追跡した（図 9.4）．この結果からメンデルは遺伝に関するいくつかの仮説を打ち立てた．メンデルの実験内容を検討し，メンデルが仮説に到達した論理的思考を追ってみよう．

▼図 9.4 **メンデルが研究したエンドウの 7 つの形質**．それぞれの形質は，以下に示す 2 通りの形態として現れる．

遺伝学と遺伝

☑ チェックポイント

メンデルの研究にとって純系のエンドウの作出が，なぜ決定的に重要だったのか？

答え：純系の株を用いていることで，交雑の結果の表現型の特徴が位置する植物の遺伝子型を推測することが可能となり，実験を厳密に実施できるようになるから．

9章 遺伝様式

1 遺伝子交雑

図 9.5 に示すのは，純系の紫花のエンドウと純系の白花のエンドウとの交配である．このように，親株の形質の1つだけ（この場合は花の色）を指標に行う株同士の交配を **1遺伝子交雑 monohybrid cross** という．メンデルは，この場合 F_1 世代の株がすべて紫花をつけることを観察した．それでは，白花の遺伝性因子は交雑の結果失われてしまったのだろうか？ F_1 世代の株同士を交配させることにより，メンデルはこの答えが「ノー」であることを見出した．F_2 世代の929株の中で，約 3/4 の705株が紫花，約 1/4 の224株が白花をつけたことから，白花1株に対して紫花3株の割合で出現する，つまり紫花と白花の比率が3：1となることがわかった．メンデルは，白花の遺伝子は F_1 世代の株の中で消失したわけではなく，紫花の遺伝性因子が存在するときにはなんらかの理由で隠されていると結論づけた．さらにメンデルは，F_1 世代の株は花の色という形質に関する遺伝性因子を2つ保有し，一方が紫花の因子でもう一方が白花の因子であると推論づけた．以上の実験結果から，メンデルは4つの仮説を立てた．

1. **遺伝性の形質を決定する基本単位である遺伝子には複数の型が存在する．** たとえば，エンドウの花の色を決定する遺伝子には紫花を指定する型と，白花を指定する型がある．このような遺伝子の型を **対立遺伝子**[*1] **allele** という．

2. **各々の遺伝性の形質について，生物は両親から1つずつ受け継ぐ2つの対立遺伝子をもつ．** これらの対立遺伝子は同一の場合もあれば，異なる場合もある．ある遺伝子についてある個体が2つの同一な対立遺伝子をもつとき，この遺伝子について **ホモ接合 homozygous** であるといい，この個体をホモ接合体という．ある個体が2つの異なる対立遺伝子をもつとき，この遺伝子について **ヘテロ接合 heterozygous** であるといい，この個体をヘテロ接合体という．

3. **2つの異なる対立遺伝子を受け継いでいるとき，その個体の形質を決定しているほうを優性対立遺伝子**[*2] **dominant allele** といい，個体の形質に明確な影響を与えないほうを **劣性対立遺伝子**[*2] **recessive allele** という．優性の対立遺伝子を表すときには（P のように）斜体の大文字を用い，劣性の対立遺伝子を表すときには（p のように）斜体の小文字を用いる．

4. **1対の対立遺伝子は配偶子の形成過程で分離するため，各々の遺伝性形質に関して精細胞と卵は対立遺伝子を1つだけもっている．** これは **分離の法則 law of segregation** として知られている．精細胞と卵が受精によって融合すると，それぞれから対立遺伝子がもち込まれ，子孫の個体は1対の対立遺伝子をもつ状態に戻る．

図 9.6 に描くメンデルの分離の法則は，図 9.5 の遺伝様式を説明している．メンデルの仮説によると，F_1 世代の株では配偶子の形成過程で対立遺伝子が分離し，半数の配偶子が紫花の対立遺伝子（P）を受け継ぎ，残りの半数の配偶子は白花の対立遺伝子（p）を受け継ぐことが予測される．F_1 株同士の受粉では配偶子はランダムに融合する．紫花の対立遺伝子（P）をもつ卵は，紫花の対立遺伝子（P）をもつ精細

*訳注1：「対立遺伝子」という表記については，本来は多様なものの一つなので，"対立" という語から生じる誤解を避けるため，「アレル」という用語を使用することも推奨されている．

*訳注2：「優性」「劣性」という表記については，対立遺伝子やその表現型に優劣があるとの誤解を生じることを避けるため，それぞれ「顕性」「潜性」という用語を使用することも推奨されている．

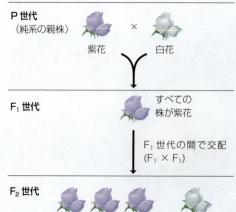

▼図 9.5 **1つの形質（花の色）に関するメンデルの交配実験．** F_2 世代では紫花と白花が3：1の割合で出現する．

▼図9.6 分離の法則.

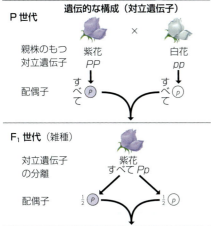

胞および白花の対立遺伝子（*p*）をもつ精細胞と同じ確率で受精する（すなわち，*P*卵は*P*精細胞または*p*精細胞のどちらかと融合する）．白花の対立遺伝子をもつ卵についても同様である（*p*卵は*P*精細胞または*p*精細胞のどちらかと融合する）ことから，合計で4通りの精細胞と卵の組み合わせが同じ確率で生じることになる．

図9.6の一番下にある図式は**パネットスクエア** Punnett square とよばれ，図9.5で示される交配様式について，4通りの配偶子の組み合わせと結果として生じるそれぞれの子孫の形態を見やすいかたちで表したものである．各々の四角形には，同じ確率で生じる受精の結果が描かれている．たとえば，パネットスクエアの右上の四角形には，*p*精細胞と*P*卵の受精の結果生じる個体の遺伝的組み合わせが示されている．

パネットスクエアに従うと，このF_2世代の花の色はどのようになるだろうか？全体の1/4は紫花を指定する対立遺伝子を2つもち（*PP*），これらが紫花をつけることは明らかである．F_2世代の1/2（2/4）の株は，F_1世代の株と同様に1つの紫花の対立遺伝子と1つの白花の対立遺伝子をもつことから（*Pp*），これらの株は優性形

質である紫色の花をつける（注：*Pp*と*pP*は等価であり，このような場合は*Pp*と表記する）．残りの1/4の株は2つとも白花を指定する対立遺伝子を受け継いでいる（*pp*）ことから，この劣性の形質が表れることになる．このように，F_2世代に観察された3：1の比率は，メンデルのモデルにより説明することができる．

遺伝学者は，生物の物理的な外観（紫花や白花など）を**表現型** phenotype とよび，それをつくる遺伝的構成（例：*PP*, *Pp*, *pp*）を**遺伝子型** genotype とよんで区別している．図9.5では表現型だけが示されているのに対し，図9.6では交配例についての表現型と遺伝子型の両方が示されている．F_2世代の紫花の株と白花の株の出現比率（3：1）は，表現型比率とよばれる．このときの遺伝子型比率は，1（*PP*）：2（*Pp*）：1（*pp*）である．

メンデルは観察した7つの形質がすべて同一の遺伝様式に従うことを見出した．すなわち，一方の親の形質がF_1世代では消失し，F_2世代で1/4の株だけに再び出現した．これはメンデルの分離の法則，すなわち，配偶子の形成過程で対立遺伝子の対が分離し，受精時の配偶子の融合により対立遺伝子が再び対となることで説明できる．メンデルの時代以降の研究により，ヒトを含む有性生殖を行う生物すべてについて分離の法則が適用できることが明らかになった．

対立遺伝子と相同染色体

メンデルの実験について検討を続ける前に，染色体についての理解（8章参照）と，私たちが本章で議論してきた遺伝学とがどのように結びつくのか考えてみよう．

▼図9.7 **対立遺伝子と相同染色体の関係．** 対応する座位にある同色の帯は，相同染色体は全長にわたって同じ位置に同じ遺伝子の対立遺伝子が存在することを示している．

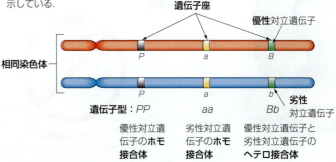

9章 遺伝様式

☑ チェックポイント
1. 異なる型の遺伝子を＿＿＿という．2つの遺伝子の型が一致しているとき，その個体を何とよぶか？また遺伝子の型が一致していないとき，その個体を何とよぶか？
2. 2株の植物が同一の遺伝子型をもつ場合，必ず同じ表現型を示すことになるか？また2株が同じ表現型を示す場合，必ず同じ遺伝子型をもつことになるか？
3. あなたはすべての形質について2つの対立遺伝子をもっている．この2組の対立遺伝子の由来は何か？

答え：1. 対立遺伝子；ホモ接合体；ヘテロ接合体 2. そうなる（独立の条件下で）；そうとは限らない 3. 対立遺伝子の1組は母親由来で，もう1組は父親由来である．

図 9.7 は，同一の遺伝子についての対立遺伝子が乗っている，相同染色体の対を示している．エンドウやヒトなどの二倍体の個体は対をなす相同的な染色体をもつことを思い出してほしい．各々の染色体の対の一方はその生物の雌親から受け継いだものであり，もう一方は雄親に由来するものである．図 9.7 の染色体上のバンドはある遺伝子の**遺伝子座 locus**（複数形：loci），つまりある遺伝子が染色体上のどの位置にあるかを示している．メンデルの分離の法則と相同染色体との関連性，すなわち，遺伝子の異なる型である対立遺伝子は，相同染色体の同一の座位に位置していることがわかるだろう．2本の相同染色体が1つの座位に同じ対立遺伝子をもつこともあれば，異なる対立遺伝子をもつこともある．言い換えれば，ある生物個体が特定の座位の遺伝子についてホモ接合であることもあれば，ヘテロ接合であることもある．本章の後半でまた，メンデルの法則の基盤としての染色体についての話題に戻ろう．☑

メンデルの独立の法則

花の色に加え，メンデルはエンドウの種子のかたち（丸型かしわ型か）および種子の色（黄色か緑色か）という形質についても研究を行った．メンデルのエンドウのかたちは丸型またはしわ型であり，色は黄色または緑色であった．これらの形質について，1遺伝子交雑を行うことにより，メンデルは丸型の対立遺伝子（Rで表す）はしわ型の対立遺伝子（r）に対して優性であり，黄色の種子の対立遺伝子（Y）は緑色の種子の対立遺伝子（y）に対して優性であることを確認した．それでは，2つの形質が異なる親株を交配する**2遺伝子交雑 dihybrid cross** を行ったとき，子孫の形質はどうなるだろうか？

メンデルは丸型黄色の種子をもつホモ接合体の株（遺伝子型 $RRYY$）を，しわ型緑色の種子をもつ株（$rryy$）と交配させた．図 9.8 に示すように，P世代から生じた RY 配偶子と ry 配偶子の融合により，両方の形質についてヘテロ接合な雑種，すなわち2遺伝子交雑種（$RrYy$）が生じた．予想された通りすべての F_1 世代株が（それぞれの形質について優性である）丸型黄色の種子をつけた．それでは，この2つの形質は親から子へと一括して受け渡されたのだろうか，それともそれぞれの形質が独立して遺伝したのだろうか？

メンデルがこの F_1 世代の株の間で交配を行ったときに，この疑問に対する答えが

▼図 9.8　**2遺伝子交雑における遺伝子の分配に関する対立仮説の検証**．仮説Bのみがメンデルの実験データにより支持された．

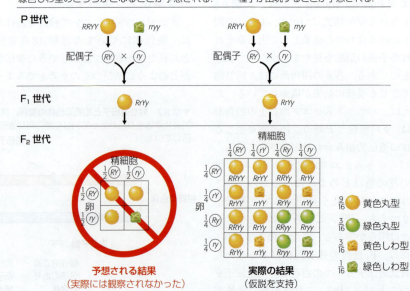

(a) 仮説：従属分配
F_2 世代の株の種子は，親株と同様に，黄色丸型か緑色しわ型のどちらかとなることが予想される．

(b) 仮説：独立分配
F_2 世代の株には，4通りの形質の種子が出現することが予想される．

168

得られた．もし，2つの形質に関する遺伝子が一括して遺伝したならば**（図9.8a）**，このF_1雑種の株はP世代の株から受け取ったのと同一の2種類の配偶子だけ（*RY*と*ry*）をつくるだろう．この場合は**図9.8a**のパネットスクエアに示す通り，F_2世代の表現形は3：1の出現比率（しわ型緑色の種子をつける1株に対して，3株の丸型黄色種子の株）となるだろう．もし2つの種子の形質が独立して伝わるのであれば，F_1世代には*RY, Ry, rY, ry*の4通り遺伝子型をもつ配偶子が，同じ数だけ生じることになる．**図9.8b**のパネットスクエアが示すのは，4種類の精細胞と4種類の卵の融合によって生じるF_2世代株の対立遺伝子のすべての可能な組み合わせである．このパネットスクエアを検討することにより，F_2世代には9通りの異なる遺伝子型が存在することがわかる．この9通りの遺伝子型から，4通りの異なる表現型が9：3：3：1の割合で出現することになる．

図9.8bのパネットスクエアでは2遺伝子交雑は，同時に2つの1遺伝子交雑が起こることと等価であることも示されている．9：3：3：1の出現比率から，F_2世代には丸型種子の株が12に対し，しわ型種子の株が4あり，黄色種子の株が12に対し緑色種子の株が4あることが読み取れる．12：4という比率は3：1と同値であり，1遺伝子交雑によるF_2世代の出現比率と同一である．メンデルは，エンドウの7つの形質について，さまざまな2遺伝子交雑種の組み合わせについて実験を行い，つねに9：3：3：1の比率でF_2世代の表現型が出現する（または同時に2つの3：1の比率が出現する）ことを観察した．以上の結果は，「個々の対立遺伝子の対は，配偶子形成過程で他の対立遺伝子の対とは独立して分配される」という仮説を支持した．すなわち，ある形質の遺伝は他の形質の遺伝に影響を与えないのである．この仮説は，**独立の法則** law of independent assortment とよばれる．

独立の法則の別の例として犬の繁殖実験についての**図9.9**を検討してみよう．ラブラドールレトリーバーの黒毛とチョコレート色毛および正常視力と進行性網膜萎縮症（PRA）による盲目という2つの遺伝性形質は別々の遺伝子により支配されている．黒毛のラブラドールレトリーバーは少なくとも1つの*B*とよばれる対立遺伝子をもつ．*B*対立遺伝子は，*b*対立遺伝子に対して優性であり，*bb*の遺伝子型をもつ犬のみがチョコレート色毛になる．一方，PRA

▼**図9.9 独立分配するラブラドールレトリーバーの遺伝子．**
遺伝子型が空欄である箇所は，優性，劣性のどちらの対立遺伝子でも当てはまる．

(a) ラブラドールレトリーバーの表現型

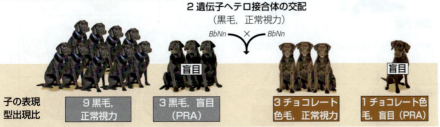

(b) ラブラドールレトリーバーの2遺伝子交雑

9章
遺伝様式

を発症する対立遺伝子 n は、正常視力に必要な対立遺伝子 N に対して劣性である。そのため、遺伝子型が nn の犬だけが PRA のため盲目となる。2匹の二重ヘテロ接合体（$BbNn$）のラブラドールレトリーバーを交配させたとき（図9.9 下部），F_2 世代の犬の表現型の出現比は 9：3：3：1 となる。この結果は、図9.8 の F_2 世代の結果と類似しており、毛皮の色の遺伝子と PRA 遺伝子が独立に遺伝することを示している。✓

検定交雑による遺伝子型の決定

あなたのラブラドールレトリーバーがチョコレート色毛ならば、図9.9 によりチョコレート色毛の表現型を示す対立遺伝子の組み合わせは1通りしかないため、あなたの犬の遺伝子型は間違いなく bb 型であるということができる。しかし、あなたのラブラドールが黒毛だったらどうだろうか？可能性のある遺伝子型は BB 型と Bb 型の2通りであり、外見から正しく見分ける方法はない。遺伝子型が不明で優性の表現型を示す個体（この場合あなたの黒毛のラブラドール）を劣性のホモ接合の個体、この場合は bb のチョコレート色毛のラブラドールと交配させる、**検定交雑 testcross** を行うことにより遺伝子型を調べる方法が

ある。

図9.10 では、こうした検定交雑により生まれる可能性のある子犬について示している。左のように黒毛の親犬の遺伝子型が BB の場合、遺伝子型 BB と bb の間の交配によって生じる子犬の遺伝子型は Bb だけであるから、子犬はすべて黒毛となることが予想される。一方、黒毛の親犬の遺伝子型が Bb ならば、子犬には、黒毛（Bb）とチョコレート色毛（bb）の両方がいると予想される。このように、子犬の外見から親犬の遺伝子型を推定することができる。✓

遺伝の確率の法則

メンデルの数学的素養が遺伝学の研究に生かされた。その一例としてメンデルは、コイン投げやサイコロの出目やトランプのカード引きなどと同様に、遺伝的な交配も確率の法則に従うことを理解していた。私たちがコイン投げから学ぶことのできる重要なことは、コイン投げによって表の出る確率はどの一投もすべて 1/2 ということである。続けて5回表が出た後でも、次にコインを投げて表が出る確率は依然として 1/2 である。つまり、それまでのコイン投げでどのような結果が得られていようと、特定の1回のコイン投げの結果に影響を及ぼすことはない。1回1回のコイン投げは

✓ チェックポイント
図9.9を見てほしい。黒毛とチョコレート色毛のラブラドールレトリーバーの比率は何対何か？通常視力と盲目の比率は何対何か？

答え：3：1、3：1

✓ チェックポイント
チョコレート色毛のラブラドールと、遺伝子型が不明な黒毛のラブラドールを交配させたところ黒毛の子犬が3匹生まれた。この場合、親の黒毛犬の遺伝子型はわかるか？

答え：わからない。遺伝子型が BB であれ Bb であれ，たまたま子犬が3匹とも黒毛である可能性があるからである。

▼**図9.10 ラブラドールレトリーバーの検定交雑.** 黒毛のラブラドール犬の遺伝子型を決定するために、チョコレート色毛のラブラドール犬（劣性ホモ接合体、bb）と交配させる。子犬がすべて黒毛ならば、黒毛の親犬の遺伝子型は（BB）である可能性が高い。子犬の半数がチョコレート色毛であれば、黒毛の親犬はヘテロ接合体（Bb）と決定できる。

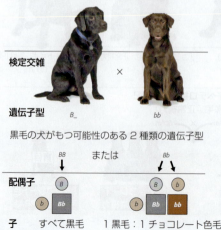

▼**図9.11 ランダムな対立遺伝子の分配と受精.** ヘテロ接合体（Bb）が配偶子をつくる際、対立遺伝子の精子と卵への分離状況は、2枚のコインをそれぞれ投げたときと同様の2件の独立事象である。

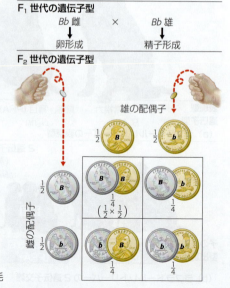

独立の事象なのである．

2つのコインを同時に投げた場合でも，それぞれのコインの表裏は独立の事象であり，もう1枚のコインには影響されない．ではコインが2枚とも表が出る可能性はどのくらいだろうか？ このような2つの事象が起こる確率は，独立の事象に関するそれぞれの確率の積であり，コイン投げについていえば，$1/2 \times 1/2 = 1/4$となる．この法則を**乗法法則** rule of multiplicationという．図9.11に示すように，独立した事象が起こる遺伝学についても，コイン投げと同様にこの法則を適用することができる．図9.11でのラブラドールレトリーバーの2遺伝子交雑では（図9.9参照），F_1世代の犬の毛色に関する遺伝子型はBbであった．それでは，F_2世代の子犬がbb型の遺伝子型をもつ確率はどのように計算できるだろうか？ 子犬の遺伝子型がbbとなるためには，精子と卵の両方が対立遺伝子bをもつ必要がある．遺伝子型Bbの雌犬の卵が対立遺伝子bをもつ確率は$1/2$であり，Bb型の雄犬の精子が対立遺伝子bをもつ確率も同様に$1/2$である．乗法法則により，受精により2本の対立遺伝子bが一緒になる確率は$1/2 \times 1/2 = 1/4$となる．これはまさに，図9.11のパネットスクエアから得られる数値である．すなわち，両親の遺伝子型がわかっていれば，子孫の間に現れるすべての遺伝子型の出現確率を予測することができる．メンデルの分離の法則と独立の法則について確率の法則を適用することにより，少々複雑な遺伝学的問題も解くことができる．☑

家系図

多くのヒトの形質の遺伝に関してもメンデルの法則を適用することができる．図9.12には，単一の遺伝子により単純に優性・劣性の形質が決定されていると考えられる3つのヒトの形質について，それぞれ2通りの表現型が描かれている（瞳や毛髪の色などのヒトの形質の多くについては，その遺伝的基盤がもっと複雑で詳細が不明である）．このような遺伝子の優性対立遺伝子をAとすると，優性の表現型はホモ接合型AAまたはヘテロ接合型Aaのいずれかにより生じている．一方，劣性の表現型はつねにホモ接合型aaにより生じる．遺伝学的な優性という用語には，劣性の表現型に比較して正常または自然界でより普遍的という意味はない．すなわち，自然界で最も普遍的に見られる**野生型** wild-type traitは優性の対立遺伝子により指定されているとは限らない．遺伝学上の優性とは，優性の対立遺伝子を1コピーしか保持していないヘテロ接合体（Aa）が，優性の表現型を示すことである．これに対して，対応する劣性の対立遺伝子の表現型は，ホモ接合体（aa）にしか現れない．ある集団の中で，劣性の形質が優性の形質よりも普遍的であることも起こり得る．そ

✓チェックポイント

52枚のトランプのカードからエースを引く確率は？ エースまたはキングを引く確率は？ 2枚続けてエースを引く確率は？

（答え：1/13（4枚のエースと52枚のカード）；2/13（4/52 + 4/52）；4/52 × 3/51（1枚引いた後のエースのカードは3枚の51枚の引いたカード）= 0.0045または1/221）

◀図9.12 単一の遺伝子により支配されるヒトの遺伝形質の例．

優性形質

そばかすあり　　富士額　　福耳

劣性形質

そばかすなし　　まっすぐな生えぎわ　　貧乏耳

9章
遺伝様式

ばかすがない人のほうが，そばかすのある人よりも多いのもその一例である．

ヒトの特定の形質の遺伝様式について，どうすれば調べることができるだろうか？エンドウやラブラドールレトリーバーを対象とした研究では，検定交雑を行うことができる．しかし，ヒトを研究対象としている遺伝学者は，当然ながら研究対象のヒトの交配を管理することはできない．その代わりとして，遺伝学者はすでに行われた交配の結果を分析するしかない．そこで，遺伝学者はまず対象とする形質について家族歴に関する情報を可能な限り収集する．次に収集した情報を統合して，**家系図 pedigree** を作成する（競走馬や品評会優勝犬などの純血種の動物に関する血統書を連想するかもしれないが，家系図はそれと同様にヒトの交配の結果を示している）．遺伝学者は，メンデルの法則を用いて論理的に家系図を分析する．

図9.13の例についてこの分析法を適用してみよう．図9.13には福耳（耳たぶが垂れ下がっている）と貧乏耳（耳たぶが垂れ下がっていない）について追跡した家系図が示されている．大文字の F は福耳を指定する優性の対立遺伝子を示し，小文字の f は貧乏耳を指定する劣性の対立遺伝子を示す記号である．一般に，家系図では□は男性を示し，○は女性を示す．さらに，色のついた記号（■と●）は，研究対象としている形質（この場合は貧乏耳）を有する人を示し，白抜きの記号はその形質をもたない人（この場合は福耳の人）を示す．追跡調査した家系の中で最も上の世代は家系図の最上段に，最も若い世代が下段に描かれる．ケビンは，両親（ハルとアイナ）が貧乏耳ではないのに貧乏耳となっていることから，メンデルの法則の適用により，貧乏耳を指定する対立遺伝子が劣性であると推定できる．そこで，家系図中の貧乏耳の人（■と●）はすべて劣性のホモ接合体（ff）として標識することができる．

さらに，メンデルの法則を適用することにより，家系図中のほとんどの人の遺伝子型を推定することができる．たとえばハルとアイナは，貧乏耳の子どもに対立遺伝子 f を伝えていることから，福耳を指定する対立遺伝子 F とともに対立遺伝子 f を保有している（Ff）はずである．アーロンとベティについても同様に，2人とも福耳でありながらフレッドとゲイブは貧乏耳であることから，遺伝子型（Ff）を有していると考えられる．これらの例では，メンデルの法則と単純な論理によって遺伝子型を決定できる．

ただし，家系図の全員の遺伝子型を推定できるわけではない．たとえば，リサは少なくとも1コピーの対立遺伝子 F を保有していることは確実だが，FF の可能性も Ff の可能性もある．入手できるデータだけでは，この2つの可能性から絞り込むことはできない．おそらく，さらに子孫についての情報が得られればいまは謎である部分が明らかになるだろう．☑

▼図9.13 **福耳と貧乏耳の遺伝に関する家系図．**

第1世代（祖父母）
アーロン Ff ／ ベティ Ff ／ クリータス Ff ／ デビー Ff

第2世代（父母，叔父叔母）
イブリン FF または Ff ／ フレッド ff ／ ゲイブ ff ／ ハル Ff ／ アイナ Ff ／ ジュリア ff

第3世代（兄弟姉妹）
ケビン ff ／ リサ FF または Ff

女性　男性
● ■ 貧乏耳
○ □ 福耳

表9.1　ヒトの常染色体異常

病　名	おもな症状
劣性の疾患	
色素欠乏症	皮膚，毛髪，虹彩の色素欠乏
嚢胞性線維症	肺・消化管・肝臓の過剰な粘液，感染症への感受性，治療せず放置すると小児期に死亡する
フェニルケトン尿症（PKU）	血中フェニルケトンの蓄積，皮膚色素の欠乏，治療せず放置すると知能低下となる
鎌状赤血球症	鎌状の赤血球細胞，多種類の組織損傷
テイ・サックス病	脳細胞への脂質蓄積，知能低下，失明，小児期に死亡
優性の疾患	
軟骨形成不全症	低身長症
家族性アルツハイマー病	知能低下，多くは晩年に発症する
ハンチントン病	知能低下，制御できない身体の動き，中年期に発症する
高コレステロール血症	過剰な血中コレステロール，心臓病

単一の遺伝子に起因するヒトの疾患

表9.1 に記載されているヒトの遺伝性疾患は，単一の遺伝子の制御により，優性または劣性の形質として遺伝することが知られているものである．これらの遺伝性疾患はメンデルによるエンドウの研究と同様の単純な遺伝様式を示す．この疾患を引き起こす遺伝子は，性染色体（XとY）以外の染色体である常染色体に位置している．

劣性の遺伝性疾患

大部分のヒトの遺伝性疾患は劣性である．その深刻さについては比較的障害の少ないものから，生死にかかわるものまでさまざまである．劣性の遺伝性疾患をもつ人々の大部分は，正常なヘテロ接合体の両親から生まれる．このように，ある遺伝性の疾患に関して見かけ上は正常であるが，劣性の対立遺伝子を保有している人を**キャリアー** carrier という．

キャリアー同士の結婚から生まれる子どものうち，この疾患を発症する子どもの割合はメンデルの法則により予測することができる．劣性の対立遺伝子による遺伝性難聴の遺伝様式について考えてみよう．2人のヘテロ接合体キャリアー（Dd）の夫婦が1人の子どもをもつとして，その子どもが難聴となる確率はどれだけあるだろうか？　図9.14 のパネットスクエアが示す通り，キャリアー同士の夫婦の子どもが2コピーの劣性対立遺伝子を受け継ぐ確率は1/4である．すなわち，この夫婦の子どものおよそ4人に1人が難聴になると考えられる．さらに，この夫婦の子どものうち正常聴力の子どもの2/3がキャリアーとなることが予想される（すなわち，正常な表現型の子どものうち平均して3人に2人がDdの遺伝子型をもつことになる）．このような家系図分析と予測法は，単一の遺伝子座に支配されるすべての遺伝性形質に適用することができる．

米国で最も普遍的な致死性の遺伝性疾患は**嚢胞性線維症** cystic fibrosis である．米

▼図9.14　両親が劣性の遺伝性疾患のキャリアーのときの予想される子どもの形質．

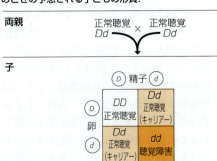

✓チェックポイント

野生型の形質とは何か？

答え：自然集団において最も一般的な形質．

9章
遺伝様式

国には約3万人の患者が存在し，米国人のおよそ31人に1人が囊胞性線維症の劣性対立遺伝子キャリアーである．この対立遺伝子を2コピーもつ人が肺・膵臓などの臓器から非常に濃厚な粘液を過剰に分泌するという症状をもつ囊胞性線維症を発症する．この粘液が呼吸・消化・肝機能を妨げ，患者はたびたび細菌感染を引き起こすようになる．この致死性の疾患を根治することはできないが，特別食の摂食，感染症を予防する抗生物質，胸や背中をたたいて肺の粘液を除去するなどの対症療法により大幅に延命することができる．かつては幼少期にすべて死亡していたが，治療法の進歩により米国人の囊胞性線維症患者の平均寿命は37歳に達している．☑

優性の遺伝性疾患

優性の対立遺伝子によって引き起こされるヒトの疾患もいくつもある．手や足の指の数が多い多指症や，手や足の指の間に水かきを生じる合指症などは非致死性の異常である．優性対立遺伝子により発症する，重症だが非致死性の疾患に軟骨形成不全症がある．頭部や胴体は正常だが，腕や足が短い低身長症である（図9.15）．優性のホモ接合の遺伝子型（AA）をもつ場合胎児期に死亡するため，原因遺伝子を1コピーもつヘテロ接合体（Aa）の人だけがこの疾患の患者となる．つまり，軟骨形成

不全症の人は50%の確率でこの疾患を子どもに受け継ぐことになる（図9.15）．一方，全人口の99.99%を占める軟骨形成不全症でない人はすべて劣性対立遺伝子のホモ接合体（aa）である．優性の対立遺伝子は対応する劣性の対立遺伝子に比べて集団の中でより多いものとは限らないことが，この例からも明らかである．

致死性の疾患を引き起こす優性対立遺伝子は，致死性の疾患を引き起こす劣性対立遺伝子よりもずっと少ない．その一例がハンチントン病を引き起こす対立遺伝子である．ハンチントン病による神経系の変性は，通常は中年になるまで始まらない．しかし，ひとたび神経系の変性が始まると不可逆的に進行し，やがて死亡することは避けられない．ハンチントン病の対立遺伝子は優性であるから，この対立遺伝子をもつ親から生まれた子どもは，50%の確率でこの対立遺伝子と疾患を受け継いでしまうことになる．この例からは，優性の対立遺伝子は対応する劣性遺伝子に比べて「よいものである」とは限らないことが明らかである．

遺伝学者がヒトの形質について研究する手段の1つは，似ている遺伝子を他の動物で見つけることである．動物であれば交配や他の条件を自由に操ることで，詳細な研究が可能となる．本章の主題である「犬の品種改良」に戻って，ふわふわの毛並みについて調べてみよう．

✓ チェックポイント
ある夫婦は2人とも囊胞性線維症のキャリアーであるが，3人の子どもは全員発病していない．この夫婦が4人目の子どもをもつとき，その子が囊胞性線維症を発症する確率はどのくらいか？

答え：1/4（他の子どもの発症とは関係ない）

	正常 （軟骨形成正常） dd	×	両親	低身長症 （軟骨形成不全） Dd

精子
	d	d
卵 D	Dd 低身長症	Dd 低身長症
d	dd 正常	dd 正常

▲図9.15 軟骨形成不全症患者のいる家族のパネットスクエア．

犬の品種改良　科学のプロセス

犬の毛並を決める遺伝的な要因は何か？

あなたも観察してきたように，他の動物に比較して犬は大きな多様性を有している．たとえば，犬の毛には短いものも長いものもあり，直毛もカールしているものも硬いもの（「ヒゲ」や「眉毛」など）もある．ときには，たとえばフォックステリアのように，1種類の犬であっても毛並が2種類以上のバリエーションをもつものもい

る（図9.16）．

2005年に犬の完全ゲノムとして，ターシャという雌のボクサー犬の全DNAの塩基配列が発表された．それ以降，犬の遺伝学者は膨大な他の犬種のDNA配列情報を明らかにしてきた．2009年に研究者の国際チームが犬の毛の遺伝的基盤という疑問の解明に着手した．研究チームは，さまざまな毛並をもつ多様な犬の遺伝子を比較することにより原因遺伝子を同定することができるという仮説を提唱し，さらに数個の

遺伝子の変異により毛並を説明できると予測した．そこで，数十もの品種の，622匹の犬のDNA配列を比較するという実験を行った．その結果として，3つの遺伝子の異なる組み合わせによって，非常に短い毛や長い毛，多毛，硬い毛といった7種類の毛並について説明できることがわかった．たとえば，写真にある2匹の犬の違いは，毛のおもな構成成分の1つである，ケラチンというタンパク質を調節するただ1つの遺伝子の違いによって生じる．

きわめて多様な犬の表現型とゲノム配列情報を組み合わせることにより興味深い遺伝的疑問の解決への手がかりが得られることが，この研究により示唆されている．実際，同様の研究により，体の大きさや無毛や毛色など，犬の他の形質についての遺伝的基盤も明らかになっている．

◀図9.16 スムースな短毛と針金のような剛毛のフォックステリア．他の品種にもあるように，フォックステリアにも被毛がスムースな短毛の犬（左）と針金のような剛毛の犬（右）がいる．

遺伝子検査

つい最近までは，なんらかの症状が出るまで特定の個人が遺伝性疾患につながる対立遺伝子を受け継いでいるかどうかを知る手段はなかった．現在では，個人のゲノム中に存在する，遺伝性疾患の原因となる対立遺伝子を検出する遺伝子検査が数多く開発されている．

最も多く行われている遺伝子検査は，生まれてくる子どもが遺伝性疾患を抱える危険性が高いことを両親が承知している場合に妊娠中に行われる検査である．誕生前の遺伝子検査には，胎児の細胞を採取する必要がある．羊水穿刺では，医師が子宮に針を刺して発生中の胎児が浮かぶ羊水をスプーン2杯分ほど採取する（図9.17）．絨毛膜の採取では，医師が細くて柔らかい管を女性の膣から子宮に挿入して，胎盤組織の一部を引きはがす．こうして得られた細胞を遺伝子検査に用いる．

羊水穿刺や絨毛膜採取には合併症の危険があるため，こうした検査は通常，遺伝性疾患の可能性が高い場合にのみ適用される．代替として，妊娠15週から20週の母親の血液検査によりある種の出生異常を起こす危険性を予測することもできる．最も広く用いられている検査では，AFPとい

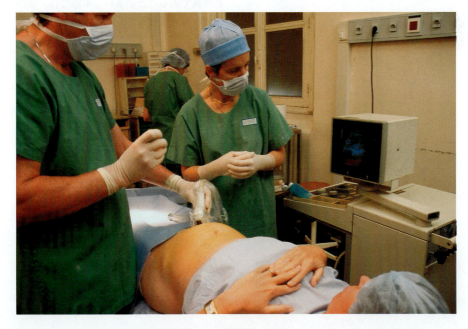

◀図9.17 羊水穿刺．医師は超音波画像を見ながら遺伝子検査のための胎児細胞を取り出す．

9章 遺伝様式

うタンパク質の血中濃度を測定する．AFPが非常に高濃度であった場合は胎児になんらかの発生異常が生じている可能性があり，非常に低濃度である場合にはダウン症候群の可能性がある．さらに確度の高い診断のためには，産婦人科医はAFPに加え，胎盤から分泌される2つのホルモン値を測定する「トリプルマーカー検査」を行うこともある．母親の血中においてこれら3因子の濃度値が異常である場合，やはりダウン症候群の可能性が高いということがいえる．最新の遺伝子検査では，母親の血流に放出されたごく少量の胎児の細胞やDNAからの検査が可能になっている．より早期に，より正確な診断が安全に実施できるこうした最新の検査技術が，徐々に従来の侵襲性の診断方法に取って代わりつつある．

遺伝子検査がありふれたものとなるにつれて，遺伝学者はこのような検査が，解決される問題よりも深刻な問題を新たに引き起こすことがないように努めている．遺伝子検査を望む患者に対して，事前にはどのような検査であるかを説明し，事後には検査結果にどのように対処していくか支援するためにカウンセリングを受けられるようにすることが重要である．遺伝的疾患が早期に判明すれば，家族は感情的にも，医学的にも，そして経済的にも準備する時間的猶予が得られる．バイオテクノロジーの進歩は人類の苦悩を軽減する可能性を与えてくれるが，人類はこれまでになかった重大な倫理的問題への対応を迫られる．ヒトの遺伝学によりもたらされたこのような矛盾を抱えた難題が，本書の主要なテーマでもある生物学の社会への影響を物語っている．

✓ チェックポイント
ピーターは28歳の男性である．彼の父親はハンチントン病により亡くなったが，母親にはハンチントン病の徴候はない．ピーターがハンチントン病を遺伝により受け継いでいる確率はどのくらいか？

答え：1/2

メンデルの法則のさまざまな例

メンデルの2つの法則により，遺伝子という個別の因子が単純な確率の法則に従ってある世代から次の世代へと受け継がれていく状況が説明される．これらの法則は，エンドウやシベリアン・ハスキーやヒトなどの，有性生殖を行うすべての生物に適用できる．しかし，音楽において，和音の基本法則だけでは交響曲の豊かな音色のすべてを説明することができないのと同様に，メンデルの法則では説明しきれない遺伝様式もある．実際に，ほとんどの有性生殖を行う生物において，メンデルの法則により遺伝様式が完全に説明できる例は比較的まれであり，広く観察される遺伝様式はもっと複雑であることが多い．本節では，実際の遺伝様式の複雑さを説明にするのに役立つ，メンデルの法則の拡張例について見ていこう．

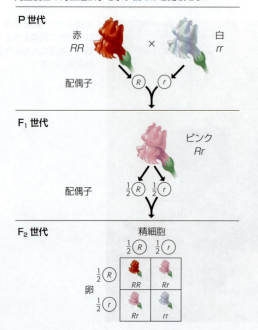

▼図9.18 **キンギョソウの不完全優性**．この図を，完全優性の対立遺伝子を示す図9.6と比較せよ．

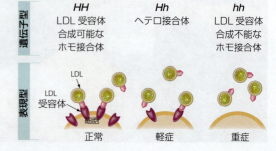

▼図9.19 **ヒトの高コレステロール血症の不完全優性**．肝細胞のLDL受容体は，血流中をLDL（低比重リポタンパク質）によって運搬されるコレステロールの分解を促進し，動脈でのコレステロールの蓄積を防ぐ．LDL受容体が少なすぎると，血液中のLDLが危険なレベルにまで増加する．

植物とヒトの不完全優性

メンデルが行ったエンドウの交配実験では、F_1世代の株はつねに2つの親株のうちのどちらか一方の株と同じ外見を示した。このような場合は、優性の対立遺伝子が1コピー存在しても2コピー存在しても表現型には同じ影響を与えている。しかし、F_1世代の雑種が両親の表現型の中間の外見を示す形質もあり、このような対立遺伝子の効果を**不完全優性 incomplete dominance**という。たとえば、赤花のキンギョソウを白花のキンギョソウと交配させると、F_1世代の雑種株はすべてピンク色の花をつける（図9.18）。この場合F_2世代では遺伝子型の出現比率と表現型（赤花：白花：ピンク花）の出現比率はともに1:2:1となる。

不完全優性の例はヒトの遺伝にも見られる。ある劣性対立遺伝子（h）により引き起こされる**高コレステロール血症 hypercholesterolemia**は、血中コレステロール濃度が危険なほど高いレベルに達することが特徴である。正常な人の遺伝子型は優性のホモ接合体HHである。ヘテロ接合体（Hh）の人は、血中コレステロール濃度が正常な人のほぼ2倍となる。このような人は動脈の内壁にコレステロールが沈着しやすく、30代半ばには冠状動脈の閉塞により心臓発作を起こす可能性が高くなる。この対立遺伝子が劣性のホモ接合体（hh）の人は、さらに重篤な高コレステロール血症を発症する。このような人の血中コレステロール濃度は正常な人の5倍にも達し、わずか2歳で心臓発作を起こす危険性がある。高コレステロール血症の分子機構を調べてみると、ヘテロ接合体の人が中間的な表現型を示すことが理解できる（図9.19）。H型対立遺伝子は細胞表面の受容体をコードし、肝臓の細胞が過剰の低比重リポタンパク質（LDL、「悪玉コレステロール」）を血液中から取り除く際にこの受容体を利用している。ヘテロ接合体Hh型の人は、この受容体の数がHH型の人の半分しかないため血液中の過剰なコレステロールを除去する能力が低下している。

ABO式血液型：複対立遺伝子と共優性

これまでは、1個の遺伝子について2つの対立遺伝子だけが関与する（例：対立遺伝子Hとh）遺伝様式について検討してきた。しかし、複対立遺伝子とよばれる3つ以上の型の対立遺伝子が存在する遺伝子も多い。1人の人間がもつ異なる対立遺伝子は多くても2つまでだが、複対立遺伝子の場合は3つ以上の対立遺伝子が集団中に存在する。

ヒトの**ABO式血液型 ABO blood group**は1つの遺伝子に3つの対立遺伝子が存在する。この3種類の対立遺伝子の多様な組み合わせにより4つの表現型が生じ、ヒト

メンデルの法則のさまざまな例

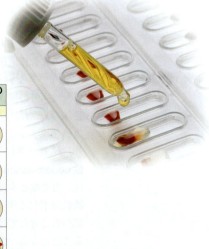

▼図9.20 複数の対立遺伝子をもつABO式血液型. ABO式血液型を決定する遺伝子には、糖鎖Aを合成するもの（対立遺伝子I^A）と、糖鎖Bを合成するもの（対立遺伝子I^B）とどちらの糖鎖も合成しないもの（対立遺伝子i）の3つの型がある。1人の人間は2つの対立遺伝子をもつので、6種類の遺伝子型が存在し、4通りの表現型が生じる。抗体が異なる型の血球と出会うと生じる凝集反応は、不適合な血液を輸血された人に生じる拒絶反応によるものであり、血液型検査（右の写真）の判定にも用いられる。

血液型 （表現型）	遺伝型	赤血球細胞	血液中に存在する抗体	下記の血液型の血液を左記の血液型の抗体と混合したときの反応			
				O	A	B	AB
A	I^AI^A または I^Ai	糖鎖A	抗B				
B	I^BI^B または I^Bi	糖鎖B	抗A				
AB	I^AI^B		—				
O	ii		抗A, 抗B				

（訳注）抗A：糖鎖Aと反応して凝集反応を起こす抗体

9章 遺伝様式

✓ チェックポイント

1. 赤花のキンギョソウは，ホモ接合体かヘテロ接合体かを決定するための交雑検定が必要ないのはなぜか？
2. マリアの血液型はO型であり，妹はAB型である．この姉妹の両親の遺伝型は何か？

の血液型はA型・B型・O型・AB型のいずれかになる．A・B・Oの文字は赤血球細胞表面に見られる，A糖鎖とB糖鎖の2種類の糖鎖に対応している（図9.20）．赤血球がA糖鎖に覆われている人の血液型はA型となり，B糖鎖に覆われている人はB型，両方の糖鎖に覆われている人はAB型，どちらの糖鎖もない人はO型となる（血液型には「プラス」または「マイナス」の表示もあるが，これはRh血液型として知られ，まったく別の遺伝子の遺伝によって決まる）．

安全な輸血には，適合する血液型を選ぶことが決定的に重要である．もし，提供された血液の細胞にAやBの糖鎖があり，輸血を受ける人がその糖鎖をもたない場合，輸血を受けた人の免疫系は，自分がもっていない赤血球糖鎖に特異的に結合する抗体タンパク質を血液中に産生し，この抗体が輸血液の細胞と反応して凝固する．血液凝固が起こると輸血を受けた人が死ぬこともある．

4種類の血液型は3つの異なる型の対立遺伝子の組み合わせにより決まる．3種類の型の対立遺伝子はA糖鎖を生成する対立遺伝子 I^A，B糖鎖を生成する対立遺伝子 I^B，およびどちらも生成しない対立遺伝子 i である．1人の人間は，これらの対立遺伝子のいずれかを両親から1コピーずつ受け継いでいる．3種類の対立遺伝子が存在するので，図9.20に示すように6通りの遺伝子型の組み合わせが存在する．このうち，対立遺伝子 I^A と対立遺伝子 I^B は，対立遺伝子 i に対して優性である．これより，$I^A I^A$ と $I^A i$ の人の血液型はA型となり，$I^B I^B$ と $I^B i$ の人はB型となる．劣性のホモ接合体（ii）の人はA糖鎖もB糖鎖も合成できないO型となる．最後の $I^A I^B$ の人は両方の糖鎖を合成できる．ヘテロ接合体の人（$I^A I^B$）は両方の対立遺伝子が対等に発現することから血液型はAB型となり，I^A 対立遺伝子と I^B 対立遺伝子は**共優性 codominance** とよばれる．O型の血液は，どの型とも反応しないため，万能な血液供給者になり得るといえる．一方，AB型の人に対してはどの型の血液も輸血できることになる．2つの対立遺伝子が対等に発現する共優性と，中間的な形質が現れる不完全優性との違いに注意してほしい．✓

 構造と機能

鎌状赤血球症の多面発現性

これまでに検討してきた遺伝様式の例では，1個の遺伝子はただ1つの遺伝的形質を指定していた．しかし，1個の遺伝子が複数の形質に影響を与える場合も多く，このことを**多面発現性 pleiotropy** という．

ヒトの多面発現性の一例が鎌状赤血球症（sickle-cell disease，別名：鎌状赤血球貧血症）とよばれる，さまざまな症状を引き起こす疾患である．鎌状赤血球症の対立遺伝子の直接の影響は，赤血球の中に異常なヘモグロビンのタンパク質が生産されることである（**図3.19 参照**）．異常なヘモグロビン分子は，特に高地にいるときや，過重労働，呼吸器疾患のため血液中の酸素濃度が低下したときにヘモグロビン分子が連結して結晶化しやすい．ヘモグロビンが結晶化すると，正常な円盤状の赤血球がギザギザな縁をもつ鎌状に変形する（**図9.21**）．生物ではよく見られる例の通り，形状の変化は機能にも影響する．また，鎌状の赤血球は角張った形状のため細い血管中をス

▼図9.21 鎌状赤血球症：単一のヒト遺伝子の多面発現性の効果．

鎌状赤血球症の対立遺伝子がホモ接合体の人

↓

鎌状赤血球症（異常）のヘモグロビン

↓

異常なヘモグロビンが柔軟な鎖状に結晶化するため，赤血球が鎌状に変形する

着色 SEM 像 3400 倍

↓

鎌状の赤血球は，脱力，疼痛，内臓障害，麻痺などの症状を次々に引き起こす

ムーズに流れにくく，微小血管中に蓄積して詰まりやすい．その結果，身体各部への血流が減少し，断続的な発熱，疼痛，心臓や脳や腎臓の損傷が引き起こされる．さらに鎌状の赤血球はすみやかに体内で分解されるため，貧血や体力減退が引き起こされる．輸血や投薬により症状を軽減することはできるが，根治する方法がないため，世界中で毎年約10万人が鎌状赤血球症により死亡している．✅

多遺伝子遺伝

メンデルは紫花と白花のように二者択一のはっきりと分類できる遺伝的形質を選んで研究を行った．しかし，ヒトの肌の色や背の高さなど多くの形質には集団の中で連続的に変化する多様性がある．このような形質は**多遺伝子遺伝 polygenic inheritance** の結果生じるものであり，単一の表現形質に関係する2つ以上の遺伝子の相加的効果によるものである（これは1個の遺伝子が複数の形質に影響する多面発現性の反対の概念である）．

ヒトの身長は，複数の独立に遺伝される遺伝子によって決まることがわかっている．実際には，ヒトの身長に影響する遺伝子は非常に多いと考えられるが，ここでは単純化して考えることにする．ヒトの身長に影響を与える3つの遺伝子があり，それぞれ A, B, C という高身長を引き起こす対立遺伝子をもち，もう1つの対立遺伝子 a, b, c に対して不完全優性である．$AABBCC$ という遺伝子型の人は非常に高身長となり，遺伝子型が $aabbcc$ の人は非常に低身長となる．遺伝型 $AaBbCc$ の人は中間的な身長となる．対立遺伝子は相加的効果をもつことから，遺伝型 $AaBbCc$ の人は，遺伝型 $AABbcc$ のように遺伝子型が異なっていても高身長対立遺伝子を3つもっている人と同様の身長となる．図9.22 のパネットスクエアにはヘテロ接合体 $AaBbCc$ 同士から生まれる可能性のあるすべての F_2 世代の遺伝子型が示されている．パネットスクエアの下に並んでいる四角では，理論的に現れる7通りの身長の表現型を示している．この仮想的な例では，3つの遺伝子により7段階の身長の人が，棒グラフに示される頻度により出現することが

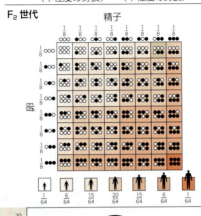
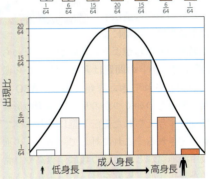

▲図9.22 身長に関する多遺伝子遺伝のモデル．

示されている．

環境要因の影響とエピジェネティクス

あるヒトの集団について身長を実際に調べてみると，7通りの形質に収まらない多様な身長分布が見出せるだろう．ヒトの身長の分布は，図9.22 に示すようなベル型に近い出現割合を示すだろう．ヒトの身長に関する遺伝子をどんなに詳細に解析したところで，純粋に遺伝学的な説明は不完全なものにしかならないだろう．その理由は，ヒトの身長が，栄養や運動といった環境要因からも影響を受けるためである．

多くの形質が，遺伝性要因と環境要因の組み合わせの結果として表れる．たとえば，1本の木に生えているすべての葉は同

メンデルの法則のさまざまな例

✅チェックポイント

鎌状赤血球症はどのような機構で多面発現性を示すか？

答え：鎌状赤血球症は正常な赤血球の水準を体内に維持できず，異常なヘモグロビンのせいで細胞が変形し，その影響が身体の多くの臓器に広範に影響を及ぼしている．

9章 遺伝様式

一の遺伝子型をもっているが，風向きや日当たりおよび木の栄養状態により，1枚1枚の葉の大きさ，かたち，色などはさまざまである．ヒトについていえば，運動により体格が変わり，経験・学習により知能テストの成績が向上し，社会的および文化的要因によって外見が大きく変化することがある．遺伝学者がヒトの遺伝子について研究すればするほど，特定の個人が心臓病・がん・アルコール依存・統合失調症などの疾患にどれほどかかりやすいかといった数多くの形質が，遺伝子と環境の両方の影響を受けていることが明らかになっている．

ヒトの形質は遺伝子による影響と環境による影響のどちらがより大きいか，すなわち「氏か育ちか」の問題は非常に古くから激論が交わされてきた課題である．ABO式血液型などのいくつかの形質は環境の影響は受けず与えられた遺伝子型によりすべてが決定される．これに対して，ある人の血液中の赤血球と白血球の数は，標高や日常的な身体状態，風邪をひいているかどうかなどの要因により大幅に変動する．

遺伝子ではなく環境がヒトの形質に大きな影響を及ぼしていることは一卵性双生児と一緒に過ごすだけで誰でも納得するだろう (図9.23)．一般的にいえば，遺伝学的な影響のみが遺伝され，環境の影響は次の世代に伝わることはない．しかし近年，生物学者たちは，DNA配列と直接的には関係しない機構による形質の遺伝である，エピジェネティック遺伝 epigenetic inheritance の重要性を認識し始めている．たとえば，染色体を構成しているDNAやタンパク質は，化学基の付加や除去といった化学修飾を受け得る．生涯にわたり，環境によってこのような化学修飾が変化し，このことが同一の遺伝情報をもっているにもかかわらず一卵性双生児の片方は遺伝性疾患に罹患し，もう片方は罹患しないといった違いが説明できると考えられている．最近の研究により，一卵性双生児は若いうちはエピジェネティックマーカーも同一であるが，年を重ねるにつれてエピジェネティックな違いが生じ，老年の双子の間の遺伝子発現に大きな違いを引き起こすことがわかってきた．エピジェネティック修飾とその結果起こる遺伝子発現の変化は，次の世代にまで伝わる可能性がある．一例として，エピジェネティックな変化が動物の本能の一部の基盤となっており，ある世代が学習した（特定の刺激を避ける，といった）行動が，染色体修飾を通して次世代に伝わることを示すいくつかの研究がある．DNA配列の変化とは異なり，染色体への化学的な変化は（どのように起こるかはまだよくわかっていないもの）可逆的である．エピジェネティック遺伝の重要性は生物学の中で非常に活発な研究分野であり，これまでの，遺伝学についての私たちの理解を変えるような新たな発見が今後も次々なされるであろう．✓

> 環境が見た目に影響を与えるため，一卵性双生児でもすべてが同じにはならない．

✓ **チェックポイント**
クローンマウスを作製したとする．クローン間でのエピジェネティックな違いは，年を重ねるとどのように変化すると考えられるか？

答え：エピジェネティックな違いは，環境の違いやランダムなでき事によって次第に大きくなる．

▲図9.23 環境の違いにより一卵性双生児も別人に見える．

染色体の挙動と遺伝

　生物学者はメンデルの研究成果の重要性を彼の死後も長期にわたって理解することはなかった．細胞生物学者が有糸分裂と減数分裂の過程を明らかにしたのは1800年代末である（8章参照）．1900年頃には，染色体の挙動と遺伝子の挙動が似ていることに学者たちが注目し始めた．生物学の最も重要な概念の1つの誕生である．

　染色体説 chromosome theory of inheritance によれば，遺伝子は染色体上の特定の部位（遺伝子座という）に位置し，減数分裂と受精の際の染色体の挙動により遺伝様式が説明できる．実際に染色体は減数分裂のときに分離して独立に分配され，これによりメンデルの法則が説明される．図9.24 では，図9.8b の2遺伝子交雑の結果と減数分裂の際の染色体の移動の関係を示している．この図では2つの純系の親株から出発し，種子のかたちを指定する遺伝子（対立遺伝子 R と r）と種子の色を指定する遺伝子（対立遺伝子 Y と y）という異なる染色体上に位置する2つの遺伝子が，F_1 世代を経て F_2 世代に伝えられる状況が描かれている．✓

✓チェックポイント

以下の減数分裂期の染色体の挙動によって起こるメンデルの法則は何か？
a. 減数第一分裂中期の相同染色体対の整列の様式
b. 減数第一分裂後期の相同染色体対の分離

答え：a．独立の法則，b．分離の法則

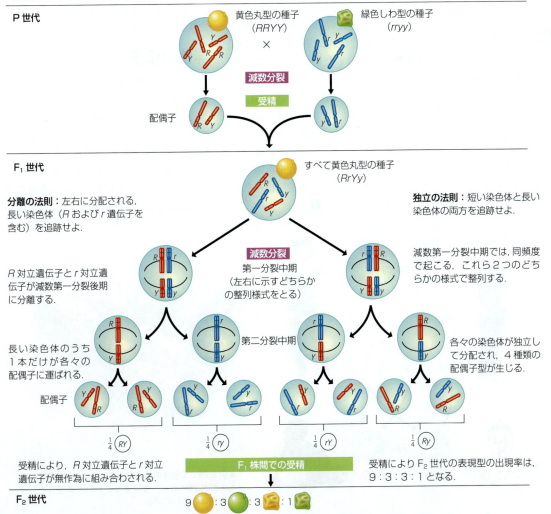

▼図9.24　メンデルの法則と染色体の挙動．

遺伝子の連鎖

遺伝子は染色体上に存在し分配されることが理解されると，遺伝子の遺伝様式についての重要な結論が導き出された．1つの細胞に存在する遺伝子の数は，染色体の数よりもはるかに多い．つまり，各染色体には数百，数千もの遺伝子が存在することになる．同一の染色体上のすぐ近くに存在する2つの対立遺伝子は **連鎖遺伝子 linked gene** とよばれ，減数分裂と受精の際にも一緒に行動することが予想される．こういった遺伝子は一緒に子孫に伝わることがほとんどで，メンデルの独立の法則に従わない．非常に近接した位置関係にある連鎖遺伝子は一方の遺伝子の遺伝はもう一方と関連してしまい，標準的なパネットスクエアから導かれる比率には従わなくなる．一方で，同一の染色体の離れた位置に存在する遺伝子は，交差 **（図8.18参照）** が生じるために独立に遺伝する．

これまでに議論してきた遺伝様式は，遺伝子が性染色体ではなく常染色体に位置するものばかりであった．次に，性染色体の役割と性染色体により支配される形質の遺伝様式について見てみよう．性染色体に存在する遺伝子は，ある特有の遺伝様式を示すことがわかるだろう．☑

> あなたの母親の遺伝子は，あなたの性別決定にはかかわらない．

✓ チェックポイント

連鎖した遺伝子とはどのようなものか？ なぜ連鎖遺伝子はメンデルの独立の法則に従わないことが多いのか？

答え：同一の染色体上に近接して存在する2つの遺伝子．染色体の分配と一緒に遺伝子も伝わるため，独立に子孫に伝わらないから．

ヒトの性別の決定

すべての哺乳類を含む多くの生物種は，X染色体とY染色体とよばれる1対の性染色体により個体の性別が決定されている **（図9.25）**．X染色体とY染色体を1本ずつもつ個体は雄となり，X染色体を2本もつ個体は雌となる．ヒトは男性も女性も44本の常染色体（性染色体以外の染色体）をもっている．減数分裂時の染色体分配の結果，各々の配偶子は1本の性染色体と一倍体セットの常染色体（ヒトの場合は22本）を含んでいる．すべての卵は性染色体としてX染色体を1本もつことになる．一方，精子の半数がX染色体を有し，残る半数はY染色体を有している．卵と受精する精子がもつ性染色体がX染色体かY染色体かにより，子どもの性別が決定される．

伴性遺伝子

性染色体には，性別を決定する遺伝子の他に，雄の特質や雌の特質とは関係しない形質に関与する遺伝子も含まれている．性染色体上に位置する遺伝子は **伴性遺伝子 sex-linked gene** とよばれる．X染色体には約1100の遺伝子があるが，Y染色体には約25のタンパク質をコードする遺伝子しか存在しない（そのほとんどは精巣にの

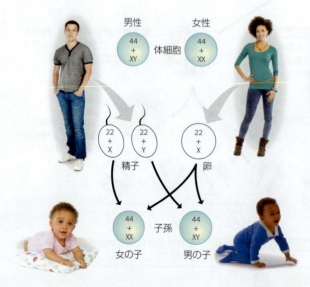
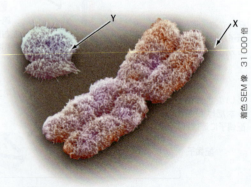

▲図9.25 **染色体の挙動によるヒトの性の決定．** 右の顕微鏡写真は，複製後のヒトのX染色体とY染色体を示している．

み影響する遺伝子である）ことから，大部分の伴性遺伝子はX染色体に見出されるといえる．

赤緑色覚異常，血友病，ある型の筋ジストロフィーなどのヒトの遺伝性疾患は，性染色体上の劣性の対立遺伝子により生じるものである．赤緑色覚異常は，眼の光感受性細胞の機能不全により生じる，よく見られる伴性の遺伝性疾患である（実際には色覚異常は複数の伴性遺伝子が関与する一連の疾患であるが，ここではある特定の色覚異常について着目する）．図9.26は赤緑色覚異常の簡便な検査表である．色覚異常となるのは多くは男性であるが，ヘテロ接合型の女性にも多少の影響が出る．

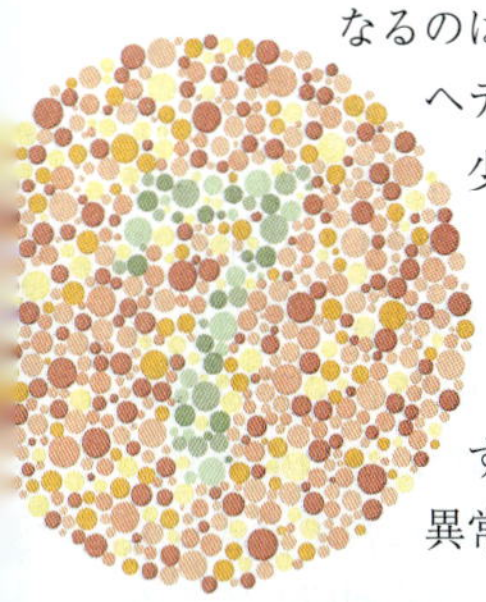

伴性遺伝子は性染色体上に位置しているため特殊な遺伝様式を示す．図9.27aには，色覚異常の男性と正常色覚のホモ接合体の女性との間の子どもの状況が描かれている．すべての子どもは正常色覚であることか

▲図9.26　**赤緑色覚異常試験.** 赤系の背景の中に，緑色の数字の7が見えるだろうか？　見えない場合，なんらかの赤緑色覚異常だろう．これは伴性遺伝形質である．

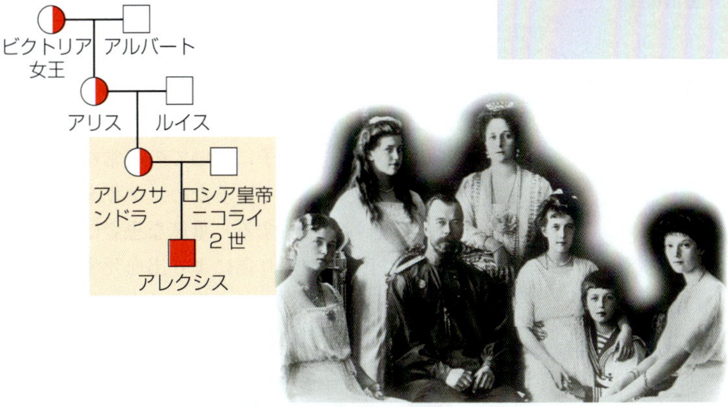

▲図9.28　**ロシア王室の血友病．**写真にはビクトリア女王の孫娘アレクサンドラとその夫であり，ロシア最後の皇帝となったニコライ2世およびその息子のアレクシスと娘たちが写っている．家系図の半赤印は血友病の対立遺伝子のヘテロ接合体のキャリアーを示し，赤印は血友病患者を示している．

ら，正常色覚の野生型対立遺伝子は優性であると考えられる．色覚は正常であるが色覚異常の対立遺伝子を1本もっているキャリアーの女性が正常色覚の男性と結婚した場合，古典的な3：1の表現型比率で正常色覚の子どもと色覚異常の子どもが生まれる（図9.27b）．しかし，この場合は色覚異常は男の子にしか現れないという驚くべき偏りが生じる．女の子はすべて正常色覚だが，男の子の半数は色覚異常と

過去の近親婚のため，ヨーロッパの皇族には一般人に比べて血友病患者が多い．

なり，残る半数は正常色覚となる．この遺伝様式に関与する遺伝子がX染色体だけに位置していて，Y染色体には対応する遺伝子座が存在しないためにこのようなことが起こる．すなわち，女性（XX）はこの形質を支配する遺伝子を2コピー保有しているが，男性（XY）は1コピーしかもっていない．色覚異常の対立遺伝子は劣性であるから，女性が色覚異常を発症するのは両方のX染色体に色覚異常の対立遺伝子を受け継いだ場合だけである（図9.27c）．一方，男性は1コピーの劣性対立遺伝子を受け継ぐことにより色覚異常を発症する．このような理由から，劣性の伴性形質は女性よりも男性のほうがはるかに発現する頻度が高い．たとえば，色覚異常は女性よりも男性のほうが20倍の頻度で発生する．一般に「隔世遺伝」とよばれる，第1世代にいる男性から，第2世代の形質を

▼図9.27　**色覚異常の伴性劣性遺伝様式．**大文字*N*は優性の正常色覚対立遺伝子，小文字*n*は劣性の色盲対立遺伝子を示す．X染色体上のこれらの対立遺伝子を示すため，Xの上つき文字として*N*または*n*の文字を表記する．Y染色体には色覚遺伝子座がないため，男性の表現形は1本だけのX染色体上の伴性遺伝子によりすべて決定される．

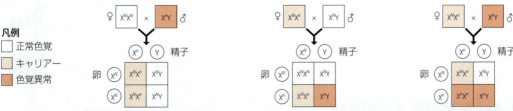

(a) 正常な女性 × 色覚異常の男性　　(b) キャリアーの女性 × 正常な男性　　(c) キャリアーの女性 × 色覚異常の男性

9章
遺伝様式

✓チェックポイント
1. 伴性遺伝子とは何か？
2. ショウジョウバエの白眼は劣性の伴性形質である．白眼のショウジョウバエの雌と赤眼の雄との交配では，子バエの眼の遺伝型と表現型はどうなるか？

(解答：1. X染色体（通常は X 染色体）上に存在している遺伝子. 2. 雌の子（X^rX^R）は赤眼となり，雄の子（X^rY）は白眼となる.)

示さない女性のキャリアーを通って，第3世代の男性へと伝わる遺伝は，このような遺伝様式によるものである．

血友病は長い歴史の中で確認されてきた伴性の劣性形質である．血友病患者は血液凝固に関与する因子についての異常な対立遺伝子を受け継いでいるため，ケガをしたときに過剰に出血する．重篤な患者は，ささいな打ち身や切り傷により出血死することもある．ヨーロッパの王室は高い頻度で発生する血友病に苦しめられてきた．英国のビクトリア女王（1819～1901年）は血友病対立遺伝子のキャリアーであった．女王のその対立遺伝子は1人の息子と2人の娘に伝わった．この2人の娘の婚姻を通じて，最終的にプロシア，ロシア，スペインの王室にも受け継がれた．こうして長い年月を通じて婚姻により国際関係の強化を実践してきたため，数か国の王室に効率的に血友病が広まる結果となったのである（図9.28）．✓

犬の品種改良　進化との関連

犬の系統樹

本章を通じて学習してきたように，犬は人間の最高の友であり，最も長期間継続されている遺伝的実験の1つでもある．人類は約1万5000年前に東アジアで現代のオオカミと犬の共通の祖先である犬の原種と共同生活を送るようになった．人類が地理的に隔離された集落に定住するようになると，犬の集団も他の集団と隔離されて，近親交配するようになった．

各々の集落の人々は，別個の形質をもつ犬を選ぶようになった．2010年に発表された研究では，小型犬が最初に飼育されたのは約1万2000年前の中央アジアの農耕集落であることが示された．別の場所で，羊飼いは家畜の群れを巧みに統率できる犬を選抜し，狩人は獲物をよく回収してくる犬を選んだ．このような遺伝的な選抜を数千年にわたって続けてきた結果，犬の体格や性格が多様化した．各々の育種では，別個の遺伝的構成により，個別の体格と性格という形質が生じていった．

「科学のプロセス」のコラムで検討した通り，犬の進化に関する私たちの理解は研究者が犬の完全なゲノム配列を決定したこ

▶図 9.29　**犬の品種と進化系統樹．** 遺伝的解析により，さまざまな犬の品種の系統樹が明らかになっている．

とにより飛躍的に進歩した．ゲノム配列などの豊富な情報を用いて，犬の遺伝学者は85品種についての遺伝的分析結果を基盤に，進化系統樹を作成した**(図9.29)**．この分析により犬の系統図には一連の明確な分岐点が含まれることが示されている．各々の分岐では，人為的な選抜により，望んだ形質を備えた個体が遺伝的に区別される新たな個体群としてつくり出されたことを意味している．

犬の系統樹では，オオカミに最も近縁で最も祖先に近い品種が，アジアのチャイニーズ・シャーペイや秋田犬であることが示されている．次の遺伝的分岐では，アフリカ（バセニー犬），北極（アラスカ・マラミュートとシベリアン・ハスキー），中東（アフガン・ハウンド）の各地に明確に区別できる品種が育種されている．残りの品種は主としてヨーロッパの犬の祖先となり，遺伝的構成により番犬（ロットワイラー犬など），牧畜犬（さまざまな牧羊犬），猟犬（ゴールデン・レトリーバーやビーグル犬など）に分類することができる．犬の進化系統樹の作成を通じて，新たな解析技術により，地球上の生命の進化的な歴史についても重要な知見が得られることが示されている．

本章の復習

重要概念のまとめ

遺伝学と遺伝

グレゴール・メンデルは遺伝現象に関する科学である遺伝学の最初の研究者であり，遺伝様式について分析した．メンデルは，遺伝性因子（遺伝子）が変化せずに永続するもの（実体）であると主張した．

アビー修道院の庭で

メンデルは遺伝性の形質について，花の色などの二者択一で区別できる形質を示す純系のエンドウの株を用意するところから研究を始めた．次に，別々の形質を示す株を交配し，数世代にわたってそれぞれの形質がどのように伝わるかを追跡した．

メンデルの分離の法則

対立遺伝子の対が配偶子の形成過程で分離し，受精によって対立遺伝子対が再び形成される．

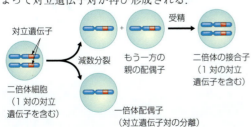

ある個体の遺伝子型（遺伝的構成）に2通りの異なる対立遺伝子が含まれていて，その一方だけが個体の表現型（表現される形質）に影響を与えているとき，影響を与える対立遺伝子を優性といい，もう一方の対立遺伝子を劣性という．ある遺伝子に関する対立遺伝子は相同染色体の同一の遺伝子座（座位）に存在する．1対の対立遺伝子が同一のものであるとき，その個体をホモ接合体といい，異なる対立遺伝子をもつときはヘテロ接合体という．

メンデルの独立の法則

メンデルは2種類の形質を同時に追跡することにより，配偶子が形成される際，ある形質に関する1対の対立遺伝子が，もう一方の形質に関する1対の対立遺伝子とは独立して分離することを見出した．

検定交雑による遺伝子型の決定

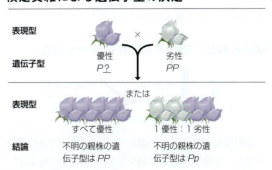

遺伝の確率の法則

遺伝は確率の法則に従う．ヘテロ接合体の親から劣性の対立遺伝子を受け継ぐ確率は1/2である．劣性対立遺伝子をヘテロ接合体の両親双方から受け継ぐ確率は $1/2 \times 1/2 = 1/4$ である．2つの独立した事象が同時に起こる確率を計算する乗法法則により説明することができる．

家系図

そばかすから遺伝性疾患まで，ヒトの数多い遺伝性の特徴や性質はメンデルの法則と確率の法則に従って子孫に伝わる．遺伝学者は家系図を使って遺伝様式や各個人の遺伝子型を決定することができる．

単一の遺伝子に起因するヒトの疾患

さまざまな存在率を示す複数の形質の中で，自然界に最も普遍的に見出される形質を野生型という．多くのヒトの遺伝性疾患は，2つの対立遺伝子により構成される1個の遺伝子により支配される．囊胞性線維症などの遺伝性疾患の大部分は，常染色体の劣性対立遺伝子により引き起こされる．ハンチントン病など優性の対立遺伝子による疾患は数少ない．

メンデルの法則のさまざまな例

植物とヒトの不完全優性

ABO式血液型：複対立遺伝子と共優性

ある集団内で，1つの形質が多種類の対立遺伝子により決まる例は多数ある．3種類の対立遺伝子が存在するABO式血液型もその一例である．A型およびB型を指定する対立遺伝子は共優性であり，ヘテロ接合体（AB型）では両方の型が発現する．

構造と機能：鎌状赤血球症の多面発現性

多面発現とは，単一の遺伝子（鎌状赤血球症の遺伝子など）が複数の形質（病気に伴う複数の症状など）に影響を与える状況をさす．

多遺伝子遺伝

環境要因の影響とエピジェネティクス

多くの表現形質は遺伝的な影響と環境による影響の組み合わせの結果として多くの表現型が生じるが，遺伝的な影響だけが生物学的に子孫に伝わる．DNAやタンパク質の化学修飾により，ある世代から次の世代へと形質が伝わるエピジェネティック遺伝は，環境要因が遺伝学的な形質に影響を与えることを説明し得る．

染色体の挙動と遺伝

遺伝子は染色体上にある．減数分裂と受精のときの染色体の挙動により，遺伝様式を説明することができる．

遺伝子の連鎖

複数の遺伝子が連鎖していることもある．これらの遺伝子は同一の染色体上に近接して位置しているため，一緒に子孫に伝わる傾向がある．

ヒトの性別の決定

ヒトの性別はY染色体が存在するか否かにより決定される．両親から2本のX染色体を受け継いだヒトは女性となる．X染色体とY染色体を1本ずつ受け継いだヒトは男性となる．

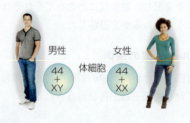

伴性遺伝子

X染色体上にある遺伝子の遺伝様式は，女性は2本の相同なX染色体をもつが，男性は1本しかX染色体をもたないという事実を反映している．赤緑色覚異常や血友病などの伴性の遺伝性疾患の大部分は劣性の対立遺伝子によるもので，ほとんどが男性に見られる．伴性の劣性対立遺伝子を母親から受け継いだ男性はただちに遺伝性疾患を発病する．一方，女性は両親から劣性の対立遺伝子を同時に受け継いだ場合のみ遺伝性疾患を発病する．

		伴性形質		
女性：2つの対立遺伝子	遺伝子型	$X^N X^N$	$X^N X^n$	$X^n X^n$
	表現型	正常	キャリアー	異常（まれ）
男性：1つの対立遺伝子	遺伝子型	$X^N Y$		$X^n Y$
	表現型	正常		異常

セルフクイズ

1. ある個体の遺伝的構成を＿＿という．一方，ある個体に現れる身体的な特徴を＿＿という．

2. 次の文章で示されるメンデルの法則は何か？
   a．複数の対立遺伝子の対が，配偶子の形成時にそれぞれ独立して分離する．
   b．配偶子の形成時に対立遺伝子対が分離し，受精によって対立遺伝子の対が再び形成される．

3. エドワードは鎌状赤血球症についてヘテロ接合体（Ss）であることがわかっている．大文字 S と小文字 s で表される対立遺伝子についていえることはどれか？
   a．それぞれX染色体とY染色体に乗っている．
   b．連鎖している．
   c．相同染色体に乗っている．
   d．両方ともエドワードの1つひとつの精子に含まれる．

4. ある対立遺伝子が優性か劣性か決定するのは，次のどの要因か？
   a．他の対立遺伝子に比較したときの，一般的な普及度により決まる．
   b．母親から受け継ぐか，父親から受け継ぐかにより決まる．
   c．両方の対立遺伝子が存在するときに，表現型を決定している対立遺伝子であるか否かにより決まる．
   d．他の遺伝子と連鎖しているか否かにより決まる．

5. 通常の赤眼をもつ2匹のショウジョウバエを交配させたところ，生じた子のハエは以下の通りであった．77匹の赤眼の雄，71匹の朱眼の雄，152匹の赤眼の雌．赤眼か朱眼かを決定する遺伝子は＿＿であり，朱眼の対立遺伝子は＿＿である．
   a．常染色体上の優性遺伝子
   b．常染色体上の劣性遺伝子
   c．性染色体上の優性遺伝子
   d．性染色体上の劣性遺伝子

6. 白色の雌ニワトリと黒色の雄ニワトリから生まれるヒヨコはすべて灰色である．この遺伝様式に関する最も単純な説明はどれか？
   a．多面発現性
   b．伴性遺伝
   c．共優性
   d．不完全優性

7. 血液型がB型の男性とA型の女性の間にできる子どもの血液型としては，どのような可能性があるか？（ヒント：図9.20を復習せよ．）
   a．A型，B型，O型
   b．AB型のみ
   c．AB型とO型
   d．A型，B型，AB型，O型

8. デュシェンヌ型筋ジストロフィーは，筋肉組織が徐々に失われていく劣性の伴性遺伝性疾患である．ルディもカーラもデュシェンヌ型筋ジストロフィーではないが，彼らの最初の息子はこの病気を発症した．この夫婦が2番目の子どもをもつとき，この病気を発症する確率を求めよ．

9. ヒトの身長は部分的に遺伝し，背の高い両親の子どもは背が高くなる傾向がある．しかし，ヒトの身長はある程度の範囲の中に散らばるものであり，高いか低いかの二者択一ではない．このように身長にある程度の幅があることは，メンデルのモデルをどのように拡張すれば説明できるだろうか？

10. 純系の茶毛のマウスを純系の白毛のマウスと交配させたところ，何回交配させてもすべて茶毛のマウスが生まれた．この茶毛の子マウス同士を交配させたとき，F_2 世代のマウスの中で茶毛のマウスはどのような割合で出現するか？

11. 問10の F_2 世代に生じた茶毛のマウスの1匹について，遺伝子型を決定するにはどのような実験が

必要か？　この場合，どのような結果であればホモ接合体と判定し，どのような場合にヘテロ接合体と判断できるか？

12. ティムとジェーンは2人ともそばかすがある（優性形質）が，彼らの息子のマイケルにはそばかすがない．パネットスクエアを描いて，どのような場合にこのようなことが起こるか示せ．また，ティムとジェーンの夫婦がさらに2人の子どもをもつとき，2人ともそばかすをもつ可能性を計算せよ．

13. 高コレステロール血症の遺伝様式は不完全優性である．マックとトニーは2人とも高コレステロール血症についてヘテロ接合体であり，2人とも血中コレステロール値が高めである．彼らの娘のカテリーナの血中コレステロール濃度は正常値の6倍にも達し，ホモ接合体 hh と考えられる．マックとトニーの子どもが，両親と同様に血中コレステロール値が高めではあっても極端な値ではない確率を計算せよ．マックとトニーがもう1人子どもをもつとき，その子がカテリーナのような重症型の高コレステロール血症となる確率を計算せよ．

14. ヘンリー7世が，娘ばかり生まれることについて妻たちを責めるのは筋違いであるのはなぜか？

15. 両親は正常だが，息子は劣性の伴性遺伝性疾患である血友病に冒されている．この3人の遺伝子型を示す家系図を描け．この夫婦の子どもが血友病を発症する確率を計算せよ．また，血友病のキャリアーとなる確率を計算せよ．

16. ヘザー（女子）は自分が赤緑色覚異常であることを知って驚いた．ヘザーが生物学の教授にこのことを話したところ，「君の父親も色覚異常ではないかね？」といった．教授はなぜこのことがわかったのだろうか？　また，教授がクラスの色覚異常の男子には同じことをいわないのはなぜだろうか？

17. ウサギは，優性対立遺伝子 B によって黒毛となり，劣性対立遺伝子 b によってチョコレート色毛となる．また，優性対立遺伝子 S により短毛となり，劣性対立遺伝子 s によって長毛となる．純系の黒色短毛の雄ウサギとチョコレート色長毛の雌ウサギの交配からはどのような遺伝子型の子が生まれるか？　また，この F_1 世代のウサギ同士を交配させた場合，生まれてくる子の表現型とその出現確率を計算せよ．

解答は付録Dを見よ．

科学のプロセス

18. 1981年，丸く巻いた珍しいかたちの耳をもつ野良猫がカリフォルニア州レイクウッドの家族に拾われた．それ以来，この猫から数百匹の子猫が生まれた．ある猫愛好家がコンクール出場をめざして，この「巻き耳」猫の育種を希望している．この巻き耳の対立遺伝子は優性であり，常染色体上に乗っていると考えられる．あなたが巻き耳猫の最初の1匹を飼っていて，純系の巻き耳猫の育種を計画していると考えよう．この巻き耳の遺伝子が優性か劣性か，または常染色体に乗っているか性染色体に乗っているかは，どのような試験を行えば決定することができるか？

19. **データの解釈**　下のパネットスクエアに示すように，ある種の聴覚異常は1つの常染色体劣性対立遺伝子によって引き起こされる．両親には症状がないがキャリアーである場合，その子は聴覚異常を引き起こす劣性遺伝子を両親それぞれから1つずつ受け継ぐ可能性があるため，聴覚異常を発症する可能性がある．聴覚異常の男性と正常な聴覚の女性が結婚した場合を考えよう．聴覚異常の男性は遺伝子型が dd であるといえるが，女性は Dd または DD のどちらもあり得る．このような結婚は図9.10に示すと同様の検定交雑ともいえる．この両親からの最初の子が聴覚異常であった場合，母親の遺伝子型が何であるか断定できるか？　また，この両親に双子ではない4人の子が生まれ，すべてが正常聴覚をもっていた場合，母親の遺伝子型を断定できるか？　遺伝子型を決定するには，どのような結果が必要か？

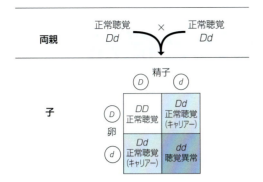

生物学と社会

20. いまや，アッフェンピンシャーからヨークシャーテリアに至るまで，わかっているだけで200種以上もの犬種が存在する．しかし，いくつかの犬種は純系を確立

するための同系交配に起因する病にかかっている．たとえば，ほとんどすべてのキャバリア・キングチャールズ・スパニエル（「生物学と社会」のコラムで議論している）には遺伝性の心臓弁異常による心雑音がある．このような問題は，犬の血統の管理団体が厳密な血統書を要求し続ける限り，続くだろう．先天的な異常をなくすため，すべての系統を他の系統と交配させ，新たな遺伝子系統をつくるべきだという人もいる．なぜ管理団体はこのような交雑に抵抗すると思うか？ もしあなたが数種類の犬種が罹患している遺伝性異常に対処する立場であったら，何をするか？

21. グレゴール・メンデルは遺伝子を見たことはなかったが，彼がエンドウについて観察した遺伝様式は「遺伝性因子」によって起こると結論づけた．同様に，ショウジョウバエの染色体地図および複数の遺伝子が染色体に乗っているという卓越したアイディアは，連鎖した遺伝子の遺伝様式の観察により得られたものであり，遺伝子を直接観察して得られたものではない．生物学者が，実際には見ることができない対象や過程の存在を主張することは正当なことだろうか？ 科学者は，主張が正しいか否か，どのようにして確認できるだろうか？

22. 子どもに恵まれない夫婦が，赤ちゃんを授かるために体外受精を試みることが多い．精子と卵を採取して行う体外受精では，得られた8細胞期の受精卵を女性の子宮に戻し，着床させることがある．8細胞期では，その後の発生に影響を与えることなく，1個の細胞を受精卵から取り出すことができる．さらに，取り出した細胞について遺伝学的な検査を行うことができる．家系の中の特定の遺伝性疾患の存在を承知している夫婦もあり，なかには，この遺伝性疾患を引き起こす遺伝子をもつ受精卵は子宮に戻さないよう希望する夫婦もいる．このような目的の遺伝学的検査は許されるとあなたは思うか？ もし，そばかすのように病気とは関係のない形質のために受精卵を選り好みする目的で遺伝学的検査を希望するとしたらどう思うか？ 体外授精を実行している夫婦は，どのような遺伝学的検査でも，希望するならしてもよいと考えるか？ それとも，行ってもよい遺伝学的検査の内容には制限を設けるべきだと考えるか？ 行ってもよい遺伝学的検査と行うべきではない遺伝学的検査には，どのようにして境界を定めるのがよいと思うか？

10 DNAの構造と機能

なぜ分子生物学が重要なのか？

▼DNAのたった1つの「誤字」が生命を脅かす病気を引き起こし得る．

▲地球上のすべての生物は共通の遺伝子暗号をもつので，あなたのDNAを使ってサルを遺伝子改変することができる．

狂牛病は異常なタンパク質分子によって起こる．▶

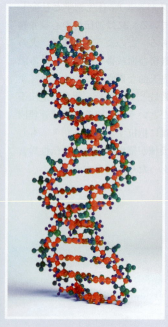

◀酵素の働きによって，あなたのDNAは99.999％の正確性を保つことができる．

章目次
DNA：構造と複製　192
DNAからRNA，タンパク質への情報の流れ　196
ウイルスなどの細胞をもたない感染性物質　207

本章のテーマ
史上最悪のウイルス
生物学と社会　21世紀最初のパンデミック　191
科学のプロセス　インフルエンザワクチンは高齢者にも有効か？　211
進化との関連　新興ウイルス　214

史上最悪のウイルス　生物学と社会

21世紀最初のパンデミック

　2009年，メキシコシティとその周辺でインフルエンザの異常な集団発生が報告された．市街をほぼ閉鎖したにもかかわらず，2009 H1N1型とよばれる新規のインフルエンザウイルスは急速にカリフォルニア州とテキサス州に広がった．この型はもともと「ブタインフルエンザ」と誤命名されていたが，実際にはブタはこのインフルエンザウイルスの拡散にはほとんど関与しておらず，他のインフルエンザ同様に空気感染によって人から人へと移っていった．それでもこの新しいウイルス株は多くのメディアに取り上げられ，世間に大きな不安を与えた．2009年6月，世界保健機関（WHO）は，H1N1が1968年以来の，21世紀最初のインフルエンザパンデミック（大規模感染）であると宣言した．WHOはH1N1ウイルス封じ込めのための総合的取り組みも明らかにした．拡大調査，すばやい検査方式の開発，渡航勧告の発令，手洗いなどの公衆衛生向上推進，抗ウイルス薬の製造，備蓄，流通などである．2010年までにH1N1ウイルスは214か国で確認された．
　科学者たちはすぐに，H1N1型は既存のインフルエンザウイルス（それ自体は鳥やブタやヒトのウイルスの混合によって生じたもの）とアジアのブタインフルエンザウイルスが混ざり合ってできた混合型であることを突き止めた．この新規の遺伝子の組み合わせにより，H1N1型は独特の性質をもつようになった．最も特徴的なのは，通常のインフルエンザは老齢で体調の悪い人に感染するが，H1N1は若く健康な人に感染した．多くの国が新しいワクチンを広く流通させるなどのWHOの定めた対策に参加した．その結果，ウイルスは封じ込められ，WHOは2010年8月にパンデミックの終了を宣言した．WHOはこのウイルスによる死者が約1万8000人確認されたとし，未確認の死亡例は25万人にのぼるだろうと推定した．
　インフルエンザの何が問題なのだろうかと思うかもしれない．インフルエンザウイルスはたんなる季節性の厄介事ではなく，科学的に知られている中で最も致死的な病原体である．米国では例年2万人以上がインフルエンザ感染により死亡しているが，その程度で済めばよいほうである．数十年に一度，新型のインフルエンザウイルス株が出現してパンデミックと広範な死をもたらす．わずか18か月間に全世界で4000万人が死亡した1918〜1919年に起こった最悪のインフルエンザ——これは，エイズの発見以降の25年以上にわたるエイズ死亡者の総数を超えるものである——に比べると，H1N1はたいしたことはない．脅威の本質からいって，医療従事者がいまでも，新たな致死的なインフルエンザウイルスに備えているのは当然のことである．
　インフルエンザウイルスはすべてのウイルスと同様に，比較的単純な構造の核酸（インフルエンザウイルスの場合はRNA）とタンパク質により構成されている．ウイルスに対抗するには，生命についての分子レベルでの詳細な理解が必要である．本章では，DNAの構造，DNAの複製機構と突然変異について探究し，DNAがRNAとタンパク質の合成の指令を通して細胞を制御する機構について学んでいく．

H1N1 インフルエンザウイルス． 2009年の晩秋，ロシア市民はH1N1の感染に対する自己防衛に努めた．

DNA：構造と複製

10章 DNAの構造と機能

1800年代末にはDNAが細胞に含まれる化学物質であることが知られていたが，グレゴール・メンデル Gregor Mendel をはじめとする初期の遺伝学者は，遺伝現象におけるDNAの役割について何も知らないまま研究を行っていた．1930年代後半には，ほとんどの生物学者が，複雑な化学構造をもつなんらかの分子が遺伝現象の基盤になっていることを実験研究により確信し，すでに遺伝子が乗っていることが知られていた染色体に注目が集まっていた．1940年代には，染色体がDNAとタンパク質という2種類の化学物質により構成されていることが突き止められていた．さらに1950年代初めの一連の発見により，DNAこそが遺伝物質として働いていることが科学界では周知のこととなった．この進展が，分子レベルで遺伝学の研究を行う**分子生物学 molecular biology** という新たな学問分野の幕開けとなった．

次に訪れたのが，科学の歴史の中で最も有名な研究の1つとして知られるDNAの構造解明への取り組みである．当時DNAに関してかなりのことがわかっていた．科学者はDNAに含まれるすべての原子を同定し，その原子がどのように結合しているかも判明していた．不明だったのはDNAの詳細な3次元の原子の配置である．その配置は遺伝的情報を保存し，複製し，次の世代へ情報を受け渡す能力をもつという特異的な性質をDNAに付与するものでなければならなかった．遺伝現象における役割を説明できる分子構造の発見を巡る競争が繰り広げられたのだ．本節では，この重大な発見の経緯について簡潔に記述する．まず，DNAおよび化学的な姉妹分子であるRNAの基礎的な化学構造について見ていこう．

DNAとRNAの構造

DNAとRNAは両方とも核酸であり，**ヌクレオチド nucleotide** とよばれる化学的分子の単位（単量体）が長い鎖（重合体）を形成することにより構成されている（詳細は図3.21～3.25参照）．ヌクレオチドの重合体である**ポリヌクレオチド polynucleotide** の図解を図10.1に示す．ポリヌクレオチドは非常に長く，4種類のヌクレオチド（略号：A, C, T, G）が任意の順番で並び得ることから，天文学的な数

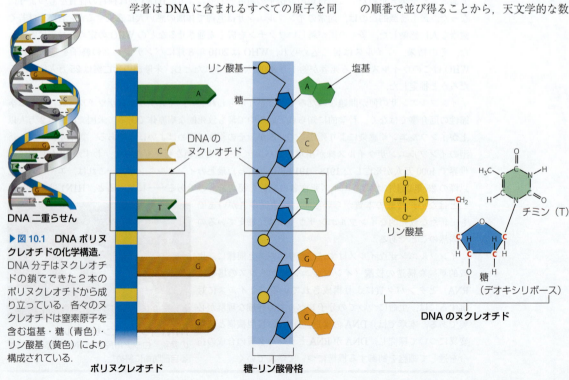

▶図10.1 DNAポリヌクレオチドの化学構造．DNA分子はヌクレオチドの鎖でできた2本のポリヌクレオチドから成り立っている．各々のヌクレオチドは窒素原子を含む塩基・糖（青色）・リン酸基（黄色）により構成されている．

DNA：構造と複製

の配列の組み合わせをもつポリヌクレオチド鎖が存在し得る．

ヌクレオチド同士は，1つのヌクレオチドに含まれる糖と隣のヌクレオチドのリン酸との間の共有結合により連結している．この結合により，糖–リン酸–糖–リン酸のパターンで繰り返される**糖–リン酸骨格 sugar-phosphate backbone** が形成される．窒素原子を含む塩基が背骨のような骨格から突き出す肋骨(ろっこつ)のように配置されている．ポリヌクレオチドは，4色の横木がついている長いはしごが縦長に分断されたようなものだと思えばいい．

図10.1 を左から右へと目を移していくと，各々のヌクレオチドが塩基と糖（青色）とリン酸（黄色）という3種類の成分から構成される様子を拡大して見ることになる．1つのヌクレオチドをより詳細に調べることにより，この3種類の構成成分の化学構造を見ていこう．リン酸基は中心にリン原子（P）をもち，核酸の酸性の源となっている．それぞれのリン酸基はいずれかの酸素原子にマイナス電荷をもつ．糖は炭素原子を5個含む五炭糖であり（赤色），そのうち4個が環状構造を形成し，1個が環の外に突き出している．糖の環状構造にも酸素原子が含まれている．DNAの糖はリボースと比較すると酸素原子が1個少なくなっており，デオキシリボースとよばれる．DNAの正式名称はデオキシリボ核酸（deoxyribonucleic acid）であり，核酸という名は DNA が真核生物の核内に局在することに由来している．窒素を含む塩基（この例ではチミン）は，窒素原子と炭素原子から構成される複素環にさまざまな官能基が結合したものである．塩基は塩基性（酸

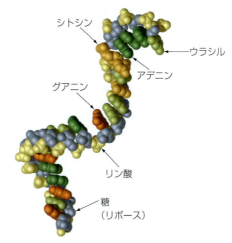

▲図10.2 RNA ポリヌクレオチド．リン原子（黄色）と糖の原子（青色）を着色し，糖–リン酸骨格をわかりやすく描いている．

とは逆に，高い pH 値を示す）であることから「塩基」という名称が与えられている．

4種類のヌクレオチドの違いは塩基だけである（**図3.23 参照**）．塩基は2つの型に分けられる．**チミン thymine（T）** と**シトシン cytosine（C）** は環状構造を1つだけもつ．**アデニン adenine（A）** と**グアニン guanine（G）** は環状構造を2つもち，大きい．RNA はチミンの代わりにそれに似た**ウラシル uracil（U）** という塩基をもつ．また，RNA は DNA とはやや異なる糖（デオキシリボース deoxyribose ではなくリボース ribose をもち，これが DNA と RNA の名前の由来となっている）をもつ．これらの点以外は，DNA と RNA は同じ化学構造をもつ．図10.2 には約20 ヌクレオチドの長さの RNA 断片のコンピュータグラフィクスを示す．✓

✓チェックポイント

DNA と RNA の化学的成分について比較対照せよ．

答え：ヌクレオチド（糖＋リン酸基＋窒素を含む塩基）の重合体．RNA の糖はリボースでDNA の糖はデオキシリボースである．RNA も DNA も A, G, C の塩基をもち，その他に DNA は T 塩基をもち，RNA は U 塩基をもっている．

ワトソンとクリックによる二重らせんの発見

DNA の3次元構造というパズルの解明に結びついた有名な共同研究は，23歳の米国の科学者ジェームズ・D・ワトソン James D. Watson が英国のケンブリッジ大学を訪ねたときに始まった．そこでは年長のフランシス・クリック Francis Crick が X線構造解析とよばれる技術を用いてタンパク質の構造研究を行っていた．ロンドンのキングス・カレッジにあるモーリス・ウィルキンス Maurice Wilkins の研究室を訪問し，ウィルキンスの同僚のロザリンド・フランクリン Rosalind Franklin が撮影した DNA の X線画像を見た．このフランクリンのデータが，パズルを解く鍵となった．丁寧にそのデータを解析することにより，ワトソンは DNA の基本的な形状が均一の直径をもつらせん形であることを理解した．らせんの太さから，DNA は2本のポリヌクレオチド鎖により構成され，いわ

10章
DNAの構造と機能

▶図 10.4 二重らせんを示す「縄ばしご」モデル．はしごの両側のロープはリン酸-糖骨格を表す．横木は水素結合により結びついた塩基対を示している．

ねじれ

ゆる**二重らせん** double helix 構造をとっていることが示唆された．では，ヌクレオチド鎖はどのように配置されて二重らせん構造となるのだろうか？

ワトソンとクリックは針金細工のモデルを用いて，それまでに知られていたDNAについてのすべてのデータに合致する二重らせん構造の模索を開始した（図 10.3）．ワトソンはモデルの外側に骨格を配置し，窒素を含む塩基が分子の内側で向き合うモデルを組んでみた．そうすることにより，ワトソンは 4 種類の塩基が特定の方式で対を形成することに気がついた．塩基が特定の対を形成するというアイディアより，ワトソンとクリックは DNA の謎を解くひらめきを得た．

当初ワトソンは，AはAと対をなしCはCと対をなすといったように，同じ塩基同士が対を形成すると考えていた．しかし，この対形成様式は DNA 分子が均一な直径をもつという事実に合わなかった．2環塩基のA同士の対は，1環塩基のC同士の対の約 2 倍の幅であり，二重らせんがデコボコになるからである．つまり，一方のDNA鎖の2環塩基はつねにもう一方の鎖の1環塩基と対をつくらなければならないことがわかった．さらに，ワトソンとクリックは各々の塩基が形成可能な対はもっと特異的なものであることに気がついた．各々の塩基は環から伸びる官能基のため，特定の 1 種類の塩基とだけ適切な水素結合を形成することができる．これはちょうど，4 色のパズル片があり，ある色の組み合わせのみがカチっとかみ合う（たとえば，赤は青とのみかみ合う）といったものだと考えていい．すなわち，アデニンはチミンと，グアニンはシトシンと最適な水素結合を形成する．このことを分子生物学者は，AはTと対をなし，GはCと対をなす，と簡略に表現する．AはTと，GはCと「相補的である」ともいう．

ポリヌクレオチドを半分のはしごと考えると，ワトソンとクリックによって提唱された DNA の二重らせんモデルはらせん状にねじれたはしごとして描くことができる（図 10.4）．図 10.5 には二重らせんの詳しい様子が 3 通りの表現方法で紹介されている．図 10.5a のリボン状のモデル図では塩基の形状が相補性を強調して表現されている．図 10.5b は 4 塩基対だけ示した化学結合が正確に描かれたモデルであり，らせん形を平面に巻き戻し，各々の水素結合を点線で示している．図 10.5c は二重らせんの一部を詳細に示したコンピュータグラフィクスのモデルである．

塩基の対合則により，二重らせんの横木を形成している隣り合う塩基の組み合わせは限定されているが，DNA鎖の全長にわ

▼図 10.3 二重らせんの発見者．

ジェームズ・ワトソン（左）とフランシス・クリック．1953 年に二重らせんモデルとともに撮影された DNA 構造の発見者．

ロザリンド・フランクリンはDNA の X 線撮影により，DNAの構造に関するきわめて重要なデータを提供した．

たるヌクレオチドの配列には何の制限もない．実際に塩基の配列には無数の多様性があり得る．

1953年，ワトソンとクリックはDNAの分子モデルを提唱した簡潔な論文により科学界に衝撃を与えた．ATとGCの塩基の対合則を含む二重らせんモデルほど画期的なものは科学史の中でも数少ない．1962年，ワトソンとクリックおよびウィルキンスはこの成果によりノーベル賞を受賞した（フランクリンも受賞に値したが，彼女はがんのため1958年に死去しており，死後にノーベル賞が与えられることはない）．

1953年の論文でワトソンとクリックは，提唱したDNAの構造モデルは「遺伝性物質としての複製機構を直接説明するものである」と述べている．すなわち，DNAの構造そのものが複製と遺伝という生命の特異な性質を分子的に説明するものである．DNAの構成要素の配置がDNAの細胞の中での働きにどのような影響を与えるかについての理解は，構造と機能の関係という生物学における重要な課題の優れた例である．このことを次に見ていこう．

 構造と機能

DNAの複製

どの細胞も，細胞のつくり方と維持の仕方についての完璧な情報が書かれているDNA「レシピ本」をもっている．細胞が増殖するとき，この情報を複製して，1コピーは新しい細胞へと渡し，もう1コピーは自分でもっておく必要がある．そのため，それぞれの細胞は複製するためのしくみを備えている．ワトソンとクリックのDNA構造モデルは，各々のDNA鎖を鋳型としてもう一方のDNA鎖の複製が導かれることを示唆しており，生物学的しくみのもつ構造がその機能についての理解を助けることを示すよい例となっている．二重らせんの1本の鎖の塩基の配列がわかれば，AはTと対をなし（TはAと対をつくる），GはCと対をなす（CはGと対をつくる）という塩基の対合則を適用することにより，もう1本の鎖の塩基の配列を容易に決定できる．たとえば，一方のポリヌクレオチドがAGTCの配列をもつとき，DNA分子中のもう一方の相補的なポリヌクレオチドの配列はTCAGと決まる．

図10.6はこのモデルによるDNA断片のコピーの様式を説明したものである．親

▼図10.5 3通りのDNA構造モデル図．

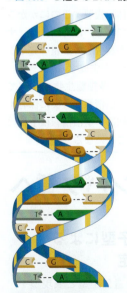

(a) リボンモデル．糖-リン酸主鎖は青色のリボン，塩基は緑色と茶色の相補的なかたちで表される．

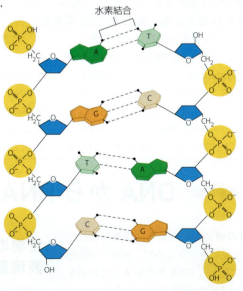

(b) 原子モデル．この詳細な化学的構造モデルでは水素結合が点線で示されている．2本の鎖が逆方向を向いていることがわかる．2本の鎖の中の糖が互いに上下逆になっていることに注目してほしい．

(c) コンピュータモデル．各々の原子を球によって示した空間充塡モデル．

10章
DNA の構造と機能

▶図 10.6　DNA 複製.
DNA 複製により生じる2本の DNA 分子は、それぞれ1本の旧 DNA鎖と1本の新 DNA 鎖から構成されている。親 DNA は巻きほどかれて2本の鎖が分離し、娘 DNA では再び2本鎖に巻き直される。

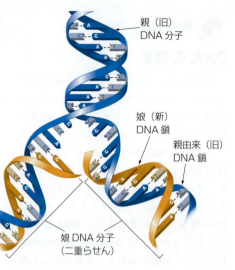

▼図 10.7　複製中の DNA の複数の「バブル」.

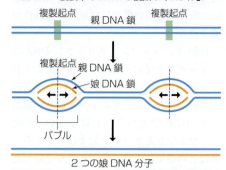

DNA の2本鎖が分離し、それぞれが鋳型となって1個1個のヌクレオチドから相補的な DNA 鎖を組み立てる。ヌクレオチドは鋳型鎖上に塩基の対合則に従って1つずつ並べられ、酵素によって連結されて、新たな DNA 鎖が形成される。完成した新しい DNA 分子は親の DNA 分子と同一の配列をもつものであり、娘 DNA 分子とよばれる（この名称は性別を意味するものではない）。

DNA 複製の過程は1ダース以上の酵素や他のタンパク質の協調を必要とする。新たな DNA 鎖のヌクレオチド間に共有結合を形成する酵素は **DNA ポリメラーゼ DNA polymerase** とよばれる。鋳型鎖上に相補するヌクレオチドが塩基対合すると、DNA ポリメラーゼが伸長中の娘 DNA 鎖（多量体）の末端に連結する。この過程は迅速で（1秒間に 50 ヌクレオチドの伸長

> 酵素の働きによって、あなたの DNA は 99.999% の正確性を保つことができる.

速度）、驚くほど正確であり、10億塩基に1個以下しか誤りがない。DNA ポリメラーゼおよび一部の複製関連のタンパク質は DNA 複製だけでなく、毒性のある化学物質や X 線や紫外線のような高エネルギーの電磁波により損傷した DNA の修復も行う。

DNA の複製は複製起点とよばれる二重らせん中の特定の部位で開始する。DNA 鎖の複製は両方向に進行し、複製「バブル」とよばれる構造を形成する（図 10.7）。各々の複製バブルの両端で親 DNA 鎖が開裂し、娘 DNA 鎖が伸長していく。真核生物の染色体の DNA 分子には多数の複製起点が存在し、いっせいに DNA 複製を開始して全体を複製するのにかかる時間を短縮している。最終的には、すべての複製バブルが融合して2組の完全な2本鎖の娘 DNA 分子が完成する。

DNA 複製により、多細胞生物のすべての体細胞が同一の遺伝情報を確実に保有することになる。同様に、遺伝情報は子孫にも伝えられていくことになる。✓

✓ チェックポイント
1. 相補的な塩基対合により、DNA の複製が可能になるのはなぜか？
2. DNA 複製過程でヌクレオチドを連結している酵素は何か？

答え：1. 二重らせんの2本の鎖が分離したとき、それぞれが相補的な塩基対合によって相補鎖を鋳型として再形成できるため。2. DNA ポリメラーゼ

情報の流れ　DNA から RNA, タンパク質へ

DNA の構造がどのように複製に結びつくのかを見てきたところで、細胞や生物個体全体に対して DNA がどのように指示を出しているのか探究していくことにしよう。

生物の遺伝子型による表現型の決定

9章で登場した遺伝子型と表現型を、DNA の構造と機能との関係から定義することができる。生物の遺伝的構成である「遺伝子型」は DNA のヌクレオチド塩基

の塩基配列の中に存在する遺伝情報である．生物体としての特徴である「表現型」は，広範なタンパク質の作用により生じる．たとえば構造タンパク質は生物の身体を構成し，酵素は生存に必要な代謝活性を触媒している．

　DNAはタンパク質の合成を決めているが，遺伝子がタンパク質を直接製作するわけではない．DNAはRNAのかたちで指示書を出し，RNAがタンパク質の合成プログラムを実行する．このような生物学の基本的概念は図10.8に要約されている．分子の「命令系統」は，核内（図の紫色の領域）のDNAから発した指令からRNAを経て細胞質（図の青緑色の領域）でのタンパク質の合成へと伝達される．遺伝情報がDNAからRNAへと伝達される段階は**転写** transcriptionとよばれ，RNAからポリペプチド（タンパク質）へと伝達される段階は**翻訳** translationとよばれる．つまり，DNAとタンパク質との関係は一連の情報の流れであるといえる．遺伝子DNAの機能は，ポリペプチドの合成を指示することである．✓

核酸からタンパク質へ：概説

　DNAの遺伝情報はRNAに転写され，次にポリペプチドに翻訳され，それが折りたたまれてタンパク質となる．それでは，これらの過程はどのように進行するだろうか？　転写と翻訳は言語学の用語であり，核酸とポリペプチドをある種の言語として考えるとわかりやすい．遺伝的情報が遺伝子型から表現型へどのように伝達されているのかを理解するためには，DNAという化学的言語がどのようにして別個の化学的言語であるポリペプチドへと翻訳されるのかを見ていく必要がある．

　核酸の言語とは具体的にはどのようなものだろうか？　DNAとRNAは双方とも，情報を伝達する特定の配列をもって単量体が連鎖した重合体であり，特定の配列により綴られるアルファベット文字によって情報を伝達する英語とよく似ている．DNAのアルファベット文字である単量体は塩基部分が異なる4種類の（A, T, C, G）ヌクレオチドである．RNAの単量体についても同様で，T塩基の代わりにU塩基が用いられている．

　図10.9のDNA鎖の拡大図に青色で示した配列のようなヌクレオチド塩基の並び

DNAからRNA，タンパク質へ

✓チェックポイント
転写と翻訳とは何か？

答え：遺伝情報をDNAからRNAに写すことを転写といい，翻訳とはRNA分子の情報を用いてポリペプチド鎖を合成することを指す．

▼図10.8　**真核生物の細胞における遺伝情報の流れ．**
DNAの塩基配列は核の中でRNA分子に転写される．RNAは核から細胞質に出て，タンパク質の特異的なアミノ酸配列に翻訳される．

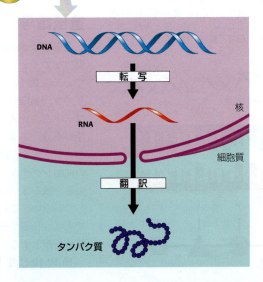

10章 DNAの構造と機能

によりDNAの言語が記述されている．遺伝子は開始点と終結点を示す特別な配列をもつ，特異的な塩基配列としてDNA鎖に存在する．典型的な遺伝子は数千個の塩基により構成されている．

DNAの一部が転写され，RNA分子が生成する．この過程が転写とよばれるのは，DNAの核酸言語がたんにRNAの塩基の配列に書き直される（転写される）だけであり，言語は依然として核酸により記述されているからである．RNA分子のヌクレオチド塩基はDNA鎖のヌクレオチド塩基と相補的である．次項で詳述するように，これはRNAがDNAを鋳型にして合成されるためである．

翻訳とは核酸言語をポリペプチド言語に変換することである．核酸と同様にポリペプチドも重合体であるが，構成単量体，つまりポリペプチドのアルファベット文字は，すべての生物に共通の20種類のアミノ酸である（図10.9に紫色の図形で示す）．RNA分子中のヌクレオチドの配列はポリペプチド中のアミノ酸の配列を指定している．ただしRNAは単なる伝令であり，アミノ酸配列を指定する遺伝情報はDNAに由来していることに留意してほしい．

RNA情報をどのような規則でポリペプチドに翻訳するのだろうか？　言い換えれば，RNA分子中のヌクレオチドとポリペプチド中のアミノ酸配列の対応はどのようなものだろうか？　DNA（A, G, C, T）とRNA（A, G, C, U）には4種類のヌクレオチドしかないことに注目すると，翻訳ではこの4種類の塩基を用いてなんとかして20種類のアミノ酸を指定しなければならない．個々のヌクレオチド塩基が1個のアミノ酸を指定しているとすると，20種類のアミノ酸のうちわずか4種類しか説明がつかないことになる．3つ組塩基の「単語」がすべてのアミノ酸を指定することが可能な最小の塩基数である．3つ組塩基ならば64通り（4の3乗）の「単語」が存在するので，20種類のアミノ酸を指定してあまりある．実際に，各々のアミノ酸を指定する2つ以上の3つ組塩基が存在している．たとえば，3つ組塩基のAAAとAAGは同一のアミノ酸（リシンLys）を指定している．

遺伝子からタンパク質への情報の流れが3つ組塩基をもとにしていることは，実験的にも確認されている．ポリペプチドをつくるアミノ酸配列を指定する遺伝的な指示は，DNAおよびRNAに**コドン codon**とよばれる3つ組塩基により記述されている．DNA中の3塩基のコドンはRNA中の相補的な3塩基のコドンに転写され，次にRNAのコドンがアミノ酸に翻訳されてポリペプチドを構成する．図10.9に要約されているように，遺伝情報の流れは1つのDNAコドン（3ヌクレオチド）→1つのRNAコドン（3ヌクレオチド）→1個のアミノ酸，である．次節ではコドンそのものについて述べる．✓

遺伝暗号

遺伝暗号 genetic code とはRNAの塩基配列をアミノ酸配列に変換するための規則である．図10.10に示される通り，64通りの3つ組暗号のうち61個がアミノ酸をコードしている．暗号AUGには2つの機能があり，アミノ酸のメチオニン（Met）をコードするだけでなく，ポリペプチド鎖の開始シグナル（開始コドン）にもなっている．残る3つのコドンはアミノ酸を指定していない．これらのコドンは終止コドンであり，リボソームにポリヌクレオチドの終結を指示する．

図10.10に注目すると，ある特定の

☑ チェックポイント

100アミノ酸の長さのポリペプチドをコードするためには塩基はいくつ必要か？

答え：300塩基

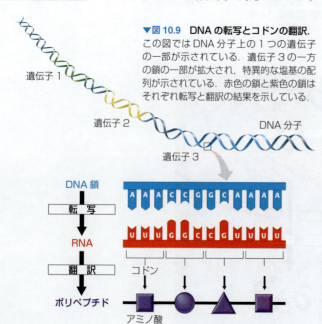

▼図10.9　**DNAの転写とコドンの翻訳**．この図ではDNA分子上の1つの遺伝子の一部が示されている．遺伝子3の一方の鎖の一部が拡大され，特異的な塩基の配列が示されている．赤色の鎖と紫色の鎖はそれぞれ転写と翻訳の結果を示している．

RNA コドンの 1 番目の塩基	RNA コドンの 2 番目の塩基 U	C	A	G	RNA コドンの 3 番目の塩基
U	UUU フェニルアラニン (Phe)	UCU セリン (Ser)	UAU チロシン (Tyr)	UGU システイン (Cys)	U
	UUC	UCC	UAC	UGC	C
	UUA ロイシン (Leu)	UCA	UAA 終止	UGA 終止	A
	UUG	UCG	UAG 終止	UGG トリプトファン (Trp)	G
C	CUU ロイシン (Leu)	CCU プロリン (Pro)	CAU ヒスチジン (His)	CGU アルギニン (Arg)	U
	CUC	CCC	CAC	CGC	C
	CUA	CCA	CAA グルタミン (Gln)	CGA	A
	CUG	CCG	CAG	CGG	G
A	AUU イソロイシン (Ile)	ACU トレオニン (Thr)	AAU アスパラギン (Asn)	AGU セリン (Ser)	U
	AUC	ACC	AAC	AGC	C
	AUA	ACA	AAA リシン (Lys)	AGA アルギニン (Arg)	A
	AUG メチオニン (Met) または開始コドン	ACG	AAG	AGG	G
G	GUU バリン (Val)	GCU アラニン (Ala)	GAU アスパラギン酸 (Asp)	GGU グリシン (Gly)	U
	GUC	GCC	GAC	GGC	C
	GUA	GCA	GAA グルタミン酸 (Glu)	GGA	A
	GUG	GCG	GAG	GGG	G

◀**図 10.10 RNA コドンで示した遺伝暗号の解読表.** この解読表から UGG コドンを探してみよう. UGG はトリプトファン (Trp) の唯一のコドンである. 緑色で示した AUG コドンはアミノ酸のメチオニン (Met) を指定するだけでなく, この位置から RNA の翻訳を開始する「開始」の信号としても機能している. 64 種類のコドンの中の赤色で示された 3 種類のコドンは, 遺伝的な伝達内容の終了位置を指定する「終止」の信号として機能し, アミノ酸を指定しない.

RNA の 3 つ組配列は, 必ずある 1 つのアミノ酸を指定していることがわかる. たとえば, UUU コドンと UUC コドンは両方ともフェニルアラニン (Phe) を指定しているが, それ以外のアミノ酸を指定するようなことはない. 図 10.10 のコドンは RNA の 3 つ組塩基であり, DNA のコドンに相補的である. コドンを構成するヌクレオチドは DNA および RNA に連続配列として存在し, コドンとコドンの間に隙間はない.

ほぼすべての遺伝暗号は, 最も単純な細菌から最も複雑な植物や動物を含むすべての生物に共通している. 遺伝的な「単語」がすべての生物に普遍的であることから, この遺伝暗号が進化のごく初期に完成したものであり, 数十億年を経て現在地球上に生息するすべての生物に受け継がれてきたものであることが示唆される. このような普遍性は現代の DNA テクノロジーの鍵となっている. さまざまな生物が共通の遺伝暗号を用いていることから, DNA を移植することにより, ある生物種のタンパク質を別の生物が生産するようにプログラムすることが可能である (図 10.11). これにより科学者はさまざまな生物種に由来する遺伝子を混合し組み合わせることができるようになり, こうした遺伝子工学は農業や医薬, 研究など多くの分野に応用利用されている (遺伝子工学については 12 章で詳しく述べる). 遺伝暗号が共有されていることは, 実用的な目的に加えて, 地球上のすべての生命を結びつける進化的な関連性について想起させるものである. ✓

地球上のすべての生物は共通の遺伝子暗号をもつので, あなたの DNA を使ってサルを遺伝子改変することができる.

✓チェックポイント

CCAUUUACG の塩基配列をもつ RNA 分子がある. 図 10.10 を用いて, この配列を対応するアミノ酸配列に翻訳せよ.

答え：Pro-Phe-Thr

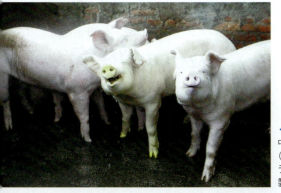

◀**図 10.11 外来遺伝子を発現するブタ.** 真ん中の光っている食用ブタは緑色蛍光タンパク質 (GFP) とよばれるタンパク質をコードするクラゲの遺伝子をブタの DNA に取り込ませて作製された.

転写：DNA から RNA へ

遺伝情報を DNA から RNA へと移行する転写の過程について詳細に見てみよう．DNA をレシピ本と考えると，転写とはそこに掲載されているある1つのレシピを現場ですぐに使えるカード（RNA 分子）へとコピーすることに相当する．図 10.12a には転写過程の詳細が示されている．DNA 複製と同様に，まず最初に転写過程が開始される領域で2本の DNA 鎖が分離しなければならない．しかし転写過程では，DNA 鎖の一方だけが新たに形成される RNA 鎖の鋳型として用いられ，他方の鎖は使われない．新たな RNA 分子を構成するヌクレオチドは，DNA の鋳型鎖のヌクレオチド塩基との間に水素結合を形成することによって1個ずつ配置されていく．RNA ヌクレオチドは，T 塩基の代わりに U 塩基が A 塩基と対合する点を除いて DNA 複製を支配する塩基の対合則と同じ規則に従う．RNA ヌクレオチドは転写酵素である **RNA ポリメラーゼ** RNA polymerase により連結される．

図 10.12b には1つの遺伝子全長の転写の概観が示されている．DNA ヌクレオチドの特殊な配列が RNA ポリメラーゼに転写過程の開始点と終結点を指示している．

❶ 転写開始

「転写開始」シグナルは **プロモーター** promoter とよばれる塩基配列であり，遺伝子の開始部位の DNA 領域に位置している．プロモーターは RNA ポリメラーゼが特異的に結合する DNA 部位である．転写の第1段階が転写開始であり，RNA ポリメラーゼがプロモーターに結合して RNA 合成を開始する．どの遺伝子も2本の DNA 鎖のうちどちらの鎖を転写するかはプロモーターにより指定されている（転写される DNA 鎖は遺伝子ごとに違っている）．

❷ RNA 伸長

転写の第2段階は RNA 鎖の伸長である．RNA 合成の継続中にも RNA 鎖は鋳型

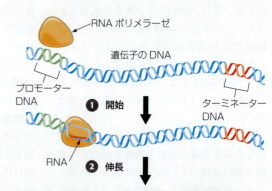

▼図 10.12　転写．

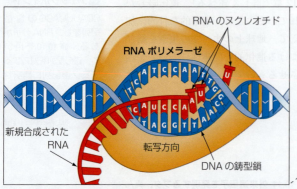

（a）**転写の詳細**．鋳型鎖の DNA 塩基の1個1個に対して，RNA ヌクレオチドが1個ずつ結合し，RNA ポリメラーゼ（オレンジ色）が RNA ヌクレオチドを連結して RNA 鎖を形成していく．

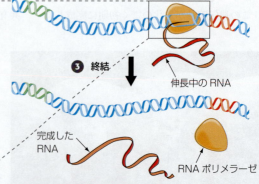

（b）**遺伝子の転写**．遺伝子全長の転写は，開始・伸長・終結の3つの段階により進行する．RNA ポリメラーゼが転写を開始する DNA 領域をプロモーターといい，転写が終了する DNA 領域はターミネーターとよばれる．

DNAからはがれていき，すでに転写が終了した領域では解離していた2本のDNA鎖が再び二重鎖となる．

❸ 転写終結

転写の第3段階は転写終結であり，RNAポリメラーゼがDNA鋳型鎖の**ターミネーター terminator**とよばれる特殊な塩基配列に到達したときに起こる．ターミネーター配列は遺伝子の終点を指定している．ターミネーターでは，ポリメラーゼ分子がRNA分子と遺伝子のDNA鎖から解離し，2本のDNA鎖が再び二重鎖になる．

アミノ酸配列をコードするRNA分子の合成の他に，ポリペプチドの合成に関与する2種類のRNA分子も転写により合成される．これらのRNAについては後節で述べる．☑

真核生物の RNA プロセシング

核をもたない原核生物では，遺伝子から転写されたRNAがそのまま，タンパク質へと翻訳される分子である**メッセンジャーRNA（mRNA）messenger RNA**として機能する．しかし真核生物の場合は事情が異なる．真核生物の細胞では，核内で転写が行われるだけでなく，RNA転写産物がプロセシング（修飾）されてから細胞質に移動してリボソームにより翻訳される．

RNAプロセシングの1つがRNA転写産物の末端への余分なヌクレオチドの付加である．**キャップ cap**と**テール tail**とよばれるヌクレオチドの付加は，RNAは細胞内の酵素による分解からの保護や，リボソームがこのRNA分子をmRNAと認識するのに役立っている．

もう1つのRNAプロセシングは，真核生物では実際にアミノ酸をコードしているヌクレオチド鎖がアミノ酸をコードしないヌクレオチド鎖により分断されているため

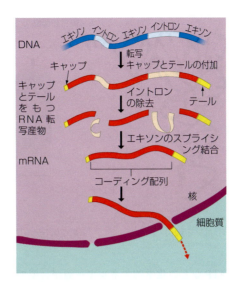

に必要とされる．これは意味のある文章の中に，意味をなさない文字列がランダムに挿入されているようなものである．動物や植物の遺伝子の大部分には，**イントロン intron**とよばれるこうした非コード領域が含まれていることが判明している．これに対して，遺伝子の中でタンパク質として発現される部分であるコード領域は**エキソン exon**とよばれる．図10.13に描かれているように，エキソンとイントロンはともにDNAからRNAへと転写される．しかし，RNAが核から離れる前にイントロンが除去され，エキソンが連結されて連続したコード配列をもつmRNA分子が形成される．この過程は**RNAスプライシング RNA splicing**とよばれる．RNAスプライシングは，ヒトの約2万1000個の遺伝子から，それよりもはるかに多種類のポリペプチドの生産を可能にする重要な役割を担っていると考えられている．これは最終的なmRNAにどのエキソンが含まれるかを変えることにより達成される．

キャップとテールの付加およびRNAスプライシングが完了することで，真核生物mRNAは「最終稿」となり，翻訳の準備が整う．☑

翻訳：関与する分子

これまで見てきた通り，翻訳とは核酸言語からタンパク質言語という異なる言語への転換であり，転写過程よりも

複雑で精巧な機構がかかわっている．

メッセンジャーRNA（mRNA）

翻訳過程に必要な第1の要素は転写により生じたmRNAである．mRNAの他には，mRNAの翻訳装置としての酵素と

DNAからRNA，タンパク質へ

◀図10.13 真核生物細胞におけるメッセンジャーRNA（mRNA）の合成．核から出ていくmRNA分子は遺伝子から最初に転写されたRNA分子とは大きく異なる．細胞質では最終的なmRNAのコード配列が翻訳される．

☑ チェックポイント
RNAポリメラーゼはどのようにして転写する遺伝子の転写開始位置を「知る」のか？

答え：RNAポリメラーゼは遺伝子の特徴的な塩基配列であるプロモーターを認識する．

☑ チェックポイント
最終的なmRNAがその遺伝子をコードするDNAよりも短いことが多いのはなぜか？

答え：RNAからイントロンが除去されるから．

▶図10.14 tRNA の構造．tRNA 立体構造の一方の端はアミノ酸が付加する部位（紫色）であり，もう一方の端は mRNA と対合する3塩基のアンチコドン（薄緑色）である．

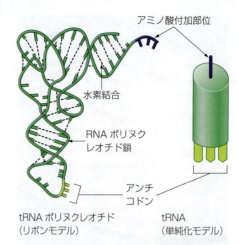

ATP などの化学的エネルギー源が必要である．さらに，翻訳過程で重要な役割を果たす要素としてトランスファー RNA とよばれる RNA の一種とリボソームがある．

トランスファー RNA（tRNA）

ある言語を別の言語に翻訳するには，もとの言語の単語を解釈して別の言語の対応する単語に変換することができる人，または装置などの通訳が必要である．mRNA として運ばれる遺伝的な伝達事項をタンパク質のアミノ酸言語に翻訳するにも通訳が必要である．核酸の3文字単語（コドン）をタンパク質のアミノ酸という単語に変換するために，細胞は通訳分子である**トランスファー RNA（tRNA）transfer RNA** とよばれる RNA の一種を使っている（**図10.14**）．

タンパク質を生産する細胞の細胞質にはアミノ酸の供給がある．しかし，アミノ酸自身はメッセンジャー RNA の塩基配列上のコドンを認識することはできない．この認識は細胞の通訳分子である tRNA 分子の役割であり，新たなペプチド鎖をつくるためにアミノ酸と適切なコドンとを組み合わせる．この任務を遂行するために tRNA 分子は2つの異なる機能を発揮しなければならない．すなわち，(1) 適切なアミノ酸を拾い上げることと，(2) mRNA 中の適切なコドンを認識することである．tRNA 分子は特有の構造をしており，それが両方の任務を果たすことを可能にしている．**図10.14** の左図に示されるように tRNA 分子は約180 ヌクレオチドからなる1本鎖の

RNA である．この RNA 鎖は自発的にねじれて折りたたまれ，RNA 鎖のある短い領域が同じ鎖上の別の領域と塩基対をつくって，いくつかの2本鎖領域を形成している．折りたたまれた tRNA 分子の一端は**アンチコドン anticodon** とよばれる特別な3つ組塩基である．アンチコドンの3つ組塩基は mRNA のコドンの3つ組塩基と相補的になっている．翻訳過程で，tRNA のアンチコドンは塩基の対合則により mRNA 上の特定のコドンを認識する．tRNA 分子のもう一方の端は特定のアミノ酸が結合する部位である．すべての tRNA 分子は類似したかたちをしているが，各々のアミノ酸に対応するためにわずかな違いのある tRNA が多数存在する．

リボソーム

リボソームは mRNA と tRNA の機能を協調させて実際にポリペプチドを合成する細胞内小器官である．**図10.15a** に見られるように，リボソームは2つのサブユニットにより構成されている．それぞれのサブユニットは多数のタンパク質とかなりの量

▼図10.15 リボソーム．

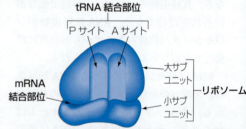

(a) **リボソームの単純化図解**．リボソームの2つのサブユニットと，mRNA および tRNA 分子の結合部位を示す．

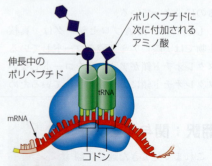

(b) **翻訳を行う分子**．ポリペプチドの合成中は，リボソームは1分子の mRNA と2分子の tRNA を保持している．そのうちの1分子の tRNA に伸長中のポリペプチドが結合している．

のRNAにより構成され，このRNAは**リボソームRNA（rRNA）** ribosomal RNAとよばれる．組み立てが完了したリボソームの小サブユニットにはmRNAとの結合部位があり，大サブユニットにはtRNAとの結合部位がある．図10.15bには2個のtRNA分子がリボソーム上のmRNAと結合する様子が描かれている．Pサイトとよばれるt RNA結合部位には伸長中のポリペプチド鎖と結合したtRNAが保持され，もう一方のAサイトとよばれるtRNA結合部位には次にポリペプチド鎖に付加されるべきアミノ酸を運ぶtRNAが保持されている．各々のtRNAのアンチコドンはmRNAのコドンと塩基対合している．リボソームのサブユニットは，万力のようにtRNA分子とmRNA分子を近接して保持する働きをしている．またリボソームはAサイトにいるtRNAが運ぶアミノ酸を伸長中のポリペプチドに連結する働きをもつ．☑

翻訳：進行の過程

翻訳過程は，転写過程と同様に開始・伸長・終結の3つの段階に分けられる．

翻訳の開始

翻訳の第1段階では，mRNAと最初のアミノ酸が結合したtRNAとリボソームの2つのサブユニットが会合する．RNAスプライシング完了後でもまだmRNA分子はアミノ酸配列をコードする遺伝情報領域よりも長い（図10.16）．mRNA分子の両末端の塩基配列（ピンク色）は遺伝情報領域ではないが，真核生物ではこの両端の領域がキャップ領域とテール領域とともにmRNAのリボソームへの結合に役立っている．翻訳開始過程では，翻訳が始まる位置が正確に決定され，mRNAコドンが正しいアミノ酸配列に翻訳されていく．翻訳開始は図10.17に示されるように2段階で進行する．❶mRNA分子がリボソームの小サブユニットに結合する．mRNA上の翻訳開始部位である**開始コドン** start codonに特殊なtRNAが結合する．この開始tRNAはアミノ酸のメチオニン（Met）を運搬し，そのアンチコドンUACがmRNAの開始コドンAUGと結合する．❷リボソームの大サブユニットが小サブユニットに結合し，翻訳機能をもつリボソームが組み立てられる．開始tRNAはリボソームのPサイトに収まる．

ポリペプチド鎖の伸長

翻訳開始過程が完了すると，最初のアミノ酸に1つずつアミノ酸が付加されていく．個々のアミノ酸の付加は，図10.18に示されるように3段階の伸長過程により進行する．❶アミノ酸を運搬するtRNAのアンチコドンがリボソームのAサイトに位置するmRNAのコドンと結合する．❷伸長中のポリペプチドがPサイトのtRNAから遊離してAサイトのtRNAのアミノ酸に付着したところでリボソームの触媒によりペプチド結合が形成される．こうしてポリペプチド鎖に1個アミノ酸が付加される．❸PサイトのtRNAがリボソームから遊離し，リボソームは伸長中のポリペプチ

DNAからRNA, タンパク質へ

☑チェックポイント

アンチコドンとは何か？

答え：アンチコドンとはtRNA分子がもつ3塩基で相補的にコドンと結合することでtRNAをmRNA中の相補配列に結合させる．これはmRNAのコドンをアミノ酸に翻訳する重要な過程である．

▼図10.16 mRNA分子．
キャップ
遺伝情報の開始点
終了点
テール

▶図10.18 ポリペプチドの伸長．赤色の点線は動きを示す．

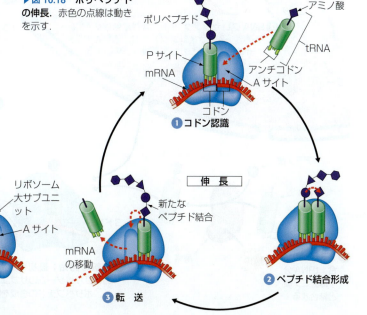

▼図10.17 翻訳の開始．

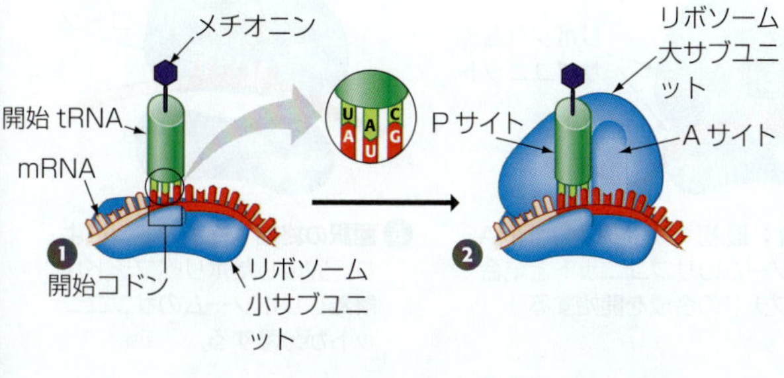

ド鎖を結合している tRNA を P サイトに移動させる．このとき mRNA と tRNA は一緒に移動する．この移動により A サイトには mRNA の次に翻訳される予定のコドンがくる．こうして，ペプチド鎖伸張過程が段階❶に戻る．

翻訳の終結

ペプチド鎖の伸長過程は**終止コドン** stop codon がリボソームの A サイトに到達するまで継続する．UAA, UAG, UGA の終止コドンはアミノ酸はコードせず，翻訳を終結させる．アミノ酸が数百個連なる完成したポリペプチドがリボソームから遊離し，リボソームの2つのサブユニットが解離する．✓

概説：
DNA → RNA → タンパク質

図 10.19 は DNA から RNA を経てタンパク質に至る細胞内の遺伝情報の流れについて概説している．真核細胞では，転写（DNA → RNA）は核内で行われ，RNA 転写産物は細胞質へと移動する前にプロセシングを受ける．翻訳（RNA →タンパク質）は迅速に進行する過程であり，1 個のリボソームは通常の大きさのポリペプチドを 1 分以内に合成することができる．合成されたポリペプチドは，巻かれたり折りたたまれたりして最終的な 3 次元の立体構造をとる．

転写過程と翻訳過程の全体としての重要性は何だろうか？ 転写と翻訳は遺伝子が細胞の構造と活性を制御するための過程であり，広い意味で，遺伝子型が表現型をつくる方法である．一連の情報の流れは DNA 上にある遺伝子の特定の塩基配列から始まる．遺伝子は mRNA の相補的な塩基配列への転写を指示する．次に mRNA はポリペプチドのアミノ酸配列を指定する．最後にポリペプチドから形成されるタンパク質が細胞および生物個体の形態や機能を決定する．

数十年の間，DNA → RNA → タンパク

> **✓チェックポイント**
> 以下の分子の中で翻訳過程に直接関与しないものはどれか？
> リボソーム，トランスファー RNA，メッセンジャー RNA，DNA
>
> 答え：DNA

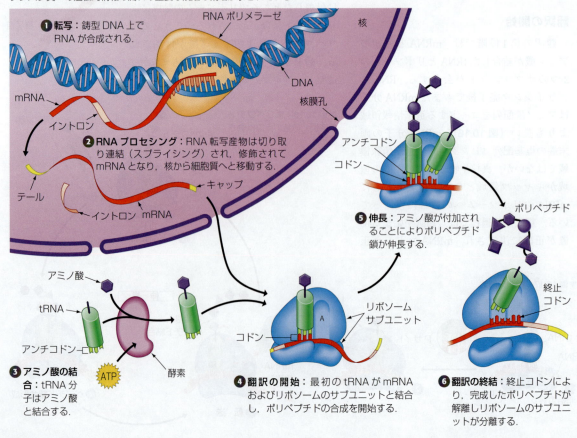

▼図 10.19 **転写と翻訳の概略．**この図には真核生物における DNA からタンパク質への遺伝的情報の流れの主要な段階の概略が示されている．

質という経路が，遺伝情報が生物の形質を支配する唯一の方式であると信じられてきた．近年，RNAの複雑な役割を明らかにした発見が相次いだことから，この概念に疑義が生じている（このようなRNAの特殊な性質の一部については11章で探究する）．☑

突然変異

遺伝子がタンパク質へと翻訳される過程が解明されて以降，科学者は多くの遺伝的な相違を分子レベルで記述することができるようになった．たとえば，鎌状赤血球症はヘモグロビンタンパク質の中の1本のポリペプチド中の1アミノ酸の変化の影響であることが判明している（図3.19参照）．この変化は，ポリペプチドをコードするDNAの1塩基の変化によるものである（図10.20）．

DNAの塩基配列の変化を**突然変異（変異）mutation**という．突然変異は染色体の大きな領域が変化するものから，鎌状赤血球症の原因となる対立遺伝子のようにわずか1塩基対の変化まで含まれる．ときとして，塩基の置換により能力が改善されたタンパク質や新たな能力を獲得したタンパク質がつくられ，突然変異が起こった生物個体およびその子孫が繁栄する機会を増やすことがある．しかし，ほとんどの場合，突然変異は有害である．変異をレシピの誤字だと考えてみよう．誤字によって，レシピが改善される場合もあるかもしれないが，たいていは誤字があってもほとんど影響がないか，ある程度の，あるいは壊滅的な影響を引き起こす．1個または数個の塩基対の突然変異が遺伝子の翻訳にどのような影響を及ぼすか考察してみよう．

> DNAのたった1つの「誤字」が生命を脅かす病気を引き起こし得る．

突然変異の型

遺伝子の突然変異には，大きく2つある．塩基の置換および，塩基の欠失または挿入である（図10.21）．塩基の置換は，1個の塩基が，相補対をつくっている塩基とともに別の塩基対に置き換わることである．たとえば図10.21の上から2つ目の図では，mRNAの4つ目のコドン中のGがAに置き換わっている．置換はどのような影響を引き起こすだろうか？

遺伝暗号には重複があるため，置換変異がアミノ酸配列に影響を及ぼさないことがある．

▼図10.21 **3通りの突然変異と影響**．DNAの変異により，以下のようにmRNAとポリペプチド産物が変化する．

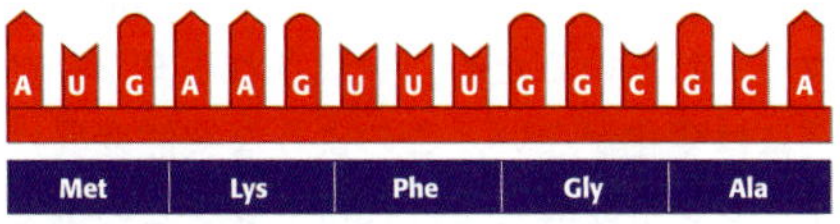

正常遺伝子からのmRNAとタンパク質

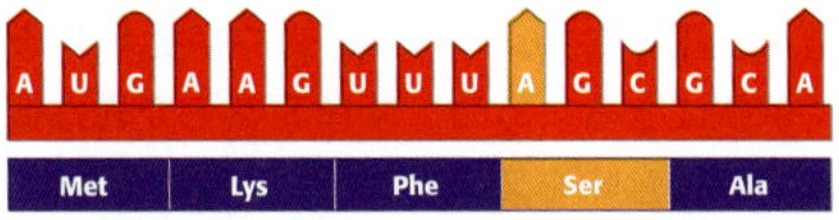

(a) 塩基の置換．mRNAの4番目のコドン中のAがGに置き換えられている．その結果，ポリペプチド中のグリシン（Gly）がセリン（Ser）に変化している．このような置換はタンパク質の機能に大きく影響することも，まったく影響しないこともある．

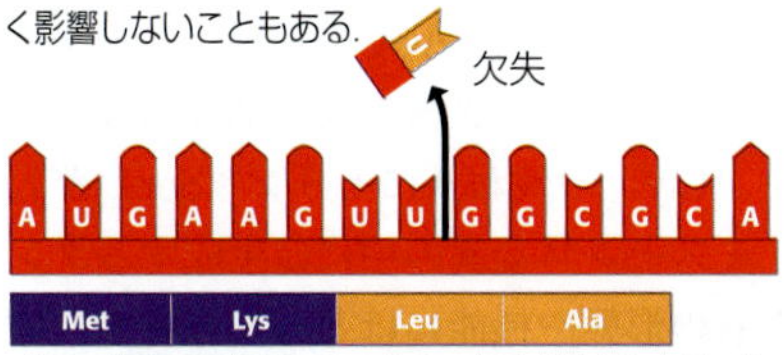

(b) 塩基の欠失．ヌクレオチドが1個欠失すると，それ以降のすべてのコドンが読み間違えられる．その結果生じるポリペプチドは，完全に機能を失うことが多い．

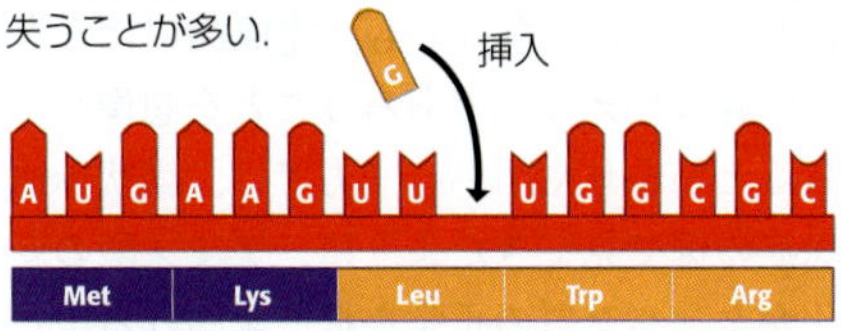

(c) 塩基の挿入．ヌクレオチドの欠失と同様に，ヌクレオチドが1個挿入されると後に続くコドンがすべて破壊され，完全に機能を失ったポリペプチドが合成されることが多い．

▼図10.20 **鎌状赤血球症の分子機構**．鎌状赤血球症の対立遺伝子は正常なヘモグロビン遺伝子と1塩基だけ異なっている（オレンジ色）．この変異によりグルタミン酸（Glu）をコードするmRNAコドンがバリン（Val）をコードするコドンに変化している．

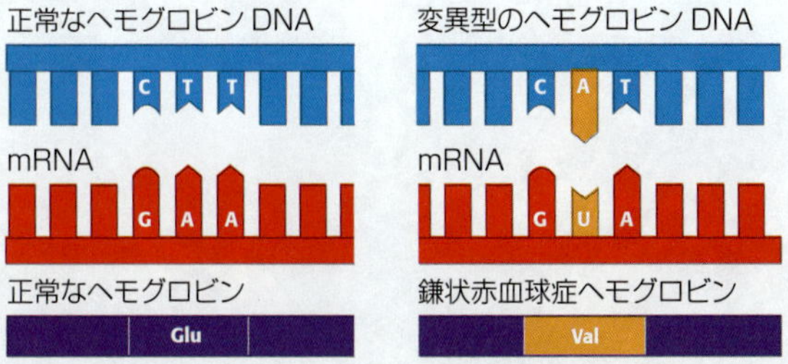

DNAからRNA，タンパク質へ

☑チェックポイント

1. 転写とは＿＿＿の合成であり，＿＿＿を鋳型として用いる．
2. 翻訳とは＿＿＿の合成であり，1つの＿＿＿が配列中の個々のアミノ酸を決定している．
3. 翻訳はどの細胞内小器官が担っているか？

答え：1. mRNA；DNA
2. タンパク質（ポリペプチド）；コドン
3. リボソーム

たとえばmRNAコドンが突然変異により GAAからGAGに変化した場合，GAAとGAGはどちらも同じアミノ酸（Glu）をコードしているため，生成されるタンパク質には変化がない．このような突然変異はサイレント変異とよばれる．レシピの例でいえば，「砂糖1と1/4カップ」が，「砂糖1と1/4かっぷ」になっても変わりなく解釈できるように，サイレント変異は遺伝情報の意味を変えない．

1塩基置換により，コードされるアミノ酸が変化する場合，この突然変異はミスセンス変異とよばれる．たとえばmRNAのコドンがGGCからAGCに変化した場合，生成されるタンパク質の変異部分にはグリシン（Gly）の代わりにセリン（Ser）が入る．ミスセンス変異の中には生成するタンパク質の形態や機能にほとんど影響を及ぼさないものもある．これは，レシピにおいて「砂糖1と1/4カップ」が「砂糖1と1/3カップ」になっても，完成品には大きな影響は与えないであろうことを想像してみるとわかりやすい．一方では，鎌状赤血球症の例で見てきたように，アミノ酸の変化がタンパク質の正常な機能を妨げることもある．これはちょうど，「砂糖1と1/4カップ」が「砂糖6と1/4カップ」になってしまい，レシピが台無しになるのと同様である．

ナンセンス変異とよばれる塩基置換では，アミノ酸のコドンが終止コドンに変化する．たとえばAGA（Arg）コドンが突然変異によりUGA（stop）コドンに変化した結果，中途半端に終結したタンパク質が生成することになり，こういったタンパク質はたいてい適切に機能しない．レシピでのたとえでいえば，これは手順が途中で終わってしまったようなものであり，料理は台無しになるだろう．

遺伝子中の1個以上のヌクレオチドが欠失または挿入する突然変異はフレームシフト変異とよばれ，通常は壊滅的な影響を及ぼす（図10.21b, c参照）．mRNAは翻訳時には一連の3つ組塩基として読まれるため，塩基が付加または欠失すると遺伝情報の3つ組塩基の組分けが変化する．すなわち，挿入または欠失の「下流」のすべての塩基が新たに組分けられて別のコドンになる．次のレシピでのたとえで考えてみよう．「大さじ・1杯の・砂糖を・加える」から2文字目を削除すると「大じ1・杯の・砂・糖を加・える」となり，意味をなさな

▼図10.22 **突然変異と多様性．** 突然変異は生物の多様性の源であり，この写真にある北大西洋のスタファ島のような自然を育んでいる．

くなる．同様に，フレームシフト変異の結果，機能しないポリペプチドがつくられることが多い．

突然変異誘発物質

突然変異はさまざまな局面で起こり得る．自発的突然変異は DNA 複製または DNA 組換え中の誤りによって生じる．**突然変異誘発物質（変異原）mutagen** とよばれる物理的要因および化学物質も突然変異の原因である．最もよく知られた物理的な変異原は X 線や紫外線（UV）のような高エネルギーの電磁波である．化学的な変異原にはさまざまなタイプのものがある．その1つは，正常な DNA 塩基に類似しているが，DNA に取り込まれると不正確な塩基対合を引き起こす化学物質群である．

突然変異誘発物質の多くは発がん物質としてがんを引き起こす活性をもつため，できる限り接触を避けるほうがよいだろう．

では変異原への接触はどのようにしたら避けられるだろうか？ 露出の少ない服の着用や日焼け止めの塗布により日光の紫外線への露出を最小にすることや，喫煙を止めることなどの生活習慣の改善は有効である．しかし，このような予防措置は絶対確実なものではなく，日光に含まれる紫外線や受動喫煙などのため変異原への接触を完全に防ぐことはできない．

突然変異は有害なことが多いが，自然界や実験室において有益なものでもあり得る．突然変異は生物界の中の遺伝子の豊かな多様性の源泉の1つであり，この多様性が自然選択による進化をもたらす（図10.22）．突然変異は遺伝学者にとって不可欠の研究手法である．自然発生したものであれ実験室でつくり出されたものであれ，突然変異によって遺伝的な研究に必要な種々の対立遺伝子が得られる．☑

ウイルスなどの細胞をもたない感染性物質

✓ チェックポイント

1. 突然変異により開始コドンが他のコドンに変化すると何が起こるか？
2. ある遺伝子の中央部で1個のヌクレオチドが欠失すると何が起こるか？

答え：1．リボソームが翻訳を開始することができないため，mRNA が翻訳されたタンパク質ができず，また mRNA が欠失した塩基から先のコドンはすべてフレームシフトを起こし，正常に機能しない．

ウイルスなどの細胞をもたない感染性物質

ウイルスは，核酸でできた遺伝物質が組織化された構造体に詰め込まれている点など，生物と共通の性質をもつ．しかし，ウイルスには細胞がなく自分自身のみで増殖することができないことから，通常はウイルスを生物とは見なさない（生物がもつ性質については図 1.4 を参照）．ほとんどの場合，**ウイルス virus** はわずかな核酸がタンパク質の外殻に包装されたものであり，「箱に入った遺伝子」にすぎない（図10.23）．ウイルスは生きている細胞に感染し，細胞の器官にウイルスの製作を指令することによってのみ複製することができる．本節では，細菌をはじめとして，さまざまな生物の宿主に感染するウイルスについて検討していこう．

バクテリオファージ

細菌に感染するウイルスは**バクテリオファージ bacteriophage**（「細菌を食うもの」の意味）または，たんに**ファージ phage** とよばれる．図 10.24 には大腸菌に感染する T4 ファージの写真が示されている．T4 ファージはタンパク質でできた精巧な構造体に DNA が格納されている．ファージが大腸菌の表層に接触すると，ファージの

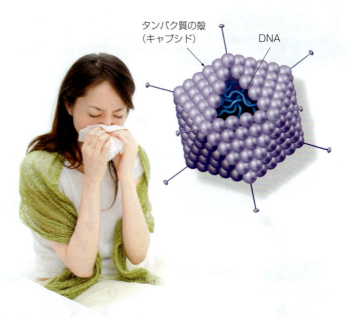

▲図10.23 **アデノウイルス**．ヒトの呼吸器に感染するアデノウイルスは，20面体のかたちをしたタンパク質の殻（キャプシド）に納められた DNA により構成されている．コンピュータで作図されたモデル図は実際の大きさの30万倍に拡大されている．20面体の各々の頂点にはタンパク質のスパイクが突き出ていて，感受性のある細胞へのウイルスの接着に関与している．

▼図10.24 細菌に感染するバクテリオファージ（ウイルス）．

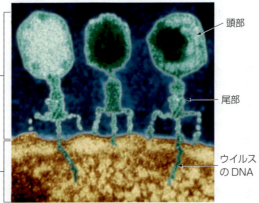

バクテリオファージ（全長 200 nm）
頭部
尾部
ウイルスのDNA
細菌細胞
着色TEM像　146 000倍

「足」が折れ曲がる．ファージの尾部は中空の棒であり，バネのような鞘に包まれている．ファージの足が折れ曲がると，バネが圧縮されて，棒の先端が細胞膜を貫通し，ファージのDNAがウイルス頭部から細菌の内部へと送り込まれる．

ファージが細菌に感染すると，大部分のファージは**溶菌サイクル lytic cycle**とよばれるファージの複製サイクルに入る．「溶菌サイクル」の名称は細菌の細胞内でファージのコピーが多数複製されると，細菌が破裂して溶菌することに由来している．ファージの中には**溶原サイクル lysogenic cycle**とよばれるもう1つの経路により複製されるものもある．溶原サイクルでは，ファージの複製も細胞の破壊も起こすことはなく，ファージのDNAだけが複製される．

図10.25では大腸菌に感染するλ（ラムダ）ファージの2種類の複製サイクルが描かれている．λファージはDNAを含む頭部と尾部により構成される．感染開始時に，❶λファージは細菌の外側に結合してファージのDNAを細菌に注入する．❷注入されたファージのDNAは環状化する．溶菌サイクルでは，このDNAがただちに細菌をウイルスの生産工場に変える．❸細菌がもつDNA複製・転写・翻訳の機構はファージにハイジャックされ，ファージのコピーの生産に用いられる．❹細菌が溶解し，新たなファージが放出される．

溶原サイクルでは，❺ファージのDNAが細菌の染色体に挿入される．染色体上にあるファージDNAは**プロファージ prophage**とよばれ，ほとんどの遺伝子が不活性である．プロファージの存続は，プ

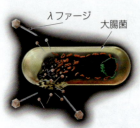

λファージ　大腸菌

▼図10.25 2通りのファージ複製サイクル．
2通りの複製サイクルをもつファージがいる．細菌に侵入した後に，ファージのDNAは細菌の染色体に組み込まれる（溶原サイクル）か，または即座にファージの複製工程を開始して宿主の細菌細胞を破壊する（溶菌サイクル）．溶原サイクルに入った場合はファージのDNAが宿主細胞の染色体の中で多世代にわたって受け継がれる．

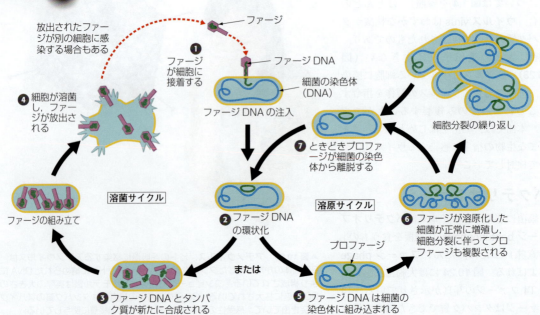

ロファージが寄生している細胞の増殖に依存している．❻宿主の細菌のDNAの複製と一緒にプロファージのDNAも複製され，分裂に伴って細菌のDNAと一緒にプロファージが娘細胞に伝達される．ファージが感染した1つの細菌が迅速に増殖して，すべての細菌がプロファージをもつ大集団となることもある．プロファージは永続的に細菌の細胞内に存在する．❼しかし時として，プロファージが染色体を離脱することがある．プロファージの離脱は，変異原への接触などの環境条件が引き金になる場合がある．ひとたびプロファージが染色体を離脱すると，通常は溶菌サイクルに切り替わり，ファージのコピーが多数生産されて，宿主の細菌を溶解する．

溶原化した細菌でプロファージの遺伝子が活性化することが医学的な問題を引き起こすことがある．たとえば，ジフテリア，ボツリヌス中毒，猩紅熱を引き起こす細菌は，プロファージ遺伝子をもっていなければヒトに害を及ぼすことはない．プロファージ中の特定の遺伝子が細菌に毒素の生産を指令し，この毒素のためにヒトが病気になる．✓

ウイルスなどの細胞をもたない感染性物質

✓チェックポイント

ウイルスが自分の遺伝子を感染した細胞をすぐに破壊することなく，永続させる方法を1つ記述せよ．

答え：ウイルスのDNAの中には自分のDNAを宿主の染色体のDNAに挿入して組込むものがある（溶原サイクル），ウイルスのDNAは細胞膜のDNAと一緒に複製される．

植物ウイルス

植物細胞にウイルスが感染すると，植物の成長が停止して作物の収穫が減少する．知られている植物ウイルスの大部分は遺伝物質としてDNAではなくRNAを有している．植物ウイルス多くは図10.26のタバコモザイクウイルス（Tabacco Mosaic Virus：TMV）のように，らせん状に配置されたタンパク質が核酸を取り囲んだ棒状の形態をもっている．タバコやその近縁種に感染するTMVは（1930年に）最初に見つかったウイルスであり，葉に色素抜けの斑点を生じさせる．

植物に感染するためには，ウイルスは最初に植物の表皮細胞の外側の保護層を通り抜けなければならない．このため，風，凍結，折損，昆虫による損傷を受けた植物は，健全な植物よりもウイルスに感染しやすい．ある種の昆虫は植物ウイルスを運搬して伝播し，農業従事者や園芸家が剪定ばさみなどの道具の使用を通じてウイルスを拡散してしまうこともある．

大部分の植物ウイルス病には治療法がないため，農学者はウイルス感染の予防，および通常の育種や遺伝子操作によってウイルス感染に抵抗性をもつ品種を開発することに重点的に取り組んでいる．たとえば，ハワイでは2番目に生産額の大きい作物であるパパイヤに，アブラムシによってパパイヤリングスポットウイルス（Papaya Ringspot Virus：PRSV）がまん延し，一部の地域の野生のパパイヤが壊滅的な打撃を受けたことがある．しかし1998年以降，

▼図10.26　**タバコモザイクウイルス．** 写真はタバコモザイク病により斑点が生じたタバコの葉を示している．この病気の原因である棒状のウイルスは遺伝物質としてRNAを含んでいる．

タバコモザイクウイルス

10章
DNAの構造と機能

遺伝子組換えによるPRSV耐性品種のパパイヤを植えることができるようになり，以前の耕作地での栽培ができるようになった．☑

✓ チェックポイント
ウイルスが植物に侵入する方法を3つ挙げよ．

答え：傷口を通して侵入する．種粉を食草する昆虫により媒介される．ウイルスに侵入され改変された農業道具により伝播する．

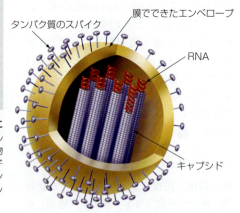

▶図10.27 インフルエンザウイルス．インフルエンザウイルスの遺伝物質は8本のRNA分子であり，それぞれがタンパク質の殻（キャプシド）に収められている．

▼図10.28 エンベロープをもつウイルスの複製サイクル．このウイルスはおたふく風邪を引き起こす．インフルエンザウイルスと同様にタンパク質のスパイクのついた膜でできたエンベロープを有しているが，ゲノムは1分子のRNAである．

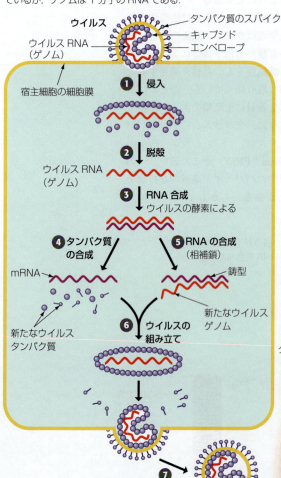

動物ウイルス

動物に感染するウイルスは，病気の原因となることが多い．「生物学と社会」のコラムで議論した通り，数多のウイルスの中でも，インフルエンザウイルスは人類の健康を脅かす最悪のウイルスである（図10.27）．多くの動物ウイルスと同様に，インフルエンザウイルスもリン脂質の膜でできたエンベロープをもち，タンパク質のスパイクが突き出ている．このエンベロープが，ウイルスが宿主細胞へ侵入し，離脱することを可能にしている．インフルエンザやいわゆる感冒（風邪）・麻疹（はしか）・おたふく風邪・エイズ・ポリオを引き起こすものを含め，多くのウイルスは遺伝物質としてRNAをもっている．DNAウイルスによって引き起こされる病気には肝炎・水疱瘡・ヘルペス感染症などがある．

典型的なRNAウイルスであるおたふく風邪ウイルスの複製サイクルが図10.28に示されている．おたふく風邪は発熱と唾液腺の腫れが特徴的な，子どもがよく感染する病気であり，先進工業国ではワクチンによりほぼ根絶されている．感染可能な細胞にウイルスが接触すると，ウイルス表面のタンパク質のスパイクが宿主の細胞膜上の受容体タンパク質に結合する．❶ウイルスのエンベロープが細胞の膜と融合し，タンパク質の殻（キャプシド）に覆われたRNAが細胞質に侵入する．❷キャプシドが酵素により除去される．❸ウイルスの一部として細胞内に侵入した酵素が，ウイル

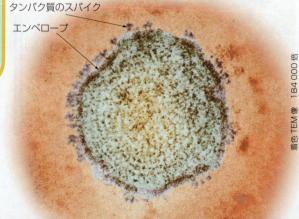

おたふく風邪（ムンプス）ウイルス

スのゲノムを鋳型に用いて相補的なRNA鎖を合成する。新たなRNA鎖には2つの機能がある。すなわち、❹mRNAとして新たなウイルスタンパク質を合成することと、❺新たなウイルスのゲノムRNAを合成するための鋳型となることである。❻合成されたタンパク質が、新たなウイルスRNAの周囲に集合してキャプシドを形成する。❼最後に、ウイルスは細胞膜に覆われて細胞から遊離する。言い換えると、ウイルスは細胞膜からエンベロープを獲得し、細胞を溶解することなく、細胞から出芽するように離脱する。

すべての動物ウイルスが細胞質で複製されるわけではない。たとえば、水疱瘡・帯状疱疹・単純ヘルペス・陰部ヘルペスなどを引き起こすヘルペスウイルスとよばれるウイルスはエンベロープをもつDNAウイルスであり、宿主細胞の核内で複製して細胞の核膜からエンベロープを獲得する。ヘルペスウイルスDNAのコピーは、通常は特定の神経細胞の核内に潜んでいる。潜伏したヘルペスウイルスDNAは、宿主のヒトが風邪や日焼けなどの身体的ストレスや、感情的ストレスにさらされることが引

き金となってウイルスを産生し、不快な症状を引き起こす。ひとたびヘルペスに感染すると、その人の生涯を通してたびたび発症することになる。米国人の成人の75％以上が帯状疱疹を引き起こす単純ヘルペス1型ウイルスに感染し、20％以上が陰部ヘルペスの原因となる単純ヘルペス2型ウイルスを保持していると考えられている。

ウイルスが身体に与える損傷の程度は、ウイルス感染との闘いに臨む免疫系の応答の迅速さや、感染された組織の回復能力などに左右される。私たちが風邪をひいても完全に回復することができるのは、呼吸器の組織では損傷した細胞が効率よく置換されるためである。一方、ポリオウイルスは、通常は置換不可能な神経細胞を攻撃する。ポリオに冒された神経細胞の損傷は回復不可能であり、このような場合、ワクチンが病気を防ぐ唯一の医学的対応策となる。

ワクチンはどのようにして効果を発揮するのだろうか？ 次のコラムでは、インフルエンザワクチンを例にとってこの疑問を検討していこう。✓

ウイルスなどの細胞をもたない感染性物質

✓ **チェックポイント**
ヘルペスウイルスの感染はなぜ永続的か？

答え：神経細胞の核にヘルペスウイルスのDNAが潜むから。

史上最悪のウイルス　科学のプロセス

インフルエンザワクチンは高齢者にも有効か？

毎年、6か月齢以上のほぼすべての人にインフルエンザワクチンの接種が推奨されている。しかし、このワクチンは本当に有効なのだろうか？ 高齢者は若者に比べ免疫系の働きが弱く、また総医療費の中で高齢者の占める割合が高いため、ワクチンの効果を考えるうえで重要な集団といえる。集団の中での病気の分布・原因・抑制に関する研究の専門家である疫学者は、ワクチン接種を受ける高齢者の割合が1980年には15％だったものが、1996年には65％に増加していることを観察した。この観察結果から、インフルエンザワクチンの接種を受けた高齢者の死亡率が本当に減っているだろうかという基本的だが重要な疑問が生

じた。この疑問を解明するために、疫学者は一般市民を母集団とした解析を行うことにした。疫学者は、ワクチン接種を受けた高齢者は、ワクチン接種直後の冬期における入院率と死亡率が低下するという仮説を立てた。1990年代の10回のインフルエンザシーズンの間に、65歳以上の高齢者数万人について追跡実験を行った。その結果は図10.29にまとめられている。ワクチン接種を受けた人はその後のインフルエンザシーズン中に入院する割合が27％低下し、死亡率は48％低下していた。しかし、この調査にインフルエンザ以外の要因が影響していることはないだろうか？ たとえば、ワクチン接種を受けることにした人々は、ワクチンを受けなくても健康状態がよかったという可能性もある。そこで、研究者は対照実験として、インフルエンザが流

行しない夏期の健康状態について比較調査を行った．夏期は，ワクチン接種を受けた人のうち入院した人の割合はワクチン接種を受けていない人と差がなく，死亡率もわずか16％低下しているだけであった．このことから，インフルエンザのワクチン接種はインフルエンザシーズン中の高齢者の健康にとって非常に有益であることが示唆された．

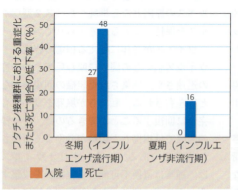

▶図10.29　**高齢者に対するインフルエンザワクチンの効果．**インフルエンザワクチンの接種により冬のインフルエンザ流行期の入院および死亡の危険性が大きく減少した．対照観察期の夏期にはこの減少効果はごくわずか，あるいはまったく認められなかった．

HIV：エイズウイルス

破滅的な病気である**エイズ AIDS**（<u>a</u>cquired <u>i</u>mmuno<u>d</u>eficiency <u>s</u>yndrome，後天性免疫不全症候群）は，**HIV**（<u>h</u>uman <u>i</u>mmunodeficiency <u>v</u>irus，ヒト免疫不全ウイルス）とよばれる，特異な性質を有するRNAウイルスによって引き起こされる．エイズウイルスの形状はおたふく風邪ウイルスとよく似ている（**図10.30**）．エイズウイルスのエンベロープは，おたふく風邪ウイルスと同様に宿主細胞への侵入と離脱を可能にしている．しかし，エイズウイルスは複製様式がふつうのRNAウイルスとは異なっている．エイズウイルスは**レトロウイルス retrovirus** であり，DNA分子を介して，つまりDNA → RNAという通常の遺伝情報の流れとは逆の流れで複製する．レトロウイルスは，**逆転写酵素**

▼図10.30　**エイズウイルス（HIV）．**

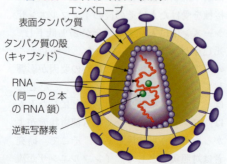

▼図10.31　**感染細胞中のHIV核酸の挙動．**

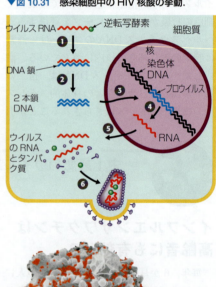

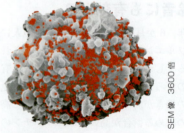

白血球細胞に感染するHIV（赤色の点）

reverse transcriptase とよばれる酵素分子を保有しており，これが RNA を鋳型として DNA を合成する逆転写反応を触媒する．

　エイズウイルスが宿主細胞に侵入し，細胞質で RNA がタンパク質の殻から放出された後に起こることが，図 10.31 に描かれている．❶逆転写酵素（緑色）が RNA を鋳型に用いて DNA 鎖を合成する．❷さらに相補的な DNA 鎖が合成される．❸こうしてつくられた 2 本鎖のウイルス DNA が細胞の核に入り，染色体 DNA に組み込まれて**プロウイルス provirus** になる．❹ときにはプロウイルスが RNA に転写され，❺さらに翻訳されてウイルスタンパク質を合成する．❻これらの成分から組み立てられた新たなウイルス粒子は，最終的に細胞から遊離して新たな宿主細胞に感染する．以上が，レトロウイルスの標準的な複製サイクルである．

　エイズウイルスは人体の免疫系で重要な役割を果たしている数種類の白血球に感染し，最終的に白血球を殺してしまう．こうした白血球が失われると，通常ならば撃退できるはずの別の感染症に感染しやすくなる．こうした二次感染により，さまざまな症状が群発する症候群が引き起こされ，やがて患者を死に至らしめる．エイズが 1981 年に初めて認識されてから現在までに全世界で 1000 万人がエイズウイルスに感染し，100 万人以上が死亡している．

　エイズを完治させる方法はないが，2 種類のタイプの抗 HIV 薬により進行を遅らせることはできる．両方ともウイルスの複製過程を阻害する薬剤である．第 1 のタイプはプロテアーゼとよばれるウイルスの酵素の作用を阻害し，エイズウイルスのタンパク質生産の最終段階を阻止する．AZT（azidothymidine，アジドチミジン）が含まれる第 2 のタイプの薬剤はエイズウイルスの逆転写酵素の作用を阻害する．AZT の

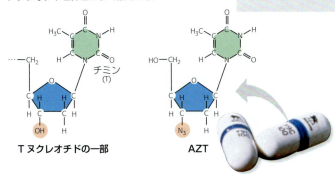

▼ 図 10.32　**AZT と T ヌクレオチド**．抗 HIV 薬 AZT（右図）は化学的構造が DNA の T（チミン）ヌクレオチドと非常によく似ている．

T ヌクレオチドの一部　　　　　AZT

効果のカギはその形状にある．AZT 分子の形状は，T（チミン）ヌクレオチドと非常によく似ている（図 10.32）．AZT の形状はチミンヌクレオチドと類似しているため，実際，AZT はチミンの代わりに逆転写酵素に結合することができる．しかし，チミンとは違って，AZT は伸長中の DNA 鎖に組み込まれることはない．こうして AZT はエイズウイルス DNA の合成に干渉し，阻害する．逆転写による DNA 合成はエイズウイルスの複製サイクルに必須な段階であることから，AZT は体内でのウイルスの拡散を阻止することができる．

　米国などの先進工業国のエイズウイルス感染患者の多くは，逆転写酵素阻害剤とプロテアーゼ阻害剤の両方を含む多剤併用療法を行っている．この多剤併用は個々の薬剤による単独療法よりもずっと効果的であり，ウイルスの増殖を食い止めて患者の延命につながるようだ．実際，適切な治療により HIV 感染による死亡率は 80％ も低下している．しかし，この多剤併用療法でも体内のウイルスを完全に除去することはできない．患者が薬剤療法を中止すると，エイズウイルスの複製とエイズの症状が復活することが多い．エイズは完治させる方法がないため，避妊手段を取らない性交渉や注射針の使い回しを避けることなどのエイズ感染予防が唯一の堅実な手段である．✓

ウイルスなどの細胞をもたない感染性物質

✓ **チェックポイント**

HIV はなぜレトロウイルスとよばれるのか？

答え：HIV は RNA ウイルスで DNA を合成し，これは DNA → RNA という通常の遺伝情報の流れと逆行する（retro）ためである．

ウイロイドとプリオン

　ウイルスは小さくて単純だが，ウイロイドとプリオンという 2 つのタイプの病原体はさらに小さい．ウイロイドは小さな環状 RNA 分子であり，植物に感染する．ウイ

ロイドはタンパク質をコードしていないが，それでも宿主の植物細胞の酵素を使い，細胞中で自身を複製する．このような小さな RNA 分子は，植物の成育を制御する調節機構に干渉して病気を引き起こす．

　さらに奇妙な伝染性のタンパク質が**プリ**

10章
DNAの構造と機能

オン prion とよばれるものである．プリオンは，さまざま動物種にさまざまな脳の疾患を引き起こす．ヒツジやヤギのスクレイピー病，シカやエルクの慢性消耗病，そして1980年代に英国で200万頭以上のウシが感染した狂牛病（以前はウシ海綿状脳症，BSEとよばれていた）などが知られている．プリオンはヒトでは，非常にまれな病気であるが，治療法がなく致死的な脳変性を伴うクロイツフェルト・ヤコブ病を引き起こす．

どのようにしてタンパク質が病気を引き起こすのだろうか？ プリオンは正常な脳細胞に存在するタンパク質が，異常な折りたたみ構造を取ったものであると考えられている．プリオンが正常な形態のタンパク質をもつ細胞に侵入すると，なんらかの機構により正常なタンパク質分子を異常な折りたたみ構造をもつプリオンに変換する（どのように変換するかは，まさに研究の途上である）．現代でもプリオン病を治療する方法は見つかっていないので，将来の発病を防ぐ方法はプリオンの感染過程を理解し阻止することにかかっている．✓

> 狂牛病は異常なタンパク質分子によって起こる．

✓ **チェックポイント**
プリオンはどのような点が病原体としては異例か？

答え：プリオンは生物の遺伝因子である DNA や RNA などの核酸をもたない点．

史上最悪のウイルス　進化との関連

新興ウイルス

近年になって突然，医学者の関心を引くようになったウイルスを**新興ウイルス** emerging virus とよぶ．H1N1（「生物学と社会」のコラムで解説した）がその一例である．別の例として，1999年に北米に出現し，近接する米国の48州すべてに広がった西ナイルウイルスがある．西ナイルウイルスはおもに，患者の血液を吸った蚊によって媒介され，他の人へと感染が広まった．西ナイルウイルスは2012年に，おもにテキサス州で爆発的な感染拡大を起こし，およそ300人もの命を奪った（図10.33）．

このようなウイルスがヒト社会で突如猛威をふるい，新たな病気を引き起こしたのはどのような機構によるのだろうか？ 現存するウイルスの突然変異が，その機構の1つである．RNAウイルスがRNAゲノムを複製する機構にはDNA複製のような誤りを減少させる校正機能が欠落しているため，非常に高い頻度で突然変異が起こる．このような突然変異のために現存のウイルスから進化し，以前のウイルスに対する抵抗性を獲得した人に対しても病気を引き起こすことができる新型のウイルス株が誕生することになる．これがまさに，私たちが毎年インフルエンザのワクチンを接種することが必要となる理由である．突然変異により人々が免疫力をもっていない新型インフルエンザが出現するのだ．

新興ウイルス感染症は，現存するウイルスが宿主域を拡大したときにも発生する．科学者の推定によると，新たなヒトの病気の約3/4が他の動物に起源をもつものである．また，ウイルス感染症が小さな隔離された集団から拡散すると，広範な大流行に発展する危険性がある．たとえば，エイズは世界中に広がり始める前は，数十年間無名で事実上まったく注目されていなかった．エイズの場合は，以前はめったになかったヒトの病気が，手頃な料金での海外旅行，輸血，性行動，静脈注射する薬物の乱用などの技術的および社会的要因により，

▼図10.33　2012年の西ナイルウイルスの大流行地図．

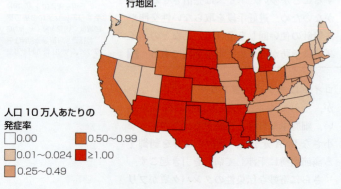

人口10万人あたりの発症率
- 0.00
- 0.01〜0.024
- 0.25〜0.49
- 0.50〜0.99
- ≥1.00

世界的な災厄に発展したものである．
　ノーベル賞を受賞した遺伝学者のジョシュア・レーダーバーグ Joshua Lederberg は，ヒトの健康に対するウイルスの絶えざる脅威について，「私たちは微生物との進化的な競争の中で生きている．私たちが生き延びられるという保証はない」と警告している．人類が，エイズやインフルエンザなどの新興ウイルスを抑え込むことができるとすれば，これは分子生物学の理解によってもたらされる成功であろう．

ウイルスなどの細胞をもたない感染性物質

本章の復習

重要概念のまとめ

DNA：構造と複製

DNA と RNA の構造

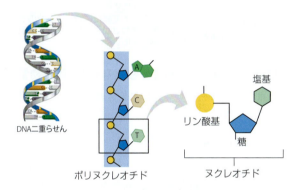

ワトソンとクリックによる二重らせんの発見

　ワトソンとクリックはDNAの3次元構造について解答を出した．DNAは2本のポリヌクレオチド鎖が互いに巻きついて二重らせんを形成している．塩基の間の水素結合がこの鎖の二重らせん構造を保持している．各々の塩基は相補的なパートナーであるAとTおよびCとGの組み合わせで向かい合っている．

構造と機能：DNA の複製

　相補的な塩基対というDNAの構造が，DNAの複製の際の分子的な遺伝を可能にしている．

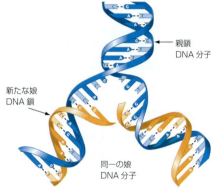

情報の流れ：DNA から RNA，タンパク質へ

生物の遺伝子型による表現型の決定

　生物の遺伝子型が構成する情報はDNAの塩基配列によって担われている．遺伝子型は，タンパク質を発現させることにより表現型を制御している．

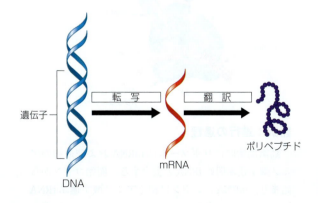

215

核酸からタンパク質へ：概説

遺伝子の DNA は通常の塩基の対合則に従って RNA へと転写される．DNA の A 塩基が RNA では U 塩基と対をつくる点だけが例外である．遺伝情報の翻訳過程では，コドンとよばれる RNA の 3 つ組塩基がそれぞれポリペプチド中の 1 個のアミノ酸を指定する．

遺伝暗号

アミノ酸を指定するコドンに加えて，遺伝暗号には開始シグナルとなる 1 個のコドンと翻訳終了を指定する 3 個の終止コドンがある．遺伝暗号には重複があり，大部分のアミノ酸は 2 つ以上の指定コドンが存在する．

転写：DNA から RNA へ

転写の過程では遺伝子のプロモーターに RNA ポリメラーゼが結合して DNA の二重らせんを巻き戻し，DNA 鎖を鋳型として RNA 分子の合成を触媒する．1本鎖の RNA 転写産物が遺伝子から離れると，DNA 鎖は再び二重らせんとなる．

真核生物の RNA プロセシング

真核生物の遺伝子の RNA 転写産物は，プロセシングを受けてからメッセンジャー RNA (mRNA) として核から出ていく．プロセシングでは，イントロンが除去されて，キャップとテールが付加される．

翻訳：関与する分子

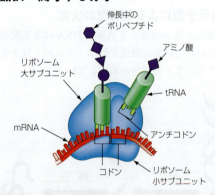

翻訳：進行の過程

翻訳開始時にリボソームは mRNA および最初のアミノ酸を運ぶ開始 tRNA と会合する．開始コドンから始まり，mRNA のコドンは続くアミノ酸を運ぶ tRNA に 1 つひとつ認識される．リボソームはアミノ酸同士を連結する．1 つ結合するごとに mRNA は 1 コドン分リボソームの中を動く．終止コドンに達すると完成したポリペプチドが離れる．

概説：DNA → RNA → タンパク質

DNA のコドン配列は，mRNA のコドン配列を介してポリペプチドの一次配列へと 1 つずつ翻訳されていく．

突然変異

突然変異は DNA 塩基配列の変化であり，DNA 複製や組換え時のエラーや，突然変異誘発物質により生じる．遺伝子中のヌクレオチドの置換，欠失，挿入は，ポリペプチドおよび生物体にさまざまな影響を与える．

突然変異の型	影 響
1 個の DNA 塩基の置換	サイレント変異：アミノ酸の変化なし
	ミスセンス変異：1 個のアミノ酸が変化する
	ナンセンス変異：アミノ酸のコドンが終止コドンに変化する
DNA ヌクレオチドの欠失または挿入	フレームシフト変異により，コドンの 3 塩基の組み合わせが変化してアミノ酸配列が大幅に変化する

ウイルスなどの細胞をもたない感染性物質

ウイルスはタンパク質に包装された遺伝子でできた，感染性粒子である．

バクテリオファージ

細菌の中で溶菌サイクルに入ったファージ DNA は複製され，転写翻訳される．新たなファージ DNA とタンパク質分子から新たなファージが組み立てられ，宿主を溶菌して放出される．溶原サイクルでは，ファージ DNA は宿主の染色体に組み込まれて何世代も娘細胞へと受け継がれる．溶原化された DNA は，のちにファージの生産を開始するかもしれない．

植物ウイルス

植物に感染するウイルスは農業のうえで大きな問題となっている．植物ウイルスの多くは RNA をゲノムにもち，植物の外層の傷を通して侵入する．

動物ウイルス

インフルエンザウイルスなど多くの動物ウイルスは RNA をゲノムにもつが，肝炎ウイルスなどのように DNA をゲノムとするウイルスもある．動物ウイルスの中には細胞膜の一部を「盗んで」保護エンベロープとしている．ヘルペスウイルスのように宿主の細胞内に長期間潜伏するものもある．

HIV：エイズウイルス

HIV はレトロウイルスである．宿主の細胞内で自らの RNA ゲノムを鋳型として DNA を合成し，宿主の染色体に組み込む．

ウイロイドとプリオン

ウイルスよりも小さいウイロイドは植物に感染する小さな RNA 分子である．プリオンは感染性のタンパク質であり，ヒトや動物の脳に種々の変性疾患を引き起こす．

セルフクイズ

1. DNA 分子を構成する 2 本の重合体の鎖は＿＿＿とよばれ，＿＿＿とよばれる多数の単量体の連結によりできている．
2. ヌクレオチドを構成する 3 成分を答えよ．
3. 各種の核酸の構造体が大きいものから小さいものへと正しい順序に並べられているのは，次のうちどれか？
   a．遺伝子，染色体，ヌクレオチド，コドン
   b．染色体，遺伝子，コドン，ヌクレオチド
   c．ヌクレオチド，染色体，遺伝子，コドン
   d．染色体，ヌクレオチド，遺伝子，コドン
4. 科学者が放射性標識した DNA 分子を細菌に取り込ませた．細菌はこの DNA 分子を複製し，2 個の娘細胞に娘 DNA 分子（二重らせん）をそれぞれ 1 個ずつ分配した．それぞれの娘細胞に含まれる DNA の放射性活性はどれだけになるか？　またその理由は何か？
5. DNA コドンの塩基配列を GTA とする．この DNA から転写された RNA 分子の塩基配列は＿＿＿である．タンパク質合成の過程では tRNA が mRNA コドンと結合する．tRNA のアンチコドンの塩基配列は＿＿＿である．この tRNA に結合しているアミノ酸は＿＿＿である**（図 10.10 参照）**．
6. 遺伝子の情報を転写し，タンパク質へと翻訳する過程について記述せよ．以下の用語を正しく使用して記述すること．
   tRNA，アミノ酸，開始コドン，転写，mRNA，遺伝子，コドン，RNA ポリメラーゼ，リボソーム，翻訳，アンチコドン，ペプチド結合，終止コドン
7. 次の a～e の分子が主として関与する 1～3 の細胞内反応過程を正しく組み合わせよ．
   a．リボソーム　　　1．DNA 複製
   b．rRNA　　　　　2．転写
   c．DNA ポリメラーゼ　3．翻訳
   d．RNA ポリメラーゼ
   e．mRNA
8. ある遺伝学者は，ある突然変異が遺伝子にコードされるポリペプチドに何も影響を及ぼしていないことに気がついた．この突然変異は以下のどのような型の変異と考えられるか？
   a．1 塩基の欠失
   b．開始コドンの変更
   c．1 塩基の挿入
   d．1 塩基の置換
9. ある科学者が，ファージ A の外殻タンパク質とファージ B の DNA を混合することによりバクテリオファージが自動的に組み立てられることを発見した．この合成ファージが細菌に感染することができるとすると，細菌の細胞内でファージが生産するものは次のうちどれか？
   a．ファージ A のタンパク質とファージ B の DNA
   b．ファージ B のタンパク質とファージ A の DNA
   c．ファージ A のタンパク質と DNA
   d．ファージ B のタンパク質と DNA
10. DNA をもつことなく増殖するタイプのウイルスは，どのようにして増殖するか？
11. エイズウイルス（HIV）はゲノムの RNA を DNA に変換するのに＿＿＿とよばれる酵素を必要とする．

解答は付録 D を見よ．

科学のプロセス

12. 染色体を 1 本だけもつ細胞を放射性リン酸を含む培地で培養して，DNA 複製により新たに形成される DNA 鎖が放射性をもつようにした．細胞は自分の DNA を複製して分裂した．次に，引き続き放射性のある培地中にいる娘細胞が自らの DNA を複製し，細胞分裂して合計 4 個の細胞が生じた．4 個の細胞中の DNA 分子について図を描いて説明せよ．通常の（放射性をもたない）DNA 鎖を実線で示し，放射性をもつ DNA 鎖を点線で示すこと．
13. 1952 年の歴史的な実験で，生物学者のアルフレ

ッド・ハーシー Alfred Hershey とマーサ・チェイス Martha Chase は 2 種類の放射性標識されたバクテリオファージを用意した．一方は放射性の硫黄によりタンパク質だけが標識され，もう一方は放射性のリンにより DNA だけが標識されたものである．別々の試験管の中で，それぞれの放射性標識されたファージを放射性標識されていない細菌と混合した．ファージが DNA を細菌に注入してから数分後に，細菌細胞の表層に残っているファージ粒子を細菌の細胞から分離し，細菌画分とファージ画分の放射性を測定した．彼らはどのような結果を得たと考えられるか？ またこの結果から，彼らはファージの DNA とタンパク質のいずれの成分が細菌に注入された感染性因子であると結論づけたか？

14. **データの解釈** 下のグラフは 2007 年から 2013 年に，あらゆるインフルエンザによって死亡した子どもの数をまとめたものである．それぞれの棒グラフはある 1 週間に死亡した子どもの数を表している．なぜグラフは山と谷が繰り返すようなかたちになると考えられるか？ また，本章の冒頭にある「生物学と社会」のコラムを読んだうえで，なぜそれぞれの山のピークは中央あたりにくるかを答えよ．さらに，これらのデータに基づけば，通常 1 年のうち，インフルエンザの流行はいつ頃始まり，いつ頃終わるといえるか？

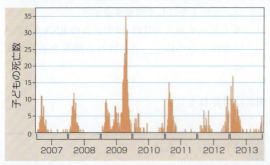

生物学と社会

15. 米国の国立衛生研究所（NIH）の研究者が，数千個の遺伝子の塩基配列とコードされるタンパク質のアミノ酸配列を決定した．同様の解析は複数の大学および私企業でも行われていた．遺伝子の塩基配列の情報は，遺伝性疾患の治療や人命を救助する薬剤の生産に役立つ可能性がある．そこで，NIH と米国のバイオテクノロジー関連企業は彼らの発見を特許として出願した．英国では，裁判所が自然に存在する遺伝子は特許化することはできないと規定している．あなたは，個人や企業が遺伝子や遺伝子産物を特許化することは許されるべきだと考えるか？ この問いに対する答えを出す前に，次の点について熟慮すること．
    ・特許制度の目的は何か？
    ・遺伝子の発見の特許からどのように利益が得られるか？
    ・一般市民の利益はどうなるか？
    ・遺伝子が特許化された場合，どのような不都合が生じるか？

16. あなたの大学のルームメイトの女性が，美容のため日焼けサロンに通おうとしている．あなたは彼女に日焼けサロンの危険性をどのように説明したらよいか？

17. インフルエンザワクチンは安全性が示されており，それほど高価でもなく，確実にインフルエンザによる入院期間や死亡率を低下させている．子どもは就学前にインフルエンザワクチンを接種するべきだと考えるか？ また，病院勤務者の場合はどうか？ あなたの考えを述べよ．

11 遺伝子の発現制御

なぜ遺伝子発現制御が重要なのか？

近い将来，あなたのすべての遺伝子発現状況がこのようなDNAチップにより読み取られるようになるだろう．

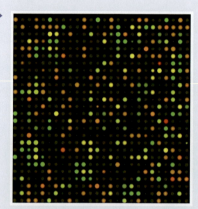

▼ クローニングによりジャイアントパンダを絶滅から救うことができるかもしれない．

▲ 生活様式の選択は，あなたががんになるリスクに大きく影響すると考えられる．

章目次

遺伝子発現制御の目的と機構　222
植物および動物のクローン技術　230
がんの遺伝的原理　234

本章のテーマ

がん

生物学と社会　タバコの害に関する動かぬ証拠　221
科学のプロセス　小児のがんと大人のがんに違いはあるか？　235
進化との関連　体内のがんの発生　239

がん　生物学と社会

タバコの害に関する動かぬ証拠

　ヨーロッパの探検家がアメリカ大陸への初航海から帰還したとき，先住民の一般的な交易品であるタバコをもち帰った．目新しさもあってタバコをくゆらす習慣はすみやかにヨーロッパ全域に広まった．その需要を満たすため，米国南部は主要なタバコの生産地として発展した．時とともに喫煙は世界中で流行し，1950年代には米国人の約半数が1日に1箱以上のタバコを吸うようになった．この時代には，健康上の危険性についてほとんど注意が払われることはなく，実際にタバコの広告には，しばしば「健康上の利益」が喧伝され，タバコをたしなむことにより，喫煙者を落ち着かせるとともに減量の効果があると書かれていた．

　しかし，1960年代には医師がタバコにより肺がんの発生率が著しく高まるという不穏な傾向に気づき始めた．肺がんは1930年には珍しかったが，1955年には米国人男性にとって最も死亡率の高いがんになっていた．実際，1990年には男性では肺がんの死亡者が他のすべてのがんによる死者の2倍以上に達していた．にもかかわらず，特にタバコ業界と経済的な結びつきの強い団体を中心に，喫煙と肺がんの関連について声高に疑義を差しはさむ人々がいた．彼らはこれまでに得られている根拠はたんなる統計上のものであるか，あるいは動物実験によるものであって，タバコの煙がヒトにがんを引き起こすことを示す直接の証拠は得られていない点を指摘した．

　1996年，タバコの煙の成分の1つであるBPDEとよばれる物質を培養中のヒトの肺細胞に添加する実験により「動かぬ証拠」が得られた．研究者は，この細胞の中でBPDEが*p53*とよばれる遺伝子に結合することを示した．*p53*遺伝子がコードするタンパク質は腫瘍の形成を抑制する働きをもつ．BPDEが*p53*遺伝子に突然変異を引き起こして*p53*タンパク質を不活性化し，重要な腫瘍抑制タンパク質である*p53*の機能を消失させることにより，腫瘍の形成を招くことが証明された．この研究はタバコの煙に含まれる化学物質とヒトの肺がん形成との直接の関連を示すものであった．これ以降，大量の実験データと統計研究が喫煙とがんの関連性に投げかけられた科学的な疑惑をすべて取り除いてきた．

　遺伝子の突然変異はどのようにがんに結びつくのだろうか？　発がんに関連する遺伝子の多くは細胞内で他の遺伝子群の発現をオン・オフする機能をもつタンパク質をコードしている．このようなタンパク質が正常に機能しないと細胞はがん化しやすくなる．どの遺伝子をどのタイミングで活性化するかを正確に制御することは，正常な細胞の機能に決定的に重要である．遺伝子の発現がどのように制御され，どのように細胞や生物個体に影響を及ぼし，さらにあなたの人生にかかわってくるかを明らかにすることが本章の主題である．

ヒトのがん細胞．このような腫瘍細胞は自らの増殖を制御する能力を失っている．

11章 遺伝子の発現制御

遺伝子発現制御の目的と機構

あなたの体を構成するすべての細胞および有性生殖を行うあらゆる生物の体を構成するすべての細胞は，精子と卵が融合し1個の受精卵（接合子）から細胞分裂を繰り返すことにより生じたものである．細胞分裂では染色体が正確に複製されるため，あなたの体を構成するすべての細胞は受精卵と同一のDNAを受け継ぎ，同じ遺伝子を保有している．しかし，あなたの体を構成する体細胞は構造も機能も専門化し，神経細胞と赤血球のように外見も機能もまったく異なっている．すべての細胞が同一の遺伝的構成を有しているのならば，細胞はどのようにして個別に専門化された細胞へと発生していくのだろうか？　たとえば，あなたが住む街にあるレストランはすべて同じレシピ本を使っているとしよう．このような場合，それぞれのレストランはどのようにして店ごとに違うメニューを開発するのだろうか？　その答えは明らかである．すべてのレストランが同じレシピ本を使っているとしても，それぞれのレストランは自分の店でどの料理を出すかこの本から好きな組み合わせでレシピを選ぶことができる．同様に，同一の遺伝情報を有する細胞も，特定の遺伝子群の発現を「オン」にし，残りの遺伝子群の発現を「オフ」にする**遺伝子発現制御 gene regulation** という機構により，個別の専門化細胞へと発生することができる．

どのレシピを使うか選択することにより複数のレストランが別々のメニューを備えることができるのと同様に，遺伝子の活性を制御することによりそれぞれの細胞が個々に専門化した細胞へと分化することが可能となる．1個の受精卵が多細胞の生物個体へと発生する過程を考えてみよう．胚が生育する間に，多数の細胞群が個別の発生経路をたどり，それぞれ特定の組織を構成するようになる．成熟した個体では，神経細胞や赤血球などの専門化した細胞は，それぞれ異なる組み合わせの遺伝子の発現を活性化している．

遺伝子の「オン」「オフ」というのはどのような意味だろうか？　遺伝子はmRNA分子の塩基配列を指定し，そのmRNAはタンパク質のアミノ酸配列を指定する（DNA → RNA → タンパク質；10章参照）．「オン」になっている遺伝子はmRNAに転写され，その情報がタンパク質に翻訳されている．遺伝情報が遺伝子からタンパク質へと移行する過程は**遺伝子発現 gene expression** とよばれる．

遺伝子発現の原理として図11.1に描かれているのは，成人の分化した3種類の細胞における4種の遺伝子の発現パターンである．解糖系を通じてエネルギーを供給する酵素などの「維持管理」酵素の遺伝子群

▼ 図11.1　**3種類のヒトの細胞の遺伝子発現パターン**．異なる細胞は，異なる組み合わせの遺伝子を発現している．ここには，以下の特定のタンパク質の遺伝子について，細胞ごとの発現の有無を示している：グルコースの代謝に関係する酵素，感染症と闘う抗体，膵臓で生産されるホルモンであるインスリン，酸素運搬タンパク質のヘモグロビン．ヘモグロビンは赤血球細胞だけで発現することが知られている．

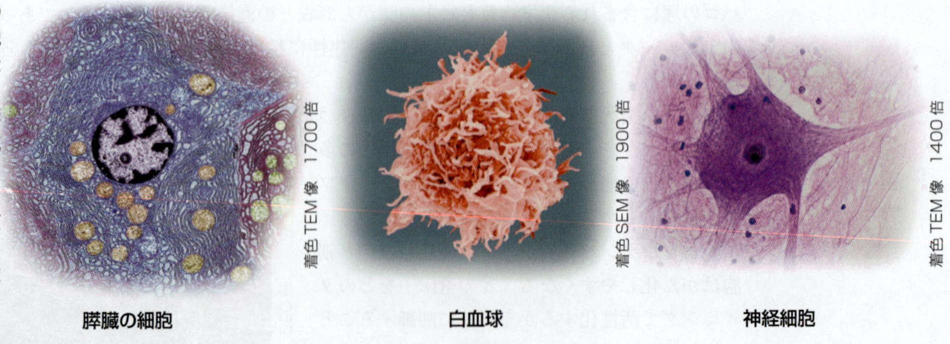

	膵臓の細胞	白血球	神経細胞
解糖系酵素の遺伝子	✓	✓	✓
抗体の遺伝子		✓	
インスリン遺伝子	✓		
ヘモグロビン遺伝子			

凡例：✓ = 活性化している遺伝子

（着色TEM像 1700倍／着色SEM像 1900倍／着色TEM像 1400倍）

は，すべての細胞で「オン」になっている．一方，インスリンやヘモグロビンなどのタンパク質は特定の種類の細胞だけで発現している．図に示される細胞の中では，どの細胞もヘモグロビンというタンパク質を発現していない．☑

細菌の遺伝子発現制御

細胞が遺伝子の発現を制御する機構を理解するために，比較的単純な細菌の例を検討してみよう．細菌が生きていくうえでは，環境の変化に対応して遺伝子の発現を制御しなければならない．たとえば，栄養分が豊富なときには，細菌は栄養の成分分子をゼロからつくり上げるような資源の無駄遣いはしない．資源とエネルギーを節約することができる細菌は，できない細菌よりも生存のうえで有利である．現在必要とする産物の遺伝子だけを発現することができる細菌が自然選択により選抜されていく．

あなたの腸内に生息している大腸菌 *Escherichia coli* について考えてみよう．大腸菌はあなたが摂取したさまざまな栄養分のスープの中を泳いでいる．あなたがミルクセーキを飲むと，大腸菌にとっては突然ラクトースとよばれる糖が降ってくることになる．大腸菌はこの状況に反応してラクトースを菌体内に吸収し代謝するために必要な3つの遺伝子を「オン」にする．ラクトースがなくなると大腸菌はこれらの遺伝子を「オフ」にし，必要のない酵素を生産するようなエネルギーの無駄遣いを停止する．このようにして細菌は環境の変化に応じて遺伝子の発現を調節している．

細菌はどのようにして周囲にラクトースがあるかないかを「知る」のだろうか？ すなわち，細菌はラクトースの有無という情報をどのようにしてラクトース代謝酵素をコードする遺伝子の「オン」「オフ」に反映するのだろうか？ ここでは3つのラクトース代謝遺伝子がDNA上で隣接していることが重要であり，これらの遺伝子の「オン」と「オフ」が1つの単位として制御されている．DNAの短い配列により3つの遺伝子が協調して「オン」「オフ」を制御されている．このような関連する機能をもつ一群の遺伝子は，制御配列を含めてオペロン operon とよばれる（図11.2）．図に示されている *lac* オペロン（ラクトース代謝オペロン）には，さまざまな原核生物の遺伝子に広く適用できる遺伝子発現制御の原理が含まれている．

DNAの制御配列はどのようにして，遺伝子の発現を「オン」「オフ」しているのだろうか？ プロモーター promoter とよばれる制御配列（図11.2の緑色部分）はRNAポリメラーゼ分子が結合して転写を開始する部位であり，図11.2の例ではラクトース代謝に必要な3つの遺伝子の転写を同時に制御する．プロモーターと酵素遺伝子の間のDNA配列はオペレーター operator とよばれ（図11.2の黄色部分），特異的なタンパク質がこの配列に結合することにより，下流の遺伝子の転写の「オン」「オフ」を切り替えるスイッチとして働く．オペレーターと結合タンパク質が協調し，プロモーター配列に結合したRNAポリメラーゼによる下流の遺伝子群（図11.2の水色部分）の転写開始の可否を決定する．*lac* オペロンでは，このオペレーターによるスイッチが「オン」になるとラクトース代謝に必要とされるすべての酵素

遺伝子発現制御の目的と機構

☑ チェックポイント
神経細胞と皮膚細胞が同じ遺伝子をもっているならば，これらの細胞の違いはどこから生じているか？

答え：特定の種類の細胞は，他の種類の細胞とは異なる遺伝子が発現している．

▼図11.2 大腸菌の *lac* オペロン．

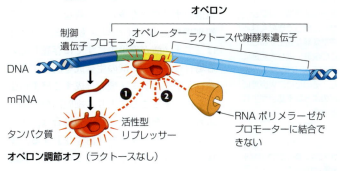

オペロン調節オフ（ラクトースなし）

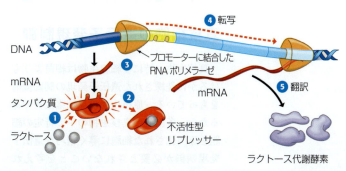

オペロン調節オン（ラクトースがリプレッサーを不活性化）

11章 遺伝子の発現制御

が一度に生産される．

図11.2上図は，ラクトースが利用できないときのlacオペロンが「オフ」の状態を示している．❶リプレッサー repressor（🔴）とよばれるタンパク質がオペレーター（🟨）に結合し，❷RNAポリメラーゼ（🟧）がプロモーター（🟩）に結合するのを物理的に阻止しているため転写が停止している．

図11.2下図は，周囲にラクトースが存在するときの，lacオペロンが「オン」の状態を示している．❶ラクトース（⚪）により，lacリプレッサーのオペレーター配列への結合が阻害される原理は，❷ラクトースがリプレッサーに結合してリプレッサーを変形させることであり，変形したリプレッサー（🔴）はオペレーターに結合できないため，オペレーターによるスイッチは「オン」となる．❸RNAポリメラーゼのプロモーターへの結合が阻害されることがなくなるので，❹ラクトース代謝酵素遺伝子群をmRNAに転写することが可能となる．❺転写されたmRNAの翻訳によりラクトース代謝酵素（図11.2の紫色）が3つとも生産される．

細菌からは多数のオペロンが同定されている．lacオペロンと非常によく似た制御機構のオペロンも多いが，異なるタイプの制御機構をもつオペロンもある．たとえば，アミノ酸が環境中にすでに存在している場合は，アミノ酸の生合成を制御するオペロンがそのアミノ酸を合成する酵素の生産を停止することにより，細胞内の材料とエネルギーを節約する．この場合は，アミノ酸がリプレッサーを「活性化」する．多様なオペロンをそなえることにより，大腸菌などの細菌はめまぐるしく変化する環境の中で生き延びていくことができる．✓

真核細胞の遺伝子発現制御

真核生物，特に多細胞生物は細菌よりもはるかに洗練された遺伝子発現の制御機構をもっている．原核生物は単細胞生物であるから，多細胞の真核生物の中で特定の細胞を専門化された細胞に導く精巧な遺伝子発現制御が必要とされないことを考えれば，驚くべきことではない．細菌には神経などはないので，赤血球と神経細胞を区別したりする必要はない．

真核生物の細胞内で遺伝子からタンパク質に至る経路は非常に長く，「オン」「オフ」または「加速」「減速」を行うことができるポイントが多数存在する．給水所からあなたの家の蛇口までつながる水道管について考えてみよう．この水道管はあちこちのバルブで水の流れが制御されている．図11.3には真核生物の遺伝情報の貯蔵庫である染色体から細胞質で活性をもつタンパク質が生産されるまでの遺伝情報の流れが，多数のバルブのついた水道管として描かれている．遺伝子の発現を制御する多段階の機構は，水道管のバルブと類似している．図11.3では，各々の制御バルブが遺伝子発現制御の「バルブ」を示している．この図に描かれる制御バルブは，遺伝子発現の制御が可能なすべてのポイントを示しているが，通常のタンパク質については1個または2，3個のポイントだけが重要と考えられている．

縮小版の図11.3を見ながら真核生物が遺伝子の発現を制御する機構について，細胞の核から調べていこう．

DNA凝縮の制御

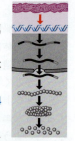

真核生物のDNAは，付属するタンパク質への巻きつき方の強弱を反映し，染色体DNAの凝縮度が強いときと弱いときが存在する（図8.4参照）．DNAが凝縮すると，RNAポリメラーゼおよび各種の転写タンパク質がDNAに結合しにくくなり，遺伝子の発現が抑制される．

細胞内では遺伝子が長期間不活性化される場合にDNAの凝縮がよく起こる．興味深い例として，哺乳類の雌では個々の体細胞に含まれる2本のX染色体の一方が高度に凝縮し，ほぼ完全に不活性化している．この**X染色体不活性化 X chromosome inactivation**が最初に起こるのは胚の発生初期であり，各々の細胞の2本のX染色体のうち1本がランダムに不活性化される．初期胚の細胞の中でひとたびX染色体の一方が不活性化されると，そこから分裂して生じる細胞もすべて同じX染色体

☑ **チェックポイント**

大腸菌のlacオペレーターに活性型のリプレッサーが結合できなくなる突然変異が発生すると，この変異により大腸菌には何が起こるか？ また，そのために大腸菌にはどのような不都合が生じるか？

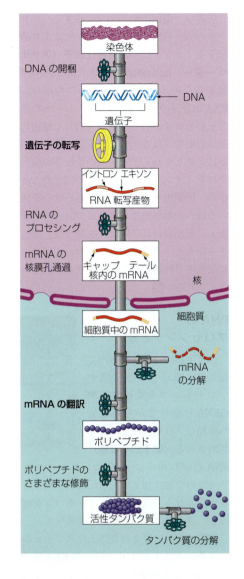

◀ 図 11.3 真核生物細胞における遺伝子発現の「水道管」．染色体 DNA から機能をもつタンパク質ができる経路で，「オン」「オフ」を切り換え，流速を速くしたり遅くしたりして制御される過程を水道管のバルブで示している．本項では，水道管モデルのミニチュア版を用いて解説中の各々の過程を明示する．

遺伝子発現制御の目的と機構

✓ チェックポイント

X 染色体を 2 本もつ女性は，1 本しかもたない男性よりも X 染色体に乗っている遺伝子の発現量が多くなっているだろうか？

答え：いいえ．女性では 2 本の X 染色体のうちの 1 本が不活性化されるため．

が不活性化される．その結果，ある雌ネコが 2 本の X 染色体に異なる型の遺伝子をもつ場合，このネコの全身の半分の細胞では一方の型の遺伝子（対立遺伝子）が発現し，残りの細胞ではもう一方の型の遺伝子が発現することになる（図 11.4）．✓

転写開始

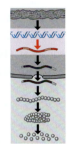

転写開始（遺伝子の転写を始めるか否かの制御）は，遺伝子の発現を制御する最も重要な段階である．原核生物も真核生物も，さまざまな制御タンパク質が DNA に結合することにより遺伝子の転写を「オン」「オフ」する．原核生物の遺伝子とは異なり，ほとんどの真核生物では複数の遺伝子が連結してオペロンを形成することはない．すなわち，真核生物の遺伝子は個別にプロモーターなどの制御配列をもっている．

図 11.5 に示されるように，真核生物の転写制御は複雑であり，多数のタンパク質

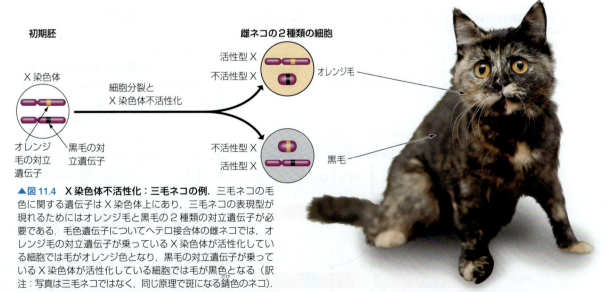

▲ 図 11.4 X 染色体不活性化：三毛ネコの例．三毛ネコの毛色に関する遺伝子は X 染色体上にあり，三毛ネコの表現型が現れるためにはオレンジ毛と黒毛の 2 種類の対立遺伝子が必要である．毛色遺伝子についてヘテロ接合体の雌ネコでは，オレンジ毛の対立遺伝子が乗っている X 染色体が活性化している細胞では毛がオレンジ色となり，黒毛の対立遺伝子が乗っている X 染色体が活性化している細胞では毛が黒色となる（訳注：写真は三毛ネコではなく，同じ原理で斑になる錆色のネコ）．

11章 遺伝子の発現制御

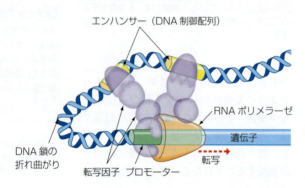

▼図11.5 真核生物遺伝子の転写開始モデル．転写因子（紫色で示されるタンパク質）の大きな集合体と，DNA鎖中の複数の制御配列が真核生物の遺伝子の転写開始に関与している．

チェックポイント

図11.3に示されるDNAの発現制御のすべての過程の中で，最も厳密に制御されているのはどの過程か？

（転写因子 transcription factor と総称される；図11.5の紫色）が**エンハンサー** enhancer（図11.5の黄色領域）とよばれるDNA配列およびプロモーター（図11.5の緑色領域）に結合し，協調して作用することにより転写を制御する．DNAと転写因子の会合により，プロモーターへのRNAポリメラーゼ（図11.5のオレンジ色）の結合が誘導される．代謝経路の酵素のように関連する酵素をコードする遺伝子群は特定のエンハンサー配列（または一群のエンハンサー配列）を共有しているため，同時に活性化されることになる．図11.5には示されていないが，**サイレンサー** silencer とよばれるDNA配列に抑制因子（リプレッサー）タンパク質が結合すると転写の開始が阻害される．

実際は，遺伝子を「オフ」にするリプレッサーは，DNAに結合することにより遺伝子を「オン」にする**活性化因子（アクチベーター）**activator タンパク質に比べて数が少ない．アクチベーターの機能は，RNAポリメラーゼのプロモーターへの結合を容易にすることである．動物や植物の通常の細胞では専門化した細胞の構造と機能に必要とされるごく一部の遺伝子の発現だけを「オン」にして転写すればすむことから，抑制因子よりもアクチベーターを用いるほうが効率的である．グルコース代謝などの細胞維持に必要な「維持管理」遺伝子を除くと，多細胞の真核生物の大部分の遺伝子の「初期設定」は「オフ」であると考えられる．✓

RNAのプロセシングと分解

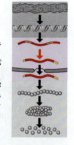

真核生物では転写は核内で起こり，転写されたRNAがプロセシングを受けて成熟mRNAとなってから細胞質へ移動し，リボソームにより翻訳される（図10.19参照）．RNAのプロセシングでは，キャップとテールの付加に加えて，遺伝情報領域を分断する非コード領域であるイントロンを切除し，残りのエキソン領域を連結する．

細胞によっては2通り以上のスプライシングを行うことにより，同一のRNA分子から異なる配列をもつmRNA分子を生成することがある．図11.6の例では，一方のmRNAは緑色のエキソンを含み，もう一方のmRNAは茶色のエキソンを含んでいる．このような**選択的RNAスプライシング** alternative RNA splicing により，生物は単一の遺伝子から2種類以上のポリペプチドを生産することができる．平均的なヒトの遺伝子は10個のエキソンを有し，ほぼすべての遺伝子が2通り以上のRNAスプライシングを実施し，中には数百通りのスプライシングを行う例もある．

最終的な形態のmRNAが生成した後，その「寿命」は数時間から数か月まで大きな幅がある．mRNAが分解される時期を制御することは，遺伝子の発現制御の一環である．しかし，すべてのmRNAは最終

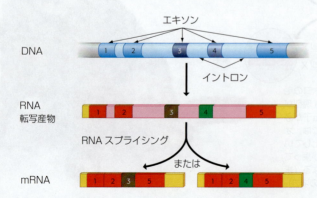

▼図11.6 選択的RNAスプライシング：同一の遺伝子から多数の異なるmRNAを生成する過程．異なる細胞では，同一のDNA配列をもつ遺伝子から異なるmRNAやタンパク質が生産されることがある．この例では，一方のmRNAには3番目のエキソン（茶色）が含まれ，もう一方のmRNAには4番目のエキソン（緑色）が含まれている．これらのmRNAは多くの可能性のうち2種類だけを示しているが，それぞれ異なるタンパク質に翻訳されることになる．

的には分解され，核酸成分がリサイクルされる．

マイクロRNA

近年の研究により，細胞質でmRNA分子と結合できる相補的な配列を有するマイクロRNA（miRNA）とよばれる低分子量の1本鎖RNA分子の重要性が認識されるようになった．mRNAと結合することにより標的のmRNAの分解を誘導し，翻訳を阻止する働きをもつmiRNAが見出されている．ヒトの遺伝子のおよそ半数はmiRNAにより発現が制御されていると見積もられ，miRNAが知られていなかった20年前には考えられなかった図式が描かれている．RNA干渉とよばれる新技術により開発されたmiRNAの利用法は，低分子のRNAを細胞に注入することにより特定の遺伝子の発現を停止させるものである．生物学者が細胞内で遺伝情報が伝わっていく自然の営みを理解していくことにより，ヒトの遺伝子の発現を人工的に制御することが可能となる日も遠くないだろう．

翻訳開始

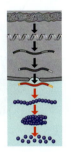

mRNAがタンパク質の合成に使われる翻訳の過程は，制御分子により遺伝子発現を制御する機会を提供している．たとえば赤血球細胞には，ヘモグロビンの機能に必須な鉄イオンを含む化学基であるヘムの供給が不足しているときには，ヘモグロビンmRNAの翻訳を阻害するタンパク質が存在している．

タンパク質の活性化と分解

遺伝子の発現制御の最後の機会は翻訳後にある．たとえば，ホルモンの一種であるインスリンは1本の長い不活性型のポリペプチドとして合成され，活性をもつインスリン分子となるためにはポリペプチドの中央部分が除去される必要がある（図11.7）．また，活性化のために化学的な修飾を必要とするタンパク質もある．

翻訳後に起こる遺伝子の発現制御機構には，タンパク質の選択的な分解がある．細胞内で代謝過程の変化を誘導するタンパク

▼図11.7 活性型インスリン分子の形成．中央部が除去された最終的な形態のインスリンだけがホルモンとしての活性を有している．

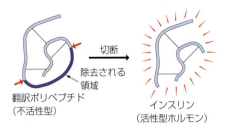

質は数分または数時間のうちに分解される．こうした制御により，細胞は環境の変化に対応してタンパク質の種類と量をきめ細かく調整することが可能となる．✓

 情報の流れ

細胞のシグナル伝達

遺伝子発現の制御は，生物学の重要なテーマである情報の流れに関する重要な事例である．遺伝子発現の制御を通じて細胞は環境のシグナルに対応して細胞の活性を変更することができる．これまでは単一の細胞内の遺伝子の発現制御について検討してきた．多細胞生物では細胞間で情報が伝達され，細胞の境界を越えて発現制御のプロセスが進行する．たとえば，細胞はホルモンなどの化学物質を分泌し，他の細胞の遺伝子発現制御に影響を与える．あなた自身の経験から似たような例を考えてみると，小学生の頃にドアの近くに見張りに立って先生が教室に来るのを知らせたことはないだろうか？ 外部からの情報（先生が近づいてくる）をキャッチして，教室内のふるまいを変更する（おしゃべりを止めるなど）のである．同様に，細胞は「見張り」タンパク質を用いて情報を細胞内にもち込み，細胞の機能を変更する．

シグナル分子は標的細胞の受容体タンパク質に結合し，**シグナル変換経路 signal transduction pathway**を起動する．シグナル伝達経路は一連の分子の反応であり，細胞の外部から受け取ったシグナル分子の情報を標的細胞内の特定の応答に変換する．図11.8は細胞間のシグナル伝達により，標的細胞の特定の遺伝子の転写を誘導する（「オン」にする）応答を示している．

遺伝子発現制御の目的と機構

✓チェックポイント

遺伝子が核内で転写された後，どのように修飾されてmRNAになるか？ また，mRNAが細胞質に到達した後，細胞内で活性型のタンパク質の量を調節することのできる制御機構を4つ挙げよ．

答え：核内ではキャップとテールの付加，RNAのスプライシングが行われる，細胞質内ではmiRNAによるmRNAの分解，翻訳開始，タンパク質の活性化，およびタンパク質の分解により調節される．

11章 遺伝子の発現制御

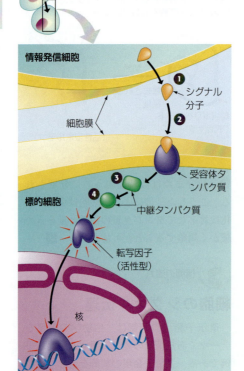

▲図11.8 **シグナル伝達経路と遺伝子の発現.** 多細胞生物の細胞が協調して働くためには，遺伝子の発現を制御する細胞間のシグナル伝達が不可欠である.

❶情報発信細胞がシグナル分子（●）を分泌する．❷シグナル分子は標的細胞の細胞膜に埋め込まれた特定の受容体タンパク質（●）に結合する．❸シグナル分子の結合により，標的細胞内の一連の中継タンパク質（図11.8の緑色）から構成されるシグナル変換経路が活性化する．各々の中継タンパク質は次の中継タンパク質を活性化する．❹最後の中継タンパク質が転写因子（●）を活性化し，❺活性化された転写因子は特定の遺伝子の転写を誘導する．❻mRNAの翻訳によりタンパク質が生産され，シグナル分子により求められていた細胞の応答が達成される．✓

✓チェックポイント

ある細胞から分泌されたシグナル分子は，どのようにして標的細胞内に侵入することなく標的細胞の遺伝子の発現を変化させることができるのか？

答え：細胞膜の細胞外側の受容体に結合して細胞内シグナル伝達経路を活性化することにより．

ホメオティック遺伝子

単細胞の接合子（受精卵）が多細胞生物へと発生する過程では，細胞間シグナル伝達と遺伝子の発現制御が初期胚の発生に最も重要である．**ホメオティック遺伝子** homeotic gene とよばれるマスター制御遺伝子が，体のどの部位でどの器官が発生するかを決定する遺伝子群を制御する．たとえば，ショウジョウバエのあるホメオティック遺伝子は胸部の細胞に脚を形成するように指令する．あるホメオティック遺伝子が発現していない部位では，別のホメオティック遺伝子が発現する．ホメオティック遺伝子に突然変異が起こると奇怪な結果が生じる．たとえば，あるホメオティック遺伝子が変異したショウジョウバエでは，頭部から余分な脚が生えた個体が発生する

▼図11.9 **ホメオティック遺伝子の効果．** 下段の写真の奇怪な突然変異体のショウジョウバエは，発生過程の主要制御遺伝子であるホメオティック遺伝子の突然変異の結果生じたものである．

正常なホメオティック遺伝子により形成される正常な頭部

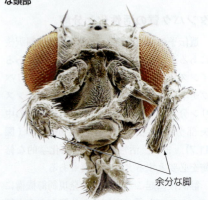

突然変異したホメオティック遺伝子のため，頭部に余分な脚が生えている

(図11.9).

近年の生物学上の最も重要な発見の1つは，類似性の高いホメオティック遺伝子が，酵母，植物，ミミズ，カエル，ニワトリ，マウス，およびヒトを含むほぼすべての真核生物の胚発生を指令している事実が明らかになったことである．このことから，ホメオティック遺伝子は生命の歴史の非常に早い時期に発生し，動物が進化していく悠久の時の中でほとんど変化せずに保存されてきたと考えられる．☑

近い将来，あなたのすべての遺伝子発現状況がこのようなDNAチップにより読み取られるようになるだろう．

DNAマイクロアレイ：遺伝子発現の可視化

遺伝子の発現制御を研究する科学者は，特定の細胞についてどの遺伝子が「オン」，どの遺伝子が「オフ」に制御されているかを調べる必要に迫られる．**DNAマイクロアレイ DNA microarray** は，スライド上に数千個の異なる1本鎖DNA断片をすき間なく格子状に整列して接着したものである．各々のDNA断片はそれぞれ特定の遺伝子から調製されたものである．1個のマイクロアレイには数千個の遺伝子に由来するDNAが接着されており，ある生物個体のすべての遺伝子を搭載したマイクロアレイも開発されている．

図11.10にはマイクロアレイの利用法の概略が示されている．❶研究者は特定のタイプの細胞が特定の時期に転写するすべてのmRNAを採取する．この一群のmRNAにレトロウイルス由来の逆転写酵素を混合する．❷逆転写酵素は各々のmRNA配列に相補的なDNA鎖を合成する．この**相補的DNA（cDNA）complementary DNA** の合成には，蛍光修飾されたヌクレオチドが用いられる．合成された蛍光標識cDNA群は，特定の細胞内で転写されたすべての遺伝子を表したものである．❸蛍光標識されたcDNA群をマイクロアレイのDNA断片に加える．もしcDNA群中に，マイクロアレイの特定の格子のDNA断片と相補的な配列をもつものがあれば，そのcDNA分子はマイクロアレイに結合して特定の格子に固定される．❹結合しなかったcDNAを洗い流し，マイクロアレイ上に固定されたcDNAの蛍光を検出する．蛍光を発する格子のパターンにより，研究者は試料の細胞内でどの遺伝子が転写されていたかを同定することができる．このようにして，異なる組織や，異なる時期に，または健康状態が異なる個体に由来する組織の中で，それぞれどの遺伝子が発現していたかという情報を網羅的に得ることができる．このような情報は疾病へのより深い理解と新たな治療法の開発に貢献することが期待できる．たとえば，乳がんの組織の遺伝子発現パターンを乳房の良性腫瘍の組織のパターンと比較することにより，より効果的な治療方針に結びつくと考えられる．

遺伝子発現制御の目的と機構

✓チェックポイント

たった1個のホメオティック遺伝子の突然変異により，生物個体の外見が劇的に変化することがあるのはなぜか？

答え：ホメオティック遺伝子は他の多くの遺伝子の発現を制御しているため，1個のホメオティック遺伝子の突然変異が他の多くの遺伝子の発現に影響を与えることになるから．

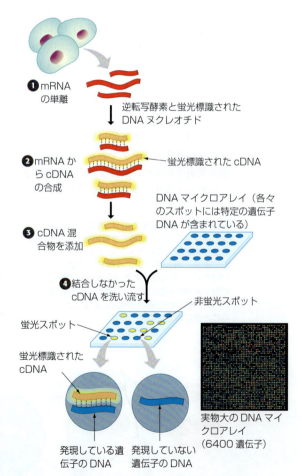

▲図11.10 DNAマイクロアレイを用いた遺伝子発現パターンの視覚化．

11章
遺伝子の発現制御

植物および動物のクローン技術

遺伝子の発現がどのように制御されるのか検討してきたところで，本章の後半では遺伝子の発現制御が「クローニング」と「発がん」という重要な2つの過程にどのように影響するのか調べていくことにしよう．

細胞の遺伝的な潜在能力

本章の最も重要な教訓は，細胞はすべての遺伝子を発現しているわけではなくても，完全な遺伝子のセットを保有していることである．あなたが挿し木などによって植物を小片から生育させたことがあれば，分化した植物細胞が細胞分裂により完全な植物体を再生することができる証拠を経験したことになる．規模を大きくすると，**図 11.11** に描かれる技術により1個の植物個体の細胞から遺伝的に同一な個体であるクローンを何千株でも得ることができる．

植物のクローニングは現代の農業の分野で広く用いられている．ランなどの植物は，実用レベルで商業的に増殖させる唯一の方法がクローニングである．また，高収量の果実や病気への耐性などの特定の望ましい形質を有する植物を増殖させるためにもクローニングが用いられる．種なしの植物（種なしブドウ，スイカ，オレンジなど）は有性生殖することができないので，このようなありふれた食物の大量生産にもクローニングが不可欠である．

このようなクローニングは動物でも可能だろうか？ある種の動物細胞が完全な遺伝子のセットをもつことを示す好例が，失われた器官が再び発生する**再生 regeneration** とよばれる現象である．たとえばサンショウウオが尾を失ったとき，尾の切り口の細胞が分化の過程を逆転させて未分化な細胞に戻ってから分裂を再開し，再び分化して新たな尾を生成する．他の動物でも，特に無脊椎動物（ヒトデやカイメンなど）は失った体の一部を再生することができるし，比較的単純な動物には切断された体の一部から新たな個体を再生できるものもいる（**図 8.1 参照**）（訳注：日本中に植えられているサクラの園芸品種ソメイヨシノは自殖できず，すべて挿し木により殖やされたクローンである）．

▶**図 11.11 試験管中でのランのクローニング．** ランの茎から採取した組織を生育培地に移すと，細胞分裂が開始し，成熟個体のランに成長することも可能である．新たなランの株は親株の遺伝的な複製（クローン）である．この実験から，成熟した植物細胞が未熟な細胞に戻り，そのうえで植物体のすべての専門化された細胞へ再分化することが可能であることが証明される．

単一の細胞

ランから採取された細胞　培養液中の細胞　培養中の細胞分裂　ランの若芽　成熟したラン

動物の個体クローニング

動物のクローニングは**核移植 nuclear transplantation** により実施される（図 11.12）．最初の核移植は1950年代にカエルの胚を用いて実施され，1990年代には成熟した哺乳類でも行われるようになった．成熟した個体の細胞から採取した核を卵細胞または受精卵の核と置換する．核を受け取った細胞は，適切な刺激により分裂を開始する．細胞分裂を繰り返して約100個の細胞が中空の球体（初期胚）を形成する．この段階の細胞は図 11.12 の2つの分岐に示されるように，クローニングなどの目的に用いることができる．

クローニングを行う動物が哺乳類であれば，以降の発生過程を進行するために初期胚を代理母の子宮に移す必要がある（図 11.12 上の分岐）．この結果誕生する動物は核を供与した動物と遺伝的に同一な「クローン」である．この様式のクローニングは，新たな動物が誕生することから**個体クローニング reproductive cloning** とよばれる．

1996年に，ある研究者のグループが個体クローニングにより，成熟した細胞から最初の哺乳類のクローンであるヒツジのドリー Dolly の誕生に成功した．彼らは特殊な処理を行ったヒツジの細胞と，核を除去した卵細胞を融合させた．数日間の培養により生じた初期胚を代理母ヒツジの子宮に移植したところ，初期胚の1個が子ヒツジのドリーに発生した．予想された通り，ドリーは遺伝学上の親である核の供与ヒツジとよく似ていて，卵の供与ヒツジにも代理母ヒツジにも似ていなかった．

個体クローニングの実用例

1996年の初成功以来，各国の研究者はマウス，ウマ，イヌ，ラバ，ウシ，ブタ，ウサギ，フェレット，ラクダ，ヤギ，ネコなど多数の哺乳類のクローニングに成功してきた（図 11.13a）．このようなクローニングを行う理由は何であろうか？ 農業の分野では，特定の望ましい形質をあわせもつ家畜をクローニングして，同じ形質をもつ家畜を殖やすことができる．研究目的では，遺伝的に同一な動物は完全な「対照動物」として厳密な比較対象を必要とする実験に利用することができる．製薬会社は医療目的にクローニングされた動物を実験に用いている（図 11.13b）．例として，研究者はヒトの免疫的な拒絶反応を引き起こすタンパク質をコードする遺伝子を欠失したブタのクローンを作製している．このようなブタの臓器が，移植を必要とするヒトの患者に用いられる日が来るかもしれない．

最も興味深い個体クローニングの利用法は絶滅が危惧される動物を殖やすことであ

> クローニングによりジャイアントパンダを絶滅から救うことができるかもしれない．

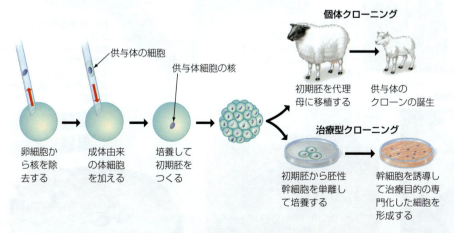

▲図 11.12 **核移植によるクローニング．** 核移植技術を用いて核を除去した卵細胞に成体の体細胞の核を導入する．こうしてできた初期胚は，新たな個体を生み出す目的（個体クローニング：上段）と幹細胞を供給する目的（治療型クローニング：下段）に利用される．

11章
遺伝子の発現制御

る．これまでにクローニングされた希少動物には野生ムフロン（小型のヨーロッパヒツジ），ガウル（アジアの野牛），ハイイロオオカミなどがあり（図11.13c），他にも多くの希少種のクローニングが試みられている．2003年には，23年前に動物園で死亡したバンテン（野生の個体がごくわずかとなっているジャワのウシ）の凍結保存された細胞を用いてクローニングが実施された．科学者がバンテンの皮膚組織を入手したのは，希少種や絶滅危惧種の組織を保存するカリフォルニア州サン・ディエゴの「凍結動物園」施設である．彼らは，あらかじめ核を除去したウシの卵細胞に，凍結保存されたバンテンの細胞から取り出した核を注入した．生じた初期胚を代理母ウシの子宮に移したところ，健康なバンテンの子が誕生した．バンテンのクローニングが成功したことから，DNA供与動物の雌がもはや繁殖できない状態でも，子を得ることが可能であることが示された．このように近縁の動物を代理に用いるクローニング技術により，近年絶滅した生物種を蘇らせ

ることができる日も遠くないだろう．

絶滅危惧種の動物を再び生息させる目的でのクローニング技術はきわめて有望であるが，このような技術は新たな問題を提起する．環境保護主義者は，クローニングは天然の生息地を保護する努力を損なうおそれがあるとして反対している．彼らは，クローニングは遺伝的な多様性を増加させるものではなく，したがって絶滅危惧種の自然復元に役立つものではないと正しく指摘している．さらに，クローニングにより生まれた動物は受精した卵細胞から発生した動物に比べて不健康であることを示す証拠が次々に得られている．クローニングされた動物には肥満，肺炎，肝不全，早期の突然死を起こしやすいなどの異常が認められている．世界初のクローン動物であるヒツジのドリーも通常は老齢のヒツジにしか見られない肺炎の合併症に苦しんだあげく，2003年に安楽死させられた．ヒツジの平均寿命は12年であるが，死亡時のドリーは6歳であった．いくつかの証拠から，クローニングされた動物の染色体の変性が原因と考えられているが，動物の健康に対するクローニングの影響については現在も研究が進められている．

▼図11.13　哺乳類の個体クローニング．

(a) 最初のクローン． 1996年に成体の細胞からつくられた最初の哺乳類クローンであるヒツジのドリーと1頭だけの「両親」．

(b) 医療目的のクローニング． この子ブタは遺伝子組換えによりヒトへの臓器移植で拒絶反応の原因となるタンパク質を欠失したブタから作製されたクローンである．

(c) 絶滅が危惧される動物のクローン．

ムフロンの母子

バンテン

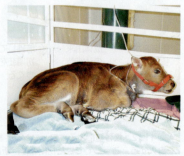

ガウル

ヒトのクローニング

さまざまな哺乳類のクローニングが成功していることから，人間もクローニングできるのではないかといううわさが飛び交っている．批評家はヒトのクローニングに対して，多くの現実的および倫理的理由により反対している．現実的には，哺乳類のクローニングは非常に難しく非効率的である．クローニングされた胚のうちごくわずか（通常は 10% 以下）しか正常に発生しないうえ，自然に誕生した動物よりも不健康なケースが多い．倫理的には，たとえどのような状況であっても，ヒトのクローニングを許すべきか否かという議論が合意に達するとは思えないが，研究と論争は延々と続けられている．☑

治療型クローニングと幹細胞

図 11.12 下の分岐には，**治療型クローニング** therapeutic cloning の過程が示されている．治療型クローニングの目的は生きた個体をつくり出すことではなく，胚性幹細胞をつくることである．

胚性幹細胞（ES 細胞）

哺乳類の**胚性幹細胞（ES 細胞）**embryonic stem cell（ES cell）は初期胚から取得され，実験室の培養器の中で増殖する細胞である．ES 細胞は無制限に分裂を繰り返し，特定の増殖刺激タンパク質を含む適切な条件下では，（原理的には）専門化された多様な細胞に分化することができる（図 11.14）．適切な培養条件が発見されれば，増殖させた ES 細胞を脊髄損傷や心臓発作によって傷害を受けた細胞の置き換えに利用できるかもしれない．しかし，ES 細胞を取り出すことにより胚が破壊されるため，治療型クローニングによる胚性幹細胞の利用には賛否両論がある．

臍帯血バンク

幹細胞の供給源として，新生児の誕生時の臍帯と胎盤から採取された血液がある（図 11.15）．この幹細胞は部分的に分化している．2005 年の医師らの報告では，臍帯血幹細胞の注入により，通常は致死的な神経系の遺伝性疾患であるクラッベ病に冒された新生児の治療に成功した．白血病の治療として臍帯血の注入を受けた患者の例もある．しかしながら，これまでのところ臍帯血療法の試みはほとんど成功していない．現在では，米国小児科学会は遺伝的リスクが判明している家族に生まれる新生児にのみ臍帯血療法を推奨している．

成体幹細胞

研究者に利用できる幹細胞は ES 細胞だけではない．**成体幹細胞** adult stem cell は体を構成する細胞の中で新陳代謝により置き換わる新たな細胞を産生する細胞である．ES 細胞とは異なり，成体幹細胞は分化の過程の中途にあって，関連のある数種

植物および動物のクローン技術

☑ **チェックポイント**

マウスの毛の色はつねに親から子へと伝わるものとする．黒毛のマウスの体細胞の核を白毛のマウスの除核した卵細胞に導入し，生成した初期胚を茶毛のマウスの子宮に移植した場合，誕生するクローンマウスの体毛は何色か？

答え：黒毛．核の供給源のマウスの色となる．

▼図 11.14　**胚性幹細胞の培養と分化．**幹細胞を刺激して目的の専門化された細胞に分化させる培養条件の開発が望まれている．

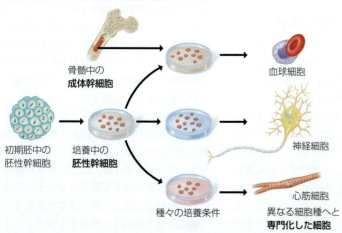

▼図 11.15　**臍帯血バンク．**誕生直後に医師が臍帯（へその緒）に針を差し込んでカップ 1/4 から 1/2 の血液を採集する．幹細胞が豊富に含まれている臍帯血は，医療目的の利用のため血液バンクで冷凍保存される．

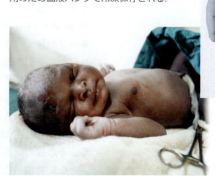

11章
遺伝子の発現制御

☑ **チェックポイント**
個体クローニングと治療型クローニングで生じるものは何が違うか？

類の専門化した細胞だけを生成する．たとえば，骨髄の幹細胞はさまざまな種類の血球細胞を生成する．提供された骨髄の幹細胞は，疾患やがん治療のために自分自身の免疫システムが破壊された患者に新たな免疫システムを供給する目的で用いられる．

成体幹細胞の採取には初期胚の組織を必要としないため，ES細胞よりも倫理的な問題は少ない．それでも，ヒトの健康に関する革新的な進歩につながる細胞は，ES細胞のように多能性のある細胞だけである

と考える研究者が多い．近年の研究により，ヒトの皮膚の細胞のような成熟細胞についても，ES細胞と同様の働きをもつように再プログラムすることが可能であることが示されている．近い将来，このような細胞が治療目的への有効性が証明され，倫理的な問題も解決していくことが期待される（訳注：山中伸弥教授により開発されたiPS細胞は，ES細胞と同様の働きをもつ再プログラム化細胞である）．☑

がんの遺伝的原理

正常細胞の生育と分裂を制限している制御機構に異常が起こり，無限増殖するようになった細胞のかたまりががんである（8章で解説）．こうした制御機構からの逸脱は遺伝子発現の変化を伴っている．

がんを引き起こす遺伝子

がんの発生における遺伝子の関与についての最初の手がかりは，ニワトリにがんを引き起こすウイルスが1911年に発見されたことである．このウイルスは，自己の核酸を宿主の染色体DNAに挿入することにより，宿主細胞中に永久にとどまることができる．20世紀末までにがんを引き起こす遺伝子を含むウイルスが多数同定されている．このようなウイルスの1つがヒトパピローマウイルス（Human papilloma virus：HPV）であり，性交渉により感染し，子宮頸がんなどのがんの発生に関与すると考えられている．

がん遺伝子とがん抑制遺伝子

1976年，米国の分子生物学者J・マイケル・ビショップ J. Michael Bishop とハロルド・バーマス Harold Varmus のグループが驚くべき発見を公表した．ニワトリにがんを引き起こすウイルスに含まれるがんの原因遺伝子は，正常なニワトリの遺伝子が変化したものであったという事実である．がんを引き起こす遺伝子は**がん遺伝子 oncogene**（「腫瘍遺伝子」）とよばれる．その後の研究により，ヒトなどのさまざまな動物の染色体にはがん遺伝子に変化

する可能性のある遺伝子がいくつも含まれていることが示されている．がん遺伝子に変化する可能性をもつ正常な遺伝子は**がん原遺伝子 proto-oncogene** とよばれる．用語の混乱を避けるために説明を繰り返しておくと，がん原遺伝子は正常で健全な遺伝子であり，これが変化するとがんを引き起こすがん遺伝子になる．ウイルス感染によりがん遺伝子を注入されたり，自分自身のがん原遺伝子が突然変異により変化したりすると，細胞ががん遺伝子を獲得することになる．

がんを引き起こす遺伝子の変化とはどのような変化であろうか？　細胞内のがん原遺伝子の正常な役割の解析により，多くのがん原遺伝子が**成長因子（増殖因子）growth factor** や細胞周期に影響を与えるタンパク質をコードしていることが判明した．なお，成長因子は細胞分裂を促進するタンパク質である．これらのタンパク質がすべて適切な時期に適切な量発現して正常に機能している場合は，細胞分裂の速度が適正なレベルに保持される．成長因子の活性が過剰となるなどの誤作動が起こると細胞の増殖が制御できなくなり，がんの発生を引き起こすことになる．

がん原遺伝子ががん遺伝子に変化するときは，必然的に細胞のDNAに突然変異が起こっている．図11.16には，がん遺伝子が生じる3通りのDNAの突然変異が描かれている．どの場合も異常な遺伝子の発現により細胞が過剰に分裂することになる．

細胞分裂を抑制する機能をもつタンパ

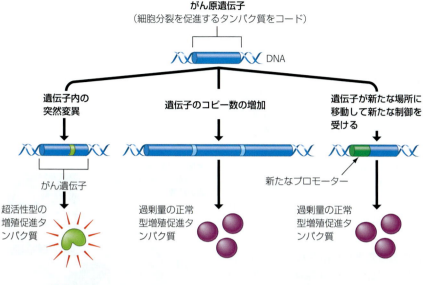

◀図11.16 がん原遺伝子のがん遺伝子への変化.

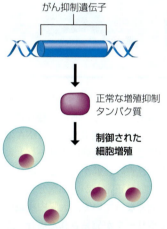

◀図11.17 がん抑制遺伝子.

(a) 正常な細胞増殖. がん抑制遺伝子は通常は細胞の生育と分裂を抑制するタンパク質をコードしている. このような遺伝子は悪性腫瘍（がん）の発生と転移を防いでいる.

(b) 制御不能の細胞増殖（がん）. がん抑制遺伝子が突然変異のため機能を失うと，正常型のがん抑制タンパク質の制御下にあった細胞が過剰に分裂して腫瘍を形成する.

質の遺伝子に突然変異が起こる場合も発がんに結びつく．こうした遺伝子がコードするタンパク質は，正常時には細胞の制御不能な異常増殖を防ぐ役割を果たすことから**がん抑制遺伝子 tumor-suppressor gene** とよばれる（**図11.17**）．正常な増殖抑制タ

ンパク質の生産または機能に悪影響を及ぼす突然変異は，がんの発生を引き起こす．がん抑制遺伝子および成長因子の遺伝子には，がんを引き起こす突然変異が多数同定されている．

 がん　科学のプロセス

小児のがんと大人のがんに違いはあるか？

医学者はがんを引き起こす突然変異を数多く観察している．そこで，さまざまなタイプのがんは，それぞれ特定の突然変異と関連しているかどうかという疑問が起こる．米国ボルチモア州にあるジョンズ・ホ

がんの遺伝的原理

11章
遺伝子の発現制御

プキンス・キンメルがん研究所の研究チームは，小児の脳腫瘍としては最も発生率が高いうえに小児腫瘍の中で最も死亡率の高い髄芽腫（medulloblastoma：MB）には特有の突然変異が存在するという仮説を立てた（図11.18）．彼らは，小児腫瘍のMB細胞の遺伝子には，大人の脳腫瘍の組織には見られないタイプの突然変異が存在すると予測した．

研究チームが行った実験では，22人の小児の髄芽腫患者から切除した腫瘍のすべての遺伝子の塩基配列を決定し，同じ患者の正常な組織の遺伝子の配列と比較した．その結果，それぞれの腫瘍には平均して11個の突然変異が見出された．この数は多いように見えるが，実際は大人の患者のMB細胞に見られる突然変異の1/5から1/10程度の数である．すなわち，小児の髄芽腫患者には，数は少ないが致死性の高い突然変異が存在すると考えられる．突然変異が起こった遺伝子の機能の解析により，DNAの凝縮を制御する遺伝子と，臓器の発生に関連する機能を有する遺伝子が見出された．髄芽腫の遺伝的原理に関する新たな知識が，このような致死的な病気に対する新たな治療法の開発に結びつくことを研究者は願っている．

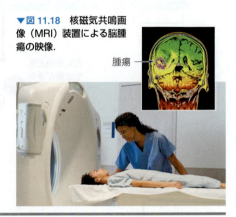

▼図11.18　核磁気共鳴画像（MRI）装置による脳腫瘍の映像．

腫瘍

がんの進行

毎年15万人近くの米国人が，結腸（大腸の主要部分）がんまたは直腸がんに冒されている．ヒトのがんの中で最もよく調べられているがんの1つである大腸がんの研究により，がんの発生に関する重要な原理が明らかになっている．個々の細胞がどのようにしてがん細胞になるのか正確なところはわかっていないが，悪性のがん細胞になるためには2つ以上の突然変異が必要であることが明らかになっている．さまざまなタイプのがんと同様に，大腸がんの発生にも複数の過程が存在する．

図11.19に示される通り，❶大腸がんの始まりは，突然変異により発がん遺伝子が発生し，正常に見える大腸上皮細胞の分裂が異常に増進することである．❷次に，がん抑制遺伝子の不活性化などのDNAの突然変異が起こり，大腸壁にポリープとよばれる小さな良性の腫瘍が生じる．ポリープの細胞の形態は正常だが，細胞分裂の速度は異常に高くなっている．大腸内視鏡による検査でポリープが発見された場合，悪性化する危険性のあるポリープを早めに切除することができる．❸さらに突然変異が加わると，転移する能力を有する悪性腫瘍が形成される．最終的な悪性腫瘍になるまでには，6つ以上のDNA突然変異が起こるのがふつうであり，その中には少なくとも1個の活性化したがん遺伝子の発生と，少なくとも1個のがん抑制遺伝子の機能消失

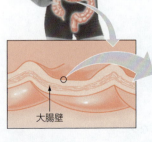

▼図11.19　大腸がんの段階的な悪性化．

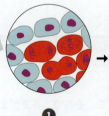
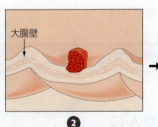
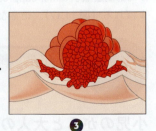

	❶	❷	❸
細胞の変化	細胞分裂の増大	良性腫瘍の増殖	悪性腫瘍の増殖
DNAの変化	がん遺伝子の活性化	がん抑制遺伝子の不活性化	別のがん抑制遺伝子の不活性化

236

がんの遺伝的原理

が含まれている．

　悪性腫瘍の発生過程には，がん原遺伝子のがん遺伝子への転換や，がん抑制遺伝子の不活性化などの段階的な突然変異の蓄積が伴っている（図11.20）．悪性腫瘍の発生には通常は4つ以上のDNAの突然変異が必要であることから，がんの発生には長い時間が必要であることが説明できる．さらに，がんの発生率が年齢に伴って急激に増加することも，長く生きている間にがんを引き起こす突然変異が蓄積しやすくなるためと考えられる．

「遺伝」するがん

　がん細胞の発生には多数の遺伝子の突然変異が必要とされることから，「がん家系」が存在することも説明できる．活性型のがん遺伝子または変異型のがん抑制遺伝子を遺伝により受け継いだ人は，このような突然変異をもたない人よりも，1段階早く悪性腫瘍の発生に必要な突然変異が蓄積することになる．遺伝学者は，「がん家系」の遺伝性突然変異を見つけ出すことに多大な努力を払ってきた．これにより，早期に特定のがんになりやすい体質を見つけ出すことができるようになっている．

　たとえば，大腸がんの約15%には遺伝性の変異が関与している．また，米国人女性の10人に1人が罹患する乳がんの5～10%には，遺伝性の要因が関与している証拠が得られている（図11.21）．遺伝性の乳がん患者の少なくとも半数には，BRCA1遺伝子およびBRCA2遺伝子の一方または両者に突然変異が見出される．正常型のBRCA1, BRCA2遺伝子は乳がんの発生を抑えていることから，これらはがん抑制遺伝子と考えられている．ある突然変異型のBRCA1対立遺伝子を受け継いだ女性は，50歳までに60%の確率で乳がんを発症するが，この突然変異をもたない女性の場合，その確率は約2%である．現在では，DNA塩基配列決定により，このタイプの突然変異を検出することができる．しかしながら，このタイプの突然変異をもつ女性にとって，現在適用できる予防法が乳房および卵巣の外科的な切除しかないため，この塩基配列検査は一部でしか利用されていない．✓

▲図11.21　乳がん．BRCA1遺伝子が変異していることを知った37歳の女優アンジェリーナ・ジョリーは，2013年に予防的な両乳房の切除術を受けた．ジョリーの母，祖母，叔母はみな若くして乳がんまたは卵巣がんにより死亡している．

✓チェックポイント
がん抑制遺伝子の突然変異はなぜがんの発生につながるのか？

答え：細胞分裂を制御したり遺伝子が突然変異すると、細胞分裂を抑制する機構を喪失するため、細胞がん化がひき起こされることになる。

▼図11.20　がん細胞の増殖に伴う突然変異の蓄積．正常細胞にがん細胞（悪性腫瘍）に変化していく一連の過程で突然変異が蓄積する．この図では，正常な細胞に細胞分裂を促進する突然変異が1つずつ蓄積してがん細胞に変化していく過程を色調により示している．がん化を促進する突然変異が一度起こると（染色体上のオレンジ色の帯），子孫の細胞すべてに突然変異が受け継がれていく．

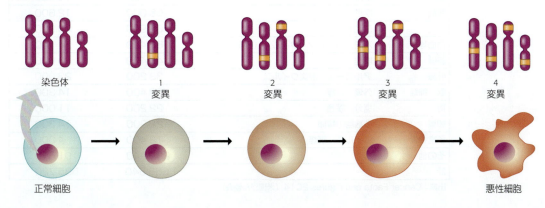

染色体　　1変異　　2変異　　3変異　　4変異

正常細胞　→　　→　　→　　→　悪性細胞

発がんのリスクとがん予防

多くの先進工業国では，心臓病に次いでがんが死因の第2位を占めている〔訳注：日本では悪性新生物（がん）が死因の第1位〕．ある種のがんの死亡率は近年になって減少しているが，がん全体の死亡率は依然として上昇しており，現在のところ10年に1％程度の上昇である．

自然発生するがんもあるが，ほとんどのがんは **発がん物質（発がん因子）** carcinogen とよばれる環境中のがんの原因となる物質などにより誘発される突然変異により発生する．このような突然変異は，長年にわたる発がん物質への接触の結果として起こることが多い．最も有力な発がん物質（発がん因子）の1つが紫外線（UV）である．太陽光に含まれる紫外線に過剰にさらされると皮膚がんを発症しやすくなり，なかには黒色腫とよばれる致死性の高い皮膚がんもある．衣類や帽子の着用と日焼け止めクリームなどの日焼け防止に気を遣うことにより，発がんの危険性を低減することができる．

最もがんの発生件数が多く，関連するがんの種類が多いのがタバコである．米国では2014年に約16万人が肺がんにより死亡しており，他のどの部位のがんよりもはるかに死亡数が多い．タバコに関連するがんの大部分については紙巻きタバコや葉巻を吸うことが主犯であるが，副流煙による間接喫煙や，煙を出さないタイプのタバコでもがんを誘発する危険性がある．表11.1に示される通り，タバコはアルコール消費との組み合わせも含めて，さまざまな臓器のがんの原因となる．致死性の高い発がん物質への接触は多くの場合は個人的な選択の問題であり，喫煙，飲酒，長時間の日光浴などの発がんのリスクの高い生活習慣はすべて回避することができるものである．

> 生活様式の選択は，あなたががんになるリスクに大きく影響すると考えられる．

ある種の食物を選択することが，個人の発がんの危険性の軽減に役立つ．たとえば，植物繊維を毎日20～30 g（7個分くらいのリンゴに含まれる量）摂取するとともに，動物性脂肪の摂取を減らすことは，大腸がんの発生を防止するのに役立つ．さらに，果物や野菜に含まれるビタミンCやビタミンE，ビタミンA関連の物質がさまざまな種類のがんを防ぐ役に立つことを示す証拠が報告されている．さらに，キャベツ，ブロッコリー，カリフラワーなどの野菜には発がん

表11.1	米国の部位別がん発生数		
発生部位	発がん物質および要因	推定発生数（2014年）	推定死亡数（2014年）
乳房	エストロゲン，食物中の脂肪（可能性）	235 000	40 400
前立腺	テストステロン，食物中の脂肪（可能性）	233 000	29 500
肺	喫煙	224 000	159 000
大腸・直腸	高脂肪，低繊維質の食物	136 800	50 310
皮膚	紫外線	81 200	13 000
リンパ球	ウイルス（特定の型）	80 000	20 100
膀胱	喫煙	74 700	15 600
腎臓	喫煙	65 000	12 600
子宮	エストロゲン	63 900	13 900
白血球	X線，ベンゼン，ウイルス（特定の型）	52 400	24 100
膵臓	喫煙	46 400	39 600
肝臓	アルコール，肝炎ウイルス	33 200	23 000
脳・神経	外傷，X線	23 400	14 300
胃	塩分，喫煙	22 200	11 000
卵巣	多数回の排卵	22 000	14 300
子宮頸管	ウイルス，喫煙	12 400	4 000
その他		259 940	101 010
計		1 665 540	585 720

出典：Cancer Facts and Figures 2014（米国がん協会）

の抑制に役立つ物質が特に多く含まれていると考えられているが，いまだに同定されていない有効物質もある．食事と発がんとの関連を明らかにしていくことが，栄養学の研究の重要な焦点となっている．

このようにがんとの闘いはいくつもの前線で展開されており，闘いが有利に展開するという楽観的見通しにも根拠がある．私たちが日常生活の中で行う選択により，最も一般的なタイプのがんになるリスクを軽減できることは，特に励みになるだろう．✓

がんの遺伝的原理

✓ チェックポイント

生活習慣の中で，がんの発生と死亡に最も深くかかわっているものは何か？

答え：喫煙

がん　進化との関連

体内のがんの発生

進化の理論は生物集団に働く自然選択について記述している．近年，研究者の間では，進化的な視点から研究を行うことにより，図 11.22 の骨腫瘍のようながんの発生についての理解を深めようとする動きがある．腫瘍をがん細胞の集団として考えると，進化は腫瘍の増殖を促進し，さらにがん細胞の進化により治療の効果が変化していくと考えられる．

1 章で論じた通り，ダーウィンの自然選択説が成立するためにはいくつかの前提条件が必要である．これらの前提条件ががんに適用できるかどうか 1 つひとつ検討してみよう．第 1 の条件は，進化する生物集団はすべて環境の許容量以上の子孫を生み出す能力をもつことである．がん細胞の増殖は制御不能であり，明らかに過剰生産の条件を満たしている．第 2 の条件は，集団の中の個体間に多様性が存在することである．これについては，「科学のプロセス」のコラムで紹介した腫瘍を形成する細胞の DNA の研究により，腫瘍内部の細胞には遺伝的な多様性が存在することが明らかとなっている．第 3 の条件は，集団の中の多様性が，それぞれの個体の生存および繁殖の成功に影響することである．実際に，腫瘍内部のがん細胞に突然変異が蓄積することにより，正常な細胞分裂の制御機構がますます効かなくなっていく．悪性のがん細胞の成長を増強する突然変異は，その細胞の子孫に伝えられる．すなわち，がん細胞は進化するのである．

進化の視点からがんの発生段階の進行を考えていくと，がんを「治療」することが容易ではないことがわかってくるが，一方で新たな治療法への道が開かれていく．たとえば，ある研究グループは特定の化学療法に感受性のある細胞だけが分裂できるようにしていく「優先的」腫瘍の形成を試みている．生物学の他の分野と同様に，進化的な視点をもつことは，私たちががんというものを理解するうえで役立っている．

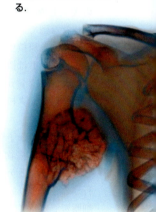

▼図 11.22　肩と上腕部の X 線写真に大きな骨腫瘍が写し出されている．

本章の復習

重要概念のまとめ

遺伝子発現制御の目的と機構

多細胞生物のさまざまな種類の細胞は，それぞれの細胞独自の遺伝子発現制御を通じて，独自の組み合わせの遺伝子の「オン」と「オフ」を制御することにより，識別可能な違いを生み出している．

細菌の遺伝子発現制御

関連する機能をもつ一群の遺伝子について，プロモーターと転写を制御する DNA 配列を含めてオペロンという．大腸菌の *lac* オペロンは，ラクトースが存在するときだけラクトース代謝系の酵素が生産されるように制御されている．

典型的なオペロン

DNA ─ 制御遺伝子 ─ プロモーター ─ オペレーター ─ 遺伝子1 ─ 遺伝子2 ─ 遺伝子3

- リプレッサーを生産する（活性型リプレッサーはオペレーターに結合する）
- RNAポリメラーゼ結合部位
- オペロンの制御スイッチ
- タンパク質をコードする

真核細胞の遺伝子発現制御

真核生物細胞の核の中には，遺伝子発現を制御する複数のポイントがある．

- 凝縮したDNAでは転写に必要なタンパク質がDNAに結合しにくいため，遺伝子の発現が阻止される傾向がある．哺乳類の雌の細胞のX染色体不活性化は極端な例である．

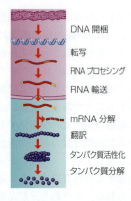

DNA開梱
転写
RNAプロセシング
RNA輸送
mRNA分解
翻訳
タンパク質活性化
タンパク質分解

- 真核生物と原核生物の双方について，最も重要な制御ポイントは遺伝子の転写である．さまざまな制御タンパク質がDNAおよびタンパク質同士で相互作用し，真核生物の遺伝子の「オン」「オフ」を制御する．
- 真核生物の遺伝子発現を制御する機会は転写後にもある．転写産物のRNAからイントロンを除去し，キャップとテールを付加するプロセシングを行うことにより成熟mRNAが生成する．
- 細胞質ではマイクロRNAによるmRNAの翻訳の阻害や，さまざまなタンパク質による翻訳開始の制御が起こる．
- 翻訳が完了したタンパク質が細胞内で活性化するために，さまざまな工程（一部の切除や化学修飾）を必要とする．最終的にタンパク質は選択的に分解される．

情報の流れ：細胞のシグナル伝達

細胞間シグナル伝達は，多細胞生物の発生と機能において非常に重要である．シグナル変換経路により，シグナル伝達分子のメッセージが特定の遺伝子の転写などの細胞応答に変換される．

ホメオティック遺伝子

遺伝子制御が進化的に重要であることは，ホメオティック遺伝子の存在により明確になっている．ホメオティック遺伝子は，発生過程制御のマスター遺伝子として他の遺伝子群を制御することにより，胚発生を制御する．

DNAマイクロアレイ：遺伝子発現の可視化

DNAマイクロアレイは，特定の種類の細胞で発現している遺伝子群の検出と定量に用いられる．

植物および動物のクローン技術

細胞の遺伝的な潜在能力

最も分化が進んだ細胞にも遺伝子の完全なセットがそろっている．そのため，植物では1個のランの細胞から完全なランの個体（クローン）を生育させることができる．特殊な条件の下では動物をクローン化することも可能である．

動物の個体クローニング

あらかじめ核を除去した卵細胞に，供与細胞の核を導入する技術が核移植である．当初は1950年代にカエルで実施された個体クローニング技術は，1996年に成体の細胞からクローンヒツジを作製するのに用いられた．それ以来，多くの動物のクローン作製にこの技術が利用されている．

供与細胞由来の核 → 核移植により生じた初期胚 → 代理母に移植された胚 → 核の供与細胞のクローン動物

治療型クローニングと幹細胞

治療型クローニングの目的は医療に用いる胚性幹細胞を作製することである．胚性幹細胞，臍帯血，成体の幹細胞は，将来的に医療目的への利用が有望である．

供与細胞由来の核 → 核移植により生じた初期胚 → 培養された胚性幹細胞 → 専門化した細胞

がんの遺伝的原理

がんを引き起こす遺伝子

細胞分裂周期を制御するタンパク質をコードする遺伝子の突然変異の結果，無秩序に分裂するがん細胞が発生する．

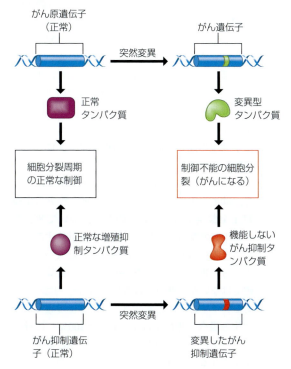

がん原遺伝子およびがん抑制遺伝子の多くは，細胞分裂周期を制御するシグナル伝達経路の中で働くタンパク質をコードしている．これらの遺伝子に突然変異が起こると，シグナル伝達が正常に機能しなくなる．がんは細胞への一連の遺伝的変化の結果として発生する．突然変異が起こることによりがんの発生を促進する作用をもつ遺伝子が多数発見されている．

発がんのリスクとがん予防

がんを引き起こす突然変異を誘発する発がん物質への接触を少なくし，健康的な生活様式を選択することが，発がんリスクの減少に役立つ．

セルフクイズ

1. あなたの骨細胞，筋肉細胞，皮膚細胞がそれぞれ異なって見える理由は次のうちどれ？
    a．各々の種類の細胞には異なる種類の遺伝子が存在するから．
    b．異なる臓器中に存在するから．
    c．各々の種類の細胞中では異なる遺伝子が活性化しているから．
    d．各々の種類の細胞では異なる変異が起こっているから．

2. 単一のユニットとして制御される関連した機能をもつ原核生物の遺伝子の一群は，その発現をコントロールする制御配列を含めて＿＿とよばれる．

3. 遺伝子の発現制御は，原核生物よりも多細胞の真核生物のほうが必然的に複雑になっている．その理由は次のうちどれか？
    a．真核生物の細胞のほうが大きいから．
    b．多細胞の真核生物では，異なる細胞は異なる機能をもつように専門化しているから．
    c．原核生物は安定した環境に限定されているから．
    d．真核生物のほうが遺伝子が少なく，各々の遺伝子が複数の役割を果たさなければならないから．

4. 真核生物の遺伝子を細菌のDNAに挿入した．細菌はこの遺伝子をmRNAに転写し，このmRNAをタンパク質に翻訳した．しかし，このタンパク質には機能がなく，真核生物の細胞で同じ遺伝子から生産されたタンパク質よりもずっと多くのアミノ酸を含んでいた．それはなぜか？
    a．mRNAが真核生物の細胞のようなスプライシング（イントロンの除去）を受けないから．
    b．真核生物と原核生物では遺伝暗号が異なるから．
    c．リプレッサータンパク質が転写と翻訳を妨げるから．
    d．リボソームがtRNAに結合することができないから．

5. 染色体中で高度に凝縮したDNAでは，なぜ遺伝子が発現しにくいのか？

6. 植物や動物の分化した細胞にも完全な遺伝的潜在能力が保持されていることは，どのような証拠により示すことができるか？

7. 動物のクローンをつくる最も一般的な方法は＿＿である．

8. DNAマイクロアレイからどのような情報を得ることができるか？

9. 胚性幹細胞と成体の組織から採取された幹細胞との実質的な相違として，次のどれが正しいか？
    a．実験室で培養できるものとしては，成体の幹

細胞だけが不死性（無制限増殖性）を備えている．
- b．自然界では胚性幹細胞だけが生物体のあらゆる種類の細胞を生じることができる．
- c．実験室で分化させることができるのは成体の幹細胞だけである．
- d．胚性幹細胞だけが成体のすべての組織に含まれている．

10. 幹細胞の供給源を3つ挙げよ．
11. がん遺伝子とがん原遺伝子の違いは何か？ がん原遺伝子はどのようにして発がん遺伝子に変化するか？ がん原遺伝子はどのような機能を担っているか？
12. 1個の遺伝子に生じた突然変異がショウジョウバエの体に余分の脚や翅が生じるなどの大規模な変化をもたらすことがある．脚や翅を発生させるには多数の遺伝子が必要であるにもかかわらず，たった1個の遺伝子がショウジョウバエの体にこのような大きな変化を起こすことができるのはなぜか？ このような遺伝子は何とよばれるか？

解答は付録Dを見よ．

科学のプロセス

13. 図11.2に描かれた lac オペロンについて考えてみよう．通常は，ラクトースが存在しないとき，この遺伝子群は発現しない．ラクトースが存在すると，細胞がラクトースを利用するための酵素をコードする遺伝子群が活性化する．突然変異により，このオペロンの機能が変化することがある．ラクトースが存在するときと存在しないときのこのオペロンの機能に，a〜dの変異がどのような影響を与えるか予測せよ．
    - a．調節遺伝子の変異；リプレッサーがラクトースに結合できない
    - b．オペレーターの変異；リプレッサーがオペレーターに結合できない
    - c．調節遺伝子の変異；リプレッサーがオペレーターに結合できない
    - d．プロモーターの変異；RNAポリメラーゼがプロモーターに結合できない
14. ヒトの体は遺伝子の数よりもはるかに多種類のタンパク質から構成されている．この事実は，単一の遺伝子から複数の異なるmRNAの生産を可能とする選択的RNAスプライシングの重要性を示している．1人の人間に由来する2種類の細胞のサンプルについて，細胞間で異なる遺伝子発現が選択的RNAスプライシングによるものか否かを，マイクロアレイ解析を用いて識別する実験を企画せよ．
15. 三毛ネコにはオレンジ毛の対立遺伝子と黒毛の対立遺伝子の両方が必要であることから（**図11.4参照**），X染色体を2本もつ雌ネコだけが三毛ネコになると予想される．正常な雄ネコ（XY）は2つの対立遺伝子のうちの一方しかもたないことから，雄の三毛ネコは非常に珍しく，通常は不妊である．このような雄の三毛ネコにはどのような遺伝子型が考えられるか？
16. 正常な大腸の細胞と大腸がんの細胞について，遺伝子発現の違いを解析するDNAマイクロアレイ実験を企画せよ．
17. **データの解釈** さまざまなタイプのがんについて，診断された数（発生数）と死亡数を示す**表11.1**を参照すると，各々のがんについて死亡数を発生数で割ることにより死亡率を計算することができる（ある年にがんと診断された人がその年のうちに死ぬとは限らないので，この計算法は正確ではないが，概算には有効である）．すなわち，あるタイプのがんと診断された人はほぼ確実に死亡する場合，死亡率は1（または100％）に近くなる．また，特定のタイプのがんは死亡数よりも診断される人のほうがはるかに多い場合，死亡率は0（または0％）に近くなる．この基準を用いると，**表11.1**の中で最も死亡率が高い2つのタイプのがんは何か？ また，最も死亡率が低いがんは何か？ すべてのがんを総合した死亡率はどのくらいか？ 以上より，がんを克服して生存できる可能性について一般にどのようなことがいえるか？

生物学と社会

18. ダイオキシンとよばれる化学物質は，ある化学薬品の製造工程の副産物として生じる．ベトナム戦争中にジャングルに散布されたオレンジ剤とよばれる枯れ葉剤に微量のダイオキシンが含まれていたため，戦争中にオレンジ剤に接触した兵士への影響に関する論争が長年続いている．動物実験の結果から，ダイオキシンには発がん性があり，肝臓や胸腺に障害を与え，免疫系を阻害し，先天性の異常を引き起こし，高濃度の場合には死亡する

ことも示唆されている．しかし，このような動物実験は決定的とはいえない．実際，モルモットを殺すほどの量のダイオキシンも体の小さなハムスターには影響を及ぼさない．研究者は，細胞に侵入したダイオキシンがタンパク質に結合し，このタンパク質が細胞のDNAに結合することを見出した．ダイオキシンの効果が身体組織や動物種によって大きく異なることについて，この分子機構からどのように説明することができるか？ ダイオキシンに接触した人が病気になった場合，その病気がダイオキシンに接触した結果によるものか否か，どのように判定すればよいか？ あなたは，この情報がオレンジ剤への接触の後遺症を訴える兵士たちの訴訟に影響を及ぼすと思うか？またなぜそう思うか？

19. ある種の「遺伝性のがん」に関する遺伝的検査が可能になっている．こうした検査の結果から，通常は特定の個人が特定の期間内にがんを発症するかどうかを予測することはできず，その人ががんになるリスクの大きさを示すにすぎない．このようなタイプのがんの多くは生活習慣の改善によって個人の発がんリスクを減少させることができない．そのため，このような遺伝的検査は役に立たないと考える人々もいる．あなたの近親者にがんの病歴があり，遺伝的検査が可能であるとき，あなたはこの検査を受けたいと思うか？ またなぜそう思うか？ あなたはこの情報をどのように活用するか？ あなたの兄弟がこの検査を受けると決めたとき，あなたは兄弟の検査結果を知りたいと思うか？

12 DNA テクノロジー

なぜ DNA テクノロジーが重要なのか？

あなたが所有している遺伝子の数は顕微鏡で見るような線虫とほぼ同数であり，イネの約半数にすぎない．

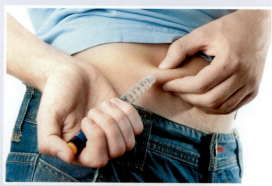

細菌によってつくられたインスリンのおかげで，数百万人の糖尿病患者が健康的な生活を送ることができる．

遺伝子組換えジャガイモが数十万人の子どもをコレラから救う日が来るかもしれない．

章目次
遺伝子工学　246
DNA鑑定と科学捜査　253
バイオインフォマティクス（生命情報学）　258
安全性と倫理の問題　264

本章のテーマ
DNA 鑑定

生物学と社会　有罪か無罪か——DNA鑑定　245
科学のプロセス　ゲノム科学でがんを治せるか？　261
進化との関連　Y染色体より読み解く歴史の小窓　268

DNA鑑定　生物学と社会

有罪か無罪か——DNA 鑑定

　1981年2月24日に米国首都の中心街のホワイトハウスからわずか1マイルの距離にあるアパートに男が侵入し，27歳の女性を襲うという凶悪な事件が発生した．男は女性を縛りつけて強姦し，彼女のトラベラーズチェックを奪って逃走した．女性は犯人をチラリとしか見ていなかった．数週間後，警察は犯人の似顔絵に酷似した18歳のキルク・オダムをマークし，1か月後に被害者の女性は警察がそろえた容疑者の中からオダムを犯人として名指しした．

　公判では連邦捜査局（FBI）の特別捜査官が被害者の衣服から見つかった髪の毛が顕微鏡検査の結果オダムの髪の毛と「区別がつかない」ものであったと証言した．オダムには犯行が行われた夜のアリバイがあったにもかかわらず，陪審員たちはわずか数時間の審議の後に武装して強姦した罪を含む数件の罪状について有罪と認定した．その結果，オダムは20〜66年の不定期刑を言い渡された．

　オダムは20年以上刑期を務めた後に仮釈放されたが，性犯罪者としての烙印を押されたままだった．しかし，2011年2月になってFBIの顕微鏡による毛髪検査技術に不備のあることが発覚し，実際に有罪判決が覆るケースが相次いだことから，オダムの事件についてもDNA鑑定の実施が申請された．

　現在の科学捜査におけるDNA鑑定の根拠は，個人の細胞には，すべて異なるDNAが含まれている（一卵性双生児を除く）という単純な事実に立脚したものである．DNA鑑定とは，DNAサンプルが同一人物に由来するかどうかを決定する分析技術である．オダムの事件では，1981年に捜査当局は事件現場からシーツ，衣類，髪の毛などの試料が採取されていた．最新の分析技術の結果は決定的かつ反論の余地のないものであり，現場に残されたDNAはオダムのものとは一致しないと結論づけられた．実際に，現場に遺留されたDNAは別件で逮捕された別人の性犯罪者のものと一致した．しかしこの真犯人は時効が成立していたため，処罰することはできなかった．

　2012年7月13日のオダムの50歳の誕生日に，裁判所は当初の毛髪分析は間違いでありキルク・オダムは「恐るべき不正義」の犠牲者であることを認めた．事件から30年経過して初めてオダムは無罪であることを正式に裁判所に宣言されたのだ．

　この事件の一連の経過から，有罪または無罪かを示す確実な証拠がDNA鑑定により得られることが明らかとなった．裁判所での事案に限らず，DNAテクノロジーは近年の最もめざましい科学の進歩の成果を生み出している．遺伝子組換えにより殺虫剤を自分で生産する穀物が開発され，ヒトの遺伝子と他の動物の遺伝子の比較により動物とヒトとを区別するものについての理解が進むとともに，致死性の遺伝性疾患の検出と治療法の開発に結びつく大きな進歩があった．本章では，こうしたDNAテクノロジーの利用について記述し，DNAを取り扱うさまざまな技術について解説する．さらに，生物学と社会との接点に横たわる社会的，法的，および倫理的な問題について検証していく．

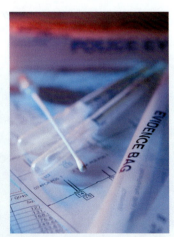

DNA 鑑定． 微量の証拠物件からでもDNA 鑑定は可能である．

12章
DNAテクノロジー

遺伝子工学

バイオテクノロジー biotechnology といえば，有用な生産物をつくるために生物の器官や生物そのものを操作することであり，非常に近代的な技術と考える人が多いだろう．実際には，バイオテクノロジーは文明の曙光の時代から用いられている．酵母を用いてパンを焼き，ビールを醸し，よい家畜を選んで育種してきた伝統の技を考えてみればよい．しかし，現代の人々が「バイオテクノロジー」という言葉を使うときは，遺伝物質を研究し操作する最新の研究室で実施される **DNA テクノロジー**を指すことが多い．DNA テクノロジーの技術を用いることにより，特定の遺伝子を改変し細菌や動植物などの他の生物に導入することが可能となる．1個または複数の遺伝子を人工的な手段により導入された生物の個体は**遺伝子組換え生物 genetically modified (GM) organism** とよばれる．新たに獲得された遺伝子が異なる生物種に由来するとき，作製された個体は**トランスジェニック生物 transgenic organism** とよばれる．

1970年代に，実験室における組換え DNA 分子の作製法の発明により，バイオテクノロジーの分野が爆発的に進展した．別種の生物などの由来の異なる2つの DNA 断片を連結した DNA 分子である**組換え DNA recombinant DNA** が科学者の手により作製されるようになっている．組換え DNA テクノロジーは，実用的な目的で遺伝子を直接操作する**遺伝子工学 genetic engineering** に広く用いられている．遺伝子組換え細菌を用いることにより，抗がん剤から殺虫剤までさまざまな有用化学物質が大量生産されている．さらに，遺伝子を細菌から植物へ，ある動物から他の動物へと移すことも可能となっている（図 12.1）．このような技術は，「この遺伝子は何を行っているのか」を解明する基礎研究から「特定のヒトの病気のためにモデル動物を作製する」などの医学的な応用まで，さまざまな目的に利用されている．

組換え DNA 技術

遺伝子工学はさまざまな生物に適用することができるが，現代のバイオテクノロジーの発展には細菌（特に大腸菌 *Escherichia coli*）が牽引役となってきた．実験室で遺伝子を取り扱うときには，**プラスミド plasmid** とよばれる，細菌の染色体に比べてずっと小さく染色体とは別に複製する環状の DNA 分子が用いられることが多い（図 12.2）．細菌のプラスミドは事実上どんな遺伝子も連結して次の世代の細菌に伝えることができることから，特定の遺伝子を含む DNA 断片の均一なコピーを

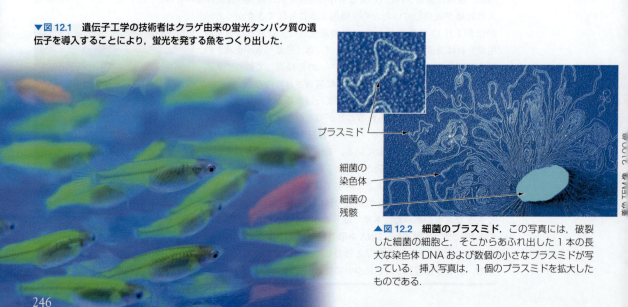

▼図 12.1　遺伝子工学の技術者はクラゲ由来の蛍光タンパク質の遺伝子を導入することにより，蛍光を発する魚をつくり出した．

▲図 12.2　**細菌のプラスミド．** この写真には，破裂した細菌の細胞と，そこからあふれ出した1本の長大な染色体 DNA および数個の小さなプラスミドが写っている．挿入写真は，1個のプラスミドを拡大したものである．

プラスミド

細菌の染色体
細菌の残骸

大量に作製する**遺伝子クローニング** gene cloning の重要な手段となっている．遺伝子クローニングは遺伝子組換え生物を用いて有用な産物を生産するための中核技術である．☑

遺伝子のクローニング法

遺伝子工学の標準的な研究法について考えてみよう．まず，製薬会社の遺伝子工学技術者が，新薬として有望なタンパク質などをコードする遺伝子を同定する．このようなタンパク質を大規模に生産することを計画し，遺伝子組換え技術を用いて大量生産を達成する手順を図12.3に示す．

まず，遺伝子の運搬役としての**ベクター** vector（遺伝子の運搬体，図では青色で示す）として用いる細菌のプラスミドと，他の生物に由来する目的の遺伝子を含む外来DNA（図では黄色で示す）の2種類のDNAを調製する．外来DNAはヒトを含むどのような種類の生物から得たものでもよい．❶この2種類のDNAを連結して組換えDNAプラスミドを作製する．❷作製した組換えプラスミドを細菌と混合すると，適切な条件下で細菌が組換えプラスミドを取り込む．❸組換えプラスミドを取り込んだ細菌が分裂して増殖すると，単一の細胞に由来する同一の遺伝子組成をもつ細胞群である**クローン** clone が形成され，組換えプラスミドに含まれている遺伝子も同時にコピーされる．❹目的の遺伝子を含むトランスジェニック細菌を大きなタンクで培養することにより，目的のタンパク質を商業規模で生産することができる．遺伝子クローニングによる製品の1つは遺伝子そのもののコピーであり，次の遺伝子工学事業に用いることができる．また，クローニングされた遺伝子のタンパク質産物を回収し，さまざまな目的に用いることができる．☑

遺伝子工学

☑ **チェックポイント**
バイオテクノロジーとは何か？ 組換えDNAとは何か？

答え：バイオテクノロジーは，有用な生物を使うことによって人間のために役立つ物を作ることで，組換えDNAは由来の異なるDNAを含むDNA分子であり，一般に異なる生物種に由来する．

☑ **チェックポイント**
組換えDNAの作製にプラスミドが有用なのはなぜか？

答え：プラスミドは外来の遺伝子を導入して，宿主の細菌の中で増殖させることが可能だから．

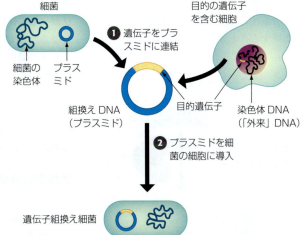

▲図12.3 遺伝子組換え技術を用いた有用物質の生産．

細菌 / 目的の遺伝子を含む細胞
❶遺伝子をプラスミドに連結
細菌の染色体 / プラスミド
組換えDNA（プラスミド） / 目的遺伝子 / 染色体DNA（「外来」DNA）

❷プラスミドを細菌の細胞に導入

遺伝子組換え細菌

❸培地上で生育する細菌は，クローニングされた目的遺伝子を含む細菌のクローンをつくり出す

病害虫耐性遺伝子を植物に導入

有害な廃棄物を浄化する細菌の育種に使われる遺伝子

遺伝子の利用

❹目的の遺伝子やタンパク質を細菌から単離
他の生物に導入される遺伝子

タンパク質の利用

細菌が生産するタンパク質を回収し，直接利用する

心臓発作の治療に用いられる血栓溶解タンパク質

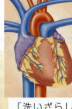
「洗いざらし」ジーンズをつくるのに使われるタンパク質

12章
DNAテクノロジー

制限酵素によるDNAの切断と結合

図12.3に示されるように，組換えDNAは細菌のプラスミドと目的の遺伝子という2つの成分を組み合わせることにより作製される．DNA分子の組換えがどのように行われるのかを理解するためには，DNAを切断する酵素と連結する酵素について学習する必要がある．

組換えDNAの作製に用いられる切断道具は**制限酵素 restriction enzyme** とよばれる細菌由来の酵素である．これまでに生物学者により数百種類の制限酵素が同定されていて，それぞれの酵素は通常4～8塩基の短い特定の塩基配列を認識する．たとえば，ある制限酵素はGAATTCというDNA配列だけを認識し，別の制限酵素はGGATCC配列だけを認識する．特定の制限酵素により認識されるDNA配列を**制限酵素部位 restriction site** という．制限酵素がDNA分子中の制限酵素部位に結合すると，制限酵素部位中の特定の位置で化学結合を分解することによってDNAの2本鎖を切断することから，制限酵素は高度に特異的な分子のハサミとして機能する．

図12.4の上部には，ある制限酵素に対する制限酵素部位を1か所もつDNA断片（青色）が描かれている．❶制限酵素は認識配列中のG塩基とA塩基の間でDNA鎖を切断し，**制限酵素断片 restriction fragment** とよばれるDNA断片を生成する．2本のDNA鎖の切断部位が食い違っているため，2本鎖DNA断片の末端に「粘着末端」とよばれる短い1本鎖DNA部分が生じる．粘着末端は，由来が異なる外来DNAの制限酵素断片を連結する際のキーポイントとなる．❷次に外来のDNA断片（緑色）を加える．緑色のDNA断片は，黄色DNA断片と同一の制限酵素を用いて切断されたため，粘着末端の1本鎖DNAの部分の塩基配列が青色DNA断片の粘着末端と一致していることが重要である．❸青色DNA断片と黄色DNA断片の末端の突出した相補的な1本鎖部分が塩基対合する．❹青色DNA断片と緑色DNA断片の対合は，「結合」酵素である**DNAリガーゼ DNA ligase** により恒久的な連結となる．DNAリガーゼは近接したヌクレオチドの間に共有結合を形成することによりDNA断片を連結し，連続したDNA鎖を形成する酵素である．こうして，最終的に単一の組換えDNA分子が得られる．以上の記述は，図12.3の❶段階で起こる過程を詳しく説明している．✓

ゲル電気泳動

長さの異なるDNA断片を分離して観察するために研究者が用いる技術は，**ゲル電気泳動法 gel electrophoresis** とよばれるタンパク質や核酸などの高分子を電荷や分子量により分離する方法である．さまざまな試料から得られたDNA断片をゲル電気泳動法により分離する過程を図12.5に示す．それぞれの試料から得られたDNAサンプルを，長方形の薄板状のゲルの一端に刻まれた孔に注入する．このゲルは分子ふるいの役割を果たすゼリー状の素材でできている．DNAが注入されたほうのゲルの端に陰極を装着し，ゲルの反対側に陽極を装着して電流を流す．ヌクレオチドに含まれるリン酸基（PO_4^-）のためDNAは負に荷電しているので，DNA断片はゲルの中

✓チェックポイント

「CGAATCTAGCAATCGCGA」という配列をもつDNAに，「AATC」という配列を切断する制限酵素を加えると，いくつの断片が生じるか？（簡略化のため，2本鎖DNAの一方の鎖の配列だけを示している）

答え：2か所の制限酵素部位が切断され，3つのDNA断片を生じる．

▶図12.4 **DNAの切断と連結**．組換えDNAの作製には，材料のDNA分子を切断して断片化する制限酵素と，DNA断片を連結するDNAリガーゼの2つの酵素が必要である．

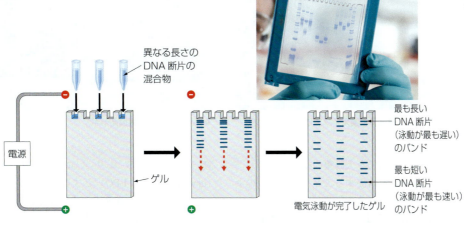

▼図 12.5　**DNA 分子のゲル電気泳動**．写真では染色されたゲル上のさまざまな長さの DNA 断片が示されている．

遺伝子工学

を陽極に向かって移動する．ポリマー繊維が絡み合ったゲルの中では，長い DNA 断片は短い DNA 断片よりもゆっくりと移動する．電気泳動による分離の原理は，つる草の絡み合ったジャングルの中を小さな動物はすばやく跳ね回って走り去っていくのに，大きな動物はあちこちに引っかかって同じ距離をずっと長い時間をかけて歩んでいく様子を想像してみるとよく理解できるだろう．同様に，ゲルの中で短い DNA 断片は時間とともに長い DNA 断片よりもどんどん先に進んでいく．こうしてゲル電気泳動により DNA 断片は長さによって分離される．電流を止めた後，ゲルを DNA と特異的に結合する色素で染色することにより，各々のレーンで電気泳動した DNA 断片が図中の写真で青いバンドとして観察される．このバンドは DNA を放射性同位体標識してあれば写真フィルムに感光することにより見ることができるし，DNA を蛍光色素で染色すれば蛍光により観察することができる．☑

製薬への応用

目的とするタンパク質の遺伝子を細菌，酵母または特定の動物細胞など容易に培養できる生物に導入することにより，天然にはごく少量しか存在しない有用タンパク質を大量に生産することが可能である．本項ではこうした組換え DNA 技術の応用について学ぶ．

ヒューマリンは遺伝子組換え細菌により生産されるヒトのインスリンである（**図 12.6**）．インスリンは膵臓で生産されるタンパク質であり，ホルモンとして血中の糖濃度を制御する機能をもっている．必要な量のインスリンを生産できなくなると 1 型糖尿病を発症する．直接の治療法がないので，1 型糖尿病患者は生涯にわたって毎日適切な量のインスリンを自分で注射しなければならない．

以前はヒトのインスリンが簡単には入手できなかったので，糖尿病の治療にはウシやブタのインスリンが処方されてきた．この治療法の問題は，ブタやウシのインスリンはヒトのインスリンとアミノ酸配列がわずかに異なるため，患者にアレルギーを引き起こすことである．さらに，1970 年代にはインスリンの抽出に用いられるウシやブタの膵臓が需要に追いつかなくなっていた．

1978 年にバイオテクノロジー企業に勤務する研究者が，ヒトのインスリンを構成する 2 つのポリペプチドをそれぞれコードする 2 つの遺伝子を化学的に合成して連結した（**図 11.7 参照**）．こうして人工的につ

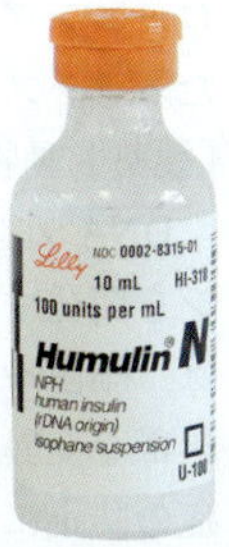

> 細菌によってつくられたインスリンのおかげで，数百万人の糖尿病患者が健康的な生活を送ることができる．

▶図 12.6　**遺伝子組換え細菌により生産されたヒトのインスリン「ヒューマリン Humulin」**．

☑ チェックポイント

ある長い DNA 分子を制限酵素により切断した．この DNA 分子には，一方の端に近いところに 3 か所の制限酵素認識部位が集まっている．この制限酵素断片を用いてゲル電気泳動を行ったとき，どのようなパターンでバンドが出現すると考えられるか？

解答：認識部位の分布により，4 本の DNA 断片（長い 1 本と短い 3 本）が生成する．短い 3 本の DNA 断片はゲル上で近い位置に集まってバンドを形成する．

12章
DNA テクノロジー

▲図 12.7　遺伝子組換えインスリンの生産工場.

▲図 12.8　遺伝子組換えヤギ.

くられた遺伝子を大腸菌の宿主に導入し，適切な条件で培養することにより，このトランスジェニック大腸菌がインスリンを大量に生産するようになった．1982 年，ヒューマリンは世界初の遺伝子工学的に生産された医薬品として商品化された．現在では，この大腸菌が生育する培養液の巨大な培養槽が 24 時間体制でヒューマリンを生産している．図 12.7 のような施設で回収され，精製され，包装されたインスリンが毎日 400 万人以上の糖尿病患者に利用されている．

インスリンは遺伝子組換え細菌によって生産される多数のヒトタンパク質の一例にすぎない．他の例として，ヒト成長ホルモン（human growth hormone：hGH）が挙げられる．このホルモンの量が小児期および思春期に異常に低いと，極端に背が低い低身長症となる．他の動物の成長ホルモンはヒトには効かないため，hGH は遺伝子工学による優先順位の高い目標であった．実際に，1985 年に遺伝子工学により生産された hGH が市販されるまでは，hGH 欠乏症の子どもは遺体から得られる希少で高価な hGH を治療に用いるしかなかった．遺伝子工学により生産される重要な医薬品の 1 つに，組織プラスミノーゲンアクチベーター（tissue plasminogen activator：tPA）がある．tPA は天然のヒトのタンパク質であり，血栓の溶解を促進する働きがある．脳梗塞の発症後にすみやかに tPA を処方することができれば，後遺症や心臓発作の危険を軽減することができる．

医学的に有用なヒトのタンパク質の生産には，細菌の他に酵母や哺乳類細胞が用いられることもある．たとえば，赤血球の生産を促進するエリスロポエチン（erythropoietin：EPO）とよばれるホルモンは，実験室の培養液中で生育する遺伝子組換え哺乳類細胞により生産されている．EPO は貧血症の治療に用いられるが，残念なことに，運動選手の中には多量の酸素を運搬する赤血球を人工的に得るためにこの薬剤を不正使用する者もいる（「血液ドーピング」という）．最近では，遺伝子工学の技術者によるヒトの医薬品を生産するトランスジェニック植物が開発されている．植物は畑で生育させることが可能であり，ウイルスなどのヒトの病原体に汚染される心配がない．将来はニンジン畑が医薬品の生産工場として使われるようになると信じている研究者もいる．

遺伝子組換え動物の個体も医薬品の生産に用いられる．図 12.8 は，リゾチームとよばれる酵素の遺伝子をもつトランスジェニックヤギである．リゾチームは天然の母乳に含まれ，抗菌作用をもつ酵素である．別の例では，ヒトの血液のタンパク質の遺伝子をヤギのゲノムに導入することにより，ヤギの乳にこのタンパク質が含まれるようにし，このヤギの乳から目的のタンパク質を精製する．多数のトランスジェニック動物を作製するのは困難であるため，研究者は目的のトランスジェニック動物を 1 頭だけ作製し，その個体を繁殖またはクローニングにより殖やす．こうして得られたトランスジェニック動物の群れは牧場で「製薬」動物として利用されることになる．

DNA テクノロジーは，医学者がワクチンを開発するのにも用いられる．ワクチンは，細菌やウイルスなどの病原性微生物の無毒な変異体または菌体成分であり，感染症の防止に用いられる．ワクチンの接種に

よりヒトの免疫系が活性化され，標的の微生物に対抗する恒久的な免疫システムがつくり出される．ウイルス性疾患の多くは，初期のワクチン接種により発病を防ぐことが感染症による深刻な症状を回避する唯一の方法である．たとえば，肝臓の機能を低下させ，致死的となることもあるB型肝炎に対するワクチンは，遺伝子工学によりウイルス表層に存在するタンパク質を分泌するように分子育種した酵母から生産されている．

農業と遺伝子組換え（GM）作物

古代より人類は，よりよい作物を選ぶことにより育種し，有用性の高い作物をつくり出してきた（図1.13参照）．現代では，農業の分野で重要な作物や家畜の生産性を向上させる目的で，科学者によるDNAテクノロジーが伝統的な育種および繁殖法に急速に取って代わりつつある．

近年の米国では，80％以上のトウモロコシと90％以上のダイズ，および75％のワタが遺伝子組換え体である．図12.9のトウモロコシは，ヨーロッパアワノメイガとよばれる害虫による食害に抵抗する遺伝子を導入されたトウモロコシである．こうした害虫抵抗性作物の栽培により，化学的な殺虫剤の必要量を減少させることができる．また天然の凍結防止剤として働く細菌由来のタンパク質を生産する遺伝子組換えイチゴは，低温に弱いイチゴのような

> 遺伝子組換えジャガイモが数十万人の子どもをコレラから救う日が来るかもしれない．

◀図12.10　**遺伝子組換えの主食作物**．ふつうの米粒に比べると黄色が目立つ「ゴールデンライス2」の米粒は，体内でビタミンAに変換するβ-カロテンを遺伝子組換えにより大量に含むように育種されている（上の写真）．根に大量のデンプンが含まれるキャッサバは10億人近い人々の主食である．遺伝子組換えキャッサバは他の栄養分を含むように育種されている（下の写真）．

作物を寒冷な気候から守るために開発されている．一方では，コレラ菌由来の無害のタンパク質を生産するように遺伝子組換えされたジャガイモやイネが開発されている．このような遺伝子組換え作物は，開発途上国で毎年数千人の子どもの死因となっているコレラに対する「食べるワクチン」として供給できるようになることが期待されている．インドでは，天然に存在する希少な塩水耐性遺伝子を組み込むことにより，海水の3倍の塩濃度の水中で生育できる新品種のイネが開発され，塩害のひどい干ばつ地帯や海水の洪水地帯での食料生産を可能にしている．

科学者は農作物の栄養価を高めるためにも遺伝子工学を応用している（図12.10）．その一例が，「ゴールデンライス2」とよばれるスイセンとトウモロコシの遺伝子をもつトランスジェニック品種のイネである．このイネは，特に米を主食とする開発途上国でビタミンAの不足に伴う失明を防ぐのに役立つ．デンプンを含む根菜であるキャッサバは開発途上国で10億人近い人々の主食である．キャッサバについても，ゴールデンライスと同様に体内でビタミンAに変換するβ-カロテンと鉄分の含有量が増大する遺伝子組換え株が開発されている．遺伝子組換え作物の利用をめぐる論争については，本章の最後で検討

▼図12.9　**遺伝子組換えトウモロコシ**．この畑のトウモロコシは，ヨーロッパアワノメイガ（挿入写真）とよばれる害虫の食害を防止する細菌由来の遺伝子が導入されている．

する．

遺伝子工学の技術者は作物と同様に家畜も開発の対象としている．現在のところ，遺伝子組換え動物は食品として販売されていないが，米国食品医薬品局（FDA）は食品への永続的な遺伝子導入について規制するガイドラインを制定している．たとえば，私たちが食べる牛肉の主要部分である筋肉を大きく発達させる遺伝子をある品種のウシから同定し，この遺伝子を他のウシやニワトリに導入することが可能である．さらに，遺伝子組換えにより健康によくない脂肪酸を健康によいオメガ-3脂肪酸に転換する酵素をコードする回虫由来の遺伝子を導入されたブタも開発されている．この遺伝子組換えブタは，通常のブタに比べて4～5倍の健康的なオメガ-3脂肪酸を含んでいる．一方，「アクアドバンテージ」は遺伝子組換えタイセイヨウサケの商品名であり，通常のタイセイヨウサケでは売り物になる大きさに成長するのに3年かかるところを約半分の18か月で成長する．FDAは「アクアドバンテージ」の安全性について審査中であり，米国での消費が承認される最初の遺伝子組換え動物になると思われる．2014年末の時点で，FDAの審査は継続中である（訳注：2015年11月にFDAは「アクアドバンテージ」の食品としての利用を認可した）．✓

ヒトの遺伝子治療

これまでに，細菌，植物およびヒト以外の動物は遺伝子組換えが可能であることを調べてきた．それでは，ヒトの遺伝子組換えは可能だろうか？ **ヒトの遺伝子治療 human gene therapy** とは，遺伝性疾患に苦しむ人に新たな遺伝子を導入することにより治療することを目的として行われる．単一の遺伝子の欠陥により発症する疾患の場合，変異型の遺伝子を正常な対立遺伝子によって置換または補完する措置が考えられる．この治療法は，遺伝的な障害を修正できることから，遺伝性疾患を永久的に治癒させることが期待される．疾患によっては，病気の回復に必要な期間だけ発現するように遺伝子を導入する場合もある．

図 12.11 はヒトの遺伝子治療の手順の一例を要約したものである．この手順は，図

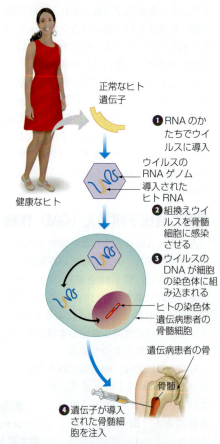

▲図 12.11　ヒトの遺伝子治療法の一例．

12.3 の❶から❸に示される遺伝子クローニングの手順と類似しているが，この場合は遺伝子を導入する標的が細菌ではなくヒトの細胞である．❶ 正常な人の遺伝子をクローニングし，RNA に変換して無害なウイルスの RNA ゲノムに組み込む．❷ 患者から骨髄細胞を採取し，作製した組換えウイルスを感染させる．❸ ウイルスは正常なヒトの遺伝子を含むゲノムを DNA にコピーし，患者の細胞の DNA に導入する．❹ 遺伝子が導入された細胞を患者に注入する．正常な遺伝子は患者の体内で転写され，翻訳されて目的とされるタンパク質を生産する．理想的には，細胞に導入された正常型の遺伝子が患者の生涯にわたって細胞とともに増殖し続けることが望ましい．骨髄細胞にはすべての型の血球細胞に分化することができる多能性幹細胞が含まれており，これが遺伝子治療の最有力候補の標的である．遺伝子治療が成功すれば，遺伝子が組み込まれた細胞が患者の生涯にわた

って増殖し、失われていたタンパク質を安定して供給し続けることにより、患者は実質的に完治する。

遺伝子治療への期待は実際の成果を大きく上回っているが、いくつか成功例も存在する。2009年に国際研究チームが、光を検出する色素を生産する遺伝子の欠陥により徐々に視力が失われていく進行性の遺伝性疾患に焦点を当て、遺伝子治療を試みた。この遺伝性疾患を発症した子どもの一方の眼に正常な遺伝子をもつウイルスを感染させたところ、深刻な副作用を起こすことなく視力の回復が認められ、正常に機能するレベルまで回復したケースもあった。なお、もう片方の眼は対照として処置をしていない。

2000年から2011年にかけて重症複合型免疫不全症（severe combined immunodeficiency：SCID）の子ども22人に対して遺伝子治療が実施された。SCIDはある遺伝子の欠陥により免疫系の発達が阻害されるために引き起こされる致命的な遺伝性疾患であり、患者は無菌室への隔離が必要になる。SCID患者は、骨髄移植（成功率は60％）を施行しない限り、健常な人ならば難なく回避できる微生物による感染症のためすみやかに死亡する。この治療では、患者の血液から定期的に免疫系細胞を採取し、原因遺伝子の正常型の対立遺伝子を導入されたウイルスを感染させた後に、再び患者の体に戻した。この治療によりSCID患者の回復が見られたが、深刻な副作用も発生した。導入した遺伝子ががん遺伝子（11章参照）を活性化したおかげでがん性の血球細胞が生じたため、治療を受けた患者のうち4人が白血病を発症し、1人が死亡した。

遺伝子治療は前途有望ではあるものの、安全性と有効な使用法に関する根拠は非常にわずかしか得られていない。遺伝子治療については、危険性を最小限に留めるために設けられた厳しい安全指針の下で、精力的な研究が続けられている。✓

DNA鑑定と科学捜査

✓ チェックポイント
骨髄の幹細胞が遺伝子治療に適しているのはなぜか？

答え：骨髄の幹細胞は体の中で盛んに分裂する。

DNA鑑定と科学捜査

犯罪が発生したとき、血液や精液などの体液や被害者の爪に残された皮膚片などの組織が、現場や被害者または加害者に残される。

本章冒頭の「生物学と社会」のコラムで議論したように、このような犯罪の遺留品はDNAサンプルを分析して同一人物に由来するかどうか決定する**DNA鑑定 DNA profiling**により分析される。実際に、犯罪現場の捜査や法的な手続きを目的として証拠の科学的分析を行う**科学捜査 forensics**は、DNA鑑定により急速に進展しつつある。DNA鑑定では個人によって異なる領域の塩基配列について、比較分析が行われる。

図12.12にはDNA鑑定を用いた犯罪捜査の概略を示している。❶まず、犯罪現場、容疑者、被害者などから採取された証拠物件からDNAサンプルを抽出する。❷次に、それぞれのDNAサンプルから、特定の領域を選択して増幅し、大量のDNA断片のサンプルを得る。❸最後に増幅したDNA断片の長さや塩基配列を比較する。以上の手順により、どのサンプルが同一人物に由来し、どのサンプルが固有のものであるかを判定するデータが得られる。

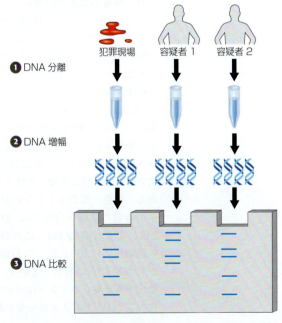

▼ 図12.12 **DNA鑑定の概略**。この例では、容疑者1のDNAは犯罪現場で見つかったDNAと一致していないが、容疑者2のDNAは一致している。

12章
DNAテクノロジー

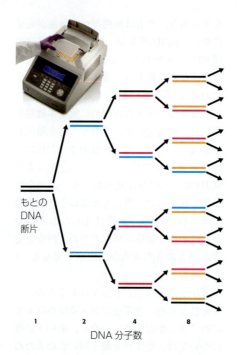

▶ 図 12.13　**PCR による DNA 増幅.** ポリメラーゼ連鎖反応（PCR）は，DNA 鎖中の特定の領域について多数のコピーを作製する技術である．卓上のサーマルサイクラー装置（上の写真）が PCR 反応を 1 サイクル実行するごとに，特定領域の DNA 分子の数が 2 倍に増幅される．

DNA 鑑定技術

本項では，DNA 鑑定に用いられる技術について見ていく．

ポリメラーゼ連鎖反応（PCR）

ポリメラーゼ連鎖反応 polymerase chain reaction（PCR）は，DNA の特定の領域を増幅し，迅速かつ正確にコピーを作製する技術である．PCR を行うことにより，微量の血液や組織からも DNA 鑑定を行うのに十分な量の DNA を得ることができる．実際には，わずか細胞 20 個程度の顕微鏡レベルの組織片でも PCR 増幅を行うことが可能である．

PCR の操作そのものは単純である．DNA サンプルをヌクレオチドと DNA 複製酵素である DNA ポリメラーゼおよび反応に必要ないくつかの成分と混合し，加熱（DNA 鎖が分離する）と冷却（DNA 鎖が会合して 2 本鎖に戻る）を繰り返すだけである．加熱・冷却サイクルの間に DNA 分子の特定の領域が複製され，DNA の量が 2 倍になる（図 12.13）．この DNA 鎖複製の連鎖反応により，同一の DNA 分子の数が指数関数的に増大していく．PCR を自動化する重要なポイントは非常に高温安定性の高い DNA ポリメラーゼであり，当初は熱湯泉に生育する細菌から単離されたものが用いられた．通常のタンパク質とは違って，この酵素は PCR サイクルの最初の加熱工程で変性失活せずに耐えることができる．

最初のサンプルに含まれる DNA 分子は非常に長いことが多い．しかし，長大な DNA 分子の中で増幅させたい標的領域はそれほど長くないのがふつうである．DNA 分子の特定の領域だけを増幅して他の領域を増幅させないためのポイントは，**プライマー primer** とよばれる短い（通常は 15～20 塩基）化学合成された 1 本鎖 DNA 分子を用いることにある．PCR を行うときには，標的領域の両端だけに存在する配列に相補的な配列をもつ特異的なプライマーを 1 組設計する．1 組（2 つ）のプライマーは標的領域の両端にそれぞれ結合し，増幅すべき DNA 領域の開始点と終了点となる．自動化 PCR を用いることにより，1 分子の DNA から数時間で数千億コピーの DNA 分子を合成することができる．

PCR は，科学捜査への応用に加えて病気の診断や治療にも役立っている．たとえば，ヒト免疫不全ウイルス（human immunodeficiency virus：HIV，エイズの原因ウイルス）のゲノムの塩基配列が判明していることから，血液や組織の試料に対して PCR を行うことにより HIV を検出することができる．実際に，PCR は HIV のような見つけにくいウイルスの検出には最善の方法である．現在の医学者は，疾患の原因遺伝子を標的としたプライマーを用いた PCR により，数百のヒトの遺伝性疾患について診断することができる．増幅した DNA 断片を解析し，疾患を引き起こす突然変異の有無を判定することになる．ヒトの病気を引き起こす遺伝子としてよく知られているものには，鎌状赤血球症，血友病，嚢胞性線維症，ハンチントン病，デュシェンヌ型筋ジストロフィーなどがある．このような病気に不安をもつ人は，病気が発症する前，場合によっては出生前に PCR を実施することにより診断をつけて予防的な医学措置を講じることが可能である．症状はないが，有害な劣性の対立遺伝子のキャリアーである可能性のある人につ

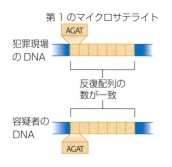
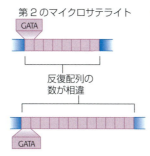

▲図12.14 **マイクロサテライト領域**. ゲノム全体に散在するマイクロサテライトには，4塩基の縦列型反復配列が含まれている．それぞれのマイクロサテライトにおける反復配列の数は，個人によって異なることがある．この図では，双方のDNAサンプルについて第1のマイクロサテライトでは反復配列の数が一致している（7個）が，第2のマイクロサテライトでは異なっている（8個と12個）．

DNA鑑定と科学捜査

☑ **チェックポイント**

犯罪現場にDNAサンプルが極微量しか残されていなくても科学捜査が可能なのはなぜか？

答え：PCR増幅によりごく少分析にに十分な量のDNAを準備することができるから．

いてもPCRにより判定することができる（図9.14参照）．自分自身が発症していない両親も，生まれてくる子どもがこのようなまれな遺伝性疾患を発症するリスクに関する情報を得ることができる．☑

マイクロサテライト（STR）解析

　2つのDNAサンプルが同一人物に由来することをどのようにして証明すればよいか？ 2つのサンプルのゲノム全体を比較したらどうだろうか？ 同性であれば2人の人間のDNAは99.9％が一致していることから，このようなやり方は非現実的である．その代わりに，科学捜査官は，遺伝子をコードせず，人によって異なることが知られている反復DNAの短い領域を十数個比較するのがふつうである．あなたは雑誌で，よく似た2枚の写真からどこが違っているか探す間違い探しクイズを見たことがあるだろう．これと同じように，科学者はヒトのゲノムの中で誰もが一致している大部分の領域を無視し，個人によって異なるわずかな領域に注目するのである．

　反復DNA repetitive DNA とはゲノム中で多数のコピーが存在する塩基配列のことであり，ヒトの遺伝子間領域の多くを占めている．このようなDNA配列の中には，短い配列が連続して多数繰り返している領域があり，このような繰り返し配列のことを**マイクロサテライト** short tandem repeat（**STR**）とよぶ．ある人のゲノム中では，ある領域ではAGAT配列が12回繰り返し，別の領域ではGATA配列が35回繰り返すというように存在しているが，他の人では同一の領域に繰り返し配列は同じでも繰り返しの回数が異なる場合が多い．物理的な表現形質をもたらす遺伝子と同様に，このような反復DNAの長さ（繰り返し回数）は，赤の他人に比べて血縁関係にある人のほうがよく一致する．

　マイクロサテライト解析 STR analysis とは，ゲノム中の特定の領域のマイクロサテライトの長さを比較することによるDNA鑑定法である．法執行機関で実施される標準的なマイクロサテライト解析では，ゲノム全体に散在している13領域について，特定の4塩基の繰り返しの回数を比較する．それぞれのマイクロサテライトでは4塩基が連続して3〜50回繰り返されていて，個人によりその回数が大きく異なっている．実際に，標準的な解析に用いられるマイクロサテライトには繰り返し回数が80通りも存在するものもある．米国では，それぞれのマイクロサテライトの繰り返しの数が連邦捜査局（FBI）によって運営されるCODIS（統合DNA検索システム）とよばれるデータベースに登録管理さ

▲図12.15 **マイクロサテライトパターンの可視化**．この図に描かれるゲルのバンドは，**図12.14**に描かれているマイクロサテライトのゲル電気泳動の結果である．犯罪現場で採取されたDNAのバンドと容疑者のDNAのバンドは，一方が一致していない．

れている．世界各国の法執行機関は，犯罪現場や容疑者から採取されたDNAサンプルが，データベースに一致するかどうかを調べるためにCODISにアクセスすることができる．

図12.14に示される2つのDNAサンプルについて考えてみよう．上のDNA断片は犯罪現場から採取されたものであり，下のDNA断片は容疑者の血液から得られたものとする．第1のマイクロサテライトについては双方のDNA断片に同数の繰り返し配列が存在し，4塩基のDNA配列AGAT（オレンジ色）が7回繰り返されている．しかし，第2のマイクロサテライトでは繰り返し配列の回数が異なっていて，犯罪現場のDNAはGATA（紫色）配列が8回繰り返しているのに対し，容疑者のDNAでは12回繰り返している．DNA鑑定を行うために，これらのマイクロサテライトを含むDNA断片をPCRにより特異的に増幅し，得られたDNA断片について長さや塩基配列を比較検討する．

図12.14のサンプルから得られたDNA断片をゲル電気泳動により分離した結果を図12.15に示す（この図はマイクロサテライト解析の過程を単純化して示したものであり，実際のマイクロサテライト解析ではもっと多くの領域を分析し，結果の検出にも別の方法を採用している）．バンドの位置の違いはDNA断片の長さの違いを反映したものである．このゲル電気泳動の結果は，犯罪現場から採取されたDNAが容疑者のものではないことを示す証拠となる．

「生物学と社会」のコラムで論じた通り，DNA鑑定は有罪か無罪かの確実な証拠を提供することができる．2014年までに，ニューヨークに本部をもつ非営利法務団体であるえん罪防止プロジェクトの弁護士は，35州で18人の死刑判決を含む310人以上の有罪判決を受けた人々の潔白を証明してきた．この人々が無実の罪で刑務所に収容されていた期間は平均14年である．これらの事件の約半数では，DNA鑑定により真犯人が判明している．図12.16に紹介されているのは，マイクロサテライト解析により囚人の無実が証明され，真犯人の割り出しに役立った実例である．

DNA鑑定はどの程度信頼できるものだろうか？　科学捜査で標準的な13個の領域を用いるマイクロサテライト解析では，2人の人間が偶然まったく同じDNA鑑定結果を示す確率は，100億分の1から数兆分の1である（正確な確率は，個人の特定の領域の繰り返し回数の一般集団の中での出現頻度により変動する）．DNA鑑定は，不十分な情報，人為的ミス，偽造された証拠などにより誤判定が発生する問題は残るが，現在では科学者と同様に法律の専門家にも強制力のある証拠として受け入れられている．✓

殺人事件の捜査，親子鑑定，古代人のDNA鑑定

1986年に犯罪捜査に導入されて以来，DNA鑑定は科学捜査の標準的な手法となり，多くの有名な事件で決定的な証拠を提供してきた．2011年に米軍の特殊部隊はテロリストの指導者オサマ・ビン・ラディンを殺害し，DNAサンプルとなる組織片を採取した．数時間後にアフガニスタンの米軍研究所で採取した組織の解析が行われた．比較に用いられたのは，脳腫瘍のためボストンの病院で死亡したビン・ラディンの妹を含む数名のビン・ラディンの親族か

✓チェックポイント
マイクロサテライト（STR）とは何か？　また，マイクロサテライトはなぜDNA鑑定に用いられるのか？

答え：マイクロサテライトはDNAに多く見られる短い繰り返し配列であり，反復回数が個人によって異なることから，個人特有のDNA鑑定に用いられる．

▼図12.16　DNA鑑定：有罪か無罪かの証明．1984年，アール・ワシントンは1982年に発生した強姦殺人の罪に問われ，死刑の判決を受けた．2000年，マイクロサテライト解析により彼が無実であることが決定的になった．ヒトは2組の染色体をもつことから，それぞれのマイクロサテライト部位は2種類の繰り返し数を示す．この表では，被害者から検出された精液サンプル，ワシントンのサンプル，別件で逮捕された犯人（ケネス・ティンスリー）のサンプルのそれぞれについて，3つのマイクロサテライトの繰り返し数が示されている．このデータおよび他のマイクロサテライトのデータ（ここでは示さない）により，ワシントンは無実が証明され，別件の犯人が殺人の罪を認めるに至った．

サンプルの由来	マイクロサテライト1	マイクロサテライト2	マイクロサテライト3
被害者から採取された精液	17,19	13,16	12,12
アール・ワシントン	16,18	14,15	11,12
ケネス・ティンスリー	17,19	13,16	12,12

ら採取してあった組織片である．顔認識と目撃証言により予備的な証拠は得られていたが，DNAサンプルが決定的に合致したことから，長年にわたった悪名高いテロリストの掃討作戦が公式に終了した．

　DNA鑑定は犯罪の被害者の特定にも用いられる．歴史上，被害者の特定にDNA鑑定が用いられた最大の事件は，2001年9月11日の世界貿易センタービルへのテロ攻撃である．ニューヨーク市警察の科学捜査官は，何年もかかって2万個以上の犠牲者の遺体の断片の鑑定を行った．災害現場から採取された組織サンプルのDNA鑑定結果と，被害者またはその親族の組織サンプルのDNA鑑定結果を照合した．倒壊した世界貿易センターで見出された犠牲者の半分以上は，DNA鑑定結果のみにより身元確認され，多くの悲しみに暮れる家族が気持ちの整理をつける助けとなった．

　この事件以来，ヨーロッパやアフリカの内戦で多数の死者が発生したような凄惨な事件の犠牲者が，DNA鑑定により身元の確認が行われるようになった．たとえば，2010年には，15年以上前に埋められた多数のボスニア内戦の犠牲者の身元確認にDNA鑑定が用いられた．DNA鑑定は自然災害の被害者の特定にも利用される．2004年のクリスマスの翌日に南アジアを襲った津波の後，数百人の外国人旅行客の犠牲者の身元確認にもDNA鑑定が用いられた．

　一方，母親と子どもおよび父親と思われる男性のDNA鑑定を行うことにより，父親論争に決着をつけることができる．父親論争が歴史的関心をよんだ例もある．米国第3代大統領のトーマス・ジェファーソンまたは彼の近縁の男性が，奴隷のサリー・ヘミングスに子どもを産ませたことがDNA鑑定により判明している．歴史的な事件としては，フランスの女王であったマリー・アントワネット**（図 12.17）**の子孫がフランス革命後も生存していたかどうか，検証のため研究者が調査に乗り出した．マリー・アントワネットの髪から抽出したDNAと，彼女の息子のものとされる保存された心臓の組織から抽出したDNAが比較検討された．DNA鑑定の結果，彼女の最後の息子は革命の間に獄中で死亡していたことが判明した．

▲図 12.17　マリー・アントワネット．フランス王妃マリー・アントワネットの息子であるルイ（1785年に母とともに描かれている）がフランス革命を生き延びることができなかったことがDNA鑑定により証明された．

　最近の例では，「Godfather of Soul」で知られる歌手のジェームス・ブラウン（2006年死去）の死後に，ある母親が自分の息子はブラウンの子どもであると遺産相続を求める訴訟を起こした．DNA鑑定の結果，母親の主張が証明され，ブラウンの遺産の25％が母親と息子に贈られた．

　密輸された動物の牙などの由来について決定的な証拠を提供できることから，DNA鑑定は絶滅に瀕した生物種の保護にも役立っている．押収された象牙がDNA鑑定により禁猟区で密猟されたものと判明することにより，法務執行官による監視の強化と関係者の起訴に結びつく．2014年には，DNA鑑定により密猟者の爪に残っていた組織がトラの死体の組織と一致することが判明し，インドで3人の密猟者が懲役5年の刑を言い渡されている．

　現代の技術によるDNA鑑定は非常に特異的で強力であり，かなり劣化したDNAサンプルでも実施することができる．DNA鑑定は，古代の遺体の考古学研究に革命的な進歩をもたらしている．2014年にはミイラ化した5体のエジプト人の遺体（紀元前800年～紀元100年）の頭部から抽出されたDNAの解析から，それぞれの

遺体の出身地を推定することが可能であり，マラリアやトキソプラズマ症を引き起こす病原体も検出された．別の研究からは，2万7000年前のシベリアのマンモスから採取されたDNAが現代のアフリカ象のDNAと98.6%相同であることが判明している．多数のマンモスのサンプルを分析した研究から，北アメリカからシベリアへ移動した最後のマンモスの集団が混血し，数千年後に死に絶えたことが示唆されている．

バイオインフォマティクス（生命情報学）

最近の約10年間に，新たな実験技術の登場によりDNA配列に関連する膨大なデータが生み出されるようになった．増大する一方の情報の洪水を意味のあるものとするために，生物情報の保存と分析にコンピュータを駆使した手法を適用する**バイオインフォマティクス（生命情報学）** bioinformatics の研究分野が急激に進展した．本節では，塩基配列情報を収集する方法と，このような情報を活用する実用的な方法について探求する．

DNAシークエンシング（塩基配列決定）

相補的な塩基配列の対合の原理を応用してDNA分子の完全なヌクレオチド配列を決定する技術が開発されている．この工程は**DNAシークエンシング（塩基配列決定）** DNA sequencing とよばれる．標準的な方法の1つでは，まずDNAを切断して断片化し，それぞれのDNA断片の塩基配列を決定する（図12.18）．ここ10年の間に「次世代シークエンサー」技術が開発され，同時に数千個から数十万個のDNA断片を解析し，それぞれについて400〜1000ヌクレオチドの配列を決定することが可能である．この技術により，わずか1時間で100万ヌクレオチド近くの配列を決定することが可能である．これは高速情報処理（ハイスループット）DNAテクノロジーの一例であり，ゲノム全体をカバーするような非常に多数のDNAサンプルの塩基配列決定を必要とする研究に，現在ではよく選択される手法である．「第3世代シークエンサー」は，単一の非常に長いDNA分子についてその塩基配列を直接決定する．いくつかの研究グループが取り組んでいるアイディアは，膜上の非常に小さな孔（ナノポア）を通過する1本鎖のDNA分子について，1塩基ずつ膜を通過するごとに塩基による電流の遮断を検出して塩基を決定していく方法である．このアイディアでは，塩基の種類により電流を遮

▶図12.18　DNAシークエンサー．この高性能DNAシークエンサー（塩基配列決定装置）は，1回10時間の運転で5億塩基処理することができる．

表12.1	ゲノムが解析されたおもな生物			
生物種		解析年	ゲノムの大きさ（塩基対）	遺伝子数
Haemophilus influenzae （インフルエンザ菌）		1995	180万	1700
Saccharomyces cerevisiae （パン酵母）		1996	1200万	6300
Escherichia coli （大腸菌）		1997	460万	4400
Caenorhabditis elegans （線虫）		1998	1億	20 100
Drosophila melanogaster （ショウジョウバエ）		2000	1億6500万	14 000
Arabidopsis thaliana （シロイヌナズナ）		2000	1億2000万	25 500
Oryza sativa （イネ）		2002	4億3000万	42 000
Homo sapiens （ヒト）		2003	30億	21 000
Rattus norvegicus （研究用ラット）		2004	28億	20 000
Pan troglodytes （チンパンジー）		2005	31億	20 000
Macaca mulatta （マカク：サルの一種）		2007	29億	22 000
Ornithorhynchus anatinus （カモノハシ）		2008	18億	18 500
Prunus persica （モモ）		2013	2億2700万	27 900

＊ゲノム解析の進展によりリストの数値の一部は改訂される可能性がある．

断する時間がわずかに異なることを利用している．このような技術が完成すれば，高速でありながら低コストの DNA シークエンシングの時代が到来するだろう．

ゲノム科学（ゲノミクス）

DNA シークエンシング技術の進展によって，進化や生命がどのように機能しているかという生物学上の根本的な問題への取り組み方が変貌してきている．特に大きな進展として，1995 年にある科学者のチームが，インフルエンザ菌 *Haemophilus influenzae* というヒトに肺炎や髄膜炎などを引き起こす病原菌（訳注：冬期に流行するインフルエンザウイルスとは別のもの）のゲノム全体の塩基配列を決定したと発表した．遺伝子の完全なセットであるゲノムを研究対象とする**ゲノム科学 genomics** の時代の到来である．

最初にゲノム解析の対象となったのは，比較的小さなゲノムをもつ細菌である**（表12.1 参照）**．やがて，ゲノム解析の研究者の関心はより大きなゲノムを有する，より複雑な生物に移っていった．最初に完全長のゲノムの塩基配列が決定された真核生物はパン酵母 *Saccharomyces cerevisiae* であり，最初にゲノム解析された多細胞生物は線虫 *Caenorhabditis elegans* である．ゲノム解析が完了した動物であるショウジョウバエ *Drosophila melanogaster* と実験用ラット *Rattus norvegicus* は双方とも遺伝学研究のモデル生物である．ゲノム解析が完了した植物としては，モデル生物として用いられるアブラナ科のシロイヌナズナおよび世界で最も経済的に重要な穀類の 1 つであるイネ *Oryza sativa* などがある．

2014 年までには数千種類の生物のゲノムが公表され，さらに数万種類の生物のゲノム解析が進行中である．現在までにゲノム解析が完了している生物の大部分は原核生物であり，その中には 4000 種類以上の細菌と 200 種類近くの古細菌が含まれている．さらに，原生生物，菌類，植物および脊椎動物と無脊椎動物などの数百種類の真核生物のゲノム解析が完了している．一方で，いくつかのタイプのがん細胞，古代の人類，ヒトの消化管に生息する多数の細菌のゲノムもすでに決定されている．✓

ゲノム地図作製技術

ゲノムの塩基配列の決定には，通常は**全ゲノムショットガン法 whole-genome shotgun method** が用いられる．ショットガン法の第 1 段階は，標的の生物の全ゲノムの DNA を制限酵素などで処理して断片化することである．次に，すべての DNA 断片をクローニングして塩基配列を決定する．最後に，あちこちが重複した数百万個もの短い塩基配列情報を，専用のゲノム地図作製ソフトウェアを装備した強力なコン

▼図 12.19　**ゲノム配列決定**．下の写真はフローチャートに描かれている手順で全ゲノムショットガン解析を実施する技術者．

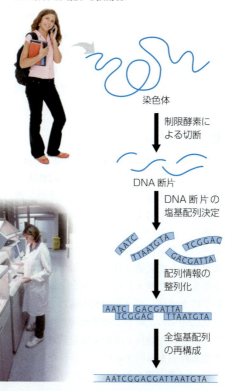

バイオインフォマティクス（生命情報学）

✓ **チェックポイント**

ヒトのゲノムにはおよそ何塩基対の塩基といくつの遺伝子が含まれるか？

答え：約 30 億塩基対の DNA に 2 万 1000 個の遺伝子が含まれている．

ピュータにより統合し，それぞれの染色体ごとに単一の連続した塩基配列を組み立てることにより，全ゲノム配列を決定する(図12.19).

米国内の多数の研究グループにより決定されたDNA塩基配列は，GenBankとよばれるデータベースに登録されインターネットを通じて誰でも利用できるようになっている（訳注：日本では日本DNAデータバンクDDBJに登録するとヨーロッパのEMBLとともにDDBJ/EMBL/GenBank国際塩基配列データベースとしてすべてのデータが利用できる．www.ddbj.nig.ac.jp/).国立生物工学情報センターNCBIのホームページ（www.ncbi.nlm.nih.gov）から，数千億塩基対のDNA配列情報を含むGenBankにアクセスすることができる．このデータベースは定期的に更新されており，登録される情報量は18か月ごとに倍増している．データベース上の配列はどれでもダウンロードし，分析することができる．たとえば，付属のソフトウェアによりさまざまな生物の塩基配列を比較し，配列の類似性をもとに進化的系統樹としての図を描くことも可能である．バイオインフォマティクスは，進化上の仮説の検証に利用することができる膨大な遺伝子データを解析することで，進化生物学の大革新をもたらした．次項では，動物のゲノムの中でも特に注目に値する私たち人類のゲノムについて探究する．

ヒトゲノム計画

ヒトゲノム計画 human genome projectとは，ヒトのゲノム中のすべてのDNAの塩基配列を決定し，すべての遺伝子の位置と塩基配列を同定する大規模な科学的事業である．ヒトゲノム計画は1990年に，6か国の政府から資金援助を得た科学者の取り組みとして開始されたが，数年後には私企業も計画に参入した．ヒトゲノム計画の終了時点では，ゲノムの99.9%以上の領域で99.999%の正確さで塩基配列が決定された（残された数百か所の未決定領域について塩基配列を解明するには，特殊な方法の開発が必要と思われる）．この野心的な計画により得られた膨大なデータは，「ヒトをヒトとしているものは何か？」という命題の遺伝的原理について解明の糸口となるものである．

ヒトのゲノムを構成する22本の常染色体とX，Y性染色体には約30億塩基対のDNAが含まれている．あなたが見ている本書のページと同じ大きさでヒトゲノムを構成する30億のA, G, C, Tの文字を印刷製本すると，全部で18階建てのビルの高さまで積み重なる計算になる．しかし，ヒトゲノム計画の成果で最も驚くべきことは，ヒトの遺伝子の数が大方の予想よりも少なく，現在のところ約2万1000個と評価されていて，線虫の遺伝子の数とほとんど変わらないことである．

ヒトのゲノムの全塩基配列を解析することは，多くの複雑な真核生物と同様に，ヒトのゲノムの中でタンパク質とtRNAやrRNAなどをコードする遺伝子を構成するDNAはごくわずかであるため，大変な事業であった．ほとんどの高等真核生物のゲノムには膨大な量の遺伝子をコードしないDNAが含まれており，ヒトのDNAの約98%は遺伝子をコードしないDNAである．このような非コードDNAの一部は，プロモーターとエンハンサーおよびマイクロRNAなどの遺伝子の発現制御配列を構成している（11章参照）．さらに非コード領域には，イントロン領域や，DNA鑑定に用いられる反復DNA配列も含まれる．ヒトの健康に重要な非コード領域も見つかっており，ある領域の突然変異により病気が引き起こされることも知られている．しかし，非コードDNAの大部分は機能がわかっていない．

政府の出資により決定されたヒトのゲノム配列は，事実上は複数の研究グループから集められた「標準的なヒト」のゲノムである．これに対し，現在では多くの個人について各々の完全ゲノムが決定されている．最初の1人のゲノムを決定するには13年の年月と1億ドルの費用がかかったが，テクノロジーの進展により個人のゲノムを決定するのに数時間の時間と1000ドル以下の費用で済むようになる日も急速に

> あなたが所有している遺伝子の数は顕微鏡で見るような線虫とほぼ同数であり，イネの約半数にすぎない．

近づいている．

科学者は絶滅した人類の塩基配列情報の収集にも取り組んでいて，2013年には13万年前のネアンデルタール人 *Homo neanderthalensis* の女性のゲノム全体の塩基配列が決定されている．シベリアの洞窟で発見された遺体のつま先の骨から抽出したDNAを用いて解析されたゲノム配列は，現代人 *Homo sapiens* のゲノムとほぼ完全に一致していた．さらに，ネアンデルタール人のゲノム解析により，現代人と混血していたことも明らかとなった．2014年には，現代のヨーロッパ人とアジア人の子孫はネアンデルタール人に由来する遺伝子をもっているが，アフリカ人にはこの遺伝子がないことを示す研究結果が発表された．この遺伝子は，毛髪，爪，皮膚などの主要な構成成分タンパク質であるケラチンの生産に関連する．これより，現代人は約7万年前にネアンデルタール人からこの遺伝子を受け継いで子孫に伝えたと考えられる．こうした研究は，人類の進化の系譜を明らかにするうえで重要な知見となる．

ヒト以外の動物とヒトとの進化的な関連の解析にもバイオインフォマティクスは強力な研究手法となる．2005年には，進化の系譜のうえで現存する人類に最も近縁な動物であるチンパンジー *Pan troglodytes* の完全なゲノム配列が決定された．ヒトのDNAと比較したところ，チンパンジーとヒトはゲノムの96％を共有していることが明らかとなった．ゲノム科学者はヒトとチンパンジーのゲノムの重要な相違を見つけ出して解析する事業に取り組み，「ヒトをヒトとしているものは何か？」という昔ながらの命題に科学の光を当てようとしている．

多数のヒトのゲノムを知ることから得られる潜在的な利益は非常に大きいと考えられる．これまでに，ヒトの病気に関連する遺伝子が2000個以上同定されている．最近の例の1つがベーチェット病であり，全身の血管が炎症を起こすため苦痛に満ち，生命を脅かすこともある難病である．この病気が古代アジアの交易ルートであったシルクロードに沿った地域に住む人々に多発することは古くから知られていた（図12.20）．2013年に，トルコ人でこの病気をもつ人ともたない人の間の遺伝的変異について，ゲノム全般にわたる大規模な研究が実施された．その結果，病気と関連する4つの領域の突然変異が発見された．この遺伝的変異の近傍にある遺伝子には，体内に侵入した微生物を破壊する免疫系の能力に関連するもの，感染部位の認識に関連するもの，および自己免疫疾患に関連するものがあった．興味深いことに，4つ目の遺伝子の機能はこれまで同定されていなかったが，ベーチェット病と密接に関連することからこの遺伝子の役割が明らかになるかもしれない．次項では，もっと一般的な病気についてゲノム解析から得られる利益について調べていく．

バイオインフォマティクス（生命情報学）

▼図12.20　シルクロード．ベーチェット病はシルクロードに沿った地域によく見られる．この地図は現在の地名によりシルクロードの一部を示している．

凡例
― シルクロード

DNA鑑定　科学のプロセス

ゲノム科学でがんを治せるか？

肺がんは毎年最も多くの米国人の命を奪っているがんであるため，長年にわたって効果的な化学療法薬の探索が行われてきた．肺がんの治療に用いられるゲフィチニブ（gefitinib，商品名：イレッサ）とよばれる薬剤は，*EGFR* 遺伝子にコードされる

タンパク質を標的とする．このタンパク質は肺の上皮細胞の表層に発現し，肺がんの細胞にも見出される．

残念ながらゲフィチニブが効かない患者も多い．ゲフィチニブの有効性に関する研究を通じて，ボストンのダナ・ファーバーがん研究所の研究者は，この薬が一部の患者だけに非常によく効果を発揮することを*観察*した．これより，肺がん患者の遺伝的な相違がゲフィチニブの有効性の違いに関係しているのではないかという*疑問*が生じた．研究チームは，ゲフィチニブの有効性に違いが生じる原因は*EGFR*遺伝子の変異によるものであるという*仮説*を立てた．そのためには，*EGFR*遺伝子に焦点を絞ってDNA鑑定を行えばゲフィチニブが効く患者のがんの塩基配列と，ゲフィチニブが効かなかった患者のがんの塩基配列の間に相違が見出されるだろうと*予測*した．そこで，ゲフィチニブが有効であった5人の患者のがん細胞と，ゲフィチニブが効かなかった4人の患者のがん細胞からそれぞれ抽出された*EGFR*遺伝子の塩基配列を決定する*実験*が行われた．

この実験の*結果*は衝撃的なものであった．ゲフィチニブに反応した5人の患者のがんから抽出された*EGFR*遺伝子はすべて変異していたが，ゲフィチニブが効かなかった4人のがんの*EGFR*遺伝子には変異がなかった（図12.21）．調査した患者の数が少ないため症例をさらに集める必要があるが，以上の研究結果は，医者が肺がんの患者にDNA鑑定を行うことにより，ゲフィチニブによる治療の有効性が期待できる患者を選別できることを示唆している．もっと広い意味で，迅速で安価な塩基配列決定法の出現は，各々の患者の遺伝的な相違を日常の医療に反映させていく「個人レベルのゲノム解析」の時代の到来を告げるものである．

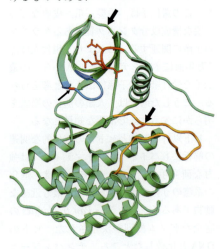

▶図12.21　***EGFR*タンパク質：ゲノム科学によるがんとの闘い．** *EGFR*タンパク質の特定の部位（黒矢印で示される部位）に変異が起こると，肺がんを攻撃する抗がん剤の効き目に変化が生じることがある．この図では，タンパク質のアミノ酸主鎖を緑色で示し，重要な領域をオレンジ色，青色，赤色で強調している．

ゲノム科学の応用

2001年，フロリダ州の63歳の男性が炭疽菌 *Bacillus anthracis* の胞子の吸入により発症した肺炭疽のため死亡した．米国では1976年以降この病気による犠牲者が出ていなかったこと，および9月11日に世界貿易センタービルへのテロ攻撃が行われてから1か月も経っていない時期だったことから，彼の死因はたちまち疑惑に満ちたものとなった．この年の暮れまでに，さらに4人が炭疽菌の吸入のため死亡した．警察当局は，何者かが炭疽菌の胞子を郵便で送りつけていたことを突き止めた（図12.22）．米国は，前例のない生物兵器によ

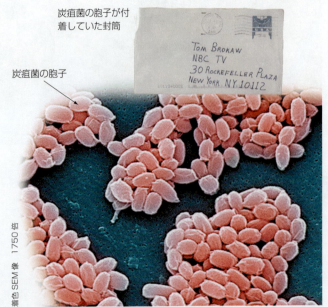

◀図12.22　**2001年の炭疽菌テロ．**　2001年，炭疽菌の胞子が付着した封筒が送られ，5人が死亡した．

るテロ攻撃に直面していたのだ．

引き続く捜査の中で，送りつけられた炭疽菌の胞子そのものが最も有力な手がかりとなった．捜査官は郵送された炭疽菌の胞子のゲノム配列を決定し，郵送された5件の炭疽菌の胞子はすべてメリーランド州フォートデトリックの米国陸軍感染症研究所で，あるフラスコに保管されていた実験室菌株と遺伝的に同一のものであることを突き止めた．この証拠をもとに，FBIは陸軍の科学者の1人をこの事件の容疑者として告発した．この容疑者は2008年に自殺したため裁かれることなく，この事件は公式には未解決となっている．

炭疽菌事件はゲノム科学が犯罪捜査に実力を発揮した一例にすぎない．フロリダ州のある歯科医が複数の患者にヒト免疫不全ウイルス（HIV）を感染させていたことを示す強力な証拠がゲノム科学により得られ，ウェストナイル熱ウイルスの単一の天然ウイルス株が鳥とヒトの双方に感染し得ることもゲノム科学により示されている．2013年には，塩基配列情報により，ある患者の皮膚がん細胞が骨髄移植の提供者に由来する赤血球細胞と融合してから脳に転移したことが証明された．この結果から，がん細胞が身体全体にどのように転移していくのかという長年の課題に新たな視点が得られることになった．

  システム内の相互連関

システム生物学

システム生物学は強力なコンピュータの計算能力により，異なる生物のゲノムの比較研究と同様に，ある生物のゲノム中の全遺伝子の相互関係の解析も可能となっている．ゲノム科学は，ゲノムの構造，遺伝子発現の制御，胚発生と進化に関する基礎的な疑問について新たな視点を提供するものである．

さまざまな解析技術の進歩により，環境中のサンプルから得られたDNAを分析するメタゲノム解析が行われるようになった．環境から培養を行わずに直接抽出されたDNAサンプルには多数の生物種のゲノムが混在している．こうしたDNAサンプルについてすべて塩基配列を決定した後，

バイオインフォマティクス（生命情報学）

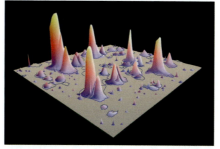

▲図12.23　**プロテオミクス**．この3次元のグラフに示されるピークのそれぞれは，ゲル電気泳動で分離されたタンパク質を示す．ピークの高さはタンパク質の量に相関している．サンプル中のすべてのタンパク質を同定することにより，生命系の完全な理解に一歩近づくことになる．

コンピュータのソフトウェアにより別々の生物種に由来する塩基配列を仕分けし，各々の生物種について個別にゲノムを組み立てていく．現在までに，サルガッソー海やヒトの消化管などのさまざまな環境中から見出される微生物集団の解析にこのようなメタゲノム解析が適用されている．2012年の研究では，ヒトの体表および体内に共存し，ヒトの健康にさまざまなかたちで関与する多種類の細菌として驚くべき多様性を誇るヒトの「微小生物群」が分類整理された．多種類の生物が混合しているサンプルのDNA塩基配列を解析し，分類することが可能であれば，各々の微生物を実験室で分離して培養する必要がなくなり，微生物種の研究の効率が劇的に向上するだろう．

ゲノム科学の成功を受けて，ゲノムにコードされるすべてのタンパク質（プロテオーム proteome という）を系統的に解析する**プロテオミクス proteomics** とよばれる研究も精力的に推進されるようになった（**図12.23**）．ヒトのタンパク質は約10万種類あり，約2万1000個の遺伝子の数よりもはるかに多い．さらに，実際に細胞の活動を実行しているのは遺伝子ではなくタンパク質であることから，細胞や生物の機能について理解するためにはタンパク質がいつどこで合成され，どのように相互作用しているかを解明しなければならない．

ゲノム解析とプロテオーム解析は，生物学者が大局的な視野で網羅的に生命研究を行うことを可能にしている．現代の生物学者は，細胞，組織，生命体の機能に関与す

るすべての「部品」のリストである遺伝子とタンパク質の目録を作成している．このような目録が完成に近づいたところで，研究者の興味の対象は個々の部品の機能の解明から，生命系の中でこれらの部品が全体としてどのように協調して機能しているかという機構の解明に移りつつある．

システム生物学とよばれるこのような研究手法は，各々のシステムの「部品」の相互作用に関する研究をもとに，生命系全体の動的な挙動をモデル化することが目標である．こうした研究では膨大な量のデータが生み出されるため，システム生物学を可能にするためにはコンピュータ技術とバイオインフォマティクスの進展が決定的に重要である．

このような分析は多くの実用的な分野に応用される．たとえば，ある病気に関与するタンパク質については，特定の組み合わせのタンパク質を検出する試験法を開発することにより診断に役立てることが可能であり，標的のタンパク質と相互作用する薬剤を設計することにより治療に役立てることも可能である．大量解析技術がより迅速で安価になるにつれて，がんの問題に応用されるようになってきた．がんゲノムアトラスプロジェクトは，多数の研究グループが一群の相互作用する遺伝子と遺伝産物について同時進行で解析を進めるものである．この研究プロジェクトの目的は，生命システムのどのような変化ががんに結びつくのかを解明することである．3年間の先行プロジェクトは，肺がん，卵巣がん，脳腫瘍の3種類のがんについて，遺伝子の塩基配列と遺伝子発現パターンをがん細胞と正常細胞について比較することにより，共通の突然変異をすべて検出する事業である．先行プロジェクトの結果，がんとの関連が疑われていたいくつかの遺伝子の役割が確認されるとともに，これまでに知られていなかった遺伝子もいくつか発見され，がん治療の新たな標的にできる可能性が示唆された．3種類のがんに対する今回の研究手法が非常に有益であったことから，発生率が高く致死的であるがんがさらに10種類選ばれて研究プロジェクトが続行されることになった．

生物学的複雑さは遺伝子レベル，タンパク質レベルなどいくつかのレベルで考えることができるが，下のレベルから情報のブロックを積み上げていくことにより，上位のレベルで展開される形質や新たに発生する創発特性について解析するために，システム生物学は有効な研究方法である．遺伝的システムを構成する核酸やタンパク質などの成分の配置と相互作用とについて研究が進むほど，生物個体全体への理解に近づいていくことになる．✓

✓チェックポイント
ゲノム科学（ゲノミクス）とプロテオミクスの違いは何か？

安全性と倫理の問題

DNAテクノロジーの威力を認識した科学者は，その技術の潜在的な危険性について不安を感じるようになった．特に初期の頃には，危険な病原性生物を新たにつくり出してしまう可能性が懸念されていた．たとえば，がんを発生させる遺伝子が伝染性の細菌やウイルスに移行したらどんな恐ろしいことが起こるかといった問題である．このような懸念に取り組むために科学者が会合を開いて作成した遺伝子組換え体の取り扱いマニュアルは，やがて米国をはじめとする多数の国々で政府によるガイドライ

▶図 12.24 **最高の危険度に対応した実験室．** 高度な物理的封じ込め対応の実験室で働く研究者は，専用の防護服を着用して危険な微生物を取り扱う．

ン制定などの規制に結びついていった〔訳注：米国では 1976 年，日本では 1979 年に研究指針（ガイドライン）が制定されている〕．

安全性確保の規制の 1 つとして，遺伝子操作された微生物への感染から研究者を保護するとともに，過失等により遺伝子組換え体の微生物が実験室から流失するのを防ぐことができる設備を有する実験室が規定されている（図 12.24）（訳注：物理的封じ込め措置とよばれる．厳重さのレベルにより P1 から P4 がある）．さらに，組換え DNA 実験に用いる微生物として，遺伝的な弱点をもつために実験室の外では生き延びていけないことが確実な菌株の使用が規定されている（訳注：生物学的封じ込め措置とよばれる．B1 と B2 レベルの宿主ベクター系が認定されている）．さらに予防措置として，明らかに危険性が高い実験は禁止されている．

遺伝子組換え食品をめぐる論争

現代では，遺伝子組換えの潜在的な危険性として一般市民の関心が最も高いのは遺伝子組換え（GM）食品である．世界の GM 作物の 80％以上を供給する米国，アルゼンチン，ブラジルの 3 国では，主要作物のいくつかは遺伝子組換え品種が栽培面積の半分以上を占めている．このような遺伝子組換え作物の安全性をめぐる論争は，重要な政治問題にもなっている（図 12.25）．たとえば，欧州連合（EU）では新たな遺伝子組換え作物の市場への導入が停止され，すべての遺伝子組換え食材の輸入禁止措置が検討されている．米国など遺伝子組換え作物の導入がヨーロッパほど注目されずに進行している国々では，遺伝子組換え食品の表示義務化が議論されている（訳注：日本では 2001 年より表示が義務化されている）．

遺伝子組換え作物に対して慎重な立場の人々は，他の生物に由来する遺伝子をもつ作物が環境に悪影響を与える可能性と，アレルギー反応を引き起こす分子であるアレルゲンを新たに食物にもち込むなど人の健康を脅かす可能性などを危惧している．主要な懸念の 1 つは，遺伝子組換え作物に導入された遺伝子が畑のまわりに生える野生の近縁な植物に移行する可能性が否定できないことである．芝生や作物は花粉を通して近縁の野草と遺伝子を交換することが明らかになっている．除草剤，病害，害虫などに耐性を付与する遺伝子をもつ作物の花粉が野生の植物に受粉すると，防除が困難な「スーパー雑草」が生じるおそれがある．一方では，自然交雑が起こらないよう

安全性と倫理の問題

▼図 12.25　**遺伝子組換え（GM）作物への反対運動．** オレゴン州の活動家たちは遺伝子組換え作物に対する不快感を表明している．

265

**12章
DNA テクノロジー**

に作物の遺伝子を設計するなどのさまざまな手段により，このような耐性遺伝子の拡散を防ぐことも可能である．さらに，遺伝子組換え作物が広く用いられるようになると，自然界の遺伝的多様性が減少し，そのため急激な環境変化や新型の病気の流行などの事態が発生したときに壊滅的な打撃を受けやすくなることが考えられる．

　全米科学アカデミーが遺伝子組換え作物が特定の健康被害や環境汚染をもたらす科学的な根拠はないという見解を発表する一方で，この研究を遂行した研究者は予期しない環境への影響の有無を確認するため長期間厳密に監視を続けることも推奨している．

　米国を含む130か国の代表が協定を結んだ，生物多様性を守るためのカルタヘナ議定書では，輸出国は積み荷の食料に含まれる遺伝子組換え作物について分別確認しておくことと，この積み荷により健康被害や環境汚染が起こる可能性について輸入国側が判断することを認めることが求められている．米国はこの議定書の批准を拒否したが，大多数の国々が議定書を積極的に採用したため協定を実施する努力をしている（訳注：カルタヘナ議定書は日本も締結・批准し，2004年より発効している）．しかし，米国が批准を拒否して以来，ヨーロッパ各国はことあるごとに米国などの作物をGM作物が含まれるおそれがあるとして受け入れを拒否するようになり，通商摩擦を招いている．

　世界各国の政府および監督官庁は，農業，工業，医療の分野で新たな製品や製造工程の安全性を確保しつつ，バイオテクノロジーの利用をどのように推進していくべきかという問題に取り組んでいる．米国では，すべての遺伝子工学プロジェクトに伴う潜在的な危険性について，米国食品医薬品局（FDA），環境保護庁（EPA），国立衛生研究所（NIH），農務省などの多数の監督官庁が評価し判定している（訳注：日本では2003年に食品安全委員会が発足し，食品の安全性審査を行っている）．✓

ヒトの DNA テクノロジーにより引き起こされる倫理的問題

　ヒトのDNAテクノロジーにより引き起こされる法的および倫理的問題の多くには明快な答えがない．たとえば，遺伝子工学により生産されるヒトの成長ホルモン（hGH）を注射して低身長症の治療を行う場合，標準治療のhGH使用を延長することは許されるだろうか（訳注：日本では，男子は156 cm，女子は145 cmに達すると公的医療補助が打ち切られる）？　また，hGHホルモンは正常だが身長が低めの子どもをもつ親が，子どもの身長をさらに伸ばしてやるためにhGHホルモン治療を求めることは許されるだろうか？　もし許されないのであれば，子どもの「身長は十分である」として治療を却下する判定を誰が下すのだろうか？　技術的な問題に加えて，ヒトの遺伝子治療では倫理的問題も起こる．どのようなかたちであっても，ヒトの遺伝子を細工することはモラルに反し，倫理にもとる行為であると信じる批評家もいる．また第三者の立場から，遺伝子を体細胞に移植することと，臓器を移植することの間には本質的な違いはないと考える人もいる．

　精子や卵のような配偶子および受精卵などの接合子を対象とした遺伝子工学は，実験室の動物についてはすでに実施されている．しかし，ヒトに対するこのような遺伝子工学はきわめて重大な倫理的問題を内包するため，試みられていない．はたして，私たちは子どもやその子孫から遺伝的欠陥の除去を試みるべきだろうか？　そもそも，このような方法で進化に干渉してもよいものだろうか？　望まれない型の遺伝子を生物集団の遺伝子プールから除去することは，長期的には生存のために逆効果になる可能性がある．遺伝的な多様性は，長年の間の環境条件の変化に生物が対応していくために必要な要素である．ある条件下では不利な遺伝子も，別の条件下では有利となることもあり得る（鎌状赤血球症はその一例である．17章の「進化との関連」コラム参照）．私たちは，将来人類にとって不利となる可能性のある遺伝的改変を行う危険を冒してもよいものだろうか？

　同様に，DNA鑑定技術の進歩はプライバシーの問題も引き起こす（図12.26）．もし，すべての人々について誕生時にDNA鑑定データをそろえておくことがで

✓チェックポイント
除草剤耐性遺伝子を作物に付加することについて，おもに懸念されることは何か？

安全性と倫理の問題

▲図12.26 遺伝情報へのアクセスは個人のプライバシーの問題をはらんでいる．

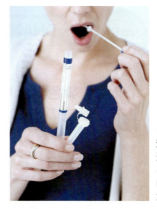

◀図12.27 個別の遺伝的検査．このキットはヒトの唾液を遺伝子解析目的で検査機関に送るのに用いられる．検査の結果は，個人が特定の病気にかかる危険性を教えてくれる．

きれば，DNAを採取できる遺留品をまったく残さずに暴力的な犯行を行うことは事実上ほとんど不可能であることから，理論的にはほぼすべての暴力犯罪について犯人を割り出すことができることになる．このような意義のある目的のためとはいえ，社会の一員としての私たちは，自分たちの遺伝子という究極のプライバシーを犠牲にする覚悟はあるだろうか？ 2014年，米国最高裁判所は5対4の評決で逮捕時に（有罪判決を受ける前であっても）容疑者のDNAサンプル採取を実施することを支持した．得られたDNAは「第4次修正憲法の下で合理的な合法的警察の登録手続きである指紋採取と写真撮影と同様」であると規定する最高裁判所の決定は，警察の業務の多くの局面でDNA鑑定が広範に利用される時代の到来を示すものである．

個人的な遺伝子の構成に関して多くの情報が利用可能になるにつれて，このような情報が入手可能になることがつねに有益かどうか疑問を抱く人もいる．たとえば，自分の組織サンプルを郵送することにより，将来パーキンソン病やクローン病などのさまざまな病気を発病する危険性をDNA鑑定により判定してくれるキットが開発されている（図12.27）．このような情報は家族が来るべき日に備えるのに役立つという意見がある一方で，パーキンソン病などは現在のところ予防することも治療することもできないことから，このようなテストを行って発病の危険性を知ったところで何も利益はなく，いたずらに不安と恐れをかき立てるだけだという意見もある．しかし，乳がんの危険性を判定するテストなどの場合は，発病の危険性の高い病気を避けるための措置をとることも可能である．では，本当に有益なテストをどうやって見分ければよいのだろうか？

病気に関連する遺伝子に関する情報が悪用される危険性もあり，特に差別と偏見に結びつく可能性が問題となる．この問題に対応して，米国議会は2008年の遺伝情報差別禁止法案を可決した．この法案の第1章では，保険会社は健康保険加入希望者に対して遺伝情報を要求または強制してはならないと規定されている．第2章は，同様の保護を被雇用者に与えることを規定している．

もっと根本的な倫理的疑問は，新たな生物への進化という自然の力を行使することについて私たちはどう考えるかである．そもそも生物の遺伝子を改造し，新たな生物を創造する権利が私たちにあるのだろうか？ DNAテクノロジーは，数多くの簡単に答えを出すことのできない複雑な問題を提起する．1人の市民として，どのように情報を収集し何を選択するかは，あなたしだいである．☑

☑チェックポイント

ヒトの体細胞を遺伝的に改変することよりも，ヒトの配偶子を遺伝的に改変するほうが重大な倫理的問題を引き起こすのはなぜか？

答え：遺伝子の改変は次の世代に継承されるため，配偶子の遺伝的改変は特定の集団の頻度を意図的に変化させることになりうるから．

12章 DNAテクノロジー

DNA鑑定　進化との関連

Y染色体より読み解く歴史の小窓

ヒトのY染色体は実質的に手つかずのまま父親から息子へと伝えられる．そこで，Y染色体のDNAを比較することにより，男性の祖先を追跡することができる．こうして近年の人類の進化に関する情報をDNA鑑定によって得ることができる．

中央アジアに住む男性の約8％が，非常に遺伝的相同性の高いY染色体を共有していることが発見された．詳細な分析により，彼らの受け継いでいるY染色体は，約1000年前に活躍していた1人の男に由来することが突き止められた．歴史的な記録と照らし合わせて，当時のモンゴル帝国の支配者であったチンギス・ハーン（図12.28）が現代の1600万人近い男性にこのY染色体を広めた人物ではないかと推定されている．アイルランドの男性に対して実施された同様の研究では，アイルランドの男性の10％近くが1400年代に活動していたナイアル・ノイジャラクス（Niall of the Nine Hostage）将軍の子孫であると推定された．一方で，南アフリカのレンバ族（図12.29）の人々は，自分たちは古代ユダヤ人の子孫であると主張しているが，Y染色体DNAの解析によりこの主張が支持されている．レンバ族の人々のY染色体DNAには，ユダヤ教の僧侶階級に特徴的な配列が高頻度で見つかるのである．

Y染色体のDNA鑑定はヒトゲノムに関する膨大な研究の一環である．一方，より多くの生物種に対するゲノム研究の拡張も精力的に進められている．このような研究は，進化学はもちろん，医学や生態学を含む生物学のすべての分野の理解を深めることに役立つだろう．実際に，細菌，古細菌および真核生物の3つの生物群が，地球上の生命体の基本的な3つのドメインを形成するという学説は，ゲノム配列の決定が完了した生物群の塩基配列比較により初めて支持する根拠が得られている．3ドメイン体系については第3部「進化と多様性」で議論する．

▲図12.28　チンギス・ハーン．

▲図12.29　南アフリカのレンバ族．

本章の復習

重要概念のまとめ

遺伝子工学

遺伝物質を取り扱うDNAテクノロジー（遺伝子工学）は比較的新しいバイオテクノロジーであり，生物を利用した有用物質の生産に用いられる．DNAテクノロジーでは，しばしば遺伝子組換え技術が応用され，由来の異なる塩基配列を組み合わせて利用される．

組換えDNA技術

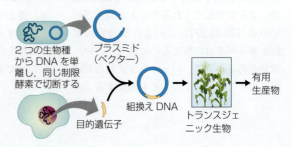

製薬への応用

ヒトの遺伝子を細菌などの培養しやすい細胞に導入することにより、薬やワクチンに用いられる価値の高いヒトのタンパク質を大量生産することができる。

農業と遺伝子組換え（GM）作物

人工的に導入された遺伝子をもつ生物個体である遺伝子組換え生物の作製に、組換えDNA技術が用いられてきた。ヒトのタンパク質を生産するように育種されたヒト以外の生物の細胞、遺伝子組換え作物、トランスジェニック家畜動物などがその例である。トランスジェニック生物とは、他の生物種に由来する遺伝子を人工的に導入された動植物の個体のことである。

ヒトの遺伝子治療

ウイルスにヒトの正常な遺伝子を含むように加工することが可能である。このウイルスを遺伝性疾患に苦しむ人の骨髄に注入した場合、正常なヒトの遺伝子が転写・翻訳されて正常なヒトのタンパク質が生産され、この患者の遺伝性疾患を治療できる可能性がある。この技術は、多くの遺伝性疾患に対する遺伝子治療に用いられてきた。遺伝子治療は現在までに成功例も失敗例もあり、研究が続けられている。

DNA鑑定と科学捜査

法的な証拠物件の科学的分析が科学捜査であり、DNAテクノロジーにより革命的に進歩している。2つのDNAサンプルが同一人物に由来するものであるかどうか決定するのにDNA鑑定が用いられる。

DNA鑑定技術

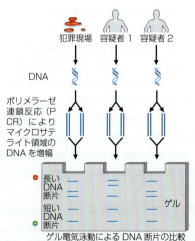

ゲル電気泳動によるDNA断片の比較
（短いDNA断片のバンドは陽極の方向により速く移動する）

ポリメラーゼ連鎖反応（PCR）とゲル電気泳動法を用いて、DNA断片のマイクロサテライトを比較分析する。

殺人事件の捜査、親子鑑定、古代人のDNA鑑定

犯罪の容疑者の有罪か無罪かの立証、被害者の特定、親子関係の証明、学術的な研究にDNA鑑定が用いられる。

バイオインフォマティクス（生命情報学）

DNAシークエンシング（塩基配列決定）

現在の自動DNAシークエンサー（塩基配列決定装置）は、1時間で数千塩基対のDNA配列を決定することができる。

ゲノム科学（ゲノミクス）

DNAシークエンサーの進歩により、生物のゲノム全体を研究対象とするゲノム科学の時代が到来した。

ゲノム地図作製技術

全ゲノムショットガン法では、まずゲノム全体から調製した大量のDNA断片の塩基配列を決定し、その配列を統合することにより全ゲノム配列を決定する。

ヒトゲノム

ヒトゲノムの塩基配列は、有用な情報を大量に提供している。ヒトゲノム中の24種類の染色体には、約30億塩基対のDNAに約2万1000個の遺伝子が含まれている。ゲノムの大部分はタンパク質をコードしないDNAである。

ゲノム科学の応用

ゲノムの比較は犯罪捜査や学術的な研究に役立っている。

システム内の相互連関：システム生物学

ゲノム科学（ゲノミクス）の進展により、生物体に含まれる全タンパク質を系統的に解析するプロテオミクスが進められるようになった。ゲノミクスとプロテオミクスは、複雑な生物システムの中で遺伝子やタンパク質などの成分がどのように連携するのかを解析するシステム生物学に大きく貢献している。

安全性と倫理の問題

遺伝子組換え食品をめぐる論争

遺伝子組換え作物に関する論争では，主として遺伝子組換え作物がヒトの健康に悪影響を与える可能性，および近縁種との花粉交雑を通じて遺伝子が拡散することにより環境を損なう可能性が論じられている．

ヒトのDNAテクノロジーにより引き起こされる倫理的問題

社会の一員としての私たちは，DNAテクノロジーに関する教養を身につけて，この技術の利用により引き起こされる倫理的問題に取り組んでいかなければならない．

セルフクイズ

1. ラクトース分解酵素タンパク質を遺伝子組換え技術を用いて大量に生産するとき，a〜dの操作を実施する順序に並べよ．
   a．ラクトース分解酵素の遺伝子のクローンを見つけ出す．
   b．作製したプラスミドを細菌に導入し，細菌を培養して多数のクローンを得る．
   c．ラクトース分解酵素の遺伝子を単離する．
   d．ラクトース分解酵素遺伝子を含む組換えプラスミドを作製する．
2. プラスミドのようにDNAをある細胞から別の細胞に運ぶ役割を果たすものを何とよぶか？
3. 組換えDNA分子を作製するときに，粘着末端を生じる制限酵素を用いてDNAを切断する利点は何か？
4. ある古生物学者が，約400年間保存されていた絶滅した鳥類ドードーの皮膚から生体組織の一片を回収した．この組織のDNAと現存する鳥類のDNAを比較検討したいが，組織のDNAは非常に微量である．分析可能な量を確保するためにドードーのDNAを増やすために最も役立つ方法は何か？
5. マイクロサテライト領域を含むDNA断片をいろいろな人々から抽出してゲル電気泳動を行うと，DNAのバンドが異なる位置に出現することが多いのはなぜか？
6. 電気泳動によってDNA断片がゲル中を移動するのは，a〜dのDNAのどの性質によるか？
   a．DNA鎖中のリン酸基による電荷
   b．塩基配列
   c．塩基対の間の水素結合
   d．二重らせんのかたち
7. ゲル電気泳動が終了したとき，ゲル上に現れる多数のバンドのパターンが示すものは何か？
   a．特定の遺伝子の塩基の順序
   b．さまざまな長さのDNA断片が存在すること
   c．特定の染色体中の遺伝子の並び方
   d．ゲノム中の特定の遺伝子の正確な位置
8. 全ゲノムショットガン法の各段階について説明せよ．
9. ヒトの遺伝子治療を実施するとき，a〜dの操作を正しい順序に並べよ．
   a．ウイルスを患者に注入する．
   b．ヒトの遺伝子をウイルスに組み込む．
   c．正常なヒトの遺伝子を単離してクローン化する．
   d．正常なヒトの遺伝子が患者の体内で転写され，翻訳される．

解答は付録Dを見よ．

科学のプロセス

10. かつて科学者たちは，ヒトのゲノムのDNA配列が完全に決定されたら，遺伝学の研究者には発見するべきものが何も残らないから，「私たちはみんな仕事を辞めて家に帰れる」と冗談を言っていた．実際には，ヒトのゲノムが決定されても科学者が「家に帰っていない」のはなぜか？
11. **データの解釈** 生物のゲノムを比較する際に，生物学者はゲノム中の遺伝子の数を全塩基数で割った遺伝子密度を計算する．**表12.1**より，それぞれの生物種について遺伝子の数をゲノムの大きさで割ることにより遺伝子密度を計算することができる．表計算ソフトを用いて，**表12.1**の生物種すべてについて遺伝子密度を計算せよ．細菌の遺伝子密度はヒトの遺伝子密度よりも大きいか小さいか？ ヒトと線虫の遺伝子の数はほぼ等しいが，遺伝子密度を比較するとどのようになるか？ また，ある生物の遺伝子密度と個体の大きさや複雑さとの間に一般的な傾向を見出すことはできるだろうか？
12. 次の表は，通常のDNA鑑定で用いられる13か所のマイクロサテライトのうち，4つを示したものである．各々の部位は繰り返し配列であり，ゲ

ノム中で4塩基の繰り返しにより構成されている．それぞれの部位について，ある個人のゲノムの繰り返し数が下の表に示されている．

染色体番号	マイクロサテライト	繰り返し数
3	D3S1358	4
5	D5S818	10
7	D7S820	5
8	D8S1179	22

DNA鑑定の目的でこの4つの部位についてPCRを実施した場合，以下の4つのゲルのうち，この人のDNA鑑定結果を正しく示すのは（a）～（d）のどれか？

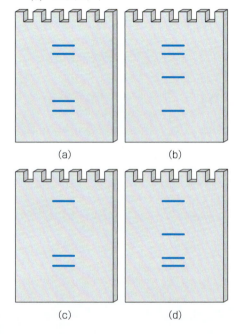

生物学と社会

13. そう遠くない将来には，多くの遺伝病に対して遺伝子治療を行うことができるようになるだろう．ヒトの遺伝子治療が広範に行われるようになる前に直面すると思われる最も深刻な倫理的な問題は何か？　あなたの考えを述べよ．

14. 現代では，トランスジェニック植物やトランスジェニック動物を作製すること自体はそれほど難しくない．このような組換えDNA技術の利用により引き起こされる，安全上および倫理上の問題点を挙げよ．遺伝子組換え生物を環境に導入することからどのような危険性が生じるか？　遺伝子組換え生物の導入の決定を科学者にゆだねることに賛成する理由，および反対する理由を挙げよ．それでは，遺伝子組換え生物の導入の可否は誰が決定するべきだろうか？

15. 2002年10月にアフリカのザンビア政府は，米国からの食料援助で提供された，250万人のザンビア国民の3週間分の食料に相当する1万5000 tのトウモロコシの受け入れ拒否を通告した．ザンビア政府の拒否の理由は，このトウモロコシに遺伝子組換えの穀粒が含まれていることであった．遺伝子組換え作物により引き起こされる健康への影響に関する研究には「結論が出ていない」と科学顧問が結論したことを受けて，ザンビア政府はこの決定を下したのである．あなたは，遺伝子組換えトウモロコシを拒否したザンビア政府の方針に同意するか？　その理由は何か？　当時のザンビアが食料不足に直面し，半年以内に3万5000人のザンビア国民が餓死すると予想されていたことも考慮すること．また，遺伝子組換え作物により引き起こされる危険性と，飢餓により引き起こされる危険性はどのように比較できるだろうか？

16. イリノイ州では1977～2000年までに，死刑囚のうち12人が死刑を執行されたが，同じ期間中に13人の死刑囚がDNA鑑定により無罪が証明された．2000年にイリノイ州政府は，死刑制度には「過誤の可能性が否定できない」として州内の死刑執行の停止を宣言した．あなたは，イリノイ州政府の決定を支持するか？　古い証拠に対するDNA鑑定に関して死刑囚がどのような権利をもつ必要があると考えるか？　このような追加のDNA鑑定に必要な費用は誰が負担するべきか？

第 3 部
進化と多様性

13 集団の進化

章のテーマ：進化の過去，現在，未来

14 生物多様性はいかに進化するか

章のテーマ：大量絶滅

15 微生物の進化

章のテーマ：ヒトの微生物相

16 植物と菌類の進化

章のテーマ：植物と菌類の相互関係

17 動物の進化

章のテーマ：ヒトの進化

13 集団の進化

なぜ進化が重要なのか？

▼ 自然選択の働きにより，500種以上の昆虫集団が，最も広く使用されている殺虫剤に対して抵抗性をもつ．

◀ 人為選択がなかったら，ブルーベリーの大きさのトマトを食べていただろう．

いくつかの種では，雄は雌との交配を争って死には至らない戦闘を行う． ▶

▲ 絶滅危惧種の集団は，遺伝的多様性の欠落により絶望的な運命にあるだろう．

章 目 次

生命の多様性　276
チャールズ・ダーウィンと『種の起源』　278
進化の証拠　280
進化のメカニズムとしての自然選択　286
集団の進化　288
集団の遺伝子頻度を変えるメカニズム　292

本章のテーマ

進化の過去，現在，未来

生物学と社会　現在の進化　275
科学のプロセス　クジラは陸生哺乳類から進化したのか？　282
進化との関連　抗生物質耐性の脅威の増加　297

進化の過去，現在，未来　生物学と社会

現在の進化

　地球上の生命は非常に多様である．180万以上の種が確認されており，科学者たちは，数百万より多くの種が発見を待っていると推定している．どのようにして地球はこのような膨大な多様性を獲得してきたのだろうか？　その答えは進化である．進化の研究においては，現在までの生命の歴史を追跡するために，数十億年過去にまでたどり着く．しかし，それはすべての岩石や骨について見られるわけではない．進化は，いま現在，どこか近くで起きている．

　あなたのまわりの生物多様性を考えてみよう．私たちの最も近い隣人は，人間が優占する環境に最も適応した生物である．郊外の庭や都市公園において種子や昆虫を食べる鳥，空き地や歩道の亀裂に生える植物，私たちが捨てた食料や作物，そして私たちの血さえもごちそうにする昆虫や他の有害生物である．それから，人体に適応した有益な種と病原性種を含む膨大な種類の微生物でどこもあふれ返っている．これらの生物のすべては，進化の産物であり，現代においても世代ごとに進化し続けている．本章で学ぶように，環境は進化において強力な役割を果たしている．人間の活動——数例を挙げると，農業，鉱業，林業，開発，化石燃料の燃焼，そして医薬品の使用——は，迅速で観察可能な進化をもたらすように生物の環境を変える．自然環境の変化によって影響を受けるような進化的変化を研究することも可能である．地質学的には瞬きほどの時間である10万年以内に湖が現れたり消えたりする．また，新たに出現した火山島では，大陸との距離に応じて数十年，数百年，あるいは数千年の期間で植物や動物により覆われることがある．

　進化の理解は，生命の分子の探索から生態系の解析までのすべての生物学に情報を提供する．そして，進化生物学の適用により，医学，農業，バイオテクノロジー，保全生物学などが変革されつつある．本章では，進化プロセスがどのように機能するかを学び，この世界に影響を与える進化の，検証可能で測定可能な例について見ていく．

オジロジカ．郊外の景観の多くには，庭の植物を食べることができるなど，シカに食物や生活の場を提供する断片的な森林が含まれる．

13章
集団の進化

生命の多様性

人類のすべての歴史を通して，人々は，自然界の住民について名前をつけて記載し，そして分類を行ってきた．交易と探索により，地球のすべての地域が結びつけられ，生物分類の作業はますます複雑になった．たとえば，紀元前300年にギリシャ人に知られていたすべての植物を探索して記述した学者は約500種を区別した．今日では，科学者によりおおまかにいって40万の植物種が認識されている．

1700年代には，命名および分類について，統一されたシステムが必要なことが明らかとなった．スウェーデンの科学者のカール・リンネ Carolus Linnaeus によって導入されたシステムを中心として最終的な合意が成立した．彼の分類システムは，今日においてもなお使用されており，命名，および分類に関する生物学の一分野である**分類学 taxonomy** の基礎となっている．リンネの分類システムは，種命名の方法およびより広範なグループに種を分類する階層的分類を含んでいる．

生命の多様性の命名と分類

リンネの分類システムでは，それぞれの種は，**二名法 binomial** という2語によるラテン語名が与えられる．二名法の最初の語は，近縁な種群からなる**属 genus**（複数形は genera）である．たとえば，大型ネコ類の属はヒョウ属 *Panthera* である．二名法の2番目の語は，属内の種を区別するために使用される．種に名前をつけるためには，この2語をあわせて使用する必要がある．それゆえ，ヒョウの学名はパンテラ・パルドゥス *Panthera pardus* となる．属の最初の文字を大文字にしていること，および2語全体をイタリックにすることに注意すること．たとえば，新たに発見された *Aptostichus* 属のクモは，テレビのパーソナリティにちなんで *Aptostichus stephencolberti* と命名された．

リンネの二名法は，一般名の曖昧性の問題を解決した．リスという名前で，ある動物種を指すことや，ヒナギクという名前で植物種を明確に示すことはできない．リスやヒナギクは多くの種を含むのである．また，異なる地域の人々は，異なる種に対し同じ一般名を使用していることもある．たとえば，スコットランド，イングランド，テキサス州，米国東部でブルーベルとよばれる花は実際には関係のない4種である．

リンネはまた，種を階層的なカテゴリーにグループ化するためのシステムを導入した．この分類の最初のステップは，二名法に組み込まれている．たとえばヒョウ属は他にライオン（パンテラ・レオ *Panthera leo*），トラ（パンテラ・チグリス *Panthera tigris*）およびジャガー（パンテラ・オンカ *Panthera onca*）3種を含む．属による種のグループ分けから，分類学は漸進的により広範な分類カテゴリーへと展開する．似た属は同じ**科 family** に，科は**目 order** に，目は**綱 class** に，綱は**門 phylum**（複数形は phyla）に，門は**界 kingdom** に，界はドメ

◀ 図13.1　**階層的分類**．分類学では，最小単位である種は，より大きなカテゴリー群にまとめられて分類される．ヒョウはヒョウ属の4種の中の1つ（ここでは黄色ボックスで示される）である．さらに，ヒョウ属（オレンジボックス）はネコ科の1つである．

インdomainに入れられる．図13.1は，ヒョウがこの分類システムの各階層でどこに属するかを示している．特定の生物の分類は，人を特定する住所に似ている．ある市の中には多くの通りがあり，その中の特定の通りにある多くのアパートの中の特定のアパートといったように．

より大きなカテゴリーにグループ化することは，世界についての私たちの知識を体系化する1つのやり方である．しかし，このような科，目，および綱などの上位の群を定義するために使用される基準は，最終的には主観的である．生命の多様性が進化してきたプロセスを学んだ後に，進化的関係の理解に基づく分類システムを紹介する（14章参照）．✓

生命の多様性の説明

初期の博物学者や哲学者は，生命の多様性を記載し整理しようと試みるとともに，その起源も説明しようとした．現代の生物学者によって受け入れられた説明は，著名な本である1859年に発表された『種の起源』においてチャールズ・ダーウィン Charles Darwin が提案した進化論である．ダーウィンの理論を紹介する前に，ダーウィンの時代に進化論のような過激思想の理論がつくられた科学的・文化的背景を見ていこう．

種は不変という思想

西洋文化に多大な影響を与えたギリシャの哲学者アリストテレス Aristotle は，一般的に種が経時的に変化しない，恒久的なかたちをとっているという見解を披露した．ユダヤ・キリスト教の文化における聖書の創世記の解釈により，この考えが強化された．そこでは，生命の各形態は，現在のかたちでそれぞれが独立に創造されたと述べられている．1600年代には，宗教学者は，地球の推定年齢には6000年という聖書中の説明を使用していた．それゆえ，すべての生物種は比較的最近に現れ，かたちは不変であるという考えが，何世紀にもわたって西洋世界の知的風土を支配してきた．

しかし，同時に博物学者はまた，**化石 fossil**，すなわち過去に生きていた生物の痕跡や遺骸の解釈に取り組んだ．化石は，生き物の遺骸であると考えられていたが，多くは謎であった．たとえば，もし「蛇石」（図13.2a）がヘビのとぐろを巻いた体なら，なぜどれもいままで頭がついたままで発見されなかったのだろうか？　いくつかの化石は絶滅した種を代表しているのか？　魚竜（図13.2b）とよばれる巨大な海の生物の骨格化石を含む1800年代初頭のすばらしい発見は，多くの博物学者に絶滅が実際に起きたことを確信させた．

ラマルクと進化的適応

化石も，生命の歴史の中での変化を物語っている．博物学者は，現生種と化石の形態を比較し，類似点と相違点のパターンを指摘している．1800年代初頭に，フランスの博物学者ジャン＝バティスト・ド・ラマルク Jean-Baptiste de Lamarck は，これ

生命の多様性

✓チェックポイント
どちらの動物ペアがお互いにより近縁であるか？　アメリカクロクマ Ursus americanus とホッキョクグマ Ursus maritimus，アメリカクロクマとアメリカヒキガエル Bufo americanus．

答え：同じ属に属するアメリカクロクマとホッキョクグマ Ursus americanus と，その属の中の動物から区別する．

▼図13.2　1800年代に博物学者を当惑させた化石．

(a)「蛇石」．この化石は，実際には現生のオウムガイに近縁な絶滅生物で，アンモナイトとよばれる軟体動物である（図17.13参照）．この型のアンモナイトには直径数cmから2mを超える大きさのものがある．

(b) 魚竜の頭骨と櫂に似た前肢．これらの海生爬虫類のあるものは全長15mに達するが，1億5500万年前の海を支配し，約9000万年前に絶滅した．大きな眼は，深海の淡い光に対する適応と思われる．

13章 集団の進化

✓チェックポイント
化石は，不変な種の考えとどのように矛盾するか？

答え：化石は，まだ存在しない生物を示す．

らの観察結果の最良の説明は，生命が進化していることであることを示唆した．ラマルクは，生物が生活する環境で成功するために備えられた形質の強化として進化を説明した．彼は，身体の一部を使用したりしなかったりすることによって，その個体は，子孫に受け渡す特定の形質を発達させることができると提案した．たとえば，ある鳥は堅い種子を砕くことが可能な強力なくちばしをもっている．ラマルクは，これらの強力なくちばしは，採餌中にくちばしの鍛錬をする祖先の累積結果であり，子孫に獲得したくちばしの力を引き渡すことを示唆した．しかし単純な観察結果は，獲得形質の遺伝に不利な証拠を提供する．重いハンマーで釘をたたくことで生涯を通じて獲得した強さとスタミナをもつ大工でも，その強化された上腕二頭筋は子どもたちには伝わらない．種が進化する方法に関してのラマルクの考えは間違っていたが，種は生物とその環境との間の相互作用の結果として進化するという彼の提案は，ダーウィンにとっての舞台を設ける手助けをした．

✓

チャールズ・ダーウィンと『種の起源』

　チャールズ・ダーウィンは，200年以上前の，エイブラハム・リンカーン Abraham Lincoln と同じ日（訳注：1809年2月12日）に生まれた．彼の研究は，たいへん大きな影響を与えたため，多くの科学者は，彼の誕生日を，生物学への貢献を祝って記憶している．どのようにしてダーウィンは科学のロックスターになったのだろうか？

　少年時代に，ダーウィンは自然に魅了された．彼は昆虫や化石を集めるだけでなく，自然についての本を読むことを好むようになっていった．著名な医師である彼の父親は，博物学者は将来がないと思い，医学校に通わせた．しかし，若いダーウィンは，医学が退屈であり，麻酔を使う以前の外科手術に対して恐怖を感じ，医学校を退学した．彼の父親はその後，彼を牧師にするためにケンブリッジ大学に入学させた．しかしダーウィンは，大学卒業後，父によって示された職業選択ではなく，幼少期の興味に戻った．そして22歳のときに，彼の進化理論の骨格づくりに役立った「ビーグル号」での航海に出発した．

ダーウィンの旅

　「ビーグル号」は，調査船であった．世界中の多くの場所で停泊したが，そのおもな任務は南米沿岸のあまり知られていない地域の地図化であった（図13.3）．熟練した博物学者であるダーウィンは，自然の世

▼図13.3　ビーグル号の航海．

278

界の探索，すなわち彼が最も楽しいことで沿岸での自分の時間の大半を費やした．彼は数千の化石と現生動植物の標本を集めた．彼はまた，観察記録の詳細な日誌を書き続けた．小さな温帯の国から来た博物学者にとっては，他大陸のなじみのない生命形態の壮大な多様性を見ることはすばらしい体験であった．彼はブラジルのジャングル，アルゼンチンの草原，アンデスのそびえ立つ峰々，南米先端の荒涼とした極寒の土地などの多様な環境によく適応した植物や動物の特徴を注意深く記録した．

観　察

　ダーウィンの観察の多くは，地理的な近さは，環境の類似性よりも生物間の関係に関してよりよい予測ができることを示していた．たとえば，南米の温帯地域に生きている植物や動物は，ヨーロッパの同様な温帯地域に生きているものよりも，その大陸の熱帯地域にすむ生物種によりよく似ていた．ダーウィンが発見した南米の化石は，現生種とは明らかに異なるが，その大陸の現生の植物や動物との類似性があり，明確に南米産であることを示していた．たとえば，彼は現生のアルマジロの種に似た鱗甲板化石を収集した．古生物学者たちが，後にこの鎧の持ち主の生物の復元を行ったところ，フォルクスワーゲン・ビートル（自動車）ほどの大きさの絶滅したアルマジロであることが判明した．

　ダーウィンはガラパゴス諸島の生物の地理的分布に特に興味をそそられた．ガラパゴスは，南米の太平洋沖から約 900 km に位置する比較的若い火山島である．これらの離島にすむ動物のほとんどは，世界の他のどこにも見られないものであるが，南米の種に似ていた．

　ダーウィンは，泳ぐのに役立つ平らな尾をもつガラパゴスウミイグアナは，ガラパゴスや南米本土にすむ陸生イグアナに似ているが，はっきり異なることに気づいた．さらに，各島には，ガラパゴス諸島の名前のもとになった，ひときわユニークな巨大な亀（ゾウガメ）が島ごとに異なる変種としてすんでいた（図 13.4，ガラパゴスはスペイン語で「亀」を意味する）．

新たな洞察

　航海の間，ダーウィンは，スコットランドの地質学者チャールズ・ライエル Charles Lyell によって新たに出版された『地質学の原理』に強く影響を受けた．この本では，今日も続いているゆるやかな地質学的プロセスによって，何百万年もかけて浸食された古代の地球の例を提示した．彼はチリの海岸線の一部がほぼ 1 m も隆起する地震を体験し，地球の表面を変更する自然の力をじかに目撃した．

　ダーウィンは，ビーグル号で出帆した 5 年後に英国に戻るまでには，地球とそのすべての生命が，わずか数千年前に創造されたことについて真剣に疑い始めていた．ダーウィンは，彼の観察，標本コレクションの分析，同僚と彼の研究に関する議論に照らし合わせ，これらの証拠は，現生の種

▼図 13.4　ガラパゴスゾウガメの 2 変種．

(a) 厚いドーム型甲羅と，短い首と足は，より豊富で密な植生をもつ湿潤な島で見つかるカメの特徴である．

(b) サドル型甲羅は前方がアーチ状になり，長い首を出すことを可能にしている．これは長い足と一緒に，乾燥した島のまばらな植生に到達するため，より高く首を伸ばすことを可能にする．

13章 集団の進化

はある程度似ている古代の祖先の子孫であるという仮説によってよりよく説明されると結論づけた．時間が経つにつれて，ダーウィンが進化を記述するために用いた言葉である「変化を伴う継承」とよばれるプロセスによって違いが徐々に蓄積される．生物は時間とともに変化したというアイディアを検討していた他の研究者とは異なり，ダーウィンはまた，生命が進化する方法についての科学的なメカニズムとして自然選択とよばれるプロセスを提案した．**自然選択 natural selection** では，特定の遺伝する形質をもつ個体が，他の形質をもつ個体よりも，生き残る可能性が高くなる．彼は遠い祖先の子孫が，何百万年をも超える期間にさまざまな生息地に広がれば，自然選択によりその環境での生活に適した多様な変化，あるいは**進化的適応 evolutionary adaptation** が起きるという仮説を立てた．

ダーウィンの理論

ダーウィンは，進化の証拠についてまとめて執筆するのに20年間を費やした．彼は，進化の考えは騒動を引き起こすことに気づき，公開を延期した．そうこうしているうちに，ダーウィンは，インドネシアでの野外調査をしていた英国の博物学者アルフレッド・ラッセル・ウォレス Alfred Russel Wallace が，ダーウィンの考えとほとんど同じ仮説を確信していることを知った．ウォレスの研究によって自分のライフワークの影が薄くなるのを望まないダーウィンは，最終的に『種の起源』——真新しい理論と，何百ページもの生物学，地質学，および古生物学における観察や実験から引き出された証拠によって彼の仮説を支持する本——を出版した．『種の起源』に記述された進化の仮説によって予測が立てられ，その後150年以上の研究により試され，検証されてきた．したがって，科学者は，自然選択による進化というダーウィンの概念を，仮説よりも広い範囲で受け入れられ，新しい仮説を生成し，多くの証拠によって支持されている**理論 theory** としてとらえている．

次の数ページにわたり，ダーウィンの**進化 evolution** 理論，すなわち，生物種は，現生のものとは異なっていた祖先種の子孫であるという考えに対する一連の証拠を調べる．その後，進化的変化のためのメカニズムとしての自然選択に戻る．このメカニズムがどのように働くかに関する現在の理解により，世代から世代にわたった集団の遺伝的変化を包含するようにダーウィンの進化の定義を拡張する．✓

✓チェックポイント

ダーウィンの進化論と，それ以前に提案された進化の考えの最も大きな違いは何か？

答え：ダーウィンは進化がどのように起きるかについてのメカニズム（自然選択）を提案した．

進化の証拠

進化は観察可能な痕跡を残す．このような過去の手がかりは，どんな歴史学にも不可欠である．人類文明の歴史家は，初期の時代から書かれた記録を学ぶことができる．しかし，彼らはまた，現代の文化に過去の面影を認識することによって社会の進化をつなぎ合わせることができる．スペイン人がアメリカ大陸を植民地化したことが書かれた文書を知らなかったとしても，私たちはラテンアメリカの文化に押されたヒスパニックの刻印からこれを推測することができる．同様に，生物の進化は，化石にだけでなく今日の生物にも証拠を残している．

化石からの証拠

過去に生きていた生物の痕跡あるいは遺骸である化石は，過去と現在の生物の相違点を記録し，多くの種が絶滅していることを示す．死んだ生物の柔らかい部分は，通常は急速に朽ち果てるが，骨や脊椎動物の歯，二枚貝やカタツムリの殻などのような動物の硬い部分はミネラルが豊富であり，化石として残ることがある．図 13.5 では，生物が化石化するいくつかの方法を示している．

すべての化石が生物の実際の遺体ではない．図 13.2a のアンモナイトのように，あるものは遺骸の型である．鋳物は，死んだ

進化の証拠

生物が堆積物に埋まり空の「金型」を残し，分解後に水に溶解したミネラルによって満たされて形成される．ミネラルは，金型内で硬化し，生物のレプリカをつくる．あなたは，テレビ番組の犯罪捜査シーンで，速乾性石膏を使用して同じ方法で足跡やタイヤの痕の型をとるのを見たことがあるだろう．化石はまた，生物が死んだ後に残るような足跡や巣穴などの痕跡であることもある．**古生物学者 paleontologist**（化石を研究する科学者）はまた，絶滅動物の食物と消化器系についての手がかりを得るため，熱心に糞石（糞の化石）を調べる．

まれに，柔らかい部分をもつ生物全体が，分解を防ぐ媒体に包まれる．その例として，琥珀（木の樹脂の化石）に閉じ込められた昆虫や，氷中で凍結されたり沼地に保存されたマンモス，バイソン，さらには先史時代の人間が含まれる．

多くの化石が，海，湖，沼，および他の水生生息地の底に堆積した砂や泥などが死んだ生物を覆って形成されたきめの細かい堆積岩で発見されている．何百万年にわたって，新しい堆積層は，古い層の上に堆積し，圧縮して岩とよばれる地層を形成する．したがって，特定の地層中の化石によって，地層が形成された時代にその地域に暮らしていた生物の一部を垣間見ることができる．より新しい地層は古い層の上に位置するので，化石の相対的な年代は，発見された層によって決定することができる〔放射年代測定（図2.17参照）で，化石のおおよその年代を決定することができる〕．その結果，化石が堆積岩の層内に出現する順序は，地球上の生命の歴史の記録となる．**化石記録 fossil record** とは，岩の層序に現れる化石の，この順序づけられた並びであり，地質学的時間の経過を記録している（図14.12参照）．

もちろん，ダーウィンが認めたように，化石記録は不完全である．地球の生物の多くは化石化に適した場所にすんでいなかっ

▼図13.5 化石ギャラリー．

堆積化石は，鉱物が有機質にしみ込んで，入れ替わることにより形成される．アリゾナの化石の森国立公園のこれらの珪化木は，およそ1億9000万年前のものである．

恐竜は1億2000万年前の現在では北スペインにあたる場所に足跡を残した．生物学者は，絶滅した動物がどのように動いたかを学ぶために足跡を研究する．

この4500万年前の昆虫は，琥珀（硬化した樹の樹脂）に埋め込まれている．

堆積岩は，古生物学者（化石を研究する科学者）にとって最も豊かな猟場である．この研究者は，ユタ州とコロラド州に位置する恐竜国定公園にて，砂岩から化石化した恐竜の骨格を掘っている．

これらの牙は，全部，1999年にシベリアの氷の中で発見された2万3000年前のマンモスのものである．

13章 集団の進化

✓チェックポイント
なぜ一般的に古い化石は新しい化石より深い岩盤層にあるのか？

答え：古い岩盤上に新しい岩盤層が堆積するから．

た．岩の中に形成された多くの化石は，後になって破壊されるか，地質学的プロセスにより破壊された．さらに，古生物学者は保存されているすべての化石を見ることができない．そのような制限があっても，化石記録は非常に詳しく物語る．そして，化石記録の不備に不満をもつかもしれないが（すべての疑問に答えるほどではない），古生物学を予想外なスリル満点な職業にしてくれる．各エピソードで新しい謎の鍵が明らかになる連続推理小説と同様に，毎年新たに発見される何千もの化石は，古生物学者に生命の多様性がどのように進化したかについての仮説を検証するための新たな機会を与える．次節では，化石がいかにして非常に古くからの疑問の答えを明らかにするかを学ぶ．✓

進化の過去，現在，未来　科学のプロセス

クジラは陸生哺乳類から進化したのか？

『種の起源』の中で，ダーウィンは，非常に異なる生物群をつなぐ移行的な化石の存在を予測した．そのような最初の化石として，ダーウィンの本が出版された直後に，爬虫類と鳥の特徴を合わせもつ，1億5000万年前の始祖鳥が発見された．その後の数千の化石の発見が，恐竜の系統からの鳥の進化起源，ならびに魚類から両生類への移行や祖先爬虫類から哺乳類への進化などを含む，動植物の多くの生物群の起源を浮き彫りにしてきた．

クジラの起源は，最も魅力的な進化的遷移の1つである．クジラは，イルカとネズミイルカを含む鯨類に入る．よく知られているように，鯨類は徹底的に水中環境に適応した哺乳類である．たとえば，彼らの耳は体内にあり，水中聴覚のために高度に専門化されている．彼らはひれ形の前肢をもっているが，後肢は欠いている．全体的に，鯨類は，他の哺乳類と非常に異なっており，科学者たちは長い間その起源に当惑していた．1960年代には，古生物学者は化石の歯の観察から，クジラが，オオカミに似た肉食の原始的有蹄類の子孫であるという仮説を導いた．彼らは，移行的な化石は退化した後肢と骨盤の骨をもち，クジラが陸生の四足動物の祖先から進化したことを示すであろうという予測をした．古生物学者は，コントロールをとった実験を行ったわけではない．その代わり，パキスタンとエジプトでのすばらしい発見から20年以上にわたって蓄積された化石の詳細な測定と他の観察を行うことにより，その仮説を検証した．その結果は仮説を支持した．図13.6のように，少数の研究した標本において，後肢と骨盤の骨の大きさが減少することを示していた．しかし，すぐ後で学ぶように，後で別の種類の証拠により，この問題に結論が出された．

▲図 13.6　鯨類進化における移行的な化石．

相同からの証拠

第2のタイプの進化の証拠は，異なる生物間の類似性を分析することによってもたらされる．進化は，変化を伴う継承のプロセスであり，祖先生物のもつ特徴は，その子孫が異なる環境条件に直面すると，自然選択により時間をかけて変更される．言い換えれば，進化は改造プロセスである．その結果，近縁種は根本的な類似性を共有す

進化の証拠

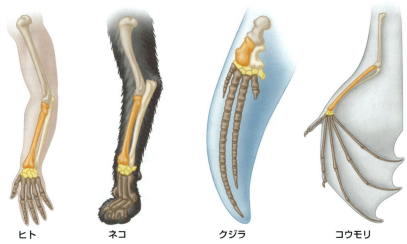

ヒト　　ネコ　　クジラ　　コウモリ

▲図13.7　**相同的構造：変化を伴う継承の解剖学的形跡．** すべての哺乳類の前肢は，同じ骨格要素で構成されている（4種の哺乳類のそれぞれにおける相同な骨は同じ色で示されている）．すべての哺乳類が共通の祖先から生じたという仮説は，前肢が多様に適応していても，彼らの前肢は共通の解剖学的構造からの変異であると予測する．

る一方，異なる機能特性をもつことがある．共通の祖先から生じた類似性は，**相同 homology** として知られている．

　ダーウィンは，脊椎動物の前肢間の解剖学的な類似点を，共通祖先をもつ証拠として挙げた．図13.7に示すように，ヒト，ネコ，クジラ，およびコウモリは，同一の骨格要素で前肢が構成されている．しかし，これらの前肢の機能は異なる．クジラの鰭は，コウモリの翼と同じ役割を果たしていないので，もし，これらの構造が別個につくられていた場合には，基本的なデザインが大きく異なるであろうと予想される．それに代わる論理的な説明は，これらの異なる哺乳類の前足，足鰭や翼は，何百万年にわたって異なる機能に適応した祖先生物の解剖学的構造の変異ということである．生物学者は，このような異なる生物間の解剖学的類似を相同的構造とよぶ．相同的構造は，多くの場合，異なる機能をもつが，共通の祖先をもつために構造的に類似している．

　遺伝子および遺伝子発現の分子基盤の研究である**分子生物学 molecular biology** の進歩の結果，今日の科学者たちはダーウィンよりも相同性についてより深く理解している．あなたの遺伝的背景が，あなたの親から継承したDNAに記録されているのと同様に，それぞれの種の進化の歴史は，その祖先種から継承されたDNAに記載されている．2種がよく一致する配列の相同遺伝子をもつ場合，生物学者は，これらの配列は比較的最近の共通祖先から継承されたに違いないと結論づける．逆に，種間の配列の違いが大きいほど，最新の共通祖先までが遠い．多様な生物間の分子的比較により，生物学者は「生命の樹」の大枝の進化的分岐についての仮説をつくり出し，検証することができるようになった．

　ダーウィンの大胆な仮説は，すべての生命体には類縁があるということであった．分子生物学はこの主張に対して強力な証拠を提供する．すべての生命体において，DNAやRNAの同じ遺伝的言語が使用されている．そして遺伝暗号，すなわちRNAのコドンがどのようにアミノ酸に翻訳されるかは本質的に同一である（**図10.10参照**）．それゆえ，すべての種がこの遺伝暗号を使用していた共通祖先から派生した可能性が高い．この分子的相同性のため，ヒトの遺伝子を組み込んだ細菌は，たとえば，インスリンやヒト成長ホルモンなどのヒトタンパク質を生産することができる．しかし，分子の相同性は共通の遺伝暗号だけではない．たとえば，ヒトと細菌のような異なった生物でも，非常に遠い共通祖先から継承された相同遺伝子を共有している．

　遺伝学者はまた，隠された分子の相同性を明らかにした．ある生物の遺伝子が，近縁種の相同遺伝子が完全に機能しているに

13章
集団の進化

✓ チェックポイント
食物からのビタミンC摂取の必要性が，なぜヒトは他の哺乳類よりも他の霊長類により近縁なことを示しているか？

もかかわらず，突然変異によって機能を失っていることがある．このような不活性な遺伝子の多くは，ヒトにおいて同定されている．たとえば，ビタミンCの合成に使用されるGLOとして知られている酵素をコードしている遺伝子がある．ほとんどすべての哺乳類は，グルコースから，この不可欠なビタミンをつくるための代謝経路をもっている．ヒトおよび他の霊長類は，経路の最初の3つのステップを担う機能遺伝子をもっているが，不活性なGLO遺伝子により，ビタミンCをつくることができない．そのため，健康を維持するために，食物から十分な量を取得する必要がある．

最も興味深い相同性のいくつかは，おそらく機能を失った「残存の構造」である．このような**痕跡的構造 vestigial structure**は，その生物の祖先において重要な機能を果たしていた機構の名残である．たとえば，古代のクジラの小さな骨盤と後肢骨は，歩行していた祖先の痕跡である．洞窟魚の鱗の下に埋もれている目の残存物――目の見える祖先の痕跡――は，もう1つの例である．人間も，痕跡構造を有している．私たちは寒いときや動揺しているとき，しばしば皮膚の下の小さな筋肉によって体毛が逆立つことにより鳥肌が立つ．同じ応答は，その羽をふくらませて保温性を高める鳥や，脅かされたとき毛を逆立てる猫でもっと目立つ（そしてより機能的である）．**図18.9参照）**．

相同性の理解はまた，胚発生に関して，他の説明では不可解な観測結果を説明することができる．たとえば，異なる動物種における，発生の初期段階を比較すると，成体の生物では見ることのできない類似点が明らかになる（**図13.8**）．その発生のある時点で，すべての脊椎動物の胚は，肛門の後部に尾をもつだけでなく，咽頭嚢とよばれる構造を有している．これらの小嚢は，魚類における鰓やヒトにおける耳や喉の一部のように，最終的に非常に異なる機能をもつようになる相同構造である．

次に，相同性が，進化的関係を跡づけるのにどのように役立つかを見ていく．✓

進化系統樹

ダーウィンは，最初の生物を意味する共通の幹から分岐する今日生存する生物種を表す何百万もの小枝として，生命の歴史を初めて視覚化した．進化系統樹の各分岐点は，その点から枝分かれして伸びるすべての進化の枝に共通祖先である．近縁な種では，共通祖先へとさかのぼっていくと，生命の樹の中では新しい分岐点に行き着くため，多くの特徴を共有している．今日では，しばしば系統樹を横にして左から右にたどっていくように配置するが，生物学者は，**進化系統樹 evolutionary tree**でこれらの進化パターンを描く．

解剖学的および分子の両方の相同構造は，進化系統樹の分岐順序を決定するのに使用することができる．遺伝暗号のような相同的特徴は，深い祖先の過去にさかのぼるので，すべての種に共有されている．対照的に，より最近進化した形質は小群の生物によって共有される．たとえば，すべての四肢類は，**図13.7**に示される同じ基本的な構造の四肢の骨をもつが，それらの祖先では見られない．

図13.9は，四肢類（両生類，哺乳類，爬虫類，鳥類を含む）およびそれらの最近縁の生物，肺魚の進化系統樹である．この図では，各分岐点は，それ以降のすべての種の共通祖先を表す．たとえば，肺魚とすべての四肢類は，祖先❶の子孫である．四肢，羊膜（保護胚性膜），羽毛の3個の相同性が，系統樹上の青い点で示されている．四肢類の手足は，共通祖先❷において存在し，それゆえ，その子

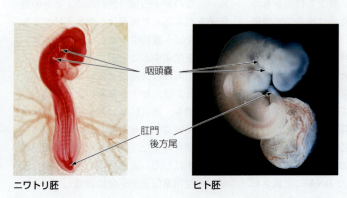

▶図13.8 **比較発生学に見られる進化的兆候．** ここに示されている発生の初期段階では，脊椎動物の類似性は疑いようもない．たとえば，ニワトリ胚とヒト胚の両方における咽頭嚢と尾に注意しよう．

咽頭嚢
肛門後方尾

ニワトリ胚　　ヒト胚

孫（四肢類）でも観察される．羊膜は，祖先❸に存在し，そして羊膜類として知られている哺乳類と爬虫類にのみ共有されている．羽毛は祖先❻に存在し，そのために鳥類でのみ見られる．

進化系統樹は，現在の理解されている系統進化パターンに関する，反映した仮説である．図13.9のような系統樹は，化石，解剖学的，およびDNAなどの分子情報の確実な組み合わせに基づいている．他方，まだ十分なデータが利用できないため，より推論的な系統樹もある．☑

クジラの進化再び

それでは，クジラの進化の物語を再開しよう．先に議論したように，古生物学者は1970年代より，クジラが有蹄類の，オオカミに似た肉食動物から進化したという仮説を支持する一連の顕著な移行を示す化石を発掘した．しかし，現生の動物の関係を推測するためにDNA分析を用いた分子生物学者は，クジラは，ブタ，シカ，ラクダ（図13.10）が含まれる，おもに草食の偶蹄類哺乳類の一員であるカバと近縁であること発見した．その結果，彼らはクジラの進化に関する次のような対立仮説を提案した．クジラとカバの両者は，偶蹄類の祖先

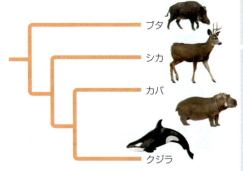

▲図13.10　現代のクジラと草食の偶蹄類の哺乳類の進化系統樹．データの出典：M. Nikaido et al., Phylogenetic relationships among Cetartiodactyls based on insertions of short and long interspersed elements: hippopotamuses are the closest extant relatives of whales. *Proceedings of the National Academy of Sciences USA* 96: 10261-10266 (1999).

に由来する子孫である，というものである．

古生物学者は，矛盾する結果に当惑した．それにもかかわらず，新たな証拠の公開性は科学の顕著な特徴であり，古生物学者はこの問題を解決するためのアイディアをもっていた．偶蹄類の哺乳類は独特な足首の骨をもつ．多くの化石骨格と同様に，発見されていた初期の鯨類の標本は不完全であり，どれも足首の骨が含まれていなかった．クジラの祖先がオオカミに似た肉食

進化の証拠

☑チェックポイント
図13.9では，どの番号が，ヒトとカナリアの最新の共通祖先を表しているか？

答え：ヒト（哺乳類）とカナリア（鳥）の最新の共通祖先は❷である．

▼図13.9　四肢類の進化系統樹．

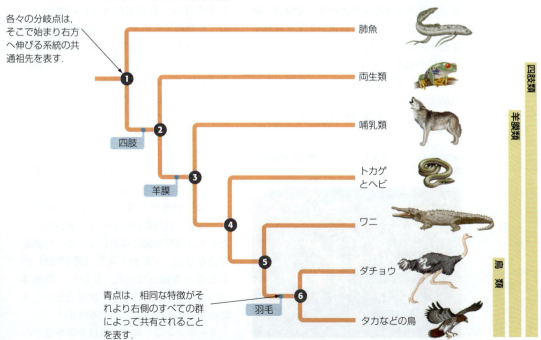

各々の分岐点は，そこで始まり右方へ伸びる系統の共通祖先を表す．

青点は，相同な特徴がそれより右側のすべての群によって共有されることを表す．

動物であった場合，その足首の骨の形状は，ほとんどの現生の哺乳類と同様である．2001年に発見された2つの化石がその答えを提供した．パキケトゥスとロドケトゥス（図13.6参照）の両者は偶蹄類の哺乳動物に特徴的な足首の骨をもち，DNA分析に基づいた仮説を支持する結果であった．科学における多くの場合と同様に，科学者たちは異なる探究方向からの山のような証拠を集中させて，クジラの進化的起源をより確かなものにしつつある．

進化のメカニズムとしての自然選択

これまで，変化を伴う継承についてのダーウィンの理論を支持する一連の証拠ついて学んできたが，生命の進化についてのダーウィンの説明を見てみよう．ダーウィンは，種は長時間かけて徐々に形成されたと仮定していたので，直接観察することによって，新種の進化を研究することはできないであろうことを理解していた．しかし，彼は，植物や動物の育種家によって実行されている品種改良によって，増加的変化のプロセスについての洞察を得ることができた．

すべての栽培植物や家畜動物は野生の祖先から選抜育種された産物である．たとえば，現在栽培されている野球のボールサイズのトマトは，ブルーベリーよりそれほど大きくなかったペルー産の祖先とは非常に異なっている．**人為選択 artificial selection**——子孫への望ましい形質の導入を促進するという栽培植物や動物の品種改良——が，進化的変化を理解する鍵であるという確信をもち，ダーウィンは直接の経験を得るためにハトを飼育した．彼は，家畜の飼育についての農家との会話を通してさらなる洞察を獲得した．ダーウィンは，人為選択は，変異と遺伝と

> 人為選択がなかったら，ブルーベリーの大きさのトマトを食べていただろう．

▼図13.11 アジア産テントウムシ集団内の色彩変異．

▲図13.12 **子孫の過剰産生**．このカタツムリに近縁な軟体動物であるウミウシは，その体の周囲の黄色のリボンに数千の卵を埋め込んでいる（**図17.13参照**）．実際には，ほんの一部の卵が生き残って繁殖し，子孫を残す．

いう2つの必須要素をもっていることを学んだ．個体間のばらつきは，たとえば，ひと腹の子犬たちの毛のタイプの違い，トウモロコシの穂，あるいは群内の各乳牛の牛乳生産量は，育種家が次世代の繁殖のため，性質の最も望ましい組み合わせの動物や植物を選択する基準となる．遺伝は親から子への形質の伝達を指す．根本的な遺伝学の知識の欠如にもかかわらず，育種家は長い人為選択における遺伝の重要性を理解していた．すなわち，形質が遺伝的でない場合，選抜育種によって改善することができない．

生物を分類する方法として安定した形質を探す多くの博物学者とは異なり，ダーウィンは，個体間の変異を注意深く観察した．彼は，自然集団において，個体間に，たとえば色彩と模様において小さいが測定可能な違い，すなわち変異（**図13.11**）があることを知っていた．しかし，自然界で，どのような力により，次世代をつくる繁殖個体が決定されるのだろうか？

ダーウィンは，病気，飢饉（ききん）や戦争などの

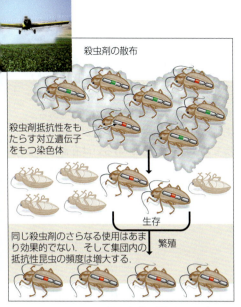

▲図 13.13　**昆虫集団の殺虫剤抵抗性の進化**．害虫を殺すために殺虫剤を作物に噴霧することによって，無意識のうちに先天的に殺虫剤抵抗性をもつ昆虫の繁殖を手助けしている．

人類の苦難の多くは，食料供給や他の資源よりも急速に人口が増加することにより引き起こされると主張した経済学者であるトマス・マルサスの著書からインスピレーションを受けた．ダーウィンは，マルサスの理論を，どんな環境においても資源は限られるとして植物や動物の集団に適用した．環境が収容できるよりも多くの個体の生産は，各世代において一部の子孫のみが生き残る生存競争を引き起こす（図 13.12）．多くの産み落とされた卵や新生児，あるいは散布された種子の中の，ほんの一部のみが完全に成長し，それらの子孫を残す．残りは，捕食，飢え，病気，交配相手がいないなどの理由で繁殖することができない．自然選択のプロセスにおいては，より多くの食物を得る，よりうまく捕食者から逃げる，物理的環境によりよく耐えられるなどの特徴をもつ個体が，生き残りや繁殖によりうまく成功し，子孫にそれらの適応的な特徴を受け渡す．

ダーウィンは，人為選択が比較的短時間で有意な変化をもたらすことができるなら，自然選択は数百または数千世代の間に，種を変更することができると推論した．広大な時間にわたり，集団をその環境に適応させる多くの特徴が蓄積される．環境が変化した場合，あるいは，個体が新しい環境に移動した場合，自然選択により新しい環境に適応するように選択され，ときに完全に新しい種の起源につながる変化をもたらすことがある．

次に，自然選択がどのように働くかについての例を見てみよう．

進行中の自然選択

どんな自然環境を探してみても，自然選択の産物である，生物がその環境に合うような適応が見られる．しかし，進行中の自然選択を見ることができるだろうか？　その答えは，実際に見ることができるといえる．生物学者は，多数の科学的研究において進化的変化を記録している．

進行中の自然選択の未解決の例は数百種の昆虫種における殺虫剤耐性の進化である．農薬は昆虫を制御し，作物の食害や病気の伝播を防ぐ．しかし，新しいタイプの殺虫剤が害虫制御に使用されても結果は同じである．最初は，比較的少量の毒で昆虫のほとんどが死滅するが，その後の使用はだんだん効果が小さくなる（図 13.13）．最初の農薬散布のいくらかの生存者は，なんらかのかたちで化学攻撃から生き残ることを可能にする対立遺伝子（変異遺伝子）を有する，遺伝的耐性をもつ個体である．それゆえ，毒により集団のほとんどのメンバーが死滅する中，耐性をもつ生存者は，繁殖してその子孫に殺虫剤抵抗性の対立遺伝子を渡す．したがって，農薬耐性の個体の割合は，世代ごとに増加する．

自然選択のキーポイント

次に移る前に，どのように自然選択が働き，進化的変化をもたらすかをまとめてみよう．

自然選択は生物個体に影響を与える．図 13.13 で各昆虫は殺虫剤により生存するか殺されるかのどちらかである．しかし，個体は進化しない．むしろ，個体の集合である集団が進化する．つまり集団内で，適応形質がより一般的になったり，他の形質が変化したり失われたりする．したがって，進化は，世代から世代への集団の変化を意味する．

自然選択は遺伝的形質を増加または減少させることができる．生物は，その一生の間に，生存に役立つ形質を取得することも

進化のメカニズムとしての自然選択

自然選択の働きにより，500 種以上の昆虫集団が，最も広く使用されている殺虫剤に対して抵抗性をもつ．

✓チェックポイント

次の文章がなぜ誤っているか説明せよ．
「殺虫剤は，昆虫に殺虫剤抵抗性を引き起こす．」

答え：環境要因は殺虫剤抵抗性のような新しい特徴をつくらない．集団においてすでに存在する特徴に有利に働くだけである．

あるが，このような獲得形質を子孫に渡すことはできない．

自然選択は，創造的なメカニズムというよりもむしろ編集プロセスである．殺虫剤は，昆虫の生存を可能にする新しい対立遺伝子をつくり出すのではない．むしろ，農薬の存在により，すでに昆虫の集団中に存在した対立遺伝子に対する自然選択につながる．

自然選択には，指向する目標はない．また，完全に適応した生物をつくり出さない．人為選択は，特定の形質をもつ個体をつくり出すための，人による意図的な試みであるが，自然選択は，いろいろな場所で経時的に変化する環境要因の結果である．ある環境では良好である形質が，異なる環境では役に立たない，あるいは有害でさえある可能性がある．そして，これから見ていくように，いくつかの適応は妥協の産物である．✓

集団の進化

『種の起源』の中で，ダーウィンは，地球上の生命は，時間をかけて進化してきたという証拠を提示し，より有利な遺伝形質への自然選択は，その変化における主要なメカニズムであることを提案した．しかし，自然選択の原料である変異は，どのようにして集団中に生じるか？ そして，どのように，これらの変異は，両親から子孫に引き継がれるのであろうか？ ダーウィンは，グレゴール・メンデル Gregor Mendel がすでにこれらの疑問の答えを出していたことを知らなかった（**図 9.1 参照**）．ダーウィンとグレゴール・メンデルは，同時代に生きて研究をしていたが，メンデルの研究は科学界から無視されていた．1900 年の，その再発見は進化の基となる遺伝的差異を理解するための舞台を開いた．

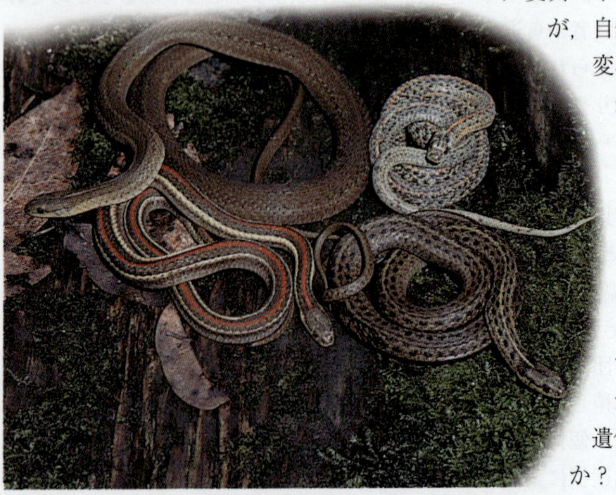

▼図 13.14　ガーターヘビ集団の変異． これら４匹の同じ種に属するガーターヘビは，すべてオレゴン州の野外で捕獲された．各タイプの行動は，その色彩と相関している．背景に溶け込むまだら模様のヘビは，近づいたときに一般的に動きを止める．対照的に，動きの速さがわかりにくい縞（しま）模様のヘビは，近づくとすぐに逃げる．

遺伝的変異の源

人ごみの中で友人を認識することは問題なくできるだろう．各個人は，ゲノム上の違いを反映して，外見や他の特徴が異なる．**図 13.14** に見られるガーターヘビのように，実際，個体変異はすべての種において存在する．ヘビの色や模様のような外見の違いに加えて，多くの集団は，殺虫剤を中和する酵素のような分子レベルのみで観察される多数の変異をもつ．もちろん，集団におけるすべての変異が，遺伝するというわけではない．表現型は，遺伝する遺伝子型と多くの環境影響の組み合わせから生じる．たとえば，歯の治療により歯が白くまっすぐになったとする．しかし，後天的につくり出された笑顔は子孫には遺伝しない．変異の中の遺伝子による構成要素だけが，自然選択に関連する．集団中の変異する特徴の多くは，多数の遺伝子の複合的影響から生じる．他の特徴は，たとえばメンデルのエンドウの紫花と白花やヒトの血液型のように，1 遺伝子座で決定され，異なった対立遺伝子が異なった表現型をつくり出す．このような場合は中間型がない．しかしそれらの対立遺伝子はどこから来たのだろうか？

突然変異

新しい対立遺伝子は，DNAの塩基配列の変化である突然変異によって生じる．したがって，突然変異は進化の原材料となる遺伝的変異の究極の源である．多細胞生物では，しかしながら，配偶子を産生する細胞に生じた突然変異のみが子孫に渡され，集団の遺伝的多様性に影響を与えることができる．

タンパク質をコードする遺伝子における単一ヌクレオチドのような小さな変化でも，鎌状赤血球症（図9.21参照）のように，表現型に大きく影響することがある．生物は過去の何千もの世代にわたる選択による洗練された作品であり，そのDNAのランダムな変化によってゲノムが改善されることはなさそうであることは，本の1ページのうちのいくつかの単語をランダムに変えることによってその話が改善されそうにないことと同じである．実際，タンパク質の機能に影響を与える変異は，おそらく有害になる．しかし，まれに，突然変異を起こした対立遺伝子が，その環境に対する個体の適応を改善し，その繁殖成功を高めることができる．この種の効果は，かつて不利だった突然変異が，新たな条件下で有利になるように環境が変化したときに起きる可能性が高い．たとえば，ハエに殺虫剤DDTに対する耐性を与える変異はまた，彼らの成長率を低下させる．DDTが導入される前は，このような変異は，それらをもっていたハエにとって不利益であった．しかしDDTが環境の一部となったら，そのような突然変異を起こした対立遺伝子は有利になり，自然選択は，ハエ集団においてその頻度を増加させた．

一度に多くの遺伝子座を欠失，破壊，あるいは再配置させるような染色体突然変異が有害であることはほぼ確実である．しかし，減数分裂中の誤りで生じる遺伝子またはDNAの小片の重複は，遺伝的変異の重要な供給源を提供することができる．DNAの繰り返し配列が世代を超えて保持することができれば，もとの遺伝子の機能に影響を与えることなく，変異が重複コピーに蓄積し，最終的に新規な機能をもつ新しい遺伝子につながる可能性がある．このプロセスは，進化において主要な役割を果たしている可能性がある．たとえば，哺乳類の遠く離れた祖先のもつ単一の匂いを検出する遺伝子は，繰り返し複製された．その結果，マウスは匂い受容体をコードする約1300の異なる遺伝子をもっている．このような劇的な増加により，多くの異なる匂いを区別することを可能にし，初期の哺乳類に役立った可能性がある．そして，発生を制御する遺伝子の重複は，無脊椎動物の祖先から脊椎動物の起源と関連している．

原核生物では，突然変異はただちに集団内の遺伝的変異を生成することができる．細菌は急速に増殖するので，有益な突然変異は，数時間または数日間のうちに頻度が増加する．細菌は一倍体であるため，各遺伝子は単一の対立遺伝子をもち，新たな対立遺伝子はすぐに効果を発揮できる．動物や植物での突然変異の平均速度は，約1世代あたり10万の遺伝子に1つである．これらの生物では，低い突然変異率，長い世代時間，および二倍体ゲノムにより，ほとんどの突然変異が有意に次世代の遺伝的変異に影響を与えることを防ぐ．

有性生殖

有性生殖生物では，集団内の遺伝的変異のほとんどは，各個体が継承した対立遺伝子の独自の組み合わせに起因する（もちろん，それらの対立遺伝子の変異の起源は過去の突然変異である）．

既存の対立遺伝子の新たな組み合わせは，減数第一分裂中期での相同染色体の独立した組み合わせ（図8.16参照），交差（図8.18参照），およびランダムな交配という有性生殖の3つのランダムな構成要素により，各世代で生じる．減数分裂時には，それぞれの1セットが親から継承された相同染色体対は，交差によってそれらの遺伝子の一部が交換される．これらの相同染色体は，他の染色体ペアとは独立に配偶子に分配される．このように，個々の配偶子の遺伝子構造は大きく違っている．最後に，交配によりつくられた各々の接合子は，精子と卵のランダムな接合に由来する対立遺伝子の独自の組み合わせをもつ．

集団の進化

13章 集団の進化

▲図 13.15　アラスカのデナリ国立公園の隔離した湖．

進化の単位としての集団

　進化について一般的な誤解の1つは，生物個体が生涯の間に進化していることである．自然選択が個体に作用することは事実である．つまり，形質の個々の組み合わせは，その生存と繁殖成功に影響する．しかし，自然選択の進化への影響は，時間の経過を経た生物集団の変化でのみ明らかになる．

　集団 population は同じ地域にすみ，互いに交配する同種の個体の群である．進化は，世代の長さにわたる，集団における特定の遺伝形質の保有率の変化として測定することができる．殺虫剤を噴霧した地域における耐性昆虫の増加割合は，その一例である．自然選択は，殺虫剤抵抗性の対立遺伝子をもつ昆虫を有利にした．その結果，これらの昆虫は，抵抗性のない個体よりも多くの子孫を残して次世代の集団の遺伝子構成を変えた．

　同種の異なる集団は，遺伝物質の交換が起こらない，またはまれにしか起きない程度に，互いに地理的に隔離されているかもしれない．このような隔離は，異なる湖（図 13.15）や島に閉じ込められた集団では一般的である．たとえば，ガラパゴスゾウガメの各集団の分布は，独自の島に制限されている．すべての集団が，そのような明確な境界をもっているわけではない．集団の構成員は，典型的には，異なる集団の構成員とよりも，同じ集団の構成員と互いに交配するため，より近縁である．

　集団レベルでの進化研究では，生物学者は集団のすべての構成員の，すべての遺伝子座の，すべての型の対立遺伝子のすべてのコピーで構成される，**遺伝子プール** gene pool に焦点を当てる．多くの遺伝子座では，遺伝子プール中に2つ以上の対立遺伝子が存在する．たとえば，ハエ集団において，DDT の分解に関連する2つの対立遺伝子があり，DDT を分解する酵素をコードするものと，分解しないものがある．DDT を散布した場所にすんでいる集団では，耐性を付与する酵素の対立遺伝子は頻度が増し，付与しない酵素の対立遺伝子は，頻度が低下する．集団内の対立遺伝子の相対頻度が，数世代にわたってこのように変化すると，進化が起きたことになる．

　次に，集団で進化が起きているかどうかを検証する方法を見ていこう．✓

遺伝子プールの解析

　2種類の異なる花色変異をもつ野生植物集団を想定しよう（図 13.16）．赤花の対立遺伝子（R と表す）は白花の対立遺伝子（r と表す）に対して優性である．この仮想植物集団の遺伝子プールでは，花色に関する対立遺伝子はわずか2つである．では，すべての花色遺伝子座の遺伝子プールで80%または0.8が R 対立遺伝子をもっているとしよう．集団中で R 対立遺伝子の相対度数を p とする．それゆえ，$p =$ 0.8．この例では2つの対立遺伝子のみが存在するので，r 対立遺伝子は遺伝子プール中の花色遺伝子座の20%（0.2）でなければならない（遺伝子プール中の花色遺伝子座の対立遺伝子頻度の合計は100%，ま

✓チェックポイント

突然変異と有性生殖のどちらのプロセスが，人間集団の世代ごとの変異生成につながるのか？　それはなぜか？

答え：有性生殖．ヒトは比較的長い世代間隔をもつため，突然変異は1世代において集団内に大きな変異を生じさせない．

▼図 13.16　2色の花色変異をもつ野生植物集団．

たは相対頻度が1である）．集団中でr対立遺伝子の頻度はqとする．野生植物集団では，$q = 0.2$．そして，2つの花色の対立遺伝子のみが存在するため，次のように頻度を表すことができる．

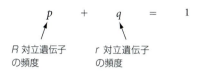

遺伝子プールの中でのどちらかの対立遺伝子の頻度を知っているならば，他方の対立遺伝子頻度を計算するためには1から引けばよいことに注意しよう．

遺伝子プールが完全に安定である（進化しない）ならば，対立遺伝子頻度から，集団内の異なる遺伝子型の頻度を計算することもできる．野生植物集団で，配偶子プールから2つのR対立遺伝子を取り出してRR個体ができる可能性はどれだけか？〔ここでは，9章（図9.11参照）で学んだ掛け算の法則を適用する．〕R卵を取る可能性 × R精細胞を取る可能性は，$p \times p = p^2$，あるいは$0.8 \times 0.8 = 0.64$である．言い換えると，植物集団の64%は，RRの遺伝子型をもつ．同じ数式を適用して，集団中のrr個体の頻度を計算できる．$q^2 = 0.2 \times 0.2 = 0.04$．すなわち，4%の植物が$rr$型であり，白い花をつける．異型接合の個体（$Rr$）の頻度計算はより慎重を要する．それは，異型接合の遺伝子型が，花粉か卵のどちらが優性対立遺伝子を供給するかにより，2つの方法によってできるからである．それゆえ，Rr遺伝子型の頻度は$2pq$であり，$2 \times 0.8 \times 0.2 = 0.32$と計算される．仮想的な野生植物集団において，32%の植物の遺伝子型がRrであり赤花をもつ．図13.17にこれらの計算式を図示してまとめてある．

対立遺伝子の頻度から遺伝子プール内の遺伝子型の頻度を，あるいはその逆を計算するための一般公式を導くことができる．

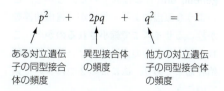

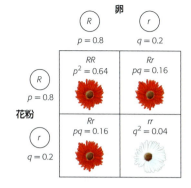

遺伝子型頻度 $p^2 = 0.64$ $2pq = 0.32$ $q^2 = 0.04$
(RR) (Rr) (rr)

▲図13.17 **遺伝子プールの数学的遊泳．** パネットスクエアの各々の4つの四角形は，遺伝子プールから対立遺伝子の等確率の「抽出」に対応する．

遺伝子プールのすべての遺伝子型の頻度の和が1であることに注意してほしい．この公式は，導き出した2人の科学者の名前をとって，ハーディ・ワインベルグの法則とよばれている．

集団遺伝学と健康科学

公衆衛生学者は，集団中の特定の遺伝性疾患の対立遺伝子をもつ人間の頻度を計算するために，ハーディ・ワインベルグの法則を使う．アミノ酸のフェニルアラニンを分解することができない遺伝病であるフェニルケトン尿症（phenylketonuria：PKU）を考えよう．この病気は無処置のままなら，その障害により高度の精神遅滞が起きる．PKUは，米国で生まれる1万人の赤ちゃんのうちのおよそ1人の割合で生じる．現在，新生児は規定通りにPKUの検査を受ける．そして，その病気を抱えている個人は，フェニルアラニンを制限するという厳しい食事制限により，発症を防ぐことができる．フェニルアラニンは，天然のものに加え，広く使用されている人工甘味料であるアスパルテームに含まれる（**図13.18**）．

PKUは，劣性対立遺伝子に起因する（つまり表現型を生じるためには2コピーが必要である）．そのた

▼図13.18 PKU患者への警告．

13章
集団の進化

✓チェックポイント
1. ハーディ・ワインベルグ平衡（$p^2 + 2pq + q^2 = 1$）のどの項が、劣勢の遺伝病であるPKUの対立遺伝子をもたない個人の頻度と一致するか？
2. 小進化を定義せよ。

め、米国においてPKUをもって生まれる個人の頻度をハーディ・ワインベルグの法則のq^2の項で表すことができる。1万人の出生につき1人のPKUが生じるためには、$q^2 = 0.0001$。したがって、q（集団中の劣性対立遺伝子の頻度）は0.0001の平方根、すなわち0.01である。そして、p（優性対立遺伝子の頻度）は$1 - q$であり0.99となる。

それでは、PKU対立遺伝子を1コピーもち子どもたちに渡すかもしれない、異型接合型をもつキャリアーの頻度を計算しよう。キャリアーは公式の$2pq$の項で表される。$2 \times 0.99 \times 0.01 = 0.0198$。このように、ハーディ・ワインベルグの法則により、米国人口のおよそ2%がPKU対立遺伝子のキャリアーであることがわかる。有害な対立遺伝子の頻度を推定することは、遺伝病に対処しているどんな公衆衛生計画にとっても不可欠である。

遺伝子プールの変化としての小進化

すでに述べたように、進化は時間に伴う集団中の遺伝子構成の変化として測ることができる。その基盤と比較することで、集団が進化していないならば、何が予想されるかを考える助けになる。進化していない集団は遺伝的平衡にあり、それは**ハーディ・ワインベルグ平衡** Hardy-Weinberg equilibrium として知られている。その際、集団の遺伝子プールは一定のままである。また、世代ごとの対立遺伝子（pとq）と遺伝子型（p^2、$2pq$とq^2）の頻度は不変である。有性生殖により遺伝子の組み合わせを変えることでは、大きな遺伝子プールを変化させることはできない。集団の対立遺伝子頻度の世代間の変化は、進化を最も小さな規模で見ているので、それはしばしば**小進化** microevolution とよばれる。✓

集団の遺伝子頻度を変えるメカニズム

小進化を、集団の遺伝的構成の世代を通した変化と定義したことで、私たちは明白な質問にぶつかる。つまり、どのようなメカニズムで遺伝子プールが変化するのか、という疑問である。適応を促進する唯一の方法であるため、自然選択は最も重要である。この後で、より詳細に自然選択を検証する。しかし、まず、進化的変化に関する別の2つのメカニズム、すなわち偶然による遺伝的浮動、および近隣集団間の対立遺伝子の交換である遺伝子流動を見てみよう。

遺伝的浮動

1000回コインをはじいたとき、700回の表と300回の裏という結果が出たら、そのコインを怪しいと思うだろう。しかし、10回コインをはじいたとき、7回の表と3回の裏という結果は無理がないと思える。より小さなサンプルサイズでは、この場合の等しい数の表と裏のような理想的結果からの逸脱がより起きやすい。

コイン投げの論理を集団の遺伝子プールに適用してみよう。新世代が、無作為に前世代の対立遺伝子を引き継ぐなら、より大きな集団（サンプルサイズ）ほど、前世代の遺伝子プールをよりよく反映する。このように、遺伝子プールが現状を維持するための必要条件の1つは、大きな集団サイズである。小さな集団の遺伝子プールは、サンプリング誤差のため、次世代に正確に反映されないかもしれない。変化する遺伝子プールは、コイン投げにおける小さなサンプルサイズによる不安定な結果に類似している。

図13.19は、このサンプリング誤差の概念を小さな野生植物の集団に適用したものである。偶然により、赤（R）と白（r）花の対立遺伝子の頻度が世代ごとに変化する。そして、これは小進化の定義と合致する。この進化のしくみ（偶然による集団の遺伝子プールの変化）は、**遺伝的浮動** genetic drift とよばれている。しかし、どのような原因により、集団が、遺伝的浮動が起こるサイズまで縮小されるのか？ これが起こる2つの方法は、ビン首効果と創始者効果であり、次にこの2つについて見ていこう。

ビン首効果

　地震，洪水，火事のような災害は多数の個体の命を奪い，その結果，最初の集団と異なる遺伝子構成をもつ少数の生き残り集団を生じることがある．ここで生き残った集団の遺伝子プールは，以前に存在した遺伝的多様性の小さな標本である．偶然により，生存個体では特定の対立遺伝子が過度に見られることもある．他の対立遺伝子頻度は過少になるかもしれない．そして，ある対立遺伝子は集団から消滅するかもしれない．集団が再びサンプリング誤差が重要でなくなるほど大きくなるまで，多世代にわたって遺伝子プールは偶然により変化し続けるであろう．

　図 13.20 でのたとえは，集団サイズの急激な縮小のための遺伝的浮動がなぜ**ビン首効果 bottleneck effect** とよばれているかについて説明している．

　集団サイズの劇的な減少である「ビン首」を通過した集団では，少なくともいくつかの対立遺伝子が遺伝子プールから失われる可能性があるため，全体的な遺伝的変異を減少させる．私たちは，絶滅危惧種の集団サイズの劇的な減少による個体変異の喪失

もとの集団 → ビン首効果事件 → 生き残った集団

集団の遺伝子頻度を変えるメカニズム

◀ 図 13.20　ビン首効果．色のついた球は，想像上の集団での 3 つの対立遺伝子を表す．ビン首を通して，2, 3 の球を振り出すことにより，環境災害によって劇的に集団サイズを減らしたことを模倣できる．偶然により，紫の球は新しい集団での頻度が高くなり，緑の球は少なくなっている．そして，オレンジの球はなくなっている．同様に，生物集団におけるビン首効果は，変異を減らす傾向がある．

▼ 図 13.19　**遺伝的浮動**．この仮想的野生植物集団は，10 本の植物だけからなる．各世代におけるランダムな変化により，この想像上の集団の r 遺伝子が 3 世代で消失したように，遺伝的浮動はある対立遺伝子を集団中から除去することができる．

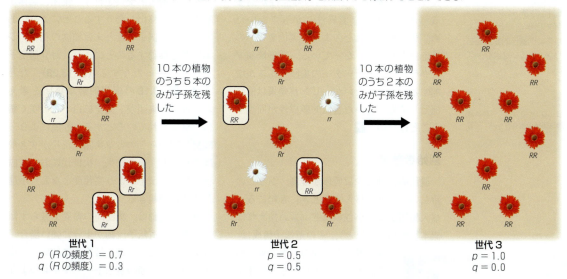

世代 1
p（R の頻度）= 0.7
q（R の頻度）= 0.3

10 本の植物のうち 5 本のみが子孫を残した

世代 2
p = 0.5
q = 0.5

10 本の植物のうち 2 本のみが子孫を残した

世代 3
p = 1.0
q = 0.0

▼ 図 13.21　**保全生物学におけるビン首効果**．チーターのような絶滅危惧種は，遺伝的変異性が低い．その結果，遺伝的変異の大きな種に比べ，たとえば新しい病気などの環境変化に適応できない．

**13章
集団の進化**

とそれによる適応性の低下において，この概念が働いているのを見ることができる．

このような絶滅危惧種の1つはチーターである（図13.21）．すべての走行動物の中で走る速度が最も速いチーターは，かつてアフリカとアジアで広範囲に分布していたすばらしいネコの仲間である．多くのアフリカの哺乳類と同じく，チーターの数は最後氷期（約1万年前）の間に，大幅に減少した．そのとき，おそらく病気や人間の狩猟，周期的な干ばつの結果，厳しいビン首効果を受けた．南アフリカのチーターの個体数は1800年代に，農民による狩りのため絶滅に近い第2のビン首効果を受けたことを示唆する証拠がある．今日，チーターは野生にはいくつかの小集団のみが存在する．これらの集団の遺伝的変異は，非常に低い．それに加え，人間の土地に対する需要が増加して，アフリカに残っているチーターは自然保護区と公園に詰め込まれている．密集すると，病気のまん延の可能性が高まる．とても小さな変異性しかもたないため，チーターにはそのような環境変化への適応能力が小さくなっている．捕獲繁殖プログラムによりチーターの集団サイズが増加するかもしれないが，ビン首効果以前に種としてもっていた遺伝的多様性が回復することはない．✓

> 絶滅危惧種の集団は，遺伝的多様性の欠落により絶望的な運命にあるだろう．

チェックポイント
現代のチーターは，1000年前に比べ，より多くの遺伝的変異をもつか，あるいはより少ないか？

答え：ビン首効果の遺伝的影響は集団が成長しても続く．

創始者効果

遺伝的浮動は少数個体が離島，湖などの新しい生息地に移入するときにも起こる．移入集団がより小さいほど（言い換えれば標本数が小さいほど），その遺伝子構成は，移入者の出身元の大きな集団の遺伝子プールと異なる．定住が成功したならば，集団が十分に大きくなり遺伝的浮動が小さくなるまで，偶然の浮動により対立遺伝子頻度は影響を受け続ける．遺伝子プールが親集団と異なる，小さな新集団の設立により生じる遺伝的浮動のタイプは，**創始者効果 founder effect**とよばれている．

創始者効果の多くの例が，地理的または社会的に単離された人間集団で確認されている．このような状況では，より大きな集団ではまれである疾患を引き起こす対立遺伝子が，小さな集団では一般的になることがある．たとえば，北米のアマン派や再洗礼派は，1700年代のヨーロッパからの移民の少数で設立されて以来，その地域社会の人々は近親結婚をしている．そのため（彼らは）より大きな集団から遺伝的に隔離されている（図13.22）．他の場所ではきわめてまれであるたくさんの遺伝性疾患が，これらの地域社会では比較的一般的である．

一方，集団における高頻度の遺伝病により，特定の遺伝性疾患の原因となる変異を同定するための遺伝的研究が可能となった．早期に検出された場合，いくつかの例では障害は治療可能である．

遺伝子流動

遺伝的浮動とは別のもう1つの進化的変化の源は**遺伝子流動 gene flow**であり，他の集団と遺伝的交換を行う．集団に個体が移入したり移出したりすることにより，あるいは，配偶子（たとえば植物の花粉）が集団間を移動することにより，対立遺伝子を得たり失ったりする（図13.23）．たとえば，図13.16の仮想的野草集団を考える．近隣の集団が，完全に白い花の咲く個体で構成されているとする．暴風により，隣接集団からこの野草集団に花粉が吹き飛ばされると，その結果，次世代において白花の対立遺伝子がより高頻度となる，小進化的変化が起きる．

遺伝子流動は，集団間の差異を減らす傾向がある．遺伝子流動が十分に強い場合，隣接した複数集団は，最終的には単一の集団となり，共通の遺伝子プールをもつよう

▲ 図13.22 創始者効果．小さな，隔離された集団は，しばしば大きな集団ではまれな対立遺伝子を高頻度でもつ．

▶ 図13.23 遺伝子流動．ある植物の花粉は，風によって数百km運ばれることがあり，遠い集団間での遺伝子流動が可能となる．

▲図 13.24　**アオアシカツオドリ**．カツオドリの大きな水かきのある足は，水中では非常に有利であるが陸上を歩くには不便である．

になる．人間が今日，これまでで最も世界中を自由に移動するようになったので，遺伝子流動は，以前は孤立した人間集団の小進化的変化の重要な原因となった．☑

自然選択：より詳細な観察

　遺伝的浮動，遺伝子流動，あるいは突然変異によってさえ進化が起こり得る．しかし，それらが環境への適応につながることは少ない．遺伝的変異（突然変異や有性生殖）をつくり出す事象はランダムである．個体を環境に対する適応に導く自然選択のプロセスは，ランダムではない．したがって，自然選択のみが，生物と環境間がより適合する結果の進化である適応進化を継続的に進める．

　生物の適応では多くの印象的な例が挙げられる．ダーウィンがガラパゴス諸島で遭遇した最も記憶に残るの生物の１つであるアオアシカツオドリを考えてみよう（**図 13.24**）．鳥の体とくちばしは，24 m（75 フィート）以上の高さから浅い水面に向かって飛び込むときの摩擦を最小限にするため，魚雷のように流線型になっている．水面を打ったのちに，この高速飛び込みから離脱するため，カツオドリはその大きな尾をブレーキとして使用している．この顕著な青足は雄の繁殖成功のための必須要件である．雌のカツオドリは，明るい青色の足の雄を好む．そのため，雄の求愛ディスプレイは，色鮮やかで魅力的な足を頻繁に見せることが特徴の踊りである．

　このような適応は，自然選択の結果である．ある対立遺伝子が他よりもより適しているとして選択されるということが，一貫して起こるならば，自然選択は生物とその環境との間の適合を向上させる．しかしながら，環境が経時的に変化するかもしれない．その結果，何が生物と環境間の「良好な適合」を構成するかは，変化する目標となり，適応進化は連続的かつ動的なプロセスとなる．

進化的適応度

　よく使われる「適者生存」という言葉は，個体間の直接の競争を意味すると解釈できるため，誤解を招きやすい．進化的成功の鍵である繁殖成功は，通常，より微妙で受動的なものである．変異のある蛾の集団において，翅の色がより捕食者に見つかりにくい個体は，他の蛾より多くの子孫を残すことができる．野生植物集団で植物のいくつかが，おそらく花色やかたち，香りのわずかな違いの結果，より多くの送粉者を引きつけるため繁殖成功において異なるかもしれない．ある環境において，このような特徴はより大きな**相対適応度 relative fitness**（他個体と比較した次世代の遺伝子プールに対する貢献）をもたらす可能性がある．進化的意味で最も適応的な個体は，最も多くの生存可能な，繁殖力のある子どもたちを残すものであり，その結果，次世代に最も多くの遺伝子を受け渡す．☑

自然選択の３つの一般的結果

　各個体の毛皮の色が非常に明るい色から非常に濃い灰色まで変異しているマウスの集団を想像してみよう．各々の色区分でのマウスの数をグラフで示すと，**図 13.25** の上の図のようなベル型の曲線を得る．もし自然選択により特定の毛皮の色の表現型が他より選択されるならば，マウス集団は世代ごとに変化する．その際には，どのような表現系が選択されるかにより，３つの一般的な結果が可能である．自然選択のこれらの３つの様式は，方向性選択，分断化選択と安定化選択とよばれている．

　方向性選択 directional selection は，た

集団の遺伝子頻度を変えるメカニズム

☑ チェックポイント
小進化のどのようなメカニズムが，人々が世界中を旅行しやすくなったことに，最も影響を受けたか？

答え：遺伝子流動

☑ チェックポイント
相対的適応度のもっともよい尺度は何か？

答え：その個体が残した生殖能力のある子の数

13章
集団の進化

✓チェックポイント
地域の気候がより冷たくなって、クマ集団の毛皮の厚さは何世代にもわたって増加する。これは、次のどのようなタイプの選択の例であるか？
方向性選択、分断化選択、安定化選択

答え：方向性選択

とえば最も黒いマウスのような、1つの極端な表現型を好ましいものとして選択することによって、集団の全体的な構造を変化させる（**図 13.25a**）。方向性選択は、地域環境が変化するとき、あるいは、生物が新しい環境に移動するときに最も一般的である。実際の例としては、昆虫集団の農薬耐性個体の頻度増加がある。

分断化選択 disruptive selection は、集団で、2つ以上の対照的な表現型の間の平衡につながることがある（**図 13.25b**）。まだらな環境、すなわち異なる場所で異なる表現型が好まれることは、分断化選択と関連した状況の1つである。**図 13.14** で見られるヘビ集団での変異は、分断化選択から生じる。

安定化選択 stabilizing selection では、中間の表現型（**図 13.25c**）が好まれる。このような選択は一般的に比較的安定した環境で起こり、物理的変異を減らす傾向がある。この進化的保守主義は、より極端な表現型に対して厳しい選択により働く。た

とえば、安定化選択は、大多数の人間の出生時の体重を3〜4 kg の間で保つ。もっと軽いあるいは重い乳児の死亡率はより大きい。

3つの選択様式のうち、よく適応した集団では、ほとんどの場合、安定化選択が大勢を占める。集団が環境の変化、または、新しい場所への移入にさらされるとき、進化に拍車がかかる。新しい環境で問題が生じたとき、集団は自然選択を通して適応するか、その場所で滅んでいく。化石の記録は、絶滅が最も一般的結果であると物語っている。危機を乗り切った集団は、新種として認識できるほど大きく変化しているかもしれない（14章でさらに学ぶ）。✓

性選択

ダーウィンは、**性選択 sexual selection**——特定の特徴をもつ個体が他の個体より交尾機会を多く得る自然選択の一型——の意味を探る最初の科学者であった。動物の雄と雌は、明らかに異なる生殖器をもつ。

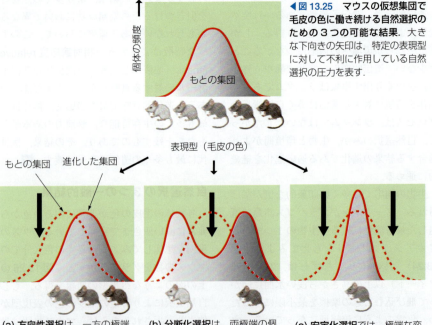

◀図 13.25 **マウスの仮想集団で毛皮の色に働き続ける自然選択のための3つの可能な結果**。大きな下向きの矢印は、特定の表現型に対して不利に作用している自然選択の圧力を表す。

(a) **方向性選択**は、一方の極端な表現型に好ましい選択によって、集団の全体的な構造を変化させる。ここでは、たとえば樹の成長に伴い景観が日陰になり、より暗い色のマウスが捕食者に目立たなくなることにより、傾向はより暗い色のマウスへと移る。

(b) **分断化選択**は、両極端の個体が、中間の個体よりも有利になる。ここでは、非常に明るい色と非常に暗い色のマウスの相対頻度が増加した。おそらく、マウスは明るい土壌の背景に暗い色の岩が散りばめられた、まだら模様の生育地にすんでいた。

(c) **安定化選択**では、極端な変異を集団から排除する。ここでは非常に明るすぎる、あるいは暗すぎるマウスが排除される。このような傾向は表現型変異を減らし、現状維持へ向かう。

集団の遺伝子頻度を変えるメカニズム

(a) フィンチの種での性的二型．このミドリバネニシキスズメ（アフリカに自生）のつがいのように，脊椎動物では雄（右）が通常目立つ性である．

(b) 交配をめぐる争い．雄のスペインアイベックスは，雌との交配をめぐり死には至らない戦闘を行う．

▲図 13.26　性的二型．

しかし，彼らは第二次性徴——直接繁殖や生存と関連していない目立った差異——ももつかもしれない．この外観上の差異は，**性的二形 sexual dimorphism** とよばれて，しばしば大きさの違いとして現れる．雄の脊椎動物では，性的二形は装飾，たとえばライオンのたてがみ，シカの枝角あるいはクジャクなどの鳥のカラフルな羽毛（図 13.26a）ではっきり観察される．

ある種において，第二次性徴は，同性（通常雄）のメンバーと交尾のために争うのに用いられる．闘争は身体的な戦闘を必要とするかもしれないが，より多くは儀式化されたディスプレイによる（図 13.26b）．そのような選択は，勝利した個体が交尾のためのハーレムを得る種で一般的であり，その雄の進化的適応度への明らかな後押しとなる．

性選択のより一般的なタイプにおいて，一方の性（通常は雌）の個体は，交配相手を選ぶ際の選り好みが強い．最大であるとか最もカラフルな装飾をもつ雄は，このような雌に対してしばしば最も魅力的である．クジャクの尾の驚異的な羽は，このタイプの例であり，「私を選びなさい！」と物語っている．何時でも，雌が特定の外見あるいは行動に基づいて交配相手を選ぶために，雌はその選択を促す対立遺伝子を恒久化して，その結果，特定の表現型をもつ雄がその対立遺伝子を恒久化することを促進する．

選択の際の好みにうるさい雌の利点は，何であるか？　仮説の1つは，雌が「よい」遺伝子と相関している雄の特徴を好むということである．いくつかの鳥類の研究において，雌によって好まれる特徴，たとえば明るいくちばしや長い尾，が全体的な雄の健康に関連があることが示された．

> いくつかの種では，雄は雌との交配を争って死には至らない戦闘を行う．

進化の過去，現在，未来　進化との関連

抗生物質耐性の脅威の増加

おそらく知っていると思うが，抗生物質は感染性微生物を死滅させる薬剤である．しかし，抗生物質は，医学の歴史において比較的最近開発されたものである．抗生物質が登場する以前では，百日咳や，カミソリの傷やバラの刺での小さなひっかき傷が致命的な感染につながることがあった．

人間の健康における革命は，1940 年代における，最初に広く使われてた抗生物質であるペニシリンの導入から始まる．やがて，多くの抗生物質が開発され，多くのかつては致命的であった病気が簡単に治療できるようになった．しかし，すばらしい新薬に対する熱狂の中でさえ，困難の兆候が

297

現れ始めた．医師は，抗生物質が効かなかった細菌感染症の症例を報告した．1952年までに，研究者はその理由を特定した．つまり，一部の細菌は，薬剤の殺作用に抵抗することが可能な遺伝的特性をもっていたのである．殺虫剤抵抗性昆虫の選択と同様に，抗生物質は耐性菌を選択する．抗生物質を壊す酵素をコードする遺伝子，あるいは抗生物質が結合する部位を変化させる突然変異により，細菌とその子孫が抗生物質に対する耐性をもつことを可能にする．再び，自然選択のランダムと非ランダムの両側面を見ることになる——細菌におけるランダムな遺伝的突然変異と，抗生物質耐性の表現型に有利な環境における非ランダムな自然選択の効果という2つの側面である．

皮肉なことに，抗生物質の治癒力に対する熱意が，抗生物質耐性菌の進化を促進してきた．家畜生産者は，飼料に抗生物質を添加し，標準的な抗生物質に対する耐性菌の選択を実践するかもしれない．医師は過剰な抗生物質の処方——たとえば，抗生物質に反応しないウイルス感染症の患者への投与をするかもしれない．または，あなた自身が問題の一部であるかもしれない．医師が処方した薬剤のフルコースを服用する代わりに，よくなったと感じたらできるだけ早く所定の抗生物質の服用を止めたら，変異細菌は，生き残って増殖する非抵抗性細菌によって，よりゆっくりと殺されるであろう．このような細菌におけるその後の変異は，本格的な抗生物質耐性につながる可能性がある．

抗生物質耐性の自然選択は，抗生物質の使用が広く行われている病院で特に強い．MRSA（methicillin - resistant *Staphylococcus aureus*，メチシリン耐性黄色ブドウ球菌）として知られている恐るべき「超強力細菌」は，「人食いバクテリア症（壊死性筋膜炎）」とよばれる致命的になることもある全身への感染症を引き起こす可能性がある．現在では，体育施設，学校，軍の

▲図13.27　MRSAに対する選手への注意喚起．

兵舎などの社会環境で，驚くほどMRSA感染症の事件が増え始めている（図13.27）．

MRSAは唯一の抗生物質耐性微生物ではない．疾病管理センター（CDC）が発行した報告書によると，17種類の細菌感染は，もはや標準的な抗生物質で治療可能とされていない．これらのほとんどは，公衆衛生への緊急かつ深刻な脅威とみなされている．最近に登場した「超強力細菌」は性病である淋病を引き起こす細菌の菌株である．公衆衛生当局は，この株が広がり，淋病が不治の病になることを恐れている．薬剤耐性はまた，病原性ウイルス（たとえば，HIVやインフルエンザ）や寄生虫（たとえばマラリアを引き起こす原虫）を進化させてきた．医学や薬学の研究者は，新たな抗生物質や他の薬剤を開発する競争をしている．しかし，経験から，薬剤耐性菌の進化に対する私たちの闘いは，遠い将来まで継続することを示唆している．

本章の復習

重要概念のまとめ

生命の多様性

生命の多様性の命名と分類

リンネの分類体系では，各々の種は2語からなる名前をつけられる．最初の語は属であり，2番目の語はその属内でそれぞれの種にユニークなものである．分類的階層は，ドメイン＞界＞門＞綱＞目＞科＞属＞種となる．

生命の多様性の説明

現代の生物学者は，生命の多様性の最もよい説明として，ダーウィンの自然選択による進化論を受け入れている．しかしながら，ダーウィンが1859年に理論を発表したときは，それは支配的な見解からの過激な逸脱であった．

チャールズ・ダーウィンと『種の起源』

ダーウィンの旅

「ビーグル号」での世界一周航海の間，ダーウィンは多様な環境にすむ生物の適応を観察した．ダーウィンは特に，南米沖のガラパゴス諸島における生物の地理的分布に感動した．ダーウィンは，彼の観察を，ゆっくり変化する非常に古い地球に関する新しい証拠という観点から考察することにより，不変の種がすむ歴史的に若い地球という長く信じられてきた概念と相反する発想に到達した．

進化：ダーウィンの理論

ダーウィンは，著書の『種の起源』の中で，次の2つの提案をした．（1）現生の種は祖先種の子孫である．（2）自然選択が進化のメカニズムである．

進化の証拠

化石からの証拠

化石記録は生物が現れた歴史順序を示す．そして，多くの化石は祖先種と現生種を関連づける．たとえば，陸生動物の祖先からの鯨類の進化は，移行形の化石により物語られた．

相同からの証拠

構造や分子の相同性は，進化的関係を明らかにする．近縁な種は，多くの場合，胚発生においても類似の段階をもっている．すべての種は，共通の遺伝コードを共有していて，すべての生命体は，最も初期の生物からの分岐進化に起因した類縁関係にあることを示唆する．

進化系統樹

進化系統樹は関連する種の移り変わりを表す．分枝の先端は最新の種である．各々の分岐点は，そこから分岐するすべての種の共通祖先を表す．

進化のメカニズムとしての自然選択

ダーウィンは適応的な進化的変化のメカニズムとして，自然選択を提案した．変異のある集団において，特定の環境に最も適した個体は，より適していない個体より，生き残って繁殖する可能性が高い．

進行中の自然選択

自然選択は殺虫剤耐性昆虫など，多くの科学研究で観察されている．

自然選択のキーポイント

個体は進化しない．個体が生存中に取得したものではなく，遺伝的形質のみが，自然選択によって増幅されたり減少されたりする．自然選択は，現存の変異のみに働く．すなわち新しい変異は環境変化への応答としては生じない．自然選択は完璧な生物をつくり出さない．

集団の進化

遺伝的変異の源

突然変異と有性生殖が遺伝的変異をつくり出す．突

然変異は遺伝的変異の究極的な源である．個々の突然変異は大きな遺伝子プールでは短期的効果はほとんどない．しかし，長期的に見ると，突然変異は遺伝的変異の源である．

進化の単位としての集団

同じ時間に同じ場所にすんでいる同種個体の集合である集団は，進化可能な最も小さな生物学的単位である．

遺伝子プールの解析

遺伝子プールは，集団を構成するすべての個体の，すべての対立遺伝子により構成される．ハーディ・ワインベルグの法則は，遺伝子プールにおける対立遺伝子の頻度から遺伝子型の頻度，またはその逆を，計算するのに用いることができる．

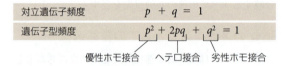

集団遺伝学と健康科学

ハーディ・ワインベルグの法則は有害な対立遺伝子の頻度を推定するのに用いることができる．そして，それは遺伝病を扱う公衆衛生計画のために役立つ情報である．

遺伝子プールの変化としての小進化

小進化とは，集団中の対立遺伝子頻度の世代間の変化である．

集団の遺伝子頻度を変えるメカニズム

遺伝的浮動

遺伝的浮動は，小集団の遺伝子プールの偶然的変化である．ビン首効果（集団サイズの急激な縮小）と創始者効果（少数の個体によって始まる新集団で起こる）は，遺伝的浮動につながる2つの事象である．

遺伝子流動

集団は，別の集団との遺伝子交換である遺伝子流動によって対立遺伝子を得たり，失ったりする．

自然選択：より詳細な観察

進化のすべての原因のうち，自然選択だけが進化的適応を進める．相対適応度は，個体の，他個体の貢献と比較した次世代の遺伝子プールに対する貢献である．自然選択の結果，方向性選択，分断化選択あるいは安定化選択が起きる．第二次性徴（性特異的な羽飾りや行動）は，遺伝的特徴により交配の好みが決まる自然選択の一型である性選択を促進させる．

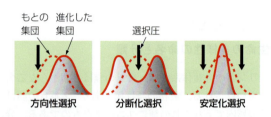

セルフクイズ

1. 次の分類の階層を，最も小さな階層から最も包含的な階層に並べ替えよ．
   綱，ドメイン，科，属，界，目，門，種
2. a～dの中で，チャールズ・ダーウィンについての正しい文はどれか？
   a．彼は，生物が変化する，あるいは進化するということを最初に発見した．
   b．彼は，獲得形質の遺伝に，理論の基礎をおいた．
   c．彼は，進化のしくみとして，自然選択を提案した．
   d．彼は，地球が6000年以上の歴史があると理解した初めての科学者であった．
3. ライエルや他の地質学者の洞察は，どのようにダーウィンの進化に関する考えに影響を与えたか？
4. 特定の遺伝子座で2つの対立遺伝子Bとbをもつ集団において，Bの対立遺伝子頻度は0.7である．この集団がハーディ・ワインベルグ平衡にあるとき，異型接合個体の頻度，優性同型接合個体の頻度と，劣性同型接合個体の頻度を計算せよ．
5. 進化的見地から適応度を定義せよ．
6. 以下のどのプロセスが，進化の原材料となる遺伝的変異の究極的な源であるか？
   a．有性生殖
   b．突然変異
   c．遺伝的浮動
   d．自然選択
7. 進化のメカニズムとして，自然選択は以下のどれと最も関連があるか？

a．ランダムな交配
b．遺伝的浮動
c．不均等な繁殖成功
d．遺伝子流動

8．ビン首効果と創始者効果がどのように遺伝的浮動につながるかを比較して，対比せよ．

9．ある鳥の種では，平均的な大きさの翼をもつ個体が同一集団の他のより大きい，あるいはより小さな翼をもつ個体よりも，大きな嵐において，より生存に成功する．3つの一般的な自然選択の結果（方向性，分断化，安定化）の中で，この例はどれにあたるか？

10．a〜dの中で，ハーディ・ワインベルグ平衡にある集団について正しいものはどれか？（正解が複数あることもある．）
a．集団はきわめて小さい．
b．集団は進化していない．
c．集団と周囲の他集団間の遺伝子流動は起こらない．
d．自然選択が働かない．

解答は付録Dを見よ．

科学のプロセス

11．**データの解釈** あるカタツムリの集団が，最近，新しい地域で確立した．カタツムリは鳥によって捕食されるが，鳥は殻を岩上で壊して開き，柔らかい体のみを食べて殻を残す．カタツムリには，縞模様がある型とない型がある．ある地域で生存しているカタツムリと壊れた殻を数えたところ，次のようになった．

	縞模様のある殻	縞模様のない殻
生存していたカタツムリ数	264	296
殻を壊されたカタツムリ数	486	377
合　計	750	673

これらのデータに基づき，どちらの殻の型が鳥の餌食になりやすいか？ 縞模様のある殻とない殻の個体頻度が世代を経るに従い，どのようになるかを予測せよ．

12．カタツムリの縞模様の有無が，縞をつくる優性対立遺伝子（S）と縞をつくらない劣性対立遺伝子（s）をもつ1つの遺伝子座で決定されるとする．生存していたカタツムリと壊れた殻からのデータを総合して，次の値を計算せよ．
優性対立遺伝子の頻度，劣性対立遺伝子の頻度，観察された群内の異型接合個体の数

生物学と社会

13．技術社会の人々は，どの程度まで自然選択から逃れているか？ あなたの考えを説明せよ．

14．家や学校の近くで，どのような植物や動物を見たことがあるか？ それらは生育環境に適した，どのような進化的適応をもつか？

14 生物多様性はいかに進化するか

なぜ進化が重要なのか？

▼ もしグランドキャニオンの崖から飛び降りれば，地面に衝突する前に，40 の岩層と数億年の地質の歴史を通過する．

▼ 2 種のイネ科草本からの対立遺伝子は，トウモロコシのよりよい穂をつくるために利用できるかもしれない．

◀ 進化の歴史を縫い合わせることにより，何が何に関係するかがわかる．

章目次	本章のテーマ
種の起源　304	大量絶滅
地球の歴史と大進化　312	生物学と社会　第6番目の大量絶滅　303
大進化のメカニズム　317	科学のプロセス　隕石が恐竜を死滅させたのか？　316
生命の多様性の分類　320	科学との関連　哺乳類の出現　323

大量絶滅　生物学と社会

第6番目の大量絶滅

　化石記録により，地球上の生命の進化の歴史の中で，長く比較的安定した期間が短い激変期によって中断される出来事があったことが明らかになった．これらの大変動の間に，新たな種が形成され，他の多数の種が絶滅した．

　変化する世界では絶滅は避けられないが，化石記録から，地球上の生命の大部分，つまり50〜90％の生物種が突然死滅し永遠に消え失せた大変化が何度かあったことが明らかになった．科学者は，5億4000万年の間に5回のこのような大量絶滅が起きたことを記述している．今日では，人間の活動により，多くの種が驚くべき速さで絶滅するほどに，地球環境が改変されている．地質学的スケールでは非常に短い時間である過去400年間で，1000以上の種が絶滅していることが知られている．科学者たちは，これは化石記録の多くで見られる絶滅率の100〜1000倍であると推定している．

　私たちは，第6の大量絶滅の真っただ中にいるのだろうか？　2011年に「ネイチャー」誌に発表された大規模な分析の中で，研究者たちは，現代のデータと「ビッグファイブ」の大量絶滅の化石記録からのデータを比較した．よいニュースは，生物多様性の現在の損失がまだ大量絶滅として認められるほどではないということである．悪いニュースは，私たちがいま，危機に瀕しているということである．写真のラッコのように，現在深刻に絶滅が危惧されている生物種の損失により，地球は大量絶滅の時代を迎えるだろう．研究者が計算上において，絶滅が心配される種や絶滅の脅威に脅かされている種（リスクの低いカテゴリ＊）を含めた場合，その危惧は非常に強くなる．数十万年にわたって繰り広げられてきた古代の大量絶滅とは対照的に，人間主導の第6の大量絶滅は，わずか数世紀で完了するだろう．そして，以前の大量絶滅と同様に，地球上の生命が回復するのには何百万年もかかるだろう．

　しかし，化石記録はまた，破壊の創造的な側面も示している．大量絶滅は，恐竜の絶滅後に起きた哺乳類の多様化など，共通祖先から多くの多様な種へ進化する道を開くことができる．したがって本章を，新種の誕生を議論することから始めよう．その後，生物学者が生物多様性の進化をどのように解明してきたかを検討する．また，さらに，科学者たちが，現生の生物をどのように分類しているかを詳しく見ていく．

絶滅危惧種． 原油流出，商業漁網による絡め取りや疾患などがラッコ集団の減少原因である．

＊訳注：IUCNカテゴリで絶滅危惧1B類とII類に相当．

14章
生物多様性はいかに進化するか

種の起源

　小進化のメカニズムである自然選択により，生物がその生育環境に適応する魅力的な方法を説明できる．しかし，生命の驚異的な多様性，地球の歴史の中で存在した数百万種をどのように説明できるだろうか？この疑問にチャールズ・ダーウィンCharles Darwinは興味を抱き，彼の日記に，この地球上における新種の最初の出現を「神秘中の神秘」と記している．

　青年時代にダーウィンは，ガラパゴス諸島（図13.3参照）を訪れ，種の起源の場所へ来たと悟った．この火山島は地質学的には若かったが，世界の他のどこにも知られていない多くの動植物がすでに暮らしていた．それら独自の住民にはウミイグアナ（図14.1）やガラパゴスゾウガメ（図13.4参照），本章でさらに詳しく学ぶフィンチとよばれる多種の小鳥が含まれていた（図14.11参照）．疑いなく，ダーウィンはこれらの種のすべてが必ずしも元来の入植者のままではないと考えた．いくつかの種は，もとの祖先から，後になって自然選択によって変化し進化した，元来の移入者の子孫に違いないと考えたのである．

　ダーウィンの『種の起源』の出版から1世紀半の間に，新たな発見や技術の進歩，特に分子生物学により，地球上の生命の進化についての豊富な新しい情報がもたらされた．たとえば，研究者は，脊椎動物の四肢（図13.7参照）の相同性の根底にある遺伝的パターンを説明した．ダーウィンによって予測された移行的（中間）なかたちを含む，数十万以上の化石が発見され，目録がつくられた．新旧の技術の魅力的な融合により，研究者は，古代の近縁種であるネアンデルタール人を含む特定の化石の遺伝物質を調査することができた（図14.23参照）．新しい年代測定法は，地球の起源が，ダーウィンの時代の最も急進的な地質学者が提案したよりもずっと古い数十億年前であることを明らかにした．本章で学ぶように，これらの年代測定法により，研究者は化石や岩石の年代決定をすることもでき，生物のグループ間の進化関係に関する貴重な洞察を提供する．それに加え，大陸の位置の変化のような地質プロセスに関する理解を深めることにより，ダーウィンおよび同時代の人々を困惑させた生物や化石の地理的分布のいくつかが説明できる．

　本章では，1種が2種以上に分岐するプロセスである**種分化** speciation から始め，進化がいかに生命の豊かなタペストリーを織り上げるかを学ぶ．その他の話題として，鳥の羽毛や人間の大きな頭脳などの進化的新奇性，恐竜のほとんどが絶滅した後の哺乳類の多様化のような，新たな適応的爆発に道を開く大量絶滅の影響などを取り上げる．

▼図14.1　**ウミイグアナ（右），ガラパゴス諸島に暮らしている固有種の例**．ダーウィンは，泳ぐのに都合のよい平らな尾をもつガラパゴスのウミイグアナは，ガラパゴスや南米大陸の陸生イグアナ（左）に似ているが，明らかに異なることに注目した．

種とは何か？

　種（species）は，ラテン語で「種族」または「見かけ」という意味である．実際，子どもたちは動植物の種族間，たとえば，イヌとネコ，バラとタンポポについて見かけから区別することを学習する．種を異なった生命形態として区別するという基本的な考えは直観的であると思われるが，より正式に種の定義を考案することはそれほど簡単ではない．

　種を定義する 1 つの方法（そして，本書で使われる主要な定義）は，**生物学的種概念 biological species concept** である．それは，**種 species** を，構成員は互いに，自然に交配し繁殖能力のある（再生産可能な）子孫をつくる可能性がある集団の集まりと定義する（図 14.2）．地理的距離と文化により，マンハッタンの女性会社員とモンゴルの酪農夫は遠く離れていて出会うことがないかもしれない．しかし，2 人が出会って結婚すれば，すべての人類は同種に属しているので，生殖可能な大人にまで成長する赤ちゃんをつくることができる．対照的に，ヒトとチンパンジーは，進化の歴史を共有していても，雑種を生じないので異なった種である．

　生物学的種概念は，どんな場合にでも適用できるものではない．たとえば，繁殖適合性に基づいた種の定義は，無性的にのみ生殖する生物（単一の親から子孫をつくる）には適用することができない．そして，化石は，明らかに現在では有性生殖しないため，生物学的種概念で評価することはできない．このような事態に対応して，生物学者は多くの異なる種の定義をつくった．たとえば，生物種のほとんどは，歯や花などの数や類型のような，計測可能な物理的特徴に基づいて名前がつけられている．他の種を定義する手法では，種は，共通祖先を共有し，「生命の樹」において 1 本の枝を形成する最小限の個体の群としている．さらに他の方法では，たんに，各種を同定するためのバーコードの一種として，分子データに基づいて種を定義している*．

　各々の種概念は，状況やどのような質問に答えるかにより，それぞれ役に立つものである．しかし，生物学的種概念は，どのように種が出現するか，すなわち，ある群がどのように他の群から交雑せず隔離ができているかに注目した場合，特に有用である．次に，この質問に対するさまざまな答えを学んでいこう．✓

---

*訳注：これは著者の誤解であり，細菌においても他の特徴を合わせて種を定義する．真核生物では，DNA 塩基配列によってのみ定義する方法はほとんど認められていない．

種の起源

✓チェックポイント
生物学的種概念に従うと，種は何により定義されるか？

答え：互いに交配でき，自然状態で他の種から生殖的に隔離されている種．

▼図 14.2　生物学的種概念は物理的な類似ではなく，繁殖適合性に基づく．

異なる種間の類似性． 東のヒガシマキバドリ（左）と西のニシマキバドリ（右）の外観は非常に似ているが，別種であり，種間交配しない．

種内の多様性． 私たちのように，多様な外観をもつ人間は，単一の種（ホモ・サピエンス *Homo sapiens*）に属し，互いに交配することができる．

種間の生殖的障壁

明らかに，ハエはカエルやシダとは交雑しない．しかし，何が近縁な種間の交雑を妨げているのであろうか？　たとえば，ヒガシマキバドリとニシマキバドリの間の種の境界は，何が維持しているのであろうか（図 14.2 参照）？　両者の分布域は大草原地帯で重なり，非常によく似ているため，熟練した観察者のみが区別できる．しかし，それでもこの 2 種の鳥は交雑しない．

生殖的障壁 reproductive barrier は，近縁種間の個体の交雑を妨げるものである．種の遺伝子プールを隔離する，異なる種類の生殖的障壁について見ていこう（図 14.3）．生殖的障壁は，接合子（受精卵）の形成の前か後かにより，接合前障壁と接合後障壁に分類することができる．

接合前障壁 prezygotic barrier は種間の交配を妨げる（図 14.4）．この障壁は，時間に基づくことがある（時間的隔離）．たとえば，ニシマダラスカンクは秋に繁殖する．しかし，ヒガシマダラスカンクは晩冬に繁殖する．時間的隔離は大草原で共存していても，種間の交配を妨げる．他の例は，同じ地域でも異なった生育環境にすんでいるものである（生育環境隔離）．たとえば，北米のガーターヘビの 1 種はおもに水中で生活している．一方，近縁な種は陸上にいる．特別な匂いや色，求愛儀式など，交配可能な個体を認識する特徴も生殖的障壁として機能する（行動的隔離）．多くの鳥の種では，たとえば求愛行動は非常に複雑なので，同族の他の種の鳥と見間違うことがない．他の例では，卵と精子をつくる構造が解剖学的に異種間で不適合である（機械的隔離）．たとえば，図 14.4 の 2 種の近縁なカタツムリは殻の巻き方が逆方向であるため，雄と雌の生殖器官を合わすことができない．また，別の例では，別種の配偶子（卵と精子）は不適合で，受精することができない（配偶子隔離）．配偶子隔離は受精が体外で行われる場合にはたい

▼図 14.3　近縁種の生殖的障壁．

▶図 14.4　接合前障壁．接合前障壁は交配や受精を妨げる．

スカンクの近縁な 2 種は異なる季節に交尾する．

ガーターヘビの近縁な 2 種では，1 種は水中で生活するのに対し，もう 1 種は陸上で暮らすために交尾しない．

へん重要である．雄と雌のウニでは，卵と精子の表面についた種特異的分子が互いに適合したときのみ受精が起こる．

接合後障壁 postzygotic barrier は，種間交配が実際に起き，雑種接合子ができたときに働く **(図14.5)**．（ここでは，「雑種」は卵と精子が別の種に由来することを意味する．）ある場合では，雑種の子孫は生殖的成熟に至る前に死ぬ（雑種生存力弱勢）．たとえば，あるサンショウウオの近縁種間で雑種をつくっても，子孫は2種間の遺伝的不適合のため正常には発生しない．別の雑種の例では，子孫は生存力のある成体になるが不妊である（雑種繁殖力弱勢）．たとえばラバは雌のウマと雄のロバの雑種の子どもである．ラバは不妊であるため，ウマとロバは別種のままである．他の例では，雑種の第一世代では生存力があり繁殖力があるが，これらの雑種が互いに，あるいは両親種のどちらかの個体と交配したとき，子孫は虚弱か繁殖力をもたない（雑種崩壊）．たとえば，ワタの異なる種では，繁殖力のある雑種ができるが，その雑種の子孫は生存することができない．

まとめとして，生殖的障壁は近縁種間の境界をつくり出す．ほとんどの場合，1つの生殖的障壁ではなく，2つ以上の障壁の組み合わせにより種が隔離されている．次に，生殖的隔離ができ，種分化が可能な状況について見ていこう．☑

 進化

種分化のメカニズム

多くの種の起源の鍵になるイベントは，集団が親種の他集団から分割されるときに起こる．遺伝子プールが孤立することにより，分裂した集団は，独自の進化の道をたどることができる．遺伝的浮動と自然選択により起こった対立遺伝子頻度の変化は，他の集団から対立遺伝子が入って薄められることはない（遺伝子流動）．そのような生殖隔離は，異所的種分化と同所的種分化という2つの一般的なシナリオから生じる．**異所的種分化** allopatric speciation における一次的な遺伝子流動の障害は，分割された集団を物理的に孤立させる地理的障

種の起源

☑ **チェックポイント**
なぜ行動的隔離は接合前障壁と考えられるのか？

答え：交配を防げば，それゆえ接合子の形成が防がれるため．

▼図14.5 **接合後障壁．** 接合後障壁は繁殖力のある成体への発生を妨げる．

接合後障壁		
雑種生存力弱勢	雑種繁殖力弱勢	雑種崩壊
あるサンショウウオは，種間の雑種をつくるが，子孫は正常には発生しないか，このように虚弱である．	ウマ／ロバ／ラバ　ロバとウマの雑種子孫であるラバは不妊である．	右と左のイネの雑種は稔性があるが，次世代（中央）は，小さくて不稔である．

行動的隔離	機械的隔離	配偶子隔離

ガラパゴスのアオアシカツオドリは，鮮やかな青色の足を強調する特別な儀礼の後にのみ交尾する．	カタツムリの殻の巻き方が逆方向であるため，生殖口（矢印）は並ぶことができず，交尾は起こらない．	アカウニとムラサキウニの配偶子は，卵と精子の表面タンパク質が互いに結合できないため，受精できない．

14章 生物多様性はいかに進化するか

壁である．対照的に，**同所的種分化 sympatric speciation** は，地理的隔離を伴わない新種の起源である．たとえ親集団の中にあっても，分割された集団は生殖的に隔離される．

異所的種分化

非常に長い地質学的時間では，集団を2つ以上の隔離された集団に分割するシナリオが思い浮かぶ．山脈が形成されると，低地だけにすむことができる生物の集団は，徐々に分割されていくことがある．たとえばパナマ地峡のような陸橋がつくられると，海の生物は互いに隔離された2つの集団になる．大きな湖は水面が低下して，いくつかのより小さな湖を形成し，現在の集団が分割されるかもしれない．氷河は，氷河が後退するまで，数千年にわたり無氷地域に小さな集団を孤立させるだろう．

異所的集団を隔離しておくには，地理的障壁はどれくらい大きくないといけないだろうか？ この答えは，部分的には生物の移動能力に依存する．鳥やクーガー，コヨーテは，山脈や川，峡谷を横断することができる．そして，そのような障壁は，風により運ばれるマツの花粉や動物によって運ばれる種子の分布拡大も妨げない．対照的に，小さな齧歯類にとっては，深い峡谷や広い川は通過できない障壁となるかもしれない（図 14.6）．

種分化は，小さな隔離された集団に起こりやすい．それは，遺伝的浮動と自然選択により，集団の遺伝子プールが大きく変わることが大きな集団よりも起こりやすいからである．しかし，新しい種となる各々の小さな隔離された集団の多くは，たんに新しい環境で滅びるだろう．フロンティアでの生活は厳しく，大部分の先駆者集団は絶滅する．

たとえ小さな隔離された集団が生き残るとしても，それが新しい種に必ずしも進化するというわけではない．集団はその地域環境に適応して，祖先集団と非常に異なるように見え始めるかもしれない．しかし，それが必ずしも新しい種というわけではない．種分化は，隔離された集団と，その親集団の間の生殖的障壁の進化により起こる．言い換えると，種分化が地理的に分離されている間に起こるならば，たとえ2つの集団が後に接触をしても，新種はその祖先集団と交雑することはできない（図 14.7）．✓

同所的種分化

種分化は，必ずしも広大な時間や地理的隔離を前提条件として必要としない．細胞分裂時の偶発的な誤りにより，**倍数性 polyploidy** とよばれる，染色体の余分のセットをもつ個体がつくられて，新たな種が生じるかもしれない．倍数体化による種分

✓チェックポイント
異所的種分化が起きるためには何が必要か？

答え：難回かが，2 種間の遺伝子流動を妨げる少なくとも1つの地理的障壁に分離されること．

▼図 14.6　グランドキャニオンの対岸でのレイヨウジリスの異所的種分化．ハリスレイヨウジリス *Ammospermophilus harrisii* は，グランドキャニオンの南岸に見られる．その数 km 離れた北岸には近縁のオジロレイヨウジリス *Ammospermophilus leucurus* がいる．鳥などの生物にとって，渓谷をまたいで分布を広げることは容易であり，両岸で別種には分化していない．

ハリスレイヨウジリス　　　　　　　　　　　　　オジロレイヨウジリス

▶図14.7 **集団の地理的隔離後のあり得る結果．**この図では，オレンジと緑の矢印は，時間経過による集団を追跡する．山は，遺伝的変化が集団間で起き得る地理的隔離の期間を象徴している．一定期間の後，集団はもはや地理的障壁（右図）で区切られず，接触するようになる．集団間で自由に交配できる場合，種分化は起きていない（上図）．集団間で交配できない場合，種分化が生じている（下図）．

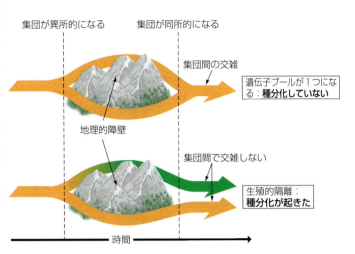

種の起源

化は，ある動物種，特に魚や両生類に見られる（**図14.8**）．しかし，植物ではふつうであり，現生の植物種の80％が倍数体化による種分化により生じた祖先をもつと推定されている（**図14.9**）．

倍数体化による種分化には，2つの異なる様式が観察されている．1つ目は，倍数体が単一の親種から生まれる．たとえば，細胞分裂の失敗により，もとの二倍体数（$2n$）からの染色体数を倍加させて，四倍体（$4n$）が生じることがある．倍数体の個体は，その親種と繁殖力のある雑種をつくることができないため，ただちに生殖隔離が生じる結果となる．

2つ目は，異なる2種が交雑し，雑種の子孫がつくられたときに起こる．植物における倍数体化による種分化のほとんどの場合は，そのような雑種形成に起因する．どのようにして，これらの種間雑種は繁殖力の欠如という接合後障壁（**図14.5参照**）を克服したのだろうか？　ラバは，両親種の染色体が適合しないため不妊である．ウマは64本の染色体（32対）を，ロバは62本の染色体（31対）を有する．したがって，ラバは63本の染色体をもつ．配偶子は，相同染色体の対合を伴う細胞分裂のプロセスである減数分裂によってつくられることを思い出してみよう（**図8.14参照**）．ウマとロバの染色体間の構造的な違いにより，正しい対合が行われない，すなわち，奇数の染色体数では，1本の染色体は，相手がいないために対合できない．その結果，ラバは生存可能な配偶子をつくれない．それでは，植物では同様の問題が起きない理由を見てみよう．

図14.10では，種Aと種Bが雑種をつくった．ラバのように，生じた雑種の植物は奇数の染色体数をもち，それらの染色体は相同ではない．しかし，雑種植物は，多くの植物が行うように，無性生殖をする場合がある．もしそうであれば，そのうちに細胞分裂の失敗により倍数体化し，親植物

▼図14.8 **ハイイロアマガエル．**この両生類は，倍数体化による種分化で誕生したと思われる．

▼図14.9 **フヨウ．**この種の多くの園芸品種が倍数体化によりつくられ，それにより，より大きな花をもったり，花弁数が増加したりしている可能性がある．

14章
生物多様性はいかに進化するか

との間に生殖隔離をもたらす可能性がある．生物学者は過去150年間に，倍数体を経由して生まれた多くの植物種を特定した．

私たちが食物として栽培する植物種の多くは倍数体である．これらには，オート麦，ジャガイモ，バナナ，イチゴ，落花生，リンゴ，サトウキビ，小麦などが含まれる．パンに使用される小麦は，3種の異なる親種に由来する雑種であり，それぞれの親からの2組で構成される6組の染色体をもつ．植物遺伝学者は，化学薬品を使用して細胞分裂時の失敗を誘発し，実験室で新たな倍数体を作製している．この進化プロセスを活用することで，望ましい性質を有する新しい雑種を生成することができる．

生物学者はまた，同所的種分化の過程にあるような分集団の例を示した．いくつかの例において，集団中の分集団では，湖の浅い生息地と深い生息地のように，異なる生息地の食料源を活用するような適応が生じる．別の例では，雌の魚の，色に基づいて交配相手を選択する性選択の一型により，急速な生殖隔離が生じた．繁殖成功への直接的な影響のため，性選択は集団内の遺伝子流動を止めることができ，したがって，同所的種分化における重要な因子である可能性がある．しかし，同所的種分化で最も頻繁に観察されるメカニズムは，単一世代で生じる大規模な遺伝的変化を伴う．✓

島嶼：種分化の見本市

ガラパゴス諸島やハワイ諸島のような火山島では，形成された当初は生物がいない．時間が経つにつれて，海流や風により移入者が入り込む．これらの生物のいくつかは，足がかりを得て新しい集団を確立する．新しい環境では，これらの集団は遠く離れた親集団から大きく分化することがあり得る．それに加え，物理的に多様な生息地があり，隔離による進化が可能なほどに十分離れているが，ときおりの分散が起きるほどには近い島嶼は，多数の種分化イベントが起きる場所である．

500万年〜100万年前に海中火山によって形成されたガラパゴス諸島は，世界の偉大な種分化の見本市の1つである．そこでは，地球上の他のどこにも見られない多数の植物，カタツムリ，爬虫類，鳥が暮らしている．たとえば，島々には，ダーウィンが世界一周航海中に収集したため，しばしばダーウィンフィンチ類とよばれている14種の近縁のフィンチがいる（**図13.3参照**）．これらの鳥は，フィンチに似た多くの特徴を共有するが，その食性や食物に特化したくちばしが異なる．フィンチのさまざまな食物には，昆虫，大型あるいは小型の種子，サボテンの果実，および他種の卵などがある．キツツキフィンチは樹木から昆虫をほじくるための道具として，サボテンの棘や小枝を使用する．「吸血」フィンチは，海鳥の背中に傷をつけてそこをつつき，血を飲むことによって種子や昆虫の食性を補う．**図14.11**には，特定の食性に適応した独特のくちばしをもつ，フィンチのいくつかの例を示している．フィンチはくちばしだけでなく，生息地も異なる．ある種は樹上にすみ，他は大半の時間を地面で過ごす．

どのようにして，14種のダーウィンフィンチが，島の1つに移入した鳥の祖先の小集団から進化したのだろうか？完全に島に隔離された創始者集団が，自然選択により新しい環境に適応して大幅に変化し，ひいてはそれが新種となったのかもしれない．その後，この新種の少数の個体が，隣の島に移住して異なる環境下で，この新たな創始者集団が自然選択によって十分に変化し，また別の新種になった可能性がある．これらの鳥のいくつかは，生殖の障壁により異なる種として維持された場合，最

> **✓チェックポイント**
> どのようなメカニズムにより，同所的種分化の多くの観測事例が説明されるか？また，それはなぜか？
>
> 答え：性選択によるなど，生殖分離のつくり出る．単一世代で起こる大規模な遺伝的変化が関係する．

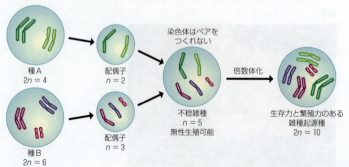

▼図14.10 **植物の同所的種分化**．異なる2種からの配偶子により，無性生殖が可能な不稔の雑種がつくられる．このような雑種は，最終的に倍数体化により新しい種を形成することがある．

サボテン種子食（サボテンフィンチ）

道具を使う昆虫食（キツツキフィンチ）

血と種子，昆虫食（「吸血」フィンチ）

▲図 14.11　特殊な食性に適応したくちばしをもつガラパゴスフィンチ．

初の島に移入してももとの祖先種と共存することができるだろう．複数回の，ガラパゴスの多くの隔離した島への移入・定着と種分化の繰り返しがおそらく続いた．今日では，ガラパゴス諸島のそれぞれの島には数種のフィンチが共存しており，島によっては 10 種ほどのフィンチがいる．種特異的な鳴き声による生殖隔離は，別種を維持するのに役立っている．

進行中の種分化の観察

数世代以内に集団において明らかになり得る小進化的変化とは対照的に，種分化のプロセスは，しばしば非常にゆっくりである．それゆえ，種分化が起きているのを見ることができることを知って驚くかもしれない．生命は数十億年にわたって進化してきて，これからも進化し続けることを考えてみよ．現在の生物種は，スナップショット，すなわち，この長大な時間の中の一瞬を表している．環境は変化し続け，ときには人間の影響により急速に，自然選択が集団に働き続ける．これらの集団のいくつかは，最終的に種分化につながるような変化が起きていると想定するのが妥当である．集団の分化を研究することにより，生物学者に種分化プロセスへの窓が提供される．

研究者は，集団が現在，異なる食料資源を使用するか，異なる生息地で繁殖するように分化しているなど，少なくとも数十の例を報告している．その例の多数は，異なる餌植物を食する昆虫である．よく研究された例の1つでは，米国への移民がリンゴの木を植えたことにより，サンザシの果実を餌にしていたハエの分集団は，新しい資源としてリンゴを利用するようになった．ハエの 2 集団はまだ亜種と見なされているが，研究者はそれらの間の遺伝子流動を厳しく制限するメカニズムを特定した．他の例では，生物学者は，雄の求愛行動の違いの結果として分化した動物の集団を特定した．

生物学者は，継続的に進行中の進化を研究するために，観察を行うとともに実験を考案しているが，進化の証拠の多くは化石記録から来ている．そして，化石記録は，新種がかたちづくられる時間の長さや，どのくらいで集団が別の新種となるのに十分なほど分化するかなどの，種分化の期間について何を語るのだろうか？ 84 群の動植物の調査の結果では，種分化に必要な時間は 4000 年〜4000 万年の範囲であった．このような長い期間は，地球上の生命が進化するのには長大な時間が必要であったことを物語っている．

これまで見てきたように，種分化は，小さな差異から始まることがある．しかしながら，種分化は，繰り返し何度も起きるので，これらの差異は蓄積し，最終的には四足の陸上動物からのクジラの進化のように**（図 13.6 参照）**，祖先とは大きく異なる新しい群が誕生する可能性がある．複数の種分化および絶滅の累積的効果は，化石記録により物語られる劇的な変化をつくり上げる．次に，このような変化の検討を始める．

14章
生物多様性はいかに進化するか

地球の歴史と大進化

ここまで，どのように新種が生まれるかを見てきて，大進化に注目する準備ができた．**大進化 macroevolution** は，種より上の階層での進化的変化であり，たとえば，一連の種分化イベントを通しての，新しい生物群の起源である．大進化にはまた，大量絶滅とその後の生命の多様性の回復の影響も含まれる．大進化の理解を，生命の多様性が進化した地質学的時間の期間を見ることから始める．

化石記録

化石記録は過去に生きていた生物の証拠である（図 13.5 参照）．堆積岩の層序の化石は，地球上の生命の記録を供給する．すなわち，各岩石層は，体積物が沈殿したときに存在した生物の地域サンプルを含む．したがって，岩層に化石が現れる順序である化石記録は，大進化の記録保管庫である．たとえば，グランドキャニオンの壁を縁から底まで見ていくことにより，数億年を振り返る（図 14.12）．新しい地層は古い地層の上に形成される．それに対応して，新しい化石は表面に近い層で発見され，最も深い地層には最も古い化石が含まれている．しかし，これは相対的な化石の年代のみを示す．古い家の壁紙の層をはがすように，それぞれの層が付け加わった年代ではなく，層がつくられた順序のみが参照可能なのである．

多くの場所を調査することによって，地質学者は，地質年代の順序を分割した**地質学的な時間尺度 geologic time scale** を確立した．表 14.1 に示される時系列は，大きく4つに分けられる．先カンブリア時代（約5億4000万年以前の時代の一般用語），古生代，中生代，新生代というように時代が続く．これらの各年代は，地球と生命の歴史の中で，異なった時代を表す．年代の境界は大量絶滅によって示される．そのときには，多く生命形態は化石記録から消え，生き残った生物から多様化した種に入れ替わった．

地質学者が岩石の年代を調べるときの最も一般的な方法は，放射性同位体の崩壊に基づく**放射年代測定 radiometric dating** である（図 2.17 参照）．たとえば，生きている生物は，一般的な炭素 12 と放射性同位体である炭素 14 を大気中と同じ割合で含む．死んだ後は，炭素を集積するのをやめ，組織中の安定した炭素 12 は変化しない．しかし炭素 14 は，放射性崩壊により減少する．炭素 14 は 5730 年の半減期をもつので，5730 年で炭素 14 の半分が崩壊し，残りの炭素 14 は次の 5730 年で半減する．

炭素 14 は，比較的新しい化石，約 7 万 5000 年以上の年代決定に有用である．ウラン 235（半減期は 7130 万年）やカリウム 40（半減期 13 億年）のような，より長い半減期をもつ同位体もある．しかし，生物は体中にそれらの元素を含んでいない．そのため，科学者はより古い化石の年代決定には間接的な方法を用いる．一般的に使用される方法の1つは，化石が発見された堆積層の上下の火山岩や火山灰の層の年代を決定するものである．化石の年齢は，これらの2つの時代の間と推定される．カリウム-アルゴン年代測定法は，しばしば，たとえば，火山岩に使用される．ウランの同位体は，他の種類の古い岩石に有用である．

▼図 14.12　**グランドキャニオンの堆積岩の層序．** コロラド川は 1600 m 以上の深さに岩を切り進んだ．そして，膨大なページの生命の本のような堆積物層序を露出させた．各々の層には，地球の歴史のその時期における生物相を表す化石が埋め込まれている．

> もしグランドキャニオンの崖から飛び降りれば，地面に衝突する前に，40 の岩層と数億年の地質の歴史を通過する．

地球の歴史と大進化

表 14.1　地質年代スケール

地質年代	紀	世	年代（100万年前）	生命の歴史での重要な出来事
新生代	第四紀	完新世	0.01	有史時代
		更新世	1.8	氷期；人類の出現
	第三紀	鮮新世	5	ヒト属の起源
		中新世	23	哺乳類と被子植物の連続的種分化
		漸新世	34	サルを含む霊長類の起源
		始新世	56	被子植物の増加；大部分の現生哺乳類の目が出現
		暁新世	65	主要な哺乳類，鳥類，送粉昆虫の種分化
中生代	白亜紀		145	被子植物の出現；ほとんどの恐竜の系統を含む多くの生物群がこの時代の終わりに絶滅（白亜紀の大絶滅）
	ジュラ紀		200	引き続き裸子植物が優占；恐竜が優占
	三畳紀		251	球果類（裸子植物）が陸上景観で優占；恐竜，初期の哺乳類，鳥類の種分化
古生代	ペルム紀		299	多くの海生，陸生生物の絶滅（ペルム紀の大絶滅）；爬虫類の種分化；哺乳類型爬虫類と主要な現生昆虫の目の起源
	石炭紀		359	維管束植物の広大な森林；最初の種子植物；爬虫類の出現；両生類が優占
	デボン紀		416	硬骨魚の多様化；最初の両生類と昆虫類
	シルル紀		444	初期の維管束植物が陸上を優占
	オルドビス紀		488	海産藻類が豊富に；多様な菌類，植物，動物が陸上に進出
	カンブリア紀		542	ほとんどの現生の動物門が出現（カンブリア爆発）
先カンブリア時代			600	藻類の多様化と軟体動物の出現
			635	最古の動物化石
			2100	最古の真核生物化石
			2700	酸素が大気に集積開始
			3500	既知の最古の化石（原核生物）
			4600	地球の誕生

相対的時間間隔：新生代／中生代／古生代／先カンブリア時代

313

プレートテクトニクスと生物地理学

もし地球の写真を，1万年ごとに宇宙から撮影してつなぎ合わせたら，驚くべき映画ができあがる．私たちがすむ，一見「堅い」大陸は，地球の表層を漂っている．**プレートテクトニクス** plate tectonics の理論によると，大陸と海底は地殻とよばれる固い岩からできている薄い外層からできていて，マントルとよばれる高温の粘性物質の塊を覆う．地殻は，しかし，1つの連続した広がりをもつものではない．それは巨大な，マントルの上に浮く不規則な形状のプレートに分割されている（図14.13）．大陸移動とよばれるプロセスでは，マントルの動きがプレートを移動させる．いくつかのプレートの境界は，地質活動のホットスポットとなっている．いくつかのケースでは，2つのプレートがすれ違ったり，互いに衝突するときには地震という，直接的な激しい地質活動として影響を受ける（図14.14）．動きは極端に遅く，爪の成長速度よりそれほど速くない速度であり，大陸は地球の歴史の中の長期間にわたって数千kmを漂流している．

大陸移動は惑星の物理的構造を改変し，生物が暮らす環境を変えることにより，生命の多様性の進化に多大な影響を与えた．大陸移動の継続的な物語の2つの出来事は，特に生命に強い影響を及ぼした．およ

▲図14.14　2011年3月に発生した，日本の東北地方沖の地震による津波．日本は，4つの異なるプレートの上に位置する．プレートが移動し，互いにぶつかることにより，頻繁に地震が発生する．

そ2億5000万年前，古生代の終わりの近くで，プレート運動により，以前，離れていた陸塊はすべて，「すべての土地」を意味するパンゲアとよばれている超大陸にまとまった（図14.15）．どのような影響を生命に与えたかを想像してほしい．隔離して進化していた種は一緒になり，競争が起こった．大陸は何百万年以上にもわたり結合していたので，海岸線の総量は減った．海盆が深くなり，海水面は低下して，浅い沿岸域を干上がらせたという証拠もある．それから，現在のように，大部分の海洋種は浅瀬にすんでいたため，パンゲアの形成

▼図14.13　地球の構造プレート．赤い点は，地震や火山噴火などの激しい地質活動が起きる場所を示している．矢印は，大陸移動の方向を示す．

凡例
 激しい地質活動が起きる場所
↑ 動く方向

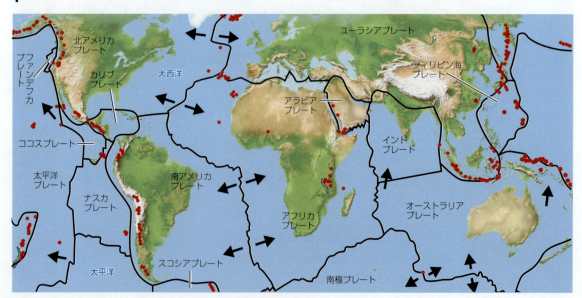

はその生息地のかなりの量を破壊した．おそらく同様に陸上の生命にとっても長い，大きな障害となっただろう．陸地が一緒になったとき，沿岸の地方より乾燥してより不規則な気候となる大陸内部は，大幅に面積が増加した．海流も変えることになり，疑いなく海洋生物と同様に陸上生物にも影響を及ぼした．パンゲアの形成は，多くの絶滅を引き起こし，生き残った生物に新しい機会を与えることにより，生物の多様性を再構築する相当な環境影響が起きた．

大陸移動の歴史の第2の劇的な出来事は，中生代中期に始まった．パンゲアはバラバラになり始め，巨大な規模の地理的隔離を引き起こした．大陸が離れたため，気候が変わり生物は多様化して，各大陸は別々の進化の舞台となった．

大陸の結合と分離の歴史は，過去と現在の生物分布を研究する**生物地理学 biogeography**の多くの疑問を解決した．たとえば，アフリカの南岸に位置する大きな島であるマダガスカルにすむほとんどすべての動植物は固有である．これらはマダガスカルがアフリカやインドから分離した後に祖先集団から分化したものである．たとえば，現在マダガスカルに分布する50種以上のレムール（キツネザルの仲間）は過去4000万年の間に共通祖先から進化した．

大陸移動はまた，オーストラリアを他の大陸から分離した．オーストラリアと近隣の島々には，そのほとんどが世界の他の場所では見られない，200種類以上の有袋類がすんでいる（図14.16）．カンガルー，

インドはちょうど1000万年前にユーラシア大陸と衝突した．そして，地球の山脈の中で最も高く，最も若いヒマラヤ山脈がつくられた．

中生代中期に，パンゲアは北（ローラシア）と南（ゴンドワナ大陸）の大陸に分かれ始めた．それらは後に現代の大陸に分裂した．

パンゲアは約2億5000万年前につくられた．

◀図14.15　**プレートテクトニクスの歴史**．乗客に乗り物酔いを引き起こしそうもないゆっくりとした速さではあるが，大陸は漂い続ける．

コアラやウォンバットなどのような有袋類は，胎児が母親の体外の袋の中で胚発生を完了する哺乳類である．世界の他の場所では，胎児が母親の子宮内で発生を終える真獣類（胎盤動物）の哺乳類がほとんどを占めている．現在の世界地図を見ると，有袋類はオーストラリア大陸のみで進化したと仮定するかもしれない．しかし，有袋類は，オーストラリアに固有のものではない．100種以上の有袋類が中南米に分布する．北米にもバージニアオポッサムをはじめとした数種が分布する．有袋類の分布

▼図14.16　**オーストラリアの有袋類**．オーストラリア大陸は，他の大陸では真獣類が占めている生態的役割をもつ多様化した有袋類などの，多くの固有の動植物が分布する．

肉食のタスマニアデビル　　　雑食のフクロモモンガ　　　植食のコアラ

14章
生物多様性はいかに進化するか

☑ **チェックポイント**
パンゲア超大陸の時代には地球上にはいくつの大陸があったか？

答え：1つ

は，有袋類は大陸が分裂する以前に出現したという，大陸移動という背景でのみ理解可能である．化石の証拠によると，有袋類は現在のアジア地域のどこかに起源をもち，のちに，南米がまだ南極大陸から離れる前に，南米の南端に分布拡大したことが示唆される．大陸移動によりオーストラリアが南極から分離する前に，有袋類の「海上に浮かぶ」大きないかだとなり，現在のオーストラリアにつながった．他の大陸では，ほとんどの有袋類が絶滅したのに対し，オーストラリアに分布していた少数の初期真獣類は絶滅した．オーストラリアに隔離された有袋類は，他の大陸において真獣類が占めたのと類似の生態学的役割を満たして，進化と多様化が起こった．☑

大量絶滅と生命の爆発的多様化

本章冒頭の「生物学と社会」のコラムで議論したように，化石記録により過去5億4000万年の間に5度にわたる大量絶滅*が起きたことが明らかになっている．それぞれの事件では，地球上の50％以上の種が死滅している．これらの大量絶滅の中で，ペルム紀末と白亜紀末に起きた絶滅は詳しく研究されている．

＊訳注：オルドビス紀末，デボン紀末，ペルム紀末，三畳紀末，白亜紀末の絶滅を指す．

ペルム紀の大量絶滅は，大陸が融合して超大陸パンゲアが形成されたときであるが，96％の海産生物種が犠牲になり，陸上の生物についても同様に犠牲が出た．同じくらい顕著な大量絶滅が白亜紀末に起きている．1億5000万年前には，恐竜は地球の陸，空を優占していたが，一方，哺乳類は小型で少数であり，今日の齧歯類に類似していた．その後，6500万年前には，ほとんどの恐竜は絶滅し，1系統の子孫である鳥類のみが生き残った．顕著な大量絶滅（全種の半分が絶滅）が，地質時間では短い期間である1000万年以内で起こっている．

しかし，破壊には別の側面がある．それぞれの種多様性の大量減少の後には生き残ったものからの爆発的な多様化が起こっている．絶滅は，生き残った生物に新しい環境への機会を提供する．たとえば，哺乳類は，白亜紀の後の多様性の爆発的増加が起こる前に，少なくとも7500万年以上も存在していた．哺乳類が顕著になったのは疑いなく恐竜の絶滅による大きな空白が関係している．もし多くの恐竜の系統が白亜紀の絶滅から逃れていたり，哺乳類が生き残っていなかったら，世界は今日とはずいぶん違っていたであろう．

大量絶滅　科学のプロセス

隕石が恐竜を死滅させたのか？

何十年もの間，科学者は6500万年前に起こった恐竜の絶滅の原因について議論を闘わせてきた．多くの観察により証拠が提示された．化石記録は気候が寒冷になり，浅い海は大陸低地から後退したことを示している．また，多くの植物種も死滅したことを示している．おそらく，最も有力な証拠は，カリフォルニア大学の物理学者ルイス・アルバレズ Luis Alvarez と息子の地質学者ウォルター・アルバレズ Walter Alvarez によって発見された．1980年に，6500万年前くらいに堆積した岩がイリジウムに富んだ粘土層の薄層を含むことを発見した．イリジウムは地表ではまれな元素であるが，隕石や地球に時折降ってくる地球外の物質中にはふつうに見られる．この発見はアルバレズの研究チームに次のような疑問を提起した．イリジウムの層は，大隕石か小惑星が地球に衝突したときに大気中にまき散らした大規模な粉塵の雲が降り積もってできたものだろうか？

アルバレズ親子は，6500万年前の大量絶滅は地球外物質の衝突により起こったという仮説を立てた．この仮説は明白な予測を生む．この時代の巨大な衝突によるクレーターが地球の表面のどこかで見つかるはずである（これは，直接の実験ではなく検証可能な観察に頼る発見科学のよい例である．1章を参照）．1981年に，2人の石

図 14.17 惑星地球と白亜紀の生命の外傷.

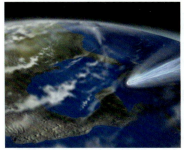

小惑星または彗星の衝突の再現図.

衝突の直接の影響は，おそらく数時間以内に北米の多くの動植物を死滅させることになった厚い霧と粉塵の雲であった．

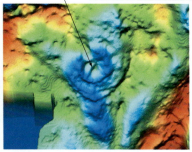

チクシュルーブ・クレーター

6500万年前にできたチクシュルーブ・クレーターは，メキシコのユカタン半島の近くのカリブ海にある．クレーターの蹄鉄形と堆積岩の中の破片のパターンは，小惑星または彗星が南東から低い角度で衝突したことを示す．

油地質学者はアルバレズ親子の仮説により予測された結果としてメキシコのユカタン半島に近いカリブ海にチクシュルーブ・クレーターを発見した（図14.17）．この衝突場所は，約 180 km の幅であり，予測された年代に，直径約 10 km（約 100 個のフットボール場以上）の隕石か小惑星が地球に衝突したときにつくられ，世界に保有されている核兵器を合わせたよりも数千倍も大きなエネルギーを放出した．このような雲は，太陽光をさえぎり，何か月にもわたり気候を厳しく混乱させ，多くの植物種を死滅させた．その結果，これらの植物に食物を頼っていた動物も死滅させたであろう．

議論は，この衝突単独で恐竜を死滅させたか，あるいは他の要因——たとえば大陸の移動や火山活動など——も関与していたかについて続けられている．しかし，多くの科学者はチクシュルーブ・クレーターをつくった衝突が地球規模での気候変動と大量絶滅の主要要因であるとすることでは一致している．

大進化のメカニズム

化石記録は，生命の歴史の中で何が大きな事象か，それがいつ起こったかを物語ることができる．大陸移動と大量絶滅に続く生存者の多様化は，どのようにこれらの変化が起こったかについての全体像の眺望を提供してくれる．しかし，現代の科学者は，化石記録に見られる大進化的変化の根底にある基本的な生物学的メカニズムを説明することがしだいにできるようになっている．

小さな遺伝的変化による大きな効果

進化生物学と発生生物学の研究分野の境界領域，すなわち進化発生学（英語を略してエボデボ evo-devo）とよばれる研究分野で働く研究者は，わずかな遺伝的変化が，どのように種間の大きな構造上の差異に拡大されるかを研究している．マスター制御遺伝子であるホメオティック遺伝子は，受精卵から成体に発生するときの，生物のかたちの変化の速度，タイミング，および空間パターンを制御することにより，発生を制御する．これらの遺伝子は，ショウジョウバエのどこに翅や脚の対が現れる

◀ 図 14.18 幼形進化．アホロートル（サンショウウオ）は，鰓を含む幼生の特徴を保持したまま，ここで示した成体になり，繁殖する．

14章 生物多様性はいかに進化するか

かなどの基本的な発生プログラムを決定する（図11.9参照）．発生プログラムの微妙な変化は，大きな影響をもつことができる．したがって，ホメオティック遺伝子の数，塩基配列，調節の変化は，体の形態の膨大な多様性につながっている．

発生イベントの速度の変化により，脊椎動物の相同な四肢における骨の変化が説明できる（図13.7参照）．成長率の増加は，コウモリの翼の非常に長い「指」の骨をつくり出した．脚や骨盤の遅い成長率により，クジラでは後肢が最終的に欠損した（図13.6参照）．一方，四肢をもつトカゲのような祖先からのヘビの進化における四肢の欠損は，ホメオティック遺伝子が発現する空間パターンの違いから生じた．

印象的な進化的変化はまた，発生プログラムのタイミングの変化に起因する可能性がある．図14.18は，アホロートルの写真である．これは，祖先種で幼生の特徴である身体構造を成体でも保持する**幼形進化 paedomorphosis** とよばれる現象を示すサンショウウオである．アホロートルは，サンショウウオのほとんどの種の幼生で見られる外鰓を失うことなく，成体の大きさに成長し，繁殖する．

幼形進化は，ヒトの進化でも重要であった．ヒトとチンパンジーは，体の形態の点では，成体より胎児のほうがずっと似ている．両種の胎児において，頭は丸く，顎は小さく，顔は平らである（図14.19）．発生が進行に従い，顎の加速された成長により，成体のチンパンジーの細長い頭蓋骨，傾斜した額，巨大な顎が形成される．ヒトの系統では，頭蓋骨の他の部分に対する顎の相対的な成長速度を鈍化させる遺伝的変化により，子どもやチンパンジーの赤ちゃんに似た成体の頭骨がつくられる．大きな頭骨と複雑な脳は，ヒトの最も明らかな特徴である．脳の成長は，発生のかなり後まで続くので，ヒトの脳はチンパンジー脳に比べて大きい．チンパンジーの脳と比較して，ヒトの脳は数年長く成長し続ける．そして，それは幼年期のプロセスが延長されたと解釈することができる．

次に，新しく複雑な構造がどのような進化プロセスでつくられるかを見ていく．

生物学的新奇性の進化

図14.6の2匹のリスは異なる種である．しかし，彼らはほとんど同じ方法で生活している非常に類似した動物である．似ていない生物群間の劇的な違い，たとえばリスと鳥の間の違いはどのように説明できるのか？ 漸進的変化のダーウィンの理論は，眼や羽毛の構造のような新しい種類（新奇構造）の複雑な構造の進化を説明することができるか考えてみよう．

構造と機能

古い構造の新しい機能への適応

鳥の羽毛による飛行は，構造と機能の完璧な調和である．鳥の飛行に，明らかに不可欠な羽毛の進化を考えてみよう．飛行羽

チンパンジーの幼児　　チンパンジーの成体

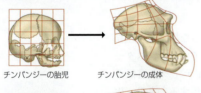
チンパンジーの胎児　チンパンジーの成体

ヒトの胎児　ヒトの成体（幼形進化形）

▲図14.19 **ヒトとチンパンジーの頭の発生の比較．** 非常に類似した胎児の頭（左）から始まり，頭をつくっている骨の異なる成長率により，大きく異なるプロポーションをもつ成体の頭ができ上がる．グリッド線は，胎児の頭と成体の頭の関連を見るのを補助する．

▼図14.20 **絶滅した鳥．** 始祖鳥 *Archaeopteryx* とよばれるこの動物は，およそ1億5000万年前，中央ヨーロッパの熱帯の干潟の近くで生きていた．今日の鳥のように，風切り羽をもっている．しかし，それ以外は，その時代の小さな二足歩行の恐竜に似ている．始祖鳥は，おそらくおもに樹上から滑空をしていたのであろう．その羽にもかかわらず，始祖鳥は今日の鳥の祖先と考えられていない．それは鳥の系統中で絶滅した横枝を代表するものであろう．

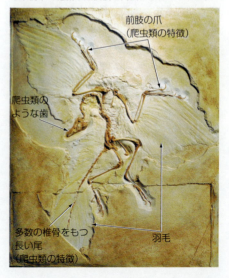

前肢の爪（爬虫類の特徴）
爬虫類のような歯
多数の椎骨をもつ長い尾（爬虫類の特徴）
羽毛

では、羽枝とよばれる分離した糸状構造が、付け根から先端まで通る中心軸から出ている。各羽枝は、多くのジッパーの歯のようにふるまう小さなフックにより、隣の羽枝に結合されている。それにより、強力で柔軟な、しっかりと接続された羽枝のシートを形成している。飛行では、さまざまな羽の形状や配置により、なめらかな上昇気流を生成し、操舵とバランスを支援する。このような美しい複雑な構造はどのように進化したのだろうか？ 最古の鳥類化石の1つである始祖鳥に見られる爬虫類の特徴は、ダーウィンの時代（図14.20）に手がかりを提供したが、決定的な答えが1996年に出された。鳥類は、地球上で最初の羽毛をもつ動物ではなく、恐竜が最初であるという答えである。

最初の羽毛恐竜は、中国東北部で1億3000万年前の化石として発見され、「中国の翼トカゲ」を意味するシノサウロプテリクス *Sinosauropteryx* と命名された。ほぼ七面鳥と同じ大きさで、短い腕をもち、バランスをとるための長い尾を使い、後脚で走っていた。あまり目立たない翼は、ふかふかした毛のような羽毛で覆われていた。シノサウロプテリクスの発見以来、数千の羽毛恐竜の化石が発見され、30以上の異なる種に分類された。そのいずれもきちんと飛行することができなかったが、これらの種の多くは、現代の鳥がうらやむような精巧な羽毛をもっていた。しかし、これらの化石に見られる羽毛が飛行のために使用されず、また爬虫類の骨格は飛行に適していなかった。羽毛が飛行より前に進化したのであれば、その機能は何だったのだろうか？ その最初の用途は保温のためであったかもしれない。前肢の表面積を増加させる、より長い羽状の前肢と羽毛は、交配時のディスプレイ、体温調節、または擬態（今日、羽がもつすべての機能）のような他のいくつかの役割として機能した後、飛行に使用された可能性がある。最初の飛行は、樹上に生息する種が、地上へ、あるいは枝から枝への短い滑空のみであったかもしれない。一度、飛行自体が利点となったら、自然選択が追加された機能に合わせて羽毛と翼を改良したであろう。

羽毛のような、1つの目的のために進化したが、別の機能にも利用されるようになる構造は外適応とよばれている。しかし、外適応は、構造が将来の使用を予測して進化していることを意味するものではない。自然選択は、未来を予測することはできない。ただ、現在の役割との関連でのみ、既存の構造を改善することができる。✓

大進化のメカニズム

✓チェックポイント
外適応の概念では、構造が将来の環境変化を見越して進化することを意味しない理由を説明せよ。

答え：外適応は、新しい環境または追加の環境に役立つ構造であるが、それは以前に存在していた機能に役立っていたものである。

▼図14.21 **軟体動物における眼の複雑性の範囲**．イカの複雑な眼は小さなステップの積み重ねで進化した。たとえ最も簡単な眼でさえ、その所有者には有用である。

色素沈着細胞のパッチ	眼杯	単純なピンホールの眼	原始的なレンズをもつ眼	複雑な角膜-レンズ型の眼
色素沈着細胞（光受容体）／神経繊維	色素沈着細胞／眼杯／神経繊維	液体で満たされた空洞／視神経／色素沈着細胞層（網膜）	透明な保護組織（角膜）／レンズ／網膜／視神経	角膜／レンズ／網膜／視神経
カサガイ	アワビ	オウムガイ	海産巻き貝	イカ

単純な構造から複雑な構造への漸進的段階

最も複雑な構造は，複雑さの突然の出現ではなく，洗練のプロセスにより，同じ基本的な機能をもつ単純なバージョンから，小さなステップで進化してきた．脊椎動物とイカの，すばらしいカメラのような眼を考えてみよう．これらの複雑な眼は独立して進化しているが，両者の起源は，光受容細胞の単純な祖先パッチから各段階でその所有者が恩恵を受けたであろう，一連の増加的変化をたどることができる．実際，光感受性細胞は単一の進化的起源であるように見え，脊椎動物，無脊椎動物を問わずすべての動物の眼の発生は，同じマスター遺伝子によって制御されている．

図 14.21 は，大規模かつ多様な門である現生の軟体動物の，眼の構造における複雑性の範囲を示している．色素沈着細胞の単純なパッチにより海岸の岩に付着する単殻の軟体動物であるカサガイが，暗と明を区別するのに役立つ．影がカサガイの上に落ちたら，被食の危険を回避する行動的適応として，よりしっかりしがみつく．他のあるものは，レンズや画像の合焦のための他の手段をもっていないが，光の方向を示すことができる眼杯をもっている．複雑な眼をもっている軟体動物では，この器官はおそらく適応の小さなステップの積み重ねにより進化した．図 14.21 では，このような小さなステップの積み重ねの例を見ることができる．

生命の多様性の分類

分類学におけるリンネ体系（図 13.1 参照）は，生命の多様性をグループ化するのにきわめて有用である．しかしダーウィン以来，生物学者は，進化的関係を反映した分類をつくるという，単純な組織化を超えた目標をもった．言い換えれば，生物を命名，分類する方法は，「生命の樹」の中の位置を反映しなければならない．分類学を含む**体系学 systematics** は，生物を分類し，その進化関係を決定することに焦点を当てた生物学の分野である．

分類と系統

生物学者は，種の進化の歴史，すなわち系統についての仮説を表すために，**系統樹 phylogenetic tree** を使う．これらの図表は，より広範な群内に入れ子にされた群の階層的分類を反映する．図 14.22 の系統樹は，いくつかの食肉目の動物の分類と推定される進化関係を示す．各々の分岐点が共通祖先からの2つの系統の分化を示すことに注意しよう（図 13.9 の四肢類の系統樹を思い起こすだろう）．

系統を理解することにより，実用的な用途に利用できる．たとえば，トウモロコシは，世界的に重要な食用作物である．それはまた，ポップコーン，トルティーヤ，チップス，およびアメリカンドッグの衣として，お気に入りのスナックを提供してくれる．数千年の人為選択（選抜育種）により，岩のように堅い穀粒の小さな穂をもつ貧弱な草から，今日のトウモロコシに変化

▼図 14.22　**食肉目の一群の分類と系統の関係**．階層的な分類は，系統樹のより細かい分岐が反映される．系統樹の各分岐点は，その分岐点の右側の種の共通祖先を表す．

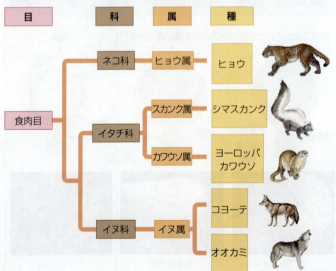

した．このプロセスでは，植物のもとの遺伝的変異の多くがそぎ落とされた．トウモロコシの系統樹を構築することにより，研究者はトウモロコシに最も近縁な2種のイネ科植物の野生種を同定した．これらの植物のゲノムは，交配や遺伝子工学により栽培トウモロコシに移すことができる，病害抵抗性や他の有用な形質を提供する対立遺伝子を保有しているかもしれない．これらは，将来の病気の発生またはその他の環境変化に対しての保険となる可能性がある．

2種のイネ科草本からの対立遺伝子が，トウモロコシのよりよい穂をつくるために利用できるかもしれない．

相同形質の識別

異なる種の相同構造は，かたちや機能の点で異なるかもしれないが，共通祖先の同じ構造から進化したため，基本的な類似点を示す．脊椎動物では，たとえば，クジラの前肢は水中で操作するように適応している．一方，コウモリの翼は飛行に適応している．それにもかかわらず，多くの基本的な類似点が，これらの2つの構造を支える骨に見られる（図13.7 参照）．それゆえ，相同構造は，系統関係についての最もよい情報源の1つである．2種間の相同構造の数がより多いほど，種はより近縁である．

相同形質を探すときには落とし穴がある．つまり，似たものすべてが，共通祖先から受け継がれてきたものというわけではない．異なった進化系統の種において，自然選択により類似した適応がかたちづくられたなら，表面的には類似する特定の構造ができることもある．これは，**収斂進化**

convergent evolution とよばれている．収斂進化による類似性は，**相似 analogy** とよばれ，相同ではない．たとえば，昆虫の翅と鳥の翼は，相似の飛行装置である．それらは独立して進化し，まったく異なる構造からできている．

2種の胚発生を比較することにより，しばしば成熟した構造でははっきりしない相同性を明らかにすることができる（たとえば図 13.8）．相同と相似を区別するには，別の手がかりがある．2つの類似した複雑な構造は，独立して進化した可能性が低い．たとえば，ヒトとチンパンジーの頭を比較してみよう（図 14.19 参照）．それぞれは多くの骨が融合したものであるが，両種での骨と骨の対応はほとんど完全に合う．これほど多くが詳細に対応する複合な構造物が別々の起源をもつことはありそうもない．おそらく，これらの頭骨をつくることを指示する遺伝子が，共通祖先から受け継がれたのであろう．相同が共通祖先をもつことを反映するならば，生物の遺伝子と遺伝子産物（タンパク質）を比較することは，進化関係の核心に迫ることになる．2種がより最近共通祖先から分岐した場合ほど，DNA 配列とアミノ酸配列は，より類似している．科学者たちは，数千種の生物から1兆5000億以上の塩基配列を決定している．この巨大なデータベースは，系統研究のブームに火をつけ，多くの進化関係を明らかにした．また，いくつかの化石には，DNA 断片を抽出して現生生物と比較することができるほどに保存されている（図 14.23）．✓

生命の多様性の分類

☑ **チェックポイント**

ヒトの腕とコウモリの翼は，同じ祖先的原型から派生している．それゆえ，これらは___である．対照的に，コウモリの翼とハチの翅はまったく関連のない構造から分化した．それゆえ，これらは___である．

答え：相同；相似

▲図 14.23 **ネアンデルタール人の復元図**．人類の絶滅した一員であるネアンデルタール人から抽出した DNA により，科学者は，現代人との進化的関係を研究することができるようになった．

▼図 14.24 分岐学の簡単な例．

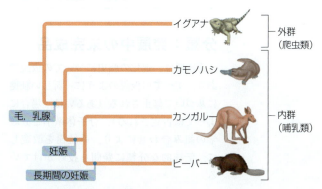

14章 生物多様性はいかに進化するか

相同形質による系統の推定

進化的関係を反映した形質である相同形質がある生物群について同定されたら、これらの形質はどのように系統樹を構築するのに使用されるのだろうか？ 最も広く使用されている方法は、分岐学とよばれている。**分岐学** cladistics では、生物は祖先の共有によってグループ化される。**クレード** clade（ギリシャ語の「枝」）は、祖先種とそれから進化したすべての子孫、すなわち、「生命の樹」における個々の枝で構成されている。したがって、クレードを同定することにより、進化の分岐パターンを反映した分類体系を構築することができる。

分岐学は、種は祖先のある形質を共有するが祖先とも異なるという、ダーウィンの「共通祖先からの変化を伴う継承」の概念に基づく。クレードを特定するため、科学者は内群を外群と比較する。内群（たとえば図 14.24 の 3 匹の哺乳類）は、実際に分析されている種群である。外群（図 14.24 では爬虫類を代表するイグアナ）は、分析されている群を含む系統群より前に分岐したことが知られている種あるいは種群である。内群のそれぞれのメンバーと外群とを比較することによって、どのような形質により内群と外群が区別できるかを決めることができる。内群のすべての哺乳類は、毛と乳腺をもつ。これらは、祖先の哺乳類で存在したが、外群にはない。次に、母親の体内の子宮で子どもを育てる妊娠は、カモノハシにはない（殻で包まれた卵を産む）。この欠如により、カモノハシが、哺乳類のクレードにおける初期の分岐点を表すと推測することができる。このようにして、私たちは系統樹をつくることができる。各々の枝は、共通祖先から分化した、それぞれが 1 つ以上の新しい特徴をもつ 2 群を表す。分岐の順序は、進化の順序とそれぞれの群が最後に共通祖先を共有した時期を表している。言い換えると、分岐学は、進化における分岐点を定める変化に焦点を当てる。

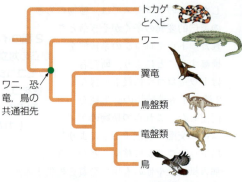

▲図 14.25 **どのように分岐学は系統樹を改変したか？** 分岐学の厳密な適用は、ときに、古典的分類学と対立する系統樹をつくり出す。

> 進化の歴史を縫い合わせることにより、何が何に関係するかがわかる。

分岐学的アプローチは、他の分類学の方法では必ずしも明らかでなかった進化関係をはっきりさせる。たとえば、生物学者は伝統的に鳥と爬虫類を脊椎動物の別の綱にした（それぞれ鳥綱と爬虫綱）。しかし、この分類は分岐学とは矛盾する。相同形質を調べると、鳥とワニが 1 つのクレードをつくることが示される。そして、トカゲとヘビはもう 1 つのクレードを形成する。単独のクレードをつくるために、ワニがトカゲやヘビと祖先を共有するまで戻るならば、爬虫綱には鳥も含めなければならない。図 14.25 の系統樹は、このように、伝統的な分類よりも、分岐学の結果によりよく一致している。 ✓

✓ チェックポイント

分類学と分岐学は、体系学として知られている生物学分野とどのように関連するか？

答え：分類学は、種の認識、命名、分類を取り扱う。分岐学は、共通祖先の視点から種の関係を評価する。 体系学は、分類学と分岐学の両方の分野の要素を取り込む。

分類：発展中の未完成品

系統樹は、進化の歴史についての仮説であり、すべての仮説のように、新しい証拠に基づいて修正される（あるいは、場合によっては否定される）。分子体系学と分岐学の組み合わせにより、系統樹を改変して、伝統的な分類に疑問を投げかけている。

リンネはすべての既知の生物を植物界と動物界に分類した。そして、この二界説は 200 年以上の間にわたり、生物学で普及していた。1900 年代中頃には、二界説は、すべての原核生物を 1 つの界に置き、真核生物を 4 つの界に分けた五界説に取って代わられた。

20 世紀の終わりに、分子情報による研究と分岐学により、**3 ドメイン体系** three-

domain system（図14.26）がつくられた．この現在の体系は，3つの基本的な群，すなわち細菌と古細菌という2つの原核生物のドメインと真核生物ドメインを認識する．細菌と古細菌は，多くの重要な構造的，生化学的，機能的な特徴において異なる（15章参照）．

真核生物ドメインは界に分割される．しかし，界の正確な数についてはまだ議論中である．生物学者は，一般に植物界，菌界と動物界については同意する．これらの界は，構造，発生と栄養取得方法において異なる多細胞真核生物からなる．植物は，光合成によって自らの食物を得る．菌類は，他の生物の遺体を腐敗させ，小さな有機分子を吸収して生きている．大部分の動物は，食物を摂取して，体内でそれを消化することによって生活する．

残りの真核生物である原生生物は，事実上，植物，菌類または動物の定義に合わないものすべてが含まれる分類学上の寄せ集めである．大部分の原生生物は，単細胞である（たとえばアメーバ）．しかし，原生生物にも，単細胞原生生物の直系子孫であると思われる大きな多細胞生物が含まれる．たとえば，多くの生物学者は，植物よりも単細胞藻類に密接な関係を有するため，海藻を原生生物に分類する．

地球上の多様な種の分類は，生物とその進化について解明していく現在進行中の作業であると考えることが重要である．チャールズ・ダーウィンは，『種の起源』に「我々の分類は，生物がどのようにつくられていったかという意味では，系図学になる」と記し，現代の体系学の目標を心に描いていた．☑

生命の多様性の分類

◀図14.26 3ドメイン分類体系．分子と細胞の証拠は，原核生物（細菌ドメインと古細菌ドメイン）の2つの系統が，生命の歴史のきわめて初期に分かれたという系統仮説を支持する．分子の証拠はまた，古細菌ドメインが，細菌ドメインよりも真核生物ドメインに近縁であることを示唆する．

✓チェックポイント

どのような種類の証拠により，生物学者は3ドメイン体系の分類をつくったか？

答：分子的および細胞的な証拠

大量絶滅　進化との関連

哺乳類の出現

本章では，大量絶滅とその地球上の生物進化に対する影響について学んだ．化石記録によると，各々の大量絶滅の後で進化的変化の時代が続いた．生き残った生物は新しい生育環境に適応し，多くの空いた生態的地位を埋めることにより，多くの新種が出現した．

たとえば，化石証拠は，哺乳類の種数が

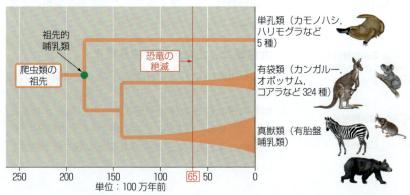

▼図14.27 恐竜絶滅後の哺乳類の種の増加．哺乳類は1億5000万年以上前に誕生したが，幅広い多様化が始まったのは，恐竜の絶滅の後だった．

アメリカクロクマ

およそ6500万年前，大部分の恐竜の絶滅の後に劇的に増加したことを示す（図14.27）．哺乳類は1億8000万年前に出現したが，6500万年前より古い化石の大部分は，小さくてあまり多様でなかったことを示している．初期の哺乳類は，より大きくてより多様な恐竜によって食べられていたか，競争に負けていたのかもしれない．大部分の恐竜の消失で，哺乳類は多様性と体の大きさにおいて拡大した．そして，かつて恐竜によって占められていた生態学的な役割を満たした．もし恐竜の絶滅がなかったならば，哺乳類は決して生息域を拡大できず，陸域の支配的な動物にならなかったかもしれない．したがって，人類の存在は，以前の種の終焉に負っているのかもしれない．死と更新のこのパターンは，自然選択による進化プロセスにより，地球での生物の歴史を通して繰り返されている．

本章の復習

重要概念のまとめ

種の起源

種とは何か？

生命の多様性は，1つの種が2種以上に分岐するプロセスである種分化により進化する．生物学的種概念によると，種は，自然界で交雑し，生殖可能な子孫を生産する可能性がある集団の群である．生物学的種概念は，種を定義する多くの方法の1つである．

種間の生殖的障壁

進化：種分化のメカニズム

ある集団の遺伝子プールが親種の遺伝子プールから切り離されるとき，分裂した集団は独自の進化の道筋をたどることができる．

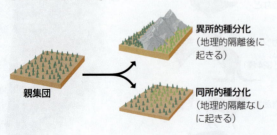

交雑に続く倍数体化は，植物の同所的種分化の一般的なメカニズムである．

地球の歴史と大進化

大進化は，たとえば，進化的新奇性および新しい種群の出現，大量絶滅とその後の生命の多様性の回復の影響などの，種レベル以上の進化的変化を意味する．

化石記録

地質学者は，先カンブリア時代，古生代，中生代，新生代という4分割により地質学的な時間尺度を確立した．化石の年代測定の最も一般的な方法は，放射年代測定である．

プレートテクトニクスと生物地理学

地殻は大きな不定形のプレートに分割されている．およそ2億5000万年前，プレートの運動によりすべての大陸は超大陸パンゲアにまとまった．この出来事は，大量絶滅を引き起こし，生き残った生物が多様化する新しい機会を提供した．およそ1億8000万年前，パンゲアは分裂し始め，地理的隔離を引き起こした．大陸移動は，オーストラリアの固有の有袋類のような，生物地理のパターンを説明する．

大量絶滅と生命の爆発的多様化

化石記録により，長く比較的安定した時期が，大量絶滅によって中断され，その後に，ある生き残った生物群の爆発性な多様化が起きることが明らかになった．たとえば，約6500万年前の白亜紀末の絶滅では，世界中でほとんどの恐竜を含む莫大な数の種が絶滅し

た．哺乳類は，白亜紀の後に多様性が大きく増した．

大進化のメカニズム

小さな遺伝的変化による大きな効果

種の個体発生を制御する遺伝子の小さな変化が，大きな影響を与えることがある．たとえば，祖先種では幼形のみがもつ体の特徴を，幼形進化では成体が保有する．

生物学的新奇性の進化

外適応は，1つの目的のために進化したが，目的外の機能にもしだいに適応するようになったものである．複雑な構造のほとんどは，同様の機能を有する単純なバージョンから徐々に進化してきた．

生命の多様性の分類

生物多様性の研究を行う体系学は，種の認識，命名，分類を行う分類学を包含する．

分類と系統

分類の目標は，種の進化の歴史である系統を反映することである．分類は，化石記録や相同構造，DNA塩基配列の比較に基づく．相同（祖先共有に基づく類似性）と，相似（収斂進化に基づく類似性）を区別しなければならない．分岐学では，関連する生物をクレードにまとめるのに共通した形質を用いる．クレードは生命の樹における独自の枝である．

分類：発展中の未完成品

現在では，生命は3ドメイン体系で，細菌，古細菌，真核生物に分類される．

セルフクイズ

1. 小進化，種分化，大進化を区別せよ．
2. かつて野鳥ガイドでは，キヅタアメリカムシクイとオーデュボンアメリカムシクイを一部では分布が重なった別種としていた．しかし，最近の版では，これらを同一種，キヅタアメリカムシクイの東型と西型となっている．明らかにムシクイの2型は，
   a．同じ地域に分布する．
   b．両者間で交雑可能である．
   c．外観上，ほとんど同一である．
   d．1種になるように混ざり合っている．
3. a〜dの各々の生殖的障壁は交雑前と交雑後のどちらか？
   a．ライラックの1種は酸性土壌に，他の種は塩基性土壌に生育する．
   b．マガモとオナガガモは，異なる季節に繁殖する．
   c．ヒョウガエルの2つの種は，異なる繁殖期の鳴き声をもつ．
   d．シロバナヨウシュチョウセンアサガオの2種の雑種子孫は，生殖期に至る前に死ぬ．
   e．マツのある種の花粉は，別の種を受精することができない．
4. なぜ，小さな孤立した集団は，大きな集団より種分化が起こりやすいのか？
5. 砂漠に適応した多くの動植物の種は，おそらくそこで起源したものではない．砂漠に暮らしている生物の成功は，おそらく＿＿＿（ある環境で進化した構造が，徐々に他の機能に適応すること）による．
6. 大量絶滅は，
   a．種の数を減らし，今日では生き残った生物は少ない．
   b．おもに大陸の分離により生じた．
   c．約100万年ごとに定期的に起こった．
   d．その後に，生き残った生物の多様化が起きた．
7. インドの動植物は，地理的に近い東南アジアの種とほとんど完全に異なる．なぜ，このようになっているのか？
   a．収斂進化によって分離したため．
   b．両地方の気候は，完全に異なるため．
   c．インドは，他のアジアと分離するところであるため．
   d．比較的最近まで，インドは別の大陸であったため．
8. 古生物学者は，ある岩石が生じたとき，放射性同位体であるカリウム40を12 mg含んでいたと見積もった．現在，この岩石は3 mgのカリウム40を含む．カリウム40の半減期は，13億年である．この情報から，この岩石がほぼ＿＿＿億年の古さであると結論づけることができる．
9. 生物学者はなぜ，系統樹を作成するときに，相同による類似と相似による類似を区別するのか？
10. 3ドメイン体系で，どの2つのドメインが原核生物を含むか？

解答は付録Dを見よ．

科学のプロセス

11. あなたが野外調査を行っていて，川の両岸に生息するマウスの2つの群れを発見したとする．マウスを攪乱しないという前提で，これらの2群が同種に属しているかどうか決定するための研究計画を立てよ．もし，マウスのいくつかを捕獲して研究室に連れてくることができるなら，どのように実験計画に影響を及ぼすか？

12. **データの解釈** 化石頭蓋骨の炭素14／炭素12の比率は，現代の動物の頭蓋骨の約6.25%であった．下のグラフを使用して，化石のおおよその年代がどれくらいか求めよ．

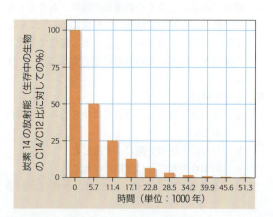

生物学と社会

13. 多くの生物学者は，現在の種の絶滅率に警告を出している．この懸念の理由は何か？ 生命が何回もの大量絶滅に耐えてつねに立ち直ってきたことを考慮して，この6度目の大量絶滅は，過去のものとどのように異なるか？ 生き残った種の結末はどのようなものであるか？

14. アメリカアカオオカミ *Canis rufus* は，かつて米国の南東部に広く分布していたが，野生では絶滅した．生物学者は，捕獲したアメリカアカオオカミ個体を繁殖させ，東部ノースカロライナ州の地域に再導入し，連邦政府が絶滅危惧種として保護した．現在の野生集団は，約100個体と推定されている．しかし，アメリカアカオオカミへの新たな脅威が発生した．それはコヨーテ *Canis latrans* との交雑であり，アメリカアカオオカミが生息する地域での数が多くなってきた．アメリカアカオオカミとコヨーテは，形態およびDNAが異なるが，それらは交配し，繁殖力のある子孫をつくることができる．社会的行動が種間のおもな生殖的障壁であり，これは同種の仲間がまれであるときには，より容易に克服される．このような理由から，一部の人はアメリカアカオオカミの絶滅危惧状態が撤回されるべきであり，予算が「純粋」ではない種を保護するために使われるべきではないと考えている．あなたはこの意見に同意するか？ また，その理由も述べよ．

15 微生物の進化

なぜ微生物が重要なのか？

▼ 生命の歴史をさかのぼる家族旅行をしたとしたら，シアトルに達した後も「まだなの？」と尋ねているはずだ．

最近の研究によれば，トキソプラズマに感染したネズミはネコに対する恐怖心を失うらしい．▶

▲ 海藻は寿司を巻くだけではなく，あなたが食べるアイスクリームの中にも含まれている．

▲ あなたは毎日きれいな水が飲めることを微生物に感謝すべきである．

章目次	本章のテーマ
生命の歴史におけるおもな出来事　330	**ヒトの微生物相**
生命の起源　332	生物学と社会　私たちの目に見えない住人たち　329
原核生物　335	科学のプロセス　肥満は腸内細菌のせい？　342
原生生物　343	進化との関連　虫歯菌の甘い生活　348

ヒトの微生物相　生物学と社会

私たちの目に見えない住人たち

　あなたはおそらく，自分の体が数兆個の細胞を含んでいることを知っているだろう．しかし，そのすべてが「あなた」自身の細胞というわけではないことを知っているだろうか？　実際，あなたの体の表面や体内には，あなた自身の細胞数と同程度もしくは10倍にも達する数の微生物がすんでいる．つまり，無数の細菌や古細菌，原生生物があなたを生育場所としているのだ．あなたの皮膚や口，鼻腔，消化管，泌尿生殖器は，これらの微生物にとって一等地である．個々の微生物は数百倍に拡大しなければ見えないほど微小だが，その重さを合計すると 0.9〜2.3 kg にもなる．

　私たちは，自身の共生微生物群集を生後2年の間に得て，その後安定した状態でこれを維持する．しかし現代の生活は，その安定性を脅かしている．私たちは抗生物質を服用したり，水を浄化したり，食物を滅菌したり，周囲のものを抗菌処理したり，体を洗い歯を磨いたりすることで，この微生物群集のバランスを崩している．共生微生物群集が崩壊すると，感染症や特定のがん，喘息やアレルギー，過敏性腸症候群，クローン病，自閉症などになりやすくなるのではないかと考えられている．また好ましくない共生微生物群集は，肥満をもたらすかもしれない．科学者たちは，人類の歴史を通して共生微生物群集がどのように進化してきたのかを研究している．たとえば本章の最後の「進化との関連」のコラムに記したように，食生活の変化によって虫歯菌が私たちの歯に生育するようになったことが示されている．

　あなたは本章を通して，人間と微生物の相互作用によって私たちが得ている利益や害について学ぶ．また，原核生物および原生生物の驚くべき多様性の一部を垣間見ることになるだろう．本書では生命の壮大な多様性を3つの章に分けて紹介しているが，本章はその最初の章である．そこで，地球上の最初の生命である原核生物と，単細胞の真核生物と多細胞の植物，菌類および動物の間をつなぐ原生生物から始めることにしよう．

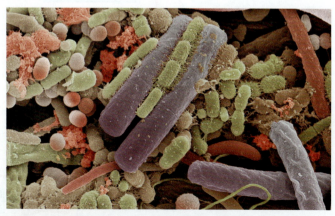

ヒトの舌の表面の細菌を示した着色走査型電子顕微鏡像（10 100 倍）．

15章 微生物の進化

生命の歴史におけるおもな出来事

生物の多様性を学んでいくにあたり，最初に地球上の生命の歴史におけるおもな出来事を概観してみよう．私たちが住む地球の歴史は，46億年前という想像を絶する太古に始まった．この途方もない時間を理解しやすくするために，1マイル（約1.6 km）進むのに100万年かかる北米を横断する自動車旅行を想像してみよう．カナダのブリティッシュコロンビア州カムループスから，米国マサチューセッツ州ボストンで行われるボストンマラソンのゴールラインまでの，4600マイルの旅である（図15.1）．

カムループスから出発して南西に進んでワシントン州シアトルに至り，そこからカリフォルニア州サンフランシスコへ向かって南に進む．カリフォルニア州の州境に達し，およそ7億5000万年たった頃，冷却されてきた地球の表面で最初の岩石が形成された．

サンフランシスコのゴールデンゲートブリッジに着いた頃，化石記録の中に最古の細胞が現れる．地球誕生から11億年たって，やっと地球上に生命が現れたのだ！最初期の生命はすべて，核をもたない細胞からなる**原核生物** prokaryotes であった．この最初の細胞の起源については，次節で詳しく学ぶ．

初期の地球環境は，現在の環境とはまったく異なっていた．生命の起源と進化に最も重要であった違いの1つは，大気中に酸素（O_2）が存在しなかったことである．この仮想的な旅行を続けて南に進むにつれ，原核生物の中に多様な代謝経路が進化してきたが，生命が生まれてから8億年の間，画期的な変化は起こらなかった．サンディエゴに達し，砂漠の中を東へ進む．そしてアリゾナ州フェニックスに着いた頃，地球誕生から19億年後（いまから27億年

▶図15.1 生命の歴史におけるおもな出来事．この4600マイルの比喩的な自動車旅行では，1マイル（約1.6 km）が地球史における100万年に相当する．

前), 大事件が起こった. 独立栄養性原核生物が行う光合成によって, 大気中の酸素が増加し始めたのだ.

それから9億年後, オクラホマシティを過ぎた頃, 最初の真核生物の化石が見つかる. **真核生物** eukaryotes は, 原核生物には見られなかった核やその他の膜で包まれた細胞小器官をもつ真核細胞からなる. 真核細胞は, より小さな原核生物を取り込んだ祖先宿主細胞から進化した. 私たちを含むほとんどすべての真核生物の細胞内に存在するミトコンドリアは, 植物と藻類がもつ葉緑体と同様に, この取り込まれた原核生物の子孫である. 真核生物が生まれる17億年前から, 原核生物は生きてきた. しかしこのより複雑な細胞の出現によって, 真核生物の途方もない多様化が始まった. その頃, この新しい生物である真核生物は, すべて原生生物であった. 本章で学ぶように, 現在の原生生物の多くは微小な単細胞生物であるが, 非常に大きな多様性を示す.

生命の進化における次の主要な出来事は, 多細胞化である. 明らかに多細胞生物である最古の化石は12億年前, 私たちの旅ではミズーリ州セントルイスとインディアナ州テレホートのほぼ中間地点にあたる. しかしこの化石となった生物は, 小さく単純なつくりであった.

それから6億年後(いまから約6億年前), 大型で複雑な体をもつ生物の化石記録が現れた. ここは地球誕生から40億年, つまり私たちが4000マイル旅してきた地点であり, ペンシルベニア州の西の端にあるエリー(本書の著者の1人の故郷でもある)に着いた頃である. 私たちの旅はもう15%も残っていないが, なじみ深い生物の大きな多様性はまだ現れない. しかし, 変化のときは来た. カンブリア爆発とよばれる途方もない動物の多様化が起こったのだ. これはおよそ5億4200万年前であり, 古生代の始まりを告げる出来事であった(**表14.1参照**). この時代の終わりまでには, 動物の主要なグループとともに, おもなボディープランがすべて進化した.

植物, 菌類, そして昆虫の陸上進出もまた, 古生代に起こった. この進化はおよそ5億年前, 私たちの旅ではニューヨーク州バッファローに着いた頃にあたる.

ニューヨーク州オルバニーに着いた頃, そこは恐竜の時代ともよばれる中生代の中頃である. そして6500万年前, 中生代の終わりは, マサチューセッツ州の中ほどにあたる. ボストンに近づくにつれ, 被子植物, 鳥類, そして霊長類を含む哺乳類などなじみ深い生物が景観の中に増えていく.

現代人であるホモ・サピエンスは, およそ19万5000年前に出現した. 地球の誕生から現在に至る私たちの長い旅の中では, そこはゴールラインまで2ブロックもない場所である(訳注:ゴールまで約300 m). このように, 私たちの生活の中で長いように思える時間は, 地球上の生命の歴史の中ではほんの一瞬にすぎない.

生命の歴史における
おもな出来事

生命の歴史をさかのぼる家族旅行をしたとしたら, シアトルに達した後も「まだなの?」と尋ねているはずだ.

15章
微生物の進化

生命の起源

私たちの身のまわりにある生物の多様性を見ると，それが存在しなかった頃の地球を想像するのは難しい．しかし，その46億年の歴史の中で初期の頃には，地球には海や湖が存在せず，酸素もほとんどなく，生物もまったくいなかった．太陽系の形成過程に取り残された物質が巨大な岩石や氷として地球上に降り注ぎ，その衝撃によるすさまじい熱で水はすべて蒸発した．地球誕生から数億年の間，生物が生まれるような環境ではなく，たとえ生まれても生き残ることはできなかった．

やがて環境は穏やかになっていったが，それでも40億年前の地球は過酷な環境だった．水蒸気は水となって冷えてきた地球の表面に海を形成したが，火山噴火によって二酸化炭素やメタン，アンモニアなどの窒素化合物が大気中に放出されていた（図15.2）．大気中に酸素（O_2）がないことは，現在地球上に生きるほとんどの生物にとって致命的であるが，この環境が生命の誕生を可能にした．酸素は化学結合を断ち切り，複雑な分子の形成を妨げる物質なのだ．

生命というのは，分子という部品の特異的な配置と相互作用によって生じるという創発特性の所産である（図1.20 参照）．生命がどのようにして非生物から生まれたのかを知るため，生物学者は化学，地質学，物理学の分野の助けを借りて研究を行っている．次項で，生物が生まれるために起こったであろう特徴的な出来事について見ていこう．科学者たちの多くは生命の起源にこれらの事象が必要であったことに同意しているが，その進化過程についてはいくつかの説があり，現在活発な議論が続いている．✓

生命の起源に関する 4段階仮説

生命の起源に関するある仮説によれば，最初の生命は以下の4段階の化学進化の結果として生まれた．（1）アミノ酸やヌクレオチドのような低分子有機物が合成される，（2）これら低分子が結合してタンパク質や核酸のような高分子が合成される，（3）これらの分子が共通の膜に包まれ，内部を外部とは異なる化学状態に保つ前細胞が形成される，（4）自己複製する分子が出現し，これによって遺伝することが可能となるに至った．もちろん地球上でどのように生命が生まれたのかを確実に知ることは決してできないが，この仮説は実験室で検証可能ないくつかの予測を導き出す．ではこの4段階それぞれにおいて，それを支持する観察や実験結果を見ていこう．

第1段階：有機物の合成

先に記したように，初期の地球大気を構成する物質は，水（H_2O）やメタン（CH_4），アンモニア（NH_3）などの低分子無機物であった．対照的に，生命の構造と機能は，糖や脂肪酸，アミノ酸，ヌクレオチドのような，先述の物質と同じ元素からできてはいるがより複雑な有機物に依存している．このような複雑な有機物が，単純な無機物から生成され得るのだろうか？

この段階については，最初に実験室の中で精力的な研究が行われた．1953年，ノーベル賞受賞者ハロルド・ユーリー Harold Urey の大学院生であったスタンリー・ミラー Stanley Miller は，現在では古典となっている実験を行った．彼は，初期の地球環境と考えられていた状態を再現させる装置を考案した（図15.3）．フラスコ内の熱せられた水によって原始の

> ✓ チェックポイント
> 現在の地球環境において生物が自然発生できない理由の1つは，現在の大気には＿＿が多量に含まれるためである．
>
> 答え：酸素（O_2）

▼図15.2 初期地球の環境を描いた絵画.

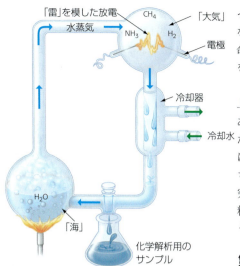

▲図 15.3 ミラーとユーリーの実験で用いられた，初期地球環境を模した実験装置．

「海」を，容器中の水素，メタン，アンモニア，水蒸気からなるガスによって原始の「大気」をそれぞれ模した．また初期地球の「雷」を模すため，容器中で放電を行った．冷却器で大気を冷却し，そこで生じた水とそこに溶解した物質が「雨」として「海」に集まった．

　ミラーとユーリーの実験結果は，当時のトップニュースを飾った．装置を1週間稼働させると，タンパク質を構成する要素であるアミノ酸をはじめとする生命に不可欠な有機物が「海」の中に集積したのだ．その後，多くの研究者がさまざまな大気組成を用いてミラーの実験を追試し，有機物が生成されることを確かめた．2008年，以前ミラーの大学院生であった研究者の1人が，火山を模したものを含む別の条件でミラーが行った実験サンプルを見つけた．これらのサンプルを最新の装置を使って再解析したところ，さらにさまざまな有機物が生成されていたことが判明した．1953年の最初の実験条件では11種類のアミノ酸が検出されたのに対して，ミラーの火山を模した条件では22種類ものアミノ酸が検出された．

　また科学者たちは，地球上の有機物の起源に関する別の仮説も検証している．一部の科学者は，海中の火山や，熱水とミネラルが深海へ噴き出す地殻の裂け目である熱水噴出孔で生命が起源したという仮説を探っている．現生の生物が生育する最も過酷な環境の1つであるこのような環境が，生命が生まれるために必要な最初の化学物質を提供した可能性もある．

　もう1つの興味深い仮説は，隕石が地球上の最初の有機物源であったとするものである．1969年，オーストラリアに落下した4.5億年前に形成された隕石のかけらは，80種以上のアミノ酸を含み，そのうちのいくつかは多量に存在した．近年の研究によれば，この隕石はまた，脂質や単糖，ウラシルのような窒素を含む塩基のような別の鍵となる有機物も含んでいた．

第2段階：非生物による重合体の合成

　地球上に低分子有機物が生じた後，これが酵素や他の細胞要素なしにどのようにして結合してタンパク質や核酸のような重合体になったのだろうか？　科学者たちは，実験室内で熱した砂や粘土，岩の上に有機物単量体を含む溶液を滴下することでこのような重合が起こることを見出した．基質上で熱によって溶液中の水が蒸発すると，溶液中の単量体が濃縮される．このような条件では，単量体の一部は自然に重合して重合体を形成する．初期の地球では，有機物単量体を含む薄い溶液が雨粒や波によって新しい溶岩など熱い岩の上に降りかかり，そこで合成されたポリペプチドなどの重合体が波によって海に戻されたかもしれない．このようにして，重合体が海中に大量に蓄積していったのだろう（それを消費する生物がいなかったため）．✓

第3段階：前細胞の形成

　細胞膜は，生きた細胞とその機能を外界と隔離する境界を形成する．生命の起源において鍵となる段階の1つは，有機分子の集合を膜によって隔離することであったのだろう．このような分子集合体は前細胞とよばれ，真の細胞ではないが，生命の特性の一部をもつ分子のまとまりである．ここでは，限られた空間中で特定の分子の組み合わせが濃縮されるため，より効率的に相互作用することができた．

　科学者たちは，前細胞が脂肪酸（**図3.11参照**）から自然に形成され得ること

生命の起源

✅ **チェックポイント**
単量体が重合して重合体を形成する化学反応とは何か？（ヒント：図3.4を復習せよ．）

15章 微生物の進化

を示した．初期地球において普遍的であったと思われる特定のタイプの粘土の存在によって，前細胞の自然形成率は格段に上がる．現在の細胞の細胞膜とは異なり，このような原始的な膜は，RNA ヌクレオチドやアミノ酸のような有機物単量体を自由に通過させるほど多孔質であった．しかし，前細胞内で形成された重合体は大きいため通過することができなかった．前細胞は液体で満たされた空間中に物理的にこのような分子を閉じ込めておくのに加えて，生物のある特性をもっていたかもしれない．つまり，前細胞は化学エネルギーを利用し，増殖したかもしれない．非常に興味深いことに，実験室内でつくられた前細胞は分裂して新しい前細胞をつくり出すことができた．

第4段階：自己複製する分子の起源

自己複製する分子に基づく遺伝というプロセスは，生命を定義する特徴の1つである．現在の細胞は，遺伝情報を DNA として保持しており，その情報を RNA に転写し，それを特定の酵素などのタンパク質に翻訳している（図 10.9 参照）．この情報伝達のしくみは，おそらく小さな変化の積み重ねを通して段階的に生じたのだろう．

最初の遺伝子は，どのようなものだったのだろう？ ある仮説によれば，それはタンパク質の助けなしに複製する短い RNA 分子だった．実験によると，酵素が存在しなくても，ヌクレオチド単量体は自発的に重合して短い RNA 分子を形成できる（図 15.4）．その結果として，ランダムな配列をもつ RNA 分子集団ができる．その一部は自己複製するが，その複製における正確性はさまざまである．ここで起こることは分子進化とよぶことができる．つまりより速く複製できる RNA 変異は，集団中で頻度を増していく．

実験的証拠に加えて，原初の世界に RNA 遺伝子が存在したことを支持する別の理由もある．実際に，細胞は酵素として働く RNA をもっており，このような RNA はリボザイムとよばれる．初期のリボザイムは，おそらく自身の複製を触媒していたのだろう．このことは，酵素と遺伝子のどちらが先かという「卵とニワトリ」パラドックスを解決してくれる．おそらく「卵とニワトリ」は RNA 分子として同時に現れたのだ．DNA → RNA → タンパク質という現在の分子生物学の原則は，太古の「RNA ワールド」の後に確立されたものなのだろう．

ここで示した前細胞は自発的に形成され，増殖し成長する．しかしこのような能力は，もととなる前細胞の際限のないコピーを生み出すだけである．では，細胞はどのようにして進化する能力を得たのだろうか？ 次項でこの問題について考えてみよう．✓

化学進化からダーウィン進化へ

現在の生物が，自然選択によってどのように進化するのかを思い出してみよう．遺伝的変異は，DNA の塩基配列に起きたエラーである突然変異によって生じる．このような変異の一部は，その生物の繁殖成功率を高めるため，次世代にも残る．同じよ

> ✓ **チェックポイント**
> リボザイムとは何か？ なぜこれが生命の成立における論理的なステップであると考えられるのか？
>
> 答え：リボザイムは酵素として働く RNA である．リボザイムは酵素 < RNA より以前の DNA ワールドでリボザイムが自身の機能を特定することができる．

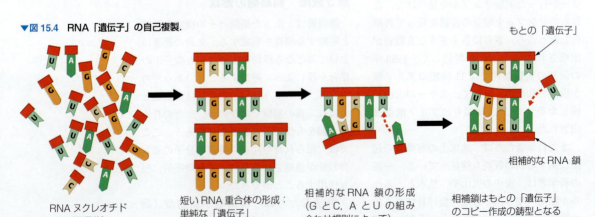

▼図 15.4 RNA「遺伝子」の自己複製．

RNA ヌクレオチド（単量体） → 短い RNA 重合体の形成：単純な「遺伝子」 → 相補的な RNA 鎖の形成（G と C，A と U の組み合わせ規則によって） → 相補鎖はもとの「遺伝子」のコピー作成の鋳型となる

もとの「遺伝子」
相補的な RNA 鎖

うに，自己複製する RNA を含有する前細胞の性質も，自然選択によって規定されていったのだろう．他よりも効率的に成長し増殖することを可能にする遺伝的情報をもつ前細胞は，数を増やして後の世代にその性質を受け渡していった．突然変異はさらなる変異を生み出し，それに自然選択が働き，最も成功した前細胞が進化し続けていく．もちろん，このような前細胞は，現在の最も単純な細胞と比べてもそのギャップは非常に大きい．しかし，自然選択を通した数億年にもわたる漸進的な変化によって，このような分子共同体はますます細胞のようになっていっただろう．この過程のどこかで，前細胞は真の細胞へと至るあいまいな境界をいつしか越えたのだ．そして舞台は，化石記録によってその変化を知ることができる多様な生命の進化へと移る．

原核生物

原核生物の歴史は，数十億年にも及ぶサクセスストーリーである．生命誕生から約 20 億年

間，地球上には原核生物のみが生きていた．彼らは変化する地球環境に適応し繁栄し続けていると同時に，地球環境を改変することに寄与してきた．本節では，原核生物の構造と機能，多様性，人間との関係および生態的な重要性に関して学んでいく．

彼らはどこにでもいる！

今日，多細胞生物の体表や体内を含めて，原核生物は生物が存在するあらゆる場所で見つかる．原核生物の総量（現存量）は，真核生物の総量の少なくとも 10 倍に達する．原核生物は，真核生物にとって寒すぎる，熱すぎる，塩分濃度が高すぎる，pH が低すぎるまたは高すぎる場所にも生育している（**図 15.5**）．科学者たちは，海洋における原核生物の膨大な多様性を明らかにし始めたばかりである．また科学者たちは，地下 3.3 km の金鉱脈でも原核生物が生きていることを見つけた．

個々の原核生物は非常に小さいが（**図 15.6**），総体としては地球とそこにすむ生命に多大な影響を与える．原核生物の中で，病気を引き起こす少数の種についてはよく知られている．結核，コレラ，多くの性病，そしてさまざまな食中毒などヒトの病気の約半分は原核生物に起因する．しかし，原核生物の中で，このような悪党はほんの一部でしかない．本章の「生物学と社

◀**図 15.5 初期生命への手がかり？** 調査潜水艇に取りつけられた装置が，水深 1.5 km にある熱水噴出孔周辺の水を採取している．噴出孔付近に生育している原核生物は，噴出されるガスをエネルギー源として生きている．このような非常に暗く，熱く，水圧が高い環境は，生物の存在が知られる最も過酷な環境である．

▼**図 15.6 ピンの先端の細菌たち．** ピン先にあるオレンジ色の桿状の構造は，それぞれ長さ 5 μm ほどの細菌である．この顕微鏡写真は，彼らが非常に微細であることを示すとともに，ピンが刺さると細菌に感染する可能性があることを示している．

会」のコラムでは，私たちの体の表面や中にすむ**微生物相 microbiota** について紹介する．私たち 1 人ひとりの体には，数百種類の原核生物がすんでおり，その中で私たちに利益を与えるいくつかについてはよく研究されている．たとえば私たちの消化管に生育するいくつかの原核生物は，私たちに必須アミノ酸を供給し，また私たち自身では分解できない食物から栄養分を抽出してくれる．私たちの皮膚にすむ多くの原核

生物は，死んだ皮膚細胞の分解などを通じて，皮膚の健康を維持してくれている．原核生物はまた，病気を引き起こす侵入者から私たちの体を守ってくれている．

原核生物は環境の維持にきわめて重要であり，それを強調しすぎるということはない．原核生物は土壌や湖沼，河川，海にすんでおり，老廃物や死骸を分解して窒素など重要な元素を環境中へ戻す．もし原核生物が消滅したら，生命を支える化学循環が停止してしまい，すべての真核生物も終わりを迎えることになる．反対に，真核生物がいなくなっても，間違いなく原核生物は存在し続けるだろう．かつて約20億年間そうであったように．

 構造と機能

原核生物

原核生物は，真核生物とは基本的に異なる細胞構造をもつ．真核細胞が核など膜で包まれたさまざまな細胞小器官をもつのに対して，原核細胞はこのような構造を欠く**（図 4.2，4.3 参照）**．またほとんどの原核細胞は，細胞膜の外側に細胞壁をもっている．その単純な細胞のつくりにもかかわらず，原核生物は驚くべき多様性を示す．本項では，原核生物が環境中で生きるために適応したそのかたち，生殖，および栄養様式について学ぶ．

原核生物のかたち

顕微鏡観察によってその細胞のかたちを知ることは，原核生物を同定するための重要なステップである．図 15.7 の顕微鏡写真では，最もふつうに見られる原核生物の

▼図 15.8　原核生物のかたちと大きさの多様性．
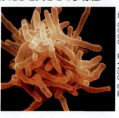
(a) 放線菌． 放線菌は，桿状の細胞がつながった分枝する鎖を形成する．この細菌群は土壌中に普遍的であり，彼らはそこで他の細菌の増殖を阻害する抗生物質を分泌する．ストレプトマイシンなどさまざまな抗生物質薬が，放線菌から得られている．

(b) シアノバクテリア． 光合成をするシアノバクテリアには，細胞の機能分化を示すものがある．四角で囲んだ細胞は，大気中の窒素をアンモニアに変換し，それをアミノ酸などの有機物に取り込む．

(c) 巨大細菌． 写真中の大きな白い粒は海生細菌の *Thiomargarita namibiensis*．この原核生物の細胞は直径 0.5mm もあり，下にあるショウジョウバエの頭部とほぼ同じ大きさである．

3つのかたちを示している．球形の細胞をもつ原核生物は，**球菌 cocci**（単数形は coccus）とよばれる．一方，桿状の原核生物は**桿菌 bacilli**（単数形は bacillus）とよばれる．またスピロヘータなどはらせん状の細胞をもち，梅毒やライム病を引き起こす種が含まれる．

すべての原核生物は基本的に単細胞であるが，一部の種では複数の細胞が集合している．たとえば房状に集まった球菌はブドウ球菌とよばれる．別の球菌は鎖状につな

▼図 15.7　原核細胞に普遍的な3つのかたち．

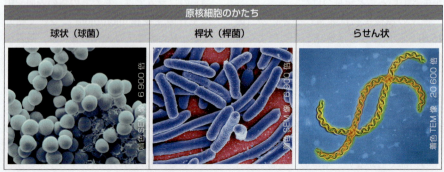

がっており，連鎖球菌とよばれる．また分枝する鎖を形成する原核細胞もいる（図15.8a）．さらにいくつかの種は特殊化した細胞をもち，単純な細胞の機能分化を示す（図15.8b）．単細胞の種の中には，ほとんどの真核細胞よりもはるかに巨大なものもいる（図15.8c）．

およそ半数の原核生物は運動性をもつ．そのような種の多くは，1本〜多数の鞭毛を用いて，好ましくない場所から遠ざかったり，または豊富な栄養分など好ましい場所へ集まったりすることができる．

さまざまな自然環境において，原核生物はバイオフィルム biofilm とよばれる高度に組織化されたコロニーを形成して基質表面に付着している．バイオフィルムは1種または複数種の原核生物から構成され，原生生物や菌類を含むこともある．バイオフィルムが成長して複雑になるにつれ，それは微生物の「都市」へと発達する．化学シグナルによってコミュニケーションをとりながら，この共同体を構成する生物は侵略者に対する防御を含め機能分担をしている．

バイオフィルムは，岩，有機物（生体組織を含む），金属，プラスチックなどほとんどあらゆる基質表面に形成される．本章の最後の「進化との関連」のコラムで学ぶように，歯垢として知られるバイオフィルム（図15.9）は虫歯を引き起こす．他にもヒトに病気を引き起こす細菌の多くは，バイオフィルムを形成する．たとえば，耳の感染症や尿路感染症は，しばしばバイオフィルムを形成する細菌によって引き起こされる．またカテーテルや人工関節，ペースメーカーのような植え込み型医療機器表面にも，有害な細菌によるバイオフィルムが形成されることがある．バイオフィルムは複雑な構造をしているため，その治療を困難にする．抗生物質はバイオフィルム外層を浸透できないため，その内部の細菌まで届かない．

原核生物の増殖

多くの原核生物は，好適な条件下では驚異的な速度で増殖できる．細胞は自身のDNAを休むことなく複製し，**二分裂** binary fission によって次々と増えていく．二分裂によって1個の細胞は2個になり，さらに4，8，16個と増えていく．一部の種は，最適条件ではわずか20分で次世代をつくり出すことができる．もしこの速度で増殖を続ければ，1個の細胞が3日後には地球よりも重いコロニーをつくる計算になってしまう！　また二分裂の前にはそれぞれDNAが複製され，その際には突然変異が起こる．その結果，急速な増殖によって原核生物の集団中に膨大な遺伝的変異がもたらされる．もし環境が変化しても，新たな環境に有利な遺伝子をもつ個体が急速に増えていくことができる．たとえば抗生物質にさらされると，集団中で抗生物質耐性菌が選択されていく（13章の「進化との関連」のコラムを参照）．

幸いなことに，指数関数的な増殖を長い間続けることができる原核生物はいない．食物や空間などの点で，環境中の資源は有限である．原核生物はまた，最終的には群集の環境を汚染してしまう代謝老廃物を生

▼図15.9　歯の表面に形成されたバイオフィルムである歯垢．

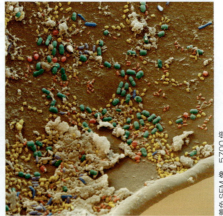

▼図15.10　さまざまな細菌（写真中の赤，緑，黄，青色の細胞）に汚染された家庭用スポンジ．

成する．それでも，なぜ台所のスポンジに大量の細菌が存在し（図15.10），なぜ食物がすぐに腐ってしまうのか，原核生物の増殖速度を考えてみれば理解できるだろう．冷蔵によって食物が悪くなることを遅らせることはできるが，それは低温によって細菌を殺したからではなく，ほとんどの微生物の増殖速度がこのような低温ではきわめて遅くなるからである．

　一部の原核生物は，内生胞子とよばれる特殊な細胞を形成することによって非常に過酷な条件を生き延びることができる．**内生胞子（芽胞）endospore**とは，好ましくない条件にさらされた細胞の内部に形成される厚い外被で保護された細胞である．内生胞子はあらゆる障害や極端な温度下でも生き延びることができ，沸騰水でさえもこの耐久性の細胞を殺すことはできない．環境が好転すると，内生胞子は吸水して成長を再開することができる．内生胞子を含むすべての細胞を確実に殺して実験室の器具を殺菌するために，微生物学者はオートクレーブとよばれる装置を使う．オートクレーブは，高圧蒸気下で121℃に熱する圧力鍋のような装置である．致死的な病気であるボツリヌス中毒を引き起こすボツリヌス菌などの危険な細菌の内生胞子を殺すために，食品缶詰工場でも同様の方法が用いられている．✓

原核生物の栄養様式

　有機物をつくるために必要な2つの資源であるエネルギーと炭素を，多細胞生物がどのように得ているかについてはあなたもよく知っているだろう．植物は二酸化炭素と太陽エネルギーを用いて光合成を行い，動物や菌類は有機物から炭素とエネルギーの両方を得る．この2つの栄養様式は，原核生物でもふつうに見られる（図15.11）．しかし原核生物の代謝能は，真核生物のそれよりもはるかに多様である．一部の種は，アンモニア（NH_3）や硫化水素（H_2S）のような無機物からエネルギーを得る．無機窒素化合物からエネルギーを得る土壌細菌は，植物へ窒素を供給する化学循環に不可欠な存在である（図20.34参照）．このような原核生物はエネルギー源として日光を必要としないため，生命にとってまったく不都合に見える環境，たとえば地下数百メートルにある岩の間でも生きることができるのだ！　水深数kmにあり熱湯とガスを噴き出している熱水噴出孔の周囲では，硫黄化合物をエネルギー源とする原核生物が多様な生物からなる生態系を支えている．

　その優れた代謝能によって，原核生物は動物や植物，菌類にとっての優れた共生

✓チェックポイント

1. ブドウ球菌感染症を起こす球菌と連鎖球菌咽頭炎を起こす球菌を，顕微鏡観察によってどのように見分けるのか？
2. なぜ微生物学者は実験器具やガラス容器を熱湯で洗うのではなく，オートクレーブにかけるのか？

答え：1. 細胞の集合様式によって見分ける．淡水の集合は連鎖状である．2. 沸騰水でも生き延びる細菌の芽胞や内生胞子を殺すため．

▼図15.11　エネルギーと炭素を得る2つの様式．

(a) ユレモ *Oscillatoria*．この生物は光合成を行う原核生物群であるシアノバクテリアに属する．

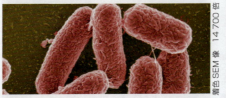

(b) サルモネラ菌 *Salmonella*．食中毒を引き起こすこの細菌は，エネルギーと炭素を有機物（この場合はヒトの生細胞）から得ている．

▼図15.12　ガラパゴスハオリムシ（ジャイアントチューブワーム）．長さ2mに達するこの動物は，食物を供給してくれる共生原核生物に依存して生きている．

▲図15.13　水田に浮かぶアカウキクサ（挿入写真：水生シダ）．この小さな植物は急速に増殖して水面を覆うため，雑草の侵入を防ぐことができる．また短命なこの植物が分解されると，イネの肥料となる窒素化合物が供給される．

パートナーとなることができる．**共生 symbiosis**（「共に生きる」の意味）とは，2種以上の生物が密接して生きる関係のことである．共生のいくつかのケースでは，両者は互いに相手から利益を得る．たとえば図15.12に示すガラパゴスハオリムシなどの熱水噴出孔生態系を構成する動物の多くは，体内に硫黄細菌を共生させている．動物が水から硫黄化合物を吸収する．細菌はこの化合物をエネルギー源として海水中のCO_2を有機物に変換し，これを食物として宿主に提供する．同様に，いくつかの地衣類では，シアノバクテリアが光合成によって生成した有機物を，宿主である菌類に食物として供給する（16章の「進化との関連」のコラムを参照）．

多くのシアノバクテリアは光合成に加えて，大気中の窒素（N_2）を植物が利用可能なかたちの化合物に変換する代謝である窒素固定を行うことができる．水生シダであるアカウキクサのような植物は，シアノバクテリアと共生することによって，窒素が乏しい環境で有利に生きることができる．1000年以上前から，この小さな浮草はイネの生産量を上げるために利用されてきた（図15.13）．またソラマメ，ダイズ，エンドウ，ピーナッツなど商業的に重要な種を多く含む大きなグループであるマメ科植物の根粒には，別の窒素固定細菌が共生している．

原核生物の生態系への影響

原核生物の栄養様式はきわめて多様であり，私たちが生きるために必須なさまざまな生態系サービスを担っている．生物圏の維持において原核生物が果たす重要な役割に注目してみよう．

原核生物と化学循環

あなたの体の有機物を構成している原子は，少し時間をさかのぼれば土壌や空気，水中にあった無機物を構成していたし，また時間が経てば再びそうなるだろう．生命は，生態系における生物と非生物要素の間の化学物質の循環に依存して生きている．原核生物はこの化学循環において，必須の役割を担っている．たとえば，植物がタンパク質や核酸を合成する際に使う窒素は，ほとんどすべて土壌中の原核生物の代謝に由来する．そして動物は，窒素化合物をその植物から得ている．

本章の最初のほうで触れたように，原核生物のもう1つの重要な機能は，有機老廃物や死骸の分解である．原核生物は有機物を分解し，元素を他の生物が利用可能な無機物のかたちで環境中に戻す．もしこのような分解者がいなければ，炭素や窒素，その他生命に不可欠な元素は，死骸や老廃物中に閉じ込められて利用できなくなってしまうだろう（化学循環における原核生物の働きについては，20章で詳しく学ぶ）．

原核生物の利用

人間は，代謝的に多様な原核生物を環境浄化に利用している．生物を用いて水や空気，土壌から汚染物質を除去することを**バイオレメディエーション bioremediation**とよぶ．その一例として，原核生物である分解者が下水処理に利用されている．下水は最初にフィルターや粉砕器，沈降槽を通して固形物と廃水に分けられる．汚泥ともよばれるこの固形物は，細菌や古細菌を含む好気性原核生物の培養槽に徐々に加えられる．これら微生物は汚泥中の有機物を分解し，埋め立てや肥料に利用可能な材料に変換する．一方，液体の廃水は，ゆっくりと回転するアームから濾材に散水され，じっくりと濾過する反応タンクで処理される（図15.14）．濾材に生育する好気性原核生物と菌類は，廃水からほとんどの有機物を除去する．反応タンクを通過した処理水は，殺菌して環境中に戻される．

> あなたは毎日きれいな水が飲めることを微生物に感謝すべきである．

原核生物

▼**図 15.14　下水処理施設での微生物の利用．**汚泥を除いた残りの廃水を，細菌や古細菌，菌類を用いて処理する濾過システム．

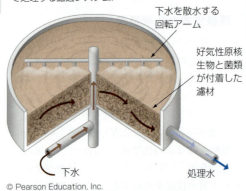

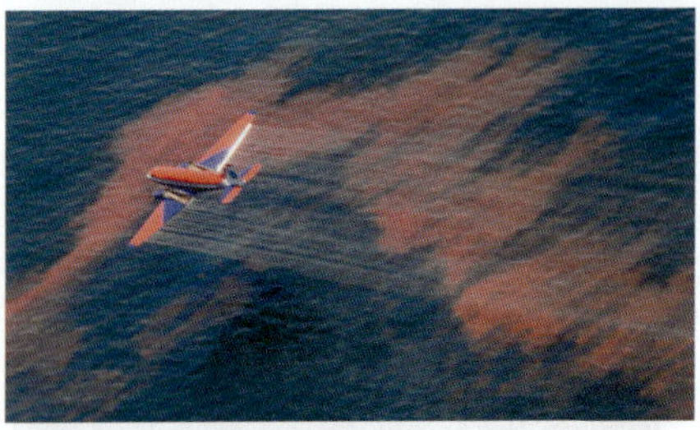

▲**図 15.15　メキシコ湾に流出した油への化学剤の散布．**

バイオレメディエーションはまた，工業過程によって土壌や水中に放出された有毒化学物質を浄化するための重要な手法ともなっている．油や溶剤，殺虫剤など汚染物質が環境中に放出された場合，もちろんそこにいる原核生物がこれら汚染物質を自然に分解するかもしれないが，現在ではその活性を人為的に上げる手法がとられることがある．**図 15.15** は，2010 年に起こった石油掘削施設ディープウォーター・ホライズンの悲惨な事故によってメキシコ湾に流出した油に対し，化学剤を散布している飛行機である．脂っこい料理の食器を洗う際に用いる洗剤と同様に，これらの化学剤は油を小さな油滴へと分散することで，油が微生物に接する表面積を増大させる．原核生物はまた，土壌と水が重金属などの有害物質で汚染されている古い鉱山を除染するのにも役立っている．私たちは現在，原核生物によるバイオレメディエーションの大きな可能性を模索し始めたところである．将来的には，身近な環境やゴミ埋立地に蓄積し続けるさまざまな有毒廃棄物を浄化するために，遺伝子操作された微生物を使うことができるようになるかもしれない．✓

✓チェックポイント

植物が光合成する際に必要とする大気中の CO_2 を，細菌がどのようにして供給しているのか？

答え：死骸や落葉のような老廃物中の有機物を分解することによって，細菌は有機物由来の炭素を CO_2 のかたちで放出する．

原核生物の進化における 2 つの枝：細菌と古細菌

さまざまな原核生物を分子レベルで比較することによって，生物学者たちは原核生物が 2 つの大きなグループ，**細菌**（真正細菌）bacteria と **古細菌**（アーキア）archaea からなることを見出した．つまり生物は 3 つのドメイン，**細菌ドメイン** Bacteria，**古細菌ドメイン** Archaea，および**真核生物ドメイン** Eukarya からなる（**図 14.26 参照**）．細菌と古細菌はともに原核細胞からなるが，さまざまな構造的および生理学的特徴が異なっている．本節では，細菌に移る前に古細菌の特徴についてまずは注目してみよう．

古細菌は，他の生物が生きられない場所も含めてさまざまな環境に生育している．古細菌のあるグループは高度好熱菌とよばれ，非常に熱い水中に生きている（**図 15.16**）．中には，**図 15.5** で示したような沸点付近の水を噴出する深海の熱水噴出孔に生育するものもいる．別の古細菌のグループは高度好塩菌とよばれ，ユタ州グレートソルト湖や死海，塩をとるために海水を蒸発させている塩田のような環境で生きている．

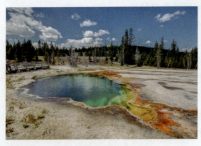

▼**図 15.16　好熱性古細菌．**このワイオミング州イエローストーン国立公園ウエストサム・ガイザーのアビス・プール中にある黄色やオレンジ色に見えるものは，好熱性原核生物のコロニーである．

古細菌の 3 番目のグループは，嫌気的な（酸素がない）環境に生育して老廃物としてメタンを生成するメタン菌（メタン生成菌）である．彼らは湖沼の底泥に多く生育している．あなたは，沼気（しょうき）ともよばれる沼の底からわき上がるメタンガスを見たことがあるかもしれない．固形廃棄物の埋立地の嫌気的な環境にもメタン菌は大量に生育しており，彼らがそこで生成する大量のメタンは，地球温暖化に大きく影響している（**図 18.43 参照**）．多くの自治体が，このメタンを回収してエネルギー源として利用している（**図 15.17**）．

また動物の消化管にも，大量のメタン菌が生育している．ヒトの腸内ガスは，おも

▲図 15.17 メタン生成古細菌が生成したメタンを回収する埋立地のパイプ．

◀図 15.18 髄膜炎を引き起こす細菌．内毒素生産病原体である髄膜炎菌 *Neisseria meningitidis*.

に彼らの代謝の結果である．より重要な点として，栄養物としてセルロースに大きく依存しているウシやシカなどの動物では，消化管に生育するメタン菌がその消化を助けている．これらの動物はメタン菌によって生成された大量のガスを定期的に放出するため，ヒトのように腹部膨満で困ることはない（これは，ガス生成微生物についてあなたが知りたい以上の情報かもしれない！）．

古細菌はより穏やかな環境にも大量に生育しており，特に海洋ではあらゆる深度から見つかる．水深 150 m では原核生物相の重要な構成要素であり，水深 1500 m ではその半分を占めている．だから古細菌は，地球上の最大の生育環境において最も豊富な生物群の 1 つといえる．

病気を引き起こす細菌

ほとんどの細菌は無害か，むしろ私たちにとって有益ですらあるが，ごく一部の細菌は病気をもたらす．病気を引き起こす細菌や他の生物は**病原体**（病原菌，病原生物）pathogen とよばれる．私たちの体の防御システムが体内での病原体の増殖をチェックしているため，私たちはたいてい健康でいられる．しかし，ときにこのバランスが病原体にとって好適な方向に傾き，私たちは病気になる．栄養不足やウイルス感染によって私たちの防御システムが弱ると，ふだんは無害な常在菌さえも病気を引き起こすことがある．

ほとんどの病原細菌は毒素を生産することで病気を引き起こすが，この毒素には外毒素と内毒素がある．**外毒素**（エキソトキシン）exotoxin は，細菌が細胞外に分泌するタンパク質である．たとえば，黄色ブドウ球菌は複数種の外毒素を生産する．黄色ブドウ球菌は私たちの皮膚や鼻腔にふつうに見られる細菌であるが，いったん傷口から体内に入ると深刻な病気を引き起こす．その外毒素の 1 つは私たちの皮膚をただれさせ（そのため「ヒト食いバクテリア」ともよばれる），また別の外毒素は死に至ることもある毒素性ショック症候群を引き起こすが，これはタンポンの不適切な使用に起因することがある．また黄色ブドウ球菌の外毒素は，食中毒を引き起こすこともある．黄色ブドウ球菌に汚染された食物を常温に置いておくとこの細菌が増殖し，100 万分の 1 g でも摂取すると嘔吐や下痢を引き起こす外毒素を分泌する．いったん食物が汚染されたら，煮沸しても外毒素を破壊することはできない．

内毒素（エンドトキシン）endotoxin は，一部の細菌の外膜を構成する化学成分である．すべての内毒素は，発熱や痛み，ときには危険な血圧の低下（敗血症性ショック）などの共通した症状を示す．細菌性髄膜炎を引き起こす病原体（図 15.18）の内毒素を原因とする敗血症性ショックによって，健康な人が数日あるいは数時間のうちに死に至ることがある．この細菌は身近に暮らす人々の間で容易に伝染するため，米国では多くの大学は学生に対してこの病気に対する予防接種を受けることを義務づけている．内毒素を生産する細菌の別の例として，食中毒や腸チフスを引き起こすサルモネラ菌が挙げられる．

一般的に細菌性疾患を防ぐための最も効果的な方法は，衛生設備の向上である．上下水道の導入は，世界中で公衆衛生上の優先事項であり続けている．また抗生物質は，ほとんどの細菌性疾患に対して有効であると考えられてきた．しかし多くの病原

▼図 15.19 **ダニによって媒介される細菌性疾患であるライム病.** ライム病を引き起こす細菌（右の顕微鏡写真）は，ダニによってシカからヒトへ運ばれる.

ダーツの的のような発疹

ライム病細菌を媒介するダニ

ライム病を引き起こすスピロヘータ

着色SEM像 2000倍

体において，広く使用されている抗生物質に対する耐性が進化している．

衛生設備や抗生物質に加えて，細菌性疾患に対する第3の防衛手段は教育である．その一例は，ダニによって媒介されるスピロヘータ細菌によって引き起こされるライム病に関してである（**図15.19**）．病気を媒介するダニはシカや野外のネズミにとりついているが，ときにヒトからも血を吸う．ライム病の症状は，ダニに咬まれた傷のまわりにダーツの的のようなかたちの赤い発疹が現れることで始まる．感染後1か月以内に抗生物質を投与すれば，病気は治癒する．しかし治療されなければ，ライム病は関節炎や心臓病，神経系障害を引き起こすことがある．ワクチンがないこのライム病を防ぐ最善策は，ダニに咬まれるのを避けることと，発疹が起こったらすぐに治療することの重要性を広く知ってもらう公共教育の充実である．

一部の病原体が重大な害を引き起こす能力をもつことは，このような生物を生物兵器に用いるという考えにつながる．その最も危険な例として，炭疽を引き起こす細菌の内生胞子がある．炭疽菌の内生胞子が肺に入るとそこで発芽して増殖し，分泌された外毒素が血液内で致死レベルになるまで蓄積する．この細菌は一部の抗生物質で殺すことができるが，抗生物質はすでに体内にある毒素を除去することはできない．その結果，炭疽はきわめて高い死亡率を示す．2001年の事件では，報道機関と米国上院に郵送された炭疽菌の内生胞子によって5人が亡くなった．

生物兵器となる危険性がある別の細菌として，ボツリヌス菌 *Clostridium botulinum* がある．ボツリヌス菌による兵器は他の生物兵器とは異なり，生きている細菌ではなく，この細菌が分泌した外毒素（ボツリヌス毒素）である．ボツリヌス毒素は地球上で最強の毒素であり，筋収縮の神経伝達を妨げるため，呼吸に必要な筋肉の麻痺をもたらす．30gのボツリヌス毒素で，米国のすべての人を殺すことができる．一方で，美容整形の目的で注入されるボトックスには，微量のボツリヌス毒素が含まれている．皮膚下に注射された毒素は，しわの原因となっている顔の筋肉を弛緩させるからである．✓

✓チェックポイント
なぜ細菌が死んでもその外毒素は害を及ぼすのか？

答え：外毒素は細菌細胞外に分泌されたた細菌であるため，それらを分泌した細菌がいなくとも害を及ぼすため．

ヒトの微生物相　科学のプロセス

肥満は腸内細菌のせい？

「生物学と社会」のコラムで学んだように，私たちの体には無害な，もしくは私たちの健康に有益でさえある数兆個もの細菌がすんでいる．過去10年間の研究によって，私たちの体にすむ微生物相の解明は多大な進歩を遂げ，これらの共生者が私たちの生理的機能にどのように影響しているのかを明らかにし始めている．私たちの腸内微生物は食物消化・吸収に関与することが知られており，そのことから研究者たちは

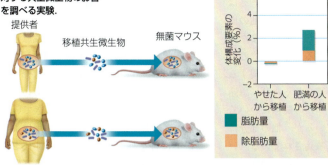

▼図15.20 体脂肪率に対する共生微生物の影響を調べる実験．

◀図15.21 共生微生物移植実験の結果．このグラフは，やせた人（左）または肥満の人（右）から，共生微生物を移植されたマウスにおける体の構成要素量（脂肪と脂肪以外）の変化を示している．
データの出典：V. K. Ridaura et al., Gut microbiota from twins discordant for obesity modulate metabolism in mice. Science 341 (2013). DOI: 10.1126/science.1241214.

腸内微生物が肥満に関係しているかもしれないと考えている．では，私たちの体脂肪率に対する微生物の影響を，科学者たちがどのように調べたのか見てみよう．

これまでの研究における**観察**から，以下の**疑問**が生じた．肥満の人に共生する微生物相は，他の人の体脂肪率に影響を与えるだろうか？ 最終的に明らかにしたいのはヒトに関してであるが，ふつう研究者たちはヒトを被験者とする前に，実験動物を使って仮説の検証を行う．無菌条件下で飼育されたマウスは共生微生物をもたないため，この種の実験のための理想的な材料となる．そこで科学者たちは，肥満の人の腸内微生物相はマウスの体脂肪率を増加させる，という**仮説**を立てた．この仮説に基づき，肥満の人の腸内微生物の移植を受けた無菌マウスは，やせた人の腸内微生物の移植を受けた無菌マウスよりも体脂肪の大きな増加を示すであろう，という**予測**をした．

研究者たちは**実験**のために，1人は肥満でもう1人はやせているという組み合わせの4組の女性の双子を募集し，それぞれの人の便から採取した微生物相を無菌マウスに移植した（図15.20）．図15.21に示した**結果**は，仮説を支持した．肥満の人の微生物群集を得たマウスは肥満になり，やせた人の微生物群集を得たマウスはやせたままであった．

では微生物を用いた肥満治療はすぐにでも可能なのだろうか？ 答えはノーである．ここに記した実験は，多くの類似した実験とともに，科学的研究の初期段階にある．私たちの体の中にすむ微生物が肥満の原因であるかどうかを判断するためには，より多くの実験が必要である．もしそれが確実になったとしても，次の段階として，私たちの体の中の複雑な生態系をいかにして安全に操作するかを考えなければならない．

原生生物

化石記録によれば，最初の真核生物は約20億年前に原核生物から進化した．真核細胞の進化には，**細胞内共生 endosymbiosis**，つまりある生物が宿主生物の細胞内に生育する現象が重要な役割を果たした．ミトコンドリアと葉緑体はより大きな宿主細胞の内部に共生した原核生物に起源をもつ，という説が多くの証拠によって支持されてい

る．宿主と共生者は相互に依存するようになり，最終的には単一の生物の不可分の構成要素となった．このような最初の真核生物は，現生の多種多様な原生生物の祖先であるだけではなく，他のすべての真核生物，つまり植物，菌類，動物の祖先でもあった．

原生生物 protistsという用語は，分類学上のカテゴリーではない．一時期，原生生物は真核生物における第4の界（原生生物界）に分類されていた．しかし最近の遺伝

15章 微生物の進化

学的および構造的研究によって，原生生物がまとまったグループであるという考えは崩壊した．いくつかの原生生物は，他の原生生物に対してよりも菌類，植物，または動物により近縁なのである．原生生物の系統（またそれに基づく分類体系）に関する仮説は，新たな情報が得られるたびに急速に変化している．いくつかの関係については広く合意が得られているが，他の部分については現在さかんに議論されている．いずれにせよ原生生物とは，菌類，動物，植物以外のすべての真核生物を含む寄せ集めのような存在である．すべてではないが，多くの原生生物は単細胞である．しかし原生生物は真核生物であるため，最も単純な原生生物であってもどの原核生物よりも複雑なつくりをしている．

　特筆すべき原生生物の多様性として，彼らの栄養様式の多様性がある．いくつかの原生生物は独立栄養生物であり，光合成によって自身の食物をつくり出す．光合成をする原生生物は，原核生物であるシアノバクテリアとともに**藻類 algae**（単数形はalga）とよばれる非公式なカテゴリーに含まれる．原生生物の藻類は単細胞，群体，または多細胞である（図15.22a）．他の原生生物は，他の生物起源の食物を得る従属栄養生物である．一部の従属栄養性原生生物は細菌または他の原生生物を捕食し，一部は菌類のように吸収によって有機分子を得ている．また寄生性の原生生物もいる．**寄生者**（寄生生物）parasite は生きている宿主から栄養を得て，その相互作用によって宿主に害を与える．たとえば図15.22bでヒトの赤血球の間に示されている寄生性トリパノソーマは，アフリカの一部に普遍的な消耗性疾患である睡眠病を引き起こす．さらに一部の原生生物は，光合成と従属栄養の両方が可能な混合栄養生物である．池の水にふつうに見られるミドリムシ *Euglena*（図15.22c）は，光と栄養素の状況に応じて栄養様式を変換することができる．

　原生生物の生育環境もまた，多様である．多くの原生生物は水生であり，海や湖沼に生育しているが，湿った土や落葉など湿気があるあらゆる環境でも見られる．また原生生物の中には，さまざまな宿主の体

▼図15.22　原生生物の栄養様式．

(a) 独立栄養生物：イワヅタ *Caulerpa* は多核の巨大な単細胞の藻類である．

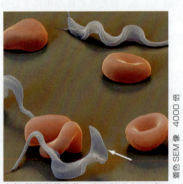

(b) 従属栄養生物：寄生性のトリパノソーマ（矢印）

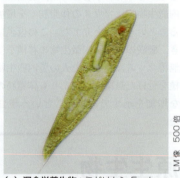

(c) 混合栄養生物：ミドリムシ *Euglena*
（訳注：正確にはこれは *Lepocinclis*）

▼図15.23　さまざまな原生動物．

鞭毛虫：ジアルジア *Giardia*. 鞭毛をもつ原生動物であるこの寄生生物はヒトの消化管内で増殖し，病気を引き起こす．

別の鞭毛虫：トリコモナス *Trichomonas*. この普遍的な性感染する寄生生物は，毎年推定500万人に感染する．

アメーバ：このアメーバは仮定によって藻類細胞を取り込もうとしている．

内に生育する共生性のものもいる．

　原生生物の系統・分類については現在さかんに議論されている課題であるため，ここでの原生生物の概説では，そのような系統仮説に基づいたカテゴリー分けをしていない．その代わり，ここでは原生生物を原生動物，粘菌，単細胞性および群体性藻類，海藻という4つの非公式のカテゴリーに分けて紹介する．

原生動物

　食物を取り込むことによって生きている原生生物は**原生動物 protozoans**とよばれる（図15.23）．原生動物はほとんどあらゆる水環境に生育している．多くの種は細菌や他の原生生物を食べているが，水に溶け込んだ栄養分を吸収するものもいる．また動物に寄生する原生動物はほんの一部ではあるが，中には世界で最も有害な病気を引き起こすものもいる．

　鞭毛虫 flagellatesは，1本〜多数の鞭毛を使って運動する原生動物である．ほとんどの鞭毛虫は自由生活性（非寄生性）であるが，ヒトに病気をもたらすやっかいな寄生者となる鞭毛虫もいる．その一例である**ジアルジア Giardia**は，重度の下痢の原因となる普遍的な寄生生物である．ほとんどの場合，ジアルジアを含む糞便で汚染された水を飲むことによって，人々はこの寄生生物に感染する．たとえば，湖や川で泳ぐ人が誤って水を飲んでしまったり，またはハイカーが一見きれいな流れから水を飲むことによって感染することがある（水を煮沸することによってジアルジアを殺すことができる）．別の鞭毛虫として，普遍的な性感染寄生生物である**トリコモナス Trichomonas**がいる．この寄生生物は，その鞭毛と波動膜とよばれる構造を使って生殖管を移動する．女性では，この原生動物は，腟の白血球やそこにすんでいる細菌を食べる．トリコモナスは男性の生殖管にも感染するが，食物が限られているためそこでの個体群は非常に小さい．そのため，男性は感染してもふつう症状を示さない．

　また別の鞭毛虫は，宿主にも利益をもたらす共生関係を結んでいる．シロアリは悪名高い木材の破壊者であるが，彼ら自身は木材を構成する強固で複雑なセルロース分子を消化する酵素をもたない．シロアリの消化管に共生する鞭毛虫は，セルロースをより単純な分子に分解することによって，その恵みを宿主と分け合っている．

　アメーバ類 amoebasは，きわめて可塑性に富んだ外形と，運動のための恒常的な器官（訳注：鞭毛など）をもたないことを特徴とする．ほとんどの種は，一時的な細胞の突出構造である**仮足（偽足）pseudopodia**（単数形は pseudopodium）を使って移動し，捕食する．アメーバ類はさまざまなかたちをとりながら湖や海の底で岩や棒きれ，泥の上を這い回っている．また寄生性アメーバの一種は，世界中で毎年推定10万人の死者を出す病気であるアメーバ赤痢を引き起こす．仮足をもつ別の原生動物として，石灰質の殻をもつ**有孔虫 forams**がある．彼らは単細胞生物であるが，最大の有孔虫は直径数cmにもなる．記載されている有孔虫の種の90％は化石種である．化石化した殻は石灰岩など堆積

最近の研究によれば，トキソプラズマに感染したネズミはネコに対する恐怖心を失うらしい．

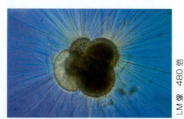

有孔虫：有孔虫の細胞は，炭酸カルシウムで補強された有機質の殻を形成する．写真中で放射状に広がっている仮足は，殻の孔から伸びている．

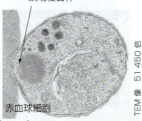

アピコンプレクサ：マラリアを引き起こすマラリア原虫 *Plasmodium* は，宿主であるヒトの赤血球細胞に侵入する．この寄生生物はそこで摂食し，最終的に赤血球細胞を破壊する．

繊毛虫：繊毛虫のゾウリムシ *Paramecium* は繊毛を使って池の水中を移動する．囲口部の繊毛は食物を「細胞口」まで運ぶ水流を起こす．

15章 微生物の進化

☑ **チェックポイント**

最近の研究によると，トキソプラズマに感染したマウスは，ネコへの恐怖心を失う．このようにマウスの行動を変えることが，なぜトキソプラズマにとって有益な適応になるのだろうか？

答え：恐怖心がなくなるマウスは，ネコに容易に捕食されてしまうだろう．トキソプラズマはネコを主な宿主とするため，つまりその生存機会を高めることで，ネコに感染できる可能性が高くなる．

岩の成分となり，またこのような化石は，世界のさまざまな場所の岩石の相対年代を探るための優れた指標となる．

アピコンプレクサ apicomplexans はすべて寄生性であり，一部の種は重大なヒトの病気を引き起こす．アピコンプレクサという名は，宿主となる細胞や組織に侵入するために用いられる細胞頂端にある特殊な構造にちなんでいる（訳注：頂端複合体 apical complex）．このグループには，マラリアを引き起こす寄生生物であるマラリア原虫 *Plasmodium* が含まれる．また別のアピコンプレクサとして，複雑な生活環を完結するためにネコ科動物を宿主として必要とするトキソプラズマ *Toxoplasma* がいる．野鳥やネズミを食べることでネコがトキソプラズマに感染し，その糞便中にこの寄生生物を排出する．人はネコの猫砂を処理することでトキソプラズマに感染することがあるが，免疫系がチェックするため病気になることはない．しかし，妊娠中の女性がトキソプラズマに感染すると，この寄生生物が胎児に移り，その結果として神経系に損傷を与えることがある．

繊毛とよばれる毛のような構造をもつことから名づけられた**繊毛虫** ciliates は，この繊毛を使って移動し，また食物を「口」まで運ぶ．ほとんどの繊毛虫は自由生活性（非寄生性）であり，従属栄養性の種と混合栄養性の種の両方が含まれる（訳注：自身の葉緑体をもつものはいないが，藻類を共生させているものがいる）．もしあなたが池の水の中の原生生物の多様性を見たことがあるのならば，普遍的な淡水産繊毛虫であるゾウリムシ *Paramecium* を見たことがあるかもしれない．☑

粘 菌

粘菌 slime molds はアメーバ類に近縁な多細胞性原生生物である．粘菌はかつて菌類に分類されていたが，DNA解析の結果，彼らは異なる進化系列から生じたことが示されている．多くの菌類と同じく，粘菌はふつう植物遺体を食物として生きている（訳注：ただし吸収ではなく摂食によって食物を得る）．粘菌の中には，2つの異なるグループが知られている．

真正粘菌（変形菌）における摂食世代は変形体とよばれるアメーバ状の塊であり，林床の落葉や腐植物の間に仮足を伸ばしている（**図 15.24**）．変形体は直径数センチメートルにも達し，細く網状の仮足を使ってアメーバのように細菌や有機物を取り込んでいる．変形体は巨大であるが，実際には多数の核をもつ1個の細胞である．つまりこの大きな細胞質の塊は細胞膜で仕切られていない．食物が枯渇したり環境が乾燥してくると，変形体は生殖構造へと成長する．変形体から生じた柄の先にある構造は，過酷な環境に耐えることができる丈夫な壁で囲まれた胞子を形成する．倒木や腐葉土の表面をよく見てみると，この胞子をつくる構造（訳注：子実体とよばれる）を

▲図 15.24 真正粘菌の変形体．真正粘菌の摂食ステージであるこの網状の体は，食物や水，酸素との接触面積を広げるために適応している．

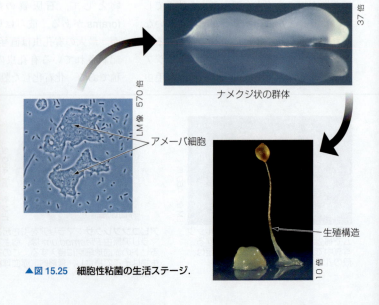

▲図 15.25 細胞性粘菌の生活ステージ．

見つけることができるかもしれない．再び好適な環境になると，炭疽菌の内生胞子のように，粘菌の胞子も吸水して発芽・成長することができる．

細胞性粘菌の摂食世代は，変形体のようなまとまりとしてではなく，個々の細胞が独立に機能するアメーバ細胞である**（図15.25）**．しかし食物が枯渇するとアメーバ細胞は集合し，単体として機能するナメクジ状の群体を形成する．この群体はしばらく移動した後，細長い柄を伸ばして多細胞性の生殖構造をつくる．

単細胞性および群体性藻類

藻類とは，その光合成によって淡水や海の生態系を支えている原生生物とシアノバクテリアである．研究者たちは現在，光エネルギーを化学エネルギーに変換する藻類の能力を別の目的，バイオ燃料生産のために応用しようとしている．原生生物に含まれる3つの藻類群を以下に見ていこう．これらの多くは単細胞性であるが，群体性の種も含まれる．

池や湖，海の水面近くを漂う，多くは顕微鏡サイズである光合成性生物は**植物プランクトン phytoplankton** とよばれ，多くの単細胞性藻類がその構成要素となっている．そのような植物プランクトン構成要素の1つが渦鞭毛藻である．**渦鞭毛藻 dinoflagellates** は，ときにセルロース性の板で覆われた特徴的な細胞をもつ**（図15.26a）**．渦鞭毛藻は直交する溝にある2本の鞭毛の運動によって，自転しながら遊泳する．渦鞭毛藻のブルーム（大増殖）によって，赤潮として知られる沿岸海水が赤橙色に染まる現象が起こることがある．このような赤潮を形成する渦鞭毛藻の中には毒素を生成するものがあり，ときに魚の大量斃死を引き起こし，またヒトに有害なこともある．渦鞭毛藻のあるグループは，サンゴ礁をつくるサンゴの細胞内に共生している．このような共生者がいないとサンゴは成長できず，さまざまな生物に食物や生育環境，隠れ家を提供するサンゴ礁を形成できない．

珪藻 diatoms は，ガラスをつくるミネラルである珪酸を含むガラス質の細胞壁をもつ**（図15.26b）**．この細胞壁は，弁当箱の身とふたのように2つの部分からなる．珪藻は光合成によって生成した食物をときに油のかたちで貯蔵し，これが珪藻を光が届く水表面近くに留める浮力を生み出す．現在の石油堆積物の主要構成要素は，太古に生きていた珪藻の有機物に由来すると考

原生生物

▼図15.26　単細胞性および群体性藻類．

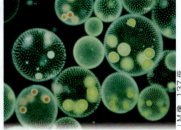

(a) 渦鞭毛藻：板（鎧板）からなる外被で囲まれている．

(b) 珪藻：ガラス質の細胞壁をもつ．

(c) オオヒゲマワリ *Volvox*：群体性緑藻．

▼図15.27　海藻の3グループ．

緑藻：写真のアオサは食用とされることもある海藻であり，陸と海が出会う場所である潮間帯に生育する．

紅藻：このグループは熱帯から温帯の沿岸域で最も多い海藻である．

褐藻：このグループは，「海中林」をつくるケルプとして知られる最大の海藻を含む．

15章 微生物の進化

えられている．しかし，なぜ石油となるまでに数百万年も待たなければならないのだろうか？ 研究者たちは現在，珪藻を増やしてその油をバイオディーゼルとして利用する方法を模索している．

緑藻 green algae は，緑色の葉緑体をもつことから名づけられた．単細胞性の緑藻は，湖や池，さらにはプールや水槽などさまざまな淡水中に大量に存在する．また緑藻の中には，図15.26c で示したオオヒゲマワリ（ボルボックス）*Volvox* のような群体性の種も含まれる．オオヒゲマワリの群体は，鞭毛をもつ多数の細胞（写真中の緑色の小さな粒であり，一部の単細胞性緑藻によく似ている）からなる中空の球である．図15.26c で示した球の中にある小さな球は，親群体が破れると放出される娘群体である．すべての光合成をする原生生物の中で，緑藻は植物（陸上植物）に最も近縁である．

海藻

大型で多細胞性の海産藻類（訳注：巨大な多核性単細胞も含まれる）と定義される**海藻** seaweeds は，海岸の岩礁帯に生育している．その細胞壁には，波による撹拌に対して体を保護する粘性物質が含まれている．一部の海藻は，植物（陸上植物）のように大形で複雑な体をもつ．その外観は植物に似ているが，その類似性は収斂進化の結果である．実際に，海藻に最も近縁な生物はある種の単細胞性藻類であり，そのため海藻はふつう原生生物に含められる．海藻は葉緑体中に含まれる色素の違いなどに基づいて3つのグループ，緑藻，紅藻，褐藻（コンブなどを含む）に分けられる（図15.27）．

海の近くにすむ人々，特にアジアの人々は海藻を食物として利用している．たとえば日本や韓国では，コンブとよばれる褐藻など一部の海藻をスープの材料にする．また海苔とよばれる別の海藻は，寿司を巻くのに使われている．海藻はヨウ素など必須ミネラルに富んでいる一方で，ヒトが消化できない特殊な多糖からなる有機物を多く含む．このような海藻は，その豊かな風味や風変わりな食感のため食用とされる．また海藻の細胞壁中に含まれるゲル化物質は，プリンやアイスクリーム，サラダドレッシングなど加工食品の増粘剤として広く利用されている．寒天とよばれる海藻の抽出物は，微生物学者がシャーレで細菌を培養する際に培地のゲル化剤として用いられている．

> 海藻は寿司を巻くだけではなく，あなたが食べるアイスクリームの中にも含まれている．

✓ チェックポイント
1. 藻類を原生動物から分ける代謝反応は何か？
2. 海藻は植物（陸上植物）か？

答え：1．光合成 2．海藻は大きな多細胞性藻類であり，植物ではない．

ヒトの微生物相　進化との関連

虫歯菌の甘い生活

なぜ甘い物を食べると虫歯になるのか考えたことがあるだろうか？ バイオフィルムを形成する細菌である虫歯菌（ミュータンス菌）*Streptococcus mutans* が，その犯人である．虫歯菌は，歯のエナメル質のすき間の嫌気的環境に生育する．虫歯菌はスクロース（ショ糖）を用いて粘質多糖を生成し，それによって自身を接着させると同時にプラーク（歯垢）を厚くしていく．歯垢を除去する努力（歯磨き）をあなたが怠ると，歯垢はミネラル化し，歯科医によってかき取ってもらわなければならない歯石になってしまう（図15.28）．この砦の中で，虫歯菌はエネルギーを得るため糖を発酵し，副産物として乳酸を生成する．この乳酸がエナメル質を溶かし，ついには孔を開けてしまう．すると他の細菌がその孔を通って歯の中の柔らかい組織に感染する．

初期の人類は自然から食物を得る狩猟採集民であった．やがてこの生活様式は，炭水化物に富んだ食物を穀物のかたちで得る農業へと変化していった．その後，食生活の変化によって砂糖がもたらされた．このような食物の変化に伴って，微生物がすむ私たちの口の中という生育環境も変化していった．先史時代の遺物の研究から，このような食物の変化が虫歯と相関していることが示されている．

最近の研究によって，虫歯菌と虫歯の増加が直接関連していることが示されてい

▲図15.28　虫歯菌による影響の検査．

る．ある研究では，7500〜400年前にヨーロッパに生きていたヒトの歯石から抽出したDNAが解析された．狩猟採集時代の歯石にはさまざまな細菌が存在したが，虫歯を引き起こすことが知られる細菌はほとんどいなかった．やがて農業が確立した後，多様な細菌群集の一員として虫歯菌が初めて現れた．そして砂糖が普及し始めたおよそ400年前，口腔内微生物相の多様性は劇的に低下し，虫歯菌が圧倒的な優占種となった．このことから，糖が多い環境によって虫歯菌が自然選択されてきたと推定することができる．

どのような適応によって，虫歯菌は他の細菌を上回る利点を得ることができたのだろうか？　別の研究では，糖が多い環境で虫歯菌が繁栄することを可能にする遺伝的変異を調査した．その結果，糖を代謝し酸性環境に適応する1ダース以上の遺伝子が虫歯菌から見つかった．それに加えて，虫歯菌はヒトの口腔内で競争者となる無害な細菌を殺す化学兵器を生成することが明らかとなった．

人類の食生活の変化によってもたらされた進化の機会を，虫歯菌が最大限に活用してきたことは明らかである．彼らは新たな環境に適応して競争者を排除することによって，口腔内微生物相の優占者としての地位をしっかりと保持している．

本章の復習

重要概念のまとめ

生命の歴史におけるおもな出来事

おもな出来事	億年前
植物と菌類の上陸	5
大型で多様な多細胞生物の化石	6
多細胞生物の最古の化石	12
真核生物の最古の化石	18
大気中への酸素の蓄積	27
原核生物の最古の化石	35
地球の誕生	46

生命の起源

生命の起源に関する4段階仮説

ある仮説によれば，以下に示した4段階の化学進化を経て最初の生命が生まれた．

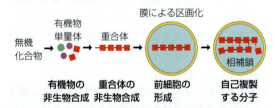

化学進化からダーウィン進化へ

長い時間をかけて，自然選択によってより効率的な前細胞が選択され，やがてこれが最初の原核細胞になった．

原核生物

彼らはどこにでもいる！

原核生物は生命が存在するあらゆる場所に生育し，真核生物よりもずっと多数存在する．また原核生物は真核生物が生存できない環境にも生育する．原核生物のごく一部は他の生物に病気を引き起こすが，大半は無害か有益である．

構造と機能：原核生物

原核細胞は核や他の膜で囲まれた細胞小器官を欠く．多くは細胞壁をもつ．原核生物には3つの基本形がある．

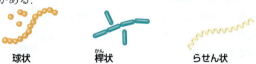

原核生物のおよそ半数には運動能があり，その多くは鞭毛を用いて運動する．一部の原核生物は内生胞子を形成することによって過酷な条件を長期間生き延びることができる．多くの原核生物は，好適な条件では二分裂によって急速に増殖するが，ふつう限られた栄

養分によって増殖は制限される．

　原核生物の中には，エネルギーを（植物のように）太陽光から得るものと（動物や菌類のように）有機物から得るものが含まれる．一部の種はアンモニア（NH_3）や硫化水素（H_2S）のような無機物からエネルギーを得る．また一部の原核生物は動物や植物，菌類と共生している．

原核生物の生態系への影響

　原核生物は，生態系における生物と非生物要素の間の化学物質の循環を担っている．人間はバイオレメディエーションとよばれる過程によって，原核生物を用いて水や空気，土壌から汚染物質を除去している．

原核生物の進化における2つの枝：細菌と古細菌

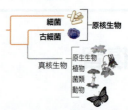

　原核生物は2つのドメイン，細菌（真正細菌）と古細菌を含む．多くの古細菌は「極限環境生物」であり，他の生物が生存できない環境（高温や高塩分濃度）に生育する．また他の古細菌はより穏やかな環境から見つかる．一部の細菌は，おもに外毒素または内毒素を生成することによって病気を引き起こす．細菌による病害を防ぐ最善の手段は衛生管理や抗生物質，教育である．

原生生物

　原生生物とは単細胞性の真核生物と，それに近縁な多細胞性真核生物である〔訳注：正確には（陸上）植物，菌類，動物を除いた真核生物〕．

原生動物

　鞭毛虫，アメーバ類，アピコンプレクサ，繊毛虫を含む原生動物は，基本的に水環境に生育し，食物を取り込むことによって生きる．

粘菌

　粘菌（真正粘菌と細胞性粘菌を含む）はその外形と分解者としての生活様式の点で菌類に似ているが，近縁ではない（訳注：粘菌は基本的には捕食者であり，菌類のような吸収栄養者・分解者ではない）．

単細胞性および群体性藻類

　渦鞭毛藻や珪藻，緑藻のような単細胞性藻類は，淡水や海の生態系の食物連鎖を支える光合成をする原生生物である．

海　藻

　緑藻，紅藻，褐藻を含む海藻は，沿岸岩礁域に生育する大型の多細胞性海産藻類である．

セルフクイズ

1. 地球上の生命の歴史における a～f の出来事を，起こった順番に並べよ．
    a．地球大気中への O_2 の蓄積
    b．植物と菌類の上陸
    c．動物の多様化（カンブリア爆発）
    d．真核生物の誕生
    e．ヒトの誕生
    f．多細胞生物の誕生
    g．原核生物の誕生
2. 生命の起源における a～d の段階を，起こったと思われる順番で並べよ．
    a．膜で囲まれた前細胞内への非生物的に生成された分子の統合
    b．自己複製できる分子の誕生
    c．有機物単量体の非生物的な重合による重合体の生成
    d．有機物単量体の非生物的な生成
    e．前細胞の間での自然選択
3. DNAの複製は，酵素であるDNAポリメラーゼに依存している．このことから，最も初期の遺伝子はDNAではなくRNAからなると考えられるが，それはなぜか？
4. 内毒素はどのような点で外毒素と異なるのか？
5. 一部のシアノバクテリアは他の生物に共生している．もし従属栄養性原生生物や菌類が宿主である場合，シアノバクテリアからどのような利益を受けると考えられるか？　また植物が宿主である場合，シアノバクテリアからどのような利益を受けると考えられるか？
6. 破傷風を引き起こす細菌は，沸騰水を超える温度で長時間熱しなければ殺すことができない．このことは破傷風菌がどのような性質をもつことを示唆しているのか？
7. 下水処理の過程において，林床での落葉の分解と

類似する点は何か？

8．すべての原生生物に共通する特徴は何か？

9．ヒトの病原生物ではない原生生物は次のうちどれか？
   a．トキソプラズマ *Toxoplasma*
   b．トリコモナス *Trichomonas*
   c．ゾウリムシ *Paramecium*
   d．ジアルジア *Giardia*

10．植物（陸上植物）に最も近縁な藻類群は次のうちどれか？
   a．珪藻
   b．緑藻
   c．渦鞭毛藻
   d．海藻

解答は付録Dを見よ．

科学のプロセス

11．あなたは自己充足型の自立した月面基地を設計するチームに所属している．最初に1回だけ地球から建築材，機器，および生物を供給した後，この月面基地は自立して稼働しなければならない．あなたのチームの1人は，基地に供給されるすべてのものは殺菌されなければならないと考えた．この考えは妥当だろうか？環境からすべての細菌を除去した結果を考えてみよ．

12．**データの解釈** 細菌は二分裂によって増殖するため，個体群サイズは世代ごとに倍加していく．ここでは，食中毒を引き起こす細菌（たとえば黄色ブドウ球菌やサルモネラ菌）の室温での世代時間を30分と仮定する．個体群の細胞数は，以下の式で計算できる．

最初の細胞数 × $2^{世代数}$ = 個体群サイズ

たとえばポテトサラダに10細胞の細菌が混入していたとすると，1時間後（2世代）には $10 \times 2^2 = 40$ 細胞になる．ポテトサラダを夕食後に冷蔵庫にしまわず台所にひと晩放置した場合，細菌の個体群サイズがどのように増加するのか，次の表を埋めよ．

時間	世代数	細菌の細胞数
0	0	10
1	2	40
2	4	
3	6	
4	8	
5	10	
6	12	
7	14	
8	16	
9	18	
10	20	
11	22	
12	24	

なぜ時間が経つにつれて増殖速度が変化するのだろうか？このデータをグラフにするとどのようになるか示せ．

生物学と社会

13．州や地方の保健所は，安全な食品の取り扱いを確保するために定期的にレストランを検査している．多くの州では，その詳細な報告をオンライン上に公開している．あなたのすむ地域のレストランに関するそのような報告を見つけてみよ．衛生や食品の取り扱いに関するチェックリストの項目を抽出し，それぞれの項目が病原性原核生物の混入の可能性を防ぐことにどのように関連しているのか説明せよ．同じチェックリストを用いてあなたの台所を点検し，改善が必要か否か評価せよ（訳注：日本のものとしては公共社団法人日本食品衛生協会のウェブサイト等が参考になる．www.n-shokuei.jp/eisei/sfs_6point.html）．

14．生きた微生物を含む食品またはサプリメントであるプロバイオティクスは，体内の微生物群集の自然なバランスを復元することによって消化管の問題を改善するものと考えられている．このような製品の売り上げは，年間数十億ドルに達する．プロバイオティクスの話題を検索し，その有効性についての科学的な証拠を評価せよ．その際には，栄養補助食品の広告を規制する官庁である米国食品医薬品局（FDA）のウェブサイト（訳注：日本では消費者庁 www.caa.go.jp/foods/index4.html#m04）がよい出発点となるだろう．

16 植物と菌類の進化

なぜ植物と菌類が重要なのか？

▶ もし大きなセコイアオスギの幹を取り囲もうと思ったら，数十人の友人の助けが必要になるだろう．

▼ もしマッシュルームピザを食べたことがあれば，それは菌類の生殖構造を食べたことがあることを意味する．

▶ 菌類はこのように見た目は冴えないものもあるが，もしあなたがこの菌類を見つけたら，あなたの大学の学費はまかなえるだろう．

▲ 世界で最も高価なコーヒー豆は，ジャコウネコの消化管を通ったものである．

章目次	本章のテーマ
陸上への進出　354	**植物と菌類の相互関係**
植物の多様性　356	生物学と社会　森の宝石　353
菌　類　366	科学のプロセス　セイラムの魔女狩り事件は菌類が原因だったのか？　369
	進化との関連　相利共生関係　370

植物と菌類の相互関係　生物学と社会

森の宝石

　トリュフは，素人目にはあえて食べようとは思わないみすぼらしい塊でしかない．しかしその冴えない外観とは裏腹に，トリュフはグルメたちに珍重されて「森の宝石」とまでよばれている．最高級品に対しては，約 28 g（1 オンス）あたり数百ドルもの値をつける．あるオークションにおいて，1.5 kg の白トリュフ――最もまれな種の最大級の個体――が 33 万ドル（当時の為替レートで約 3600 万円）で落札されたのが最高記録である．何がそんなにも人々を引きつけるのだろうか？　トリュフはその味ではなく，その土臭いともカビ臭いともいわれる魅惑的な香りに価値がある．トリュフは少量でも遠くまで香る．料理にそのおいしさのエッセンスを加えるために，シェフはトリュフを薄く削ったものを少量加えるだけでよい．

　食用にするトリュフは，ある菌類の地中性生殖器官である．その役割は，新たな植物体へと成長する種子のように，新たな菌体へと成長できる構造である胞子を生産することにある．種子や胞子の利点は，親個体の生育地から遠く離れた新たな場所で生活を始められるという点にある．トリュフの強い香りは，そのときに役に立つ．芳醇な香りに誘われてある種の動物が地面を掘ってこの菌類を食べ，後で糞とともに新たな場所に胞子を排出する．ヒトの鼻は，地下に埋められたこの宝物の場所を探し当てられるほど感度がよくないので，トリュフ狩りには獲物の場所を嗅ぎ当てることができるブタか訓練されたイヌが用いられる．

　森の宝石であることを別にして，トリュフは陸上の王者である植物を陰から支える秘めた力を示す存在でもある．ほとんどの植物の根は，菌糸が絡み合った網によって囲まれ，ときには菌糸が根に侵入している．たとえばトリュフは，ある種の木とそのような関係を結んでおり，そのためトリュフ狩りの名人たちはトリュフそのものではなくカシやハシバミの木を探し，その下の宝物を得る．この関係は共生，つまりある生物が他の生物の中またはその表面で密接して生きる相互関係の一例である．非常に細い菌糸は，根が侵入できないような土粒子の間の狭い空間へ入り込み，水や無機栄養分を吸収してこれを植物へ渡す．植物は糖や他の有機物を菌類に与えることでその恩返しをする．このような菌類と根の相互関係は，最古の植物化石からも見つかっており，この相利関係が植物の上陸にとってきわめて重要であったことを示唆している．

パスタの上の薄くスライスされた黒トリュフ． 栽培可能な黒トリュフは，イタリアの限られた地域でのみ見つかる白トリュフほどは高価ではない．

陸上への進出

16章 植物と菌類の進化

植物とは何だろうか？ **植物 plant** とは光合成を行う多細胞性真核生物であり，陸上生活に適応する一連の特徴をもっている*．動物や菌類も多細胞性真核生物であるが，植物は光合成を行う点でこれらとは区別できる．海藻のような大型の藻類は，光合成を行う多細胞性真核生物である点で植物と共通している．しかし彼らは陸上生活に適応した特徴をもたないため，植物ではなく原生生物に分類される**（図 15.27 参照）**．スイレンのように水生に戻った植物がいることは事実であるが，彼らは陸生の祖先から進化した（ちょうど祖先の陸生哺乳類から進化したクジラなどの水生哺乳類のように）．

植物の陸上への適応

なぜ陸上で暮らす生物は，特別な適応を必要とするのだろうか？ 浜辺に打ち上げられた藻類がどうなるか考えてみよう．浮力のある水中では立ち上がっていた体は，陸上ではぐにゃぐにゃになってしまい，乾燥した空気中ですぐにしなびてしまう．さらに，藻類は光合成に必要な二酸化炭素を空気から得ることができない．陸上での生活は，明らかに水中での生活とは異なる問題に直面する．本節では，藻類とは違って，植物が陸上へ進出することが可能になった陸上への適応について議論する．本章の後の方に記したように，植物が完全に上陸する（水なしで生活環を完結できる）までに1億年以上かかっている．最初期の陸上植物は，後に続くグループが陸上環境でより成功することを可能にしたいくつかの特徴を欠いている．

 **構造と機能**

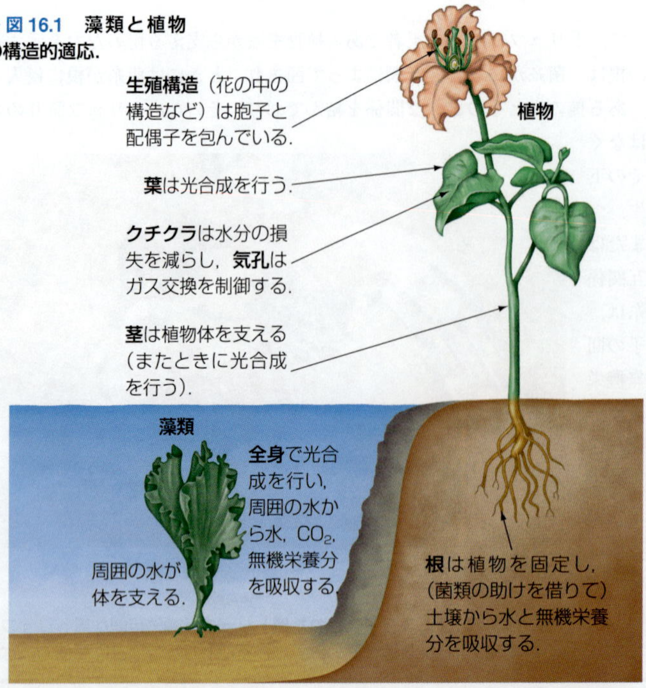

植物の体の適応

水中で暮らす藻類は，周囲の水に溶け込んだ二酸化炭素と無機栄養分を拡散によって得ることができる**（図 16.1）**．しかし陸上では，これらの資源が2つのまったく異なる場所に存在する．二酸化炭素は基本的に空気中に存在するが，無機栄養分と水は土壌中に存在する．だから複雑な植物の体は，これら2つの異なる環境で機能するようにそれぞれ特殊化した器官をもっている．**根 root** とよばれる地下の器官は，植物を土壌に固定し，土壌から水や無機栄養分を吸収する．地上には，光合成を行う葉とそれを支える茎からなる複合器官である**シュート shoot** がある．

根はふつう，土壌中の無機栄養分を含む水と接する表面積を最大化するように，土壌粒子の間に入り込む細かい分枝を多数もっている．さらに本章の「生物学と社会」のコラムで見たように，ほとんどの植物は根に共生菌をもっている．**菌根 mycorrhiza** とよばれるこのような根と菌類の複合体は，根の機能的表面積を拡大させる**（図 16.2）**．菌類は，この部分で水と必須の無機栄養分を土壌から吸収し，植物に与える．そして植物によってつくられた糖が菌類に与えられる．菌根は，植物が陸上で生活することを可能にした鍵となる適応形質の1つである．

*訳注：植物また植物界という用語は，より広い意味で用いられることも多い．この場合，本書で植物とよんでいる生物群は陸上植物とよばれる．

▶ 図 16.1 藻類と植物の構造的適応．

- **生殖構造**（花の中の構造など）は胞子と配偶子を包んでいる．
- **葉**は光合成を行う．
- **クチクラ**は水分の損失を減らし，**気孔**はガス交換を制御する．
- **茎**は植物体を支える（またときに光合成を行う）．

藻類
- **全身**で光合成を行い，周囲の水から水，CO_2，無機栄養分を吸収する．
- 周囲の水が体を支える．

- **根**は植物を固定し，（菌類の助けを借りて）土壌から水と無機栄養分を吸収する．

▼図16.2　**菌根：菌と根の共生体**．細かく分枝した菌糸（写真中の白い部分）は土壌から水と無機栄養分を吸収するための広大な表面積を提供する．

▼図16.3　**葉の中の維管束組織のネットワーク**．写真に示した葉の裏面では，維管束組織は黄色い葉脈として見える．

カシの葉

シュートもまた，陸上環境への構造的適応を示す．葉は，ほとんどの植物にとって主要な光合成器官である．大気と光合成を行う葉の内部との間の，二酸化炭素（CO_2）と酸素（O_2）の交換は，葉の表面にある**気孔 stomata**（単数形は stoma）とよばれる微細な孔を通して行われる**（図7.2 参照）**．また**クチクラ cuticle** とよばれるロウ質の層が葉や他の地上部を覆っており，植物体が水を保持することを助けている**（図18.8b 参照）**．

根とシュートの間で生きるために必要な物質を輸送するために，ほとんどの植物は管状の細胞からなるネットワークである**維管束組織 vascular tissue** を体のすみずみに張りめぐらせている**（図16.3）**．維管束組織は2種類の組織からなる．1つは根から葉へ水と無機栄養分を運ぶものであり（訳注：道管），もう1つは葉から根や他の非光合成部へ糖を運ぶものである（訳注：師管）．

維管束組織は，陸上での構造的支持の問題も解決した．維管束組織を構成する多くの細胞では，**リグニン lignin** とよばれる化学物質によって細胞壁が補強されている．材ともよばれるリグニン化された維管束組織の高い構造的強度は，私たちがそれを建材として利用していることからも知ることができる．

生殖的適応

陸上環境への適応は，新たな生殖様式をも必要とした．藻類では，周囲の水によって配偶子（卵と精子など）や発生中の子孫が湿った状態に保たれる．水中環境はまた，配偶子や子孫を分散させる手段を提供する．しかし，植物は配偶子や発生中の子孫を乾燥から保護しなければならない．植物は，発生中の配偶子を乾燥から保護する構造の中で配偶子を形成する．さらに，卵は母親の組織中に留まり，そこで受精する．藻類とは異なり，植物では接合子（受精卵）は母親の中で胚へと発生するため，胚は乾燥などから保護されている**（図16.4）**．さらなる陸上環境への適応として，一部の植物のグループでは，精細胞は空気中を移動し（訳注：花粉に包まれて），また子孫が分散される際の保護を高めている（訳注：種子や果実）．✓

▼図16.4　**植物における保護された胚**．母親内での卵と精子の受精は，陸上生活への適応である．母親は，接合子から発生した胚に栄養を供給し，保護する．

陸上への進出

✓チェックポイント

植物の陸上生活への適応をいくつか挙げよ．

答え：クチクラ，気孔，維管束組織，配偶子が形成される間の保護，リグニンで強化された地上のシュート，胚の保護など．

16章
植物と菌類の進化

植物は緑藻から進化した

5億年以上前，植物の祖先である藻類は湖岸または海岸の湿った水際を覆っていた．このような浅い水の環境は，ときに乾燥にさらされ，そのため自然選択は周期的な乾燥に耐えられる方向に働いただろう．

ある種は，恒常的に水位線より上で生存できるような適応を蓄積していった．現生の緑藻の一系統群である**シャジクモ藻類 charophytes**（図16.5）は，初期の植物の祖先に類似しているかもしれない．植物と現生のシャジクモ藻類は，おそらく共通の祖先から進化した．

乾燥した陸上での生活を可能にした適応は，最古の植物化石の出現年代である約4億7000万年前までには蓄積されていた．これらのような最初の陸上植物の進化上の新しさは，陸上環境という新天地へのドアを開いた．初期の植物は，この新たな環境で繁栄したのだろう．陸上環境はまぶしい日光にあふれ，大気は二酸化炭素に富んでおり，その頃は病原菌や植食動物がほとんどいなかった．植物の爆発的な多様化の舞台が整ったのだ．

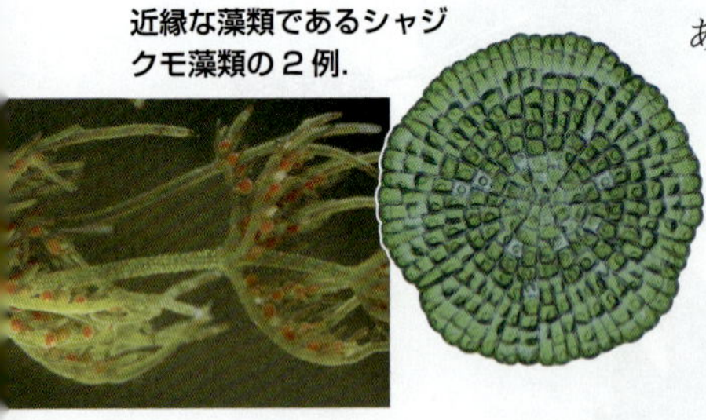

▼図16.5　植物に最も近縁な藻類であるシャジクモ藻類の2例．

LM像 265倍

植物の多様性

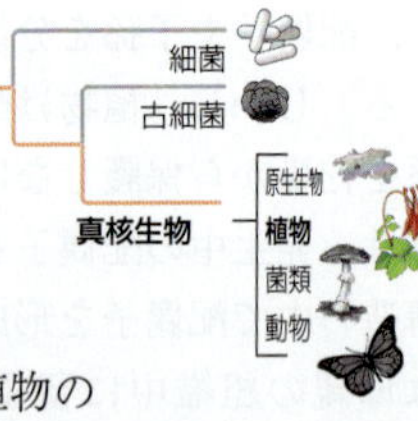

現生の植物の多様性を見ていくとき，過去が現在を理解する鍵であることを忘れてはならない．植物の歴史は，多様な陸上環境への適応の物語でもある．

植物進化の注目点

化石記録は，現生の植物の多様化につながる植物進化における4つの主要段階を示している（図16.6）．それぞれの段階は，陸上環境での新たな可能性を開く構造の進化によって特徴づけられる．

❶ 約4億7000万年前，藻類の祖先から植物が生じた後，初期の多様化によって蘚類，苔類およびツノゴケ類を含む非維管束植物が生まれた．これらの植物は**コケ植物 bryophytes** とよばれ，真の根と葉をもたない．コケ植物はまた，他の植物が高く直立できるように細胞壁を強化することに用いている物質であるリグニンを欠く．リグニン化された細胞壁をもたないため，コケ植物の体の支持力は弱い．最も身近なコケ植物は**蘚類 mosses** である．蘚類のマットは，びっしり詰まった多数の植物体からなり，その中で互いに支え合っている．配偶子と胚を保護する構造は，コケ植物に起源をもつ陸上への適応の1つである．

❷ 約4億2500万年前に始まった植物進化の第2段階は，維管束組織をもつ植物の

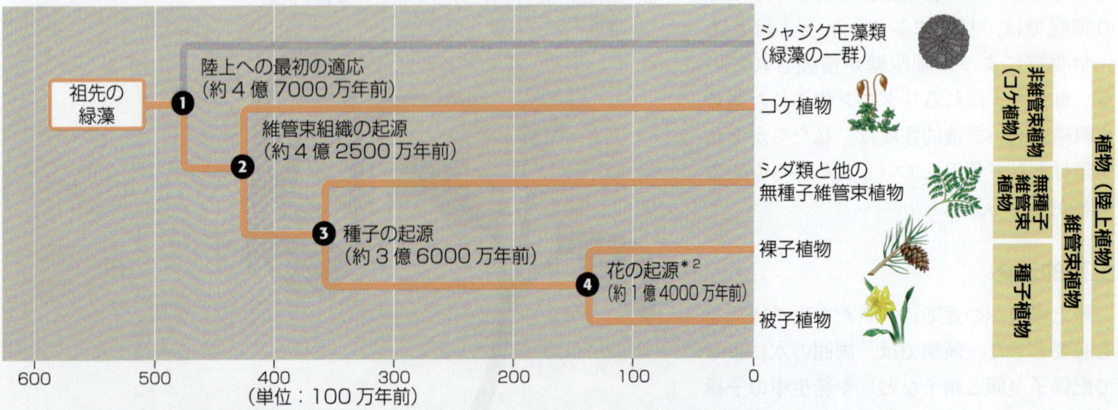

▼図16.6　植物進化の注目点．この系統樹では，植物の陸上進出を可能にした構造の進化を記している．これらの構造は，現生の植物にも見ることができる．植物の多様性を概観するにあたって，植物の各グループの進化的関係を理解しやすくするため，この系統樹の簡略版を各所で示す*1．

祖先の緑藻
❶ 陸上への最初の適応（約4億7000万年前）
　シャジクモ藻類（緑藻の一群）
　コケ植物
❷ 維管束組織の起源（約4億2500万年前）
　シダ類と他の無種子維管束植物
❸ 種子の起源（約3億6000万年前）
　裸子植物
❹ 花の起源*2（約1億4000万年前）
　被子植物

非維管束植物（コケ植物）
無種子維管束植物
種子植物
植物（陸上植物）
維管束植物

600　500　400　300　200　100　0
（単位：100万年前）

*訳注1：図中の❶〜❹は，それぞれの分岐点の下に続く系統群の共通祖先で起こった進化を示している．
*訳注2：花の起源は約1億4000万年前と考えられるが，現生の裸子植物と被子植物の分岐は約3億年前と考えられている．

多様化である．リグニンによって強化された維管束組織の存在によって，維管束植物は高く成長することが可能になり，地面からかなりの高さでそびえ立つようになった．初期の維管束植物は種子を欠いていた．現在では，このような種子を欠く状態は，**シダ類** ferns などいくつかの維管束植物群に見られる．

❸ 約3億6000万年前，種子の起源によって植物進化の第3段階が始まった．種子により，胚はさらに乾燥や他の障害から保護され，陸上での発展を進めた．**種子** seed は，胚とその栄養分が保護壁に包まれた構造である．初期の種子植物の種子は，特別な構造に包まれていなかった．このような植物は，**裸子植物** gymnosperms（「裸の種子」の意味）になった．今日，最も広く分布し多様化している裸子植物は，マツのような球果をつける木本からなる**球果類** conifers である．

❹ 少なくとも約1億4000万年前，花をつける植物（顕花植物），つまり**被子植物** angiosperms（「包まれた種子」の意味）の誕生によって，植物進化の第4段階が始まった．**花** flower は，子房とよばれる保護構造の中に種子をつける複雑な生殖構造である．このことは，裸子植物が裸出した種子をつけることと対照的である．現生植物の大部分，およそ25万種は被子植物であり，私たちが利用するすべての果実，野菜，穀物を含んでいる．

これらの注目点をもとに，現生植物の4つのおもなグループ，コケ植物，シダ類，裸子植物，被子植物を順に見ていこう（**図 16.7**）．✓

植物の多様性

✓チェックポイント

植物の主要な4群は何か？　またそれぞれの例を挙げよ．

答え：コケ植物（蘚類），維管束無種子植物（シダ類），裸子植物（針葉樹），被子植物（たとえば被子植物であるすべての草本）

▼図16.7　植物の主要な群．

植物の多様性			
コケ植物 (非維管束植物)	シダ類 (無種子維管束植物)	裸子植物	被子植物

コケ植物

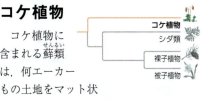

コケ植物に含まれる蘚類は，何エーカーもの土地をマット状に覆っていることがある（**図 16.8**）．蘚類は，陸上への進出を可能にした鍵となる特徴のうち2つを示す．それは（1）乾燥を防ぐロウ質のクチクラ，（2）母親の中に維持された状態で発生する胚，である．しかし，蘚類はその祖先が暮らしていた水中環境から完全には解放されていない．精子が雌の植物体内にある卵へたどり着くためには泳がなければならないので，蘚類は生殖

▼図16.8　スコットランドのミズゴケ湿原．ミズゴケが含まれる蘚類は，非維管束植物であるコケ植物に属する．ミズゴケは地球の陸地の少なくとも3%を覆っており，北半球の高緯度地域で最もよく見られる．ミズゴケは水を吸収し保持する能力に優れているため，庭土への優れた添加剤として使われる．

16章 植物と菌類の進化

に水を必要とする（精子が移動するためには雨水か露からなる薄い水膜があれば十分である）．さらに，蘚類は土壌から地上部へ水を運ぶ維管束組織をもたないため，湿った場所に生育する必要がある．

蘚類のマットを詳しく見てみると，2つの異なるかたちがあることに気づくだろう．より目立つ緑色のスポンジ状の部分は**配偶体 gametophyte** とよばれる．注意深く観察すると，先端に胞子嚢をつけた柄からなる構造が配偶体の上に見つかるが，これが**胞子体 sporophyte** である（図16.9）．配偶体の細胞は単相であり，染色体を1セットだけもつ（図8.12 参照）．対照的に，胞子体は染色体を2セットもつ複相の細胞からなる．植物の生活環におけるこの2つの異なる世代は，それぞれが生産する生殖細胞の種類に基づいて名づけられている．つまり配偶体は配偶子（卵と精子）を，胞子体は胞子を生産する．**胞子 spore** は単相の細胞であり，他の細胞と融合することなしに新しい個体へと発生する（配偶子が接合子を形成するためには，他の配偶子と融合する必要がある）．胞子はふつう，厳しい環境に耐えることができるように丈夫な細胞壁で覆われている．蘚類やシダ類のような種子をつくらない植物は，多細胞性の種子ではなく，胞子として子孫を散布する．

配偶体と胞子体の2つの世代は，一方が他方をつくり出すことによって交互に交代している．配偶体は配偶子を生産し，これが融合して接合子を形成，さらに接合子は新しい胞子体へと発生する．そして胞子体は胞子を生産し，これが新たな配偶体へと発生する．このような生活環は**世代交代 alternation of generations** とよばれ，植物や一部の藻類に見られる（図16.10）．植物の中で，配偶体がより大きく目立つ世代となっている点でコケ植物は特異である．さらに段階を追って植物の多様性を学んでいくが，その中で胞子体がより発達した世代として優占していくことが見てとれるだろう．✓

▼図16.9 **蘚類の2つの体**．一般的に蘚類として認識されている羽毛状の体は配偶体である．一方，先端に胞子嚢がついた柄は胞子体である．

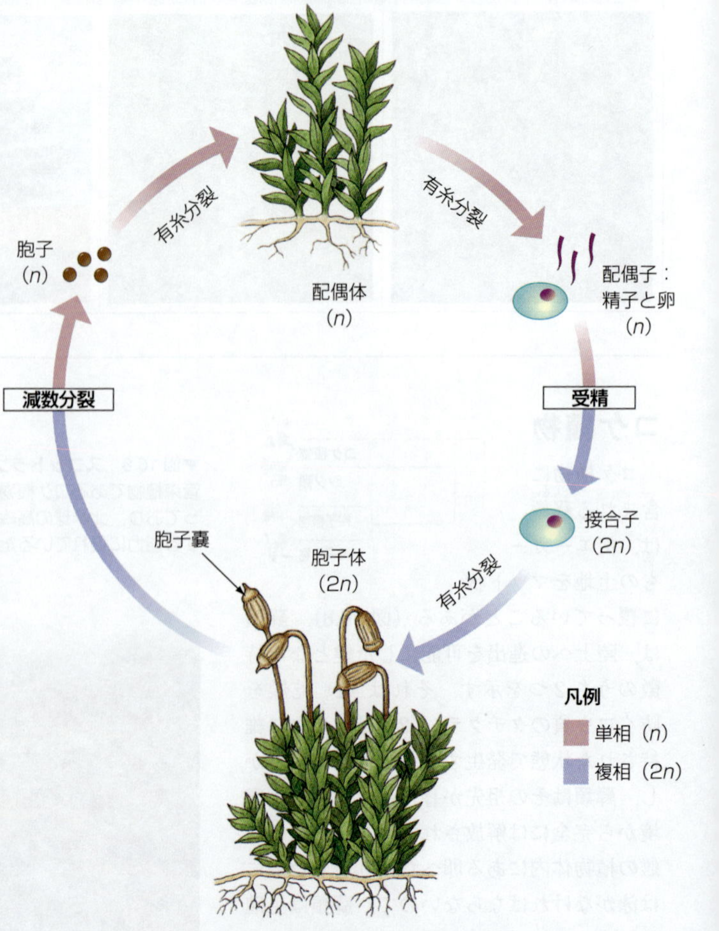

▶図16.10 **世代交代**．植物は私たちとはまったく異なる生活環をもつ．私たちはそれぞれ複相の個体であり，ほとんどすべての他の動物と同様，唯一の単相時期は精子と卵である．対照的に，植物は世代交代を行う．つまり生活環において，複相（$2n$）の個体（胞子体）と単相（n）の個体（配偶体）は，相互に他方を生み出す．

✓チェックポイント

コケ植物は，他のすべての植物と同様に世代交代を伴う生活環をもつ．この世代交代における2つの世代は何とよばれるか？またコケ植物ではどちらの世代が優占しているか？

答え：配偶体と胞子体；配偶体

シダ類

維管束組織が進化したことによって，シダ類はコケ植物よりも多様な陸上環境へ進出することができた．シダ類は1万2000種以上を含み，無種子維管束植物の中で飛び抜けて大きなグループである．しかしシダ類の精子はコケ植物と同様に鞭毛をもっており，卵と受精するために水の薄い層の中を泳いでいかなければならない．多くのシダ類は熱帯地域に生育しているが，米国のような温帯域の森林でも多数のシダ類を見ることができる（図16.11）．

約3億6000万年前から3億年前までの石炭紀の間，古代のシダ類を含むきわめて多様な無種子維管束植物が，現在のユーラシアから北米に広がる広大な湿地で熱帯林を形成していた（図16.12）．このような植物が枯れると，よどんだ湿地に沈み，完全には分解されなかった．その結果，遺骸は厚い有機堆積物を形成した．その後，海水が浸入して海洋堆積物が有機堆積物を覆い，圧力と熱によって次第に有機堆積物が石炭へと変化していった．石炭は，化石化した植物由来の物質からなる黒い堆積岩である．石炭と同様，石油や天然ガスも太古に死んだ生物の遺骸に由来する．そのため，これら3つは**化石燃料 fossil fuel**とよばれる．産業革命以来，石炭は人間社会にとって重要なエネルギー源である．しかし，このような化石燃料を燃やすことにより，世界的な気候変動につながるCO_2や他のガスが発生する（図18.46参照）．☑

植物の多様性

☑チェックポイント
なぜシダ類はコケ植物よりも高く成長することができるのか？

答え：シダ類はリグニンで補強された維管束組織によって水や栄養分を輸送することができるため，高く成長することができる．

▼図16.11　**シダ類（無種子維管束植物）**．カリフォルニア州，レッドウッド国立公園の林床で繁茂しているシダ．私たちにとってなじみ深いシダの体は，胞子体世代である．シダの配偶体は土壌表面または直下で成長する小さな植物体であり，それを見つけるためには，林床にかがみ込んで慎重な指先と鋭い観察眼を用いて探す必要がある．

新しい胞子体
配偶体
胞子嚢の集まり
「わらび巻き」（展開前の若い葉）

◀図16.12　**石炭紀の「石炭の森」**．化石証拠に基づくこの絵は，無種子維管束植物の森を再現したものである．大きな木は無種子維管束植物の太古のグループに属しており，現在でも少数の種が生き残っている（訳注：ヒカゲノカズラ類とトクサ類）．木の根元付近に生えている植物は，シダ類である．

裸子植物

「石炭の森」は，石炭紀の終わり頃まで北米やユーラシアの景観を優占していた．しかしその頃から，地球規模の気候変動により乾燥化と寒冷化が進み，広大な湿地は消え始めた．この気候変動は，乾燥した陸地で生活環を完結でき，厳しい冬にも耐えられる種子植物に，繁栄の機会を与えた．初期の種子植物の中で最も成功したものは裸子植物であり，さまざまな裸子植物が石炭紀の湿地で無種子維管束植物とともに生育していた．その子孫の中には，球果類（針葉樹）が含まれる．

球果類

おそらく多くの人は，最も一般的な裸子植物である球果類の森（針葉樹林）でハイキングやスキーを楽しんだ経験があるだろう．マツやモミ，トウヒ，ビャクシン，スギ，ヒノキなどはすべて球果類である．球果類の幅広い分布帯は，北部ユーラシアと北米を覆い，さらに山岳地帯に沿って南方へ伸びている（図16.13）．今日，米国では約77万 km² の球果類の森林が，国有林に指定されている．

球果類の中には，地球上で最も背が高い，最も巨大な，または最も長命な生物が含まれている．カリフォルニア州北部の沿岸域に自生するセコイア（セコイアメスギ）は，世界一高い木であり，高さ110 m（33階建ての建物に相当）に達する．カリフォルニア州のシエラネバダ山脈に生育するセコイアに近縁なセコイアオスギは巨大であり，シャーマン将軍として知られる個体は高さ84 m，スペースシャトル12機分の重さをもつ．カリフォルニア州に生育する別の球果類であるイガゴヨウマツは，最も長命な生物である．2012年に発見された個体は樹齢5000年以上であり，文字が発明された頃に発芽したことになる．

> もし大きなセコイアオスギの幹を取り囲もうと思ったら，数十人の友人の助けが必要になるだろう．

ほとんどの球果類は常緑樹であり，1年を通して葉をつけている．つまり冬の間でも，晴れた日にはわずかながら光合成を行う．さらに春になってより強い日差しを利用できるようになったときには，すでに葉を完全に発達させている．マツやモミの針状の葉は，乾燥した時期に生き延びるのにも適応している．葉は厚いクチクラに覆われ，気孔は窪みに存在することでさらに水分の損失を防いでいる．

球果類の林は生産性が高く，おそらく私たちは毎日，彼らがつくり出したものを利用している．たとえば，私たちが利用している建築用建材や紙を生産するためのパルプの多くは，球果類に由来する．

進化

種子植物の陸上への適応

シダ類と比較して，多くの裸子植物はより多様な陸上環境に適応するための3つの新しい特徴をもっている．それは（1）配

▼図16.13 アラスカ州テットリン国立野生動物保護区の針葉樹林．球果類の林は北米とユーラシアの北部に広く分布している．またそれほど多くはないが，球果類は南半球にも生育している．

▶図16.14 植物の世代交代における3つの型．

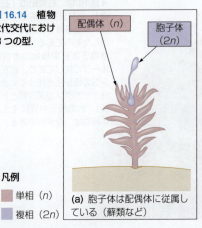

(a) 胞子体は配偶体に従属している（蘚類など）

(b) 大型の胞子体と，小型だが独立した配偶体（シダ類など）

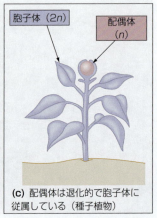

(c) 配偶体は退化的で胞子体に従属している（種子植物）

凡例
■ 単相（n）
■ 複相（2n）

偶体のさらなる退化，(2) 花粉，(3) 種子，である．

最初の適応は，単相の配偶体に比べて複相の胞子体がさらに大きく発達したことである（図 16.14）．マツなどの球果類の本体は胞子体であり，球果内に小さな配偶体をもつ（図 16.15）．コケ植物やシダ類とは対照的に，裸子植物の配偶体は親である胞子体組織に完全に依存し保護されている．

乾燥した陸上環境に対する種子植物の2番目の適応は，花粉の進化である．**花粉粒 pollen grain** は，実は非常に退化した雄性配偶体であり，精細胞*へと発達する細胞を内包している．球果類の場合，花粉が植物の雄性器官から雌性器官へ移動する現象である**送粉 pollination** は，風によって起こる．精細胞の移動のためのこの機構は，コケ植物やシダ類がもつ水の中を泳いでいく精子とは対照的である．種子植物において，精細胞を卵まで運ぶために丈夫で空気中を移動できる花粉を使うようになったことは，陸上でのさらなる大きな成功と多様化につながった適応形質である．

種子植物の3番目の重要な適応は，種子そのものである．種子は，植物の胚とその栄養分が保護壁で包まれた構造である．種子は，雌性配偶体を包んだ構造である**胚珠 ovule** から発生する（図 16.16）．球果類では，胚珠は雌性球果の鱗片の上にある．いったん親植物から散布されると，種子は数日，数か月，ときには数年間休眠することができる．その後好適な条件になると，種子は**発芽 germinate** し，胚は種皮を破って芽生え（実生）となる．一部の種子は親の近くに落ちてしまうが，他は風や動物によって遠くまで運ばれる．☑

―――
*訳注：大部分の裸子植物とすべての被子植物では，雄性配偶子が鞭毛を欠いており，精子ではなく精細胞とよばれる．

植物の多様性

☑チェックポイント

シダと球果類における精子の運搬手段を比較せよ．

答え：シダの精子は鞭毛をもち，卵にたどり着くくらいの距離を泳がなければならない．対照的に，球果類は水中を泳ぐ必要がない，花粉が空気中を移動して，精細胞を卵の所へ運ぶ．

▼図 16.15 **マツの木は胞子体であり，配偶体を含む2種類の球果をつける．** 雌性球果の各鱗片は変形した葉であり，雌性配偶体を含んだ胚珠とよばれる構造をつけている．雄性球果は，雄性配偶体である花粉粒を無数にまき散らす．このような花粉粒の一部は同種の木の雌性球果に着地し，精子（精細胞）は雌性球果の胚珠中にある卵と受精する．最終的に，胚珠は種子になる．

胚珠をつける球果：鱗片には雌性配偶体がついている

花粉をつくる球果：雄性配偶体をつくる

ポンデローサマツ

▼図 16.16 **胚珠から種子へ．**

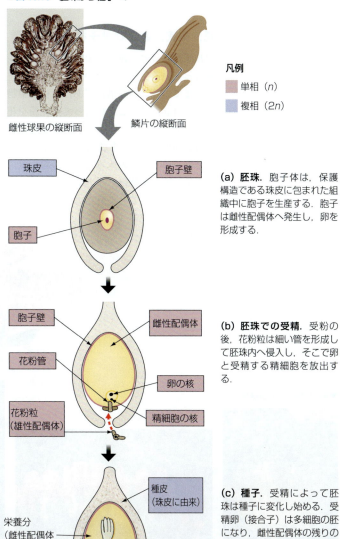

雌性球果の縦断面　　鱗片の縦断面

凡例
■ 単相（n）
■ 複相（2n）

(a) **胚珠．** 胞子体は，保護構造である珠皮に包まれた組織中に胞子を生産する．胞子は雌性配偶体へ発生し，卵を形成する．

(b) **胚珠での受精．** 受粉の後，花粉粒は細い管を形成して胚珠内へ侵入し，そこで卵と受精する精細胞を放出する．

(c) **種子．** 受精によって胚珠は種子に変化し始める．受精卵（接合子）は多細胞の胚になり，雌性配偶体の残りの部分は栄養分を貯蔵する組織を形成する．胚珠の珠皮は硬化して種皮になる．

被子植物

現在の陸上環境を優占しているのは被子植物である．裸子植物は700種ほどであるのに対し，被子植物には約25万種が知られている．被子植物の繁栄には，いくつかの独特な適応が寄与している．たとえば，維管束組織の改良により（訳注：道管の獲得），被子植物は裸子植物よりも効率的に水を輸送できる．しかしそのような陸上環境への適応の中で，花こそが被子植物の比類なき成功をもたらした．

花，果実，および被子植物の生活環

被子植物ほど，派手なセックスアピールを行っている生物はいない．バラからタンポポまで，花は生殖構造である．被子植物は花を目立たせることによって，花粉を花から同種の別の花へ運んでくれる送粉者（昆虫や他の動物）を誘引している．イネ科植物やいくつかの木本など，送粉を風に依存する被子植物は，小さく地味な花をもっている．これらの種は，風にゆだねる大量の花粉をつくることに生殖のためのエネルギーの多くを配分している．

花は，特殊化した葉を同心円状につけた短い茎である（図 16.17）．最も外側には，ふつう緑色をした**がく片** sepal がある．がく片は開花前の花を包んでいる（バラのつぼみを思い浮かべてみよ）．がく片の内側には**花弁** petal があり，ふつう送粉者を引きつけるために目立つ色彩をしている．さらにその内側には，雄性生殖器官である**雄ずい**（雄しべ）stamen がある．花粉粒は，それぞれの雄ずいの先端にある袋である**葯** anther の中でつくられる．花の中心には，雌性生殖器官である**心皮** carpel * がある．心皮は，卵をつくる胚珠を1個〜多数保護する空洞である**子房** ovary を形成する．心皮の先端部は粘着性であり，花粉をとらえる**柱頭** stigma となる．図 16.18 で示したように，花は美しく変異に富むが，その基本構造は共通している．

被子植物では，裸子植物と同様に胞子体

*訳注：心皮は胚珠をつけた1枚の葉に対応する器官である．心皮は単独で，または複数が合着して雌ずい（雌しべ）を形成する．

▶図 16.17 花の構造

▼図 16.18 花の多様性．

ウチワサボテン

ケマンソウ

ハナビシソウ

アンゲロニア

▼図 16.19 被子植物の生活環.

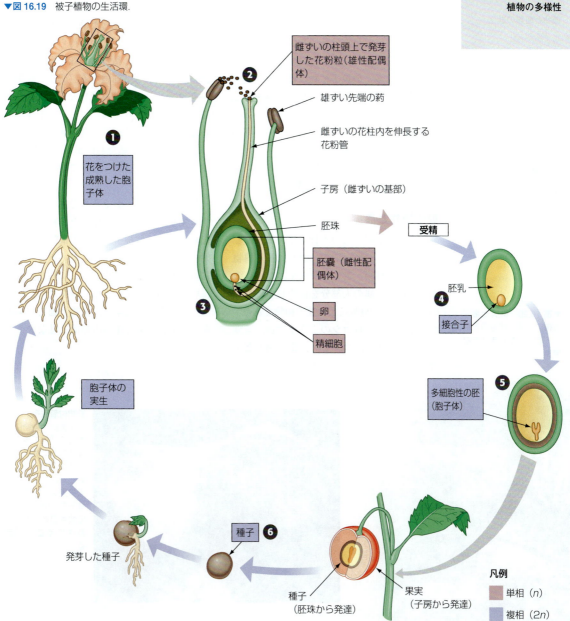

世代が主体であり，その中に配偶体を形成する．図 16.19 は，被子植物の生活環の重要な点を示している．❶花は胞子体の一部である．裸子植物と同様，花粉粒は雄性配偶体である．雌性配偶体は胚珠内に存在し，胚珠は子房内にある．❷花粉が柱頭に着地後，花粉管が子房へ向かって伸長し，❸精細胞を放出して胚嚢内の卵と受精する．❹その結果，接合子が形成され，❺これが胚へと発生する．胚を囲む組織は栄養分に富んだ**胚乳** endosperm とよばれる組織になり，発達中の植物体を養う*．❻胚珠全体は種子になり，これが発芽して新たな植物体となることで新たな生活環が始まる．胚珠が子房に包まれているという点が，被子植物（包まれた種子を意味する）を裸子植物（裸の種子を意味する）と区別する特徴である．

果実 fruit は，花の子房が成熟したものである．だから，被子植物のみが果実を形成する．胚珠が種子に発達するに従い，子房壁は厚くなり，種子を囲む果実となる．

＊訳注：❺これは有胚乳種子の場合であり，胚乳が発達しない無胚乳種子をつくる植物も少なくない．

16章
植物と菌類の進化

✓チェックポイント
花を構成する4つの主要要素は何か？ 花粉粒はどこでつくられ，卵はどこでつくられるのか？

答え：がく片，花弁，雄ずい，雌ずい（心皮），花粉粒は雄ずいのやくでつくられ，卵は雌ずいの子房の中でつくられる．

エンドウは果実の一例であり，種子（成熟した胚珠，豆）が成熟した子房（さや）に包まれている．果実は種子を保護し，その散布を助ける．図16.20で示すように，多くの被子植物は種子散布を動物に依存しており，しばしばその消化管を通って散布される．逆に，人間を含むほとんどの陸生動物は，食物として直接的または間接的に被子植物に依存している．✓

世界で最も高価なコーヒー豆は，ジャコウネコの消化管を通ったものである．

被子植物と農業

裸子植物が私たちの木材や紙のほとんどを供給してくれているのに対し，被子植物は私たちの食物，およびウシやニワトリのような家畜の餌の大部分を供給してくれている．植物の90%以上は被子植物であり，コムギやトウモロコシのような穀物，ミカンのような果樹，コーヒー，茶，綿などを含んでいる．トマト，カボチャ，イチゴ，オレンジをはじめ多くの農作物は，私たちが栽培化し，食用化した果実である．カシやサクラ，クルミから得られる緻密な硬材は，私たちが球果類から得る木材を補強する（訳注：球果類の材は道管を欠き，軟材とよばれるのに対し，被子植物の材は道管を含み硬材とよばれる）．私たちはまた，繊維や薬，香料，装飾のために被子植物を栽培している．

初期の人類は，おそらく野生の果実や種子を集めていた．より確実な食料源を得るために，人々は種子をまいて植物を栽培し始め，徐々に農業が発展していった．さらに特定の植物を栽培化するにつれて，人々は収量と品質がよりよい品種を選別し始めた．このように農業は，植物と動物の間の進化的関係のもう1つの側面と見なすことができる．

▼図16.20 **果実と種子散布．** さまざまな散布等式に適応したさまざまな果実．

動物付着散布． 一部の果実は，動物に付着して「ただ乗り」することに適応している．このイヌに付着しているオナモミの果実は，裂開して種子を放出するまでに数キロメートルも運ばれることがある．

動物被食散布． 多くの被子植物は，動物にとって魅力的な多肉質で食べられる果実をつくる．動物は多肉質の部分を消化するが，丈夫な種子の部分は無傷で消化管を通過する．その後，種子は食べられた場所から遠く離れた場所に肥料とともに排出される．ここに示したマレージャコウネコはコーヒーの果実を食べている．マレージャコウネコの消化酵素は，種子（コーヒー豆）に絶妙な香りをもたらすことが報告されている．この「過程」を経たコーヒー豆はコピ・ルアクとして知られ，約450gあたり500ドルもする．

風散布． 被子植物の一部は，種子散布を風に依存している．このトウワタでは，果実が裂開して絹のようなパラシュート（種皮の一部）をもつ多数の種子（茶色の構造）を放出している．

植物の多様性

再生不能資源としての植物多様性

　増え続ける人口は，土地と自然資源に対する膨大な需要を伴い，これまでにない速度で植物の種の絶滅を招いている．この問題は，特に世界中の植物と動物の80％以上が生育する森林生態系で深刻である．森林破壊は，何世紀にもわたる人間活動によって引き起こされてきた．世界中で，原生林は25％しか残っておらず，米国本土ではわずか10％である．一般的に，木材を得るために，または宅地や農地を拡大するために森林は切り払われてしまう（図16.21）．現存する森林の多くは熱帯地域にあるが，1年あたりイリノイ州と同程度（訳注：本州を除いた日本総面積程度）の推定15万 km²の速さで消失している．ブラジル政府は，政策としてアマゾンの森林破壊を食い止めようとしている．それにもかかわらず，世界中の熱帯での森林破壊は，過去10年間に1年あたり2101 km²の速度で増加している．

　なぜ熱帯林の喪失が問題なのだろうか？森林が生物多様性の中心であることに加えて，世界中の何百万人もの人々がこれらの森林に依存して生活している．さらに，熱帯林で代表される植物多様性の損失を憂慮する，実利的な別の理由もある．120以上の処方薬は，植物から得られた物質でつくられている（表16.1）．製薬会社は，原住民が伝統薬を調合する際に使用する植物を知ることで，このような薬用植物の大部分を特定してきた．現在，研究者たちはその科学的手法と原住民の知識を組み合わせることで，新薬を開発してその地域の経済に利益をもたらすことを目指している．

　科学者たちは，人々が森林から持続的に利益を得ることを可能にする方法を研究することによって，少しでも植物多様性の損失を遅らせることに取り組んでいる．このような努力の目的は，森林に損傷を与えることなく，資源として利用し続けるための管理を励行することである．私たちが提案するこのような解決方法は，経済的に現実的でなければならない．熱帯多雨林に暮らす人々は，そこで生計を立てなければならないのだ．しかし，もし目的が短期的な利益のみであるならば，森林が消滅するまで破壊は続くことになる．私たちは，熱帯多雨林や他の生態系を，ゆっくりとしか再生できない生きた宝物と見なす必要がある．そうすることで，私たちは将来のために生物多様性を保ったまま共存していく方法を学ぶことができる．

　本節での植物に関する調査を通して，私たちは植物がどのようにして他の陸上生物とかかわって生きているのかを見てきた．ここで視点を変え，植物とともに上陸した別の生物群，菌類に注目してみよう．✓

> ✓ **チェックポイント**
> 森林はどのような点で再生可能な資源であり，どのような点で再生不能な資源なのだろう？
>
> 答え：森林は，伐採されたとしても，持続可能な管理をしていれば再生する資源であるが，森林が破壊されすぎたり，原生林に棲息する種が絶滅したりすると再生しない．

▼ 16.21　**ウガンダの熱帯林に隣接する耕作地**．ブウィンディ原生国立公園（写真右側）はその生物多様性のため有名であり，世界中のマウンテンゴリラの約半数が生育している．

表 16.1	植物由来の薬品の例		
化合物	供給源		利用例
アトロピン	オオハシリドコロ		眼の検査時の瞳孔拡大薬
ジギタリン	キツネノテブクロ		心臓薬
メントール	ヨウシュハッカ		咳薬や鼻薬の成分
モルヒネ	ケシ		鎮痛薬
キニーネ	キナノキ		マラリア治療薬
パクリタキセル（タキソール）	タイヘイヨウイチイ		抗がん剤
ツボクラリン	クラーレ		筋弛緩剤
ビンブラスチン	ツルニチニチソウ		白血病薬

出典：Randy Moore et al., Botany, 2nd ed. Dubuque, IA: Brown, 1998, Table 2.2, p. 37 を改変

16 章
植物と菌類の進化

菌　類

菌類は見た目は冴えないものもあるが，もしあなたがこの菌類を見つけたら，あなたの大学の学費はまかなえるだろう．

☑ **チェックポイント**
私たちに利益を与える菌類の働きを 3 つ挙げよ．

菌類という言葉は，多くの場合不快なイメージを連想させる．菌類は木材を腐朽させ，食物を台無しにし，水虫で人々を苦しめる．しかし，菌類による死骸や落ち葉，糞，その他の有機物の分解がなければ，生態系は崩壊してしまうだろう．菌類は，必須元素を他の生物が利用できるかたちで環境中に戻してリサイクルを行う．またあなたは，ほとんどすべての植物が土壌から効率的に無機栄養分や水を吸収することを助けてくれる根と菌類の共生体，菌根をもつことを学んだであろう．このような生態的な役割に加えて，菌類はさまざまな用途で古くから人間に利用されてきた．私たちは菌類を食べ（たとえばシイタケやきわめて高価なトリュフ），抗生物質や他の薬品を生産するために菌類を培養し，パン生地をふくらませるために菌類を加え，さまざまなチーズをつくるために菌類をミルクで育て，さらにビールやワインを醸造するために菌類を用いている．

菌類 fungi（単数形は fungus）は真核生物であり，多くのものは多細胞性であるが，他の生物には見られない体の構造と生殖様式をもっている（図 16.22）．分子系統学的な研究は，およそ 15 億年前の共通祖先から菌類と動物が分かれたことを示している．しかし，菌類の最古の確実な化石は，わずか 4 億 6000 万年前のものであり，おそらくこれは菌類の初期の祖先が微小で化石化しにくかったためであろう．いずれにせよ，その外見にもかかわらず，キノコはどんな植物よりもあなたに近縁なのだ！

菌類を研究する生物学者は，これまでに 10 万種以上の菌類を記載してきたが，実際には 150 万種ほどがいるとも推定されている．菌類の分類学は現在継続的に進められている（現在のところ広く認められている分類体系では，菌界を 5 つのグループに分けている）．おそらくあなたは，キノコやカビ，酵母などいくつかの菌類を知っているだろう．本節では，すべての菌類に共通する特徴について概説し，その後で菌類の広範な生態学的影響を紹介する．☑

▼図 16.22　さまざまな菌類．

サルノコシカケ類． これは，林床の倒木を分解して栄養を吸収しているある菌類の生殖器官である．緑色の「葉のような」構造は地衣であり，本章の「進化との関連」のコラムで紹介する．

「妖精の環」． キノコを形成する菌類の一部は，ひと晩のうちに芝生の上に「妖精の環」をつくることがある．この環は，地中にある菌糸の塊である菌類の本体の縁に形成される．地中にある菌類の塊が外側へ成長するにつれて，その縁に形成される妖精の環の直径も大きくなっていく．

カビ． カビは，ときに私たちの食べ物でもある栄養源の上で急速に成長する．このオレンジの上のカビは，鎖状につながった微細な胞子（挿入写真）を形成することで無性的に生殖する．胞子は空気の流れに乗って散布される．

トウモロコシ黒穂病菌． この寄生菌は，トウモロコシ農家にとっては厄介者であるが，グルメにとってはウイトラコーチェとよばれる珍味である．

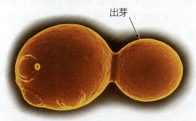

出芽酵母． 酵母は単細胞性の菌類である．この酵母細胞は，出芽とよばれる様式によって無性的に増殖している．

構造と機能

菌類の特徴

以下に菌類の構造と機能について，菌類の栄養摂取様式とともに見ていこう．

菌類の栄養様式

菌類は**吸収 absorption**によって栄養を得る従属栄養生物である．この栄養様式では，周囲の環境にある有機低分子が吸収される．菌類は，強力な分解酵素を分泌することで体外にある食物を分解する．分解酵素は，複雑な分子を菌類が吸収可能な単純な低分子化合物へ分解する．このようにして，菌類は倒木，動物の死体，生物の排出物など生きていない有機物から栄養分を吸収する．

菌類の構造

ほとんどの菌類の体は，**菌糸 hyphae**（単数形は hypha）とよばれる細長い糸状体から構成されている．菌類の菌糸は，微細な糸状の細胞質が細胞膜と細胞壁に囲まれたものである．菌類の細胞壁は，セルロース性である植物の細胞壁とは異なり，おもにキチンからなる．キチンは，昆虫の外骨格にも存在する強靱（きょうじん）だが柔軟な多糖である．ほとんどの菌類は多細胞性の菌糸をもち，つながった細胞の間は孔のある隔壁で仕切られている．多くの菌類では，リボソームやミトコンドリア，ときには核さえもこの孔を通過して細胞間を移動する．

菌類の菌糸は何回も分枝して**菌糸体 mycelium**（複数形は mycelia）とよばれる絡み合ったネットワークを形成し，これが菌類の栄養摂取体となる（**図16.23**）．菌類の菌糸体は，ふつう地下にあるため私たちの目に触れることはないが，ときに非常に巨大になる．実際，直径5.5 km，広さ8.9 km² にも及ぶ，とてつもなく大きな菌糸体がオレゴン州で見つかっている．この菌糸体は少なくとも2600年前から存在し，重さは数百トンに達することから，地球上で最も長命で最も巨大な生物の1つとされる．

菌糸体は，分解し吸収する有機物と混ざり合うことで食物源との接触面積を最大化している．バケツ1杯の肥沃な土壌には，長さ1 kmに達する菌糸が含まれていることがある．菌類の菌糸体は，食物源の中に分枝した菌糸を伸ばすことで急速に成長する．ほとんどの菌類は不動性であり，食物源に向かって走ったり，泳いだり，飛んだりすることはできない．しかし菌糸体は，新たな場所へ菌糸の先端を迅速に伸ばすことで移動できないことを補っている．☑

菌類の生殖

図16.23で示したキノコは，実際には密に詰まった菌糸からできている．キノコは地下の菌糸体から立ち上がった構造である．菌糸体は吸収によって有機物から栄養を得ているが，キノコの機能は生殖である．トリュフは地下にあり胞子散布を動物に依存しているが，多くのキノコは地上に立ち上がり風によって胞子を散布している．

菌類はふつう，有性的または無性的に形成した単相の胞子を放出することで生殖する．菌類は気の遠くなるような数の胞子を放出する．たとえばホコリタケの生殖構造は，数兆個もの胞子を煙のように放出する．胞子は風や水によって簡単に運ばれ，

菌類

✓ **チェックポイント**

菌類の菌糸体の構造が，どのようにその機能を反映しているのか説明せよ．

答え：大きくひろがった菌糸体のネットワークが，養分源への広い接触面積を提供している．

もしマッシュルームピザを食べたことがあれば，それは菌類の生殖構造を食べたことがあることを意味する．

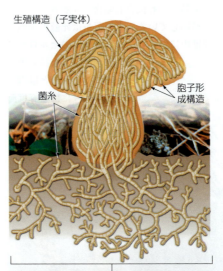

生殖構造（子実体）
菌糸
胞子形成構造
菌糸体

菌糸体

◀ **図16.23 菌類の菌糸体．** キノコは密に詰まった菌糸からなり，この菌糸は地下にある大きな菌糸体の菌糸が上へ伸びたものである．下の写真は落ち葉を分解している木綿のような菌糸体を示している．

食物のある湿った場所に着地すると発芽して菌糸体を形成する．このように胞子の役割は散布であり，多くの菌類が示す広範な地理的分布を可能にしている．空気中に漂う菌類の胞子は，地上から 160 km の上空で見つかったこともある．家の近くにパン 1 枚を 1 週間放置しておけば，空中から舞い降りた目では見えない胞子から成長した，綿毛のような菌糸体を見ることができるだろう．

菌類の生態的影響

菌類と植物がともに上陸して以来，菌類は陸上生態系で重要な役割を果たしてきた．人類との数多くのかかわりを含め，生態系の中で菌類が与える重要な影響についていくつか見ていこう．

分解者としての菌類

植物の成長に必須な無機栄養分を，生態系の中に保持している主要な分解者は菌類と細菌である．分解者がいなければ，炭素や窒素などの元素は死骸など生きていない有機物の中に溜まる一方になってしまう．土壌から吸収された元素が土壌に戻らないため，植物やそれを食べる動物はやがて絶えてしまうだろう．

菌類は，有機質老廃物の分解者としてよく適応している．その菌糸は死骸の細胞や組織中に侵入し，植物細胞壁のセルロースを含むさまざまな高分子を分解する．細菌と協調して，ときには無脊椎動物も加わり，菌類相が遷移していくことで有機物は完全に分解される．空気中に菌類の胞子が多数存在するため，落葉や虫の死骸の上にはすぐに胞子が舞い降り，やがて菌糸が侵入していく．

私たちは森林の落葉や死骸の分解者としての菌類を大いに賞賛すべきだが，私たちの食物やシャワーカーテンにカビが生えたとなると話は別である．毎年，全世界の果実収穫量の相当な部分が菌類によって失われている．また木材を分解する菌類は，倒木とボートをつくる木材を区別しないだろう．アメリカ独立戦争の間，英国は敵の攻撃によるものよりも，菌類の腐朽によってより多くの船を失った．さらに，第二次世界大戦時の熱帯地域に駐留した兵士たちは，カビによってテントや服，靴がダメになるのを目の当たりにすることになった．

寄生性の菌類

寄生とは，2 種の生物が密接して生活し，一方が利益を得るが他方が害を受ける相互関係のことである．寄生性の菌類は，宿主の生きている細胞または体から栄養を吸収する．菌類の 10 万の既知種のうち，約 30% が寄生者として生きている．

菌類のうち，約 500 種がヒトや他の動物に寄生することが知られている．コクシジオイデス症または渓谷熱として知られる不可解な病気は，ふつう軽度のインフルエンザのような症状を示すが，一部の人々にはきわめて深刻な被害を与える．米国南西部の土壌に生育するある菌類の胞子を吸い込むと，この病気にかかる．科学者たちは渓谷熱の報告が近年増加していることに気づいたが，これはおそらく気候変動，もしくはこの菌が生育しているかつて農村だった地域の開発によって引き起こされたものだと考えられる．それほど深刻ではない菌類による病気として，腟カンジダ症や白癬症が挙げられる．白癬症では皮膚に赤い円形の斑が出現するが，この原因菌は皮膚のあ

(a) ニレ立ち枯れ病菌のため枯死したアメリカニレ

麦角

(b) ライ麦上の麦角

◀ 図 16.24　**植物に病気を引き起こす寄生菌．**（a）ニレ立ち枯れ病を引き起こす寄生菌は，ヨーロッパのニレとともに進化し，これには大きな被害を与えない．しかしこの菌は 1926 年に偶然米国にもち込まれ，アメリカニレに壊滅的な被害をもたらした．（b）寄生菌である麦角菌は，ライ麦の穂に黒っぽい構造である麦角を形成する．

らゆる場所に感染可能であり，激しいかゆみやときに水ぶくれをもたらす．ある種は足に感染して水虫を引き起こし，別の種はたむしとよばれる災難を与える．

寄生性菌類のほとんどは植物に寄生する．アメリカグリとアメリカニレは，かつて森林や原野，さらに町中にもふつうに見られたが，20世紀に菌類の伝染病によって壊滅的な打撃を受けた（図 16.24a）．菌類は農作物にも深刻な病気を引き起こし，さらに作物に寄生する菌類の中には人に毒性を示すものもある．ライ麦や小麦，オート麦など多くの穀物や牧草の穂は，ときに菌類に寄生されて麦角とよばれる構造をつくる（図 16.24b）．麦角菌に感染した穀物からつくられた小麦粉を摂取すると，幻覚や一時的な狂気に襲われ，死に至ることもある．実際に，幻覚誘発剤であるLSDの原料であるリゼルグ酸が麦角から単離されている．この事実は，次に見るような何世紀も前に起こった謎を解く手がかりになるかもしれない．

植物と菌類の相互関係　科学のプロセス

セイラムの魔女狩り事件は菌類が原因だったのか？

1692年1月，マサチューセッツ州のセイラムの村で8人の若い女性が奇妙な行動を取り始めた．女性たちは意味不明な言葉を口走り，皮膚に奇妙な感覚を訴え，痙攣を起こし，幻覚を見るようになった．村人たちは，彼女たちの症状は魔術によるものであると非難し，疑心暗鬼に陥って互いに隣人を魔女裁判に告発し始めた．秋になってこの集団ヒステリーが終息するまでに，150人以上の村人たちが魔女として告発され，そのうち20人が絞首刑にされた．「セイラムの魔女狩り事件」の真の原因は何だったのか，長年にわたって歴史家の興味を引きつけている．

1976年，カリフォルニア大学心理学科の大学院生は，この事件の原因に対する新たな説を提唱した．彼女の研究は，報告された症状は麦角中毒と一致する，という観察から始まった（図 16.25）．このことから，魔女狩りの背景には麦角中毒の流行があったのではないか，という疑問が生じた．彼女は仮説を検証するため歴史的資料を検討し，魔女狩り事件の真相は麦角中毒であるという予測を立てた．

彼女の研究の結果は，決定的ではないが，示唆に富むものであった．農業記録から，麦角菌のおもな宿主であるライ麦がその頃セイラムの周囲で栽培されていたこと，また1691年は特に温暖で湿潤であったため麦角が流行しやすい条件がそろっていたことが確認された．このことは，1691年から1692年の冬の間に消費されたライ麦が麦角に汚染されていた可能性が高いことを示唆している．魔女狩り騒動が終息し始めた1692年の夏は乾燥していて，麦角流行の終息と一致していた．最も重要なことは，記録にある症状が，麦角中毒のものと一致していたことである．以上の結果から，セイラムの女性たち，そしておそらく他の村人たちは，麦角が原因の病気に冒されていたことが強く示唆された（ただし証明されたわけではない）．この説に疑問を呈し，別の説を提唱している歴史家もいる．決定的な証拠が見つかることはないかもしれないが，この話は，本章の統一テーマである植物と菌類の相互関係の重要性をより説得力のあるものにし，また科学的な方法論がさまざまな学問分野で適用できることを示している．

▼図 16.25　麦角とセイラムの魔女狩り．1692年，麦角中毒がセイラムの魔女狩り事件を引き起こしたのかもしれない．

菌類の商業的利用

菌類の紹介を病原菌の話で終えるのは，菌類に対して公平ではないだろう．菌類は分解者として地球環境にプラスの影響を与えるのに加えて，人類はさまざまなかたちで菌類を実用的に利用している．

それが地下にある菌類が地上に伸ばした

16章
植物と菌類の進化

▼図16.26　食用の菌類.

マスタケ．この肉質のサルノコシカケ類は，チキンのような味がするという．

アンズタケ．このキノコは，その素朴な風味と風変わりな歯ごたえのためシェフたちに珍重されている．

オニフスベ．この巨大な菌類は直径60 cmにもなり，胞子を形成する前の未成熟な状態のみが食用になる．小形だがよく似た危険な毒キノコがあるので注意．

生殖構造であるということに気づいていないかもしれないが，多くの人はキノコを食べたことがあるだろう．食料品店に行けば，マッシュルームやシイタケ，エノキタケ，シメジ，キクラゲが売られている．キノコを調理したければ，菌床に埋め込まれた菌糸体がキノコの「栽培キット」として売られているので，それを買うこともできる．一部の愛好家は野外から食用キノコを採取するが（図16.26），専門家でなければ野生キノコを食べるのは避けたほうがよい．一部の有毒種は食用種にそっくりであり，簡単に見分ける方法などないのだから．

また別の菌類は食品製造に使われる．ロックフォールやブルーチーズのようなチーズの独特の風味は，熟成するために用いられる菌類に由来する．そして人々は数千年にわたって，アルコール飲料やパンをつくるために酵母（単細胞性の菌類）を利用してきた（図6.15 参照）．

菌類は医学的にも有用である．いくつかの菌類は，細菌性疾患を治療するために用いられる抗生物質を生産する．実際，初めて発見された抗生物質であるペニシリンは，一般的なカビであるアオカビによってつくられる（図16.27）．研究者たちはまた，抗がん剤としての可能性を示す菌類の生産物を研究している．

薬や食品の原料として，生態系における分解者として，また植物における菌根のパートナーとして，菌類は地球上の生物にとって重要な役割を果たしている．✓

▲図16.27　抗生物質を分泌する菌類．ペニシリンは，ふつうに見られるカビであるアオカビによって生成される．このシャーレで，アオカビとブドウ球菌の間には抗生物質が存在するため，ブドウ球菌の増殖が阻害されている．

✓ **チェックポイント**
1. 水虫とは何か？
2. 菌類が生産する抗生物質は，自然界ではどんな機能があると考えられるか？

解答：1．水虫とは，皮膚に寄生した菌類による感染症である．2．抗生物質は，栄養分の競争相手となる細菌の増殖を抑制することで，特に培地の確保に貢献する．

植物と菌類の相互関係　進化との関連

相利共生関係

菌類と植物を同じ章で扱ったことから，この2つの生物界は近縁であると思うかもしれない．しかし先に記したように，実際には菌類は植物よりも動物にずっと近縁である．ただし陸上環境における植物の成功と菌類の大きな多様性は互いに関連しており，どちらか一方だけでは今日の繁栄はなかったであろう．

進化とは，個々の生物種の起源と適応だけを指すものではない．生物種の間の相互関係も進化の結果である．たとえば一部の原核生物や原生生物は，多くの生物にとって相利的な共生者となっている（図15.12，15.13 参照）．ある植物の根の中に生育する細菌は，窒素化合物を宿主に与え，引き替えに食物を受け取っている．私たちも，健康な皮膚を保ってくれたり消化管中である種のビタミンを生産してくれる

▼図16.28 地衣：菌類と藻類の共生体．

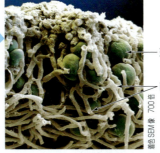

藻類の細胞
菌類の菌糸
擬色SEM像 700倍

共生細菌をもっている．特に本章と関係する例は，菌類と植物の根の共生，菌根であり，これが生物を陸上へ進出することを可能にした．

単細胞性の藻類が菌糸体の中に保持された共生体である**地衣類** lichens は，このような共生関係を示すよい例である．一見するとコケ植物と見誤ってしまう地衣類は，岩や倒木，樹皮の表面に生えている（図16.28）．菌類と藻類が密接に絡み合っているため，地衣類は１つの生物のように見える．菌類は光合成を行う藻類から食物を受け取り，代わりに菌糸体は藻類に好適な生育環境を提供し，藻類が吸収する水や無機栄養分を保持する．この相利共生体の統合は完璧であるため，地衣は単一の生物として種名が与えられている*．

原生生物と植物に続いてここで紹介した菌類は，真核生物における第３のグループである．菌類は，真核生物の第４のグループである動物と共通の原生生物の祖先から進化した．この最も多様化した真核生物のグループである動物について，次章で紹介する．

＊訳注：地衣の学名はあくまでも宿主である菌類の名前であり，共生者である藻類の有無は関係ない．

本章の復習

重要概念のまとめ

陸上への進出

植物の陸上への適応

植物は光合成を行う多細胞性真核生物であり，陸上環境へ適応したいくつかの特徴をもつ．

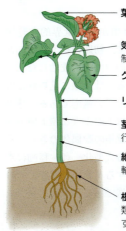

- **葉**は主要な光合成器官
- **気孔**は植物と大気の間のガス交換を制御する．
- **クチクラ**は水の損失を防ぐ．
- **リグニン**は細胞壁を補強する．
- **茎**は植物体を支え，ときに光合成も行う．
- **維管束組織**は水，無機栄養分，糖を輸送し，また植物体を支持する．
- **根**は植物体を固定し，菌根（根と菌類の共生体）は水や無機養分を吸収する．

植物は緑藻から進化した

植物はシャジクモ藻とよばれる多細胞性緑藻のグ

ループから進化した．

植物の多様性

植物進化の注目点

　植物進化における4つの段階は，4つの主要グループを生み出した陸上環境への適応形質によって特徴づけられる．

コケ植物

　最も身近なコケ植物は蘚類である．蘚類は2つの鍵となる陸上への適応形質をもつ．1つは乾燥から植物体を守るロウ質のクチクラであり，もう1つは母親の中で発生中の胚を保護することである．蘚類は，精子が卵まで泳がねばならないためふつう湿った環境に生育し，また細胞壁にリグニンを欠くため高く直立することができない．コケ植物は配偶体が主である生活環をもつ点で，植物の中で特異である．

シダ類

　シダ類は維管束組織をもち，種子をつくらない植物であるが，いまだ受精のために鞭毛をもつ精子を用いている．石炭紀の間，巨大なシダを含む無種子維管束植物が枯れて厚い有機質堆積層を形成し，それがしだいに石炭になった．

裸子植物

　石炭紀の終わり頃からの世界的な乾燥化，寒冷化によって，初期の種子植物の進化が促された．その中で最も成功したものが球果類を含む裸子植物である．球果類に見られる針状の葉と陥没した気孔は，乾燥への適応である．球果類と他の多くの裸子植物は，以下のような陸上環境への適応形質を3つもつ．(1) 単相の配偶体のさらなる退化と複相の胞子体のさらなる大型化．(2) 移動に水を必要としない精細胞を形成する花粉．(3) 胚とその栄養分が保護壁で囲まれた構造である種子．

被子植物

　私たちが利用するほとんどすべての食物と多くの繊維は，被子植物によってもたらされる．花とより効率的な水輸送（訳注：道管）の進化により，被子植物は大成功を収めた．被子植物の主要な世代は胞子体であり，花の中に小さな配偶体をもつ．雌性配偶体は胚珠中に存在し，胚珠は子房の中にある．雌性配偶体中の卵の受精によって接合子が形成され，これが胚へと発生する．胚珠全体は種子になる．種子が子房に包まれているという特徴が，裸出する種子をもつ裸子植物との区別点である．果実は，花の中の子房が成熟したものである．果実は種子を保護し，その散布を助ける．被子植物は動物にとって主要な食物源であるが，一方で動物は植物の送粉や種子散布を助けている．農業は，植物と人間，そして他の動物の間の特異な進化的関係によって築き上げられた．

再生不能資源としての植物多様性

　土地や自然資源に対する人間活動の需要を満たすための森林破壊は，これまでにない速度で植物種の絶滅を引き起こしている．この問題は，特に熱帯林で深刻である．

菌類

構造と機能：菌類の特徴

　菌類は単細胞性または多細胞性の真核生物であり，食物を体外で消化して栄養分を吸収する従属栄養生物である．彼らは植物よりも動物に近縁である．菌類の体は，ふつう糸状の菌糸の塊からなり，菌糸体を形成する．菌類の細胞壁はおもにキチンからなる．ほとんどの菌類は不動性であるが，菌糸は非常に急速に成長してその先端を新たな場所へ伸ばす．キノコは，地下の菌糸体が形成した生殖器官である．菌類は有性的に，または無性的に形成した胞子を散布することで増殖し，生育地を広げる．

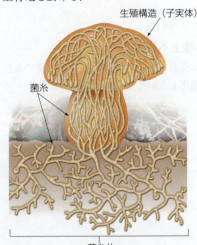

菌類の生態的影響

　菌類と細菌は，生態系における主要な分解者である．多くのカビが果実や木材，人工素材を分解する．菌類のうち500種ほどはヒトや他の動物に寄生する．菌類はまた，食物やパンの発酵，ビールやワインの醸造，抗生物質の生産など商業的にも重要である．

セルフクイズ

1. 4つの主要な植物群に共通な構造は，次のうちどれか？
   維管束組織，花，種子，クチクラ，花粉
2. 被子植物は，＿＿とよばれる生殖器官をもつことで他のすべての植物群と区別される．
3. 次のa〜cの文を完成させよ．
   a．配偶体は単相であるのに対して，＿＿は複相である．
   b．球果類における＿＿は，＿＿における花に相当する．
   c．胚珠と種子の関係は，子房と＿＿の関係に相当する．
4. キノコの一部を顕微鏡で観察すると，どのように見えるか？
   a．ゼリー
   b．糸の塊
   c．砂粒
   d．スポンジ
5. 石炭紀に繁栄し，後に膨大な石炭層を形成したおもな植物群は次のうちどれか？
   a．蘚類などのコケ植物
   b．シダ類などの無種子維管束植物
   c．シャジクモ藻などの緑藻類
   d．球果類などの裸子植物
6. あなたが新種の植物を発見したとする．顕微鏡観察により，この植物は鞭毛をもつ精子をつくることがわかった．また遺伝的解析により，この植物の主要な世代は複相であることが判明した．この植物はどの植物群に属するのか？
7. マツなどの球果類が常緑性であることは，1年のうち成長可能期間が短い環境で生育するのにどのような点で適応的であるか説明せよ．
8. 次のグループの中で，他のすべてのグループを包含するものはどれか？
   被子植物，シダ類，維管束植物，裸子植物，種子植物
9. 植物多様性が最も高いのは次のどの生態系か？
   a．熱帯林
   b．ヨーロッパの温帯林
   c．砂漠
   d．海洋
10. 果実とは何か？
11. 地衣とは，光合成を行う＿＿と＿＿の共生体である．
12. 菌類における従属栄養性と，私たちの従属栄養性を比較対照せよ．

解答は付録Dを見よ．

科学のプロセス

13. 1986年4月，ウクライナのチェルノブイリ原子力発電所における事故によって，放射性物質が数百キロメートル離れたところまで拡散した．放射能による生物学的影響を調べていく中で，放射能による損傷を評価するためには蘚類が特に優れていることが明らかとなった．放射能は，突然変異を誘発することで生物に遺伝的な損傷を与える．放射能による遺伝的な影響を観察する際に，なぜ蘚類では他の植物に比べて迅速に結果が示されるのか説明せよ．また，原発事故の直後に実験を行うことになったとする．鉢植えの蘚類を実験材料とし，放射性物質の発生源からの距離が遠くなるほど突然変異の頻度は減少するという仮説を検証するためにはどのような実験を行えばよいか，実験計画を立てよ．

14. **データの解釈**　スギやブタクサ，イネ科草本など風媒植物の花粉は，多くの人々に季節的なアレルギー症状を引き起こす．地球温暖化により植物の成長期間が長くなることを原因として，このアレルギー患者にとって憂うつな期間が長くなることが予想される．しかし，地球温暖化はすべての地域に等しく影響を与えるわけではない（**図18.44参照**）．次の表は，数百万の人々にアレルギーを引き起こすブタクサの，9地点における平均花粉期間を示している．各地点で1995年から2009年の間の花粉期間の変化を計算し，緯度に対するこの値をグラフ化せよ．緯度に対するブタクサ花粉期間の長さの変化には，傾向は存在するだろうか？　データがとられた場所をわかりやすく視覚化するために，地図上にデータをプロットしてもよいだろう．

9地点におけるブタクサの平均花粉期間（各値は最低15年のデータに基づく）				
場所	緯度	1995年前後の花粉期間（日）	2009年前後の花粉期間（日）	花粉期間の変化（日）
オクラホマシティ	35.47	88	89	
ロジャーズ	36.33	64	69	
パピリオン	41.15	69	80	
マディソン	43.00	64	76	
ラクロス	43.80	58	71	
ミネアポリス	45.00	62	78	
ファーゴ	46.88	36	52	
ウィニペグ	50.07	57	82	
サスカトゥーン	52.07	44	71	

データの出典：L. Ziska et al., Recent warming by latitude associated with increased length of ragweed pollen season in central North America. *Proceedings of the National Academy of Sciences* 108: 4248–4251 (2011)

生物学と社会

15. なぜ熱帯林は急速に破壊されているのだろうか？ どのような社会的，技術的，経済的要因が原因なのだろうか？ より工業化された北半球の国々では，すでに森林は伐採されてしまっている．南半球の開発途上国に対して森林破壊を減速または停止させるように圧力をかける権利が，先進国にはあるのだろうか？ あなたの意見を述べよ．どのような利益，動機，計画によって熱帯域の森林破壊を減速させることができるだろうか？

16. 本章で学んだように，多くの処方薬は野生植物の産物に由来している．カフェインやニコチンのように，他の多くの植物由来物質も，ヒトの体に影響する．またさまざまな植物が，漢方薬として売られている．一部の人々は，このような「天然」産物を薬とすることを好む．また他の人々は，栄養剤，減量薬，免疫系の強化，ストレス解消などのためにハーブサプリメントを利用している．医薬品を認可する機関である米国食品医薬品局（FDA）には，このような薬草を規制する責任もある．薬草に記された「FDA認可」のラベルは，何を意味するのだろうか？ 薬品に対するFDA認可とは，どのような違いがあるのだろうか？ これを調べるためには，FDAのウェブサイト（www.fda.gov/ForConsumers/default.htm）がよい手がかりとなるだろう（FDAは薬草を栄養補助食品に分類していることに注意）．

17 動物の進化

なぜ動物の多様性が重要なのか？

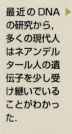

▲ 釣りの餌にするミミズを見つけたいなら、牛のいる牧場を見てみるとよい．

最近のDNAの研究から，多くの現代人はネアンデルタール人の遺伝子を少し受け継いでいることがわかった．

▼ 進化生物学者は「卵が先か，ニワトリが先か？」という謎の答えを見つけた．

▲ 地球上の節足動物を，すべての人に均等に分配すると，1人1億4000万匹もらえることになる．

章目次
動物多様性の起源　378
無脊椎動物の主要な門　381
脊椎動物の進化と多様性　394
ヒトの祖先　401

本章のテーマ
ヒトの進化
生物学と社会　ホビットの発見　377
科学のプロセス　ホビットは何者か？　405
進化との関連　私たちは進化し続けているのか？
　407

ヒトの進化　生物学と社会

ホビットの発見

　2003年インドネシアのフローレス島で発掘を行っていたオーストラリアの人類学者たちは，きわめて異常な人骨を発掘した．その中にはほぼ完全な成人女性の骨も含まれていた．この成人女性は，現代人女性のとなりに立つと，腰くらいの高さしかなかった．彼女の頭蓋骨のかたちや厚みなどの特徴はヒトのものと似ていたが，頭蓋骨は体のサイズに対応するように小さく，チンパンジー並みの大きさだった．驚いたことに，その骨のまわりからは動物の狩猟やほふるための道具が発掘され，火で調理を行った痕跡も見つかった．最も驚くべきことは，これらの遺跡が1万8000年前のものだということである．科学者は，この時期にはすでにホモ・サピエンス Homo sapiens しか生き残っていなかったと考えていたからだ．最初の発見以降，多くの小人の化石が発掘された．

　このめざましい発掘は，「ホビット」という愛称をもつホモ・フロレシエンシス Homo floresiensis という新しい種の発見というかたちで一段落した．現在は，ヒトの祖先の一群が約100万年前にアフリカからフローレス島に渡り，島という閉ざされた環境で小型のホモ・フロレシエンシスへと進化したと考えられている．このような進化は他の動物でも知られている．シカやゾウ，カバなどにおいて島で小型化した種が知られている．島のような天敵のいない環境では，エネルギー効率のよい小型の体制への進化が促進されるという仮説も考えられている．この発見が報じられるとすぐに，議論が巻き起こった．その骨はホモ・サピエンスが病気になったために起こった奇形にすぎないと主張する研究者もいた．「科学のプロセス」のコラムで見るように，「ホビット」についてわかってくればくるほど謎は深まった．

　ホモ・サピエンスとホモ・フロレシエンシスは人類が名前をつけた180万種のうちのたったの2種にすぎない．数億年に及ぶ進化で，自然選択により地球環境に適応していったことで，莫大（ばくだい）な多様性が生まれた．本章では，約35の動物門（主要な動物群）から，多様で繁栄した9つの動物群を選んで見ていくことにする．動物の進化の重要なステップを取り上げ，最後にヒトの進化という重要な問題を振り返ることにする．

インドネシアの「ホビット」の頭蓋骨．この頭蓋骨がヒトに似た太古の種のものかどうかについて，科学者の論争が続いている．

17章
動物の進化

動物多様性の起源

動物の歴史は，先カンブリア時代の海で，他の生物を食べる多細胞の生物の誕生とともに幕を開けた．私たちは，彼らの子孫の一員である．

動物とは何か？

動物 animal とは，真核の多細胞生物で，栄養を摂食によって取り込む従属栄養者のことである．光合成によって有機物を合成する植物などとは対照的な栄養摂取を行う．また，食物を体外で消化して吸収する菌類とも異なる（図16.23参照）．動物の多くは，生きているか死んでいるか，丸ごとか一部かという違いこそあれ，他の生物を取り込んだ後，体内で消化する（図17.1）．

動物の細胞には，植物や菌類の体を支える細胞壁がない．また，ほとんどの動物が，運動のための筋肉細胞と，筋肉を支配する神経細胞をもつ．複雑な体制をもつ動物では，筋肉系や神経系は食べること以外にも用いられ，脳とよばれる神経細胞の大規模なネットワークにより思考を行うような種もいる．

ほとんどの動物は二倍体で，有性生殖をし，一倍体の細胞は卵と精子だけである．ヒトデの生活環（図17.2）を通して，多くの動物の生活環の基本的な段階を見ることができる．❶雌雄の成体が減数分裂によって一倍体の配偶子をつくり，❷卵と精子が合体して接合子ができる．❸接合子は有糸分裂によって，❹**胞胚 blastula** とよばれる初期胚になる．一般的に胞胚では，細胞が中空の球状に配置している．❺多くの場合，胞胚は一方が内側に陥入し，**原腸胚 gastrula** という段階になる．❻その後原腸胚は，1か所に開口部をもち，内中外の細胞層からなる袋状の胚に発生する．多くの動物では原腸胚から直接成体へ発生するが，❼ヒトデなどの動物では，成体とは異なるかたちの未成熟な個体である**幼生 larva** になる（たとえば，オタマジャクシはカエルの幼生である）．❽幼生は，**変態 metamorphosis** とよばれる大きな体の変化を経て，有性生殖が可能な成体になる．✓

✓チェックポイント
動物と菌類はどちらも従属栄養であるが，菌類とはどのような摂餌様式の違いがあるか？

（マコシン〜草：と景）

▼図17.1 動物の生き方である，摂食による栄養摂取．アフリカニシキヘビがガゼルを食べている．このように大きな餌を食べる動物は少ない．この場合，消化には2週間もしくはそれ以上かかる．

▲図17.2 ヒトデの生活環（動物の発生の一例として）．

凡例
一倍体(n)
二倍体(2n)

初期の動物と
カンブリアの爆発

　動物は，群体性の鞭毛虫から進化したと考えられるようになった（図17.3）．分子データによると起源はもっと古い時代にさかのぼると考えられているが，動物の化石としては，5億7500万〜5億5000万年前のものが最古のものである．動物の進化はそれ以前に始まっており，1 cmから1 mにまで及ぶ多様な形態がすでに存在していたことを化石は示している（図17.4）．

　動物は5億3500万〜5億2500万年前のカンブリア紀に急速な多様化を遂げた．さまざまなボディープランをもつ動物門が進化的には非常に短い期間に化石として現れるため，この時期の動物の多様化を「カンブリア爆発」とよぶ．この時期の化石としてはカナダのブリティッシュコロンビア州の山岳から発見されるものが有名である．バージェス頁岩として知られるこの地域の地層は保存状態のよい化石の宝庫である．先カンブリア時代の動物が柔らかい体であるのに対して，カンブリア紀の動物の多くが殻や硬い外骨格をもっていた．たとえば，バージェス頁岩から産出する動物の1/3は，現生のカニ，エビ，昆虫と同じ節足動物に分類される（図17.5）．なかには分類の難しいものもある．図の真ん中あたりにいるトゲトゲした動物ハルキゲニアや，口から伸びる長い可動性の腕で獲物を捕らえている5ツ眼のオパビニアなど正真正銘の珍妙な動物もいる．

　カンブリア爆発は何が引き起こしたのだろうか？　捕食-被食の関係が複雑化したこと，大気中の酸素濃度が上昇したことなどの仮説が提唱されている．理由は何であれ，複雑な体を形成するための一群の「マスターコントロール」遺伝子がこの時期に成立していたことは間違いない．動物門に見られる多様なボディープランは，このような遺伝子が発生過程のいつどこで発現するかという制御の変化と密接に関係している．

　その後の5億年間に起こった動物の進化は，おおまかにいえば，カンブリア紀の海で生じた動物の形態を改変したにすぎない．研究を続けることによって，カンブリアの爆発についての仮説をさらに検証することができるだろう．しかし，この爆発の神秘性が薄れることはあっても，それが驚異的であることには変わりはない．☑

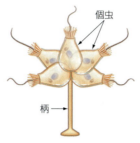

◀図17.3　**仮想的な動物の祖先**．このような群体性の鞭毛をもった原生生物の細胞はカイメンの摂食細胞とよく似ている．

▶図17.4　**先カンブリアの化石**．最古の動物の化石は軟組織をもつ動物のものである．多くは現生の動物とはかけ離れているように見える．

ウミエラ．現生の群体性の刺胞動物と近縁かもしれない．

Tribrachidium heraldicum の化石．3放射相称の半球状のかたちをしており，現生の動物には類似したものがない（直径5 cm以下）．

▼図17.5　**カンブリア紀の海の光景**．この絵は，カナダのブリティッシュコロンビア州のバージェス頁岩で発見された化石をもとに描かれた．平たいかたちの動物は三葉虫とよばれる絶滅した節足動物である．三葉虫の化石の写真を右側に示す．

動物多様性の起源

☑ **チェックポイント**
カンブリア紀初期の動物の進化は，なぜ「爆発」と表現されるか？

答え：比較的短期間に動物の多様性が大きく進化したから．

17章 動物の進化

✓ チェックポイント
1. 図17.6 の系統樹で，ヒトも含まれる脊索動物は他のどの動物門と最も近縁か？
2. 丸いピザは___相称だが，切ったピザの1切れは___相称である．

答え：1．棘皮動物　2．放射；左右

動物の系統

古くから生物学者は動物を「ボディープラン」，すなわち体の構造の一般的特徴に基づいて種類分けしてきた．異なるボディープランを比較することで，動物グループ間の進化的関係を示す系統樹が構築された．最近では遺伝学的データの蓄積により，系統樹内のグループ分けに修正も施された．9つの主要な動物門について，形態的および遺伝的類似性に基づく進化的関係についての仮説をまとめたものを図17.6 に示す．

動物の進化での最初の大きな分岐は，海綿動物と他の動物との間で起こったとされ，ここでは構造の複雑さに違いが見られる．より複雑な動物と違って，カイメン類は真の組織，すなわちある機能を担う同型の細胞の集団（たとえば神経組織のような）を欠いている．第2の大きな進化的分岐は，体の対称性，すなわち放射相称と左右相称の違いをもたらした（図17.7）．イソギンチャクは，植木鉢のような**放射相称 radial symmetry** で，中心軸のまわりはどこも同形である．シャベルは**左右相称**

▼図17.6 **動物の系統の概略**．30以上ある動物門（正確な数については意見が一致していない）のうち，この系統樹および本文で扱われるのは9つだけである．枝分かれの仕方はボディープラン，胚発生および遺伝学的データによっている．

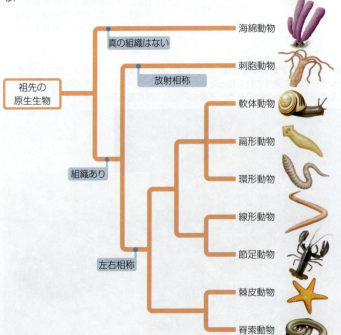

▼図17.7 **体の相称性**．

放射相称．体の部分は中心から放射状に存在している．したがって，中心軸に沿ってならばどこを切断しても鏡像に分かれる．

左右相称．左側と右側を鏡像に分けることのできる断面は1つしかない．

bilateral symmetry で，二等分するには中心線で分けるしかない．図17.7 のロブスターのような左右相称の動物は明確な頭端をもち，餌や危険などの刺激に最初に出会うのはこの頭端である．ほとんどの左右相称動物では，頭端に中枢神経としての脳があり，その近くに眼などの感覚器官が集中している．このように，左右相称は，はう，穴を掘る，泳ぐなどの運動に適応したものである．事実，放射相称の動物の多くは固着性であるのに対し，ほとんどの左右相称動物は運動する．

左右相称動物は，胚発生の特徴に基づいて棘皮動物や脊索動物のグループと，軟体動物，扁形動物，環形動物，線形動物，節足動物のグループに分類される．後者の中では，軟体動物，ヒラムシ，環形動物が近縁であると分類される．

体腔の進化も動物を複雑にすることに結びついた．**体腔 body cavity**（図17.8）は体の外壁と消化管の間にある，液体を満たしたスペースである．体腔は内部の器官が外壁とは独立に成長したり運動したりすることを可能にし，体腔液はクッションとして内部器官を傷害から守る．ミミズのように体の柔らかい動物では，体腔液には圧力があって流体静力学的骨格として機能する．図17.6 に示した動物門では，海綿動物，刺胞動物，扁形動物だけが体腔をもたない．

図17.6 に示した動物進化の全体像をもとにして，最も繁栄した9動物門について見ていくことにする．✓

▼図17.8 **左右相称の動物のボディープラン**．これらの動物のさまざまな器官系は胚で形成された3つの組織層から発生する．

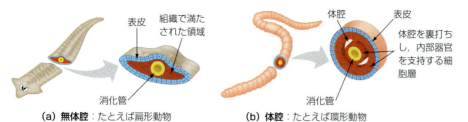

(a) **無体腔**：たとえば扁形動物
(b) **体腔**：たとえば環形動物

無脊椎動物の主要な門

　私たちが陸上にすんでいるということもあって，動物の多様性についての私たちの理解は，両生類，爬虫類，哺乳類などの背骨をもつ動物，すなわち脊椎動物に偏りがちである．しかし，脊椎動物は全動物種の5％以下を占めるにすぎない．もしも池，潮溜まり，サンゴ礁などの水生動物を調べたり，私たちと同様陸上にいる無数の昆虫を考えたりすれば，背骨のない動物，すなわち**無脊椎動物 invertebrates** の王国に自分たちはすんでいることを実感するだろう．私たちが脊椎動物に特に関心をもつのは，私たち人間が背骨をもつ動物の一員であるからにすぎない．しかし，動物界の残り95％である無脊椎動物を調べてみれば，見過ごされがちな美しい生き物たちのめくるめく多様性を発見するだろう．

海綿動物

　海綿動物 sponges（海綿動物門 Porifera）は動かないため植物と間違えられるかもしれない．カイメンは全動物の中で最も単純であり，おそらく群体性の原生生物から最も早く進化したと思われる．神経も筋肉ももたないが，個々の細胞が環境の変化を感じて反応することができる．カイメンの細胞層は細胞のゆるい連合体であり，組織とは見なされない．体長は1cmから2mの範囲で，淡水生の種もいるが，5500種のカイメンの多くは海生である．

　カイメンは水流から食物粒を捕らえて食する濾過摂餌を行う．体はたくさん穴の開いた袋に似ており，水は多数の小孔から中央の海綿腔に吸い込まれ，大きな開口部を通って外へ出る（図17.9）．襟細胞とよばれる細胞には鞭毛があり，それによって水流を起こす．鞭毛を取り囲む粘液でバクテリアや他の食物粒を捕らえ，襟細胞に取り込む．遊走細胞という細胞は襟細胞から餌を取り込んで消化し，栄養分を他の細胞に運ぶ．遊走細胞はまた，カイメンの骨格となる骨片をつくる．カイメンの種によっては，骨片は図17.9にあるように鋭くとげ状である．他の種ではもっと柔らかく柔軟な骨格になっている．このように柔軟で蜂の巣状になった骨格はしばしば天然スポンジとして浴用や洗車用に使われる．✓

✓チェックポイント

カイメンの構造は他の動物の構造と比べて，どのような基本的な点で異なるか？

答え：カイメンは真の組織をもたない．

▼図17.9 **カイメンの構造**．カイメンは約85g成長するために，浴槽3.5杯分の水（約1200L）を濾し取る必要がある．

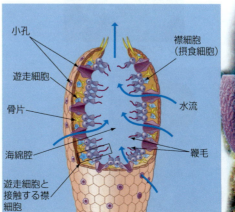

刺胞動物

刺胞動物 cnidarians（刺胞動物門 Cnidaria）は，後に述べる残りの動物と同様に組織をもち，放射相称であり，刺細胞を備えた触手をもつという特徴がある．刺胞動物にはイソギンチャク，ヒドラ，サンゴ，クラゲが含まれる（クラゲは jellyfish とよばれるが魚類ではない）．1万種ほどの刺胞動物のほとんどは海生である．

刺胞動物は，**胃水管腔 gastrovascular cavity** という消化のための部位をもつ袋型構造という基本的なボディープランをもつ．この腔の唯一の開口部は，口としても肛門としても働く．このボディープランには，移動しない**ポリプ型 polyp** と浮遊するクラゲ型 medusa（図 17.10）という 2 つの型が見られる．ポリプ型はより大きな物体に付着して触手を伸ばし，獲物を待つ．ポリプ型のボディープランはヒドラ，イソギンチャク，サンゴに見られる．クラゲ型はポリプを平らにして口を下にしたものである．受動的な漂流と鐘型の体の収縮によって自由に動く．クラゲの最大のものは，直径 2 m の傘から 60〜70 m の触手を垂れ下げる．刺胞動物には，一生ポリプ型またはクラゲ型で過ごす種もいるが，生活環の中でクラゲ型の段階とポリプ型の段階の両方を経るものもある．

刺胞動物は肉食で，口の周囲に並ぶ触手を使って獲物を捕らえ，それを胃水管腔に押し込んで消化する．消化できなかった残渣は口／肛門から捨てる．触手には防御や餌の捕獲に働く「刺細胞」が並んでいる（図 17.11）．刺胞動物（Cnidaria）の名は，この刺細胞（cnidocyte）に由来する．✓

✓チェックポイント
刺胞動物のボディープランは，どのような基本的な点で他の動物と異なるか？

答え：刺胞動物の体は放射相称である．

▼図 17.10 **刺胞動物のポリプ型とクラゲ型**．刺胞動物が模式図で青色と黄色で区別してある 2 つの組織層をもつことに留意しよう．胃水管腔には開口部が 1 つだけあり，これが口と肛門を兼ねる．

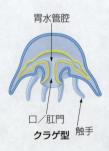

▼図 17.11 **刺細胞の活動**．触手にある引き金が接触刺激を受けると細い刺糸がカプセルから射出する．刺細胞の種類によって，刺糸が餌にからみついたり，突き刺さって毒を注入したりする．

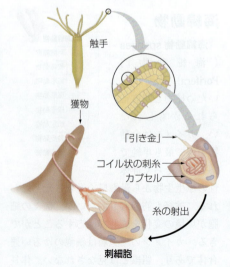

軟体動物

カタツムリやナメクジ、カキやハマグリ、それにタコやイカは**軟体動物 molluscs**（軟体動物門 Mollusca）として分類される。軟体動物は柔らかい体をしているが、多くは硬い殻によって守られている。軟体動物の多くは、餌をこすり取るやすりのような器官、**歯舌 radula** を使って摂食する。たとえば、水生の巻貝はバックホー（ショベルカー）のように歯舌を前後に動かして、岩から藻類をこそぎ取って食べる。ガラス水槽の壁についている巻貝を見れば歯舌の動きを観察できる。海生の肉食の巻貝のイモガイでは歯舌が毒針に変形している。イモガイの毒は非常に強く、ヒトを死に至らしめることもある。

軟体動物には10万種が知られており、多くは海生である。似たようなボディープランをもっており**（図17.12）**、体は3つの主要な部分からできている。通常は運動に使われる筋肉質の足、体内器官のほとんどを含む内臓塊、および外套膜とよばれるひだ状の組織である。**外套膜 mantle** は内臓塊を覆い、殻があるものでは殻を分泌する。主要なグループとして、腹足類、二枚貝類および頭足類の3つがある**（図17.13）**。

カタツムリなどの**腹足類 gastropods** の多くは、1枚のらせん状の殻によって守られ、危険を感じたときは体をその中に引き込む。一方、ナメクジやウミウシは殻をもたない。腹足類の多くは、はっきりとした頭部をもち、先端に眼のある触角を備える（庭のカタツムリを思い出そう）。腹足類は海生、淡水生および陸生のものを合わせて、現存の軟体動物種の3/4を占める。

ハマグリ、カキ、イガイ（ムールガイ）、ホタテガイなどの**二枚貝類 bivalves** は、ちょうつがいでつながる2枚の殻をもつ。二枚貝類は歯舌をもたない。海生と淡水生の種があり、多くは定住性で、足を使って砂や泥を掘り、その中に埋まっている。

頭足類 cephalopods はすべて海生で、腹足類や二枚貝類と異なり、機敏で活発に動く。大きくて重い殻をもつものもいるが、ほとんどは体内に小さな殻をもつ（イカ）か、完全に失っている（タコ）。頭足類は大きな脳と精巧な感覚器官をもち、これらを使って巧みに捕食する。くちばし状のあごと歯舌を使って獲物を噛み砕いたり、引き裂いたりできる。口は足の付け根にあり、足は何本かの長い触手になって伸

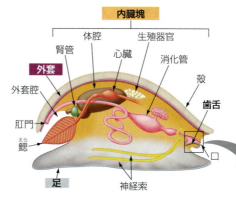

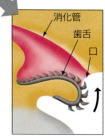

◀ 図 17.12 軟体動物の一般的ボディープラン．小さい体腔（茶色で示す）と、口と肛門を備えた完全な消化管（ピンク色）とに注目しよう。

▼ 図 17.13 軟体動物の多様性．

軟体動物の主要なグループ			
腹足類	二枚貝類 （ちょうつがいでつながった殻）	頭足類 （大きな脳と触手）	
カタツムリ（らせん形の殻） ウミウシ（無殻）	**ホタテガイ．** このホタテガイには多数の眼（小さな丸い構造）があり、ちょうつがいでつながった2枚の殻の間からのぞき見する。	**タコ．** 海底にすみ、カニなどの餌を探す。殻はなく、脳は体のサイズとの比では他の無脊椎動物のどれに比べてもより大きく複雑である。	**オウムガイ．** オウムガイの殻はらせん状で小室が連なっている。体は一番外側の小室に入っており、それ以外の小室は浮力を調節するためのガスと液体で満たされている。

17章 動物の進化

チェックポイント
以下の軟体動物を分類せよ．
(a) カタツムリ
(b) ハマグリ
(c) イカ

答え：(a) 腹足類，(b) 二枚貝類，(c) 頭足類

びていて，獲物を捕らえ，つかむ．南極付近の深海で発見されるダイオウイカは最大の無脊椎動物で，平均体長 13 m，スクールバス並みの大きさにまで成長すると考えられている．

扁形動物

扁形動物 flatworms（扁形動物門 Platyhelminthes）は左右相称の動物の中で最も単純な体制をしており，名前の通り，リボン状の生き物である．体長は約 1 mm から約 20 m（*Taenia saginata* という条虫の一種）までさまざまである．扁形動物の多くは開口部が 1 つだけの胃水管腔をもつ．およそ 2 万種の扁形動物が海，淡水および陸上の湿ったところに生息している（図 17.14）．

プラナリアとよばれる自由生活の扁形動物では胃水管腔が複雑に枝分かれしており，大きな表面積で栄養の吸収を行う．摂食時には筋肉質の管が口から突き出して餌を吸い込む．プラナリアは淡水の池や川の岩の下面にすんでいる．

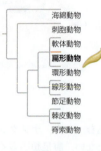

住血吸虫という寄生性の扁形動物は熱帯地方で健康上の大きな問題となっている．この生物は吸盤をもち，宿主であるヒトの腸に近い血管の内側に付着する．この寄生虫に感染すると住血吸虫症とよばれる，腹部の激痛，貧血，下痢を伴う慢性の病気を引き起こす．住血吸虫は米国にはいないが，世界の約 2 億人が毎年この病気に苦しんでいる．

条虫（サナダムシ）はヒトを含む多くの脊椎動物に寄生する．ほとんどの条虫はとても長いリボン状の体をしていて，繰り返し構造をもつ．口や胃水管腔はもたない．頭部には吸盤とかぎがあって，宿主の腸の内側に取りつく．宿主の腸の中の消化途中の食物に埋まり，体表を通して栄養物を吸収する．頭より後方では，ほとんど生殖器の袋といってよい片節がリボン状に連なっている．後方から数千の卵を含む成熟した片節が破れ，糞とともに宿主を離れる．ヒトへの感染は，条虫の幼生を含む牛肉，豚肉，魚肉を十分加熱しないで食べることによって起こる．幼生は顕微鏡サイズだが，成体はヒトの腸の中で 2 m にも達する．このように大きな条虫は腸閉塞を起こしたり，宿主から栄養を奪うことで栄養障害の

チェックポイント
扁形動物は＿＿＿というボディープランをもつ動物の中で最も単純なものである．

答え：左右相称

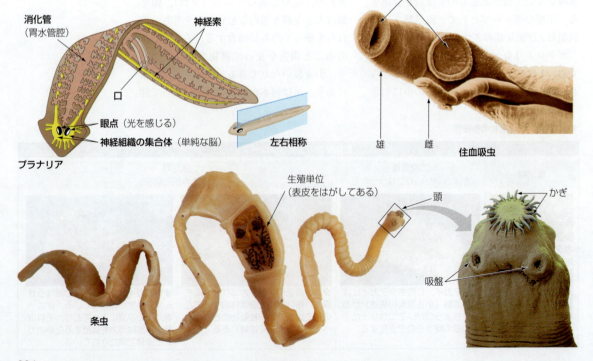

▼図 17.14　扁形動物の多様性．

原因になる．幸い，薬の経口投与によって成体を殺すことができる．☑

環形動物

環形動物 annelids（環形動物門 Annelida）は体節とよばれる繰り返し構造が体長に沿って連続している**体節構造 body segmentation** をもつ動物である．環形動物では，体節は互いに融合した環の連続体のように見える．約1万6500種が知られ，体長は1mm以下のものから，3mに及ぶオーストラリアの巨大ミミズまでさまざまである．環形動物は湿った土の中や海，淡水中にすんでいる．ミミズ類，多毛類，ヒル類の3つの主要なグループに分類される**（図17.15）**．

環形動物は，扁形動物を除くすべての左右相称動物に共通する2つの特徴をもつ．1つ目は，口と肛門という2つの開口をもつ**完全消化管 complete digestive tract** である．完全消化管では，ある消化器官から次の消化器官へと一定方向へ進むにつれて食物を処理し，栄養を吸収することができる．たとえばヒトでは口，胃，腸が消化器官として働く．2つ目は体腔である**（図17.8b 参照）**．

ミミズ類 earthworms は他の環形動物と同様，外部的にも内部的にも体節に分かれている**（図17.16）**．体腔は壁によって仕切られている（図では2つの体節間壁だけが完全に示されている）．神経系（図の黄色の部分）と排出器官（緑色）などの内部構造の多くは各体節に見られる．血管も体節ごとに繰り返しており，1つの主心臓と5対の副心臓がある（訳注：ただし血管としては体節間壁を貫通してつながっている）．しかし消化管は分節しておらず，口から肛門まで貫通している．

ミミズは土の中を進みながら土を食べ，含まれる栄養分を吸収する．消化されなかった残渣は，糞として肛門から出される．ミミズは土に空気を取り込ませ，植物の栄養となるミネラルを供給してくれるため，農民や園芸家にとっては大切である．作物はミミズの餌となるため，農耕作業はミミズの個体数にとって大きな影響をもたらす．たとえば，毎年耕されるトウモロコシ畑1エーカー（約4046.8 m²）

無脊椎動物の主要な門

▼図17.16 ミミズの体節構造．

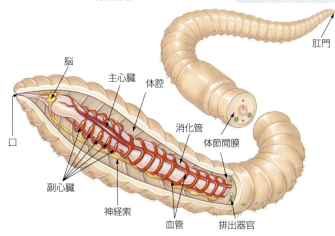

釣りの餌にするミミズを見つけたいなら，牛のいる牧場を見てみるとよい．

▼図17.15 環形動物の多様性．

環形動物の主要なグループ		
ミミズ類	多毛類	ヒル類
オーストラリアの巨大ミミズは多くのヘビより大きい．ぬるぬるしたものを踏んで滑ったことがあるかもしれないが，これを踏んだら，と想像してみよう．	多毛類は体節についた付属肢があり，それは運動に，また鰓として働く．この種はイバラカンザシの仲間で，ふさふさしたらせん状の構造は1個体の1対の鰓である．	魚類寄生性のヒルで，両端に吸盤がある．一方の吸盤で岩や植物に吸着し，水中に体を漂わせる．もう一方の吸盤で通り過ぎる宿主にとりつく．

385

では平均3万9000匹のミミズがいるが，耕されない放牧地には1エーカーあたり少なくとも133万3000匹になる．

ミミズ類とは対照的に，**多毛類 polychaetes** の多くは海生で，海底をはったり，穴を掘ったりして生活している．体節ごとにある，剛毛のついた付属肢で，餌となる小さな無脊椎動物を見つける．また付属肢の表面積を増やすことで，効率のよい酸素の吸収や二酸化炭素などの老廃物の排出を可能にしている．

環形動物の第3のグループである**ヒル類 leeches** は，いくつかの種が吸血性であるため悪名が高い．しかし，大部分の種は自由生活の肉食者で，貝や昆虫などの小さな無脊椎動物を食べている．いくつかの陸生種が熱帯地方の湿った森中にいるが，大部分のヒル類は淡水生である．ヨーロッパの淡水にいるヨーロッパチスイビル（医用ヒルともいう，*Hirudo medicinalis*）は循環器系疾患の治療に用いられており，四肢や指の再結合手術の後に使われることも多い．なぜなら，動脈（再結合した部分に血液を運ぶ）のほうが静脈（血液を送り出す）よりも再結合しやすいために，再結合手術の後結合部位に血液が溜まり，回復中の組織から酸素が奪われるためである．ヒルはこれを防ぐために用いられる．医用ヒルは数百の小さな歯のついた刃のような顎（あご）で皮膚に切れ目を入れる．そして麻酔物質と血液凝固阻害物質を含む唾液を分泌する．麻酔物質のおかげで噛み傷は痛むことなく，また血液凝固阻害物質の働きでヒルが余分な血を吸っている間，血液が固まることもない．✓

医用ヒル

> **✓チェックポイント**
> 環形動物のボディープランでは，体が一連の繰り返し構造に分かれている．このことを何とよぶか？

線形動物

線形動物 roundworms, nematodes（線形動物門 Nematoda）は円筒形の体で，通常は両端が尖っている（図17.17）．線形動物はすべての動物中，（種数において）最も多様で最も広く分布しているものの1つである．約2万5000種が知られているが，実際にはその10倍は存在すると考えられている．体長は約1mmから1mの範囲である．その多くは水中や湿った土壌中で生活するが，植物や動物の体液や組織への寄生者として生活するものもいる．

土壌中の自由生活の線形動物は重要な分解者である．腐りかけの有機物があるところならたいていどこにでも大量にいる．腐ったリンゴ1個には9万個体の線形動物が見つかったこともある．地下3kmで微生物を食べながら生きる線虫も見つかった．線形動物には植物の根に害を与える種も多く知られていて，農業における主要な有害生物になっている．ギョウチュウ，ジュウニシチョウチュウや，旋毛虫症（せんもうちゅう）を引き起

▼図17.17 線形動物の多様性．

(a) **自由生活の線形動物．** この種は，円筒形で両端が尖るという標準的な線形動物のかたちをしている．うね状の構造は体長に沿って走る筋肉である．

(b) **ブタに寄生する線形動物．** 旋毛虫症という致命的にもなる病気は，センモウチュウ *Trichinella* という線形動物に感染した豚肉をよく加熱せずに食べることによって引き起こされる．この線虫（ここではブタの組織にいるところが示されている）はヒトの腸に穴をあけてもぐり込み，筋肉組織に侵入する．

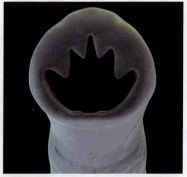
(c) **鉤虫（こうちゅう）の頭部．** 鉤虫はフックを宿主の小腸の壁に埋め込み，血を吸う．虫は小さいが（1cm未満），侵襲が広がると重症化する．

こす種など，少なくとも50種がヒトに寄生する． ✓

節足動物

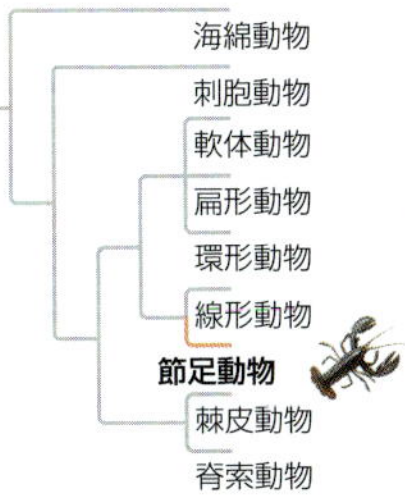

節足動物 arthropods（節足動物門 Arthropoda）の名は，関節のある付属肢に由来する．甲殻類（カニやエビなど），クモ類（クモやサソリなど）および昆虫類（バッタやガなど）が節足動物に分類される**（図 17.18）**．昆虫の個体数は10億の10億倍（10^{18}）いると推定されている．これまでに100万以上の種が節足動物として同定されており，その大部分は昆虫類である．実際のところ，科学的に記載された種の2/3は節足動物である．節足動物は生物圏のほとんどすべての生息場所に存在する．種の多様性，分布，個体数を考えると，節足動物は最も成功した動物門といえる．

地球上の節足動物を，すべての人に均等に分配すると，1人1億4000万匹もらえることになる．

節足動物の一般的特徴

節足動物は体節をもつ動物である．しかし，似たような体節が繰り返される環形動物とは対照的に，節足動物の体節とその付属肢はさまざまな機能に合うよう特殊化している．このような進化的な柔軟性が，節足動物の多様化につながった．体節（またはいくつかの体節の融合体）の特殊化によって，体の部分間の効率的な分業化が可能になった．たとえば，個々の体節の付属肢が，歩行，摂食，感覚受容，遊泳，防御などさまざまな用途に適応している**（図 17.19）**．

節足動物の体は**外骨格** exoskeleton で完全に覆われている．この覆いはタンパク質とキチンとよばれる多糖類の層でできている．外骨格は体のある部分（たとえば頭部）では厚く硬くもなるし，他の部分（関節など）では紙のように薄くしなやかにもなる．外骨格は防御と同時に，付属肢を動かす筋肉の付着点としても働く．硬い覆いを外側にもつことには利点もある．私たちヒトの骨格はいちばん内側にあり，傷を防ぐ役にはあまり立っていないが，その一方で，体の他の部分の成長に合わせて成長できる．それに対して節足動物は成長に伴って，ときどき古い外骨格を脱ぎ捨て，より大きなものを分泌し直す必要がある．この現象は脱皮とよばれ，この間，動物は一時的に捕食者や他の危険に冒されやすくなる．以下数ページに

無脊椎動物の主要な門

海綿動物
刺胞動物
軟体動物
扁形動物
環形動物
線形動物
節足動物
棘皮動物
脊索動物

✓ チェックポイント

線形動物に最も近縁な動物門は何か？（ヒント：系統樹を参照せよ．）

答え：節足動物門．

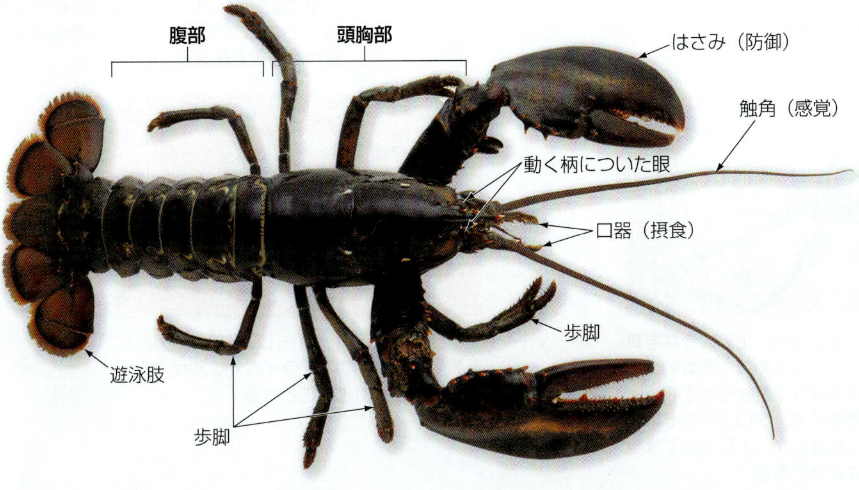

▼図 17.18 節足動物の多様性．

節足動物の主要なグループ
クモ類
甲殻類
ムカデ類とヤスデ類
昆虫類

◀図 17.19 甲殻類であるロブスター（ウミザリガニ）の構造．付属肢を含めて全身が外骨格に覆われている．体は体節化しているが，この特徴は腹部を除いて明瞭ではない．

腹部　頭胸部　はさみ（防御）
触角（感覚）
動く柄についた眼
口器（摂食）
歩脚
遊泳肢
歩脚

わたって節足動物の主要なグループについて見ていく．

クモ類

クモ類 arachnids には，サソリ，クモ，ダニなどが属する（図 17.20）．クモ類の多くは陸生で，4 対の歩脚と特殊化した 1 対の摂食のための付属肢をもつものが多い．クモではこの摂食用の付属肢はきば状になっていて，毒腺が備わっている．クモはこの付属肢で獲物を動けなくし，皮をはぎ，裂いた組織に消化液を吐き，液状化したものを吸い上げる．

▼図 17.20　クモ類の特徴と多様性．

サソリ．防御と餌の捕獲のための大きな 1 対のはさみをもつ．尾の先には毒針がある．サソリはいじめたり踏んだりしなければ人を刺すことはない．

チリダニ．家のほこりにいるこの微小なダニはどの家庭にも存在する腐食動物である．このダニの糞にアレルギーをもつ人を除けば無害である．

クモ．このクロゴケグモも，上の大きな写真に示したタランチュラも含めた大多数のクモと同様，液状で特殊な分泌腺から出されると固体化する糸で網を紡ぐ．クロゴケグモの毒液は小さな獲物は殺せるが，人にとっては致命的であることはまれである．

シンリンダニ．ロッキー山紅斑熱の原因となる微生物を媒介する．ライム病は別種のシカダニによって引き起こされる．

✓ チェックポイント

シーフード好きは殻の柔らかいカニが食べられるシーズンを心待ちにしている．この時期には身を食べるために硬い殻を破る必要がなく，丸ごと食べられる．カニの殻が柔らかいのは数時間だけなので，漁師はカニを捕まえるとしばらく水槽に置いておく．柔らかいカニはどうやってつくられるのだろうか？

答え：カニは脱皮のたびに硬い殻を脱ぎ捨てる．新しい殻ができるまで，硬い殻の下の薄い柔らかい殻のみで覆われるものがある．

甲殻類

　甲殻類 crustaceans の多くは水生で，カニ，ロブスター，ザリガニ，エビなどがここに分類される（図 17.21）．岩やボートの船体，クジラに付着することもあるフジツボも甲殻類である．陸生のダンゴムシは甲殻類の 1 グループである等脚類に分類される．これらはすべて，節足動物の特徴である特殊化した複数対の付属肢をもっている．

▼図 17.21　甲殻類の特徴と多様性．

1 対の摂餌肢　　触角　　歩脚（3 対またはそれ以上）

カニ． ユウレイガニは世界中の海岸でよく見られる．波打ち際をちょこちょこと走り，すばやく砂にもぐる．

エビ． 天然にはアフリカからアジアにかけての太平洋水域にいるこの大型のエビは，食用に広く養殖されている．

ダンゴムシ． ふつうは倒木の下などの湿った場所にいるダンゴムシは，危険を感じると丸まって硬い球状になることからこの名がついている．

ザリガニ． 世界中で食用に養殖されているアメリカザリガニは米国南東部原産である．野外に放されると他種と攻撃的に競合し，生態系に悪影響を及ぼす．

エボシガイ． 固着性の甲殻類で，外骨格は炭酸カルシウムによって殻のように硬くなる．殻から突き出した関節のある付属肢によって小さなプランクトンを捕らえる．

ヤスデ類とムカデ類

ヤスデ類 millipedes と**ムカデ類** centipedes は，陸生の節足動物で，体の大部分がよく似たかたちの体節でできている．一見環形動物に似ているが，関節のある脚をもつことで節足動物であることがわかる（図 17.22）．ヤスデ類は腐った植物質を食べている．彼らは体節ごとに 2 対の短い脚をもつ．ムカデ類は肉食で，1 対の毒牙をもち，それを防御のためや，ゴキブリ，ハエなどの獲物を麻痺させるために使っている．各体節には 1 対の脚がある．

▶図 17.22 ヤスデ類とムカデ類.

1 体節に 2 対の脚

ヤスデ． 大部分のヤスデと同様に，このヤスデも体は長く，胴体の体節ごとに 2 対の脚をもつ．

1 体節に 1 対の脚

ムカデ． 落葉層などにすむ．毒牙はゴキブリやクモなどを倒すが，人を傷つけることはない．

昆虫の構造

図 17.23 に示したバッタのように，大部分の**昆虫** insects は体が頭部，胸部，腹部の 3 つの部分からできている．頭部には通常 1 対の触角と 1 対の眼がある．口器は食べ方の違いに適応している．たとえばバッタでは植物をかむために，ハエでは液体をなめるために，またカでは突き刺して血を吸うために都合よくできている．昆虫の大部分の成虫には 3 対の脚と 1 対または 2 対の翅があり，これらはすべて胸部から伸びている．

昆虫類が成功した理由の 1 つは飛行にあった．地面を移動するしかない動物に比べて，飛ぶことのできる動物は，さまざまな捕食者から逃げるのも，餌や配偶者を見つけるのも，また新しい生息場所に移動することも，はるかに速くできる．昆虫の翅は外骨格が伸長したもので，付属肢が変形したものではないので，脚を犠牲にすることなく飛ぶことができる．それに対して飛ぶことのできる脊椎動物（鳥やコウモリ）は 2 対の脚のうちの 1 対が翼に変形しているので，地上ではあまり早く動けない．

▼図 17.23 バッタの構造．

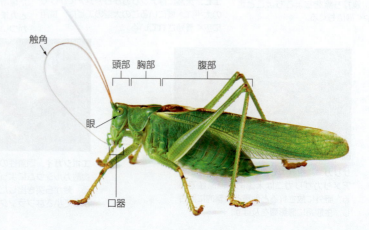

昆虫の多様性

種の多様性でいえば，他のすべての生物を合わせても昆虫には及ばない．それほど昆虫は多様である（図 17.24）．昆虫類は陸上と淡水中のほとんどあらゆる生息場所で生活しているし，空中には飛ぶ昆虫が満ちている．海には昆虫は少ないが，ここでは甲殻類が優位な節足動物である．最古の昆虫の化石は約4億年前のもので，その後飛行の進化によって多様化が爆発的に進んだ．

多くの昆虫では，発生の中で変態という過程を経る．バッタを含むいくつかの昆虫のグループでは，小さく体のプロポーションは違っているが，若い時期から成虫に似たかたちをしている．一連の脱皮を通してしだいに成虫に近いかたちになり，大きくなっていく．他のグループでは，うじ（ハエの幼虫）や毛虫（チョウやガの幼虫）などとよばれる，摂食や成長に特化した幼虫段階をもつ．この幼虫段階は，分散や生殖に特殊化した成虫段階とはまったく異なった形態をしている．幼虫から成虫への変態はさなぎの時期に起きる（図 17.25）．

昆虫の生活環に関する知識が法医学で生かされることもある．クロバエのうじは腐肉を食べるため，メスのクロバエは数キロ

無脊椎動物の主要な門

▼図 17.24　昆虫の多様性．

カブトムシ． オスだけが「ツノ」をもち，他のオスとの戦いや穴を掘るために使われる．

ヨコバイの1種． ヨコバイは小指の爪くらいの大きさの昆虫，体の40倍の高さまでジャンプできる．

キリギリスの1種． 赤目の悪魔ともよばれ，脅威にさらされると翅ととげだらけの脚を広げる．

ムシヒキアブ． 捕食性の昆虫で組織を溶かす酵素を獲物に注入して，液を吸い取る．

カマキリ． 世界中で2000種以上のカマキリが知られている．

ゾウムシの1種． 厚さの異なるキチンで反射する光によりきれいな色彩ができる．

アメリカタテハモドキ． 翅の目玉模様で捕食者を驚かせる．

トンボの1種． トンボの頭部を覆う大きな眼で360度の視界が見える．4枚の翅は独立に動くため，獲物を追う際優れた機動力をもつ．

**17章
動物の進化**

先からでも死体の匂いを感知し，数分以内に死体に卵を産みつける．クロバエの生活環の長さをもとに，昆虫学者は死体が死後どのくらい経過しているか推測できる．

　昆虫のような，多数で多様で広く分布している動物は，必然的にヒトを含むすべての他の陸上生物にさまざまな影響を与える．私たちは農作物や果樹の受粉をハチ，ハエその他の昆虫に頼っている．その一方で，昆虫はマラリアやウェストナイル熱など，多くの病気を起こす病原微生物の媒介者でもある．また，昆虫は農作物を食べるという点で人と食物を争っている．米国の農民は毎年数十億ドルを農薬のために使い，大量の殺虫剤を作物に散布している．こんなに努力しても，人は昆虫や他の節足動物にはかなわない．むしろ殺虫剤耐性が進化してきたため，害虫駆除の戦略変更を迫られている．（図13.13 参照）✓

☑ **チェックポイント**
節足動物の中で主として水生の主要なグループは何か？ また，最も多数いるグループは何か？

答：甲殻類；昆虫類

▼図17.25　オオカバマダラの変態．

幼虫（毛虫）は食べて成長し，成長に伴って脱皮する．

数回の脱皮の後，幼虫はまゆに包まれた**さなぎ**になる．

さなぎの体内では，幼虫の諸器官が分解され，成体の諸器官が幼虫中では休眠していた細胞から形成される．

成体がまゆから出る．

チョウは飛び立って，主として幼虫期に蓄えた栄養を用いて生殖する．

棘皮動物

棘皮動物 echinoderms（棘皮動物門 Echinodermata）は体表が棘で覆われていることから名づけられた（echin は「とげだらけ」という意味のギリシャ語）。この仲間にはヒトデ，ウニ，ナマコ，カシパンなどが含まれる（図 17.26）．

棘皮動物は約 7000 種が知られ，すべて海生である．ほとんどの種は動くとしてもごくゆっくりとしか動かない．棘皮動物には体節はなく，成体は放射相称であるものが多い．たとえばヒトデは外観も内部構造も車輪のスポークのように中心から放射するような体制をしている．成体とは対照的に，幼生は左右相称である．これは，棘皮動物が刺胞動物のような放射相称動物と近縁ではないことを示す証拠の 1 つである．刺胞動物が左右相称を示すことはない．ほとんどの棘皮動物は表皮の下に硬い板状の内骨格 endoskeleton をもつ．内骨格の隆起やとげが体表面をざらざらした，あるいはとげとげしたものにしている．棘皮動物に特徴的なのが水管系 water vascular system である．これは水で満たされた網目状の管で，体中に水を循環させてガス交換（O_2 を取り入れ CO_2 を除去する）や老廃物の排出を促進する．水管系からは管足も枝分かれしている．ヒトデやウニは，先が吸盤状になった管足を用いて，海底をゆっくりと移動する．ヒトデは摂食中に獲物を保持するのにも管足を使う．

ヒトデや他の棘皮動物の成体を眺めても，ヒトなどの脊椎動物との共通点はほとんどないと思うかもしれない．しかし左の系統樹を見ればわかるように，棘皮動物は，脊椎動物を含む脊索動物門と進化の枝を共有している．胚発生の特徴によって棘皮動物と脊索動物は，軟体動物，扁形動物，環形動物，線形動物および節足動物を含む進化の枝とは区別される．このような関係を心にとめて，無脊椎動物から脊椎動物へと進んでいくことにしよう．

無脊椎動物の主要な門

✓ チェックポイント
棘皮動物の骨格と節足動物の骨格の違いは何か？

答え：棘皮動物は内骨格を，節足動物は外骨格をもつ．

▼図 17.26　棘皮動物の多様性．

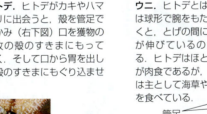

ヒトデ．ヒトデがカキやハマグリに出会うと，殻を管足でつかみ（右下図）口を獲物の 2 枚の殻のすきまにもっていく．そして口から胃を出して殻のすきまにもぐり込ませる．

ウニ．ヒトデとは対照的に，ウニは球形で腕をもたない．近づくと，とげの間に長い管足が伸びているのが見える．ヒトデはほとんどが肉食であるが，ウニは主として海草や藻類を食べている．
管足

ナマコ．一見このカリフォルニア産のナマコは他の棘皮動物とは似ていないが，よく見ると，5 列の管足を含め，棘皮動物の多くの特徴が明らかである．

カシパン．動かせるとげが硬い骨格を覆っている．星型に配列した穴を通して海水を体内に取り込むことができる．

脊椎動物の進化と多様性

自分の家系の先祖に興味をもつ人は多い．同様に，生物学者は動物界でのヒトの祖先という，もっと大きな問題に興味をもっている．本節では，ヒトやヒトに近いグループを含む脊椎動物の進化の道筋をたどる．脊椎動物はすべて内骨格をもち，これは棘皮動物と共通の特徴である．しかし，脊椎動物の内骨格は，頭蓋骨と，椎骨とよばれる骨が連なった脊椎（背骨）という独特な構造をしていて，それがこのグループの名称のもとになっている（図17.27）．脊椎動物の系統をたどる第1段階として，脊椎動物が動物界のどこに位置づけられるかを見ていこう．

脊索動物の特徴

動物界を概説する本章の最後に登場する動物門が脊索動物門 Chordata である．**脊索動物 chordates** は胚の段階に現れ，ときには成体にも見られる4つの重要な特徴を共有している（図17.28）．4つの特徴とは，(1) **背側神経管** dorsal, hollow nerve cord，(2) 消化管と神経索の間にあるしなやかな縦長の棒状の構造である**脊索 notochord**，(3) 口のすぐ後の咽頭部にある一連のひだである**咽頭裂 pharyngeal slits**，および (4) **肛門後方の尾 post-anal tail** である．これらの特徴は成体では見分けにくいことが多いが，脊索動物の胚には必ず存在する．たとえば，私たちが属するこの動物門の名の由来でもある脊索は，ヒトの成体では脊椎骨の間にあってクッションとして働く軟骨としてのみ残っている．「椎間板ヘルニア」などとよばれる腰の障害の名にある椎間板が脊索の名残である．

体節構造も脊索動物の特徴である．脊索動物の体節構造は，脊椎動物の脊椎に顕著に見られ（図17.27参照），またすべての脊索動物の筋節にも見られる（図17.29のナメクジウオの山形模様＜＜＜＜の筋肉を見よ）．ヒトではボディービルでもしない限り，分節した筋肉構造はあまりよくわからない．

脊索動物のうち，2つのグループ，**ホヤ**

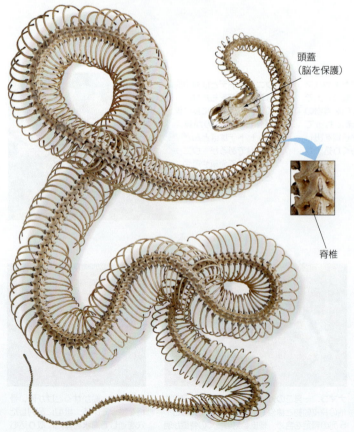

▼図17.27 **脊椎動物の内骨格**．このヘビの骨格は，すべての脊椎動物と同様，頭蓋骨と，脊椎骨からなる背骨をもつ．

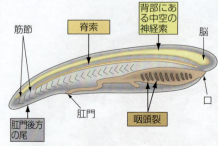

▼図17.28 **脊索動物の特徴**．

類 tunicates とナメクジウオ類 lancelets は無脊椎動物である（**図 17.29**）．残りの脊索動物はすべて**脊椎動物 vertebrates** である．脊椎動物は脊索動物の基本的特徴を保持しつつ，背骨のような特有の特徴ももつ．**図 17.30** は脊索動物と脊椎動物の進化のあらましであり，これ以降の探究の道筋を示している．☑

脊椎動物の進化と多様性

☑チェックポイント

私たちが初期の胚発生の段階で示す，ナメクジウオのような無脊椎の脊索動物と共通にもつ4つの特徴を答えよ．

答え：(1) 背側神経索，(2) 脊索，(3) 咽頭裂，(4) 肛門後方の尾

▼図 17.29 無脊椎の脊索動物．

ナメクジウオ． この海生の無脊椎動物は体長わずか数センチメートルで，体を小刻みに揺らしながら後退して砂にもぐり，口だけを出して餌の小粒を海水から濾し取っている．

ホヤ． ホヤは固着性の動物で，餌を水から濾し取っている．その色彩からパステルホヤともよばれるが，侵入者を脅すときには，勢いよく水を吐き出す．

▶図 17.30 **脊椎動物の系統．**「四肢類」は陸上脊椎動物の四つ足を意味し，「羊膜類」は脊椎動物が陸上で繁殖可能になった羊膜卵（ニワトリの卵など）の進化を意味する．

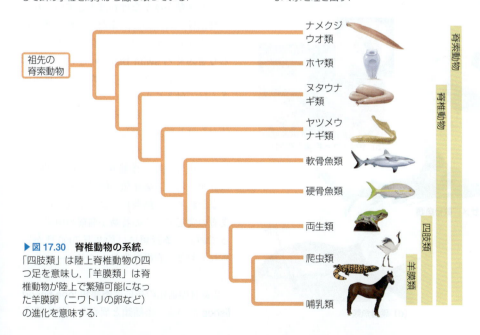

魚　類

最初に現れた脊椎動物は水生で，おそらく約5億4200万年前のカンブリア紀に進化したと考えられる．彼らは他のほとんどの脊椎動物とは対照的に，口を動かすためのちょうつがい状の骨構造である顎を欠いていた．

今日でも顎を欠いた魚類が2グループ存在する．ヌタウナギ類とヤツメウナギ類である．現生のヌタウナギ類は，冷たく暗い海底で，死んだあるいは死にかけた動物を食べている．脅されると，体の側面の特殊な腺から大量の粘液を分泌する（図17.31a）．最近では，「イールスキン（ウナギの革）」がベルト，財布，靴などの材料に用いられているため，絶滅が危惧されるようになった．ヤツメウナギの多くは，顎のない口を吸盤のように使って大きな魚に取りつき，血液を吸い取る寄生動物であり（図17.31b），ヤスリ状の舌で皮膚を突き通し獲物の血液や組織を吸い取る．

化石の記録から，最初の顎のある魚は4億4000万年前に進化したことがわかっている．彼らは2対の鰭を獲得し，すばやく泳ぐことができるようになった．初期の魚類は体長が最大10mにもなる活発な肉食者で，獲物を追い，肉片を噛みちぎることができた．今日でも大部分の魚類は肉食である．

サメやエイなどの**軟骨魚類** cartilaginous fishes は，軟骨でできた柔軟な骨格をもっている（図17.31c）．サメ類のほとんどは流線型の体，鋭い感覚および強力な顎をそなえた高速泳者であり，優れた捕食者である．サメは，視覚はあまり鋭くないが，嗅覚はきわめて鋭敏である．それに加えて頭部にある電気感覚器によって，近くの動物の筋収縮によって生じる微細な電場を感知できる．また，サメには体の両側に感覚器官が一列に並ぶ**側線系** lateral line system がある．水圧の変化に敏感な側線系によって，サメは近くを泳ぐ動物が起こす小さな振動を感知できる．約1000種の軟骨魚類が現存していて，そのほとんどすべてが海生である．

硬骨魚類 bony fishes はカルシウム性の骨格をもつ（図17.31d）．彼らも側線系と鋭い嗅覚をそなえ，視覚も優れている．頭部の両側には，**鰓ぶた** operculum（複数形は opercula）があり，水から酸素を吸収する羽状の外部器官である鰓を覆って保護している．鰓ぶたを動かすことによって，硬骨魚類は泳がなくても呼吸ができる．これに対して鰓ぶたをもたないサメ類は，鰓に水を通過させるには泳がなければならない．サメ類が泳がなければ生きていられない理由はここにある．また，これもサメ類とは異なり，硬骨魚類には体に浮力を与える**うきぶくろ** swim bladder という，気体の詰まった袋がある．このため硬骨魚類の多くは，動きを止めることによってエネルギーを節約できるが，その一方でサメ類は泳がなければ沈んでしまう．

マス，スズキ，パーチ，マグロなど，大部分の硬骨魚類は**条鰭類** ray-finned fishes に分類される．条鰭類の鰭は，細くしなやかなひれすじ（鰭条）によって支えられた皮膚の突起で，この特徴が名前の由来となっている．条鰭類には約2万7000種が知られており，脊椎動物最大のグループである．

2番目の進化の枝には**肉鰭類** lobe-finned fishes がいる．条鰭類と異なり，筋肉質の

▼図17.31　魚類の多様性．

(a) ヌタウナギ

(b) ヤツメウナギ（挿入写真は口）

(c) サメ，軟骨魚類

(d) 硬骨魚類

鰭が丈夫な骨によって支えられているのが特徴である．この骨は両生類の四肢の骨と相同なものである．初期の肉鰭類は沿岸の湿地にすんでおり，鰭を水中での「歩行」に用いていたようである．肉鰭類の3系統が今日まで生き延びている．シーラカンスは深海にすんでいるが，かつては絶滅したと信じられていた．肺魚は南半球のよどんだ池や沼にすみ，咽頭とつながった肺に空気を取り込む．肉鰭類の第3の系統は陸上に適応し，最初の陸生脊椎動物である両生類へと進化した．✓

両 生 類

ギリシャ語で *amphibios* とは「二重生活を送る」という意味である．ほとんどの**両生類** amphibians は水中と陸上の両方での生活への適応を示している．空気中ではすぐ乾燥してしまう殻をもたない卵を産むた

め，ほとんどの種は水から完全に離れることができない．カエルは多くの時間を陸上で過ごせるが，卵は水中に産む（図17.32a）．卵は発生してオタマジャクシとよばれる幼生になる．オタマジャクシは脚がなく，水生で藻類を食べ，鰓をもち，魚のものに似た側線系と長い鰭状の尾をもつ．変態で大きな変化を遂げてカエルになる（図17.32b）．岸辺にはい上がって陸上での昆虫食の生活を始める頃には，4本の脚をもち，鰓の代わりに肺，外に開いた鼓膜をもち，側線系は失う．しかし，成体になっても両生類は沼地や雨林などの湿った場所に多い．その理由の1つは，ガス交換に際して，肺の機能を補助するために湿った表皮が必要だからである．したがって，比較的乾いた生息場所に適応したカエルでさえ，多くの時間を湿った穴や落ち葉の層の下などで過ごす．カエルとサンショウウオを含む現生の両生類は脊椎動物全体の約12％（約6000種）を占める（図17.32c）．

両生類は陸に上がった最初の脊椎動物である．彼らは，肺，および筋肉と骨に支えられてある程度動かすことのできる強い鰭をもった魚（陸上ではぎこちないが）に由来する（図17.33）．魚に似た祖先から4脚の両生類への進化の歴史は化石の記録からたどることができる．陸生の脊椎動物，すなわち両生類，爬虫類および哺乳類は，

脊椎動物の進化と多様性

☑ **チェックポイント**
サメの骨とマグロの骨はそれぞれ何とよばれるか？

答え：軟骨，硬骨．

▼図17.32　両生類の多様性．

(a) カエルの卵

(b) アオガエルのオタマジャクシと成体(右)

マレーツノガエル　テキサストラサンショウウオ
(c) カエルとサンショウウオ（両生類の代表的な2グループ）

▼図17.33　四肢類の起源．

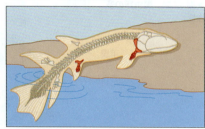

肉鰭類の魚．いくつかの肉鰭類の化石には，鰭を支える延長した骨格が見られる．

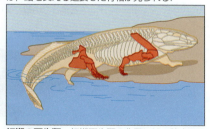

初期の両生類．初期両生類の化石には，陸上での運動を助けたと思われる脚の骨格が見られる．

17章 動物の進化

✅ チェックポイント
両生類は最初の四つ足の陸上脊椎動物, すなわち＿＿＿類である.

答え：両生

まとめて「四つ足」をもつ動物, **四肢類 tetrapods** とよばれる. ✅

爬虫類

爬虫類（鳥類を含む）と哺乳類は **羊膜類 amniotes** である. 両生類の祖先からの羊膜類の進化には, 陸上生活へのさまざまな適応が見られる. このグループの名称のもとになった適応が **羊膜卵 amniotic egg** である. 羊膜卵では, 胚は水を通さない殻に覆われ, 液体に満たされた卵の中で発生する（図 17.34）. 羊膜卵は閉じた「池」のような機能を果たすので, 羊膜類は生活環を陸上で完結できる.

爬虫類 reptiles にはヘビ, トカゲ, カメ, ワニ, 鳥類などとともに多くの恐竜類などの絶滅したグループが含まれる. 図 17.34 のヨーロッパヤマカガシに爬虫類の 2 つの陸上適応を見ることができる. 鱗で覆われた水を通さない皮膚は乾燥した空気中での脱水を防ぎ, 殻に包まれた羊膜卵は胚が発生できる水と栄養に富んだ環境を提供する. これらの適応によって祖先が離れられなかった水辺の生息場所から解放されることができた. 爬虫類は乾いた皮膚を通して呼吸することはできないので, 酸素は肺を通して得ている.

> 進化生物学者は「卵が先か, ニワトリが先か?」という謎の答えを見つけた.

鳥類以外の爬虫類

鳥類以外の爬虫類は代謝による体温調節をあまり行わないので, ときに「冷血」動物とよばれる. 彼らも体温調節は行うのだが, それは主として行動的適応によっている. たとえば多くのトカゲは空気が冷えているときは日光浴をし, 暑いときは日陰を探すことによって体温を調節している. 鳥類以外の爬虫類は自分自身が熱をつくり出すよりは, むしろ体外の熱を吸収するので, 「冷血」というより **外温動物 ectotherms** というほうが正確である. 食物を代謝することによって熱を得るより, 太陽エネルギーによって直接暖めることで, 鳥類以外の爬虫類は同等の大きさの哺乳類に比べて 10% 以下のエネルギーで生きることができる.

爬虫類は現在でも繁栄しているが, 中生代にははるかに広く分布し, 数も多く, 多様化していた. 中生代はしばしば「爬虫類の時代」ともいわれている. この時代, 爬虫類はおおいに多様化し, その王国は 6500 万年前まで続いた. 最も多様化した爬虫類のグループは恐竜類で, 陸上最大の動物もその中に含まれる. あるものは巨大だがおとなしく, 重々しく動いては植物を食べ, あるものは貪欲な肉食者で, 2 本足で大きな獲物を追いかけていた.

▶ 図 17.34 爬虫類の多様性.

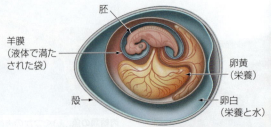

羊膜卵. 胚とその生命維持に必要なシステムが水を通さない殻で覆われている.

ヘビ. 鳥以外の爬虫類の卵殻は革のような柔軟性がある. このヨーロッパヤマカガシは毒をもたない. 脅されるとシッと声を出して襲ってくるかもしれないが, 脅しが失敗するとぐったりとして死んだふりをする.

トカゲ. アメリカ南東部の砂漠に生息するアメリカドクトカゲは米国で唯一の毒をもつトカゲである. 約 60 cm にまでなる大きなトカゲだが, 動きは遅く人に危害を及ぼすことはない.

爬虫類の時代は7000万年前頃から終わりに向かい始めた．この頃地球は寒冷化し，また変動が大きくなった．これが大量絶滅の時代で，6500万年前までに恐竜類はただ1つの系統を除いてすべて絶滅した（表14.1参照）．生き残った系統の今日の姿が鳥類として知られる爬虫類のグループである．☑

鳥類

爬虫類の卵は，なじみのあるニワトリの卵に似ていることを知っているかもしれない．鳥類は脚に鱗をもち，実は羽毛も鱗が改変されたものである．**鳥類 birds** は，遺伝学的にも古生物学的にも獣脚類という小型で2本足の恐竜の系統から進化した爬虫類であることが示されている．しかし現在の鳥類は，羽毛その他の特徴的な飛行装備のせいで，爬虫類とはまったく異なって見える．現存する約1万種の鳥のほとんどは飛行できる．ダチョウやペンギンなどの飛べない種も，飛ぶことのできた祖先から進化したものである．

鳥の解剖学的な特徴はほとんどが飛行への適応と理解できる．骨は蜂の巣状の構造で，丈夫だが軽い（飛行機の翼も基本的に同じ構造である）．たとえば，グンカンドリという大型の海鳥は翼を広げると2m以上になるが，その全骨格の重さは約113gにすぎない（iPhoneと同じくらいの重さ）．体重を軽くするもう1つの適応は，他の脊椎動物がもっている器官をもたないことである．たとえば雌の鳥では卵巣は1対ではなく1個しかない．現存の鳥は歯を欠いているがこれは頭部の重さを減らす適応である．これによって制御不能な墜落を防ぐことができる．鳥は餌を口の中でかむことはせず，消化管の胃の近くにある砂嚢ですりつぶす．

飛行には大きなエネルギー消費と活発な代謝が必要である．他の爬虫類とは異なり，鳥類は体温を温かく一定に保つのに，自身の代謝熱を使う**内温動物 endotherms** である．

鳥類で最も明瞭な飛行装備は翼である．翼は航空機の翼と同じ航空力学の原理を活かしたものになっている（図17.35）．飛行の原動力は竜骨状の胸骨につながった強力な胸筋である．鶏肉で「胸肉」とよばれるのがそれである．ワシやタカなどでは，翼は気流に乗って滑空できるよう適応していて，たまにしか羽ばたかない．ハチドリなどを含む他の鳥は，操縦性は優れているが，空中に留まるためには絶えず羽ばたかなくてはならない．羽毛は爬虫類の鱗と同

脊椎動物の進化と多様性

✓チェックポイント
羊膜卵とは何か？

答え：陸上で乾燥に耐える卵．

▼図17.35 **ハクトウワシの航空力学**．鳥も航空機も翼のかたちが引き起こす空気圧の変化によって「揚力」を得る．

より低い空気圧
より高い空気圧
翼

ワニ．アフリカ中部から南部に生息するナイルワニは約6m，約900kgにまで成長する．

鳥類．求愛ダンスをする中国原産のタンチョウ．

恐竜．アルゼンチンで発見された2本足の肉食恐竜ヘララサウルスの骨格．

17章 動物の進化

✓チェックポイント
鳥類は体温の主要な熱源が他の爬虫類とは異なる。鳥類は＿＿＿動物であり、他の爬虫類は＿＿＿動物である。

じタンパク質からできている。羽毛は最初体温を保持する断熱材や求愛誇示のために機能しており、後に飛行装備として適応したものと考えられる。✓

哺乳類

羊膜類には2つの系統があり、1つは爬虫類へと至り、もう1つは哺乳類を生み出した。約2億年前に出現した最初の**哺乳類 mammals** は、おそらく小型で夜行性の昆虫食者であったと思われる。哺乳類は、恐竜類の没落後に大きく多様性を増した。大部分の哺乳類は陸生である。それらには1000種近い有翼の哺乳類、すなわちコウモリ類が含まれる。また、約80種のイルカ、ネズミイルカ、クジラなどは完全な水生である。絶滅が危惧されるシロナガスクジラは最長30 m近く（バスケットボールコートと同じくらい）になり、古今を通じて最大の動物である。乳腺（子を養う栄養豊富なミルクをつくる）と体毛の2つが哺乳類の特徴である。体毛は断熱効果で体温を温かく一定に保つ助けになる。哺乳類は鳥類と同様に内温動物である。

哺乳類は単孔類、有袋類および真獣類に大きく分類される（図17.36）。**単孔類 monotremes** という、卵を産む哺乳類で現存するのはカモノハシとハリモグラ（トゲアリクイ）だけである。カモノハシは、オーストラリア東部と近くのタスマニア島の川沿いにすむ。雌は通常2個の卵を産み、巣で暖める。孵化した子は母親が分泌したミルクを毛から吸う。

ほとんどの哺乳類は卵から孵化するのではなく、子として産み出される。有袋類と真獣類では、妊娠中は母親の胎内で、**胎盤 placenta** とよばれる器官によって育てられる。胎児と母親の両方の組織からなる胎盤は子宮の中で胎児と母親とを結びつける。胎児は、胎盤中の自分の血流に近接して流れる母親の血液から酸素と栄養を吸収する。

有袋類 marsupials にはカンガルー、コアラ、オポッサムなどが含まれる。これらの哺乳類は妊娠期間が短く、子は小さな胚の状態で産み出される。その後母親の腹部の袋まで移動して、母親の乳首に吸いつく。ほとんどすべての有袋類はオーストラリア、ニュージーランド、南北アメリカにいる。オーストラリアでは有袋類が多様化し、他の大陸では真獣類が占めた陸上の生息場所を占めている（図14.16 参照）。

真獣類 eutherians は**有胎盤哺乳類 placental mammals** ともよばれる。これは、彼らの胎盤が有袋類の胎盤よりも緊密で長期間続く母親と胎児の結合をもたらすからである。真獣類は現存の哺乳類5300種の95％を占める。イヌ、ネコ、ウシ、ネズミ、ウサギ、コウモリ、クジラなどはすべて真獣類である。真獣類のグループの1つが霊長類で、これにはサル、類人猿、ヒトが含まれる。✓

✓チェックポイント
哺乳類の2つの特徴は何か？

▼図17.36　哺乳類の多様性.

哺乳類の主要なグループ		
単孔類（卵から産まれる）	有袋類（胚で産まれる）	真獣類（成長してから産まれる）

カモノハシのような単孔類は哺乳類の中で卵を産むただ1つのグループである。カモノハシの母親も他の哺乳類のように授乳する。

有袋類の子は発生のきわめて早い時期に産み落とされる。新生児は母親の袋の中にある乳首から栄養を得ながら生育を完了する。

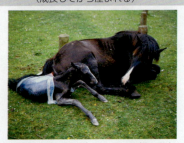

真獣類（有胎盤哺乳類）では、子は母親の子宮の中で発生する。子宮内では子は胎盤で発達する細かな血管網を流れる血液から栄養を得る。このウマの新生児は胎盤の残渣に覆われている。

ヒトの祖先

　動物の系統をたどって，ホモ・サピエンスとその近縁種を含む**霊長類 primates** まできた．このような道筋がどんな意味をもつかを理解するためには，私たちがもつ貴重な特質の数々がどうして生じたかを，系統樹をさかのぼって調べる必要がある．

霊長類の進化

　霊長類の進化を調べることで，ヒトの起源を理解できる．化石の記録から，霊長類は 6500 万年前の白亜紀後半に昆虫食の哺乳類から進化したという仮説が支持されている．初期の霊長類は，小型で樹上性（木の上にすむ）の哺乳類であった．したがって，まず，樹上生活で要求される形質が自然選択によってかたちづくられ，霊長類の特徴になった．たとえば，霊長類は枝から枝へぶら下がりながら移動できるしなやかな肩関節をもつ．機敏に動く手によって，枝にぶら下がったり，餌をつかんだりすることができる．多くの霊長類では，つめがかぎ状ではなく平らであり，指はきわめて敏感である．両眼は顔の前面に近接して並んでいる．両眼の視野が重複することによって遠近感覚が強化されているが，これは樹上で移動するのに明らかに有利である．眼と手の優れた協調も樹上生活には重要である．樹上では，子育てには親の世話が欠かせない．哺乳類は他の脊椎動物より多くのエネルギーを子育てに費やすが，哺乳類の中でも霊長類は子にとって最も行き届いた親である．大部分の霊長類は 1 個体の子を産み，長期間かけて育てる．ヒトは樹上にはすんでいないが，樹上で生じたこれらの形質を，改変しつつももち続けている．

　分類学者は，霊長類を 3 つの主要なグループに分ける（**図17.37**）．第 1 のグループはキツネザル類，ロリス類およびガラコ類で，マダガスカル，アフリカおよび南アジアにいる．第 2 グループのメガネザル類は，小型の夜行性樹上生活者で東南アジアにだけ生息する．第 3 グループの**真猿類 anthropoids** にはサル類，類人猿類，人類が含まれる．新世界（南北アメリカ大陸）のサル類はすべて樹上性で，物につかまることのできる尾をもつという特徴があ

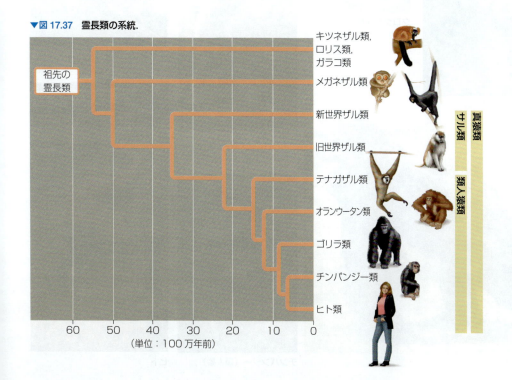

▼図 17.37　霊長類の系統．

17章 動物の進化

る．この尾は移動のときにもう1本の脚としての働きをする．動物園で，尾でぶら下がるサルがいたら，それは新世界からのものであると知ることができる．旧世界（アフリカとアジア）ザルにも樹上性のものはいるが，彼らの尾は物につかまることはできない．そして，ヒヒ類，マカクザル類，マンドリル類を含む多くの旧世界ザルは，主として地上で生活している．真猿類はまた，完全な対向性拇指をもつ．対向性拇指とは，親指で同じ手の他の4本の指の先すべてに触れることができることをいう．

真猿類の中で私たちにより近縁なのがヒト以外の類人猿類，すなわちテナガザル類，オランウータン類，ゴリラ類およびチンパンジー類である．彼らは旧世界の熱帯地域にだけ生息する．テナガザル類の数種を除けば，類人猿類はサル類より大型で，比較的長い腕と短い脚ともち，尾はない．すべての類人猿類は樹上でも生活できるが，基本的に樹上性なのはテナガザル類とオランウータン類だけである．ゴリラ類とチンパンジー類は高度な社会性を示す．類人猿類は体の大きさに比して他のサル類より大きな脳をもち，彼らの行動はより融通性に富む．そして，もちろんヒトも類人猿に含まれる．図17.38に霊長類のいくつかの例を示す．

人類の出現

人類は生命の樹にあってはきわめて若い1本の小枝である．化石の記録と分子系統学によれば，35億年の生命の流れの中で，ヒトとチンパンジーが共通のアフリカの祖

▼図17.38 霊長類の多様性．

アカエリマキキツネザル

メガネザル

クロクモザル（新世界ザル）

テナガザル（類人猿）

オランウータン（類人猿）

パタスモンキー（旧世界ザル）

ゴリラ（類人猿）

チンパンジー（類人猿）

ヒト

先から分かれたのは700万〜600万年前のことである（図17.37参照）．言い換えれば，生命の歴史を1年に圧縮すれば，ヒトの枝は18時間しか存在していないことになる．

よくあるいくつかの誤解

ヒトの進化については，化石の記録によって作り話が否定された後でも，いくつかの誤った考えがもち続けられている．このような誤解から，「チンパンジーが私たちの祖先なら，なぜ彼らはまだ生き続けているのか？」と問われることもある．私たちはチンパンジーから進化したわけではない．図17.37にあるようにチンパンジーとヒトとは数百年前に共通の祖先から枝分かれしている．それぞれの系統で独立な進化を遂げた．1830年に生まれた人の子孫が集まったと考えてみよう．みな数世代さかのぼるとその祖先に行きつくが，それぞれ6〜7世代離れたいとこで，系統的には遠い．同様に，チンパンジーも私たちの祖先種ではない．数百，数千世代さかのぼる系統的な従兄弟のようなものというほうが正しい．

もう1つの誤解は，ヒトの進化を，祖先の真猿類からホモ・サピエンスまで段階的に続くはしごのように想像することである．この誤りによって，しばしばヒト類 hominins（ヒトが含まれる科のメンバー）の化石の行列が，行進するにつれてしだいに私たちに近くなるように描かれたりする．実際には，図17.39にあるようにヒト科の歴史においては，ときにいくつかの種が共存していた．化石のヒト類としては約20種が記載されており，ヒトの系統はひと続きのはしごというよりはたくさんの枝をもつ灌木のようなもので，私たちの種はいまだに生き残っているただ1本の小枝の先に位置する．

数百，数千のヒト類の化石により，このようなヒトの進化に関する誤解は解消されてきたが，私たち祖先に関しては多くの魅力的な疑問が残っている．新しい化石の発見により，私たちがどのようにしてヒトになったかという疑問が答えられつつある．次ページ以降でこれまでの発見をいくつか紹介していこう．

アウストラロピテクスと二足歩行の古さ

現代のヒトとチンパンジーの間には2つの明確な違いがある．ヒトは二足歩行で，大きな脳をもつ．これらの特徴はいつ現れたのだろうか？ 1900年代初頭には脳の大型化こそがヒトと類人猿を分ける最初の変化だと考えられていた．この仮説は，エ

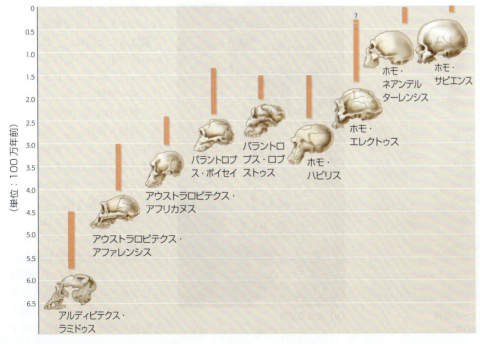

◀図17.39 **ヒトの進化の時系列**．種の存在していた時期をオレンジ色の棒で示す．同時に2つ以上のヒト科の種が存在した時代があることに注意しよう．頭蓋骨はすべて同じ縮尺で描かれているので，頭蓋の大きさ，すなわち脳の大きさが比べられる．

チオピア（図17.40a）の研究チームによる，小型の脳をもち二足歩行をする324万年前の女性の化石の発見により覆された．公式にはアウストラロピテクス・アファレンシス *Australopithecus afarensis*（訳注：アファール猿人ともよばれる）と名づけられ，発見者によってルーシーというニックネームがつけられた個体は，身長はたった約90 cmでソフトボール程度の頭の大きさしかなかった．360万年前の火山灰層から直立歩行している足跡の化石が見つかるなど，二足歩行が従来考えられているよりも早かったということを示すさらなる証拠も見つかった（図17.40b）．その後3歳の個体のほぼ完全な骨格など，アウストラロピテクス・アファレンシスの多くの化石が発見された．また，他のアウストラロピテクス *Australopithecus* の種の化石も見つかった．この属の新しい種としてはアウストラロピテクス・セディバ *Australopithecus sediba* が2010年に最初に報告されている．

二足歩行が古い特徴であることは間違いない．図17.39の *Paranthropus boisei* や *Paranthropus robustus* などの頑健なアウストラロピテクス類として知られる仲間も小さな脳をもつ二足歩行者である．図17.39に示した最も古いヒト類である *Ardipithecus ramidus* も同様である．

ホモ・ハビリスと創意に富む心

脳の拡大が最初に見られるのは約240万年前の東アフリカの化石である．ということは，ヒトの基本的な特徴である大きな脳は，もう1つの重要な特徴である二足歩行より数百万年遅れて進化したことになる．

人類学者たちは，最も新しいアウストラロピテクスの種とホモ・サピエンスの中間の脳容積をもつ頭蓋骨を発見している．より大きな脳をもつ化石とともに，単純な石器が発見されることもあり，ホモ・ハビリス *Homo habilis*（「器用な人」の意味）と名づけられている．直立歩行の200万年後に，ようやく人類は手先の器用さと大きな脳を使って，アフリカのサバンナで狩猟，収集，腐食などに役立つ道具を発明し始めたのである．

ホモ・エレクトゥスと人類の世界的放散

アフリカから他の大陸へ生息範囲を広げた最初の種はホモ・エレクトゥス *Homo erectus* である．ジョージア共和国で発見された180万年前のホモ・エレクトゥスの頭蓋骨がアフリカ以外で知られる最古のヒト類の化石である．ホモ・エレクトゥスはホモ・ハビリスよりも背が高く，脳容積も大きかった．知能は人類がアフリカで成功するのに役立ったと同時に，北方の寒い気候の中で生き延びるのにも役立った．ホモ・エレクトゥスは小屋や洞窟にすみ，火をおこし，動物の毛皮で衣服をつくり，石器を設計した．肉体的，生理的には，ホモ・エレクトゥスは熱帯以外にはあまり適応していなかったが，賢さと社会協力によって不足を補っていた．

ホモ・エレクトゥスは，アジアやヨーロッパ，インドネシアまで広がり，地域ごとに適応していった．そのうちの1つが後に見るネアンデルタール人である．本章のはじめに，「生物学と社会」のコラムで見たホビッ

▼図17.40 太古の直立姿勢．

(a) エチオピアのアファール地域．ここでルーシーが発見された．

(b) 太古の足跡．

ト（*Homo floresiensis*）もホモ・エレクトゥスの末裔なのだろうか？ 次にこの問題を探ってみよう．✅

ヒトの祖先

✅チェックポイント
ヒト類で最初に直立歩行した種はどれか？ また，最初にアフリカ以外に放散した種はどれか？

答え：アウストラロピテクス；ホモ・エレクトゥス

ヒトの進化　科学のプロセス

ホビットは何者か？

　科学者は遠い過去の出来事に関する仮説をどうやって検証できるのだろうか？ 1つの方法は地球上の生命の記録，化石を使うことである．「Bones」のようなテレビ番組で，法医学者が骨の痕跡から犯罪を解決する様子を見たことがあるだろう．小さな骨のかけらも専門家には多くの情報を教えてくれる．このような方法で「ホビット」人に関する議論も検証された．

　フローレス島のヒト類の化石に関する最初の観察で，この新しい化石はそれまでに知られていた種のものではないことがわかった．そこから，では，このヒト類は私たちの進化の歴史のどこに位置づけられるのだろうかという疑問がわいた．そこで，ホモ・エレクトゥスから派生したのではないかという仮説が立てられた．ホモ・エレクトゥスは，ホモ・サピエンスに先駆けて遠くまで移動したヒト類である．その仮説から，この新種の頭蓋骨や体のプロポーションにはホモ・エレクトゥスの小さな個体と同様の特徴が見られると予測した．実験ではなく，化石を詳細に計測し，観察して，ホモ・エレクトゥスと比較された．当初の結果は，この仮説を支持した．

　すでに見てきたように，当初の結論が新証拠によって覆されることはよくある．ここ数年さらなる綿密な計測と新しい標本の調査が行われた結果，現在は別の仮説が支持されるようになった．すなわち，ホモ・フロレシエンシスはホモ・エレクトゥスよりも，小さく古い種でもあるホモ・ハビリスのほうに近縁だという仮説である．ホビットは1つの種ではなく，ホモ・サピエンスの中の骨形成に異常をもつ1集団であると考える科学者もいる．

　これらの仮説の真偽をどのように検証できるだろうか？ ホモ・フロレシエンシスの発見された場所で発掘を続ける研究者もいれば（図17.41），別の場所を探索する研究者もいる．もう1つの頭蓋骨，骨，歯が見つかり，DNAを抽出して解析できれば，有用な情報を得られるだろう．しばらく，ホビットのミステリーは続きそうだ．

▼図17.41　**ホビットの探索**．ホモ・フロレシエンシスが発見されたインドネシア，フローレス島のリャン・ブア洞窟での発掘は続いている．

ホモ・ネアンデルターレンシス

　私たちヒトの系統のミステリーはホモ・フロレシエンシスだけではない．ドイツのネアンデル渓谷で150年前に発見されたホモ・ネアンデルターレンシス *Homo neanderthalensis*（一般にネアンデルタール人とよばれる）は人々の想像をかき立ててきた．この興味深い種は大きな脳をもち，石や木でつくった道具で大きな獲物を狩っていた．ネアンデルタール人は35万年前にヨーロッパにすんでおり，中近東や中央アジア，南アジアまで広がっていたが2万8000年前には絶滅した．ネアンデルタール人とは何者なのだろうか？

　DNAの解析から，ヒトはネアンデルタール人の子孫であるという当初の仮説は否定された．むしろ，ヒトとネアンデル

17章
動物の進化

タール人は40万年前に共通の祖先から分岐したことがわかった．驚くべきことに，ネアンデルタール人のゲノムを調べてみると，ネアンデルタール人とヒトの集団の間で交配が起こっていたことを示す痕跡が見つかった．現代人のゲノムの約2%がネアンデルタール人からきているというのである．アフリカ人は例外的に，ネアンデルタール人との痕跡が見つからない．また，ネアンデルタール人の少なくとも一部の集団は肌が白く，赤毛だったこともわかった（図14.23参照）．2014年のネアンデルタール人のゲノムの最新の報告では，ヒトとネアンデルタール人が特定の遺伝子と特定の遺伝子制御領域（図11.3参照）で区別できることを報告している．このような遺伝子を手がかりにホモ・サピエンスの進化に重要な役割を果たした遺伝的な変化を理解できるだろう．

> 最近のDNAの研究から，多くの現代人はネアンデルタール人の遺伝子を少し受け継いでいることがわかった．

ホモ・サピエンスの起源と拡散

化石とDNAの研究から，私たち自身の種であるホモ・サピエンスの出現と世界への拡散について，明らかになりつつある．ホモ・サピエンスの最古の化石は19万5000〜16万年前のもので，エチオピアで発見されている．初期のヒトにはホモ・エレクトゥスやホモ・ネアンデルターレンシスのような突き出た額はなく，また，もっとほっそりとしており，異なる系統であることを示唆している．エチオピアの化石から，ヒトの起源についての分子的証拠が得られている．DNAの研究によって，現存のすべてのヒトの祖先をたどると，20万〜16万年前のアフリカの1系統に行き着くということが示唆されている．

アフリカの外でのホモ・サピエンスの最古の化石としては，11万5000年前のものが中東で見つかっている．ヒトはアフリカから1回以上波状に広がり，まずアジアへ，次いでヨーロッパ，東南アジアとオーストラリアへ広がり，最後に新世界（南北アメリカ）へ渡ったと考えられる（図17.42）．新世界へのヒトの到達がいつであったかは，はっきりとはしないが，少なくとも1万5000年前には渡っていたと推測されている．

ヒト独特のいくつかの特性が，ヒト社会の発展を可能にした．霊長類の脳は生まれた後も成長が継続するが，ヒトの場合は成長期間が他の霊長類より長い．成長期間の延長は，子どもに対する親の世話の期間も長くさせ，それによって子どもが前の世代の経験を自分のために役立てることが可能になる．蓄積された知識，習慣，信仰，芸術などが世代を越えて社会的に伝達されるという現象が文化の基礎である（図17.43）．この伝達の主たる方法は，話したり書いたりされる言語である．ヒトは生物学的にだけでなく，文化的にも進化した．

地球上の生命に，ホモ・サピエンスという単一の種ほど大きな影響を与えたものはない．ヒトの進化が世界にもたらした結果は恐るべきものである．文化的進化によってホモ・サピエンスは生命の歴史におけるまったく新しい存在となり，肉体的限界を乗り越えてしまった．自然選択によって環境に適応するまで待つ必要はなく，必要に応じて環境を変えてしまう．

大型動物の中で，最も多数で最も広範囲に存在するのは私たちであり，行く先々で多くの種が適応するよりも速く環境の変化をもたらす．生態学を扱う次の部では，他の種と並んでヒトと環境との相互作用について調べることにする．✓

✓ チェックポイント
1. ヒトが最初に進化したのはどの大陸か？
2. ヒトがネアンデルタール人と出会ったのはいつか？

答え：1. アフリカ 2. 共生．ホモ・サピエンスがアフリカを出たとき（11万5000年前）からネアンデルタール人が絶滅するまで（2万8000年前）．

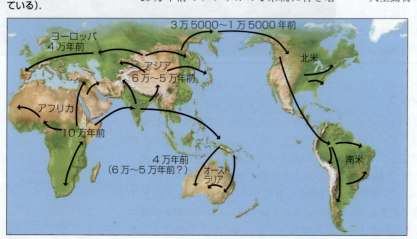

▼図17.42 ホモ・サピエンスの移動（年代は現在から何年前かで示されている）．

◀図 17.43　芸術の歴史は古い．3 万年前のフランス，ラスコー洞窟の壁画は初期の社会での文化のルーツの一例である．

ヒトの祖先

ヒトの進化　進化との関連

私たちは進化し続けているのか？

　10 万年前までタイムマシンで行って，ホモ・サピエンスの男性を連れて戻ってきたとしよう．彼にジーンズと T シャツを着せて，キャンパスを歩き回ったとしても，振り返る人はいないだろう．私たちはホモ・サピエンスになって以降，進化を止めてしまったのだろうか？　そうともいえる．ヒトの体は過去 10 万年の間ほとんど変化していない．大きな脳による知性，言語の使用や抽象的な思考などの人間性にかかわる特徴は，アフリカから移動を始める前には獲得されていた．

　しかし，ヒトは祖先の地を離れ，さまざまな地域へと広がり，多様な環境の地で定住したため，異なる選択圧にさらされることになった．現代人にもこのような多様な物理的，文化的な環境への進化的な反応を見ることができる．たとえば，特定の集団において鎌状赤血球型のヘモグロビン（図 9.21 参照）の頻度が高いのは，危険なマラリア症への防御としての適応である．他のマラリア地域では，地中海貧血症が同様の適応として機能してきた．

　食事もヒトの進化に大きく影響してきた．たとえば，酪農を行う集団では，成人でラクトースを消化する能力（3 章「進化との関連」のコラム参照）が進化してきた．米やイモなど，デンプン質の作物への依存も遺伝的な痕跡を残した．このことによりデンプンを消化する酵素アミラーゼの遺伝子の数が増えている．

　ヒトの間で顕著に見られる違いとして肌の色がある（図 17.44）．アフリカを出て北に移動したヒトは，高緯度地域の低紫外線レベルへの適応として肌の色素を失ったと考えられている．骨の成長に必要なビタ

▼図 17.44　ヒトの紫外線への異なる適応．

407

17章
動物の進化

ミンDの合成には，紫外線が必要なため，高緯度では肌が黒いと十分なビタミンDがつくれない．地球のさまざまな環境への適応の例がいくつも明らかになってきた．たとえば，標高4200 mで酸素濃度が標高0 mの40％の酸素レベルの環境にすむチベットの人々には，それへの適応としての遺伝子の進化が見られる（図17.45）．南アメリカのアンデス地方にすむ人々にも高地への適応が見られる．このような進化的な微調整は見られるものの，私たちは単一の種であることは間違いない．

▼図17.45　高地へ適応したチベット人．

本章の復習

重要概念のまとめ

動物多様性の起源

動物とは何か？

動物は真核，多細胞で，摂食によって栄養素を獲得する従属栄養の生物である．大部分の動物は有性生殖で，接合子から胞胚へ，次いで原腸胚へと発生する．原腸胚の後，直接成体に発生するものもいるが，幼生の段階を経るものもいる．

初期の動物とカンブリアの爆発

動物はおそらく群体性で鞭毛をもった原生生物から進化した．先カンブリア代の動物は柔らかい体をもつ動物だった．カンブリア紀に硬組織をもつ動物が出現した．5億3500万〜5億2500万年前の間に動物の多様性が急速に増した．

進化：動物の系統

動物の進化の主要な枝分かれは2つの重要な進化的相違によって決められる．それらは，組織が存在するかしないかという点と，放射相称か左右相称かという点である．その後の枝分かれした系統で，組織に裏打ちされた体腔が進化した．

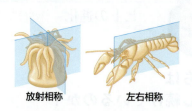

放射相称　　　左右相称

無脊椎動物の主要な門

この系統樹には8つの主要な無脊椎動物の門と，少数の無脊椎動物を含む脊索動物が示されている．

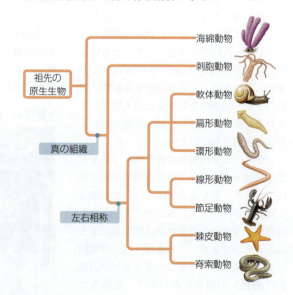

海綿動物

カイメン類（海綿動物門）は多孔性の体をもつ移動しない動物で，真の組織をもたない．体の側面にある多くの小孔から水を引き入れ，餌の小粒を粘液で捕らえて食べる．

刺胞動物

刺胞動物（刺胞動物門）は放射相称で，1つの開口部がある胃水管腔と，刺細胞のある触手をもつ．移動しないポリプ型か浮遊性のクラゲ型の体制が見られる．

軟体動物

軟体動物（軟体動物門）は体の柔らかい動物で多くの場合固い殻で守られている．体は3つの主要な部分，すなわち筋肉質の足，内臓塊および外套膜とよばれるひだ状の組織でできている．

扁形動物

扁形動物（扁形動物門）は最も単純な左右相称動物である．自由生活のもの（プラナリアなど）と寄生性のもの（条虫など）とがある．

環形動物

環形動物（環形動物門）は体節と完全消化管をもつ．自由生活者と寄生生活者がいる．

線形動物

線形動物（線形動物門）は体節を欠き，先のとがった円筒形をしている．自由生活または寄生生活である．

節足動物

節足動物（節足動物門）は体節のある動物で，外骨格および関節のある特殊化した付属肢をもつ．

棘皮動物

棘皮動物（棘皮動物門）は移動しないかまたはゆっくりと動く海生動物で，体節はなく，独特な水管系をもつ．左右相称の幼生から，通常は放射相称の成体に変わる．凸凹のある内骨格をもつ．

脊椎動物の進化と多様性

脊索動物の特徴

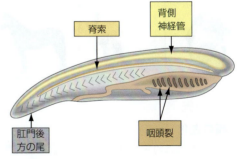

ホヤ類とナメクジウオ類は無脊椎の脊索動物である．大多数の脊索動物は頭蓋骨と背骨をもつ脊椎動物である．

魚 類

ヌタウナギ類とヤツメウナギ類は顎のない脊椎動物である．サメなどの軟骨魚類は軟骨でできた柔軟な骨格をもち，大部分は強力な顎をもつ捕食者である．硬骨魚類はカルシウムで補強された硬い骨格をもつ．硬骨魚類はさらに条鰭類と肉鰭類（肺魚を含む）とに

分類される．

両生類

両生類は四肢をもつ脊椎動物で，通常は（殻のない）卵を水中に産む．水生の幼生は変態による大きな変化を遂げて成体になる．湿った表皮を保つために，成体は湿気のある環境で多くの時間を過ごす必要がある．

爬虫類

爬虫類は羊膜類で，殻に包まれ液体で満たされた卵の中で胚発生する脊椎動物である．爬虫類には，鱗で覆われ水を通さない皮膚をもつ陸生の外温動物が含まれる．鱗と羊膜卵によって陸上での繁殖が可能になった．鳥類は翼，羽毛その他飛行のための適応した特徴をもつ内温性の爬虫類である．

哺乳類

哺乳類は体毛と乳腺をもつ内温性の脊椎動物である．3つの主要なグループがある．単孔類は卵を産む．有袋類は胎盤をもつが，小さな胚に近い子を産み，子は母親の袋の中で乳首に吸いついた状態で発生を完了する．真獣類（有胎盤哺乳類）は胎盤によって母親と子が長期間結合する．

哺乳類		
単孔類	有袋類	真獣類

ヒトの祖先

霊長類の進化

最初の霊長類は約6500万年前に昆虫食の哺乳類から進化した樹上生活者であった．真猿類には新世界ザル（物につかまれる尾をもつ），旧世界ザル（尾は物につかまることができない），類人猿，およびヒトが含まれる．

人類の出現

チンパンジーとヒトは700万～600万年前の共通の祖先から進化した．400万年前のアウストラロピテクス属は直立していたが，脳は小さかった．ホモ・ハビリスで見られる脳の拡大は，遅れて約240万年前に起きた．人類の生息範囲を生誕地のアフリカから他の大陸へと広げた最初の種はホモ・エレクトゥスであった．ホモ・エレクトゥスはネアンデルタール人（ホモ・ネアンデルターレンシス）など地域によって多様化した子孫を生み出した．現在の人類の多様性は，アフリカ人の比較的新しい放散によって生じたことを示す研究成果が得られている．

セルフクイズ

1. 動物界における左右相称は，a～dのどの現象と最も深く関係しているか？
   a．全方向的感覚能力
   b．骨格の存在
   c．運動性と積極的な捕食および逃避
   d．体腔の発達
2. 次の分類名の中で，他のものすべてを含むのはどれか？
   節足動物，クモ類，昆虫類，チョウ，甲殻類，ヤスデ類
3. 四肢類で最古のグループは何か？
4. 爬虫類は両生類よりはるかに陸上生活に適応している．その理由は次のうちどれか？
   a．完全な消化管系をもつため．
   b．殻に包まれた卵を産むため．
   c．内温性であるため．
   d．幼生の段階を経るため．
5. ヒトが属する動物門の名は何か？　その名称はどのような解剖学的構造に由来するか？　この構造の派生物はあなたの体のどこに存在するか？
6. 化石から示唆される，ヒトが他の霊長類から区別される最初の重要な特徴は何か？
7. 下記の動物の中で，ヒトの祖先に含まれないものはどれか？（ヒント：図17.29を復習せよ．）
   a．鳥
   b．硬骨魚
   c．両生類
   d．霊長類
8. 次の種を古い順に並べよ．
   ホモ・エレクトゥス，アウストラロピテクス属の種，ホモ・ハビリス，ホモ・サピエンス

9. a〜dの動物を，それが属する動物門の名と結べ．

   a．ヒト　　　　　　1．棘皮動物門
   b．ヒル　　　　　　2．節足動物門
   c．ヒトデ　　　　　3．刺胞動物門
   d．ロブスター　　　4．脊索動物門
   e．イソギンチャク　5．環形動物門

解答は付録Dを見よ．

科学のプロセス

10. あなたが海洋生物学者で，海底から底引き網で未知の動物を採集したとする．これがどの動物門に分類されるかを決めるのに，あなたが注目すべき特徴をいくつか挙げよ．

11. 多くの人が菜食主義者を自称している．厳密には，菜食主義者は植物しか食べないが，ほとんどの菜食主義者はそれほど厳格ではない．知り合いの中で菜食主義者と自称する人にインタビューして，どの分類群を食べないでいるかを調べてみよ（図17.6，17.30参照）．また彼らの食事についてまとめよ．何を「肉」と見なしているだろうか？たとえば，彼らは，脊椎動物は避けるが，無脊椎動物のいくつかは食べるか，鳥と哺乳類だけを避けるか，魚類はどうか，乳製品や卵は食べるかなどである．

12. 霊長類の祖先から引き継いだどのような適応的な形質が，道具の作製や使用を可能にしただろうか？

13. **データの解釈** 体の大きさに対する脳の大きさの平均から，その種の知性に関しておおまかに知ることができる．ヒト類に関する以下のデータをグラフにせよ．ホモ・フロレシエンシスと最も近い値をもつのはどの種か？ この情報からホモ・フロレシエンシスがホモ・エレクトゥスの奇形であることは支持されるか，あるいは別の仮説が支持されるか？

ヒト類の種	脳の平均体積(cm^3)	体の大きさの平均(kg)
アウストラロピテクス・アファレンシス	440	37
ホモ・エレクトゥス	940	58
ホモ・フロレシエンシス	420	32
ホモ・ハビリス	610	34
ホモ・ネアンデルターレンシス	1480	65
ホモ・サピエンス	1330	64
パラントロパス・ボイセイ	490	41

生物学と社会

14. 本章では，ヒトの起源に関する科学的な理解を見てきた．科学は自然界を理解する1つの方法である（1章参照）．「生物学と社会」のコラムを読み直して，ホモ・フロレシエンシスの研究に関する科学的な方法を示す言葉や言い回しに下線を引け．科学的な観点以外からヒトの起源を理解しようとする方法を1つくらいは知っているだろう．そのような方法で生命を理解することは，科学的な方法とどう違うだろうか？ ヒトの進化を科学的に理解することにはどのような価値があるだろうか？

15. サンゴ礁は他のどのような海洋環境よりも動物の多様性に富んでいる．オーストラリアのグレートバリアリーフは海洋保護区として守られていて，科学者や自然愛好家のメッカになっている．インドネシアやフィリピンなど，他の地域ではサンゴ礁は危機的状況にある．多くのサンゴ礁で魚がいなくなり，海岸からの流出による堆積物で覆われている．これらの変化のほとんどすべては人間の活動に起因している．どのような人間活動がこのような衰退を生んでいると考えるか？ 衰退を生じさせた理由として何が考えられるか？ この状況が将来改善されると思うか，それともより悪化すると思うか？ それはなぜか？ 地域住民は衰退を止めるために何ができるか？ 先進国はそれを支援すべきか，それともすべきでないか？ また，それはなぜか？

16. 過去10万年の間，ヒトの体はそれほど変化しなかったが，ヒトの文化は大きく変化した．その結果，私たちは私たちを含む多くの種が進化する速度よりはるかに速い速度で環境を変えている．あなたが目にする急速な環境の変化にはどのようなものがあるか？ 人間の文化のどの側面がこのような変化を生んでいると思うか？ 人間による環境の変化の速度が減少しているという証拠が何かあるか？

第 4 部
生態学

18 生態学と生物圏の序論

章のテーマ：地球の気候変動

19 個体群生態学

章のテーマ：生物学的侵入

20 生物群集と生態系

章のテーマ：失われゆく生物多様性

18 生態学と生物圏の序論

なぜ生態学が重要なのか？

▼ 車の排気ガスによる大気汚染物質は水と結びつき，遠く離れた場所で酸性雨となって地表に戻る．これは，水の循環が地球規模で生じていることの証拠である．

◀ 私たち人間の「鳥肌」は，寒い日にガンが羽を逆立てる筋肉と同じしくみである．

▲ 家庭の「吸血鬼」電化製品は，あなたが眠っているときでさえ電気を消費している．

太陽の放射がなくなったとしても，地球上の生物の一部は生き残れるだろう．しかし，私たち人間はそうではない． ▶

章目次	本章のテーマ
生態学の概要　416	地球の気候変動
地球の多様な環境に生きる　418	生物学と社会　危機に瀕するペンギン，ホッキョクグマ，そして私たち人間　415
バイオーム　422	科学のプロセス　気候変動は，生物種の分布にどのように影響するのか？　438
地球の気候変動　436	進化との関連　自然選択の要因としての気候変動　441

地球の気候変動　生物学と社会

危機に瀕(ひん)するペンギン，ホッキョクグマ，そして私たち人間

　気象学者の97％が，地球の気候が変化しつつあることに同意している．気候変動は，気温の急激な上昇によって引き起こされており，過去100年の間，平均的な地球の気温は，0.8℃上昇した．その気温上昇のほとんどは最近30年の間に生じている．これは，最終氷期の後の地球温暖化と比較しても10倍以上の速度である．現在，私たちが気候変動について知っていることは何だろうか？　そして，私たちの将来はどうなるのだろうか？

　北極地域や南極半島は，最も気温が上昇している．たとえば，アラスカの一部では，冬季の気温が約3℃上昇した．北極の万年氷は縮小し，夏になるたびに氷が薄くなり，氷のない海が広がりつつある．ホッキョクグマは，夏の間に，氷の上を歩きまわって索餌し，体脂肪を蓄える必要がある．ホッキョクグマは，索餌をする氷が溶けてなくなるにつれて，飢餓の兆候を示しつつある．地球の反対側の南極半島でも海氷の減少によって，アデリーペンギンの餌供給が制限されつつある．いままで予期しなかった春の暴風が，頻繁かつ強烈に，アデリーペンギンの卵やヒナを死に至らせている．しかし，これらの有名な生物は，まさに炭鉱のカナリアのようなもので，私たち人間に警告を発している．すでに，私たちは，気候変動の影響を感じている．頻繁で大規模な森林火災，ひどい熱波，あるいは，降水量のパターンが変化して，地域によって干ばつや激しい豪雨が発生している．

　気候変動は，地球上の生物の将来にどのような影響を与えるのだろうか？　科学者が予測している地球の気候変動がもたらす将来の生態学的な影響は，不完全な情報に基づいている．種の多様性，生物間の複雑な相互作用，それらと環境の相互作用については，解明されるべき点が多く残っている．人間活動が，現在生じている気候変動の要因であることについては，圧倒的な証拠がある．私たちがこの危機にいかに対処するかによって，状況が改善するか悪化するかが決まる．この過程は，生態学の基本的な概念を理解することで始まる．本章ではこの点を探究する．

アデリーペンギンの一部の個体群にとって，気候変動は悪いニュースである．

生態学の概要

これまでの生物学の学習で，地球上の生命の多様性，分子や細胞の構造，生命を作動させる過程について学んできた．**生態学 ecology** は，生物とそれらを取り巻く環境の相互作用を解明する科学で，生命に関する異なる見方，いわば個体レベル以上の視点を提供する．

人間は，他の生物や，それらが生育する環境についてつねに興味を抱いてきた．狩猟・採集者のような先史時代の人々は，獲物や食べられる植物が，どこでいつ最も多く見つかるかを学ぶ必要があった．アリストテレスからダーウィン，そしてそれ以降の博物学者たちは，自然の生息地での生物について観察し記録することを，たんなる生存の手段としてではなく，それ自体を目的としていた．現在でもなお，自然を観察してその構造や過程を記録するといった，発見を基盤とするアプローチから，貴重な洞察を得ることができる（図 18.1）．あなたが期待するように，自然の環境（野外調査）で行われる仮説検証型科学が，生態学の基本である．しかし，同時に生態学者は，条件が単純化され制御された条件下の実験を用いることで，仮説の検証も行う．ある生態学者は，数理モデルやコンピュータモデルを考案し，理論的なアプローチをとる．このようなアプローチは，野外で実施することが不可能な広域スケールの実験をシミュレーションすることを可能にする．

生態学と環境保護

技術革新は，人間が地球上のあらゆる環境に進出することを可能にしてきた．たとえそうだとしても，私たちの生存は，地球の資源に依存し，それらは人間活動によって非常に改変されてきた（図 18.2）．地球の気候変動は，最近数十年人々の関心を集めている多くの環境問題の 1 つにすぎない．私たちの産業・農業活動のいくつかは，空気，土壌，水を汚染してきた．土地や他の資源に対する私たちの容赦のない追求は，多くの植物・動物種を危機に追い込み，すでに一部の種を絶滅させた．

生態学という科学は，環境問題を解決するために必要とされる知見を提供する．しかし，環境問題は，生態学者だけで解決できるものではなく，価値観や倫理観に基づく意思決定も要求される．個人レベルで，私たち各々が，生態学的な影響をもたらす日々の選択を行っている．そして，環境問題に意識のある有権者や消費者によって動機づけられた政治家や企業は，より広い意味をもつ問題に立ち向かわなければならない．土地利用はいかに調整されるべきか？ 私たちは，すべての生物種を救うべきか，あるいは一部の生物の保全でよいのか？ 環境を破壊する行為に代わる手立てとして，何が考案されるべきか？ 私たちは，環境に対するインパクトと経済的な要求，これら両者のバランスをどのようにすべきか？

▼図 18.1 **熱帯多雨林における発見型科学．** アルゼンチンのアンデス山脈東斜面の熱帯林の林冠で，生物学者が昆虫を採集している．

▼図 18.2 **環境に対する人間のインパクト．** フィリピンの首都マニラ．ゴミで覆われた水路を，人がカヌーで進んでいる．

システム内の相互連関

相互作用の階層

　多くの異なる要因が，生物とその環境の相互作用に潜在的に影響し得る．**生物的要因 biotic factor** とは，ある空間の環境要素の中のすべての生物的要素，つまり，その空間内のすべての生物のことである．ある生物は，食物や資源をめぐって別の個体と競争し，餌として利用し，また，その生息する物理的・化学的環境を変化させる．**非生物的要因 abiotic factor** とは，生物以外の環境要因からなり，温度，光，水，無機物，空気のような化学的・物理的要素を含む．生物の**生育地（ハビタット）habitat**，その生物に特異的な生育環境は，それを取り囲む生物的・非生物的要因を含む．

　私たちが，生物とそれらの環境の間の相互作用を研究する場合，生態学を，階層的に4つのレベルに区分することが便利である．個体生態学，個体群生態学，群集生態学，生態系生態学の4つである．

　生物 organism とは，個々の個体として生育している．**個体生態学 organismal ecology** は，非生物的環境によって引き起こされた課題に，個体がいかに対処するかといった，進化的な適応に関するものである．生物の分布は，それらが耐えることができる非生物的な条件に制限されている．たとえば，サンショウウオのような両生類**（図 18.3a）**は，周辺環境から熱を吸収して体温を維持するので，寒い気候では生育できない．気候変動による気温や降水量の変動は，一部のサンショウウオの分布にすでに影響を与えており，将来的には，より多くの両生類が影響を受けることになるだろう．

　生態学の構成の次の階層は，**個体群 population** である．これは，ある地理的空間に生息する，同じ種の個体の集合体である．**個体群生態学 population ecology** は，個体群の密度や成長に影響する要因に焦点を当てる**（図 18.3b）**．絶滅危惧種を研究する生物学者は，特に，個体群生態学に関心がある．

　群集 community とは，ある空間に生息するすべての生物個体からなる．それは，異なる種の個体群の集合体である．**群集生態学 community ecology** における問いは，

(a)個体生態学． アカサンショウウオは，どのくらいの温度範囲で生育できるのか？

(b)個体群生態学． エンペラーペンギンのヒナの生存に影響するのは，どのような要因か？

(c)群集生態学． ムナジロテンのような捕食者は，群集における齧歯類の多様性にどのような影響を与えているのか？

(d)生態系生態学． アフリカのサバンナ生態系において，窒素のような必須化学元素は，どのような過程で循環しているのか？

◀ **図 18.3** 生態学における分野の階層性と，各分野の問いの例．

捕食や競争のような，種間の相互作用が，いかに群集構造や群集の成り立ちを規定しているのかについて，焦点を当てる**（図 18.3c）**．

　生態系 ecosystem とは，ある空間の生物群集に加え，すべての非生物的環境要因を含む．たとえば，サバンナ生態系は，多様な動植物のような生物を含むだけでなく，土壌，水資源，日光，その他の物理的環境条件も含む．**生態系生態学 ecosystem ecology** では，エネルギーの流れや，さまざまな生物的・非生物的要因の化学的循環を問題にする**（図 18.3d）**．

　生物圏 biosphere とは，地球規模の生態系のことで，すべての生態系の総和，もしくは，すべての生物とそれらが暮らす環境の総和を指す．生態学で最も複雑なレベルである生物圏は，数 km 上空の大気，地下 1500 m の水を保持している岩盤，湖，河川，洞窟，深度数キロメートルの海などを含む．そのスケールの大きさにもかかわらず，生物圏の生物は，互いに関係しており，ある部分の出来事は，広範囲な影響をもたらし得る．✓

✓チェックポイント

生態学は4つの階層に区分されるが，生態系と群集に共通している要因は何か？ また，生態系の階層が含むもので，生物群集が含まないものは何か？

地球の多様な環境に生きる

18章
生態学と生物圏の序論

あなたが旅行やテレビ・映画を通して世界を見たとき，生物の分布には，驚くほど地域的なパターンがあることに気づくだろう．たとえば，南米やアフリカの熱帯林のようないくつかの陸域は，多くの植物の生育場所であるが，砂漠など他の地域は，比較的不毛の地となっている．サンゴ礁には，色彩豊かな生物が分布するが，それに比べて，海洋の他の地域は，生物はとても貧弱である．

生物の分布は局所的にも変異する．ニュージーランドの原生地域を空中から眺めると（図18.4），森林，大きな湖，蛇行する川，山が混在しているのがわかる．これら異なる環境内では，より小さな空間スケールでも変異がある．たとえば，湖は，

▼図18.4 ニュージーランドの原生地域における環境の局所的な変異．

生物にとってさまざまな異なる生息環境を提供し，各生育地で特徴的な生物群集が形成される．

生物圏の非生物的要因

生物の分布パターンは，おもに環境の非生物的（物理的）要因の違いを反映している．生物の生息場所に影響する，いくつかの主要な非生物的な要因を見てみよう．

エネルギーの源

すべての生物は，生存するために利用可能なエネルギー源を必要とする．日光の太陽エネルギーは，光合成の過程でクロロフィルに固定され，ほとんどの生態系を駆動させている．図18.5 に示された画像で，色はクロロフィルの相対的な現存量の違いを表している．陸上の緑色は，植物の高い密度を表している．アフリカのサハラ地域や米国西部の大部分を含むオレンジ色の地域は，植物の生産性が非常に低いことを表す．海洋の緑色の地域は，濃い青色の地域に比べて，藻類や光合成微生物が豊富なことを示す．

陸上生態系の植物の成長を制限する最も重要な要因は，日光の欠如であるが，そういうことはめったに生じない（樹木による日陰が，林床に生育する植物の間で，光をめぐる熾烈な競争を生じさせることはあるが）．しかし，多くの水中環境では，光はある深さを越えて透過することはない．結果として，水中では，ほとんどの光合成が表層の近くで行われる．驚くべきことに，生物は，完全な暗黒の環境でも繁栄している．海洋表面の約 1600 m あるいはそれより深い場所では，特異な，熱水噴出孔の世界がある．それは，地球の地殻の大きなプレートの端に隣接し，地球内部から溶岩や熱いガスが噴出してい

> 太陽の放射がなくなったとしても，地球上の生物の一部は生き残れるだろう．しかし，私たち人間はそうではない．

▼図18.5 **生物圏の生物分布．**この地球の画像の色は，光合成生物の地域的な密度と相関しているクロロフィルの相対的な現存量を表している．

▼図18.6 **深海の熱水噴出孔．**バンクーバー島の西．「黒い煙（ブラックスモーカー）」は地球内部からの熱いガスを噴出している．巨大な管（挿入写真）は，ジャイアントチューブワーム（ハオリムシ）で2 mの長さに成長する，熱水噴出孔の群集構成種である．

る．塔のような煙突は9階建てのビルの高さ(30 m)にもなり，沸騰した水や熱いガスを放出している(図18.6)．このような生態系は，化学独立栄養の細菌によって駆動しており，硫化水素のような無機化学物質を酸化することでエネルギーを得ている．これに類似した代謝能力をもつ細菌が，洞窟に生息する生物群集を支えている．

温　度

温度は生物の代謝に影響する重要な非生物的要因である．ほとんどの生物は，0℃近くの温度では十分活発な代謝を維持できない．また，45℃以上では，酵素が破壊される．ほとんどの生物の場合，それらの生理的機能はある一定の幅の温度環境で維持される．たとえば，アメリカナキウサギ(図18.7)は，冷涼な山岳環境に適した高い体温をもっている．しかし暖かい日になると，アメリカナキウサギは，体温が上がりすぎないように，冷気がたまる岩の割れ目に退避する必要がある．冬，アメリカナキウサギは，その生育場所が酷寒から隔絶されるような積雪を必要とする．

水

水はすべての生物にとって不可欠である．水生の生物は水に取り囲まれて暮らしているが，体内の溶質濃度と周辺の水の溶質濃度との間で水分バランスが取れているかどうかという問題に直面している(図5.14 参照)．陸上生物の場合，主要な脅威は，空気中で水分が奪われることである．多くの陸上生物は，水分の消失を防ぐため，水を通さない表皮(たとえば爬虫類の鱗)をもっている(図18.8a)．多くの陸上植物は葉や茎にロウ状の被膜をもっている(図18.8b)．ブラジルロウヤシの葉からとれるワックスは光沢がある防水素材で，車，サーフボード，家具，靴などの研磨剤として用いられている．また，口紅やマスカラのような化粧品の素材にも用いられている．

無機栄養素

植物，藻類，光合成をする細菌を含む光合成生物の分布と量は，窒素やリンの化合物のような無機栄養素の利用可能性に依存

▲図 18.7　**アメリカナキウサギ**．この小型のウサギの仲間は，米国西部やカナダの高標高域に生息している．

する．植物は，これらの栄養素を土壌から取り込む．土壌構造，pH，栄養素の濃度は，植物の分布を決定する重要な要因である．多くの水界生態系では，窒素とリンの不足が藻類や光合成をする細菌の成長を制限する．

その他の水中の要因

水中では，陸域と異なり，いくつかの非生物的要因が重要となる．陸上生物は，空気中から十分な酸素の供給があるが，水生生物は水に溶け込んだ酸素に依存しなければならない．これは，多くの魚類にとって重要な要因である．暖かく滞留した水より，冷たくて速く移動する水は，高い濃度の酸素をもつ．塩分，流れ，潮汐も，水界生態系において重要である．

その他の陸域の要因

水界生態系にはなくて，陸上生態系で影響するいくつかの非生物的要因がある．たとえば，風は，陸に影響する重要な非生物的要因である．風は蒸散によって生物の水分消失率を増加させる．蒸散の増加による気化冷却は，夏の熱い日中には有利になるが，

▼図 18.8　**防水の表皮**．

(a)カロライナアノールトカゲの表皮．

(b)玉状の水滴は，葉のワックスの撥水効果を示す．

18章
生態学と生物圏の序論

✓ **チェックポイント**
ほとんどの生態系にとって、なぜ太陽エネルギーはそれほど重要なのだろうか？

答え：太陽エネルギーは、水の循環によって生物の必要を維持しており、生物群の多様性にも寄与している。(※回転注釈のため推定)

✓ **チェックポイント**
生態学と進化は、お互いどのように関係しているか？

答え：自然選択を通した進化的適応は、生態学的な順応と、環境的時間の経過とともに起こる。(※回転注釈のため推定)

▼図 18.9　ナゲキバトは、寒い気候に対する生理的反応を示す。

私たち人間の「鳥肌」は、寒い日にガンが羽を逆立てる筋肉と同じしくみである。

冬には危険な風冷却となる。一部の生態系では、嵐や火災のような頻繁に生じる自然攪乱が、生物の分布に重要な役割をもつ。✓

生物の進化的適応

生物が地球上の多様な環境に生息するための能力は、生態学と進化生物学の両分野の密接な関係を表している。チャールズ・ダーウィン Charles Darwin は、生態学者だった（彼は生態学という言葉を先取りしたのだが）。進化の証としてダーウィンによって提供されたのは、生物の地理分布や、特異な環境に対する生物の絶妙な適応だった。生物と環境の相互作用に起因し、自然選択を通した進化的な適応は、生態学的な定義にも言い換えられる。すなわち、個体の一生の間、短期的に生じる出来事は、長期的な進化的時間にわたる効果になり得る。たとえば、水の利用可能性は、植物の成長や最終的にはその繁殖成功にも影響するため、降水量は植物個体群の遺伝子プールにも影響する。平均以下の降雨の後、乾燥耐性のある個体は植物個体群の中で、より優勢になるだろう。生物は、捕食や競争のような生物的な相互作用に対しても進化する。✓

環境変化への順応

生育地における非生物的な要因は、年によって、季節によって、あるいは1日の間で変動する。個体の生涯の間に起こる環境変化に順応するための個体の能力は、自然選択によって洗練された適応である。たとえば、寒い日に鳥を見たら、その鳥は、とてもフワフワして見える（図 18.9）。皮膚の中の小さな筋肉が、鳥の羽を立てており、これは断熱するため、まとまった空気を捕捉するための生理的反応である。ある種の鳥類は、大きな羽を生やして季節的な寒さに順応する。また別の鳥類は、気候的に寒くなる時期に、暖かい地域に渡ることで対応する（行動的な応答である）。ここで注意してもらいたいのは、これらの反応が個体の生涯の間に生じることである。だから、これらは時間をかけて個体群に変化をもたらす進化とは見なせない。

生理学的反応

鳥のように、哺乳類は寒い日に皮膚の筋肉（毛が着生している）を収縮させて、一時的な断熱層を形成する。私たちの筋肉もこれを行うが、私たちの場合、体毛を立てることによる断熱の代わりに、鳥肌を立てるだけである。皮膚の血管も収縮され、体温の喪失を遅くする。これらの順応は、両方とも一瞬の間に起こる。

環境の変化に反応した、可逆的であるが緩やかな生理的順応は、**順化 acclimation** とよばれる。たとえば、あなたがほぼ海抜ゼロメートルのボストンから、標高約1600 m の高地で酸素の薄いデンバーに移動するとしよう。新たな環境（低い酸素濃度）に対する1つの生理的反応は、徐々に赤血球の数が増加することだろう。赤血球は、酸素を肺から体中に運ぶ。順化には数日から数週間かかる。エベレスト登頂を試みる登山家が、頂上を目指す前に高標高のベースキャンプにしばらく滞在するのは、このためである。

順化する能力は、一般的に、種が自然に経験する環境条件の範囲に関係している。たとえば、とても暖かい気候で生活している種は、通常、極端な寒さには順化できない。脊椎動物の鳥類や哺乳類は、一般的に、最も極端な温度に耐えることができる。なぜなら、内温動物である彼らは、体温を調

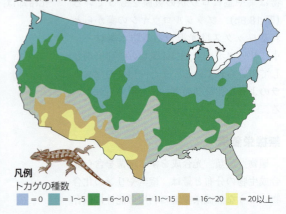

▼図 18.10　**米国の各地域におけるトカゲの種数。** トカゲの種数は、北の地域ほど少なくなることに注意してほしい。これは、トカゲの外温的な生理を反映している。トカゲは、行動するために必要となる体の温度を維持するため環境の温度に依存している。

凡例
トカゲの種数
■ = 0　■ = 1〜5　■ = 6〜10　■ = 11〜15　■ = 16〜20　■ = 20以上

節する代謝機能をもっているからである．対照的に，外温動物の爬虫類は，より限定的な温度にしか耐性がない（図 18.10）．

構造的な反応

多くの生物は，環境の変化に対して，体の形態や構造を変えることによって反応する．変化が可逆的な場合，その反応は順化の一種である．たとえば，多くの哺乳類は，冬の寒さがやってくる前に，分厚い冬毛を成長させて，夏になるとそれを落とす．ときに，毛や羽毛の色は，冬の雪や夏の植生のカモフラージュとして季節的に変化する（図 18.11）．

その他の解剖学的な変化は，個体の生涯にわたって不可逆的なものである．環境の変異は，成長や発達に影響を与え，ある個体群における体の形態に大きな変異をもたらす．図 18.12 はその例で，風が樹木に影響し，樹形が「旗」のようになっている．一般的に，植物は動物よりも解剖学的に変化しやすい．根を張って，よりよい場所に移動できない植物は，環境変化を生き抜く

▲図 18.11　ホッキョクギツネの冬毛と夏毛．

ために，解剖学的な反応や生理的な反応に頼っている．

行動的な反応

植物と対照的に，ほとんどの動物は，新たな場所に移動することで，環境の不適な変化に反応する．そのような移動は，ほとんど局所的なものかもしれない．たとえば，トカゲのような，多くの砂漠の外温生物は，日なたと日陰の間を移動することによって，体温をうまく一定に保っている．ある動物は，季節変化のような環境の合図に反応して長距離を移動する能力がある．中央・南米で越冬する多くの渡り鳥は，夏の間，繁殖するために北方の高緯度地域に戻る．そして，人間は，大きな脳と技術をもち，自分たちにとって有効な，さまざまな行動的な反応の幅をもっている（図 18.13）．✓

✓チェックポイント

順化とは何か？

答え：環境変化に対応した，可逆的な解剖学的または生理的なゆるやかな調整．

▼図 18.12　風は樹形を決める非生物的な要因である．ロッキー山脈の森林限界近くのモミの木は，卓越風による機械的な攪乱によって，風上側の枝の成長が阻害されている．一方，風下側の枝は正常に成長する．この解剖学的な反応は，強風で折れる枝の数を減少させる進化的な適応である．

▼図 18.13　行動的な反応は人間の地理分布を拡張させた．天候に応じて衣服を着ることは，人間特有の体温調節のための行動である．

18章
生態学と生物圏の序論

バイオーム

前節で学んだ非生物的要因は、地球上の生物分布のおもな原因である（20章では、生物的要因が生物分布に果たす役割について学ぶことになる）。さまざまな非生物的要因の組み合わせによって、生態学者は地球上の環境を、いくつかのバイオームに分類している。**バイオーム biome** は、主要な陸上の生物圏、もしくは水界生物圏で、それらは、陸上バイオームの植生タイプや水中バイオームの物理的環境によって特徴づけられる。本節では、水中バイオーム、それに続いて、陸上バイオームについて簡単に概観する。

水中バイオームは、地球表面の約75％を占めており、塩分やその他の物理要因によって決定される。淡水バイオーム（湖、河川、湿原）は、一般的に、塩分が1％以下である。海洋バイオーム（大洋、潮間帯、サンゴ礁、河口域）の塩分は、一般的に約3％程度である。

淡水域のバイオーム

淡水のバイオームは、地球の1％以下で、水の0.01％を含むにすぎない。しかし、淡水は、それとは不つり合いな生物多様性をもっている。推定では、淡水中の生物種は全体の6％にも及ぶ。さらに、私たちは、飲料水、作物の灌漑、衛生設備、産業のため淡水バイオームに依存している。

淡水バイオームは、2つの大きなグループに分けられる。湖や池のような止水と、河川のような流水である。水の移動性の違いは、生態系の構造に大きな違いをもたらす。

湖と池

止水域は、数平方メートルの池から、北米の五大湖のような数平方キロメートルの大きな湖まで大きな幅がある（図18.14）。

湖や大きな池では、植物、藻類、動物の群集が、水深や岸からの距離に応じて分布している（図18.15）。岸近くの浅い水や、岸から離れた表層は、**有光層 photic zone** となる。これは、光合成に利用可能な光があることから名づけられている。微細藻類やシアノバクテリアは有光層で生育し、岸近くの有光層では、根をもつ植物やスイレンのような浮水植物も加わる。湖や池が十分に深く、あるいは濁っていれば**無光層 aphotic zone** が生じる。そこでは、光の強さは弱く、光合成が行えるほどではない。

すべての水中バイオームの底は、**底生層 benthic realm** とよばれる。砂、有機物や無機物の堆積物からなる底生層は、底生生物とよばれる群集によって占められている（底生生物は、藻類、水生植物、環形動物、昆虫の幼虫、貝類、微生物などを含む）。有光層における生産的な表層水から「降下してくる」生物遺体が、底生生物にとって主要な餌資源となる。

無機養分である窒素やリンは、湖や池の**植物プランクトン phytoplankton** の成長量を、主として制御している。植物プランクトンは、水界バイオームの表層付近に浮遊する微細藻類やシアノバクテリアの総称である。多くの湖や池は、下水や、施肥された芝地・農地から流出する窒素やリンの大量の付加によって影響されている。これら栄養素は、しばしば、藻類の大量発生を引き起こし、光の透過を減少させる。藻類が死んで、それらが分解されると、池や湖は深刻な酸素不足に陥り、高い酸素濃度の条件に適応している魚類を死滅させる。✓

☑ **チェックポイント**
なぜ下水は、湖における藻類の大量発生をもたらすのだろうか？

答え：下水は、藻類の成長を促進する窒素やリンの栄養分を付加するため。

▼図18.14　五大湖の衛星画像.

▼図18.15　湖の区分.

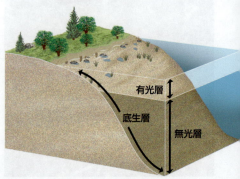

有光層
底生層
無光層

▲図 18.16　アパラチア山脈の渓流．

▲図 18.17　コロンビア川集水域のダム．この地図は，米国の太平洋岸北西域の淡水生態系を改変した最も大きな 250 個のダムのうち大きいものの位置を示している．これらのコンクリート製の障害物は，現在では，その多くが迂回路として魚道を整備しているが，サケが産卵場所に遡上することを困難にしている．

バイオーム

河川

　流水域である河川は，湖や池とは，まったく異なる生物群集を支えている（図 18.16）．河川は，水源と湖や海に注ぐ河口の間で大きく変化する．水源近くでは，水は一般的に冷たく，栄養分が少なく，透明である．川幅は，しばしば狭く，流れは速く，川底に砂はあまり堆積しない．水流は植物プランクトンの成長も阻害する．水源近くで観察される生物のほとんどは，岩に着生した藻類の光合成や，周辺の陸地から流入した（落葉のような）有機物で支えられている．最も豊富な底生生物は，藻類や落葉，お互いを捕食する昆虫である．マスはしばしば優占する魚類で，透明度の高い水中で視覚によって昆虫を捕食する．

　河川の下流になると，一般的に，流れは広く緩やかになる．水は温かく，堆積物や植物プランクトンのために濁る．泥に巣穴をつくる環形動物や昆虫が豊富で，そこでは，水鳥，カエル，ナマズや他の魚類が，視覚よりも嗅覚や味覚によって餌を見つける．

　人間は，洪水制御や飲料水の貯水，水力発電を目的としたダムの建設によって，河川の改修を行ってきた．多くの場合，ダムは，下流の生態系を完全に変化させ，流速や水量を改変し，魚や無脊椎動物の個体群に影響を与えている（図 18.17）．多くの河川は，人間活動による汚染によっても影響されてきた．

湿原

　湿原 wetland は，水界生態系と陸上生態系の移行的なバイオームである．淡水の湿原は，沼地，泥炭地，湿地を含む（図 18.18）．つねに，あるいは周期的に，水で覆われた湿原は水生植物の成長を支え，種多様性が豊かである．渡りをする水鳥や多くの鳥類が，食物や休み場所を得るため湿原を利用している．さらに，湿原は，水が貯留する場所になり，洪水を緩和する役割ももつ．また，金属のような汚染物質や有機化合物を堆積物に吸着し，水質を改善する．

▶図 18.18　オハイオ州ケント近くの湿原．

海洋のバイオーム

広大な海を眺めると，海が地球上で最も均一な環境だと思うかもしれない．しかし，海洋生育地には，夜と昼と同じくらい違いがある．熱水噴出孔がある深海は永続的に暗い．対照的に，海面近くの生気に満ちたサンゴ礁は，日光にとても依存している．海岸近くの生育地は沖の海とは異なり，海底は外洋とは異なる生物群集を養っている．

淡水のバイオームのように，海底は，底生層として知られている（図 18.19）．海洋の**漂泳層 pelagic realm**は外洋を含む．陸が水中に没していく浅い領域は大陸棚とよばれ，有光層は漂泳層と底生層を含む．これら光の当たる領域では，植物プランクトン（微細藻類やシアノバクテリア）や多細胞の藻類が，多様な動物群集のエネルギーを供給する．海綿動物，ゴカイ類，貝類，イソギンチャク，カニ類，棘皮動物などが底生層に生息している．**動物プランクトン zooplankton**（多くの微小生物を含む浮遊性動物），魚類，海産哺乳類，その他多くの動物は，漂泳有光層に豊富である．

サンゴ礁 coral reefバイオームは，地球のあちこちの暖かい熱帯の海の有光層に分布する（図 18.20）．サンゴ礁は，サンゴ類（硬い石灰質の外骨格を分泌する多様な刺胞動物）や多細胞の石灰藻が世代を重ねることでゆっくりと構築される．単細胞の藻類（褐虫藻）は，サンゴの細胞の中に生育し，サンゴに食物を供給する．サンゴ礁の物理的構造や生産性は，きわめて多様な無脊椎動物や魚類を支えている．

有光層は最大 200 m の深度まで広がっている．200〜1000 m では光合成を行える十分な光はないが，いくらかの光は無光層の深さまで到達する．この薄暗い世界は，ときに，トワイライト領域とよばれ，魅力的で多様な小さな魚類や甲殻類で優占されている．有光層からの食物の沈降は，これらの動物にとっての栄養素となる．さらに，それらの多くは，夜になると採餌のために表面に移動する．トワイライト領域の魚の中には，拡大した目をもち，とても薄暗い光で餌を探すことができ，仲間や餌を誘因するための発光器官をもっているものもある．

1000 m 以下では（エンパイアステートビル 2 つ分以上の高さ），海は完全につねに暗黒である．この環境への適応は，多くの奇妙な形態をした生物を生んでいる．ここの，ほとんどの底生生物は沈積物食動物で，海底の生物遺体を食物としている．甲殻類，多毛類，イソギンチャクやナマコ，ヒトデ，ウニのような棘皮動物が一般的である．しかし，食物は少ない．原核生物がエネルギーを供給する熱水噴出孔の生態

▼図 18.19　**海の生物**．（領域の深さと生物は実際の縮尺ではない）

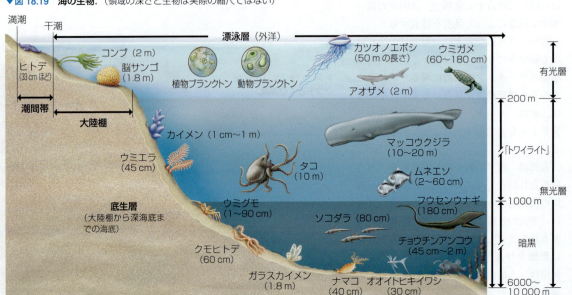

▲図 18.20　エジプト沖合の紅海のサンゴ礁.

▼図 18.21　ワシントン州の太平洋岸における潮間帯岩礁に生育する生物群集.

バイオーム

系（図 18.6 参照）を除いて，動物の密度は低い．

　海洋環境は，海が陸や淡水と相互作用する特殊なバイオームも含む．海と陸が接する**潮間帯 intertidal zone** では，満潮の間は岸が波で打たれ，干潮の間は日光にさらされ，風で乾燥させられる．岩礁潮間帯は，藻類やフジツボやイガイ（貝類）のような多くの付着生物の生息地で，それらは岩に着生し流されないようにしている（図18.21）．砂質の海岸では，懸濁物食の半索動物，貝類，肉食性の甲殻類が砂中に生息している．

　図 18.22 は，川と海の移行帯である**河口域 estuary** を示している．河口域の塩分は，ほぼ淡水から海の状態まで変化する．川から供給される栄養分によって，淡水湿原のような河口域は，地球上で最も生産性の高い領域となっている．カキ，カニ，多くの魚類が河口域に生息している．河口域は，水鳥にとっても重要な営巣や採餌の場所である．干潟や塩湿地は，河口の境界となっている場合が多く，広大な沿岸性湿地である．

　何世紀もの間，人々は海を限りのない資源と見なし，その恵みを，都合よく，そして見境なく収穫し，また，ゴミ捨て場として利用した．このような行為の負の効果が，現在，ますます顕在化している．水産用の魚種の個体群が減少している．プラスチックゴミが，太平洋の広大な帯となって浮遊し，海流によって「太平洋ゴミベルト」とよばれる地域に集中している．多くの海洋生育地は，栄養素や毒性のある化学物質で汚染されている．このような状況は，2010年メキシコ湾で起きた石油掘削施設「ディープウォーター・ホライズン」の石油流失事故による膨大な被害より，ずっと以前から続いている．河口域は陸に近いため，特に脆弱である．多くの河口域は，埋め立て開発によって完全に置換された．その他の脅威として，汚染や淡水の流入の改変である．サンゴ礁は，海洋酸性化や地球温暖化による海水温上昇によって危機に瀕(ひん)している．

　一方，海洋バイオームに関する私たちの知見は，まったく十分でない．2010年に完了した「Census of Marine Life（海洋生物に関する膨大な国際的調査）」は，6000種以上もの新種が発見されたことを報告している．✓

✓チェックポイント

植物プランクトンとは何か？　なぜ植物プランクトンはその他の海洋生物にとって必須なのか？

答え：植物プランクトンは光合成を行う藻類や細菌であり，それらは，有機物を産生する．したがって，植物プランクトンの種の個体群は，また，海水温の上昇の影響によるたくさんの海洋生物の食物となる．

▼図 18.22　イングランドの南東海岸の河口域における水鳥.

18章
生態学と生物圏の序論

気候が陸上バイオームの分布に与える影響

　陸上バイオームは，基本的に気候，特に気温と降水量によって決定される．陸上バイオームについて考える前に，バイオームの分布を説明するのに有効な地球の気候のパターンを見てみよう．

　地球の全球的な気候パターンは，おもに，太陽からの放射エネルギーの入力によって大気，陸地，水が温められること，そして，宇宙における地球の運行の結果である．地球の曲率のため，日光の強度は緯度によって異なる（図18.23）．赤道は最も強い太陽放射を受けて最も高い気温になり，地表からの水分蒸発も最も大きい．太陽の放射で温められると，空気は上昇して冷却され，空気の水分保持能力を低下させる．水蒸気は凝縮して雲になり，雨を降らせる（図18.24）．多雨林が**熱帯 tropics**（北回帰線から南回帰線の領域）に集中するおもな理由はこれである．

　赤道領域で水分を失った後，乾燥した高層の気団は，それが冷却されるまで，赤道から離れて広がり，北緯あるいは南緯30°くらいで，再び下降する．世界中の大きな砂漠，たとえば，北アフリカのサハラ砂漠やアラビア半島のアラビア砂漠は乾燥した気団が下降する緯度の真ん中に位置している．

　熱帯と北極圏あるいは南極圏の間の緯度は，**温帯 temperate zone** とよばれる．一般的に，温帯域は熱帯や極域よりも穏やかな気候である．図18.24 を注意して見てほしい．下降する空気の一部は，緯度30°よりも高緯度に向かって進んでいる．最初，これらの気団は，水分を受け取るが，より高い緯度では冷却され雨になりやすい．これが，北や南の温帯域が比較的湿潤な理由である．針葉樹林が優占するのは，湿潤な立地だが，北緯60°付近の冷涼な緯度帯である．

　大きな水域や山脈のような地形も，気候に影響を与える．空気が温まり冷たい空気に熱を放出するときに，海や大きな湖は熱を吸収し気候を緩やかにする．山は，2つの要因で気候に影響する．第1に，標高が上がるにつれて，気温は低下する．結果として，高い山を車で登っていくと，いくつかのバイオームを手っ取り早く巡見でき

▼図18.23　地球の不均一な加熱．

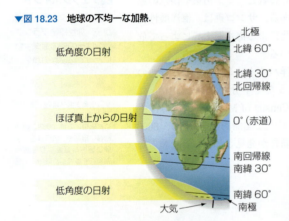

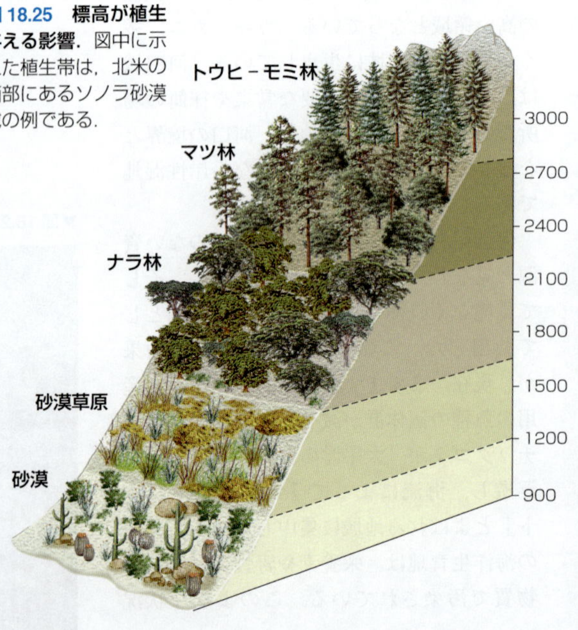

▼図18.24　地球の不均一な加熱は，いかにさまざまな気候を生じさせているのか．

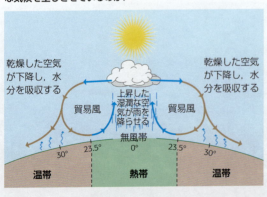

▶図18.25　標高が植生に与える影響．図中に示された植生帯は，北米の南西部にあるソノラ砂漠地域の例である．

る．図 18.25 は，ソノラ砂漠の暑い低地から標高 3300 m の冷涼な針葉樹林までに，あなたが目にする景観である．

第 2 に，山は，海岸からの冷たく湿った空気の流れを遮断し，山脈の反対側にまったく異なった気候をもたらす．図 18.26 に示された例を見てほしい．太平洋沖の湿った空気が移動し，カリフォルニア州の海岸山脈にぶつかっている．空気は上昇し，高い標高で冷却され，大量の雨を降らす．世界で最も高い樹木である海岸性のレッドウッドは，ここで優占している．空気がさらに内陸に移動し，もっと高いシエラネバダ山脈まで上昇したところで，降水量は再び増加する．

▼図 18.26　降雨に対する山の影響．

シエラネバダ山脈の東側に到達する頃には，空気はほとんど水分を失って下降する．結果として，山脈の東側は，ほとんど雨が降らない．これは雨陰とよばれ，ネバダ州中央部のほとんどが砂漠になっている理由である．✓

バイオーム

✓ チェックポイント

なぜ，熱帯ではたくさんの雨が降るのか？

答え：赤道の空気は，真昼の日差しで温められると，空気中に含むことができる水分量が増加する．暖かい空気が上昇し，これにより雨が降る．

陸上のバイオーム

陸上生態系は，基本的に，植生タイプによっていくつかのバイオームに区分される（図 18.27）．植物は，それぞれのバイオームの生物群集の基盤を形成し，動物に食物，隠れ場所，営巣場所を提供し，そして，無機栄養素を循環させる分解者に多くの有機物を供給する．植物，すなわちバイオームの地理分布は，おもに気候に依存し，気温や降水量は，ある地域のバイオームの種類を決める鍵となる．もし，地理的に離れた 2 つの地域の気候が類似していれば，両地域には同じタイプのバイオームが生じるだろう．たとえば，針葉樹林は，北米，ヨーロッパ，アジアの広い地域に広がっている．

各バイオームは，ある特定の種の集合よりも，生物群集のタイプによって特徴づけられる．たとえば，北米大陸南西の砂漠やアフリカのサハラ砂漠に分布する種のグループは，お互いに異なっているが，両グループともに砂漠の条件に適応している．遠く離れたバイオームの生物がそっくりな

▼図 18.27　主要な陸上バイオームの地図．ここでは，各バイオームは明瞭な境界を示しているが，実際のバイオームは，お互いの間で徐々に移行している．次ページ以降では，色分けされたこの地図の小さい版を用いて，陸上バイオームをより詳細に見ていく．

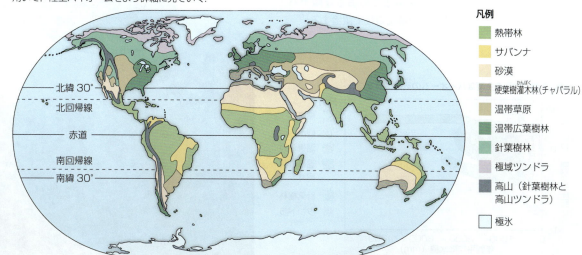

凡例
- 熱帯林
- サバンナ
- 砂漠
- 硬葉樹灌木林(チャパラル)
- 温帯草原
- 温帯広葉樹林
- 針葉樹林
- 極域ツンドラ
- 高山（針葉樹林と高山ツンドラ）
- 極氷

のは、収斂進化、つまり、類似した環境に生育する生物が、独自に類似した種特性を進化させたことが理由かもしれない。

各バイオームには局所的な変異があり、植生は均一でなく、不均一なパッチ状になる。たとえば、北方針葉樹林では、降雪が枝や小さな樹木を折るため空き地ができる。そこでは、ポプラやカバノキのような広葉樹が生育できる。局所的な嵐や森林火災もまた、多くのバイオームに空き地をつくる。

図18.28は、陸上バイオームを特徴づける降水量と気温の範囲を示している。x軸はバイオームの年平均降水量の範囲で、y軸は年平均気温の範囲である。このグラフ上のポイントを見ることで、異なるバイオームにおける、これらの非生物的な要因の違いを比較できる。たとえば、温帯広葉樹林の降水量の範囲は、北方針葉樹林のそれとよく似ているが、北方針葉樹林における気温の低い範囲は、両者のバイオームの非生物的な環境の有意な違いとなっている。草原は、概して、森林より乾燥しているが、砂漠は、草原よりも乾燥している。

今日、地球温暖化への懸念から、気候が植生パターンに与える影響について強い関心が集まっている。科学者たちは、衛星画像のような強力な新しい道具を用いて、バイオーム境界の緯度方向の変動、雪氷の被度の減少、生育期間の変化を報告している。同時に、多くのバイオームは、人為活動によって分断化され改変されている。これらの問題は、赤道から極域までのおもな陸上バイオームの解説の後で議論する。

熱 帯 林

熱帯林 tropical forest は赤道付近の領域に分布し、1年を通して気温が高く、日長が11〜12時間ほどである。この植生タイプは降水量で決定される。図18.29に示されているような熱帯多雨林は、年間2000〜4000 mmもの降水量がある。

熱帯多雨林の多層構造は、多くの異なる生育地を提供する。樹木の梢は、閉鎖した林冠を形成し、その下には、1つから2つの亜高木層、そして低木の下層がある。暗い林床で生育できる植物はほとんどない。多くの樹木は、光に向かって成長する木性ツルで覆われている。ランのような植物は、高い樹木の枝や幹に着生して日光を獲得している。林冠の上にそびえる突出木は、散在的に分布する。多くの動物も、樹木にすんでいる。サル、鳥、昆虫、ヘビ、コウモリ、カエルは、地面から何メートルも高い場所で食物や隠れ場所を見つける。

他の熱帯林では、降水量はそれほど十分でない。熱帯乾燥林は、乾季や雨の少ない季節のある低地で優占する。熱帯乾燥林の植物は、有刺性の灌木や低木、多肉性の植物の混交である。雨季と乾季が明瞭な地域は、熱帯落葉樹が一般的である。✓

チェックポイント
なぜ、登はん（ツル）植物は熱帯で一般的なのか？

答え：植物にとって日光はかぎられた資源であり、登はん植物は、日光が届かない林床までを迂回するために樹木をよじ登り、日光を得るために進化した。

▼図18.29　ボルネオの熱帯多雨林．

▼図18.28　北米の主要なバイオームの気候グラフ．

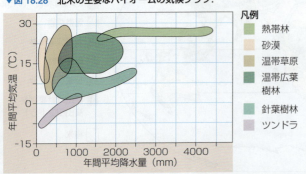

凡例
- 熱帯林
- 砂漠
- 温帯草原
- 温帯広葉樹林
- 針葉樹林
- ツンドラ

サバンナ

図 18.30 に示されたような**サバンナ** savanna は，草本類やまばらな樹木で優占されている．1年を通して暖かい．降水量は，年間平均 300～500 mm で，極端な季節変化がある．

雷や人間活動で生じる火災は，サバンナの重要な非生物的な要因である．草本類は，成長点が地下にあるので，火災を生き延びる．ある植物の種子は，火災の後で発芽する．貧弱な土壌や水分の不足は，火災や草食動物の影響もあり，樹木の定着を妨げる．雨季における，イネ科や双子葉の草本植物の旺盛な成長が，植食性動物にとっての豊かな食物源を提供する．

世界中の大型草食哺乳類とそれらの捕食者の多くは，サバンナに分布している．アフリカのサバンナは，シマウマやたくさんの種類のアンテロープ，ライオンやチーターの生息地である．オーストラリアのサバンナで優占する草食動物は，カンガルーである．しかし，面白いことに，大型草食動物はサバンナの卓越した植食者ではない．その名声は，昆虫，特に，アリやシロアリに与えられる．ネズミ，モグラ，ホリネズミ，ジリスのような，掘穴動物も植食者である．

砂漠

砂漠 desert はすべてのバイオームの中で，最も乾燥し，降水量が少なく（年間 300 mm 以下）その変動が激しいことで特徴づけられる．ある砂漠の気温はとても暑く，日中の土壌表面の温度は 60℃ 以上になり，1日の温度較差が大きい．ロッキー山脈西部の砂漠や，中国北部やモンゴル南部に広がるゴビ砂漠は比較的寒い．寒冷地砂漠の気温は，−30℃ 以下になる．

砂漠の植生は，サボテンや深く根を張る低木のような，水の貯蔵能力のある植物を含む．砂漠によく見られる動物は，さまざまなヘビ，トカゲ，種子食の齧歯類などである．サソリや昆虫のような節足動物も砂漠で繁栄している．砂漠の動植物の進化的適応は，水を貯蔵する驚くべきしくみにある．たとえば，サワロサボテンの幹のひだ（図 18.31）は，湿潤な季節に水を吸収するとき，貯水器官になり拡張する．ある砂漠性のネズミは水をまったく飲まず，食べた種子の炭水化物の代謝分解によって水を得ている．サボテンの刺や灌木の葉の毒のように，哺乳類や昆虫による捕食を回避する防御適応も，砂漠の植物によく見られる．

✓ チェックポイント
1. サバンナの気候は季節的にどのように変化するか？
2. 砂漠を特徴づける非生物的な要因は何か？

答え：1. 気温は1年中ほぼ 回じだが，降水量が劇的に変化する．2. 降水量が少なく，変動が激しい．

▼図 18.30　タンザニアのセレンゲッティ平原のサバンナ．

▼図 18.31　ソノラ砂漠．

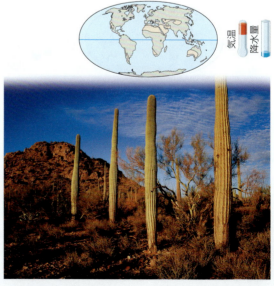

硬葉樹灌木林（チャパラル）

硬葉樹灌木林 chaparral の植生を支えている気候は，沖合を循環している冷たい海流によってもたらされる温暖で雨の多い冬である．夏は，暑くて乾燥している．このバイオームは，カリフォルニアの一部のような小さな海岸域に限定される(図 18.32)．地中海周辺は最大の硬葉樹灌木林の植生がある．実際，地中海性とは，このバイオームのもう 1 つの名前でもある．高密度で刺のある常緑の灌木が優占する．湿潤な冬や春には，一年生植物も多い．このバイオームを特徴づける動物として，シカ，果実食の鳥類，種子食の齧歯類，トカゲ，ヘビなどがある．

硬葉樹灌木林の植生は，雷による周期的な森林火災に適応している．多くの植物は，可燃性の化学物質を含み，特に枯死した茂みが多いところでは，激しく燃える．火災の後，灌木は生き残った根に蓄えた養分を利用して，急速な萌芽更新をする．ある硬葉樹灌木林の植物の種子は，火災の熱を受けた後でないと発芽しない．燃えた植生の灰は，無機養分で土壌を肥沃にし，植物群集の再成長を促進する．同様に，住宅も影響を受ける．南カリフォルニアの人口の集中した谷を，激しく燃える炎が駆け抜け，住民を打ちのめすこともある．

温帯草原

温帯草原 temperate grassland は熱帯サバンナの特徴を，いくつかもっている．しかし，温帯草原は，河川沿いを除いて，ほとんど樹木がなく，冬の気温が比較的寒い地域に分布する．降水量は，年間平均 250～750 mm で，干ばつが頻繁にあり，森林の成長を支えるのには少なすぎる．周期的な火災や大型草食哺乳類による捕食も，木本植物の侵入を阻害している．これらの草食者は，北米のバイソンやプロングホーン，アジアの草原の野生ウマやヒツジ，オーストラリアのカンガルーなどである．しかし，サバンナと同じように，優占する植食者は，無脊椎動物，特に，バッタ類や土壌中の線虫類である．

樹木がないと，多くの鳥類は地表に営巣する．ウサギ，ネズミ，ハタネズミ，ジリス，プレーリードッグ，ホリネズミのような，多くの小型哺乳類は，捕食者から逃れるために穴を掘って生活している．図 18.33 に示されているように，温帯草原は，かつて北米中央部のほとんどを覆っていた．

草原の土壌は深くて養分が豊かなので，農業にとって肥沃な土地を提供する．米国のほとんどの草原は，農耕地や牧場に転用され，自然草原はいまではほとんど残っていない．✓

✓チェックポイント

1. 硬葉樹灌木林に居住している人々は，どのようにして，森林火災から近辺を守ることができるだろうか？
2. かつては草原だった北米の土地は，人々によって，現在どのように利用されているか？

答え：1. 可燃性のある枯死した茂みを除去することにより，近隣を守る．2. 農業用地として用いられている．

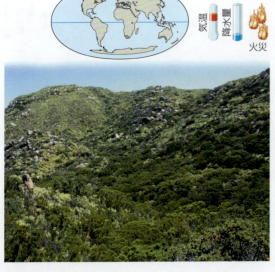

▼図 18.32 カリフォルニアの硬葉樹灌木林．

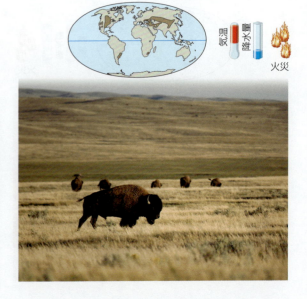

▼図 18.33 カナダ・サスカチュワンの温帯草原．

温帯広葉樹林

温帯広葉樹林 temperate broadleaf forest は中緯度域に広く分布し，大きな樹木の成長を支えるに十分な水分がある．年間降水量は比較的多く，750〜1500 mm で1年中均等に降る．年間の気温は，季節的に大きく変動し，暑い夏と寒い冬がある．北半球の温帯林では，図 18.34 の写真のような，高密度の落葉樹林が特徴である．冬になって気温が低下し光合成が十分できず，土壌凍結で蒸散による水分消失も補われなくなる前に，落葉樹は葉を落とす．

土壌や林床に堆積した厚い落葉層には，膨大な無脊椎動物が生育している．また，ネズミ，トガリネズミ，ジリスのような脊椎動物は，隠れ場所や食物のために穴を掘る．一方，多くの種類の鳥が森林で生育している．ボブキャット（オオヤマネコ），キツネ，クロクマ，ピューマのような捕食者もいる．森林性の哺乳類の多くは，冬眠とよばれる冬季の休眠をする．ある種の鳥類は，より暖かい地域へ渡りをする．

北米の原生的な温帯落葉樹林は，ほとんどすべてが森林伐採で破壊されるか，農業や開発のために切り払われた．しかし，このような森林は，攪乱の後，再生する傾向があり，潜在的な分布地域であまり開発が進んでいないところでは，落葉広葉樹林が生育している．

針葉樹林

マツ，トウヒ，モミ，ツガのような球果をもつ常緑樹が，北半球で**針葉樹林** coniferous forest を構成する（その他いくつかの針葉樹が，南米，アフリカ，オーストラリアに生育している）．北方針葉樹林（**タイガ** taiga ともよばれる）（図 18.35）は，地球上で最も大きな陸上バイオームで，北米やアジアの北極圏の南部に広がっている．タイガは北米西部の山岳地帯のような，温帯の寒い高山でも見られる．長い降雪のある冬，短く湿潤で暑いときもある夏で特徴づけられる．酸性土壌で，針葉樹のリター（落葉落枝）の分解もゆっくりなので，植物の成長にとっての栄養分は少ない．多くの針葉樹の樹形は円錐形なので，積雪で枝が折れることが少ない．動物は，ムース，エルク（ヘラジカ），ノウサギ，クマ，オオカミ，ライチョウ，渡り鳥などが生息する．アジアのタイガは，減少しつつあるシベリアトラの生息地である．

北米の海岸域（アラスカからオレゴン）の**温帯多雨林** temperate rain forest も針葉樹林である．太平洋からの湿った空気が，この独特なバイオームを支えている．優占種は，ツガ，ダグラスモミ，レッドウッドなどの数種の針葉樹である．これらの森林は，過度の伐採が進み，老齢林は急速になくなっている．✓

✓チェックポイント

1. 落葉広葉樹の寒い冬への適応として，葉の機能の喪失にどのように対応しているのか？
2. タイガで優占するのはどのようなタイプ（種類）の樹木か？

答え：1. 土壌凍結のために水が供給されなくなり，蒸散によって失う水の損失を抑えるため，葉を落とす．2. マツ，トウヒ，モミ，ツガのような球果をもつ常緑樹．

▼図 18.34　バーモントの温帯広葉樹林．

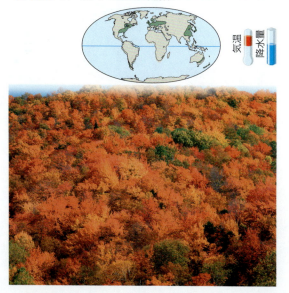

▼図 18.35　オーロラで空が輝くフィンランドの北方針葉樹林．

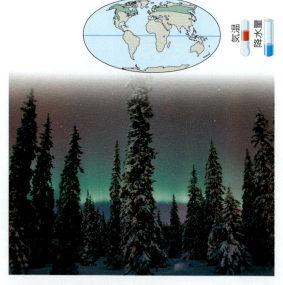

18章
生態学と生物圏の序論

ツンドラ

ツンドラ tundra は，タイガと極氷の間の広大な北極圏に広がっている．**永久凍土 permafrost** は，厳しい低温，強風のため，樹木や背の高い植物は分布しない（図 18.36）．北極圏のツンドラの年間降水量は，わずかである．しかし，水は永久凍土を透過することができないので，短い夏の間には，土壌の表層に，溶けた雪や氷のプールができる．

ツンドラ植生は，小さな灌木，草本，コケ，地衣類からなる．夏になると，被子植物がすばやく成長し，いっせいに開花する．カリブー，ジャコウウシ，オオカミ，レミングとよばれる小型の齧歯類などが生息している．多くの渡り鳥は，夏の繁殖地としてツンドラを利用する．短いが生産的な暖かい季節の間，湿地が昆虫の水生幼虫の生息地となり，渡りをする水鳥の餌を提供する．また，蚊の大群がツンドラの空を覆いつくす．

熱帯を含む，あらゆる緯度帯の高山では，強風と低温によって高山ツンドラとよばれる植物群集が形成される．これらは，北極圏のツンドラと似ているが，永久凍土は分布しない．

極 氷

極氷 polar ice は，北極圏より高緯度の地域や南極大陸を覆っている（図 18.37）．気温は年間を通してきわめて低く，降水量はとても少ない．夏の間，わずかな地域だけ，雪や氷がなくなる．コケや地衣類のような小さな植物がかろうじて生育し，線虫，ダニ，トビムシのような無翅昆虫が極寒の土壌に暮らしている．海氷の近くは，ホッキョクグマ（北半球），ペンギン（南半球），アザラシのような大型動物の採餌場となる．アザラシ，ペンギン，海鳥は，繁殖や営巣のために陸地にやってくる．極域の海洋バイオームは，鳥や哺乳類の餌を提供する．南極のペンギンは，海で，さまざまな魚類，イカ，小型のエビのような甲殻類（オキアミ）などを採餌する．ナンキョクオキアミは，魚，アザラシ，イカ，海鳥，ヒゲクジラ類の重要な食物源で，それらは，繁殖や捕食者からの避難場所でもある海氷に依存している．地球の気候変動によって，海氷の量や形成される期間は減少しており，オキアミの生育地は縮小している．✓

✓チェックポイント

1. 地球温暖化は，北極圏のツンドラの永久凍土を溶かしている．ツンドラはどのようなバイオームに置き換わるだろうか？
2. ツンドラの植生と比較して，極氷で見られる植生はどのようなものか？

答え：1. タイガ（針葉樹林）．2. ツンドラのような灌木，草本類はなく，気温が低いので，植生は発達していない．コケや地衣類が分布している程度である．

▼図 18.36　カナダ・ユーコンの北極ツンドラ．

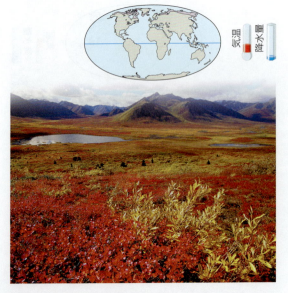

▼図 18.37　南極大陸の極氷．

システム内の相互連関

水の循環

　バイオームは自己完結した系でない．すべてのバイオームが，お互いに水の循環（図18.38）や，栄養素の循環（20章参照）によって結びついている．あるバイオームで生じたことは生物圏を通じて影響し合う．

　本章の最初で学んだように，水と空気は，太陽エネルギーによって地球上を移動する．降水量や蒸発は，陸，海，大気の間を連続的に移動する水である．また，植物は土壌から吸水した水を，蒸散とよばれる過程で蒸発させる．

　海洋上では，蒸発量が降水量を上回る．この結果，水蒸気が雲になり，風で陸に運ばれる．陸上では，降水量が蒸発量を上回る．この過剰な降水量は，河川のような地表水の流れや地下水となる．それらは，最終的にすべて海に流れ込み，水の循環が完結する．

　シャワーから流れ出た水が，体の1日の汚れによる死んだ皮膚の細胞を洗い流すのと同じように，水は，陸上の地形や土地利用の履歴に沿って物質を洗い流す．たとえば，陸上から海への水の流れは，シルト（沈泥），肥料や農薬のような化学物質などを運ぶ．

　沿岸開発で流出した土壌は沈泥して，サンゴ礁の生息する水を濁らせ，サンゴ礁群集のエネルギーを供給する褐虫藻の光合成に必要な光を減少させる．地表水の化学物質は，河川によって数百kmも運ばれて海へ到達し，その後，海流によって，さらに遠くまで運ばれる．たとえば，農薬や産業廃棄物中の化学物質が，北極の海産哺乳類や深海のタコやイカから見つかっている．窒素酸化物や硫黄酸化物のような大気汚染物質は，水と結びついて酸性雨になり，水循環によっても運ばれる．

　人間活動もさまざまな過程を通じて，地球上の水の循環に影響する．大気中の水のおもな源は，熱帯林のような密な植生からの蒸散である．熱帯林の破壊は，大気中の水蒸気の量に影響する．灌漑のために，大量の地下水を地表に汲み上げることも，陸上の蒸散を増加させ，地下水の供給を枯渇させるだろう．さらに，地球温暖化は，降水パターンなど複雑な過程を通して水の循環に影響する．次項で，これらが環境に与える影響を考える．✓

> 車の排気ガスによる**大気汚染物質は水と結びつき，遠く離れた場所で酸性雨となって地表に戻る．**これは，水の循環が**地球規模で生じている**ことの証拠である．

✓チェックポイント
水の循環に影響する生物の主要な活動は何か？

答え：植物の蒸散によって，水が地表から大気中に運ばれる．

▼図18.38　地球の水循環．

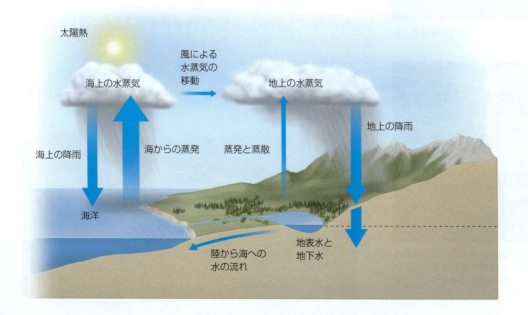

18 章
生態学と生物圏の序論

バイオームへの人為インパクト

　数百年の間，人間は効果的な技術の向上を利用して，食物を獲得あるいは生産し，環境から資源を採取し，都市をつくってきた．このような活動が環境に与える損害によって私たちがあえいでいることは，いまや明らかである．本項では，人間活動がいかに森林や水資源に影響しているのかについて，いくつかの例を示す．本書では，第4部（18～20章）を通して，**持続可能性 sustainability** を達成するための生態学的知見の役割について学ぶことになる．地球の資源を開発，管理，保全する目的は，将来の世代に問題を先送りすることなく，今日の人々の要望に応えることになる．

森　林

　図 18.27 の地図は陸上バイオームを表し，バイオームの種類は地域で卓越する気候に依存する．しかし，地球の陸地の 3/4 は，数千年に及ぶ人間の活動で改変されてきた．私たちが占有する土地のほとんどは，農業に用いられている．あるいは，開発によるアスファルトやコンクリートで覆われている．植生の変化は，熱帯林のような最近まで人間の干渉から逃れてきた地域で，特に劇的である．ブラジルのあるエリアの衛星写真は，景観が短い期間で改変されることを示している（図 18.39）．

　毎年，たくさんの森林が農地のために開発されている．このような土地は，人口増加による食料の増産のために必要だと思うかもしれない．しかし，それが問題のすべてではない．持続的でない農業活動は，世界中の耕地の多くを二度と使えないまでに劣化させている．研究者は，今日の森林伐採の 80% が，やせ衰えた農地を補充するための開発であることを試算している．化粧品や膨大な包装食品（クッキー，クラッカー，ポテトチップス，チョコレート，スープなど）の原材料になるパーム油を生産するために，図 18.40 のような熱帯林が切り払われている．森林は，木材伐採，鉱山採掘，大気汚染（針葉樹林で特に深刻）でも失われている（前項で述べたように，温帯広葉樹林のほとんどは，人間活動でずっと以前に置き換えられた）．食料生産や居住地に直接的に利用されなかった土地でさえ，人間の存在の痕跡がある．道路が未開の地域を貫き，原生的自然に公害をもたらし，新たな病気の流行を招き，多くの種を支えるにはあまりに小さいほどバイオームを分断化している．

　食料，燃料，居住地のような資源を供給する土地の利用は，私たちにとって明らかに有益である．しかし，自然の生態系は，人口を支えるサービス（空気や水の浄化，養分循環，レクリエーションのような公益機能）も提供する（これに関しては，20章の生態系サービスの話題で解説する）．

▼図 18.39　ブラジルのロンドニア地域の多雨林の衛星写真．

1975年．この人里離れた地域の森林は，まさに手つかずだった．

2001年．同じ地域の森林には，舗装された高速道路ができ，伐採者や農業者が入っている．魚の骨のような模様は，森林に刻まれた道路網を示している．

▼図 18.40　インドネシアの熱帯林が，パーム油を生産する目的のパームヤシ植林をするために皆伐された．

淡　水

　人間活動が，淡水生態系に与えるインパクトは，陸上生態系に対する損害より，地球上の生物（私たち人間も含む）にとって大きな脅威になるかもしれない．淡水生態系は，大量の窒素やリン化合物で汚染されており，それらは過度に施肥された農地や家畜の飼育場から流出している．産業廃棄物のような，さまざまな物質も，淡水の生育地を汚染している．世界のいくつかの地域は，灌漑による地下水の使い過ぎ，長引く干ばつ（気候変動に一部起因する），貧弱な水資源管理策のため，悲惨な水不足に直面している．

　ネバダ州クラーク郡の人口中心地であるラスベガスは，干ばつや過度の利用で，水資源が不足しつつある都市の一例である．図 18.41a は 1973 年のラスベガスの衛星写真で，その当時のクラーク郡の人口は 31 万 9400 人だった．図 18.41b は 40 年後の写真で，人口は 200 万人以上に膨れ上がっている．ブラジルの多雨林の写真で緑が消失したのと対照的に，著しく緑が拡大している（図 18.41b）．これは，ゴルフ場や芝生への灌水のような人間活動の結果である．ラスベガスは，モハーベ砂漠の高い標高付近の谷に位置している．どこから水を得て荒地の砂漠を緑地に変えたのだろうか？

　ラスベガスは，地下の帯水層から一部取水しているが，おもな水の供給源は，ミード湖である．ミード湖は，ロッキー山脈の雪解け水を水源とする，コロラド川のフーバーダムでつくられた巨大な貯水池である．地球温暖化によって年間降雪量が減少するにつれて，コロラド川の水量は大きく減少した．ミード湖の水位は大幅に低下し（図 18.42），ダム下流のからからに乾いた都市や農地は，より多くの水を求めている．

　今後の水の安定供給を確保するには，ラスベガスは他の水源を探さなければならない．選択肢の中で，ラスベガスは谷の北端にある豊富な地下水に目をつけている．その地域の人口は少ないが，多くの牧場主の生活がその地下水に依存している．また，多くの絶滅危惧種の生息地でもある．環境保護者や住民が，地下水をラスベガスへ送水することに反対するのは，驚きではない．

　ネバダは，気候変動の厳しい現実が，日常生活に影響を与え始めている数多くの場所の 1 つにすぎない．米国の乾燥した西部や南西部において，水資源をめぐる争いが現実化しつつある．地球温暖化による降水量の変化は，それらの地域において何年もの間，干ばつが続くことを予測する．中国，インド，北アフリカなどの地域では，農業活動の要求の高まりや人口増加が，すでに不足している水資源をさらに圧迫しつつある．

　政策立案者は，現在の危機に対応し，将来の資源の管理策について計画を練っている．一方，研究者は，持続的な農業や水利用の方法を模索している．基礎的な生態学的研究は，現在の人々や将来の世代が十分な食料や水を利用できるようにするために不可欠である．次節では，持続可能性に対する大きな脅威，地球の気候変動について，もう少し詳しく見てみよう．✓

バイオーム

▼図 18.42　ミード湖の水位低下．白い「帯」は，一度干上がった岩盤に無機物が堆積したもの．

✓チェックポイント

ロッキー山脈の降雪量の減少は，ラスベガスの人々にとって，なぜ心配なことなのか？

答え：ロッキー山脈の降雪は，それがとけてコロラド川の水になり，ミード湖に流れ込み，それがラスベガスへ供給する水となっているから．

▼図 18.41　ネバダ・ラスベガスの衛星写真．

(a) 1973 年 5 月

(b) 2013 年 10 月

地球の気候変動

18章
生態学と生物圏の序論

大気中の二酸化炭素やその他の気体の濃度上昇は，地球の気候パターンを変化させている．これは，2014年の気候変動に関する政府間パネル（Intergovernmental Panel on Climate Change：IPCC）によって発表された報告書の，包括的な結論である．100か国以上の国々から参加した数千人の科学者や政策立案者が，この報告書の作成に参加した．これは，数百の科学論文のデータに基づいている．科学者の間では，気候変動が起きているのか否かに関する論争は，もはや存在しない．本節では，気候変動の起きる理由，それが生物圏に与える影響，私たちにできることについて学ぶ．

温室効果と地球温暖化

なぜ地球の大気は暖かくなっているのか？　わかりやすいたとえは，温室である．外の気温がとても寒くても，温室では植物を成長させることができる．透明なガラスやプラスチックの壁は太陽放射を透過させるが，熱の一部は内部にとらえられ蓄積する．もっと身近な例として，天気のいい日に閉じた車の内部が，いかに暑くなるかを想像してみるとよいだろう．同様に，地球の大気のガスは太陽放射を透過するが，熱を吸収あるいは反射する．いわゆる**温室効果ガス** greenhouse gas は，自然に存在する二酸化炭素，水蒸気，メタンなどである．その他，クロロフルオロカーボン（エアロゾルスプレーや冷媒に含まれる）のような温室効果ガスは，合成物質である．図 18.43 に示されているように，温室効果ガスは大気の熱をとらえて毛布のような役割をする．この温暖化の効果（**温室効果** greenhouse effect とよばれる）は，自然に起きる現象であればとても有益である．もし，温室効果がなければ，地球の平均気温は−18℃の極寒で，ほとんどの生物には寒すぎる．しかし，温室効果ガスによる保温が過剰になると，地球は暖かくなり過ぎる．

温室効果ガスの急速な増加による影響が，地球の平均気温を着実に上昇させている．過去100年間にわたり 0.8℃ 上昇し，その温度上昇の75％は最近30年間に生じている．2014年のIPCC報告書によると，今世紀の終わりまで，さらに 2〜4.5℃ の上昇が予測されている．海の水温も，深層と表層それぞれで上昇している．しかし，水温の上昇は地球上で均一に生じていない．大きな温度上昇は北半球の最北地域や南極半島で観察される（図 18.44）．✓

✓チェックポイント

二酸化炭素やメタンのような気体は，なぜ温室効果ガスとよばれるのか？

答え：それらは大気圏内部放射を透過するが，反射した熱を大気内にとどめるからで，温室のガラスと同じように，大陽の熱を内部に閉じ込めた．

▼図 18.43　温室効果ガス．ガラスが温室の内部に熱を保つのと同じしくみで，大気は熱をとらえる．

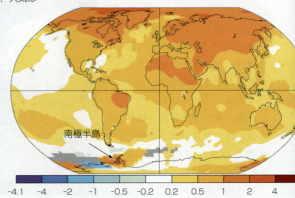

▼図 18.44　2004〜2013年と 1951〜1980年の2つの時期の温度の違い．最も大きな温度上昇は，赤で示されている．灰色は，利用できるデータがない地域．

温室効果ガスの蓄積

長年に及ぶデータ収集や論争を経て,科学者の大多数は,人間活動が温室効果ガスの濃度の上昇を引き起こしたことを確信している.放出のおもな源は,農業,ゴミ処理,化石燃料(石油,石炭,天然ガス)の燃焼である.

主要な温室効果ガスである二酸化炭素について,より詳細に見てみよう.65万年の間,大気中の二酸化炭素の濃度は300 ppmを超えることはなかった.産業革命より以前の濃度は280 ppmだった.2013年,大気中の二酸化炭素の平均濃度は約396 ppmで依然増加している(図18.45).他の温室効果ガスの濃度も,劇的に増加してきた.二酸化炭素は光合成によって大気から除去され,炭水化物のような有機分子として貯蔵されることを思い出してほしい(図6.2参照).これら分子は細胞呼吸によって最終的には分解され,二酸化炭素として放出される.結局のところ,光合成による二酸化炭素の取り込みと細胞呼吸による放出は,ほぼ同じである(図18.46).しかし,広大な森林破壊により,二酸化炭素の有機物化が減少している.同時に,化石燃料や木を燃やすことで,二酸化炭素が大気になだれ込んでいる.つまり燃焼は,細胞呼吸よりはるかに急速に,有機物から二酸化炭素を放出している.

また,二酸化炭素は大気と海の表層水の間を行き来している.長年の間,海は二酸化炭素を放出する以上に吸収し,巨大なスポンジの役割を果たしてきた.しかし,現在,過剰な二酸化炭素は,海を酸性化させ,海洋の生物群集を変化させている.海洋酸性化が進むと,プランクトンやサンゴや貝類などの海産動物の多くは,殻や外骨格をつくることができないだろう.それら海洋生物の消滅は,海洋における食物網の重要なつながりを消滅させることになり,最終的に,世界中の海洋生態系に悪影響を与えるだろう.

✓

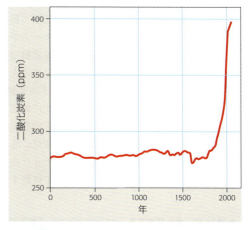

▼図18.45 **大気中の二酸化炭素の濃度.** 1700年代後半に始まった産業革命まで,濃度が比較的安定していたことに注意しよう.

◀図18.46 二酸化炭素は,どのように大気に放出され,大気から取り込まれるのか.

✓チェックポイント

人間活動によって放出される二酸化炭素のおもな源は何か?

答え:化石燃料の燃焼

地球の気候変動　科学のプロセス

気候変動は，生物種の分布にどのように影響するのか？

　本章で学んだように，非生物的な環境要因が，生物の分布を基本的に決定する．したがって，温度や降水量の変化は，生物の分布にとても大きく影響する．気温の上昇に伴い，多くの種の分布域が極方向や高標高に，すでに移動している．たとえば，多くの鳥類について，分布域の変化が報告されている．北極圏に暮らすイヌイットは，コマドリを，北極で初めて見つけている．

　生態学者のチームが，ヨーロッパのチョウに対する気候変動の影響を，どのように検証したのか見てみよう．観察によると，ヨーロッパの平均気温は 0.8℃ 上昇し，チョウは温度変化に敏感である．研究者は，以下のような疑問を提起した．チョウの分布域は，温度変化に応じて変化するのか？この問いは，チョウの分布境界は温暖化の傾向と一致して移動する，という仮説を導いた．研究者は，ある種のチョウが，本来の分布域の北に新たな個体群を定着させ，分布南限の個体群は絶滅することを予測した．実験では，ヨーロッパにおける 35 種のチョウの分布域に関する歴史的なデータも分析された．結果は，過去 100 年間に 60％ 以上の種が，分布北限を北に約 241 km も拡大させていた．一部の種では，分布南限が縮小していた．図 18.47 は，ミドリヒョウモンの分布域の変化を示している．

　ある生物は分散能力をもち，北に個体群を移動する余裕がある．しかし，山の頂上や極域の生物は，移動する場所がどこにもない．たとえば，コスタリカの研究者の報告によると，温暖化した太平洋が乾季に発生する山地の雲霧を減らし，20 種ものカエル類が消失した．「生物学と社会」のコラムで述べたように，北極と南極に生息する動物もまた危機に瀕している．

▶図 18.47　**北へ移動するミドリヒョウモン．** オレンジ色は 1970 年のミドリヒョウモンの分布域，黄緑色は 1997 年の分布域を示している．

ミドリヒョウモン *Argynnis paphia*.

生態系に対する気候変動の影響

詩人ジョン・ダンの感傷的な表現「何人も孤立した島ではない」は、自然界のあらゆる生物についても当てはまる。すべての種は、生きるために他種を必要とする。気候変動は、これらの相互作用に打撃を与え、種間の同調を乱す。多くの動植物の生活環の事象が、温度の上昇で誘因される。北半球の至るところで、春の気温上昇が早まっている。衛星画像は、植物の開葉や開花が早くなっていることを示している。鳥類やカエル類を含む多くの種の繁殖期が早まっている。しかし、ある種にとって、春の到来の合図は日長で、これは気候変動に影響されない。結果として、ユキウサギの白い冬毛は、緑の景観で目立つようになるかもしれず、あるいは、植物は花粉媒介者が発生する前に開花するかもしれない。

北米西部の森林生態系に対する気候変動の複合的な影響は、破壊的な火災である (**図 18.48**)。この地域では、春になると山からの雪解け水が河川に水を供給し、森林の水分レベルを夏の乾季まで支えている。つまり春が早まるにつれて雪解けが早くなり、乾季が終わる前に、水がなくなってしまう。結果として、森林火災の季節が長く続く。一方、針葉樹に穿孔して卵を産むキクイムシは、地球温暖化の恩恵を受けている。健全な樹木は虫害を撃退できるが、乾燥ストレスを受けた樹木は弱っていて対抗できない (**図 18.49**)。キクイムシにとってありがたいことに、暖かい気候は年間に2回の繁殖を可能にする。また、多くの枯れ木は火災の燃料となる。火災は長く続き、燃焼される面積も劇的に増大した。

気温と降水量で決定される陸上バイオームの地図 (**図 18.27 参照**) も、変わりつつある。永久凍土の融解は、ツンドラの境界を北のほうに移動させ、灌木や針葉樹は、今まで凍土だった地域に分布を拡大させている。長引く干ばつは、砂漠の境界も拡大させている。また、科学者の予測によると、気温上昇による土壌の乾燥に伴い、アマゾンの熱帯多雨林が、しだいにサバンナに変化するだろう。

地球の気候変動は、人間にとっても重大な結果をもたらす。気温や降水パターンの変化は、食料生産、利用できる水、建物や道路の構造的な健全性に影響する。あらゆる予測が、将来における大きな影響を指摘している。しかし、人間は他の種と違って、温室効果ガスを削減することができ、温暖化を阻止できるかもしれない。✓

✓チェックポイント

地球温暖化によって、キクイムシはどのような恩恵を受けるのか？

答え：乾燥ストレスを受けて弱った樹木は、キクイムシの害から防御できなくなる。また、暖かい季節が長くなるため、キクイムシは年間2回繁殖することができる。

▼図 18.49 キクイムシに感染したコロラドのマツ林。赤や黄色の葉は、枯死あるいは枯れつつある樹木。緑の樹木はまだ健全である。

▼図 18.48 カリフォルニア・ヨセミテ国立公園の森林火災 (2013 年 8 月)。

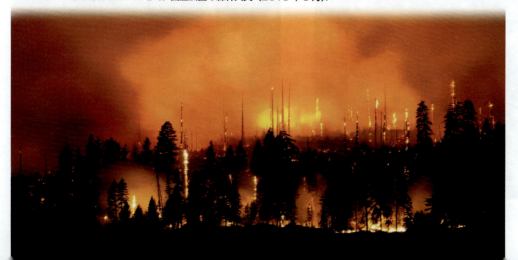

18章
生態学と生物圏の序論

私たちの将来を見つめる

1990年から2013年にかけて，温室効果ガスの放出は61%も増加した．この速度でいくと，さらなる気候変動は避けられない．しかし，努力と工夫と国際協力によって，私たちは，放出を減少させることができるかもしれない．

問題の広範さと複雑さを考えると，私たち個人の行動は温室効果ガスの削減にほとんど意味をなさないと思うかもしれない．しかし，温室効果ガスの放出の増加は，個人の活動の集積によるものである．ある個人の活動で放出される温室効果ガスの量は，その人の**炭素フットプリント** carbon footprint という（最も重要な温室ガスは二酸化炭素であるから）．炭素フットプリントは，一連の大まかな計算から推定される．いくつかの異なる計算方法がオンライン上で利用可能である．

家庭のエネルギー利用は，炭素フットプリントの主要因の1つである．電気，テレビ，その他の電気製品を使用していないとき，それらのスイッチを消すことで，あなたのエネルギー使用量を減らすことは，簡単にできることである．いわゆる「吸血鬼」電化製品の電源を抜くこともできるだろう．携帯電話の充電器，ゲーム機器，コンピュータ，テレビ，ビデオ，オーディオ機器などは，それらが使用されていないときでさえ，電気を消費している．また，エネルギー効率の高い電球（訳注：LED電球）に切り替えることもできるだろう．

> 家庭の「吸血鬼」電化製品は，あなたが眠っているときでさえ電気を消費している．

交通は，炭素フットプリントのもう1つの大きな構成部分である．あなたが，もし車をもっているなら，それをよく整備し，集団で通勤し，友人と共用で乗車し，そして，できる限り代替的な交通手段を利用すべきである．

製造品は，炭素フットプリントの3番目のカテゴリーである．あなたが購入するあらゆるものは，それらが原材料から製造されて店頭に並ぶまでに，炭素フットプリントを発生させている．不必要なものを買わないことで，あるいは，ものを廃棄する代わりに再利用することによって炭素放出量を減らすことができる（図18.50）．ゴミ廃棄の埋め立て地は人間による最大のメタン放出源であり，メタンは二酸化炭素よりも高い温室効果をもつ．メタンは原核生物がゴミを分解することで放出される．

食生活を変えることも，炭素フットプリントを小さくすることになる．ゴミ廃棄場のように，ウシの消化器官系は，メタンを産出する細菌に依存している．ウシによって放出されるメタンや，細菌がウシの糞尿を分解することで放出されるメタンは，米国のメタン放出量の約20%にも及ぶ．

▼図18.50　**ゴミを宝物にかえよう．**もしあなたが，もう必要としないものをもっていても，引っ越しのときにそれらを捨てることはやめよう．ノースカロライナ大学の環境意識のある学生は，そのようなものを集めて販売し，その売り上げを慈善活動に寄付している．

▼図18.51　地元の食材を食べることは，炭素フットプリントを削減することになるだろう．そして，地元の食材は，味もよい．

したがって，あなたの食事を，牛肉や乳製品から，魚や鶏肉や野菜に変えることで，炭素フットプリントを減らすことができる．さらに，地元でつくられた新鮮な食物を食べることは，食物の加工や輸送によって生じる温室効果ガスを削減することにもなる（図 18.51）．多くのウェブサイトが，あなたの炭素フットプリントを削減させるため，さらなる示唆を提供している．☑

地球の気候変動

✓ チェックポイント
個人の炭素フットプリントとは何か？

答え：個人の生活で使用され
ている人の生活で使用される

地球の気候変動　進化との関連

自然選択の要因としての気候変動

　環境変化は，つねに，生命の一部であり続けてきた．事実，それは進化的変化の鍵となる要因である．進化的な適応は，気候変動が生物に与える負の影響を弱めるのだろうか？ 研究者は，アカリス，数種の鳥，小さな蚊など，いくつかの個体群において小進化的な変化を報告している（**図 18.52a**）．特に遺伝的変異が大きく，寿命の短い個体群では，進化的適応によって絶滅が回避されるかもしれない．しかし，進化的適応は，ホッキョクグマやペンギンのような寿命の長い種で，生育地が急速に消失している種を救いそうにない（**図 18.52b**）．進化的な歴史で生じた大きな気候変動と比較して，最近の気候変動の速度は非常に速い．「気候変動に関する政府間パネル（IPCC）」によると，仮に現在のまま気候変動が進行

▼図 18.52　気候変動に対して，どちらの種が生き残るだろうか？

(a) サラセニアと蚊．食虫植物サラセニアに依存するある種の蚊（訳注：サラセニアに捕食されることなく，むしろ捕虫葉の中で成虫になる）は速く進化しているかもしれない．

(b) ホッキョクグマ．ホッキョクグマは，捕食のために海氷を利用しており，進化的適応で生き残れそうにない．

した場合，今世紀半ばまでに植物と動物の約 30％が絶滅する可能性があることが，予測されている．

本章の復習

重要概念のまとめ

生態学の概要

　生態学とは生物とそれらを取り巻く環境の間の相互作用を研究する科学である．環境は非生物的（物理的）要因と生物的要因を含む．生態学者は，観察，実験，コンピュータモデルを用い，生物と環境の相互作用を説明する仮説を検証する．

生態学と環境保護

　人間活動は生物圏のあらゆる部分に影響を与えてきた．生態学は，このような環境問題を理解し，解決するための科学的基盤を与える．

システム内の相互連関：相互作用の階層

生態学は，複雑に階層化した4つの相互作用を研究する．

個体生態学（個体）　個体群生態学（個体の集合）　群集生態学（ある面積におけるすべての生物）　生態系生態学（すべての生物と環境要因）

地球の多様な環境に生きる

生物圏はさまざまな環境のパッチワークで，そこでは環境因子が生物の分布や量に影響している．

生物圏の非生物的要因

環境因子は，生物が利用できる日光，水，栄養素，温度などを意味する．水中では，溶存酸素，塩分，海流，潮汐などが重要である．陸上では，付加的な因子として風や火災も含む．

生物の進化的適応

自然選択を介した適応は，生物とそれらを取り巻く環境の相互作用から生じる．

環境変化への順応

生物は環境変動に対処できる適応力ももっている．ここでの適応力とは，変化する環境に対する生理的，行動的，解剖学的な応答である．

バイオーム

バイオームは陸上あるいは水界における，主要な生物区域のことである．

淡水域のバイオーム

淡水域のバイオームは湖，池，川，湿原などである．湖は，その深さや，光の透過性，温度，栄養素，酸素量，群集構造に応じて変化する．川は，その水源から湖や海に注ぐまで大きく変化する．淡水域のバイオームの底は，底生層である．

海洋のバイオーム

海洋生物は，深度，光の透過性，岸からの距離，外洋と海底などに応じて，異なる領域（海底や遠洋など）や区域（有光層，無光層，潮間帯など）に分布する．海洋バイオームは，大洋の漂泳層と底生層，サンゴ礁，潮間帯，河口域などを含む．サンゴ礁は，暖かい熱帯海域の大陸棚に分布し，豊かな生物多様性をもつ．深海の熱水噴出孔の近くで発見された生態系は，日光に代わり，地球内部の化学的なエネルギーによって支えられている．河川が海に流入する河口域は，地球上で生物学的生産が最も大きいバイオームである．

気候が陸上バイオームの分布に与える影響

陸上バイオームの地理分布は，おもに，気候の地域的な変異によって決定されている．気候は，おもに，地球に供給される太陽エネルギーの不均一な分布によって決定されている．大きな水域や山のような地形もまた，気候に影響する．

陸上のバイオーム

ほとんどの陸上のバイオームは，それらの気候的特徴や，優占している植生から命名されている．主要な陸上バイオームは，熱帯林，サバンナ，砂漠，硬葉樹灌木林（チャパラル），温帯草原，温帯広葉樹林，針葉樹林，ツンドラ，極氷である．地理的に分離されている2つの地域でも，両者の気候が類似していれば，異なる地域でも同じタイプのバイオームになるだろう．

システム内の相互連関：水の循環

地球上の水循環は，水界と陸域のバイオームを結びつけている．人間活動は，水循環を攪乱している．

バイオームへの人為インパクト

人間による土地利用は，広大な森林を改変し，生態系から得られる公益的な機能（サービス）を劣化させた．持続的でない農業活動は，耕作地の肥沃度を減衰させた．人間の活動は，生物にとって重要な淡水生態系を汚染してきた．農業，人口増加，干ばつ，降雪の減少は，いくつかの地域で生じている水資源の急速な枯渇の要因である．

地球の気候変動

温室効果と地球温暖化

二酸化炭素やメタンを含む，いわゆる温室効果ガスは，地球の大気に保持される熱量を増加させる．温室効果ガスの蓄積は，地球の平均気温を上昇させてきた．

温室効果ガスの蓄積

人間活動，特に化石燃料の燃焼は，前世紀からの温室効果ガス濃度の上昇の主要因である．二酸化炭素の放出は，自然の物質循環の過程で吸収される量を超えている．

生態系に対する気候変動の影響

気候変動は種間の相互作用を攪乱する．壊滅的な火災は，気候変動が生態系に及ぼす影響の1つである．気候変動は，バイオームの境界も変化させている．

私たちの将来を見つめる

私たち個々人は，炭素のフットプリントをもっている．それは人間1人あたりが放出する地球温暖化ガスの量である．私たちは，炭素のフットプリントを減らす行動をとることができる．

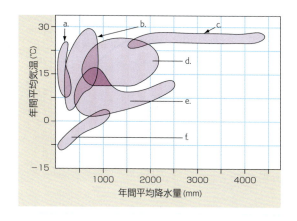

セルフクイズ

1. 小さいスケールから大きい包括的スケールに至る生態学的な研究の階層に従って，次の語を並べかえよ．
   群集生態学，生態系生態学，個体生態学，個体群生態学
2. 家庭の水槽に生育している生物群集に影響する非生物的要因を挙げよ．
3. 寒い気温のときにできる皮膚の鳥肌は＿＿反応の一例で，一方，季節移動は＿＿反応の一例である．
4. a～dの海洋生物の中で，無光層の漂泳動物はどれか？
   a．サンゴ礁の魚
   b．深海の熱水噴出孔の近くの巨大な貝
   c．潮間帯の巻貝
   d．深海のイカ
5. グラフに示されたa～fのバイオームを以下から選べ．
   ツンドラ，針葉樹林，砂漠，草原，温帯広葉樹林，熱帯多雨林
6. 暑くて乾燥した夏の日，海岸の丘の火災に適応した常緑灌木林にいる．私たちはおそらく＿＿バイオームに立っている．
7. 北極ツンドラに樹木がほとんど分布していないのはなぜか？　非生物的要因を3つ挙げよ．
8. 森林破壊を引き起こしているおもな人間活動は何か？
9. 温室効果ガスとは何か？　温室効果は地球温暖化と，どのように関係しているのか？
10. 近年の大気中の二酸化炭素濃度の増加は，おもに，＿＿の増加の結果である．下線部に当てはまる最も適切な語句を，a～dから選べ．
    a．植物の成長
    b．地球からの熱放射の吸収
    c．化石燃料や木の燃焼
    d．人口増加による細胞呼吸
11. どのような生物の個体群が，進化的適応を介して，気候変動を生き残るだろうか？

解答は付録Dを見よ．

科学のプロセス

12. 池から採集した，ある種の植物プランクトンの個体群成長に，温度が与える影響を定量する室内実験の方法を考えよ．
13. **データの解釈**　このグラフは，北半球のある都市における，月の平均気温と降水量を示している．427～432ページのバイオームに関する説明をもとにして，この都市が，どのバイオームに位置しているか説明せよ．

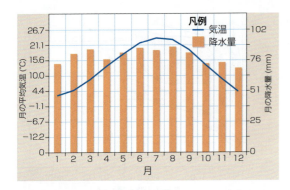

生物学と社会

14. 一部の人たちは，人間活動による地球の気候変動が実際に起こっているということに納得していない．1章の科学的過程の知識と，本章の情報を用いて，地球規模の気候変動がいままさに起きていて，人間がその原因であるという科学的根拠を説明せよ．

15. あなたの国の1人あたりの炭素放出量を調べよ．あなた自身の炭素フットプリントを計算し，国の1人あたりの値と比較せよ．あなた個人の炭素フットプリントを減少させるために，できることを一覧にせよ．炭素フットプリントを減少させることを，他の人たちに納得させるために，あなたができる行動とは何か？

16. 2007年の夏，いままでにない干ばつがジョージア州アトランタの都市を襲い，数週間にわたり水不足が生じた．アトランタの水の大部分は，レニエ湖から来ている．その貯水池は陸軍工兵隊によってチャタフーチー川をせき止めてできたものである．レニエ湖は降水量の不足で干上がり，ジョージア州はダムを管理している工兵隊に，下流に放水する水の量を減らすことを申し入れた．工兵隊は，絶滅の危機に瀕する「種の保存に関する法律」に基づくチョウザメの1種と貝2種の生息地保全の義務を挙げて，ジョージア州の申し入れを拒否した．アラバマ州とフロリダ州からも異議が出された．それらの地域には，数百の町，レクリエーション施設，放流される水に依存した発電所などがある．一部の人たちは，アトランタ当局が十分な水が利用可能かどうかを考えることなく，住宅開発業者に認可を与えたことで，自分たち自身の水不足を引き起こしたと考えた．フロリダ州は，淡水の流入の減少はカキの漁獲にも損害を与えると主張した．レニエ湖からの水に関して，競合する主張に対してどのように優先順位をつけたらよいだろうか？ 誰が欠乏した水の分配をするべきだろうか？ 将来の水不足に対して，都市や州は，どのようにより賢明な水管理を行うことができるだろうか？

19 個体群生態学

なぜ個体群生態学が重要なのか？

▼「海にはいくらでも魚がいる」ということわざは，過剰な漁獲が続く限り無意味となる．

▼ 平均的な米国人は，1週間に18 kgのゴミを出す．これは，平均的なコロンビア人の3倍の量である．

▲ 1秒あたり1人数えると，現在の地球の人口を数え上げるのに225年以上かかるだろう．

▲ 環境に制約がなければ，1組のゾウのつがいは，750年の間に1900万頭まで増加するだろう．

章目次	本章のテーマ
個体群生態学の概要　448	生物学的侵入
個体群成長モデル　452	**生物学と社会**　ミノカサゴの侵入　447
個体群生態学の応用　456	**科学のプロセス**　生物学的防除でクズを駆除できるか？　459
人口増加　461	**進化との関連**　侵略種としてのヒト　465

生物学的侵入　生物学と社会

ミノカサゴの侵入

　ミノカサゴは，優雅で流れるようなヒレをもち，太い縞模様で，人目を引くトゲがある．ミノカサゴは，熱帯サンゴ礁群集における目立った一員である．海水の熱帯魚愛好家にとってお気に入りの鑑賞魚で，南太平洋やインド洋のサンゴ礁に分布しているアカミノカサゴは，特に人気がある．トゲには毒があり，刺されると強い痛みを伴う．ミノカサゴは，容赦のない捕食で，水槽で他の魚と一緒に飼う場合には，注意が必要である．ミノカサゴは大きくなり，5 cm の稚魚はあっという間に 46 cm ほどに成長するので，水槽の大きさは最低でも 450 L 以上必要になる．実際，一部の熱帯魚愛好家が，ミノカサゴを購入したことを後悔し，それらを野外に放流した．

　本来の生育地であるサンゴ礁の競争者や捕食者から自由になると，ミノカサゴは指数関数的に増殖した．フロリダの南東海岸沖で最初に観察されてから 2〜3 年の間に，ミノカサゴ個体群はイーストコースト中に広がった．ミノカサゴは，大西洋やカリブ海の島々や沿岸域に侵入し，いまでは，メキシコ湾に大挙してきている．その猛烈な侵入スピードに，研究者たちはあ然としたが，彼らは，いままさに自然の生態系への悪影響を報告し始めている．ミノカサゴは，莫大な数の魚を消費する．捕食される魚には，サンゴ礁の多様性を維持する重要な魚種や，ハタやフエダイのような経済的に重要な魚も含まれる．一部の生物学者は，ミノカサゴの侵入を阻止する最も有力な方法として，私たちがミノカサゴを消費することを考えている．そのおいしい魚を人間が捕食することを推進するため，米国海洋大気庁（**NOAA**）は「ミノカサゴを食べよう」キャンペーンを開始した．

　人々が地球上を行き来するようになり，意図的あるいは偶然に，多くの種を新たな生育地（ハビタット）に運び込んできた．これら非在来種の多くは，遠くまであるいは広い範囲に個体群を定着させ，その環境を荒廃させている．私たち人間も人口を増加させ，起源した場所から遠く離れた場所まで分布を拡大させ，私たちの環境を急速に変化させてきた．あなたは，本章で個体群生態学を探究し，人口成長の傾向や，個体群に関する生態学的研究の応用についても学ぶことになる．

ミノカサゴは美しいが，おそろしい侵入種でサンゴ礁群集にとって脅威である． 写真のミノカサゴは，本来の生育地から地球半周も離れたノースカロライナ沖で撮影されたものである．

447

個体群生態学の概要

19章
個体群生態学

生態学者は一般的に**個体群 population***を，同じ時間で同じ空間に分布するある種の個体のグループと定義する．個体群の各個体は，同じ資源に依存し，同じ環境要因に影響され，お互いに影響し繁殖する．たとえば，あるサンゴ礁の周辺に生息するミノカサゴは，1つの個体群といえる．

個体群生態学 population ecology は，個体群サイズと，個体群の動態を調節するさまざまな要因に焦点を当てる．個体群生態学者は，個体群サイズ（個体数），齢構造（齢ごとの個体数頻度），密度（面積または体積あたりの個体数）などを記載する．また，個体群動態や，生物的要因と非生物的要因の相互作用が個体群変動に与える影響についても研究する．個体群動態の重要な側面（本章の主要な話題）は，個体群成長である．

個体群生態学は，応用研究で鍵となる役割を担う．たとえば，保全や自然復元のプロジェクトにとって，重要な知見をもたらす（図 19.1）．個体群生態学は，漁業における持続的資源管理や，野生生物の個体群の管理に用いられている．害虫や病気に関する個体群生態学の研究は，それらの分布拡大をコントロールするヒントを与える．個体群生態学者は，最も重要な環境問題の1つである人口増加についても研究する．

ある個体群のスナップ写真がどのように見えるか考えてみよう．最初の問いは，「どの個体がこの個体群に含まれるか？」である．個体群の地理的な境界は，自然のものかもしれない．たとえば，ミノカサゴがある特定のサンゴ礁に分布しているように．しかし，生態学者は各々の調査の目的に合うように，任意の方法で個体群の境界を定義することもある．たとえば，イソギンチャクの個体群成長に対する無性繁殖の効果を研究する生態学者は，個体群をある潮だまりに生育するすべてのイソギンチャクと定義するかもしれない．また，狩猟がシカに与える影響を調べる研究者は，個体群をある州内のすべてのシカと定義するだ

* 訳注：population は生物学の他分野では「集団」と訳されることが多いが，生態学では「個体群」が使用される．

▼図 19.1　生態学者は自分たちが研究している個体群のメンバーと親密な関係になる．

(a) カナダ・ケベックのモリシー国立公園．生物学者は，アメリカグマを眠らせた後，移動追跡のための電波発信機の首輪を装着している．

(b) メイン湾における海鳥の営巣コロニーを復元するプロジェクト．研究者がツノメドリに関するデータを収集している．

(c) 南アフリカ・ノーザンケープのクルーマン川保護区で，研究者がミーアキャットを個体識別（マーキング）している．

ろう．あるいは，エイズ感染症の拡大を理解しようとする研究者は，ある国あるいは世界中の人間の個体群を対象にエイズウイルスの感染率を調査するだろう．

個体群密度

種個体群の1つの側面として**個体群密度** population density（面積・体積あたりの種の個体数）がある．たとえば，ある湖の立方キロメートル（km^3）あたりのオオクチバスの数，ある森林の平方キロメートル（km^2）あたりのナラの樹木の数，ある森林の土壌の立方メートル（m^3）あたりの線虫の数．まれに，生態学者は境界内における個体群すべての個体を数えることもできる．たとえば，$50\ km^2$の森林におけるナラの樹木の合計が200個体だったとする．個体群密度は樹木の合計を面積で割った値，つまり，平方キロメートルあたり4個体（$4/km^2$）となるだろう．

しかし，ほとんどの場合，すべての個体を数えるのは非現実的あるいは不可能である．代わりに，生態学者は個体群密度を推定するため，さまざまなサンプリング手法を用いる．たとえば，フロリダのエバーグレーズのアリゲーターの密度は，$1\ km^2$の調査区を数か所に設定して推定される．一般的にいって，サンプルとなる調査区の数や大きさが大きくなるほど，個体数の推定の精度はよくなる．個体群密度は，個体を数えることでなく，鳥の巣や齧歯類の巣穴など，間接的な指標でも推定される（図19.2）．

個体群密度は一定の値でないことを覚えておいてほしい．個体が出生あるいは死亡したとき，あるいは，新たな個体が個体群に加入（移入）あるいは個体群から出ていく（移出）とき，個体群密度は変化する．

個体群の齢構造

個体群の**齢構造** age structure，つまり異なる齢グループごとの個体数分布は，個体群密度からわからない情報を示す．たとえば，齢構造は，個体群の生存あるいは繁殖成功の履歴や，それがいかに環境要因と関連しているのかについて，ヒントを与える．図19.3は，1987年におけるガラパゴス諸島のサボテンフィンチ個体群のオスの齢構造である（ガラパゴスフィンチの他の例については図14.11を参照）．1983年に生まれた4歳の個体が個体群の半数を占め，2歳または3歳の個体はまったくいない．なぜ，こんな劇的な違いがあるのだろうか？　サボテンフィンチの食物は植生に依存し，植生は降雨に依存している．1983年の出生率の急上昇は，異常に湿潤な天候で植物の成長がよく豊富な食物が供給されたことによる．1984年と1985年の厳しい

▼図19.2　プレーリードッグ個体群の間接的なセンサス．カナダ・サスカチュワンのプレーリードッグのコロニー．巣穴の山を数えて，それに1つの巣穴を利用している個体数を掛けることで，おおまかな個体数を推定することができる．

▼図19.3　1987年のガラパゴス諸島の1つの島における，オオサボテンフィンチ（挿入写真）の個体群の雄の齢構造．

19 章
個体群生態学

☑チェックポイント
齢構造は何を表しているのか？

答え：集まる個体の年齢グループごとの個体数の分布

干ばつは食物供給を制限し，繁殖を妨げ，多くの死亡をもたらした．本章の後半で見るように，齢構造は個体群の将来の変化を予測するための便利な道具である．☑

生命表と生存曲線

生命表 life table は，生存率，つまり個体群におけるさまざまな年齢の個体が生存する確率を，追跡記録したものである．生命保険会社は，ある年齢の人が平均してどれくらい生きるかを予測するために，生命表を利用する．**表 19.1** は，10 万人の個体群で始めた場合の，各年齢区分の始まりの年齢で生きていると期待される人数である．死亡率は 2008 年のデータに基づいている．たとえば，10 万人のうち 9 万 3999 人は 50 歳まで生きることが予測される．60 歳まで生きる確率は同じ行の最後の欄に示されており 0.94 で，つまり 50 歳の人たちの約 94％が 60 歳まで生きることを示す．しかし，90 歳まで生きる確率は 0.402 にすぎない．個体群生態学者は，この手法を用いて，さまざまな動植物の種の個体群構造や動態を理解するため生命表を作成した．生命表のデータから生活環における最も死亡しやすい段階を特定することができ，保全活動家が個体数の減少している種の効果的な保全策を考案することにも役立つだろう．

生態学者は生命表のデータをグラフ化し，**生存曲線** survivorship curve として表す．最大寿命に対して，各齢で生存している個体数を描いたものである（図 19.4）．x 軸には，実際の年齢の代わりにパーセン

☑チェックポイント
ウミガメは砂浜に穴を掘って産卵する．1 つの産卵巣には 200 個程度の卵がある．しかし，砂浜から外海に旅立てるのは，孵化した子ガメのわずか一部である．しかし，ウミガメは成熟すると死亡率は低い．ウミガメの生存曲線は何型か？

答え：Ⅲ型である

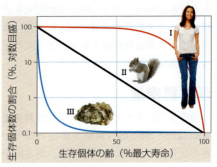

▲図 19.4　生存曲線の型．

テージの目盛を用いることで，同じグラフで異なる寿命の種（たとえばヒトとリス）を比較できる．ヒト個体群の生存曲線（赤色）は，ほとんどの人が老齢まで生きることを表している．生態学者はこれをⅠ型の曲線とよぶ．Ⅰ型を示す種，たとえばヒトや多くの大型哺乳類は，少数の子を産んで子の世話をよくして，成熟するまでの生存率を増加させる．

対照的にⅢ型の曲線（青色）は，とても若い年齢での生存率が低く，その後，ある年齢まで生き残った少数の個体の生存率は高い．この型の種は多数の子を産むが，ほとんどあるいはまったく子の世話をしない．たとえば，ある種の魚は，一度に数百万の卵を産むが，そのほとんどが捕食者などの影響で幼生のときに死んでしまう．カキのような多くの無脊椎動物はⅢ型の生存曲線である．

Ⅱ型（黒色）は生存率が生涯を通して一定で，Ⅰ型とⅢ型の中間である．生活環のある段階で特に死亡しやすいことはない．この型の生存率は，一部の無脊椎動物，あるいはトカゲ，齧歯類などに見られる．☑

 進化

進化的な適応としての生活史特性

個体群における生存率のパターンは，その種の**生活史** life history の重要な特徴で，生物の繁殖や生存のスケジュールに影響する一連の特性である．鍵となる生活史特性は，繁殖が可能になる年齢，繁殖の頻度，1 回に産む子の数，親による子育ての程度などである．生存曲線の型から予測される

表 19.1	2008 年における米国の生命表		
	年初の生存数	10 年間の死亡数	10 年間の生存率
年齢区分	(N)	(D)	1−(D/N)
0〜10	100 000	833	0.992
10〜20	99 167	363	0.996
20〜30	98 804	941	0.990
30〜40	97 863	1224	0.987
40〜50	96 639	2640	0.973
50〜60	93 999	5643	0.940
60〜70	88 356	11 203	0.873
70〜80	77 153	21 591	0.720
80〜90	55 562	33 215	0.402
90 以上	22 347	22 347	0.000

ように，生活史特性は生物によって異なる．自然選択がいかに個体群における繁殖特性の進化に影響するのかを，詳細に見てみよう．

繁殖成功は進化的な成功の鍵であることを思い出してほしい（13章参照）．なぜ，すべての生物が多数の子（あるいは種子や卵）を産まないのか，不思議に思うかもしれない．1つの理由は，繁殖には時間とエネルギーや栄養分が必要で，それらの資源は有限である．多数の子を産む生物は，子の世話に大きな投資はできない．結果として，生活史特性の組み合わせにはトレード・オフの関係が生じ，繁殖と生存の要求に対してバランスがとられる．言い換えると，解剖学的特徴と同様に，生活史特性は進化的な適応で形成される．

選択圧は変化するため，生活史は多様になる．それにもかかわらず，生態学者は，自然選択が生活史特性に及ぼす影響を理解するうえで重要な，いくつかのパターンを見出してきた．

1つの生活史パターンは，小さな体で短い寿命の動物に代表される（たとえば，昆虫や小型齧歯類）．それらは，急速に成長して性成熟し，多数の子を産み，子の世話はほとんど，あるいはまったくしない．植物の場合，「親による子の世話」は，種子に蓄えられた栄養物質の量で測ることができる．木本でない小型の植物の多くは（たとえば，タンポポ），数千個の小さな種子をつくる．そのような生物は**日和見的生活史** opportunistic life history 特性をもち，好適な条件ですぐに有利性を発揮できる．一般的に，このような特性をもつ個体群はⅢ型の生存曲線を示す．

対照的に，ある生物は**平衡的な生活史** equilibrium life history をもつ．成長や性成熟のパターンはゆっくりで，少数の子を産み，子の世話をよくする．平衡的な生活史の生物は，典型的には，より大きな体で，長い寿命をもつ（たとえば，クマやゾウ）．このような生活史特性をもつ個体群はⅠ型の生存曲線を示す．これに類似した生活史特性をもつ植物は樹木である．たとえば，ココヤシは栄養豊富な貯蔵物質をもつ種子を比較的少数つける．表19.2は，日和見的，あるいは平衡的な生活史特性，それぞれの鍵となる特徴を対比している．

生活史特性の違いを説明する要因は，何だろうか？　ある生態学者は，子の潜在的な生存率と，親が再び繁殖するまでの生き残りやすさが，重要な要因であるという仮説を立てている．予測性の低い厳しい環境では，親は1回の繁殖の機会しかないだろう．その場合，質よりもむしろ数に投資することが有利になるかもしれない．一方，安定した好適な環境では，親は再び繁殖するまで生き残ることが容易である．種子は条件のよい場所に落下しやすく，新たに生まれた子は成熟するまで生存しやすいだろう．その場合，1回に数少ない子をつくり子の世話に投資する親が，より有利になるかもしれない．

タンポポは日和見的な生活史．

ゾウは平衡的な生活史．

表 19.2　日和見的あるいは平衡的な個体群の生活史の特徴

特徴	日和見的個体群（たとえば多くの草本）	平衡的個体群（たとえば多くの大型哺乳類）
気候	比較的予測性が低い	比較的予測性が高い
成熟時間	短い	長い
寿命	短い	長い
死亡率	しばしば高い	多くの場合低い
1回の繁殖あたりの子の数	多い	少ない
生涯の繁殖回数	多くの場合1回	多くの場合，複数回
最初の繁殖時期	生活史初期	生活史後期
子や卵のサイズ	小さい	大きい
親による子の世話	ほとんどない，もしくはない	多くの場合，よくする

19章 個体群生態学

✓チェックポイント
「日和見的」という用語は、生活史特性のどのような特徴を表しているのか？

答え：日和見的生活とは、一時的に条件がよくなる場合の環境の特徴に適応した生活史の特徴であり、急激に増える子をたくさん残す。

もちろん、以上に述べた2つの極端な場合だけでなく、もっと多様な生活史特性がある。しかし、これら対照的なパターンは、生活史特性と次の話題である個体群成長の間の相互作用を理解するうえで役に立つ。✓

個体群成長モデル

個体群サイズは、新たな個体が生まれたり、ある空間に移入したり、あるいは個体が死亡したり、または、ある空間からの移出に伴って変動する。ある個体群、たとえば成熟林の樹木個体群サイズは、長期にわたり比較的一定である。また、ある個体群は、急激に、さらに爆発的に変化する。20分ごとに分裂する細菌1個体を考えてみよう。20分後に2個体になり、40分後は4個体、60分後は8個体と増加する。12時間後には、個体群は700億に達するだろう。もし、繁殖が1.5日（36時間）続けば、その細菌が地球上すべてを30 cmの厚さで覆うことになる！ 個体群生態学者は、異なる条件における個体群サイズの時間に伴う変化を、理想的なモデルを用いて分析する。本節では、2つの簡単な数理モデルを紹介し、個体群成長の基本的な概念を明らかにする。

> 環境に制約がなければ、1組のゾウのつがいは、750年の間に1900万頭まで増加するだろう。

指数関数型の個体群成長モデル：環境の制約のない理想的な条件の場合

1つ目に紹介するモデルは、指数的成長として知られており、預金口座の複利の利回りのように作用する。つまり、預金の元本（個体群サイズ）は、利子（新たな個体）が加わるにつれより速く大きくなる。**指数関数的な個体群成長 exponential population growth** は、環境の制約のない理想的な条件下の個体群の増加を表す。指数関数モデルでは、新たな世代の個体数は、出生率と死亡率の差を表す定数（1個体あたりの増加率）に、現在の個体数を掛けた値となる。どのように個体群が成長するのか見てみよう。図 19.5 は、最初20個体だったウサギ個体群の動態を示している。各月において、出生数は死亡数を上回っていた。その結果、個体群サイズは月を追うごとに増加した。

図 19.5 を見ると、各月の増加が前の月よりも大きくなっていることに注意してほしい。つまり、個体群が大きくなるほど、成長率も速くなる。個体群成長の増加率はJ字型の曲線となり、典型的な指数的成長を示す。曲線の傾きは、個体群がいかに速く成長しているかを表す。初期で個体群が小さいとき、曲線はほぼ平らである。つまり、最初の4か月、個体数の増加はたった37個体で、1月あたり平均9.25個体が出生している。7か月経過すると、増加数は105個体となり、1月あたり平均15個体の出生数で増加した。最も大きな増加は10〜12か月の間で見られる。月平均85個体

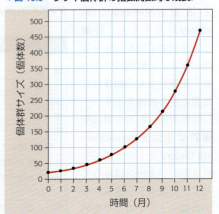

▼図 19.5 ウサギ個体群の指数関数的な成長．

452

が出生している．

　指数関数的な個体群成長は，ある条件では一般的である．たとえば，火災，洪水，ハリケーン，干ばつ，寒波のような攪乱は，個体群サイズを急激に減少させる．日和見的生活史特性の種は，競争がない場合に有利となり，指数関数的な個体群増加によって生育地をすばやく占有する．人間活動も攪乱の重要な要因で，日和見的な特性の植物や動物は，道路の法面（訳注：道路建設などでつくられた人工的な斜面），開墾された野原や森林，あまり管理されていない芝地などを占有する．しかし，指数関数的な成長を，無限に持続させる自然環境はない． ✓

ロジスティック個体群成長モデル：環境に制約のある現実的な条件の場合

　ほとんどの自然環境において，個体群成長に必要な資源は無制限に供給されない．個体群成長を支える環境要因は，**制限要因 limiting factor** とよばれる．制限要因は，最終的にある空間に生育する個体数を制限する．生態学者は，ある環境が支えることができる最大個体群サイズを，**環境収容力 carrying capacity** と定義する．ロジステ

▼図 19.6　オットセイ個体群のロジスティック成長．

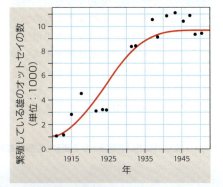

ィック個体群成長 logistic population growth では，成長率は個体群サイズが環境収容力に近づくにつれて減少する．個体群が環境収容力に達すると，成長率はゼロになる．

　図 19.6 のグラフは，アラスカのセントポール島のオットセイ個体群成長を示しており，制限要因の効果を見ることができる（簡単にするため，繁殖している雄の個体数が調査されている．写真にはハーレムの雌が示されている）．1925 年以前，オットセイ個体群は小さく，1000〜4500 頭に保たれていた．これは，無秩序な狩猟が原因である．狩猟が制限されるようになった後，個体群は 1935 年まで急速に増加し，そして頭打ちになり，セントポール島の環境収容力である約 1 万頭付近で変動した．この例の場合，個体群増加の制限要因は繁殖に必要な縄張りに適した空間の量だった．

　個体群の環境収容力は，種や生育地の利用可能な資源に応じて変化する．たとえば，繁殖場所が少ない小さい島の場合，オットセイ個体群の環境収容力は 1 万頭より小さくなるだろう．ある 1 つの場所においてさえ，環境収容力は固定した値ではない．生物は，捕食者や病気や餌資源を含む群集内で，他の生物と相互作用し，それが環境収容力に影響する．非生物的要因の変化も，環境収容力を増加あるいは減少させる．いずれにせよ，環境収容力の概念は，自然の本質的な事実を示している．つまり，資源は有限である．

　生態学者は，平衡な生活史特性をもつ生物の自然選択は，個体群サイズが環境収容力に近いところで維持される条件で生じる，と予想している．資源をめぐる競争

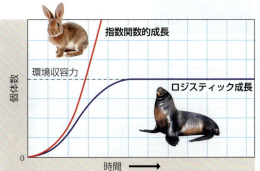

◀図 19.7　指数関数的成長とロジスティック成長の比較．

個体群成長モデル

✓ **チェックポイント**
個体群成長の指数関数モデルは，なぜ J 字型のような曲線になるのか？

答え：個体群成長率は，個体数によって増加する．

453

は，環境収容力に近づいた環境で激しいため，自分の生存や子どもの生存にエネルギーを投資する生物が有利になる．

図19.7はロジスティック成長（青色）を，指数関数的成長（赤色）と比較している．ロジスティック曲線は最初J字型だが，環境収容力に近づくにつれて，しだいに頭打ちになりS字型になる．ロジスティックモデルと指数関数型モデルは，両方とも理論的な個体群成長の予測である．自然界では，どちらかにぴったり一致する個体群はない．しかし，これらのモデルは個体群成長を研究するための便利な出発点になる．生態学者はさまざまな環境における個体群の成長パターンを予測し，より複雑なモデルを構築する基盤として，これらのモデルを用いている．☑

個体群成長の調節

自然界において個体群がどのように調節されているのか，より詳細に見てみよう．環境収容力に達した後，個体群の増加を止める要因は何だろうか？

密度依存的要因

密度依存的要因 density-dependent factor は個体群の制限要因で，その効果は個体群密度に応じて強くなる．最も典型的なのは**種内競争** intraspecific competition，つまり，同じ資源をめぐる同種内の個体間競争である．有限な食物の供給は，より多くの個体の間で分割され，繁殖に利用可能な資源が少なくなり，出生率が減少する．また，密度依存的な要因は，死亡率を増加させることで個体群成長を減少させる．たとえば，ウタスズメ個体群では，これら2つの要因が作用して，生存して巣立つ子の数を減少させる（図19.8a）．さらに，個体数密度が高くなるにつれ，卵やヒナの死亡率は増加した．

近接して生育する植物は，資源をめぐる同種内競争が激しくなるに伴い，死亡率が増加するかもしれない．このような環境で生き残った個体は，混み合っていない場所で生育している植物に比べて，花や果実あるいは種子の生産量は少なくなるだろう．園芸家は，種子が芽生えた後，それらに十分な資源が行き渡るように，一部の実生を間引く．園芸店から購入した植物を十分に離して植栽する，といった取扱説明書は，種内競争が理由である．

制限された資源は，食物や栄養素以外にもある．いす取りゲームのようなもので，安全な隠れ家の数は，捕食リスクの増加に関係しており，被食者の個体群サイズを制限するだろう．たとえば，ウミタナゴの稚魚は，捕食者から隠れるために，ケルプ（コンブのような大型海藻）の「森」に生

✓チェックポイント
個体群サイズが環境収容力に達した場合，何が起こるだろうか？

答え：個体群を支えるための資源が十分ではなくなり，個体群が縮小することになる．

▼図19.8 個体群増加の密度依存的な調節．

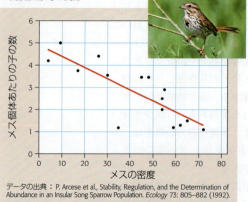

(a) ウタスズメ個体群における繁殖成功の密度依存的減少．

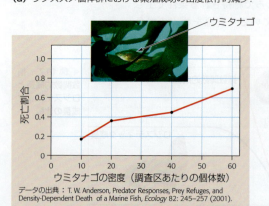

(b) ウミタナゴの密度増加に伴う死亡割合の増加．

▼図19.9 カツオドリ個体群において制限となる資源は空間である．

育する（図15.27参照）．図19.8bの実験で示されたように，捕食されたウミタナゴの割合は，ウミタナゴの個体数が増えるにつれて増加した．縄張りをもつ多くの動物の場合，空間の利用可能性は繁殖を制限する．たとえば，岩礁島における営巣場所の数は，カツオドリのような繁殖のための縄張りを維持する海鳥の個体群サイズを制限する（図19.9）．

資源をめぐる競争の他にも，個体群の密度依存的死亡に影響する要因がある．たとえば，過密な条件による病気の感染の増加，あるいは有害排出物の蓄積によって，死亡率が増加する．

密度非依存的要因

多くの自然個体群において気象のような非生物的要因は，他の制限要因が作用する前に，個体群サイズを制限したり減少させたりする．個体群の制限要因で，その強度が個体群密度と相関していないものを，**密度非依存要因** density-independent factor とよぶ．そのような要因が作用している個体群の成長曲線を見ると，指数関数的な成長に引き続いて，頭打ちになるよりむしろ，急激な減少のように見えるだろう．図19.10は植物の甘露（糖を含んだ師管液）を吸汁するアブラムシ個体群における，密度非依存的要因を示している．このような昆虫は，春に指数関数的に成長し，夏になり気温が高く乾燥すると急激に死亡する．数個体は生き残り，環境条件が好転すると個体群が再び成長する．たとえば，多くの蚊やバッタのような昆虫の個体群の場合，親個体は翌年の個体群成長を行う卵を残し，完全に死亡する．気象の季節変化に加えて，火災，洪水，嵐のような環境の攪乱も，個体数密度に関係なく，個体群サイズに影響することがある．

長期間にわたりほとんどの個体群は，密度依存的要因と密度非依存的要因の複雑な相互作用によって調節されている．ある一部の個体群は，競争や捕食のような生物的な要因によって決定された環境収容力に近い個体群サイズでほぼ安定的に保たれるが，長期の観察データによると個体群のほとんどは個体群サイズが変動する．

個体群周期

昆虫，鳥，哺乳類の個体群密度は劇的に変動し，驚くべき規則性がある．急速な指数関数的成長で「大発生」し，その後の，最低レベルにまで減少する個体群の「崩壊」である．注目すべき例は，レミングの規則的な大発生と崩壊の個体群周期である（レミングはツンドラに生育する小型齧歯類）．ある研究者は，レミングの食物供給における自然変化が潜在的な原因との仮説を立てている．もう1つの仮説は，「大発生」したときの混み合い度が生理的機構を介して繁殖を減少させ個体群「崩壊」を引き起こす，というものである．

図19.11はカンジキウサギとカナダオオヤマネコの個体群動態の周期を示している．カナダやアラスカの北方林において，カナダオオヤマネコはカンジキウサギのおもな捕食者の1つである．約10年周期で，カンジキウサギとカナダオオヤマネコの個体群は急速な増加と急激な減少を繰り返している．何が，この増加と減少を引き起こ

個体群成長モデル

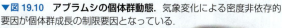
▼図19.10　**アブラムシの個体群動態．**気象変化による密度非依存的要因が個体群成長の制限要因となっている．

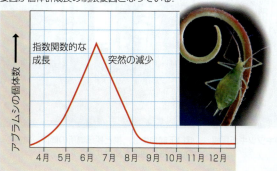

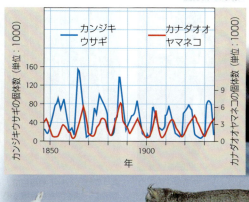
▼図19.11　カンジキウサギとカナダオオヤマネコの個体群の周期．

19章 個体群生態学

✓ チェックポイント
個体群成長を制限する密度依存的要因を列挙せよ．

しているのだろうか？これら2つの個体群の増加と減少は，お互いに同調しているように見えるが，これは一方の個体群の変化が他方に直接的に影響しているためだろうか？カンジキウサギの周期には，3つの仮説が提案されている．1番目は，周期は過度の摂食に起因する冬の食物不足によって生じるという仮説である．2番目は，周期は捕食者と被食者の相互作用が原因との仮説である．カナダオオヤマネコの他に，コヨーテ，キツネ，アメリカワシミミズクなど多くの捕食者が，カンジキウサギを餌としており，これらがカンジキウサギを過剰に捕食するという仮説である．3番目は，周期は食物資源の制限と過剰な捕食の組み合わせによる，という仮説である．最近の野外研究は，カンジキウサギの10年周期の変動は，おもに過剰な捕食が原因であるが，同時に，カンジキウサギの餌資源供給の変動も原因となっていることを支持している．長期研究は，そのような個体群周期の複雑な原因を解明する手がかりを与える．✓

個体群生態学の応用

私たち人間は，地球の自然の生態系を人工的な生態系，人間の利益のための物品やサービスを生産する管理された生態系に置き換えてきた．状況に応じ，人間は収穫したい生物の個体群を増加させ，あるいは，病虫害と考える生物の個体群を減少させようとする．また，絶滅の危機に瀕した個体群を救うことを目的とした活動もする．個体群生態学の理論は，さまざまな生物資源の管理を考えるうえで役に立つ．

絶滅の危機に瀕した種の保全

米国の種の保存法は，**絶滅危惧種 endangered species** を「全国的あるいは分布する大部分の地域において絶滅の危機にある種」と定義している．**絶滅の恐れのある種 threatened species** は，近い将来，絶滅が危惧される種，と定義されている．絶滅危惧種と絶滅の恐れのある種は，個体群サイズの極端な減少あるいは着実な減少で特徴づけられる．保全活動家にとっての挑戦は，個体群減少の原因を特定することと，その状況を改善することである．

ホオジロシマアカゲラは，絶滅危惧種として列挙された最初の種の1つである（図19.12）．ホオジロシマアカゲラはダイオウマツ林を必要とし，生きたマツの大木に巣穴をあける．もともとは，米国南東部の至るところに分布していたが，適した生育地が森林伐採や農業によって失われていくにつれて，ホオジロシマアカゲラの個体数は減少した．さらに，自然条件で発生していた森林火災が，人為的に抑制されることにより，残っている森林の種組成が変化してしまった．研究結果によると，マツ林の下層植生が繁茂し4.5 m以上になると，繁殖個体は巣を放棄する．野外観察によるとホオジロシマアカゲラは，営巣木と近接した

▼図19.12 ホオジロシマアカゲラの生育地．

ダイオウマツにある巣穴の入り口にとまっているホオジロシマアカゲラ．

高くて繁茂した下層植生は，このキツツキが採餌場所に近づくことを阻害する．

低い下層植生は，巣と採餌場所の間に，見通しのよい飛行通路を提供する．

採餌場の間に，見通しのよい飛行通路を必要とする．ホオジロシマアカゲラの個体群成長を調節する要因を理解することにより，野生生物管理者は重要な生育地を保全し，マツ林の下層植生を減らすための人為的野焼きなどの個体群維持プログラムを開始した．このような対策の結果，ホオジロシマアカゲラの個体群は回復し始めている．☑

> 「海にはいくらでも魚がいる」ということわざは，過剰な漁獲が続く限り無意味となる．

持続可能な資源管理

野生生物の管理者，水産生物学者，林業家の目的は，将来の資源の生産性を維持しながら，最大の収穫量を得ることである．これは，個体群を再補充するために高い成長率を維持することを意味する．ロジスティック成長モデルによると，個体群サイズが環境収容力の約半分のときに，最も大きな成長率になる．理論的には，資源管理者は環境収容力の約半分まで個体群を収穫することによって最高の結果を達成できるだろう．しかし，ロジスティックモデルは成長率と環境収容力が時間的に安定であることを仮定している．このような仮定に基づく計算は，個体群によっては現実的でなく，持続可能でない高い収穫レベルを導き，資源を枯渇させるかもしれない．さらに，人間の経済的・政治的圧力は生態学的な懸念を上回ることが多く，科学的な情報が十分でないことも多い．

魚類は広域的に収穫されている唯一の野生動物で，乱獲に対して特に脆弱である．たとえば，北大西洋のタラ漁の場合，タラ資源量はとても高く推定され，若いタラ（法律で漁獲が認められないサイズ）を海に廃棄する行為が，予想以上に高い死亡率をもたらした．タラ漁は1992年に崩壊し，回復しなかった（図19.13）．

1970年代まで，海洋漁業はタラのような大陸棚に生息する魚種に集中していた（図18.19参照）．これらの漁獲資源の減少に伴い，より深い600m以下の大陸棚斜面の魚種に注目が移っていった．これら魚種の多くの場合，最初は漁獲が大きかったが，資源量の減少に伴い急速に漁獲が枯渇した．深い海域は冷たく，食物は比較的少ない．このような環境に適応した魚，チリアンシーバス（マジェランアイナメともよばれる）やオレンジラフィー（日本のキンメダイに似ている）のような魚種は，とてもゆっくり成長し，繁殖段階に達するのに時間がかかり，大陸棚の魚種よりも繁殖率が低い．魚種の基本的な生活史特性を知らずして，持続可能な漁獲率は推定できない．さらに，個体群生態学の知見だけでは不十分で，持続可能な漁業には生物群集や生態系の特徴に関する情報も必要になる．☑

▼図19.13 **ニューファンドランド沖におけるタラ漁業の崩壊．** 2013年においてタラ漁は回復しなかった．

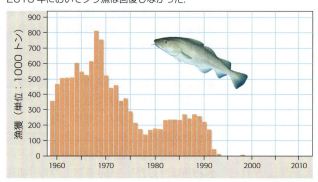

個体群生態学の応用

☑チェックポイント
ホオジロシマアカゲラ個体群の回復における鍵となった要因は何か？

答え：重要な生育地を保全すること．

☑チェックポイント
管理者が，魚や狩猟動物の個体群を，それらの個体群を環境収容力の半分に維持しようとする理由を説明せよ．

答え：個体群が環境収容力の半分のときに，個体群の最大の成長率となる．よって，個体群サイズを半分になるように維持すれば，持続的により高い収穫を得ることができる．

侵略的外来種

「生物学と社会」のコラムで取り上げたミノカサゴのように，本来の生育地とは異なる地域に導入された生物は，生態系に壊滅的な影響を与える．**侵略的外来種（侵入種）invasive species** は，外来種で導入された地点をはるかに越えて拡散し，好適な場所で繁殖して優占し，環境的あるいは経済的な損害を与える．米国だけでも，数百の外来種があり，それらは植物，哺乳類，鳥，魚，節足動物，軟体動物を含む．世界中だと数千種以上になる．あなたのすんでいる場所がどこであろうと，侵略的な外来の動植物はすぐそばにいるだろう．侵入種は局所的な生物絶滅の主な要因の1つである．そして，侵入種の経済的な被害は膨大

▶図19.14 **侵略的な植物種チートグラス．**

で，米国の場合，年間1370億ドルの被害と推定されている．

新たな生育地に導入されたあらゆる種が定着に成功し，侵略的になるわけではない．外来種が破壊的な有害生物になる理由について単一の説明はないが，侵入種は典型的な日和見的な生活史特性を示す．たとえば，ミノカサゴの雌は，1年で繁殖齢に達し，年間200万個の卵を産む．

米国西部の乾燥地帯における侵入種であるチートグラス *Bromus tectorum*（図19.14）は，その生活史特性よってめざましく繁茂している．その種子はアジアからの穀類に混じって米国に偶然もち込まれ，家畜によって分布を広げた．現在，チートグラスは，かつて在来のイネ科草本とヤマヨモギが優占していた牧草地を数千ヘクタール以上にわたって覆い，毎年，ロードアイランド州の面積（4000 km^2）と同じくらい拡大しているといわれている．チートグラスの種子は秋の降雨時に発芽し，冬の間中，根を地中に伸ばし続ける．暖かい春がくると，すでに定着したチートグラスの密な株は，在来植物や作物の土壌水分や無機栄養素を奪う．そして，他の植物種よりも早く多くの種子を生産する．

チートグラスの種子は初夏に成熟し，植物体は非常に乾燥し燃えやすく，雷や静電気によって簡単に発火する．チートグラスの火災は，とても強力で頻繁に発生し，在来植物が適応して耐えることのできる火災を上回っている．数回の火災の後，自生の植物種は消え去り，150種以上の鳥や哺乳類の食物や隠れ場所を奪う．地球の気候変化も，牧草地がチートグラスへ転移することを加速させている．研究結果によると，チートグラスは二酸化炭素濃度の増加に応答して成長が速くなり，より多くの植物体を蓄積し，火災が延焼する燃料となる．

外来種が侵略的な種になるには，侵入地である新たな環境における生物的要因と非生物的要因が，その種の要求と耐性に対応していなければならない．たとえば，南フロリダのビルマニシキヘビ（台風による事故で偶然逃げ出したり，あるいは，飽きっぽいペット飼育者が意図的に放したもの）は，原産地の環境に類似した，フロリダの暑くて湿潤な気候に適応している．特にエバーグレーズのような湿地では，餌（鳥類，哺乳類，爬虫類，両生類）も簡単に得られる．結果として，いまや南フロリダは，巨大な爬虫類の個体群が急成長する場所となっている（図19.15）．あまり好適ではない環境に放されたビルマニシキヘビは，短期的には生存するかもしれないが，個体群を定着することはできないだろう．☑

有害生物の生物学的防除

病気，捕食者，植食者のような生物要因の欠如は，侵入種の成功に貢献する．したがって，これらの有害生物を除去あるいは管理する努力は，**生物学的防除 biological control** に集中することが多い．それは，有害生物の個体群を攻撃する天敵を意図的に放すことである．農学者は，作物収量を減少させる昆虫や雑草を制御する潜在的な生物を見つけることに，長い間興味をもってきた．

生物学的防除の有効性は，多くの事例，特に侵略的な昆虫や植物で，証明されてきた．古典的な成功例として，セイヨウオトギリソウ（ヨーロッパ原産の多年生草本）の駆除がある．1940年代までに，セイヨウオトギリソウは，数十万ヘクタールの牧草地や草原を覆いつくし，家畜の飼料植物を激減させた．そこで，研究者はセイヨウオトギリソウを選択的に食べる植食性昆虫を，その原産地から導入した．光沢のある豆粒大の昆虫は，優占していたセイヨウオトギリ

▼図19.15 フロリダのビルマニシキヘビ．この1.8 mの巨大なヘビは，飼い猫をのみ込んでいた．

☑チェックポイント
導入されて侵略的外来種（侵入種）になる種は，侵略的でない種と何が異なるのか？

答え：侵入種は急速に成熟し，多数の子を与える．

◀図19.16 小さなハイイロマングース．

ソウを5％以下の量まで減少させ，牧場主にとっての土地の価値を回復させた．

　生物学的防除の落とし穴の1つは，防除のために導入した生物も同様に，侵略生物になってしまう可能性である．そのような教訓の1つが，ラット（ドブネズミ）駆除のためのマングースの導入である（図19.16）．ラットはインドや北アジア原産で，世界のさまざまな地域に偶然にもち込まれ，多くの地域で侵入種となった．サトウキビ農家にとって，ラットによる食害は深刻な被害だった．そこで，農家は，凶暴な小型食肉目の一種のハイイロマングースを導入して，この問題を解決しようとした．やがて，マングースは，カリブ海やハワイの島々を含む多くの自然環境に導入され，侵入種となった．マングースは，選択性のある捕食者ではなく，貪欲な食欲をもつ．マングース個体群が成長し拡散するに伴い，島という島で，爬虫類，両生類，地上営巣性の鳥類などの個体群が減少または絶滅した．マングースは家禽類も捕食し，毎年数百万ドルの損害を引き起こした．生物学的防除に関する潜在的生物の安全性と効果に関する厳密な研究が必要なことは，明らかである．

個体群生態学の応用

生物学的侵入　科学のプロセス

生物学的防除でクズを駆除できるか？

　「南部をのみ込んだ植物」（図19.17）として知られている侵略性ツル植物のクズの生物学的防除に関する研究を見てみよう．1930年代，米国農務省は，道路の法面や灌漑用水沿いの土壌侵食を抑えるため，アジア原産のクズの植栽を行った．現在，クズは推定3万1000 km²を覆っている（おおまかに，メリーランド州やデラウエア州を合わせた面積）．1日あたり約30 cmもの成長率を示すクズは，森林の樹木に登り密な葉で地面を覆う．冬にシュート（葉や茎）は枯れるが，春になると根からすばやく更新する．根は凍結すると生き残れないので，寒い冬が，新たな空間の獲得を制限していた．しかし，気候変動による暖冬はクズの分布を北に押し上げている．

　多くの侵入種と異なり，クズの場合，天敵が米国内に存在する．しかし，クズは食害などでダメージを受けても容易に成長する．研究者は，効果的な防除をもたらす在来の病気や昆虫について調査している．いくつかの可能性がすでに検証され，それらは棄却された．たとえば，ある種のガの幼虫がクズを食草として好むことが，実験によって示された．しかし，さらなる調査によって，その幼虫は，重要な作物種であるダイズ（クズの近縁種）をより好むことが

▲図19.17　クズ Pueraria lobata.

判明した．現時点では，Myrothecium verrucariaとよばれる病原菌が有力な候補として挙げられている．

　研究者は，M. verrucariaがクズと同じ科に属する草本に深刻な病気を引き起こすことを観察し，M. verrucariaを検証する

▼図19.18　病原菌 Myrothecium verrucaria の感染によるクズの生物学的防除．

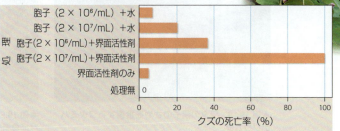

ことを選択した．温室，人工的に制御された気象室，屋外の植栽による予備的な実験で，「界面活性剤」（石鹸のような水の表面張力を減少させる物質）と一緒にM.verrucariaの菌の胞子を高濃度で散布すると，クズが枯死することが立証された．これらの発見は，疑問を提起した．M. verrucariaの散布は自然条件のクズ群落にうまく作用するだろうか？ 研究者の仮説は，M. verrucariaの散布は屋外実験で最も効果的だったので，自然条件下での散布も効果的だろう，というものだった．彼らの予測によると，高濃度の菌の胞子を界面活性剤と組み合わせて散布すると，クズの死亡率が最も高くなる，ということだった．図 19.18 に示された野外実験の結果は，この仮説を支持している．しかし，これらの実験はクズの生物学的防除に向けた最初の一歩にすぎない．この方法の安全性，効果，実用性を確実にするため，さらなる研究が必要である．

統合化された病虫害管理

漁業のような自然の生態系から資源を収穫する企業産業と対照的に，農業は高度に管理された生態系をつくる．典型的な作物個体群は，遺伝的によく似た（同種の）個体が近接して植栽されたものである．群集における多くの植食性動物や病原菌，ウイルスや菌類などにとって，豪華な食事が提示されているようなものだ．耕され肥沃な土壌は，作物と同様に雑草も育てる．これらの有害生物は成長している作物と，無機栄養素，水，光をめぐって競争する．よって，農家は，作物と競争，あるいは，作物の葉，根，果実，種子を食害する病虫と，終わりなき闘いを行うことになる．自宅では，より小さな規模で，芝生や庭を攻撃する雑草，昆虫，菌類，細菌，あるいは夏の夜を不快にする蚊と闘うことがあるかもしれない．

侵入種のように，作物の病害虫のほとんどは，日和見的な生活史特性（好適な環境で有利性を発揮する特性）をもっている．農業の歴史は，壊滅的な病害虫の大発生の事例であふれている．たとえば，ワタミハナゾウムシ（図 19.19）の幼虫や成虫は，ワタを食害する．1900 年代初頭から米国南部において分布を大きく拡大し，地域経済に深刻な損害を与え，その地域に長年にわたる影響を与えている．その侵略の民間伝承は，「ワタミハナゾウムシ・ブルース」という歌にもなり，多くのアーティスト（ザ・ホワイト・ストライプスのようなロックバンド）によってレコード化された．ウイルス，菌類，細菌，線虫，その他の植食性昆虫も，重大な損害を与えている．

DDT のような除草剤や殺虫剤は 1940 年代に開発され，農業の手段として急速に広まった．しかし，病害虫に対する農薬（化学的手段）は，それ自体が深刻な問題をもたらした．これらの化学物質は汚染物質で，空気や水の流れによってきわめて長距離を運ばれる．さらに，自然選択は農薬に影響されない個体群を生み出した（図 13.13 参照）．そのうえ，たいていの農薬は，病害虫と自然の捕食者を両方とも殺してしまう．被食種は捕食者よりも高い繁殖

▲図 19.19 ワタの種子のさやを食害するワタミハナゾウムシ．

▲図 19.20 アブラムシを捕食するテントウムシ．これらの貪欲な捕食者は，1 個体で 1 日に 50 個体のアブラムシを食べる．

率をもつことが多いので，病害虫個体群は捕食者が繁殖する前に急速に回復する．他にも意図しなかった損害が生じた．たとえば，農業と自然の生態系の両方に不可欠な授粉者を殺してしまうことである．

統合的病虫害管理は，農業被害を持続的にコントロールするための，生物学的・化学的・文化的方法の組み合わせである．研究者は，侵入種に対しても統合的病虫害管理アプローチを検討している．統合的病虫害管理は，植物の成長動態に関する知見に加え，病害虫やそれに関係した捕食者や寄生者の個体群生態学に関する知見に依存している．伝統的な病虫害管理手法が，すべての病害虫を根絶しようとしたのと対照的に，統合的病虫害管理は低いレベルの病害虫には我慢することを主張する．よって，多くの病虫害管理策は，耐病害虫の作物品種を用いたり，複数の作物種を混植したり，病害虫の餌資源を減少させるために作物種を交替させることによって，病害虫個体群の環境収容力を小さくすることを目指している．生物学的防除も，可能であれば用いられる．たとえば，多くの園芸家は，アブラムシの感染を管理するためテントウムシを放つ（図 19.20）．農薬も必要なら適用されるが，統合的病虫害管理の原則は化学物質の過剰な使用を抑えることである．✓

人口増加

✅ チェックポイント
なぜ，統合的病虫害管理は，化学物質だけを用いた病虫害管理よりも，持続可能な方法と考えられるのか？

答え：薬剤の使用は，病虫害個体群を殺すが，長期的には耐性のある個体群の方を選別するようになる．それは，病害虫の餌資源の減少も重要になる．また，薬剤の使用は，授粉者のような非標的種にも悪影響を及ぼしうる．

人口増加

いままで，生物の個体群の調節機構を見てきたが，私たちの種はどうなっているのだろうか？ ヒト個体群（人口）の歴史を見て，人口増加の現状と将来の傾向を考えてみよう．

人口増加の歴史

この文章を読んでいる間にも，世界中のどこかで約 21 人の赤ちゃんが生まれ，9 人が死亡している．出生と死亡の不均衡は人口増加（もしくは減少）の原因である．図 19.21 のグラフ中の点線で示されているように，人口は少なくとも数十年先まで増加し続けることが予想される．図 19.21 の棒グラフは，人口動態の異なる側面を示している．個体群に毎年加入する人の数は 1980 年代以降，減少してきている．人口動態におけるこれらのパターンを，私たちはどのように説明できるだろうか？

世界の人口は，1500 年は 4 億 8000 万人で，現在は 70 億人以上である．この人口増加の説明から始めよう．本章の最初で解説した指数関数的な個体群成長モデルでは，個体群の成長率（出生率－死亡率）は一定，つまり出生や死亡は年によって変化しない，と仮定された．結果として，個体群成長は個体群サイズだけに依存した．人間の歴史の大部分において，この仮定は正しかった．親は多くの子をもつが，死亡率も高く，増加率はゼロをわずかに上回る程度だった．よって，ヒトの個体群成長は，最初はとても緩やかだった（図 19.21 の x 軸を紀元 1 年までさかのぼっても，人口は約 3 億で，グラフ中の線は，1500 年間ほとんど平らにしか見えないだろう）．10 億人に達したのは 1800 年代初頭である．ヨーロッパや米国の経済発展は，栄養や衛生環境，医療の進歩をもたらし，人間は自分たちの人口増加をコントロールできるようになった．最初に，出生率が同じままで死亡率が減少した．純増加

> 1 秒あたり 1 人数えると，現在の地球の人口を数え上げるのに 225 年以上かかるだろう．

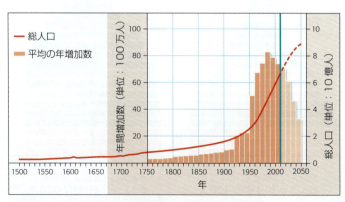

▲図 19.21 　500 年にわたる人口増加と 2050 年までの予測．

19章
個体群生態学

☑ **チェックポイント**
1900年代に世界の人口の増加率はとても高くなった理由は何か？ 最近の人口増加率の減少は何が原因か？

表2：1900年代になると、衛生設備の改善や健康管理によりヒトの死亡率が低くなった。一方、出生率は低下していない。そのため、人口は急激に増大した。近年は、医療の進歩と避妊の普及により、一部の地域で出生率の減少が起き、人口増加率は低下しつつある。

表19.3	2012年における人口動態		
人口	出生率 (1000人あたり)	死亡率 (1000人あたり)	成長率(%)
世界	19.1	7.9	1.1
先進国	11.2	10.1	0.3
開発途上国	20.8	7.4	1.3

率は上昇し，人口増加の勢いが1900年代初頭まで増大した．1900年代の半ばになると，栄養や衛生環境の改善，健康管理が開発途上国にも普及し，出生率が死亡率を上回り，猛烈な勢いで成長が増大した．

世界の人口が1927年の20億人から，33年後の30億人まで急上昇すると，一部の科学者は警告を発するようになった．彼らは，地球の環境収容力が人間で満たされ，密度依存的な要因が人間の苦悩や死亡を通して，人口の大きさを調節することを懸念した．しかし，全体の成長率は1962年にピークを迎えた．先進国では，進歩した医療が生存率を改善し続けているが，効果的な避妊が出生率を抑えている．そのため，出生率と死亡率の間の差が小さくなり，世界の人口の成長率は減少に転じつつある．ほとんどの先進国では，増加率はほぼゼロである (表19.3)．一方，開発途上国では，死亡率は低下したが出生率は高いままである．よって，人口は急速に増加している．2012年時点で，世界の人口には約7770万人が毎年加入しており，その内の大部分にあたる7400万人が開発途上国である．よって，世界の人口は増加し続けている． ☑

齢構造

本章の最初で紹介した齢構造は，人口の将来の増加を予測するのに役立つ．図19.22はメキシコの1989年，2012年，2035年の人口の齢構造の推計値あるいは予測値を示している．これらの各グラフ中央の垂直線の左側の棒は各年齢における男性の数，右側の棒は女性の数をそれぞれ表している．3つの色は，それぞれ，生殖前年齢層（0〜14歳），主要な生殖年齢層（15〜44歳），生殖後年齢層（45歳以上）を示している．なお，各棒は5歳ごとの年齢グループの人数である．

1989年の各年齢グループは，その1つ上の年齢グループよりも大きく，出生率が高い．このようなピラミッド型の齢構造は，急速に増加する典型的な人口である．2012年，人口増加率は小さくなった．最も若い3つの年齢グループは，ほぼ同じ大きさであることに注意してほしい．しかし，人口は増加し続けている．この状況は，人口において出産適齢にある女性の割合が増加することによる．これは**人口の惰性** population momentum として知られている．1989年の齢構造で0〜14歳だった女子（ピンク色の線で囲まれた世代）は2012年には出産の最盛期に達し，2012年に0〜14歳である女子（青色の線で囲まれた世代）は2035年にその名残として急速な増加もたらす．急速に増加する人口にブ

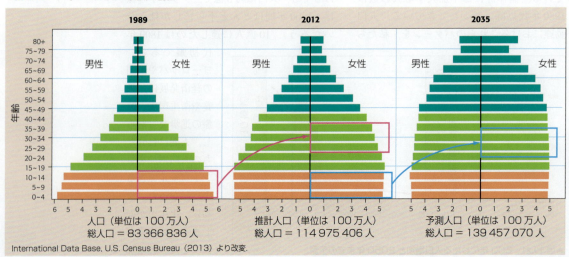

▼図19.22　メキシコにおける人口の惰性．

1989　総人口＝83 366 836人
2012　総人口＝114 975 406人
2035　総人口＝139 457 070人

International Data Base, U.S. Census Bureau (2013) より改変．

人口増加

▼図19.23 米国の1989年，2012年（推計），2035年（予測）の人口の齢構造．

レーキをかけるのは，貨物列車を止めるようなもので，実際に人口が減少するのはブレーキをかける決断をした後，かなりの年数が経過してからである．たとえ，特殊出生率（1人の女性が一生の間に生む子の数）が人口補充出生率（女性1人あたり平均2人の子どもをもつこと）と等しくなるまで減少したとしても，総人口は数十年の間は増加し続ける．よって，15歳以下の人口の割合は，将来の成長のおおまかな予想を与える．開発途上国では，総人口の約28％が15歳以下である．対照的に，先進国では約16.5％が15歳以下である．図19.21の棒グラフに示されたように毎年加入する人数が少なくなっても，総人口が増加し続ける（図19.21の線グラフ）その理由は，人口の惰性に原因がある．

齢構造のグラフは，社会状況も示しているだろう．たとえば増加する人口は，学校，雇用，社会的な生活基盤に対する要求の増大をもたらす．大きな高齢者人口は，健康管理政策のための膨大な資金を必要とする．米国における1989〜2035年までの齢構造の傾向を見てみよう（図19.23）．1989年人口の突出部分（黄色）は，1945年に終わった第二次世界大戦後から約20年間続いた「ベビーブーム」に対応している．膨大な子どもの数が学校の入学者数を膨らませ，新しい学校の建設を促進し，教員の需要を生んだ．一方，ベビーブームの

最後に生まれた卒業生は，厳しい就職競争に直面した．ベビーブーム世代は人口の大きな部分を占めているため，社会，経済，政治の動向に大きな影響を与えた．彼らは，1989年の0〜4歳グループと2012年の齢構造における隆起部分（ピンク色）に見られる小さなベビーブームももたらした．

ベビーブーム世代は現在どうなっているのだろうか？　その世代の前縁は退職する年齢に達しており，やがて医療や社会保障のような政策に圧力をかけるようになるだろう．2012年における米国の人口の60％が20〜64歳で，その年齢層のほとんどが労働人口で，一方65歳以上の高齢者人口は全体の13.5％を占める．2035年には，労働人口と高齢者人口の割合がそれぞれ54％と20％になる．高齢者人口の増加は，部分的には長寿命化が原因である．80歳以上の人口割合は1985年は2.7％だったが，2035年は約6％，2035年には約2300万人に達することが予想されている．✓

私たちのエコロジカルフットプリント

地球はどれくらいの人口を支えることができるのだろうか？　図19.21は世界の人口が急速に増加しているが，前世紀よりも増加率が低下していることを示している．人口の惰性と人口増加率から，ほとんどの

☑チェックポイント
なぜ15歳以下の人口割合が将来の人口増加のよい指標になるのか？

答え：15歳以下は生殖年齢に達していないので（子どもがあまりいないので），15歳以下の人口の割合が多いと，当該年齢の集団が将来，繁殖年齢に達するとき，人口の増加が加速する．この15歳以下のYの数は，将来のYの増加の指標になる．

先進国の人口は，近い将来も増加し続けることが予測される．米国の国勢調査局の予測によると，世界の人口は10年以内に800万人，そして2050年までに950万人に増加することが予測されている．しかし，これらの予測値は話の一部にすぎない．もし十分な資源があれば，数兆の細菌は1つのペトリ皿に生育できる．私たちには，80億人あるいは90億人を支えるための十分な資源があるのだろうか？

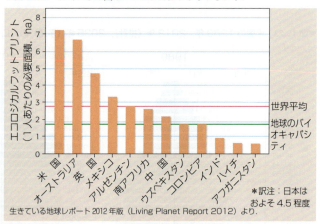

▼図19.24　いくつかの国のエコロジカルフットプリント．

生きている地球レポート2012年版（Living Planet Report 2012）より．

＊訳注：日本はおよそ4.5程度

数十年先，地球上に暮らすすべての人々を収容し，栄養失調あるいは栄養不良にある人々の食事を改善するためには，世界の食料生産を劇的に増加させなければならない．しかし，農業用地は，すでに劣化している．世界中で行われている家畜の過放牧は，広大な面積の草原を砂漠に変えている．水利用の水準は，過去70年で6倍になり，河川を干上がらせ，灌漑用水は枯渇し，地下水も減少している．地球温暖化による降水パターンの変化は，一部の地域において食料不足を引き起こしている．増加する人口を支えるためには，より多くの空き空間が必要なため，数千種もの生物が絶滅しようとしている．

エコロジカルフットプリント ecological footprint は，資源の利用可能性と使用法を理解する1つの概念である．エコロジカルフットプリントは，個人もしくはある国が消費する資源（食物，燃料，住宅）を供給し，廃棄物を処理するために必要とされる土地面積である．これは，炭素放出の主要な要素である．私たちの資源要求は，地球が供給可能な資源量，いわゆる**バイオキャパシティ biocapacity** を超えている．このことは，私たちに人為活動の持続可能性に視点を与える．

生態学的に生産的な土地の総面積を地球の人口で割ると，1人あたり約1.8 haになる．資源供給や廃棄物処理に必要とされる面積は平均1 haである．持続的利用をすれば，作物や牧草地，森林や漁場のような資源は再生産可能である．しかし，世界自然保護基金（World Wildlife Fund：WWF）によると，2008年の世界の人口の平均的なエコロジカルフットプリントは2.7 haだった．世界の人口を支え得るバイオキャパシティ

> 平均的な米国人は，1週間で約18 kgのゴミを出す．これは平均的なコロンビア人の3倍の量である．

▲図19.25　アフガニスタン（左）と米国の家族（右）の食事時．消費している物品や食事の準備に使っている材料に注目してほしい．

の1.5倍である．地球のバイオキャパシティを，私たちはすでに超えており，資源を枯渇させつつある．タラ漁業の崩壊（図19.13参照）は，自然資源の再生産能力を超えた人間の資源利用が引き起こす結果を例示している．

図19.24は，いくつかの国のエコロジカルフットプリントと世界の平均的なエコロジカルフットプリント（ピンク色の線），地球のバイオキャパシティ（緑色の線）を比較したグラフである．米国やオーストラリアのような裕福な国は，不つり合いに多くの資源を消費している（図19.25）．裕福な国の生態学的インパクトは，開発途上国の抑制なき人口増加と同様に，影響が大きいことを示している．つまり，問題は人口増加だけでなく，過剰な消費にある．地球の人口の15％を占める豊かな国は，人類全体のフットプリントの36％を占める．ある研究者は，世界中すべての人々を米国のような生活水準にするためには，地球4個分以上の資源が必要になると推定している．地球の再生産能力の範囲内にとどまるには，私たちすべての人間の消費を，コロンビアやウズベキスタンの人々なみに抑える必要がある．✓

人口増加

✓チェックポイント

個人の大きなエコロジカルフットプリントは，地球の環境収容力にどのように影響するか？

答え：個人を考えるときに重要な点が1つある．他の人が利用したり消費することができなくなる分の資源を減少させる．

生物学的侵入　進化との関連

侵略種としてのヒト

堂々としたプロングホーンアンテロープ *Antilocapra americana* は，数百万年前の北米の草原や低木の生える砂漠を移動していた祖先の末裔である（図19.26）．北米大陸で最も速く走る哺乳類で，6mあるいはそれ以上の歩幅，時速97kmのトップスピードをもつ．プロングホーンアンテロープのスピードは，主要な捕食者であるオオカミとの競争にも劣らない．オオカミは，老齢あるいは病気のプロングホーンアンテロープを捕える．どんな捕食圧が，そんなにすごいスピードをもたらしたのだろうか？　生態学者は，プロングホーンアンテロープの祖先が，いまでは絶滅した北米のチーター（アフリカのチーターによく似た）から逃れるために，そのスピードを進化させたと考えている．

チーターだけが，プロングホーンアンテロープの生息にとって危険だったわけでなかった．180万年前から1万年前までの更新世の間，北米は，その他にも恐ろしい捕食者がたくさんいた．ライオン，ジャガー，約18cmにもなる犬歯をもったサーベルキャット，立ち上がると3.4mの高さ，体重750kgのクマなどである．これら恐ろしい捕食者にとって，獲物は大きな地表性のナマケグマ，3mも広がった角をもつバイソン，ゾウの仲間のマンモス，さまざまなウマやラクダ，数種のプロングホーンなどである．これらすべての大型哺乳類の中で，プロングホーンアンテロープだけが，更新世の最後まで分布していた．他の大型哺乳類は，比較的短い間で絶滅した．それは，ヒトが北米中に分布を拡大した時期と一致する．絶滅の要因については熱い議論があるが，多くの科学者は最終氷期の終わりに起こった気候変動にならんでヒトの侵入が原因と考えている．総合すれば，生物的，非生物的な環境の変化が，これら大型哺乳類の進化的反応に対して，あまりに急速に生じたからである．

更新世の生物絶滅におけるヒトの役割は，たんなる始まりにすぎなかった．人口は増加し続け，地球上のあらゆる場所に入植していった．他の侵略的な生物のように私たち人間は，同じ生息地を共有していた他の生物の環境を変化させる．人間による環境変化の欲求とそのスピードは増大し，生物絶滅が加速的な勢いで生じている．生物多様性の急速な消失は，次章の一貫したテーマになるだろう．

▼図19.26　北米の草原を疾走するプロングホーンアンテロープ．

本章の復習

重要概念のまとめ

個体群生態学の概要
個体群は，同じ時間，同じ空間に生育している種の個体の集合である．個体群生態学は，個体群のサイズ，密度，齢構造，成長率に影響を与える要因に焦点を当てる．

個体群密度
個体群密度は，単位面積もしくは単位容積に分布する種の個体の数である．個体群密度は，さまざまなサンプリング手法で推定することができる．

個体群の齢構造
異なる年齢グループに属する個体の頻度分布のグラフは，個体群に関する有益な情報を提供する．

生命表と生存曲線
生命表は，個体群におけるさまざまな年齢における個体の生存や死亡を追跡したものである．生存曲線は，生活期間を通した死亡率の変化に応じて3つのタイプに分類される．

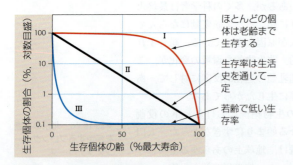

進化的な適応としての生活史特性
生活史特性は進化的な適応で形成される．ほとんどの個体群の特徴は，昆虫のように極端に日和見的な生活史をもつもの（すばやく有性繁殖の段階に達し，多くの子を残す）と，より大きな体サイズで平衡的な生活史をもつもの（ゆっくりと成長して少ない子を残し，子の面倒をよく見る）の間にある．

個体群成長モデル

指数関数型の個体群成長モデル：環境の制約のない理想的な条件の場合
指数関数的個体群成長は増加が加速し，成長が無制限な場合に生じる．指数関数型モデルは，大きな個体群ほど，より速く増加することを予測する．

ロジスティック個体群成長モデル：環境に制約のある現実的な条件の場合
ロジスティック個体群成長は，成長が制約条件で減速された場合に観察される．ロジスティックモデルは，個体群サイズが環境収容力に対して，小さいときあるいは大きいときに成長率が小さくなり，個体群サイズが環境収容力に対して中程度のときに，成長率が最大化することを予測する．

個体群成長の調節
ほとんどの個体群の成長は長期間にわたり，密度非依存的あるいは密度依存的な要因の組み合わせで制限されている．密度依存的効果の強度は，個体群の密度が増加するにつれて増加する．密度非依存的な効果は，個体群サイズに関係なく一定割合の個体に影響する．ある種の個体群は，周期的に個体群サイズが変動する．

個体群生態学の応用

絶滅の危機に瀕した種の保全
絶滅危惧種や絶滅の恐れのある種は，とても小さな個体群サイズが特徴である．保全手法の1つは，そのような種の個体群が，最低限必要とする生育地の条件を特定し，それを整えることである．

持続的な資源管理
資源管理者は，生物資源の持続的収穫を行うために，個体群生態学の理論を適用する．

侵略的外来種
侵略的外来種（侵入種）は在来種でない生物で，導入された場所をはるかに超えて分布を拡大し，環境的および経済的な損害を与える．典型的な侵入種は，日和見的な生活史特性をもつ．

病虫害の生物学的な防除

生物学的防除，たとえば，病害虫の個体群を攻撃する天敵の意図的な導入は，侵入種に対して効果的な場合がある．しかし，農薬の使用は，病害虫を侵略的にすることもある．

統合的病虫害管理

作物学者は，農業における病虫害の対策として，統合的病虫害管理の戦略を開発してきた．それは，生物学的手法や化学的手法や育種手法を組み合わせたものである．

人口増加

人口増加の歴史

人口は20世紀の間に急速に増加し，現在では70億人を上回っている．先進国では，高い出生率と死亡率から，低い出生率と死亡率に変化し，人口増加率を低下させている．開発途上国では，死亡率は低下したが，出生率はいまだ高い．

齢構造

人口の齢構造は，将来の人口増加に影響する．1989年のメキシコの齢構造は，すそ野が広く（0〜14歳の人口が多く），次世代も人口増加が続くことが予想される．人口の惰性は（出生率が死亡率に同じくらい減衰したとしても），前世代の0〜14歳の女子が子を出産する年齢に到達するにつれ，さらなる人口増加を引き起こす．下の右図に示されたような齢構造は，社会的あるいは経済的な傾向も示すかもしれない．

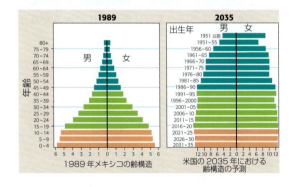

私たちのエコロジカルフットプリント

エコロジカルフットプリントは，個人や国が消費する資源を支えるために必要とされる土地面積である．先進国と開発途上国の資源消費には大きな格差がある．

セルフクイズ

1. あなたの地域の人口密度を推定するために必要な2つの数値は何か？
2. たくさんの子を産むが，子の世話はほとんどしない種は＿＿＿型の生存曲線になる．対照的に，少数の子を産み，子の世話を長く行う種は＿＿＿型の生存曲線になる．
3. 理想化された指数関数型成長曲線とロジスティック成長曲線のグラフを，a〜dの指示に沿って完成させよ．

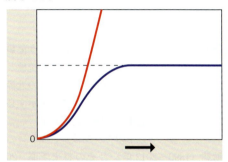

   a．x軸とy軸を書き込み，各曲線の名前を書き入れよ．
   b．破線は何を意味しているか？
   c．各曲線の特徴，および個体群成長率が最大になる条件を説明せよ．
   d．これらの曲線のどちらが，地球上の人口の増加をより表しているか？
4. 次の説明のうち，どれが密度依存的な制限要因の効果を示しているか？
   a．火災による森林パッチのマツの死亡
   b．早い時期の降雨がバッタ個体群の大発生を引き起こす
   c．干ばつが小麦の収量を減少させる
   d．ウサギが増加し，彼らの食物供給が減少し始める
5. どのような生活史が侵入種に典型的か？
6. 産業革命以降の急激な人口増加の原因として，最も適切なものをa〜dから選べ．
   a．地球上の人口密度の低い地域への移住
   b．栄養条件の改善が出生率を増大させた
   c．栄養条件の改善と健康管理による死亡率の低下
   d．都市部への人口集中
7. 世界自然保護基金（WWF）によって2008年に行われたエコロジカルフットプリントの研究によっ

て判明したことをa〜dから選べ．
　a．地球の人口の環境収容力は100億人である．
　b．先進国によって現在要求されている地球上の資源は，それらの国々で利用可能な資源量よりも少ない．
　c．米国のエコロジカルフットプリントは，世界平均の2倍以上である．
　d．最も大きなエコロジカルフットプリントを示す国は，最も早い人口増加率を示す．

解答は付録Dを見よ．

科学のプロセス

8．研究者が *Myrothecium verrucaria* という菌類をクズの生物学的防除のための効果的な対抗種として用いた場合，この菌類がダイズ（クズの近縁種）のような有用種に害を与えないことを示す必要がある．これを検証する実験を説明せよ．

9．**データの解釈**　以下のグラフは，メキシコの人口動態（1890〜2012年）とその将来予測（2012〜2050年）を示している．メキシコの人口増加率は，どのように変化しただろうか？　また，今世紀半ばまでに，人口増加率はどのように変化するだろうか？　2050年におけるメキシコの齢構造を説明せよ．

Transitions in World Population, *Population Bulletin* 59：1（2004）より改変

生物学と社会

10．侵入種との闘いに関して，専門家は市民科学者の助けを募っている．たとえば，2014年にフロリダ魚類野生生物委員会は，ミノカサゴの目撃を知らせるスマートフォンアプリを発表し，それで得られたデータを駆除事業に役立てようとしている．米国やカナダの侵入種を同定して分布場所を知らせるアプリは，www.whatsinvasive.org.で利用できる．他の市民科学プロジェクトは，www.birds.cornell.edu/citscitoolkit/projects/find/projects-invasive-speciesに一覧がある．これらのサイトを利用すれば，あなたの地域で最も深刻な侵入種を知ることができる．また，侵入種の同定方法や，その管理策を知ることができる．

11．トラ，マウンテンゴリラ，マダラフクロウ，ジャイアントパンダ，ユキヒョウ，グリズリーなどは，人間による生息地の侵略によって絶滅の危機に瀕している．これらすべての動物に共通しているもう1つの点は，平衡的な生活史特性をもっていることである．平衡的な生活史特性をもつ種は，日和見的な生活史特性をもつ種よりも，絶滅の危機に陥りやすい理由を説明せよ．これらの動物の生存曲線の型はどのようになるか説明せよ．

12．裕福で，より発展した先進国は，地球の資源を過剰に消費し，多くの廃棄物，二酸化炭素やその他の温暖化ガスを排出し，地球温暖化を引き起こしている．気候変動の結果は，海水面の上昇を，干ばつ，異常気象をもたらす．これらの環境悪化によって，貧しい開発途上国が経済的負担を被ることを，裕福な国が手助けする責任があるだろうか？

20 生物群集と生態系

なぜ生態学が重要なのか？

▼マグロは，食物連鎖の高次消費者を食べるので，水銀やその他の毒物を蓄積しやすい．

◀ ハンバーガーの牛肉を生産するためには，大豆バーガーのダイズを生産するための8倍の面積を必要とする．

▲あなたの体の原子は，7500万年前に生きていた恐竜の一部だった．

▲熱帯多雨林における人間の侵略は，エボラのような新たな病気をヒトにもたらした．

章目次

生物多様性の消失　472
群集生態学　474
生態系生態学　483
保全生物学と復元生物学　490

本章のテーマ

失われゆく生物多様性

生物学と社会　生物多様性はなぜ重要なのか？　471
科学のプロセス　熱帯林の分断化は生物多様性にどのような影響を与えているのか？　492
進化との関連　バイオフィリアは生物多様性を救えるか？　495

失われゆく生物多様性　生物学と社会

生物多様性はなぜ重要なのか？

　人口が増加するにつれて，数百種の生物が絶滅し，数千種以上が絶滅の危機に瀕している．これらの変化は，生物学的多様性，あるいは生物多様性の消失を表している．生物多様性の消失は，自然の生態系の消失と関連して進行している．人間の開発をまぬがれているのは，地球上の陸地のたった1/4である．私たちが自然の生態系に影響を与えているのは明らかで，私たちは改変された景観に暮らしている．また，私たちはあまり気づいていないかもしれないが，海洋に対する人為影響も広範に及んでいる．

　生物多様性の価値とは何だろうか？　ほとんどの人は，生態系から直接供給される利益を享受している．たとえば，私たちが利用する水，木材，魚のような資源が，自然の生態系あるいは自然に近い生態系に由来することを，おそらく，あなたは気づいているだろう．2010年のメキシコ湾石油流出の大事故が示したように，これらの生物資源は経済的な価値がある．この事故によって，水産業や観光業など数十億ドルの被害を受けた．しかし，人類は，健全な生態系から提供されるサービスにも依存しているが，それはあまり明確ではない．メキシコ湾の石油流出事故に影響を受けた沿岸域の湿地は，ハリケーンの緩衝効果をもち，洪水の影響を軽減し，汚染物質を除去する機能を果たす．湿原は，鳥類やウミガメの繁殖地，さまざまな魚類や貝類の養育場所を提供する．自然の生態系は，その他のサービスも提供する．たとえば，栄養素の循環，土壌浸食や地滑りの防止，農業の病害虫防除，作物の授粉などである．ある科学者は，これらの生態系サービスの経済的価値を概算した．それによると，年間平均の生態系サービスは33兆ドルにも上った．これは，世界的な国民総生産の2倍になる．概算ではあるが，これらの推定値は，生物多様性が重要で，それを失ってはならないことを指摘している．

　本章で私たちは，生物間の相互作用を考察し，このことがどのように生物群集の特徴を決定しているのかを理解する．そして，より大きな空間スケールで生態系の動態を考える．本章を通して，生態学の知見が，地球の資源を賢く管理することに，いかに役立つのかを学ぶことになる．

テキサスのガルベストン湾における2014年の石油流出事故は，このユキコサギの生育地であるボリバー半島付近のバードサンクチュアリを脅かした．

20章 生物群集と生態系

生物多様性の消失

✓チェックポイント
遺伝的多様性の消失は，どのように個体群を危うくするのか？

答え：遺伝的多様性の減少する個体群は，環境の変化に対して適応しにくくなる。

前述したように，**生物多様性 biodiversity** は生物学的多様性の略語で，さまざまな生物の多様性を表す．生物多様性は，遺伝的多様性，種の多様性，生態系の多様性から構成される．よって，生物多様性の消失は，個々の種の運命より多くの要素を含む．

遺伝的多様性

ある種の個体群の遺伝的多様性は，環境に対する小進化や適応を可能にする原材料である．もし，ある地域の個体群が失われるとすると，種内の個体数が減少することになり，その種の遺伝的資源も減少する．遺伝的変異の過度の減少は，種の存続を危うくする．種が消えると，その種がもつ特異な遺伝子も失われる．

地球上の全生物の膨大な遺伝的多様性は，人間にとって大きな潜在的利益となる．多くの研究者やバイオテクノロジーの指導者は，将来開発されるかもしれない新薬や工業用化学物質などに関係する遺伝子の「生物学的探査」の可能性について熱狂している．生物学的探査は，世界の食物供給にも手がかりを与えるかもしれない．たとえば研究者は，東アフリカや中央アジアの穀物収量に打撃を与えているコムギ赤さび病の原因となる新たな菌類の拡大を阻止しようと努力している．世界中で栽培されているコムギの品種の少なくとも75％がこの病気に感染するが，研究者は野生のコムギから抵抗性のある遺伝子を見つけることを期待している（図20.1）．✓

種の多様性

私たちが生物圏に与えている損害から見て，生態学者は人間が驚くべき速度で種を絶滅に追いやっていると考えている．現在の種の消失速度は，過去10万年のどの時代のそれより100倍以上高いかもしれない．ある研究者は，いまの破壊の速度で行くと，現在生育している植物や動物の種の半分以上が今世紀の終わりまでに消えてしまうと予測している．図20.2は2つの最近の犠牲者を示している．国際自然保護連合（International Union for the Conservation of Nature：IUCN）は，世界中の生物種の保全状況を科学的に評価した．現状のいくつかの例を以下に列挙する．

- 評価した鳥類10004種の約13％，哺乳類4667種の約25％が絶滅の危機に脅かされている．
- 世界の淡水魚の約20％以上が，人類の歴史において絶滅したか，あるいは現在，絶滅の危機に脅かされている．
- 評価したすべての両生類の約40％が絶滅の危機に瀕している．
- 米国で記載されている植物約2万種のうち，信頼できる記録が取られるようになって以来，200種が絶滅した．世界の1万種以上の植物が絶滅の危機に瀕している．

▼図20.1　ヒトツブコムギは，近代の栽培品種に近縁の野生種の1つである．

▼図20.2　人間が引き起こした生物絶滅のリストに最近加わった種．

ウンピョウ．タイワンウンピョウは台湾だけに分布する亜種．2013年，科学者たちはこの種が生存しているという希望をあきらめた．この写真は，動物園で飼育されている類似の亜種である．

ヨウスコウカワイルカ．このカワイルカは，中国の揚子江にもともと生育しており，水質汚染や生息地の消失の犠牲者である．2年間の分布調査の後，2006年に絶滅が宣言された．

生態系の多様性

　生態系の多様性は，生物学的多様性の3番目の要素である．生態系はある空間における生物と非生物的要因の両者を含むことを思い出してほしい．生態系内の異なる種の個体群間の相互作用のネットワークのため，ある種の局所的な消失は生態系全体に負の影響を与える．さらに，人間にとって直接的または間接的な利益となる，生態系の機能から提供される**生態系サービス ecosystem service** も失われる．生態系サービスには，空気や水の浄化機能，気候調節，土壌の侵食防止（砂防）などが含まれる．たとえば，森林は大気中の炭素を吸収し貯蔵する．森林が破壊されたり劣化すると，その機能は失われる（図18.39参照）．サンゴ礁は種多様性が豊かなだけでなく（図20.3），食料，台風による波浪の緩和，観光など，人々にさまざまな利益を与えている．世界のサンゴ礁のおよそ20％が人為活動ですでに破壊された．2011年に発表された研究によると，残っているサンゴ礁の75％が危機に瀕しており，もし現在のような人為影響が継続したら，2030年までに90％のサンゴ礁が危機に陥る．✓

生物多様性を減少させる要因

　生態学者は，生物多様性の消失に関して4つのおもな要因を特定した．それは，生育地の破壊と分断化，侵入種，乱獲，汚染である．人間の人口のかつてない分布拡大と優占は4つの要因の根幹である（18章参照）．

生育地の破壊

　農業，都市開発，林業，鉱業による生息地の大規模な破壊や分断化は，生物多様性に対する最も大きな脅威である（図20.4）．国際自然保護連合（IUCN）によると，生息地の破壊は，絶滅のおそれのある鳥類，哺乳類，両生類の85％以上に影響を与えている．タイワンウンピョウの絶滅は，その豪華な毛皮の取引と並んで，生息地の破壊が原因である．東南アジアの森林に生息している残りわずかなウンピョウの亜種は，森林破壊によって絶滅の危機に瀕している．生育地の分断化の影響については，本章の最後のほうで詳細に見ることにする．

侵略的外来種（侵入種）

　生物多様性の消失の要因として，生育地の破壊の次にランクされるのは，侵入種の導入である．人為的な導入種の，抑制の効かない個体群増加が，在来種の生育地に大損害を与える．つまり，導入種は在来種と競争し，あるいは，在来種を捕食したり在来種に寄生したりする（19章参照）．新規参入種の増加を抑える他種との競争の欠如は，外来種が侵略的になる重要な要因である．

乱　獲

　海洋漁業の非持続性（図19.13参照）は，野生生物の個体群の再生能力を超えた乱獲を示していた．アメリカバイソン，ガラパゴス

生物多様性の消失

> ✓ **チェックポイント**
> 生態系が破壊された場合，それらが供給していた生態系のサービスは失われる．生態系サービスの例としていくつか挙げよ．
>
> 答え：第3段落，このページの例を参考にして，空気や水の浄化，気候の調節，土壌の侵食防止など

▼図20.3　生物多様性の色彩が鮮やかなサンゴ礁．

▼図20.4　生育地の破壊．露天掘りは問題のある採掘方法として知られ，鉱業会社が山頂を爆破して石炭を掘り出す．山から出た表土は近接している谷に放棄される．

20章
生物群集と生態系

ゾウガメ，トラは，商業的な乱獲や密漁，狩猟によって，劇的に個体数が減少した陸上生物の一部である．過剰伐採は植物種も脅かしている．たとえば，高価な材となるマホガニーやローズウッドのような希少種である．

汚　染

空気や水の汚染（図20.5）は，世界中で数百種もの個体群が減少している要因である．地球の水循環は，汚染物質を陸域生態系から海域生態系へ運ぶ．大気中に放出された汚染物質は，数千キロも離れた地域に運ばれ，酸性雨となって地上に降下するだろう．✓

▲図20.5　2010年のメキシコ湾石油流失事故により石油にまみれたペリカン．野生生物は汚染の典型的な被害者である．汚染による影響は，生態系のすみずみにまで及ぶ．

☑ **チェックポイント**
生物多様性の減少を引き起こす4つの主要因は何か？

答え：生育地の破壊，外来種，乱獲，汚染

群集生態学

草原や森，あるいは校庭や裏庭を歩くと，さまざまな種がいるのを観察できる．木には鳥，花には蝶，芝生にはタンポポ，あるいは近づくと素早く動くトカゲなどを目にするだろう．これらの生物は，生活活動を行ううえで（食物，営巣，生育空間，隠れ場所などをめぐって）相互作用している．生物の生物的要因は，同じ空間に生育する同種の個体群の影響だけでなく，他種の個体群の影響も含む．近接して生育し，潜在的に相互作用する種の集合は **群集 community** とよばれる．図20.6 に示された，ケニアのライオン，シマウマ，ハイエナ，ハゲタカ，植物，見えない微生物は，すべて生態学的群集の構成員である．

▼図20.6　ケニアのサバンナ群集で相互作用する多様な種．

種間の相互作用

群集に関する私たちの学習は，**種間相互作用 interspecific interaction** から始まる．種間相互作用は，個体群に対する効果によって分類される．それらには，有益な効果（＋）あるいは有害な効果（－）がある．群集における2種の個体群が，食物や空間のような資源を奪いあうことがある．この相互作用の効果は，両方の種にとって負（－／－）となり，どちらの種も生息地で提供されるすべての資源を占有することはない．一方，種間相互作用が両方の種にとって利益（＋／＋）になることもある．たとえば，花と授粉者の相互作用は，互いに有益である．3番目の種間相互作用は，ある種が別の種を食物資源として捕食することである．この相互作用の効果は，明らかに一方の種の個体群に利益となり，他方にとっては不利益となる（＋／－）．これから数ページにわたり，このような種間相互作用と，それらが群集に及ぼす影響について詳細に学ぶ．また，種間相互作用が自然選択の重要な原動力になることを理解するだろう．

種間競争（－／－）

個体群成長のロジスティック成長モデル（図19.6参照）では，増加する個体群密度

が，各個体の利用可能な資源量を減少させる．限られた資源をめぐる種内競争は，最終的に個体群成長を制限する．**種間競争** interspecific competition では，ある種の個体群成長が，同種の個体群密度（種内競争）とともに，競合する他種の個体群密度によって制限される．

群集における種個体群が，互いに競争するかどうかを決定する要因は何だろうか？各種は**生態学的ニッチ** ecological niche をもっており，それは，環境における生物的資源と非生物的資源の利用の総和と定義される．たとえば，キムネズアカアメリカムシクイ（**図 20.7a**）とよばれる小鳥の生態学的ニッチは，営巣場所，巣をつくる材料，餌となる昆虫，降水量や気温や湿度のような生存を可能にする気候条件などがある．いわば，生態学的ニッチとは，キムネズアカアメリカムシクイの存在に必要なあらゆるものを包含している．サメズアカアメリカムシクイの生態学的ニッチは，キムネズアカアメリカムシクイ（**図 20.7b**）が利用する同じ資源をいくつか含む．よって，これら2種が同じ空間に生育した場合，互いに競争することになる．

生態学者はアリゾナ中央部の群集で，これら2種の鳥の個体群に対する種間競争の影響を調べた．そこで2種の鳥をそれぞれ除去する実験が行われた．一方の種が除去されると，残された種の繁殖（育雛）は有意に成功した．つまり，種間競争は両種の繁殖成功（適応度）に対し，直接的に負の影響を与えていた．

2種の生態学的ニッチが類似している場合，両種は同じ空間で共存できない．生態学者は，これを**競争排除則** competitive exclusion principle とよぶ．この概念を提示したのはロシアの生態学者ガウゼ G. F. Gause で，彼はすばらしい一連の実験によってこれを明らかにした．ガウゼは2種の近縁の原生生物（ゾウリムシの仲間），*Paramecium caudatum* と *P. aurelia* を実験材料に用いた．彼は，最初に2種それぞれの個体群を別々に同じ条件下で培養し，各種の環境収容力を明らかにした（**図 20.8** の上のグラフ）．それから，2種の個体群を一緒にして培養した．2週間経過すると，*P. caudatum* 個体群は崩壊した（下のグラフ）．ガウゼはこれら2種の資源要求はよく似ているので，競争で優位な種 *P. aurelia* が *P. caudatum* の資源を奪った，と結論づけた．☑

相利共生（＋ / ＋）

相利共生 mutualism では，両種が相互作用から利益を受ける．一部の相利共生は，物理的に互いが密接に関係し，共生している種で見られる．たとえば，根と菌類が共生している菌根がある（16章の「生

群集生態学

☑チェックポイント

別の実験で，ガウゼは *P. caudatum* と *P. bursaria* が同じ生育地で共存することを発見した．しかし，両種の個体群サイズは，2種をそれぞれ別々に培養した場合よりも小さくなった．これら結果から両種の競争様式を説明せよ．

答え：*P. caudatum* と *P. bursaria* の競争は，両種の個体群の利用可能な資源量を減少させている．両種は部分的にニッチが重複しているが，完全には排除されない．つまり，これらの種も共存するが，競争力に違いがない．と考えられる．

▼図 20.8 *Paramecium* 実験個体群における競争排除.

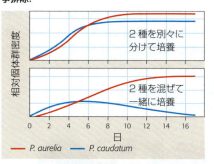

Paramecium aurelia

Paramecium caudatum

▼図 20.7 類似した資源を利用する種.

(a) キムネズアカアメリカムシクイ　　(b) サメズアカアメリカムシクイ

20章 生物群集と生態系

物学と社会」のコラムを参照). 菌類は植物に無機栄養素を供給し, 植物は菌類に有機栄養素をもたらす. サンゴ礁生態系は, 一部のサンゴ（動物）と数百万の単細胞藻類（サンゴのポリプの細胞内に生育）の相利共生に依存している（図20.9）. サンゴ礁は, 炭酸カルシウムを分泌して外骨格をつくる造礁サンゴの世代を積み重ねることで構築される. 藻類が光合成によって生産する糖類は, サンゴが利用するエネルギーの少なくとも半分を提供する. このエネルギーによって, サンゴは新しい外骨格を形成し, 侵食や成長の速い海藻との空間をめぐる競争をしのいでいる. 一方, 藻類は光を受容するための隠れ場所をサンゴ内に確保できる. 藻類は, サンゴの排出物（二酸化炭素や貴重な窒素化合物であるアンモニア）も利用する. 相利関係は, 花粉媒介者のように共生していない種の間でも生じる.

捕食（＋／－）

捕食 predation は, ある種（捕食者）が他の種（被食者）を殺して食べることである. 捕食は被食者の繁殖成功に負の影響を与えるため, 捕食者を回避するための数多くの適応が, 被食者の個体群において自然選択を通して進化してきた. たとえば, ある被食種はプロングホーンアンテロープのように, 捕食者から逃れるために速く走る（19章の「進化との関連」のコラムを参照）. ウサギのような種は, 隠れ場所に逃げ込む. また, ある被食者は, ヤマアラシの鋭いとげ, 貝やカキの堅い殻のような, 機械的な防御に頼る.

適応的な彩色は, 多くの動物で進化した防御の1つである. カモフラージュ（迷彩）は隠蔽色 cryptic coloration とよばれ, 被食者と背景を見分けにくくする（図20.10）. 警告色 warning coloration は, 黒色と黄色, 赤色, オレンジ色など鮮やかな模様で, 効果的な化学的防御をもつ動物を特徴づけている. 捕食者は, これらの模様を, まずい味や痛みのような不快な結果と関連づけて学習し, 類似した模様をもつ被食者を避ける. コスタリカの多雨林に生息するヤドクガエルの鮮やかな色は（図20.11）, そのカエルの皮膚にある有毒な化学物質の警告となっている.

被食者は別の種を「ものまね」した適応, つまり擬態を通して, 有意な防御機構を得ることもできる. たとえば, 毒をもっていないスカーレットキングスネークの赤色, 黄色, 黒色の縞模様は, 毒をもつイースタンコーラルスネークの目立つ体色によく似ている（図20.12）. ある昆虫は, 体の構造を精巧に偽装させた適応と一体化した防御色をもっている. たとえば, 体の外見が, 枝, 葉, 鳥の糞に似ている昆虫がいる（ナナフシなど）. ある種は, まるで脊椎動物のように見える模倣になっている. たとえば, スズメガの幼虫の背面の色は, 効果的なカモフラージュとなっており, 攻撃を受けると幼虫はひっくり返り, 腹面のヘビの目のような模倣を見せる（図20.13）. 脊椎動物の目に似た眼状斑点は, 蛾や蝶のいくつかのグループに共通している. 大き

▲図20.9 **相利共生.** サンゴのポリプには単細胞藻類が共生している.

▼図20.10 **隠蔽色.** タツノオトシゴの一種であるピグミーシーホースは, カモフラージュによって捕食者から身を隠す.

▼図20.11 ヤドクガエルの警告色.

▲図 20.12　ヘビの擬態．毒のないスカーレットキングスネーク（左）の色彩パターンは，毒をもつイースタンコーラルスネーク（右）とよく似ている．

群集生態学

な「目」を一瞬見せることは，捕食者に見せかけて脅かせることになる．また，ある種は眼状斑点によって，捕食者の攻撃を体の重要な部分から，そらせようとする．

植食（草食）（＋／－）

植食（草食）herbivory は，動物による植物体や藻類の消費である．植食は，植物にとって致命的ではないが，動物に部分的に食べられた植物は，被食で失ったものを再生するためにエネルギーを消費しなければならない．よって，植物では，植食者に対する多くの防御が進化した．とげや針は，明らかに植食者に対する工夫である．とげの多いバラの木から花を摘んだり，とげのあるサボテンに触れたことがある人はわかるだろう．有毒な化学物質も，植物にはとても一般的である．動物の科学的な防御と同様に，植物の毒は，味をまずくして捕食者を嫌悪させ，植物を回避させることを学習させる．そのような化学的な武器として以下の例がある．*Strychnos toxifera* とよばれる熱帯のツル植物がつくるストリキニーネ，アヘンケシのモルヒネ，タバコ植物のニコチン，ペヨーテサボテンのメスカリン，さまざまな植物のタンニンなどがある．ある防御化学物質は，植食者にとっては有害だが，人間にとって毒でないものもある．たとえば，ペパーミント，クローブ，シナモンなどなじみのある香りである（図 20.14）．一部の植物は，昆虫が食べたらその成長を異常にする化学物質をつくる．化学会社は，農薬をつくるため植物の毒の特性を利用してきた．たとえば，ニコチンは殺虫剤として利用されている．☑

寄生と病気（＋／－）

植物と動物は両者とも，寄生者や病原体に苦しめられている．これらの相互作用は一方（寄生や病原体）に有益で，他方（宿主）には有害である．**寄生者** parasite は **宿主** host の表面あるいは内部に生育し栄養素を得る．無脊椎動物の寄生者は，吸虫類，サナダムシ，回虫などの扁形動物を含み，宿主の体内に寄生する．外部寄生者には，ダニ，シラミ，蚊のような節足動物

✓チェックポイント
人間は，苦い味のする植物のほとんどを好まない．私たちは，なぜ，苦味の化学物質を受容する味覚をもっているのだろうか？

答え：多くの化学物質に対する体系の感受性は，人間の有害な植物や動物を避ける，多くの種を回避することに関係される．

▼図 20.13　ヘビに擬態する昆虫．攻撃されたとき，スズメガの幼虫はひっくり返り（左），ヘビ（右）に似た眼点を見せて擬態する．

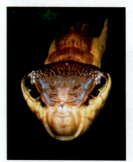

▼図 20.14　香りのある植物．

ペパーミント．一部のペパーミント植物は，刺激のある油を生産する．

クローブ．料理に用いられるクローブは，この植物の花芽である．

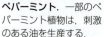

シナモン．シナモンはこの樹の内皮からとれる．

477

20章 生物群集と生態系

✓ チェックポイント
寄生者と宿主の相互作用は，捕食者と被食者，食者と植物の相互作用と，どのように類似しているか？

があり，それらは一時的に宿主に取りついて血液や体液を摂食する．植物も寄生者に攻撃される．線虫やアブラムシのような小型の昆虫寄生者は，植物の師部の汁液を吸汁する（図19.10参照）．どのような寄生者個体群においても，宿主上で最もよい場所に位置して採餌する個体の繁殖成功が最も大きくなる．たとえば，ある水生のヒルは，まず水中を動き回って宿主の位置を特定し，それから宿主の体温や皮膚に含まれる物質によって確認する．

病原体 pathogen は病気を発生させる細菌，ウイルス，菌類，原生生物などで微細な寄生者と考えられる．在来でない病原体は，急速で劇的な影響を与えるため，病原体が群集に与える影響を調査する機会を提供する．1つの例として，生態学者はクリ胴枯病（菌類による病気）の大流行を研究した．クリはかつて，北米の森林群集で優占していた林冠種で，病気の伝染で減少し，それに伴い群集の組成や構造に大きな影響が生じた．クリと競争していたナラやクルミはより数を増やし，結局，樹木の多様性は増加した．枯死したクリは，昆虫，樹洞に営巣する鳥，さらには分解者のような他の生物のニッチも提供した．✓

栄養構造

ここまで，群集の個体群が，互いにどのように相互作用しているのかを見てきた．次に群集全体を考えてみよう．群集における種間の摂食関係は **栄養構造 trophic structure** とよばれる．群集の栄養構造は，植物やその他の光合成生物から植食者や捕食者に至る，エネルギーや栄養素の経路を決定する．栄養段階の間の食物移行の系列は，**食物連鎖 food chain** とよばれる．

図20.15 は陸上と水中の食物連鎖を比較している．グラフ下部の連鎖の最初が，すべての生物を支える栄養段階である．これは独立栄養生物から構成されており，生態学者は **生産者 producer** とよぶ．光合成生産者は，光エネルギーを化学的エネルギーに転換し有機物を合成する．植物は陸上における主要な生産者である．水中のおもな生産者は，光合成を行う原生生物やシアノバクテリアで，まとめて植物プランクトンとよばれる．多細胞藻類や水生植物も，浅い水域では重要な生産者である．熱水噴出孔の周辺のような一部の群集では，化学合成細菌が生産者となる．

生産者より上位の栄養段階の生物は，すべて従属栄養生物あるいは消費者である．すべての消費者は，生産者の生産物に直接的あるいは間接的に依存している．植物，藻類，植物プランクトンを摂食する **植食者 herbivore** は **一次消費者 primary consumer** である．陸上の一次消費者は，バッタなどの昆虫，カタツムリ，草食哺乳類や種子や果実を摂食する鳥類などである．水中環境では一次消費者は，植物プランクトンを摂食するさまざまな動物プランクトン（おもに原生生物や小さなエビのような微小動物）である．

一次消費者より上位の栄養段階は，それらを摂食する **肉食者 carnivore** から構成される．陸上の **二次消費者 secondary consumer** は，図20.15 に示されているような植食性昆虫を摂食する小型哺乳類や，鳥類，昆虫，クモ，あるいは草食動物を捕食するライオンなどである．水中生態系では，二次消費者はおもに動物プランクトン

▼図20.15 **食物連鎖の例．** 矢印は，陸上あるいは水中における生産者から，さまざまな段階の消費者へ食物が移行することを表している．

を摂食する小型の魚類である．より高次の栄養段階は，ネズミや他の二次消費者を摂食するヘビのような**三次消費者 tertiary consumer** がある．ほとんどの群集は二次と三次の消費者をもつ．図に示されたように，条件によってより高次の栄養段階，つまり**四次消費者 quaternary consumer** がいることもある．これらは陸上のタカ，海洋生態系のシャチなどである．五次消費者は存在しない．この理由は，後で理解することになるだろう．

図 20.15 は生きている生物を摂食する消費者だけを示している．一部の消費者は，すべての栄養段階から発生する生物遺体（動物の排出物，植物の落葉，遺体を含む），**生物の遺体や排泄物に由来する有機物（デトリタス）detritus** からエネルギーを得る．異なる生物がそれぞれ，異なる腐朽段階のデトリタスを消費する．カラスやハゲワシのような大型動物は**腐肉食動物（スカベンジャー）scavenger** とよばれ，捕食者の食べ残しや交通事故死した生物遺体を摂食する．**腐食者 detritivore** の食物は，基本的に腐朽した有機物である．たとえば，ミミズやヤスデは腐食者である．原核生物や菌類のような**分解者 decomposer** は，酵素を分泌して有機物の分子を消化し，それらを無機体に転換する（図 20.16）．土壌，湖や海の底の泥には，膨大な数の微小な分解者が分布し，群集における有機物のほとんどを無機化合物に分解し，植物や植物プランクトンがそれらを利用して新たな有機物（最終的には消費者の食物となる）を生産できるようにしている．多くの園芸家は，腐食者や分解者の恩恵で，台所の生ゴミや草刈りから堆肥をつくっているのである．

生物学的濃縮

産業廃棄物や農薬に由来する有毒化学物質は，生物の体内に取り込まれると，生物はこれらを代謝できず，体内に保持される．これらの有毒物質は，それらが食物連鎖を通じて受け渡されるにつれて，生物体内に濃縮されていく．これは**生物学的濃縮 biological magnification** という．図 20.17 は五大湖の食物連鎖における PCB 類（1977 年まで電気製品に使用されていた有機化合物）の生物学的濃縮を示している．生態系ピラミッドの底辺を占める動物プランクトンは，水中に溶け込んだ PCB 類に汚染された植物プランクトンを摂食する．小魚のワカサギは，汚染された動物プランクトンを摂食する．ワカサギはたくさんの動物プランクトンを消費するので，その PCB の濃度は動物プランクトンよりも高くなる．同じ理由により，レイクトラウト（マスの1種）の PCB 濃度はより高くなる．最上位の捕食者（図 20.17 のセグロカモメ）が食物連鎖において最も高い PCB 濃度になり，環境中の有毒物質によって最も深刻な害を受ける生物となる．汚染されたセグロカモメの卵のほとんどが孵化せず，セグロカモメの繁殖成功の減少を引き起こす．その他多くの合成

> マグロは，食物連鎖の高次消費者を食べるので，水銀やその他の毒物を蓄積しやすい．

▼図 20.16 庭のゴミ捨て場．ゴミが腐るにつれて堆肥の有機物から，植物にとっての無機栄養素の源がゆっくりと提供される．

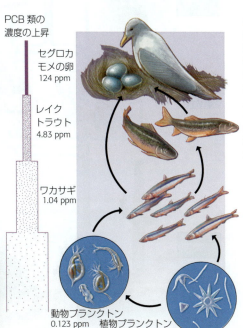

◀図 20.17 1960 年代初頭の五大湖の食物連鎖における PCB 類の生物学的濃縮．汚染された海域におけるマグロ，メカジキ，サメのような最上位の消費者を食べることは，私たちの健康（特に妊娠している女性）に問題を引き起こす可能性がある．

20章
生物群集と生態系

✅チェックポイント
あなたがピザを食べるとする。あなたの栄養段階は何か？

答え：生地の小麦と上のチーズを食べたら，あなたは一次消費者であり，上のソーセージを食べるなら，二次消費者となる。

化学物質は微生物によって分解されることはなく，生物学的濃縮を通じて蓄積されていく。

食物網

食物連鎖が分岐していない単純な群集はほとんどない。いくつかの異なる種の一次消費者は，同じ植物種を摂食し，また別の一次消費者は異なる複数の植物種を摂食する。そのような食物連鎖の分岐は，他の栄養段階でも同じように生じる。よって群集における摂食関係は，網のように張りめぐらされた複雑な**食物網** food web になっている。

図 20.18 に示されたバッタを噛み砕いている二次消費者であるバッタネズミ（図 20.15 参照）を考えてみよう。彼らの餌は植物も含むので，一次消費者でもある。**雑食者** omnivore は，異なる段階の消費者だけでなく生産者も食べる。ガラガラヘビはネズミを食べ，同様に二次消費者を含む複数の栄養段階の生物を食べる。紫色の矢印は，二次消費者の捕食を示しているので，その矢印の示す先は三次消費者であり，複雑に見えるだろう。実際の食物網は，各栄養段階にとても多くの生物を含み，ほとんどの動物は，この図に示されているよりも，もっと多様な餌を利用している。✅

群集の種多様性

群集を構成する種の多様さ，いわゆる**種多様性** species diversity は 2 つの要素をもつ。第一の要素は**種の豊かさ** species richness，つまり群集における異なる種の

▶図 20.18 **ソノラ砂漠における群集の単純化した食物網**．図 20.15 の食物連鎖のように，この食物網の矢印は「どの種がどの種を」摂食するか，栄養素の移行する方向を示している。栄養段階や食物移行は，図 20.15 の色に対応している。

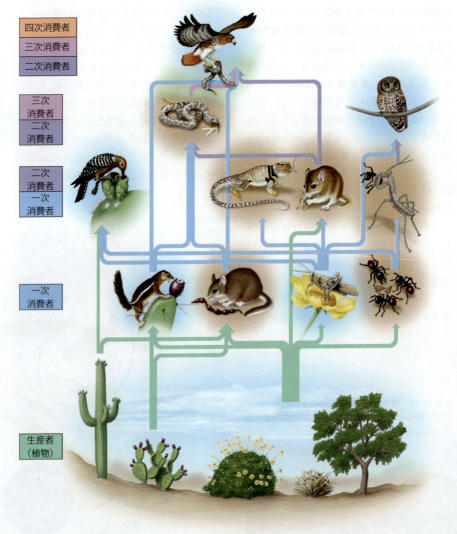

480

数である．もう1つの要素は異なる種の**相対優占度** relative abundance で，群集における種の個体数の相対的な量である．種多様性を記載する場合，これら両方の要素が重要であることを理解するため，図20.19に示された森林を歩くことを想像してほしい．森林Aの小道を歩くと，あなたは異なる種の樹木のそばを通り抜けることになるが，あなたが目にするほとんどの樹木は同じ種である．次に，森林Bの小道を歩いてみる．あなたは，森林Aで見たのと同じ4種の樹木を見るだろう．ちなみに2つの森林の樹木種の豊かさは同じである．しかし，森林Bは単一種が優占していないので，より多様に見えるかもしれない．図20.20に示されているように，森林Aにおける1種の相対優占度が，森林Bにおけるその他3種の相対優占度よりも高い．よって，種多様性は森林Bで高くなる．植物は多くの動物にとっての食物や隠れ場所を提供するため，多様な植物群集は動物多様性を促進する．

森林の樹木のような優占種の量は，群集の他の種の多様性に影響を与えるが，優占していない種も，群集の種組成に対して影響を与えることがある．**キーストーン種** keystone species は，その現存量や数が少ないにもかかわらず，群集に対して影響を与える種である．「キーストーン種」という用語は，アーチ橋の最上部に位置して，他の石をきちんと動かないように固定する楔形の石に由来している．もしキーストーン

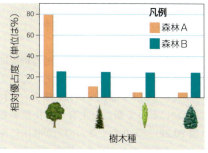

▲図20.20 森林AとBにおける樹木種の相対優占度．

ンが取り除かれるとアーチ橋は崩壊する．キーストーン種は，群集の種組成を適切に維持する生態学的ニッチを占めている．

群集における潜在的なキーストーン種の役割を調査するため，生態学者はある種が存在する場所と存在しない場所の多様性を比較する．1960年代のロバート・ペイン Robert Paine による実験は，キーストーン種の効果に関する証拠を初めて示した．ペインはワシントン州の海岸の潮間帯群集において，捕食者である *Piaster* 属のヒトデ（図20.21）を実験区から除去した．実験の結果から，*Piaster* のおもな餌であるイガイは，その他の海岸生物（藻類，フジツボ，巻貝など）の多くを，岩の表面の空間資源をめぐって競争排除することがわかった．実験区の種数は，15種から5種以下まで減少した．

生態学者は，生態系の構造において重要な役割を担う他の種を特定した．たとえば，アラスカ西海岸沖のラッコの減少は，ラッコの餌であるウニ個体群を増加させていた．ケルプのような海藻を摂食するウニの豊富さは，ケルプの「森」（図15.27参照）とそれらが支える海洋生物の多様性を消失させていた．多くの生態系において，生態学者は，種間の複雑な関係について理解し始めている．個々の種の価値は，それらが消失するまで明らかでないかもしれない．☑

群集の攪乱

ほとんどの群集は攪乱に反応してつねに変化している．**攪乱** disturbance は生物学的群集に損害を与える出来事で，少なくとも一時的に生物を破壊し，無機栄養素や水

▼図20.19 どちらの森がより多様だろうか？

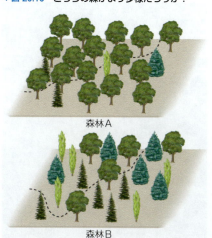

▼図20.21 *Pisaster* 属のヒトデ．

✓チェックポイント
たとえ群集の種数が豊かでも，群集があまり多様に見えないこともある．これはどのような場合だろうか？

答え：ある一種あるいは2～3種が群集中のほとんどの個体数を占めており，他の種は個体数が相対的に低い種が，群集の種を構成する場合．

群集生態学

481

20章
生物群集と生態系

✓チェックポイント
森林の樹木が風で倒れるような小規模な自然攪乱は，群集にとって，なぜ正の効果があるのか？

答え：例えば，森林内の水分や日光のような非生物的要因が部分的に改変し，他の生物にとってより好適な環境を提供することがある。

のような資源の利用可能性を変化させる。自然攪乱の例は，嵐，火災，洪水，干ばつなどである。

小規模の自然攪乱は，生物学的な群集に正の効果を与えることがよくある。たとえば，大きな樹木が暴風で倒れた場合，それは生物にとって新たな生育地を提供する（図20.22）。よりたくさんの光が林床に達し，小さな実生が成長する機会が与えられる。あるいは，根返り跡の窪みには水がたまり，カエル，サンショウウオ，多くの昆虫の産卵場所として利用されるかもしれない。

今日では，生態学的攪乱の最大の要因は，私たち人間である。たとえば，人間が引き起こす攪乱の結果の一例は，いままで知られていなかった感染症の発生である。新しい病気の3/4は，他の脊椎動物の病気が，人間に感染するようになったものである。多くの場合，人間は，農業のための開墾，道路建設，狩猟のような，かつては孤立していた生態系における活動を通じて，病原体と接触するようになった。エイズウイルス（HIV）は，食肉処理されたサルの血液からヒトへ感染したと考えられており，おそらく最もよく知られている例である。他には，エボラのような致命的な出血熱もある。生育地の破壊も，病原菌を運ぶ動物が採餌のために，人間の居住地に近づく原因になっており，私たちを危険に

> 熱帯雨林における人間の侵略は，エボラのような新たな病気をヒトにもたらした.

さらすことにつながっている。✓

生態学的遷移

植生や土壌をはぎ取るような強度な攪乱の後，群集は劇的に変化する。攪乱された場所には，さまざまな種が入植し，それらは他の種の遷移によって徐々に置き換わっていく。この過程は**生態学的遷移** ecological succession とよばれる。

土壌のない無生物の状態から始まる生態学的遷移は**一次遷移** primary succession とよばれる（図20.23）。そのような場所の例は，火山島の冷却した溶岩流や氷河が後退した礫地である。最初に侵入する生命体は，独立栄養の微生物であることが多い。風で胞子が運ばれる地衣類やコケ類は，最初に入植する多細胞光合成生物である。岩石が風化し，初期の入植者の生物遺体が分解されて有機物が蓄積するに伴い，土壌がしだいに発達する。地衣類やコケ類は，近くから風で散布された種子および動物に運ばれてきた種子から発芽した草本や低木に，やがて駆逐される。最終的に，強度に攪乱された場所は，群集で優占する植物によって入植される。一次遷移は数百年あるいは数千年かかる。

二次遷移 secondary succession は，攪乱がすでに存在していた群集を破壊し，土壌はそのまま残った場所で生じる。たとえ

▼図20.22 **小規模攪乱**．この樹木が暴風で倒れたとき，その根系や周辺の土壌がもち上げられ，水がたまる窪みが形成された。枯死木，根の盛り上がった部分（マウンド），窪みの水たまりは，新たな生育場所である。

▼図20.23 ハワイ火山国立公園における溶岩流の一次遷移．

ば，洪水や火災によって攪乱された場所の回復は，二次遷移である（**図 20.24**）．二次遷移をもたらす攪乱は，人間によっても引き起こされる．植民時代の以前でさえ，人間は北米東部の温帯落葉樹林を農業や居住のため伐り払っていた．そのような土地の一部は，土壌の栄養素が枯渇し居住者が新たな土地を求めて西部に移住するに伴い，その後放置された．人間の介入がなくなれば，いつでも二次遷移が始まる．☑

▼**図 20.24** 森林火災の後の二次遷移．

生態系生態学

☑ **チェックポイント**
一次遷移と二次遷移を区分するおもな生物的要因は何か？

答え：一次遷移は土壌がない状態から始まり，二次遷移は土壌がある状態から始まる．

生態系生態学

　ある空間に分布する種の群集に加えて，**生態系 ecosystem** はすべての非生物的要因（エネルギー，土壌特性，水など）を含む．群集と非生物的要因の相互作用を理解するために，テラリウム（栽培用ガラス容器）のような小規模な生態系を見てみよう（**図 20.25**）．テラリウムの微小生態系（マイクロコズム）は，すべての生態系を支えている2つの主要な過程を示す．それは，エネルギー流と化学的循環である．**エネルギー流 energy flow** は，生態系の構成要素を通過するエネルギーの経路である．**化学的循環 chemical cycling** は，生態系内の炭素や窒素のような化学元素の利用と再利用である．

　エネルギーは日光のかたちで，栽培用ガラス容器に入る（黄色の矢印）．植物（生産者）は光合成の過程を通じて，光エネルギーを化学エネルギーに転換する．動物（消費者）は，植物を食べたときの有機化合物として，この化学エネルギーの一部を取り込む．土壌中の腐食者や分解者は，植物や動物の遺体を摂食する際に，化学エネルギーを得る．生物による化学エネルギーの利用には，外界への放熱（赤色の矢印）のため，いくらかのエネルギーの消失が必ず伴う．光合成によって獲得されたエネルギーの多くは熱として失われるため，太陽からの連続的なエネルギーの流入がなくなると，この生態系はエネルギー不足に陥る．

　エネルギー流と対照的に，化学的循環（図 20.25 の青色の矢印）は，生態系内の物質の転移を示している．ほとんどの生態系は日光から一定のエネルギー入力があるが，分子を構成するのに用いられる化学元素の供給は制限されている．炭素や窒素のような化学元素は，生態系の非生物的な要素（空気，水，土壌）と生態系の生物的な要素（群集）の間を循環している．植物は，大気および土壌中から無機体の化学元素を取り込み，無機体を有機分子に固定する．図 20.25 のカタツムリのような動物は，有機分子の一部を消費する．植物や動物が遺体になった場合，分解者が遺体中の元素のほとんどを無機体として土壌や空気中に放出する．一部の元素は，植物や動物の代謝の副産物として大気や土壌中に放出される．

　つまり，エネルギー流と化学的循環はともに，生態系の栄養段階を通じた物質の移動である．しかし，エネルギー流は生態系

▼**図 20.25** テラリウム（栽培用ガラス容器）の生態系．栽培用ガラス容器は小さくて人工的だが，閉鎖されたテラリウムは，2つの主要な過程，つまりエネルギー流と化学的循環を表している．

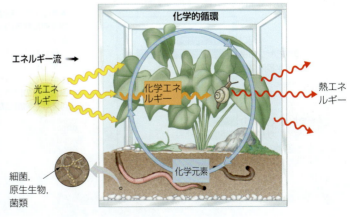

チェックポイント
砂漠や半砂漠の灌木植生は熱帯多雨林と同じ面積だが、地球の一次生産への寄与は1％以下である。一方、熱帯雨林は地球の一次生産の22％を占める。この違いを説明せよ。

を通過し、最終的に系外に出ていくが、化学物質は生態系内や生態系間を循環する。

 エネルギー変換
生態系のエネルギー流

すべての生物は、成長、生命維持、繁殖、（多くの種の場合）移動のためにエネルギーを必要とする。本項では、生態系を通じたエネルギー流について詳しく見ていく。この先、次の2つの問いに答えたい。食物連鎖の長さを制限する要因は何か？エネルギー流に関する知識は、人間の資源利用にどのように適用されるか？

一次生産と生態系のエネルギー収支

毎日、地球は約 10^{19} kcal の太陽エネルギーを浴びており、これは約1億個の原子爆弾のエネルギーに相当する。このエネルギーのほとんどは、大気や地表に吸収、散乱、あるいは反射される。可視光のわずか約1％が、植物、藻類、シアノバクテリアに到達し、光合成によって化学エネルギーに転換される。

生態学者は、生態系内の生きている有機物の量あるいは重量を**生物量 biomass** とよぶ。生態系の生産者が、一定時間内に太陽エネルギーを化学エネルギーに転換し、有機化合物に転換した量が**一次生産 primary production** である。全生物圏の年間あたりの一次生産は約1650億トンである。

生態系によって一次生産はかなり異なり（図20.26）。生物圏の総生産への寄与も異なる。熱帯雨林は中でも最も生産的な陸上生態系で、地球全体の生物量の生産の大部分を占めている。サンゴ礁もとても高い生産量を示すが、サンゴ礁の占有している面積は小さいので、地球全体で見た場合、サンゴ礁の生産への寄与は小さい。興味深いことに、外洋の生産はとても低いが、面積はとても大きい（地球の表面積の65％を占める）ので、地球全体の生産への寄与は最も大きい。どのような生態系であれ、一次生産が生態系全体のエネルギー収支における消費の上限を設定する。なぜなら、消費者は、生産者から有機物燃料を獲得しなくてはならないからである。それでは、このエネルギー収支が生態系の食物連鎖の異なる栄養段階に、どのように分配されているのかを見てみよう。☑

生態ピラミッド

エネルギーが有機物として生態系の栄養段階を流れる場合、食物連鎖の各鎖でエネルギーの多くが失われる。植物（生産者）から植食者（一次消費者）への有機物の移行を考えてみよう。ほとんどの生態系において、植食者は植物が生産した物質のごく一部をなんとか摂食するだけで、また、消費したものすべてを消化することはできない。たとえば、ある毛虫が植物の葉を食べても、その半分を糞として捨ててしまう（図20.27）。摂食したエネルギーの約35％が細胞の呼吸に使われる。毛虫は摂食で得た

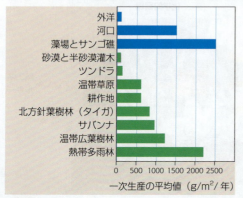

▼図 20.26 **さまざまな生態系の一次生産**. 一次生産とは、生態系の生産者が、一定時間内（この図は1年間）に太陽エネルギーを化学エネルギーに転換し、有機化合物に転換した量である。水界生態系は青色、陸上生態系は緑色で示す。

▶図 20.27 **毛虫の食物は何になるのだろうか？** この毛虫の成長に使われるのは、植物の葉の約15％のエネルギーで、これが食物連鎖の次の段階で利用可能な生物量となる。

▼図 20.28 理想化した生産ピラミッド.

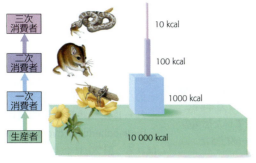

エネルギーの約15％しか自分の生物量に転換できない。たったこれだけの生物量（それに含まれるエネルギー量）が，毛虫を食べる消費者にとって利用可能なのである．

図 20.28 は**生産ピラミッド pyramid of production** とよばれ，食物連鎖中の各移行で失われるエネルギーの積算量を表している．ピラミッドの各層は，ある栄養段階におけるすべての生物を表し，各層の幅は，栄養段階の有機物に組み込まれている化学エネルギーの量を示している．生産者は利用可能な日光のエネルギーの約1％しか一次生産に転換していないことに注意してほしい．この一般化されたピラミッドでは，各栄養段階で利用可能なエネルギーの10％が，次の段階に組み込まれている．実際のエネルギーの転換効率は5〜20％である．言い換えると，ある栄養段階のエネルギーの80〜95％は，次の段階へは移行しない．

栄養構造におけるエネルギーの段階的な減少が示す重要な点は，下位の消費者が利用できるエネルギー量に比べて，最上位の消費者が利用できるエネルギー量は小さいということである．光合成によって蓄えられたエネルギーのわずかな部分が，食物連鎖を通じて三次消費者（たとえば，ネズミを餌にするヘビ）に流れる．これは，ライオンやタカのような上位の消費者が，とても大きな縄張りを必要とする理由でもある．つまり，光合成で蓄えられたエネルギーは栄養段階ごとに失われていくので，最上位の栄養段階を支えるためには多くの植生が必要となる．また，ほとんどの食物連鎖は3〜4段階に制限される理由も理解できるだろう．生態ピラミッドの上位段階には，さらにもう1つ上の段階の消費者を支える十分なエネルギーはない．たとえば，ライオン，タカ，シャチの捕食者（人間以外）は存在しない．つまり，生態ピラミッド上位の彼らの個体群の生物量は，もう1つ上の栄養段階を支えるには不十分である．

生態系のエネルギー特性と人間の資源利用

エネルギー流の動態は，他の生物と同じように，ヒト個体群にも当てはまる．図 20.29 の2つの生態ピラミッドは，図 20.28 と同じ一般化されたモデルに基づいている．各栄養段階のおよそ10％が，次の栄養段階の消費に利用される．左のピラミッドは，一次生産者（トウモロコシで示されている）から菜食主義のヒト（つまり一次消費者）へのエネルギー流を示している．右のピラミッドでは，一次生産者はウシに摂食され，それから牛肉を食べるヒトは二次消費者になっている．明らかなことは，人々が高次

> ハンバーガーの牛肉を生産するためには，大豆バーガーのダイズを生産するための8倍の面積を必要とする．

▶図 20.29 ヒトが異なる栄養段階に位置した場合の利用可能な食物エネルギー．

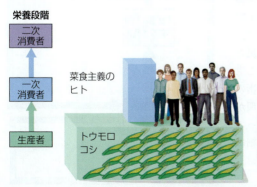

の栄養段階の食物（たとえば肉）を食べた場合，ヒト集団の利用可能なエネルギーは少なくなる．ヒトがトウモロコシを食べた場合，トウモロコシで育てられた牛肉を食べたときよりも，ヒトの利用可能なエネルギーは多くなり，それで支えられるヒト集団は約 10 倍になる．

人間が直接的に消費する作物生産に用いられている農地は，世界中の農地の約 20％に過ぎない．残りの農地は，家畜の飼料を生産するための農地である．いずれにしても，大規模な農業は，経済的にも環境的にも高くつく．農地は，自然植生を開墾されて造成され，化石燃料が用いられる．多くの地域で化学肥料や農薬が利用され，灌漑のために水が使われる．現在，多くの国の人々は肉を買う余裕がないので，やむを得ず菜食である．しかし，国が経済的に豊かになるにつれて，肉の需要は増加し，結果的に，食物生産の環境コストを増大させるだろう．✓

✓チェックポイント

異なる栄養段階のエネルギーは，なぜ図 20.28 のようなピラミッド型になるのか？

答え：エネルギーは，ある栄養段階から次の栄養段階に移行するごとに失われる．そのため，光合成によって生産されたエネルギー（ピラミッドの底辺）は，食物連鎖を通じて栄養段階を上がるごとに小さくなり，ピラミッド型になる．

あなたの体の原子は，7500 万年前に生きていた恐竜の一部だった．

システム内の相互連関

生態系の化学的循環

太陽（あるいは，地球内部）は，生態系にエネルギーを連続的に供給している．しかし，ときどきの隕石（いんせき）の落下によるものを除けば，化学元素は地球の外から供給されることはない．よって，生物は化学物質の循環に依存している．生物が生きている間，体内に栄養素が取り込まれるたび排泄物が放出される．生物を構成する複雑な分子の中の原子は，生物が死亡したときに分解者の活動によって環境に戻される．それによって，植物などの生産者による新たな有機物合成に利用され，無機栄養素が再補充される（図 20.30）．ある意味，各生物は生態系の化学元素を借りているだけで，死亡したら体内の化学元素は生態系に戻される．それでは，生物と生態系の非生物的要素の間の化学的循環がどのようになっているのか，詳細に見てみよう．

▼図 20.30　**倒木上に生育する植物．**ワシントン州のオリンピック国立公園の温帯多雨林では，樹木を含む植物が，腐朽する倒木（「面倒をみる木」）によって，供給される無機栄養素を利用して成長する．

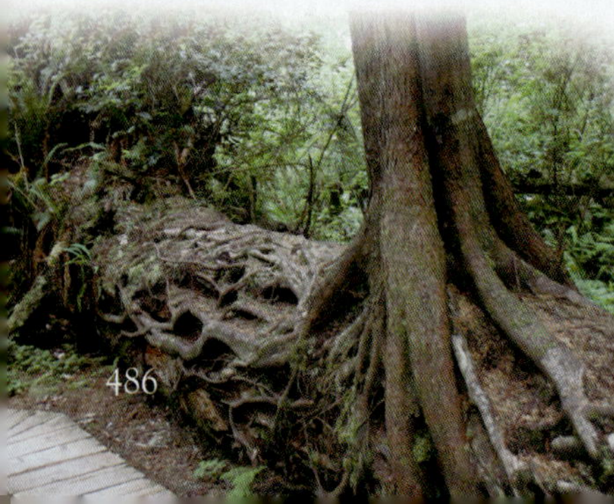

化学的循環の統合モデル

生態系の化学的循環は，生物的要素（生物が保持している有機物と死亡枯死した生物に由来する有機物）と非生物的要素（地質的なものと大気的なもの）の両方があり，それらは**生物地球化学的循環 biogeochemical cycle** とよばれる．図 20.31 は生態系内の栄養素の循環に関する統合モデルである．循環には**非生物的貯蔵庫 abiotic reservoir**（図中の白四角）があり，そこでは化学的な貯蔵物が，生きている生物の外にあることに注意してほしい．たとえば，大気は炭素の非生物的貯蔵庫である．水界生態系の水は，溶解性の有機炭素や，窒素およびリンの化合物を含んでいる．

一般的な生物地球化学的循環の経路に沿って移行過程を見てみよう．❶生産者は化学物質を，非生物的な貯蔵庫から有機化合物に取り込む．❷消費者は生産者を摂食し，それに含まれる化学物質を体内に取り込む．❸生産者と消費者の両者とも，一部の化学物質を排出物として環境中に放出する．❹分解者は，植物の落葉や動物の排出

▼図 20.31　**生物地球化学的循環の統合モデル．**

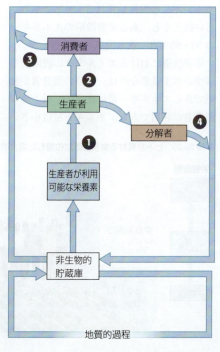

物および生物の遺体などのデトリタス中の複雑な有機化合物を分解する，中心的な役割を担う．この代謝の産物は，無機化合物で非生物的貯蔵庫を再補充する．侵食や母岩の風化のような地質的過程も，非生物的貯蔵庫に寄与する．生産者は，非生物的貯蔵庫の無機化合物を原材料として利用し，新たな有機化合物（たとえば炭水化物やタンパク質）を合成する．これにより循環が持続する．

　生物地球化学的循環は，地域的でもあり，地球的でもある．地域的な循環において，土壌は栄養素の主要な貯蔵庫である（たとえば，リンの循環）．対照的に，一時的にでも気体になる炭素や窒素のような化学物質の循環は，地球的なものになる．たとえば，ある地域の植物が空気中から取り込んだ炭素の一部は，別の大陸の植物や動物の呼吸によって大気中に放出されたものかもしれない．

　それでは，3つの重要な物質である炭素，リン，窒素の生物地球化学的循環について詳細に見てみよう．これまで学んだ通り，地質的過程による化学物質の生態系周辺や生態系間における移動と同様に，化学的循環の4つの段階を探求する．おもな非生物的貯蔵庫は，白四角で示されている．☑

炭素循環

　炭素は，すべての有機物の主要な成分で，大気に貯蔵され，地球的に循環している．その他，炭素の非生物的貯蔵庫は，化石燃料や海洋中の溶存炭素である．前章で学んだ光合成と呼吸の相補的な代謝過程が，生物と非生物の間の炭素循環の原因である**(図 20.32)**．❶光合成は大気から二酸化炭素を除去し，それを有機化合物に組み込む．❷その有機化合物は消費者によって食物連鎖に沿って受け渡されていく．❸細胞呼吸は二酸化炭素を大気に戻す．❹分解者はデトリタス中の炭素化合物を分解し，最終的に二酸化炭素として放出する．地球的なスケールでは，呼吸による二酸化炭素の大気への還元と，光合成による二酸化炭素の除去は，とてもバランスが取れている．しかし，❺木や化石燃料（石炭や石油）の燃焼による二酸化炭素濃度の上昇は，地球の気候変化に影響している**(図 18.46 参照)**．

リン循環

　生物はリンが不可欠である．リンは，核酸，リン脂質，ATPなどの原料，および（脊椎動物の）骨や歯の無機成分である．炭素循環などと対照的に，リン循環には大気の構成部分がない．岩石が陸上生態系にとって唯一のリンの源である．実際，リンの含有量の高い岩石は，肥料の原材料として採掘されている．

　図 20.33 の中央に示されているように，❶岩石の風化によって，無機リン酸（PO_4^{3-}）が土壌に徐々に加わる．❷植物は溶存リン酸を土壌から吸収し，リン元素を有機化合物に組み込むことにより同化する．❸消費

生態系生態学

☑チェックポイント

生物地球化学的循環における非生物的貯蔵庫の役割は何か？　主要な3つの非生物的貯蔵庫は何か？

答え：非生物的貯蔵庫は，生産者が有機化合物をつくるために利用する無機物栄養素の源となる．土壌，大気，水が主要な3つの非生物的貯蔵庫である．

▼図 20.32　炭素循環．

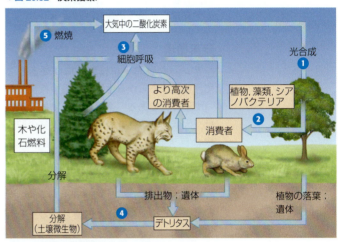

▼図 20.33　リン循環．

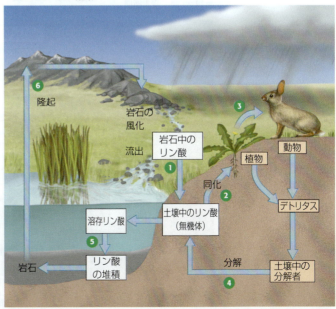

者は植物を摂食し，有機体としてリンを得る．❹動物の排出物および植物や動物の遺体は，分解者によって分解され，その過程でリン酸は土壌に戻される．❺一部のリン酸は，陸上生態系から海に流れる．そこでリン酸は堆積し，最終的に新たな岩石になる．このように循環から取り除かれたリンは，❻地質的過程が岩石を隆起させ，それらを風化させるまで，生きている生物には利用されない．

リン酸は，陸上生態系から水界生態系へ，その補充に比べて，より速く移動し，土壌中の植物にとって利用可能なリン酸の量を減少させる．よって陸上生態系において，リン酸は，制限要因になることが多い．農家や園芸家は，破砕されたリン鉱石，骨粉（家畜や魚の骨の粉末）を施肥として利用し，植物の成長を促進させる．

窒素循環

タンパク質および核酸の構成要素として，窒素はあらゆる生物の構造や機能にとって不可欠である．窒素の非生物的貯蔵庫は，大気と土壌の2つである．大気の貯蔵庫は巨大で，大気の約80％は窒素ガス（N_2）である．しかし，植物は気体として窒素を同化することはできない．**窒素固定** nitrogen fixation の過程で，気体性の N_2 がアンモニア（NH_3）に転換される．それから，アンモニア（NH_3）は水素イオン（H^+）と結びついてアンモニウムイオン（NH_4^+）になり，それらが植物に利用される．生態系で利用可能な窒素のほとんどは，特定の微生物による生物学的な固定によってもたらされる．このような微生物がいないと，利用できる土壌窒素の貯蔵庫は，とても制限されるだろう．

図 20.34 は，2種類の窒素固定細菌の作用を示している．❶ある細菌が特定の植物種の根に共生し，宿主植物が利用できる窒素の源を提供する．この相利共生の関係をもつ植物の最も大きなグループは，ピーナッツやダイズを含むマメ科である．多くの農家は，窒素を必要とする作物（たとえばトウモロコシ）と，マメ科植物（土壌に窒素を添加する）を輪作して土壌の肥沃度を改良する．❷土壌や水中に自由生活している窒素固定細菌は，N_2 をアンモニウムイオン（NH_4^+）に転換する．

❸窒素が固定された後，NH_4^+ の一部は植物に取り込まれ利用される．❹土壌中の硝化細菌も，一部の NH_4^+ を硝酸塩（NO_3^-）に転換し，❺それは，より容易に植物に同化される．植物は窒素を利用してアミノ酸のような化合物を合成し，それからタンパク質をつくる．

❻植食者（図中ではウサギで示されている）は植物を摂食し，植物質中のタンパク質

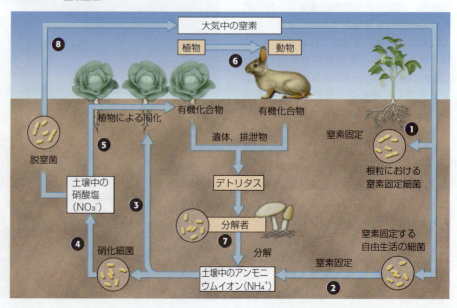

▼図 20.34　窒素循環．

生態系生態学

を消化してアミノ酸にし，それからタンパク質を合成する．より高次の消費者は，被食者の有機化合物から窒素を得る．また，動物は，タンパク質代謝の過程で窒素を含む排出物を形成する．つまり消費者が自身の体に窒素を組み込む際に，一部の窒素を土壌や水中に排出する．ウサギのような哺乳類が排出する尿は，窒素を含む物質で肥料として広く用いられる尿素を含んでいる．

摂食されない生物も最終的には死亡してデトリタスになり，それは微生物や菌類によって分解される．❼有機化合物の分解によってアンモニウムが土壌中に放出され，土壌の窒素貯蔵庫を再補充する．しかし，低酸素条件では，❽脱窒菌として知られている土壌微生物が，硝酸（NO_3^-）から酸素原子を奪いN_2を大気に還元し，土壌貯蔵庫における利用可能な窒素を減少させる．

人間活動は，自然の経路より多くの窒素を毎年生物圏に添加して，窒素循環を攪乱する．化石燃料の燃焼や近代的な農業が，窒素付加のおもな源である．たとえば，多くの農家は，莫大な量の合成窒素肥料を施肥として用いる．しかし，植物によって利用されるのは，施肥した肥料の半分以下である．一部の窒素は，大気へ戻り，窒素酸化物（N_2O）を形成し，地球温暖化に関係する気体となる．次項で学ぶように，窒素肥料は水界生態系も汚染する．☑

栄養素による汚染

栄養素（特にリンや窒素）の低いレベルは，水界生態系の藻類やシアノバクテリアの成長を制限することが多い．栄養素による汚染は，人間活動によって過剰な量の化学物質が水界生態系に付加された場合に生じる．

多くの地域において，農業肥料や家畜飼育場（数百頭の動物が一緒に囲われている）からの動物の排出物の流出によって，リン酸汚染が発生している．リン酸は食器用洗剤のおもな成分でもあり（人間の排出物に由来するリンも含み）下水処理施設から流出し，リン酸汚染の主要な源である．湖や河川のリン酸汚染は，藻類やシアノバクテリアを大発生させている（図20.35）．微生物は過剰な生物量を分解する際に，大量の酸素を消費し水中の酸素を枯渇させる．これら一連の変化は，水界生物の種多様性を減少させる．

窒素汚染の主要な源は，作物，芝生，ゴルフコースに定期的に与えられる膨大な量の無機窒素肥料である．植物は一部の窒素化合物を吸収し，脱窒菌がそれらの一部を大気に還元する．しかし，硝酸は土壌粒子に強く結合されていないので，雨や灌漑によって容易に土壌から流れ出る．よって化

☑チェックポイント

窒素の非生物的貯蔵庫は何か？ そして各貯蔵庫の窒素はどのような形態で存在しているか？

答え：大気中にはN_2として，土壌中にはNH_4^+およびNO_3^-として存在する．

▼図20.35 栄養素による汚染で引き起こされた藻類の成長．この写真の平坦な緑色の部分は芝生でなく，汚染された池の表面で大発生した藻類である．

▼図20.36 メキシコ湾の死の領域．

薄い青色の線はミシシッピ川（明るい青色の線）に流れ込む支流．支流から流れ込む窒素はメキシコ湾に注ぐ．下の図の赤色とオレンジ色は，植物プランクトンの高い濃度を示す．死亡した植物プランクトンを摂食する微生物は，水中の酸素を枯渇させ，「死の領域」をつくる．

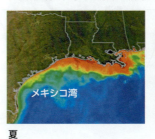

夏

冬

20章 生物群集と生態系

✓チェックポイント
湖への無機栄養素の過剰な供給は、湖に生育する魚のほとんどを消失させる。この過程について説明せよ。

答え：米養素汚染により富栄養化が進み、藻類が大量発生する。これらが分解されることによって水中の酸素が消費され、貧酸素状態になる。これらは生物の呼吸に悪影響を及ぼし、魚などの個体数を激減させる。

学肥料は、土壌の自然の循環能力を上回ることが多い。家畜飼育場の糞尿からの流出は、窒素汚染のもう1つの大きな源である。また、下水処理施設は、ひどい嵐のような極端な条件の場合、あるいは施設がうまく機能せず水質の基準を満たさない場合、大量の溶解性無機窒素化合物を河川に放出し、窒素汚染を引き起こす。

この問題が、どれくらい広い範囲に及ぶのかを示す例がある。北米中西部の農場から流れ出た窒素は、メキシコ湾で毎年発生する「死の領域」と関係していた**(図 20.36)**。広大な藻類の大発生は、ミシシッピ川の窒素を含んだ水が、湾に流れ込むところから広がっている。藻類が死滅すると、膨大な生物量の分解が、1万3000 km²（コネチカット州と同面積）から2万2000 km²（ミシガン州と同面積）に及ぶ海域の溶存酸素の供給を減少させる。酸素の枯渇は底生群集を崩壊させ、移動できる魚や無脊椎動物を追い出し、基質に固着している生物を死滅させる。このようなことは400回以上繰り返され、海岸部の永続的な死の領域を合計すると約24万5000 km²（ミシガン州の面積）に及ぶことが報告されている。✓

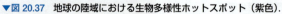

保全生物学と復元生物学

本章で見てきたように、今日私たちが直面している環境問題の多くは、人為活動が原因である。生態学は、問題が発生していることを私たちに教えてくれるだけではない。生態学的な研究は、環境問題を解決し、生態系の改変における負の結果を復元させるための基盤となる。生態学的研究の応用に焦点を当てて、本章の結びとしたい。

保全生物学 conservation biology は、目的指向の科学で、生物多様性の理解やその消失に対処することを追求する。保全生物学者は、種や群集を生み出す進化的なメカニズムが作用し続ける限り、生物多様性が保持されることを認識している。つまり、保全生物学の目標は、単に個々の種を保護することでなく、生態系を維持することである。そこでは、自然選択が機能し続け、それが作用する遺伝的変異が保持される。新たに発展している分野である**復元生態学 restoration ecology** は、劣化した生態系を自然の状態に戻すための手法を開発するため、生態学的原理を活用する。

生物多様性の「ホットスポット」

保全生物学者は、個体群、群集、生態系の動態に関する理解を、自然公園、原生自然環境保全地域、その他の法的に保護された自然保護区の設定において応用している。保護区の場所の選定は、多くの場合、

▼**図 20.37** 地球の陸域における生物多様性ホットスポット（紫色）.

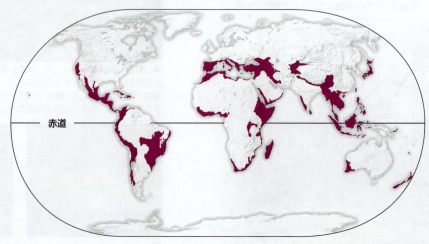

生物多様性ホットスポット biodiversity hot spot に集中する．これらの比較的小さな地域は，多くの絶滅危惧種や絶滅のおそれのある種を含み，他の地域に分布しない固有種 endemic species がとても集中している．図 20.37 に示されているように，地球上の生物多様性ホットスポットは，地球の陸地面積の 1.5% にすぎないが，そこにはすべての植物や脊椎動物の 1/3 が分布している．たとえば，レムール（キツネザルの仲間）のすべて（50 種以上）がマダガスカル（アフリカ東海岸沖の大きな島）に固有である．実際，マダガスカルに分布するほとんどすべての哺乳類，爬虫類，両生類，植物が固有種である．河川やサンゴ礁のような水界生態系にもホットスポットがある．生物多様性ホットスポットは，絶滅のホットスポットでもあるため，それらは，世界的な強い保全活動を要求する地域リストの上位にランクされる．

種の集中は，とても限られた地域において多くの種を保全する機会を提供する．しかし，「ホットスポット」の指定は，最も人目を引く生物，特に脊椎動物や植物に注目が集まりがちであり，無脊椎動物や微生物は，たいてい見落とされる．さらに，種が絶滅の危機にある状況は，世界的な問題である．よってホットスポットに焦点を当てることが，他の地域における生物の生育地や生物多様性を保全する努力を失わせることになってはならない．自然保護区の保全でさえ，気候変動や侵入種や感染症の脅威からは生物を防護できない．生物多様性の消失を止めるため，地域的な環境問題と同時に，地球規模の環境問題に取り組む必要がある．✓

生態系レベルの保全

従来の保全の試みの多くは個別の種を救うことに集中し，これはいまも続いている（ホオジロシマアカゲラについてすでに学んだ通り．図 19.12 を参照）．しかし，しだいに保全生物学は，群集や生態系全体の生物多様性を保持することを目的にしている．さらにより広い空間スケールで，保全生物学はすべての景観の生物多様性を考えている．生態学的な**景観 landscape**（ランドスケープ）は，森林やそれに近接した草原，湿原や川や川沿いの生育地のような，相互作用する生態系の集合体である．**景観生態学 landscape ecology** は，生態学的な原理を応用し，土地利用の様式を研究することである．その目的は生態系の保全を，土地利用の計画に役立てることである．

生態系の間の周縁部（エッジ）は，自然か人間によって改変されたかどうかにかかわらず，景観の重要な特徴である（図 20.38）．周縁部は，土壌特性や表面の特徴のように，どちら側の生態系とも異なる固有の物理的な条件をもつ．また，独特の撹乱様式や撹乱強度がある．たとえば，森林の周縁部は強風にさらされるので，森林内部よりも風害で倒壊する樹木が多い．特有の物理的特徴のため，周縁部は独特の群集を示す．一部の生物は，周縁部特有の資源を必要とするため，そこで優占する．たとえば，オジロジカは森林と草原の周縁部に生育する灌木を採食し，森林が伐採され開発で撹乱された場合に，その個体群を拡大

保全生物学と復元生物学

✓ チェックポイント
生物多様性ホットスポットとは何か？

答え：比較的小さな地理的領域で，かなり多くの種を含み，絶滅の脅威に直面している種が多い場所．

▼図 20.38 ある景観における異なる生態系の間の周縁部（エッジ）．

自然の周縁部． アラスカのクラークレイク国立公園．森林生態系と境を接する草原生態系．

人間活動によってつくられた周縁部． イングランド南中央部のコッツウォルズ．農地に囲まれた森林の周縁部．

20章
生物群集と生態系

☑ **チェックポイント**
景観は生態系とどのように区別されるか？

答え：景観はいくつかの相互作用する生態系の集まりなので、個々の生態系より種構成が多様である。

させる。

周縁部は生物多様性に正と負の両方の影響を与える。西アフリカの熱帯多雨林における最近の研究は、自然の周縁部群集は、種分化の重要な場所であることを示している。一方、人間活動で形成された周縁部をもつ景観は、種が減少することが多い。

とても分断化された生育地の場合、もう1つの重要な景観の特徴は**移動のための回廊 movement corridor（コリドー）**である。回廊は、好適な生育地の狭い帯、あるいは小さなかたまりで、孤立化した地域を連結している。人為影響がとても大きな場所では、人工的な回廊が建築されることもある（図20.39）。回廊は分散と個体群の維持に寄与し、特に異なる生育地を季節的に移動する生物にとって重要である。しかし、回廊は害を及ぼすこともある。たとえば、回廊を通じた病気の拡散は、孤立した生育地が近接して存在する小さな個体群にとって有害である。☑

▼**図20.39 人工の回廊（コリドー）**。カナダのバンフ国立公園の道路の上に架けられたこの橋は、野生生物にとっての人工の回廊を提供している。

失われゆく生物多様性　科学のプロセス

熱帯林の分断化は生物多様性にどのような影響を与えているのか？

長期研究は、生物多様性や自然資源の最善の保全を考えるために必要不可欠である。そのような研究サイトの1つが、森林分断化の生物学的動態に関するプロジェクト（Biological Dynamics of Forest Fragmentation Project：BDFFP）である。ブラジルのアマゾンの奥深い森林に1000 km²に及ぶ生態学の「実験室」がある。このプロジェクトは1979年に始まった。それにより、土地所有者は、牧畜や農業のために森林伐採する場合、手を加えない森林の区域を散在的に残すことが、法律によって定められた。

生物学者は、孤立化した森林に1 ha、10 ha、100 haの保護区をつくることを、一部の土地所有者に募った。図20.40は森林の「島」の一部を示している。これらそれぞれの森が大もとの森林から孤立化する前に、少人数からなる専門家が、森林における生物分布を調査し樹

▼**図20.40 アマゾンの森林分断化の生物学的動態に関するプロジェクト**。実験的に分断化された森林パッチがつくられた。写真の右のパッチは1 ha。

木を測定した．

　数百人の研究者がBDFFPの研究サイトを用いて，生態学のさまざまなレベルにおいて森林の孤立化の影響を調査した．研究の最初の**観察**は，既存の生態学的研究の結果に関する情報収集だった．たとえば，温帯林における孤立化の影響，あるいは，小さな島と大陸の間での生物多様性の違いなどである．これらの観察は，多くの研究者に**疑問**を提起した．熱帯林の分断化は，孤立化した森林の生物多様性にどのような影響を与えるのか？　多くの種に関する先行研究に基づき，合理的な**仮説**が立てられた．種多様性は分断化された森林の面積に応じて減少する，という仮説である．ジャガーやピューマのような広い縄張りをもつ大型捕食者を研究している生態学者は，捕食者は大きな面積の森林にしか見られないと**予測**した．BDFFPは独特な研究プロジェクトである．なぜなら，研究者は分断化された森の生物多様性と，原生的な森林の生物多様性を対照（コントロール）として比較することができ，自分たちの立てた予測を検証できるからである．攪乱されていない10 279 haの森林が，分断化された地域と比較するために利用可能となっている．さらに，データは数年から数十年以上にわたって収集されている．

　BDFFPが設立されて以来，科学者は多くの異なるグループの植物や動物について研究を行ってきた．その**結果**は，概して，分断化による森林の小面積化は種多様性の低下を引き起こす，というものだった．大型哺乳類，昆虫，昆虫食性の鳥類など多くの種の局所的な絶滅の結果として，種の豊富さが減少した．残存している種の個体群は，たいてい小さくなった．研究者は，前節で説明したような，周縁部の効果についても報告した．分断化された森の周縁部における非生物的要因の変化，たとえば，風害の増加，温度の上昇，土壌水分の減少などが，群集を改変した．たとえば，樹木の死亡率が，分断化された周縁部で高くなることが発見された．また，土壌や腐植に生息する無脊椎動物群集の種組成も変化することが観察された．

生態系を復元する

　復元生態学におけるおもな戦略の1つが**バイオレメディエーション bioremediation**で，生きている生物を使って汚染された生態系を無毒化することである．たとえば，古い採掘跡地や石油流出を浄化するために細菌が用いられてきた（**図15.15参照**）．研究者は，汚染された土壌から，重金属や有機汚染物質（たとえばPCB）のような有害物質を除去するために，植物を利用することも研究してきた（**図20.41**）．

　いくつかの復元プロジェクトは，生態系を元の自然の状態に戻すため，さまざまな目的をもっている．それは，植生を再生し，非在来動物を囲いで締め出し，川の流れを制限しているダムを除去することなどである．米国では，現在，数百の復元事業が行われている．最も野心的な取り組みの1つが，南中央フロリダにおけるキシミー川の復元プロジェクトである．

　キシミー川はかつて，キシミー湖南方からオキチョビー湖にかけて蛇行して流れる浅い川だった．定期的な洪水が，半年もの間，広い氾濫原を覆って湿原をつくり，たくさんの鳥，魚，無脊椎動物の生育地をもたらしていた．洪水によって，川の運ぶ栄養豊かな砂が氾濫原に堆積し，土壌を肥沃にすると同時に，川の水質も維持していた．

　1962～1971年の間，米国陸軍の工兵部

▼図20.41　**植物を用いたバイオレメディエーション．** 米国農務省の研究者が，汚染された土壌からセレニウムの有毒レベルを軽減させるためにセイヨウアブラナの利用を調査している．

隊が166 kmの蛇行する川を，水深9 m，幅100 m，長さ90 kmの直線の運河に改修した．この改修は氾濫原の開発を目的としたもので，約12 545 haの湿原を排水した．これは，魚や湿原の鳥類個体群に大きな負の影響を与えた．湿原のろ過機能や，農業排水を軽減させる機能がなければ，キシミー川はリンなどの過剰栄養素を，オキチョビー湖からエバーグレイズの生態系，さらにその南にも運搬する．

復元プロジェクトは，ダム，貯水池，流路改変などの治水のための構造物の撤去や約35 kmの運河を埋め立てることを，含んでいる（図20.42）．このプロジェクトの第1段階は2004年に完了した．写真は，埋め立てられたキシミー運河の一部を示し，川の流れが残存した水路に転換されている．復元された4451 haの湿原には，鳥や他の野生生物が予想以上に戻ってきた．湿原は自然の植生で覆われ，釣りの対象となる魚が再び川を泳いでいる．✓

▼図20.42　キシミー川の復元プロジェクト．

✓チェックポイント

キシミー川の水は，最終的にエバーグレイズに流れ込む．キシミー川の復元プロジェクトは，エバーグレイズの生態系の水質にどのように影響するだろうか？

持続可能な発展の目的

世界の人口が増加し，生活水準が向上するにつれて，食物，木材，水のような生態系サービスに対する要望が増加している．これらの要望は，いまのところ満たされているが，その他の重要な生態系サービス，気候調節や自然災害に対する防備などを犠牲にしたうえで満たされている．明らかに，私たちは，自分たち自身あるいは生物

▼図20.43　持続可能性へ向けた活動．

バージニア大学の学生たちが，ゴミを仕分けしてリサイクルを促進している．アルミ缶1個をリサイクルするだけで，ノートパソコンを5時間使うだけのエネルギーを節約できる．

カリフォルニア州立大学フレズノ校の学生が，大学の有機農場でカラシナとケール（両種ともアブラナ科の植物）の畑の除草をしている．

圏の将来を，危険な道へと導いている．私たちはどうすれば**持続可能な発展** sustainable development を達成できるのだろうか？ 将来世代の人々の要望を制限することなく，今日の私たちの発展を維持するには，どうすればよいのだろうか？

多くの国，科学界，民間財団が，持続可能な発展の概念を受け入れている．世界最大の生態学者の組織であるアメリカ生態学会は，「持続可能な生物圏構想研究」の政策を支持している．この構想の目的は，地球上の資源の責任ある開発，管理，保全に関して必要な生態学的情報を得ることである．この研究政策は，自然生態系や人工生態系の生産性を維持するための方法に関する調査や，生物学的多様性，地球の気候変化，生態学的過程に関する研究を含んでいる．

持続可能な発展は，継続的な研究や生態学的知見の応用だけでは達成できない．生物科学を，社会科学，経済学，人文科学と結びつける必要がある．生物多様性の保全は，持続的発展の一面にすぎない．もう1つの側面は，人間の条件を改善することである．この目的を達成するには，一般市民の教育，政治的な責務，国家間の協働が不可欠である．

私たち人間に特有の能力は，生物圏を改変し，他の生物の存在を危うくすることである．これらを自覚することが，持続可能な未来に向かった道を選択するうえで役立つだろう．世界の危機とは，すべての人々が必要とする十分な自然資源を確保できない状況で，これは遠い未来の絵空事ではない．あなたの子どもの世代，あるいはあなた自身が生きている間に起きるかもしれない．生物圏の現状は厳しいが，状況はまったく絶望的ではない．いまこそ，私たちの地球の多様性について，より多くの知識を積極的に追求し，長期の持続可能性に向けて努力すべきである（図20.43）．✓

保全生物学と
復元生物学

✓ **チェックポイント**
持続可能な発展とは何を意味するのか？

答え：将来世代の人々が，自然が提供する資源や機能を十分に確保しつつ，現在の私たちの重要な課題に応えるうな発展．

失われゆく生物多様性　進化との関連

バイオフィリアは生物多様性を救えるか？

数百万年の間，生物の多様性が，環境の変化に対する進化的な適応を通して栄えてきた．しかし，多くの種にとって，進化のペースは人間が環境を変化させる異常な速さに追いつくことができないことを指摘した（18，19章の「進化との関連」のコラムを参照）．おそらく，そのような種は絶滅する運命にあるだろう．一方，そのような種は，人間特有の特徴，生物を愛するという心（バイオフィリア）によって救われるかもしれない．

バイオフィリア（生命愛）biophilia とは，文字通り「生命や自然を愛する」という意味で，生物多様性や保全に関する世界的権威の1人エドワード・O・ウィルソン Edward O. Wilson によって名づけられた．バイオフィリアは，さまざまな形態のあらゆる生物とともにありたいという人間の欲求を表す言葉である．人間は，ペットと緊密な関係を築き，鉢植えの植物を育て，庭

▼図20.44　**バイオフィリア**．私たちは，さまざまな生物を彼らの生育地で探索し，あるいは，彼らを招いたりする．明らかに，人間は，生物の多様性に楽しみを見出している．

の餌台で鳥を招いたり，動物園や植物園，自然公園に詰めかける（図20.44)．きれいな水や緑の茂った植生の原生的な自然に引き寄せられるのも，私たちのバイオフィリアの証拠である．ウィルソンは，私たちのバイオフィリアは本質的なもので，人間が生存するためには，環境に対する緊密な結びつきや植物や動物に対する実用的な認識が必要だったことを指摘し，聡明な種に作用した，環境に対する自然選択による進化的な産物であると提唱している．私たち人間は，生物多様性の豊かな自然環境で進化し，いまでもなお，それらに対する親近感をもっている．

多くの生物学者がバイオフィリアの概念を支持することは，驚きではないだろう．結局のところ，生物学者とは，自然に対する情熱を仕事に振り向けた人たちである．しかし，もう1つの理由で，バイオフィリアは生物学者の心に響いている．もし，バイオフィリアが，進化的に私たちの遺伝子に組み込まれているのなら，私たちは，生物圏のよき管理者になれる希望がある．私たち全員が，バイオフィリアにより注意を払えば，新たな環境倫理が個人や社会の間で受け入れられるだろう．そして，生物の絶滅を防ぐ納得のいく方法がある限り，私たちの行動の結果として，あるいは，生態系が破壊された結果として，ある生物種が絶滅することを，私たちが見て見ぬふりをすることを，倫理的に決して許さない決意となる．その通り，私たちは，生物多様性を保全するために動機づけられるべきである．なぜなら，私たちは，食物，薬，建築資材，肥沃な土壌，洪水制御，生息可能な気候，飲料水，呼吸する空気のため，生物多様性に依存しているのだから．しかし，私たちは，その他の生命体の絶滅を阻止するために，より熱心に働くこともできるだろう．なぜなら，それを行うことは私たちにとって倫理的なことだからである．

バイオフィリアは，この第4部の総まとめにふさわしい．近代生物学は，人間のあらゆる生命体に対する連帯感や興味をもつ傾向を，科学的に拡張したものである．私たちは，自身がありがたく思うものをたいてい守ろうとし，理解していることを高く評価する．生物多様性の議論が，あなたのバイオフィリアを深めて素養を広げることを期待している．

本章の復習

重要概念のまとめ

生物多様性の消失

生物多様性の要素		
遺伝的多様性	種の多様性	生態系の多様性
遺伝的多様性の消失は，種の生存を脅かし，人間に対する潜在的利益を喪失させる．	今日の種の絶滅の速度は，過去10万年にわたり自然界で生じた絶滅速度と比較して，きわめて高い．	生態系の破壊は，潜在的な生態系サービスを喪失させる．

生物多様性を減少させる要因

生育地の破壊が，絶滅の主要因である．侵入種，乱獲，汚染もまた重要な要因である．

群集生態学

種間の相互作用

群集における種個体群は，さまざまな面で相互作用する．相互作用は，一般的に，個体群に対する有益な効果（＋）あるいは有害な効果（－）としてカテゴリー化される．ある種が他種を捕食するような＋/－の相互作用は，捕食される個体が防御的な形質を適応的に進化させることが一般的である．

群集における種間の相互作用					
種間相互作用	種1に対する効果	種2に対する効果	種間相互作用	種1に対する効果	種2に対する効果
競争	−	−	エネルギー獲得		
			捕食	+	−
			植食	+	−
相利共生	+	+			
			寄生や病原体	+	−

栄養構造

群集における栄養構造は，生物間の摂食関係を定義する．これらの関係は，食物連鎖あるいは食物網として組織化されることがある．生物学的濃縮のプロセスにおいて，毒物は食物連鎖の上位捕食者に受け渡され蓄積する．

PCB 濃度の増加

群集の種多様性

群集の多様性は，種の豊かさ，異なる種間の相対優占度で表される．キーストーン種は，その相対優占度や生物量が小さいにもかかわらず，群集の種組成に大きな影響を与える種である．

群集の攪乱

攪乱は，群集を破壊する出来事である．攪乱は，少なくとも一時的なもので，生物を破壊し，無機物や栄養素や水のような資源の利用可能性を改変する．今日，人間は，攪乱の最も主要な原因である．

生態学的遷移

攪乱の後の，群集の連続的な変化は，生態学的遷移とよばれる．一次遷移は，土壌のない無生物の状態から始まる．二次遷移は，攪乱が既存の群集を破壊した後，土壌がそのまま残った状態から始まる．

生態系生態学

エネルギー変換：生態系のエネルギー流

生態系は生物学的な群集で，環境因子と相互作用する．エネルギーは生態系を通じて，生産者から消費者，分解者にかけて，たえず流れ続けなければならない．化学的な要素は，生態系の生物群集と物理的環境の間を循環する．栄養段階の関係は，生態系のエネルギー流の経路や化学的循環を決定する．

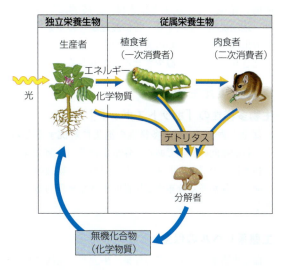

一次生産は，植物や他の生産者が生物量（バイオマス）を構築する速度である．生態系は，その生産性に大きな変異がある．一次生産は，生態系全体で消費されるエネルギー量の上限となる．なぜなら，消費者はそれらの食物資源を，生産者から取り込む必要があるからである．食物連鎖において，ある栄養段階の生物量のたった10％が，次の栄養段階で利用される．結果として，栄養段階間の生物量の構造はピラミッド型となる．

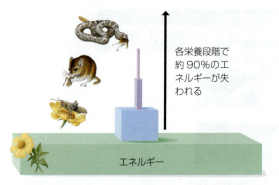

各栄養段階で約90%のエネルギーが失われる

エネルギー

人間が，消費者の代わりに生産者を食べた場合，より少ない光合成生産ですみ，環境への影響を軽減する．

システム内の相互連関：生態系の化学的循環

生物化学的な循環は，生物的および非生物的な要素を含む．各経路は，化学的な循環を通じて非生物的な貯蔵機能をもつ．ある化学物質は，それらが無機栄養素として植物に利用される前に，特定の微生物による「処理」を必要とする．生態系における化学的に特異な経路は物質によって異なり，生態系の栄養段階の構造によっても異なる．リンは，あまり可動性がなく局所的に循環する．炭素と窒素は，一時的に気体になり，地球規模で循環する．特に農地からの窒素とリンの流出は，水界の藻類の大発生を引き起こし，水質を悪化させ，酸素量を減少させることもある．

保全と復元生物学

生物多様性の「ホットスポット」

保全生物学は，生物多様性の消失に対抗するという，目的指向の科学である．保全生物学の最前線は，生物多様性の「ホットスポット」であり，絶滅の危機に瀕した種が多く分布する比較的小さな地理的地域である．

生態系レベルの保全

保全生物学は，すべての群集，生態系，景観における生物多様性を保持することを目的としている．生態系の間の境界（各生態系の周縁部）は，景観の重要な特徴で，生物多様性に正の影響もしくは負の影響を与える．回廊（コリドー）は，個体群の分散を促進し，個体群を維持することに役立つ．

生態系を復元する

生態学者は，細菌や植物を用いて，重金属のような有害物質を生態系から除去することがある．また，在来の植生を植栽して，野生生物にとっての障害を除去するなど，さまざまな手段によって生態系を再生しようとしている．キシミー川再生プロジェクトは，河川改修による直線化で生じた生態学的損失を復元する試みである．

持続可能な発展の目的

人間の要求と生物圏の健全性のバランスを保つため，持続可能な発展とは，人間社会とそれを支える生態系の，長期にわたる繁栄を目的とする．

セルフクイズ

1. 今日の生物多様性の消失のおもな要因は＿＿＿である．
2. 競争排除の概念によると，
   a. 2種は同じ生育地で，共存できない．
   b. 絶滅もしくは移出は，競争的な相互作用で生じる唯一の結果である．
   c. 種内競争は，最も適応した個体の成功をもたらす．
   d. 2種は，ある群集内で同じニッチを共有できない．
3. 群集の栄養構造の概念はa〜dのどれをを強調しているか？
   a. 植生の優占型
   b. キーストーン種の概念
   c. 群集内の摂食関係
   d. 群集内の種多様性
4. a〜eの各生物の栄養段階を1〜5から選べ（各生物について1つ以上の栄養段階を選んでもよい）．
   a. 藻類　　　　　　1. 分解者
   b. バッタ　　　　　2. 生産者
   c. 動物プランクトン　3. 三次消費者
   d. ワシ　　　　　　4. 二次消費者
   e. 菌類　　　　　　5. 一次消費者
5. 食物連鎖の頂点に位置する捕食者は，DDTのような農薬の影響を，最も強く受ける．この理由を説明せよ．
6. 何年もの年数をかけて，砂丘に草が生育し，それから灌木(かんぼく)が生育し，最終的に樹木が生育する．これは生態学的＿＿＿の一例である．
7. 生産量のピラミッドによると，穀物を餌として育てられた牛肉を食べることは，光合成で固定されたエネルギーを得る手段としては比較的非効率である．この理由を説明せよ．

8. 豪雨もしくは植物の除去のような局所的な条件は，陸上生態系における利用可能な窒素，リン，カルシウムの量を制限する．しかし，生態系で利用可能な炭素の量は，局所的な条件にはあまり影響されない．この理由を説明せよ．

9. ＿＿は，いくつかの隣接した生育地をもつ生態系が相互作用する地域的なグループである．

10. 移動回廊（コリドー）は次のようなものである．
    a．孤立し断片化した生育地を連結する生育地の帯やかたまり
    b．いくつかの異なる生態系を含む景観
    c．生態系の間の周縁もしくは境界
    d．保護区の効果を長期的に保つための緩衝地帯

解答は付録Dを見よ．

科学のプロセス

11. 砂漠の植物を研究している生態学者が，次のような実験を行った．彼女は，数種のヤマヨモギと多くの小型一年生草本種を含むように，2つの同じ大きさの調査区を設置した．調査の結果，両方の調査区には，ほぼ同じ個体数の5種類の草本が分布していることがわかった．それから，彼女は一方の調査区をフェンスで囲い，この地域で最も多い植食者のカンガルーラットが入らないようにした．2年後，フェンスで囲った調査区には，4種の草本はもはや存在していなかったが，1種の草本は劇的に増えていた．フェンスで囲われていない対照の調査区では，種組成は有意に変化しなかった．本章で検討した概念に基づいて，この実験で明らかになったことを考察せよ．

12. 宇宙ステーションの建造を計画する生物学者にあなたが選ばれたと想像してみよう．宇宙ステーションは，軌道上で組み立てられる閉鎖的な空間で，そこで2年間，他の5人の乗組員を支えるため，生物を選び生態系をつくることになる．あなたが期待する生物の果たすおもな機能について述べよ．またあなたが選ぶ生物を一覧にし，それらを選ぶ理由を説明せよ．

13. **データの解釈** ジョン・テイールは塩湿地の生態系のエネルギー流を測定した．次の表は，彼の結果を示している．

エネルギーの形態	kcal/m²/年	エネルギー転換効率（％）
日光	600 000	—
生産者の化学エネルギー	6585	
一次消費者の化学エネルギー	81	

データの出典：J. M. Teal, Energy Flow in the Salt Marsh Ecosystem of Georgia. *Ecology* 43: 614-24 (1962)

a．生産者によるエネルギー転換効率を計算せよ．太陽エネルギーの何％が化学エネルギーに転換されて，植物の生物量に組み込まれたか，説明せよ．

b．一次消費者によるエネルギー転換効率を計算せよ．植物の生物量におけるエネルギーの何％が一次消費者の体に組み込まれたか，説明せよ（図20.27参照）．

c．二次消費者にとって利用可能なエネルギー量は，どのくらいか？　一次消費者のエネルギー転換効率に基づいて，三次消費者の利用可能なエネルギー量を推定せよ．

d．この生態系における生産者，一次消費者，二次消費者の生産量のピラミッドを描け（図20.28参照）．

生物学と社会

14. いくつかの機関が持続的社会の将来像を描き始めている．その1つが，それぞれの世代が，十分な自然・経済資源と，比較的安定した環境を受け継げる社会である．環境政策機関であるワールドウォッチ研究所は，経済的・環境的破局を回避するには，2030年までに持続可能な社会を実現すべきことを予測している．現在の社会のシステムは，どのような面で持続可能でないのだろうか？　持続可能な社会に向けて，私たちは何をすればよいのだろうか？　それを達成するための主要な障害は何だろうか？　持続可能な社会における生活は，現在の生活とどのように異なるのだろうか？

15. 森林分断化の生物学的動態に関するプロジェクト（BDFFP）は，生物多様性に対する脅威を理解することにとても貢献しているが，そのプロジェクト自体が危機に瀕している．ブラジル政府当局が推進した都市の乱開発や森林への過度の入植は，プロジェクトの調査地に近づいている．皆伐，野焼き，狩猟のような活動は，調査地周辺の森林のまとまり（完全性）を脅かしている．ブラジル政府の研究所やスミソニアン熱帯研究所が共同で運営しているBDFFPの研究者は，ブラジルのメデ

ィアを通してこの問題に対する注意を喚起し，このプロジェクトを守るため政府に圧力をかけている．新聞社の編集者あるいは政府職員への要望書において，生態学的な破壊活動に対抗してBDFFPの守ることの重要性を，どのように主張すべきだろうか？

16. 一部の科学者は，生物多様性に対する最も大きな脅威として，家畜生産を議論した．本章で学んだ中で，この論争を支持するのはどのような概念か？

付録A　単位換算表

基本単位	単位と記号	メートル法表記	メートル法から ヤード・ポンド法への換算[*1]	ヤード・ポンド法から メートル法への換算[*1]
長さ	1 キロメートル(km) 1 メートル(m)	$= 1000 (10^3)$ メートル $= 100 (10^2)$ センチメートル $= 1000$ ミリメートル	1 km = 0.6 マイル 1 m = 1.1 ヤード 1 m = 3.3 フィート 1 m = 39.4 インチ	1 マイル = 1.6 km 1 ヤード = 0.9 m 1 フィート = 0.3 m
	1 センチメートル(cm)	$= 0.01 (10^{-2})$ メートル	1 cm = 0.4 インチ	1 フィート = 30.5 cm 1 インチ = 2.5 cm
	1 ミリメートル(mm) 1 マイクロメートル(μm)	$= 0.001 (10^{-3})$ メートル $= 10^{-6}$ メートル $(10^{-3}$ ミリメートル$)$	1 mm = 0.04 インチ	
	1 ナノメートル(nm)	$= 10^{-9}$ メートル $(10^{-3}$ マイクロメートル$)$		
	1 オングストローム(Å)	$= 10^{-10}$ メートル $(10^{-4}$ マイクロメートル$)$		
面積	1 ヘクタール(ha) 1 平方メートル(m^2)	$= 10\,000$ 平方メートル $= 10\,000$ 平方センチメートル	1 ha = 2.5 エーカー $1\,m^2$ = 1.2 平方ヤード $1\,m^2$ = 10.8 平方フィート	1 エーカー = 0.4 ha 1 平方ヤード = $0.8\,m^2$ 1 平方フィート = $0.09\,m^2$
	1 平方センチメートル(cm^2)	$= 100$ 平方ミリメートル	$1\,cm^2$ = 0.16 平方インチ	1 平方インチ = $6.5\,m^2$
重量	1 トン(t) 1 キログラム(kg) 1 グラム(g)	$= 1000$ キログラム $= 1000$ グラム $= 1000$ ミリグラム	1 t = 1.1 トン(米)[*2] 1 kg = 2.2 ポンド 1 g = 0.04 オンス 1 g = 15.4 グレイン	1 トン(米)[*2] = 0.91 t 1 ポンド = 0.45 kg 1 オンス = 28.35 g
	1 ミリグラム(mg) 1 マイクログラム(μg)	$= 10^{-3}$ グラム $= 10^{-6}$ グラム	1 mg = 0.02 グレイン	
容積 (固体)	1 立方メートル(m^3)	$= 1\,000\,000$ 立方センチメートル	$1\,m^3$ = 1.3 立方ヤード $1\,m^3$ = 35.3 立方フィート	1 立方ヤード = $0.8\,m^3$ 1 立方フィート = $0.03\,m^3$
	1 立方センチメートル (cm^3 または cc)	$= 10^{-6}$ 立方メートル	$1\,cm^3$ = 0.06 立方インチ	1 立方インチ = $16.4\,cm^3$
	1 立方ミリメートル(mm^3)	$= 10^{-9}$ 立方メートル $(10^{-3}$ 立方センチメートル$)$		
容積 (液体と 気体)	1 キロリットル (kL または kℓ)	$= 1000$ リットル	1 kL = 264.2 ガロン	1 ガロン = 3.79 L
	1 リットル(L)	$= 1000$ ミリリットル	1 L = 0.26 ガロン 1 L = 1.06 クウォート	1 クウォート = 0.95 L
	1 ミリリットル (mL または mℓ)	$= 10^{-3}$ リットル $= 1$ 立方センチメートル	1 mL = 0.03 オンス(液量) 1 mL = およそ $\frac{1}{5}$ tsp (小さじ $\frac{1}{5}$ 杯) 1 mL = およそ 15〜16 ドロップ (訳注:1ドロップはおよそ 0.067 mL)	1 クウォート = 946 mL 1 パイント = 473 mL 1 オンス(液量) = 29.6 mL 1 tsp (小さじ1杯) = およそ 5 mL
	1 マイクロリットル (μL または μℓ)	$= 10^{-6}$ リットル $(10^{-3}$ ミリリットル$)$		
時間	1 秒(s) 1 ミリ秒(ms)	$= 1/60$ 分 $= 10^{-3}$ 秒		
温度	摂氏温度(℃)		$°F = \frac{9}{5}°C + 32$	$°C = \frac{5}{9}(°F - 32)$

*訳注1：概算値である．
*訳注2：ヤード・ポンド法の単位は英国と米国などでは異なることがあり，ここでは米国で使用している単位を用いている．

付録B 周期表

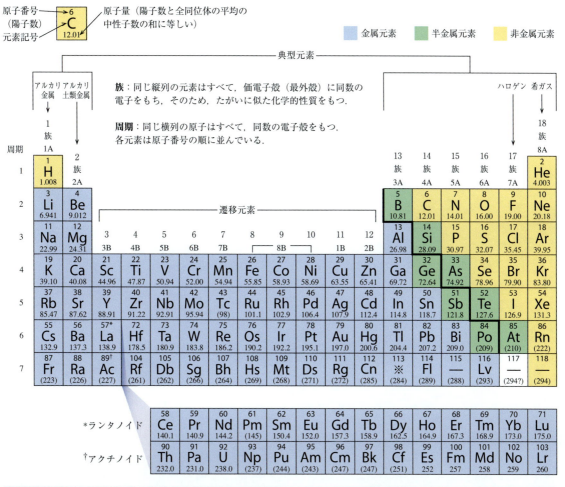

付録C　写真および図の出典

写真の出典

部扉
第1部上左 Vaclav Volrab/Shutterstock; 第1部左 Stone/Getty Images; 第2部上左 Nhpa/Age Fotostock; 第3部上左 Gay Bumgarner/Alamy; 第3部左 Eric Isselee/Shutterstock; 第4部上左 Jean-Paul Ferrero/Mary Evans Picture Library Ltd/Age Fotostock; 第4部左 Masyanya/Shutterstock; 第6部上左 John Coletti/Getty Images; 第6部左 Vilor/Shutterstock.

1章
章扉写真右 David Malan/Getty Images; 章扉写真下 Katherine Dickey; 章扉写真上 Eric J. Simon; p. 3 Eric J. Simon; 図 1.1 左 M. I. Walker/Science Source; 図 1.1 中央 SPL/Science Source; 図 1.1 右 Educational Images Ltd./Custom Medical Stock; 図 1.2 左 Michael Nichols/National Geographic/Getty Images; 図 1.2 右 Tim Ridley/Dorling Kindersley; 図 1.3 Adrian Sherratt/Alamy; 図 1.4 (a) xtock/Shutterstock; 図 1.4 (b) Lorne Chapman/Alamy; 図 1.4 (c) Trevor Kelly/Shutterstock; 図 1.4 (d) Eric J. Simon; 図 1.4 (e) Cathy Keife/Fotolia; 図 1.4 (f) Eric J. Simon; 図 1.4 (g) Redchanka/Shutterstock; 図 1.5 NASA/JPL California Institute of Technology; 図 1.6 Edwin Verin/Shutterstock; 図 1.7 上から下へ Science Source; Neil Fletcher/Dorling Kindersley; Kristin Piljay/Lonely Planet Images/Getty Images; Stockbyte/Getty Images; Dr. D. P. Wilson/Science Source; 図 1.10 下 Michael Nolan/Robert Harding; 図 1.10 上左 Mike Hayward/Alamy; 図 1.10 上右 Public domain/Wikipedia; 図 1.11 上左 The Natural History Museum/Alamy; 図 1.13 左から右へ Africa Studio/Shutterstock; Pablo Paul/Alamy; Foodcollection/Alamy; Barbro Bergfeldt/Shutterstock; Volff/Fotolia; Sarycheva Olesia/Shutterstock; 図 1.14 左から右へ Eric Baccega/Nature Picture Library; Erik Lam/Shutterstock; 図 1.15 Martin Dohrn/Royal College of Surgeons/Science Source; 図 1.16 Susumu Nishinaga/Science Source; 図 1.18 Ian Hooton/Science Source; 図 1.19 Sergey Novikov/Shutterstock; 図 1.20 上から下へ NASA Goddard Institute for Space Studies and Surface Temperature Analysis; Prasit Chansareekorn/Moment Collection/Getty Images; Dave G. Houser/Alamy; Biology Pics/Science Source.

2章
章扉写真 上 Kevin Grant/Fotolia; 章扉写真 下 PM Images/Ocean/Corbis; 章扉写真 右 Ji Zhou/Shutterstock; p. 25 Vaclav Volrab/Shutterstock p. 26 上 Geoff Dann/Dorling Kindersley; p. 26 下 Clive Streeter/Dorling Kindersley; 図 2.3 左の女性 Ivan Polunin/Photoshot; モンタージュ 左下から時計回り Jiri Hera/Fotolia; Anne Dowie/Pearson Education; Howard Shooter/Dorling Kindersley; Alessio Cola/Shutterstock; Ulkastudio/Shutterstock; 図 2.5 Raguet H/Age Fotostock; 図 2.9 William Allum/Shutterstock; 図 2.10 左 Stephen Alvarez/National Geographic/Getty Images; 図 2.10 右 Andrew Syred/Science Source; 図 2.11 Alasdair Thomson/Getty Images; 図 2.12 Ohn Leyba/The Denver Post/Getty Images; 図 2.13 Nexus 7/Shutterstock; 図 2.14 Kristin Piljay/Pearson Education; p. 33 左 Doug Allan/Science Source; 図 2.15 上から下へ Beth Van Trees/Shutterstock; Steve Gschmeissner/Science Source; VR Photos/Shutterstock; Terekhov igor/Shutterstock; Jsemeniuk/E+/Getty Images; 図 2.16 Luiz A. Rocha/Shutterstock.

3章
章扉写真 上左 Nikola Bilic/Shutterstock; 章扉写真 上右 Monkey Business/Fotolia; 章扉写真 下右 Brian P. Hogan; 章扉写真 下左 Eric J. Simon; p. 41 Sean Justice/Cardinal/Corbis; 図 3.3 左 James Marvin Phelps/Shutterstock; 図 3.3 右 Ilolab/Fotolia; p. 43 中央 Gavran333/Fotolia; 図 3.5 StudioSmart/Shutterstock; 図 3.8 下 Kristin Piljay/Pearson Education; 図 3.8 上 Stieberszabolcs/Fotolia; 図 3.9 上 Science Source; 図 3.9 中央 Dr. Lloyd M. Beidler; 図 3.9 下 Biophoto Associates/Science Source; 図 3.10 Martyn F. Chillmaid/SPL/Science Source; 図 3.12 左ボックス 左から時計回り Thomas M Perkins/Shutterstock; Hannamariah/Shutterstock; Valentin Mosichev/Shutterstock; Kellis/Fotolia; 図 3.12 右ボックス 左から時計回り Kayros Studio/Fotolia; Multiart/Shutterstock; Maksim Shebeko/Fotolia; Subbotina Anna/Fotolia; Vladm/Shutterstock; 図 3.13 左 EcoPrint/Shutterstock; 図 3.13 右 Stockbyte/Getty Images; 図 3.14 上左 Brian Cassella/Rapport Press/Newscom; 図 3.14 上右 Matthew Cavanaugh/epa/Corbis Wire/Corbis; 図 3.14 下左 Gabriel Bouys/AFP/Getty Images; 図 3.14 下右 Shannon Stapleton/Reuters; 図 3.15 左から右へ GlowImages/Alamy; Geoff Dann/Dorling Kindersley; Dave King/Dorling Kindersley; Tim Parmenter/Dorling Kindersley; Starsstudio/Fotolia; Steve Gschmeissner/Science Source; Kristin Piljay/Pearson Education; 図 3.19 (b) Ingram Publishing/Vetta/Getty Images; 図 3.20 上から下へ Science Source/Science Source; Michael Patrick O'Neill/Alamy; Stefan Wackerhagen/imageBROKER/Newscom; 図 3.27 Ralph Morse/Contributor/Time Life Pictures/Getty Images.

4章
章扉写真 上左 Asfloro/Fotolia; 章扉写真 上右 Lily/Fotolia; 章扉写真 下左 Jennifer Waters/Science Source; 章扉写真 下右 Viktor Fischer/Alamy; p. 61 SPL/Science Source; p. 62 上左 Tmc_photos/Fotolia; 図 4.5 Science Source; 図 4.6 左 Biophoto Associates/Science Source; 図 4.6 右 Don W. Fawcett/Science Source; 図 4.9 MedImage/Science Source; 図 4.13 左 SPL/Science Source; 図 4.14 右 Daniel S. Friend; 図 4.15 (a) Michael Abbey/Science Source; 図 4.15 (b) Dr. Jeremy Burgess/Science Source; 図 4.17 Biology Pics/Science Source; 図 4.18 Daniel S. Friend; 図 4.19 (a) Dr. Torsten Wittmann/Science Source; 図 4.19 (b) Roland Birke/Photolibrary/Getty Images; 図 4.20 (a) Eye of Science/ScienceSource; 図 4.20 (b) Science Source; 図 4.20 (c) Charles Daghlian/Science Source.

5章
章扉写真 下左 Jdwfoto/Fotolia; 章扉写真 下右 William87/Fotolia; 章扉写真 上左 Dmitrimaruta/Fotolia; 章扉写真 上右 Eric J. Simon; p. 83 Don W. Fawcett/Science Source; 図 5.1 Stephen Simpson/Photolibrary/Getty Images; 図 5.3 (a) George Doyle/Stockbyte/Getty Images; 図 5.3 (b) Monkey Business/Fotolia; 図 5.19 Peter B. Armstrong.

6章
章扉写真 右 National Motor Museum/Motoring Picture Library/Alamy; 章扉写真 上 Allison Herreid/Shutterstock; 章扉写真 下 Nickola_che/Fotolia; p. 101 右 Philippe Psaila/Science Source; 図 6.1 Eric J. Simon; 図 6.2 左から右へ Dudarev Mikhail/Shutterstock; Eric Isselee/Shutterstock; 図 6.3 Dmitrimaruta/Fotolia; 図 6.12 Alex Staroseltsev/Shutterstock; 図 6.13 Maridav/Shutterstock; 図 6.16 Kristin Piljay/Alamy.

7章
章扉写真 上左 NASA; 章扉写真 上左 Sunny studio/Shutterstock; 章扉写真 下 Mangostock/Shutterstock; p. 119 右 Martin Bond/Science Source; 図 7.1 左から右へ Neil Fletcher/Dorling Kindersley; Jeff Rotman/Nature Picture Library; Susan M. Barns, Ph.D; 図 7.2 上中央 John Fielding/Dorling Kindersley; 図 7.2 上左 John Durham/Science Source; 図 7.2 中央左 Biophoto Associates/Science Source; 図 7.6 Joyce/Fotolia; 図 7.7 JulietPhotography/Fotolia; 図 7.8 (b) Photos

付録C
写真および
図の出典

by LQ/Alamy; 図 7.14 Pascal Goetgheluck/Science Source.

8章

章扉写真 上左 Franco Banfi/Science Source; 章扉写真 下左 Brian Jackson/Fotolia; 章扉写真 下右 Zephyr/Science Source; 章扉写真 上右 Andrew Syred/Science Source; p. 135 右 Nhpa/Age Fotostock; 図 8.1 p.136 左から右へ Dr. Torsten Wittmann/Science Source; Dr. Yorgos Nikas/Science Source; 図 8.1 p. 137 左から右へ Biophoto Associates/Science Source; Image Quest Marine; John Beedle/Getty Images; 図 8.2 上から下へ Eric Isselee/Shutterstock; Christian Musat/Shutterstock; Michaeljung/Fotolia; Eric Isselee/Shutterstock; Milton H. Gallardo; 図 8.3 Ed Reschke/Getty Images; 図 8.4 Biophoto Associates/Science Source; 図 8.7 Conly L. Rieder, Ph.D; 図 8.8（a）Don W. Fawcett/Science Source; 図 8.8（b）Kent Wood/Science Source; 図 8.10 Sarahwolfephotography/Getty Images; 図 8.11 CNRI/Science Source; 図 8.12 Iofoto/Shutterstock; 図 8.14 Ed Reschke/Getty Images; 図 8.17 David M. Phillips/Science Source; 図 8.19 Dr. David Mark Welch; 図 8.22 下 CNRI/Science Source; 図 8.22 上 Lauren Shear/Science Source; 図 8.23 Nhpa/Superstock.

9章

章扉写真 上左 Dora Zett/Shutterstock; 章扉写真 下 ICHIRO/Getty Images; 章扉写真 上右 Classic Image/Alamy; p. 163 Eric J. Simon; 図 9.1 Science Source; 図 9.4 Patrick Lynch/Alamy; 図 9.5 James King-Holmes/Science Source; 図 9.8 Martin Shields/Science Source; 図 9.9 左から右へ Tracy Morgan/Dorling Kindersley; Tracy Morgan/Dorling Kindersley; Eric Isselee/Shutterstock; Victoria Rak/Shutterstock; 図 9.10 左から右へ Tracy Morgan/Dorling Kindersley; Eric Isselee/Shutterstock; 図 9.12 上 左から右へ James Woodson/Getty Images; Ostill/Shutterstock; Oleksii Sergieiev/Fotolia; 図 9.12 下 左から右へ Blend Images - KidStock/Getty Images; Image Source/Getty Images; Blend Images/Shutterstock; 図 9.13 左から右へ Jupiterimages/Stockbyte/Getty Images; Diego Cervo/Fotolia; 表 9.1 上から下へ David Terrazas Morales/Corbis; Editorial Image, LLC/Alamy; Eye of Science/Science Source; Science Source; 図 9.16 左から右へ Cynoclub/Fotolia; CallallooAlexis/Fotolia; p. 174「科学のプロセス」サムネイル Eric J. Simon; 図 9.17 Astier/BSIP SA/Alamy; 図 9.20 Mauro Fermariello/Science Source; 図 9.21 Oliver Meckes & Nicole Ottawa/Science Source; 図 9.23 Eric J. Simon; p. 180 中央 Szabolcs Szekeres/Fotolia; 図 9.25 上 左から右へ In Green/Shutterstock; Rido/Shutterstock; 図 9.25 下 左から右へ Dave King/Dorling Kindersley; Jo Foord/Dorling Kindersley; 図 9.25 右 Andrew Syred/Science Source; 図 9.28 Archive Pics/Alamy; 図 9.29 左から右へ Jerry Young/Dorling Kindersley; Gelpi/Fotolia; Dave King/Dorling Kindersley; Dave King/Dorling Kindersley; Tracy Morgan/Dorling Kindersley; Dave King/Dorling Kindersley; Jerry Young/Dorling Kindersley; Dave King/Dorling Kindersley; Dave King/Dorling Kindersley; Shutterstock; Tracy Morgan/Dorling Kindersley.

10章

章扉写真 下右 Mopic/Alamy; 章扉写真 上右 Oregon Health Sciences University, ho/AP Images; 章扉写真 上左 Science Source; 章扉写真 下左 Marcobarone/Fotolia; p. 191 Stringer Russia/Kazbek Basaev/Reuters; 図 10.3 左から右へ Barrington Brown/Science Source; Library of Congress; 図 10.11 Jay Cheng/Reuters; 図 10.22 Michael Follan - Mgfotouk.com/Getty Images; 図 10.23 Mixa/Alamy; 図 10.24 Oliver Meckes/Science Source; 図 10.25 Russell Kightley/Science Source; 図 10.26 N. Thomas/Science Source; 図 10.28 Hazel Appleton, Health Protection Agency Centre for Infections/Science Source; 図 10.29 Jeff Zelevansky JAZ/Reuters; 図 10.31 NIBSC/Science Photo Library/Science Source; 図 10.32 Will & Deni McIntyre/Science Source.

11章

章扉写真 上左 Alila Medical Media/Shutterstock; 章扉写真 右 Keren Su/Corbis; 章扉写真 下左 Chubykin Arkady/Shutterstock; p. 221 David McCarthy/Science Source; 図 11.1 左から右へ Steve Gschmeissner/Science Source; Steve Gschmeissner/Science Photo Library/Alamy; Ed Reschke/Getty Images; 図 11.4 Iuliia Lodia/Fotolia; 図 11.9 上から下へ F. Rudolf Turner; F. Rudolf Turner; 図 11.10 American Association for the Advancement of Science; 図 11.11 Videowokart/Shutterstock; p. 230 上 中央 Joseph T. Collins/Science Source; 図 11.13（a）Courtesy of the Roslin Institute, Edinburgh; 図 11.13（b）University of Missouri; 図 11.13（c）左から右へ Pasqualino Loi; Robert Lanza; Robert Lanza/F. Rudolf Turner; 図 11.15 Mauro Fermariello/Science Source; 図 11.15 下右挿入写真 Craig Hammell/Cord Blood Registry; 図 11.18 下 ERproductions Ltd/Blend Images/Alamy; 図 11.18 上 Simon Fraser/Royal Victoria Infirmary, Newcastle upon Tyne/Science Source; 図 11.19 Geo Martinez/Shutterstock; 図 11.21 Alastair Grant/AP Images; 図 11.22 CNRI/Science Source.

12章

章扉写真 上右 Alexander Raths/Shutterstock; 章扉写真 下 Stocksnapper/Shutterstock; 章扉写真 上左 Gerd Guenther/Science Source; p. 245 Tek Image/Science Source; 図 12.1 AP Images; 図 12.2 Huntington Potter/University of South Florida College of Medicine; 図 12.2 挿入写真 Prof. S. Cohen/Science Source; 図 12.5 Andrew Brookes/National Physical Laboratory/Science Source; 図 12.6 Eric Carr/Alamy; 図 12.7 Volker Steger/Science Source; 図 12.8 Inga Spence/Alamy; 図 12.9 Christopher Gable and Sally Gable/Dorling Kindersley; 図 12.9 挿入写真 U.S. Department of Agriculture（USDA）; 図 12.10 上から下へ International Rice Research Institute; Fotosearch RM/Age Fotostock; 図 12.13 Applied Biosystems, Inc; 図 12.16 Steve Helber/AP Images; 図 12.17 Fine Art Images/Heritage Image Partnership Ltd/Alamy; 図 12.18 Volker Steger/Science Source; 図 12.19 下 David Parker/Science Photo Library/Science Source; 図 12.19 上 Edyta Pawlowska/Shutterstock; 図 12.22 Scott Camazine/Science Source; 図 12.23 James King-Holmes/Science Source; 図 12.24 68/Ben Edwards/Ocean/Corbis; 図 12.25 Alex Milan Tracy/NurPhoto/Sipa U/Newscom; 図 12.26 Isak55/Shutterstock; 図 12.27 Image Point Fr/Shutterstock; 図 12.28 Public domain; 図 12.29 Daily Mail/Rex/Alamy.

13章

章扉写真 上左 victoriaKh/Shutterstock; 章扉写真 上中央 BW Folsom/Shutterstock; 章扉写真 上右 Parameswaran Pillai Karunakaran/FLPA; 章扉写真 下右 John Bryant/Getty Images; 章扉写真 中央左 W. Perry Conway/Ramble/Corbis; 章扉写真 下左 G. Newman Lowrance/APImages; p. 275 Gay Bumgarner/Alamy; 図 13.1 Aditya Singh/Moment/Getty Images; 図 13.2 左から右へ Chris Pole/Shutterstock; Sabena Jane Blackbird/Alamy; 図 13.3 左 Science Source; 図 13.3 右 Classic Image/Alamy; 図 13.4（a）Celso Diniz/Shutterstock; 図 13.4（b）Tim Laman/National Geographic/Getty Images; 図 13.5 上左 Francois Gohier/Science Source; 図 13.5 中央 Francois Gohier/Science Source; 図 13.5 上右 Science Source; 図 13.5 下左 Pixtal/SuperStock; 図 13.5 下右 Vostok Sarl/Mammuthus; 図 13.8 左から右へ Dr. Keith Wheeler/Science Source; Lennart Nilsson/Tidningarnas Telelgrambyra AB Nilsson/TT

付録C
写真および
図の出典

Nyhetsbyrun; 図 13.10 上から下へ Eric Isselee/Shutterstock; Tom Reichner/Shutterstock; Eric Isselee/Shutterstock; Christian Musat/Shutterstock; 図 13.11 Laura Jesse; 図 13.12 Zoonar/Poelzer/Age Fotostock; 図 13.13 Philip Wallick/Spirit/Corbis; 図 13.14 Edmund D. Brodie III; 図 13.15 Adam Jones/The Image Bank/Getty Images; 図 13.16 Andy Levin/Science Source; 図 13.18 Pearson Education; 図 13.21 Steve Bloom Images/Alamy; 図 13.22 Planetpix/Alamy; 図 13.23 Heather Angel/Natural Visions/Alamy; 図 13.24 Mariko Yuki/Shutterstock; 図 13.26 (a) Reinhard/ARCO/Nature Picture Library; 図 13.26 (b) John Cancalosi/Age Fotostock; 図 13.27 Centers for Disease Control and Prevention.

14章

章扉写真 上左 Keneva Photography/Shutterstock; 章扉写真 右 Peter Augustin/Photodisc/Getty Images; 章扉写真 下左 Oberhaeuser/Caro/Alamy; 章扉写真 下右 GL Archive/Alamy; p. 303 Kevin Schafer/Lithium/Age Fotostock; 図 14.1 左から右へ Cathleen A Clapper/Shutterstock; Peter Scoones/Nature Picture Library; 図 14.2 左から時計回り Rolf Nussbaumer Photography/Alamy; David Kjaer/Nature Picture Library; Jupiterimages/Stockbyte/Getty images; Photos.com; Phil Date/Shutterstock; Robert Kneschke/Shutterstock; Comstock/Stockbyte/Getty Images; Comstock Photos/Fotosearch; 図 14.4 p. 306 左から右へ USDA/APHIS Animal and Plant Health Inspection Service; Brian Kentosh; McDonald/Photoshot Holdings Ltd.; Michelsohn Moses; 図 14.4 p. 307 左から右へ J&C Sohns/Tier und Naturfotografie/Age Fotostock; Asami Takahiro; Danita Delimont/Gallo Images/Age Fotostock; 図 14.5 左 Brown Charles W; 図 14.5 中央 上から下へ Dogist/Shutterstock; Alistair Duncan/Dorling Kindersley; Dorling Kindersley/Dorling Kindersley; 図 14.5 右 Okuno Kazutoshi; 図 14.6 Morey Milbradt/Getty Images; 図 14.6 左上挿入写真 John Shaw/Photoshot; 図 14.6 右上挿入写真 Clement Vezin/Fotolia; 図 14.8 Michelle Gilders/Alamy; 図 14.9 Loraart8/Shutterstock; 図 14.11 上から下へ Interfoto/Alamy; Mary Plage/Oxford Scientific/Getty Images; Jim Clare/Nature Picture Library; 図 14.12 Robert Glusic/Corbis; 図 14.14 Kyodo/Xinhua/Photoshot/Newscom; 図 14.16 左から右へ Jurgen & Christine Sohns/FLPA; Eugene Sergeev/Shutterstock; Kamonrat/Shutterstock; 図 14.17 右 Mark Pilkington/Geological Survey of Canada/SPL/Science Source; 図 14.18 Juniors Bildarchiv GmbH/Alamy; 図 14.19 Jean Kern; 14.20 Chris Hellier/Science Source; 図 14.21 左から右へ Image Quest Marine; Christophe Courteau/Science Source; Reinhard Dirscherl/Alamy; Image Quest Marine; Image Quest Marine; p. 320 上右 FloridaStock/Shutterstock.com; 図 14.23 National Geographic Image Collection/Alamy; 図 14.27 Arco Images GmbH/Alamy.

15章

章扉写真 下右 vlabo/Shutterstock; 章扉写真 下左 Harry Vorsteher/Cultura Creative (RF)/Alamy; 章扉写真 下中央 Odilon Dimier/PhotoAltosas/Alamy; p. 329 Steve Gschmeissner/Science Source; 図 15.2 Mark Garlick/Science Photo Library/Corbis; 図 15.5 George Luther; 図 15.6 左から右へ Jupiter Images; Dr. Tony Brain and David Parker/Science Photo Library/Science Source; 図 15.7 左から右へ Scimat/Science Source; Niaid/CDC/Science Source; CNRI/SPL/Science Source; 図 15.8 (a) David M. Phillips/Science Source; 図 15.8 (b) Susan M. Barns; 図 15.8 (c) Heide Schulz/Max-Planck Institut fur Marine Mikrobiologie; 図 15.9 Science Photo Library - Steve Gschmeissner/Brand X Pictures/Getty Images; 図 15.10 Eye of Science/Science Source; 図 15.11 (a) Sinclair Stammers/Science Source; 図 15.11 (b) Dr. Gary Gaugler/Science Source; 図 15.12 Image Quest Marine; 図 15.13 挿入写真 Arco Images/Huetter, C./Alamy; 図 15.13 Nigel Cattlin/Alamy; 図 15.15 SIPA USA/SIPA/Newscom; 図 15.16 Eric J. Simon; 図 15.17 左 Jim West/Alamy; 図 15.18 右 SPL/Science Source; 図 15.19 左から右へ Centers for Disease Control and Prevention (CDC); Scott Camazine/Science Source; Dariusz Majgier/Shutterstock; David M. Phillips/Science Source; 図 15.22 (a) Carol Buchanan/F1online/Age Fotostock; 図 15.22 (b) Oliver Meckes/Science Source; 図 15.22 (c) blickwinkel/Alamy; 図 15.23 p. 344 左から右へ Eye of Science/Science Source; David M. Phillips/The Population Council/Science Source; Biophoto Associates/Science Source; 図 15.23 p. 345 左から右へ Claude Carre/Science Source; Dr. Masamichi Aikawa; Michael Abbey/Science Source; 図 15.24 The Hidden Forest, www.hiddenforest.co.nz; 図 15.25 右 上から下へ Courtesy of Matt Springer, Stanford University; Courtesy of Robert Kay, MRC Cambridge; Courtesy of Robert Kay, MRC Cambridge; 図 15.26 (a) Eye of Science/Science Source; 図 15.26 (b) Steve Gschmeissner/Science Source; 図 15.26 (c) Manfred Kage/Science Source; 図 15.27 左から右へ Marevision/Age Fotostock; Marevision/Age Fotostock; David Hall/Science Source; 図 15.28 Lucidio Studio, Inc/Moment/Getty Images.

16章

章扉写真 下左 Francesco de marco/Shutterstock; 章扉写真 上左 Neale Clarke/Robert Harding; 章扉写真 下右 Scenics & Science/Alamy; 章扉写真 上右 Webphotographeer/E+/Getty Images; p. 353 Marco Mayer/Shutterstock; 図 16.2 Science Source; 図 16.3 Steve Gorton/Dorling Kindersley; 図 16.4 Kent Graham; 図 16.5 Linda E. Graham; 図 16.7 左から右へ Photolibrary/Getty Images; James Randklev/Photographer's Choice RF/; V. J. Matthew/Shutterstock; Dale Wagler/Shutterstock; 図 16.8 Duncan Shaw/Science Source; 図 16.9 John Serrao/Science Source; 図 16.11 中央右 Jon Bilous/Shutterstock; 図 16.11 上右挿入写真 Biophoto Associates/Science Source; 図 16.11 下 左挿入写真 Ed Reschke/Photolibrary/Getty Images; 図 16.11 下右挿入写真 Art Fleury; 図 16.12 Field Museum Library/Premium Archive/Getty Images; 図 16.13 Danilo Donadoni/Marka/Age Fotostock; 図 16.15 左から右へ Stephen P. Parker/Science Source; Morales/Age Fotostock; Gunter Marx/Alamy; 図 16.16 Gene Cox/Science Source; 図 16.18 左から右へ Jean Dickey; Tyler Boyes/Shutterstock; Christopher Marin/Shutterstock; Jean Dickey; 図 16.20 左から右へ Jean Dickey; Scott Camazine/Science Source; Sonny Tumbelaka/AFP Creative/Getty Images; 図 16.21 Prill/Shutterstock; 表 16.1 上から下へ Steve Gorton/Dorling Kindersley; Dionisvera/Fotolia; Radu Razvan/Shutterstock; Colin Keates/Courtesy of the Natural History Museum, London/Dorling Kindersley; Sally Scott/Shutterstock; Alle/Shutterstock; 図 16.22 下左 Jean Dickey; 図 16.22 中央 Stan Rohrer/Alamy; 図 16.22 中央右 Science Source; 図 16.22 下右 Pabkov/Shutterstock; 図 16.22 下中央 VEM/Science Source; 図 16.22 下右 Astrid & Hanns-Frieder Michler/Science Source; 図 16.23 上から下へ Jupiterimages/Photos.com/360/Getty Images; Blickwinkel/Alamy; 図 16.24 (a) Bedrich Grunzweig/Science Source; 図 16.24 (b) Nigel Cattlin/Science Source; 図 16.25 North Wind Picture Archives; 図 16.26 Mikeledray/Shutterstock; Imagebroker.net/SuperStock; Will Heap/Dorling Kindersley; 図 16.27 Christine Case; 図 16.28 左 Jean Dickey; 図 16.28 右 Eye of Science/Science Source.

17章

章扉写真 上左 Image Source/Getty Images; 章扉写真 下右 David Gomez/E+/Getty

付録C
写真および
図の出典

Images; 章扉写真 右 Vishnevskiy Vasily/Shutterstock; 章扉写真 下中央 Nunosilvaphotography/Shutterstock; 章扉写真 下左 S. Plailly/E. Daynes/Science Source; p. 377 Tim Wiencis/Splash News/Newscom; 図 17.1 Gunter Ziesler/Photolibrary/Getty Images; 図 17.4 左から右へ Sinclair Stammers/Science Source; Sinclair Stammers/Science Source; 図 17.5 左から右へ Publiphoto/Science Source; LorraineHudgins/Shutterstock; 図 17.9 Image Quest Marine; 図 17.10 上 左から右へ Sue Daly/Nature Picture Library; Michael Klenetsky/Shutterstock; Lebendkulturen.de/Shutterstock; 図 17.10 下 Pavlo Vakhrushev/Fotolia; 図 17.13 左から右へ Georgette Douwman/Nature Picture Library; Image Quest Marine; Christophe Courteau/Natural Picture Library; Marevision/Age Fotostock; Reinhard Dirscherl/Alamy; 図 17.14 下 Geoff Brightling/Gary Stabb - modelmaker/Dorling Kindersley; 図 17.14 中央右 CMB/Age Fotostock; 図 17.14 下右 Eye of Science/Science Source; 図 17.15 左から右へ Daphne Keller; Ralph Keller/Photoshot Holdings Ltd.; F1online digitale Bildagentur GmbH/Alamy; Wolfgang Poelzer/Wa/Age Fotostock; 図 17.17 (a) Steve Gschmeissner/Science Source; 図 17.17 (b) Eye of Science/Science Source; 図 17.17 (c) Sebastian Kaulitzki/Shutterstock; 図 17.18 左上から下へ Mark Kostich/Getty Images; Maximilian Weinzierl/Alamy; Jean Dickey; 図 17.19 Dave King/Dorling Kindersley; 図 17.20 上 左から右へ Herbert Hopfensperger/Age Fotostock; Dave King/Dorling Kindersley; Andrew Syred/Science Source; 図 17.20 下 左から右へ Mark Kostich/Getty Images; Larry West/Science Source; 図 17.21 下右 Nancy Sefton/Science Source; 図 17.21 上 Dave King/Dorling Kindersley; 図 17.21 中央 左から右へ Maximilian Weinzierl/Alamy; Tom McHugh/Science Source; Nature's Images/Science Source; 図 17.22 左から右へ Jean Dickey; Tom McHugh/Science Source; 図 17.23 Radius Images/Alamy; 図 17.24 左上から反時計回り NH/Shutterstock; Doug Lemke/Shutterstock; lkpro/Shutterstock; Jean Dickey; Jean Dickey; Cordier Huguet/Age Fotostock; Jean Dickey; 図 17.24 中央 Stuart Wilson/Science Source; 図 17.25 左から右へ Thomas Kitchin & Victoria Hurst/Design Pics Inc./Alamy; Thomas Kitchin & Victoria Hurst/Design Pics Inc./Alamy; Thomas Kitchin &Victoria Hurst/Design Pics Inc./Alamy; Thomas Kitchin &Victoria Hurst/Design Pics Inc./Alamy; Thomas Kitchin & Victoria Hurst/Design Pics Inc./Alamy; 図 17.25 下 Keith Dannemiller/Alamy; 図 17.26 上左 Image Quest Marine; 図 17.26 挿入写真 Andrew J. Martinez/Science Source; 図 17.26 上右 Jose B. Ruiz/Nature Picture Library; 図 17.26 下 左から右へ tbkmedia.de/Alamy; Image Quest Marine; Image Quest Marine; 図 17.27 Colin Keates/Courtesy of the Natural History Museum/Dorling Kindersley; 図 17.29 左 Heather Angel/Natural Visions/Alamy; 図 17.29 右 Image Quest Marine; 図 17.31 (a) Tom McHugh/Science Source; 図 17.31 (b) F Hecker/Blickwinkel/Age Fotostock; 図 17.31 (b) 挿入写真 A Hartl/Blickwinkel/Age Fotostock; 図 17.31 (c) George Grall/National Geographic/Getty Images; 図 17.31 (d) Christian Vinces/Shutterstock; 図 17.32 (a) LeChatMachine/Fotolia; 図 17.32 (b) 左 Gary Meszaros/Science Source; 図 17.32 (b) 右 Bill Brooks/Alamy; 図 17.32 (c) 左 Tom McHugh/Science Source; 図 17.32 (c) 右 Jack Goldfarb/Age Fotostock; 図 17.34 p. 398 左から右へ Encyclopaedia Britannica/Alamy; Sylvain Cordier/Getty Images; 図 17.34 p. 399 左から右へ Jerry Young/Dorling Kindersley; Dlillc/Corbis; Miguel Periera/Courtesy of the Instituto Fundacion Miguel Lillo, Argentina/Dorling Kindersley; 図 17.35 Adam Jones/Getty Images; 図 17.36 左から右へ Jean-Philippe Varin/Science Source; Rebecca Jackrel/ Age Fotostock; Barry Lewis/Alamy; 図 17.38 左上から時計回り Creativ Studio Heinem/Age Fotostock; Siegfried Grassegger/Age Fotostock; P. Wegner/Age Fotostock; Arco Images Gmbh/Tuns/Alamy; Juan Carlos Munoz/Age Fotostock; Anup Shah/Nature Picture Library; Ingo Arndt/Nature Picture Library; Lexan/Fotolia; John Kelly/Getty Images; 図 17.40 下 John Reader/SPL/Science Source; 図 17.41 Achmad Ibrahim/AP Images; 図 17.43 Hemis.fr/Superstock; 図 17.44 Kablonk/Superstock; 図 17.45 Stefan Espenhahn/Image Broker/Age Fotostock.

18章
章扉写真 下 Balazs Kovacs Images/Shutterstock; 章扉写真 上右 Erni/Shutterstock; 章扉写真 上左 Olegusk/Shutterstock; 章扉写真 右 Vince Clements/Shutterstock; p. 415 Jean-Paul Ferrero/Mary Evans Picture Library Ltd/Age Fotostock; 図 18.1 Philippe Psaila/Science Source; 図 18.2 Jay Directo/AFP/Getty Images/Newscom; 図 18.3 (a) Barry Mansell/Nature Picture Library; 図 18.3 (b) Sue Flood/Alamy; 図 18.3 (c) Juniors Bildarchiv/Age Fotostock; 図 18.3 (d) Jeremy Woodhouse/Getty Images; 図 18.4 David Wall/Alamy; 図 18.5 NASA Earth Observing System; 図 18.6 挿入写真 Image Quest Marine; 図 18.6 Verena Tunnicliffe/AFP/Newscom; 図 18.7 Wayne Lynch/All Canada Photos/Getty Images; 図 18.8 (a) Jean Dickey; 図 18.8 (b) Age Fotostock/Superstock; 図 18.9 Jean Dickey; 図 18.11 左から右へ Outdoorsman/Shutterstock; Tier und Naturfotografie/J & C Sohns/Age Fotostock; 図 18.12 Ed Reschke/Photolibrary/Getty Images; 図 18.13 Robert Stainforth/Alamy; 図 18.14 WorldSat International/Science Source; 図 18.16 Ishbukar Yalilfatar/Shutterstock; 図 18.17 Kevin Schafer/ Alamy; 図 18.18 Jean Dickey; 図 18.20 Digital Vision/Photodisc/Getty Images; 図 18.21 Ron Watts/All Canada Photos/Getty Images; 図 18.22 George McCarthy/Nature Picture Library; 図 18.29 Age Fotostock/Superstock; 図 18.30 Eric J. Simon; 図 18.31 Age Fotostock/Juan Carlos Munoz/Age Fotostock; 図 18.32 The California/Chaparral Institute; 図 18.33 Mark Coffey/All Canada Photos/Superstock; 図 18.34 Joe Sohm/Visions of America, LLC/Alamy; 図 18.35 Jorma Luhta/Nature Picture Library; 図 18.36 Paul Nicklen/National Geographic/Getty Images; 図 18.37 Gordon Wiltsie/National Geographic/Getty Images; 図 18.39 上から下へ UNEP/GRID-Arenda; UNEP/GRID-Arendal; 図 18.40 Crack Palinggi/Reuters; 図 18.41 (a) UNEP/GRID-Arenda; 図 18.41 (b) USGS; 図 18.42 Jim West/Alamy; 図 18.43 Kamira/Shutterstock; 図 18.47 Chris Martin Bahr/Science Source; 図 18.48 Design Pics/Kip Evans/Newscom; 図 18.49 Drake Fleege/Alamy; 図 18.50 University of North Carolina; 図 18.51 Chris Cheadle/All Canada Photos/Getty Images; 図 18.52 (a) William E. Bradshaw; 図 18.52 (b) Christopher Wood/Shutterstock.

19章
章扉写真 右下 Johan Swanepoel/Shutterstock; 章扉写真 上左 James Watt/Getty Images; 章扉写真 下左 Gemenacom/Fotolia; 章扉写真 上右 rob245/Fotolia; p. 447 Karen Doody/Stocktrek Images/Getty Images; 図 19.1 (a) Henry, P/Arco Images/Age Fotostock; 図 19.1 (b) Jose Azel/Aurora Photos/Corbis; 図 19.1 (c) Sadd/FLPA; 図 19.2 Wave Royalty Free/Design Pics Inc/Alamy; 図 19.3 WorldFoto/Alamy; 図 19.4 左から右へ Roger Phillips/Dorling Kindersley; Jane Burton/Dorling Kindersley; Yuri Arcurs/Shutterstock; p. 451 中央 Prill/Shutterstock; p. 451 右 Anke van Wyk/Shutterstock; 図 19.6 Bikeriderlondon/Shutterstock; 図 19.7 左から右へ Joshua Lewis/Shutterstock; Wizdata/Shutterstock; 図 19.8 Marcin Perkowski/Shutterstock; 図 19.9 Design Pics/Super

付録C
写真および
図の出典

Stock; 図 19.10 Meul/ARCO/Nature Picture Library; 図 19.11 下右 Alan & Sandy Carey/Science Source; 図 19.12 左から右へ William Leaman/Alamy; USDA Forest Service; Gilbert S. Grant/Science Source; 図 19.13 Dan Burton/Nature Picture Library; 図 19.14 Ed Reschke/Getty Images; 図 19.15 St. Petersburg Times/Tampa Bay Times/Zuma/Newscom; 図 19.16 Chris Johns/National Geographic/Getty Images; 図 19.17 Jean Dickey; 図 19.18 Science Photo Library/Alamy; 図 19.19 Nigel Cattlin/Alamy; 図 19.20 imageBROKER/Alamy; 図 19.25 左から右へ Horizons WWP/Alamy; Maskot/Getty Images; 図 19.26 Franzfoto.com/Alamy.

20章
章扉写真 下左 Philippe Psaila/Science Source; 章扉写真 中央左 Ming-Hsiang Chuang/Shutterstock; 章扉写真 中央右 Joe Tucciarone/Science Source; 章扉写真 中央 Jag_cz/Shutterstock; 章扉写真 中央 Frannyanne/Shutterstock; p. 471 中央右 Amar and Isabelle Guillen - Guillen Photo LLC/Alamy; p. 471 上左 Amar and Isabelle Guillen- Guillen Photo LLC/Alamy; 図 20.1 James King-Holmes/Science Source; 図 20.2 左 Gerard Lacz/Age Fotostock; 図 20.2 右 Mark Carwardine/Getty Images; 図 20.3 Andre Seale/Age Fotostock; 図 20.4 American Folklife Center, Library of Congress; 図 20.5 Gerald Herbert/AP Images; 図 20.6 Richard D. Estes/Science Source; 図 20.7 (a) Jim Zipp/Science Source 図 20.7 (b) Tim Zurowski/All Canada Photos/Superstock; 図 20.8 上 M. I. Walker/Science Source; 図 20.8 下 M. I. Walker/Science Source; 図 20.9 Jurgen Freund/Nature Picture Library; 図 20.10 Eric Lemar/Shutterstock; 図 20.11 P. Wegner/ARCO/Age Fotostock; 図 20.12 左 Robert Hamilton/Alamy; 図 20.12 右 Barry Mansell/Nature Picture Library; 図 20.13 左 Dante Fenolio/Science Source; 図 20.13 右 Peter J. Mayne; 図 20.14 上左 Bildagentur-online/TH Foto-Werbung/Science Source; 図 20.14 上右 Luca Invernizzi Tetto/Age Fotostock; 図 20.14 下 ImageState/Alamy; 図 20.16 audaxl/Shutterstock; 図 20.21 Mark Conlin/Vwpics/Visual&Written SL/Alamy; 図 20.22 Todd Sieling/Corvus Consulting; 図 20.23 HiloFoto/Getty Images; 図 20.24 AdstockRF/Universal Images Group Limited/Alamy; 図 20.30 Wing-Chi Poon; 図 20.35 Michael Marten/Science Source; 図 20.36 上 NASA/Goddard Space Flight Center; 図 20.36 下左 NASA Goddard Space Flight Center; 図 20.36 下右 NASA Goddard Space Flight Center; 図 20.38 下 Matthew Dixon/Shutterstock; 図 20.39 Alan Sirulnikoff/Science Source; 図 20.40 R. O. Bierregaard, Jr., Biology Department, University of North Carolina, Charlotte; 図 20.41 United States Department of Agriculture; 図 20.42 South Florida Water Management District; 図 20.43 左 Andrew_Shurtleff/The Daily Progress/AP Images; 図 20.43 右 The Fresno Bee/ZUMA Press, Inc/Alamy; 図 20.44 上右 Juliet Shrimpton/Age Fotostock; 図 20.44 下左 Matt Jeppson/Shutterstock; 図 20.44 右下 Image Source/Getty Images; p. 496 表「生物多様性の要素」左上から下へ James King-Holmes/Science Source; Gerard Lacz/Age Fotostock; Andre Seale/Age Fotostock; p. 497 表「群集における種間の相互利用」左上から下へ Jim Zipp/Science Source; Tim Zurowski/All Canada Photos/Superstock; Jurgen Freund/Nature Picture Library; 同表右上から下へ Outdoor-Archiv/Kukulenz/Alamy; Jean Dickey; Renaud Visage/Getty Images.

イラストとテキストの出典

1章
p. 21「科学のプロセス」問 11: Data from Clifton, P. M., Keogh, J. B., and Noakes, M. (2004), "Trans Fatty Acids in Adipose Tissue and the Food Supply Are Associated with Myocardial Infarction," *J. Nutr.* 134: 874-79.

3章
図 3.19: Protein Databank: http://www.pdb.org/pdb/explore/explore.do?structureId=1a00 に基づく; 図 3.20: *The Core* module 8.11 および *Campbell Biology* 10e Fig. 19.10 に基づく.

5章
図 5.3: S. E. Gebhardt and R. G. Thomas, *Nutritive Values of Foods* (USDA, 2002); S. A. Plowman and D. L. Smith, *Exercise Physiology for Health, Fitness and Performance,* 2nd edition. Copyright 2003 (Pearson Education Inc. Publishing as Pearson Benjamin Cummings) のデータより.

7章
図 7.5: Richard and David Walker, *Energy, Plants and Man,* fig. 4.1, p. 69 より改変. Oxygraphics. Copyright Richard Walker. Richard Walker の厚意により使用, http://www.oxygraphics.co.uk; 図 7.12: Richard and David Walker, *Energy, Plants and Man,* fig. 4.1, p. 69 より改変. Oxygraphics. Copyright Richard Walker. Richard Walker の厚意により使用, http://www.oxygraphics.co.uk.

10章
図 10.33: CDC, http://www.cdc.gov/westnile/statsMaps/finalMapsData/index.html; p. 215: Joshua Lederberg, from Barbara J. Culliton, "Emerging Viruses, Emerging Threat," *Science, 247,* p. 279, 1/19/1990 より引用.

11章
表 11.1: "Cancer Facts and Figures 2014" (American Cancer Society Inc.) のデータより.

12章
p. 266-267: MARYLAND v. KING CERTIORARI TO THE COURT OF APPEALS OF MARYLAND No. 12-207. Argued February 26, 2013—Decided June 3, 2013. SUPREME COURT OF THE UNITED STATES.

13章
図 13.10: Phylogenetic Relationships among Cetartiodactyls Based on Insertions of Short and Long Interpersed Elements: Hippopotamuses Are the Closest Extant Relatives of Whales のデータより. Authors: Masato Nikaido, Alejandro P. Rooney and Norihiro Okada. *Proceedings of the National Academy of Sciences of the United States of America,* Vol. 96, No. 18 (Aug. 31, 1999), pp. 10261-10266. Copyright (1999) National Academy of Sciences, U.S.A. 許諾を得て転載.

14章
p. 304: Charles Darwin, *The Voyage of the Beagle* (Auckland: Floating Press, 1839); 図 14.13: "Active Volcanoes and Plate Tectonics, 'Hot Spots' and the 'Ring of Fire'" by Lyn Topinka, U.S. Geological Survey website, January 2, 2003 より改変; p. 323: Charles Darwin in *The Origin of Species* (London: Murray, 1859).

15章
図 15.14: Gut Microbiota from Twins Discordant for Obesity Modulate Metabolism in Mice, Vanessa K. Ridaura et al., *Science* 341 (2013); DOI: 10.1126/science.1241214. 9th Ed., © 2007. Pearson education, Inc. (Upper Saddle River, New Jersey) の許諾を得て転載; 図 15.21: V. K. Ridaura et al., "Gut Microbiota from Twins Discordant for Obesity Modulate Metabolism in Mice," *Science,* 341.

16章
表 16.1: Randy Moore et al., *Botany,* 2nd ed. Dubuque, IA: Brown, 1998, Table 2.2, p. 37 のデータより; p. 374「科学のプロセス」問 14: Lewis Ziskaa., et al. "Recent Warming by Latitude Associated with Increased Length of Ragweed Pollen Season in Central North

付録 C
写真および
図の出典

America," *Proceedings of the National Academy of Sciences*, 108: 4248-4251（2011）のデータより。

17章

図 17.39: 化石の写真より描画: *A. ramidus* は www.age-of-the-sage.org/evolution/ardi_fossilized_skeleton.html より改変。*H. neanderthalensis* は *The Human Evolution Coloring Book* より改変。*P. boisei* は David Bill の写真より描画。

18章

図 18.25: J. H. Withgott and S. R. Brennan, *Environment: The Science Behind the Stories*, 3rd Ed., © 2008. Pearson Education, Inc.（Upper Saddle River, New Jersey）の許諾を得て転載; 図 18.44: NASA.gov website GISS Surface Temperature Analysis（global map generator）, http://data.giss.nasa.gov/gistemp/maps/（settings for generating this specific map are shown below the map）; 図 18.45: *Climate Change 2013: The Physical Science Basis* に基づく。Working Group I Contribution to the Fourth Assessment Report of the Intergovernmental Panel on Climate Change; p. 444: http://www.ncdc.noaa.gov/land-based-station-data/climate-normals/1981-2010-normals-data のデータに基づく。

19章

表 19.1: Centers for Disease Control and Prevention website のデータより; 図 19.8 (a): P. Arcese et al., "Stability, Regulation and the Determination of Abundance in an Insular Song Sparrow Population," *Ecology*, 73: 805-882（1992）のデータより; 図 19.8 (b): T. W Anderson, "Predator Responses, Prey Refuges, and Density Dependent Mortality of a Marine Fish," *Ecology* 82: 245-257（2001）のデータより; 図 19.13: Fisheries and Oceans, Canada, 1999 のデータより; 図 19.21: United Nations, "The World at 6 Billion," 2007 のデータより; 表 19.3: Population Reference Bureau のデータより; 図 19.22: U.S. Census Bureau のデータより; 図 19.23: U.S. Census Bureau のデータより; 図 19.24: Living Planet Report, 2012: "Biodiversity, Biocapacity and Better Choices," World Wildlife Fund（2012）のデータより; p. 468「科学のプロセス」問 9: "Transitions in World Population," *Population Bulletin*, 59: 1（2004）のデータより。

20章

p. 499「科学のプロセス」問 13: J. M. Teal, "Energy Flow in the Salt Marsh Ecosystem of Georgia," *Ecology*, 43:614-624（1962）のデータより; 図 20.43: © Pearson Education, Inc.

付録D　セルフクイズの答え

1章
1. b（ある種の生物は単細胞であるので）
2. 原子，分子，細胞，組織，器官，生物，集団，生態系，生物圏；細胞
3. 光合成は二酸化炭素に含まれる炭素を糖に変換することで栄養物質を循環する．この糖は他の生物によって消費される．さらに，水に含まれる酸素は酸素ガスとして放出される．光合成は太陽光を化学エネルギーに変換することでエネルギーの流れに貢献し，化学エネルギーは別の生物によって消費され，熱に変換される．
4. a4, b1, c3, d2
5. 平均して，地域の環境に最も適した遺伝形質をもつ個体が，生存し繁殖する子孫を最も多くつくり出す．これにより，時間の経過とともに，集団中のこれらの形質の頻度を増加させる．その結果として進化的適応が蓄積する．
6. d
7. c
8. 進化
9. a3, b2, c1, d4

2章
1. 電子；中性子
2. 陽子
3. 安定同位体の窒素14の原子番号7，質量数14　放射性同位体の窒素16の原子番号7，質量数16
4. 生物はある特定の元素を取り込むとき放射性同位体を安定同位体と同じように取り込むので，放射性同位体を追跡することでその元素全体のふるまいを知ることができる．
5. 炭素原子に4つではなく3つの共有結合しかない．
6. 正に帯電した水素原子の部分が反発し合う．
7. d
8. a
9. 隣り合う水分子間では正に帯電した極と負に帯電した極が水素結合によって引き合う．水の特性の，凝集性，温度変化を和らげること，さまざまな物質を溶かす優れた溶媒であることは，すべて水分子間の引き合う性質に由来する．
10. 非極性の分子は水素結合をつくれないので，生命の基礎となる水がもつさまざまな特徴（物質を溶解する性質や凝集する性質など）をもたない．
11. コーラは水を溶媒とした水溶液で，糖がおもな溶質であり，二酸化炭素は溶液を酸性にしている．

3章
1. 異性体は異なる構造，つまり異なるかたちをとっている．分子のかたちが，通常，その物質の機能を決めているためである．
2. 脱水；水
3. 加水分解
4. b
5. H_2O, $C_{12}H_{22}O_{11}$
6. 脂肪酸；グリセロール；トリグリセリド
7. b
8. c
9. もしそのアミノ酸の変化がタンパク質のかたちを変えないとすれば，そのタンパク質の機能に影響を与えないかもしれない．
10. 疎水性のアミノ酸は水の環境から遠く離れたタンパク質の内部にある可能性が高い．
11. a
12. デンプン（グリコーゲン，セルロースでもよい）；核酸
13. DNAもRNAもポリヌクレオチドである．ともに同じリン酸基を骨格にもつ．ともにA，C，Gの塩基をもつ．違いとしては，DNAはTを，RNAはUを塩基としてもつ．両者は糖が異なる．DNAは通常二重らせんであるが，RNAは通常1本鎖である．
14. 構造としては，遺伝子はDNAの鎖の一部である．機能としては，遺伝子はタンパク質を合成するのに必要な情報を含んでいる．

4章
1. b
2. 膜はその成分が決まった場所に固定されていないので流動性がある．膜内にさまざまなタンパク質がモザイク状に浮遊している．
3. 内膜系
4. 滑面小胞体；粗面小胞体
5. 粗面小胞体，ゴルジ装置，細胞膜
6. 両者ともさまざまな酵素が膜内に組織的に配置され，細胞にエネルギーを供給する．しかし，葉緑体は光合成を行う際に太陽からエネルギーを獲得するが，一方ミトコンドリアは細胞呼吸の際にグルコースのエネルギーを取り出す．葉緑体は光合成を行う植物と原生生物にのみ見られるが，ミトコンドリアはほとんどすべての真核細胞に見られる．
7. a3, b1, c5, d2, e4
8. 核，核膜孔，リボソーム，粗面小胞体，ゴルジ装置
9. 両者とも，細胞表面から延び出た構造で，運動を可能にする．鞭毛をもつ細胞は一般的に波動運動を行う，1本の長い鞭毛をもつ．繊毛は通常短く多数存在し，それらが協調して往復運動を行う．

5章
1. あなたが階段をのぼるとき，食物の化学エネルギーは運動エネルギーに変換される．階段の頂上では，エネルギーのいくらかはその高い位置によって位置エネルギーとして保存される．残りは熱となる．
2. エネルギー；エントロピー
3. 10 000 g（あるいは10 kg）；食品に貼られている「1キロカロリー」は，1000カロリーの熱エネルギーに等しい．
4. 3つのリン酸基はポテンシャルエネルギーのかたちで化学エネルギーを蓄えている．リン酸基の放出によりこのポテンシャルエネルギーの一部が細胞の仕事に利用される．
5. 加水分解酵素は，大分子を小分子に分解する加水分解反応に関与する酵素である．酵素名はしばしば語尾に「-ase」（アーゼと発音する）をもつものがある．すなわち加水分解反応（hydrolysis）を行う加水分解酵素はhydrolaseという．

付録D
セルフクイズの答え

6. 酵素の他の場所への抑制剤の結合が酵素の活性部位の構造変化を引き起こす．
7. b
8. 高張液，低張液は相対的な用語である．水よりも高張な溶液も，海水より低張になることもある．これらの用語を使うときは，「ある溶液は細胞の細胞質よりも高張である」というように比較した言い方をする必要がある．
9. 受動輸送は原子や分子を濃度勾配（高濃度から低濃度）に従って移動させるが，能動輸送は濃度勾配に逆らって移動させる．
10. b

6章
1. d
2. 植物は光合成によって有機分子を合成する．消費者は有機物を生産ではなく消費によって得なければならない．
3. 息をすることによって肺は体内と大気の間で CO_2 と O_2 の交換を行う．細胞呼吸では，栄養物からエネルギーを取り出す際に O_2 を消費し，廃棄物として CO_2 を排出する．
4. 電子伝達鎖
5. O_2
6. 細胞呼吸によって供給されるエネルギーの大部分は電子伝達鎖の過程で取り出される．この過程が停止すると，細胞は急速にエネルギーを失う．
7. b
8. 解糖
9. b
10. 発酵はグルコース1分子あたり2分子の ATP しかもたらされないのに対して細胞呼吸では32分子がつくられるので，酵母は細胞呼吸の場合と同じだけ ATP をつくるためにグルコースを16倍の量消費しなければならない．

7章
1. チラコイド；ストロマ
2. NADPH と ATP は明反応によってストロマ側でつくられるので，ストロマ内で NADPH と ATP を使って行われるカルビン回路の反応に容易に利用され得る．
3. 入力：a, d, e
   出力：b, c
4. 「光（photo）」は光合成を進行させるのに必要な光を意味し，「合成（synthesis）」は糖をつくるということを意味する．両方を合わせた「光合成（photosynthesis）」は，光を使ってつくるという意味になる．
5. 緑色光はクロロフィルによって反射するが，吸収されないので，光合成を起こさせることはできない．
6. H_2O
7. c
8. カルビン回路の反応には明反応の産物（ATP と NADPH）が必要である．
9. c

8章
1. c
2. 同一の遺伝子（DNA）をもつ．
3. 非常に長い細い糸のような状態で存在するため．
4. b
5. 前期と終期
6. a. 1, 1；b. 1, 2；c. 2, 4；d. $2n, n$；e. 染色体が個々に並ぶ，相同染色体が対をつくって並ぶ；f. 同一，異なる；g. 組織細胞の補充・成長；配偶子形成
7. 39
8. 減数第二分裂前期または第二分裂中期．減数第一分裂期であれば偶数の染色体が存在するはずなので除外できる．また，減数第二分裂の後期以降であれば姉妹染色分体が分離しているはずなので，除外できる．
9. 良性腫瘍，悪性腫瘍
10. 16 （$2n = 8$ なので $n = 4$. $2^n = 2^4 = 16$）
11. 3番染色体や16番染色体を過剰にもつ配偶子も21番染色体の場合と同程度生じるが，3番や16番染色体の過剰胚は致死となるためと考えられる．

9章
1. 遺伝子型；表現型
2. a は独立の法則，b は分離の法則
3. c
4. c
5. d
6. d
7. d
8. ルディは $X^D Y^0$．カーラは $X^D Y^d$（彼女の息子が発症しているため）．第二子が発症する男児である可能性は 1/4．
9. 身長は，皮膚の色と同様に多遺伝子遺伝であると考えられる．図9.22参照．
10. 茶毛が優性，白毛が劣勢であると考えられる．したがって茶毛の親は優性ホモ接合体（BB）であり，白毛マウスは劣性ホモ接合体（bb）ということになる．F_1 世代マウスはすべてヘテロ接合体（Bb）となり，2匹の F_1 世代のマウスを交配させると，F_2 世代のマウスの3/4は茶毛となる．
11. F_2 世代マウスが優性ホモ接合体であるかヘテロ接合体であるかを決定する最もよい方法は，検定交雑である．すなわち，茶毛のマウスを白毛のマウスと交配させる．茶毛のマウスがホモ接合体ならば，生まれてくる子はすべて茶毛となる．茶毛のマウスがヘテロ接合体ならば，生まれてくるマウスの半数が茶毛となり，残りの半数が白毛となる．
12. そばかすは優性であるから，ティムとジェーンは2人ともヘテロ接合体である．2人の間に生まれる子どもがそばかすありの確率は3/4，そばかすなしの確率は1/4となる．これから生まれる子どもが2人ともそばかすをもつ確率は 3/4 × 3/4 = 9/16 である．
13. 彼らの子どもは1/2の確率でヘテロ接合体となり，血中コレステロールが高めになる．2人の間に生まれる次の子がホモ接合体（hh）となり，カテリーナのように重症型の高コレステロール血症となる確率は 1/4 である．
14. 子どもの性を決めるのは，母親の卵

（どれも X 染色体をもつ）ではなく父親の精子（X 染色体または Y 染色体をもつ）であるから．

15. 母親はヘテロ接合体のキャリアーであり，父親は正常である．家系図については図 9.28 の茶色の四角で囲まれた部分を参照せよ．この夫婦の子どもの 1/4 は血友病を患う男子となり，1/4 はキャリアーの女子となる．
16. 女性が色覚異常であるためには，色覚異常の対立遺伝子を含む X 染色体を両親双方から受け継ぐ必要がある．父親は 1 本しか X 染色体をもたず，必ずそれを娘に受け渡していることから，その父親は必然的に色覚異常ということになる．男性の色覚異常の場合，色覚異常の対立遺伝子をキャリアーの女性から受け継ぐだけでよい．したがって，通常その男性の両親は表現型としては正常である．
17. 黒色短毛の親ウサギの遺伝子型は BBSS である．茶色長毛の親ウサギの遺伝子型は bbss である．F_1 世代ウサギはすべて BbSs となり黒色短毛となる．F_2 世代ウサギは黒色短毛，黒色長毛，茶色短毛，茶色長毛が 9：3：3：1 の割合となる．

10 章

1. ポリヌクレオチド；ヌクレオチド
2. 糖（デオキシリボース），リン酸，窒素原子を含む塩基
3. b
4. それぞれの娘 DNA 分子は親 DNA 分子の半分の放射能をもつ．娘 DNA 分子には，親 DNA 分子由来の 1 本ずつが受け継がれるためである．
5. CAU；GUA；ヒスチジン（His）
6. 遺伝子とは 1 つのポリペプチドの合成情報をもつポリヌクレオチド配列である．DNA または RNA の 3 塩基配列からなるコドンは，それぞれ 1 個のアミノ酸を指定する．転写の過程では DNA の片方の鎖を鋳型として RNA ポリメラーゼが mRNA を合成する．リボソームはポリペプチド合成，つまり翻訳の場であり，

tRNA が遺伝暗号の解読者として働く．tRNA 分子は一端にアミノ酸を結合し，もう一端に 3 塩基のアンチコドンをもつ．開始コドンから始まり，mRNA はリボソーム中を 1 コドンずつずれ動く．対応するアンチコドンをもつ tRNA がそれぞれのコドンに結合し，運搬してきたアミノ酸をペプチド鎖へ付加する．アミノ酸はペプチド結合によって連結されていく．翻訳は終止コドンの位置で終わり，完成したポリペプチドが遊離する．ポリペプチドは折りたたまれ，ときには他のポリペプチドと組み合わされて，機能をもつタンパク質となる．

7. a3, b3, c1, d2, e2 と 3
8. d
9. d
10. このタイプのウイルスの遺伝物質は RNA であり，感染した細胞内でウイルスゲノムにコードされている特別な酵素により複製される．ウイルスゲノム（またはその相補鎖）がウイルスタンパク質を合成するための mRNA として働く．
11. 逆転写酵素．逆転写という過程は，HIV のような RNA ウイルスの感染時にのみ起こる．細胞は逆転写反応を必要としない（細胞の RNA が逆転写されることはない）ため，宿主のヒト細胞に影響を与えることなく逆転写酵素を機能不全にすることが可能である．

11 章

1. c
2. オペロン
3. b
4. a
5. RNA ポリメラーゼなどの転写に必要なタンパク質が，高度に凝集した DNA に接近して結合することができないから．
6. クローニングにより，これらの細胞が完全な個体を形成する能力をもつこと．
7. 核移植
8. 特定の細胞のサンプルの中で，どの遺伝子が活性をもっているかとい

う情報．
9. b
10. 初期胚（ES 細胞），臍帯血，骨髄（成人の幹細胞）
11. がん原遺伝子は細胞分裂周期の制御に関与する正常な遺伝子である．突然変異またはウイルス感染により，こうした遺伝子ががん遺伝子に変化することがある．がん原遺伝子は，細胞分裂周期の正常な制御に必要である．
12. ホメオティック遺伝子とよばれるマスター制御遺伝子が分化の過程で多くの遺伝子の発現を制御するから．

12 章

1. c, d, b, a
2. ベクター
3. このような酵素は末端部が 1 本鎖となった「粘着末端」をもつ DNA 断片を生成する．この 1 本鎖部分は，同一の制限酵素により生じた DNA 断片の粘着末端の 1 本鎖部分と相補的であり，水素結合を形成して結合できるから．
4. ポリメラーゼ連鎖反応（PCR）
5. 他人の DNA では，個々のマイクロサテライト領域について繰り返し配列の数が異なることが多い．すなわち，別人から採取した DNA はマイクロサテライト領域を含む DNA 断片の長さが異なることから，電気泳動ゲルの中でも異なる位置に移動することになる．
6. a
7. b
8. 制限酵素を用いてゲノム DNA を断片化し，それぞれの断片をクローニングして塩基配列を決定する．こうして得られた多数の短い配列をコンピュータを駆使して統合し，すべての染色体について連続した塩基配列を決定する．
9. c, b, a, d

13 章

1. 種，属，科，目，綱，門，界，ドメイン
2. c

付録 D
セルフクイズの答え

3. ライエルや他の地質学者は，何百万年にわたる地質学的特徴がゆるやかに変化する証拠を提示した．ダーウィンは，長期間にわたってゆっくりした小変化の蓄積を通じて種が進化することを示唆するためにこの考え方を適用した．
4. Bb: 0.42; BB: 0.49; bb: 0.09
5. 個体（あるいは特定の遺伝型）の適応度は，次世代の遺伝子プールに貢献する対立遺伝子の，他個体と比較した相対数によって測定される．それゆえ，生み出された繁殖可能な子孫数が，個体の適応度を決定する．
6. b
7. c
8. 両方の効果とも十分に小さい集団において，最初の数世代における遺伝子プールに重大なサンプリング誤差を起こす．ビン首効果事象は，その地域に現存する集団サイズを縮小する．創始者効果は，少数の小集団が新たな生育地に定着・繁殖したときに生じる．
9. 安定化選択
10. b, c, d

14 章
1. 小進化は，集団の遺伝子プールの変化であり，多くの場合，適応に関連している．種分化は，1 種が 2 種以上に分化する進化のプロセスである．大進化は，種レベル以上の進化的変化である．たとえば，進化的新奇性や新分類群の起源，生命の多様性への大量絶滅の影響とその後の回復などがある．大進化は，生命の歴史の中での大きな変化が特徴であり，これらの変化は，多くの場合はっきりしているので，化石記録の中に証拠として残る．
2. b
3. 接合前：a, b, c, e
   接合後：d
4. 小さな遺伝子プールは，遺伝的浮動と自然選択によって，実質的に変化しやすいため．
5. 外適応
6. d
7. d

8. 26
9. 相同性は，進化の歴史の共有を反映しているが，相似はそうではない．相似は，収斂進化の結果である．
10. 古細菌と細菌

15 章
1. g, a, d, f, c, b, e
2. d, c, a, b, e
3. DNA ポリメラーゼはタンパク質であり，遺伝子から転写・翻訳されなければならない．しかし DNA からなる遺伝子は，複製されるために DNA ポリメラーゼを必要とする．このことは DNA が先かタンパク質が先か，というパラドックスを生み出す．しかし RNA は，情報を保持する分子としても酵素としても働くことができる．このことは，両方の機能をもつ RNA が DNA やタンパク質より前に存在していたことを示唆している．
4. 外毒素は病原性細菌が分泌する毒であるが，内毒素は病原性細菌の外膜の構成要素である．
5. 従属栄養の原生生物や菌類にとっては食物（光合成産物）；光合成生物である植物にとっては利用可能な窒素
6. 内生胞子を形成する性質
7. 土壌や水中の原核生物は植物や動物起源の有機物を分解し，環境中に無機物として返す．同様に下水処理施設中の原核生物は下水中の有機物を分解し，無機物に変換する．
8. 植物，菌類，動物ではない真核生物
9. c
10. b

16 章
1. クチクラ
2. 花
3. a. 胞子体　b. 球果；被子植物　c. 果実
4. b
5. b
6. シダ類（無種子維管束植物）
7. 秋から冬にかけて葉を失わないため，春になって短い成長時期が始まったときにはすでに葉は十分発達し

ている．
8. 維管束植物
9. a
10. 花の子房が成熟したものであり，含まれる種子を保護し，その散布を助ける．
11. 藻類；菌類
12. 菌類は消化酵素を分泌して体外にある食物を分解し，その結果できた低分子の栄養分を吸収する．対照的に，ヒトを含むほとんどの動物は比較的大きな食物片を取り込み，体内でこれを分解する．

17 章
1. c
2. 節足動物
3. 両生類
4. b
5. 脊索動物；脊索；椎間板
6. 二足歩行
7. a
8. アウストラロピテクスの種，ホモ・ハビリス，ホモ・エレクトゥス，ホモ・サピエンス
9. a4, b5, c1, d2, e3

18 章
1. 個体生態学，個体群生態学，群集生態学，生態系生態学
2. 光，水温，付加された化学物質
3. 生理的；行動的
4. d
5. a. 砂漠；b. 草原；c. 熱帯多雨林；d. 温帯広葉樹林；e. 針葉樹林；f. ツンドラ
6. チャパラル
7. 永久凍土，とても寒い冬，強い風
8. 農業
9. 大気中の二酸化炭素などの気体（ガス）は，地球の地表が反射した太陽放射の熱エネルギーを吸収する．これは温室効果とよばれる．大気中の二酸化炭素濃度の上昇に伴って，より多くの熱が保持され地球温暖化が生じている．
10. c
11. 個体群中の個体の遺伝的変異が大きく，寿命が短い生物の個体群．

19章

1. 人口と人間がすんでいる土地面積
2. III；I
3. a. x 軸は時間；y 軸は個体数；赤い曲線は指数関数的な成長；青い曲線はロジスティック成長．
   b. 環境収容力
   c. 指数関数的成長では，個体群サイズが増加するに伴い，個体群成長率はますます急速に増大する．ロジスティック成長では，個体群成長率は個体群サイズが環境収容力の1/2のときに最大になる．
   d. 世界的には成長率は減速してきているが，指数関数的成長曲線である．
4. d
5. 日和見的
6. c
7. c

20章

1. 生育地の破壊
2. d
3. c
4. a2，b5，c5，d3，もしくは d4，e1
5. 農薬が被食者に蓄積するため．
6. 遷移
7. 光合成によって固定されるエネルギーのわずか約10％が，植物の生物量に組み込まれる．そして，そのエネルギーのわずか約10％が草食動物の肉になる．よって，穀物で育てられた牛肉を食べることは，光合成で固定されたエネルギーの約1％を得ているにすぎない．
8. 多くの栄養素は土壌に由来するが，炭素は大気に由来する．
9. 景観（ランドスケープ）
10. a

用 語 集

1 遺伝子交雑 monohybrid cross
1つの遺伝子座が異なる個体同士の交配.

2 遺伝子交雑 dihybrid cross
2つの遺伝子座が異なる個体同士の交配.

21 トリソミー trisomy 21
「ダウン症候群」を参照.

3 ドメイン体系 three-domain system
細菌,古細菌,真核生物の3つの基本的グループに基づく分類学体系.

ABO 式血液型 ABO blood groups
遺伝的に決定されるヒトの血液型の分類であり,赤血球細胞表面に糖鎖Aと糖鎖Bのどちらが存在するか,あるいは存在しないかによって決まる.ABO 式血液型はたんに血液型ともよばれ,A,B,AB,Oの型がある.

ADP adenosine diphosphate
アデノシン二リン酸.アデノシンと2つのリン酸基からなる分子.ATP分子はADPと3番目のリン酸基の結合でつくられる.このときエネルギーが消費される.

ATP adenosine triphosphate
アデノシン三リン酸.アデノシンと3つのリン酸基からなる分子.細胞活動のおもなエネルギー源となる.ATPはADP(アデノシン二リン酸)とリン酸に分解され,このとき放出されるエネルギーが細胞の仕事に使われる.

ATP 合成酵素 ATP synthase
細胞の膜(ミトコンドリア内膜,葉緑体のチラコイド膜,細菌の細胞膜)に見られるタンパク質複合体で,水素イオンの濃度勾配というかたちのエネルギーを使ってADPからATPをつくる.ATP合成酵素は水素イオン(H^+)が拡散して出ていく孔を備えている.

DNA deoxyribonucleic acid
デオキシリボ核酸.生物が親から受け継ぐ遺伝物質.糖としてデオキシリボースとリン酸基,窒素を含む塩基でできたヌクレオチド単量体からなる二重らせんの巨大分子.塩基はアデニン(A),シトシン(C),グアニン(G)とチミン(T).「遺伝子」も参照.

DNA 鑑定 DNA profiling
個人に特有の遺伝的マーカー情報を,PCRや電気泳動を用いる分析する手法.2つの遺伝物質の試料が同一人物に由来するかどうかの識別にDNA鑑定が用いられる.

DNA シークエンシング(塩基配列決定) DNA sequencing
ある遺伝子やDNA断片の完全な塩基配列を決定すること.

DNA ポリメラーゼ DNA polymerase
既存のDNA鎖を鋳型とし,DNAヌクレオチドをポリヌクレオチドにする結合反応を担う酵素.

DNA マイクロアレイ DNA microarray
数千個の1本鎖DNA断片を格子状に固定したスライドグラス.スライドグラスに接着されたDNA断片はそれぞれが個別の遺伝子に由来する.これらのDNA断片と,さまざまな試料のcDNA分子とのハイブリダイゼーションを行うことにより,数千個の遺伝子の発現を一度に解析することができる.

DNA リガーゼ DNA ligase
DNA複製に必須の酵素であり,隣接するDNAヌクレオチドの間に新たな共有結合を形成する.遺伝子工学では,目的とする遺伝子を含む特定のDNA断片を細菌のプラスミドなどのベクターに連結するために用いられる.

ES 細胞 embryonic stem cell
「胚性幹細胞」を参照.

F_1 世代 F_1 generation
両親となる2個体(P世代)から生まれた子.F_1は1st filial(第1世代)の頭文字から.

F_2 世代 F_2 generation
F_1世代同士の子.F_2は,2nd filial(第2世代)の頭文字から.

HIV(ヒト免疫不全ウイルス) human immunodeficiency virus
ヒトの免疫系を攻撃し,エイズを引き起こすレトロウイルス.

mRNA messenger RNA
「メッセンジャー RNA」を参照.

NADH NADH
細胞呼吸に関与する電子伝達体(電子の授受に関与する分子).NADHはグルコースや他の燃料分子から電子伝達鎖の最初の電子伝達体に電子を伝達する.NADHは解糖とクエン酸回路でつくられる.

NADPH NADPH
光合成における電子伝達体(電子を運ぶ分子).光によって電子がクロロフィルから$NADP^+$に伝達され,NADPHがつくられる.NADPHはカルビン回路で二酸化炭素を糖に還元するための高エネルギー電子を供給する.

P 世代 P generation
遺伝学の研究において,解析対象とする子孫個体の親である個体.Pはparental(親の)の頭文字から.

PCR polymerase chain reaction
「ポリメラーゼ連鎖反応」を参照.

pH 尺度 pH scale
0(最も酸性)から14(最も塩基性)までの値をとり,溶液の酸性度を示す.

RNA ribonucleic acid
リボ核酸.糖としてリボースとリン酸基,窒素を含む塩基をもつヌクレオチド単量体からなる一種の核酸で,塩基はアデニン(A),シトシン(C),グアニン(G)とウラシル(U).通常は1本鎖で存在し,タンパク質の合成とある種のウイルスのゲノムとして働く.

RNA スプライシング RNA splicing
真核生物のRNAからイントロンを除去してエキソンをつなげ,連続したコード配列をもつmRNAをつくる過程.mRNAが核を離れる前に起こる.

RNA ポリメラーゼ RNA polymerase
転写においてDNA鎖を鋳型とし,RNAヌクレオチド鎖の伸長反応を担う酵素.

rRNA ribosomal RNA
「リボソーム RNA」を参照.

tRNA transfer RNA
「トランスファー RNA」を参照.

X 染色体不活性化 X chromosome inactivation
哺乳類の雌の個体で,個々の体細胞に含まれる2本のX染色体の一方が不活性化されること.初期胚の発生中に,ある細胞で一方のX染色体の不活性化が起こると,その細胞の子孫の細胞はすべて同一のX染色体が不活性化される.

悪性腫瘍 malignant tumor

用語集

形成された場所から離れ，近くの組織や体内の他の部分へと拡大していく異常細胞のかたまり．がん性腫瘍．

アデニン adenine（A）
DNAとRNAに含まれる，複環の窒素を含む塩基の1つ．

アデノシン二リン酸
「ADP」を参照．

アデノシン三リン酸
「ATP」を参照．

アピコンプレクサ apicomplexan
ある種の寄生性原生動物．一部の種は人に重篤な病気を引き起こす（マラリアなど）．

アミノ酸 amino acid
カルボキシ基，アミノ基，水素原子と多様な側鎖（R基ともいう）をもつ有機分子．タンパク質をつくる単量体となる．

アメーバ amoeba
細胞形態に大きな可塑性を示し，仮足をもつ原生動物に対する一般名．

アンチコドン anticodon
mRNAの3つ組コドン配列と相補的な，tRNA分子中の特異的な3つ組ヌクレオチド．

安定化選択 stabilizing selection
両極端の表現型に対して選択が働くことにより，中間的な変異に有利となる自然選択．

イオン ion
1個もしくはそれ以上の電子を得るかそれとも失うことで電荷を獲得した原子もしくは分子．

イオン結合 ionic bond
正反対の電荷をもつ2つのイオンの間の引力．正反対の電荷の電気的引力はイオンを一緒に保持する．

維管束組織 vascular tissue
管状の細胞が連結してできた植物の組織であり，水や栄養物を植物体内全体に輸送する．木部と師部からなる．

異所的種分化 allopatric speciation
祖先集団が地理的障壁により隔離された結果による新種の形成．「同所的種分化」も参照．

胃水管腔 gastrovascular cavity
開口部を1つだけもつ消化区画で，開口部は餌の取り入れ口にも消化した残りの放出口にもなる．胃水管腔はこの他に循環，体の支持，およびガス交換にも働く．クラゲやヒドラが胃水管腔をもつ動物の例である．

異性体 isomer
同一の分子式をもつが構造が異なることで性質も異なる2種類以上の分子．

一次消費者 primary consumer
独立栄養生物（植物）を食べる生物で，植食者である．

一次生産 primary production
生態系の独立栄養生物が，ある期間において，太陽エネルギーを利用して化学エネルギーに転換した有機物量．

一次遷移 primary succession
生物群集の生態的遷移のタイプで，生物や土壌もない状態から始まる．「二次遷移」も参照．

一倍体 haploid
1組の染色体をもつ細胞で，nの細胞と表記する．

遺伝 heredity
ある世代から次の世代へと形質が伝わること．

遺伝暗号 genetic code
mRNA中のヌクレオチドの3つ組（コドン）とアミノ酸とを対応させる一連の法則．

遺伝学 genetics
遺伝や遺伝形質についての学問．

遺伝子 gene
ポリペプチドのアミノ酸配列を指定する特定のDNAの塩基配列（ウイルスにはRNAの場合もある）に相当する遺伝の単位．真核生物の遺伝子の大半は染色体DNAに存在するが，一部はミトコンドリアと葉緑体のDNAに存在．

遺伝子型 genotype
生物をつくる遺伝子の構成．

遺伝子組換え生物 genetically modified (GM) organism
人工的な手法により1つまたは2つ以上の遺伝子を獲得した生物．導入された遺伝子が異なる生物種に由来する場合，その遺伝子組換え生物はトランスジェニック生物とよばれる．

遺伝子クローニング gene cloning
ある遺伝子について多数のコピーを作製すること．

遺伝子工学 genetic engineering
実用的な目的のために遺伝子を直接操作する技術．

遺伝子座 locus（複数形：loci）
染色体上の，ある遺伝子が存在する部位．相同染色体には互いに同じ位置に対応する遺伝子座がある．

遺伝子治療 gene therapy
患者の遺伝子を改変することにより，病気を治療することを目的とした遺伝子組換え措置．

遺伝子発現 gene expression
遺伝子からタンパク質への遺伝情報の伝達過程．遺伝情報は遺伝子型から表現型へ，DNA → RNA → タンパク質と伝達される．

遺伝子発現制御 gene regulation
生体内の特定の遺伝子発現の「オン」「オフ」の制御．

遺伝子プール gene pool
ある時点の集団内の，すべての遺伝子のすべての対立遺伝子の集合．

遺伝子流動 gene flow
ある集団へ，あるいは集団からの個体や配偶子の移動による対立遺伝子の獲得あるいは喪失．

遺伝的浮動 genetic drift
無作為抽出の偶然による集団の遺伝子プールの変化．集団サイズが小さいときに強く働く．

移動のための回廊（コリドー） movement corridor
生物にとって利用可能な生育地で，小さなかたまり，あるいは狭い帯状の形状で，孤立化した生育地を相互に結びつける機能をもつ．

咽頭裂 pharyngeal slit
脊索動物の胚（成体にも残る場合がある）の咽頭にある鰓構造．

イントロン intron
真核生物の遺伝子内に存在する，タンパク質として発現しない（非コード）部分であり，RNA転写産物から除外される部分．「エキソン」も参照．

隠蔽色 cryptic coloration
適応的な体色で，背景色と見分けにくくする効果がある．

ウイルス virus
生きている生物の細胞に感染し，遺伝物質を細胞に挿入する微粒子．ウイルスは非常に単純な構造をもち，生物が

518

用語集

もつ特性のすべてをもつわけではないために，通常は生物としては扱われない．

うきぶくろ swim bladder
硬骨魚の体内にある気体で満たされた袋．浮力を維持する．

渦鞭毛藻（うずべんもうそう） dinoflagellate
細胞にある直交する溝に収まった2本の鞭毛をもつ単細胞性の藻類．細胞がセルロース性の板からなる外被で覆われていることがある．

ウラシル uracil（U）
RNAに含まれる，単環の窒素を含む塩基の1つ．

運動エネルギー kinetic energy
運動のエネルギー．動いている物体は，その動きを他の物体に及ぼすことにより仕事をする．足の筋肉の動きが，自転車のペダルを押すのはその例である．

永久凍土 permafrost
永年的に凍結した土壌で，北極のツンドラで見られる．

エイズ AIDS
後天性免疫不全症候群（acquired immunodeficiency syndrome）．HIV感染の後期ステージに発症する，T細胞数の減少を特徴とする症状．正常な免疫系が働いていれば防がれるような感染により死に至ることが多い．

栄養構造 trophic structure
ある群集におけるさまざまな種間の摂食関係．

エキソサイトーシス exocytosis
細胞質内の物質を，外へ出す運動．小胞を介する．

エキソン exon
真核生物の遺伝子内のコード領域．「イントロン」も参照．

液胞 vacuole
真核細胞の内膜系の一部をなす膜胞．多様な機能をもつ．

エコロジカルフットプリント ecological footprint
個人や国が消費する食料，水，燃料，住宅，あるいは廃棄物を処分するために必要とされる土地の総面積．

エネルギー energy
仕事をする能力あるいはそのままでは動かないものを動かすこと．

エネルギー保存の法則 conservation of energy
エネルギーはつくられたり消滅したりしないという法則．

エネルギー流 energy flow
生態系の構成要素を通じたエネルギーの経路．

エピジェネティック遺伝 epigenetic inheritance
ゲノムのヌクレオチド配列には直接的には影響しない機構による形質の遺伝様式．その多くはDNAの塩基やヒストンタンパク質の化学修飾がかかわる．

エボデボ evo-devo
進化発生学．多細胞生物の発生過程の進化を研究する．

鰓（えら）ぶた operculum
硬骨魚の頭部の両側にあり，鰓を収めた区画を覆うフラップ状の保護構造．

塩基 base
溶液において水素イオン濃度（H^+）を減少させる物質．（訳注：ヌクレオチドの窒素を含む塩基も生物学ではたんに「塩基」ということも多い．）

エンドサイトーシス endocytosis
外の物質を細胞質の中へ取り込む運動．小胞や食胞を介して行われる．

エントロピー entropy
無秩序さあるいはランダムさの尺度．無秩序の1つのかたちが熱である．それはランダムな分子運動である．

エンハンサー enhancer
真核生物のDNAで，ある程度離れたところから遺伝子の転写を促進する塩基配列．活性化因子（アクチベーター）とよばれる転写因子が結合し，さらに他の転写装置が結合することにより，エンハンサーの機能が発現する．

オペレーター operator
原核生物のDNAで，オペロンの開始点の近傍に存在し，活性型のリプレッサーが結合する塩基配列．オペレーターへのリプレッサーの結合により，RNAポリメラーゼのプロモーターへの結合が阻害され，オペロンを構成する遺伝子の転写が起こらなくなる．

オペロン operon
原核生物の共通して制御される遺伝的な構成単位．関連する機能をもつ遺伝子の一群であり，転写を制御するプロモーターとオペレーターを共有する．

温室効果 greenhouse effect
大気中の二酸化炭素やメタンなどのガスが熱放射を吸収し，地球からの放熱を制限し地球が温暖化すること．

温室効果ガス greenhouse gas
熱放射を吸収する大気中のガスで，二酸化炭素，メタン，水蒸気，合成されたフロン類（クロロフルオロカーボン）など．

温帯 temperate zone
熱帯と北極圏あるいは南極圏の間の緯度帯．熱帯や極域よりも穏やかな気候帯．

温帯広葉樹林 temperate broadleaf forest
中緯度地域に位置する陸上バイオームで，落葉広葉樹の高木の成長を支える十分な水がある．

温帯草原 temperate grassland
中緯度に位置する陸上バイオームで，少ない降水量と草本の優占で特徴づけられる．木本の成長は，機会的な火災や定期的な乾燥で制限される．

温帯多雨林 temperate rain forest
北米のアラスカからオレゴンに至る海岸部に分布する針葉樹林で，太平洋による温暖湿潤な気候によって維持されている．

科 family
生物の分類における「属」より上位の分類カテゴリー．

界 kingdom
生物の分類における「門」より上位の高次分類カテゴリー．

外温動物 ectotherm
環境から熱を吸収することによって体を温める動物．

外骨格 exoskeleton
体外にある硬い骨格で，動物を保護すると同時に筋肉の付着点になる．

開始コドン start codon
mRNAに存在する，開始tRNA分子が結合する特異的な3つ組配列（AUG）であり，ここから遺伝情報の翻訳が開始される．

海藻 seaweed
海産で大型の多細胞藻類（訳注：とき

用語集

に巨大な多核単細胞).

解糖 glycolysis
グルコース1分子が2分子のピルビン酸に分解される複数の段階からなる化学反応.すべての生物において細胞呼吸の最初の段階.細胞質基質(サイトゾル)で行われる.

外套膜(がいとうまく) mantle
軟体動物で,体表が伸びて体を包み込んでいる構造.外套膜は殻をつくり,外套腔を形成する.

外毒素 exotoxin
一部の細菌が分泌する毒性のあるタンパク質.エキソトキシンともいう.

海綿動物 sponge
水生の固着性動物.多孔性の体と襟(えり)細胞をもち,真の組織を欠くのが特徴.

科学 science
自然の世界を理解する方法のうち,科学的手法をとるもの.「発見型科学」と「仮説」を参照.

化学エネルギー chemical energy
分子の化学結合に蓄えられているエネルギー.ポテンシャルエネルギーの1つである.

化学結合 chemical bond
外殻電子の共有や原子の正反対の電荷による2つの原子の間に生じる引力.

科学捜査 forensics
法的手続きを目的とする犯罪現場捜査などの証拠の科学的分析.

科学的手法 scientific method
現象の観察,現象に関する仮説の考案,仮説の真と偽を明らかにする実験の遂行とその結果による仮説の検証もしくは修正からなる科学的研究.

化学的循環 chemical cycling
生態系における炭素のような,化学元素の利用と再利用.

化学反応 chemical reaction
化学結合を切ったりつくったりするプロセスで,物質に化学変化を引き起こすもの.化学反応では原子の再配置が起こるが,原子はつくられたり壊されたりしない.

化学療法 chemotherapy
薬剤を投与してがん細胞の細胞分裂を止めるがん治療.

核(原子核,細胞核) nucleus(複:nuclei)
(1)原子の中央にあり,陽子と中性子からなる.(2)真核細胞の遺伝を支配する細胞小器官.

核移植 nuclear transplantation
核を除去した細胞または核を破壊した細胞に,他の細胞の核を導入する技術.核移植された細胞の発生を誘導すると,核の供与体と遺伝的に同一の胚を生成する.

核型 karyotype
細胞の分裂中期の染色体の像を,染色体の大きさ順にセントロメアの位置をそろえて並べ示したもの.

拡散 diffusion
濃度勾配を減少させる粒子の自発的な運動.濃度の高いほうから低いほうへ動く.

核酸 nucleic acid
多数のヌクレオチド単量体からなる重合体.タンパク質の設計図として,タンパク質の作用を通して細胞の構造や機能のすべての設計図として働く.2種の核酸はDNAとRNAである.

核小体 nucleolus
真核細胞の核内にある構造.リボソームRNAが合成され,さまざまなタンパク質と結合してリボソームのサブユニットが形成される部位.クロマチンのDNAの一部と,そのDNAから転写されたRNA,そして細胞質から輸送されたタンパク質から構成されている.

がく片 sepal
被子植物の花を構成する特殊化した葉の1つ.開花前の花の芽を包み保護する.

核膜 nuclear envelope
核を包んでいる二重膜で,多数の孔(核膜孔)をもつ.核と細胞のそれ以外の部分を隔てる.

核様体 nucleoid
原核細胞内のDNAが凝集している領域.膜に包まれてはいない.

攪乱(かくらん) disturbance
生物群集に損害を与える要因で,少なくとも一時的に生物に損害を与え,群集における資源の利用可能性を変化させる.火災や嵐のような自然攪乱は,多くの生物群集を形づくるうえで大きな役割を担っている.

家系図 pedigree
ある遺伝形質が,両親やその子たちに見られるかどうかを示した何代にもわたる家族の系譜図.

河口域 estuary
河川が海に流れ込む領域.

化合物 compound
2個もしくはそれ以上の元素を決まった比率で含んでいる物質.たとえば,食塩(NaCl)は1:1の割合のナトリウム原子(Na)と塩素原子(Cl)からできている.

果実 fruit
花の子房が成熟したものであり,種子を保護し,その散布を助ける.

加水分解 hydrolysis
単量体間の結合に水分子を加えて切断することで高分子を分解する化学反応.消化の重要な反応.加水分解反応は脱水反応と実質的に逆である.

化石 fossil
過去に生きていた生物の保存された痕跡あるいは遺物.

化石記録 fossil record
地層の層序中に現れる化石の順序であり,地質時代の経過を示す.

化石燃料 fossil fuel
化石化した太古の生物遺骸に由来する燃料.石油,石炭,天然ガス.

仮説 hypothesis(複:hypotheses)
観察された特定の現象のために科学者が提案する仮の説明.

仮足 pseudopodium(複:pseudopodia)
アメーバ状細胞における一時的な細胞の突出構造.移動や食物の取り込みに働く.偽足ともいう.

活性化因子(アクチベーター) activator
1つの遺伝子または一群の遺伝子の近傍のDNAに結合することにより転写を活性化するタンパク質.

活性化エネルギー activation energy
反応物が化学反応を開始する前に吸収しなければならないエネルギー量.酵素は化学反応の活性化エネルギーを下げ反応を速める.

活性部位 active site
酵素分子の一部.この場所に基質分子が結合する.酵素表面の鍵と鍵穴の関

滑面小胞体 smooth ER (smooth endoplasmic reticulum)
真核細胞の細胞質に存在する，管状の膜質が互いにつながった網状の構造．滑面小胞体にはリボソームが結合していない．滑面小胞体の膜に埋め込まれた酵素群は脂質などの分子の合成に関与する．

花粉粒 pollen grain
種子植物において，雄ずいの葯の中で形成される雄性配偶体であり，精子（精細胞）となる細胞を含む．

花弁 petal
被子植物の花を構成する特殊化した葉の1つ．しばしば昆虫などの送粉者に対して色鮮やかな広告としての役割をもつ．

カルビン回路 Calvin cycle
光合成の第2段階．葉緑体のストロマで行われる一連の化学反応の回路．CO_2 の炭素と明反応でつくられたATPとNADPHを使ってエネルギーに富んだ糖分子であるG3Pを合成する．そのG3Pはその後の段階で，グルコースを合成するために使われる．

カロリー calorie
1gの水の温度を1℃上げるのに必要なエネルギー．

がん cancer
異常な，制御不能な細胞増殖により生じた悪性の増殖または悪性の腫瘍．

がん遺伝子 oncogene
がんを引き起こす遺伝子．正常な細胞が生産する増殖因子の量または活性を異常に増強することにより悪性化する．

間期 interphase
真核生物の細胞周期中，まさに分裂をしている時期以外の時期．間期には，細胞の代謝活性が高く，染色体や細胞内小器官が複製され，細胞サイズが大きくなる．細胞周期のうち間期が90％を占める．「有糸分裂期」も参照．

環境収容力 carrying capacity
ある環境が支えることができる最大個体群サイズ．

桿菌 bacillus (複：bacilli)
棒状の細胞をもつ原核生物．

環形動物 annelid
体節をもつ動物．ミミズ，多毛類，ヒルが含まれる．

がん原遺伝子 proto-oncogene
正常な遺伝子の中で，がんを引き起こす遺伝子に変化する可能性のあるもの．

緩衝液 buffer
溶液から水素イオンを受容したり溶液に水素イオンを放出したりして，pH変化を緩和する化学物質．

完全消化管 complete digestive tract
口と肛門という2つの開口部をもつ消化管．

官能基 functional group
有機分子の化学的な反応性をもつ部分をつくる原子団．異なる化学反応でも，特定の官能基は通常似た挙動を示す．

がん抑制遺伝子 tumor-suppressor gene
細胞分裂を抑制する産物を生産することにより，制御不能な細胞増殖を防ぐ遺伝子．

気化冷却 evaporative cooling
生物の体から水が蒸発するとき体が冷える水の特性．

気孔 stoma (複：stomata)
葉の表皮にある孔辺細胞で囲まれた孔．気孔が開くと CO_2 が葉内に入り，水と O_2 が出ていく．また気孔が閉じることで植物は水を保持する．

基質 substrate
（1）酵素が作用する特異的物質（反応物）．酵素は特異的な基質のみを認識して反応を触媒する．（2）生物の内部や外部のこと．

キーストーン種 keystone species
生物群集において生物量や優占度が小さいにもかかわらず，群集構造に大きな影響を与える種．

寄生者 parasite
他の生物（宿主）の体表または体内に生育し，そこから栄養摂取することで利益を得るが，宿主に害を与える生物．寄生生物，寄生菌，寄生虫ともいう．

逆転写酵素 reverse transcriptase
RNAを鋳型とするDNA合成を担う酵素．

キャップ cap
真核細胞の核内で，RNA転写産物の先頭に付加される追加ヌクレオチド．

キャリアー carrier
遺伝性の劣性疾患を示す遺伝子についてのヘテロ接合体であるため，その疾患の症状を示さない個体．

球果類 conifer
ふつう球果を形成する裸子植物．

球菌 coccus (複：cocci)
球状の細胞をもつ原核生物．

吸収 absorption
栄養分である低分子を生物体に取り込むこと．動物における食物処理では，吸収は摂食，消化に続く3番目の過程である．菌類にとっては，周囲の環境から栄養分を獲得する手段である．

凝集 cohesion
同種の分子間の引力．

共生 symbiosis
ある生物（共生者）が別の生物（宿主）の体表または体内で生きることによる，異なる種間の相互関係．

競争排除則 competitive exclusion principle
限られた同じ資源を巡って競争する2種の個体群があり，一方の種の個体群が資源をより効率的に獲得でき，繁殖するうえで有利であれば，最終的に，その種が他方の種個体群を競争排除するという考え方．

共有結合 covalent bond
1対もしくはそれ以上の電子を共有する原子間の引力．

共優性 codominance
ヘテロ接合体において，2つの異なる対立遺伝子双方が表現型に影響すること．

極性分子 polar molecule
極性をもった共有結合（結合の両端に部分的な正反対の電荷を帯びるもの）によって，電荷の分布が不均一になる分子．分子の反対側に反対の電荷を帯びるもの．

棘皮動物 echinoderm
動きの遅い，または固着性の海生動物で，ざらついた，あるいはとげのある表皮，水管系，内骨格，放射相称の成体などの特徴をもつ．ヒトデ，ウニ，ナマコなどが含まれる．

極氷 polar ice
極端な低温と少ない降水量で特徴づけ

用語集

られる陸上バイオームで，北極ツンドラの北部や南極に分布する．

菌根 mycorrhiza（複：mycorrhizae）
植物の根と菌類からなる相利共生体．

菌糸 hypha（複：hyphae）
菌類の体を構成する糸状構造の1本．

菌糸体 mycelium（複：mycelia）
菌類において，菌糸の密なかたまり．

菌類 fungus（複：fungi）
食物を体外で分解し，その結果できた低分子栄養物を吸収する従属栄養性真核生物．ほとんどの菌類は菌糸とよばれる糸状体からなる網状のかたまりを形成する．カビ，キノコ，酵母などが含まれる．真菌ともよばれる．

グアニン guanine（G）
DNAとRNAに含まれる，複環の窒素を含む塩基の1つ．

クエン酸回路 citric acid cycle
細胞呼吸において解糖で生成したアセチルCoAによって開始する代謝回路．この回路でグルコース分子が二酸化炭素にまで完全に代謝され分解される．この回路はミトコンドリアのマトリックスで行われ，電子伝達鎖にエネルギーを伝えるNADHのほとんどを供給する．クレブス回路ともよばれる．

クチクラ cuticle
植物では茎や葉の表面を覆うロウ質の層であり，水の蒸発を防ぐ．

くびれ込み cleavage
動物細胞における細胞質分裂の様式で，細胞膜を絞り切る．

組換えDNA recombinant DNA
異なる生物種など複数の遺伝子源に由来する遺伝子を含むDNA分子．

クモ類 arachnid
節足動物の主要な1グループ．クモ，サソリ，ダニが含まれる．

クラゲ型 medusa
刺胞動物の2つある体型のうちの1つ．固着性で円筒形をした，ヒドラのような形．

グラナ granum（複：grana）
葉緑体内にある扁平なチラコイド膜の積層構造．グラナは，クロロフィルによって光エネルギーが捕捉され，光合成の明反応の過程で化学エネルギーに変換される場である．

グリコーゲン glycogen
多数のグルコース単量体からできた複雑でよく分枝した多糖．肝臓と筋肉における一時的なエネルギー貯蔵分子として働く．

クレード clade
祖先種とそのすべての子孫種を含む群．生命の樹において独自の枝となる．

クロマチン chromatin
染色体を構成するDNAとタンパク質の結合構造．細胞分裂を行っていない真核細胞の，解けて長く延びたかたちの染色体を指すことが多い．

クロロフィル chlorophyll
葉緑体に存在する光を吸収する色素．太陽の光エネルギーを化学エネルギーに変換するうえで中心的な役割を担う．

クロロフィル a chlorophyll a
葉緑体に存在する，明反応に直接関与する緑色色素．

クローン clone
動詞の「クローニング」は遺伝的に同一な細胞，個体またはDNA分子を作製すること．名詞の「クローン」は，クローニングの結果生じる細胞，個体，DNA分子の集合．体細胞のクローニングにより作製された，他の個体と遺伝的に同一な個体もクローンとよばれる．

群集 community
ある空間において相互作用して生育しているすべての生物．異なる種の個体群の集合体．

群集生態学 community ecology
種間の相互作用が，群集構造とその成り立ちに与える影響を理解する研究．

景観（ランドスケープ） landscape
いくつかの異なる生態系を含む空間で，エネルギーや物質および生物の移動で結びついている．

景観生態学 landscape ecology
生態学的理論に基づいて土地利用を考える応用科学で，相互作用する生態系の生物多様性に関する研究．

警告色 warning coloration
動物のもつ鮮やかな配色で，黄，赤，オレンジ色が多く，効果的な化学的防御を伴い，捕食者に対する警告として機能する．

形質 character
マメ科植物の花の色やヒトの瞳の色など，ある生物集団内において個体ごとに異なる，遺伝する特徴．

形質（表現形質） trait
マメ科植物の花の色が紫であることやヒトの瞳が青であることなど，ある生物集団内に見出される多様性のある特徴．

珪藻 diatom
珪酸を含む特徴的なガラス質の細胞壁をもつ単細胞性または群体性の藻類．

系統樹 phylogenetic tree
生物間の進化的関係に関する仮説を表した樹形図．

ゲノム genome
生物やウイルスの遺伝物質で，その遺伝子と遺伝子以外のすべてを含む．

ゲノム科学 genomics
ある生物の遺伝子の完全なセットおよびその相互作用に関する研究．

ゲル電気泳動法 gel electrophoresis
高分子を選別する技術．高分子が混合した試料を陽極と陰極の間に設置したゲルに注入して電圧をかけると，負電荷を帯びた分子は陽極に向かって移動する．ゲルの中で，各々の分子の移動度に従って高分子が分離する．

原核細胞 prokaryotic cell
膜で包まれた核や細胞小器官をもたないタイプの細胞．細菌と古細菌（アーキア）の細胞．

原核生物 prokaryote
原核細胞からなる生物．

嫌気的 anaerobic
分子状酸素（O_2）が存在しないこと，または必要としないこと．

原子 atom
元素の性質を保持する物質の最小単位．

原子核 nucleous
「核」を参照．

原子質量（原子量） atomic mass
原子の全質量．

原子番号 atomic number
特定の元素の各原子に存在する陽子数．周期表の元素は原子番号の順に並べてある．

減数分裂 meiosis
有性生殖を行う生物の生殖器官の中で

起こる．二倍体細胞から一倍体の配偶子をつくる過程の細胞分裂．

原生生物 protist
植物，菌類，動物ではないすべての真核生物．

原生動物 protozoan
基本的に食物を取り込むことによって生きる原生生物．従属栄養性で動物的な原生生物．

元素 element
化学的方法で他の物質に分割できない物質．自然界に存在する92種の化学元素が見つかっている．

原腸胚 gastrula
動物の発生で，原腸形成の結果現れる胚の段階．多くの動物では原腸胚は外胚葉，中胚葉，内胚葉の3つの細胞層をもつ．

検定交雑 testcross
ある形質についての遺伝子型が不明な個体と，その形質について劣性ホモ接合体である個体との交配．

綱（こう） class
生物の分類における「目」より上の分類カテゴリー．

光化学系 photosystem
葉緑体のチラコイド膜に存在する光エネルギー獲得のための単位．数百のアンテナ色素分子，反応中心クロロフィル，一次電子受容体からなる．

甲殻類 crustacean
節足動物の主要な1グループ．ロブスター，ザリガニ，カニ，エビ，エボシガイなどが含まれる．

後期 anaphase
有糸分裂の第3段階．姉妹染色分体が分離することにより開始し，それぞれの娘染色体が細胞極へと到達すると終了する．

好気的 aerobic
分子状酸素（O_2）が存在すること，または必要とすること．

光合成 photosynthesis
植物や藻類そしてある種の細菌が光エネルギーを化学エネルギーに変換して二酸化炭素と水から糖の化学結合のかたちでそのエネルギーを蓄える過程．この過程は，入力として二酸化炭素（CO_2）と水（H_2O）を必要とし，気体状の酸素（O_2）を廃棄物として生産する．

硬骨魚類 bony fish
カルシウム塩で補強された硬い骨格をもつ魚．

交差 crossing over
減数第一分裂の前期に生じる，相同染色体の染色分体間での一部の染色体領域の交換．

交雑 cross
異なる種や亜種間での交配．ハイブリダイゼーションともいう．

光子 photon
光エネルギーを粒子と見なしたときの，その粒子のもつ一定のエネルギー量．短波長の光ほど，光子はより大きなエネルギーをもつ．

酵素 enzyme
生物学的な触媒として働くタンパク質．つまり，ある化学反応の速度を上げるが，そのとき自分自身は変化しないもの．

酵素阻害剤 enzyme inhibitor
酵素の活性を抑制する化学物質．酵素の活性部位に結合してその部位をふさいでしまう場合，活性部位以外の場所に結合して酵素のかたちを変えてしまう場合がある．

高張 hypertonic
2つの溶液を比較したときに，溶液の溶質濃度が高いほうを高張であるという．

高分子 macromolecule
小さな分子（単量体）を結合してできる巨大な分子．タンパク質や多糖，核酸がその例である．

肛門後方の尾 post-anal tail
脊索動物の胚，および多くの成体に見られる，肛門より後方に位置する尾．

硬葉樹灌木林（チャパラル） chaparral
海岸域に限定された陸上バイオームで，海流（寒流）による温暖多雨な冬と，長く暑い乾燥した夏が特徴．地中海性バイオームともよばれる．硬葉樹灌木林（チャパラル）は，火災に適応している．

コケ植物 bryophyte
維管束組織をもたない植物群に属する植物．非維管束植物ともいう．蘚類などが含まれる．

古細菌 archaean（複：archaea）
古細菌ドメインに属する生物．アーキアともよばれる．

古細菌ドメイン Archaea
原核生物からなる2つのドメインのうちの1つ．もう1つは細菌ドメイン．

古生物学者 paleontologist
化石を研究する科学者．

個体クローニング reproductive cloning
多細胞生物の体細胞を用いて，遺伝的に同一の個体を作製すること．

個体群 population
「集団」を参照．

個体群生態学 population ecology
個体群と環境の相互関係に関する研究．個体密度や個体群成長に影響する要因に焦点を当てる．

個体群密度 population density
ある種の生育地における，面積あたり，体積あたりの個体数．

個体生態学 organismal ecology
個々の生物が非生物的環境に対応することを可能にする進化的適応に関する研究．

コドン codon
mRNA中の連続した3ヌクレオチド配列であり，特定のアミノ酸やポリペプチドの翻訳終了シグナルを指定するもの．遺伝暗号の基本単位．

固有種 endemic species
ある特定の地域だけに分布が限定されている種．

ゴルジ装置 Golgi apparatus
真核細胞の細胞小器官の1つ．膜胞の積み重なりで構成されており，小胞体でつくられた産物の修飾，貯蔵，搬出を行う．

痕跡的構造 vestigial structure
生物にとって，無用かほとんど重要性のない構造．痕跡構造は，先祖では重要な機能をもっていた構造の歴史的な名残である．

昆虫 insect
節足動物の1グループ．通常は体が3つの部分（頭部，胸部，腹部）に分かれ，3対の脚と1または2対の翅（はね）をもつ．

細菌 bacterium（複：bacteria）
細菌ドメインに属する生物．真正細菌ともよばれる．

細菌ドメイン Bacteria

523

用語集

原核生物からなる 2 つのドメインのうちの 1 つ（真正細菌ドメインともよばれる）．もう 1 つは古細菌ドメイン．

再生 regeneration
生物個体の一部から器官を再生すること．

サイトゾル cytosol
細胞質の液相の部分．その中に細胞小器官が浮遊している．

細胞外マトリックス extracellular matrix
動物細胞を包んでいる網状構造．液体やゼリー状物質，または固体状の物質に埋め込まれたタンパク質と多糖の繊維の網状構造からなる．

細胞呼吸 cellular respiration
食物分子から好気的にエネルギーを獲得すること．グルコースなどの栄養分子を化学的に分解してエネルギーを取り出し，細胞が仕事をするときに利用可能なかたちにしてエネルギーを蓄える．解糖，クエン酸回路，電子伝達鎖，化学浸透の過程からなる．

細胞骨格 cytoskeleton
真核細胞の細胞質に存在する微細繊維からなる構造．アクチンフィラメント（マイクロフィラメント），中間径フィラメント，微小管を含む．

細胞質 cytoplasm
真核細胞内部の細胞膜と核の間にあるすべてのもの．準液状様の媒質と細胞小器官からなる．この用語は原核細胞の内部にも適用される．

細胞質分裂 cytokinesis
細胞質を 2 つの独立した娘細胞へと分裂させる過程．細胞質分裂は多くの場合，有糸分裂の終期に起こり，これらの 2 つの過程（有糸分裂と細胞質分裂）を合わせて細胞周期の分裂期（M 期）とよぶ．

細胞周期 cell cycle
真核細胞が親細胞の分裂により生じてから，その細胞が 2 つに分裂するまでの期間に順番に起こる一連の出来事（間期と分裂期がある）．

細胞周期制御系 cell cycle control system
真核生物の細胞周期の進行を統率するために次々と働くタンパク質群．

細胞小器官（オルガネラ） organelle
真核細胞に存在する膜に包まれた構造で，それぞれ特異的な機能をもつ．

細胞説 cell theory
すべての生物は細胞からなり，細胞は既存の細胞から生じるという学説．

細胞内共生 endosymbiosis
共生者が宿主の細胞内に生育する関係．

細胞板 cell plate
分裂中の植物細胞の中央部分を横切るようにつくられる膜成分からなる板状の構造．細胞質分裂時に，細胞板が外側に向かって広がりながら細胞壁の構成因子を蓄積し，最終的には新しくできた細胞壁と融合する．

細胞分裂 cell division
細胞の増殖．

細胞膜 cell membrane
脂質とタンパク質からなる薄層．細胞を外界から隔て，イオンや分子の細胞への出入りに対して選択性をもつ障壁として機能する．その構造はリン脂質の二重層とそこに埋め込まれたタンパク質からなる．

サイレンサー silencer
真核生物の DNA で，遺伝子の転写開始を抑制する塩基配列．リプレッサーが結合することにより，エンハンサーに類似した機能で転写制御する．

雑種 hybrid
異なる生物種，あるいはある生物種の中の異なる亜種を両親としてもつ子．または，1 つ以上の形質を異にする両親から生まれた子．1 つ以上の相同遺伝子についてヘテロ接合体である個体．

雑食者 omnivore
植物と動物の両方を摂食する動物．「肉食者」と「植食者」も参照．

砂漠 desert
降水量が少なく，降雨の予測性が低いことで特徴づけられる陸上生態系．年降水量は 300 mm 以下．

サバンナ savanna
草本と散在した樹木で特徴づけられる陸上バイオーム．気温は年間を通して温暖．頻繁な火災や季節的な乾燥で維持される．

左右相称 bilateral symmetry
1 か所だけを縦に切断することによってのみ 2 等分することができること．左右相称の生物は互いに鏡像となる左側と右側をもつ．

酸 acid
溶液において水素イオン濃度（H^+）を上昇させる物質．

サンゴ礁 coral reef
熱帯の海洋バイオームで，刺胞動物から分泌された硬い骨格構造が特徴．

三次消費者 tertiary consumer
二次消費者を摂食する生物．

シグナル変換経路 signal transduction pathway
標的細胞の表層に達したシグナルを，一連の分子の変化により特定の細胞応答に転換する過程．

脂質 lipid
おもに炭素と水素原子が非極性共有結合でつながった有機化合物で，そのためほとんど疎水性で水には溶けない．脂質は脂肪，ワックス（ロウ），リン脂質，ステロイドなどを含む．

四肢類 tetrapod
4 つ脚をもつ脊椎動物．哺乳類，両生類および爬虫類（鳥類を含む）が含まれる．

雌ずい pistil
「心皮」を参照．雌しべともいう．

指数関数的な個体群成長 exponential population growth
理想的な，制限のない環境条件における個体群の成長を表すモデル．

歯舌 radula
多くの軟体動物にあるやすりのような器官．えさを擦り取ったり切り裂いたりするのに用いられる．

自然選択 natural selection
ある遺伝的形質をもつ生物が，他の形質をもつ同種個体よりも生き残りやすいという過程．繁殖成功の差による．

持続可能性 sustainability
将来の世代の生活を制限することなく，今日の人間社会の必要性を満たすことが可能な，地球上の資源の開発や管理および利用のあり方．

持続可能な発展 sustainable development
将来の世代の生活を制限することなく，今日の人間社会の必要性を満たすことが可能な発展様式のこと．

シダ類 fern

種子をつくらない維管束植物の一群に属する植物.

湿原 wetland
水域生態系と陸域生態系の間の移行的な生態系.湿原の土壌は,一時的あるいは永続的に水で飽和する.

質量 mass
物体中の物質の量.

質量数 mass number
原子核中の陽子と中性子の数の合計.

シトシン cytosine (C)
DNAとRNAに含まれる,単環の窒素を含む塩基の1つ.

脂肪 fat
グリセロールというアルコールと3個の脂肪酸からできた大きな脂質分子.トリグリセリドともいう.脂肪のほとんどはエネルギー貯蔵分子として働く.

子房 ovary
被子植物の花における雌ずいの基部にあり,卵細胞を含む胚珠が形成される.

刺胞動物 cnidarian
刺胞,放射相称,胃水管腔,およびポリプ型かクラゲ型の体をもつ動物.ヒドラ,クラゲ,イソギンチャク,サンゴなどが含まれる.

姉妹染色分体 sister chromatid
複製後の染色体がもつ,2つの同一の部分のうちの片方を指す.2つの姉妹染色分体が結合して,1つの染色体をつくっている.染色分体は最終的には有糸分裂や減数第二分裂で1本ずつに分かれる.

シャジクモ藻類 charophyte
陸上植物と特徴を共有する緑藻のグループに属する生物.このグループは(緑藻の中でも)陸上植物に最も近縁であり,両者は共通祖先から生じたと考えられている.

種 species
類似した形態や解剖学的特性をもち,相互交配が可能な個体からなる集団の集まり.「生物学的種概念」も参照.

終期 telophase
有糸分裂の第4段階.親細胞の両極の位置に娘核が形成される.多くの場合,終期と細胞質分裂が同時に進行する.

周期表 periodic table of the elements
すべての元素(自然元素と人工元素)を原子番号(原子核の陽子数)の順に並べた一覧表.

重合体 polymer
多数の同一または類似の分子単位(単量体という)が共有結合で互いに鎖状につながった大きな分子.

終止コドン stop codon
mRNAに存在し,翻訳の終了を指示する3つ組配列(UAG,UAAおよびUGA).

従属栄養生物 heterotroph
自己の栄養物を無機物から合成できず,それゆえ他の生物そのもの,またはその有機分子を消費しなければ生きていくことができない生物.食物連鎖における消費者(例:動物)または分解者(例:菌類)である.

集団 population
同種に属し,同じ時間に同じ地理的範囲に生育していて相互作用する個体の集合.生態学では「個体群」という.

収斂進化 convergent evolution
異なる進化的系統における類似した性質の進化.たいへん似通った環境で生活することにより生じる.

種間競争 interspecific competition
2種あるいは複数種間の競争で,類似した有限な資源を巡る競争.

種間相互作用 interspecific interaction
異なる種の個体間の相互作用.

宿主 host
寄生者や病原菌によって利用される生物.

種子 seed
植物の胚とその栄養分が保護壁で包まれたもの.

受精 fertilization
一倍体の精子(または精細胞)と一倍体の卵の細胞の融合により,二倍体の接合子を生じる現象.

種多様性 species diversity
生物群集を構成する種の多様性で,種数や種の相対優占度で表される.

シュート shoot
植物の(ふつう)地上にある器官であり,茎と葉からなる.多くの植物において葉は主要な光合成の場である.

受動輸送 passive transport
エネルギーを必要としない生体膜を介した物質の拡散.

種内競争 intraspecific competition
限られた同じ資源を巡って,同じ種の個体が競争すること.

種の豊かさ species richness
生物群集における種の数.種多様性の1つの要素.

種分化 speciation
1種が2種以上に分かれる進化的プロセス.

腫瘍 tumor
正常な組織内に形成された,異常な細胞のかたまり.

順化 acclimation
環境変化に対する生理的な調節で,可逆的である.

条鰭類 ray-finned fish
薄く柔軟な骨の条によって支えられた鰭をもつ魚.現存する硬骨魚の多くは条鰭類.「肉鰭類」も参照.

小進化 microevolution
連続した世代での集団の遺伝子プールの変化.

常染色体 autosome
生物の性決定には直接かかわらない染色体.たとえば哺乳類ではX染色体とY染色体以外のすべての染色体.

消費者 consumer
植物または植物を食べた動物を食べることによって栄養物を得ている生物.

小胞 vesicle
真核細胞の細胞質に存在する膜で包まれた袋状構造.

小胞体 endoplasmic reticulum (ER)
真核細胞内に広がった網状の膜構造.核の外膜と連続している.表面にリボソームが散在した粗面小胞体(rough ER)とリボソームが結合していない滑面小胞体(smooth ER)からなる.「粗面小胞体」「滑面小胞体」も参照.

乗法法則 rule of multiplication
互いに独立した複数の事象が組み合わさって起こる確率は,それぞれの事象が起こる確率の積であるという法則.

食作用(ファゴサイトーシス)
phagocytosis
細胞の食作用.エンドサイトーシスの一種.巨大分子,他の細胞,顆粒などを細胞質の中に取り込む作用.

用語集

植食者 herbivore
おもに，植物，藻類，植物プランクトンを食べる動物である．「肉食者」「雑食者」も参照．

植物 plant
光合成を行う多細胞性の真核生物であり，多細胞性の胚など陸上環境に対する構造的・生殖的適応形質をもつ（訳注：本書では植物＝陸上植物としている）．

植物プランクトン phytoplankton
湖沼や海の表層近くを漂う光合成生物であり，多くは微小．

食物網 food web
生態系における食物連鎖をつなぐ，食う食われるの関係．

食物連鎖 food chain
ある群集における栄養段階間の摂食関係のつながりで，食物（エネルギー）が移行する過程．生産者に始まる．

人為選択 artificial selection
育種家にとって好ましい性質が子孫に現れることを促進する，栽培植物や家畜の選択的育種．

真猿類 anthropoid
霊長類のうち，類人猿（テナガザル，オランウータン，ゴリラ，チンパンジー，ボノボ），サル類およびヒトを含むグループ．

進化 evolution
変化を伴う継承．集団あるいは種における世代を超えた遺伝的変化．地球の生物多様性を生み出した遺伝的変化．

真核細胞 eukaryotic cell
膜で包まれた核と膜で包まれた他の細胞小器官をもつタイプの細胞．細菌と古細菌以外のすべての生物（原生生物，植物，菌類，動物を含む）は真核細胞で構成されている．

真核生物 eukaryote
真核細胞からなる生物．

真核生物ドメイン Eukarya
真核生物によって構成されるドメイン．すべての原生生物，植物，菌類，動物を含む．

進化系統樹 evolutionary tree
ある生物群の進化的関係に関する仮説を表した樹状図．

進化的適応 evolutionary adaptation
生物を環境に適合させる自然選択の結果による変化．

新興ウイルス emerging virus
突然現れた，あるいは最近になって医学者が認識するところとなったウイルス．

人口の惰性 population momentum
女性が生涯において平均的に2人の子どもをもつ場合，その娘たちが生殖年齢に到達するまでは人口増加が継続すること．

真獣類 eutherian
「有胎盤哺乳類」を参照．

親水性 hydrophilic
「水を好む」の意．極性または電荷をもった分子（もしくは分子の一部）の性質．

浸透 osmosis
選択的透過性膜を透過する水の拡散．

浸透圧調節 osmoregulation
生物が行う溶質濃度の調節と水の獲得と消失のバランスの調節機構．

心皮 carpel
花において卵細胞を形成する特殊化した葉．1個または複数の心皮からなる構造を雌ずい（雌しべ）という．雌ずいはふつう胚珠を含む基部の子房と花粉を捕捉する先端の柱頭，その間をつなぐ花柱からなる．

針葉樹林 coniferous forest
球果を着生する常緑針葉樹で特徴づけられる陸上バイオーム．

侵略的外来種（侵入種） invasive species
導入された場所をはるかに越えて分布を拡大させた非在来種．適した生育地に入植して優占して，環境や経済に損害を与えている種．

水管系 water vascular system
棘皮動物に存在する，放射状に配置された水管系．枝分かれして管足を形成する．運動や水の循環を起こし，ガス交換や老廃物の排出に働く．

水素結合 hydrogen bond
弱い化学結合の一種で，極性分子の弱い正電荷を帯びる水素原子が，別の分子（もしくは同じ分子の別の部分）の弱い負電荷を帯びる原子（通常，酸素もしくは窒素原子）に引きつけられる力．

水素添加 hydrogenation
水素を添加して不飽和脂肪を飽和脂肪に変換する人工的な処理法．

水溶液 aqueous solution
水が溶媒となる液体．

スカベンジャー scavenger
「腐肉食動物」を参照．

ステロイド steroid
4個の環が融合した炭素骨格をもつ脂質の一種．3個の6員環と1個の5員環からなる．例はコレステロールやテストステロン，エストロゲン．

ストロマ stroma
葉緑体の内包膜に囲まれた濃厚な溶液の相．糖がカルビン回路の酵素によってストロマでつくられる．

生育地（ハビタット） habitat
生物が生活する場所．生物が生育する特異な環境．

生活環 life cycle
ある生物の，ある世代の成体から次の世代の成体までの一連の期間．

生活史 life history
生物の繁殖や生存のスケジュールに影響する特性．

制限酵素 restriction enzyme
外来のDNAを特定の塩基配列の部位で切断する細菌の酵素．制限酵素は，DNAテクノロジーの一環でDNA分子を再現性よく切断するのに用いられる．

制限酵素断片 restriction fragment
長いDNA分子を制限酵素により切断することにより生じたDNA分子．

制限酵素部位 restriction site
DNA鎖の特定の配列で，制限酵素により認識され切断される部位．

制限要因 limiting factor
ある生育地に生育できる個体数を制限する環境要因で，個体群成長を抑制する．

生産者 producer
二酸化炭素と水，そして他の無機物から有機食物分子を合成する生物．植物，藻類，独立栄養細菌がこれにあたる．栄養形式について，食物連鎖または食物網において他のすべての生物を支える位置にある生物．

生産ピラミッド pyramid of production
食物連鎖の各階層に保持されているエネルギー量で，各階層から失われるエ

用語集

ネルギーの積算量も表す．

生殖的障壁 reproductive barrier
2種が同一地域に生活している場合も近縁種の個体間の種間交配を妨げるメカニズム．

生成物 product
化学反応における最終物質．

性染色体 sex chromosome
個体が雄であるか雌であるかを決定する染色体．たとえば哺乳類にはX染色体とY染色体がある．

性選択 sexual selection
ある特徴をもつ個体が他の個体よりも配偶者を得やすいという自然選択の一型．

生存曲線 survivorship curve
ある期間における個体群の生存様式をグラフ化したもので，最大寿命や齢に関係した死亡率を示している．

生態学 ecology
生物と環境の相互作用に関する科学的研究．

生態学的遷移 ecological succession
攪乱を契機として，群集における種組成が変化すること．生物群集における種組成の変化は，洪水，火災，火山噴火などに引き続いて生じる．「一次遷移」「二次遷移」も参照．

生態学的ニッチ ecological niche
ある種が環境において利用可能な生物・非生物的な資源の総量．

成体幹細胞 adult stem cell
成体の組織に存在し，分裂しない分化した細胞を生み出す細胞．

生態系 ecosystem
ある空間における物理的因子および生物の集合体で，両者は相互作用している．複数の群集とそれを取り囲む物理的環境．

生態系サービス ecosystem service
生態系から提供される機能で，人間にとって直接的，間接的に利益になる．

生態系生態学 ecosystem ecology
生態系の生物的要素と非生物的要素の間における，エネルギー流と化学物質の循環に関する研究．

成長因子（増殖因子） growth factor
特定の細胞により分泌され，他の細胞の分裂を促進するタンパク質．

性的二型 sexual dimorphism
二次性徴に基づく見かけの差異．顕著な差異であるが生殖や生存に直接関係しない．

生物 organism
生きている個体．細菌，菌類，原生生物，植物，動物など．

生物学 biology
生命を科学的に研究する学問．

生物学的種概念 biological species concept
種は，互いに交配し，生殖能力のある子孫をつくる能力のある個体の集団，あるいは集団の集まりという定義．

生物学的濃縮 biological magnification
食物連鎖において，高次の消費者の生体内に化学物質が蓄積されていく過程．

生物学的防除 biological control
天敵を意図的に放逐して，外来種個体群を防除すること．

生物圏 biosphere
地球上の生態系の総体．生物が生育する地球全体．

生物多様性 biodiversity
生物の多様性で，遺伝的多様性，種の多様性，生態系の多様性などを含む．

生物多様性ホットスポット biodiversity hot spot
絶滅の危機あるいはその恐れのある種が多く分布している地域で，かつ，固有の種がきわめて多く分布している地域．

生物地球化学的循環 biogeochemical cycle
生態系における化学的回路で，生態系の生物的要因および非生物的要因を含む．

生物地理学 biogeography
生物種の地理的分布の研究分野．

生物的要因 biotic factor
生物群集の生物的要素．どのような生物も個々の環境の一部である．

生物量 biomass
生態系における生物の現存量．

生命 life
規則性，制御，成長と発達，エネルギー利用，環境への応答，増殖，進化などの特性，過程など生物を非生物から分ける共通の特徴によって定義されるもの．

生命表 life table
ある期間の，個体群の生存数と死亡数をまとめた表で，ある齢の個体の平均余命の予測を示している．

脊索 notochord
脊索動物の消化管と神経索の間に位置する，柔軟で軟骨状の棒状の構造物．

脊索動物 chordate
発生の過程で，背側の管状の神経索，脊索，咽頭裂および肛門後方の尾を有する段階を経る動物．ホヤ，ナメクジウオおよび脊椎動物が含まれる．

脊椎動物 vertebrate
背骨をもつ脊索動物．ヤツメウナギ類，軟骨魚類，硬骨魚類，両生類，爬虫類（鳥類を含む）および哺乳類が含まれる．

世代交代 alternation of generations
多細胞性の複相世代である胞子体と，多細胞性の単相世代である配偶体の両方を含む生活環．植物と多細胞性藻類などに特徴的．

接合後障壁 postzygotic barrier
種間交配が起こり雑種接合子がつくられた場合に働く生殖的障壁．

接合子 zygote
一倍体の配偶子（精子と卵）を伴う受精によって生じる，二倍体の受精卵．

接合前障壁 prezygotic barrier
種間の交配や，異種が交配を試みたときに卵への受精を妨げる生殖的障壁．

節足動物 arthropod
動物界で最も多様性に富む門．カブトガニ，クモ類（クモ，ダニ，サソリ），甲殻類（ザリガニ，ロブスター，カニ，フジツボ），ヤスデ類，ムカデ類，および昆虫類が含まれる．キチン質の外骨格，関節のある付属肢および互いに区別できる体節群をもつのが特徴．

絶滅危惧種 endangered species
生息域の全体あるいは大部分において，絶滅の危機に瀕している種で，米国の「絶滅の危機に瀕する種の保存に関する法律」で定義されている．

絶滅の恐れのある種 threatened species
生息域の全体あるいは大部分において，将来的に絶滅の恐れのある種で，米国の「絶滅の危機に瀕する種の保存に関する法律」で定義されている．

用語集

セルロース cellulose
多数のグルコースがつながってケーブル状の繊維をつくる巨大な多糖で, 植物の細胞壁の構造維持に働く. セルロースは動物は消化できないので, 食物繊維 (ダイエットファイバー) として働く.

前期 prophase
有糸分裂の最初の段階. 前期には複製された染色体が凝縮し, 光学顕微鏡で観察可能な構造を取るようになり, 分裂期紡錘体が形成されて染色体が細胞の中央へと動いていく (訳注: 染色体が細胞の中央へと移動する時期は前中期とよぶ).

線形動物 nematode, roundworm
円筒形の体と完全消化管をもつのが特徴である動物.

全ゲノムショットガン法
whole-genome shotgun method
ゲノム全体のDNA塩基配列を決定する方法の1つ. ゲノムDNAを小さな断片に切断し, それぞれの断片の塩基配列を決定し, 適切な順序で断片を配置していく.

染色体 chromosome
遺伝子を担っている真核細胞の核に存在する構造. 体細胞分裂と減数分裂の過程で最も可視的な状態になる. 原核細胞においても遺伝子を担う主要な構造を指す. 各々の染色体は1本の長いDNA分子鎖とそれに結合するタンパク質からなる. 「クロマチン」も参照.

染色体説 chromosome theory of inheritance
遺伝子は染色体に存在し, 減数分裂時の染色体の動向により遺伝の仕方を説明できるという, 生物学上の基本概念.

染色体不分離 nondisjunction
減数分裂や有糸分裂において, 相同染色体のペアや姉妹染色分体のペアが後期に入っても分離しない異常.

選択的RNAスプライシング
alternative RNA splicing
RNAプロセシングの過程で起こる発現制御. 単一の転写産物であるRNAについて, どの領域をイントロンとして除去し, どの領域をエキソンとして連結するかを選択することにより, 異なるmRNA分子を生成する.

セントロメア centromere
2つの姉妹染色分体が最後まで強く結合し, 有糸分裂や減数分裂時には微小管が結合する領域. セントロメアも有糸分裂や減数第二分裂の後期開始時に離れる.

繊毛 cilium
細胞表面の短い付属構造. ある種の原生生物ではその細胞を水中で推進する. 動物では多くの組織の細胞表面の溶液を流動させる.

繊毛虫 ciliate
繊毛を用いて運動・捕食する原生動物.

蘚類 moss
維管束組織をもたない無種子維管束植物 (コケ植物) の一群に属する植物.

相似 analogy
同じ特徴をもつ共通祖先から子孫ではなく, 収斂進化により生じた, 近縁ではない2種間の構造の類似.

創始者効果 founder effect
新たな小集団の成立によりもたらされる遺伝的浮動. 親集団に存在した遺伝的変異の一部のみからなる遺伝子プールをもつ.

草食 (植食) herbivory
動物による植物質あるいは藻類の摂食.

相対適応度 relative fitness
次世代の遺伝子プールへの, ある個体の, 集団中の他個体の貢献と比較した相対的貢献.

相対優占度 relative abundance
群集におけるある種の相対的な割合. 種多様性の1つの要素.

相同 homology
祖先を共有することに由来する形質の類似.

相同染色体 homologous chromosomes
二倍体細胞において, 対をなす2本の染色体. 相同染色体は長さやセントロメアの位置, 染色パターンが同じであり, 同じ位置には, 同一の形質に対する遺伝子をもつ. 相同染色体の片方はその個体の父親由来であり, もう片方は母親由来である.

送粉 pollination
種子植物において, 風や動物によって花粉粒が雄 (花粉を形成する場所) から雌 (胚珠や心皮の柱頭など) へ運ばれること. 受粉, 授粉, 花粉媒介ともいう.

相補的DNA (cDNA) complementary DNA (cDNA)
mRNAを鋳型とし, 逆転写酵素を用いて, 試験管内 (*in vitro*) で合成されたDNA分子. cDNA分子は遺伝子に対応しているが, ゲノムDNAに存在するイントロンが失われている.

相利共生 mutualism
両方の個体が利益となる種間の相互作用.

藻類 alga (複: algae)
単細胞, 群体, 多細胞など非常に多様な光合成をする原生生物を示す非正式な用語. ふつう酸素発生型光合成を行う独立栄養細菌 (訳注: シアノバクテリア) も藻類として扱われる.

属 genus (複: genera)
生物の分類における種より上の分類カテゴリー. 種の二名法における最初の語. たとえばヒトの場合は *Homo*.

促進拡散 facilitated diffusion
生体膜を介する物質の移動. 特殊な輸送タンパク質によってなされ濃度勾配を減らす向きへ移動する.

側線系 lateral line system
魚の両側にある感覚器官の列. 水圧の変化を感じ, 水中の微細な振動を知ることができる.

疎水性 hydrophobic
「水を恐れる」の意. 非極性分子 (もしくは分子の一部) の性質.

粗面小胞体 rough ER (rough endoplasmic reticulum)
真核細胞の細胞質に存在する膜が互いにつながった網状の構造. 粗面小胞体の膜の表面にはリボソームが散在し, そこでは膜タンパク質と分泌タンパク質がつくられる. 粗面小胞体の膜はリン脂質とタンパク質からつくられている.

タイガ taiga
長く寒い冬と, 短い湿潤な夏で特徴づけられる北方針葉樹林. タイガは, 北米やユーラシア大陸の北極圏ツンドラに南部まで分布し, 温帯の山岳の高山帯下部にも分布する.

体系学 systematics
生物の分類とその進化的関係の決定に焦点を当てた生物学の分野.

体腔 body cavity
消化管と体の外壁の間にある液体で満たされた空間.

体細胞 somatic cell
精子もしくは卵の細胞,および将来精子や卵になる細胞を除く,他のすべての体内にある細胞.

代謝 metabolism
生物に見られる化学反応の総体.

大進化 macroevolution
大規模な進化的変化.大進化の例としては,一連の種分化イベントによる新生物群の起源,生物多様性の大量絶滅とその後の回復などがある.

体節構造 body segmentation
動物の体が体節とよばれる一連の繰り返し構造に分かれること.

多遺伝子遺伝 polygenic inheritance
ある1つの表現型に対して2つ以上の遺伝子が相加的な影響を与えること.

胎盤 placenta
ほとんどの哺乳類で,胚に栄養と酸素を供給し,老廃物の排出を助ける器官.胚の漿膜と母親の子宮内膜血管から形成される.

対立遺伝子(アレル) allele
ある遺伝子の異なる型.

ダウン症候群 Down syndrome
ヒトの遺伝疾患の1つであり,トリソミー21とよばれる現象,すなわち21番目の染色体が1本過剰に存在することにより生じる.心臓と呼吸器系の欠陥が特徴的であり,軽重さまざまな発達障害を伴う.

脱水反応 dehydration reaction
水分子の除去によって単量体が連結されて重合体ができる化学反応.単量体同士が結合するとき1分子の水が除かれる.この水の構成原子は,反応に関係する2つの単量体に由来する.脱水反応は加水分解と実質的に逆の反応である.

多糖 polysaccharide
共有結合で多数の単糖がつながった糖の重合体.

ターミネーター terminator
遺伝子の終点を指示する特別なDNA配列.RNAポリメラーゼから新規に合成されたRNA分子を解離させ,続いて遺伝子からも離れさせる.

多面発現性 pleiotropy
ある1つの遺伝子によって,2つ以上の遺伝形質が制御されること.

多毛類 polychaete
体節をもつ環形動物で,海底にすむものが多い.

単孔類 monotreme
カモノハシなど,卵を産む哺乳類.

炭水化物 carbohydrate
単糖,二糖(単糖が2個結合したもの),多糖(単糖が多数結合したもの)からなる生体分子(糖質ともいう).

炭素固定 carbon fixation
光合成を行う植物,藻類,細菌のような独立栄養生物によってCO_2の炭素を有機化合物に最初に取り込む過程.

炭素フットプリント carbon footprint
人や国などの活動によって放出される温室効果ガスの量.

単糖 monosaccharide
糖分子の最小の単位.

タンパク質 protein
数百から数千個のアミノ酸の単量体からつくられる重合体.タンパク質は構造支持や輸送,酵素など生物の多数の機能を実行する.

単量体 monomer
重合体の構成単位として働く化学的単位.

地衣類 lichen
菌類と藻類(シアノバクテリアを含む)の共生体.

地質学的な時間尺度 geologic time scale
地質年代の一貫した順序を反映するように地質学者が確立した時間尺度で,先カンブリア時代,古生代,中生代,新生代に4分割されている.

窒素固定 nitrogen fixation
大気中の窒素をアンモニアに転換すること.アンモニアは水素イオンと結びついて,アンモニウムになり,植物に吸収される.

チミン thymine (T)
DNAに含まれる,単環の窒素を含む塩基の1つ.

チャパラル chaparral
「硬葉樹灌木林」を参照.

中央液胞 central vacuole
成長を終えた植物細胞の大部分を占める膜胞.増殖,成長,発達において広範な機能をもつ.

中期 metaphase
有糸分裂の第2段階.中期では細胞内にあるすべての複製後の染色体のセントロメアが細胞の中央に整列する.

中性子 neutron
原子を構成する微粒子の1つで,原子核内にあり,電気的に中性(電荷をもたない).

柱頭 stigma (複:stigmata)
花において雌ずい(心皮)の先端部であり,花粉が捕捉される場所.

潮間帯 intertidal zone
河口域や海が陸地と接する浅瀬の領域.

鳥類 bird
爬虫類のうち,羽毛と飛行のための適応とを備えた1グループ.

チラコイド thylakoid
葉緑体内部に多数存在する盤状の膜胞.チラコイド膜にはクロロフィルと光合成の明反応の酵素が含まれる.チラコイドの積層構造はグラナとよばれる.

治療型クローニング therapeutic cloning
治療目的で核移植により作製されるヒトの細胞のクローニング.疾病や傷害により不可逆的な損傷を受けた体細胞と置き換えることにより治療をめざす.「核移植」「個体クローニング」を参照.

ツンドラ tundra
極限的な低温で特徴づけられる陸上バイオーム.植物の成長は制限され,矮性の低木,草本,コケ,地衣類が分布する.北極ツンドラは永久凍土である.高山ツンドラは,高標高域に分布し,永久凍土ではない.

底生層 benthic realm
海底,淡水湖,池,河川における底部の表面.底生層はベントスとよばれる生物群集が分布している.

低張 hypotonic
2つの溶液を比較したとき,溶液の溶質濃度が低いほうを低張であるという.

用語集

デオキシリボ核酸
「DNA」を参照．

データ data
確認できる観察記録（測定値を含む）．

デトリタス（生物の遺体や排泄物に由来する有機物） detritus
死亡した生物の有機物．

テール tail
真核細胞の核内で，RNA転写産物の終端に付加される追加ヌクレオチド．

転移 metastasis
がん細胞が形成された部位から離れ拡散すること．

電子 electron
原子を構成する微粒子の1つで，負電荷を1個もつ．1個またはそれ以上の電子が原子核のまわりを回っている．

電磁スペクトル electromagnetic spectrum
極短波長のガンマ線から極長波長のラジオ波までの放射線の全域．

電子伝達 electron transport
1個または1個以上の電子が電子伝達体分子に伝達される反応．電子伝達鎖とよばれるこのような一連の反応によってグルコースのような高エネルギー分子に蓄えられているエネルギーが放出される．「電子伝達鎖」も参照．

電子伝達鎖 electron transport chain
細胞呼吸の最終段階で，電子の授受を行う一連の電子伝達分子の集まり．それらの電子伝達の過程でATP合成に使われるエネルギーが放出される．ミトコンドリア内膜や葉緑体のチラコイド膜，原核生物の細胞膜に存在する．

転写 transcription
DNA鎖の鋳型の上で起こるRNA合成．

転写因子 transcription factor
真核生物の細胞中で，転写の開始および制御の機能を有するタンパク質．転写因子はDNAまたはDNAに結合する他のタンパク質に結合する（訳注：原核生物でも転写制御するタンパク質は転写因子という）．

デンプン starch
植物の根や他の細胞の貯蔵多糖でグルコースの重合体．

同位体 isotope
同じ元素に属する質量数の異なる原子．異なる同位体は陽子数は同じで，中性子数が異なる．

同所的種分化 sympatric speciation
同じ地理的地域にすむ集団での新種の形成．「異所的種分化」も参照．

頭足類 cephalopod
軟体動物の1グループ．イカ，タコが含まれる．

等張 isotonic
他の溶液と溶質濃度が同じであること．

動物 animal
真核の多細胞生物のうち，摂食によって栄養を得るもの．

動物プランクトン zooplankton
水域環境における，浮遊動物で多くの微小生物を含む．

糖－リン酸の骨格 sugar-phosphate backbone
糖とリン酸が交互に並んだ鎖でDNAやRNAの窒素を含んだ塩基が結合している．

独立栄養生物 autotroph
自己の栄養物を無機物からつくり，それゆえ他の生物や他の分子を食べなくても生きていくことができる生物．植物，藻類，光合成細菌は独立栄養生物である．

独立の法則 law of independent assortment
遺伝の法則の1つであり，グレゴール・メンデルにより最初に提唱された．減数分裂により配偶子が形成されるとき，ある形質についての対立遺伝子対は，別の対立遺伝子対とは独立に（無関係に）分離される（分配される）という法則．

突然変異（変異） mutation
DNAの塩基配列の変化であり，遺伝的多様性の源．

突然変異誘発物質（変異原） mutagen
DNAに結合し，変異を生じさせる化学的または物理的な作用物質．

ドメイン domain
「界」より上の分類学的カテゴリー．生物の3ドメインは古細菌，細菌，真核生物である．

トランスジェニック生物 transgenic organism
異なる生物種などに由来する外来遺伝子をもつ生物．

トランス脂肪 trans fat
部分的な水素添加によって生じた不飽和脂肪酸を含み固化した植物油，ほとんどのマーガリン，市販の焼いたり油で揚げたりした食品に含まれる．

トランスファーRNA（tRNA） transfer RNA
翻訳の過程で翻訳者として働くリボ核酸の1種．各tRNA分子は特異的なアンチコドンをもち，対応する特異的なアミノ酸と結合して，アミノ酸をmRNA上の適切なコドンの位置へ運ぶ．

トリグリセリド triglyceride
食品となる脂肪で，グリセロール分子に3分子の脂肪酸が結合したもの．

内温動物 endotherm
体温のほとんどを代謝によって得る動物．

内骨格 endoskeleton
動物の柔組織内に位置する内部骨格．すべての脊椎動物といくつかの無脊椎動物（棘皮動物など）に存在する．

内生胞子 endospore
過酷な条件にさらされた一部の原核生物が，細胞内に形成する厚い壁で保護された細胞．芽胞ともいう．

内毒素 endotoxin
一部の細菌がもつ毒性のある外膜構成要素．エンドトキシンともいう．

内膜系 endomembrane system
真核細胞の細胞質内の，機能ごとに区画化された細胞小器官が互いに連絡して形成される構造の総体．ただし，ペルオキシソーム，ミトコンドリア，葉緑体は含まない．それらの細胞小器官には，互いに構造的に結合しているものと，構造的には離れているが，小胞輸送を介して別の細胞小器官と機能的に結合しているものがある．

ナメクジウオ類 lancelet
脊索動物の1グループで，剣に似たかたちの無脊椎動物．

軟骨魚類 cartilaginous fish
軟骨でできた柔軟な骨格をもつ魚．

軟体動物 mollusc
体の柔らかい動物で，筋肉質の足，外套，外套腔および歯舌が特徴．軟体動物には腹足類（カタツムリやナメク

ジ），二枚貝類（ハマグリ，カキ，ホタテガイ），および頭足類（イカやタコ）が含まれる．

肉鰭類　lobe-finned fish
骨に支えられた強い筋肉質の鰭をもつ魚．

肉食者　carnivore
動物を摂食する動物である．「植食者」「雑食者」も参照．

二次消費者　secondary consumer
植食者（一次消費者）を摂食する肉食者．

二次遷移　secondary succession
何らかの撹乱が既存の群集を破壊し，土壌が残った状態から始まる生態的遷移．「一次遷移」も参照．

二重らせん　double helix
細胞でのDNAの本来の構造で，2本のポリヌクレオチドの鎖がらせん状に互いに巻きついている．

二糖　disaccharide
脱水反応で2分子の単糖が結合したもの．

二倍体　diploid
2組ずつの染色体，つまり相同染色体対をもつ細胞．染色体は両親から1組ずつ受け継がれている．$2n$の細胞，と表記する．

二分裂　binary fission
無性生殖の方法の1つであり，親個体（多くは単細胞）がほぼ同じ大きさの2つの個体に分かれること．

二枚貝類　bivalve
軟体動物の1グループ．ハマグリ，ムールガイ，ホタテガイ，カキが含まれる．

二名法　binomial
2語のラテン語からなる種名．たとえば *Homo sapiens*（ヒト）．

ヌクレオソーム　nucleosome
真核細胞における，DNA折りたたみの1ユニットであり，ビーズのような形状をしている．8つのヒストン分子でできたタンパク質コアにDNAが巻きついたもの．

ヌクレオチド　nucleotide
五炭糖に窒素を含む塩基とリン酸基が共有結合した有機の単量体．ヌクレオチドはDNAとRNAを含む核酸の構成単位である．

根　root
植物の（ふつう）地下にある器官．植物を固着させ，無機塩類や水を吸収・輸送し，養分を貯蔵する．

熱　heat
物質に含まれる原子もしくは分子の運動に含まれる運動エネルギーの量．熱は最もランダムなかたちのエネルギーである．

熱帯　tropics
南回帰線と北回帰線の間の領域．北緯23.5度と南緯23.5度の間．

熱帯林　tropical forest
年間を通して温暖な陸上バイオーム．

粘菌　slime mold
アメーバ類に近縁な多細胞の原生生物．

能動輸送　active transport
生体膜を介した濃度勾配に逆らっての物質の動き．特殊な輸送タンパク質によって行われATPのエネルギーを必要とする．

濃度勾配　concentration gradient
膜を隔てた2つの区画で，ある化学物質の濃度差があること．細胞はしばしば膜内外に水素イオン濃度の勾配をつくっている．この勾配の存在によって，イオンや化学物質は濃度の高いほうから低いほうに向かって移動する．

囊胞性線維症　cystic fibrosis
劣性対立遺伝子によって生じるヒトの遺伝性疾患の1つで，過剰な粘液の分泌と感染症への高い感受性を示す．治療しないと致死的．

バイオインフォマティクス（生命情報学）　bioinformatics
数学的手法により大量の生物学的情報を組織化する分析法について研究する学問分野．

バイオキャパシティ　biocapacity
地球が提供することが可能な資源のキャパシティ（許容量）で，人が消費する食料，水，燃料，あるいは廃棄物を処理するために必要な資源．

バイオテクノロジー　biotechnology
有用な役割を果たすために生物体を操作する技術．

バイオフィリア（生命愛）　biophilia
人間が潜在的にもっている生物に対する愛情．

バイオフィルム　biofilm
基質表面を覆うおもに原核生物からなるコロニー．

バイオーム　biome
陸域および水域の生態系の種類．陸上バイオームは優占した植生，水域バイオームは物理的環境で，それぞれ分類される．

バイオレメデイエーション　bioremediation
汚染あるいは劣化した生態系を解毒して復元するために，生物を利用すること．

配偶子　gamete
生殖細胞．一倍体の卵や精子．異なる性由来の2つの配偶子の融合（受精）により，接合子ができる．

配偶体　gametophyte
世代交代を行う生物における多細胞の単相世代．胞子から生じ，体細胞分裂（有糸分裂）によって単相の配偶子を形成する．配偶子は合体して接合子となり，体細胞分裂により胞子体になる．

胚珠　ovule
種子植物の生殖構造であり，雌性配偶体と卵細胞を含む．胚珠は成長して種子になる．

倍数性　polyploidy
細胞分裂時の偶発的な誤りにより，3セット以上の染色体をもつこと．

胚性幹細胞（ES細胞）　embryonic stem cell
動物の初期胚の細胞であり，発生過程で身体を構成するすべての種類の細胞に分化することができる細胞．

背側神経管　dorsal, hollow nerve cord
脊索動物の4大特徴の1つ．脊索動物の脳および脊髄．

胚乳　endosperm
被子植物の重複受精において，精細胞と胚囊にある2核（2個の極核）の中央細胞の合体によって生じた栄養分に富んだ組織．種子中の胚に栄養分を供給する．

バクテリオファージ　bacteriophage
細菌に感染するウイルスであり，ファージともよばれる．

爬虫類　reptile
羊膜類のうち，ヘビ，トカゲ，カメ，

用語集

ワニ，鳥類および絶滅したグループ（大部分の恐竜）を含むクレード．

波長　wavelength
電磁波（光を含む）のスペクトルにおいて，隣り合う波の頂きと頂きの間隔．

発芽　germinate
植物の種子や，植物や菌類などの胞子が成長を開始すること．

発がん物質（発がん因子）　carcinogen
高エネルギーの電磁波（X線や紫外線など）や特定の化学物質など，がんを引き起こす物質や要因．

発見型科学　discovery science
自然を観察・記述することに焦点を当てた科学的探究の方法．「仮説」「科学」も参照．

発酵　fermentation
ある種の細胞によって嫌気的に行われる栄養物からのエネルギーの獲得．さまざまなしくみの発酵によってエタノールや乳酸など異なる最終産物がつくられる．

ハーディ・ワインベルグ平衡　Hardy-Weinberg equilibrium
進化しない集団を記述する状態（遺伝的平衡状態にある）．

花　flower
被子植物における有性生殖器官であり，4種類の特殊化した葉〔がく片，花弁，雄ずい，雌ずい（心皮）〕をつけた短い茎．

パネットスクエア　Punnett square
遺伝学の研究において使われる，無作為に起こる受精の結果を示す図表．

伴性遺伝子　sex-linked gene
性染色体上にある遺伝子．

反応物　reactant
化学反応における出発物質．

反復DNA　repetitive DNA
ゲノムDNA中に多数のコピーが存在する塩基配列．反復DNAには長いものも短いものも存在し，連続している場合も染色体上に分散している場合もある．

被子植物　angiosperm
花を咲かせる植物であり，子房とよばれる保護室内に種子をつける．

微小管　microtubule
真核細胞の細胞骨格を形成する3種類の繊維の中で最も太い繊維．まっすぐの中空の管で，チューブリンとよばれる球状タンパク質でできている．微小管は繊毛と鞭毛の運動と構造の基盤をなしている．

ヒストン　histone
DNAに結合する小型のタンパク質であり，真核生物の染色体へとDNAを折りたたむのに重要．

微生物相　microbiota
動物の体表および体内に生育する微生物群集．微生物叢．

非生物的貯蔵庫　abiotic reservoir
生態系において炭素や窒素などの化学的要素を貯蔵している部分．

非生物的要因　abiotic factor
生態系の非生物的要素．大気，水，光，無機養分，温度．

ヒトゲノム計画　Human Genome Project
ヒトのゲノム全体のDNAの塩基配列の決定をめざす国際的な共同事業．

ヒト免疫不全ウイルス
「HIV」を参照．

ヒト類　hominin
系統樹において，ヒトが属する枝分かれに位置する真猿類．チンパンジーよりもヒトに近縁である．

漂泳層　pelagic realm
岸から遠く離れた海洋の領域．

表現型　phenotype
生物に表れる形質，特性．

病原体　pathogen
病気を引き起こす生物またはウイルス．病原生物，病原菌，病原虫ともいう．

日和見的生活史　opportunistic life history
若齢から繁殖して多くの子どもを産み，子の世話をほとんどしない生活様式で，短命で体サイズの小さい生物に多く見られる．

微量元素　trace element
生物の生存に必須な元素であるが，必要量がわずかであるもの．ヒトの微量元素には鉄や亜鉛がある．

ヒル類　leech
体節をもつ環形動物で，淡水にすむものが多い．

ビン首効果　bottleneck effect
集団の劇的な縮小によりもたらされる遺伝的浮動．典型的には，生き残った集団は，遺伝的には親集団の特徴をもはやもたない．

ファージ　phage
「バクテリオファージ」を参照．

不完全優性　incomplete dominance
ヘテロ接合体（*Aa*）の表現型が，2つのホモ接合体（*AA*および*aa*）の表現型の中間であるタイプの遺伝様式．

復元生態学　restoration ecology
劣化した生態系を元の状態に復元する手法を開発する生態学の応用分野．

腹足類　gastropod
軟体動物中最大のグループ．カタツムリやナメクジが含まれる．

腐食者　detritivore
生物の遺体（デトリタス）を消費する生物．

物質　matter
空間を占有し，質量をもつもの．

腐肉食動物（スカベンジャー）　scavenger
死亡した動物の遺体を摂食する動物．

不飽和脂肪酸　unsaturated fatty acid
炭化水素鎖の水素原子が最大数に足りず1個もしくはそれ以上の二重結合をもつ脂肪酸もしくは脂肪に関係する用語．分子の曲がった形状のため，不飽和脂肪酸と不飽和脂肪酸は室温で固化しにくい．

プライマー　primer
短いDNAまたはRNA断片で，あるDNA配列と相補的な塩基対合により結合し，DNAヌクレオチドの伸張に寄与する．PCR反応では，コピーを作製する目的配列に隣接する領域をプライマーとする．

プラスミド　plasmid
染色体から独立した小さな環状の自己複製性DNA．プラスミドはおもに細菌から見出される．

プリオン　prion
関連タンパク質を次々とプリオンへと変換すると考えられている感染性タンパク質．プリオンによりさまざまな動物種に類似の病気が発症する．ヒツジのスクレイピーや狂牛病，ヒトのクロイツフェルト・ヤコブ病などがある．

プレートテクトニクス　plate tectonics

大陸は，熱いマントルの基盤部分に浮かぶ地殻の大きなプレートの一部であるという考え．

プロウイルス provirus
宿主のゲノムに挿入された状態にあるウイルス DNA．

プロテオミクス proteomics
ゲノムにコードされるタンパク質の完全なセット（プロテオーム）に関する網羅的な研究．

プロファージ prophage
原核細胞の染色体 DNA 中に挿入されたファージ DNA．

プロモーター promoter
遺伝子の開始点に存在する特別な DNA 配列であり，RNA ポリメラーゼが結合し，転写が開始される部位．

分解者 decomposer
生物の遺体，植物の落葉・落枝，生物の排出物など，生物に由来する有機物を無機物に転換する生物．

分岐学 cladistics
進化の歴史の研究．とくに，共通祖先の共有により生物をグループ化する体系学的アプローチ．

分子 molecule
共有結合によって結合している 2 個もしくはそれ以上の原子の集団．

分子生物学 molecular biology
遺伝を含む生物についての学問のうち，分子の働きを基盤とするもの．

分断化選択 disruptive selection
表現型の極端な個体に対して，中間型より有利に働く自然選択．

分離の法則 law of segregation
遺伝の法則の 1 つであり，グレゴール・メンデルにより最初に提唱された．対となる 2 つの対立遺伝子は，減数分裂によって異なる配偶子へと分離される（分配される），という法則．

分類学 taxonomy
種の同定，命名，分類にかかわる生物学分野．

分裂期（M 期） mitotic（M）phase
細胞周期のうち，有糸分裂によって染色体が娘細胞核へと分配され，細胞質分裂によって細胞質が分断されて，2 つの娘細胞が生じる時期．

平衡的な生活史 equilibrial life history
性成熟がゆっくりで，少数の子供を産んで子の世話をする生活様式で，長命で体サイズの大きい生物に多く見られる．

ベクター vector
プラスミドまたはウイルスゲノムの DNA で，ある細胞から他の細胞に遺伝子を移動する目的で使用されるもの．

ヘテロ接合 heterozygous
ある遺伝子について，2 つの異なる対立遺伝子をもっている状態．

ペプチド結合 peptide bond
ポリペプチドの 2 つのアミノ酸単量体間の共有結合で，2 つのアミノ酸間の脱水反応によってつくられる．

扁形動物 flatworm
左右相称で薄く平たい体形の動物．単一の開口をもつ胃水管腔をもち，体腔を欠く．プラナリア，吸虫，条虫が含まれる．

変態 metamorphosis
幼生から成体への変形．

鞭毛 flagellum（複：flagella）
細胞表面の長い付属構造．ある種の原生生物ではその細胞を水中で推進する．動物では多くの組織の細胞表面の溶液を流動させる．鞭毛は 1 つの細胞に 1 本またはそれ以上の数存在する．

鞭毛虫 flagellate
1 本〜多数の鞭毛によって運動する原生動物．

方向性選択 directional selection
表現型範囲の一端の個体に対して有利に働く自然選択．

胞子 spore
（1）植物や藻類では，他の細胞と合体することなしに多細胞性の単相個体（配偶子）へと成長する単相の細胞．
（2）菌類では，発芽して菌糸を形成する単相の細胞（訳注：一般的には，複相のものも含めて細胞合体を経ずに新たな個体を形成する単細胞の生殖細胞をまとめて胞子とよぶ）．

胞子体 sporophyte
世代交代を行う生物における多細胞の複相世代．配偶子の合体によって生じ，減数分裂によって配偶体へと成長する単相の胞子を形成する．

放射性同位体 radioactive isotope
自発的に崩壊し微粒子とエネルギーを放出する核をもつ同位体．

放射線治療 radiation therapy
がん性の腫瘍のある体内の部位に，高エネルギー放射線を照射してがん細胞の細胞分裂を止めるがん治療．

放射相称 radial symmetry
菓子のパイのように，中心軸のまわりに体の部分が配置されていること．中心軸を通るどのような切断によっても鏡像に分割できる．

放射年代測定 radiometric dating
化石や岩石試料内の放射性と非放射性同位元素の比により年代を決定する方法．

紡錘体 mitotic spindle
紡錘形をした微小管でできた構造体であり，有糸分裂や減数分裂時に染色体を動かす役割を担うタンパク質を含んでいる（紡錘形とは，大雑把にいうとラグビーボール型のこと）．

胞胚 blastula
動物の胚発生で，卵割の最終段階の胚．多くの種では中空で球状の細胞集団になる．

飽和脂肪酸 saturated fatty acid
炭化水素鎖が最大数の水素原子を結合し二重結合をもたない脂肪酸もしくは脂肪酸を含む脂肪に関係する用語．飽和脂肪と飽和脂肪酸は室温で固化しやすい．

捕食 predation
捕食者である種が，餌となる他種を捕食するような，種間の相互作用．

保全生物学 conservation biology
生物多様性の消失を理解し，それを解決することを目的とした応用科学．

ポテンシャルエネルギー potential energy
蓄積されたエネルギー．物体がその位置や構造によってもつエネルギーのこと．ダムの水や化学結合はいずれもポテンシャルエネルギーをもつ．

哺乳類 mammal
内温性の羊膜類で乳腺と体毛をもつ綱．

ホメオティック遺伝子 homeotic gene
一群の細胞の発生運命を制御することにより，発生中の個体の身体構造と器官を決定するマスター制御遺伝子．植物ではこのような機能を有する遺伝子

は器官決定遺伝子とよばれる．

ホモ接合　homozygous
ある遺伝子について，同一の対立遺伝子をもっている状態．

ホヤ類　tunicate
脊索動物に属する固着性の無脊椎動物．

ポリヌクレオチド　polynucleotide
複数のヌクレオチドが共有結合で連結してできている重合体．

ポリプ型　polyp
刺胞動物の，2つある体型のうちの1つ．浮遊性で傘型の体型．

ポリペプチド　polypeptide
ペプチド結合によってつくられるアミノ酸の重合体．

ポリメラーゼ連鎖反応（PCR）
polymerase chain reaction
あるDNA分子またはその一部について多数のコピーを作製するのに用いられる技術．少量のDNAを，DNAポリメラーゼ酵素やDNAヌクレオチドなどの成分とともに試験管内で繰り返し複製反応を行う．

翻訳　translation
mRNA分子中の遺伝情報をもとに起こるポリペプチドの合成．ヌクレオチド「言語」から，アミノ酸「言語」への変換が起こる．「遺伝暗号」も参照．

マイクロサテライト　short tandem repeat（STR）
短い塩基配列が繰り返しているDNA領域．

マイクロサテライト解析　STR analysis
ゲノム中の特定の領域のマイクロサテライト（STR）配列の長さを比較するDNA鑑定方法．

密度依存的要因　density-dependent factor
個体群密度の増加に応じて作用する効果で，個体群の制限要因．

密度非依存的要因　density-independent factor
個体群密度の変化とは無関係に作用する効果で，個体群を制限する要因．

ミトコンドリア　mitochondrion（複：mitochondria）
真核細胞内の細胞呼吸が行われる細胞小器官．二重の同心円状の膜に包まれ，細胞のATPのほとんどを合成する．

る．

ミミズ類　earthworm
体節をもつ環形動物で，土壌から栄養分を得る．

ムカデ類　centipede
陸上にすむ肉食の節足動物．多数の体節があり，各体節に1対の長い脚がある．先端の脚は毒牙に変形している．

無光層　aphotic zone
海洋や湖における有光層の下層で，光合成を行うための光が十分でない水域生態系の領域．

無性生殖　asexual reproduction
精子と卵の受精を介さずに，一個体の親から，同一の遺伝子配列をもつ子孫を生み出すこと．

無脊椎動物　invertebrate
背骨をもたない動物．

明反応　light reactions
光合成の最初の段階．太陽光エネルギーが吸収され，ATPとNADPHのかたちの化学エネルギーに変換される過程．明反応は糖を合成するカルビン回路を駆動するが，糖そのものをつくるのではない．

メッセンジャー RNA（mRNA）
messenger RNA
DNAに存在した遺伝情報をコードし，遺伝情報をアミノ酸へと翻訳する場であるリボソームへと伝達するリボ核酸の1種．

目　order
生物の分類における「科」より上位の分類カテゴリー．

門　phylum（複：phyla）
生物の分類における綱より上位で，界より下位の分類カテゴリー．同じ綱のメンバーは類似した一般的ボディープランをもつ．

葯　anther
花粉粒を形成する袋であり，花の雄ずいの先端にある．

ヤスデ類　millipede
多数の体節があり，各体節に2対の短い脚をもつ陸生の節足動物．朽ちた植物質を食べる．

野生型　wild-type trait
自然界において最も普遍的に見られる形質．

有機化合物　organic compound

炭素を含む化合物．

有光層　photic zone
海洋や湖の表層で，光合成を行う十分な光がある領域．

有孔虫　foram（foraminifer）
殻をもち，その孔から仮足を伸ばす海産原生動物．

有糸分裂　mitosis
1つの細胞核が分裂し，2つの同一の遺伝子配列をもつ娘細胞核をつくる過程．細胞周期の分裂期（M期）には有糸分裂と細胞質分裂が起こる．

雄ずい　stamen
花において花粉粒を形成する構造であり，花糸と葯からなる．雄しべともいう．

有性生殖　sexual reproduction
2つの一倍体生殖細胞（配偶子：精子と卵）の融合により二倍体の接合子を生じ，それぞれ異なる遺伝子配列をもつ子孫を生み出すこと．

優性（顕性）対立遺伝子　dominant allele
ヘテロ接合体において，2つの対立遺伝子のうち表現型を決定するほうの対立遺伝子．優性となる遺伝子は通常，イタリック体の大文字で示す（例：F）．

有胎盤哺乳類　placental mammal
哺乳類のうち，胚発生が子宮内で胎盤を通して母親の血液から栄養を得ることによって完結するもの．真獣類ともよばれる．

有袋類　marsupial
カンガルー，オポッサム，コアラなど，袋をもつ哺乳類．胚状の子を産み，子は母親の袋の中で乳首に吸いついて発生を完了する．

誘導適合　induced fit
基質分子と酵素の活性部位の間の相互作用．このとき活性部位がわずかに変化し，基質を受け入れ反応を触媒する．

輸送小胞　transport vesicle
細胞質内に存在する膜小胞で，細胞が合成した分子を輸送する．輸送小胞は小胞体やゴルジ装置から出芽によって生じ，その後，別の細胞小器官や細胞膜と融合してその内容物を放出する．

溶液　solution
2つもしくはそれ以上の物質の均一な

混合物からなる液体．つまり，溶解剤である溶媒と溶解している物質である溶質からなる．

溶菌サイクル lytic cycle
宿主細胞の溶解によって新規に合成されたウイルスが放出される，ウイルスの増殖周期．

幼形進化 paedomorphosis
成体において，祖先種の幼形形質を保持する進化様式．

溶原サイクル lysogenic cycle
ウイルスゲノムが宿主細菌の染色体中にプロファージとして取り込まれた状態となる，バクテリオファージの増殖周期．ウイルスゲノムが宿主細胞の染色体から離脱しない限りはファージが新しくつくられることはなく，宿主細胞が殺されたり溶解されたりすることもない．

陽子 proton
原子を構成する微粒子の1つで，原子核内にあり，正電荷を1個もつ．

溶質 solute
液体（溶媒という）に溶解して溶液をつくる物質．

幼生 larva
動物の生活環の中で，成体と異なる形態をもつ段階．

溶媒 solvent
溶液における溶解剤．水は最も多機能としてよく知られている溶媒．

羊膜卵 amniotic egg
卵殻があり，胚はその中で液体に満たされた羊膜の袋の中で卵黄から栄養を得て発生するようになっている卵．爬虫類（鳥類を含む）および卵生の哺乳類が産む．羊膜卵によって彼らは陸上で生活環を完了できる．

羊膜類 amniote
四肢類のうち，胚を保護する特殊な膜をもつ羊膜卵を産むクレード．哺乳類と爬虫類（鳥類を含む）が含まれる．

葉緑体 chloroplast
植物と光合成を行う原生生物に見られる細胞小器官．二重の同心円状の膜に包まれた葉緑体は太陽光を吸収して，そのエネルギーを有機分子（糖）を合成するために利用する．

四次消費者 quaternary consumer
三次消費者を摂食する生物．

裸子植物 gymnosperm
子房（果実）に包まれていない裸の種子をもつ植物．

リグニン lignin
植物の細胞壁を硬くする化学成分．材とよばれる構造の大部分はリグニン化した細胞壁からなる．

リソソーム lysosome
真核細胞内の消化に関与する細胞小器官．細胞内の栄養分子や廃棄物を消化する酵素群をもつ．

リプレッサー repressor
遺伝子またはオペロンの転写を抑制するタンパク質．

リボ核酸
「RNA」を参照．

リボソーム ribosome
RNAとタンパク質からなる2つのサブユニットからなり，細胞質内でのタンパク質合成の場として機能する．リボソームのサブユニットは核内で構築され，その後細胞質に輸送され，そこで機能を果たす．

リボソームRNA（rRNA） ribosomal RNA
タンパク質とともにリボソームを構成するリボ核酸の一種．

流動モザイクモデル fluid mosaic model
細胞の膜は流動性をもつリン脂質二重層にさまざまなタンパク質分子がモザイク状に分布しているという細胞の膜構造を説明するモデル．

良性腫瘍 benign tumor
体内の形成された場所に留まり続ける異常細胞のかたまり．

両生類 amphibian
脊椎動物の綱の1つ．カエルおよびサンショウウオが含まれる．

緑藻 green alga
緑色の葉緑体をもつ光合成をする原生生物の一群に含まれる生物．単細胞，群体，多細胞の種がある．緑藻は植物に最も近縁な原生生物である（訳注：緑藻の中でもシャジクモ藻が最も近縁）．

理論 theory
広く受け入れられている説明理論で，仮説より広い範囲をカバーし，新たな仮説を生み出し，膨大な証拠で支持されているもの．

リン脂質 phospholipid
生体膜の二重層を構成する分子．疎水性の尾部と親水性の頭部をもつ．

リン脂質二重層 phospholipid bilayer
リン脂質分子の二重層（各分子は2つの脂肪酸とリン酸基を含む）．細胞の膜の基本構造をなす．

齢構造 age structure
個体群における齢毎の個体数の相対頻度．

霊長類 primate
哺乳類のうち，ロリス，ガラコ，キツネザル，メガネザル，サル，類人猿およびヒトを含むグループ．

劣性（潜性）対立遺伝子 recessive allele
ヘテロ接合体において，2つの対立遺伝子のうち表現型に影響を与えないほうの対立遺伝子．劣性となる遺伝子は通常，イタリック体の小文字で示す（例：*f*）．

レトロウイルス retrovirus
DNA分子を媒介して複製されるRNAウイルス．逆転写反応によってRNAからDNAが合成され，そのウイルスDNAから複数のRNAコピーが転写される．HIVや多くのがんを引き起こすウイルスがレトロウイルスである．

連鎖遺伝子 linked genes
ある染色体上に非常に近接して存在するため，通常一緒に遺伝される2つ以上の遺伝子．

ロジスティック個体群成長 logistic population growth
個体群サイズが環境収容力に近づくにつれて，個体群成長が減少することを表すモデル．

索 引

- アルファベット順，五十音順に配列した．
- 数字の太字体は詳しい説明があるところを示す．

1 遺伝子交雑　166
2 遺伝子交雑　168
21 トリソミー　155
3 次元構造　51
3 つ組塩基　198
3 ドメイン体系　322

β-カロテン　124
λファージ　208

■ A

A サイト　203
abiotic factor　417
abiotic reservoir　486
ABO blood group　177
ABO 式血液型　177
absorption　367
acclimation　420
acid　34
acquired immunodeficiency syndrome　212
activation energy　88
activator　226
active site　90
active transport　94
adenine　193
adenosine triphosphate　87
ADP　87
adult stem cell　233
aerobic　104
age structure　449
AIDS　212
algae　344
allele　166
allopatric speciation　307
alternation of generations　358
alternative RNA splicing　226
Alvarez, Luis　316
Alvarez, Walter　316
amino acid　50
amniotes　398
amniotic egg　398
amoebas　345
amphibians　397
anaerobic　110
analogy　321
anaphase　141
angiosperms　357
animal　378
annelids　385
anther　362

anthropoids　401
anticodon　202
aphotic zone　422
apicomplexans　346
aqueous solution　33
arachnids　388
archaea　340
Archaea　340
arthropods　387
artificial selection　286
asexual reproduction　136
atom　27
atomic mass　28
atomic number　27
ATP　74, **87**, 105, 109, 122, 125
ATP synthase　109
ATP 合成酵素　**109**, 127
ATP サイクル　88
Australopithecus afarensis　404
autosome　145
autotroph　102
AZT　213

■ B

bacilli　336
bacteria　340
Bacteria　340
bacteriophage　207
base　34
benign tumor　143
benthic realm　422
bilateral symmetry　380
binary fission　337
binomial　276
biocapacity　464
biodiversity　472
biodiversity hot spot　491
biofilm　337
biogeochemical cycle　486
biogeography　315
bioinformatics　258
biological control　458
biological magnification　479
biological species concept　305
biology　4
biomass　484
biome　422
biophilia　495
bioremediation　339, 493
biosphere　18, 417
biotechnology　246

biotic factor　417
birds　399
bivalves　383
blastula　378
body cavity　380
body segmentation　385
bony fishes　396
bottleneck effect　293
bryophytes　356
BSE　214
buffer　35

■ C

calorie　86
Calvin cycle　122
cancer　143
cap　201
carbohydrate　44
carbon fixation　122
carbon footprint　440
carcinogen　238
carnivore　478
carpel　362
carrier　173
carrying capacity　453
cartilaginous fishes　396
cDNA　→「相補的 DNA」
cell cycle　139
cell cycle control system　142
cell division　136
cell membrane　63
cell plate　142
cell theory　62
cellular respiration　104
cellulose　46
centipedes　390
central vacuole　73
centromere　139
cephalopods　383
chaparral　430
character　164
charophytes　356
chemical bond　29
chemical cycling　483
chemical energy　85
chemical reaction　31
chemotherapy　143
chlorophyll　120
chlorophyll *a*　123
chloroplast　74, 120
chordates　394

索引

chromatin　68, 137
chromosome　63, 136
chromosome theory of inheritance　181
cilia　76
ciliates　346
citric acid cycle　105
clade　322
cladistics　322
class　276
cleavage　142
clone　247
cnidarians　382
CoA　→「補酵素 A」
cocci　336
codominance　178
codon　198
cohesion　31
community　417, 474
community ecology　417
competitive exclusion principle　475
complementary DNA　229
complete digestive tract　385
compound　27
concentration gradient　92
coniferous forest　431
conifers　357
conservation biology　490
conservation of energy　84
consumer　102
convergent evolution　321
coral reef　424
covalent bond　29
Crick, Francis　193
cross　165
crossing over　152
crustaceans　389
cryptic coloration　476
cuticle　355
cystic fibrosis　173
cytokinesis　140
cytoplasm　65
cytosine　193
cytoskeleton　75
cytosol　63

■ D
Darwin, Charles　277, 304
data　4
DDT　289
decomposer　479
dehydration reaction　43

density-dependent factor　454
density-independent factor　455
deoxyribonucleic acid　193
deoxyribose　193
desert　429
detritivore　479
detritus　479
diatoms　347
diffusion　92
dihybrid cross　168
dinoflagellates　347
diploid　146
directional selection　295
disaccharide　45
discovery science　5
disruptive selection　296
disturbance　481
DNA　53, 193
DNA ligase　248
DNA microarray　229
DNA polymerase　196
DNA profiling　253
DNA sequencing　258
DNA 鑑定　245, 253, 261
DNA シークエンシング　258
DNA テクノロジー　246
DNA の修復　196
DNA ポリメラーゼ　196
DNA マイクロアレイ　229
DNA リガーゼ　248
domain　277
dominant allele　166
dorsal, hollow nerve cord　394
double helix　54, 194
Down syndrome　155

■ E
earthworms　385
echinoderms　393
ecological footprint　464
ecological niche　475
ecological succession　482
ecology　416
ecosystem　417, 483
ecosystem ecology　417
ecosystem service　473
ectotherms　398
electromagnetic spectrum　122
electron　27
electron transport　105
electron transport chain　107

element　26
embryonic stem cell　233
emerging virus　214
endangered species　456
endemic species　491
endocytosis　95
endomembrane system　70
endoplasmic reticulum　70
endoskeleton　393
endosperm　363
endospore　338
endosymbiosis　343
endotherms　399
endotoxin　341
energy　84
energy flow　483
Engelmann, Theodor　123
enhancer　226
entropy　85
enzyme　88
enzyme inhibitor　90
epigenetic inheritance　180
EPO　250
equilibrium life history　451
ER　70
ES 細胞　→「胚性幹細胞」
estuary　425
Eukarya　340
eukaryotes　331
eukaryotic cell　63
eutherians　400
evaporative cooling　32
evo-devo　317
evolution　280
evolutionary adaptation　280
evolutionary tree　284
exocytosis　95
exon　201
exoskeleton　387
exotoxin　341
exponential population growth　452
extracellular matrix　68

■ F
F_1 generation　165
F_1 世代　165
F_2 generation　165
F_2 世代　165
facilitated diffusion　92
$FADH_2$　109
family　276

索引

fat 47
fermentation 110
ferns 357
fertilization 147
flagella 76
flagellates 345
flatworms 384
flower 357
fluid mosaic 66
food chain 478
food web 480
forams 345
forensics 253
fossil 277
fossil fuel 359
fossil record 281
founder effect 294
Franklin, Rosalind 193
fruit 363
functional group 42
fungi 366

■ G
G_1 期 140
G_2 期 140
G3P 127
gamete 137
gametophyte 358
gastrovascular cavity 382
gastrpods 383
gastrula 378
gel electrophoresis 248
gene 15, 53
gene cloning 247
gene expression 222
gene flow 294
gene pool 290
gene regulation 222
gene therapy 252
genetic code 198
genetic drift 292
genetic engineering 246
genetically modified (GM) organism 246
genetics 164
genome 15
genomics 259
genotype 167
genus 276
geologic time scale 312
germinate 361

glycogen 46
glycolysis 105
GM 作物 →「遺伝子組換え作物」
Golgi apparatus 71
grana 121
green algae 348
greenhouse effect 436
greenhouse gas 436
growth factor 234
guanine 193
gymnosperms 357

■ H
habitat 417
haploid 146
Hardy-Weinberg equilibrium 292
heat 85
HeLa 細胞 143
herbivore 478
herbivory 477
heredity 164
heterotroph 102
heterozygous 166
hGH 250, 266
Hill, A. V. 111
histone 138
HIV 212, 254
homeotic gene 228
hominins 403
Homo habilis 404
Homo neanderthalensis 405
Homo rectus 404
homologous chromosome 145
homology 283
homozygous 166
host 477
HPV 234
human genome project 260
human immunodeficiency virus 212
hybrid 165
hydrogen bond 30
hydrogenation 48
hydrolysis 43
hydrophilic 47
hydrophobic 47
hypercholesterolemia 177
hypertonic 93
hyphae 367
hypothesis 5
hypotonic 93

■ I
incomplete dominance 177
induced fit 90
insects 390
interphase 139
interspecific competition 475
interspecific interaction 474
intertidal zone 425
intraspecific competition 454
intron 201
invasive species 457
invertebrates 381
ion 29
ionic bond 29
IPCC 436, 441
isomer 44
isotonic 93
isotope 28
IUCN 472

■ K
karyotype 145
keystone species 481
kinetic energy 84
kingdom 276

■ L
lac オペロン 223
Lamarck, Jean-Baptiste de 277
lancelets 395
landscape 491
landscape ecology 491
larva 378
lateral line system 396
law of independent assortment 169
law of segregation 166
LDL 177
leeches 386
lichens 371
life 7
life cycle 145
life history 450
life table 450
light reaction 122
lignin 355
limiting factor 453
linked gene 182
Linnaeus, Carolus 276
lipid 47
LM 4
lobe-finned fishes 396

539

索 引

locus **168**
logistic population growth **453**
Lyell, Charles **279**
lysogenic cycle **208**
lysosome **72**
lytic cycle **208**

■ M
M 期 →「分裂期」
macroevolution **312**
macromolecule **43**
malignant tumor **143**
mammals **400**
mantle **383**
marsupials **400**
mass **26**
mass number **27**
matter **26**
medusa **382**
meiosis **147**
Mendel, Gregor **164, 288**
messenger RNA **201**
metabolism **88**
metamorphosis **378**
metaphase **141**
metastasis **143**
microbiota **335**
microevolution **292**
microtubule **75**
Miller, Stanley **332**
millipedes **390**
mitochondria **74**
mitosis **140**
mitotic phase **140**
mitotic spindle **141**
molecular biology **192, 283**
molecule **30**
molluscs **383**
monohybrid cross **166**
monomer **43**
monosaccharide **44**
monotremes **400**
mosses **356**
movement corridor **492**
mRNA **201**
MRSA **67, 298**
mutagen **207**
mutation **205**
mutualism **475**
mycelium **367**
mycorrhiza **354**

■ N
NaCl **34**
NAD^+ **105**
NADH **105**, 109
NADPH **122**, 125
natural selection **12, 280**
nematodes **386**
neutron **27**
nitrogen fixation **488**
nondisjunction **154**
notochord **394**
nuclear envelope **68**
nuclear transplantation **231**
nucleic acid **53**
nucleoid **64**
nucleolus **69**
nucleosome **138**
nucleotide **53, 192**
nucleus **27, 64**

■ O
omnivore **480**
oncogene **234**
operator **223**
operculum **396**
operon **223**
opportunistic life history **451**
order **276**
organelle **64**
organic compound **42**
organism **417**
organismal ecology **417**
osmoregulation **93**
osmosis **93**
ovary **362**
ovule **361**

■ P
P generation **165**
P サイト **203**
P 世代 **165**
paedomorphosis **318**
paleontologist **281**
parasite **344**, 477
passive transport **92**
pathogen **341**
PCB 類 **479**
PCR **254**
pedigree **172**
pelagic realm **424**

peptide bond **51**
periodic table **26**
permafrost **432**
PET **28**
petal **362**
pH scale **34**
pH 緩衝液 **35**
pH 尺度 **34**
phage **207**
phagocytosis **95**
pharyngeal slits **394**
phenotype **167**
phospholipid **66**
phospholipid bilayer **66**
photic zone **422**
photon **125**
photosynthesis **102, 120**
photosystem **125**
phylogenetic tree **320**
phylum **276**
phytoplankton **347, 422**
PKU →「フェニルケトン尿症」
placenta **400**
placental mammals **400**
plant **354**
plasmid **246**
plate tectonics **314**
pleiotropy **178**
polar ice **432**
polar molecule **30**
pollen grain **361**
pollination **361**
polychaetes **386**
polygenic inheritance **179**
polymer **43**
polymerase chain reaction（PCR） **254**
polynucleotide **192**
polyp **382**
polypeptide **51**
polyploidy **308**
polysaccharide **46**
population **290, 417, 448**
population density **449**
population ecology **417, 448**
population momentum **462**
post-anal tail **394**
postzygotic barrier **307**
potential energy **84**
predation **476**
prezygotic barrier **306**
primary consumer **478**

540

primary production 484	ribosomal RNA 203	sporophyte 358
primary succession 482	ribosome 63	stabilizing selection 296
primates 401	RNA 53	stamen 362
primer 254	RNA polymerase 200	starch 46
prion 214	RNA splicing 201	start codon 203
producer 102, 478	RNA スプライシング 201	steroid 49
product 31	RNA ポリメラーゼ 200	stigma 362
prokaryotes 330	RNA ワールド 334	stomata 120, 355
prokaryotic cell 63	root 354	stop codon 204
promoter 200, 223	rough ER 70	STR → 「マイクロサテライト」
prophage 208	roundworms 386	STR analysis 255
prophase 141	rRNA 203	stroma 120
protein 50	rule of multiplication 171	substrate 90
proteomics 263		sugar-phosphate backbone 54, 193
protists 343	■ S	survivorship curve 450
proton 27	S 期 140	sustainability 434
proto-oncogene 234	saturated fatty acid 47	sustainable development 495
protozoans 345	savanna 429	swim bladder 396
provirus 213	scavenger 479	symbiosis 339
pseudopodia 345	SCID 253	sympatric speciation 308
Punnett square 167	science 4	systematics 320
pyramid of production 485	scientific method 5	
	seaweeds 349	■ T
■ Q・R	secondary consumer 478	taiga 431
quaternary consumer 479	secondary succession 482	tail 201
	seed 357	taxonomy 276
radial symmetry 380	SEM 4	telophase 141
radiation therapy 143	sepal 362	TEM 4
radioactive isotope 28	sex chromosome 145	temperate broadleaf forest 431
radiometric dating 312	sex-linked gene 182	temperate grassland 430
radula 383	sexual dimorphism 297	temperate rain forest 431
ray-finned fishes 396	sexual reproduction 136	temperate zone 426
reactant 31	sexual selection 296	terminator 201
recessive allele 166	shoot 354	tertiary consumer 479
recombinant DNA 246	short tandem repeat（STR） 255	testcross 170
regeneration 230	sickle-cell disease 178	tetrapods 398
relative abundance 481	signal transduction pathway 227	theory 7, 280
relative fitness 295	silencer 226	therapeutic cloning 233
repetitive DNA 255	sister chromatid 139	threatened species 456
repressor 224	slime molds 346	three-domain system 322
reproductive barrier 306	smooth ER 70	thylakoid 121
reproductive cloning 231	solute 33, 93	thymine 193
reptiles 398	solution 33	tPA 250
restoration ecology 490	solvent 33	trace element 26
restriction enzyme 248	somatic cell 144	trait 164
restriction fragment 248	speciation 304	transcription 197
restriction site 248	species 9, 305	transcription factor 226
retrovirus 212	species diversity 480	trans fat 48
reverse transcriptase 213	species richness 480	transfer RNA 202
Rh 血液型 178	sponges 381	transgenic organism 246
ribose 193	spore 358	translation 197

541

索引

transport vesicle　70
triglyceride　47
trisomy 21　155
tRNA　202
trophic structure　478
tropical forest　428
tropics　426
tumor　143
tumor-suppressor gene　235
tundra　432
tunicates　395

■ U
unsaturated fatty acid　47
uracil　193
Urey, Harold　332

■ V
vacuole　73
vascular tissue　355
vector　247
vertebrates　395
vesicle　70
vestigial structure　284
virus　207

■ W
Wallace, Alfred Russel　280
warning coloration　476
water vascular system　393
Watson, James D.　193
wavelength　122
wetland　423
whole-genome shotgun method　259
wild-type trait　171
Wilkins, Maurice　193
Wilson, Edward O.　495

■ X・Y・Z
X chromosome inactivation　224
X 線　207
X 染色体　145, 151, 182
X 染色体不活性化　224

Y 染色体　145, 151, 182, 268

zooplankton　424
zygote　147

■ あ 行
アウストラロピテクス　403
アウストラロピテクス・アファレンシス　404
アオアシカツオドリ　295
アーキア　→「古細菌」
悪性腫瘍　143
悪玉コレステロール　177
アクチベーター　→「活性化因子」
アクチンフィラメント　75
顎　396
アジドチミジン　213
アセチル CoA　106
アデニン　54, 193
アデノウイルス　207
アデノシン三リン酸　74
アデリーペンギン　415
アナボリックステロイド　49
アピコンプレクサ　346
アファール猿人　404
アホロートル　318
アミノ酸　50, 198
アミラーゼ　407
アミロイド　29
アメーバ運動　76
アメーバ類　345
アリストテレス　277
アルカリ　34
アルツハイマー病　28
アルバレズ，ウォルター　316
アルバレズ，ルイス　316
アンチコドン　202
安定化選択　296

イオン　29
イオン結合　29
鋳型　196
維管束組織　355, 356
異所的種分化　307
胃水管腔　382
異性体　44
一次消費者　478
一次生産　484
一次遷移　482
一次電子受容体　125
一倍体　146
一卵性双生児　180
遺伝　164
遺伝暗号　198
遺伝学　164
　集団――　291

遺伝子　15, 53, 164
遺伝子型　167, 196
遺伝子組換え作物　251
遺伝子組換え食品　265
遺伝子組換え生物　246
遺伝子クローニング　247
遺伝子検査　175
遺伝子工学　199, 246
遺伝子座　168, 181
遺伝子治療　252
遺伝子発現　222
遺伝子発現制御　222
遺伝子プール　290
遺伝子流動　294
遺伝性疾患　173
遺伝性難聴　173
遺伝的多様性　472
遺伝的浮動　292
移動のための回廊　492
犬
　――の系統樹　184
　――の毛並　174
　――の品種改良　163, 174, 184
医用ヒル　386
インスリン　227, 249
隕石　316
咽頭嚢　284
咽頭裂　394
イントロン　201
インフルエンザワクチン　211
隠蔽色　476

ウィルキンス，モーリス　193
ウイルス　207
　アデノ――　207
　新興――　214
　タバコモザイク――　209
　パパイヤリングスポット――　209
　ヒトパピローマ――　234
　ヒト免疫不全――　→「HIV」
　プロ――　213
　ヘルペス――　211
　レトロ――　212
ウィルソン，エドワード・O　495
ウイロイド　213
ウォレス，アルフレッド・ラッセル　280
うきぶくろ　396
氏か育ちか　180
渦鞭毛藻　347
羽毛　399

索引

羽毛恐竜　319
ウラシル　55, **193**
鱗　398
運動エネルギー　**84**
運動科学　101, 111, 113

エアロビック　**101**
永久凍土　**432**
エイズ　212, 254
栄養構造　**478**
栄養様式　**338**, 344
エキソサイトーシス　**94**
エキソトキシン　→「外毒素」
エキソン　**201**
液胞　**73**
エコロジカルフットプリント　**464**
壊死性筋膜炎　→「人食いバクテリア症」
エネルギー　**84**
エネルギー保存の法則　**84**
エネルギー流　**483**
エピジェネティクス　**179**
エピジェネティック遺伝　**180**
エボデボ　**317**
鰓　396
鰓ぶた　**396**
襟細胞　381
エリスロポエチン　250
塩基　**34**, 193
　　——の欠失　205
　　——の挿入　205
　　——の置換　205
エンゲルマン，テオドール　123
エンドウ　164
エンドサイトーシス　**95**
エンドトキシン　→「内毒素」
エントロピー　**85**
エンハンサー　**226**
エンベロープ　210

黄色ブドウ球菌　67, 341
雄しべ　→「雄ずい」
汚染　474
オペレーター　**223**
オペロン　**223**
オメガ3脂肪酸　49
親細胞　136
オルガネラ　→「細胞小器官」
温室効果　**436**
温室効果ガス　**436**, 437
温帯　426

温帯広葉樹林　**431**
温帯草原　**430**
温帯多雨林　**431**

■か 行
科　**276**
界　**276**
外温動物　**398**
外骨格　**387**
開始コドン　**203**
海藻　**349**
外適応　319
解糖　**105**, 113
解糖系　83
外套膜　**383**
外毒素　**341**
カイメン　381
海綿動物　380, **381**
科学　**4**
化学エネルギー　**84**, 85
化学結合　**29**
化学修飾　**180**
化学循環　**339**
化学進化　**332**
科学捜査　**253**
化学的循環　**483**
科学的方法　**5**
化学反応　**31**
化学療法　**143**
核　**64**, 65, 68
核移植　**231**
核型　**145**
核酸　**53**, 192
拡散　**92**
核小体　**69**
隔世遺伝　**183**
学説　7
がく片　**362**
核膜　**68**
核膜孔　68, **69**
核様体　**64**
攪乱　**481**
家系図　**172**
河口域　**425**
化合物　**27**
果実　**363**
加水分解　**43**
カスケード　**107**
化石　**277**
化石記録　**281**, 312
化石燃料　**359**, 437

仮説　**5**
仮説検証型科学　**5**
仮足　**345**
ガーターヘビ　288
カツオドリ　295
活性化因子　**226**
活性化エネルギー　**88**
活性部位　**90**
滑面小胞体　65, **70**
果糖ブドウ糖液糖　45
カナダオオヤマネコ　455
カビ　366
花粉粒　**361**
花弁　**362**
芽胞　→「内生胞子」
鎌状赤血球　**407**
鎌状赤血球症　52, **178**, 205
カモノハシ　322
殻（軟体動物の）　**383**
ガラコ　**401**
ガラパゴス諸島　**279**
ガラパゴスフィンチ　**12**
カルタヘナ議定書　**266**
カルビン回路　**122**, 127
カロテノイド　124, 125
β-カロテン　124
カロリー　**86**
がん　**143**, 221, 234, 235, 239
　　——治療　143
　　大腸——　237
　　乳——　237
　　肺——　221, 238, 261
がん遺伝子　**234**
間期　**139**
環境収容力　**453**
桿菌　336
環形動物　**385**
がん原遺伝子　**234**
幹細胞　233
がん細胞　143
カンジキウサギ　455
緩衝液　**35**
完全消化管　**385**
官能基　**42**
カンブリア爆発　331, 379
がん抑制遺伝子　**235**

機械的隔離　306
気化冷却　**32**
器官　**17**
器官系　**17**

543

索 引

気孔　120, 121, 355
気候変動　415, 436, 438, 439, 441
気候変動に関する政府間パネル
　　→「IPCC」
基質　90
鰭条　396
キーストーン種　481
寄生者　344, 368, 477
キチン　367
キツネザル　401
キノコ　367, 370
キムネズアカアメリカムシクイ　475
逆転写酵素　212
キャップ　201
キャバリア・キングチャールズ・スパニエル　163
キャプシド　210
キャリアー　173
球果類　357, 360
球菌　336
吸収　367
旧世界ザル　402
狂牛病　214
凝集　31
共生　339
競争排除則　475
莢膜　64
共有結合　29
共優性　178
恐竜　316
極性分子　30
棘皮動物　393
極氷　432
魚類　396
菌界　10
菌根　354
菌糸　367
菌糸体　367
筋肉疲労　112
菌類　366

グアニン　54, 193
空間充填モデル　30
クエン酸回路　105, 106
クジラ　282, 285
クズ　459
クチクラ　355
くびれ込み　142
組換え DNA　246
クモ類　387, 388
クラインフェルター症候群　156

クラゲ型　382
グラナ　74, 121
グランドキャニオン　312
グリコーゲン　46
クリステ　74
グリセルアルデヒド 3-リン酸　127
クリック，フランシス　193
グリーンエネルギー　128
グルコース　44, 104, 105, 121
クレード　322
クレブス回路　→「クエン酸回路」
クロイツフェルト・ヤコブ病　214
クローニング　230
クロマチン　68, 137
クロロフィル　120
クロロフィル a　123, 125
クロロフィル b　123, 125
クローン　230, 247
群集　17, 417, 474
群集生態学　417

景観　491
景観生態学　491
警告色　476
形質（表現形質）　164
珪藻　347
系統樹　320
血液型　177
血友病　184
ゲノミクス　259
ゲノム　15
　　——が解析されたおもな生物　258
ゲノム科学　259
ゲフィチニブ　261
ゲル電気泳動法　248
原核細胞　63, 336
原核生物　63, 330, 335
嫌気的　110
健康科学　291
原子　17, 27
原子核　27
原子番号　27
原子量　28
減数分裂　144, 147, 148, 150
減数第一分裂　147
減数第二分裂　147
原生生物　10, 63, 323, 343
原生動物　345
元素　26
原腸胚　378
検定交雑　170

顕微鏡
　　光学——像　4
　　走査型電子——像　4
　　透過型電子——像　4
綱　276
光化学系　125
光化学系 1　126
光化学系 2　126
光学顕微鏡像　4
甲殻類　387, 389
後期　141
好気的　104
光合成　74, 102, 120, 121
硬骨魚類　396
高コレステロール血症　177
交差　147, 152
交雑　165
光子　125
甲状腺肥大　25
抗生物質　61, 297, 370
抗生物質耐性菌　67
酵素　50, 88, 89
　　——活性　90
　　——阻害剤　90
構造式　30
構造タンパク質　50
高張　93
後天性免疫不全症候群　→「エイズ」
行動的隔離　306
高度好塩菌　340
高度好熱菌　340
高分子　43
酵母　112, 366, 370
肛門後方の尾　394
硬葉樹灌木林　430
五界説　322
国際自然保護連合　→「IUCN」
黒色腫　238
コケ植物　356, 357
古細菌　9, 323, 340
古細菌ドメイン　63, 340
古生代　331
古生物学者　281
個体クローニング　231
個体群　417, 448
個体群生態学　417, 448
個体群成長
　　指数関数的な——　452
　　ロジスティック——　453
個体群密度　449

索 引

個体生態学　**417**
髄芽腫　**236**
コドン　**198**
コモドオオトカゲ　**135**
固有種　**491**
コリドー　→「移動のための回廊」
ゴルジ装置　**65**, **71**
ゴールデンライス　**251**
コレステロール　49
コレラ　77
混合栄養生物　**344**
痕跡的構造　**284**
昆虫　**390**

■さ　行

細菌　**9**, **323**, **340**
細菌ドメイン　**63**, **340**
再生　**230**
臍帯血バンク　**233**
サイトゾル　**63**, 69
細胞　17
細胞外マトリックス　**68**
細胞間結合構造　**68**
細胞呼吸　**74**, **104**, **121**
細胞骨格　**65**, **75**
細胞質　**65**
細胞質分裂　**140**, **141**
細胞周期　**139**
細胞周期制御系　**142**
細胞小器官　10, 17, **64**, 65
細胞性粘菌　**347**
細胞説　**62**
細胞内共生　**343**
細胞板　**142**
細胞分裂　**136**
細胞壁　**64**, 65
細胞膜　**63**, 65, 66
サイレンサー　**226**
サイレント変異　**206**
雑種　**165**
雑種生存力弱勢　**307**
雑種繁殖力弱勢　**307**
雑種崩壊　**307**
雑食者　**480**
砂漠　**429**
サバンナ　**429**
左右相称　**380**
サル　401
酸　34
サンゴ　**476**
サンゴ礁　**424**, 447

三次消費者　**479**
酸素　113
シアノバクテリア　**336**, 339
ジアルジア　**345**
紫外線　207
時間的隔離　**306**
色覚異常　183
シグナル伝達　**227**
シグナル変換経路　**227**
歯垢　337, 349
自己複製　**334**
刺細胞　**382**
脂質　47
四肢類　**284**, **398**
雌ずい　**362**
指数関数的な個体群成長　**452**
システム生物学　**263**
歯舌　**383**
自然選択　**12**, **280**, **286**, 401, 441
持続可能性　**434**
持続可能な発展　**495**
始祖鳥　282, 319
シダ類　**357**, 359
湿原　**423**
質量　26, 28
質量数　27
シトシン　54, **193**
脂肪　47
子房　**362**
刺胞動物　**382**
姉妹染色分体　**139**
シャジクモ藻類　**356**
種　9, **305**
　――の豊かさ　**480**
　――多様性　472, **480**
終期　**141**
周期表　**26**
住血吸虫　384
重合体　43
終止コドン　**198**, **204**
収縮タンパク質　50
収縮胞　73
重症複合型免疫不全症　253
従属栄養生物　**102**, 344
集団　17, **290**
集団遺伝学　**291**
絨毛膜採取　175
収斂進化　**321**
種間競争　**475**
種間相互作用　**474**

宿主　**477**
種子　**357**, 361
種子散布　**364**
種子植物　**360**
受精　**147**, 152
種多様性　**472**, **480**
シュート　**354**
受動輸送　**92**
種内競争　**454**
『種の起源』　277, 280, 304
種分化　**304**
腫瘍　**143**
順化　**420**
条鰭類　**396**
小サブユニット　203
ショウジョウバエ　**228**
小進化　**292**
常染色体　**145**
条虫　384
消費者　**102**
小胞　**70**
小胞体　**70**
乗法法則　**171**
食塩（塩化ナトリウム）　34
食作用　**95**
植食　**477**
植食者　**478**
植物　**354**
植物界　10
植物細胞　65
植物プランクトン　**347**, 422
食胞　72
食物網　**480**
食物連鎖　**478**
人為選択　13, **286**
真猿類　**401**
進化　**280**
真核細胞　**63**
真核生物　9, 63, **323**, **331**
真核生物ドメイン　**340**
進化系統樹　**284**
進化的適応　**280**
進化発生学　→「エボデボ」
進化分子工学　89
神経インパルス　91
神経ガス　91
神経伝達物質　95
新興ウイルス　**214**
進行性網膜萎縮症　169
人口増加　**461**
人口動態　**461**

545

索引

人口の惰性　462
真獣類　400
親水性　47
真正細菌　→「細菌」
真正粘菌　346
身長　179
浸透　93
浸透圧調節　93
侵入種　457, 473
心皮　362
針葉樹林　431
侵略的外来種　→「侵入種」
森林　434
森林破壊　365
森林分断化の生物学的動態に関するプロジェクト　492

水管系　393
水素結合　30
水素添加　48
水溶液　33
スカベンジャー　→「腐肉食動物」
スクロース　45
ステロイド　49
ステロイド憤怒　50
ストロマ　120

生育環境隔離　306
生育地　417
生活環　145
生活史　450
制限酵素　248
制限酵素断片　248
制限酵素部位　248
制限要因　453
生産者　102, 478
生産ピラミッド　485
精子　76
生殖的障壁　306
生成物　31
性染色体　145, 182
　──数の異常　155
性選択　296
生存曲線　450
生態学　416
　群集──　417
　景観──　491
　個体──　417
　個体群──　417, 448
　生態系──　417
　復元──　490

生態学的遷移　482
生態学的ニッチ　475
成体幹細胞　233
生態系　16, 17, 102, 417, 483
生態系サービス　473
生態系生態学　417
成長因子（増殖因子）　234
性的二形　297
生物　417
生物学　4
　──の主要なテーマ　10
　システム──　263
　分子──　192, 283
　保全──　490
生物学的種概念　305
生物学的侵入　447, 459, 465
生物学的濃縮　479
生物学的防除　458, 459
生物圏　17, 18, 417
生物個体　17
生物多様性　471, 472
生物多様性ホットスポット　491
生物地球化学的循環　486
生物地理学　315
生物的要因　417
生物兵器　342
生物量　484
生命　7
　──の起源　332
　──の特徴　8
　──の歴史　330
生命愛　→「バイオフィリア」
生命情報学　→「バイオインフォマティクス」
生命表　450
脊索　394
脊索動物　394
石炭紀　359
脊椎動物　394, 395
赤緑色覚異常　183
世代交代　358, 360
赤血球　14
接合後障壁　307
接合子　147
接合前障壁　306
節足動物　387
絶滅危惧種　456
絶滅の恐れのある種　456
セルロース　46
前期　141
線形動物　386

全ゲノムショットガン法　259
前細胞　333
染色質　→「クロマチン」
染色体　63, 68, 136
染色体説　181
染色体不分離　154
選択的RNAスプライシング　226
セントロメア　139
線毛　64
繊毛　76
繊毛虫　346
蘚類　356, 357

走査型電子顕微鏡像　4
相似　321
創始者効果　294
草食　→「植食」
増殖因子　→「成長因子」
相対適応度　295
相対優占度　481
相同　283
相同形質　321
相同染色体　144, 145
創発特性　18
送粉　361
相補的　194
相補的DNA　229
相利共生　370, 475
ゾウリムシ　475
藻類　344, 347
属　276
促進拡散　92
側線系　396
組織　17
組織プラスミノーゲンアクチベーター　250
疎水性　47
粗面小胞体　65, 70

■た行
タイガ　431
体系学　320
体腔　380
対向性拇指　402
体細胞　144
大サブユニット　203
代謝　88
大進化　312
体節　385, 394
体節構造　385
大腸がん　237

多遺伝子遺伝　**179**
胎盤　**400**
体毛　**400**
対立遺伝子（アレル）　**166**
大量絶滅　**303**, **316**, **323**
ダーウィン，チャールズ　**11**, **277**, **278**, **304**
ダーウィンフィンチ　**310**
ダウン症候群　**155**
脱水反応　**43**
多糖　**46**
ターナー症候群　**156**
タバコ　**221**, **238**
タバコモザイクウイルス　**209**
ターミネーター　**201**
多面発現性　**178**
多毛類　**386**
単為発生　**135**, **156**
単孔類　**400**
淡水　**435**
炭水化物　**44**
炭素　**14**, **36**
炭疽　**342**
炭疽菌　**262**
炭素固定　**122**
炭素循環　**487**
炭素フットプリント　**440**
単糖　**44**
タンパク質　**50**
単量体　**43**

地衣類　**339**, **371**
チェックポイント　**142**
地球温暖化　**436**
チクシュルーブ・クレーター　**317**
地質学的な時間尺度　**312**
『地質学の原理』　**279**
地質年代スケール　**313**
窒素固定　**339**, **488**
窒素循環　**488**
チートグラス　**458**
チミン　**54**, **193**
チャパラル　→「硬葉樹灌木林」
中央液胞　**65**, **73**
中間径フィラメント　**75**
中期　**141**
中心小体　**65**
中性子　**27**
中生代　**331**
柱頭　**362**
潮間帯　**425**

腸内細菌　**342**
鳥類　**398**, **399**
貯蔵タンパク質　**50**
チラコイド　**121**
チラコイド膜　**74**, **125**
治療型クローニング　**233**
チンパンジー　**318**

ツンドラ　**432**

テイ・サックス病　**72**
低身長症　**266**
底生層　**422**
低張　**93**
低ナトリウム血症　**93**
デオキシリボ核酸　→「DNA」
デオキシリボース　**54**, **193**
テストステロン　**49**
データ　**4**
デトリタス　**479**
テール　**201**
転移　**143**
電子　**27**
電磁スペクトル　**122**
電子伝達　**105**
電子伝達鎖　**107**, **109**, **127**
電磁波　**207**
電子配置図　**30**
転写　**197**, **200**
転写因子　**226**
転写開始　**200**
転写終結　**201**
デンプン　**46**
デンプン質の作物　**407**

糖　**193**
同位体　**28**
透過型電子顕微鏡像　**4**
統合的病虫害管理　**461**
同所的種分化　**308**
頭足類　**383**
等張　**93**
動物　**378**
動物プランクトン　**424**
動物界　**10**
動物細胞　**65**
トウモロコシ　**251**
糖-リン酸骨格　**54**, **193**
トキソプラズマ　**346**
独立栄養生物　**102**, **344**
独立の法則　**169**

突然変異　**205**, **214**, **289**
突然変異誘発物質　**207**
ドメイン　**9**, **276**
　3——体系　**322**
　古細菌——　**63**, **340**
　細菌——　**63**, **340**
　真核生物——　**340**
トランスジェニック生物　**246**
トランス脂肪　**48**
トランスファーRNA　**202**
ドリー　**231**
トリグリセリド　**47**
トリュフ　**353**

■な 行
内温動物　**399**, **400**
内骨格　**393**, **394**
内生胞子（芽胞）　**338**
内毒素　**341**
内膜系　**70**
ナノテクノロジー　**83**, **89**, **95**
ナメクジウオ類　**395**
軟骨魚類　**396**
軟骨形成不全症　**174**
軟体動物　**383**

二界説　**322**
肉鰭類　**396**
肉食者　**478**
ニコチンアミドアデニンジヌクレオチド
　　→「NAD^+」
二次消費者　**478**
二次遷移　**482**
二重らせん　**54**, **194**
二足歩行　**403**
二糖　**45**
二倍体　**146**
二分裂　**337**
二枚貝類　**383**
二名法　**276**
乳がん　**237**
乳酸　**111**
乳腺　**400**

ヌクレオソーム　**138**
ヌクレオチド　**53**, **192**

根　**354**
ネアンデルタール人　**261**, **405**
熱　**85**
熱水噴出孔　**338**, **418**

索引

熱帯　426
熱帯林　428
粘菌　346

能動輸送　94
濃度勾配　92
嚢胞性線維症　173

■は　行
胚　355
肺　397
バイオインフォマティクス　258
バイオエタノール　119
バイオキャパシティ　464
バイオテクノロジー　16, 246
バイオ燃料　119, 123, 128
バイオフィリア（生命愛）　495
バイオフィルム　337
バイオマーカー　8
バイオーム　422
　　──への人為インパクト　434
　　海洋の──　424
　　淡水域の──　422
　　陸上の──　427
バイオレメディエーション　339, 493
肺がん　221, 238, 261
肺魚　284
配偶子　137, 146, 147, 151, 355
配偶子隔離　306
配偶体　358, 360
胚珠　361
倍数性　308
倍数体化による種分化　309
胚性幹細胞（ES細胞）　233
背側神経管　394
胚乳　363
白癬症　368
バクテリア　9
バクテリオファージ　207
パクリタキセル　143
バージェス頁岩　379
バセドウ病　25
爬虫類　398
波長　122
発芽　361
麦角　369
発がん物質　207, 238
発見型科学　5
発酵　110
ハーディ・ワインベルグの法則　291
ハーディ・ワインベルグ平衡　292

花　357, 362
パネットスクエア　167
パパイヤリングスポットウイルス　209
ハビタット　→「生育地」
パンゲア　314
伴性遺伝子　182
ハンチントン病　174
パンデミック　191
反応物　31
反復DNA　255

ビーグル号　278
非コードDNA　260
被子植物　357, 362
微小管　75
ヒストン　138
微生物相　329, 335, 342, 349
非生物的貯蔵庫　486
非生物的要因　417, 418
人食いバクテリア症　67, 298
ヒトゲノム計画　260
ヒト成長ホルモン　250
ヒトの進化　377
ヒトパピローマウイルス　234
ヒト免疫不全ウイルス　→「HIV」
ヒト類　403
漂泳層　424
表現型　167, 197
病原体　341
日和見的生活史　451
微量元素　26
ヒル, A・V　111
ヒルガタワムシ　153
ビルビン酸　106, 111
ヒル類　386
鰭　396
ビン首効果　293
品種改良　13
ビンブラスチン　144

ファージ　207
ファゴサイトーシス　95
フィードバック調節　91
フィンチ　310
フェニルアラニン　291
フェニルケトン尿症　291
不完全優性　177
復元生態学　490
複製バブル　196
腹足類　383
複対立遺伝子　177

腐食者　479
物質　26
ブドウ球菌感染症　67
腐肉食動物（スカベンジャー）　479
不飽和脂肪　48
不飽和脂肪酸　47
プライマー　254
プラスミド　246
プラナリア　384
フランクリン，ロザリンド　193
プリオン　52, 213
フルクトース　44
フルクトースコーンシロップ　45
プレートテクトニクス　314
フレームシフト変異　206
プロウイルス　213
プロセシング　201
プロテオミクス　263
プロテオーム　263
プロファージ　208
プロモーター　200, 223
フローレス島　377, 405
プロングホーンアンテロープ　465
分解者　368, 479
分岐学　322
分子　17, 30
分子生物学　192, 283
分断化選択　296
分離の法則　166
分類学　276
分裂期　140
分裂溝　142

平衡的な生活史　451
ベクター　247
β-カロテン　124
ヘテロ接合　166
ペニシリン　297, 370
ベビーブーム　463
ペプチド結合　51
ヘモグロビン　52, 178
ヘルペスウイルス　211
変異　→「突然変異」
変異原　→「突然変異誘発物質」
変化を伴う継承　11
扁形動物　384
変態　378, 391
鞭毛　64, 76, 381
鞭毛虫　345, 379

膨圧　94

索引

方向性選択　**295**
胞子　346, **358**, 367
胞子体　**358**, 360
放射性同位体　**28**, 35, 312
放射線　25, **28**
放射線治療　**143**
放射相称　**380**
放射年代測定　35, 281, **312**
放射能　25, 28, **35**
紡錘体　**141**, 143
放線菌　**336**
胞胚　**378**
飽和脂肪　**48**
飽和脂肪酸　**47**
補酵素A　**106**
ポジトロン断層撮影法　→「PET」
捕食　**476**
保全生物学　**490**
ボツリヌス菌　**342**
ボディープラン　379, **380**
ポテンシャルエネルギー　**84**
哺乳類　316, **400**
　　──の出現　**323**
ホビット　377, 405
ホメオティック遺伝子　**228**
ホモ・エレクトゥス　**404**
ホモ・サピエンス　**406**
ホモ接合　**166**
ホモ・ネアンデルターレンシス　**405**
ホモ・ハビリス　**404**
ホヤ類　**394**
ポリヌクレオチド　**192**
ポリプ　**476**
ポリプ型　**382**
ポリペプチド　**51**
ポリマー　→「重合体」
ポリメラーゼ連鎖反応　**254**
ボールアンドスティックモデル　**30**
翻訳　**197**

■ま 行

マイクロRNA　**227**
マイクロサテライト　**255**
マイクロサテライト解析　**255**
膜の起源　**95**
マラリア　**407**
マラリア原虫　**346**
マルサス，トマス　**287**
マルトース　**45**
マントル　**314**

三毛ネコ　**225**
ミスセンス変異　**206**
水
　　──の循環　**433**
　　──の性質　**31**
密度依存的要因　**454**
密度非依存的要因　**455**
ミトコンドリア　65, **74**, 104
ミトコンドリア内膜　**108**
ミドリヒョウモン　**438**
ミノカサゴ　**447**
ミミズ類　**385**
ミラー，スタンリー　**332**
ミラーとユーリーの実験　**333**
ムカデ類　**390**
無機栄養素　**419**
無光層　**422**
虫歯菌　**349**
無種子維管束植物　**359**
娘核　**140**
娘細胞　**136**
無性生殖　**136**, 153
無脊椎動物　**381**
明反応　**122**
メガネザル　**401**
雌しべ　→「雌ずい」
メタン　**42**
メタン菌　**340**
メチシリン耐性黄色ブドウ球菌　67, **298**
メッセンジャーRNA　**201**
眼の構造　**320**
メンデル，グレゴール　288, 164
メンデルの法則　**176**
目　**276**
モータータンパク質　**87**
モノマー　→「単量体」
門　**276**

■や 行

葯　**362**
ヤスデ類　**390**
野生型　**171**

有機化合物　**42**
有光層　**422**, 424
有孔虫　**345**
有糸分裂　**140**, 141, 150
雄ずい　**362**
優性（顕性）　**171**

　　──の遺伝性疾患　**174**
有性生殖　**136**, 289
優性（顕性）対立遺伝子　**166**
有胎盤哺乳類　**400**
有袋類　315, **400**
誘導適合　**90**
輸送小胞　**70**, 71
輸送タンパク質　**50**
ユーリー，ハロルド　**332**

溶液　**33**
溶菌サイクル　**208**
幼形進化　**318**
溶原サイクル　**208**
陽子　**27**
溶質　33, **93**
羊水穿刺　**175**
幼生　**378**
ヨウ素　**26**
溶媒　**33**
羊膜卵　**398**
羊膜類　**398**
葉緑体　65, **74**, 120, 123
葉緑体外包膜　**121**
四次消費者　**479**

■ら・わ行

ライエル，チャールズ　**279**
ラクターゼ　41, **55**, 89, 90
ラクトース　41, **223**
ラクトース不耐症　41, **55**, 90
裸子植物　**357**, 360
ラバ　**309**
ラブラドールレトリーバー　**169**
ラマルク，ジャン＝バティスト・ド　**277**
λファージ　**208**
ラン　**230**
ランドスケープ　→「景観」
リグニン　**355**
リソソーム　65, **72**
リソソーム蓄積症　**72**
リゾチーム　**51**
リプレッサー　**224**
リボ核酸　→「RNA」
リボザイム　**334**
リボース　54, **193**
リボソーム　**95**
リボソーム　**63**, 65, 68, 69, 202
リボソームRNA　**203**

549

索引

流体静力学的骨格　380
流動モザイク　**66**
流動モザイクモデル　66
良性腫瘍　**143**
両生類　**397**
緑藻　**348**, 356
理論　**7, 280**
リン酸　193
リン酸基　87
リン脂質　**66**

リン脂質二重層　**66**
リン循環　487
リンネ，カール　276, 322
倫理　264

類人猿　401

齢構造　**449**
霊長類　**401**
劣性（潜性）対立遺伝子　**166**

レトロウイルス　**212**
レミング　455
連鎖遺伝子　**182**

ロジスティック個体群成長　**453**
ロリス　401

ワクチン　211
ワトソン，ジェームズ・D　193

エッセンシャル・キャンベル生物学　原書6版

| 平成28年12月30日 | 発　　　行 |
| 令和4年7月30日 | 第5刷発行 |

監訳者　池内昌彦
　　　　伊藤元己
　　　　箸本春樹

発行者　池田和博

発行所　丸善出版株式会社
　〒101-0051　東京都千代田区神田神保町二丁目17番
　編集：電話　(03)3512-3265／FAX(03)3512-3272
　営業：電話　(03)3512-3256／FAX(03)3512-3270
　https://www.maruzen-publishing.co.jp

Ⓒ Masahiko Ikeuchi, Motomi Ito, Haruki Hashimoto, 2016

組版印刷・製本／大日本印刷株式会社

ISBN 978-4-621-30099-2　C 3045　　Printed in Japan

本書の無断複写は著作権法上での例外を除き禁じられています．